985-211数学系列

数学分析基础18讲

主编 杨鎏
副主编 张存侠 杜娟
沈延锋 刘波

哈爾濱工業大學出版社
HARBIN INSTITUTE OF TECHNOLOGY PRESS

内 容 简 介

本书是作者在多年讲授数学分析、数学分析选讲、考研数学材料的基础上，多次修订而成的.本书主要包括函数与极限、一元函数微积分、多元函数微积分、无穷级数理论等内容，共 18 讲，每讲分五个板块，分别由背景简介、内容聚焦、解惑释疑、习题精练、习题解析组成.

本书系统全面，例题丰富，思路新颖，注重基础，适用于高等院校数学类各专业的学生学习数学分析课程及报考研究生复习使用，也可供从事数学分析教学的年轻教师参考.

图书在版编目(CIP)数据

数学分析基础 18 讲/杨鎏主编. —哈尔滨：哈尔滨工业大学出版社，2021.9(2024.11 重印)

(985—211 数学系列)

ISBN 978-7-5603-4328-0

Ⅰ.①数… Ⅱ.①杨… Ⅲ.①数学分析-研究生-入学考试-自学参考资料 Ⅳ.①O17

中国版本图书馆 CIP 数据核字(2021)第 156168 号

策划编辑　刘培杰　张永芹
责任编辑　刘家琳　李　烨　张嘉芮
封面设计　孙茵艾
出版发行　哈尔滨工业大学出版社
社　　址　哈尔滨市南岗区复华四道街 10 号　邮编 150006
传　　真　0451-86414749
网　　址　http://hitpress.hit.edu.cn
印　　刷　哈尔滨市石桥印务有限公司
开　　本　787 mm×1 092 mm　1/16　印张 28.25　字数 652 千字
版　　次　2021 年 9 月第 1 版　2024 年 11 月第 3 次印刷
书　　号　ISBN 978-7-5603-4328-0
定　　价　68.00 元

⊙ 前言

“数学分析”是数学专业最基础的课程，它是学习后续其他课程的基石，也是数学专业研究生入学考试（包括学术型硕士和专业型硕士）的必考科目．数学分析源远流长，内容丰富，其蕴含的数学思想不可枚举．牛顿的天才头脑，莱布尼茨的手稿，柯西的睿智，泰勒的凝视，无不处处散发着灼灼生辉的耀眼光芒，也在无数夜凉如水的寂灯下，曾照亮或折磨着众多理工学生枯瘦的灵魂．

遥想18年前，在多少风雨交加的夤夜，大表哥小声地放着与世隔绝的经典摇滚音乐，心无旁骛地翻着数学分析或哲学文集，感受大哲学家、大数学家戈特弗里德·威廉·莱布尼茨的小心思和大智慧，那种离地三尺的感觉，让年轻的大表哥写下“数学和音乐，是人类最神圣的疯狂”那般具有青春殇痛文学气息的煽情文字．

多年以后，充满激情且单纯的读书时光依然清晰可见，更不曾忘记自己学习数学分析初期的遭遇．现在终于有机会，把自己近20年对数学分析的所学、所思、所想、所得正式整理成书，与读者分享．

初学者面对该课程严谨且独树一帜的分析语言，并不能轻车熟路地把握，尤其涉及分析特色的动态定义时，总觉得晦涩难懂，捉摸不透．大表哥不妨先从一个简单的例子开始，揭开读者不能承受的生命之重．

例　设$\{a_n\}$为数列且$\lim\limits_{n\to\infty} a_n=100$，则当$n$充分大时，下列正确的选项是（　　）．

(A)$a_n<100+\dfrac{1}{n}$　　(B)$|a_n|>50$　　(C)$|a_n|<50$　　(D)$a_n\leqslant 99$

分析　如何理解通俗的语言“当n充分大时”是解开本题的关键，而“充分大”的微观且精确的数学含义是什么？“充分大”的客观标准又是什么？

由$\lim\limits_{n\to\infty} a_n=100$的定义，对任意的正数$\varepsilon$，存在相应的$N$，使得当$n>N$时，$|a_n-100|<\varepsilon$，去掉绝对值得$-\varepsilon<a_n-100<\varepsilon$，不等式两边再同时加上100可得$100-\varepsilon<a_n<100+\varepsilon$，特别地，由右边不等式可得

$$a_n<100+\varepsilon \tag{*}$$

由定义，可以回答，“充分大”的数学含义和客观标准均是$n>N$.

再由定义中ε的任意性，不妨设$\varepsilon=\frac{1}{n}$，则由式（*）可得$a_n<100+\frac{1}{n}$，立即得到(A)选项正确.

然而遗憾的是，(A)选项是标准的零分. 本例的正确选项与解法，读者可参考第2讲第1节的例3，前言中不再探究，只是为了说明分析动态语言本身相对的抽象性和复杂性.

由于大表哥长期奋战在数学教学一线，对各位读者学习中遇到的困难所产生的苦闷和焦躁心情感同身受，为了帮助读者解决学习和复习中所面临的各种疑难问题，本书兼顾了国内主流数学分析教材（如华东师范大学版本，复旦大学出版社，北京大学出版社，高等教育出版社）中涉及的所有知识点和考点，以独特的视角，建立了系统科学的理论和方法体系，让桀骜不驯的数学分析不再难以驾驭，使得很多看似神秘诡谲的分析语言通俗易懂. 本书中的方法论和实践观的融入也浑然一体，对于考研的高频核心考点更是浓墨重彩，使得考生在掌握数学知识的基础上，在考试中取得优异的成绩.

本书是我在多年讲授数学分析、数学分析选讲、考研数学等讲稿的基础上，仔细修改、不断扩充、极力完善而成的，是专门为数学类各专业的学生学习数学分析课程及报考研究生复习而编写的一本基础辅导书. 此书定位明确，目标清晰，夯实基础，通过大量且优质的例题、习题，从不同维度反复训练，加强读者的理解能力，提高读者的计算能力，培养读者的逻辑推理能力，把重要的原理、公式等通过各种不同的形式和载体，植入读者的大脑内核，不遗余力地希望读者在取得好成绩的同时，也能唤起读者对知识本身的兴趣，从知识的内在逻辑结构上认识数学，为后继的复习打下坚实的基础.

全书共有18讲，每讲均由背景简介、内容聚焦、解惑释疑、习题精练、习题解析五个板块组成.

1. 背景简介

简单介绍每讲知识的来龙去脉，让读者了解知识之间的内在传承关系，领悟核心概念提出的意义，明确本讲要解决的主要问题，并且指出了读者需要重点掌握的知识点，使得读者在学习中，有清晰的宏观导航，不再彷徨和迷茫，从而精准有效的复习.

2. 内容聚焦

根据数学分析本身的知识点，结合考研数学的特点，并深思熟虑地站在读者的认知角度，精心编排了知识的呈现结构. 每个知识点后面，都打造了对应的例题，这些例题均是大表哥多年来改造加工的经典题目（还有部分原创），不少题目还给出了不同的解法，对于较难掌握和容易出错的题目后面，加上了一些必要的备注和说明，有些地方还加入了形象且直观的解释，使读者尽可能轻松地理解和掌握每个知识点. 内容聚焦板块，需要读者反复

研读，深化对知识点的理解，把它们转化成自己的解题能力.

3. **解惑释疑**

充分考虑到读者在基础阶段可能遇到的疑惑，特别给出了一些疑难点的深度剖析！这部分内容，略有难度，读者需要认真思考，反复琢磨.

4. **习题精练**

每讲结束之后，给读者留下了适量的习题，这些题目种类丰富，系统全面，科学合理，认真独立地完成，一定可以帮助读者理解和掌握基本内容、基本解题方法，达到温故、知新、提高的目的.

5. **习题解析**

这一板块对应着习题精练中的习题，每道题都给出了参考答案及解题过程，以供读者完成习题之后整理错题. 大表哥强烈建议读者独立做完每讲所有的习题之后，再统一核对答案，也特别鼓励读者尝试不同于习题解析中的解法.

如何使用好本书并做好数学分析的学习和复习呢？大表哥给出以下四个建议：

1. **戒骄戒躁，持之以恒**

数学分析是考研数学中的C位，所谓“得数分者得天下”，其考点较多(至少是高等代数的1.8倍)，又相对灵活，需要同学们心平气和、戒骄戒躁、兢兢业业地去理解每一个定义、定理，在坚持不懈中去捍卫自己的初衷，而不是三天两头在社交媒体上立着不同形式的Flag！考研数学需要的不是“聪明”的人，而是能一路坚持下来的人！

2. **不求进度，但求通透**

一开始复习数学分析，总是略感不适，第一可能是刚刚正式进入备研的状态，脑力劳动加倍，大脑偶尔局部缺氧. 第二可能是知识间歇性的遗忘，比如看到一个似曾相识的公式，若隐若现又无从下手，这种焦灼的状态，使得复习的进度可能比预期要慢一些. 读者完全不用因此担心复习进度，基础阶段，大表哥反而希望你们“慢”一些，从容不迫地去思考问题，不急功近利地去做练习，通过大脑和肌肉共同记忆，从而在执行中深度理解原理，彻底记住公式，为数学学习打下坚不可摧的基础，使得整个考研数学的备考也会变得明朗通透.

3. **积极思考，独立刷题**

数学从定义出发，可以推出性质、命题、定理、推论等所有的结论. 读者在复习时，要积极思考结论之间的内在联系，对于一些重要的原理和经典证明题，尝试着思考其证明的思路，为什么要这么证？为什么要做那样的假设？还有没有别的证法？

做题时，要独立做题！独立做题！独立做题！重要的事情说三遍！独立做题才能积攒真正的解题战斗经历，如果没有战斗经历，就没有真正的战斗力. 平时做题如果不能抛开参考解答或第三方工具，长此以往的结局就是：平时很轻松，考场各种崩！课后的习题都是大表哥精雕细琢改造的优质题目，只有通过做题，才能检测真实的学习效果，从而查漏补缺，不留死角.

4. **整理错题,认真反思**

在数学的学习过程中,不会做题或做错题,都是正常现象,正是在这个过程中为自己找到了薄弱环节,意识到自己的不足之处,大表哥也真心希望读者越挫越勇,努力寻找原因,仔细整理错题,认真反思到底问题出在哪里,是知识本身没有理解到位还是公式用错了地方,吸取教训.整理错题的过程,也是自己进步的最佳途径,请记住:每一个信手拈来的背后,莫不是厚积薄发的沉淀.

本书内容具有前瞻性,大表哥长期从事教学第一线,多年的数学考试指导经验使得对研究生招生考试重点与命题规律熟稔于心.书中所有的内容均配有线上同步的教学视频(B站、小鹅通、知乎、微信),学完全书,相信读者一定可以打下牢固的基础,最终到达理想的彼岸!

为了更好地掌握本书的知识点,本书还配有专属习题集《数学分析基础18刷》,习题集也配备了作者线上线下同步的精讲课程.回到初衷,我希望本书加同步的习题集,能把学习效率提高到最大化.

感谢哈尔滨工业大学出版社的工作人员在笔者编写本书时给予的指导及宝贵建议!本书在编写过程中,参阅了大量的国内外教辅、教材,在此一并表示感谢!

由于作者水平有限,书中难免存在一些疏漏之处,恳请广大同行和读者批评指正!

大表哥杨鎏

2021年9月

于古城西安

哔哩哔哩(B站)　　知乎　　微信

QQ交流1群　　QQ交流2群　　抖音

目　　录

第1讲 实数集与函数

背景简介

数学分析讨论的基本对象之一是定义在实数集上的一元函数，其定义域和值域均为实数集.本讲初步建立实数理论(更详细的讨论在第5讲展开)，并引入函数的概念，为后继课程(微积分)进一步研究函数的解析性质(连续性、可微性、可积性)提供基本的平台.

读者在复习时，需要理解函数的概念，并掌握判定其四大性态(有界性、单调性、奇偶性、周期性)的基本方法；理解并掌握确界原理，尤其会利用上(下)确界的定义，证明有界数集的上(下)确界.

内容聚焦

第1节　实数与函数

一、实数的概念

1.实数的性质

① 封闭性.任意两个实数的和、差、积、商(除数不为0)仍然是实数.

② 有序性.任意两个实数 a,b 之间必满足：$a<b$，$a=b$ 或 $a>b$.

③ 传递性.大小关系具有传递性，即若 $a>b$，$b>c$，则有 $a>c$.

④ 阿基米德性.若实数 $b>a>0$，则存在正整数 n，使得 $na>b$.

⑤ 稠密性.不相等的两个实数之间必有另一个实数(既有有理数，又有无理数).

⑥ 对应性.实数集 $\mathbf{R}$ 与数轴上的点有着一一对应关系.

例1　设 $\frac{a}{b}<\frac{c}{d}$ 且 $bd>0$，证明：$\frac{a}{b}<\frac{a+c}{b+d}<\frac{c}{d}$.

证　不妨设 $b>0$ 且 $d>0$(b 和 d 同为负时可类似证明).因为 $\frac{a}{b}<\frac{c}{d}$，所以 $ad<bc$.从而 $a(b+d)<b(a+c)$，$(a+c)d<(b+d)c$，即

$$\frac{a}{b}<\frac{a+c}{b+d}\text{ 且 }\frac{a+c}{b+d}<\frac{c}{d}$$

因此$\frac{a}{b}<\frac{a+c}{b+d}<\frac{c}{d}$.

例 2 设 $a,b\in\mathbf{R}$,证明:若对任何正数 ε 有 $a<b+\varepsilon$,则 $a\leqslant b$.

证 反证法.倘若结论不成立,则根据实数集的有序性,有 $a>b$.令 $\varepsilon=a-b$,则 ε 为正数且 $a=b+\varepsilon$,但这与假设 $a<b+\varepsilon$ 矛盾.从而必有 $a\leqslant b$.

2.绝对值与不等式

① $|a|=|-a|\geqslant 0$;② $-|a|\leqslant a\leqslant|a|$;③ $|ab|=|a||b|$;④ $\left|\frac{a}{b}\right|=\frac{|a|}{|b|}$ $(b\neq 0)$;⑤ $|a|<h\Leftrightarrow -h<a<h$,$|a|\leqslant h\Leftrightarrow -h\leqslant a\leqslant h(h>0)$;⑥ 三角不等式:$|a|-|b|\leqslant|a\pm b|\leqslant|a|+|b|$ $(a,b\in\mathbf{R})$.

例 3 设函数 $f(x)$ 在 $(-2,2)$ 内满足 $f(x)f'(x)>0$,则(　　).

(A) $f(1)>f(-1)$　　(B) $f(1)<f(-1)$

(C) $|f(1)|>|f(-1)|$　　(D) $|f(1)|<|f(-1)|$

解 应选(C).由于对一切 $x\in(-2,2)$,有 $f(x)f'(x)>0$,则函数 $f(x)$ 恒为正或者恒为负;更进一步地有 $\begin{cases}f(x)>0\\f'(x)>0\end{cases}$ 或 $\begin{cases}f(x)<0\\f'(x)<0\end{cases}$.

当 $\begin{cases}f(x)>0\\f'(x)>0\end{cases}$ 时,$f(x)$ 为 $(-2,2)$ 内正值严格递增函数,故 $f(1)>f(-1)>0$;

当 $\begin{cases}f(x)<0\\f'(x)<0\end{cases}$ 时,$f(x)$ 为 $(-2,2)$ 内负值严格递减函数,故 $f(1)<f(-1)<0$.

综上所述,$|f(1)|>|f(-1)|$.

例 4 证明:对任何 $x\in\mathbf{R}$,有:

(1) $|x-1|+|x-2|\geqslant 1$;　　(2) $|x-1|+|x-2|+|x-3|\geqslant 2$.

并说明等号何时成立.

证 (1) 根据绝对值三角不等式,有

$$|x-1|+|x-2|\geqslant|(x-1)-(x-2)|=1$$

上式等号成立当且仅当 $x-1$ 与 $x-2$ 异号,所以等号成立当且仅当 $1\leqslant x\leqslant 2$.

(2) 根据绝对值三角不等式,有

$$|x-1|+|x-2|+|x-3|\geqslant|x-1|+|x-3|\geqslant|(x-1)-(x-3)|=2$$

上式第一个等号成立当且仅当 $x=2$,第二个等号成立当且仅当 $x-1$ 与 $x-3$ 异号(即 $1\leqslant x\leqslant 3$),所以等号成立当且仅当 $x=2$.

例 5 设 $a,b,c\in\mathbf{R}_+$ ($\mathbf{R}_+$ 表示全体正实数的集合),证明

$$\left|\sqrt{a^2+b^2}-\sqrt{a^2+c^2}\right|\leqslant|b-c|$$

并说明此不等式的几何意义.

证 根据实数的序关系及运算性质,有

$$\left|\sqrt{a^2+b^2}-\sqrt{a^2+c^2}\right|=\frac{|b^2-c^2|}{\sqrt{a^2+b^2}+\sqrt{a^2+c^2}}$$

$$= \frac{|b+c|}{\sqrt{a^2+b^2}+\sqrt{a^2+c^2}} \cdot |b-c|$$

$$\leqslant \frac{|b|+|c|}{\sqrt{a^2+b^2}+\sqrt{a^2+c^2}} \cdot |b-c| \leqslant |b-c|$$

不等式的几何意义：在平面直角坐标系中考虑 $O(0,0)$，$A(a,b)$ 及 $B(a,c)$ 三点，则 $\sqrt{a^2+b^2}$，$\sqrt{a^2+c^2}$ 以及 $|b-c|$ 分别为线段 OA，OB 以及 AB 的长．因此，该不等式表达了线段 OA 的长与线段 OB 的长的差不超过线段 AB 的长．它是平面上任意三点所确定的线段中任意两条线段长度的差不超过第三条线段的长度这一事实的体现．

二、函数的概念

定义　设 x 和 y 是两个变量，D 是给定的一个非空数集．如果对任一 $x \in D$，变量 y 按照对应法则 f 总有唯一确定的数值与它相对应，那么称 y 是 x 的函数，记作 $y=f(x)$．

数集 D 称为这个函数的定义域，记为 D_f，x 称为自变量，y 称为因变量．函数值全体组成的数集 $\{y \mid y=f(x), x \in D_f\}$ 称为函数的值域，记作 R_f，即

$$R_f=\{y \mid y=f(x), x \in D_f\}$$

注　① 对应法则 f 是给定 x 求 y 的方法；② 函数只与对应法则及定义域有关，而与变量及对应法则选取的字母无关；③ 如果定义域与对应法则均相同，那么两个函数相同．

例 6　求下列函数的定义域：

(1) $y=\sqrt{9-x^2}+\arctan\dfrac{1}{\ln(x-1)}$；　　(2) $f(x)=\dfrac{\arccos\dfrac{2x-1}{7}}{\sqrt{x^2-x-6}}$．

解　(1) 要使 $y=\sqrt{9-x^2}+\arctan\dfrac{1}{\ln(x-1)}$ 有意义，则 $\begin{cases} 9-x^2 \geqslant 0 \\ x-1>0 \\ x-1 \neq 1 \end{cases}$，因此，所求函数的定义域为 $(1,2) \cup (2,3]$．

(2) 要使 $f(x)=\dfrac{\arccos\dfrac{2x-1}{7}}{\sqrt{x^2-x-6}}$ 有意义，则 $\begin{cases} x^2-x-6>0 \\ \left|\dfrac{2x-1}{7}\right| \leqslant 1 \end{cases}$，即 $\begin{cases} x>3 \text{ 或 } x<-2 \\ -3 \leqslant x \leqslant 4 \end{cases}$，于是，所求函数的定义域为 $[-3,-2) \cup (3,4]$．

例 7　若函数 $f(x)=\arcsin\dfrac{ax}{1+x+x^2}$ 的定义域是 $\mathbf{R}$，求实数 a 的取值范围．

解　要使得 $f(x)=\arcsin\dfrac{ax}{1+x+x^2}$ 的定义域是 $\mathbf{R}$，则对任意的实数 x，有 $\left|\dfrac{ax}{1+x+x^2}\right| \leqslant 1$，即 $-(1+x+x^2) \leqslant ax \leqslant 1+x+x^2$，于是 $(1-a)^2 \leqslant 4$ 且 $(1+a)^2 \leqslant 4$，进而得 $-1 \leqslant a \leqslant 1$．

例 8　判断下列函数是否相同：

(1) $f(x)=\ln(1+x)-\ln(1-x)$，$g(x)=\ln\dfrac{1+x}{1-x}$；

(2) $f(x)=\cos^2 x+\sin^2 x$，$g(x)=\sec^2 x-\tan^2 x$．

解 (1) 由于 $D_f=D_g=(-1,1)$,且

$$f(x)=\ln(1+x)-\ln(1-x)=\ln\frac{1+x}{1-x}=g(x)$$

所以 $f(x)$ 与 $g(x)$ 相同.

(2) 由于 $D_f=(-\infty,+\infty)$,$D_g=\{x\mid x\in\mathbf{R},x\neq k\pi+\frac{\pi}{2},k\in\mathbf{Z}\}$,所以 $f(x)$ 与 $g(x)$ 不相同.

三、函数的运算

设函数 $f(x)$ 和 $g(x)$ 的定义域 D_f 和 D_g 满足 $D_f\cap D_g\neq\varnothing$,则

$$f\pm g:(f\pm g)(x)=f(x)\pm g(x)$$

$$f\cdot g:(f\cdot g)(x)=f(x)\cdot g(x)$$

$$\frac{f}{g}:\left(\frac{f}{g}\right)(x)=\frac{f(x)}{g(x)}(x\in\{x\mid g(x)\neq 0,x\in D_f\cap D_g\})$$

例 9 已知函数 $f(x)=\ln\frac{1+x}{1-x}$,试证 $f(a)+f(b)=f\left(\frac{a+b}{1+ab}\right)$.

证

$$\begin{aligned}f(a)+f(b)&=\ln\frac{1+a}{1-a}+\ln\frac{1+b}{1-b}=\ln\frac{(1+a)(1+b)}{(1-a)(1-b)}\\&=\ln\frac{1+ab+a+b}{1+ab-a-b}\end{aligned}$$

$$f\left(\frac{a+b}{1+ab}\right)=\ln\frac{1+\dfrac{a+b}{1+ab}}{1-\dfrac{a+b}{1+ab}}=\ln\frac{1+ab+a+b}{1+ab-a-b}$$

显然有 $f(a)+f(b)=f\left(\frac{a+b}{1+ab}\right)$.

四、初等函数

1. 基本初等函数

常函数 C;

幂函数 x^a($a\in\mathbf{R}$ 是常数);

指数函数 a^x($a>0$ 且 $a\neq 1$);

对数函数 $\log_a x$($a>0$ 且 $a\neq 1$);

三角函数 $\sin x,\cos x,\tan x,\cot x,\sec x,\csc x$;

反三角函数 $\arcsin x,\arccos x,\arctan x,\operatorname{arccot} x$.

2. 初等函数

由基本初等函数经过有限次的四则运算及复合运算而得到,并且只能用一个解析式表示的函数,称为初等函数.

五、反函数与复合函数

1. 反函数

设 $y=f(x)$ 的定义域为 D_f,值域为 R_f. 如果对任意一个 $y\in R_f$,有唯一的确定数值

$x \in D_f$，使得 $y=f(x)$，那么称 x 为 y 的反函数，记作 $x=f^{-1}(y)$ 或 $y=f^{-1}(x)$. 同时称 $y=f(x)$ 为 $y=f^{-1}(x)$ 的直接函数.

注 ① 在同一坐标系中，$y=f(x)$ 与 $x=f^{-1}(y)$ 的图形重合，而 $y=f(x)$ 与 $y=f^{-1}(x)$ 的图形关于直线 $y=x$ 对称；② 严格单调函数具有反函数，而具有反函数的函数未必是严格单调函数；③ 反函数可以保持直接函数的很多性质，如单调性、连续性、可导性.

例 10 求 $y=\ln(x+\sqrt{1+x^2})$ 的反函数.

解 由 $y=\ln(x+\sqrt{1+x^2})$ 得 $x+\sqrt{1+x^2}=\mathrm{e}^y$，即 $\dfrac{1}{\sqrt{1+x^2}-x}=\mathrm{e}^y$，进而 $\sqrt{1+x^2}-x=\mathrm{e}^{-y}$，于是 $x=\dfrac{\mathrm{e}^y-\mathrm{e}^{-y}}{2}$. 因此所求反函数为 $y=\dfrac{\mathrm{e}^x-\mathrm{e}^{-x}}{2}$，且 $x\in\mathbf{R}$.

例 11 求 $y=\sin x$ 的反函数，其中 $x\in\left[\dfrac{\pi}{2},\dfrac{3\pi}{2}\right]$.

解 由于 $y=\sin x=-\sin(x-\pi)$，且 $x-\pi\in\left[-\dfrac{\pi}{2},\dfrac{\pi}{2}\right]$，于是由 $\sin(x-\pi)=-y$ 可得到 $x-\pi=\arcsin(-y)$，即 $x=\pi-\arcsin y$. 因此所求反函数为 $y=\pi-\arcsin x$，其中 $x\in[-1,1]$.

2. **复合函数**

设函数 $y=f(u)$ 的定义域为 D_f，函数 $u=g(x)$ 的定义域为 D_g，且其值域为 R_g. 若 $R_g\cap D_f\neq\varnothing$，则 $y=f[g(x)]$ 称为由函数 $u=g(x)$ 与函数 $y=f(u)$ 构成的复合函数，变量 u 称为中间变量.

这种按“先 g 后 f”的次序复合的函数通常记为 $f\circ g$，即 $(f\circ g)(x)=f[g(x)]$.

例 12 设函数 $f(x)=\dfrac{x}{\sqrt{x^2+1}}$，求 $f[f(x)]$，$f\{f[f(x)]\}$.

解

$$f[f(x)]=\frac{f(x)}{\sqrt{f^2(x)+1}}=\frac{\dfrac{x}{\sqrt{x^2+1}}}{\sqrt{\left(\dfrac{x}{\sqrt{x^2+1}}\right)^2+1}}=\frac{x}{\sqrt{2x^2+1}}$$

$$f\{f[f(x)]\}=\frac{f[f(x)]}{\sqrt{\{f[f(x)]\}^2+1}}=\frac{x}{\sqrt{3x^2+1}}$$

例 13 设函数 $f(x)=\begin{cases}2, & |x|<1\\ 0, & |x|\geqslant 1\end{cases}$，$g(x)=\begin{cases}0, & |x|\leqslant 2\\ 1, & |x|>2\end{cases}$，试求 $f[g(x)]$，$g[f(x)]$.

解 由于 $f[g(x)]=\begin{cases}2, & |g(x)|<1\\ 0, & |g(x)|\geqslant 1\end{cases}$，且由 $g(x)$ 的表达式可知，$|g(x)|<1\Leftrightarrow |x|\leqslant 2$，$|g(x)|\geqslant 1\Leftrightarrow |x|>2$. 所以 $f[g(x)]=\begin{cases}2, & |x|\leqslant 2\\ 0, & |x|>2\end{cases}$.

又 $g[f(x)]=\begin{cases}0, & |f(x)|\leqslant 2\\ 1, & |f(x)|>2\end{cases}$，且由 $f(x)$ 的表达式可知，对于任意的 x，有 $|f(x)|\leqslant 2$. 从而 $g[f(x)]\equiv 0$，$x\in(-\infty,+\infty)$.

例 14 设 $f(x)$ 满足方程：$af(x)+bf\left(-\frac{1}{x}\right)=\sin x$，其中 $|a|\neq|b|$，求 $f(x)$.

解 令 $t=-\frac{1}{x}$，则 $x=-\frac{1}{t}$，于是原方程变为 $bf(t)+af\left(-\frac{1}{t}\right)=-\sin\frac{1}{t}$. 根据函数与自变量选取的字母无关，得

$$\begin{cases} af(x)+bf\left(-\frac{1}{x}\right)=\sin x \\ bf(x)+af\left(-\frac{1}{x}\right)=-\sin\frac{1}{x} \end{cases}$$

于是 $f(x)=\frac{1}{a^2-b^2}\left(a\sin x+b\sin\frac{1}{x}\right)$.

六、常见分段函数

在自变量不同的变化范围中，对应法则用不同式子来表示的函数，称为分段函数.
常见分段函数有：

(1) 绝对值函数 $y=|x|=\begin{cases} -x, x<0 \\ x, x\geqslant 0 \end{cases}$.

(2) 符号函数 $y=\operatorname{sgn} x=\begin{cases} 1, x>0 \\ 0, x=0 \\ -1, x<0 \end{cases}$.

(3) 取整函数 $y=[x]$，即不超过 x 的最大的整数.

(4) 最大值、最小值函数：

最大值函数 $y=\max\{f(x),g(x)\}=\begin{cases} f(x), f(x)\geqslant g(x) \\ g(x), f(x)<g(x) \end{cases}$.

最小值函数 $y=\min\{f(x),g(x)\}=\begin{cases} g(x), f(x)\geqslant g(x) \\ f(x), f(x)<g(x) \end{cases}$.

(5) 狄利克雷函数 $D(x)=\begin{cases} 1, \text{当 } x \text{ 为有理数时} \\ 0, \text{当 } x \text{ 为无理数时} \end{cases}$.

(6) 黎曼函数 $R(x)=\begin{cases} \frac{1}{q}, \text{当 } x=\frac{p}{q}\left(p,q\in\mathbf{N}_+, \frac{p}{q} \text{ 为既约真分数}\right) \text{时} \\ 0, \text{当 } x=0,1 \text{ 和 } (0,1) \text{ 内的无理数时} \end{cases}$.

第 2 节　函数的四大性态

一、函数的有界性

设 $f(x)$ 的定义域为 D_f，数集 $X\subseteq D_f$. 如果存在数 K_1，使得 $f(x)\leqslant K_1$ 对于任一 $x\in X$ 都成立，那么称函数 $f(x)$ 在 X 上有上界，K_1 称为函数 $f(x)$ 在 X 上的一个上界；如果存在数 K_2，使得 $f(x)\geqslant K_2$ 对于任一 $x\in X$ 都成立，那么称函数 $f(x)$ 在 X 上有下界，K_2 称为函数 $f(x)$ 在 X 上的一个下界. 如果存在正数 M，使得 $|f(x)|\leqslant M$ 对于任一 $x\in X$ 都成立，那么称 $f(x)$ 在 X 上有界；否则，称 $f(x)$ 在 X 上无界.

注 ① 两个有界函数的代数和是有界函数；② 两个有界函数的乘积是有界函数；③ 两个有界函数之商不一定是有界函数.

例 1 试证函数 $f(x)=\dfrac{x\sin x}{1+x^2}$ 在其定义域内是有界函数.

证 函数 f 的定义域为$(-\infty,+\infty)$，且

$$|f(x)|=\left|\frac{x\sin x}{1+x^2}\right|\leqslant\left|\frac{x}{1+x^2}\right|\leqslant\frac{1+x^2}{2}\cdot\frac{1}{1+x^2}=\frac{1}{2}$$

则函数 $f(x)$ 在其定义域内有界.

例 2 试证函数 $f(x)=\dfrac{1}{x^2}$ 在$(0,1)$内无界.

证 对任意的 $M>0$，取 $x_0=\dfrac{1}{\sqrt{M+1}}$，则有 $|f(x_0)|=\dfrac{1}{x_0^2}=M+1>M$，所以，函数 $f(x)=\dfrac{1}{x^2}$ 在$(0,1)$内无界.

二、函数的单调性

设 $f(x)$ 的定义域为 D_f，区间 $I\subseteq D_f$. 如果对于区间 I 上任意两点 x_1 及 x_2，当 $x_1<x_2$ 时：

(1) 恒有 $f(x_1)\leqslant f(x_2)$，那么称 $f(x)$ 在区间 I 上是单调递增的. 特别地，如果 $f(x_1)<f(x_2)$ 成立，那么称 $f(x)$ 在区间 I 上是严格单调递增的；

(2) 恒有 $f(x_1)\geqslant f(x_2)$，那么称 $f(x)$ 在区间 I 上是单调递减的. 特别地，如果 $f(x_1)>f(x_2)$ 成立，那么称 $f(x)$ 在区间 I 上是严格单调递减的.

例 3 判断 $f(x)=x+\ln x$ 在区间$(0,+\infty)$内的单调性.

解 对于区间$(0,+\infty)$内任意两点 x_1,x_2，且 $x_1<x_2$，则

$$\begin{aligned}f(x_2)-f(x_1)&=(x_2+\ln x_2)-(x_1+\ln x_1)\\&=(x_2-x_1)+\ln\frac{x_2}{x_1}>0\end{aligned}$$

即 $f(x_2)>f(x_1)$，故 $f(x)=x+\ln x$ 在区间$(0,+\infty)$内单调递增.

三、函数的奇偶性

设函数 $f(x)$ 的定义域 D_f 关于原点对称. 如果对于任一 $x\in D_f$，$f(-x)=f(x)$ 恒成立，那么称 $f(x)$ 为偶函数；如果对于任一 $x\in D_f$，$f(-x)=-f(x)$ 恒成立，那么称 $f(x)$ 为奇函数.

注 ① 奇函数的代数和为奇函数；② 偶函数的代数和为偶函数；③ 偶函数之积仍为偶函数；④ 偶数个奇函数之积为偶函数，奇数个奇函数之积为奇函数，一奇一偶之积为奇函数.

例 4 判断函数 $f(x)=\sin[\ln(x+\sqrt{x^2+1})]$ 的奇偶性.

解 由已知 $D_f=(-\infty,+\infty)$，且

$$\begin{aligned}f(-x)&=\sin[\ln(-x+\sqrt{(-x)^2+1})]=\sin[\ln(\sqrt{x^2+1}-x)]\\&=\sin\left[\ln\frac{1}{\sqrt{x^2+1}+x}\right]=\sin[-\ln(x+\sqrt{x^2+1})]\end{aligned}$$

$$=-\sin[\ln(x+\sqrt{x^2+1})]=-f(x)$$

于是函数 $f(x)=\sin[\ln(x+\sqrt{x^2+1})]$ 是奇函数.

例 5 设 $f(x)$ 为定义在 $(-\infty,+\infty)$ 上的奇函数,且 $x>0$ 时,有

$$f(x)=2x^3-3x^2-\sin x+\cos x$$

求 $f(x)$ 的表达式.

解 由于 $f(x)$ 是定义在 $(-\infty,+\infty)$ 上的奇函数,因此当 $x<0$ 时,有

$$\begin{aligned}f(x)&=-f(-x)=-[2(-x)^3-3(-x)^2-\sin(-x)+\cos(-x)]\\&=-(-2x^3-3x^2+\sin x+\cos x)\\&=2x^3+3x^2-\sin x-\cos x\end{aligned}$$

则 $f(x)$ 可表示为当 $x=0$ 时,$f(0)=0$;当 $x\neq 0$ 时,有

$$f(x)=\begin{cases}2x^3-3x^2-\sin x+\cos x, x>0\\2x^3+3x^2-\sin x-\cos x, x<0\end{cases}$$

四、函数的周期性

设 $f(x)$ 的定义域为 D_f,如果存在一个正数 T,使得对于任一 $x\in D_f$ 有 $x\pm T\in D_f$,且 $f(x+T)=f(x)$ 恒成立,那么称 $f(x)$ 为周期函数,T 为周期.通常说周期函数的周期是指最小正周期.

注 ① 若 T 为 $f(x)$ 的周期,则 $f(ax+b)$ 的周期为 $\dfrac{T}{|a|}$,其中 a 是非零常数;② 若 $f(x),g(x)$ 均是以 T 为周期的函数,则 $f(x)\pm g(x)$ 也是以 T 为周期的函数.

例 6 求下列函数的周期:

(1) $y=3\tan(3x+1)+2$;(2) $y=|\cos x|$;(3) $y=\sin(5x+1)+\cos\left(\dfrac{20}{3}x-4\right)$.

解 (1) 所求周期 $T=\dfrac{\pi}{3}$;

(2) 由于 $y=|\cos x|=\sqrt{\cos^2 x}=\sqrt{\dfrac{1+\cos 2x}{2}}$,因此,所求周期 $T=\dfrac{2\pi}{2}=\pi$;

(3) 由于 $\sin(5x+1)$ 的周期 $T_1=\dfrac{2\pi}{5}$,$\cos\left(\dfrac{20}{3}x-4\right)$ 的周期 $T_2=\dfrac{3\pi}{10}$,注意到 2 与 3 的最小公倍数是 6,5 与 10 的最大公约数是 5,因此所求函数的周期 $T=\dfrac{6\pi}{5}$.

例 7 延拓函数 $f(x)=\sin x, x\in[0,1]$ 到 $(-\infty,+\infty)$ 上,使之成为周期为 2 的偶函数.

解 先将题目中的函数延拓为偶函数,定义 $g(x)=\begin{cases}\sin x, x\in[0,1]\\-\sin x, x\in[-1,0)\end{cases}$,则 $g(x)$ 是 $f(x)$ 在 $[-1,1]$ 上的延拓,且为偶函数.

下面把 $g(x)$ 延拓为 $(-\infty,+\infty)$ 上周期为 2 的函数.定义

$$F(x)=\begin{cases}g(x), x\in[-1,1]\\g(x-2n), x\in[-1+2n,1+2n], n=\pm1,\pm2,\pm3,\cdots\end{cases}$$

即

$$F(x)=\begin{cases}\sin x, x\in[0,1]\\ -\sin x, x\in[-1,0]\\ \sin(x-2n), x\in[2n,1+2n], n=\pm1,\pm2,\pm3,\cdots\\ -\sin(x-2n), x\in[-1+2n,2n], n=\pm1,\pm2,\pm3,\cdots\end{cases}$$

则 $F(x)$ 是 $f(x)$ 在$(-\infty,+\infty)$上的延拓，且是周期为 2 的偶函数.

第 3 节　确界原理

一、区间与邻域

1. 区间

设 a,b 都是实数，且 $a<b$，那么数集$\{x\mid a<x<b\}$称为开区间，记作(a,b)，即$(a,b)=\{x\mid a<x<b\}$，a 和 b 称为开区间(a,b)的端点. 数集$\{x\mid a\leqslant x\leqslant b\}$称为闭区间，记作$[a,b]$，即$[a,b]=\{x\mid a\leqslant x\leqslant b\}$，$a$ 和 b 也称为闭区间$[a,b]$的端点.

类似地，$[a,b)=\{x\mid a\leqslant x<b\}$，$(a,b]=\{x\mid a<x\leqslant b\}$称为半开半闭区间.

以上区间称为有限区间，数 $b-a$ 称为区间的长度，把区间

$$(a,+\infty)=\{x\mid x>a\},[a,+\infty)=\{x\mid x\geqslant a\},(-\infty,b)=\{x\mid x<b\}$$

$$(-\infty,b]=\{x\mid x\leqslant b\},(-\infty,+\infty)=\{x\mid x\in\mathbf{R}\}$$

称为无限区间.

2. 邻域

设 δ 是一个正数，则开区间$(a-\delta,a+\delta)$称为以 a 为中心、δ 为半径的邻域，记作 $U(a,\delta)$，即 $U(a,\delta)=\{x\mid a-\delta<x<a+\delta\}$. 数集$\{x\mid 0<|x-a|<\delta\}$称为以 a 为中心、δ 为半径的去心邻域，记作 $U^\circ(a,\delta)$，即 $U^\circ(a,\delta)=\{x\mid 0<|x-a|<\delta\}$.

二、有界集与确界原理

定义 1　设 S 为 $\mathbf{R}$ 中的一个数集. 若存在数 $M(L)$，使得对一切 $x\in S$ 都有 $x\leqslant M(x\geqslant L)$ 成立，则称 S 为有上界(下界)的数集，此时数 $M(L)$ 称为 S 的一个上界(下界). 若数集 S 既有上界又有下界，则称 S 为有界集；否则称 S 为无界集.

例 1　证明：数集 $S=\left\{x\,\middle|\,x=\dfrac{t^2+2}{2t^2+3},t\in\mathbf{R}\right\}$ 是有界集，而数集 $T=\{x\mid x=n^{(-1)^n},n\in\mathbf{N}_+\}$ 是无界集.

证　取 $M=1$，则对任何 $x=\dfrac{t^2+2}{2t^2+3}\in S$，都有

$$|x|=\left|\frac{t^2+2}{2t^2+3}\right|=\frac{t^2+2}{(t^2+2)+(t^2+1)}<1=M$$

所以 S 是有界集.

对任何常数 $G>0$，取正偶数 $n_0>G$，记 $x_0=n_0^{(-1)^{n_0}}$，则

$$|x_0|=|n_0^{(-1)^{n_0}}|=n_0>G$$

因此，数集 T 是无界集.

定义 2 对于数集 S,如果存在数 η,满足:

(1) 对一切 $x \in S$,有 $x \leqslant \eta$;

(2) 对任何 $\alpha < \eta$,存在 $x_0 \in S$,使得 $x_0 > \alpha$,

那么称数 η 为数集 S 的上确界,记作 $\eta = \sup S$.

定义 3 对于数集 S,如果存在数 ξ,满足:

(1) 对一切 $x \in S$,有 $x \geqslant \xi$;

(2) 对任何 $\beta > \xi$,存在 $x_0 \in S$,使得 $x_0 < \beta$,

那么称数 ξ 为数集 S 的下确界,记作 $\xi = \inf S$.

确界原理 任何非空的有上界(下界)的数集必有上确界(下确界).

例 2 设 A 和 B 都是非空数集,如果对于任何 $a \in A$,都存在 $b \in B$,使得 $a \leqslant b$,证明:$\sup A \leqslant \sup B$.

证 如果 B 无上界,那么 $\sup B = +\infty$,因此 $\sup A \leqslant \sup B$ 成立.

如果 B 有上界,那么根据确界原理有 $\sup B$ 存在.对于任何 $a \in A$,由题设知存在 $b \in B$,使得 $a \leqslant b$,从而 $a \leqslant \sup B$.因此,$\sup B$ 是数集 A 的上界.因为上确界是最小的上界,所以 $\sup A \leqslant \sup B$ 成立.

在实际的应用过程中,经常会用到如下关于确界定义的等价形式:

定义 2′ 对于数集 S,如果存在数 η 满足:

(1) 对一切 $x \in S$,有 $x \leqslant \eta$;

(2) 对任何 $\varepsilon > 0$,存在 $x_\varepsilon \in S$,使得 $x_\varepsilon > \eta - \varepsilon$,

那么称数 η 为数集 S 的上确界.

定义 3′ 对于数集 S,如果存在数 ξ 满足:

(1) 对一切 $x \in S$,有 $x \geqslant \xi$;

(2) 对任何 $\varepsilon > 0$,存在 $x_\varepsilon \in S$,使得 $x_\varepsilon < \xi + \varepsilon$,

那么称数 ξ 为数集 S 的下确界.

例 3 设 A,B 皆为非空有界数集,定义数集

$$A + B = \{z \mid z = x + y, x \in A, y \in B\}$$

证明:(1)$\sup(A+B) = \sup A + \sup B$;(2)$\inf(A+B) = \inf A + \inf B$.

证 (1) 一方面,对于任何 $z \in A + B$,设 $z = x + y$,其中 $x \in A$ 和 $y \in B$,则有

$$z = x + y \leqslant \sup A + \sup B$$

于是 $\sup(A+B) \leqslant \sup A + \sup B$.

另一方面,由定义 2′ 知,对于任何 $\varepsilon > 0$,存在 $x_0 \in A$ 和 $y_0 \in B$,使得

$$x_0 \geqslant \sup A - \frac{\varepsilon}{2}, y_0 \geqslant \sup B - \frac{\varepsilon}{2}$$

从而有 $x_0 + y_0 \geqslant \sup A + \sup B - \varepsilon$.于是

$$\sup(A+B) \geqslant \sup A + \sup B - \varepsilon$$

由 ε 的任意性,有

$$\sup(A+B) \geqslant \sup A + \sup B$$

由此得命题成立.

(2) 一方面,对于任何 $z \in A+B$,设 $z=x+y$,其中 $x \in A$ 和 $y \in B$,则有

$$z=x+y \geqslant \inf A+\inf B$$

于是 $\inf(A+B) \geqslant \inf A+\inf B$.

另一方面,由定义 3′ 知,对于任何 $\varepsilon>0$,存在 $x_0 \in A$ 和 $y_0 \in B$,使得

$$x_0 \leqslant \inf A+\frac{\varepsilon}{2}, y_0 \leqslant \inf B+\frac{\varepsilon}{2}$$

从而有 $x_0+y_0 \leqslant \inf A+\inf B+\varepsilon$. 于是

$$\inf(A+B) \leqslant \inf A+\inf B+\varepsilon$$

由 ε 的任意性,有

$$\inf(A+B) \leqslant \inf A+\inf B$$

由此得命题成立.

解惑释疑

问题 1 两个函数相同是指它们有相同的定义域和对应法则,这里的"对应法则"指的是什么?

答 这里的"对应法则"指的是自变量和因变量的对应关系,而不是对应的具体表达形式. 两个对应法则的具体表达形式不同的函数可能是两个相同的函数.

例如:设 A 是一个数集,令 $\chi_A(x)=\begin{cases}1, x \in A \\ 0, x \notin A\end{cases}$,再考虑符号函数 $\operatorname{sgn} x=\begin{cases}1, & x>0 \\ 0, & x=0 \\ -1, & x<0\end{cases}$ 和 $f(x)=\chi_{(0,+\infty)}(x)-\chi_{(-\infty, 0)}(x), x \in(-\infty,+\infty)$. 显然符号函数和 $f(x)$ 的定义域都是$(-\infty,+\infty)$,其对应法则的具体表达形式完全不同,然而不难验证它们的对应法则是完全一致的,因此,它们是两个相同的函数.

问题 2 函数的局部有界性与函数的有界性有何不同?

答 函数的局部有界性是一个局部概念,它与函数在一点的附近的函数值相联系,刻画了函数在给定点附近的变化情况.

显然,如果函数 $f(x)$ 在数集 D 上有界,那么 $f(x)$ 在数集 D 中的每一点都是局部有界的,反之则不一定成立. 例如:$f(x)=\frac{1}{x}, x \in(0,+\infty)$,在区间$(0,+\infty)$中的每一点都是局部有界的. 事实上,对于任何 $x_0 \in(0,+\infty)$,$\lim\limits_{x \rightarrow x_0} f(x)=\frac{1}{x_0}$,但是,不难发现 $f(x)=\frac{1}{x}$ 在$(0,+\infty)$内不是有界的.

问题 3 如何定义 η 不是数集 S 的上确界?

答 一个数集 S 的上确界 η 包含了两个基本要素:η 是 S 的上界,η 是 S 的最小上界. 因此,当我们要说明一个实数 η 不是数集 S 的上确界时,只需说明 η 不是 S 的上界,或者当 η 是 S 的上界时,说明 η 不是 S 的最小上界,即如果实数 η 不是数集 S 的上确界,满足:

(1) 存在 $x_0 \in S$，使得 $x_0 > \eta$；或者

(2) 存在 $\eta_0 < \eta$，对于任何 $x \in S$，有 $x \leqslant \eta_0$，

那么 η 不是数集 S 的上确界.

问题 4 设 f 是定义在 D 上的函数，如何用正面方式表达：

(1) f 是无上(下)界函数；

(2) f 不是增(严格增；减，严格减)函数；

(3) f 不是奇(偶)函数；

(4) f 不是周期函数.

答 (1) $\forall M \in \mathbf{R}, \exists x_0 \in D$，使得 $f(x_0) > M(f(x_0) < M)$；

(2) $\exists x_1, x_2 \in D$，且 $x_1 < x_2$，使得 $f(x_1) > f(x_2)(f(x_1) \geqslant f(x_2), f(x_1) < f(x_2), f(x_1) \leqslant f(x_2))$；

(3) $\exists x_0 \in D$，使得 $f(-x_0) \neq -f(x_0)(f(-x_0) \neq f(x_0))$；

(4) $\forall \sigma \in \mathbf{R}, \exists x_0 \in D$，使得 $f(x_0 + \sigma) \neq f(x_0)$.

问题 5 周期函数的周期一定是正实数吗？每个周期函数都有最小正周期吗？

答 周期函数的周期可以是负实数. 事实上，如果 $\sigma > 0$ 是定义在 D 上的函数 f 的周期，那么对于任何 $x \in D$，有 $f(x + (-\sigma)) = f((x + (-\sigma)) + \sigma) = f(x)$，即 $-\sigma$ 也是 f 的周期.

周期函数可能没有最小正周期. 例如：对于狄利克雷函数 $D(x)$，任何有理数 σ 都是它的周期，它显然没有最小正周期.

问题 6 双曲余弦函数 $y = \cosh x = \dfrac{e^x + e^{-x}}{2}$ 在 $(-\infty, +\infty)$ 内是否存在反函数？若不存在，如何限制定义域，才能使其有反函数？

答 双曲余弦函数是偶函数，在 $(-\infty, 0]$ 上严格单调递减，在 $[0, +\infty)$ 上严格单调递增，因此，它在 $(-\infty, +\infty)$ 内不存在反函数.

如果将它的定义域 D 限制在 $(-\infty, 0]$ 或 $[0, +\infty)$ 内，即 $D \subseteq (-\infty, 0]$ 或 $D \subseteq [0, +\infty)$，那么 $y = \cosh x = \dfrac{e^x + e^{-x}}{2}$ 在 D 上有反函数. 例如：当 $D = [0, +\infty)$ 时，$\cosh x$ 的反函数为 $\operatorname{arcosh} x = \ln(x + \sqrt{x^2 - 1}), x \geqslant 1$.

习题精练

1. 函数 $f(x) = \dfrac{1}{\sqrt{x-2}} + \ln(x^2 - x - 2)$ 的定义域是(　　).

(A) $(-2, -1)$　　(B) $(-1, 2)$　　(C) $(-2, -1) \cup (2, +\infty)$　　(D) $(2, +\infty)$

2. 函数 $f(x)$ 为奇函数的是(　　).

(A) $f(x) = \ln \dfrac{1-x}{1+x}$　　(B) $f(x) = \dfrac{a^x + a^{-x}}{2}$

(C) $f(x) = \sin x + x^2 + x + 1$　　(D) $f(x) = x^3 \sin 3x$

3. 设函数 $f(x)$ 与 $g(x)$ 分别为定义在 $(-\infty, +\infty)$ 内的严格递增函数与严格递减函

数,则(　　).

(A)$f[g(x)]$ 是严格递增函数　　(B)$f[g(x)]$ 是严格递减函数

(C)$f(x)g(x)$ 是严格递减函数　　(D)$f(x)g(x)$ 是严格递增函数

4. 函数 $y=e^{x-1}, x\in[0,+\infty)$ 的反函数及其定义域为(　　).

(A)$y=\ln x+1, x\in[e^{-1},+\infty)$　　(B)$y=-\ln x+1, x\in[e^{-1},+\infty)$

(C)$y=\ln x+1, x\in(0,+\infty)$　　(D)$y=-\ln x+1, x\in(0,+\infty)$

5. 下列函数是否相同?为什么?

(1)$f(x)=\lg x^2$ 与 $g(x)=2\lg x$;　　(2)$y=2x+1$ 与 $x=2y+1$.

6. 设 $f(x)$ 的定义域为$[0,1]$,求 $g(x)=f(x+a)+f(x-a)$ 的定义域.

7. 假定 $x^2+y^2+ax+by+c=0$ 表示一个圆,试求出 a,b 与 c 之间的关系.

8. 已知 $f[\varphi(x)]=1+\cos x, \varphi(x)=\sin\frac{x}{2}$,求 $f(x)$.

9. 设 $f(x)=\frac{ax^2+1}{bx+c}$(其中 a,b,c 是整数)是奇函数,且在$[1,+\infty)$上单调递增,$f(1)=2, f(2)<3$.

(1)求 a,b,c 的值;(2)证明:$f(x)$ 在$(0,1)$上单调递减.

10. 设函数 f 定义在$[-a,a]$上,证明:

(1)$F(x)=f(x)+f(-x), x\in[-a,a]$ 为偶函数;

(2)$G(x)=f(x)-f(-x), x\in[-a,a]$ 为奇函数;

(3)f 可表示为某个奇函数与某个偶函数之和.

11. 证明:$f(x)=x+\sin x$ 在 $\mathbf{R}$ 上严格递增.

12. 利用数学归纳法证明下列结论成立:

(1)$1^2+2^2+3^2+\cdots+n^2=\frac{n(n+1)(2n+1)}{6}$;

(2)$a+ar+ar^2+\cdots+ar^{n-1}=\frac{a(1-r^n)}{1-r}(r\neq1)$.

13. 利用数学归纳法证明下面两个命题成立.

(1)$(1+x)^n\geqslant1+nx$,此处 $x>-1$;

(2)令 $a_0=0, a_1=1$ 及当 $n\geqslant0$ 时 $a_{n+2}=a_{n+1}+a_n$,则

$$a_n=\frac{1}{\sqrt{5}}\left(\left(\frac{1+\sqrt{5}}{2}\right)^n-\left(\frac{1-\sqrt{5}}{2}\right)^n\right)$$

14. 设 f,g 为定义在 D 上的有界函数,满足 $f(x)\leqslant g(x), x\in D$.

证明:(1)$\sup\limits_{x\in D}f(x)\leqslant\sup\limits_{x\in D}g(x)$;(2)$\inf\limits_{x\in D}f(x)\leqslant\inf\limits_{x\in D}g(x)$.

15. 设 f,g 和 h 为增函数,满足

$$f(x)\leqslant g(x)\leqslant h(x), x\in\mathbf{R}$$

证明:$f(f(x))\leqslant g(g(x))\leqslant h(h(x))$.

16. 设 f,g 为 D 上的有界函数,证明:

(1)$\inf\limits_{x\in D}\{f(x)+g(x)\}\leqslant\inf\limits_{x\in D}f(x)+\sup\limits_{x\in D}g(x)$;

(2) $\sup\limits_{x\in D} f(x)+\inf\limits_{x\in D} g(x)\leqslant \sup\limits_{x\in D}\{f(x)+g(x)\}$.

17. 设 f,g 为 D 上的非负有界函数,证明:

(1) $\inf\limits_{x\in D} f(x)\cdot \inf\limits_{x\in D} g(x)\leqslant \inf\limits_{x\in D}\{f(x)g(x)\}$;

(2) $\sup\limits_{x\in D}\{f(x)g(x)\}\leqslant \sup\limits_{x\in D} f(x)\cdot \sup\limits_{x\in D} g(x)$.

习题解析

1. 应选(D). 要使得函数 $f(x)$ 有意义,只要 $\begin{cases}x-2>0\\x^2-x-2>0\end{cases}$,即 $\begin{cases}x-2>0\\(x-2)(x+1)>0\end{cases}$,那么所求函数的定义域为 $D=\{x\mid x>2\}$.

2. 应选(A). 选项(A),因为函数 $f(x)$ 的定义域为 $(-1,1)$,且 $f(-x)=\ln\dfrac{1+x}{1-x}=-\ln\dfrac{1-x}{1+x}=-f(x)$,所以 $f(x)$ 为奇函数.

选项(B),因为函数 $f(x)$ 的定义域为 $(-\infty,+\infty)$,且 $f(-x)=\dfrac{a^{-x}+a^{x}}{2}=f(x)$,所以 $f(x)$ 为偶函数.

选项(C),因为函数 $f(x)$ 的定义域为 $(-\infty,+\infty)$,且

$$f(-x)=\sin(-x)+(-x)^2+(-x)+1=-\sin x+x^2-x+1$$

所以 $f(-x)\neq f(x)$,$f(-x)\neq -f(x)$,故 $f(x)$ 为非奇非偶函数.

选项(D),因为函数 $f(x)$ 的定义域为 $(-\infty,+\infty)$,且对于任意实数 x,有

$$f(-x)=(-x)^3\sin 3(-x)=x^3\sin 3x=f(x)$$

所以 $f(x)$ 是偶函数.

3. 应选(B).

解法1:由于 $g(x)$ 在 $(-\infty,+\infty)$ 内为严格递减函数,那么对于任意的 $x_1,x_2(x_1<x_2)$,有 $g(x_1)>g(x_2)$. 根据 $f(x)$ 在 $(-\infty,+\infty)$ 内为严格递增函数,故而 $f[g(x_1)]>f[g(x_2)]$,即 $f[g(x)]$ 是严格递减函数. 因此选(B).

解法2:令 $f(x)=x$,$g(x)=-x$,显然函数 $f(x)$ 与 $g(x)$ 分别为定义在 $(-\infty,+\infty)$ 内的严格递增函数与严格递减函数. $f[g(x)]=-x$ 在 $(-\infty,+\infty)$ 内是单调递减函数,$f(x)g(x)=-x^2$ 在 $(-\infty,+\infty)$ 内不是单调函数. 故而选(B).

4. 应选(A). 对 $y=\mathrm{e}^{x-1}$ 可求得其反函数为 $x=\ln y+1$,即 $y=\ln x+1$. 当 $x=0$ 时,$y=\mathrm{e}^{0-1}=\mathrm{e}^{-1}$,再由指数函数的性质可知 $y=\mathrm{e}^{x-1}$ 在 $[0,+\infty)$ 内单调递增且无界,即直接函数 $y=\mathrm{e}^{x-1}$ 在 $[0,+\infty)$ 内的值域为 $[\mathrm{e}^{-1},+\infty)$,其反函数 $y=\ln x+1$ 的定义域为 $[\mathrm{e}^{-1},+\infty)$.

5. (1) $f(x)=\lg x^2$ 的定义域 $D=\{x\mid x\neq 0,x\in\mathbf{R}\}$,$g(x)=\lg x$ 的定义域 $D=\{x\mid x>0,x\in\mathbf{R}\}$,虽然作用法则 $\lg x^2=2\lg x$ 相同,但显然两者的定义域不同,故不是同一函数.

(2) $y=2x+1$,以 x 为自变量,显然定义域为实数集 $\mathbf{R}$;$x=2y+1$,以 y 为自变量,显

然定义域也为实数集 **R**. 两者的作用法则也相同,故为同一函数.

6. $\begin{cases} x+a\in[0,1] \\ x-a\in[0,1] \end{cases} \Rightarrow \begin{cases} x\in[-a,1-a] \\ x\in[a,1+a] \end{cases}$.

当 $a=0$ 时,显然 $g(x)$ 的定义域为 $[0,1]$.

当 $a>0$ 时,要使得 $g(x)$ 有意义,则 $a\leqslant 1-a$,即 $a\leqslant\frac{1}{2}$;

当 $a<0$ 时,要使得 $g(x)$ 有意义,则 $-a\leqslant 1+a$,即 $a\geqslant-\frac{1}{2}$.

综上所述, 当 $a\in\left[0,\frac{1}{2}\right]$ 时,$g(x)$ 的定义域为 $[a,1-a]$;当 $a\in\left[-\frac{1}{2},0\right)$ 时,$g(x)$ 的定义域为 $[-a,1+a]$;当 $|a|>\frac{1}{2}$ 时,$g(x)$ 的定义域为空集.

7. 写成圆方程的标准形式得 $\left(x+\frac{a}{2}\right)^2+\left(y+\frac{b}{2}\right)^2=\frac{a^2+b^2-4c}{4}$.

上面方程表示一个圆的充分必要条件为 $a^2+b^2>4c$.

8. $f[\varphi(x)]=f\left(\sin\frac{x}{2}\right)=1+\cos x=2-2\sin^2\frac{x}{2}$,令 $\sin\frac{x}{2}=t$,那么 $f(t)=2-2t^2$,于是 $f(x)=2-2x^2$.

9. (1) 由于 $f(x)$ 是奇函数,$-f(x)=f(-x)$,$-\frac{ax^2+1}{bx+c}=\frac{a(-x)^2+1}{b(-x)+c}$,解得 $c=0$. 再由 $f(1)=2$,可得 $a=2b-1$. 因 $f(x)$ 在 $[1,+\infty)$ 上单调递增,且 $f(1)=2$,所以 $2=f(1)\leqslant f(2)=\frac{4a+1}{2b}\leqslant 3$,将 $a=2b-1$ 代入该不等式再整理,可得 $\frac{3}{2}<2b<3$. 又因为 b 是整数,所以 $b=1$,从而 $a=1$. 即 $a=1,b=1,c=0$.

(2) 由(1) 知,$f(x)=\frac{x^2+1}{x}=x+\frac{1}{x}$,则 $f'(x)=1-\frac{1}{x^2}<0(x\in(0,1))$.

所以 $f(x)$ 在 $(0,1)$ 上单调递减.

10. (1)(2) 的证明留给读者.

(3) 由于 $f(x)=\frac{1}{2}F(x)+\frac{1}{2}G(x),x\in[-a,a]$,而 $\frac{1}{2}F(x)$ 与 $\frac{1}{2}G(x)$ 分别是偶函数与奇函数,所以结论成立.

11. 对于任何 $x_1,x_2\in\mathbf{R}$ 且 $x_1<x_2$,有

$$\begin{aligned} f(x_2)-f(x_1) &= (x_2-x_1)+(\sin x_2-\sin x_1) \\ &= (x_2-x_1)+2\cos\frac{x_2+x_1}{2}\sin\frac{x_2-x_1}{2} \end{aligned}$$

因为 $|\sin x|<|x|$ 对于任何不为 0 的 x 都成立,所以

$$\left|2\cos\frac{x_2+x_1}{2}\sin\frac{x_2-x_1}{2}\right|\leqslant 2\left|\sin\frac{x_2-x_1}{2}\right|<|x_2-x_1|=x_2-x_1$$

因此

$$f(x_2)-f(x_1)\geqslant(x_2-x_1)-\left|2\cos\frac{x_2+x_1}{2}\sin\frac{x_2-x_1}{2}\right|$$

$$>(x_2-x_1)-(x_2-x_1)=0$$

根据严格递增函数的定义知 $f(x)=x+\sin x$ 在 $\mathbf{R}$ 上严格递增.

12. (1) 当 $n=1$ 时, $1=\frac{1\times 2\times 3}{6}=1$,命题成立.现在假设当 $n=k$ 时,命题成立.则当 $n=k+1$ 时,有

$$1^2+2^2+\cdots+k^2+(k+1)^2=\frac{k(k+1)(2k+1)}{6}+(k+1)^2$$

$$=\frac{(k+1)[k(2k+1)+6(k+1)]}{6}=\frac{(k+1)(2k^2+7k+6)}{6}$$

$$=\frac{(k+1)(k+2)(2(k+1)+1)}{6}$$

命题成立.因此由归纳法可知命题成立.

(2) 当 $n=1$ 时, $a=a$,命题成立.现在假设当 $n=k$ 时,命题成立,即 $a+ar+\cdots+ar^{k-1}=\frac{a(1-r^k)}{1-r}$.则当 $n=k+1$ 时,有

$$a+ar+\cdots+ar^{k-1}+ar^k=\frac{a(1-r^k)}{1-r}+ar^k$$

$$=\frac{a(1-r^k)+a(1-r)r^k}{1-r}=\frac{a(1-r^{k+1})}{1-r}$$

命题成立.因此由归纳法可知命题成立.

13. (1) 当 $n=1$ 时, $1+x\geqslant 1+x$,所以命题成立.现在假设当 $n=k$ 时,命题成立,即 $(1+x)^k\geqslant 1+kx$.则当 $n=k+1$ 时,由于 $x>-1$,所以

$$(1+x)^{k+1}=(1+x)(1+x)^k\geqslant(1+x)(1+kx)$$

$$=1+(k+1)x+kx^2\geqslant 1+(k+1)x$$

命题成立.因此由归纳法可知命题成立.

(2) 当 $n=0,1$ 时, $a_0=0, a_1=1$,命题成立.现在假设当 $n=k$ 时,命题成立.则当 $n=k+1$ 时,由递推公式

$$a_{k+1}=a_k+a_{k-1}=\frac{1}{\sqrt{5}}\left(\left(\frac{1+\sqrt{5}}{2}\right)^k-\left(\frac{1-\sqrt{5}}{2}\right)^k\right)+\frac{1}{\sqrt{5}}\left(\left(\frac{1+\sqrt{5}}{2}\right)^{k-1}-\left(\frac{1-\sqrt{5}}{2}\right)^{k-1}\right)$$

$$=\frac{1}{\sqrt{5}}\left(\frac{1+\sqrt{5}}{2}\right)^{k-1}\left(\frac{1+\sqrt{5}}{2}+1\right)-\frac{1}{\sqrt{5}}\left(\frac{1-\sqrt{5}}{2}\right)^{k-1}\left(\frac{1-\sqrt{5}}{2}+1\right)$$

$$=\frac{1}{\sqrt{5}}\left(\left(\frac{1+\sqrt{5}}{2}\right)^{k+1}-\left(\frac{1-\sqrt{5}}{2}\right)^{k+1}\right)$$

可得命题成立.因此由归纳法可知命题成立.

14. (1) 因为 f,g 为定义在 D 上的有界函数,所以 $\sup\limits_{x\in D}f(x)$ 和 $\sup\limits_{x\in D}g(x)$ 都存在.对于任一 $x\in D$,有 $f(x)\leqslant g(x)\leqslant\sup\limits_{x\in D}g(x)$,即 $\sup\limits_{x\in D}g(x)$ 是 f 的值域的上界.因此, $\sup\limits_{x\in D}f(x)\leqslant\sup\limits_{x\in D}g(x)$.

(2) 的证明与(1)类似,留给读者.

15. 对于任何 $x\in\mathbf{R}$,由题设有 $f(x)\leqslant g(x)\leqslant h(x)$,从而有

$$f(g(x)) \leqslant g(g(x)), g(h(x)) \leqslant h(h(x))$$

因为 f 和 g 为增函数,所以 $f(f(x)) \leqslant f(g(x)), g(g(x)) \leqslant g(h(x))$. 因此

$$f(f(x)) \leqslant f(g(x)) \leqslant g(g(x)) \leqslant g(h(x)) \leqslant h(h(x))$$

16. (1) 对于任何 $\varepsilon > 0$,根据下确界定义,存在 $x_1 \in D$,使得 $f(x_1) < \inf\limits_{x \in D} f(x) + \varepsilon$,而 $g(x_1) \leqslant \sup\limits_{x \in D} g(x)$. 因此

$$f(x_1) + g(x_1) \leqslant \inf_{x \in D} f(x) + \sup_{x \in D} g(x) + \varepsilon$$

于是得到

$$\inf_{x \in D}\{f(x) + g(x)\} \leqslant f(x_1) + g(x_1) \leqslant \inf_{x \in D} f(x) + \sup_{x \in D} g(x) + \varepsilon$$

由 $\varepsilon > 0$ 的任意性得到

$$\inf_{x \in D}\{f(x) + g(x)\} \leqslant \inf_{x \in D} f(x) + \sup_{x \in D} g(x)$$

(2) 的证明与(1) 类似,留给读者.

17. (1) 由于 f, g 为 D 上的非负有界函数,故 $\inf\limits_{x \in D} f(x)$ 和 $\inf\limits_{x \in D} g(x)$ 都存在且非负. 对于任一 $x \in D$,有 $0 \leqslant \inf\limits_{x \in D} f(x) \leqslant f(x)$, $0 \leqslant \inf\limits_{x \in D} g(x) \leqslant g(x)$,于是

$$\inf_{x \in D} f(x) \cdot \inf_{x \in D} g(x) \leqslant f(x)g(x)$$

即 $\inf\limits_{x \in D} f(x) \cdot \inf\limits_{x \in D} g(x)$ 为函数 $f(x)g(x)$ 的值域的下界. 因此, $\inf\limits_{x \in D} f(x) \cdot \inf\limits_{x \in D} g(x) \leqslant \inf\limits_{x \in D}\{f(x)g(x)\}$ 成立.

(2) 的证明与(1) 类似,留给读者.

第2讲

数列极限

背景简介

极限理论是从初等数学到高等数学转化的基础，它的建立为数学分析的研究提供了基本的工具，也是人们认知中，把握从有限到无限的通行证.数学分析后继课程的主体内容，不论是函数(包括多元)的连续性、可微性、可积性还是无穷级数理论，无一例外地都通过极限来定义和推演.

读者需要理解数列极限严格的“$\varepsilon-N$”定义，并会用该定义证明形式较简约的数列极限；理解并掌握收敛数列的性质；会利用四则运算法则及迫敛性求极限；理解数列发散、有界和无穷小数列等概念；深度理解并掌握数列极限存在的条件(单调有界定理、致密性定理、柯西收敛准则).

内容聚焦

第1节　数列极限的概念

定义1　设$\{a_n\}$为一数列，如果存在常数a，对于任意给定的正数ε(不论它有多么小)，总存在正整数N，使得当$n>N$时，不等式$|a_n-a|<\varepsilon$成立，那么称常数a是数列的极限，或者称数列$\{a_n\}$收敛于a，记为$\lim\limits_{n\to\infty}a_n=a$，或$a_n\to a(n\to\infty)$.

数列极限$\lim\limits_{n\to\infty}a_n=a$的定义可简单地表达为$\lim\limits_{n\to\infty}a_n=a\Leftrightarrow\forall\varepsilon>0,\exists N\in\mathbf{N}_+$，当$n>N$时，有$|a_n-a|<\varepsilon$.

例1　设$a_n=\dfrac{n}{n+1}(n=1,2,\cdots)$，证明$\lim\limits_{n\to\infty}a_n=1$并填下表：

ε	0.1	0.01	0.001	0.000 1	0.100 86
N					

证 任给 $\varepsilon>0$,要 $|a_n-1|<\varepsilon$,只要 $\frac{1}{n+1}<\varepsilon$,即只要 $n>\frac{1}{\varepsilon}-1$.可取 $N=N(\varepsilon)=\frac{1}{\varepsilon}$,则当 $n>N$ 时,$|a_n-1|<\varepsilon$,即 $\lim\limits_{n\to\infty}a_n=1$.填写上表如下:

ε	0.1	0.01	0.001	0.000 1	0.100 86
N	10	100	1 000	10 000	11

例 2 设:(1) $x_n=\frac{(-1)^{n+1}}{n}$;(2) $x_n=\frac{2n}{n^3+1}$;(3) $x_n=\frac{1}{n!}$.

对于任意的 $\varepsilon>0$,求出数 $N=N(\varepsilon)$,使得当 $n>N$ 时,$|x_n|<\varepsilon$,从而证明 $x_n(n=1,2,\cdots)$ 的极限值为0.

对应着上面三个数列,填下表:

ε		0.1	0.01	0.001	…
(1)	N				
(2)	N				
(3)	N				

证 (1) 任给 $\varepsilon>0$,要 $|x_n|<\varepsilon$,只要 $\frac{1}{n}<\varepsilon$,即只要 $n>\frac{1}{\varepsilon}$.取 $N=\frac{1}{\varepsilon}$,则当 $n>N$ 时,$|x_n|<\varepsilon$,所以,$\lim\limits_{n\to\infty}x_n=0$.

(2) $|x_n|=\frac{2n}{n^3+1}<\frac{2}{n^2}$,任给 $\varepsilon>0$,要 $|x_n|<\varepsilon$,只要 $\frac{2}{n^2}<\varepsilon$,即只要 $n>\sqrt{\frac{2}{\varepsilon}}$.取 $N=\sqrt{\frac{2}{\varepsilon}}$,则当 $n>N$ 时,$|x_n|<\varepsilon$,所以,$\lim\limits_{n\to\infty}x_n=0$.

(3) $|x_n|=\frac{1}{n!}<\frac{1}{n}$,任给 $\varepsilon>0$,要 $|x_n|<\varepsilon$,只要 $\frac{1}{n}<\varepsilon$,即只要 $n>\frac{1}{\varepsilon}$.取 $N=\frac{1}{\varepsilon}$,则当 $n>N$ 时,$|x_n|<\varepsilon$,所以,$\lim\limits_{n\to\infty}x_n=0$.

填写上表如下:

ε		0.1	0.01	0.001	…
(1)	N	10	100	1 000	…
(2)	N	4	14	44	…
(3)	N	10	100	1 000	…

注 在定义1中,要求 N 为正整数,但在实际的应用中并不局限于正整数,N 为正数即可,在证明 $\lim\limits_{n\to\infty}a_n=a$ 时,为什么 N 可以不再取正整数?事实上,如果对任意给定的 $\varepsilon>0$,存在实数 K,使得当 $n>K$ 时,不等式 $|a_n-a|<\varepsilon$ 成立,则取 $N=|[K]|+1$ 时,有 $N\in\mathbf{N}_+$,并且当 $n>N$ 时,有 $n>|[K]|+1\geqslant[K]+1>K$,从而不等式 $|a_n-a|<$

ε 成立. 所以在前面及后面的证明中,为了方便起见(且不失严谨),我们有时并未做形式上取整再加 1 的技术处理.

例 3 设 $\lim\limits_{n\to\infty} a_n = a \neq 0$,则当 n 充分大时,下列正确的选项是(　　).

(A) $|a_n| > \dfrac{|a|}{2}$　(B) $|a_n| < \dfrac{|a|}{2}$　(C) $a_n > a - \dfrac{1}{n}$　(D) $a_n < a + \dfrac{1}{n}$

解法 1 应选(A). 推演法.

先证一个简单事实:若 $\lim\limits_{n\to\infty} a_n = a$,则 $\lim\limits_{n\to\infty} |a_n| = |a|$.

由于 $\lim\limits_{n\to\infty} a_n = a$,则对 $\forall \varepsilon > 0$,$\exists N$,当 $n > N$ 时,有 $|a_n - a| < \varepsilon$,又由绝对值不等式可知 $||a_n| - |a|| \leqslant |a_n - a|$,则 $||a_n| - |a|| < \varepsilon$,即 $\lim\limits_{n\to\infty} |a_n| = |a|$.

基于上述事实,由数列极限的定义可知:对 $\forall \varepsilon > 0$,$\exists N$,当 $n > N$ 时,有 $||a_n| - |a|| < \varepsilon$,即 $|a| - \varepsilon < |a_n| < |a| + \varepsilon$. 特别地,取 $\varepsilon = \dfrac{|a|}{2}$ 时,存在相应的自然数 $N(\varepsilon)$,当 $n > N(\varepsilon)$ 时,有 $|a_n| > \dfrac{|a|}{2}$.

解法 2 应选(A). 排除法.

选项(B),取 $a_n = -1 - \dfrac{1}{n}$,此时 $\lim\limits_{n\to\infty} a_n = a = -1$,但 $|a_n| = 1 + \dfrac{1}{n} > \dfrac{1}{2} = \dfrac{|a|}{2}$.

选项(C),取 $a_n = 1 - \dfrac{2}{n}$,此时 $\lim\limits_{n\to\infty} a_n = a = 1$,但 $a_n = 1 - \dfrac{2}{n} < 1 - \dfrac{1}{n} = a - \dfrac{1}{n}$.

选项(D),取 $a_n = 1 + \dfrac{2}{n}$,此时 $\lim\limits_{n\to\infty} a_n = a = 1$,但 $a_n = 1 + \dfrac{2}{n} > 1 + \dfrac{1}{n} = a + \dfrac{1}{n}$.

例 4 利用定义证明 $\lim\limits_{n\to\infty} \dfrac{10n^2}{n^2 - 5} = 10$.

证法 1 由于 $\left|\dfrac{10n^2}{n^2-5} - 10\right| = \dfrac{50}{n^2-5} \leqslant \dfrac{50}{n} (n \geqslant 3)$,故对任意的 $\varepsilon > 0$,取 $N = \max\left\{3, \dfrac{50}{\varepsilon}\right\}$,当 $n > N$ 时,有 $\left|\dfrac{10n^2}{n^2-5} - 10\right| < \varepsilon$,即 $\lim\limits_{n\to\infty} \dfrac{10n^2}{n^2-5} = 10$.

证法 2 由 $\left|\dfrac{10n^2}{n^2-5} - 10\right| = \dfrac{50}{n^2-5} < \varepsilon$,解得 $n^2 > \dfrac{50}{\varepsilon} + 5$,故可令 $N = \sqrt{\dfrac{50}{\varepsilon} + 5}$,所以对任意的 $\varepsilon > 0$,取 $N = \sqrt{\dfrac{50}{\varepsilon} + 5}$,当 $n > N$ 时,有 $\left|\dfrac{10n^2}{n^2-5} - 10\right| < \varepsilon$,即 $\lim\limits_{n\to\infty} \dfrac{10n^2}{n^2-5} = 10$.

例 5 利用定义证明 $\lim\limits_{n\to\infty} (0.75)^n = 0$.

证法 1 记 $a = 0.75$,$h = \dfrac{1}{a} - 1 = \dfrac{1}{3} > 0$,则 $|a^n - 0| = |a|^n = \dfrac{1}{(1+h)^n}$. 利用二项式公式 $(1+h)^n = \sum\limits_{k=0}^{n} C_n^k h^k 1^{n-k} = C_n^0 h^0 + C_n^1 h^1 + C_n^2 h^2 + \cdots + C_n^n h^n$,可得 $(1+h)^n \geqslant nh = \dfrac{n}{3}$,进而有 $|a^n| < \dfrac{3}{n}$,故对任意的 $\varepsilon > 0$,令 $N = \dfrac{3}{\varepsilon}$,则当 $n > N$ 时,有 $|(0.75)^n| < \dfrac{3}{n} < \varepsilon$,即证明了结论成立.

证法 2 由 $(0.75)^n<\varepsilon$，解得 $\ln(0.75)^n<\ln\varepsilon$，即 $n\ln(0.75)<\ln\varepsilon$，故对任意的 $0<\varepsilon<0.75$，可令 $N=\dfrac{\ln\varepsilon}{\ln(0.75)}$，当 $n>N$ 时，有 $|(0.75)^n|<\varepsilon$，即 $\lim\limits_{n\to\infty}(0.75)^n=0$.

注 上述例 4、例 5 的两种证法中，很明显证法 1 相对“漂亮”一些，因为所取的 N 的形式简约，是“理想中的取法”，而两题的证法 2 中所取的 N 的形式相对“臃肿”，但直接有效，避免了不等式的估算！建议读者在掌握第二种证法的同时，尽可能理解第一种证法，并在本讲的习题精练板块，处理用定义证明的题目时尝试找到更“美”的 N.

事实上，用定义验证 $\lim\limits_{n\to\infty}a_n=a$ 时，需要在任意给定的 $\varepsilon>0$ 的前提下，从不等式 $|a_n-a|<\varepsilon$ 中解出 n. 但在实际的证明操作中，这种做法常常是较困难的，尤其是遇到形式较复杂的数列通项.

从不等式 $|a_n-a|<\varepsilon$ 中解出 n 的目的不是求出这个不等式的解集，而是找出 N，使得 $n>N$ 时保证该不等式恒成立. 显然，如果这样的 N 存在，那么它一定是不唯一的. 另外，如果存在一个关于 n 的表达式 $g(n)$，满足 $|a_n-a|\leqslant g(n)$，那么解不等式 $g(n)<\varepsilon$ 得到的 N，一定是使得不等式 $|a_n-a|<\varepsilon$ 成立的 N. 因此，要从不等式 $|a_n-a|<\varepsilon$ 中找出 N，我们一般先将 $|a_n-a|$ 适当放大成 $g(n)$，然后解不等式 $g(n)<\varepsilon$，即可得到 N. 在放缩和求解的过程中一定要注意以下两点：

(1) 放大的 $g(n)$ 必须保证不等式 $|a_n-a|\leqslant g(n)$，至少从 n 大于某个自然数 n_0 开始成立且 $\lim\limits_{n\to\infty}g(n)=0$；

(2) 不等式 $g(n)<\varepsilon$ 容易求解（最理想的状态为 $g(n)=\dfrac{C}{n}$ 的形式，其中 C 为常数）. 否则，放大过程无效.

例 6 利用定义证明 $\lim\limits_{n\to\infty}\sqrt[n]{a}=1$，其中 $a>0$.

证 当 $a=1$ 时，结论显然成立.

当 $a>1$ 时，记 $\alpha_n=a^{\frac{1}{n}}-1$，则 $\alpha_n>0$. 由

$$a=(1+\alpha_n)^n\geqslant 1+n\alpha_n=1+n(a^{\frac{1}{n}}-1)$$

得 $a^{\frac{1}{n}}-1\leqslant\dfrac{a-1}{n}$. 则对任给的 $\varepsilon>0$，由 $a^{\frac{1}{n}}-1\leqslant\dfrac{a-1}{n}$ 可见，当 $n>\dfrac{a-1}{\varepsilon}=N$ 时，就有 $a^{\frac{1}{n}}-1<\varepsilon$，即 $|a^{\frac{1}{n}}-1|<\varepsilon$. 所以 $\lim\limits_{n\to\infty}\sqrt[n]{a}=1$.

当 $0<a<1$ 时，则 $\dfrac{1}{a}>0$，由前半部分的证明可知 $\lim\limits_{n\to\infty}\sqrt[n]{\dfrac{1}{a}}=\lim\limits_{n\to\infty}\left(\dfrac{1}{a}\right)^{\frac{1}{n}}=1$，即对任意的 $\varepsilon>0$，存在 N，使得当 $n>N$ 时，$\left|\left(\dfrac{1}{a}\right)^{\frac{1}{n}}-1\right|<\varepsilon$，等价地有 $\left|\dfrac{a^{\frac{1}{n}}-1}{a^{\frac{1}{n}}}\right|<\varepsilon$. 又因 $a^{\frac{1}{n}}<1$，从而 $|a^{\frac{1}{n}}-1|<\left|\dfrac{a^{\frac{1}{n}}-1}{a^{\frac{1}{n}}}\right|<\varepsilon$，所以 $\lim\limits_{n\to\infty}\sqrt[n]{a}=1$.

理解和应用数列极限的定义时，还需把握以下几点：

注 1 ①ε 既有任意性也有确定性，用来定量地刻画 a_n 与 a 的接近程度，然而一旦选定，用 ε 求 N 时，需要把它当作一个确定的数；②“N 的存在性”，这是刻画 n 充分大的状

态，这样的 N 并不唯一；③ $\lim\limits_{n\to\infty} a_n=a$ 的几何定义：对于 a 的任一以 ε 为半径、a 为中心的邻域 $(a-\varepsilon,a+\varepsilon)$，总存在正整数 N，当 $n>N$ 时，几乎所有 a_n 位于 $(a-\varepsilon,a+\varepsilon)$ 之内(即只有有限多项(最多 N 项)a_n 落在 $(a-\varepsilon,a+\varepsilon)$ 之外).

注 2 读者需要记住以下经典结论，这将有助于你们解答数列极限的计算.

① $\lim\limits_{n\to\infty}\dfrac{1}{n^\alpha}=0(\alpha>0)$；② $\lim\limits_{n\to\infty} q^n=0,\ |q|<1$；③ $\lim\limits_{n\to\infty}\dfrac{a^n}{n!}=0$；

④ $\lim\limits_{n\to\infty}\sqrt[n]{a}=1(a>0)$，$\lim\limits_{n\to\infty}\sqrt[n]{n}=1$；⑤ 若 $\lim\limits_{n\to\infty} a_n=a$，则 $\lim\limits_{n\to\infty}|a_n|=|a|$；

⑥ $\lim\limits_{n\to\infty} a_n=0$ 当且仅当 $\lim\limits_{n\to\infty}|a_n|=0$.

例 7 设 $\{a_n\}$ 为给定的数列，$\{b_n\}$ 为 $\{a_n\}$ 增加、减少或者改变有限项之后得到的数列. 证明：$\{b_n\}$ 与 $\{a_n\}$ 同时收敛或发散，且在收敛时两者的极限相等.

证 设 $\{a_n\}$ 为收敛数列，且 $\lim\limits_{n\to\infty} a_n=a$. 对任给的 $\varepsilon>0$，数列 $\{a_n\}$ 中落在 $U(a;\varepsilon)$ 之外的项至多只有有限个. 而数列 $\{b_n\}$ 是对 $\{a_n\}$ 增加、减少或改变有限项之后得到的，故从某一项开始，$\{b_n\}$ 中的每一项都是 $\{a_n\}$ 中确定的一项，所以 $\{b_n\}$ 中落在 $U(a;\varepsilon)$ 之外的项也至多只有有限个. 这就证得 $\lim\limits_{n\to\infty} b_n=a$.

现设 $\{a_n\}$ 发散. 倘若 $\{b_n\}$ 收敛，则因 $\{a_n\}$ 可看成是对 $\{b_n\}$ 增加、减少或改变有限项之后得到的数列，故由上面所证，$\{a_n\}$ 收敛，矛盾. 所以当 $\{a_n\}$ 发散时，$\{b_n\}$ 也发散.

定义 2 若 $\lim\limits_{n\to\infty} a_n=0$，则称 $\{a_n\}$ 为无穷小数列.

定理 数列 $\{a_n\}$ 收敛于 a 当且仅当 $\{a_n-a\}$ 为无穷小数列.

定义 3 若数列 $\{a_n\}$ 满足：对任意正数 $M>0$，总存在正整数 N，使得当 $n>N$ 时有 $|a_n|>M$，则称数列 $\{a_n\}$ 发散于无穷大，并记作 $\lim\limits_{n\to\infty} a_n=\infty$.

定义 4 若数列 $\{a_n\}$ 满足：对任意正数 $M>0$，总存在正整数 N，使得当 $n>N$ 时有 $a_n>M(a_n<-M)$，则称数列 $\{a_n\}$ 发散于正(负)无穷大，并记作 $\lim\limits_{n\to\infty} a_n=+\infty$，或简记为 $a_n\to+\infty$($\lim\limits_{n\to\infty} a_n=-\infty$，或简记为 $a_n\to-\infty$).

例 8 证明 $\lim\limits_{n\to\infty}\dfrac{n}{\sin n}=\infty$ 成立.

证 对于任意 $M>0$，取 $N=[M]+1$，则当 $n>N$ 时，有

$$\left|\frac{n}{\sin n}\right|\geqslant n>N=[M]+1>M$$

因此，根据定义知 $\lim\limits_{n\to\infty}\dfrac{n}{\sin n}=\infty$ 成立.

第 2 节 收敛数列的性质

定理 1 (唯一性) 如果数列 $\{a_n\}$ 收敛，那么它的极限唯一.

定理 2 (有界性) 如果数列 $\{a_n\}$ 收敛，那么数列 $\{a_n\}$ 一定有界.

定理 3 (保号性) 如果数列 $\{a_n\}$ 收敛于 a，且 $a>0$(或 $a<0$)，那么存在正整数 N，当 $n>N$ 时，有 $a_n>0$(或 $a_n<0$).

推论 若存在正整数 N，当 $n>N$ 时，$a_n \geqslant 0$（或 $a_n \leqslant 0$），且 $\lim\limits_{n\to\infty} a_n = a$，则 $a \geqslant 0$（或 $a \leqslant 0$）.

定理 4 （保不等式性）设数列 $\{a_n\}$ 和 $\{b_n\}$ 都收敛. 若 $\exists N_0 \in \mathbf{N}_+$，$\forall n > N_0$，都有 $a_n \leqslant b_n$，则 $\lim\limits_{n\to\infty} a_n \leqslant \lim\limits_{n\to\infty} b_n$.

定理 5 （迫敛性）如果数列 $\{x_n\}$，$\{y_n\}$ 及 $\{z_n\}$ 满足下列条件：

(1) 从某项起，即 $\exists n_0 \in \mathbf{N}_+$，当 $n > n_0$ 时，有 $y_n \leqslant x_n \leqslant z_n$；

(2) $\lim\limits_{n\to\infty} y_n = a$，$\lim\limits_{n\to\infty} z_n = a$，

那么数列 $\{x_n\}$ 的极限存在，且 $\lim\limits_{n\to\infty} x_n = a$.

定理 6 （四则运算法则）如果 $\lim\limits_{n\to\infty} a_n = A$，$\lim\limits_{n\to\infty} b_n = B$，那么：

(1) $\lim\limits_{n\to\infty}(a_n + b_n) = \lim\limits_{n\to\infty} a_n + \lim\limits_{n\to\infty} b_n = A + B$；

(2) $\lim\limits_{n\to\infty}(a_n \cdot b_n) = \lim\limits_{n\to\infty} a_n \cdot \lim\limits_{n\to\infty} b_n = A \cdot B$；

(3) 若 $b_n \neq 0$ 且 $B \neq 0$，则 $\lim\limits_{n\to\infty} \dfrac{a_n}{b_n} = \dfrac{\lim\limits_{n\to\infty} a_n}{\lim\limits_{n\to\infty} b_n} = \dfrac{A}{B}$.

例 1 求极限 $\lim\limits_{n\to\infty}\left(1-\dfrac{1}{1+2}\right)\left(1-\dfrac{1}{1+2+3}\right)\cdots\left(1-\dfrac{1}{1+2+\cdots+n}\right)$.

解 因为 $1+2+\cdots+n = \dfrac{n(n+1)}{2}$，所以

$$\begin{aligned}
&\left(1-\frac{1}{1+2}\right)\left(1-\frac{1}{1+2+3}\right)\cdots\left(1-\frac{1}{1+2+\cdots+n}\right)\\
=&\left(1-\frac{2}{2\cdot 3}\right)\left(1-\frac{2}{3\cdot 4}\right)\cdots\left(1-\frac{2}{n(n+1)}\right)\\
=&\frac{1\cdot 4}{2\cdot 3}\cdot\frac{2\cdot 5}{3\cdot 4}\cdot\frac{3\cdot 6}{4\cdot 5}\cdot\cdots\cdot\frac{(n-1)(n+2)}{n(n+1)}\\
=&\frac{n+2}{3n} = \frac{1}{3} + \frac{2}{3n}
\end{aligned}$$

于是 $\lim\limits_{n\to\infty}\left(1-\dfrac{1}{1+2}\right)\left(1-\dfrac{1}{1+2+3}\right)\cdots\left(1-\dfrac{1}{1+2+\cdots+n}\right) = \dfrac{1}{3}$.

例 2 求极限 $\lim\limits_{n\to\infty}\left(\dfrac{1}{a}+\dfrac{3}{a^2}+\cdots+\dfrac{2n-1}{a^n}\right)$，其中 $|a|>1$.

解 记 $x_n = \dfrac{1}{a}+\dfrac{3}{a^2}+\cdots+\dfrac{2n-1}{a^n}$，则有 $\dfrac{1}{a}\cdot x_n = \dfrac{1}{a^2}+\dfrac{3}{a^3}+\cdots+\dfrac{2n-1}{a^{n+1}}$. 因此

$$\left(1-\frac{1}{a}\right)x_n = x_n - \frac{1}{a}\cdot x_n = \frac{1}{a}+\frac{2}{a^2}+\frac{2}{a^3}+\cdots+\frac{2}{a^n}-\frac{2n-1}{a^{n+1}}$$

于是

$$\begin{aligned}
x_n &= \frac{1}{a-1}+\frac{2}{a(a-1)}\left(1+\frac{1}{a}+\frac{1}{a^2}+\cdots+\frac{1}{a^{n-2}}\right)-\frac{2n-1}{a^n(a-1)}\\
&= \frac{1}{a-1}+\frac{2}{a(a-1)}\cdot\frac{1-\dfrac{1}{a^{n-1}}}{1-\dfrac{1}{a}}-\frac{2n-1}{a^n(a-1)}
\end{aligned}$$

$$=\frac{1}{a-1}+\frac{2}{(a-1)^2}\left(1-\frac{1}{a^{n-1}}\right)-\frac{2n-1}{a^n(a-1)}$$

又因为 $|a|>1$,所以$\lim\limits_{n\to\infty}\frac{2n-1}{a^n(a-1)}=\lim\limits_{n\to\infty}\left(\frac{2}{a-1}\cdot\frac{n}{a^n}-\frac{1}{a-1}\cdot\frac{1}{a^n}\right)=0$. 由此得到

$$\lim_{n\to\infty}\left(\frac{1}{a}+\frac{3}{a^2}+\cdots+\frac{2n-1}{a^n}\right)=\frac{1}{a-1}+\frac{2}{(a-1)^2}$$

例 3 假定$\lim\limits_{n\to\infty}a_n=\infty$,$\lim\limits_{n\to\infty}b_n=\infty$ 及$\lim\limits_{n\to\infty}(a_n-b_n)=k(k\in\mathbf{R})$,试求:

(1) $\lim\limits_{n\to\infty}\frac{a_n}{b_n}$; (2) $\lim\limits_{n\to\infty}\left(\frac{b_n^2}{a_n}-\frac{a_n^2}{b_n}\right)$.

解 (1) $\lim\limits_{n\to\infty}\frac{a_n}{b_n}=\lim\limits_{n\to\infty}\left(\frac{a_n-b_n}{b_n}+1\right)=\lim\limits_{n\to\infty}\frac{a_n-b_n}{b_n}+1=\frac{\lim\limits_{n\to\infty}(a_n-b_n)}{\lim\limits_{n\to\infty}b_n}+1=1$;

(2) $\lim\limits_{n\to\infty}\left(\frac{b_n^2}{a_n}-\frac{a_n^2}{b_n}\right)=\lim\limits_{n\to\infty}\frac{b_n^3-a_n^3}{a_nb_n}=-\lim\limits_{n\to\infty}(a_n-b_n)\cdot\lim\limits_{n\to\infty}\frac{a_n^2+a_nb_n+b_n^2}{a_nb_n}$

$$=-k\lim_{n\to\infty}\left(\frac{a_n}{b_n}+1+\frac{b_n}{a_n}\right)=-3k.$$

例 4 设 a,b,c 均为正数,试证$\lim\limits_{n\to\infty}(a^n+b^n+c^n)^{\frac{1}{n}}=\max\{a,b,c\}$.

解 设 $\max\{a,b,c\}=d$,那么 $d^n\leqslant a^n+b^n+c^n\leqslant 3d^n$,进而

$$d\leqslant(a^n+b^n+c^n)^{\frac{1}{n}}\leqslant 3^{\frac{1}{n}}d$$

又$\lim\limits_{n\to\infty}3^{\frac{1}{n}}d=\lim\limits_{n\to\infty}d=d$,因此,由迫敛性可知$\lim\limits_{n\to\infty}(a^n+b^n+c^n)^{\frac{1}{n}}=d=\max\{a,b,c\}$.

例 5 求下列极限:

(1) $\lim\limits_{n\to\infty}\left(1+\frac{1}{2}+\cdots+\frac{1}{n}\right)^{\frac{1}{n}}$; (2) $\lim\limits_{n\to\infty}\left(\frac{1}{\sqrt{n^2-1}}-\frac{1}{\sqrt{n^2-2}}-\cdots-\frac{1}{\sqrt{n^2-n}}\right)$.

解 (1) 因为 $1\leqslant\left(1+\frac{1}{2}+\cdots+\frac{1}{n}\right)^{\frac{1}{n}}\leqslant\sqrt[n]{n}$,以及$\lim\limits_{n\to\infty}\sqrt[n]{n}=1$,所以由迫敛性得

$\lim\limits_{n\to\infty}\left(1+\frac{1}{2}+\cdots+\frac{1}{n}\right)^{\frac{1}{n}}=1$.

(2)
$$\frac{1}{\sqrt{n^2-1}}-\frac{n-1}{\sqrt{n^2-n}}<\frac{1}{\sqrt{n^2-1}}-\frac{1}{\sqrt{n^2-2}}-\cdots-\frac{1}{\sqrt{n^2-n}}$$
$$\frac{1}{\sqrt{n^2-1}}-\frac{1}{\sqrt{n^2-2}}-\cdots-\frac{1}{\sqrt{n^2-n}}<\frac{1}{\sqrt{n^2-1}}-\frac{n-1}{\sqrt{n^2-2}}$$

且

$$\lim_{n\to\infty}\left(\frac{1}{\sqrt{n^2-1}}-\frac{n-1}{\sqrt{n^2-n}}\right)=\lim_{n\to\infty}\left(\frac{1}{\sqrt{n^2-1}}-\frac{n-1}{\sqrt{n^2-2}}\right)=-1$$

因此,由迫敛性可知

$$\lim_{n\to\infty}\left(\frac{1}{\sqrt{n^2-1}}-\frac{1}{\sqrt{n^2-2}}-\cdots-\frac{1}{\sqrt{n^2-n}}\right)=-1$$

定理 7 (收敛数列与其子数列间的关系)数列$\{x_n\}$收敛的充分必要条件是它的任一子数列都收敛到同一个数.

注 ① 如果数列$\{x_n\}$收敛于a,那么它的任一子数列也收敛,且极限也是a.

② 如果数列$\{x_n\}$存在一个发散的子数列或者数列$\{x_n\}$有两个子数列收敛于不同的极限,那么数列$\{x_n\}$发散(极限不存在).

③ $\lim\limits_{n\to\infty} x_n = a \Leftrightarrow \lim\limits_{n\to\infty} x_{2n} = \lim\limits_{n\to\infty} x_{2n+1} = a$.

例 6 设$x_n = 1 - \cos n\pi$,判断$\lim\limits_{n\to\infty} x_n$是否存在.

解 由于

$$\lim_{n\to\infty} x_{2n} = \lim_{n\to\infty}[1 - \cos(2n\pi)] = 0$$

$$\lim_{n\to\infty} x_{2n+1} = \lim_{n\to\infty}[1 - \cos(2n+1)\pi] = 2$$

所以,$\lim\limits_{n\to\infty} x_n$不存在.

例 7 证明$\lim\limits_{n\to\infty} \sin n$不存在.

证 反证法.设$\lim\limits_{n\to\infty} \sin n = a$,则对任何子数列$\{\sin n_k\}$有$\lim\limits_{k\to\infty} \sin n_k = a$.又

$$2k\pi + \frac{3}{4}\pi - \left(2k\pi + \frac{\pi}{4}\right) = \frac{\pi}{2} > 1$$

故必存在

$$n_k \in \left(2k\pi + \frac{\pi}{4}, 2k\pi + \frac{3}{4}\pi\right) (k = 1, 2, \cdots)$$

则$\frac{\sqrt{2}}{2} < \sin n_k < 1$,由极限的保号性可得$\frac{\sqrt{2}}{2} \leqslant a \leqslant 1$.

同理,对任意的正整数k,存在$n'_k \in \left(2k\pi + \frac{5}{4}\pi, 2k\pi + \frac{7}{4}\pi\right)$,故$-1 < \sin n'_k < -\frac{\sqrt{2}}{2}$,则$-1 \leqslant a \leqslant -\frac{\sqrt{2}}{2}$,矛盾.故$\lim\limits_{n\to\infty} \sin n$不存在.

注 上述证明中,用到了一个事实:对任意的$x > 0$,必存在一个正整数m,使得$m \in \left(x, x + \frac{\pi}{2}\right)$.

第 3 节　数列极限存在的条件

定理 1 (单调有界定理)单调有界数列必有极限,即:

单调递增且有上界的数列必有极限;单调递减且有下界的数列必有极限.

定理 2 (致密性定理)任何有界数列必有收敛的子列.

定理 3 (柯西收敛准则)数列$\{a_n\}$收敛的充要条件是:对任给的$\varepsilon > 0$,存在正整数N,使得当$n, m > N$时,有$|a_n - a_m| < \varepsilon$.

例 1 设$x_1 = 1, x_{n+1} = \sqrt{2x_n} (n = 1, 2, \cdots)$,试证数列$\{x_n\}$的极限存在并求其极限值.

证 当$n = 1$时,$x_2 = \sqrt{2x_1} = \sqrt{2} < 2, x_2 = \sqrt{2x_1} = \sqrt{2} > 1 = x_1$.

假设当$n = k$时,$x_k < 2$且$x_{k+1} > x_k$都成立.

当$n = k+1$时,由归纳假设得$x_{k+1} = \sqrt{2x_k} < \sqrt{4} = 2$,且

$$x_{k+2}=\sqrt{2x_{k+1}}>\sqrt{x_{k+1}^2}=x_{k+1}$$

于是由数学归纳法可证得对一切正整数 n 有 $x_n<2$ 且 $x_n<x_{n+1}$，即数列 $\{x_n\}$ 单调递增且有界，根据单调有界原理知 $\lim\limits_{n\to\infty}x_n$ 存在. 不妨设 $\lim\limits_{n\to\infty}x_n=a$，由等式 $x_{n+1}=\sqrt{2x_n}$ 得 $a=\sqrt{2a}$，即 $a=2$.

例 2 给定两正数 a_1 与 $b_1(a_1>b_1)$，作出其等差中项 $a_2=\dfrac{a_1+b_1}{2}$ 与等比中项 $b_2=\sqrt{a_1b_1}$，一般地，令 $a_{n+1}=\dfrac{a_n+b_n}{2}$，$b_{n+1}=\sqrt{a_nb_n}$，$n=1,2,\cdots$. 证明：$\lim\limits_{n\to\infty}a_n$ 与 $\lim\limits_{n\to\infty}b_n$ 皆存在且相等.

证 因为 a_1 与 b_1 都是正数，所以用数学归纳法不难证明：$a_n>0,b_n>0,n=1,2,\cdots$. 于是有

$$a_{n+1}=\frac{a_n+b_n}{2}\geqslant\sqrt{a_nb_n}=b_{n+1}(n=1,2,\cdots)$$

又因为 $a_1>b_1$，所以 $a_n\geqslant b_n$，因此

$$a_{n+1}=\frac{a_n+b_n}{2}\leqslant\frac{a_n+a_n}{2}=a_n$$

$$b_{n+1}=\sqrt{a_nb_n}\geqslant\sqrt{b_nb_n}=b_n(n=1,2,\cdots)$$

这说明 $\{a_n\}$ 是递减数列而 $\{b_n\}$ 是递增数列. 由

$$a_n\geqslant b_n\geqslant b_{n-1}\geqslant\cdots\geqslant b_1 \text{ 及 } b_n\leqslant a_n\leqslant a_{n-1}\leqslant\cdots\leqslant a_1$$

知 $\{a_n\}$ 有下界而 $\{b_n\}$ 有上界. 根据单调有界定理可知，$\lim\limits_{n\to\infty}a_n$ 与 $\lim\limits_{n\to\infty}b_n$ 皆存在. 设 $\lim\limits_{n\to\infty}a_n=a$ 及 $\lim\limits_{n\to\infty}b_n=b$. 对 $a_{n+1}=\dfrac{a_n+b_n}{2}$ 两边取极限，得 $a=\dfrac{a+b}{2}$，于是 $a=b$.

例 3 证明数列 $\left\{1+\dfrac{1}{2}+\cdots+\dfrac{1}{n}\right\}$ 发散.

证 取 $\varepsilon_0=\dfrac{1}{4}$，对任何 $N\in\mathbf{N}_+$，取 $n_0=N+1,m_0=2N+2$，则有 $n_0,m_0>N$，并且

$$|a_{m_0}-a_{n_0}|=\frac{1}{N+2}+\frac{1}{N+3}+\cdots+\frac{1}{2N+2}>\frac{N+1}{2N+2}=\frac{1}{2}>\varepsilon_0$$

因此，由柯西收敛准则知数列 $\{x_n\}$ 是发散的.

例 4 若 $\{x_n\}$ 是无界数列，但不是无穷大量，证明：存在 $\{x_n\}$ 的两个子列，其中一个子列收敛，另一个子列是无穷大量.

证 因为 $\{x_n\}$ 是无界数列，所以对任何 $M>0$ 及任何 $N\in\mathbf{N}_+$，存在 $n_M>N$，使得 $|x_{n_M}|>M$. 于是：

对于 $M=1$，存在 $n_1>1$，使得 $|x_{n_1}|>1$；

对于 $M=2$，存在 $n_2>n_1$，使得 $|x_{n_2}|>2$；

……

对于 $M=k$，存在 $n_k>n_{k-1}$，使得 $|x_{n_k}|>k$；

……

由此得到 $\{x_n\}$ 的一个子列 $\{x_{n_k}\}$ 满足：$|x_{n_k}|>k,k\in\mathbf{N}_+$. 显然 $\{x_{n_k}\}$ 是无穷大量.

而$\{x_n\}$不是无穷大量，从而存在$K>0$，对任何$N\in \mathbf{N}_+$，存在$m_N>N$，使得$|x_{m_N}|\leqslant K$. 于是：

令$N=1$，存在$m_1>N$，使得$|x_{m_1}|\leqslant K$；

$N=\max\{2,m_1\}$，存在$m_2>N$，使得$|x_{m_2}|\leqslant K$；

$N=\max\{3,m_2\}$，存在$m_3>N$，使得$|x_{m_3}|\leqslant K$；

……

$N=\max\{k,m_{k-1}\}$，存在$m_k>N$，使得$|x_{m_k}|\leqslant K$；

……

根据上面的构造，我们得到$\{x_n\}$的一个有界子列$\{x_{m_k}\}$. 则由致密性定理知$\{x_{m_k}\}$存在收敛的子列$\{x_{m_{k_q}}\}$. 显然$\{x_{m_{k_q}}\}$也是$\{x_n\}$的一个收敛子列.

例 5 设函数$f(x)$在$[a,b]$上无界. 证明：至少存在一点$\xi\in[a,b]$，使得$f(x)$在ξ的邻域中无界.

证 因为函数$f(x)$在$[a,b]$上无界，所以对任何$M>0$，存在$x_M\in[a,b]$，使得$|f(x_M)|\geqslant M$. 因此，对于$M=1$，存在$x_1\in[a,b]$，使得$|f(x_1)|\geqslant 1$；对于$M=2$，存在$x_2\in[a,b]$，使得$|f(x_2)|\geqslant 2$；……；对于$M=n$，存在$x_n\in[a,b]$，使得$|f(x_n)|\geqslant n$；…… 由此得到数列$\{x_n\}$：$x_n\in[a,b]$，$|f(x_n)|\geqslant n$，$n\in\mathbf{N}_+$. 根据致密性定理，存在$\{x_n\}$的收敛子列$\{x_{n_k}\}$. 设$\lim\limits_{k\to\infty}x_{n_k}=\xi$，则$\xi\in[a,b]$. 对于$\xi$的任何邻域$U(\xi;\delta)$，由$\lim\limits_{k\to\infty}x_{n_k}=\xi$知存在$N\in\mathbf{N}_+$，对任何$k>N$，有$x_{n_k}\in U(\xi;\delta)$. 从而对任意给定的$K>0$，取$k_0=\max\{[K]+1,N\}$，则有$x_{n_{k_0}}\in U(\xi;\delta)$，并且

$$|f(x_{n_{k_0}})|\geqslant n_{k_0}\geqslant k_0>K$$

这表明$f(x)$在$U(\xi;\delta)$中是无界的.

解惑释疑

问题 1 数列极限是极限理论最基础的概念. 从"当n越来越大，a_n与定数a越来越接近"的直观描述，到现代分析中以定量的"静态"刻画其动态特征的$\varepsilon-N$定义，如何理解"以定量的'静态'刻画其动态特征的$\varepsilon-N$定义"？

答 因为一个数列$\{a_n\}$的极限是a所表达的是"当n越来越大，a_n与定数a越来越接近"这一本质，所以a_n与定数a接近的程度必须是可以"任意小"，即$\varepsilon>0$具有任意性.

而"n越来越大"是"a_n与a越来越接近"的条件，于是一旦给定了a_n与a接近的程度，我们就能找到相应的"n越来越大"的程度，即必须要计算出"n充分大"的下限. 因此，$\varepsilon>0$又应该具有给定性(也可更通俗地理解为相对静止性)，并且在给定了的前提条件$\varepsilon>0$下，一定存在(或者说找到)自然数N，使得当$n>N$时满足$|a_n-a|<\varepsilon$.

数列极限的$\varepsilon-N$定义正是"动-静"状态的有机结合，是现代分析，乃至现代数学的基石.

问题 2 由极限的四则运算法则，有

$$\lim_{n\to\infty}\left(\frac{1}{n+\sqrt{1}}+\frac{1}{n+\sqrt{2}}+\cdots+\frac{1}{n+\sqrt{n}}\right)$$

$$=\lim_{n\to\infty}\frac{1}{n+\sqrt{1}}+\lim_{n\to\infty}\frac{1}{n+\sqrt{2}}+\cdots+\lim_{n\to\infty}\frac{1}{n+\sqrt{n}}=0$$

上面的做法对吗？为什么？

答 这种做法是错误的.数列的极限四则运算只适用于数列中和式的项数是有限的情况，它应该不随 n 的变化而无限变化.在这里所要计算的极限中，通项

$$a_n=\frac{1}{n+\sqrt{1}}+\frac{1}{n+\sqrt{2}}+\cdots+\frac{1}{n+\sqrt{n}}$$

可以看成 n 个数列 $\left\{\frac{1}{n+\sqrt{1}}\right\},\left\{\frac{1}{n+\sqrt{2}}\right\},\cdots,\left\{\frac{1}{n+\sqrt{n}}\right\}$ 的和，但是这里的项数随着变化过程"n 越来越大"而变得越来越多，可改正如下：

因为 $\frac{n}{n+\sqrt{n}}\leqslant\frac{1}{n+\sqrt{1}}+\frac{1}{n+\sqrt{2}}+\cdots+\frac{1}{n+\sqrt{n}}\leqslant\frac{n}{n+\sqrt{1}}$，$n\in\mathbf{N}_+$，并且 $\lim\limits_{n\to\infty}\frac{n}{n+\sqrt{n}}=1$ 及 $\lim\limits_{n\to\infty}\frac{n}{n+\sqrt{1}}=1$，所以根据迫敛性得原极限为 1.

问题 3 如何用正面方式表达"数列 $\{a_n\}$ 不收敛于 a"和"数列 $\{a_n\}$ 发散"？

答 根据数列极限的定义，"数列 $\{a_n\}$ 不收敛于 a"的正面叙述为：$\exists\varepsilon_0>0,\forall N\in\mathbf{N}_+,\exists n_0>N$，使得 $|a_{n_0}-a|\geqslant\varepsilon_0$.

"数列 $\{a_n\}$ 发散"意味着：对于任何实数 a，数列 $\{a_n\}$ 不收敛于 a.因此，根据上面"数列 $\{a_n\}$ 不收敛于 a"的正面叙述，"数列 $\{a_n\}$ 发散"的正面叙述为：$\forall a\in\mathbf{R},\exists\varepsilon_0>0,\forall N\in\mathbf{N}_+,\exists n_0>N$，使得 $|a_{n_0}-a|\geqslant\varepsilon_0$.

问题 4 单调有界定理非常简洁，怎样去分析、理解这个定理？

答 表面上单调有界定理给出了数列收敛的一个充分条件：单调且有界.事实上，结合该定理的证明，它告诉我们：

(1) 若数列 $\{a_n\}$ 是递增且有上界的数列，则 $\lim\limits_{n\to\infty}a_n=\sup\{a_n\}$；

(2) 若数列 $\{a_n\}$ 是递减且有下界的数列，则 $\lim\limits_{n\to\infty}a_n=\inf\{a_n\}$；

(3) 若数列 $\{a_n\}$ 是递增且无上界的数列，则数列 $\{a_n\}$ 一定是发散的，且 $\lim\limits_{n\to\infty}a_n=+\infty$；

(4) 若数列 $\{a_n\}$ 是递减且无下界的数列，则数列 $\{a_n\}$ 一定是发散的，且 $\lim\limits_{n\to\infty}a_n=-\infty$.

问题 5 如果利用柯西收敛准则去证明一个具体的数列是收敛的，那么我们将对任意给定的 $\varepsilon>0$ 去寻找 $N\in\mathbf{N}_+$，使得对任何 $n,m>N$ 都有 $|a_n-a_m|<\varepsilon$ 成立.此时不等式 $|a_n-a_m|<\varepsilon$ 中既有 n 又有 m，我们究竟该求解 n 还是 m？

答 因为 n 和 m 中较小的一个大于 N 时，n 和 m 一定同时大于 N，所以求解 n 与 m 中较小的一个即可.因此，柯西收敛准则常常写成下面的两种形式：

(1) $\forall\varepsilon>0,\exists N\in\mathbf{N}_+,\forall m,n$，当 $m>n>N$ 时，都有 $|a_m-a_n|<\varepsilon$；

(2) $\forall\varepsilon>0,\exists N\in\mathbf{N}_+,\forall n>N$ 及 $\forall p\in\mathbf{N}_+$，都有 $|a_{n+p}-a_n|<\varepsilon$.

习题精练

1. 数列 $\{x_n\}$ 的极限等于 a 等价于(　　).

(A) 对任给 $\varepsilon>0$,在$(a-\varepsilon,a+\varepsilon)$内有数列的无穷多项

(B) 对任给 $\varepsilon>0$,在$(a-\varepsilon,a+\varepsilon)$内仅有数列的有限多项

(C) 对任给 $\varepsilon>0$,在$(a-\varepsilon,a+\varepsilon)$之外含有数列的无穷多项

(D) 对任给 $\varepsilon>0$,在$(a-\varepsilon,a+\varepsilon)$之外仅有数列的有限多项

2.“对任意给定的正数 $\varepsilon\in(0,1)$,总存在正整数 N,使得当 $n>N$ 时,不等式 $|x_n-a|<2\varepsilon$ 成立”是数列$\{x_n\}$收敛于 a 的(　　).

(A) 充分但非必要条件　　(B) 必要但非充分条件

(C) 充分必要条件　　(D) 既非充分又非必要条件

3. 计算极限 $\lim\limits_{n\to\infty}\sqrt[n]{1+a^n}$,其中 a 为给定的正数.

4. 计算下列极限:

(1) $\lim\limits_{n\to\infty}\left(\dfrac{1}{1\cdot2\cdot3}+\dfrac{1}{2\cdot3\cdot4}+\cdots+\dfrac{1}{n(n+1)(n+2)}\right)$;

(2) $\lim\limits_{n\to\infty}\left(1-\dfrac{1}{2^2}\right)\left(1-\dfrac{1}{3^2}\right)\cdots\left(1-\dfrac{1}{n^2}\right)$.

5. 计算下列极限:

(1) $\lim\limits_{n\to\infty}\sin^2(\pi\sqrt{n^2+n})$;　　(2) $\lim\limits_{n\to\infty}(\sin\sqrt{n+1}-\sin\sqrt{n})$.

6. 按 $\varepsilon-N$ 定义证明 $\lim\limits_{n\to\infty}\dfrac{3n^2+n}{2n^2-1}=\dfrac{3}{2}$.

7. 设 $c>1$ 及 $a_1=\dfrac{c}{2}$. 当 $n\geqslant2$ 时,$a_n=\dfrac{c}{2}+\dfrac{a_{n-1}^2}{2}$. 证明:数列$\{a_n\}$发散.

8. 求极限 $\lim\limits_{n\to\infty}\dfrac{2^n n!}{n^n}$.

9. 设 $\lim\limits_{n\to\infty}x_n=A$(有限数),试证:$\lim\limits_{n\to\infty}\dfrac{x_1+x_2+\cdots+x_n}{n}=A$.

10. 设 $c>0$ 及 $a_1=\dfrac{c}{2}$. 数列$\{a_n\}$满足:$ca_n=a_{n-1}(2c-a_{n-1})$,$n\geqslant2$. 证明:数列$\{a_n\}$收敛,并求其极限.

11. 设 $0<x_1<\sqrt{3}$,$x_{n+1}=\dfrac{3(1+x_n)}{3+x_n}$. 证明:$\lim\limits_{n\to\infty}x_n$ 存在并求其值.

12. 设 $a>0$,$\sigma>0$,$a_1=\dfrac{1}{2}\left(a+\dfrac{\sigma}{a}\right)$,$a_{n+1}=\dfrac{1}{2}\left(a_n+\dfrac{\sigma}{a_n}\right)$,$n=1,2,\cdots$. 证明:数列$\{a_n\}$收敛,且其极限为 $\sqrt{\sigma}$.

13. 设 $a_1>b_1>0$,记 $a_n=\dfrac{a_{n-1}+b_{n-1}}{2}$,$b_n=\dfrac{2a_{n-1}b_{n-1}}{a_{n-1}+b_{n-1}}$,$n=2,3,\cdots$. 证明:数列$\{a_n\}$与$\{b_n\}$的极限都存在且等于 $\sqrt{a_1b_1}$.

14. 设数列$\{b_n\}$有界,且 $a_n=\dfrac{b_1}{1\cdot2}+\dfrac{b_2}{2\cdot3}+\cdots+\dfrac{b_n}{n(n+1)}$,$n\in\mathbf{N}_+$. 证明:$\{a_n\}$收敛.

习题解析

1. 应选(D). 这是因为 $\lim\limits_{n\to\infty} x_n = a \Leftrightarrow \forall \varepsilon > 0, \exists n_0 \in \mathbf{N}_+$, 当 $n > n_0$ 时,有 $|x_n - a| < \varepsilon$,即 $a - \varepsilon < x_n < a + \varepsilon$ 成立. 换言之,当 $n > n_0$ 时,所有的点 x_n 都在 $(a-\varepsilon, a+\varepsilon)$ 内,而只有有限项(至多只有 n_0 项)在 $(a-\varepsilon, a+\varepsilon)$ 之外.

2. 应选(C). 由"解惑释疑中的问题 1"知,总是可以限定 ε,使得 $\varepsilon \in (0,1)$.

再由数列极限的定义"对任意给定的正数 ε,总存在正整数 N,使得当 $n > N$ 时,不等式 $|x_n - a| < \varepsilon$ 成立",显然,若 $|x_n - a| < \varepsilon$,则必有 $|x_n - a| < 2\varepsilon$,但反之也成立,这是由于 ε 的任意性,对于任意给定的正数 ε_1,取 $|x_n - a| < 2\varepsilon$ 中的 $\varepsilon = \frac{1}{3}\varepsilon_1$,则有 $|x_n - a| < 2\varepsilon = \frac{2}{3}\varepsilon_1 < \varepsilon_1$,即"对于任意给定的正数 ε_1,总存在正整数 N,使得当 $n > N$ 时,不等式 $|x_n - a| < \varepsilon_1$ 成立". 故而选(C).

3. 当 $a \geqslant 1$ 时,因为 $1 + a^n \leqslant a^n + a^n = 2a^n$,所以 $\sqrt[n]{1+a^n} \leqslant \sqrt[n]{2}\,a$,从而有 $a < \sqrt[n]{1+a^n} \leqslant \sqrt[n]{2}\,a$. 又知 $\lim\limits_{n\to\infty}\sqrt[n]{2} = 1$,所以由迫敛性知 $\lim\limits_{n\to\infty}\sqrt[n]{1+a^n} = a$.

当 $0 < a < 1$ 时,令 $b = \frac{1}{a}$,则 $b > 1$,故

$$\lim_{n\to\infty}\sqrt[n]{1+a^n} = \lim_{n\to\infty}\sqrt[n]{1+\left(\frac{1}{b}\right)^n} = \lim_{n\to\infty}\frac{1}{b}\sqrt[n]{1+b^n} = 1$$

4. (1) 因为

$$\begin{aligned}
&\frac{1}{1\cdot 2\cdot 3} + \frac{1}{2\cdot 3\cdot 4} + \cdots + \frac{1}{n(n+1)(n+2)} \\
&= \frac{1}{2}\left(\frac{1}{1\cdot 2} - \frac{1}{2\cdot 3}\right) + \frac{1}{2}\left(\frac{1}{2\cdot 3} - \frac{1}{3\cdot 4}\right) + \cdots + \\
&\quad \frac{1}{2}\left(\frac{1}{n(n+1)} - \frac{1}{(n+1)(n+2)}\right) \\
&= \frac{1}{2}\left(\frac{1}{1\cdot 2} - \frac{1}{(n+1)(n+2)}\right) = \frac{1}{4} - \frac{1}{2n^2+6n+4}
\end{aligned}$$

所以 $\lim\limits_{n\to\infty}\left(\frac{1}{1\cdot 2\cdot 3} + \frac{1}{2\cdot 3\cdot 4} + \cdots + \frac{1}{n(n+1)(n+2)}\right) = \frac{1}{4}$.

(2) 解法 1:由于 $1 - \frac{1}{k^2} = \frac{(k-1)(k+1)}{k^2}$,则

$$\begin{aligned}
&\lim_{n\to\infty}\left(1-\frac{1}{2^2}\right)\left(1-\frac{1}{3^2}\right)\cdots\left(1-\frac{1}{n^2}\right) \\
&= \lim_{n\to\infty}\prod_{k=2}^{n}\left(1-\frac{1}{k^2}\right) = \lim_{n\to\infty}\prod_{k=2}^{n}\frac{(k-1)(k+1)}{k^2} \\
&= \lim_{n\to\infty}\frac{(1\cdot 3)\cdot(2\cdot 4)\cdot(3\cdot 5)\cdot\cdots\cdot[(n-1)\cdot(n+1)]}{2^2\cdot 3^2\cdot 4^2\cdot\cdots\cdot n^2}
\end{aligned}$$

$$=\lim_{n\to\infty}\frac{(n-1)!\ (n+1)!}{2(n!)(n!)}=\lim_{n\to\infty}\frac{n+1}{2n}=\frac{1}{2}$$

解法 2： $\lim\limits_{n\to\infty}\left(1-\frac{1}{2^2}\right)\left(1-\frac{1}{3^2}\right)\cdots\left(1-\frac{1}{n^2}\right)$

$$=\lim_{n\to\infty}\left[\left(1+\frac{1}{2}\right)\left(1-\frac{1}{2}\right)\left(1+\frac{1}{3}\right)\left(1-\frac{1}{3}\right)\cdots\left(1+\frac{1}{n}\right)\left(1-\frac{1}{n}\right)\right]$$

$$=\lim_{n\to\infty}\left[\left(1+\frac{1}{2}\right)\left(1+\frac{1}{3}\right)\cdots\left(1+\frac{1}{n}\right)\right]\left[\left(1-\frac{1}{2}\right)\left(1-\frac{1}{3}\right)\cdots\left(1-\frac{1}{n}\right)\right]$$

$$=\lim_{n\to\infty}\left(\frac{3}{2}\cdot\frac{4}{3}\cdot\cdots\cdot\frac{n+1}{n}\right)\left(\frac{1}{2}\cdot\frac{2}{3}\cdot\cdots\cdot\frac{n-1}{n}\right)=\lim_{n\to\infty}\frac{n+1}{2n}=\frac{1}{2}$$

5.（1）因为 $\sin^2(\pi\sqrt{n^2+n})=\sin^2(\pi\sqrt{n^2+n}-n\pi)=\sin^2\left(\frac{n\pi}{\sqrt{n^2+n}+n}\right)$，所以

$$\lim_{n\to\infty}\sin^2(\pi\sqrt{n^2+n})=\lim_{n\to\infty}\sin^2\left(\frac{n\pi}{\sqrt{n^2+n}+n}\right)=\sin^2\frac{\pi}{2}=1$$

（2）由于 $\sin\sqrt{n+1}-\sin\sqrt{n}=2\sin\frac{\sqrt{n+1}-\sqrt{n}}{2}\cos\frac{\sqrt{n+1}+\sqrt{n}}{2}$，而

$$\left|2\cos\frac{\sqrt{n+1}+\sqrt{n}}{2}\right|\leqslant 2$$

即 $2\cos\frac{\sqrt{n+1}+\sqrt{n}}{2}$ 是有界量. 又

$$\lim_{n\to\infty}\sin\frac{\sqrt{n+1}-\sqrt{n}}{2}=\lim_{n\to\infty}\sin\frac{1}{2(\sqrt{n+1}+\sqrt{n})}=0$$

所以 $\lim\limits_{n\to\infty}(\sin\sqrt{n+1}-\sin\sqrt{n})=\lim\limits_{n\to\infty}\left(2\sin\frac{\sqrt{n+1}-\sqrt{n}}{2}\cos\frac{\sqrt{n+1}+\sqrt{n}}{2}\right)=0$.

6. 由于 $\left|\frac{3n^2+n}{2n^2-1}-\frac{3}{2}\right|=\frac{2n+3}{2(2n^2-1)}<\frac{2n+2n}{2(2n^2-1)}<\frac{1}{n-1}(n>2)$，对于任意的 $\varepsilon>0$，取 $N=\max\left\{2,\left[\frac{1}{\varepsilon}\right]+1\right\}$，当 $n>N$ 时有 $\left|\frac{3n^2+n}{2n^2-1}-\frac{3}{2}\right|<\varepsilon$，故 $\lim\limits_{n\to\infty}\frac{3n^2+n}{2n^2-1}=\frac{3}{2}$.

7.（反证法）假设数列 $\{a_n\}$ 是收敛的. 记 $\lim\limits_{n\to\infty}a_n=a$，根据极限的四则运算法则，有 $\lim\limits_{n\to\infty}a_n=\frac{c}{2}+\frac{(\lim\limits_{n\to\infty}a_{n-1})^2}{2}$，即 $a=\frac{c}{2}+\frac{a^2}{2}$，亦即 $1-c=(a-1)^2$，与 $c>1$ 矛盾. 因此数列 $\{a_n\}$ 发散.

8. 记 $a_n=\frac{2^n n!}{n^n}$，则由 $\left(1+\frac{1}{n}\right)^n\geqslant\left(1+\frac{1}{1}\right)^1=2$ 得 $\frac{a_{n+1}}{a_n}=\frac{2}{\left(1+\frac{1}{n}\right)^n}\leqslant 1$. 因此，数列 $\{a_n\}$ 是递减的. 又 $a_n=\frac{2^n n!}{n^n}>0$，于是数列 $\{a_n\}$ 是有下界的，根据单调有界定理知数列 $\{a_n\}$ 收敛. 设 $\lim\limits_{n\to\infty}a_n=a$，则 $a\geqslant 0$. 对等式 $a_{n+1}=\frac{2}{\left(1+\frac{1}{n}\right)^n}\cdot a_n$ 两边取极限并利用

$\lim\limits_{n\to\infty}\left(1+\dfrac{1}{n}\right)^n=\mathrm{e}$,得 $a=\dfrac{2}{\mathrm{e}}\cdot a$. 因此 $a=0$,即$\lim\limits_{n\to\infty}\dfrac{2^n n!}{n^n}=0$.

9. 因$\lim\limits_{n\to\infty}x_n=A$,故 $\forall\varepsilon>0$,$\exists N_1>0$,当 $n>N_1$ 时,$|x_n-A|<\dfrac{\varepsilon}{2}$,则

$$\begin{aligned}&\left|\frac{x_1+x_2+\cdots+x_n}{n}-A\right|\\ \leqslant&\frac{|x_1-A|+|x_2-A|+\cdots+|x_{N_1}-A|+|x_{N_1+1}-A|+\cdots+|x_n-A|}{n}\\ \leqslant&\frac{|x_1-A|+\cdots+|x_{N_1}-A|}{n}+\frac{n-N_1}{n}\frac{\varepsilon}{2}\end{aligned}$$

注意到 $|x_1-A|+\cdots+|x_{N_1}-A|$ 已为定数,因而存在充分大的 N_2,当$n>N_2$ 时,$\dfrac{|x_1-A|+\cdots+|x_{N_1}-A|}{n}<\dfrac{\varepsilon}{2}$. 于是令 $N=\max\{N_1,N_2\}$,则当 $n>N$ 时,有

$$\left|\frac{x_1+x_2+\cdots+x_n}{n}-A\right|<\frac{\varepsilon}{2}+\frac{n-N_1}{2}\frac{\varepsilon}{2}<\frac{\varepsilon}{2}+\frac{\varepsilon}{2}=\varepsilon$$

故$\lim\limits_{n\to\infty}\dfrac{x_1+x_2+\cdots+x_n}{n}=A$

注:① 设$\lim\limits_{n\to\infty}x_n=A$(有限数),则$\lim\limits_{n\to\infty}\dfrac{x_1+x_2+\cdots+x_n}{n}=A$. 这是一个常用的结论,建议读者记住,这方便于我们求较复杂的极限. 例如 $\lim\limits_{n\to\infty}\dfrac{1+\frac{1}{2}+\frac{1}{3}+\cdots+\frac{1}{n}}{n}=0$,$\lim\limits_{n\to\infty}\dfrac{1+\sqrt{2}+\sqrt[3]{3}+\cdots+\sqrt[n]{n}}{n}=1$.

② 设 $x_n>0$,$A>0$,则 $\lim\limits_{n\to\infty}\dfrac{\ln x_1+\ln x_2+\cdots+\ln x_n}{n}=\ln A$.

③ 还可以证明,当 $A=+\infty$ 或 $A=-\infty$ 时,上述结论仍然成立.

10. 由 $ca_n=a_{n-1}(2c-a_{n-1})$ 得到 $c(c-a_n)=(c-a_{n-1})^2\geqslant0$. 于是有 $c\geqslant a_n$,故数列$\{a_n\}$ 有上界 c. 又因为 $a_n=a_{n-1}\left(2-\dfrac{a_{n-1}}{c}\right)$,所以

$$a_n-a_{n-1}=a_{n-1}\left(2-\frac{a_{n-1}}{c}\right)-a_{n-2}\left(2-\frac{a_{n-2}}{c}\right)=(a_{n-1}-a_{n-2})\left(2-\frac{a_{n-1}+a_{n-2}}{c}\right)$$

因此,a_n-a_{n-1} 与 $a_{n-1}-a_{n-2}$ 同号,并由此推出 a_n-a_{n-1} 与 $a_2-a_1=\dfrac{3c}{4}-\dfrac{c}{2}=\dfrac{c}{4}>0$ 同号,这说明数列$\{a_n\}$ 是递增的. 根据单调有界定理知数列$\{a_n\}$ 收敛.

设$\lim\limits_{n\to\infty}a_n=a$. 对等式 $ca_n=a_{n-1}(2c-a_{n-1})$ 两边取极限得到 $ca=a(2c-a)$,从而 $a=0$ 或 c. 因数列$\{a_n\}$ 是递增的,所以 $a_n\geqslant a_1=\dfrac{c}{2}$. 由此得到 $a\geqslant\dfrac{c}{2}$. 因此 $a=c$.

11. $x_2-x_1=\dfrac{3(1+x_1)}{3+x_1}-x_1=\dfrac{3-x_1^2}{3+x_1}>0$,即 $x_2>x_1$.

假设 $n=k$ 时,$0<x_k<\sqrt{3}$ 且 $x_{k+1}>x_k$ 成立.

当 $n=k+1$ 时，由归纳假设得

$$x_{k+1}=\frac{3(1+x_k)}{3+x_k}=3-\frac{6}{3+x_k}<3-\frac{6}{3+\sqrt{3}}=\sqrt{3}$$

$$x_{k+2}-x_{k+1}=\frac{3(1+x_{k+1})}{3+x_{k+1}}-\frac{3(1+x_k)}{3+x_k}=\frac{6(x_{k+1}-x_k)}{(3+x_{k+1})(3+x_k)}>0$$

即 $x_{k+2}>x_{k+1}$ 且 $x_{k+1}<\sqrt{3}$. 于是由数学归纳法可证得对一切自然数 n 有 $x_n<\sqrt{3}$ 且 $x_n<x_{n+1}$，即数列 $\{x_n\}$ 单调递增且有界，根据单调有界原理知 $\lim\limits_{n\to\infty}x_n$ 存在. 不妨设 $\lim\limits_{n\to\infty}x_n=a$，由等式 $x_{n+1}=\dfrac{3(1+x_n)}{3+x_n}$ 得 $a=\dfrac{3(1+a)}{3+a}$，即 $a=\sqrt{3}$.

12. 因为 $a>0$ 及 $\sigma>0$，所以利用数学归纳法不难得到 $a_n>0$. 由于

$$a_1=\frac{1}{2}\left(a+\frac{\sigma}{a}\right)\geqslant\sqrt{a}\cdot\sqrt{\frac{\sigma}{a}}=\sqrt{\sigma}$$

$$a_{n+1}=\frac{1}{2}\left(a_n+\frac{\sigma}{a_n}\right)\geqslant\sqrt{a_n}\cdot\sqrt{\frac{\sigma}{a_n}}=\sqrt{\sigma}$$

得知数列 $\{a_n\}$ 有下界 $\sqrt{\sigma}$. 又 $a_{n+1}=\dfrac{1}{2}\left(a_n+\dfrac{\sigma}{a_n}\right)\leqslant\dfrac{1}{2}\left(a_n+\dfrac{a_n^2}{a_n}\right)=a_n$，即数列 $\{a_n\}$ 也是递减的. 由单调有界原理知 $\{a_n\}$ 收敛，且 $\lim\limits_{n\to\infty}a_n\geqslant\sqrt{\sigma}$.

记 $\lim\limits_{n\to\infty}a_n=a$，对等式 $a_{n+1}=\dfrac{1}{2}\left(a_n+\dfrac{\sigma}{a_n}\right)$ 两边同时取极限，得 $a=\dfrac{1}{2}\left(a+\dfrac{\sigma}{a}\right)$，解此方程并注意到 $a\geqslant\sqrt{\sigma}$，得 $a=\sqrt{\sigma}$.

13. 因为 $a_1>b_1>0$，所以利用数学归纳法不难得到 $a_n>0,b_n>0$. 当 $n\geqslant 2$ 时，有

$$a_n-b_n=\frac{a_{n-1}+b_{n-1}}{2}-\frac{2a_{n-1}b_{n-1}}{a_{n-1}+b_{n-1}}=\frac{(a_{n-1}-b_{n-1})^2}{2(a_{n-1}+b_{n-1})}\geqslant 0$$

从而对所有 n，有

$$a_n=\frac{a_{n-1}+b_{n-1}}{2}\leqslant\frac{a_{n-1}+a_{n-1}}{2}=a_{n-1}$$

$$b_n-b_{n-1}=\frac{2a_{n-1}b_{n-1}}{a_{n-1}+b_{n-1}}-b_{n-1}=\frac{b_{n-1}(a_{n-1}-b_{n-1})}{a_{n-1}+b_{n-1}}\geqslant 0$$

以及 $a_1\geqslant a_n\geqslant b_n\geqslant b_1$.

以上论述说明数列 $\{a_n\}$ 递减且有下界而数列 $\{b_n\}$ 递增且有上界. 由单调有界定理知数列 $\{a_n\}$ 与 $\{b_n\}$ 都收敛.

设 $\lim\limits_{n\to\infty}a_n=a$ 及 $\lim\limits_{n\to\infty}b_n=b$. 对 $a_n=\dfrac{a_{n-1}+b_{n-1}}{2}$ 两边分别取极限得 $a=\dfrac{a+b}{2}$，此即 $a=b$. 又由 $a_nb_n=\dfrac{a_{n-1}+b_{n-1}}{2}\cdot\dfrac{2a_{n-1}b_{n-1}}{a_{n-1}+b_{n-1}}=a_{n-1}b_{n-1}$，$n=2,3,\cdots$，得到 $a_nb_n=a_{n-1}b_{n-1}=\cdots=a_1b_1$. 对 $a_nb_n=a_1b_1$ 两边取极限有 $ab=a_1b_1$. 因此 $a=b=\sqrt{a_1b_1}$.

14. 因为数列 $\{b_n\}$ 有界，所以存在 $M>0$，对任何 $n\in\mathbf{N}_+$，有 $|b_n|\leqslant M$. 又对任意 n，$m\in\mathbf{N}_+$ 且 $m>n$，有

$$|a_m-a_n|=\left|\frac{b_{n+1}}{(n+1)(n+2)}+\frac{b_{n+2}}{(n+2)(n+3)}+\cdots+\frac{b_m}{m(m+1)}\right|$$

$$
\begin{aligned}
&\leqslant \frac{|b_{n+1}|}{(n+1)(n+2)}+\frac{|b_{n+2}|}{(n+2)(n+3)}+\cdots+\frac{|b_m|}{m(m+1)} \\
&\leqslant M\left(\frac{1}{(n+1)(n+2)}+\frac{1}{(n+2)(n+3)}+\cdots+\frac{1}{m(m+1)}\right) \\
&=M\left[\left(\frac{1}{n+1}-\frac{1}{n+2}\right)+\left(\frac{1}{n+2}-\frac{1}{n+3}\right)+\cdots+\left(\frac{1}{m}-\frac{1}{m+1}\right)\right] \\
&=M\left(\frac{1}{n+1}-\frac{1}{m+1}\right)<\frac{M}{n+1}
\end{aligned}
$$

因此,对于任意给定的 $\varepsilon>0$,取 $N=\left[\left|\frac{M}{\varepsilon}-1\right|\right]+1$,对任意 $m>n>N$,有

$$
|a_m-a_n|<\frac{M}{n+1}<\varepsilon
$$

于是根据柯西收敛准则知数列 $\{a_n\}$ 收敛.

第3讲 函数极限

背景简介

作为一类特殊的函数——数列(即离散函数),上一讲我们详细地探讨了它的定义、性质以及存在的条件.本讲在数列极限的基础上,引入函数的极限.请读者在复习的过程中,对比学习,体会它们之间的区别与联系.

读者需要掌握函数极限的概念并会运用 $\varepsilon-\delta$ 定义证明极限存在;理解并会应用函数极限的性质;理解函数极限存在的条件;记住两个重要极限的结论并应用它们计算七种未定式;理解渐近线的概念,并会求之.

内容聚焦

第 1 节　函数极限的概念

一、函数的极限

1.自变量趋于无穷大时函数的极限

定义 1　设函数 $f(x)$ 当 $|x|$ 大于某一正数时有定义.如果存在常数 A,对于任意给定的正数 ε(不论它多么小),总存在正数 X,使得当 x 满足不等式 $|x|>X$ 时,对应的函数值 $f(x)$ 都满足不等式 $|f(x)-A|<\varepsilon$,那么常数 A 称作函数 $f(x)$ 当 $x\to\infty$ 时的极限,记作 $\lim\limits_{x\to\infty}f(x)=A$ 或 $f(x)\to A(x\to\infty)$.

定义 1 可简单表达为:

$\lim\limits_{x\to\infty}f(x)=A\Leftrightarrow\forall\varepsilon>0,\exists X>0$,当 $|x|>X$ 时,有 $|f(x)-A|<\varepsilon$.

类似地,可以定义"$x\to-\infty$"与"$x\to+\infty$"时,函数 $f(x)$ 的极限,即:

$\lim\limits_{x\to+\infty}f(x)=A\Leftrightarrow\forall\varepsilon>0,\exists X>0$,当 $x>X$ 时,有 $|f(x)-A|<\varepsilon$;

$\lim\limits_{x\to-\infty}f(x)=A\Leftrightarrow\forall\varepsilon>0,\exists X>0$,当 $x<-X$ 时,有 $|f(x)-A|<\varepsilon$.

例 1 证明$\lim\limits_{x\to\infty}\dfrac{10x^2+2x-1}{x^2-2}=10$.

证 当$|x|>10$时

$$\left|\frac{10x^2+2x-1}{x^2-2}-10\right|=\left|\frac{2x+19}{x^2-2}\right|\leqslant\frac{2|x|+19}{x^2-2}<\frac{2|x|+2|x|}{x^2-\frac{1}{2}x^2}=\frac{8}{|x|}$$

于是,对于任意给定的$\varepsilon>0$,取$X=\max\left\{10,\dfrac{8}{\varepsilon}\right\}$,则对于任意$|x|>X$,有

$$\left|\frac{10x^2+2x-1}{x^2-2}-10\right|<\frac{8}{|x|}<\varepsilon$$

因此,$\lim\limits_{x\to\infty}\dfrac{10x^2+2x-1}{x^2-2}=10$.

例 2 利用极限定义证明$\lim\limits_{x\to-\infty}e^{-\frac{1}{x}}=1$.

证 当$x<0$时,$|e^{-\frac{1}{x}}-1|=e^{-\frac{1}{x}}-1$.对任意给定的$\varepsilon>0$,取$X=\dfrac{1}{\ln(1+\varepsilon)}$,对任意$x<-X$,有$|e^{-\frac{1}{x}}-1|=e^{-\frac{1}{x}}-1<e^{\frac{1}{X}}-1=e^{\ln(1+\varepsilon)}-1=\varepsilon$.因此,$\lim\limits_{x\to-\infty}e^{-\frac{1}{x}}=1$.

例 3 用极限定义证明$\lim\limits_{x\to+\infty}\left(\dfrac{1}{3}\right)^x=0$.

证 当$x>1,0<\varepsilon<1$时,$\left|\dfrac{1}{3^x}-0\right|=\dfrac{1}{3^x}<\varepsilon\Leftrightarrow\dfrac{1}{\varepsilon}<3^x\Leftrightarrow x>-\dfrac{\ln\varepsilon}{\ln 3}$,故对任意给定的$\varepsilon>0$,取$X=-\dfrac{\ln\varepsilon}{\ln 3}$,当$x>X$时,有$\left|\dfrac{1}{3^x}-0\right|<\varepsilon$,即$\lim\limits_{x\to+\infty}\left(\dfrac{1}{3}\right)^x=0$.

定理 1 $\lim\limits_{x\to\infty}f(x)=A$的充分必要条件是$\lim\limits_{x\to+\infty}f(x)=\lim\limits_{x\to-\infty}f(x)=A$.

注 ① 当$a>1$时,$\lim\limits_{x\to-\infty}a^x=0$,$\lim\limits_{x\to+\infty}a^{-x}=0$,特别地,$\lim\limits_{x\to+\infty}e^{-x}=0$,$\lim\limits_{x\to-\infty}e^x=0$;当$0<a<1$时,$\lim\limits_{x\to+\infty}a^x=0$,$\lim\limits_{x\to-\infty}a^{-x}=0$;$\lim\limits_{x\to\infty}\dfrac{1}{x^n}=0(n\in\mathbf{N}_+)$.

② $\lim\limits_{x\to-\infty}\arctan x=-\dfrac{\pi}{2}$,$\lim\limits_{x\to+\infty}\arctan x=\dfrac{\pi}{2}$,$\lim\limits_{x\to-\infty}\operatorname{arccot}x=\pi$,$\lim\limits_{x\to+\infty}\operatorname{arccot}x=0$.

例 4 求$\lim\limits_{x\to\infty}\left[\dfrac{2+e^x}{1+e^{2x}}+\dfrac{x}{|x|}\right]$.

解 注意到$\lim\limits_{x\to+\infty}e^{-x}=0$,$\lim\limits_{x\to-\infty}e^x=0$,$\lim\limits_{x\to+\infty}e^{-2x}=0$,$\lim\limits_{x\to-\infty}e^{2x}=0$,且

$$\lim_{x\to-\infty}\left[\frac{2+e^x}{1+e^{2x}}+\frac{x}{|x|}\right]=\lim_{x\to-\infty}\left[\frac{2+e^x}{1+e^{2x}}-\frac{x}{x}\right]=1$$

$$\lim_{x\to+\infty}\left[\frac{2+e^x}{1+e^{2x}}+\frac{x}{|x|}\right]=\lim_{x\to+\infty}\left[\frac{2e^{-2x}+e^{-x}}{e^{-2x}+1}+\frac{x}{x}\right]=1$$

所以$\lim\limits_{x\to\infty}\left[\dfrac{2+e^x}{1+e^{2x}}+\dfrac{x}{|x|}\right]=1$.

2. 自变量趋于有限值时函数的极限

定义 2 设函数$f(x)$在x_0的某一去心邻域内有定义.如果存在常数A,对于任意给定的正数ε(不论它多么小),总存在正数δ,使得当x满足不等式$0<|x-x_0|<\delta$时,对

应的函数值 $f(x)$ 都满足不等式 $|f(x)-A|<\varepsilon$，那么常数 A 就叫作函数 $f(x)$ 当 $x\to x_0$ 时的极限，记作 $\lim\limits_{x\to x_0} f(x)=A$ 或 $f(x)\to A(x\to x_0)$.

注 ①这里 $x\to x_0$ 表示 x 无限地趋近于 x_0，但不等于 x_0；②当 $x\to x_0$ 时，函数 $f(x)$ 的极限与 $f(x)$ 在点 x_0 的性态（有无定义，有定义时值是多少）无关.

定义 2 可简单表达为：

$\lim\limits_{x\to x_0} f(x)=A \Leftrightarrow \forall\varepsilon>0,\exists\delta>0$，当 $0<|x-x_0|<\delta$ 时，有 $|f(x)-A|<\varepsilon$.

类似地，可定义 $f(x)$ 在 x_0 处的左极限 $\lim\limits_{x\to x_0^-} f(x)$ 与右极限 $\lim\limits_{x\to x_0^+} f(x)$，即：

$\lim\limits_{x\to x_0^-} f(x)=A \Leftrightarrow \forall\varepsilon>0,\exists\delta>0$，当 $x_0-\delta<x<x_0$ 时，有 $|f(x)-A|<\varepsilon$；

$\lim\limits_{x\to x_0^+} f(x)=A \Leftrightarrow \forall\varepsilon>0,\exists\delta>0$，当 $x_0<x<x_0+\delta$ 时，有 $|f(x)-A|<\varepsilon$.

经常把 $\lim\limits_{x\to x_0^-} f(x)$ 记为 $f(x_0-0)$ 或 $f(x_0^-)$；把 $\lim\limits_{x\to x_0^+} f(x)$ 记为 $f(x_0+0)$ 或 $f(x_0^+)$.

定理 2 $\lim\limits_{x\to x_0} f(x)=A$ 的充分必要条件是 $\lim\limits_{x\to x_0^-} f(x)=\lim\limits_{x\to x_0^+} f(x)=A$.

例 5 证明 $\lim\limits_{x\to 1}\dfrac{x^2-1}{3x^2-x-2}=\dfrac{2}{5}$.

证 当 $x\neq 1$ 时，$\left|\dfrac{x^2-1}{3x^2-x-2}-\dfrac{2}{5}\right|=\left|\dfrac{x+1}{3x+2}-\dfrac{2}{5}\right|=\dfrac{|x-1|}{5|3x+2|}$. 若限制 x，使得 $0<|x-1|<1$（此时 $x>0$），则 $|3x+2|>2$. 于是，对任给的 $\varepsilon>0$，只要取 $\delta=\min\{10\varepsilon,1\}$，则当 $0<|x-1|<\delta$ 时，便有 $\left|\dfrac{x^2-1}{3x^2-x-2}-\dfrac{2}{5}\right|<\varepsilon$.

例 6 利用定义证明：(1) $\lim\limits_{x\to(\frac{1}{2})^+}\left(\dfrac{1}{x}-\left[\dfrac{1}{x}\right]\right)=1$；(2) $\lim\limits_{x\to(\frac{1}{2})^-}\left(\dfrac{1}{x}-\left[\dfrac{1}{x}\right]\right)=0$.

证 (1) 当 $x\in U^\circ_+\left(\dfrac{1}{2};\dfrac{1}{100}\right)=\left(\dfrac{50}{100},\dfrac{51}{100}\right)$ 时，有 $1<\dfrac{1}{x}<2$，于是

$$\left|\left(\frac{1}{x}-\left[\frac{1}{x}\right]\right)-1\right|=\left|\left(\frac{1}{x}-1\right)-1\right|=\left|\frac{1}{x}-2\right|=\frac{2}{x}\left(x-\frac{1}{2}\right)<4\left(x-\frac{1}{2}\right)$$

因此，对于任意给定的 $\varepsilon>0$，取 $\delta=\min\left\{\dfrac{1}{100},\dfrac{\varepsilon}{4}\right\}$，则对于任何 $x\in U^\circ_+\left(\dfrac{1}{2};\delta\right)$，有

$$\left|\left(\frac{1}{x}-\left[\frac{1}{x}\right]\right)-1\right|<\varepsilon$$

即证得 $\lim\limits_{x\to(\frac{1}{2})^+}\left(\dfrac{1}{x}-\left[\dfrac{1}{x}\right]\right)=1$.

(2) 当 $x\in U^\circ_-\left(\dfrac{1}{2};\dfrac{1}{100}\right)=\left(\dfrac{49}{100},\dfrac{50}{100}\right)$ 时，有 $2<\dfrac{1}{x}<3$，于是

$$\left|\left(\frac{1}{x}-\left[\frac{1}{x}\right]\right)-0\right|=\left|\frac{1}{x}-2\right|=\frac{1}{x}-2=\frac{2}{x}\left(\frac{1}{2}-x\right)<6\left(\frac{1}{2}-x\right)$$

因此，对于任意给定的 $\varepsilon>0$，取 $\delta=\min\left\{\dfrac{1}{100},\dfrac{\varepsilon}{6}\right\}$，则对于任何 $x\in U^\circ_-\left(\dfrac{1}{2};\delta\right)$，有 $\left|\left(\dfrac{1}{x}-\left[\dfrac{1}{x}\right]\right)-0\right|<\varepsilon$，即 $\lim\limits_{x\to(\frac{1}{2})^-}\left(\dfrac{1}{x}-\left[\dfrac{1}{x}\right]\right)=0$.

例 7 函数 $f(x)=\frac{|x|}{x}$，判断$\lim\limits_{x\to 0}f(x)$是否存在.

解 因为$\lim\limits_{x\to 0^+}f(x)=\lim\limits_{x\to 0^+}\frac{|x|}{x}=1$，$\lim\limits_{x\to 0^-}f(x)=\lim\limits_{x\to 0^-}\frac{|x|}{x}=-1$，所以$\lim\limits_{x\to 0}f(x)$不存在.

第 2 节 函数极限的性质

下面仅以$\lim\limits_{x\to x_0}f(x)=A$为代表来叙述函数极限的性质，其他形式极限的性质，只需做相应修改.

定理 1 （唯一性）如果$\lim\limits_{x\to x_0}f(x)$存在，那么此极限是唯一的.

定理 2 （局部有界性）如果$\lim\limits_{x\to x_0}f(x)=A$存在，那么存在常数$M>0$和$\delta>0$，当$0<|x-x_0|<\delta$时，有$|f(x)|\leqslant M$.

定理 3 （局部保号性）如果$\lim\limits_{x\to x_0}f(x)=A$，且$A>0$（或$A<0$），那么存在常数$\delta>0$使得当$0<|x-x_0|<\delta$时，有$f(x)>0$（或$f(x)<0$）.

推论 如果$\lim\limits_{x\to x_0}f(x)=A(A\neq 0)$，那么存在$x_0$的某一去心邻域$U^{\circ}(x_0)$，当$x\in U^{\circ}(x_0)$时，有$|f(x)|>\frac{|A|}{2}$.

定理 4 （保不等式性）若$\lim\limits_{x\to x_0}f(x)$和$\lim\limits_{x\to x_0}g(x)$都存在，且存在$\delta>0$，对任何$x\in U^{\circ}(x_0,\delta)$有$f(x)\leqslant g(x)$，则$\lim\limits_{x\to x_0}f(x)\leqslant\lim\limits_{x\to x_0}g(x)$.

定理 5 （迫敛性）如果函数$f(x)$，$g(x)$及$h(x)$均在x_0的某一去心邻域内有定义，且满足下列条件：

(1)$g(x)\leqslant f(x)\leqslant h(x)$；(2)$\lim\limits_{x\to x_0}g(x)=\lim\limits_{x\to x_0}h(x)=A$，

那么$\lim\limits_{x\to x_0}f(x)$存在，且$\lim\limits_{x\to x_0}f(x)=A$.

定理 6 （四则运算）如果$\lim\limits_{x\to x_0}f(x)=A$，$\lim\limits_{x\to x_0}g(x)=B$，那么：

(1) $\lim\limits_{x\to x_0}[f(x)\pm g(x)]=\lim\limits_{x\to x_0}f(x)\pm\lim\limits_{x\to x_0}g(x)=A\pm B$；

(2) $\lim\limits_{x\to x_0}[f(x)\cdot g(x)]=\lim\limits_{x\to x_0}f(x)\cdot\lim\limits_{x\to x_0}g(x)=AB$；

(3) 若$B\neq 0$，则$\lim\limits_{x\to x_0}\frac{f(x)}{g(x)}=\frac{\lim\limits_{x\to x_0}f(x)}{\lim\limits_{x\to x_0}g(x)}=\frac{A}{B}$.

注 ① 在用极限的四则运算法则求极限时，务必保证两个函数的极限都存在；② 如果一个函数的极限存在，另一个函数的极限不存在，那么这两个函数的和、差的极限一定不存在，但积、商的极限可能存在，也可能不存在；③ 如果两个函数的极限都不存在，那么这两个函数的和、差、积、商的极限可能存在，也可能不存在.

推论 (1) $\lim\limits_{x\to x_0}kf(x)=k\lim\limits_{x\to x_0}f(x)$；

(2) $\lim\limits_{x \to x_0} [f(x)]^n = [\lim\limits_{x \to x_0} f(x)]^n$;

(3) 如果$\lim\limits_{x \to x_0} f(x) = A > 0$, $\lim\limits_{x \to x_0} g(x) = B$,那么$\lim\limits_{x \to x_0}[f(x)]^{g(x)} = A^B$.

例 1 求$\lim\limits_{x \to 1} \dfrac{2x+1}{3x^2+x+2}$.

解 这里分母的极限不为零,因而

$$\lim_{x \to 1} \frac{2x+1}{3x^2+x+2} = \frac{\lim\limits_{x \to 1}(2x+1)}{\lim\limits_{x \to 1}(3x^2+x+2)} = \frac{2\lim\limits_{x \to 1} x+1}{3(\lim\limits_{x \to 1} x)^2 + \lim\limits_{x \to 1} x+2} = \frac{1}{2}$$

重要结论

如果$b_m x_0^m + b_{m-1} x_0^{m-1} + \cdots + b_0 \neq 0$,那么

$$\lim_{x \to x_0} \frac{a_n x^n + a_{n-1} x^{n-1} + \cdots + a_0}{b_m x^m + b_{m-1} x^{m-1} + \cdots + b_0} = \frac{a_n x_0^n + a_{n-1} x_0^{n-1} + \cdots + a_0}{b_m x_0^m + b_{m-1} x_0^{m-1} + \cdots + b_0}$$

如果$a_n \cdot b_m \neq 0$,那么

$$\lim_{x \to \infty} \frac{a_n x^n + a_{n-1} x^{n-1} + \cdots + a_0}{b_m x^m + b_{m-1} x^{m-1} + \cdots + b_0} = \begin{cases} 0, n < m \\ \dfrac{a_m}{b_m}, n = m \\ \infty, n > m \end{cases}$$

例 2 求$\lim\limits_{x \to 3} \dfrac{x^2-2x-3}{x^2-5x+6}$.

解 当$x \to 3$时,分子、分母的极限均等于零,因此不能直接运用四则运算,因分子、分母均有因子$x-3$,而当$x \to 3$时,$x \neq 3$,可以消去不为零的因子$x-3$,所以

$$\lim_{x \to 3} \frac{x^2-2x-3}{x^2-5x+6} = \lim_{x \to 3} \frac{(x-3)(x+1)}{(x-3)(x-2)} = \lim_{x \to 3} \frac{x+1}{x-2} = \frac{\lim\limits_{x \to 3}(x+1)}{\lim\limits_{x \to 3}(x-2)} = 4$$

例 3 设$\lim\limits_{x \to \infty} \dfrac{(x-4)^{95}(ax-3)^5}{(x^2+5)^{50}} = 32$, 则$a$的值为(　　).

(A)1　　(B)2　　(C)$\sqrt[5]{8}$　　(D) 均不对

解 应选(B). 由于$\lim\limits_{x \to \infty} \dfrac{(x-4)^{95}(ax-3)^5}{(x^2+5)^{50}} = a^5$,由已知得$a^5 = 32$,即$a = 2$.

例 4 已知$\lim\limits_{x \to \infty}\left(\dfrac{x^2}{x+1} - ax + b\right) = 2$,求$a$和$b$的值.

解 由于$\lim\limits_{x \to \infty}\left(\dfrac{x^2}{x+1} - ax + b\right) = \lim\limits_{x \to \infty} \dfrac{(1-a)x^2 + (b-a)x + b}{x+1} = 2$, 因此必有$1 - a = 0$,$b - a = 2$,解得$a = 1$,$b = 3$.

复合函数的极限运算法则

定理 7 设$\varphi(x)$在x_0的某一空心邻域$U^{\circ}(x_0)$内有定义,$\varphi(x) \neq a$. 若$\lim\limits_{x \to x_0} \varphi(x) = a$且$\lim\limits_{t \to a} f(t) = A$,则复合函数的极限$\lim\limits_{x \to x_0} f(\varphi(x)) = A$.

例 5 求极限:(1) $\lim\limits_{x \to 5} \ln \dfrac{x^2-4x-5}{x^2-5x}$;(2) $\lim\limits_{x \to \infty} \arctan \dfrac{x^2+x}{x^2+x+1}$.

解 (1) 由于$\lim\limits_{x\to5}\dfrac{x^2-4x-5}{x^2-5x}=\lim\limits_{x\to5}\dfrac{(x-5)(x+1)}{x(x-5)}=\lim\limits_{x\to5}\dfrac{x+1}{x}=\dfrac{6}{5}$,所以,由复合函数的极限法则得$\lim\limits_{x\to5}\ln\dfrac{x^2-4x-5}{x^2-5x}=\lim\limits_{u\to\frac{6}{5}}\ln u=\ln\dfrac{6}{5}$.

(2) 由于 $\lim\limits_{x\to\infty}\dfrac{x^2+x}{x^2+x+1}=1$, 所以, 由复合函数的极限法则得 $\lim\limits_{x\to\infty}\arctan\dfrac{x^2+x}{x^2+x+1}=\lim\limits_{u\to1}\arctan u=\dfrac{\pi}{4}$.

例 6 试证明本节定理 7.

证 不妨设 $\varphi(x)$ 在 x_0 的空心邻域 $U^\circ(x_0;\delta_1)$ 内有定义,对任意给定的 $\varepsilon>0$,因为 $\lim\limits_{t\to a}f(t)=A$,所以存在 $\eta>0$,对任意 $t\in U^\circ(a;\eta)$,有 $|f(t)-A|<\varepsilon$. 又 $\lim\limits_{x\to x_0}\varphi(x)=a$,于是存在 $\delta>0$ 且 $\delta<\delta_1$,对任意 $x\in U^\circ(x_0;\delta)$,有 $|\varphi(x)-a|<\eta$. 因此,对任意 $x\in U^\circ(x_0;\delta)$,有 $0<|\varphi(x)-a|<\eta$,从而有 $|f(\varphi(x))-A|<\varepsilon$ 成立. 按照极限的定义知 $\lim\limits_{x\to x_0}f(\varphi(x))=A$.

第 3 节　函数极限存在的条件

定理 1 (单调有界定理)设 f 为定义在 $U_+^\circ(x_0)$ 上的单调有界函数,则右极限 $\lim\limits_{x\to x_0^+}f(x)$ 存在.

注 单调有界定理对于其他三类单侧极限 $\lim\limits_{x\to x_0^-}f(x)$, $\lim\limits_{x\to+\infty}f(x)$, $\lim\limits_{x\to-\infty}f(x)$ 也是成立的.

定理 2 (海涅归结定理)设 f 在 $U^\circ(x_0;\delta')$ 上有定义. $\lim\limits_{x\to x_0}f(x)$ 存在的充要条件是对任何含于 $U^\circ(x_0;\delta')$ 且以 x_0 为极限的数列 $\{x_n\}$,极限 $\lim\limits_{n\to\infty}f(x_n)$ 都存在且相等.

定理 3 (柯西准则)设函数 f 在 $U^\circ(x_0;\delta')$ 上有定义, $\lim\limits_{x\to x_0}f(x)$ 存在的充要条件是:任给 $\varepsilon>0$,存在正数 $\delta(<\delta')$,使得对任意 $x',x''\in U^\circ(x_0;\delta)$ 有 $|f(x')-f(x'')|<\varepsilon$.

例 1 证明$\lim\limits_{x\to1}\sin\dfrac{1}{x-1}$不存在.

证 令 $x_n=1+\dfrac{1}{2n\pi}$, $y_n=1+\dfrac{1}{2n\pi+\frac{\pi}{2}}$,有$\lim\limits_{n\to\infty}x_n=\lim\limits_{n\to\infty}y_n=1$,且

$$\lim_{n\to\infty}\sin\frac{1}{x_n-1}=\lim_{n\to\infty}\sin 2n\pi=0$$

$$\lim_{n\to\infty}\sin\frac{1}{y_n-1}=\lim_{n\to\infty}\sin\left(2n\pi+\frac{\pi}{2}\right)=1$$

由海涅归结定理可知, $\lim\limits_{x\to1}\sin\dfrac{1}{x-1}$ 不存在.

例 2 叙述 $\lim\limits_{x\to+\infty}f(x)$ 存在的海涅归结定理,并应用它证明 $\lim\limits_{x\to+\infty}\cos x$ 不存在.

解 设 $f(x)$ 在 $[a,+\infty)$ 上有定义. $\lim\limits_{x\to+\infty} f(x)$ 存在(充要条件)的海涅归结定理为:对任意包含于 $[a,+\infty)$ 的数列 $\{x_n\}$,当 $\lim\limits_{n\to\infty} x_n=+\infty$ 时,极限 $\lim\limits_{n\to\infty} f(x_n)$ 存在且相等.

下面利用其否定形式证明 $\lim\limits_{x\to+\infty}\cos x$ 不存在.

取 $x'_n=2n\pi, x''_n=2n\pi+\dfrac{\pi}{2}$,则

$$\lim_{n\to\infty} x'_n=\lim_{n\to\infty} 2n\pi=+\infty, \lim_{n\to\infty} x''_n=\lim_{n\to\infty}\left(2n\pi+\frac{\pi}{2}\right)=+\infty$$

但

$$\lim_{n\to\infty} f(x'_n)=\lim_{n\to\infty}\cos(2n\pi)=1, \lim_{n\to\infty} f(x''_n)=\lim_{n\to\infty}\cos\left(2n\pi+\frac{\pi}{2}\right)=0$$

$$\lim_{n\to\infty} f(x'_n)\neq\lim_{n\to\infty} f(x''_n)$$

故 $\lim\limits_{x\to+\infty} f(x)$ 不存在.

例 3 证明:若 f 为周期函数,且 $\lim\limits_{x\to+\infty} f(x)=0$,则 $f(x)\equiv 0$.

证 设 f 的定义域为 D,周期为 T 且大于 0. 任取 $x_0\in D$,因为 $\lim\limits_{x\to+\infty} f(x)=0$,所以根据归结原理有 $\lim\limits_{n\to\infty} f(x_0+nT)=0$. 于是有 $f(x_0)=\lim\limits_{n\to\infty} f(x_0)=\lim\limits_{n\to\infty} f(x_0+nT)=0$. 因此,$f(x)\equiv 0$.

例 4 设 $f(x)$ 在 (a,b) 内单调递增,证明对任意的 $x_0\in(a,b)$,$\lim\limits_{x\to x_0^-} f(x)$ 都存在.

证 任取 $x_0\in(a,b)$,令 $E=\{f(x)\mid x<x_0\}$,由于对任意的 $x<x_0$,都有 $f(x)\leqslant f(x_0)$,故 E 有上界,进而 E 有上确界,设 $\beta=\sup\{E\}$. 由上确界的定义可知,$\forall\varepsilon>0$,$\exists x_1<x_0$,满足 $\beta<f(x_1)+\varepsilon$,即 $\beta-f(x_1)<\varepsilon$. 取 $\delta=x_0-x_1$,则当 $0<x_0-x<\delta$ 时,因 $f(x)>f(x_1)$,故 $\beta-f(x)<\beta-f(x_1)<\varepsilon$,于是 $\lim\limits_{x\to x_0^-} f(x)=\sup\{E\}$,即 $\lim\limits_{x\to x_0^-} f(x)$ 存在.

第 4 节 两个重要极限与无穷小量

一、两个重要极限

重要极限 Ⅰ

原始形式 $\lim\limits_{x\to0}\dfrac{\sin x}{x}=1,\lim\limits_{x\to0}\dfrac{\tan x}{x}=1$;

广义形式 $\lim\limits_{\Delta\to0}\dfrac{\sin\Delta}{\Delta}=1,\lim\limits_{\Delta\to0}\dfrac{\tan\Delta}{\Delta}=1$.

例 1 求下列极限:

(1) $\lim\limits_{x\to0}\dfrac{1-\cos 2x}{x\tan x}$; (2) $\lim\limits_{x\to\frac{\pi}{2}}\dfrac{\cos x}{2x-\pi}$; (3) $\lim\limits_{n\to\infty} 3^n\sin\dfrac{\pi}{3^n}$.

解 (1) $\lim\limits_{x\to0}\dfrac{1-\cos 2x}{x\tan x}=\lim\limits_{x\to0}\dfrac{2\sin^2 x}{x\tan x}=\lim\limits_{x\to0}\left(\dfrac{2\sin^2 x}{x^2}\cdot\dfrac{x}{\tan x}\right)=2$;

(2) $\lim\limits_{x\to\frac{\pi}{2}}\dfrac{\cos x}{2x-\pi}=-\dfrac{1}{2}\lim\limits_{x\to\frac{\pi}{2}}\dfrac{\sin\left(x-\dfrac{\pi}{2}\right)}{x-\dfrac{\pi}{2}}=-\dfrac{1}{2}\lim\limits_{t\to 0}\dfrac{\sin t}{t}=-\dfrac{1}{2}$;

(3) $\lim\limits_{n\to\infty}3^n\sin\dfrac{\pi}{3^n}=\pi\lim\limits_{n\to\infty}\dfrac{\sin\dfrac{\pi}{3^n}}{\dfrac{\pi}{3^n}}=\pi$.

重要极限 Ⅱ

原始形式 $\lim\limits_{x\to\infty}\left(1+\dfrac{1}{x}\right)^x=\mathrm{e},\lim\limits_{x\to 0}(1+x)^{\frac{1}{x}}=\mathrm{e}$;

广义形式 $\lim\limits_{\Delta\to\infty}\left(1+\dfrac{1}{\Delta}\right)^\Delta=\mathrm{e},\lim\limits_{\Delta\to 0}(1+\Delta)^{\frac{1}{\Delta}}=\mathrm{e}$.

例 2 求下列极限:

(1) $\lim\limits_{x\to\infty}\left(1+\dfrac{1}{2x}\right)^{3x}$; (2) $\lim\limits_{x\to\infty}\left(\dfrac{3+x}{1+x}\right)^{3x}$; (3) $\lim\limits_{x\to 0^+}(\cos 2x)^{\frac{1}{x^2}}$.

解 (1) $\lim\limits_{x\to\infty}\left(1+\dfrac{1}{2x}\right)^{3x}=\lim\limits_{x\to\infty}\left[\left(1+\dfrac{1}{2x}\right)^{2x}\right]^{\frac{3}{2}}=\mathrm{e}^{\frac{3}{2}}$;

(2) $\lim\limits_{x\to\infty}\left(\dfrac{3+x}{1+x}\right)^{3x}=\lim\limits_{x\to\infty}\left[\left(1+\dfrac{2}{1+x}\right)^{\frac{1+x}{2}}\right]^{\frac{2}{1+x}\cdot 3x}=\mathrm{e}^6$;

(3) $\lim\limits_{x\to 0^+}(\cos 2x)^{\frac{1}{x^2}}=\lim\limits_{x\to 0^+}(1-2\sin^2 x)^{\frac{1}{x^2}}=\lim\limits_{x\to 0^+}\left[(1-2\sin^2 x)^{\frac{1}{-2\sin^2 x}}\right]^{-\frac{2\sin^2 x}{x^2}}=\mathrm{e}^{-2}$.

例 3 设$\lim\limits_{x\to\infty}\left(\dfrac{x+2a}{x-a}\right)^{3x}=8$,试求 a.

解 显然 $a\neq 0$,又$\lim\limits_{x\to\infty}\left(\dfrac{x+2a}{x-a}\right)^{3x}=\lim\limits_{x\to\infty}\left[\left(1+\dfrac{3a}{x-a}\right)^{\frac{x-a}{3a}}\right]^{\frac{9ax}{x-a}}=\mathrm{e}^{9a}$,根据已知条件可得 $\mathrm{e}^{9a}=8$,即 $a=\dfrac{1}{3}\ln 2$.

重要公式

如果$\lim\limits_{x\to x_0}u(x)=1$,那么$\lim\limits_{x\to x_0}v(x)\ln u(x)=\lim\limits_{x\to x_0}v(x)[u(x)-1]$.

如果$\lim\limits_{x\to x_0}u(x)=1,\lim\limits_{x\to x_0}v(x)=\infty$,那么$\lim\limits_{x\to x_0}u(x)^{v(x)}=\mathrm{e}^{\lim\limits_{x\to x_0}v(x)[u(x)-1]}$.

例 4 求极限:(1) $\lim\limits_{x\to 0}\dfrac{\ln\cos 2x}{x^2}$;(2) $\lim\limits_{x\to 0}\left(\dfrac{1+\tan x}{1+\sin x}\right)^{\frac{1}{x^3}}$;(3) $\lim\limits_{x\to 0}(x^2+\cos 4x)^{\frac{1}{x^2}}$.

解 (1) $\lim\limits_{x\to 0}\dfrac{\ln\cos 2x}{x^2}=\lim\limits_{x\to 0}\dfrac{1}{x^2}(\cos 2x-1)=\lim\limits_{x\to 0}\dfrac{-2\sin^2 x}{x^2}=-2$.

(2) $\lim\limits_{x\to 0}\left(\dfrac{1+\tan x}{1+\sin x}\right)^{\frac{1}{x^3}}=\mathrm{e}^{\lim\limits_{x\to 0}\frac{1}{x^3}\left(\frac{1+\tan x}{1+\sin x}-1\right)}=\mathrm{e}^{\lim\limits_{x\to 0}\frac{1}{x^3}\left(\frac{\tan x-\sin x}{1+\sin x}\right)}$

$$=\mathrm{e}^{\lim\limits_{x\to 0}\frac{\tan x(1-\cos x)}{x^3}}=\mathrm{e}^{\lim\limits_{x\to 0}\frac{2\sin^2\frac{x}{2}}{x^2}}=\mathrm{e}^{\frac{1}{2}}.$$

(3) $\lim\limits_{x\to 0}(x^2+\cos 4x)^{\frac{1}{x^2}}=\mathrm{e}^{\lim\limits_{x\to 0}\frac{1}{x^2}(x^2+\cos 4x-1)}=\mathrm{e}^{\lim\limits_{x\to 0}\frac{x^2-2\sin^2 2x}{x^2}}=\mathrm{e}^{\lim\limits_{x\to 0}\frac{x^2}{x^2}-8\lim\limits_{x\to 0}\frac{\sin^2 2x}{(2x)^2}}=\mathrm{e}^{-7}$.

二、无穷小量与无穷大量

1. 无穷小量的概念

定义 1 如果函数 $f(x)$ 当 $x \to x_0$（或 $x \to \infty$）时的极限为零，那么称函数 $f(x)$ 为当 $x \to x_0$（或 $x \to \infty$）时的无穷小量或无穷小.

注 ① 以零为极限的数列 $\{x_n\}$ 称为 $n \to \infty$ 时的无穷小；② 很小的数不是无穷小，但常数 0 为无穷小；③ 涉及无穷小时，一定要说明自变量的变化过程，否则讨论无穷小没有意义；④ 函数 $f(x)$ 为当 $x \to x_0$（或 $x \to \infty$）时的无穷小 $\Leftrightarrow \lim\limits_{x \to x_0} f(x) = 0$（或 $\lim\limits_{x \to \infty} f(x) = 0$）.

定理 1 （无穷小与极限的关系）$\lim\limits_{x \to x_0} f(x) = A$ 的充分必要条件是 $f(x) = A + \alpha$，其中 α 是 $x \to x_0$ 时的无穷小.

2. 无穷大量的概念

定义 2 设函数 $f(x)$ 在 x_0 的某一去心邻域内有定义（或 $|x|$ 大于某一正数时有定义）. 如果对于任一给定的正数 M（无论它多么大），总存在正数 δ（或正数 X），只要 x 适合不等式 $0 < |x - x_0| < \delta$（或 $|x| > X$），对应的函数值 $f(x)$ 总满足不等式 $|f(x)| > M$，那么称函数 $f(x)$ 是当 $x \to x_0$（或 $x \to \infty$）时的无穷大量或无穷大.

定义 2 可简单表达为：$\lim\limits_{x \to x_0} f(x) = \infty$（$\lim\limits_{x \to \infty} f(x) = \infty$）$\Leftrightarrow \forall M > 0$，$\exists \delta > 0$（$X > 0$），当 $0 < |x - x_0| < \delta$（$|x| > X$）时，有 $|f(x)| > M$.

注 ① 无穷大是函数动态变化的趋势，要多大有多大，而无界通常指函数在指定区间上的整体性质，在图形上描述为，不能将函数限制在由两个常值函数所确定的带状区域之内；② 无穷大不是一个很大的数，它只是函数极限不存在的一种特殊的形式；③ 当 $a > 1$ 时，$\lim\limits_{x \to +\infty} a^x = +\infty$，$\lim\limits_{x \to -\infty} a^x = 0$，特别地，$\lim\limits_{x \to +\infty} \mathrm{e}^x = +\infty$，$\lim\limits_{x \to -\infty} \mathrm{e}^x = 0$；④ 当 $0 < a < 1$ 时，$\lim\limits_{x \to +\infty} a^x = 0$，$\lim\limits_{x \to -\infty} a^x = +\infty$.

例 5 函数 $f(x) = x\cos x$ 在 $(-\infty, +\infty)$ 内是否无界？这个函数是否为 $x \to +\infty$ 时的无穷大？

解 由于

$$\lim_{n \to \infty} f(2n\pi) = \lim_{n \to \infty} 2n\pi\cos 2n\pi = \infty$$

$$\lim_{n \to \infty} f\left(2n\pi + \frac{\pi}{2}\right) = \lim_{n \to \infty}\left(2n\pi + \frac{\pi}{2}\right)\cos\left(2n\pi + \frac{\pi}{2}\right) = 0$$

因此，函数 $f(x) = x\cos x$ 在 $(-\infty, +\infty)$ 内无界，且当 $x \to +\infty$ 时，$f(x) = x\cos x$ 不是无穷大.

例 6 证明：若 S 为无上界数集，则存在一递增数列 $\{x_n\} \subseteq S$，使得 $\lim\limits_{n \to \infty} x_n = +\infty$.

证 因为 S 为无上界数集，所以对任何 $M > 0$，存在 $x_0 \in S$，使得 $x_0 > M$. 于是：

对于 $M_1 = 1$，存在 $x_1 \in S$，使得 $x_1 > M_1$；

对于 $M_2 = \max\{2, x_1\}$，存在 $x_2 \in S$，使得 $x_2 > M_2$；

对于 $M_3 = \max\{3, x_2\}$，存在 $x_3 \in S$，使得 $x_3 > M_3$；

……

对于 $M_n = \max\{n, x_{n-1}\}$，存在 $x_n \in S$，使得 $x_n > M_n$；

……

于是我们得到数列$\{x_n\}\subseteq S$,满足:

(1) 对$n\in\mathbf{N}_+$,有$x_{n+1}>M_{n+1}=\max\{n+1,x_n\}\geqslant x_n$,即$\{x_n\}$是递增的;

(2) 对$n\in\mathbf{N}_+$,有$x_n>M_n=\max\{n,x_{n-1}\}\geqslant n$,即$x_n\to+\infty(n\to\infty)$.

因此,上述数列$\{x_n\}$即为所求.

例 7 设$\lim\limits_{x\to x_0}f(x)=\infty,\lim\limits_{x\to x_0}g(x)=b\neq 0$.证明:$\lim\limits_{x\to x_0}f(x)g(x)=\infty$.

证 由于$\lim\limits_{x\to x_0}g(x)=b\neq 0$,则显然$\lim\limits_{x\to x_0}|g(x)|>\dfrac{|b|}{2}$.因此,存在$\delta_1>0$,对任意$x\in U^\circ(x_0;\delta_1)$,有$|g(x)|>\dfrac{|b|}{2}$.对于任意给定的$G>0$,由$\lim\limits_{x\to x_0}f(x)=\infty$知,存在$\delta_2>0$,对任意$x\in U^\circ(x_0;\delta_2)$,有$|f(x)|>\dfrac{|2G|}{|b|}$.取$\delta=\min\{\delta_1,\delta_2\}$,则对任意$x\in U^\circ(x_0;\delta)$,有

$$|f(x)g(x)|=|f(x)||g(x)|>\frac{2G}{|b|}\cdot\frac{|b|}{2}=G$$

因此,$\lim\limits_{x\to x_0}f(x)g(x)=\infty$.

3.无穷小与无穷大的关系

在自变量的同一变化过程中,若$f(x)$为无穷大,则$\dfrac{1}{f(x)}$为无穷小;若$f(x)$为无穷小,且$f(x)\neq 0$,则$\dfrac{1}{f(x)}$为无穷大.

4.无穷小的性质

① 有限个无穷小之和也是无穷小;② 有界函数与无穷小之积也是无穷小;

③ 常数与无穷小之积也是无穷小;④ 有限个无穷小之积也是无穷小.

例 8 求$\lim\limits_{n\to\infty}\left(\dfrac{1}{n^2+n+1}+\dfrac{2}{n^2+n+2}+\cdots+\dfrac{n}{n^2+n+n}\right)$.

解 由于$\dfrac{n(n+1)}{2(n^2+n+n)}<\dfrac{1}{n^2+n+1}+\cdots+\dfrac{n}{n^2+n+n}<\dfrac{n(n+1)}{2(n^2+n+1)}$,且

$$\lim_{n\to\infty}\frac{n(n+1)}{2(n^2+n+n)}=\lim_{n\to\infty}\frac{n(n+1)}{2(n^2+n+1)}=\frac{1}{2}$$

由迫敛性可得

$$\lim_{n\to\infty}\left(\frac{1}{n^2+n+1}+\frac{2}{n^2+n+2}+\cdots+\frac{n}{n^2+n+n}\right)=\frac{1}{2}$$

例 9 求$\lim\limits_{n\to\infty}\left(\dfrac{1}{n^2+n+1}+\dfrac{1}{n^2+n+2}+\cdots+\dfrac{1}{n^2+n+n}\right)$.

解 由于$\dfrac{n}{n^2+n+n}<\dfrac{1}{n^2+n+1}+\dfrac{1}{n^2+n+2}+\cdots+\dfrac{1}{n^2+n+n}<\dfrac{n}{n^2+n+1}$,且

$$\lim_{n\to\infty}\frac{n}{n^2+n+n}=\lim_{n\to\infty}\frac{n}{n^2+n+1}=0$$

由迫敛性可得

$$\lim_{n\to\infty}\left(\frac{1}{n^2+n+1}+\frac{1}{n^2+n+2}+\cdots+\frac{1}{n^2+n+n}\right)=0$$

例 10 求$\lim\limits_{x\to\infty}\left(\frac{\sin x}{x}\cdot\arctan x\right)$.

解 由于$\lim\limits_{x\to\infty}\frac{1}{x}=0$，$|\sin x\cdot\arctan x|\leqslant\frac{\pi}{2}$，由无穷小的性质，得

$$\lim_{x\to\infty}\left(\frac{\sin x}{x}\cdot\arctan x\right)=0$$

5. 无穷小的比较

设$\lim\limits_{x\to x_0}\alpha=\lim\limits_{x\to x_0}\beta=0$，如下：

(1) 如果$\lim\limits_{x\to x_0}\frac{\beta}{\alpha}=0$，那么就说$\beta$是比$\alpha$高阶的无穷小，记作$\beta=o(\alpha)$；

(2) 如果$\lim\limits_{x\to x_0}\frac{\beta}{\alpha}=\infty$，那么就说$\beta$是比$\alpha$低阶的无穷小；

(3) 如果$\lim\limits_{x\to x_0}\frac{\beta}{\alpha}=c\neq0$，那么就说$\beta$与$\alpha$是同阶无穷小；

(4) 如果$\lim\limits_{x\to x_0}\frac{\beta}{\alpha}=1$，那么就说$\beta$与$\alpha$是等价无穷小，记作$\alpha\sim\beta$；

(5) 如果$\lim\limits_{x\to x_0}\frac{\beta}{\alpha^k}=c\neq0,k>0$，那么就说$\beta$是关于$\alpha$的$k$阶无穷小.

定理 2 若$\alpha\sim\alpha'(x\to x_0)$，$\beta\sim\beta'(x\to x_0)$，且$\lim\limits_{x\to x_0}\frac{\alpha'}{\beta'}$存在，则$\lim\limits_{x\to x_0}\frac{\alpha}{\beta}=\lim\limits_{x\to x_0}\frac{\alpha'}{\beta'}$.

6. 常用的等价无穷小

当$\odot\to0$时，如下

$\sin\odot\sim\odot$	$\tan\odot\sim\odot$	$\mathrm{e}^{\odot}-1\sim\odot$
$\arcsin\odot\sim\odot$	$\arctan\odot\sim\odot$	$\ln(1+\odot)\sim\odot$
$1-\cos\odot\sim\frac{1}{2}\odot^2$	$a^{\odot}-1\sim\odot\ln a$	$(1+\odot)^{\alpha}-1\sim\alpha\odot$

例 11 当$x\to0$时，$(\sqrt{1+\tan^3x}-1)\ln(1+\sin^3x)$是$(\mathrm{e}^x-1)\arcsin x$的几阶无穷小？

解 注意到当$x\to0$时，$\sqrt{1+\tan^3x}-1\sim\frac{1}{2}\tan^3x\sim\frac{1}{2}x^3$，$\ln(1+\sin^3x)\sim\sin^3x\sim x^3$，$\mathrm{e}^x-1\sim x$，$\arcsin x\sim x$，从而

$$(\sqrt{1+\tan^3x}-1)\ln(1+\sin^3x)\sim\frac{1}{2}x^6,(\mathrm{e}^x-1)\arcsin x\sim x^2$$

因此$(\sqrt{1+\tan^3x}-1)\ln(1+\sin^3x)$是$(\mathrm{e}^x-1)\arcsin x$的3阶无穷小.

例 12 已知当$x\to0$时，$(1+ax^2)^{\frac{1}{3}}-1$与$\cos x-1$是等价无穷小，则常数$a=$________.

解 填$-\frac{3}{2}$. 由于当$x\to0$时，$(1+ax^2)^{\frac{1}{3}}-1\sim\frac{1}{3}ax^2$，$\cos x-1\sim-\frac{1}{2}x^2$. 由题

意可得$\frac{1}{3}ax^2 \sim -\frac{1}{2}x^2$，即$\frac{1}{3}a=-\frac{1}{2}$，即$a=-\frac{3}{2}$.

例 13 求下列函数的极限：

(1) $\lim\limits_{x\to0}\frac{\tan x\ln(1+\sin x)}{\sqrt{1-x^2}-1}$；　　(2) $\lim\limits_{x\to0}\frac{\sqrt{1+\tan x}-\sqrt{1+\sin x}}{x\sqrt{1+x^2}-x}$；

(3) $\lim\limits_{x\to-\infty}(\sqrt{x^2+x+1}+\sqrt[3]{x^3+2x^2})$；　　(4) $\lim\limits_{x\to0}\frac{e^{3x}-e^{2x}-e^x+1}{\sqrt[3]{(1-x)(1+x)}-1}$.

解 (1) $\lim\limits_{x\to0}\frac{\tan x\ln(1+\sin x)}{\sqrt{1-x^2}-1}=\lim\limits_{x\to0}\frac{x\cdot\sin x}{-\frac{1}{2}x^2}=-2$；

(2) $\lim\limits_{x\to0}\frac{\sqrt{1+\tan x}-\sqrt{1+\sin x}}{x\sqrt{1+x^2}-x}=\lim\limits_{x\to0}\frac{(\tan x-\sin x)}{(\sqrt{1+\tan x}+\sqrt{1+\sin x})x(\sqrt{1+x^2}-1)}$

$$=\lim_{x\to0}\frac{\tan x(1-\cos x)}{2x\cdot\frac{1}{2}x^2}=\lim_{x\to0}\frac{x\cdot\frac{1}{2}x^2}{x^3}=\frac{1}{2};$$

(3) $\lim\limits_{x\to-\infty}[\sqrt{x^2+x+1}+\sqrt[3]{x^3+2x^2}]=\lim\limits_{t\to+\infty}[\sqrt{t^2-t+1}+\sqrt[3]{-t^3+2t^2}]$

$$=\lim_{t\to+\infty}t\left[\sqrt{1-\frac{1}{t}+\frac{1}{t^2}}-\sqrt[3]{1-\frac{2}{t}}\right]=\lim_{u\to0^+}\frac{\sqrt{1-u+u^2}-\sqrt[3]{1-2u}}{u}$$

$$=\lim_{u\to0^+}\frac{\sqrt{1-u+u^2}-1}{u}-\lim_{u\to0^+}\frac{\sqrt[3]{1-2u}-1}{u}=\lim_{u\to0^+}\frac{\frac{1}{2}(-u+u^2)}{u}-\lim_{u\to0^+}\frac{\frac{1}{3}(-2u)}{u}$$

$$=-\frac{1}{2}+\frac{2}{3}=\frac{1}{6};$$

(4) $\lim\limits_{x\to0}\frac{e^{3x}-e^{2x}-e^x+1}{\sqrt[3]{(1-x)(1+x)}-1}=\lim\limits_{x\to0}\frac{(e^{2x}-1)(e^x-1)}{\sqrt[3]{1-x^2}-1}=\lim\limits_{x\to0}\frac{2x\cdot x}{-\frac{1}{3}x^2}=-6$.

例 14 已知$\lim\limits_{x\to1}\frac{be^{x^2+ax}-1}{\sin(x-1)}=-4$，试求$a,b$.

解 由$\lim\limits_{x\to1}\sin(x-1)=0$，得$\lim\limits_{x\to1}(be^{x^2+ax}-1)=0$，进而$be^{a+1}=1$，即$b=e^{-a-1}$. 又由已知条件可得

$$\lim_{x\to1}\frac{be^{x^2+ax}-1}{\sin(x-1)}=\lim_{x\to1}\frac{e^{x^2+ax-a-1}-1}{x-1}=\lim_{x\to1}\frac{x^2+ax-a-1}{x-1}$$

$$=\lim_{x\to1}(x+1+a)=2+a=-4$$

从而$a=-6$，$b=e^5$.

三、曲线的渐近线

1. 水平渐近线

如果当自变量$x\to\infty$时，函数$f(x)$以常量c为极限，即$\lim\limits_{x\to\infty}f(x)=c$，那么称直线$y=c$为曲线$y=f(x)$的水平渐近线.

注 $x\to\infty$也可换为$x\to-\infty$或$x\to+\infty$.

2. **垂直渐近线(或铅直渐近线)**

如果当自变量 $x \to x_0$ 时,函数 $f(x)$ 为无穷大量,即 $\lim\limits_{x \to x_0} f(x)=\infty$,那么称直线 $x=x_0$ 为曲线 $y=f(x)$ 的垂直渐近线.

注 $x \to x_0$ 也可换为 $x \to x_0^-$ 或 $x \to x_0^+$.

3. **斜渐近线**

如果 $k=\lim\limits_{x \to \infty} \dfrac{f(x)}{x}$,且 $b=\lim\limits_{x \to \infty}[f(x)-kx]$,那么称直线 $y=kx+b$ 为曲线 $y=f(x)$ 的斜渐近线.

注 ① 在 x 的同一变化过程中有水平渐近线则无斜渐近线,有斜渐近线则无水平渐近线;②$x \to \infty$ 也可换为 $x \to -\infty$ 或 $x \to +\infty$.

例 15 求曲线 $y=x\mathrm{e}^{\frac{2}{x}}+1$ 的渐近线.

解 函数 $y=x\mathrm{e}^{\frac{2}{x}}+1$ 的无定义点为 $x=0$ 且 $\lim\limits_{x \to 0^+} f(x)=\lim\limits_{x \to 0^+}(x\mathrm{e}^{\frac{2}{x}}+1)=+\infty$,故有铅直渐近线 $x=0$.

由于 $\lim\limits_{x \to \infty}(x\mathrm{e}^{\frac{2}{x}}+1)=\infty$,故该曲线无水平渐近线. 下面考虑斜渐近线,设斜渐近线方程为 $y=kx+b$,因为

$$k=\lim_{x \to \infty} \frac{f(x)}{x}=\lim_{x \to \infty} \frac{(x\mathrm{e}^{\frac{2}{x}}+1)}{x}=\lim_{x \to \infty}\left(\mathrm{e}^{\frac{2}{x}}+\frac{1}{x}\right)=1$$

$$b=\lim_{x \to \infty}[f(x)-kx]=\lim_{x \to \infty}(x\mathrm{e}^{\frac{2}{x}}+1-x)=\lim_{x \to \infty} x(\mathrm{e}^{\frac{2}{x}}-1)+1=\lim_{x \to \infty} x \cdot \frac{2}{x}+1=3$$

所以该曲线的斜渐近线方程为 $y=x+3$.

例 16 下列曲线中有渐近线的是(　　).

(A) $y=x+\sin x$　　(B) $y=x^2+\sin x$

(C) $y=x+\sin \dfrac{1}{x}$　　(D) $y=x^2+\sin \dfrac{1}{x}$

解 应选(C). 对于选项(A),由于 $k=\lim\limits_{x \to \infty} \dfrac{f(x)}{x}=\lim\limits_{x \to \infty} \dfrac{x+\sin x}{x}=1$,而 $b=\lim\limits_{x \to \infty} \sin x$ 不存在,所以无斜渐近线. 又 $\lim\limits_{x \to \infty}(x+\sin x)=\infty$,因而 $y=x+\sin x$ 无水平渐近线. 注意到 $y=x+\sin x$ 在 $(-\infty,+\infty)$ 内连续,因而无垂直渐近线. 同理(B)(D) 也无渐近线.

选项(C),由于 $\lim\limits_{x \to \infty} \dfrac{y}{x}=\lim\limits_{x \to \infty}\left(1+\dfrac{1}{x}\sin \dfrac{1}{x}\right)=1$, $\lim\limits_{x \to \infty}(y-x)=\lim\limits_{x \to \infty} \sin \dfrac{1}{x}=0$,因此,斜渐近线为 $y=x$.

例 17 曲线 $y=\arctan \dfrac{x^2}{x-1}$ 的渐近线有(　　)条.

(A)0　　(B)1　　(C)2　　(D)3

解 应选(C). 由于

$$\lim_{x \to 1^-} \arctan \frac{x^2}{x-1}=\arctan(-\infty)=-\frac{\pi}{2}, \lim_{x \to 1^+} \arctan \frac{x^2}{x-1}=\arctan(+\infty)=\frac{\pi}{2}$$

故无铅直渐近线.

又 $\lim\limits_{x\to+\infty}\arctan\dfrac{x^2}{x-1}=\dfrac{\pi}{2}$，$\lim\limits_{x\to-\infty}\arctan\dfrac{x^2}{x-1}=-\dfrac{\pi}{2}$，故有两条水平渐近线 $y=\dfrac{\pi}{2}$，$y=-\dfrac{\pi}{2}$。显然无斜渐近线.

解惑释疑

问题1 从函数极限的定义出发，要说明 $\lim\limits_{x\to+\infty}f(x)=A$，只要对任意给定的 $\varepsilon>0$，找出 $M>0$，使得对任何 $x>M$，不等式 $|f(x)-A|<\varepsilon$ 都成立即可. 这个定义与数列极限的定义相似度很大，它们之间有什么区别？

答 函数极限 $\lim\limits_{x\to+\infty}f(x)=A$ 和数列极限 $\lim\limits_{n\to\infty}a_n=A$ 都是当自变量越来越大时，其对应的函数值与定数 A 越来越接近. 它们的不同表现有以下三点：

(1) $\lim\limits_{x\to+\infty}f(x)$ 的前提是函数 f 在 x 充分大时有定义，而 $\lim\limits_{n\to\infty}a_n$ 中 $\{a_n\}$ 对 n 取正整数有意义即可.

(2) 对任意给定的 $\varepsilon>0$，不等式 $|f(x)-A|<\varepsilon$ 要求对任何实数 $x\in(X,+\infty)$ 成立，而不等式 $|a_n-A|<\varepsilon$ 只要求对任何正整数 $n\in(N,+\infty)$ 成立.

(3) 直观上，$\lim\limits_{x\to+\infty}f(x)=A$ 中的自变量的变化是连续的，而 $\lim\limits_{n\to\infty}a_n=A$ 中的自变量的变化则是离散的.

问题2 在验证 $\lim\limits_{x\to x_0}f(x)=A$ 的具体实例中，关键是对任意给定的 $\varepsilon>0$，找出使得不等式 $|f(x)-A|<\varepsilon$ 成立的 x 的取值范围. 如何去寻找这个范围？

答 找出使得不等式 $|f(x)-A|<\varepsilon$ 成立的 x 的取值范围，这与数列极限以及 x 趋于 ∞ 时的函数极限都不同. 对于后者，我们只要想办法从类似的不等式中找出相应的 N 或 X 就可以了. 而对 $\lim\limits_{x\to x_0}f(x)=A$ 的情形，我们是要找出 x_0 的一个空心邻域 $U^\circ(x_0;\delta)$，使得不等式 $|f(x)-A|<\varepsilon$ 成立. 因此，在验证 $\lim\limits_{x\to x_0}f(x)=A$ 的具体实例中，通常的步骤如下：

(1) 将 x 限制在 x_0 的某个小邻域 $U^\circ(x_0;\delta_1)$ 内；

(2) 在 $U^\circ(x_0;\delta_1)$ 中，把 $|f(x)-A|$ 转化为 $|\varphi(x)||x-x_0|$ 的形式；

(3) 在 $U^\circ(x_0;\delta_1)$ 中，找常数 $M>0$，使得 $|\varphi(x)|\leqslant M$；

(4) 解不等式 $M|x-x_0|<\varepsilon$，即得 $|x-x_0|<\dfrac{\varepsilon}{M}$；

(5) 令 $\delta=\min\left\{\delta_1,\dfrac{\varepsilon}{M}\right\}$ 即可.

特别注意 $U^\circ(x_0;\delta_1)$ 的选取必须保证 $|\varphi(x)|$ 有界.

问题3 函数 $\sin\left(x^2\sin\dfrac{1}{x}\right)$ 与 $x^2\sin\dfrac{1}{x}$ 当 $x\to0$ 时是等价无穷小量吗？下面的做法正确吗？

$$\lim_{x\to0}\frac{\sin\left(x^2\sin\frac{1}{x}\right)}{\sin x}=\lim_{x\to0}\frac{x^2\sin\frac{1}{x}}{\sin x}=\lim_{x\to0}\frac{x\sin\frac{1}{x}}{\frac{\sin x}{x}}=\frac{0}{1}=0$$

答 不是等价无穷小量. 由 $\left|\sin\left(x^2\sin\dfrac{1}{x}\right)\right| \leqslant \left|x^2\sin\dfrac{1}{x}\right| \leqslant x^2$ 知 $\lim\limits_{x\to 0}\sin\left(x^2\sin\dfrac{1}{x}\right)=0$. 而 $x^2\sin\dfrac{1}{x}$ 作为 $x\to 0$ 时的无穷小量 x^2 与有界量 $\sin\dfrac{1}{x}$ 之积有 $\lim\limits_{x\to 0}x^2\sin\dfrac{1}{x}=0$. 于是 $\sin\left(x^2\sin\dfrac{1}{x}\right)$ 与 $x^2\sin\dfrac{1}{x}$ 都是当 $x\to 0$ 时的无穷小量.

但是,因为商 $\dfrac{\sin\left(x^2\sin\dfrac{1}{x}\right)}{x^2\sin\dfrac{1}{x}}$ 或 $\dfrac{x^2\sin\dfrac{1}{x}}{\sin\left(x^2\sin\dfrac{1}{x}\right)}$ 在 0 的任何空心邻域中都有无意义的 x 的取值 $\dfrac{1}{n\pi}(n\in\mathbf{N}_+)$,所以当 $x\to 0$ 时这两个函数的极限不存在. 从而函数 $\sin\left(x^2\sin\dfrac{1}{x}\right)$ 与 $x^2\sin\dfrac{1}{x}$ 当 $x\to 0$ 时不是等价无穷小量,因此,算法

$$\lim_{x\to 0}\frac{\sin\left(x^2\sin\dfrac{1}{x}\right)}{\sin x}=\lim_{x\to 0}\frac{x^2\sin\dfrac{1}{x}}{\sin x}=\lim_{x\to 0}\frac{x\sin\dfrac{1}{x}}{\dfrac{\sin x}{x}}=\frac{0}{1}=0$$

中第一个等号是不对的,可改正如下:因为

$$\left|\frac{\sin\left(x^2\sin\dfrac{1}{x}\right)}{\sin x}\right| \leqslant \frac{\left|x^2\sin\dfrac{1}{x}\right|}{|\sin x|} \leqslant \frac{|x|}{\left|\dfrac{\sin x}{x}\right|}$$

且 $\lim\limits_{x\to 0}\dfrac{|x|}{\left|\dfrac{\sin x}{x}\right|}=0$,所以根据函数极限的迫敛性得 $\lim\limits_{x\to 0}\dfrac{\sin\left(x^2\sin\dfrac{1}{x}\right)}{\sin x}=0$.

问题 4 在函数极限的商的运算法则中要求分母的极限不能为零. 如果分母的极限是零,那么商的极限一定不存在吗?

答 商的极限仍然可能存在. 例如:考虑极限 $\lim\limits_{x\to 1}\dfrac{x-1}{x^2-1}$. 此时分母的极限 $\lim\limits_{x\to 1}(x^2-1)=0$. 但由极限定义,$x$ 无限趋近 x_0 而不等于 x_0. 因此,对这一类型的极限最基本的方法是将分子、分母中的公因式约去后再求极限. 于是有

$$\lim_{x\to 1}\frac{x-1}{x^2-1}=\lim_{x\to 1}\frac{x-1}{(x-1)(x+1)}=\lim_{x\to 1}\frac{1}{x+1}=\frac{1}{2}$$

我们将经常遇到这种类型的极限,即"$\dfrac{0}{0}$"的未定式极限.

问题 5 当 $x\to x_0$ 时,海涅归结定理的否定的正面叙述是什么?

答 存在数列 $\{x_n\}$,$\{y_n\}$,$x_n\neq x_0$,$y_n\neq x_0(n\in\mathbf{N}_+)$ 且 $\lim\limits_{n\to\infty}x_n=x_0$ 及 $\lim\limits_{n\to\infty}y_n=x_0$,满足极限 $\lim\limits_{n\to\infty}f(x_n)$ 和 $\lim\limits_{n\to\infty}f(y_n)$ 都存在,但 $\lim\limits_{n\to\infty}f(x_n)\neq\lim\limits_{n\to\infty}f(y_n)$;或存在数列 $\{x_n\}$ 且 $\lim\limits_{n\to\infty}x_n=x_0$,但极限 $\lim\limits_{n\to\infty}f(x_n)$ 不存在.

问题 6 当 $x\to x_0$ 时,柯西准则的否定的正面叙述是什么?

答 $\exists \varepsilon_0 > 0, \forall \delta > 0, \exists x', x'' \in U^\circ(x_0;\delta)$,使得 $|f(x') - f(x'')| \geqslant \varepsilon_0$.

习题精练

1. 设函数 $f(x)=\begin{cases}\sin\dfrac{1}{x}, x \neq 0\\ 1, x=0\end{cases}$,那么当 $x \to 0$ 时,$f(x)$ 是(　　).

(A) 无穷小　　(B) 无穷大

(C) 既不是无穷大,也不是无穷小　　(D) 极限存在但不是 0

2. 函数 $f(x)=x\sin x$ 是(　　).

(A) 当 $x \to \infty$ 时的无穷大　　(B) 在 $(-\infty, +\infty)$ 内有界

(C) 在 $(-\infty, +\infty)$ 内无界　　(D) 当 $x \to \infty$ 时的无穷小

3. 若当 $x \to x_0$ 时,$\alpha(x)$ 和 $\beta(x)$ 都是无穷小,则当 $x \to x_0$ 时,下列表示式中哪一个不一定是无穷小?(　　).

(A) $|\alpha(x)|+|\beta(x)|$　　(B) $\alpha^2(x)+\beta^2(x)$

(C) $\ln[1+\alpha(x)\cdot\beta(x)]$　　(D) $\dfrac{\alpha^2(x)}{\beta(x)}$

4. 当 $x \to 0$ 时,下列式子错误的是(　　).

(A) $o(x^2)+o(x^2)=o(x^2)$　　(B) $o(x^2)-o(x^2)=o(x^2)$

(C) $x\cdot o(x^2)=o(x^3)$　　(D) $o(x)+o(x^2)=o(x^2)$

5. 设当 $x \to 0$ 时,$(1-\cos x)\ln(1+x^2)$ 是比 $x\sin x^n$ 高阶的无穷小,而 $x\sin x^n$ 是比 $(e^{x^2}-1)$ 高阶的无穷小,则正整数 n 等于(　　).

(A) 1　　(B) 2　　(C) 3　　(D) 4

6. 说明下列极限不存在.

(1) $\lim\limits_{x\to 0}\dfrac{|x|-x}{|x|^3-x^3}$;

(2) $\lim\limits_{x\to 6}(x-[x])$,$[x]$ 表示取整函数;

(3) 设 $a_n=\left(1+\dfrac{1}{n}\right)\sin\dfrac{n\pi}{2}$,证明数列 $\{a_n\}$ 没有极限.

7. 计算下列函数极限:

(1) $\lim\limits_{x\to -8}\dfrac{\sqrt{1-x}-3}{2+\sqrt[3]{x}}$;　　(2) $\lim\limits_{x\to +\infty} x(\sqrt{1+x^2}-x)$;

(3) $\lim\limits_{x\to \infty}\dfrac{\arctan x}{x}$;　　(4) $\lim\limits_{x\to a^+}\dfrac{\sqrt{x}-\sqrt{a}+\sqrt{x-a}}{\sqrt{x^2-a^2}}(a \neq 0)$;

(5) $\lim\limits_{x\to 0^+}\dfrac{x}{\sqrt{1-\cos x}}$;　　(6) $\lim\limits_{x\to 0^+}\dfrac{\sqrt{x}}{\sqrt{x}+\sin\sqrt{x}}$;

(7) $\lim\limits_{x\to 0}(1+xe^x)^{\frac{1}{x}}$;　　(8) $\lim\limits_{x\to 0}\dfrac{1}{x}\ln\sqrt{\dfrac{1+x}{1-x}}$.

8. 求下列极限：

(1) $\lim\limits_{n\to\infty}\frac{1}{n}\left[\left(x+\frac{a}{n}\right)^2+\left(x+\frac{2a}{n}\right)^2+\cdots+\left(x+\frac{(n-1)a}{n}\right)^2\right]$；

(2) $\lim\limits_{x\to0}\frac{\sqrt{(1+a_1x)(1+a_2x)\cdots(1+a_nx)}-1}{x}$；

(3) 设 $f(x+1)=\sqrt{1+f(x)}$，$\lim\limits_{x\to\infty}f(x)$ 存在，试求 $\lim\limits_{x\to\infty}f(x)$.

9. 证明：设 $\lim\limits_{x\to1}f(x)$ 存在，且有 $f(x)=2x^3-3x\lim\limits_{x\to1}f(x)+2$，求 $\lim\limits_{x\to1}f(x)$ 和 $f(x)$ 的表达式.

10. 求极限 $\lim\limits_{x\to0}\frac{1-\cos x\sqrt{\cos 2x}}{x^2}$.

11. 求下列极限：

(1) $\lim\limits_{x\to1}\frac{x^3-3x+2}{x^4-4x+3}$；(2) $\lim\limits_{x\to1}\frac{\sqrt{3-x}-\sqrt{1+x}}{x^2+x-2}$；(3) $\lim\limits_{x\to0}\left(\frac{\sqrt{1+x}+\sqrt{1-x}}{x^2}-\frac{2}{x^2}\right)$.

12. 设 $f(x)=\begin{cases}1+x, & x\text{ 为}[0,1]\text{ 中有理数}\\ 7-3x, & x\text{ 为}[0,1]\text{ 中无理数}\end{cases}$ 及 $x_0\in[0,1]$. 证明：极限 $\lim\limits_{x\to x_0}f(x)$ 不存在（$x_0=0$ 或 1 时，考虑单侧极限）.

13. 证明极限 $\lim\limits_{x\to+\infty}(a\sin x+b\cos 2x+1)$ 存在的充要条件是 $a=b=0$.

14. 已知 $\lim\limits_{x\to\infty}\left(\frac{x^2}{x+1}-ax-b\right)=0$，试确定常数 a,b.

15. 已知 $\lim\limits_{x\to+\infty}(5x-\sqrt{ax^2-bx+c})=2$，求 a 与 b 的值.

16. 设函数 $f(x)$ 在点 x_0 连续，且 $f(x_0)\neq0$. 证明：存在 $\delta>0$，使得当 $x\in(x_0-\delta,x_0+\delta)$ 时，$|f(x)|>\frac{|f(x_0)|}{2}$.

17. 设 $\lim\limits_{x\to+\infty}f(x)=A$，证明：$\lim\limits_{x\to0^+}f\left(\frac{1}{x}\right)=A$.

18. 若 $\lim\limits_{x\to x_0}f(x)=A$，且 $\lim\limits_{x\to x_0}|f(x)-g(x)|=0$，证明：$\lim\limits_{x\to x_0}g(x)=A$.

19. 证明：若函数 f 在 $(0,+\infty)$ 上满足方程 $f(x^2)=f(x)$，且

$$\lim_{x\to0^+}f(x)=\lim_{x\to+\infty}f(x)=f(1)$$

则 $f(x)\equiv f(1)$.

20. 证明：对黎曼函数 $R(x)$ 有 $\lim\limits_{x\to x_0}R(x)=0$，$x_0\in[0,1]$（当 $x_0=0$ 或 1 时，考虑单侧极限）.

习题解析

1. 应选(C). 由于 $|f(x)|\leqslant1$，所以 $f(x)$ 不是无穷大，排除选项(B).

令 $x_n=\frac{1}{2n\pi}$，$y_n=\frac{1}{2n\pi+\frac{\pi}{2}}$，那么 $\lim\limits_{n\to\infty}x_n=\lim\limits_{n\to\infty}y_n=0$，且

$$\lim_{n\to\infty} f(x_n)=\lim_{n\to\infty}\sin 2n\pi=0,\lim_{n\to\infty} f(y_n)=\lim_{n\to\infty}\sin\left(2n\pi+\frac{\pi}{2}\right)=1$$

因此$\lim\limits_{x\to 0} f(x)$ 不存在,即可排除(A)(D).

2. 应选(C). 分别令 $x_n=2n\pi$ 和 $y_n=2n\pi+\frac{\pi}{2}$,则当 $n\to\infty$ 时,有$\lim\limits_{n\to\infty} x_n=\lim\limits_{n\to\infty} y_n=\infty$,且

$$\lim_{n\to\infty} f(x_n)=\lim_{n\to\infty} f(2n\pi)=\lim_{n\to\infty} 2n\pi\sin(2n\pi)=\lim_{n\to\infty} 0=0$$

$$\lim_{n\to\infty} f(y_n)=\lim_{n\to\infty} f\left(2n\pi+\frac{\pi}{2}\right)=\lim_{n\to\infty}\left(2n\pi+\frac{\pi}{2}\right)\sin\left(2n\pi+\frac{\pi}{2}\right)$$

$$=\lim_{n\to\infty}\left(2n\pi+\frac{\pi}{2}\right)=+\infty$$

由此可见,$f(x)$ 在$(-\infty,+\infty)$ 内无界,但当 $x\to\infty$ 时,$f(x)$ 不是无穷大.

3. 应选(D). 当 $x\to x_0$ 时,$\alpha(x)$ 和 $\beta(x)$ 都是无穷小,那么根据四则运算可得到 $|\alpha(x)|+|\beta(x)|$,$\alpha^2(x)+\beta^2(x)$,$\ln[1+\alpha(x)\cdot\beta(x)]$ 都是 $x\to x_0$ 时的无穷小. 因此排除(A)(B)(C).

4. 应选(D). 选项(A)(B)(C) 分别等价于

$$\lim_{x\to 0}\frac{o(x^2)+o(x^2)}{x^2}=\lim_{x\to 0}\left[\frac{o(x^2)}{x^2}+\frac{o(x^2)}{x^2}\right]=0$$

$$\lim_{x\to 0}\frac{o(x^2)-o(x^2)}{x^2}=\lim_{x\to 0}\left[\frac{o(x^2)}{x^2}-\frac{o(x^2)}{x^2}\right]=0$$

$$\lim_{x\to 0}\frac{x\cdot o(x^2)}{x^3}=\lim_{x\to 0}\frac{o(x^2)}{x^2}=0$$

选项(D)错误,显然 $o(x)+o(x^2)=o(x)$,因为 $\lim\limits_{x\to 0}\frac{o(x)+o(x^2)}{x}=\lim\limits_{x\to 0}\left[\frac{o(x)}{x}+\frac{o(x^2)}{x}\right]=0$.

5. 应选(B). 由于当 $x\to 0$ 时,$1-\cos x\sim\frac{1}{2}x^2$,$\ln(1+x)\sim x$,$\sin x\sim x$,$e^x-1\sim x$,所以 $\ln(1+x^2)\sim x^2(x\to 0)$,$\sin x^n\sim x^n(x\to 0)$,$e^{x^2}-1\sim x^2(x\to 0)$,因此

$$(1-\cos x)\ln(1+x^2)\sim\frac{1}{2}x^4(x\to 0),x\sin x^n\sim x^{n+1}(x\to 0)$$

由已知条件 $2<n+1<4$,故 $n=2$.

6. (1) 当 $x>0$ 时,分母恒等于 0,函数无意义,极限显然不存在.

(2) 因为 $\lim\limits_{x\to 6^+}(x-[x])=\lim\limits_{x\to 6^+}(x-6)=0$ 与 $\lim\limits_{x\to 6^-}(x-[x])=\lim\limits_{x\to 6^-}(x-5)=1$,所以 $\lim\limits_{x\to 6}(x-[x])$ 不存在.

(3) 考虑偶子列 $a_{2k}=\left(1+\frac{1}{2k}\right)\sin\frac{2k\pi}{2}$,$k=1,2,\cdots$,显然$\lim\limits_{k\to\infty} a_{2k}=0$;

另考虑子列

$$a_{4k+1}=\left(1+\frac{1}{4k+1}\right)\sin\frac{(4k+1)\pi}{2}=\left(1+\frac{1}{4k+1}\right)\sin\left(2k\pi+\frac{\pi}{2}\right)$$

则$\lim\limits_{k\to\infty} a_{4k+1}=1$.

综上所述,原极限不存在.

7.(1) $$\lim_{x\to-8}\frac{\sqrt{1-x}-3}{2+\sqrt[3]{x}}=\lim_{x\to-8}\frac{(\sqrt{1-x}-3)(\sqrt{1-x}+3)}{(2+\sqrt[3]{x})(\sqrt{1-x}+3)}$$
$$=\lim_{x\to-8}\frac{-(x+8)}{(2+\sqrt[3]{x})(\sqrt{1-x}+3)}$$
$$=\lim_{x\to-8}-\frac{(x^{\frac{1}{3}})^3+2^3}{(2+\sqrt[3]{x})(\sqrt{1-x}+3)}$$
$$=-\frac{1}{6}\lim_{x\to-8}\frac{(x^{\frac{1}{3}}+2)(x^{\frac{2}{3}}-2x^{\frac{1}{3}}+4)}{2+x^{\frac{1}{3}}}$$
$$=-\frac{1}{6}\lim_{x\to-8}(x^{\frac{2}{3}}-2x^{\frac{1}{3}}+4)=-2;$$

(2) $$\lim_{x\to+\infty}x(\sqrt{1+x^2}-x)=\lim_{x\to+\infty}\frac{x(\sqrt{1+x^2}-x)(\sqrt{1+x^2}+x)}{\sqrt{1+x^2}+x}$$
$$=\lim_{x\to+\infty}\frac{x}{\sqrt{x^2+1}+x}=\frac{1}{2};$$

(3)$x\to\infty$时,$\frac{1}{x}\to0$,而 $\arctan x$ 是有界量,故$\lim\limits_{x\to\infty}\frac{\arctan x}{x}=0$;

(4) $$\lim_{x\to a^+}\frac{\sqrt{x}-\sqrt{a}+\sqrt{x-a}}{\sqrt{x^2-a^2}}=\lim_{x\to a^+}\left[\frac{\sqrt{x}-\sqrt{a}}{\sqrt{x^2-a^2}}+\frac{\sqrt{x-a}}{\sqrt{x-a}\sqrt{x+a}}\right]$$
$$=\lim_{x\to a^+}\left[\frac{\sqrt{x-a}}{\sqrt{x+a}(\sqrt{x}+\sqrt{a})}+\frac{1}{\sqrt{x+a}}\right]=\frac{1}{\sqrt{2a}};$$

(5) $$\lim_{x\to0^+}\frac{x}{\sqrt{1-\cos x}}=\lim_{x\to0^+}\frac{x}{\sqrt{2\sin^2\frac{x}{2}}}=\lim_{x\to0^+}\sqrt{2}\cdot\frac{\frac{x}{2}}{\sin\frac{x}{2}}=\sqrt{2};$$

(6) 由于 $\lim\limits_{x\to0^+}\frac{\sqrt{x}+\sin\sqrt{x}}{\sqrt{x}}=\lim\limits_{x\to0^+}\left(1+\frac{\sin\sqrt{x}}{\sqrt{x}}\right)=1+\lim\limits_{x\to0^+}\frac{\sin\sqrt{x}}{\sqrt{x}}=2$. 因此,
$$\lim_{x\to0^+}\frac{\sqrt{x}}{\sqrt{x}+\sin\sqrt{x}}=\frac{1}{2};$$

(7) $$\lim_{x\to0}(1+xe^x)^{\frac{1}{x}}=\lim_{x\to0}(1+xe^x)^{\frac{1}{xe^x}\cdot e^x}=e;$$

(8) $$\lim_{x\to0}\frac{1}{x}\ln\sqrt{\frac{1+x}{1-x}}=\lim_{x\to0}\ln\left(\frac{1+x}{1-x}\right)^{\frac{1}{2x}}=\lim_{x\to0}\ln\left(1+\frac{2x}{1-x}\right)^{\frac{1-x}{2x}\cdot\left(\frac{2x}{1-x}\cdot\frac{1}{2x}\right)}=\ln e=1.$$

8.(1) $$\lim_{n\to\infty}\frac{1}{n}\left[\left(x+\frac{a}{n}\right)^2+\left(x+\frac{2a}{n}\right)^2+\cdots+\left(x+\frac{(n-1)a}{n}\right)^2\right]$$
$$=\lim_{n\to\infty}\frac{1}{n}\left\{(n-1)x^2+\frac{2ax}{n}[1+2+\cdots+(n-1)]+\frac{a^2}{n^2}[1^2+2^2+\cdots+(n-1)^2]\right\}$$
$$=\lim_{n\to\infty}\frac{1}{n}\left\{(n-1)x^2+(n-1)ax+\frac{(n-1)(2n-1)}{6n}a^2\right\}$$

$$=x^2+ax+\frac{a^2}{3};$$

(2) $\lim\limits_{x\to0}\frac{\sqrt{(1+a_1x)\cdots(1+a_nx)}-1}{x}=\lim\limits_{x\to0}\frac{\sqrt{1+(a_1+a_2+\cdots+a_n)x+o(x)}-1}{x}$

$$=\lim_{x\to0}\frac{\frac{1}{2}[(a_1+\cdots+a_n)x+o(x)]}{x}=\frac{a_1+\cdots+a_n}{2};$$

(3) 由于$\lim\limits_{x\to\infty}f(x)$存在,不妨设$\lim\limits_{x\to\infty}f(x)=a$. 对$f(x+1)=\sqrt{1+f(x)}$两边同时取极限,可得$a=\sqrt{1+a}$,即$a^2-a-1=0$,解得$a=\frac{1\pm\sqrt{5}}{2}$. 显然$a\geqslant0$,所以$\lim\limits_{x\to\infty}f(x)=\frac{1+\sqrt{5}}{2}$.

9. 设$\lim\limits_{x\to1}f(x)=A$,则$f(x)=2x^3-3xA+2$,再对方程两边取极限

$$\lim_{x\to1}f(x)=\lim_{x\to1}(2x^3-3xA+2)$$

即$A=2-3A+2$,得$A=1$,即$\lim\limits_{x\to1}f(x)=1$.

$f(x)$的表达式为$f(x)=2x^3-3x+2$.

10. $\lim\limits_{x\to0}\frac{1-\cos x\sqrt{\cos 2x}}{x^2}=\lim\limits_{x\to0}\frac{(1-\cos x)+(\cos x-\cos x\sqrt{\cos 2x})}{x^2}$

$$=\lim_{x\to0}\frac{1-\cos x}{x^2}+\lim_{x\to0}\cos x\,\frac{1-\sqrt{\cos 2x}}{x^2}$$

$$=\frac{1}{2}+\lim_{x\to0}\left(\frac{1-\cos 2x}{x^2}\cdot\frac{1}{1+\sqrt{\cos 2x}}\right)=\frac{3}{2}.$$

11. (1) $\lim\limits_{x\to1}\frac{x^3-3x+2}{x^4-4x+3}=\lim\limits_{x\to1}\frac{(x-1)^2(x+2)}{(x-1)^2(x^2+2x+3)}=\lim\limits_{x\to1}\frac{x+2}{x^2+2x+3}=\frac{1}{2}$;

(2) $\lim\limits_{x\to1}\frac{\sqrt{3-x}-\sqrt{1+x}}{x^2+x-2}=\lim\limits_{x\to1}\frac{(3-x)-(1+x)}{(x-1)(x+2)(\sqrt{3-x}+\sqrt{1+x})}$

$$=\lim_{x\to1}\frac{-2}{(x+2)(\sqrt{3-x}+\sqrt{1+x})}=-\frac{\sqrt{2}}{6};$$

(3) $\lim\limits_{x\to0}\left(\frac{\sqrt{1+x}+\sqrt{1-x}}{x^2}-\frac{2}{x^2}\right)=\lim\limits_{x\to0}\frac{\sqrt{1+x}+\sqrt{1-x}-2}{x^2}$

$$=\lim_{x\to0}\frac{(\sqrt{1+x}+\sqrt{1-x})^2-4}{x^2(\sqrt{1+x}+\sqrt{1-x}+2)}=\lim_{x\to0}\frac{2(\sqrt{1-x^2}-1)}{x^2(\sqrt{1+x}+\sqrt{1-x}+2)}$$

$$=\lim_{x\to0}\frac{-2x^2}{x^2(\sqrt{1+x}+\sqrt{1-x}+2)(\sqrt{1-x^2}+1)}$$

$$=\lim_{x\to0}\frac{-2}{(\sqrt{1+x}+\sqrt{1-x}+2)(\sqrt{1-x^2}+1)}=-\frac{1}{4}.$$

12. 由有理数和无理数在实数集中的稠密性,存在[0,1]中的有理数列$\{x_n\}$和无理数列$\{y_n\}$,使得$x_n\neq x_0$,$y_n\neq x_0$且$\lim\limits_{n\to\infty}x_n=x_0$,$\lim\limits_{n\to\infty}y_n=x_0$. 而

$$\lim_{n\to\infty} f(x_n)=\lim_{n\to\infty}(1+x_n)=1+x_0,\lim_{n\to\infty} f(y_n)=\lim_{n\to\infty}(7-3y_n)=7-3x_0$$

由于 $1+x_0\neq 7-3x_0$,根据归结原则知极限 $\lim\limits_{x\to x_0} f(x)$ 不存在.

13. 如果 $a=b=0$,那么 $\lim\limits_{x\to+\infty}(a\sin x+b\cos 2x+1)=\lim\limits_{x\to+\infty}1=1$.

如果极限 $\lim\limits_{x\to+\infty}(a\sin x+b\cos 2x+1)$ 存在,取

$$x_n=n\pi,y_n=2n\pi+\frac{\pi}{2},z_n=2n\pi-\frac{\pi}{2}(n\in\mathbf{N}_+)$$

那么就有 $\lim\limits_{n\to\infty} x_n=+\infty,\lim\limits_{n\to\infty} y_n=+\infty,\lim\limits_{n\to\infty} z_n=+\infty$.

于是由归结原则有

$$\begin{aligned}\lim_{n\to\infty}(a\sin x_n+b\cos 2x_n+1)&=\lim_{n\to\infty}(a\sin y_n+b\cos 2y_n+1)\\&=\lim_{n\to\infty}(a\sin z_n+b\cos 2z_n+1)\end{aligned}$$

即 $b+1=a-b+1=-a-b+1$,因此,$a=b=0$.

14. $\lim\limits_{x\to\infty}\left(\dfrac{x^2}{x+1}-ax-b\right)=\lim\limits_{x\to\infty}\dfrac{(1-a)x^2-(a+b)x-b}{x+1}=\lim\limits_{x\to\infty}\dfrac{(1-a)x-(a+b)-\dfrac{b}{x}}{1+\dfrac{1}{x}}$.

从而 $\lim\limits_{x\to\infty}\left(\dfrac{x^2}{x+1}-ax-b\right)=0$ 的充分必要条件是 $\lim\limits_{x\to\infty}\dfrac{(1-a)x-(a+b)-\dfrac{b}{x}}{1+\dfrac{1}{x}}=0$.

于是 $\lim\limits_{x\to\infty}\left[(1-a)x-(a+b)-\dfrac{b}{x}\right]=0$,进而 $\lim\limits_{x\to\infty}[(1-a)x-(a+b)]=0$,因此 $\begin{cases}1-a=0\\a+b=0\end{cases}$,解得 $a=1,b=-1$.

15.

$$\begin{aligned}\lim_{x\to+\infty}(5x-\sqrt{ax^2-bx+c})&=\lim_{x\to+\infty}\frac{25x^2-(ax^2-bx+c)}{5x+\sqrt{ax^2-bx+c}}\\&=\lim_{x\to+\infty}\frac{(25-a)x^2+bx-c}{5x+\sqrt{ax^2-bx+c}}=\lim_{x\to+\infty}\frac{(25-a)x+b-\dfrac{c}{x}}{5+\sqrt{a-\dfrac{b}{x}+\dfrac{c}{x^2}}}\end{aligned}$$

当 $a\neq 25$ 时,$\lim\limits_{x\to+\infty}(5x-\sqrt{ax^2-bx+c})=\infty$. 要使 $\lim\limits_{x\to+\infty}(5x-\sqrt{ax^2-bx+c})=2$,必须满足 $25-a=0,\dfrac{b}{5+\sqrt{a}}=2$,解得 $a=25,b=20$.

16. 取 $\varepsilon=\dfrac{|f(x_0)|}{2}>0$,因函数 $f(x)$ 在点 x_0 连续,故存在 $\delta>0$,使得当 $x\in(x_0-\delta,x_0+\delta)$ 时,$|f(x)-f(x_0)|<\varepsilon=\dfrac{|f(x_0)|}{2}$,即

$$f(x_0)-\frac{|f(x_0)|}{2}<f(x)<f(x_0)+\frac{|f(x_0)|}{2}$$

于是:

(1) 若 $f(x_0)>0$,则 $f(x)>f(x_0)-\frac{|f(x_0)|}{2}=\frac{|f(x_0)|}{2}$;

(2) 若 $f(x_0)<0$,则 $f(x)<-|f(x_0)|+\frac{|f(x_0)|}{2}=-\frac{|f(x_0)|}{2}$.

综上所述,有 $|f(x)|>\frac{|f(x_0)|}{2}$.

17. 任意给定 $\varepsilon>0$. 因为 $\lim\limits_{x\to+\infty}f(x)=A$,所以存在 $M>0$,对任何 $x>M$,有 $|f(x)-A|<\varepsilon$. 取 $\delta=\frac{1}{M}$,则当 $0<x<\delta$ 时,有 $\frac{1}{x}>M$,从而有 $\left|f\left(\frac{1}{x}\right)-A\right|<\varepsilon$. 因此,$\lim\limits_{x\to0^+}f\left(\frac{1}{x}\right)=A$.

18. $\forall\varepsilon>0$,由 $\lim\limits_{x\to x_0}f(x)=A$,$\exists\delta_1>0$,使得当 x 满足不等式 $0<|x-x_0|<\delta_1$ 时,有 $|f(x)-A|<\frac{\varepsilon}{2}$. 再由 $\lim\limits_{x\to x_0}|f(x)-g(x)|=0$,$\exists\delta_2>0$,使得当 x 满足不等式 $0<|x-x_0|<\delta_2$ 时,有 $|f(x)-g(x)|<\frac{\varepsilon}{2}$. 取 $\delta=\min\{\delta_1,\delta_2\}$,当 $0<|x-x_0|<\delta$ 时,有 $|f(x)-A|<\frac{\varepsilon}{2}$ 与 $|f(x)-g(x)|<\frac{\varepsilon}{2}$ 同时成立. 于是,当 x 满足不等式 $0<|x-x_0|<\delta$ 时,有

$$|g(x)-A|=|A-f(x)+f(x)-g(x)|\leqslant|A-f(x)|+|f(x)-g(x)|<\varepsilon$$

因此有 $\lim\limits_{x\to x_0}g(x)=A$.

19. 对于任何 $x\in(0,+\infty)$. 根据题设有

$$f(x)=f(x^2)=f(x^{2^2})=\cdots=f(x^{2^n})$$

情况 1:若 $x>1$,则 $\lim\limits_{n\to\infty}x^{2^n}=+\infty$. 于是 $f(x)=\lim\limits_{n\to\infty}f(x^{2^n})=f(1)$.

情况 2:若 $0<x<1$,则 $\lim\limits_{n\to\infty}x^{2^n}=0$ 且 $x^{2^n}>0$. 于是 $f(x)=\lim\limits_{n\to\infty}f(x^{2^n})=f(1)$.

由 $x\in(0,+\infty)$ 的任意性得到 $f(x)\equiv f(1)$,$x\in(0,+\infty)$.

20. 不妨设 $x_0\in(0,1)$,当 $x_0=0$ 或 1 时,考虑单侧空心邻域即可.

任意给定 $\varepsilon>0$. 记 $S=\left\{q\in\mathbf{N}_+\,\middle|\,q\leqslant\frac{1}{\varepsilon}\right\}$,则 S 中只有有限个正整数:$1,2,\cdots,\left[\frac{1}{\varepsilon}\right]$. 以这有限个正整数作分母的区间 $(0,1)$ 中的既约真分数也只有有限个,设为 $r_1,r_2,\cdots,r_k$. 记 $\delta_1=\min\{|x_0-r_i|\mid i=1,2,\cdots,k,r_i\neq x_0\}$ 及 $\delta=\min\{x_0,1-x_0,\delta_1\}$.

对于任何 $x\in U^\circ(x_0;\delta)$,如果 x 是有理数,即 $x=\frac{p}{q}$($p,q\in\mathbf{N}_+$,$\frac{p}{q}$ 为既约分数),那么 $q\geqslant[\frac{1}{\varepsilon}]+1>\frac{1}{\varepsilon}$,从而 $|R(x)-0|=R(x)=\frac{1}{q}<\varepsilon$;

如果 x 是无理数,那么 $|R(x)-0|=R(x)=0<\varepsilon$.

即对任何 $x\in U^\circ(x_0;\delta)$,总有 $|R(x)-0|<\varepsilon$,故 $\lim\limits_{x\to x_0}R(x)=0$.

第4讲

函数的连续性

背景简介

函数的连续性,即在指定点处的连续性(与间断性相对立),刻画了函数在该点邻域内的特性.连续函数是逐点定义的,区间上的连续函数意味着函数在该区间上的每一点处都连续.

连续函数是一类重要且用途广泛的函数,它包含了一系列的结论,这些结论构成了整个数学分析的支柱.直观上,连续函数是平面上一条连绵不断的曲线,其定义最早由柯西给出,后经魏尔斯特拉斯、海涅等数学家的共同完善,才有了现代严格的 $\varepsilon-\delta$ 定义.

本讲的学习,读者要重点理解函数连续、间断的概念,掌握连续函数的性质,会应用闭区间上连续函数的性质(有界性、最值性、介值性、一致连续性)证明与之有关的问题(如函数的零点,方程的根,函数在指定区间上的一致连续性).

内容聚焦

第1节　连续的概念

一、函数的连续性

1. 函数连续性的概念

设函数 $f(x)$ 在点 x_0 的某一邻域内有定义.如果 $\lim\limits_{x\to x_0}f(x)=f(x_0)$,即 $\forall\varepsilon>0$, $\exists\delta>0$,使得 $\forall x\in U(x_0;\delta)$,有 $|f(x)-f(x_0)|<\varepsilon$,那么就称函数 $f(x)$ 在点 x_0 连续.

引用增量的记号,也定义为:设函数 $f(x)$ 在点 x_0 的某一邻域内有定义,如果

$$\lim_{\Delta x\to 0}\Delta y=\lim_{\Delta x\to 0}[f(x_0+\Delta x)-f(x_0)]=0$$

那么就称函数 $f(x)$ 在点 x_0 连续.

2. 左、右连续

如果 $\lim\limits_{x\to x_0^-}f(x)=f(x_0)$,即 $\forall\varepsilon>0$, $\exists\delta>0$,使得 $\forall x\in U_-(x_0;\delta)$,有 $|f(x)-$

$f(x_0)|<\varepsilon$，那么称函数 $f(x)$ 在点 x_0 处左连续，记为 $f(x_0-0)=f(x_0)$.

如果 $\lim\limits_{x\to x_0^+}f(x)=f(x_0)$，即 $\forall\varepsilon>0,\exists\delta>0$，使得 $\forall x\in U_+(x_0;\delta)$，有 $|f(x)-f(x_0)|<\varepsilon$，那么称函数 $f(x)$ 在点 x_0 处右连续，记为 $f(x_0+0)=f(x_0)$.

3. **左、右连续与连续的关系**

函数 $y=f(x)$ 在点 x_0 处连续的充分必要条件是函数 $y=f(x)$ 在点 x_0 处左连续且右连续.

例 1 若函数 $f(x)=\begin{cases}\dfrac{1-\cos\sqrt{x}}{ax},x>0\\ b,x\leqslant 0\end{cases}$ 在 $x=0$ 处连续，则(　　).

(A)$ab=\dfrac{1}{2}$　　(B)$ab=-\dfrac{1}{2}$　　(C)$ab=0$　　(D)$ab=2$

解　应选(A). 由于

$$\lim_{x\to 0^+}f(x)=\lim_{x\to 0^+}\frac{1-\cos\sqrt{x}}{ax}=\lim_{x\to 0^+}\frac{\frac{1}{2}x}{ax}=\frac{1}{2a}$$

$$\lim_{x\to 0^-}f(x)=\lim_{x\to 0^-}b=b$$

要使得 $f(x)$ 在 $x=0$ 处连续，那么 $\lim\limits_{x\to 0^+}f(x)=\lim\limits_{x\to 0^-}f(x)=f(0)$，因此 $ab=\dfrac{1}{2}$.

例 2 设函数 $f(x)=\begin{cases}\dfrac{\ln(1+x)}{x}+a,x>0\\ 3,x=0\\ \dfrac{b\sin x}{x}+1,x<0\end{cases}$ 在 $x=0$ 处连续，求 a,b.

解　由于

$$\lim_{x\to 0^+}f(x)=\lim_{x\to 0^+}\left[\frac{\ln(1+x)}{x}+a\right]=a+1$$

$$\lim_{x\to 0^-}f(x)=\lim_{x\to 0^-}\left[\frac{b\sin x}{x}+1\right]=b+1$$

要使得 $f(x)$ 在 $x=0$ 处连续，那么 $\lim\limits_{x\to 0^+}f(x)=\lim\limits_{x\to 0^-}f(x)=f(0)$，即 $a+1=b+1=3$，因此，$a=b=2$.

例 3 证明函数 $f(x)=xD(x)$ 在 $x=0$ 处连续，其中 $D(x)$ 是狄利克雷函数.

证　由 $f(0)=0$ 及 $D(x)\leqslant 1$，则对任给的 $\varepsilon>0$，使

$$|f(x)-f(0)|=|xD(x)|\leqslant|x|<\varepsilon$$

只要取 $\delta=\varepsilon$，即可按 $\varepsilon-\delta$ 定义推得 f 在 $x=0$ 处连续.

例 4 利用函数连续性的 $\varepsilon-\delta$ 定义，证明：$f(x)=\dfrac{x^2-1}{x^2-3x+2}$ 在 $x_0=3$ 处连续.

证　任意给定 $\varepsilon>0$，当 $|x-3|<\dfrac{1}{2}$ 时，有 $|x-2|>\dfrac{1}{2}$，于是

$$|f(x)-f(3)|=\left|\frac{x^2-1}{x^2-3x+2}-4\right|=\frac{3|x-3|}{|x-2|}<6|x-3|$$

取 $\delta=\min\left\{\frac{1}{2},\frac{\varepsilon}{6}\right\}$，对任意 $x\in U(3;\delta)$，有

$$|f(x)-f(3)|<6|x-3|<6\cdot\frac{\varepsilon}{6}=\varepsilon$$

因此，$\lim\limits_{x\to 3}f(x)=f(3)$. 故 $f(x)$ 在 $x_0=3$ 处连续.

4. 区间上的连续函数

如果函数 $f(x)$ 在开区间(a,b)内每一点都连续，那么称 $f(x)$ 在(a,b)内连续；如果 $f(x)$ 在(a,b)内连续，且在区间的左端点右连续，右端点左连续，那么称 $f(x)$ 在闭区间$[a,b]$上连续.

例 5 延拓下列函数，使其在 **R** 上连续.

(1) $f(x)=\frac{x^3-8}{x-2}$； (2) $f(x)=\frac{1-\cos x}{x^2}$.

解 (1) $f(x)$ 在 $x=2$ 时无定义，且 $\lim\limits_{x\to 2}f(x)=\lim\limits_{x\to 2}\frac{x^3-8}{x-2}=\lim\limits_{x\to 2}(x^2+2x+4)=12$.

故 $x=2$ 为该函数的可去间断点. 令 $F(x)=\begin{cases}f(x), x\neq 2\\ 12, x=2\end{cases}$，则 $F(x)$ 为 $f(x)$ 在 $x\in$ **R** 上的延拓，且在$(-\infty,+\infty)$内连续.

(2) $f(x)$ 在 $x=0$ 时无定义，且 $\lim\limits_{x\to 0}\frac{1-\cos x}{x^2}=\lim\limits_{x\to 0}\frac{2\sin^2\frac{x}{2}}{x^2}=\frac{1}{2}$，所以 $x=0$ 为该函数的可去间断点. 令 $F(x)=\begin{cases}f(x), x\neq 0\\ \frac{1}{2}, x=0\end{cases}$，则 $F(x)$ 为 $f(x)$ 在 $x\in$ **R** 上的延拓，且在$(-\infty,+\infty)$内连续.

二、函数的间断点及其分类

1. 间断点的概念

设函数 $f(x)$ 在点 x_0 的某去心邻域内有定义.如果函数 $f(x)$ 有下列三种情形之一:

(1) 在 $x=x_0$ 时无定义；

(2) 虽在 $x=x_0$ 时有定义，但 $\lim\limits_{x\to x_0}f(x)$ 不存在；

(3) 虽在 $x=x_0$ 时有定义，且 $\lim\limits_{x\to x_0}f(x)$ 存在，但 $\lim\limits_{x\to x_0}f(x)\neq f(x_0)$，

那么函数 $f(x)$ 在点 x_0 不连续，而点 x_0 称为函数 $f(x)$ 的不连续点或间断点.

2. 间断点的分类

(1) 第一类间断点.

称 $\lim\limits_{x\to x_0^-}f(x)$ 与 $\lim\limits_{x\to x_0^+}f(x)$ 都存在的间断点 x_0 为第一类间断点.

如果 $\lim\limits_{x\to x_0^-}f(x)\neq\lim\limits_{x\to x_0^+}f(x)$，那么称 x_0 为跳跃间断点；

如果 $\lim\limits_{x\to x_0^-}f(x)=\lim\limits_{x\to x_0^+}f(x)$，那么称 x_0 为可去间断点.

(2) 第二类间断点.

称 $\lim\limits_{x\to x_0^-} f(x)$ 与 $\lim\limits_{x\to x_0^+} f(x)$ 中至少有一个不存在的间断点 x_0 为第二类间断点. 诸如函数 $y=\tan x$ 在 $x=\frac{\pi}{2}$ 处的间断点称为无穷间断点，函数 $y=\sin\frac{1}{x}$ 在 $x=0$ 处的间断点称为振荡间断点. 无穷间断点与振荡间断点显然是第二类间断点.

例 6 指出下列函数的间断点，并判断其类型：

(1) $f(x)=\dfrac{x^2-2x}{|x|(x^2-4)}$； (2) $f(x)=\dfrac{x\ln(1+x)}{\tan x}$.

解 (1) 由已知条件 $f(x)=\dfrac{x(x-2)}{|x|(x-2)(x+2)}$，则 $f(x)$ 的间断点为 $x=0, x=2, x=-2$.

当 $x=0$ 时，由于

$$\lim_{x\to 0^-} f(x)=\lim_{x\to 0^-}\frac{x(x-2)}{-x(x-2)(x+2)}=-\lim_{x\to 0^-}\frac{1}{x+2}=-\frac{1}{2}$$

$$\lim_{x\to 0^+} f(x)=\lim_{x\to 0^+}\frac{x(x-2)}{x(x-2)(x+2)}=\lim_{x\to 0^+}\frac{1}{x+2}=\frac{1}{2}$$

因此，$x=0$ 为 $f(x)$ 的跳跃间断点.

当 $x=2$ 时，由于

$$\lim_{x\to 2} f(x)=\lim_{x\to 2}\frac{x(x-2)}{x(x-2)(x+2)}=\lim_{x\to 2}\frac{1}{x+2}=\frac{1}{4}$$

因此，$x=2$ 为 $f(x)$ 的可去间断点.

当 $x=-2$ 时，因为

$$\lim_{x\to -2}\frac{1}{f(x)}=\lim_{x\to -2}\frac{-x(x-2)(x+2)}{x(x-2)}=-\lim_{x\to -2}(x+2)=0$$

即 $\lim\limits_{x\to -2} f(x)=\infty$，所以，$x=-2$ 为第二类间断点.

(2) 当 $x=0$ 时，$\lim\limits_{x\to 0} f(x)=\lim\limits_{x\to 0}\dfrac{x\ln(1+x)}{\tan x}=\lim\limits_{x\to 0}\dfrac{x^2}{x}=0$，那么 $x=0$ 为 $f(x)$ 的可去间断点.

当 $x=k\pi(k\in\mathbf{N}_+)$ 时，$\lim\limits_{x\to k\pi} f(x)=\lim\limits_{x\to k\pi}\dfrac{x\ln(1+x)}{\tan x}=\infty$，那么 $x=k\pi$ 为 $f(x)$ 的第二类间断点.

当 $x=k\pi+\frac{\pi}{2}(k\in\mathbf{N})$ 时，$\lim\limits_{x\to k\pi+\frac{\pi}{2}} f(x)=\lim\limits_{x\to k\pi+\frac{\pi}{2}}\dfrac{x\ln(1+x)}{\tan x}=0$，那么 $x=k\pi+\frac{\pi}{2}$ 为 $f(x)$ 的可去间断点.

例 7 设 $f(x)=\dfrac{1}{e^{\frac{x}{x-1}}+1}$，则 $x=1$ 是 $f(x)$ 的(　　).

(A) 可去间断点 (B) 跳跃间断点 (C) 第二类间断点 (D) 连续点

解 应选(B). 由于

$$\lim_{x\to 1^+}\frac{x}{x-1}=+\infty\Rightarrow\lim_{x\to 1^+}e^{\frac{x}{x-1}}=+\infty\Rightarrow\lim_{x\to 1^+} f(x)=\lim_{x\to 1^+}\frac{1}{e^{\frac{x}{x-1}}+1}=0$$

$$\lim_{x\to 1^-}\frac{x}{x-1}=-\infty \Rightarrow \lim_{x\to 1^-} e^{\frac{x}{x-1}}=0 \Rightarrow \lim_{x\to 1^-} f(x)=\lim_{x\to 1^-}\frac{1}{e^{\frac{x}{x-1}}+1}=1$$

所以 $x=1$ 是 $f(x)$ 的跳跃间断点.

例 8　设函数 $f(x)=\lim\limits_{n\to\infty}\dfrac{1+x}{1+x^{2n}}$,讨论函数 $f(x)$ 的间断点.

解　因为极限表达式中含有 x^{2n},因此应分 $|x|>1$, $|x|<1$, $x=1$, $x=-1$ 四种情况讨论.

当 $|x|>1$ 时, $f(x)=\lim\limits_{n\to\infty}\dfrac{1+x}{1+x^{2n}}=0$;

当 $|x|<1$ 时, $f(x)=\lim\limits_{n\to\infty}\dfrac{1+x}{1+x^{2n}}=1+x$;

当 $x=1$ 时, $f(x)=\lim\limits_{n\to\infty}\dfrac{1+x}{1+x^{2n}}=1$;

当 $x=-1$ 时, $f(x)=\lim\limits_{n\to\infty}\dfrac{1+x}{1+x^{2n}}=0$.

于是

$$f(x)=\begin{cases}0, & |x|>1\\ 1+x, & |x|<1\\ 1, & x=1\\ 0, & x=-1\end{cases}$$

又因为 $\lim\limits_{x\to -1^-} f(x)=\lim\limits_{x\to -1^+} f(x)=0=f(-1)$,所以 $f(x)$ 在 $x=-1$ 点连续.

由于 $\lim\limits_{x\to 1^+} f(x)=0$, $\lim\limits_{x\to 1^-} f(x)=\lim\limits_{x\to 1^-}(1+x)=2$,得 $\lim\limits_{x\to 1} f(x)$ 不存在,故 $x=1$ 为 $f(x)$ 的第一类(跳跃)间断点.

综上所述, $f(x)=\lim\limits_{n\to\infty}\dfrac{1+x}{1+x^{2n}}$ 有第一类(跳跃)间断点 $x=1$.

三、连续函数的局部性质与初等函数的连续性

1. 连续函数具有局部有界性、局部保号性

设函数 $f(x)$ 在点 x_0 连续,则 $f(x)$ 在点 x_0 有极限,且极限值等于 $f(x_0)$,从而也具有局部有界性、局部保号性.

2. 连续函数和、差、积及商的连续性

设函数 $f(x)$ 和 $g(x)$ 在点 x_0 连续,则它们的和(差) $f\pm g$、积 $f\cdot g$ 及商 $\dfrac{f}{g}$ $(g(x_0)\neq 0)$ 都在点 x_0 连续.

3. 反函数与复合函数的连续性

(1) 反函数的连续性.

如果函数 $y=f(x)$ 在区间 I_x 上单调递增(或单调递减)且连续,那么它的反函数 $x=f^{-1}(y)$ 也在对应的区间 $I_y=\{y\mid y=f(x), x\in I_x\}$ 上单调递增(或单调递减)且连续.

(2) 复合函数的连续性.

设函数 $y=f[g(x)]$ 由函数 $u=g(x)$ 与函数 $y=f(u)$ 复合而成,$U^{\circ}(x_0)\subseteq D_{f\circ g}$.若函数 $\lim\limits_{x\to x_0} g(x)=u_0$,而函数 $y=f(u)$ 在 $u=u_0$ 连续,则

$$\lim_{x\to x_0} f[g(x)]=\lim_{u\to u_0} f(u)=f(u_0)$$

设函数 $y=f[g(x)]$ 由函数 $u=g(x)$ 与函数 $y=f(u)$ 复合而成,$U^{\circ}(x_0)\subseteq D_{f\circ g}$.若函数 $u=g(x)$ 在 $x=x_0$ 连续,且 $g(x_0)=u_0$,而函数 $y=f(u)$ 在 $u=u_0$ 连续,则复合函数 $y=f[g(x)]$ 在 $x=x_0$ 也连续.

例 9 证明:若函数 $f(x)$ 在点 x_0 连续且 $f(x_0)\neq 0$,则存在 x_0 的某一邻域 $U(x_0)$,使得当 $x\in U(x_0)$ 时,$f(x)\neq 0$.

证 由于 $f(x_0)\neq 0$,不妨设 $f(x_0)>0$.函数 $f(x)$ 在点 x_0 连续,即 $\lim\limits_{x\to x_0} f(x)=f(x_0)$,根据连续函数的局部保号性可知,存在 $\delta>0$,使得 $x\in U(x_0,\delta)$ 时,$f(x)>0$,即 $f(x)\neq 0$.

例 10 设 $\lim\limits_{x\to x_0} u(x)=a>0$,$\lim\limits_{x\to x_0} v(x)=b$.证明 $\lim\limits_{x\to x_0} u(x)^{v(x)}=a^b$.

证 补充定义 $u(x_0)=a$,$v(x_0)=b$,则 $u(x)$,$v(x)$ 在点 x_0 连续,从而 $v(x)\ln u(x)$ 在 x_0 连续,所以 $u(x)^{v(x)}=\mathrm{e}^{v(x)\ln u(x)}$ 在 x_0 连续.由此得

$$\lim_{x\to x_0} u(x)^{v(x)}=\lim_{x\to x_0}\mathrm{e}^{v(x)\ln u(x)}=\mathrm{e}^{b\ln a}=a^b$$

4. 初等函数的连续性

基本初等函数在它们的定义域内都是连续的.一切初等函数在其定义区间内都是连续的.

例 11 讨论 $f(x)=\sin\dfrac{1}{x}+\dfrac{\sin(x-1)}{x-1}$ 的连续性与间断点的类型.

解 根据初等函数的连续性,$f(x)$ 在 $I=\{x\in\mathbf{R}\mid x\neq 0,x\neq 1\}$ 内连续.

对于 $x=0$,令 $x_n=\dfrac{1}{2n\pi}$,$y_n=\dfrac{1}{2n\pi+\pi/2}$,则

$$\lim_{n\to\infty}\sin\frac{1}{x_n}=\lim_{n\to\infty}\sin 2n\pi=0,\lim_{n\to\infty}\sin\frac{1}{y_n}=\lim_{n\to\infty}\sin\left(2n\pi+\frac{\pi}{2}\right)=1$$

故 $\lim\limits_{x\to 0}\sin\dfrac{1}{x}$ 不存在.又 $\lim\limits_{x\to 0}\dfrac{\sin(x-1)}{x-1}=\sin 1$,故 $\lim\limits_{x\to 0} f(x)$ 不存在,$x=0$ 为第二类间断点.

对于 $x=1$,$\lim\limits_{x\to 1}\sin\dfrac{1}{x}=\sin 1$.而 $\lim\limits_{x\to 1}\dfrac{\sin(x-1)}{x-1}=1$,于是 $\lim\limits_{x\to 1} f(x)=\sin 1+1$,故 $x=1$ 为第一类间断点中的可去间断点.

例 12 求下列函数的极限:

(1) $\lim\limits_{x\to 2}\dfrac{\ln(x-1)+\arctan\sqrt{2x-3}}{x^2+x-4}$; (2) $\lim\limits_{x\to+\infty}\tan\left(\dfrac{x^2+2x}{2x^2+1}\arcsin\sqrt{\dfrac{3x+2}{4x+1}}\right)$.

解 (1) 所求极限的表达式在点 $x=2$ 处连续.因此

$$\lim_{x\to 2}\frac{\ln(x-1)+\arctan\sqrt{2x-3}}{x^2+x-4}=\frac{\ln(2-1)+\arctan\sqrt{4-3}}{4+2-4}=\frac{\pi}{8}$$

(2) 显然 $\lim\limits_{x\to+\infty}\dfrac{x^2+2x}{2x^2+1}=\dfrac{1}{2}$，$\lim\limits_{x\to+\infty}\arcsin\sqrt{\dfrac{3x+2}{4x+1}}=\arcsin\dfrac{\sqrt{3}}{2}=\dfrac{\pi}{3}$. 因此

$$\begin{aligned}&\lim_{x\to+\infty}\tan\left(\frac{x^2+2x}{2x^2+1}\arcsin\sqrt{\frac{3x+2}{4x+1}}\right)\\ =&\tan\left[\lim_{x\to+\infty}\left(\frac{x^2+2x}{2x^2+1}\arcsin\sqrt{\frac{3x+2}{4x+1}}\right)\right]\\ =&\tan\left(\lim_{x\to+\infty}\frac{x^2+2x}{2x^2+1}\cdot\lim_{x\to+\infty}\arcsin\sqrt{\frac{3x+2}{4x+1}}\right)\\ =&\tan\frac{\pi}{6}=\frac{\sqrt{3}}{3}\end{aligned}$$

第 2 节　闭区间上连续函数的五大性质

定义　函数 $f(x)$ 在区间 I 上一致连续：任给 $\varepsilon>0$，存在 $\delta>0$，对任意的 $x',x''\in I$，当 $|x'-x''|<\delta$ 时，都有 $|f(x')-f(x'')|<\varepsilon$.

1. **有界性定理**

设函数 f 为 $[a,b]$ 上的连续函数，则存在正数 M，使得对一切 $x\in[a,b]$，有 $|f(x)|\leqslant M$，即闭区间上的连续函数是有界的.

2. **最值性定理**

设函数 f 为 $[a,b]$ 上的连续函数，则存在 $\alpha,\beta\in[a,b]$，使得对一切 $x\in[a,b]$，有 $f(\alpha)\leqslant f(x)\leqslant f(\beta)$，即闭区间上的连续函数在该区间上一定能取得它的最大值和最小值.

3. **介值性定理**

设函数 $f(x)$ 在闭区间 $[a,b]$ 上连续，且在这个区间的两个端点取不同的函数值 $f(a)=A$ 及 $f(b)=B$，则对于 A 和 B 之间的任意一个数 C，在 $[a,b]$ 上至少存在一点 ξ，使得 $f(\xi)=C$.

介质性定理也可以叙述为：设函数 $f(x)$ 在闭区间 $[a,b]$ 上连续，$f(\alpha)$，$f(\beta)$ 分别为其最小值和最大值，则对任意介于 $f(\alpha)$，$f(\beta)$ 之间的数 μ，至少存在一点 $\xi\in[a,b]$，使得 $f(\xi)=\mu$.

4. **零点定理**

设函数 $f(x)$ 在闭区间 $[a,b]$ 上连续，且 $f(a)$ 与 $f(b)$ 异号，则在开区间 (a,b) 内至少存在一点 ξ，使得 $f(\xi)=0$.

5. **一致连续性定理**

设函数 $f(x)$ 在闭区间 $[a,b]$ 上连续，则函数 $f(x)$ 在闭区间 $[a,b]$ 上一致连续.

例 1　证明方程 $x=\sin x+2$ 至少有一个小于 3 的正根.

证　令 $f(x)=x-\sin x-2$，则函数 $f(x)$ 在闭区间 $[0,3]$ 上连续，又 $f(0)=-2<0$，$f(3)=1-\sin 3>0$，根据零点定理，在 $(0,3)$ 内至少有一点 ξ，使得 $f(\xi)=0$，即 $\xi-\sin\xi-2=0$，亦即 ξ 是方程 $x=\sin x+2$ 的一个小于 3 的正根. 因此方程 $x=\sin x+2$ 至

少有一个小于 3 的正根.

例 2 设 $f(x)$ 在$[a,b]$上连续,且 $a<c<d<b$,证明在(a,b)内必存在一点 ξ,使得等式 $sf(c)+tf(d)=(s+t)f(\xi)$ 成立,其中 s,t 为正数.

证 不妨设 $f(c)\leqslant f(d)$. 对于任意正数 s,t,有

$$(s+t)f(c)\leqslant sf(c)+tf(d)\leqslant(s+t)f(d)$$

两边同除以$(s+t)$得

$$f(c)\leqslant\frac{sf(c)+tf(d)}{s+t}\leqslant f(d)$$

由于 $f(x)$ 在$[a,b]$上连续,而$[c,d]\subseteq(a,b)$,所以 $f(x)$ 在$[c,d]$上连续,由闭区间上连续函数的介值性定理可得,在$[c,d]$上存在一点 ξ,使得

$$f(\xi)=\frac{sf(c)+tf(d)}{s+t}$$

两边同乘以$(s+t)$得结论成立.

例 3 如果 $f(x)$ 在$(-\infty,+\infty)$内连续,且 $\lim\limits_{x\to-\infty}f(x)$,$\lim\limits_{x\to+\infty}f(x)$ 存在,证明 $f(x)$ 在$(-\infty,+\infty)$内有界.

证法 1 设 $\lim\limits_{x\to+\infty}f(x)=A$,由函数极限的定义,对 $\varepsilon=1$,则存在 $X_1>0$,当 $x>X_1$ 时,恒有 $|f(x)-A|<1$ 成立,由此可得当 $x>X_1$ 时,$|f(x)|<|A|+1$.

类似地,若 $\lim\limits_{x\to-\infty}f(x)=B$,对 $\varepsilon=1$,则存在 $X_2>0$,当 $x<-X_2$ 时,有 $|f(x)|<|B|+1$.

又因为 $f(x)$ 在$(-\infty,+\infty)$内连续,所以 $f(x)$ 在$[-X_2,X_1]$上连续,根据闭区间上连续函数的有界性定理,必存在 $M_1>0$,使得当 $|x|\leqslant X$ 时,$|f(x)|<M_1$.

令 $M=\max\{M_1,|A|+1,|B|+1\}$,则对于任意实数 x,有 $|f(x)|<M$ 成立. 所以 $f(x)$ 在$(-\infty,+\infty)$内有界.

证法 2 令 $g(t)=f(\tan t)$,根据已知条件及复合函数的连续性,$g(t)$ 在$\left(-\frac{\pi}{2},\frac{\pi}{2}\right)$内连续,且

$$\lim_{t\to\left(-\frac{\pi}{2}\right)^+}g(t)=\lim_{t\to\left(-\frac{\pi}{2}\right)^+}f(\tan t)=\lim_{x\to-\infty}f(x)$$

$$\lim_{t\to\left(\frac{\pi}{2}\right)^-}g(t)=\lim_{t\to\left(\frac{\pi}{2}\right)^-}f(\tan t)=\lim_{x\to+\infty}f(x)$$

再令

$$G(t)=\begin{cases}\lim\limits_{t\to\left(\frac{\pi}{2}\right)^-}g(t),t=\dfrac{\pi}{2}\\ g(t),-\dfrac{\pi}{2}<t<\dfrac{\pi}{2}\\ \lim\limits_{t\to\left(-\frac{\pi}{2}\right)^+}g(t),t=-\dfrac{\pi}{2}\end{cases}$$

那么 $G(t)$ 在$\left[-\frac{\pi}{2},\frac{\pi}{2}\right]$上连续,根据闭区间上连续函数的有界性定理,存在正数 M,使得

$|G(t)|\leqslant M$，进而 $|g(t)|\leqslant M\left(-\frac{\pi}{2}<t<\frac{\pi}{2}\right)$，故 $g(t)$ 在 $\left(-\frac{\pi}{2},\frac{\pi}{2}\right)$ 内有界，进而 $f(x)$ 在 $(-\infty,+\infty)$ 内有界.

例 4 已知 $f(x)$ 在 $(-\infty,+\infty)$ 内连续，且 $f[f(x)]=x$，证明至少存在一点 $x_0\in(-\infty,+\infty)$ 使 $f(x_0)=x_0$.

证 假设在 $(-\infty,+\infty)$ 内恒有 $f(x)-x>0$. 由于 x 的任意性，以 $f(x)$ 代替其中的 x，有 $f[f(x)]>f(x)>x$. 这与 $f[f(x)]=x$ 矛盾. 同理，如果在 $(-\infty,+\infty)$ 内恒有 $f(x)-x<0$，亦矛盾. 因此，必有点 x_1，使 $f(x_1)-x_1\leqslant 0$，且有点 x_2，使 $f(x_2)-x_2\geqslant 0$. 若上面两式可以取等号，则证毕. 设上面两式都不取等号，即有

$$f(x_1)-x_1<0,f(x_2)-x_2>0$$

由连续函数的零点定理得，至少存在一点 $x_0\in(-\infty,+\infty)$ 使 $f(x_0)=x_0$.

例 5 证明 $f(x)=2x+3$ 在 $(-\infty,+\infty)$ 内一致连续 .

证 任给 $\varepsilon>0$，由于

$$|f(x')-f(x'')|=2|x'-x''|$$

故可选取 $\delta=\frac{\varepsilon}{2}$，则对任何 $x',x''\in(-\infty,+\infty)$，只要 $|x'-x''|<\delta$，就有

$$|f(x')-f(x'')|<\varepsilon$$

这就证得 $f(x)=2x+3$ 在 $(-\infty,+\infty)$ 内一致连续

例 6 证明 $f(x)=x^2$ 在 $(0,+\infty)$ 内不一致连续.

证 只需证明：存在 $\varepsilon_0>0$，对任何正数 δ（不论 δ 多么小），总存在两点 $x_1,x_2\in I$，尽管 $|x_1-x_2|<\delta$，但有 $|f(x_1)-f(x_2)|\geqslant\varepsilon_0$.

对于本例中函数 $f(x)=x^2$，可取 $\varepsilon_0=1$，对无论多么小的正数 $\delta(<\frac{1}{2})$，只要取 $x_1=\frac{1}{\delta}$，$x_2=\frac{1}{\delta}+\frac{\delta}{2}$，则虽有 $|x_1-x_2|=\frac{\delta}{2}<\delta$，但

$$|f(x_1)-f(x_2)|=|x_1^2-x_2^2|=\left|1+\frac{\delta^2}{4}\right|>1$$

所以 $f(x)=x^2$ 在 $(0,+\infty)$ 内不一致连续.

解惑释疑

问题 1 若 $f(x)$ 在 $(-\infty,+\infty)$ 内有定义，是否至少存在一点 x_0，使 $f(x)$ 在点 x_0 处连续？

答 不一定存在，考虑狄利克雷函数 $D(x)=\begin{cases}1, x\text{ 为有理数}\\0, x\text{ 为无理数}\end{cases}$，显然 $D(x)$ 在 $(-\infty,+\infty)$ 内有定义，对任意的 $x_0\in(-\infty,+\infty)$，当动点 x 沿着有理点列 $\{q_n\}$ 趋于 x_0 时，有 $\lim\limits_{q_n\to x_0}D(q_n)=\lim\limits_{q_n\to x_0}1=1$；当动点 x 沿着无理点列 $\{p_n\}$ 趋于 x_0 时，有 $\lim\limits_{p_n\to x_0}D(p_n)=\lim\limits_{p_n\to x_0}0=0$. 这说明 $\lim\limits_{x\to x_0}D(x)$ 不存在，因此 $D(x)$ 在点 x_0 处不连续. 由点 x_0 的任意性可知，狄利克雷函

数在$(-\infty,+\infty)$内任何点处都不连续.

问题 2 若 $f(x)$ 在点 x_0 连续,是否存在 x_0 的某邻域,使 $f(x)$ 在该邻域内连续?

答 不一定存在,考虑函数 $f(x)=\begin{cases} x, x\text{ 为有理数} \\ 0, x\text{ 为无理数} \end{cases}$,则 $f(x)$ 仅在 $x=0$ 处连续,任何非零点 x_0 都是函数 $f(x)$ 的间断点.

问题 3 如何利用函数极限理论的柯西准则判别函数在一点处的连续性?

答 设函数 $f(x)$ 在某 $U(x_0)$ 上有定义. 函数 $f(x)$ 在点 x_0 连续的充要条件是任给 $\varepsilon>0$,存在 $\delta>0$,对任意的 $x',x''\in U(x_0,\delta)$,都有 $|f(x')-f(x'')|<\varepsilon$.

问题 4 从哪个角度区别函数的连续性与一致性更为有效?

答 从函数连续性的柯西准则来看函数的连续性,最易于区别函数的连续性与一致连续性概念.

函数 $f(x)$ 在区间 I 上连续:任给 $x_0\in I$ 及 $\varepsilon>0$,存在 $\delta>0$,当 $x',x''\in U(x_0;\delta)$ 时,有 $|f(x')-f(x'')|<\varepsilon$.

函数 $f(x)$ 在区间 I 上一致连续:任给 $\varepsilon>0$,存在 $\delta>0$,当 $|x'-x''|<\delta$ 时,有 $|f(x')-f(x'')|<\varepsilon$.

连续性的柯西准则中的 δ,与 x_0 和 ε 都有关,而一致连续的定义中存在的 δ 只与 ε 有关.

问题 5 函数的连续性同函数的极限密切相关. 在上一讲的讨论中,海涅归结定理是刻画函数极限存在的一个常用工具,那么能否利用数列极限来讨论函数的连续性呢?

答 可以. 事实上,我们有下面的结论:

设函数 $f(x)$ 在某 $U(x_0)$ 上有定义. 函数 $f(x)$ 在点 x_0 连续的充要条件是对任何数列 $\{x_n\}\subseteq U(x_0)$ 且 $\lim\limits_{n\to\infty}x_n=x_0$,极限 $\lim\limits_{n\to\infty}f(x_n)$ 都存在且等于 $f(x_0)$.

问题 6 对于初等函数,为什么不说"任何初等函数都是其定义域上的连续函数"?

答 按定义,函数 $f(x)$ 在点 x_0 连续(或左连续、右连续)的前提条件是函数 $f(x)$ 在某 $U(x_0)$(或 $U_-(x_0)$,$U_+(x_0)$)上有定义. 一个初等函数可能在一点有定义,但是在该点的某空心邻域没有定义. 那么按照定义,该函数在这点一定是不连续的.

例如:初等函数 $f(x)=\sqrt{\sin x-1}$ 的定义域为 $D=\left\{x\,\middle|\,x=2k\pi+\dfrac{\pi}{2},k\in\mathbf{Z}\right\}$,而 $f(x)$ 在 D 上却不是连续的.

习题精练

1. 设函数 $f(x)$ 当 $x\neq 0$ 时,$f(x)=\dfrac{1+e^{\frac{1}{x}}}{1-e^{\frac{1}{x}}}$,且 $f(0)=-1$,则 $f(x)$(　　).

(A) 有可去间断点　　(B) 有跳跃间断点

(C) 有无穷间断点　　(D) 没有间断点

2. 函数 $f(x)=\lim\limits_{n\to\infty}\dfrac{x^{2n}-1}{x^{2n}+1}$(　　).

(A) 不存在间断点　　(B) $x=1$ 是第一类间断点,$x=-1$ 是连续点

(C)$x=\pm 1$ 是间断点　　　　(D)$x=-1$ 是第一类间断点,$x=1$ 是连续点

3. 函数 $f(x)=\dfrac{x-x^3}{\sin \pi x}$ 的可去间断点的个数为(　　)

(A)1　　　(B)2　　　(C)3　　　(D) 无穷多个

4. 下列函数在其定义域内连续的是(　　).

(A)$f(x)=\ln x+\sin x$　　　(B)$f(x)=\begin{cases}\sin x, x\leqslant 0\\ \cos x, x>0\end{cases}$

(C)$f(x)=\begin{cases}x+1, x<0\\ 0, x=0\\ x-1, x>0\end{cases}$　　　(D)$f(x)=\begin{cases}\dfrac{1}{\sqrt{|x|}}, x\neq 0\\ 0, x=0\end{cases}$

5. 函数 $f(x)=\begin{cases}\dfrac{1-e^{\tan x}}{\arcsin \dfrac{x}{2}}, x>0\\ ae^{2x}, x\leqslant 0\end{cases}$ 在 $x=0$ 点连续,求 a 的值.

6. 设 $f(x)=\begin{cases}1, x\geqslant 0\\ -1, x<0\end{cases}$,$g(x)=\sin x$,讨论 $f[g(x)]$ 的连续性.

7. 设 $f(x)=\lim\limits_{n\to\infty}\dfrac{x^{2n-1}+ax^2+bx}{x^{2n}+1}$ 在$(-\infty,+\infty)$内连续,试确定常数 a,b.

8. 讨论函数 $f(x)=\begin{cases}\dfrac{x(x+2)}{\sin(\pi x)}, x<0, x\neq -n, n\in \mathbf{N}_+\\ \dfrac{\sin x}{x^2-1}, x\geqslant 0\end{cases}$ 的间断点及其类型.

9. 求极限 $\lim\limits_{t\to x}\left(\dfrac{\sin t}{\sin x}\right)^{\frac{x}{\sin t-\sin x}}$,记此极限为 $f(x)$,求函数 $f(x)$ 的间断点并指出类型.

10. $f(x)$ 在$[a,b]$上连续,$a<x_1<x_2<\cdots<x_n<b$,则在$[x_1,x_n]$上必有 ξ,使 $f(\xi)=\dfrac{f(x_1)+f(x_2)+\cdots+f(x_n)}{n}$.

11. 证明方程 $x^{1\,999}+\dfrac{1\,999}{2-\cos^2 x}=1$ 必有实根.

12. 设区间 I_1 的右端点为 $c\in I_1$,区间 I_2 的左端点为 $c\in I_2$(I_1,I_2 可分别为有限或无限空间).试按一致连续性的定义证明:若 f 分别在 I_1 和 I_2 上一致连续,则 f 在 $I=I_1\cup I_2$ 上也一致连续.

13. 证明 $f(x)=\sqrt{x}$ 在$[0,+\infty)$上一致连续.

14. 设函数 f 在区间 I 上满足李普希茨条件,即存在常数 $L>0$,使得对 I 上任意两点 x',x'' 都有 $|f(x')-f(x'')|\leqslant L|x'-x''|$.证明 f 在 I 上一致连续.

15. 设函数 f 在(a,b)上连续,且 $f(a+0)$ 与 $f(b-0)$ 为有限值.证明:

(1)f 在(a,b)上有界;

(2)f 在(a,b)上一致连续;

(3) 若存在 $\xi\in(a,b)$,使得 $f(\xi)\geqslant \max\{f(a+0),f(b-0)\}$,则 f 在(a,b)上能取到最大值.

习题解析

1. 应选(B). 由于$\lim\limits_{x\to0^+}f(x)=\lim\limits_{x\to0^+}\dfrac{1+e^{\frac{1}{x}}}{1-e^{\frac{1}{x}}}=\lim\limits_{x\to0^+}\dfrac{e^{-\frac{1}{x}}+1}{e^{-\frac{1}{x}}-1}=-1$,$\lim\limits_{x\to0^-}f(x)=\lim\limits_{x\to0^-}\dfrac{1+e^{\frac{1}{x}}}{1-e^{\frac{1}{x}}}=1$,即 $f(x)$ 在 $x=0$ 处的左、右极限存在但不相等,因此 $x=0$ 为函数 $f(x)$ 的跳跃间断点.

2. 应选(C). 注意到当 $|x|<1$ 时,$\lim\limits_{n\to\infty}x^{2n}=0$;当 $|x|=1$ 时,$\lim\limits_{n\to\infty}x^{2n}=1$;当 $|x|>1$ 时,$\lim\limits_{n\to\infty}x^{2n}=\infty$. 从而 $f(x)=\lim\limits_{n\to\infty}\dfrac{x^{2n}-1}{x^{2n}+1}=\begin{cases}-1, & |x|<1\\ 0, & |x|=1\\ 1, & |x|>1\end{cases}$,且

$$\lim_{x\to1^+}f(x)=\lim_{x\to1^+}1=1,\ \lim_{x\to1^-}f(x)=\lim_{x\to1^-}(-1)=-1$$
$$\lim_{x\to-1^+}f(x)=\lim_{x\to-1^+}(-1)=-1,\ \lim_{x\to-1^-}f(x)=\lim_{x\to-1^-}1=1$$

因此 $x=1$ 和 $x=-1$ 均为 $f(x)$ 的第一类间断点.

3. 应选(C). 函数 $f(x)=\dfrac{x-x^3}{\sin\pi x}$ 的间断点即为分母等于零的点,即 $x=0,\pm1,\pm2,\pm3,\cdots$. 而当 $x=\pm2,\pm3,\cdots$ 时,分子不等于零,即 $x=\pm2,\pm3,\cdots$ 为函数 $f(x)$ 的无穷间断点,所以只需判断 $x=0,\pm1$ 是否为可去间断点.

当 $x=1$ 时,有

$$\begin{aligned}\lim_{x\to1}f(x)&=\lim_{x\to1}\frac{x-x^3}{\sin\pi x}=\lim_{t\to0}\frac{(t+1)-(t+1)^3}{\sin\pi(t+1)}\\&=\lim_{t\to0}\frac{(t+1)(-t^2-2t)}{-\sin\pi t}=\lim_{t\to0}\frac{-t^2-2t}{-\pi t}=\frac{2}{\pi}\end{aligned}$$

故 $x=1$ 是 $f(x)$ 的可去间断点.

当 $x=-1$ 时,有

$$\begin{aligned}\lim_{x\to-1}f(x)&=\lim_{x\to-1}\frac{x-x^3}{\sin\pi x}=\lim_{t\to0}\frac{(t-1)-(t-1)^3}{\sin\pi(t-1)}\\&=\lim_{t\to0}\frac{(t-1)(-t^2+2t)}{-\sin\pi t}=\lim_{t\to0}\frac{t^2-2t}{-\pi t}=\frac{2}{\pi}\end{aligned}$$

故 $x=-1$ 是 $f(x)$ 的可去间断点.

当 $x=0$ 时,$\lim\limits_{x\to0}f(x)=\lim\limits_{x\to0}\dfrac{x-x^3}{\sin\pi x}=\lim\limits_{x\to0}\dfrac{x-x^3}{\pi x}=\dfrac{1}{\pi}$,故 $x=0$ 也是 $f(x)$ 的可去间断点.

综上所述,函数 $f(x)$ 有 3 个可去间断点,因此选(C).

4. 应选(A). 由于 $f(x)=\ln x+\sin x$ 为初等函数,而初等函数在其定义的区间内连续,所以 $f(x)=\ln x+\sin x$ 在其定义域$(0,+\infty)$内连续,因此选(A).

5. 由于

$$f(0^+)=\lim_{x\to0^+}f(x)=\lim_{x\to0^+}\frac{1-e^{\tan x}}{\arcsin\dfrac{x}{2}}=\lim_{x\to0^+}\frac{-\tan x}{\dfrac{x}{2}}=-2$$

$$f(0^-)=\lim_{x\to 0^-}f(x)=\lim_{x\to 0^-}ae^{2x}=a$$

所以由 $f(0^+)=f(0^-)=f(0)$ 得 $a=-2$.

6. 当 $2k\pi\leqslant x\leqslant(2k+1)\pi$ 时, $\sin x\geqslant 0$; 当 $(2k+1)\pi<x<(2k+2)\pi$ 时, $\sin x<0$, 所以

$$f[g(x)]=\begin{cases}1, 2k\pi\leqslant x\leqslant(2k+1)\pi\\ -1, (2k+1)\pi<x<(2k+2)\pi\end{cases}, k\in\mathbf{Z}$$

$$\lim_{x\to(2k\pi)^-}f[g(x)]=-1\neq f[g(2k\pi)],\quad \lim_{x\to[(2k+1)\pi]^+}f[g(x)]=-1\neq f[g((2k+1)\pi)]$$

$f[g(x)]$ 在 $x=k\pi(k\in\mathbf{Z})$ 点都不连续, 在其他点都连续.

7. 因为在极限表达式中含有 x^{2n}, x^{2n-1}, 因此应分 $|x|>1$, $|x|<1$, $|x|=1$ 三种情况讨论.

当 $|x|>1$ 时, $f(x)=\lim\limits_{n\to\infty}\dfrac{x^{2n-1}+ax^2+bx}{x^{2n}+1}=\dfrac{1}{x}\lim\limits_{n\to\infty}\dfrac{1+ax^{-2n+3}+bx^{-2n+2}}{1+x^{-2n}}=\dfrac{1}{x}$;

当 $|x|<1$ 时, $f(x)=\lim\limits_{n\to\infty}\dfrac{x^{2n-1}+ax^2+bx}{x^{2n}+1}=ax^2+bx$;

当 $x=1$ 时, $f(x)=\lim\limits_{n\to\infty}\dfrac{x^{2n-1}+ax^2+bx}{x^{2n}+1}=\dfrac{1}{2}(1+a+b)$;

当 $x=-1$ 时, $f(x)=\lim\limits_{n\to\infty}\dfrac{x^{2n-1}+ax^2+bx}{x^{2n}+1}=\dfrac{1}{2}(-1+a-b)$.

因此

$$f(x)=\begin{cases}\dfrac{1}{x}, |x|>1\\ ax^2+bx, |x|<1\\ \dfrac{1}{2}(1+a+b), x=1\\ \dfrac{1}{2}(-1+a-b), x=-1\end{cases}$$

由于 $f(x)$ 在 $x=-1$ 处连续, 则 $-1=\dfrac{1}{2}(-1+a-b)=a-b$. 再由 $f(x)$ 在 $x=1$ 处连续, 则 $1=\dfrac{1}{2}(1+a+b)=a+b$. 于是可求得 $a=0, b=1$.

8. 函数 $f(x)$ 的间断点为 $x=0$, $x=-n(n\in\mathbf{N}_+)$, $x=1$. 下面分别讨论:

(1) 对于 $x=0$ 点, 由于

$$\lim_{x\to 0^-}f(x)=\lim_{x\to 0^-}\frac{x(x+2)}{\sin(\pi x)}=\frac{2}{\pi}, \lim_{x\to 0^+}f(x)=\lim_{x\to 0^+}\frac{\sin x}{x^2-1}=0$$

所以 $x=0$ 为函数 $f(x)$ 的第一类间断点中的跳跃间断点.

(2) 对于 $x=-n(n\neq 2)$ 点, 由于 $\lim\limits_{x\to -n}f(x)=\lim\limits_{x\to -n}\dfrac{x(x+2)}{\sin(\pi x)}=\infty$, 所以 $x=-n(n\neq 2)$ 为函数 $f(x)$ 的第二类间断点中的无穷间断点.

(3) 对于 $x=-2$ 点, 由于

$$\lim_{x\to -2}f(x)=\lim_{x\to -2}\frac{x(x+2)}{\sin(\pi x)}\xlongequal{t=x+2}\lim_{t\to 0}\frac{(t-2)t}{\sin\pi(t-2)}=\lim_{t\to 0}\frac{\pi t}{\sin(\pi t)}\cdot\frac{t-2}{\pi}=-\frac{2}{\pi}$$

所以 $x=-2$ 为函数 $f(x)$ 的第一类间断点中的可去间断点.

(4) 对于 $x=1$ 点，由于 $\lim\limits_{x\to1}f(x)=\lim\limits_{x\to1}\dfrac{\sin x}{x^2-1}=\infty$，所以 $x=1$ 为函数 $f(x)$ 的第二类间断点中的无穷间断点.

综上所述，$x=0$ 为函数 $f(x)$ 的第一类间断点中的跳跃间断点；$x=1$ 和 $x=-n(n\neq 2)$ 为函数 $f(x)$ 的第二类间断点中的无穷间断点；$x=-2$ 为函数 $f(x)$ 的第一类间断点中的可去间断点.

9. 由于当 $\varphi(x)>0$ 时，$\varphi(x)^{g(x)}=\mathrm{e}^{g(x)\ln\varphi(x)}$，且当 $x\to0$ 时，$\ln(1+x)\sim x$，所以

$$f(x)=\lim_{t\to x}\left(\frac{\sin t}{\sin x}\right)^{\frac{x}{\sin t-\sin x}}=\lim_{t\to x}\mathrm{e}^{\frac{x}{\sin t-\sin x}\cdot\ln\frac{\sin t}{\sin x}}$$
$$=\mathrm{e}^{\lim\limits_{t\to x}\frac{x}{\sin t-\sin x}\cdot\ln\left(1+\frac{\sin t-\sin x}{\sin x}\right)}$$
$$=\mathrm{e}^{\lim\limits_{t\to x}\frac{x}{\sin t-\sin x}\cdot\frac{\sin t-\sin x}{\sin x}}=\mathrm{e}^{\frac{x}{\sin x}}$$

即 $f(x)=\mathrm{e}^{\frac{x}{\sin x}}$.

又因为 $\lim\limits_{x\to0}f(x)=\lim\limits_{x\to0}\mathrm{e}^{\frac{x}{\sin x}}=\mathrm{e}$，所以 $x=0$ 是函数 $f(x)$ 的第一类(可去)间断点；而 $k\neq0$ 时，$\lim\limits_{x\to k\pi}\dfrac{\sin x}{x}=0$，进而 $\lim\limits_{x\to k\pi}\dfrac{x}{\sin x}=\infty$. 故而 $f(x)$ 在点 $x=k\pi$ 处的左、右极限中至少有一个趋于无穷大，这说明 $x=k\pi(k=\pm1,\pm2,\cdots)$ 是函数 $f(x)$ 的第二类间断点.

10. 由 $f(x)$ 在 $[a,b]$ 上连续知 $f(x)$ 在 $[x_1,x_n]$ 上也连续，故 $f(x)$ 在 $[x_1,x_n]$ 上有最大值 M，最小值 m. 于是

$$m\leqslant\frac{f(x_1)+f(x_2)+\cdots+f(x_n)}{n}\leqslant M$$

根据闭区间上连续函数的介值性定理知，存在 $\xi\in[x_1,x_n]$，使得

$$f(\xi)=\frac{f(x_1)+f(x_2)+\cdots+f(x_n)}{n}$$

11. 考虑函数 $f(x)=x^{1\,999}+\dfrac{1\,999}{2-\cos^2x}-1,x\in(-\infty,+\infty)$，则易见 $f(x)$ 在 $(-\infty,+\infty)$ 上连续. 因为 $\lim\limits_{x\to-\infty}\dfrac{f(x)}{x^{1\,999}}=1>0$，所以存在 $M>0$，当 $x<-M$ 时，有 $\dfrac{f(x)}{x^{1\,999}}>0$，即当 $x<-M$ 时，有 $f(x)<0$，又 $f(0)=1\,999-1=1\,998>0$.

由零点定理可知，方程 $f(x)=0$ 在 $(-M-1,0)$ 上至少有一个根. 因此，方程 $x^{1\,999}+\dfrac{1\,999}{2-\cos^2x}=1$ 必有实根.

12. 任给 $\varepsilon>0$，由 f 分别在 I_1 和 I_2 上的一致连续性可知，分别存在正数 δ_1 与 δ_2，对任意的 $x',x''\in I_1$，只要 $|x'-x''|<\delta_1$，就有

$$|f(x')-f(x'')|<\varepsilon \tag{1}$$

又对任何 $x',x''\in I_2$，只要 $|x'-x''|<\delta_2$，也有式(1)成立.

点 $x=c$ 作为 I_1 的右端点，f 在点 c 为左连续；点 $x=c$ 作为 I_2 的左端点，f 在点 c 为右连续，所以 f 在点 c 连续. 故对上述 $\varepsilon>0$，存在 $\delta_3>0$，当 $|x-c|<\delta_3$ 时，有

$$|f(x)-f(c)|<\frac{\varepsilon}{2} \tag{2}$$

令 $\delta=\min\{\delta_1,\delta_2,\delta_3\}$，对任何 $x',x''\in I$，只要 $|x'-x''|<\delta$，分别讨论以下两种情形：

(1) x',x'' 同时属于 I_1 或同时属于 I_2，则式(1)成立；

(2) x',x'' 分别属于 I_1 与 I_2，设 $x'\in I_1$，$x''\in I_2$，则

$$|x'-c|=c-x'<x''-x'<\delta\leqslant\delta_3$$

故由式(2)得 $|f(x')-f(c)|<\frac{\varepsilon}{2}$. 同理得 $|f(x'')-f(c)|<\frac{\varepsilon}{2}$. 从而也有式(1)成立. 这就证明了 f 在 I 上也一致连续.

13. 由于 $[0,+\infty)=[0,1]\cup[1,+\infty)$，要证 $f(x)=\sqrt{x}$ 在 $[0,+\infty)$ 上一致连续，则由上题的结论可知，只需证 $f(x)=\sqrt{x}$ 在 $[0,1]$ 和 $[1,+\infty)$ 上均一致连续. 下面分别证明 $f(x)$ 在两个区间上的一致连续性.

① 由闭区间上连续函数的性质知，$f(x)$ 在 $[0,1]$ 上一致连续；

② 对于任意 $x',x''\in[1,+\infty)$，任给 $\varepsilon>0$，由于 $|f(x')-f(x'')|=\sqrt{x'}-\sqrt{x''}=\frac{|x'-x''|}{\sqrt{x'}+\sqrt{x''}}\leqslant\frac{|x'-x''|}{2}$，故可选取 $\delta=2\varepsilon$，则对任何 $x',x''\in[1,+\infty)$，只要 $|x'-x''|<\delta$，就有 $|f(x')-f(x'')|<\varepsilon$，则 $f(x)=\sqrt{x}$ 在 $[1,+\infty)$ 上一致连续.

综上所述，$f(x)=\sqrt{x}$ 在 $[0,+\infty)$ 上一致连续.

14. 任给 $\varepsilon>0$，由于 $|f(x')-f(x'')|=L|x'-x''|$，故选取 $\delta=\frac{\varepsilon}{L}$，则对任何 $x',x''\in I$，只要 $|x'-x''|<\delta$，就有 $|f(x')-f(x'')|<\varepsilon$，故 $f(x)$ 在区间 I 上一致连续.

15. 令 $F(x)=\begin{cases}f(a+0), & x=a\\ f(x), & x\in(a,b)\\ f(b-0), & x=b\end{cases}$，则 $F(x)$ 在闭区间 $[a,b]$ 上是连续的.

(1) 因为 $F(x)$ 在 $[a,b]$ 上连续，所以由连续函数的有界性定理知，$F(x)$ 在 $[a,b]$ 上有界. 因此，存在 $M>0$，对任何 $x\in[a,b]$，有 $|F(x)|\leqslant M$. 于是对任何 $x\in(a,b)$，有 $|f(x)|=|F(x)|\leqslant M$. 这说明 f 在 (a,b) 上有界.

(2) 因为 $F(x)$ 在 $[a,b]$ 上连续，所以由一致连续性定理知 $F(x)$ 在 $[a,b]$ 上一致连续. 由 f 为 F 在 (a,b) 上的限制函数及函数一致连续的定义知 f 在 (a,b) 上一致连续.

(3) 因为 $F(x)$ 在 $[a,b]$ 上连续，所以由连续函数的最大、最小值定理知，$F(x)$ 在 $[a,b]$ 上取得最大值 K. f 为 F 在 (a,b) 上的限制函数，于是对任何 $x\in(a,b)$，有 $f(x)\leqslant K$. 若 $K=f(\xi)$，则在点 $\xi\in(a,b)$ 处取到最大值；若 $K>f(\xi)$，并设 $F(x_0)=K$，则由

$$f(\xi)\geqslant\max\{f(a+0),f(b-0)\}$$

知 $x_0\neq a,b$，即 $x_0\in(a,b)$. 此时 f 在点 $x_0\in(a,b)$ 处取到最大值. 总之 f 在 (a,b) 上能取到最大值.

第5讲 实数的完备性

背景简介

数学分析是建立在极限理论基础之上的，而极限理论又是以实数完备性为出发点. 时至今日，分析学基础的逻辑顺序：实数系 → 极限论 → 微积分，早已被人们所熟悉，但这个分析体系的建立，历史上经历了三百多年，柯西、魏尔斯特拉斯居功至伟.

函数极限定义中的条件 $x \to x_0$ 及结论 $|f(x)-A|<\varepsilon$ 可描述的前提是实数的完备性，实数完备性定理一般指确界原理、单调有界原理、闭区间套定理、有限覆盖定理、聚点定理和柯西收敛准则.

本讲理论较为晦涩，读者在复习时，可能略有不适感，请根据自身情况采用多轮迭代法进行. 如首轮主要理解完备性定理的结论本身，第二轮再尝试掌握完备性定理之间的相互证明及其应用.

内容聚焦

第1节　实数完备性的基本定理

定义1 （闭区间套）设闭区间列$\{[a_n,b_n]\}$具有如下性质：

(1)$[a_n,b_n]\supseteq[a_{n+1},b_{n+1}]$, $n=1,2,\cdots$

(2) $\lim\limits_{n\to\infty}(b_n-a_n)=0$,

则称$\{[a_n,b_n]\}$为闭区间套，或简称区间套.

定理1 （闭区间套定理）若$\{[a_n,b_n]\}$是一个区间套，则在实数系中存在唯一的一点ξ，使得$\xi\in[a_n,b_n]$, $n=1,2,\cdots$，即$a_n\leqslant\xi\leqslant b_n$, $n=1,2,\cdots$.

推论 若$\xi\in[a_n,b_n](n=1,2,\cdots)$是区间套$\{[a_n,b_n]\}$所确定的点，则对任给的$\varepsilon>0$，存在$N>0$，使得当$n>N$时有$[a_n,b_n]\subseteq U(\xi;\varepsilon)$.

注 区间套定理中要求各个区间都是闭区间，才能保证定理的结论成立. 对于开区间列，如$\left\{\left(0,\frac{1}{n}\right)\right\}$，虽然其中各个开区间也是前一个包含后一个，且$\lim\limits_{n\to\infty}\left(\frac{1}{n}-0\right)=0$，但不存在属于所有开区间的公共点.

例 1 设$f(x)$在$[a,b]$上单调递增，且$a<f(a)<f(b)<b$，证明：存在$\xi\in(a,b)$，使$f(\xi)=\xi$.

证法 1 （应用闭区间套定理）若$f\left(\frac{a+b}{2}\right)\geqslant\frac{a+b}{2}$，则取$[a_1,b_1]=\left[\frac{a+b}{2},b\right]$，否则取$[a_1,b_1]=\left[a,\frac{a+b}{2}\right]$. 又若$f\left(\frac{a_1+b_1}{2}\right)\geqslant\frac{a_1+b_1}{2}$，则取$[a_2,b_2]=\left[\frac{a_1+b_1}{2},b_1\right]$，否则取$[a_2,b_2]=\left[a_1,\frac{a_1+b_1}{2}\right]$，依此类推，得闭区间列$\{[a_n,b_n]\}$，满足：

(1)$[a_{n+1},b_{n+1}]\subseteq[a_n,b_n]$，$n=1,2,\cdots$；

(2)$b_n-a_n=\frac{b-a}{2^n}\to 0$，$n\to\infty$；

(3)$a_n\leqslant f(a_n)<f(b_n)<b_n$，$n=1,2,\cdots$.

由闭区间套定理，存在$\xi\in[a_n,b_n](n=1,2,\cdots)$，有$\lim\limits_{n\to\infty}a_n=\lim\limits_{n\to\infty}b_n=\xi$，应用极限的迫敛性，由(3)得

$$\lim_{n\to\infty}f(a_n)=\lim_{n\to\infty}f(b_n)=\xi$$

又由于函数在$[a,b]$上单调，因此有$f(a_n)\leqslant f(\xi)\leqslant f(b_n)$，再由极限的迫敛性得$f(\xi)=\xi$. 显然，$\xi\neq a$，$\xi\neq b$，而$\xi\in[a,b]$，所以$\xi\in(a,b)$.

证法 2 （应用确界原理）令$S=\{x\mid f(x)\geqslant x,x\in[a,b]\}$. 由$f(a)>a$知$a\in S$，从而$S$非空. 又显然$b$为$S$的一个上界. 由确界原理知，$S$有上确界$\xi$，$a\leqslant\xi\leqslant b$. 下面证明$\xi=f(\xi)$.

对任意的$x\in S$，$x\leqslant\xi$，由单调性，$f(x)\leqslant f(\xi)$，从而$x\leqslant f(x)\leqslant f(\xi)$，因此，$f(\xi)$为$S$的一个上界，于是$f(\xi)\geqslant\xi$. 而$a<f(a)\leqslant f(\xi)\leqslant f(b)<b$，所以又由单调性，$f(f(\xi))\geqslant f(\xi)$，因此$f(\xi)\in S$，所以$\xi\geqslant f(\xi)$. 由此推出$f(\xi)=\xi$，而$\xi\in(a,b)$是显然的.

定义 2 （数集（点集）的聚点）设S为数轴上的点集，ξ为定点（它可以属于S，也可以不属于S）. 若ξ的任何邻域内都含有S中无穷多个点，则称ξ为S的一个聚点.

定义 2′ 对于点集S，若点ξ的任何ε邻域内都含有S中异于ξ的点，即$U^{\circ}(\xi;\varepsilon)\cap S\neq\varnothing$，则称$\xi$为$S$的一个聚点.

定义 2″ 若存在各项互异的收敛数列$\{x_n\}\subseteq S$，则其极限$\lim\limits_{n\to\infty}x_n=\xi$称为$S$的一个聚点.

定理 2 （魏尔斯特拉斯聚点定理）实轴上的任一有界无限点集S至少有一个聚点.

定义 3 （开覆盖）设S为数轴上的点集，H为开区间的集合（即H的每一个元素都是形如(α,β)的开区间）. 若S中任何一点都含在H中至少一个开区间内，则称H为S的一个开覆盖，或称H覆盖S. 若H中开区间的个数是无限（有限）的，则称H为S的一个无限开覆盖（有限开覆盖）.

定理 3 （海涅－博雷尔有限覆盖定理） 设H为闭区间$[a,b]$的一个（无限）开覆盖，则从H中可选出有限个开区间来覆盖$[a,b]$.

例 2 证明数集$\{(-1)^n+\frac{1}{n}\}$有且只有两个聚点$\xi_1=-1$和$\xi_2=1$.

证 当n为奇数时,$(-1)^n+\frac{1}{n}=-1+\frac{1}{n}$,$\lim\limits_{n\to\infty}\{(-1)^n+\frac{1}{n}\}=-1$;

当n为偶数时,$(-1)^n+\frac{1}{n}=1+\frac{1}{n}$,$\lim\limits_{n\to\infty}\{(-1)^n+\frac{1}{n}\}=1$.

而奇、偶包含了n的全部可能取值,故数集$\{(-1)^n+\frac{1}{n}\}$有且只有1和-1两个聚点.

例 3 利用有限覆盖定理证明闭区间上的连续函数是有界的.

证 设$f(x)$在区间$[a,b]$上连续. 根据连续函数的局部有界性定理,对于任意的$x_0\in[a,b]$,存在正数M_{x_0}以及正数δ_{x_0},当$x\in(x_0-\delta_{x_0},x_0+\delta_{x_0})\cap[a,b]$时有$|f(x)|\leqslant M_{x_0}$. 作开区间集

$$H=\{(x-\delta_x,x+\delta_x)\mid |f(x)|\leqslant M_x,x\in[a,b]\}$$

显然H覆盖了区间$[a,b]$. 根据有限覆盖定理,存在H中有限个开区间

$$(x_1-\delta_{x_1},x_1+\delta_{x_1}),(x_2-\delta_{x_2},x_2+\delta_{x_2}),\cdots,(x_n-\delta_{x_n},x_n+\delta_{x_n})$$

它们也覆盖了$[a,b]$. 令$M=\max\{M_{x_1},M_{x_2},\cdots,M_{x_n}\}$,那么对于任意的$x\in[a,b]$,存在$k,1\leqslant k\leqslant n$,使得$x\in(x_k-\delta_{x_k},x_k+\delta_{x_k})$,并且有$|f(x)|\leqslant M_{x_k}\leqslant M$.

第2节 上极限与下极限

定义 1 (数列的聚点)若在数a的任一邻域内含有数列$\{x_n\}$的无限多个项,则称a为$\{x_n\}$的一个聚点.

定理 1 (聚点存在定理)有界点列(数列)$\{x_n\}$至少有一个聚点,且存在最大聚点与最小聚点.

定义 2 (上极限与下极限)有界数列(点列)$\{x_n\}$的最大聚点$\overline{A}$与最小聚点$\underline{A}$分别称为$\{x_n\}$的上极限与下极限,记作

$$\overline{A}=\overline{\lim_{n\to\infty}}x_n,\underline{A}=\underline{\lim_{n\to\infty}}x_n$$

注 由聚点存在定理可知,任何有界数列必存在上、下极限.

例 1 求如下数列的上、下极限.

(1)$\left\{x_n=(-1)^n\frac{n}{n+1}\right\}$; (2)$\left\{x_n=\sin\frac{n\pi}{4}\right\}$; (3)$\left\{x_n=\frac{1}{n}\right\}$.

解 (1)$\overline{\lim\limits_{n\to\infty}}(-1)^n\frac{n}{n+1}=1$,$\underline{\lim\limits_{n\to\infty}}(-1)^n\frac{n}{n+1}=-1$;

(2)$\overline{\lim\limits_{n\to\infty}}\sin\frac{n\pi}{4}=1$,$\underline{\lim\limits_{n\to\infty}}\sin\frac{n\pi}{4}=-1$;

(3)$\overline{\lim\limits_{n\to\infty}}\frac{1}{n}=\underline{\lim\limits_{n\to\infty}}\frac{1}{n}=0$.

定理 2 对任何有界数列$\{x_n\}$有$\overline{\lim\limits_{n\to\infty}}x_n\geqslant\underline{\lim\limits_{n\to\infty}}x_n$.

定理 3 $\lim\limits_{n\to\infty}x_n=A$的充要条件是$\overline{\lim\limits_{n\to\infty}}x_n=\underline{\lim\limits_{n\to\infty}}x_n=A$.

定理 4 （上极限与下极限的等价刻画）设$\{x_n\}$为有界数列.

(1)$\overline{A}$为$\{x_n\}$上极限的充要条件是任给$\varepsilon>0$,有:

(i) 存在$N>0$,使得当$n>N$时,有$x_n<\overline{A}+\varepsilon$;

(ii) 存在子列$\{x_{n_k}\}$,$x_{n_k}>\overline{A}-\varepsilon$,$k=1,2,\cdots$.

(2)$\underline{A}$为$\{x_n\}$下极限的充要条件是任给$\varepsilon>0$,有:

(i) 存在$N>0$,使得当$n>N$时,有$x_n>\underline{A}-\varepsilon$;

(ii) 存在子列$\{x_{n_k}\}$,$x_{n_k}<\underline{A}+\varepsilon$,$k=1,2,\cdots$.

定理 5 （上、下极限的保不等式性）设有界数列$\{a_n\}$,$\{b_n\}$满足:存在N_0,当$n>N_0$时,有$a_n\leqslant b_n$,则

$$\overline{\lim_{n\to\infty}}a_n\leqslant\overline{\lim_{n\to\infty}}b_n,\ \underline{\lim_{n\to\infty}}a_n\leqslant\underline{\lim_{n\to\infty}}b_n$$

特别地,若α,β为常数,又存在$N_0>0$,当$n>N_0$时,有$\alpha\leqslant a_n\leqslant\beta$,则

$$\alpha\leqslant\underline{\lim_{n\to\infty}}a_n\leqslant\overline{\lim_{n\to\infty}}a_n\leqslant\beta$$

例 2 设$\{a_n\}$,$\{b_n\}$为有界数列,证明$\overline{\lim\limits_{n\to\infty}}(a_n+b_n)\leqslant\overline{\lim\limits_{n\to\infty}}a_n+\overline{\lim\limits_{n\to\infty}}b_n$.

证 设$\overline{\lim\limits_{n\to\infty}}a_n=A$,$\overline{\lim\limits_{n\to\infty}}b_n=B$. 由本节定理 4 可知,对任给$\varepsilon>0$,存在$N>0$,当$n>N$时,有

$$a_n<A+\frac{\varepsilon}{2},b_n<B+\frac{\varepsilon}{2}\Rightarrow a_n+b_n<A+B+\varepsilon$$

再利用上极限的保不等式性,得

$$\overline{\lim_{n\to\infty}}(a_n+b_n)\leqslant A+B+\varepsilon$$

故由ε的任意性得$\overline{\lim\limits_{n\to\infty}}(a_n+b_n)\leqslant A+B$,即原命题成立.

例 3 设$\{x_n\}$,$\{y_n\}$为有界数列,证明:

(1) $\underline{\lim\limits_{n\to\infty}}x_n+\overline{\lim\limits_{n\to\infty}}y_n\leqslant\overline{\lim\limits_{n\to\infty}}(x_n+y_n)$;

(2) 又若$x_n\geqslant 0$,$y_n\geqslant 0$,则$\underline{\lim\limits_{n\to\infty}}x_ny_n\leqslant\underline{\lim\limits_{n\to\infty}}x_n\cdot\overline{\lim\limits_{n\to\infty}}y_n$.

证 (1) 存在收敛子列$\{y_{n_k}\}$,使$\lim\limits_{k\to\infty}y_{n_k}=\overline{\lim\limits_{n\to\infty}}y_n$,又设$x_{n_{k_l}}$为$\{x_{n_k}\}$的收敛子列,由于$\lim\limits_{l\to\infty}y_{n_{k_l}}=\lim\limits_{k\to\infty}y_{n_k}$,于是

$$\underline{\lim_{n\to\infty}}x_n+\overline{\lim_{n\to\infty}}y_n\leqslant\lim_{l\to\infty}x_{n_{k_l}}+\lim_{l\to\infty}y_{n_{k_l}}=\lim_{l\to\infty}(x_{n_{k_l}}+y_{n_{k_l}})\leqslant\overline{\lim_{n\to\infty}}(x_n+y_n)$$

(2) 存在收敛子列x_{n_k},使$\underline{\lim\limits_{n\to\infty}}x_n=\lim\limits_{k\to\infty}x_{n_k}$. 设$\{y_{n_{k_l}}\}$为$\{y_{n_k}\}$的收敛子列,由于$\lim\limits_{l\to\infty}x_{n_{k_l}}=\lim\limits_{k\to\infty}x_{n_k}$,于是

$$\underline{\lim_{n\to\infty}}x_n\cdot\overline{\lim_{n\to\infty}}y_n\geqslant\lim_{l\to\infty}x_{n_{k_l}}\cdot\lim_{l\to\infty}y_{n_{k_l}}=\lim_{l\to\infty}(x_{n_{k_l}}y_{n_{k_l}})\geqslant\underline{\lim_{n\to\infty}}x_ny_n$$

例 4 设$\{x_n\}$为有界数列,且$\lim\limits_{n\to\infty}\left(x_n+\frac{1}{2}x_{2n}\right)=1$,证明$\{x_n\}$收敛并求其极限.

证 由有界数列的性质,有

$$\lim_{n\to\infty}\left(x_n+\frac{1}{2}x_{2n}\right)=\underline{\lim_{n\to\infty}}\left(x_n+\frac{1}{2}x_{2n}\right)\leqslant\underline{\lim_{n\to\infty}}x_n+\frac{1}{2}\overline{\lim_{n\to\infty}}x_{2n}\leqslant\underline{\lim_{n\to\infty}}x_n+\frac{1}{2}\overline{\lim_{n\to\infty}}x_n$$

$$\varliminf_{n\to\infty}\left(x_n+\frac{1}{2}x_{2n}\right)=\varlimsup_{n\to\infty}\left(x_n+\frac{1}{2}x_{2n}\right)\geqslant\varlimsup_{n\to\infty}x_n+\frac{1}{2}\varliminf_{n\to\infty}x_{2n}\geqslant\varlimsup_{n\to\infty}x_n+\frac{1}{2}\varliminf_{n\to\infty}x_n$$

由此得$\varliminf\limits_{n\to\infty}x_n\geqslant\varlimsup\limits_{n\to\infty}x_n$，所以$\{x_n\}$收敛. 于是

$$1=\lim_{n\to\infty}\left(x_n+\frac{1}{2}x_{2n}\right)=\lim_{n\to\infty}x_n+\frac{1}{2}\lim_{n\to\infty}x_{2n}=\lim_{n\to\infty}x_n+\frac{1}{2}\lim_{n\to\infty}x_n=\frac{3}{2}\lim_{n\to\infty}x_n$$

从而$\lim\limits_{n\to\infty}x_n=\dfrac{2}{3}$.

解惑释疑

问题 1　实数的完备性定理包括哪些？它们之间有什么内在的特质？

答　实数完备性定理一般指确界原理、单调有界定理、闭区间套定理、有限覆盖定理、聚点定理（或致密性定理）以及柯西收敛准则（国内有的教材中把聚点定理和致密性定理单独列出，称为实数完备性的七个定理）.

它们都从各个不同的侧面反映实数系的完备性. 宏观上，可把这些定理分为两大类：其中确界原理、单调有界定理、闭区间套定理、聚点定理以及柯西收敛准则属于同一种类型，而有限覆盖定理属于另一种类型.

前五个结论都指出了在某种条件下，实数必有某种点的存在性，体现了从“整体”到“局部”的特点. 利用这几个定理来证明结论，通常将所要证明的结论归结为某个特殊点的局部性质.

而有限覆盖定理则不同，它是把在每一点的某个邻域内的局部性质拓展为整个区间上的整体性质，体现了由“局部”推广到“整体”的特点.

实数完备性定理，可以说是数学分析赖以建立的理论工具，数学分析中的许多重要结论都是借助于完备性定理来证明的（本讲的部分例题和习题也足以说明这个事实）.

由于这六大定理是互相等价的，则在理论上，其中任意一个结论都可推出其余五个结论中的一个，然而在实际操作过程中，证明的难易程度是不同的. 在有的情况下，选定一个证指定的一个，风轻云淡，波澜不惊. 而换个定理证指定的那个，也许身陷囹圄，困难重重. 所以在证明之初，要选择适当的定理和证法. 一般说来，如果要证明的结论涉及“某一点”的问题，可考虑选用前五个定理直接证明. 而如果用有限覆盖定理来证，则往往就要考虑用反证法. 反之，如果要证明的结论涉及全区间的问题，则可考虑用有限覆定理直接来证，而如果要用前一类的定理来证，则通常要用反证法.

问题 2　用闭区间套定理证明命题时要注意哪些要点？

答　首先要构造闭区间列，使其满足闭区间套的定义；其次根据问题的要求，每个闭区间还必须要具有某种特质，而这种特质具有遗传性，即所有的闭区间都具有这一共同特质；最后将这种特质无缝链接到由该闭区间套所唯一“套出”的点的邻域内，从而导出所要证的结论.

问题 3　用有限覆盖定理证明命题时要注意哪些要点？

答　要对每一点，构造包含这一点的邻域，特别地，要设置好邻域的大小（即邻域的

半径）和邻域所具有的共同特征.邻域的大小决定了邻域所具有的共同特征的范围，而这些共同的特征又能够使我们在将有限多个邻域合并为区间时推广到整个区间上.

问题 4 如何正面陈述"η 不是数集 S 的聚点"？

答 η 不是数集 S 的聚点的充分必要条件是存在 η 的某个邻域 $U(\eta)$，使 $U(\eta)$ 中至多含有 S 的有限个点.

也可等价地陈述为：η 不是数集 S 的聚点的充分必要条件是存在 η 的某个邻域 $U(\eta)$，使 $U(\eta)$ 中至多含有 S 的一个点.

问题 5 设 S 为有界点集，试问：$\sup S$（或 $\inf S$）是否一定是 S 的聚点？如果不是，那么在什么情况下，$\sup S$（或 $\inf S$）为 S 的聚点？

答 $\sup S$（或 $\inf S$）一般不是 S 的聚点.例如，$S=\left\{\frac{1}{z}\,\middle|\,z\in\mathbf{Z},z\neq 0\right\}$，则 $\sup S=1$ 和 $\inf S=-1$ 都不是 S 的聚点.

如果 $a=\sup S\notin S$，那么 a 一定是 S 的聚点.证明如下：

对任意的 $\varepsilon>0$，由于 $a=\sup S$，所以存在 $x\in S$，使 $x\in U(a;\varepsilon)$.又因为 $a\notin S$，所以 $x\neq a$，即 $a=\sup S$ 为 S 的聚点.

类似地可证，如果 $b=\inf S\notin S$，那么 b 一定是 S 的聚点.

问题 6 数集的聚点和数列的聚点有何区别？

答 数集 S 的聚点 a 是要求在 a 的任何一个邻域中含有 S 的无限多个不同的点，而数列的聚点 a 则是要求在 a 的任何一个邻域中含有数列 $\{x_n\}$ 的无限多个项，这些项只要它们在 $\{x_n\}$ 中的编号不同就可以了，它们作为数并不要求它们互不相同.所以，一个数列 $\{x_n\}$ 的聚点 a，当将 $\{x_n\}$ 看作数集时就可能不是聚点.当然如果将 $\{x_n\}$ 看作数集时，a 是聚点，那么 a 一定是数列 $\{x_n\}$ 的聚点.例如数列 $\left\{1,\frac{1}{2},1,\frac{1}{3},\cdots,1,\frac{1}{n},\cdots\right\}$，1 和 0 都是该数列的聚点，但作为数集 $\left\{\frac{1}{n}\,\middle|\,n=1,2,\cdots\right\}$，其聚点只有 0.

习题精练

1. 设 $\{x_n\}$ 为单调数列.证明：若 $\{x_n\}$ 存在聚点，则必是唯一的，且为 $\{x_n\}$ 的确界.

2. 试用有限覆盖定理证明聚点定理.

3. 求以下数列的上、下极限：

(1) $\{1+(-1)^n\}$；　(2) $\left\{(-1)^n\dfrac{n}{2n+1}\right\}$；　(3) $\{2n+1\}$；　(4) $\left\{\dfrac{n^2+1}{n}\sin\dfrac{\pi}{n}\right\}$.

4. 利用闭区间套定理证明连续函数根的存在性定理.

5. 用上、下极限的理论证明：若 $\{x_n\}$ 是有界的发散数列，则 $\{x_n\}$ 必存在两个收敛于不同极限的子列.

6. 证明数列 $\{x_n\}$ 与 $\{x_n\sqrt[n]{n}\}$ 有相同的聚点.

7. 设 $\{x_n\}$ 为有界数列，$\{x_{n_k}\}$ 是它的一个子列，$a<1$，$a\neq -1$.证明：如果 $\lim\limits_{k\to\infty}(x_k+$

$ax_{n_k})=A$，那么$\{x_n\}$收敛并求其极限.

8. 设 $f(x)$ 是$[a,b]$上的连续函数，有非空的零点集合. 令

$$E=\{x\in[a,b]\mid f(x)=0\}$$

证明：E 的上、下确界都属于 E.

9. 设函数 $f(x)$ 在$[a,b]$上有定义，并且在$[a,b]$上每一点处都有极限，证明：$f(x)$ 在$[a,b]$上有界.

10. 试用闭区间套定理证明确界原理.

习题解析

1. 不妨设$\{x_n\}$递增.

(1) 先证明$\{x_n\}$存在聚点，且必是唯一的. 假定 ξ,η 都是$\{x_n\}$的聚点，且 $\xi<\eta$. 取 $\varepsilon_0=\frac{\eta-\xi}{2}$，由于 η 是$\{x_n\}$的聚点，必存在 $x_N\in U(\eta;\varepsilon_0)$. 又因$\{x_n\}$递增，故 $n\geqslant N$ 时，恒有

$$x_n\geqslant x_N>\eta-\varepsilon_0=\frac{\xi+\eta}{2}=\xi+\varepsilon_0$$

于是，在 $U(\xi;\varepsilon_0)$ 中至多包含$\{x_n\}$的有限多项. 这与 ξ 是$\{x_n\}$的聚点相矛盾. 因此$\{x_n\}$的聚点存在时必唯一.

(2) 再证$\{x_n\}$的上确界存在且等于聚点 ξ.

(a) ξ 为$\{x_n\}$的上界. 如果某个 $x_N>\xi$，那么 $n\geqslant N$ 时，恒有 $x_n>\xi$. 取 $\varepsilon_0=x_N-\xi>0$，则 $U(\xi;\varepsilon_0)$ 内至多含$\{x_n\}$的有限多项. 这与 ξ 为$\{x_n\}$的聚点相矛盾.

(b) 对任意的 $\varepsilon>0$，由聚点定义，必存在 x_N，使 $\xi-\varepsilon<x_N<\xi+\varepsilon$. 按定义，$\xi=\sup\{x_n\}$.

2. 设有界无穷点集 $S\subseteq[-M,M]$，显然 S 若有聚点，必含于$[-M,M]$内，现假设$[-M,M]$内的每一点均不是 S 的聚点，则对任意 $x\in[-M,M]$，存在 $\delta_x>0$，使得 $U(x;\delta_x)\cap S$ 为有限点集. 记 $H=\{U(x;\delta_x)\mid x\in[-M,M]\}$，则 H 为$[-M,M]$的一个开覆盖. 由有限覆盖定理，存在 H 中有限个开区间 $U(x_1;\delta_1),\cdots,U(x_n;\delta_n)$，使得 $S\subseteq[-M,M]\subseteq U(x_i;\delta_i)$. 由于 $U(x_i;\delta_i)\cap S(i=1,2,\cdots,n)$ 为有限点集，故由上式可推出 S 为有限点集，与假设矛盾，所以在$[-M,M]$内至少有 S 的一个聚点.

3. (1) 当 n 为偶数时，$1+(-1)^n=2$；当 n 为奇数时，$1+(-1)^n=0$，于是 $\overline{\lim\limits_{n\to\infty}}[1+(-1)^n]=2$，$\underline{\lim\limits_{n\to\infty}}[1+(-1)^n]=0$.

(2) 当 n 为偶数时，$(-1)^n\frac{n}{2n+1}=\frac{n}{2n+1}$，$\lim\limits_{n\to\infty}\frac{n}{2n+1}=\frac{1}{2}$.

当 n 为奇数时，$(-1)^n\frac{n}{2n+1}=-\frac{n}{2n+1}$，$\lim\limits_{n\to\infty}\frac{-n}{2n+1}=-\frac{1}{2}$.

于是 $\overline{\lim\limits_{n\to\infty}}(-1)^n\frac{n}{2n+1}=\frac{1}{2}$，$\underline{\lim\limits_{n\to\infty}}(-1)^n\frac{n}{2n+1}=-\frac{1}{2}$.

(3) 因 $\lim\limits_{n\to\infty}(2n+1)=+\infty$，故 $\overline{\lim\limits_{n\to\infty}}(2n+1)=\underline{\lim\limits_{n\to\infty}}(2n+1)=+\infty$.

(4) $\lim\limits_{n\to\infty}\dfrac{n^2+1}{n}\sin\dfrac{\pi}{n}=\lim\limits_{n\to\infty}n\sin\dfrac{\pi}{n}+\lim\limits_{n\to\infty}\dfrac{1}{n}\sin\dfrac{\pi}{n}$，当 $n\to\infty$ 时，$\left|\sin\dfrac{\pi}{n}\right|\leqslant 1$，而$\dfrac{1}{n}\to 0$，故$\lim\limits_{n\to\infty}\dfrac{1}{n}\sin\dfrac{\pi}{n}=0$. 而$\lim\limits_{n\to\infty}n\sin\dfrac{\pi}{n}=\lim\limits_{n\to\infty}\dfrac{\sin\dfrac{\pi}{n}}{\dfrac{\pi}{n}}\cdot\pi=\pi\cdot 1=\pi$，于是$\lim\limits_{n\to\infty}\dfrac{n^2+1}{n}\sin\dfrac{\pi}{n}=\pi$，则$\overline{\lim\limits_{n\to\infty}}\dfrac{n^2+1}{n}\sin\dfrac{\pi}{n}=\underline{\lim\limits_{n\to\infty}}\dfrac{n^2+1}{n}\sin\dfrac{\pi}{n}=\pi$.

4. 设 f 在区间$[a,b]$上连续，$f(a)f(b)<0$，并且记$[a_1,b_1]=[a,b]$. 令 $c_1=\dfrac{a_1+b_1}{2}$. 如果 $f(c_1)=0$，那么结论已经成立；如果设 $f(c_1)\neq 0$，那么 $f(a_1)f(c_1)$ 与 $f(c_1)f(b_1)$ 有一个小于零，不妨设 $f(a_1)f(c_1)<0$，记$[a_2,b_2]=[a_1,c_1]$. 再令 $c_2=\dfrac{a_2+b_2}{2}$，如果 $f(c_2)=0$，那么结论已经成立；如果设 $f(c_2)\neq 0$，那么 f 在$[a_2,c_2]$与$[c_2,b_2]$这两个区间中的某一个区间上的端点值异号，并记这个区间为$[a_3,b_3]$. 将这个过程无限重复下去，就得到一列闭区间$\{[a_n,b_n]\}$，满足：

(1) $[a_n,b_n]\supseteq[a_{n+1},b_{n+1}]$，$n=1,2,\cdots$；

(2) $\lim\limits_{n\to\infty}(b_n-a_n)=\lim\limits_{n\to\infty}\dfrac{b-a}{2^{n-1}}=0$；

(3) $f(a_n)f(b_n)<0$，$n=1,2,\cdots$.

由(1)和(2)可知$\{[a_n,b_n]\}$是一个区间套，由定理1可知，存在 $\xi\in[a_n,b_n]$，$n=1,2,\cdots$，有$\lim\limits_{n\to\infty}a_n=\lim\limits_{n\to\infty}b_n=\xi$. 因为 f 在点 ξ 连续，所以由(3)得

$$f^2(\xi)=\lim_{n\to\infty}f(a_n)f(b_n)\leqslant 0$$

则必有 $f(\xi)=0$. 显然 $\xi\in[a,b]$，它就是 f 的一个零点.

5. 由于 x_n 为发散的有界数列，因此$\underline{\lim\limits_{n\to\infty}}x_n<\overline{\lim\limits_{n\to\infty}}x_n$. 由上、下极限的定义知存在两个收敛的子列$\{x_{n_k}\}$与$\{x_{n_l}\}$，使

$$\lim_{k\to\infty}x_{n_k}=\underline{\lim_{n\to\infty}}x_n,\ \lim_{l\to\infty}x_{n_l}=\overline{\lim_{n\to\infty}}x_n$$

即得所证.

6. 设 ξ 为$\{x_n\}$的任一聚点，则存在收敛子列 x_{n_k}，使$\lim\limits_{k\to\infty}x_{n_k}=\xi$. 由于$\lim\limits_{k\to\infty}\sqrt[n_k]{n_k}=\lim\limits_{n\to\infty}\sqrt[n]{n}=1$，因此$\lim\limits_{k\to\infty}x_{n_k}\sqrt[n_k]{n_k}=\xi$，所以 ξ 是$\{x_n\sqrt[n]{n}\}$的一个聚点.

又若 η 是$\{x_n\sqrt[n]{n}\}$的一个聚点，则存在收敛子列$\{x_{n_k}\sqrt[n_k]{n_k}\}$，使$\lim\limits_{k\to\infty}x_{n_k}\sqrt[n_k]{n_k}=\eta$. 又由于$\lim\limits_{k\to\infty}\sqrt[n_k]{n_k}=1$，于是有$\lim\limits_{k\to\infty}x_{n_k}=\dfrac{\lim\limits_{k\to\infty}x_{n_k}\sqrt[n_k]{n_k}}{\lim\limits_{k\to\infty}\sqrt[n_k]{n_k}}=\eta$，所以 η 是$\{x_n\}$的一个聚点.

7. 由有界数列的性质，有

$$A=\lim_{k\to\infty}(x_k+ax_{n_k})=\underline{\lim_{k\to\infty}}(x_k+ax_{n_k})\leqslant\underline{\lim_{k\to\infty}}x_k+a\overline{\lim_{k\to\infty}}x_{n_k}\leqslant\underline{\lim_{n\to\infty}}x_n+a\overline{\lim_{n\to\infty}}x_n$$

$$A=\lim_{k\to\infty}(x_k+ax_{n_k})=\overline{\lim_{k\to\infty}}(x_k+ax_{n_k})\geqslant\overline{\lim_{k\to\infty}}x_k+a\underline{\lim_{k\to\infty}}x_{n_k}\geqslant\overline{\lim_{n\to\infty}}x_n+a\underline{\lim_{n\to\infty}}x_n$$

于是

$$\underline{\lim_{n\to\infty}} x_n + a\overline{\lim_{n\to\infty}} x_n \geqslant \overline{\lim_{n\to\infty}} x_n + a\underline{\lim_{n\to\infty}} x_n$$

由 $a<1$ 可得 $\underline{\lim\limits_{n\to\infty}} x_n \geqslant \overline{\lim\limits_{n\to\infty}} x_n$，从而 $\{x_n\}$ 收敛.

令 $\lim\limits_{n\to\infty} x_n = c$，则

$$A=\lim_{k\to\infty}(x_k+ax_{n_k})=\lim_{k\to\infty}x_k+a\lim_{k\to\infty}x_{n_k}=(1+a)c$$

由于 $a\neq -1$，因此 $\lim\limits_{n\to\infty} x_n=\dfrac{A}{1+a}$.

8. 设 $\alpha=\sup E$，由于 $E\subseteq[a,b]$，因此 $\alpha\in[a,b]$. 倘若 $f(\alpha)\neq 0$，则由于 $f(x)$ 连续，存在 $\delta>0$，使对任意的 $x\in(\alpha-\delta,\alpha+\delta)$，有 $f(x)\neq 0$. 故对任意的 $x\in(\alpha-\delta,\alpha)$，$x\notin E$. 这与 α 为 E 的上确界矛盾. 因此有 $f(\alpha)=0$，即 $\sup E=\alpha\in E$.

同理可证 E 的下确界也属于 E.

9.（应用有限覆盖定理）对任意的 $x\in[a,b]$，由于极限 $\lim\limits_{x'\to x} f(x')$ 存在，由极限的局部有界性，存在 $\varepsilon_x>0$ 及 $m_x>0$，使对任意的 $x'\in U(x;\varepsilon)\cap[a,b]$ 有 $|f(x')|<m_x$. 令

$$H=\{U(x;\varepsilon)\mid x\in[a,b]\}$$

则 H 覆盖 $[a,b]$. 由有限覆盖定理，存在有限多个开区间 $\{U(x_i;\varepsilon_{x_i})\in H\mid i=1,2,\cdots,n\}$ 覆盖 $[a,b]$. 令

$$M=\max\{m_{x_i}\mid i=1,2,\cdots,n\}$$

则对任意的 $x\in[a,b]$，存在 $U(x_i;\varepsilon_{x_i})(1\leqslant i\leqslant n)$，使 $x\in U(x_i;\varepsilon_{x_i})$，于是

$$|f(x)|<m_{x_i}\leqslant M$$

因此 $f(x)$ 在 $[a,b]$ 上有界.

10. 设非空数集 E 有上界，令 b 是它的一个上界，任取 $a\in E$，令 $[a_1,b_1]=[a,b]$. 若 $c_1=\dfrac{a_1+b_1}{2}$ 为 E 的上界，则取 $[a_2,b_2]=[a_1,c_1]$，否则取 $[a_2,b_2]=[c_1,b_1]$. 依此类推，可得闭区间列 $\{[a_n,b_n]\}$，满足：

(1) $[a_{n+1},b_{n+1}]\subseteq[a_n,b_n]$，$n=1,2,\cdots$；

(2) $b_n-a_n=\dfrac{b-a}{2^{n-1}}\to 0(n\to\infty)$；

(3) b_n 是 E 的上界，且存在 $x_n\in E$ 使 $x_n\in[a_n,b_n]$，$n=1,2,\cdots,n$.

由区间套定理，存在 $\xi\in[a_n,b_n](n=1,2,\cdots)$. 由于 b_n 是 E 的上界，对任意的 $x\in E$，有 $x<b_n$，从而 $x\leqslant\lim\limits_{n\to\infty}b_n=\xi$，所以 ξ 为 E 的一个上界. 又对任意的 $\varepsilon>0$，存在 N，当 $n>N$ 时，$[a_n,b_n]\subseteq U(\xi;\varepsilon)$. 从而 $x_n\geqslant a_n>\xi-\varepsilon$. 由此知 ξ 为 E 的上确界.

第6讲

导数与微分

背景简介

一元函数的导数,可通俗地看作函数的变化率(牛顿的视角),亦可认为是切线的斜率(莱布尼茨的视角),而微分,即小变化的处理方法,对积分学、微分方程求解以及积分应用时的微元法等许多后期内容的理解和掌握至关重要.

导数与微分都是用以研究函数自变量与因变量的小变化之间的关系.不同的是导数研究两者之间的极限问题,而微分侧重于研究两者之间等式的线性关系(线性主部),它们分别在分析函数的性态及近似计算等方面十分有用.

本讲读者需理解导数与微分的关系,尤其理解导数与微分各自的几何意义,会求平面曲线的切线方程;掌握导数的四则运算法则与复合函数的求导法则,将基本初等函数的导数公式熟稔于心;会求分段函数的导数,参数方程所确定的函数的导数以及反函数的导数;理解高阶导数的概念;会求函数的高阶导数;了解微分的四则运算法则与一阶微分形式的不变性,会求函数的微分.

内容聚焦

第1节　导数的概念

一、导数的定义

定义1　设函数 $y=f(x)$ 在点 x_0 的某个邻域内有定义,当自变量 x 在 x_0 处取得增量 Δx(点 $x_0+\Delta x$ 仍在该邻域内)时,相应的函数值取得增量 $\Delta y=f(x_0+\Delta x)-f(x_0)$;如果 Δy 与 Δx 之比当 $\Delta x\to 0$ 时的极限存在,那么称函数 $y=f(x)$ 在点 x_0 处可导,并称这个极限为函数 $y=f(x)$ 在点 x_0 处的导数,记为 $f'(x_0)$,即

$$f'(x_0)=\lim_{\Delta x\to 0}\frac{\Delta y}{\Delta x}=\lim_{\Delta x\to 0}\frac{f(x_0+\Delta x)-f(x_0)}{\Delta x}$$

函数 $f(x)$ 在点 x_0 处可导有时也说成 $f(x)$ 在点 x_0 处具有导数或导数存在.

注 ① 在导数定义式中,必有定点 x_0 处的函数值,其中 $f(x)$ 是 x_0 附近处 x 的函数值;② 导数定义的其他形式

$$f'(x_0)=\lim_{h\to 0}\frac{f(x_0+h)-f(x_0)}{h},f'(x_0)=\lim_{x\to x_0}\frac{f(x)-f(x_0)}{x-x_0}$$

特别地,$f'(0)=\lim\limits_{x\to 0}\dfrac{f(x)-f(0)}{x}$.

例 1 设 $f'(x_0)$ 存在,求下列各极限:

(1) $\lim\limits_{\Delta x\to 0}\dfrac{f(x_0+2\Delta x)-f(x_0)}{5\Delta x}$; (2) $\lim\limits_{h\to 0}\dfrac{f(x_0+3h)-f(x_0-2h)}{h}$.

解 (1) 根据导数的定义,得

$$\lim_{\Delta x\to 0}\frac{f(x_0+2\Delta x)-f(x_0)}{5\Delta x}=\lim_{\Delta x\to 0}\frac{f(x_0+2\Delta x)-f(x_0)}{2\Delta x}\cdot\frac{2\Delta x}{5\Delta x}=\frac{2}{5}f'(x_0)$$

(2) 根据导数的定义,得

$$\begin{aligned}&\lim_{h\to 0}\frac{f(x_0+3h)-f(x_0-2h)}{h}\\&=\lim_{h\to 0}\frac{[f(x_0+3h)-f(x_0)]-[f(x_0-2h)-f(x_0)]}{h}\\&=3\lim_{h\to 0}\frac{f(x_0+3h)-f(x_0)}{3h}+2\lim_{h\to 0}\frac{f(x_0-2h)-f(x_0)}{-2h}=5f'(x_0)\end{aligned}$$

例 2 设函数 $f(x)$ 在 $x=0$ 处可导,且 $f(0)=0$,则 $\lim\limits_{x\to 0}\dfrac{xf(\sin x)-3f(1-\cos x)}{x^2}$ 等于( ).

(A) $-2f'(0)$ (B) $-f'(0)$ (C) $f'(0)$ (D) $-\dfrac{1}{2}f'(0)$

解 应选(D). 根据题意,有

$$\begin{aligned}&\lim_{x\to 0}\frac{xf(\sin x)-3f(1-\cos x)}{x^2}\\&=\lim_{x\to 0}\left[\frac{f(\sin x)-f(0)}{x}-3\frac{f(1-\cos x)-f(0)}{x^2}\right]\\&=\lim_{x\to 0}\frac{f(\sin x)-f(0)}{\sin x}\cdot\frac{\sin x}{x}-3\lim_{x\to 0}\frac{f(1-\cos x)-f(0)}{1-\cos x}\cdot\frac{1-\cos x}{x^2}\\&=f'(0)-\frac{3}{2}f'(0)=-\frac{1}{2}f'(0)\end{aligned}$$

例 3 设 $f(x)=(\mathrm{e}^x-1)(\mathrm{e}^{2x}-2)\cdots(\mathrm{e}^{nx}-n)$,其中 n 为正整数,则 $f'(0)=$( ).

(A) $(-1)^n(n-1)!$ (B) $(-1)^{n-1}(n-1)!$

(C) $(-1)^{n-1}n!$ (D) $(-1)^n n!$

解 应选(B). 由导数定义,得

$$\begin{aligned}f'(0)&=\lim_{x\to 0}\frac{f(x)-f(0)}{x}=\lim_{x\to 0}\frac{(\mathrm{e}^x-1)(\mathrm{e}^{2x}-2)\cdots(\mathrm{e}^{nx}-n)}{x}\\&=\lim_{x\to 0}(\mathrm{e}^{2x}-2)\cdots(\mathrm{e}^{nx}-n)=(-1)(-2)\cdots(1-n)\end{aligned}$$

$$=(-1)^{n-1}(n-1)!$$

例 4 设 $f(x+1)=af(x)$，$f'(0)=b$，这里 $ab\neq 0$，试求 $f'(1)$.

解 $$f'(1)=\lim_{x\to 0}\frac{f(x+1)-f(1)}{x}=\lim_{x\to 0}\frac{af(x)-af(0)}{x}$$

$$=a\lim_{x\to 0}\frac{f(x)-f(0)}{x}=af'(0)=ab.$$

二、单侧导数

如果极限 $\lim\limits_{\Delta x\to 0^-}\dfrac{f(x_0+\Delta x)-f(x_0)}{\Delta x}$ 与 $\lim\limits_{\Delta x\to 0^+}\dfrac{f(x_0+\Delta x)-f(x_0)}{\Delta x}$ 存在，那么分别称其为函数 $f(x)$ 在点 x_0 处的左导数和右导数，分别记为 $f'_-(x_0)$ 及 $f'_+(x_0)$，即

$$f'_-(x_0)=\lim_{\Delta x\to 0^-}\frac{f(x_0+\Delta x)-f(x_0)}{\Delta x}$$

$$f'_+(x_0)=\lim_{\Delta x\to 0^+}\frac{f(x_0+\Delta x)-f(x_0)}{\Delta x}$$

左导数和右导数统称为单侧导数.

定理 1 函数 $f(x)$ 在点 x_0 处可导的充分必要条件是左、右导数存在，且 $f'_-(x_0)=f'_+(x_0)$.

例 5 已知 $f(x)=\begin{cases}\sin x, x\leqslant 0\\ \ln(1+2x), x>0\end{cases}$，判断 $f(x)$ 在 $x=0$ 处是否可导.

解 $$f'_+(0)=\lim_{x\to 0^+}\frac{f(x)-f(0)}{x-0}=\lim_{x\to 0^+}\frac{\ln(1+2x)}{x}=2$$

$$f'_-(0)=\lim_{x\to 0^-}\frac{f(x)-f(0)}{x-0}=\lim_{x\to 0^-}\frac{\sin x}{x}=1$$

即 $f'_+(0)\neq f'_-(0)$，因此 $f(x)$ 在 $x=0$ 处不可导.

例 6 设函数 $g(x)$ 在 $x=a$ 处连续，讨论函数 $f(x)=|x-a|g(x)$ 在 $x=a$ 处的可导性.

解 由于

$$f'_+(a)=\lim_{x\to a^+}\frac{f(x)-f(a)}{x-a}=\lim_{x\to a^+}\frac{|x-a|g(x)}{x-a}=g(a)$$

$$f'_-(a)=\lim_{x\to a^-}\frac{f(x)-f(a)}{x-a}=\lim_{x\to a^-}\frac{|x-a|}{x-a}g(x)=-g(a)$$

那么 $f(x)$ 在 $x=a$ 处可导的充分必要条件是 $f'_+(a)=f'_-(a)$，即 $g(a)=-g(a)$，也就是 $g(a)=0$.

例 7 函数 $f(x)=(x^2-x-2)|x^3-x|$ 不可导的点有(　　)个.

(A)1　　(B)2　　(C)3　　(D)4

解 应选(B). 由于

$$f(x)=(x^2-x-2)|x^3-x|=(x-2)(x+1)|x||x-1||x+1|$$

因此，由上例结论可知，$f(x)$ 在 $x=0$，$x=1$ 处不可导，而在 $x=-1$ 处可导.

例 8 设 $f(x)$ 在点 $x=a$ 处可导，则 $|f(x)|$ 在 $x=a$ 处不可导的充分条件是(　　).

(A) $f(a)=0$ 且 $f'(a)=0$　　(B) $f(a)=0$ 且 $f'(a)\neq 0$

(C)$f(a) \neq 0$ 且 $f'(a)=0$ (D)$f(a) \neq 0$ 且 $f'(a) \neq 0$

解法1 应选(B).(排除法)对于选项(A),取 $f(x)=(x-a)^2$,显然 $f(a)=0$,$f'(a)=0$.但 $|f(x)|=(x-a)^2$ 在 $x=a$ 处可导.

对于选项(C),取 $f(x)=1$,那么 $f(a)=1\neq 0$,$f'(a)=0$,但是 $|f(x)|=1$ 在 $x=a$ 处可导.事实上,若 $f(a)\neq 0$,不妨设 $f(a)>0$,又 $f(x)$ 在点 $x=a$ 处可导,那么 $\lim\limits_{x\to a} f(x)=f(a)>0$,进而 $f(x)=|f(x)|$,因此 $f(x)$ 与 $|f(x)|$ 在点 $x=a$ 处有相同的可导性.

对于选项(D),取 $f(x)=x-a+1$,显然 $f(a)=1\neq 0$,且 $f'(a)=1\neq 0$,但是 $|f(x)|=|x-a+1|$ 在 $x=a$ 处可导.

解法2 应选(B).(推演法)对于选项(B),不妨设 $f'(a)>0$,且

$$f'(a)=\lim_{x\to a}\frac{f(x)-f(a)}{x-a}=\lim_{x\to a}\frac{f(x)}{x-a}$$

根据极限的保号性,存在正数 δ,使当 $x\in U^{\circ}(a,\delta)$ 时,有 $\dfrac{f(x)}{x-a}>0$.从而

$$\lim_{x\to a^+}\frac{|f(x)|-|f(a)|}{x-a}=\lim_{x\to a^+}\frac{f(x)-f(a)}{x-a}=f'(a)$$

$$\lim_{x\to a^-}\frac{|f(x)|-|f(a)|}{x-a}=-\lim_{x\to a^-}\frac{f(x)-f(a)}{x-a}=-f'(a)$$

因此,$|f(x)|$ 在 $x=a$ 处不可导.

例9 已知函数 $f(x)=\begin{cases}x, & x\leqslant 0\\ \dfrac{1}{n}, & \dfrac{1}{n+1}<x\leqslant\dfrac{1}{n}\end{cases}$,$n=1,2,\cdots$,则( )

(A)$x=0$ 是 $f(x)$ 的第一类间断点 (B)$x=0$ 是 $f(x)$ 的第二类间断点

(C)$f(x)$ 在 $x=0$ 处连续但不可导 (D)$f(x)$ 在 $x=0$ 处可导

解 应选(D).对任意的 $x\in\left(0,\dfrac{1}{2}\right]$,存在正整数 n,使得 $x\in\left(\dfrac{1}{n+1},\dfrac{1}{n}\right]$,故 $f'_+(0)=\lim\limits_{x\to 0^+}\dfrac{f(x)-f(0)}{x}=\lim\limits_{x\to 0^+}\dfrac{1/n}{x}=\lim\limits_{x\to 0^+}\dfrac{1}{xn}$,注意此时 $\dfrac{1}{n+1}<x\leqslant\dfrac{1}{n}$,所以 $n\leqslant\dfrac{1}{x}<n+1$,故 $n\cdot\dfrac{1}{n}\leqslant\dfrac{1}{x}\cdot\dfrac{1}{n}<(n+1)\cdot\dfrac{1}{n}$,即 $1\leqslant\dfrac{1}{xn}<\dfrac{n+1}{n}$.又因 $x\to 0^+$ 时 $n\to+\infty$,再由迫敛性知,$\lim\limits_{x\to 0^+}\dfrac{1}{xn}=1$,所以 $f'_+(0)=1$.

显然 $f'_-(0)=1$,所以 $f(x)$ 在 $x=0$ 处可导.

注 实际上 $\left(0,\dfrac{1}{2}\right]=\left(\dfrac{1}{3},\dfrac{1}{2}\right]\cup\left(\dfrac{1}{4},\dfrac{1}{3}\right]\cup\left(\dfrac{1}{5},\dfrac{1}{4}\right]\cup\cdots\cup\left(\dfrac{1}{n+1},\dfrac{1}{n}\right]\cup\cdots=\bigcup\limits_{n=2}^{+\infty}\left(\dfrac{1}{n+1},\dfrac{1}{n}\right]$.

三、区间可导与导函数

如果函数 $f(x)$ 在开区间 (a,b) 内每一点可导,那么称函数 $f(x)$ 在开区间 (a,b) 内可导.

如果函数 $f(x)$ 在开区间 (a,b) 内可导，且 $f'_{+}(a)$ 及 $f'_{-}(b)$ 都存在，那么称 $f(x)$ 在闭区间 $[a,b]$ 上可导.

如果函数 $f(x)$ 在区间内可导，那么对于区间内任一 x，对应 $f(x)$ 的一个确定的导数值，这样定义了区间上的一个“新”函数，把这个新函数称为原来函数 $f(x)$ 的导函数，记作 $f'(x)$ 或 y'.

注 ① 可导偶函数的导函数为奇函数；② 可导奇函数的导函数为偶函数；③ 可导周期函数的导函数为周期函数.

四、导数的几何意义

函数 $f(x)$ 在 $x=x_0$ 处的导数 $f'(x_0)$ 的几何意义是曲线 $y=f(x)$ 在点 $(x_0,f(x_0))$ 处切线的斜率.

曲线 $y=f(x)$ 在点 $M(x_0,f(x_0))$ 处的切线方程：$y-y_0=f'(x_0)(x-x_0)$.

曲线 $y=f(x)$ 在点 $M(x_0,f(x_0))$ 处的法线方程：$y-y_0=-\dfrac{1}{f'(x_0)}(x-x_0)$.

例 10 设曲线 $y=x^n$ 在点 $(1,1)$ 处的切线与 x 轴相交于点 $(x_n,0)$，那么 $\lim\limits_{n\to\infty} n\ln x_n=$ ________.

解 应填 -1. 根据导数的几何意义，曲线 $y=x^n$ 在点 $(1,1)$ 处的切线方程为 $y-1=n(x-1)$，令 $y=0$，解得 $x_n=1-\dfrac{1}{n}$，进而 $\lim\limits_{n\to\infty} n\ln x_n=-1$.

例 11 已知 $f(x)$ 连续，且 $\lim\limits_{x\to1}\dfrac{f(x)-2}{x-1}=-1$，求曲线 $y=f(x)$ 上对应点 $x=1$ 处的切线方程.

解 由 $\lim\limits_{x\to1}\dfrac{f(x)-2}{x-1}=-1$ 得 $\lim\limits_{x\to1}[f(x)-2]=0$，即 $\lim\limits_{x\to1}f(x)=2$. 又 $f(x)$ 连续，从而 $f(1)=2$，进而 $f'(1)=\lim\limits_{x\to1}\dfrac{f(x)-f(1)}{x-1}=\lim\limits_{x\to1}\dfrac{f(x)-2}{x-1}=-1$. 因此，曲线 $y=f(x)$ 上对应点 $x=1$ 处的切线方程为 $y-2=-(x-1)$ 或 $x+y=3$.

五、函数可导性与连续性的关系

定理 2 设函数 $f(x)$ 在 x 处可导，则 $f(x)$ 在 x 处连续.

推论 如果函数 $f(x)$ 在 x 处左、右导数存在，那么 $f(x)$ 在 x 处连续.

例 12 设 $f(x)=\begin{cases}x^{\alpha}\sin\dfrac{1}{x},x>0\\0,x\leqslant0\end{cases}$ 在 $x=0$ 处可导，试确定 α 的取值范围.

解 $\lim\limits_{x\to0^+}\dfrac{f(x)-f(0)}{x-0}=\lim\limits_{x\to0^+}\dfrac{x^{\alpha}\sin\dfrac{1}{x}}{x}=\lim\limits_{x\to0^+}x^{\alpha-1}\sin\dfrac{1}{x}$，$\lim\limits_{x\to0^-}\dfrac{f(x)-f(0)}{x-0}=0$，因此，函数 $f(x)$ 在 $x=0$ 处可导的充分必要条件是 $\lim\limits_{x\to0^+}x^{\alpha-1}\sin\dfrac{1}{x}=0$，即 $\alpha-1>0$，也就是 $\alpha>1$，此时 $f'(0)=0$.

例 13 设函数 $f(x)=\begin{cases}ax^2+b,x\leqslant1\\\ln x,x>1\end{cases}$ 在 $x=1$ 处可导，试求 a,b.

解 要使得 $f(x)$ 在其定义域内可导，那么 $f(1+0)=f(1-0)=f(1)$，即

$$\lim_{x\to1^-}f(x)=\lim_{x\to1^-}(ax^2+b)=a+b=f(1)=0$$

且 $f'_-(1)=f'_+(1)$，即 $\lim\limits_{x\to1^-}\dfrac{f(x)-f(1)}{x-1}=\lim\limits_{x\to1^+}\dfrac{f(x)-f(1)}{x-1}$，也就是

$$\lim_{x\to1^-}\frac{ax^2+b}{x-1}=\lim_{x\to1^+}\frac{\ln x}{x-1}$$

或

$$\lim_{x\to1^-}\frac{(ax^2+b)-(a+b)}{x-1}=\lim_{x\to1^+}\frac{\ln[1+(x-1)]}{x-1}$$

因此 $2a=1$，于是 $a=\dfrac{1}{2}$，进而 $b=-\dfrac{1}{2}$.

第2节　导数的运算法则

一、基本初等函数的导数公式

$(C)'=0$；　　$(x^\mu)'=\mu x^{\mu-1}$；

$(\sin x)'=\cos x$；　　$(\cos x)'=-\sin x$；

$(\tan x)'=\sec^2x$；　　$(\cot x)'=-\csc^2x$；

$(\sec x)'=\sec x\tan x$；　　$(\csc x)'=-\csc x\cot x$；

$(a^x)'=a^x\ln a$；　　$(\mathrm{e}^x)'=\mathrm{e}^x$；

$(\log_a x)'=\dfrac{1}{x\ln a}$；　　$(\ln x)'=\dfrac{1}{x}$；

$(\arcsin x)'=\dfrac{1}{\sqrt{1-x^2}}$；　　$(\arccos x)'=-\dfrac{1}{\sqrt{1-x^2}}$；

$(\arctan x)'=\dfrac{1}{1+x^2}$；　　$(\operatorname{arccot} x)'=-\dfrac{1}{1+x^2}$

$(\ln(x+\sqrt{x^2+1}))'=\dfrac{1}{\sqrt{x^2+1}}$；　　$(\ln(x+\sqrt{x^2-1}))'=\dfrac{1}{\sqrt{x^2-1}}$.

二、函数的和、差、积、商的求导法则

$(u\pm v)'=u'\pm v'$；　　$(cu)'=cu'$；

$(u\cdot v)'=u'v+uv'$；　　$\left(\dfrac{u}{v}\right)'=\dfrac{u'v-uv'}{v^2}(v\neq0)$.

例1 设 $y=\dfrac{\sqrt{1+x}-\sqrt{1-x}}{\sqrt{1+x}+\sqrt{1-x}}$，试求 y' 及 $y'(0)$.

解 根据导数的四则运算及基本函数的导数公式，得

$$y'=\left(\frac{\sqrt{1+x}-\sqrt{1-x}}{\sqrt{1+x}+\sqrt{1-x}}\right)'=\left(\frac{x}{1+\sqrt{1-x^2}}\right)'=\frac{1}{\sqrt{1-x^2}(1+\sqrt{1-x^2})}$$

且 $y'(0)=\dfrac{1}{2}$.

例 2　设 $y=x\arcsin\frac{x}{2}+\sqrt{4-x^2}+\ln 2$，试求 y'.

解　根据导数的四则运算及基本函数的导数公式，得

$$y'=(x\arcsin\frac{x}{2}+\sqrt{4-x^2}+\ln 2)'$$

$$=\arcsin\frac{x}{2}+x\cdot\frac{1}{\sqrt{1-\frac{x^2}{4}}}\cdot\frac{1}{2}+\frac{-x}{\sqrt{4-x^2}}=\arcsin\frac{x}{2}$$

三、反函数的求导法则

如果函数 $x=\varphi(y)$ 在某区间内单调、可导且 $\varphi'(y)\neq 0$，那么它的反函数 $y=f(x)$ 在对应区间内可导，且 $f'(x)=\frac{1}{\varphi'(y)}$.

例 3　设 $y=f(x)$ 的反函数为 $x=g(y)$，且 $f(1)=2$，$f'(1)=-\frac{\sqrt{3}}{3}$，试求 $g'(2)$.

解　根据反函数与直接函数导数的关系 $g'(y)=\frac{1}{f'(x)}$，可得

$$g'(2)=\frac{1}{f'(1)}=-\sqrt{3}$$

四、复合函数的求导法则

如果 $u=g(x)$ 在点 x 可导，且 $y=f(u)$ 在点 $u=g(x)$ 可导，那么复合函数 $y=f[g(x)]$ 在点 x 可导，且其导数为 $\frac{\mathrm{d}y}{\mathrm{d}x}=\frac{\mathrm{d}y}{\mathrm{d}u}\cdot\frac{\mathrm{d}u}{\mathrm{d}x}$.

例 4　求下列函数的导数：

(1) $y=\arcsin\sqrt{\frac{x}{1+x}}$；　(2) $y=\frac{x}{2}\sqrt{x^2+4}-2\ln(x+\sqrt{x^2+4})$；

(3) $y=\ln\left[\sin\left(\frac{\tan x+1}{\tan x-1}\right)\right]$；　(4) $y=\sin[\ln(\mathrm{e}^x+\sqrt{1+\mathrm{e}^{2x}})]$.

解　由复合函数的求导法则及基本函数的求导公式，可得：

$$(1)\ y'=\frac{1}{\sqrt{1-\left(\sqrt{\frac{x}{1+x}}\right)^2}}\left(\sqrt{\frac{x}{1+x}}\right)'$$

$$=\frac{1}{\sqrt{1-\left(\sqrt{\frac{x}{1+x}}\right)^2}}\left[\frac{1}{2\sqrt{\frac{x}{1+x}}}\right]\cdot\left(\frac{x}{1+x}\right)'$$

$$=\frac{1}{\sqrt{1-\left(\sqrt{\frac{x}{1+x}}\right)^2}}\left[\frac{1}{2\sqrt{\frac{x}{1+x}}}\right]\cdot\frac{(1+x)-x}{(1+x)^2}$$

$$=\frac{1}{2\sqrt{x}(1+x)};$$

(2) $y'=\left[\frac{x}{2}\sqrt{x^2+4}-2\ln(x+\sqrt{x^2+4})\right]'$

$$=\frac{1}{2}\sqrt{x^2+4}+\frac{x}{2}\cdot\frac{x}{\sqrt{x^2+4}}-2\cdot\frac{1}{x+\sqrt{x^2+4}}\left(1+\frac{x}{\sqrt{x^2+4}}\right)$$

$$=\frac{x^2}{\sqrt{x^2+4}};$$

(3) $y'=\dfrac{\cos\left(\frac{\tan x+1}{\tan x-1}\right)}{\sin\left(\frac{\tan x+1}{\tan x-1}\right)}\cdot\left(\frac{\tan x+1}{\tan x-1}\right)'$

$$=\cot\left(\frac{\tan x+1}{\tan x-1}\right)\cdot\frac{\sec^2 x\cdot(\tan x-1)-(\tan x+1)\sec^2 x}{(\tan x-1)^2}$$

$$=\cot\left(\frac{\tan x+1}{\tan x-1}\right)\cdot\frac{-2\sec^2 x}{(\tan x-1)^2};$$

(4) $y'=\cos[\ln(\mathrm{e}^x+\sqrt{1+\mathrm{e}^{2x}})]\cdot[\ln(\mathrm{e}^x+\sqrt{1+\mathrm{e}^{2x}})]'$

$$=\cos[\ln(\mathrm{e}^x+\sqrt{1+\mathrm{e}^{2x}})]\cdot\frac{1}{\mathrm{e}^x+\sqrt{1+\mathrm{e}^{2x}}}(\mathrm{e}^x+\sqrt{1+\mathrm{e}^{2x}})'$$

$$=\cos[\ln(\mathrm{e}^x+\sqrt{1+\mathrm{e}^{2x}})]\cdot\frac{1}{\mathrm{e}^x+\sqrt{1+\mathrm{e}^{2x}}}\left(\mathrm{e}^x+\frac{\mathrm{e}^{2x}}{\sqrt{1+\mathrm{e}^{2x}}}\right)$$

$$=\frac{\mathrm{e}^x}{\sqrt{1+\mathrm{e}^{2x}}}\cos[\ln(\mathrm{e}^x+\sqrt{1+\mathrm{e}^{2x}})].$$

例 5 设 $y=f\left(\frac{3x+1}{2x-1}\right)$，$f'(x)=\arctan(x^2-17)$，试求 $y'(1)$.

解 根据复合函数求导法，可得

$$y'=f'\left(\frac{3x+1}{2x-1}\right)\cdot\frac{3(2x-1)-(3x+1)2}{(2x-1)^2}=f'\left(\frac{3x+1}{2x-1}\right)\cdot\frac{-5}{(2x-1)^2}$$

进而 $y'(1)=-5f'(4)=\frac{5\pi}{4}$.

第 3 节　取对数法及含参变量函数的求导

一、取对数法求导

当函数的表达式中含有连乘的形式或为 $y=u(x)^{v(x)}$ 型的函数时，可以考虑先取对数再求导.

例 1 求函数 $y=\sqrt{x\sin x\sqrt{1-\mathrm{e}^x}}$ 的导数.

解 两边同时取对数，得

$$\ln y=\frac{1}{2}\left[\ln x+\ln\sin x+\frac{1}{2}\ln(1-\mathrm{e}^x)\right]$$

两边同时对 x 求导，得

$$\frac{1}{y}y'=\frac{1}{2}\left[\frac{1}{x}+\frac{\cos x}{\sin x}-\frac{e^x}{2(1-e^x)}\right]$$

因此

$$y'=\frac{1}{2}\sqrt{x\sin x\sqrt{1-e^x}}\left[\frac{1}{x}+\cot x-\frac{e^x}{2(1-e^x)}\right]$$

例 2 求函数 $y=(\tan x)^{\ln(1+x^2)}$ 的导数.

解 两边同时取对数,得

$$\ln y=\ln(1+x^2)\ln\tan x$$

两边同时对 x 求导,得

$$\frac{1}{y}y'=[\ln(1+x^2)\ln\tan x]'=\frac{2x}{1+x^2}\ln\tan x+\ln(1+x^2)\cdot\cot x\cdot\sec^2 x$$

于是

$$y'=(\tan x)^{\ln(1+x^2)}\left[\frac{2x}{1+x^2}\ln\tan x+\ln(1+x^2)\cdot\cot x\cdot\sec^2 x\right]$$

二、由参数方程所确定的函数的导数

设函数 $y=y(x)$ 由参数方程 $\begin{cases}x=\varphi(t)\\y=\psi(t)\end{cases}$ 确定,其中 $\varphi'(t),\psi'(t)$ 存在,且 $\varphi'(t)\neq 0$,则 $\frac{dy}{dx}=\frac{y'(t)}{x'(t)}=\frac{\psi'(t)}{\varphi'(t)}$.

例 3 求参数方程 $\begin{cases}x=3\sin t-4\cos t\\y=4\sin t+3\cos t\end{cases}$ 在 $t=\frac{\pi}{2}$ 处的切线方程与法线方程.

解 因为

$$\frac{dy}{dx}=\frac{y'(t)}{x'(t)}=\frac{4\cos t-3\sin t}{3\cos t+4\sin t}$$

所以,所求切线的斜率

$$k=\left.\frac{4\cos t-3\sin t}{3\cos t+4\sin t}\right|_{t=\frac{\pi}{2}}=-\frac{3}{4}$$

因此所求点(3,4) 的切线方程为

$$y-4=-\frac{3}{4}(x-3)\text{ 或 }3x+4y=25$$

法线方程为

$$y-4=\frac{4}{3}(x-3)\text{ 或 }4x-3y=0$$

三、参量方程求导的简单应用 —— 相关变化率

设 $x=x(t)$ 及 $y=y(t)$ 都是可导函数,而变量 x 与 y 之间存在某种关系,从而变化率 $\frac{dx}{dt}$ 与 $\frac{dy}{dt}$ 之间也存在一定关系. 这两个相互依赖的变化率称为相关变化率.

例 4 已知一个长方形的长 l 以 2 cm/s 的速率增加,宽 w 以 3 cm/s 的速率增加,则当 $l=12$ cm,$w=5$ cm 时,求它的对角线增加的速率.

解 设 $l=x(t)$,$w=y(t)$. 由题意知,在 $t=t_0$ 时刻,$x(t_0)=12$,$y(t_0)=5$,且 $x'(t_0)=$

$2, y'(t_0)=3$,对角线 $s(t)=\sqrt{x^2(t)+y^2(t)}$,则

$$s'(t)=\frac{x(t)x'(t)+y(t)y'(t)}{\sqrt{x^2(t)+y^2(t)}}$$

所以

$$s'(t_0)=\frac{x(t_0)x'(t_0)+y(t_0)y'(t_0)}{\sqrt{x^2(t_0)+y^2(t_0)}}=\frac{12\times2+5\times3}{\sqrt{12^2+5^2}}=3$$

第4节　高阶导数

一、高阶导数的概念

一般地,函数 $y=f(x)$ 的导数 $y'=f'(x)$ 仍然是 x 的函数,称 $y'=f'(x)$ 的导数为 $y=f(x)$ 的二阶导数,记作 y'' 或 $\frac{\mathrm{d}^2y}{\mathrm{d}x^2}$,即 $y''=(y')'$ 或 $\frac{\mathrm{d}}{\mathrm{d}x}\left(\frac{\mathrm{d}y}{\mathrm{d}x}\right)$.

类似地,把二阶导数的导数称为三阶导数,三阶导数的导数称为四阶导数,一般地,$(n-1)$ 阶导数的导数称为 n 阶导数,分别记作 y''', $y^{(4)}$, $\cdots$, $y^{(n)}$ 或 $\frac{\mathrm{d}^3y}{\mathrm{d}x^3}$, $\frac{\mathrm{d}^4y}{\mathrm{d}x^4}$, $\cdots$, $\frac{\mathrm{d}^ny}{\mathrm{d}x^n}$. 二阶以及二阶以上的导数统称为高阶导数.

注　如果 $f(x)$ 在点 x 处具有 n 阶导数,那么 $f(x)$ 在点 x 的某个邻域内具有 $(n-1)$ 阶导数.

二、高阶导数的计算

根据高阶导数的概念求高阶导数的方法就是多次接连地求导.

1. 显函数的高阶导数

例1　求下列函数的二阶导数.

(1) $y=\ln(1+x^2)$;　　(2) $y=\arccos x$.

解　(1) $y'=\frac{2x}{1+x^2}$, $y''=\left(\frac{2x}{1+x^2}\right)'=\frac{2(1+x^2)-2x\cdot2x}{(1+x^2)^2}=\frac{2(1-x^2)}{(1+x^2)^2}$;

(2) $y'=-\frac{1}{\sqrt{1-x^2}}$, $y''=\frac{\frac{-x}{\sqrt{1-x^2}}}{(\sqrt{1-x^2})^2}=-\frac{x}{(1-x^2)^{\frac{3}{2}}}$.

例2　求 $y=\frac{1}{1+2x}$ 的 n 阶导数.

解　由已知条件 $y=\frac{1}{2}\left(\frac{1}{2}+x\right)^{-1}$,根据导数运算法则,有

$$y'=\frac{1}{2}(-1)\left(\frac{1}{2}+x\right)^{-2}$$

$$y''=\frac{1}{2}(-1)(-2)\left(\frac{1}{2}+x\right)^{-3}$$

$$y'''=\frac{1}{2}(-1)(-2)(-3)\left(\frac{1}{2}+x\right)^{-4}$$

一般地，可得

$$y^{(n)}=\frac{1}{2}(-1)(-2)(-3)\cdots(-n)\left(\frac{1}{2}+x\right)^{-n-1}=\frac{(-1)^n 2^n n!}{(1+2x)^{n+1}}$$

例 3 求 $y=e^x\sin x$ 的二阶导数及 n 阶导数.

解

$$y'=e^x\sin x+e^x\cos x=\sqrt{2}e^x\sin\left(x+\frac{\pi}{4}\right)$$

$$y''=\sqrt{2}\left[e^x\sin\left(x+\frac{\pi}{4}\right)+e^x\cos\left(x+\frac{\pi}{4}\right)\right]=(\sqrt{2})^2e^x\sin\left(x+\frac{2\pi}{4}\right)$$

$$y'''=(\sqrt{2})^2\left[e^x\sin\left(x+\frac{2\pi}{4}\right)+e^x\cos\left(x+\frac{2\pi}{4}\right)\right]=(\sqrt{2})^3e^x\sin\left(x+\frac{3\pi}{4}\right)$$

一般地，可得 $y^{(n)}=(\sqrt{2})^n e^x\sin\left(x+\frac{n\pi}{4}\right)$.

2. 常见函数的高阶导数公式

(1) $[(ax+b)^\alpha]^{(n)}=\alpha(\alpha-1)\cdots(\alpha-(n-1))(ax+b)^{\alpha-n}\cdot a^n$；

(2) $[\sin(ax+b)]^{(n)}=a^n\sin\left(ax+b+\frac{n\pi}{2}\right)$；

(3) $[\cos(ax+b)]^{(n)}=a^n\cos\left(ax+b+\frac{n\pi}{2}\right)$；

(4) $[e^{ax+b}]^{(n)}=a^n e^{ax+b}$；

(5) $[\ln(ax+b)]^{(n)}=(-1)^{n-1}\frac{(n-1)!}{(ax+b)^n}\cdot a^n$；

(6) $\left(\frac{1}{ax+b}\right)^{(n)}=\frac{(-1)^n n!\cdot a^n}{(ax+b)^{n+1}}$；

(7) $[u\pm v]^{(n)}=u^{(n)}\pm v^{(n)}$；

(8) $(uv)^{(n)}=\sum\limits_{k=0}^{n}C_n^k u^{(n-k)}v^{(k)}$，此公式称为莱布尼茨公式，这里 $u^{(0)}=u, v^{(0)}=v$.

例 4 设 $y=\ln(3+5x)$，则 $y^{(n)}(0)=$________.

解 由于 $[\ln(ax+b)]^{(n)}=(-1)^{n-1}\frac{(n-1)!}{(ax+b)^n}\cdot a^n$，所以

$$y^{(n)}(0)=\left[(-1)^{n-1}\frac{(n-1)!}{(5x+3)^n}\cdot 5^n\right]\Bigg|_{x=0}=\frac{(-1)^{n-1}5^n(n-1)!}{3^n}$$

例 5 设 $y=\frac{4x^2-1}{x^2-1}$，求 $y^{(n)}$.

解 因为

$$y=\frac{4x^2-1}{x^2-1}=\frac{4(x^2-1)+3}{x^2-1}=4+\frac{3}{(x+1)(x-1)}$$

$$=4+\frac{3}{2}\left(\frac{1}{x-1}-\frac{1}{x+1}\right)$$

所以

$$y^{(n)}=\frac{3}{2}\left(\frac{1}{x-1}\right)^{(n)}-\frac{3}{2}\left(\frac{1}{x+1}\right)^{(n)}=\frac{3}{2}(-1)^{(n)}\left[\frac{n!}{(x-1)^{n+1}}-\frac{n!}{(x+1)^{n+1}}\right]$$

例 6 设 $f(x)=x^2e^{3x+2}$，求 $f^{(n)}(x)$.

解 由莱布尼茨公式,得

$$f^{(n)}(x)=(x^2e^{3x+2})^{(n)}=\sum_{k=0}^{n}C_n^k(x^2)^{(k)}(e^{3x+2})^{(n-k)}$$
$$=3^nx^2e^{3x+2}+2\cdot 3^{n-1}nxe^{3x+2}+n(n-1)3^{n-2}e^{3x+2}$$
$$=[9x^2+6nx+n(n-1)]3^{n-2}e^{3x+2}$$

3. 由参数方程所确定的函数的高阶导数

例 7 设参数方程$\begin{cases}x=(t^2+1)e^t\\ y=t^2e^{2t}\end{cases}$确定了 y 是 x 的函数,试求$\left.\dfrac{d^2y}{dx^2}\right|_{t=0}$.

解 由已知条件,得

$$\frac{dy}{dx}=\frac{y'(t)}{x'(t)}=\frac{2t(t+1)e^{2t}}{(t+1)^2e^t}=\frac{2te^t}{t+1}$$
$$\frac{d^2y}{dx^2}=\frac{d}{dt}\left(\frac{dy}{dx}\right)\cdot\frac{dt}{dx}=\frac{2(t^2+t+1)}{(t+1)^4}$$

因此,$\left.\dfrac{d^2y}{dx^2}\right|_{t=0}=2$.

例 8 设由方程组$\begin{cases}x=2t-1\\ te^y+y+1=0\end{cases}$确定了 y 是 x 的函数,则$\left.\dfrac{d^2y}{dx^2}\right|_{t=0}=$( ).

(A) $\dfrac{1}{e^2}$ (B) $\dfrac{1}{2e^2}$ (C) $-\dfrac{1}{e}$ (D) $-\dfrac{1}{2e}$

解 应选(B). 对方程 $te^y+y+1=0$ 两边同时关于 t 求导,得

$$e^y+te^y\cdot\frac{dy}{dt}+\frac{dy}{dt}=0$$

解得$\dfrac{dy}{dt}=-\dfrac{e^y}{te^y+1}$,$\left.\dfrac{dy}{dt}\right|_{t=0}=-\left.\dfrac{e^y}{te^y+1}\right|_{t=0}=-e^{-1}$. 又由 $x=2t-1$ 得$\dfrac{dx}{dt}=2$,于是

$$\frac{dy}{dx}=\frac{y'_t}{x'_t}=-\frac{e^y}{2(te^y+1)}$$

$$\frac{d^2y}{dx^2}=\frac{d}{dx}\left(\frac{dy}{dx}\right)=\frac{d}{dt}\left(-\frac{e^y}{2(te^y+1)}\right)\cdot\frac{dt}{dx}=-\frac{e^yy'_t(te^y+1)-e^y(e^y+te^yy'_t)}{2(te^y+1)^2}\cdot\frac{dt}{dx}$$

因此,$\left.\dfrac{d^2y}{dx^2}\right|_{t=0}=\dfrac{1}{2e^2}$.

第 5 节 函数的微分

一、微分的概念

定义 设函数 $y=f(x)$ 在某区间内有定义,点 x_0 及 $x_0+\Delta x$ 在这区间内,如果函数的增量 $\Delta y=f(x_0+\Delta x)-f(x_0)$ 可表示为 $\Delta y=A\Delta x+o(\Delta x)$,其中 A 为不依赖于 Δx 的常数,那么称函数 $y=f(x)$ 在点 x_0 是可微的,而 $A\Delta x$ 叫作函数 $y=f(x)$ 在点 x_0 相应于自变量增量 Δx 的微分,记作 dy,即 $dy=A\Delta x$.

注 通常把自变量 x 的增量 Δx 称为自变量的微分,则 $dy=A\Delta x=Adx$,当 $A\neq 0$ 时,也称微分 dy 是增量 Δy 的线性主部.

定理 1 函数 $f(x)$ 在点 x_0 可微的充分必要条件是函数 $f(x)$ 在点 x_0 可导，且当 $f(x)$ 在点 x_0 可微时，$\mathrm{d}y=f'(x_0)\mathrm{d}x$.

二、微分的几何意义

函数 $f(x)$ 在点 x_0 的微分 $f'(x_0)\mathrm{d}x$ 等于曲线 $y=f(x)$ 在点$(x_0,f(x_0))$处切线纵坐标的增量.

例 1 设 $f(x)$ 可导且 $f'(x_0)=2$，则 $\Delta x\to 0$ 时，$f(x)$ 在 x_0 点处的微分 $\mathrm{d}y$ 是(　　).

(A) 与 Δx 等价的无穷小　　(B) 与 Δx 同阶非等价的无穷小

(C) 比 Δx 低阶的无穷小　　(D) 比 Δx 高阶的无穷小

解 应选(B). 根据题意得 $\mathrm{d}y=f'(x_0)\mathrm{d}x=f'(x_0)\Delta x=2\Delta x$，进而 $\lim\limits_{\Delta x\to 0}\dfrac{\mathrm{d}y}{\Delta x}=2$，故 $\mathrm{d}y$ 与 Δx 是同阶非等价的无穷小.

例 2 设 $y=f(x)$ 二阶可导，$f'(x)>0$，$f''(x)>0$，并设 $\Delta y=f(x_0+\Delta x)-f(x_0)$，$\mathrm{d}y=f'(x)\mathrm{d}x=f'(x)\Delta x$，$\Delta x>0$，则(　　).

(A) $\Delta y<\mathrm{d}y<0$　　(B) $\mathrm{d}y<\Delta y<0$　　(C) $\Delta y>\mathrm{d}y>0$　　(D) $\mathrm{d}y>\Delta y>0$

解 应选(C). 取 $y=f(x)=x^2$，显然 $y'|_{x=1}=2>0$，$y''|_{x=1}=2>0$，即满足题设条件，且

$$\begin{aligned}\Delta y&=f(1+\Delta x)-f(1)=(1+\Delta x)^2-(1)^2\\&=2\Delta x+(\Delta x)^2>2\Delta x=\mathrm{d}y|_{x=1}>0\end{aligned}$$

三、初等函数的微分公式与微分运算法则

1. 基本微分公式

$\mathrm{d}C=0$；　　$\mathrm{d}(x^\mu)=\mu x^{\mu-1}\mathrm{d}x$；

$\mathrm{d}(\sin x)=\cos x\mathrm{d}x$；　　$\mathrm{d}(\cos x)=-\sin x\mathrm{d}x$；

$\mathrm{d}(\tan x)=\sec^2 x\mathrm{d}x$；　　$\mathrm{d}(\cot x)=-\csc^2 x\mathrm{d}x$；

$\mathrm{d}(\sec x)=\sec x\tan x\mathrm{d}x$；　　$\mathrm{d}(\csc x)=-\csc x\cot x\mathrm{d}x$；

$\mathrm{d}(a^x)=a^x\ln a\mathrm{d}x$；　　$\mathrm{d}(\mathrm{e}^x)=\mathrm{e}^x\mathrm{d}x$；

$\mathrm{d}(\log_a x)=\dfrac{1}{x\ln a}\mathrm{d}x$；　　$\mathrm{d}(\ln x)=\dfrac{1}{x}\mathrm{d}x$；

$\mathrm{d}(\arcsin x)=\dfrac{1}{\sqrt{1-x^2}}\mathrm{d}x$；　　$\mathrm{d}(\arccos x)=-\dfrac{1}{\sqrt{1-x^2}}\mathrm{d}x$；

$\mathrm{d}(\arctan x)=\dfrac{1}{1+x^2}\mathrm{d}x$；　　$\mathrm{d}(\mathrm{arccot}\, x)=-\dfrac{1}{1+x^2}\mathrm{d}x$.

2. 微分运算法则

$\mathrm{d}(u\pm v)=\mathrm{d}u\pm\mathrm{d}v$；　　$\mathrm{d}(Cu)=C\mathrm{d}u$；

$\mathrm{d}(uv)=v\mathrm{d}u+u\mathrm{d}v$；　　$\mathrm{d}\left(\dfrac{u}{v}\right)=\dfrac{v\mathrm{d}u-u\mathrm{d}v}{v^2}$.

四、一阶微分形式的不变性

设 $y=f(u)$，$u=g(x)$ 都可导，则复合函数 $y=f[g(x)]$ 的微分

$$\mathrm{d}y=y'_u\mathrm{d}u=y'_x\mathrm{d}x$$

由此可见，无论变量是自变量还是中间变量，其微分形式保持不变，这一性质称为一阶微分形式的不变性.

例 3 求函数 $y=\tan^2(1+2x^2)$ 的微分.

解 由于 $y'=2\tan(1+2x^2)\cdot[\tan(1+2x^2)]'=8x\tan(1+2x^2)\sec^2(1+2x^2)$，所以 $\mathrm{d}y=8x\tan(1+2x^2)\sec^2(1+2x^2)\mathrm{d}x$.

例 4 已知 $y=1-xe^y$，试求 $\mathrm{d}y$.

解 给 $y=1-xe^y$ 两边同时对 x 求导，得 $\dfrac{\mathrm{d}y}{\mathrm{d}x}=-e^y-xe^y\dfrac{\mathrm{d}y}{\mathrm{d}x}$，解得 $\dfrac{\mathrm{d}y}{\mathrm{d}x}=\dfrac{-e^y}{1+xe^y}$，因此 $\mathrm{d}y=\dfrac{-e^y}{1+xe^y}\mathrm{d}x$.

例 5 设 $y=(\cos x)^x$，求 $\mathrm{d}y\big|_{x=0}$.

解 由导数的运算法则，得

$$
\begin{aligned}
y'=(e^{x\ln\cos x})'&=e^{x\ln\cos x}\left(\ln\cos x+\frac{-x\sin x}{\cos x}\right)\\
&=(\cos x)^x\left[\ln\cos x-\frac{x\sin x}{\cos x}\right]
\end{aligned}
$$

于是 $\mathrm{d}y=(\cos x)^x\left(\ln\cos x-\dfrac{x\sin x}{\cos x}\right)\mathrm{d}x$，$\mathrm{d}y\big|_{x=0}=0$.

解惑释疑

问题 1 若 $f(x)$ 在点 x_0 处可导，试问 $f'(x_0)$ 与 $(f(x_0))'$ 有何区别？

答 $f'(x_0)$ 表示函数 $f(x)$ 在 x_0 处的导数(不一定等于零)，而 $(f(x_0))'$ 表示常函数 $y=f(x_0)$ 的导数(恒为零)，两者的意义是完全不同的.

问题 2 记号 $f'_+(x_0)$ 与 $f'(x_0^+)$ 表达的是一样的意思吗，为什么？

答 不是，$f'_+(x_0)$ 表示函数 $f(x)$ 在 $x=x_0$ 处的右导数，即

$$
f'_+(x_0)=\lim_{\Delta x\to 0^+}\frac{\Delta y}{\Delta x}=\lim_{\Delta x\to 0^+}\frac{f(x_0+\Delta x)-f(x_0)}{\Delta x}
$$

而 $f'(x_0^+)$ 则表示函数 $f(x)$ 的导数 $f'(x)$(不一定要求 $f(x)$ 在 x_0 处可导) 在 $x=x_0$ 处的右极限，即 $f'(x_0^+)=\lim\limits_{x\to x_0^+}f'(x)$.

这是两个完全不同的概念，当其中的一个存在时，并不能保证另一个一定存在. 例如，考虑函数

$$
f(x)=\begin{cases}x^2\sin\dfrac{1}{x}, & x\neq 0\\ 0, & x=0\end{cases}
$$

易知

$$
f'(x)=\begin{cases}2x\sin\dfrac{1}{x}-\cos\dfrac{1}{x}, & x\neq 0\\ 0, & x=0\end{cases}
$$

从而，$f'_+(0)=f'(0)=0$，而 $f'(0^+)$ 却不存在. 再考虑函数

$$g(x)=\begin{cases}x^2+1, x>0\\ x^2,\ x\leqslant 0\end{cases}$$

其导函数为 $g'(x)=2x(x\neq 0)$，因此 $g'(0+0)=\lim\limits_{x\to 0^+}g'(x)=0$，而 $g(x)$ 在 $x=0$ 处的右导数却不存在.

问题 3 若函数 $f(x)$ 与 $g(x)$ 在点 x_0 处都不可导，则函数 $f(x)+g(x)$ 或 $f(x)\cdot g(x)$ 在 x_0 处是否一定不可导？

答 不一定，例如函数

$$f(x)=\begin{cases}1, x\text{ 为有理数}\\ 0, x\text{ 为无理数}\end{cases}, g(x)=\begin{cases}0, x\text{ 为有理数}\\ 1, x\text{ 为无理数}\end{cases}$$

$f(x)$ 与 $g(x)$ 处处不可导，而 $f(x)+g(x)=1$ 与 $f(x)\cdot g(x)=0$ 却处处可导.

问题 4 记号 $d^2u, du^2, d(u^2)$ 三者有何区别？

答 d^2u 表示 u 的二阶微分，du^2 表示 u 的一阶微分的平方，即 $du^2=(du)^2$，而 $d(u^2)$ 表示 u^2 的一阶微分. 这三者的意义有本质的不同，不能混淆.

例如 $u=x^2$，则 $d^2u=2dx^2, du^2=4x^2dx^2, d(u^2)=4x^3dx$.

问题 5 为什么一阶微分具有形式的不变性？

答 设函数 $y=f(u)$ 及 $u=g(x)$，则复合函数 $y=f[g(x)]$ 的微分形式

$$dy=y'_x dx=f'(u)g'(x)dx$$

由于 $du=g'(x)dx$，所以复合函数 $y=f[g(x)]$ 的微分形式可写为

$$dy=f'(u)du=y'_u du$$

由此可见无论 u 是自变量还是中间变量，微分形式 $dy=f'(u)du$ 保持不变. 这一性质就是一阶微分形式的不变性.

习题精练

1. 下列函数中，在 $x=0$ 点可导的函数是（　　）.

(A) $f(x)=\begin{cases}x\sin\dfrac{1}{x}, x\neq 0\\ 0, x=0\end{cases}$　　(B) $f(x)=\begin{cases}x^2\sin\dfrac{1}{x}, x\neq 0\\ 0, x=0\end{cases}$

(C) $f(x)=|x|$　　(D) $f(x)=\sqrt[3]{x}$

2. 函数 $f(x)=\begin{cases}\dfrac{1-\cos x}{\sqrt{x}}, x>0\\ x^2g(x), x\leqslant 0\end{cases}$，其中 $g(x)$ 是有界函数，则 $f(x)$ 在 $x=0$ 处（　　）.

(A) 极限不存在　　(B) 极限存在但不连续

(C) 连续但不可导　　(D) 可导

3. 设 $f(x)=\begin{cases}x^2\sin\dfrac{1}{x}, x>0\\ ax+b, x\leqslant 0\end{cases}$ 在 $x=0$ 处可导，则（　　）.

(A)$a=1,b=0$　　　　(B)$a=0$,b 为任意常数

(C)$a=0,b=0$　　　　(D)$a=1$,b 为任意常数

4. 若 $f'(a)=b$,试求 $\lim\limits_{h\to 0}\dfrac{f(a+2h)-f(a-h)}{2h}$.

5. 设 $f(x)$ 在 $x=2$ 处连续,且 $\lim\limits_{x\to 2}\dfrac{f(x)}{x-2}=2$,求 $f'(2)$.

6. 试求曲线 $f(x)=\sqrt{2-x}$ 与直线 $x+4y=8$ 平行的切线 T 的方程.

7. 假定曲线 $f(x)=a+bx+cx^2$ 过点$(0,-3)$,且在点$(3,0)$处与直线 $y=4x-12$ 相切,试求 a,b 与 c 之值.

8. 一只蚂蚁延着曲线 $f(x)=9-x^2$ 的顶端从左至右爬行,一只蜘蛛在点$(5,0)$处等着. 当它们第一次相互看得见时,试求蚂蚁与蜘蛛之间的距离.

9. 令 $f(x)=|x-2|+|x-3|$,$\forall x\in\mathbf{R}$,试求 f 的不可导点.

10. 求下列函数的导数.

(1)$f(x)=x^2|x-1|$;　　(2)$f(x)=\sqrt{x+|x|}$.

11. 证明曲线 $\begin{cases}x=a(\cos t+t\sin t)\\ y=a(\sin t-t\cos t)\end{cases}$ $(a>0)$ 上任一点的法线到原点的距离等于 a.

12. 设 $g(x)=\begin{cases}f'(0),x=0\\ \dfrac{f(x)}{x},x\neq 0\end{cases}$,证明:

(1) 若 $f(0)=0$,且 $f''(0)$ 存在,则有 $g'(0)=\dfrac{1}{2}f''(0)$;

(2) 若 $f(0)=0$,且 $f(x)$ 在$(-\infty,+\infty)$内有连续的二阶导数,则 $g'(x)$ 在$(-\infty,+\infty)$内连续.

13. 已知 $f(x)$ 是周期为 5 的连续函数,它在 $x=0$ 的某个邻域内满足关系式

$$f(1+\sin x)-3f(1-\sin x)=8x+\alpha(x)$$

其中 $\alpha(x)$ 是当 $x\to 0$ 时比 x 高阶的无穷小,且 $f(x)$ 在 $x=1$ 处可导,求曲线 $y=f(x)$ 在点$(6,f(6))$处的切线方程.

14. 讨论下列函数

$$f(x)=\begin{cases}0,x\text{ 为无理数}\\ x,x\text{ 为有理数}\end{cases},g(x)=\begin{cases}0,x\text{ 为无理数}\\ x^2,x\text{ 为有理数}\end{cases}$$

的可导性.

15. 已知函数 $f(x)$ 在点 x 处可导,且 $f'(x)\neq 0$. 设过曲线上点 $P(x,f(x))$ 处的切线和法线分别交 x 轴于点 N 和点 M(图 1). 证明

$$|PN|=\left|\frac{f(x)}{f'(x)}\right|\sqrt{1+f'^2(x)},|PM|=|f(x)|\sqrt{1+f'^2(x)}$$

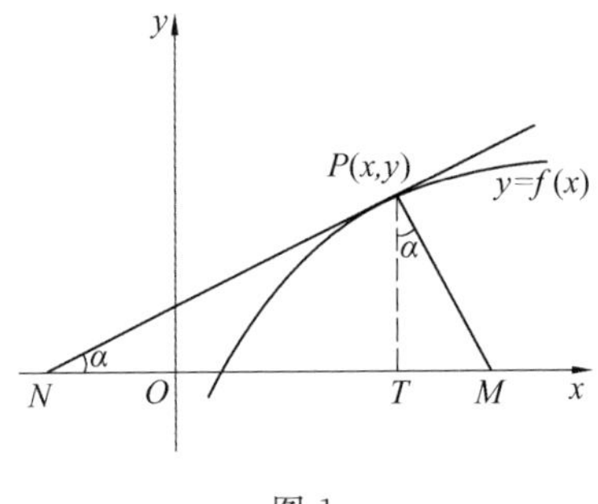

图 1

16. 一女士身高 1.6 m，向着一高为 5.6 m 的灯塔走去，其速度为 1.2 m/s. 她弟弟的身高为 1.12 m，跟随其后，并与其保持 1.08 m 的距离. 问影子末端行进的速度是多少？

习题解析

1. 应选(B). 对于选项(A)，由于

$$\lim_{\Delta x\to 0}\frac{f(0+\Delta x)-f(0)}{\Delta x}=\lim_{\Delta x\to 0}\frac{\Delta x\sin\dfrac{1}{\Delta x}}{\Delta x}=\lim_{\Delta x\to 0}\sin\frac{1}{\Delta x}$$

不存在，所以 $f(x)$ 在 $x=0$ 点不可导.

对于选项(B)，由于

$$\lim_{\Delta x\to 0}\frac{f(0+\Delta x)-f(0)}{\Delta x}=\lim_{\Delta x\to 0}\frac{(\Delta x)^2\sin\dfrac{1}{\Delta x}}{\Delta x}=\lim_{\Delta x\to 0}\Delta x\sin\frac{1}{\Delta x}=0$$

所以 $f(x)$ 在 $x=0$ 点可导，且 $f'(0)=0$.

对于选项(C)，由于

$$\lim_{\Delta x\to 0^+}\frac{f(0+\Delta x)-f(0)}{\Delta x}=\lim_{\Delta x\to 0^+}\frac{|\Delta x|}{\Delta x}=\lim_{\Delta x\to 0^+}\frac{\Delta x}{\Delta x}=1$$

$$\lim_{\Delta x\to 0^-}\frac{f(0+\Delta x)-f(0)}{\Delta x}=\lim_{\Delta x\to 0^-}\frac{|\Delta x|}{\Delta x}=\lim_{\Delta x\to 0^-}\frac{-\Delta x}{\Delta x}=-1$$

即 $f'_+(0)\neq f'_-(0)$，所以 $f(x)$ 在 $x=0$ 点不可导.

对于选项(D)，由于 $\lim\limits_{\Delta x\to 0}\dfrac{f(0+\Delta x)-f(0)}{\Delta x}=\lim\limits_{\Delta x\to 0}\dfrac{\sqrt[3]{\Delta x}}{\Delta x}=\infty$，所以 $f(x)$ 在 $x=0$ 点不可导.

2. 应选(D). 因为 $\lim\limits_{x\to 0^+}f(x)=\lim\limits_{x\to 0^+}\dfrac{1-\cos x}{\sqrt{x}}=\lim\limits_{x\to 0^+}\dfrac{\frac{1}{2}x^2}{\sqrt{x}}=0$，$\lim\limits_{x\to 0^-}f(x)=\lim\limits_{x\to 0^-}x^2g(x)=0$，所以 $\lim\limits_{x\to 0}f(x)=f(0)=0$，即函数 $f(x)$ 在 $x=0$ 处连续. 又

$$\lim_{\Delta x\to 0^+}\frac{f(0+\Delta x)-f(0)}{\Delta x}=\lim_{\Delta x\to 0^+}\frac{\dfrac{1-\cos\Delta x}{\sqrt{\Delta x}}}{\Delta x}=\lim_{\Delta x\to 0^+}\frac{\dfrac{1}{2}(\Delta x)^2}{(\Delta x)^{\frac{3}{2}}}=0$$

$$\lim_{\Delta x\to 0^-}\frac{f(0+\Delta x)-f(0)}{\Delta x}=\lim_{\Delta x\to 0^-}\frac{(\Delta x)^2 g(\Delta x)}{\Delta x}=\lim_{\Delta x\to 0^-}\Delta x\cdot g(\Delta x)=0$$

即 $f'_+(0)=f'_-(0)=0$，于是 $f(x)$ 在 $x=0$ 点可导.

3. 应选(C). 在 $x=0$ 处可导，那么函数 $f(x)$ 一定在 $x=0$ 处连续，因此 $\lim\limits_{x\to 0^+} f(x)=\lim\limits_{x\to 0^-} f(x)$，而

$$\lim_{x\to 0^+} f(x)=\lim_{x\to 0^+} x^2\sin\frac{1}{x}=0,\ \lim_{x\to 0^-} f(x)=\lim_{x\to 0^-}(ax+b)=b$$

因此 $b=0$. 又

$$f'_+(0)=\lim_{x\to 0^+}\frac{f(x)-f(0)}{x-0}=\lim_{x\to 0^+}\frac{x^2\sin\frac{1}{x}}{x}=\lim_{x\to 0^+} x\sin\frac{1}{x}=0$$

$$f'_-(0)=\lim_{x\to 0^-}\frac{f(x)-f(0)}{x-0}=\lim_{x\to 0^-}\frac{ax+b}{x}=\lim_{x\to 0^-}\frac{ax}{x}=a$$

要使得 $f(x)$ 在 $x=0$ 处可导，只要 $f'_+(0)=f'_-(0)$，即 $a=0$. 因此选(C).

4.
$$\begin{aligned}
&\lim_{h\to 0}\frac{f(a+2h)-f(a-h)}{2h}\\
=&\lim_{h\to 0}\left(\frac{f(a+2h)-f(a)}{2h}+\frac{f(a)-f(a-h)}{2h}\right)\\
=&\lim_{h\to 0}\frac{f(a+2h)-f(a)}{2h}-\lim_{h\to 0}\frac{f(a-h)-f(a)}{2h}\\
=&\lim_{2h\to 0}\frac{f(a+2h)-f(a)}{2h}+\frac{1}{2}\lim_{-h\to 0}\frac{f(a+(-h))-f(a)}{-h}\\
=&f'(a)+\frac{1}{2}f'(a)=\frac{3}{2}f'(a)=\frac{3b}{2}
\end{aligned}$$

5. $\lim\limits_{x\to 2} f(x)=\lim\limits_{x\to 2}(x-2)\cdot\dfrac{f(x)}{x-2}=\lim\limits_{x\to 2}(x-2)\cdot\lim\limits_{x\to 2}\dfrac{f(x)}{x-2}=0\cdot\lim\limits_{x\to 2}\dfrac{f(x)}{x-2}=0$，又因 $f(x)$ 在 $x=2$ 处连续，所以 $f(2)=0$. 则 $f'(2)=\lim\limits_{x\to 2}\dfrac{f(x)-f(2)}{x-2}=\lim\limits_{x\to 2}\dfrac{f(x)}{x-2}=2$.

6. 曲线在 (x,y) 处的斜率为 $-\dfrac{1}{2\sqrt{2-x}}$，而直线 $x+4y=8$ 的斜率为 $-\dfrac{1}{4}$，所以曲线在 $(-2,2)$ 处有斜率 $-\dfrac{1}{4}$. 因此切线方程为 $x+4y-6=0$.

7. 因为曲线过点 $(0,-3)$，所以 $-3=f(0)=a$. 曲线在 $(x,f(x))$ 处切线的斜率为 $f'(x)=2cx+b$. 由于曲线在 $(3,0)$ 处的斜率等于直线 $y=4x-12$ 的斜率，即 $6c+b=4$. 因为 $(3,0)$ 在曲线上，故得另一方程 $9c+3b-3=0$，解之得 $b=-2,c=1$.

8. 设 (h,k) 为 $f(x)=9-x^2$ 上的点，在此点它们恰好相互看见，则 $k=9-h^2$，$f'(h)=\dfrac{k-0}{h-5}=-2h$，联立解得 (h,k) 为 $(1,8)$ 与 $(9,-72)$. 由于蚂蚁是从左方爬向右方的，所以去掉 $(9,-72)$. 因此蚂蚁与蜘蛛第一次互相看得见时的距离为 $\sqrt{(5-1)^2+(0-8)^2}=4\sqrt{5}$.

9. $f(x)=\begin{cases}2x-5,x>3\\1,2\leqslant x\leqslant 3\\5-2x,x<2\end{cases}$，由于 $f'_-(2)=-2,f'_+(2)=0;f'_-(3)=0,f'_+(3)=2$.

所以 $f'(2)$ 与 $f'(3)$ 不存在，即 $x=2,x=3$ 为不可导点. 而显然除 $x=2$ 与 $x=3$ 之外，f 在整个 $\mathbf{R}$ 上都是可导的.

10.(1) 当 $x\neq 1$ 时，$f'(x)=(3x^2-2x)\operatorname{sgn}(x-1)$；当 $x=1$ 时，$f'(1)$ 不存在.

(2) 当 $x>0$ 时，$f'(x)=\dfrac{1}{\sqrt{2x}}$；当 $x<0$ 时，$f'(x)=0$；$f'(0)$ 不存在.

11. 曲线上点$(x(t),y(t))$处的切线斜率为$\dfrac{\mathrm{d}y}{\mathrm{d}x}=\dfrac{\psi'(t)}{\varphi'(t)}=\dfrac{a(\sin t-t\cos t)'}{a(\cos t+t\sin t)'}=\dfrac{\sin t}{\cos t}=\tan t$，则法线斜率为$-\cot t$. 于是该点的法线方程可表示为 $y-y(t)=-\cot t(x-x(t))$，或 $\sin t(y-y(t))+\cos t(x-x(t))=0$. 从而原点$(0,0)$到该法线的距离为

$$d=\frac{|Ax_0+By_0+D|}{\sqrt{A^2+B^2}}=\frac{|y(t)\sin t+x(t)\cos t|}{\sqrt{\sin^2 t+\cos^2 t}}$$
$$=|a(\sin t-t\cos t)\sin t+a(\cos t+t\sin t)\cos t|$$
$$=|a\sin^2 t+a\cos^2 t|=a$$

12.(1) 由导数定义得

$$g'(0)=\lim_{x\to 0}\frac{g(x)-g(0)}{x-0}=\lim_{x\to 0}\frac{\dfrac{f(x)}{x}-f'(0)}{x}=\lim_{x\to 0}\frac{f(x)-xf'(0)}{x^2}$$

再由 $f''(0)$ 存在及 $f(0)=0$ 知，$f(x)$ 在点 $x=0$ 的邻域内可导，且上式是$\dfrac{0}{0}$型的未定式. 由洛必达法则及导数定义得

$$g'(0)=\lim_{x\to 0}\frac{f'(x)-f'(0)}{2x}=\frac{1}{2}f''(0)$$

(2) 由(1)有

$$g'(x)=\begin{cases}\left[\dfrac{f(x)}{x}\right]',x\neq 0\\ \dfrac{1}{2}f''(0),x=0\end{cases}=\begin{cases}\dfrac{xf'(x)-f(x)}{x^2},x\neq 0\\ \dfrac{1}{2}f''(0),x=0\end{cases}$$

由于 $f''(x)$ 在$(-\infty,+\infty)$内存在，所以 $f(x)$ 与 $f'(x)$ 在$(-\infty,+\infty)$内连续，于是 $g'(x)$ 当 $x\neq 0$ 时连续.

现考虑 $x=0$ 时的情况

$$\lim_{x\to 0}g'(x)=\lim_{x\to 0}\frac{xf'(x)-f(x)}{x^2}$$

由 $f(0)=0$ 知上式为$\dfrac{0}{0}$型未定式，由洛必达法则，有

$$\lim_{x\to 0}g'(x)=\lim_{x\to 0}\frac{[f'(x)+xf''(x)]-f'(x)}{2x}=\lim_{x\to 0}\frac{f''(x)}{2}$$

根据 $f''(x)$ 在 $x=0$ 处连续，得

$$\lim_{x\to 0} g'(x)=\frac{f''(0)}{2}=g'(0)$$

故 $g'(x)$ 在$(-\infty,+\infty)$内连续.

13. 由题设条件有

$$\lim_{x\to 0}[f(1+\sin x)-3f(1-\sin x)]=\lim_{x\to 0}[8x+\alpha(x)]=0$$

从而 $f(1)-3f(1)=0$,即 $f(1)=0$. 又

$$\lim_{x\to 0}\frac{f(1+\sin x)-3f(1-\sin x)}{\sin x}=\lim_{x\to 0}\left[\frac{8x}{\sin x}+\frac{\alpha(x)}{x}\cdot\frac{x}{\sin x}\right]=8 \qquad (*)$$

且设 $\sin x=t$,则有

$$\text{式}(*)=\lim_{t\to 0}\frac{f(1+t)-f(1)}{t}+3\lim_{t\to 0}\frac{f(1-t)-f(1)}{-t}=4f'(1)$$

所以 $4f'(1)=8$,即 $f'(1)=2$.

由 $f(x+5)=f(x)$,可得 $f'(x+5)=f'(x)$,所以 $f(6)=f(1)=0$,$f'(6)=f'(1)=2$,故所求的切线方程为 $y=2(x-6)$,即 $2x-y-12=0$.

14. 对于 $f(x)$,当 $x_0\neq 0$ 时,由于 $\lim\limits_{\substack{x\to x_0\\ x\text{为有理数}}} f(x)=x_0$, $\lim\limits_{\substack{x\to x_0\\ x\text{为无理数}}} f(x)=0\neq x_0$,因此 $f(x)$ 在 x_0 处不连续,当然也就不可导. 当 $x=0$ 时,由于

$$\frac{f(x)-f(0)}{x-0}=\begin{cases}0, x\text{ 为无理数}\\ 1, x\text{ 为有理数}\end{cases}$$

上式当 $x\to 0$ 时极限不存在,因此 $f(x)$ 在 $x=0$ 处也不可导.

同理,对于 $g(x)$,当 $x_0\neq 0$ 时,$g(x)$ 在 x_0 处也不连续,从而也不可导. 而

$$\frac{g(x)-g(0)}{x-0}=f(x)\to 0(x\to 0)$$

所以 $g'(0)=0$.

15. 设点 P 在 x 轴上的投影为点 T,则 $|PT|=|f(x)|$. 又设切线 PN 与 x 轴正向的夹角为 α,则

$$f'(x)=\tan\alpha,|NT|=\left|\frac{|PT|}{\tan\alpha}\right|=\left|\frac{f(x)}{f'(x)}\right|$$

从而

$$|PN|=\sqrt{|NT|^2+|PT|^2}=\sqrt{\left|\frac{f(x)}{f'(x)}\right|^2+f^2(x)}=\left|\frac{f(x)}{f'(x)}\right|\sqrt{1+f'^2(x)}$$

$$|PM|=|PN|\cdot|\tan\alpha|=\left|\frac{f(x)}{f'(x)}\right|\sqrt{1+f'^2(x)}\cdot|f'(x)|=|f(x)|\sqrt{1+f'^2(x)}$$

16. 设灯塔底座所在位置为坐标原点,建立平面直角坐标系. 设 t 时刻时该女士位于 $x(t)$ 处,其弟弟位于 $x(t)+1.08$ 处. 又设当该女士独自前行时,女子头部影子点位于 y_1 处;当弟弟独自行走时,弟弟头部影子点位于 y_2 处,则

$$\frac{y_1}{5.6}=\frac{x(t)}{5.6-1.6},\frac{y_2}{5.6}=\frac{x(t)+1.08}{5.6-1.12}$$

解之得 $y_1=1.4x(t)$,$y_2=1.25[x(t)+1.08]$. 所以当姐弟俩同时行走时,影子末端位置为

$$y=\max\{y_1, y_2\}=\begin{cases}1.4x(t), x(t)\geqslant 9\\ 1.25[x(t)+1.08], x(t)<9\end{cases}$$

注意到女士与灯塔距离是时间 t 的单调递减函数，因此 $x'(t)=-1.2$，且

$$\frac{\mathrm{d}y}{\mathrm{d}t}=\begin{cases}1.4x'(t), x(t)>9\\ 1.25x'(t), x(t)<9\end{cases}=\begin{cases}-1.68, x(t)>9\\ -1.5, x(t)<9\end{cases}$$

即当女士与灯塔的距离超过 9 m 时，影子末端的前进速度是 -1.68 m/s，当女士与灯塔的距离不足 9 m 时，影子末端的前进速度是 -1.5 m/s.

第7讲

微分中值定理与导数的应用

背景简介

罗尔定理、拉格朗日中值定理 、柯西中值定理以及泰勒定理统称为微分中值定理(简称中值定理),这四大定理构成了微分学的基本定理. 中值定理具有较强的物理学和几何背景,如汽车沿直线由a时刻开始行驶到b时刻结束,位移为$s(b)-s(a)$,则这个时间段内汽车的平均速度可以在某个时刻取到. 当然中值定理仅能保证该时刻的存在性,至于这一时刻如何求出来还需要更加现代的数学方法. 读者将在本讲的学习过程中,充分体会到中值定理的几何背景与几何意义.

中值定理建立了函数在某一区间上的平均值(或相对平均值) 与导函数(或导函数之比) 在某一点处的取值之间的一种等式联系,其共同点是将函数在区间上的整体性质,通过其导函数在某一点处的局部性质反映出来. 这种从整体到局部,再到整体的思想方法,为微分学的发展和应用开辟了广阔的道路.

利用罗尔中值定理、拉格朗日中值定理、柯西中值定理以及泰勒定理,除了证明涉及函数值与导函数在某点取值(存在性) 的等式关系外,在讨论具体的函数的性态时,也是强有力的工具. 比如,罗尔定理常与闭区间上连续函数的零点定理结合起来用于讨论函数的零点的存在性及零点的个数,拉格朗日中值定理和柯西中值定理可用来证明不等式,而泰勒定理则是更加精细地研究函数的基本工具.

导数反映函数的局部变化率,其应用无处不在,例如利用导数,可研究函数可视化问题,包括函数的极值、最值、拐点、单调性、凹凸性,以及证明恒等式、不等式、中值定理所涉及的问题等,都可以利用导数的工具研究.

重要提醒:在证明与中值点有关的等式或不等式时,读者需要掌握基本的构造辅助函数的方法,会利用导数的工具,分析函数的性态.

内容聚焦

第1节　微分中值定理

一、罗尔定理

费马引理　设函数 $f(x)$ 在 x_0 的某个邻域 $U(x_0)$ 内有定义，并且在 x_0 处可导，如果对任意 $x \in U(x_0)$，有 $f(x) \leqslant f(x_0)$（或 $f(x) \geqslant f(x_0)$），那么 $f'(x_0)=0$.

罗尔定理　如果函数 $f(x)$ 满足：

(1) 在闭区间 $[a,b]$ 上连续；

(2) 在开区间 (a,b) 内可导；

(3) 在区间端点处的函数值相等，即 $f(a)=f(b)$，

那么在 (a,b) 内至少存在一点 $\xi(a<\xi<b)$，使得 $f'(\xi)=0$.

注　① 罗尔定理中的三个条件缺少任何一个条件都会导致定理的结论不一定成立；② 如果 $f(x)$ 可导，那么方程 $f(x)=0$ 的任何两个相异的根之间有方程 $f'(x)=0$ 的一个根.

几何意义　如果连续曲线 $y=f(x)$ 在 $\overset{\frown}{AB}$ 上除端点外处处有不垂直于 x 轴的切线，且两个端点的纵坐标相等，那么这个弧上至少有一点 C，使得曲线在点 C 处的切线平行于 x 轴(图 1).

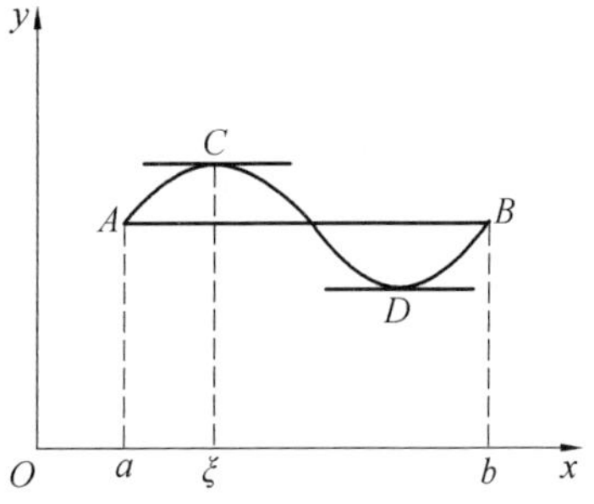

图 1

例 1　验证罗尔定理对函数 $f(x)=\ln\sin x$ 在 $\left[\frac{\pi}{6},\frac{5\pi}{6}\right]$ 上的正确性，并找出相应的 ξ，使 $f'(\xi)=0$.

证　根据初等函数的连续性，$f(x)$ 在 $\left[\frac{\pi}{6},\frac{5\pi}{6}\right]$ 上连续；由 $f'(x)=\frac{\cos x}{\sin x}=\cot x$ 可知 $f(x)$ 在 $\left(\frac{\pi}{6},\frac{5\pi}{6}\right)$ 内可导；又 $f\left(\frac{\pi}{6}\right)=-\ln 2=f\left(\frac{5\pi}{6}\right)$. 因此，函数 $f(x)$ 在 $\left[\frac{\pi}{6},\frac{5\pi}{6}\right]$ 上满足罗尔定理的三个条件.

方程 $f'(x)=0$，即 $\frac{\cos x}{\sin x}=0$ 在 $\left(\frac{\pi}{6},\frac{5\pi}{6}\right)$ 内有解 $x=\frac{\pi}{2}$. 取 $\xi=\frac{\pi}{2}$ 即可得到罗尔定理的结论 $f'(\xi)=f'\left(\frac{\pi}{2}\right)=0$，$\xi\in\left(\frac{\pi}{6},\frac{5\pi}{6}\right)$.

例 2　设函数 $f(x)$ 在 $[0,1]$ 上连续，在 $(0,1)$ 内可导，且 $\lim\limits_{x\to 0^+}\frac{f(x)}{x}=2$，证明：在 $(0,1)$ 内存在 ξ，使得 $f'(\xi)=\frac{2\xi}{1-\xi^2}f(\xi)$.

证　由于函数 $f(x)$ 在 $[0,1]$ 上连续，且 $\lim\limits_{x\to 0^+}\frac{f(x)}{x}=2$，因此 $f(0)=\lim\limits_{x\to 0^+}f(x)=0$. 令

$g(x)=(x^2-1)f(x)$，由已知条件函数 $g(x)$ 在$[0,1]$上连续，在$(0,1)$内可导，且 $g(0)=g(1)=0$，根据罗尔中值定理可知，存在 $\xi\in(0,1)$，使得 $g'(\xi)=0$，即

$$2\xi f(\xi)+(\xi^2-1)f'(\xi)=0,\text{即 } f'(\xi)=\frac{2\xi}{1-\xi^2}f(\xi)$$

例 3 设函数 $f(x)$ 在$[0,2]$上连续，在$(0,2)$内可导，且 $f(0)=1,2f(1)+3f(2)=5$，试证存在一点 $\xi\in(0,2)$，使得 $f'(\xi)=0$.

证 由于函数 $f(x)$ 在区间$[1,2]$上连续，根据最值定理，$f(x)$ 在区间$[1,2]$上取到最大值 M 与最小值 m，那么

$$m\leqslant\frac{2f(1)+3f(2)}{5}\leqslant M$$

根据闭区间上连续函数的介值性定理知，存在一点 $\eta\in[1,2]$，使得

$$f(\eta)=\frac{2f(1)+3f(2)}{5}=1$$

再由已知条件可知，$f(x)$ 在$[0,\eta]$上连续，在$(0,\eta)$内可导，且 $f(0)=f(\eta)=1$，于是由罗尔定理可知，存在 $\xi\in(0,\eta)\subseteq(0,2)$，使得 $f'(\xi)=0$.

例 4 设 $f(x)$ 在$[a,b]$内可导，且 $f(a)f\left(\frac{a+b}{2}\right)<0,f\left(\frac{a+b}{2}\right)f(b)<0$，证明：$\exists\xi\in(a,b)$ 使得 $f'(\xi)=0$

证 $f(a)f\left(\frac{a+b}{2}\right)<0$ 由零点定理知，$\exists c_1\in\left(a,\frac{a+b}{2}\right)$，使得 $f(c_1)=0$. 同理可知，$\exists c_2\in\left(\frac{a+b}{2},b\right)$，使得 $f(c_2)=0$. $f(x)$ 在$[a,b]$上连续，在(a,b)内可导，$f(c_1)=f(c_2)$. 由罗尔定理得 $\exists\xi\in(c_1,c_2)$，即 $\exists\xi\in(a,b)$，使得 $f'(\xi)=0$.

二、拉格朗日中值定理

拉格朗日定理 如果函数 $f(x)$ 满足：

(1) 在闭区间$[a,b]$上连续；

(2) 在开区间(a,b)内可导，

那么(a,b)内至少存在一点 ξ，使得等式

$$f(b)-f(a)=f'(\xi)(b-a)$$

成立.

几何意义 如果连续曲线 $y=f(x)$ 在$\overset{\frown}{AB}$上除端点外处处有不垂直于 x 轴的切线，那么这个弧上至少有一点 C，使得曲线在点 C 处的切线平行于弦 AB(图 2).

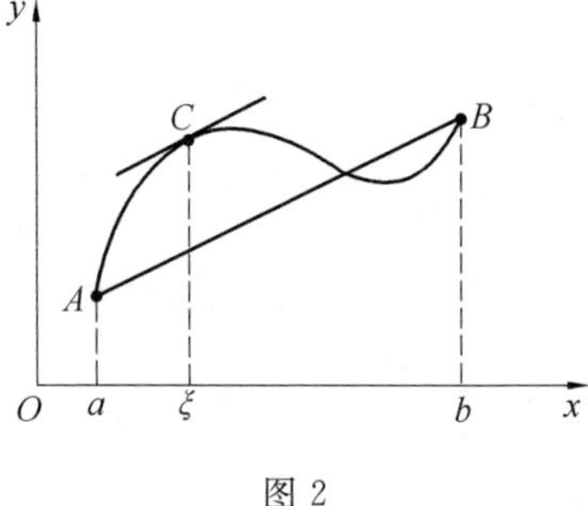

图 2

定理 1 如果函数 $f(x)$ 在区间 I 上的导数等于零，那么 $f(x)$ 在区间 I 上是一个常数.

例 5 已知 $f(x)$ 在$[0,1]$上连续，在$(0,1)$内可导，且 $f(1)=1,f(0)=0$，证明：在$(0,1)$内至少有一点 ξ，使得 $e^{\xi-1}[f(\xi)+f'(\xi)]=1$.

证法 1 令 $F(x)=e^xf(x)$，由于 $f(x)$ 在$[0,1]$上连续，在$(0,1)$内可导，$f(1)=1$，$f(0)=0$，所以 $F(x)$ 在$[0,1]$上连续，在$(0,1)$内可导，$F(0)=0,F(1)=e$. 由拉格朗日中

值定理可知，在(0,1)内至少有一点ξ，使得

$$\frac{F(1)-F(0)}{1-0}=F'(\xi)$$

由于$F'(x)=e^{x}[f(x)+f'(x)]$，所以$\frac{e-0}{1}=e^{\xi}[f(\xi)+f'(\xi)]$，即

$$e^{\xi-1}[f(\xi)+f'(\xi)]=1,\xi\in(0,1)$$

证法2 令$F(x)=e^{x}f(x)-ex$，由于$f(x)$在$[0,1]$上连续，在(0,1)内可导，且$f(1)=1,f(0)=0$，所以$F(x)$在$[0,1]$上连续，在(0,1)内可导，且$F(0)=F(1)=0$. 由罗尔定理可知，在(0,1)内至少有一点ξ，使得$F'(\xi)=0$，而

$$F'(x)=e^{x}[f(x)+f'(x)]-e$$

所以$e^{\xi}[f(\xi)+f'(\xi)]-e=0$，即$e^{\xi-1}[f(\xi)+f'(\xi)]=1$.

例6 设偶函数$f(x)$在$[-2,2]$上连续，在$(-2,2)$内二阶可导，且$f(1)<f(2)$，证明：存在一点$\xi\in(-2,2)$，使得$f''(\xi)>0$.

证 根据已知条件可知，函数$f(x)$在$[-2,1]$，$[1,2]$上满足拉格朗日中值定理条件，因此存在$\xi_1\in(-2,1)$，$\xi_2\in(1,2)$，使得

$$f'(\xi_1)=\frac{f(1)-f(-2)}{1-(-2)}=\frac{f(1)-f(2)}{3}<0$$

$$f'(\xi_2)=\frac{f(2)-f(1)}{2-1}=f(2)-f(1)>0$$

又因为$f'(x)$在$[\xi_1,\xi_2]$上满足拉格朗日中值定理条件，于是存在一点$\xi\in(\xi_1,\xi_2)$，使得

$$f''(\xi)=\frac{f'(\xi_2)-f'(\xi_1)}{\xi_2-\xi_1}>0$$

例7 设$b>a>0$，证明：$\frac{b-a}{1+b^2}<\arctan b-\arctan a<\frac{b-a}{1+a^2}$.

证 令$f(x)=\arctan x$，由初等函数的连续性可知$f(x)$在$[a,b]$上连续，由$f'(x)=\frac{1}{1+x^2}$可知函数$f(x)$在(a,b)内可导，根据拉格朗日中值定理可知，存在一点$\xi\in(a,b)$，使得$f'(\xi)=\frac{f(b)-f(a)}{b-a}$，即

$$\frac{1}{1+\xi^2}=\frac{\arctan b-\arctan a}{b-a}$$

注意到$\frac{1}{1+b^2}<\frac{1}{1+\xi^2}<\frac{1}{1+a^2}$，于是$\frac{1}{1+b^2}<\frac{\arctan b-\arctan a}{b-a}<\frac{1}{1+a^2}$，即

$$\frac{b-a}{1+b^2}<\arctan b-\arctan a<\frac{b-a}{1+a^2}$$

例8 证明：当$x\geqslant 1$时，$2\arctan x+\arcsin\frac{2x}{1+x^2}=\pi$.

证 令$f(x)=2\arctan x+\arcsin\frac{2x}{1+x^2}$，则

$$f'(x)=\frac{2}{1+x^2}+\frac{1}{\sqrt{(1-x^2)^2}}\cdot\frac{2(1-x^2)}{1+x^2}\equiv 0$$

故当 $x \in (1, +\infty)$ 时，$f(x) \equiv C$.

注意到 $f(x)$ 在 $x=1$ 处右连续，从而

$$C = \lim_{x \to 1^+} f(x) = f(1) = 2\arctan 1 + \arcsin 1 = \pi$$

所以当 $x \in [1, +\infty)$ 时，$f(x) = \pi$，即当 $x \geqslant 1$ 时，$2\arctan x + \arcsin \frac{2x}{1+x^2} = \pi$.

三、柯西中值定理

柯西中值定理　如果函数 $f(x)$，$g(x)$ 满足：

(1) 在闭区间 $[a,b]$ 上连续；

(2) 在开区间 (a,b) 内可导；

(3) 对任一 $x \in (a,b)$，$g'(x) \neq 0$，

那么在 (a,b) 内至少存在一点 ξ，使得等式

$$\frac{f(b)-f(a)}{g(b)-g(a)} = \frac{f'(\xi)}{g'(\xi)}$$

成立.

几何意义　如果连续曲线 $\begin{cases} X = g(x) \\ Y = f(x) \end{cases}$ $(a \leqslant x \leqslant b)$ 在 $\overset{\frown}{AB}$ 上除端点外处处有不垂直于横轴的切线，那么这个弧上至少有一点 C，使得曲线在点 C 处的切线平行于弦 AB（图 3）.

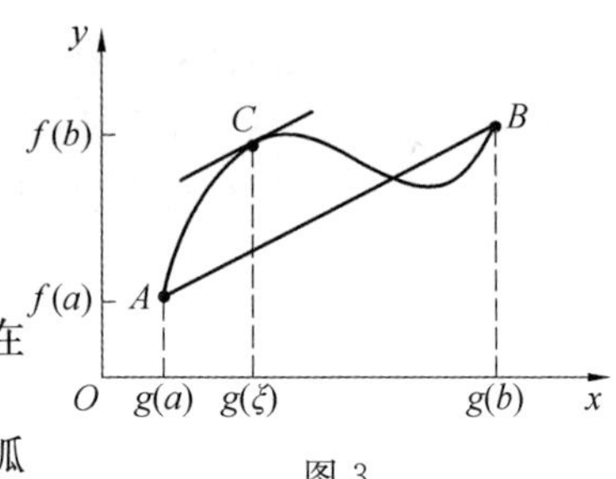

图 3

例 9　设 $ab > 0(a < b)$，试证存在一点 $\xi \in (a,b)$，使得 $ae^b - be^a = (a-b)(1-\xi)e^{\xi}$.

证法 1　令 $f(x) = \frac{e^x}{x}$，$F(x) = \frac{1}{x}$，由已知条件，$f(x)$，$F(x)$ 在 $[a,b]$ 上连续，在 (a,b) 内可导，且 $F'(x) \neq 0$，根据柯西中值定理可知存在一点 $\xi \in (a,b)$，使得

$$\frac{f(b)-f(a)}{F(b)-F(a)} = \frac{f'(\xi)}{F'(\xi)}$$

将 $f(x) = \frac{e^x}{x}$，$F(x) = \frac{1}{x}$ 代入上式整理得 $ae^b - be^a = (a-b)(1-\xi)e^{\xi}$.

证法 2　令 $G(x) = \frac{1}{x}\left(\frac{e^b}{b} - \frac{e^a}{a}\right) - \frac{e^x}{x}\left(\frac{1}{b} - \frac{1}{a}\right)$，根据已知条件 $G(x)$ 在 $[a,b]$ 上连续，在 (a,b) 内可导，且 $G(a) = G(b) = \frac{e^b - e^a}{ab}$，由罗尔定理可知，存在一点 $\xi \in (a,b)$，使得 $G'(\xi) = 0$，即 $ae^b - be^a = (a-b)(1-\xi)e^{\xi}$.

四、泰勒中值定理

1. 泰勒公式

泰勒中值定理　如果函数 $f(x)$ 在含有 x_0 的某个开区间 (a,b) 内具有直到 $(n+1)$ 阶的导数，则对任一 $x \in (a,b)$，有

$$f(x) = f(x_0) + \frac{f'(x_0)}{1!}(x-x_0) + \frac{f''(x_0)}{2!}(x-x_0)^2 + \cdots +$$

$$\frac{f^{(n)}(x_0)}{n!}(x-x_0)^n+R_n(x)$$

上述公式称为 n 阶泰勒公式. 这里 $R_n(x)=\frac{f^{(n+1)}(\xi)}{(n+1)!}(x-x_0)^{n+1}$ 称为拉格朗日型余项，其中 ξ 介于 x_0 与 x 之间.

推论 如果函数 $f(x)$ 在含有 x_0 的某个开区间 (a,b) 内具有直到 n 阶的导数，且 $f^{(n)}(x)$ 在开区间 (a,b) 内连续，则对任一 $x\in(a,b)$，有

$$f(x)=f(x_0)+\frac{f'(x_0)}{1!}(x-x_0)+\frac{f''(x_0)}{2!}(x-x_0)^2+\cdots+\frac{f^{(n)}(x_0)}{n!}(x-x_0)^n+o[(x-x_0)^n]$$

余项 $R_n(x)=o[(x-x_0)^n]$ 称为皮亚诺型余项.

通常把 $x_0=0$ 的泰勒公式称为麦克劳林公式，即

$$f(x)=f(0)+\frac{f'(0)}{1!}x+\frac{f''(0)}{2!}x^2+\cdots+\frac{f^{(n)}(0)}{n!}x^n+R_n(x)$$

而把

$$f(x)=f(0)+\frac{f'(0)}{1!}x+\frac{f''(0)}{2!}x^2+\cdots+\frac{f^{(n)}(0)}{n!}x^n+o(x^n)$$

称为带皮亚诺余项的麦克劳林公式.

2. 常用函数的带皮亚诺型余项的麦克劳林公式

(1) $e^x=1+x+\cdots+\frac{x^n}{n!}+o(x^n)=\sum_{k=0}^{n}\frac{x^k}{k!}+o(x^n)$.

(2) $\sin x=x-\frac{x^3}{3!}+\cdots+\frac{(-1)^n}{(2n+1)!}x^{2n+1}+o(x^{2n+1})=\sum_{k=0}^{n}\frac{(-1)^k x^{2k+1}}{(2k+1)!}+o(x^{2n+1})$.

(3) $\cos x=1-\frac{x^2}{2!}+\cdots+\frac{(-1)^n x^{2n}}{(2n)!}+o(x^{2n})=\sum_{k=0}^{n}\frac{(-1)^k x^{2k}}{(2k)!}+o(x^{2n})$.

(4) $\frac{1}{1-x}=1+x+\cdots+x^n+o(x^n)=\sum_{k=0}^{n}x^k+o(x^n)$.

(5) $\ln(1+x)=x-\frac{x^2}{2}+\cdots+(-1)^{n-1}\frac{x^n}{n}+o(x^n)=\sum_{k=1}^{n}\frac{(-1)^{k-1}x^k}{k}+o(x^n)$.

(6) $(1+x)^a=1+ax+\cdots+\frac{a(a-1)\cdots(a-n+1)}{n!}x^n+o(x^n)=1+\sum_{k=1}^{n}\frac{a(a-1)\cdots(a-k+1)}{k!}x^k+o(x^n)$.

例 10 设 $f(x)=x^2e^x$，求 $f^{(n)}(0)$，其中 $n\geqslant 3$.

解 由于 $e^x=1+x+\cdots+\frac{x^n}{n!}+o(x^n)=\sum_{k=0}^{n}\frac{x^k}{k!}+o(x^n)$，因此

$$f(x)=x^2e^x=x^2+x^3+\frac{1}{2!}x^4+\cdots+\frac{x^n}{(n-2)!}+o(x^n)$$

又因为 $f(x)=f(0)+f'(0)x+\cdots+\frac{f^{(n)}(0)}{n!}x^n+o(x^n)$，根据泰勒公式的唯一性得

$$\frac{f^{(n)}(0)}{n!}=\frac{1}{(n-2)!}$$

即 $f^{(n)}(0)=n(n-1)$.

例 11 设 $P(x)=a+bx+cx^2+5x^3$，且 $f(x)=P(x)+\sin x+2\cos x$ 与 kx^3 是 $x\to 0$ 时等价无穷小，试求 a,b,c,k.

解 $\sin x=x-\frac{x^3}{3!}+o(x^3)$，$\cos x=1-\frac{x^2}{2!}+\frac{1}{4!}x^4+o(x^4)$，所以

$$\begin{aligned}f(x)&=a+bx+cx^2+5x^3+\left(x-\frac{x^3}{3!}+o(x^3)\right)+2\left(1-\frac{x^2}{2!}+\frac{1}{4!}x^4+o(x^4)\right)\\&=(a+2)+(b+1)x+(c-1)x^2+\left(5-\frac{1}{3!}\right)x^3+o(x^3)\end{aligned}$$

要使得 $f(x)$ 与 kx^3 是 $x\to 0$ 时等价无穷小，则

$$\lim_{x\to 0}\frac{f(x)}{kx^3}=\lim_{x\to 0}\frac{(a+2)+(b+1)x+(c-1)x^2+\left(5-\frac{1}{3!}\right)x^3+o(x^3)}{kx^3}=1$$

于是 $a=-2,b=-1,c=1,k=\frac{29}{6}$.

第 2 节　洛必达法则与中值定理求极限

一、洛必达法则

下面就自变量的六种变化过程“$x\to x_0$，$x\to x_0^+$，$x\to x_0^-$，$x\to\infty$，$x\to+\infty$，$x\to-\infty$”进行讨论，为方便，仅就“$x\to x_0$”的情形进行叙述.

洛必达法则 1 设 $f(x),g(x)$ 满足：

(1) 当 $x\to x_0$ 时，函数 $f(x)$ 及 $g(x)$ 都趋近于零；

(2) 在点 x_0 的某去心邻域内 $f'(x)$ 及 $g'(x)$ 都存在且 $g'(x)\neq 0$；

(3) $\lim\limits_{x\to x_0}\frac{f'(x)}{g'(x)}$ 存在(或为无穷大)，则 $\lim\limits_{x\to x_0}\frac{f(x)}{g(x)}=\lim\limits_{x\to x_0}\frac{f'(x)}{g'(x)}$.

洛必达法则 2 设 $f(x),g(x)$ 满足：

(1) 当 $x\to x_0$ 时，函数 $f(x)$ 及 $g(x)$ 都趋于无穷大；

(2) 在点 x_0 的某去心邻域内 $f'(x)$ 及 $g'(x)$ 都存在且 $g'(x)\neq 0$；

(3) $\lim\limits_{x\to x_0}\frac{f'(x)}{g'(x)}$ 存在(或为无穷大)，则 $\lim\limits_{x\to x_0}\frac{f(x)}{g(x)}=\lim\limits_{x\to x_0}\frac{f'(x)}{g'(x)}$.

注 ① 洛必达法则是充分条件，即当 $\lim\frac{f'(x)}{g'(x)}$ 存在时，$\lim\frac{f(x)}{g(x)}$ 也存在且等于 $\lim\frac{f'(x)}{g'(x)}$. ② 当 $\lim\frac{f'(x)}{g'(x)}$ 不存在且不是无穷大时，不能用洛必达法则求极限 $\lim\frac{f(x)}{g(x)}$，更不能以 $\lim\frac{f'(x)}{g'(x)}$ 不存在推断 $\lim\frac{f(x)}{g(x)}$ 不存在. ③ 如果 $\lim\frac{f'(x)}{g'(x)}$ 仍是 $\frac{0}{0}$ 型或 $\frac{\infty}{\infty}$ 型，且满足洛必达的使用条件，则可继续使用洛必达法则. ④ 经常会先使用极限运算法则和等价无穷小替换简化运算，再使用洛必达法则. ⑤ 其他未定式 $0\cdot\infty,\infty-\infty,\infty^0,0^0,1^\infty$

型,通过代数恒等变形可转化为$\frac{0}{0}$型或$\frac{\infty}{\infty}$型.

例 1 求下列极限:

(1) $\lim\limits_{x\to 0}\frac{e^x-e^{-x}-2x}{x-\sin x}$; (2) $\lim\limits_{x\to+\infty}\frac{\ln(1+x^2)}{x^2\tan\frac{1}{x}}$.

解 (1) $\lim\limits_{x\to 0}\frac{e^x-e^{-x}-2x}{x-\sin x}=\lim\limits_{x\to 0}\frac{e^x+e^{-x}-2}{1-\cos x}=\lim\limits_{x\to 0}\frac{e^x-e^{-x}}{\sin x}=\lim\limits_{x\to 0}\frac{e^x+e^{-x}}{\cos x}=2$;

(2) $\lim\limits_{x\to+\infty}\frac{\ln(1+x^2)}{x^2\tan\frac{1}{x}}=\lim\limits_{x\to+\infty}\frac{\ln(1+x^2)}{x}=\lim\limits_{x\to+\infty}\frac{2x}{1+x^2}=\lim\limits_{x\to+\infty}\frac{1}{x}=0$.

例 2 求下列极限:

(1) $\lim\limits_{x\to-\infty}\frac{x}{\sqrt{1+x^2}}$; (2) $\lim\limits_{x\to 0}\frac{x^2\sin\frac{1}{x}}{e^x-1}$;

(3) $\lim\limits_{x\to 0}\frac{2\sin x+x^2\cos\frac{1}{x}}{(1+\cos x)(\sqrt[3]{1-x}-1)}$; (4) $\lim\limits_{x\to+\infty}x\ln\frac{x}{1+x}$.

解 (1) $\lim\limits_{x\to-\infty}\frac{x}{\sqrt{1+x^2}}=\lim\limits_{t\to+\infty}\frac{-t}{\sqrt{1+t^2}}=-1$;

(2) $\lim\limits_{x\to 0}\frac{x^2\sin\frac{1}{x}}{e^x-1}=\lim\limits_{x\to 0}x\sin\frac{1}{x}=0$;

(3) $$\lim_{x\to 0}\frac{2\sin x+x^2\cos\frac{1}{x}}{(1+\cos x)(\sqrt[3]{1-x}-1)}=\frac{1}{2}\lim_{x\to 0}\frac{2\sin x+x^2\cos\frac{1}{x}}{\frac{1}{3}(-x)}$$
$$=-\frac{3}{2}\lim_{x\to 0}\left[\frac{2\sin x}{x}+x\cos\frac{1}{x}\right]=-3.$$

(4) $$\lim_{x\to+\infty}x\ln\frac{x}{1+x}=\lim_{x\to+\infty}\frac{\ln x-\ln(1+x)}{\frac{1}{x}}=\lim_{x\to+\infty}\frac{\frac{1}{x}-\frac{1}{1+x}}{-\frac{1}{x^2}}=\lim_{x\to+\infty}\frac{-x}{1+x}=-1.$$

例 3 求下列极限:

(1) $\lim\limits_{x\to 0^+}\tan x\ln\sin x$; (2) $\lim\limits_{x\to 0}\left[\frac{1}{\ln(1+x)}-\frac{1}{x}\right]$;

(3) $\lim\limits_{x\to 0}\frac{1}{x}\left[\frac{1}{x\cos x}-\frac{1}{\sin x}\right]$; (4) $\lim\limits_{x\to 1}\left[\frac{x}{x-1}-\frac{1}{\ln x}\right]$.

解 (1) $\lim\limits_{x\to 0^+}\tan x\ln\sin x=\lim\limits_{x\to 0^+}\frac{\ln\sin x}{\cot x}=\lim\limits_{x\to 0^+}\frac{\frac{\cos x}{\sin x}}{-\csc^2x}=-\lim\limits_{x\to 0^+}\sin x=0$;

(2) $\lim\limits_{x\to 0}\left[\frac{1}{\ln(1+x)}-\frac{1}{x}\right]=\lim\limits_{x\to 0}\frac{x-\ln(1+x)}{x\ln(1+x)}=\lim\limits_{x\to 0}\frac{x-\ln(1+x)}{x^2}$

$$=\lim_{x\to 0}\frac{1-\dfrac{1}{1+x}}{2x}=\lim_{x\to 0}\frac{1}{2(1+x)}=\frac{1}{2};$$

(3) $\lim\limits_{x\to 0}\dfrac{1}{x}\left[\dfrac{1}{x\cos x}-\dfrac{1}{\sin x}\right]=\lim\limits_{x\to 0}\dfrac{\sin x-x\cos x}{x^2\sin x\cos x}=\lim\limits_{x\to 0}\dfrac{\sin x-x\cos x}{x^3}$

$$=\lim_{x\to 0}\frac{\cos x-\cos x+x\sin x}{3x^2}=\frac{1}{3};$$

(4) $\lim\limits_{x\to 1}\left[\dfrac{x}{x-1}-\dfrac{1}{\ln x}\right]=\lim\limits_{x\to 1}\dfrac{x\ln x-x+1}{(x-1)\ln x}=\lim\limits_{x\to 1}\dfrac{\ln x+1-1}{\ln x+\dfrac{x-1}{x}}$

$$=\lim_{x\to 1}\frac{x\ln x}{x\ln x+x-1}=\lim_{x\to 1}\frac{\ln x+1}{\ln x+2}=\frac{1}{2}.$$

例 4 求下列极限：

(1) $\lim\limits_{x\to 0}(2\sin x+\cos x)^{\frac{1}{x}}$；　　(2) $\lim\limits_{x\to+\infty}(x^2+3^x)^{\frac{1}{x}}$；

(3) $\lim\limits_{x\to+\infty}(\dfrac{\pi}{2}-\arctan x)^{\frac{1}{\ln x}}$；　　(4) $\lim\limits_{x\to 0^+}x^{\tan x}$.

解 (1) $\lim\limits_{x\to 0}(2\sin x+\cos x)^{\frac{1}{x}}=\mathrm{e}^{\lim\limits_{x\to 0}\frac{\ln(2\sin x+\cos x)}{x}}=\mathrm{e}^{\lim\limits_{x\to 0}\frac{2\cos x-\sin x}{2\sin x+\cos x}}=\mathrm{e}^2$；

(2) $\lim\limits_{x\to+\infty}(x^2+3^x)^{\frac{1}{x}}=\mathrm{e}^{\lim\limits_{x\to+\infty}\frac{\ln(x^2+3^x)}{x}}=\mathrm{e}^{\lim\limits_{x\to+\infty}\frac{2x+3^x\ln 3}{x^2+3^x}}=\mathrm{e}^{\lim\limits_{x\to+\infty}\frac{2+3^x\ln^2 3}{2x+3^x\ln 3}}$

$$=\mathrm{e}^{\lim\limits_{x\to+\infty}\frac{3^x\ln^3 3}{2+3^x\ln^2 3}}=\mathrm{e}^{\ln 3}=3;$$

(3) $\lim\limits_{x\to+\infty}\left(\dfrac{\pi}{2}-\arctan x\right)^{\frac{1}{\ln x}}=\mathrm{e}^{\lim\limits_{x\to+\infty}\frac{\ln(\frac{\pi}{2}-\arctan x)}{\ln x}}=\mathrm{e}^{-\lim\limits_{x\to+\infty}x\frac{1}{(\pi/2-\arctan x)}\frac{1}{1+x^2}}$

$$=\mathrm{e}^{-\lim\limits_{x\to+\infty}\frac{1}{(\pi/2-\arctan x)}\frac{1}{x}}=\mathrm{e}^{-\lim\limits_{x\to+\infty}\frac{\frac{1}{x}}{\pi/2-\arctan x}}=\mathrm{e}^{-1};$$

(4) $\lim\limits_{x\to 0^+}x^{\tan x}=\mathrm{e}^{\lim\limits_{x\to 0^+}\frac{\ln x}{\cot x}}=\mathrm{e}^{-\lim\limits_{x\to 0^+}\frac{1}{x\csc^2 x}}=\mathrm{e}^{-\lim\limits_{x\to 0^+}\frac{\sin^2 x}{x}}=\mathrm{e}^0=1.$

例 5 设 $f(x)=\begin{cases}\dfrac{g(x)}{x},x\neq 0\\ 0,x=0\end{cases}$，且已知 $g(0)=g'(0)=0,g''(0)=3$，试求 $f'(0)$.

解 因为$\dfrac{f(x)-f(0)}{x-0}=\dfrac{g(x)}{x^2}$，所以由洛必达法则，有

$$f'(0)=\lim_{x\to 0}\frac{g(x)}{x^2}=\lim_{x\to 0}\frac{g'(x)}{2x}=\frac{1}{2}\lim_{x\to 0}\frac{g'(x)-g'(0)}{x-0}=\frac{1}{2}g''(0)=\frac{3}{2}$$

注 ① 上述解法中，$g(0)=0$ 用在何处？已知 $g'(0)=0$，则显然 $g(x)$ 在 $x=0$ 处连续，从而$\lim\limits_{x\to 0}g(x)=g(0)=0$，所以 $g(x)$ 是 $x\to 0$ 时的无穷小量，满足洛必达法则的条件之一.

② 如果用两次洛必达法则，得到

$$f'(0)=\cdots=\lim_{x\to 0}\frac{g'(x)}{2x}=\lim_{x\to 0}\frac{g''(x)}{2}=\frac{1}{2}g''(0)=\frac{3}{2}$$

则是标准的零分，因 $g''(0)$ 存在并不能保证函数 $g(x)$ 在 0 的某空心邻域内二阶可导(或

$g''(x)$ 存在)，更不能保证 $g''(x)$ 在 $x=0$ 处连续，即 $\lim\limits_{x\to 0}\dfrac{g''(x)}{2}=\dfrac{1}{2}g''(0)$ 成立.

二、利用中值定理求极限

例 6 求极限 $\lim\limits_{n\to\infty} n^2[\arctan(n+1)-\arctan n]$.

解法 1 由拉格朗日中值定理，得

$$\frac{1}{1+(n+1)^2}\leqslant \arctan(n+1)-\arctan n=\frac{1}{1+\xi^2}\leqslant\frac{1}{1+n^2}$$

又 $\lim\limits_{n\to\infty}\dfrac{n^2}{1+(n+1)^2}=\lim\limits_{n\to\infty}\dfrac{n^2}{1+n^2}=1$，根据迫敛性，有

$$\lim_{n\to\infty} n^2[\arctan(n+1)-\arctan n]=1$$

解法 2 注意到 $\arctan(n+1)-\arctan n=\arctan\dfrac{1}{1+n(n+1)}$，于是

$$\begin{aligned}&\lim_{n\to\infty} n^2[\arctan(n+1)-\arctan n]\\&=\lim_{n\to\infty} n^2\arctan\frac{1}{1+n(n+1)}=\lim_{n\to\infty}\frac{n^2}{1+n(n+1)}=1\end{aligned}$$

例 7 求极限 $\lim\limits_{x\to 0}\dfrac{1}{x^3}\ln\dfrac{1+x}{1+\tan x}$.

解法 1

$$\begin{aligned}\lim_{x\to 0}\frac{1}{x^3}\ln\frac{1+x}{1+\tan x}&=\lim_{x\to 0}\frac{\ln(1+x)-\ln(1+\tan x)}{x^3}\\&=\lim_{x\to 0}\frac{x-\tan x}{x^3}\cdot\frac{1}{1+\xi}(\xi\text{ 介于 }x\text{ 与 }\tan x\text{ 之间})\\&=\lim_{x\to 0}\frac{1-\sec^2 x}{3x^2}=\lim_{x\to 0}\frac{-\tan^2 x}{3x^2}=-\frac{1}{3}.\end{aligned}$$

解法 2

$$\begin{aligned}\lim_{x\to 0}\frac{1}{x^3}\ln\frac{1+x}{1+\tan x}&=\lim_{x\to 0}\frac{1}{x^3}\left(\frac{1+x}{1+\tan x}-1\right)=\lim_{x\to 0}\frac{x-\tan x}{(1+\tan x)x^3}\\&=\lim_{x\to 0}\frac{1-\sec^2 x}{3x^2}=\lim_{x\to 0}\frac{-\tan^2 x}{3x^2}=-\frac{1}{3}.\end{aligned}$$

例 8 求极限 $\lim\limits_{x\to 0}\dfrac{\sin(\sin x)-\sin(\arctan x)}{\sqrt[4]{81+\sin x}-\sqrt[4]{81+\arctan x}}$.

解

$$\begin{aligned}&\lim_{x\to 0}\frac{\sin(\sin x)-\sin(\arctan x)}{\sqrt[4]{81+\sin x}-\sqrt[4]{81+\arctan x}}\\&=4\lim_{x\to 0}\frac{\cos\xi}{(81+\xi)^{-3/4}}(\text{柯西中值定理，}\xi\text{ 介于 }\sin x\text{ 与 }\arctan x\text{ 之间})\\&=4\lim_{x\to 0}\frac{\cos\xi}{(81+\xi)^{-3/4}}=108.\end{aligned}$$

例 9 求极限 $\lim\limits_{x\to 0}\dfrac{e^{x^2}+2\cos x-3}{x^4}$.

解 因为 $\cos x=1-\dfrac{x^2}{2!}+\dfrac{x^4}{4!}+o(x^4)$，$e^{x^2}=1+x^2+\dfrac{1}{2!}x^4+o(x^4)$，所以

$$\lim_{x\to 0}\frac{e^{x^2}+2\cos x-3}{x^4}=\lim_{x\to 0}\frac{\left(\dfrac{1}{2!}+2\cdot\dfrac{1}{4!}\right)x^4+o(x^4)}{x^4}=\frac{7}{12}$$

例 10 求极限$\lim\limits_{x\to 0}\dfrac{\cos x-e^{-x^2/2}}{x^2[x+\ln(1-x)]}$.

解 因为$\cos x=1-\dfrac{x^2}{2!}+\dfrac{x^4}{4!}+o(x^4)$,$e^{-\frac{x^2}{2}}=1-\dfrac{x^2}{2}+\dfrac{1}{2!}\left(-\dfrac{x^2}{2}\right)^2+o(x^4)$,$\ln(1+x)=x-\dfrac{1}{2}x^2+o(x^2)$,所以

$$\lim_{x\to 0}\frac{\cos x-e^{-x^2/2}}{x^2[x+\ln(1-x)]}=\lim_{x\to 0}\frac{-2x^4/24+o(x^4)}{-x^4/2+o(x^4)}=\frac{1}{6}$$

第3节　函数的单调性与极值

一、函数单调性的判定法

定理 1 设函数 $y=f(x)$ 在$[a,b]$上连续,在(a,b)内可导.

(1) 如果在(a,b)内 $f'(x)\geqslant 0$,那么函数 $y=f(x)$ 在$[a,b]$上单调递增;

(2) 如果在(a,b)内 $f'(x)\leqslant 0$,那么函数 $y=f(x)$ 在$[a,b]$上单调递减.

注 如果把定理1中闭区间换为其他各类区间,那么结论也是成立的.

例 1 讨论函数 $f(x)=e^x-x-1$ 的单调区间.

解 由已知 $D_f=(-\infty,+\infty)$,且 $f'(x)=e^x-1$,解方程 $f'(x)=0$,得 $x=0$.

当 $x<0$ 时,$f'(x)<0$,那么 $f(x)$ 在$(-\infty,0]$上单调递减;当 $x>0$ 时,$f'(x)>0$,那么 $f(x)$ 在$[0,+\infty)$上单调递增.

例 2 证明:当 $x>1$ 时,$\ln x>\dfrac{2(x-1)}{x+1}$.

证 令 $f(x)=\ln x-\dfrac{2(x-1)}{x+1}$,那么当 $x>1$ 时,有

$$f'(x)=\frac{1}{x}-\frac{4}{(1+x)^2}=\frac{(1-x)^2}{x(1+x)^2}>0$$

即 $f(x)$ 单调递增,从而 $f(x)>f(1)=0$,即 $\ln x>\dfrac{2(x-1)}{x+1}$.

例 3 证明:当 $0<x<\dfrac{\pi}{2}$ 时,$\sin x+\tan x>2x$.

证 令 $f(x)=\sin x+\tan x-2x$,那么当 $0<x<\dfrac{\pi}{2}$ 时,有

$$f'(x)=\cos x+\sec^2 x-2\geqslant 2\sqrt{\cos x\cdot\sec^2 x}-2=2\left(\sqrt{\frac{1}{\cos x}}-1\right)>0$$

即 $f(x)$ 单调递增,从而 $f(x)>f(0)=0$,即 $\sin x+\tan x>2x$.

例 4 证明:方程 $\ln(1+x)=1-x$ 在$(0,1)$内有唯一实根.

证 令 $f(x)=\ln(1+x)-1+x$,显然 $f(x)$ 在$[0,1]$上连续,且 $f(0)=-1<0$,$f(1)=\ln 2>0$,根据闭区间上连续函数的零点定理可知,存在一点 ξ,使得 $f(\xi)=0$.

又因为 $f'(x)=\dfrac{1}{1+x}+1>0$,所以 $f(x)$ 在$(0,1)$内单调递增,故而 $f(x)$ 在$(0,1)$内有且仅有一个根,即方程 $\ln(1+x)=1-x$ 在$(0,1)$内有唯一实根.

二、函数的极值与求法

1. 极值的概念

设函数 $f(x)$ 在点 x_0 的某邻域 $U(x_0)$ 内对一切 $x \in U(x_0)$，有 $f(x) \leqslant f(x_0)$（或 $f(x) \geqslant f(x_0)$），则称 $f(x_0)$ 是函数的一个极大值（或极小值），且 x_0 称为极大值点（或极小值点）.

函数的极大值与极小值统称为函数的极值，极大值点与极小值点统称为极值点.

2. 极值的必要条件与充分条件

定理 2 （必要条件）设函数 $f(x)$ 在 x_0 处可导，且在 x_0 处取得极值，那么 $f'(x_0)=0$.

导数等于零的点称为函数的驻点（稳定点或临界点），因此可导函数的极值点一定是驻点，但是函数的驻点不一定是极值点.

定理 3 （第一充分条件）设函数 $f(x)$ 在 x_0 处连续，在 x_0 的某去心邻域内可导.

(1) 当 $x \in (x_0-\delta, x_0)$ 时，$f'(x) \geqslant 0$；当 $x \in (x_0, x_0+\delta)$ 时，$f'(x) \leqslant 0$，则 $f(x)$ 在 x_0 处取得极大值；

(2) 当 $x \in (x_0-\delta, x_0)$ 时，$f'(x) \leqslant 0$；当 $x \in (x_0, x_0+\delta)$ 时，$f'(x) \geqslant 0$，则 $f(x)$ 在 x_0 处取得极小值.

例 5 求 $f(x)=(x-2)^2\sqrt[3]{(x+1)^2}$ 的极值.

解 由已知 $D_f=(-\infty,+\infty)$，且

$$f'(x)=2(x-2)\sqrt[3]{(x+1)^2}+(x-2)^2\frac{2}{3}(x+1)^{-\frac{1}{3}}=\frac{2(x-2)(4x+1)}{3\sqrt[3]{x+1}}$$

令 $f'(x)=0$，驻点 $x=2, x=-\dfrac{1}{4}$，不可导的点 $x=-1$.

在 $(-\infty,-1)$ 内，$f'(x)<0$；在 $\left(-1,-\dfrac{1}{4}\right)$ 内，$f'(x)>0$. 故不可导的点 $x=-1$ 是函数的一个极小值点，极小值为 0. 又在 $\left(-\dfrac{1}{4},2\right)$ 内，$f'(x)<0$，故驻点 $x=-\dfrac{1}{4}$ 是函数的一个极大值点，极大值为 $\dfrac{81}{32}\left(\dfrac{9}{2}\right)^{\frac{1}{3}}$. 而在 $(2,+\infty)$ 内，$f'(x)>0$，因此驻点 $x=2$ 是函数的一个极小值点，极小值为 0.

定理 4 （第二充分条件）设函数 $f(x)$ 在 x_0 处具有二阶导数且 $f'(x_0)=0$，则：

(1) 当 $f''(x_0)>0$ 时，函数 $f(x)$ 在 $x=x_0$ 处取得极小值；

(2) 当 $f''(x_0)<0$ 时，函数 $f(x)$ 在 $x=x_0$ 处取得极大值；

(3) 当 $f''(x_0)=0$ 时，无法确定 $x=x_0$ 是否为 $f(x)$ 的极值点.

例 6 设 $f(x)$ 二阶连续可导，$\lim\limits_{x\to 0}\dfrac{f'(x)}{\ln(1+x)}=-3$，判断 $x=0$ 是否为极值点.

解 由于 $f(x)$ 二阶连续可导，且 $\lim\limits_{x\to 0}\dfrac{f'(x)}{\ln(1+x)}=-3$，因此，$f'(0)=\lim\limits_{x\to 0}f'(x)=0$. 又

$$f''(0)=\lim_{x\to 0}\frac{f'(x)-f'(0)}{x-0}=\lim_{x\to 0}\frac{f'(x)}{\ln(1+x)}=-3<0$$

从而 $x=0$ 是 $f(x)$ 的极大值点.

例 7　求 $f(x)=x+\sqrt{1-x}$ 的极值.

解　根据已知条件 $D_f=(-\infty,1]$,且

$$f'(x)=1-\frac{1}{2\sqrt{1-x}},f''(x)=-\frac{1}{4\,(1-x)^{\frac{3}{2}}}$$

令 $f'(x)=0$,得驻点 $x=\frac{3}{4}$. 又显然 $f''\left(\frac{3}{4}\right)=-2<0$,从而 $x=\frac{3}{4}$ 为极大值点,且极大值为 $f\left(\frac{3}{4}\right)=\frac{5}{4}$.

例 8　设函数 $f(x)$ 在 $(-\infty,+\infty)$ 内连续,其导函数 $f'(x)$ 的图形如图 4 所示,则 $f(x)$ 有(　　).

(A) 一个极小值点和一个极大值点　　(B) 两个极小值点和一个极大值点

(C) 一个极小值点和两个极大值点　　(D) 两个极大值点和两个极小值点

解　应选(A).

由图 4 可以看到:$f(x)$ 在 $(-\infty,+\infty)$ 内有两个驻点,一个一阶导数不存在的点,并且在驻点左右两侧一阶导数改变符号,而一阶导数在一阶导数不存在的点的左右两侧符号不变,因此,从左至右依次为极大值点、非极值点、极小值点.

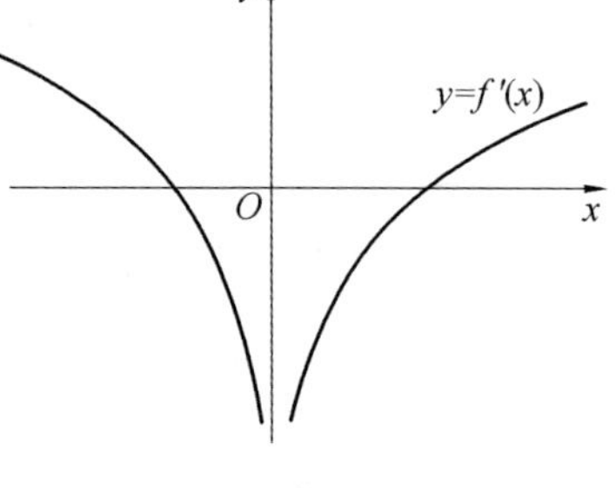

图 4

3. **最大值与最小值**

(1) 求闭区间 $[a,b]$ 上连续函数 $f(x)$ 的最值.

① 求出 $f(x)$ 在区间 (a,b) 内所有的驻点及不可导点,不妨设为 $x_1,x_2,\cdots,x_n$;

② 求出 $f(a),f(x_1),\cdots,f(x_n),f(b)$,则:

最小值 $m=\min\{f(a),f(x_1),\cdots,f(x_n),f(b)\}$;

最大值 $M=\max\{f(a),f(x_1),\cdots,f(x_n),f(b)\}$.

(2) 求无限区间上连续函数的最值.

若函数在无限区间上只有唯一驻点,且该点为极值点,则该点一定为最值点.

例 9　求 $f(x)=|x^2-3x+2|$ 在区间 $[-3,4]$ 上的最大值与最小值.

解　由于

$$f(x)=\begin{cases}x^2-3x+2,-3\leqslant x<1\\-x^2+3x-2,1\leqslant x<2\\x^2-3x+2,2\leqslant x\leqslant 4\end{cases}$$

$$f'(x)=\begin{cases}2x-3,-3\leqslant x<1\\-2x+3,1<x<2\\2x-3,2<x\leqslant 4\end{cases}$$

令 $f'(x)=0$,得驻点为 $x_1=\frac{3}{2}$;不可导的点 $x_2=1,x_3=2$,且

$$f(-3)=20, f(1)=0, f\left(\frac{3}{2}\right)=\frac{1}{4}, f(2)=0, f(4)=6$$

经比较 $f(x)$ 在 $x=-3$ 处取得它在区间$[-3,4]$上的最大值 20，而在 $x=1$ 和 $x=2$ 处取得它在区间$[-3,4]$上的最小值 0.

例 10 证明：方程 $\ln x=\frac{x}{\mathrm{e}}-2$ 在区间$(0,+\infty)$内只有两个实根.

证 设 $f(x)=\ln x-\frac{x}{\mathrm{e}}+2$，那么在$(0,+\infty)$内，有

$$f'(x)=\frac{1}{x}-\frac{1}{\mathrm{e}}=0, f''(x)=-\frac{1}{x^2}<0$$

由 $f'(x)=0$ 解得 $x=\mathrm{e}$，且 $f''(\mathrm{e})=-\frac{1}{\mathrm{e}^2}<0$，$f(x)$ 的极大值 $f(\mathrm{e})=2>0$.

$f(\mathrm{e}^{-2})=-\mathrm{e}^{-3}<0$，$f(\mathrm{e}^4)=6-\mathrm{e}^3<0$，由闭区间上连续函数的零点定理可知，$f(x)$ 在区间$(\mathrm{e}^{-2},\mathrm{e})$与$(\mathrm{e},\mathrm{e}^4)$内各有一个零点. 注意到 $f(x)$ 在$(0,\mathrm{e})$内单调递增，而在$(\mathrm{e},+\infty)$内单调递减. 因此 $f(x)$ 在区间$(0,+\infty)$内有且仅有两个零点，即方程 $\ln x=\frac{x}{\mathrm{e}}-2$ 在区间$(0,+\infty)$内只有两个实根.

例 11 讨论曲线 $y=4\ln x+k$ 与 $y=4x+\ln^4 x$ 的交点个数.

解 令 $f(x)=\ln^4 x-4\ln x+4x-k$，那么在$(0,+\infty)$内，有

$$f'(x)=\frac{4}{x}\ln^3 x-\frac{4}{x}+4=\frac{4(\ln^3 x-1+x)}{x}$$

令 $f'(x)=0$ 解得 $x=1$，且当 $x>1$ 时，显然 $f'(x)>0$，则 $f(x)$ 在$(1,+\infty)$内单调递增；当 $1>x>0$ 时，$f'(x)<0$，则 $f(x)$ 在$(0,1)$内单调递减. 再注意到

$$\lim_{x\to0^+} f(x)=\lim_{x\to0^+}[\ln x\cdot(\ln^3 x-4)+4x-k]=+\infty$$

$$\lim_{x\to+\infty} f(x)=\lim_{x\to+\infty}[\ln x\cdot(\ln^3 x-4)+4x-k]=+\infty$$

所以函数 $f(x)$ 在 $x=1$ 处取得最小值 $f(1)=4-k$.

当 $f(1)=4-k>0$，即 $k<4$ 时，$f(x)\geqslant f(1)>0$，即两条曲线无交点.

当 $f(1)=4-k=0$，即 $k=4$ 时，$f(x)\geqslant f(1)=0$，即两条曲线仅有一个交点.

当 $f(1)=4-k<0$，即 $k>4$ 时，$f(x)$ 分别在$(0,1)$与$(1,+\infty)$内各有一个零点，即两条曲线仅有两个交点.

注 上例中方程 $f'(x)=0$，即 $\ln^3 x-1+x=0$ 并没有一般的解法，因为该方程既不是线性的也不是一元二次或能分解因式的方程，在处理时，大多用“试根法”，观察相对比较特殊的点，代入验证是否满足方程，这种方法对于“解题”是有效的.

第 4 节 曲线的凹凸性与函数图形的描绘

一、曲线的凹凸性

1. 凹凸性的概念

定义 1 设 $f(x)$ 在 I 上连续，如果对 I 上任意两点 x_1, x_2 恒有

$$f\left(\frac{x_1+x_2}{2}\right) \leqslant \frac{f(x_1)+f(x_2)}{2}$$

那么称 $f(x)$ 在 I 上的图形是凹的(图 5);如果对 I 上任意两点 x_1, x_2 恒有

$$f\left(\frac{x_1+x_2}{2}\right) \geqslant \frac{f(x_1)+f(x_2)}{2}$$

那么称 $f(x)$ 在 I 上的图形是凸的(图 6).

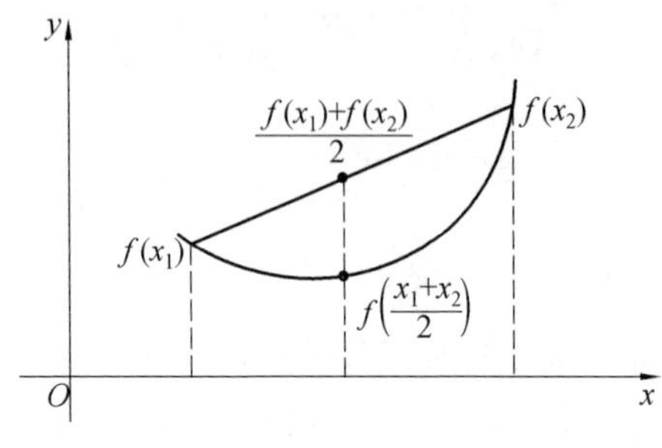

图 5

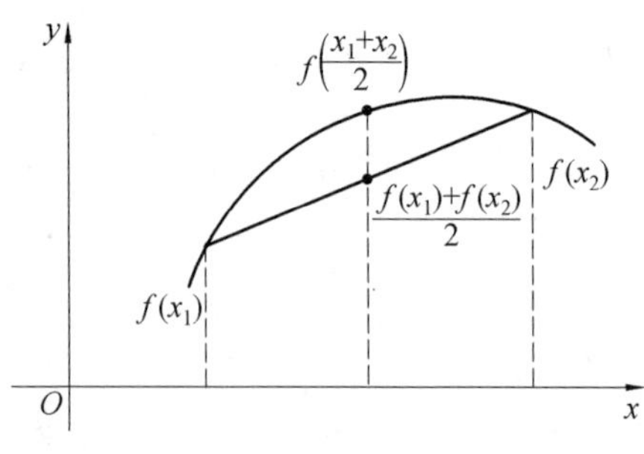

图 6

定义 1′ 设 $f(x)$ 在 I 上连续,如果对 I 上任意两点 x_1, x_2 与任意实数 $\lambda \in (0,1)$ 有

$$f(\lambda x_1 + (1-\lambda)x_2) \leqslant \lambda f(x_1) + (1-\lambda)f(x_2)$$

那么称 $f(x)$ 在 I 上的图形是凹的;如果有

$$f(\lambda x_1 + (1-\lambda)x_2) \geqslant \lambda f(x_1) + (1-\lambda)f(x_2)$$

那么称 $f(x)$ 在 I 上的图形是凸的.

注 关于函数凹凸性概念,很多教材中呈现出来的不等式正好相反,请读者不必深究这种相对性的概念,并尝试接受不同版本的定义,并承认其各自内在的相容性与正确性.

例 1 证明:对任意实数 a,b,有 $e^{\frac{a+b}{2}} \leqslant \frac{1}{2}(e^a + e^b)$.

证 由 e^x 的图像可知,e^x 是$(-\infty,+\infty)$上的凹函数.所以由定义 1 可知,对任意实数 a,b,有 $e^{\frac{a+b}{2}} \leqslant \frac{1}{2}(e^a + e^b)$.

例 2 证明:若 f 为凸函数,λ 为非负实数,则 λf 为凸函数.

证 设 f 在区间 I 上为凸函数,则 $\forall x_1, x_2 \in I, \mu \in (0,1)$,有

$$f(\mu x_1 + (1-\mu)x_2) \geqslant \mu f(x_1) + (1-\mu)f(x_2)$$

设 $\lambda > 0$,有

$$\lambda[f(\mu x_1 + (1-\mu)x_2)] \geqslant \lambda[\mu f(x_1) + (1-\mu)f(x_2)]$$

进而又有

$$(\lambda f)[\mu x_1 + (1-\mu)x_2] \geqslant \mu(\lambda f)(x_1) + (1-\mu)(\lambda f)(x_2)$$

所以 λf 为凸函数.

2. 凹凸性的判定

定理 1 设 $f(x)$ 为区间 I 上的可导函数,则下述结论相互等价:

(1) $f(x)$ 为 I 上的凸函数;

(2) $f'(x)$ 为 I 上的减函数;

(3) 对 I 上的任意两点 x_1,x_2,有 $f(x_2)\leqslant f(x_1)+f'(x_1)(x_2-x_1)$.

定理 2　设 $f(x)$ 在$[a,b]$上连续,在(a,b)内具有一阶和二阶导数,那么:

(1) 若在(a,b)内 $f''(x)>0$,则 $f(x)$ 在$[a,b]$上的图形是凹的;

(2) 若在(a,b)内 $f''(x)<0$,则 $f(x)$ 在$[a,b]$上的图形是凸的.

例 3　求曲线 $y=3x^4-4x^3+1$ 的凹凸区间.

解　函数 $y=3x^4-4x^3+1$ 的定义域为$(-\infty,+\infty)$,且

$$y'=12x^3-12x^2,y''=36x^2-24x=36x\left(x-\frac{2}{3}\right)$$

令 $y''=0$,解之得 $x_1=0,x_2=\dfrac{2}{3}$.

当 $x<0$ 时,$y''>0$,该曲线在$(-\infty,0]$上是凹的;当 $0<x<\dfrac{2}{3}$ 时,$y''<0$,该曲线在$\left[0,\dfrac{2}{3}\right]$上是凸的;当 $x>\dfrac{2}{3}$ 时,$y''>0$,该曲线在$\left[\dfrac{2}{3},+\infty\right)$上是凹的.

例 4　证明詹森不等式:若 f 为$[a,b]$上凹函数,则对任意 $x_i\in[a,b]$,$\lambda_i>0(i=1,2,\cdots,n)$,$\sum\limits_{i=1}^{n}\lambda_i=1$,有 $f(\sum\limits_{i=1}^{n}\lambda_i x_i)\leqslant\sum\limits_{i=1}^{n}\lambda_i f(x_i)$.

证　应用数学归纳法. 当 $n=2$ 时,命题显然成立. 设 $n=k$ 时命题成立,即对任意 $x_1,x_2,\cdots,x_k\in[a,b]$ 及 $\alpha_i>0,i=1,2,\cdots,k,\sum\limits_{i=1}^{k}\alpha_i=1$,都有 $f(\sum\limits_{i=1}^{k}\alpha_i x_i)\leqslant\sum\limits_{i=1}^{k}\alpha_i f(x_i)$.

现设 $x_1,x_2,\cdots,x_k,x_{k+1}\in[a,b]$ 及 $\lambda_i>0(i=1,2,\cdots,k+1)$,$\sum\limits_{i=1}^{k+1}\lambda_i=1$.

令 $\alpha_i=\dfrac{\lambda_i}{1-\lambda_{k+1}},i=1,2,\cdots,k$,则 $\sum\limits_{i=1}^{k}\alpha_i=1$. 由数学归纳法假设可推得

$$\begin{aligned}
&f(\lambda_1x_1+\lambda_2x_2+\cdots+\lambda_kx_k+\lambda_{k+1}x_{k+1})\\
=&f\left[(1-\lambda_{k+1})\frac{\lambda_1x_1+\lambda_2x_2+\cdots+\lambda_kx_k}{1-\lambda_{k+1}}+\lambda_{k+1}x_{k+1}\right]\\
\leqslant&(1-\lambda_{k+1})f(\alpha_1x_1+\alpha_2x_2+\cdots+\alpha_kx_k)+\lambda_{k+1}f(x_{k+1})\\
\leqslant&(1-\lambda_{k+1})[\alpha_1f(x_1)+\alpha_2f(x_2)+\cdots+\alpha_kf(x_k)]+\lambda_{k+1}f(x_{k+1})\\
=&(1-\lambda_{k+1})\left[\frac{\lambda_1}{1-\lambda_{k+1}}f(x_1)+\frac{\lambda_2}{1-\lambda_{k+1}}f(x_2)+\cdots+\frac{\lambda_k}{1-\lambda_{k+1}}f(x_k)\right]+\lambda_{k+1}f(x_{k+1})\\
=&\sum_{i=1}^{k+1}\lambda_if(x_i)
\end{aligned}$$

即对任何正整数 $n(\geqslant 2)$,凹函数 f 总有不等式 $f(\sum\limits_{i=1}^{n}\lambda_ix_i)\leqslant\sum\limits_{i=1}^{n}\lambda_if(x_i)$ 成立.

二、曲线的拐点

1. 拐点

设 $y=f(x)$ 在区间 I 上连续,x_0 是区间 I 内的点,如果曲线 $y=f(x)$ 在经过$(x_0,f(x_0))$点时,曲线的凹凸性改变了,那么就称点$(x_0,f(x_0))$为曲线 $y=f(x)$ 的拐点.

2. 必要条件

如果 $f(x)$ 在 $(x_0-\delta,x_0+\delta)$ 内存在二阶导数，那么点 $(x_0,f(x_0))$ 是拐点的必要条件是 $f''(x_0)=0$.

3. 求法

求出 $f''(x)=0$ 或 $f''(x)$ 不存在的点 x_0，然后再判断对应的点 $(x_0,f(x_0))$ 是否为拐点.

4. 判定

设函数 $f(x)$ 在 x_0 的邻域内三阶可导，且 $f''(x_0)=0$，$f'''(x_0)\neq 0$，那么点 $(x_0,f(x_0))$ 是曲线 $y=f(x)$ 的拐点.

例 5　设函数 $f(x)$ 在 $(-\infty,+\infty)$ 内连续，其中二阶导数 $f''(x)$ 的图形如图 7 所示，则曲线 $y=f(x)$ 的拐点的个数为(　　)

(A)0　　(B)1　　(C)2　　(D)3

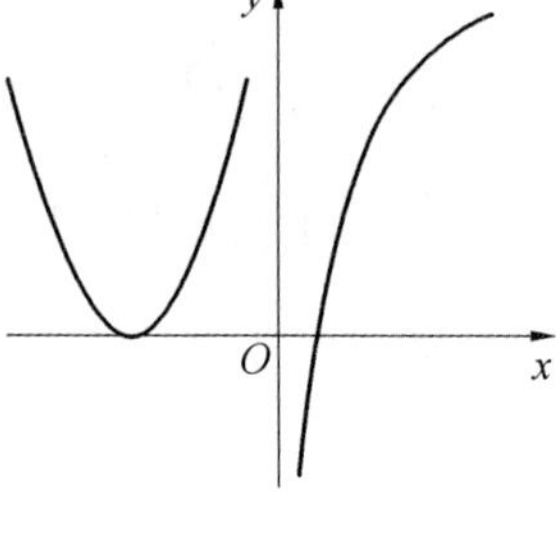

图 7

解　应选(C). 拐点出现在二阶导数等于 0，或二阶导数不存在的点，并且在这点的左右两侧二阶导函数异号. 因此，由 $f''(x)$ 的图形可得，曲线 $y=f(x)$ 存在两个拐点.

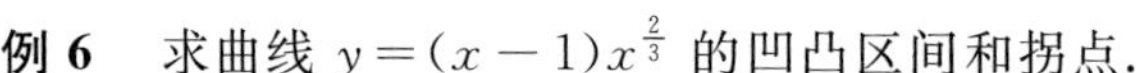

例 6　求曲线 $y=(x-1)x^{\frac{2}{3}}$ 的凹凸区间和拐点.

解　函数的连续区间为 $(-\infty,+\infty)$，又

$$y'=x^{\frac{2}{3}}+\frac{2}{3}(x-1)x^{\ \frac{1}{3}}=\frac{5}{3}x^{\frac{2}{3}}-\frac{2}{3}x^{-\frac{1}{3}}$$

$$y''=\frac{10}{9}x^{-\frac{1}{3}}+\frac{2}{9}x^{-\frac{4}{3}}=\frac{2(5x+1)}{9\sqrt[3]{x^4}}$$

令 $y''=0$，得 $x_1=-\frac{1}{5}$. 而二阶导数不存在的点 $x_2=0$.

当 $x\in\left(-\infty,-\frac{1}{5}\right)$ 时，$y''<0$，因此，曲线在 $\left(-\infty,-\frac{1}{5}\right]$ 上是凸的；当 $x\in\left(-\frac{1}{5},0\right)$ 时，$y''>0$，因此，曲线在 $\left[-\frac{1}{5},0\right]$ 上是凹的；当 $x\in(0,+\infty)$ 时，$y''>0$，因此，这条曲线在 $x\in[0,+\infty)$ 上也是凹的.

点 $\left(-\frac{1}{5},-\frac{6}{5}\sqrt[3]{\frac{1}{25}}\right)$ 是曲线的一个拐点，点 $(0,0)$ 不是这条曲线的拐点.

例 7　曲线 $y=x\sin x+2\cos x\left(-\frac{\pi}{2}<x<2\pi\right)$ 的拐点为(　　).

(A) $(0,2)$　　(B) $(\pi,-2)$　　(C) $\left(\frac{\pi}{2},\frac{\pi}{2}\right)$　　(D) $\left(\frac{3\pi}{2},-\frac{3\pi}{2}\right)$

解　应选(B). 函数 $y=x\sin x+2\cos x$ 在 $\left(-\frac{\pi}{2},2\pi\right)$ 内连续，且

$$y'=\sin x+x\cos x-2\sin x=x\cos x-\sin x$$

$$y''=-x\sin x$$

令 $y''=0$，则 $x_1=0$，$x_2=\pi$．当 $-\dfrac{\pi}{2}<x<0$ 时，$y''<0$；当 $0<x<\pi$ 时，$y''<0$；当 $\pi<x<2\pi$ 时，$y''>0$．因此，这条曲线的拐点为$(\pi,-2)$．

例 8　曲线 $y=x^2+2\ln x$ 在其拐点处的切线方程为________．

解　应填 $y=4x-3$．函数 $y=x^2+2\ln x$ 的定义域为$(0,+\infty)$，且

$$y'=2x+\frac{2}{x},y''=2-\frac{2}{x^2}=\frac{2(x-1)(x+1)}{x^2}$$

令 $y''=0$，那么 $x=1$，$x=-1$（舍去）．又 y'' 在 $x=1$ 的左右两侧异号，于是这条曲线的拐点为$(1,1)$．由导数的几何意义可知这条曲线在拐点处的切线斜率为 $y'|_{x=1}=4$，因此，其切线方程为 $y=4x-3$．

三、函数图像的描绘

利用导数描绘函数图像的一般步骤如下：

第一步，确定函数 $y=f(x)$ 的定义域及函数所具有的某些特性（如奇偶性、周期性等），并求出函数的一阶导数 $f'(x)$ 和二阶导数 $f''(x)$；

第二步，求出一阶导数 $f'(x)$ 和二阶导数 $f''(x)$ 在函数定义域内的全部零点，并求出函数 $f(x)$ 的间断点及 $f'(x)$ 和 $f''(x)$ 不存在的点，用这些点把函数的定义域划分成几个部分区间；

第三步，确定在这些部分区间内 $f'(x)$ 和 $f''(x)$ 的符号，并由此确定函数图像的升降、凹凸和拐点；

第四步，确定函数图像的水平、铅直、斜渐近线以及其他变化趋势；

第五步，算出 $f'(x)$ 和 $f''(x)$ 的零点以及不存在的点所对应的函数值，确定图像上相应的点；为了把函数图像描绘的更准确，有时还需要补充一些点，然后结合第三、四步中得到的结果，联结这些点画出函数 $y=f(x)$ 的图像．

例 9　描绘函数 $y=\dfrac{x^3}{(x-1)^2}$ 的图像．

解　按一般函数的作图步骤进行：

函数的定义域为$(-\infty,1)\cup(1,+\infty)$，且 $y'=\dfrac{x^2(x-3)}{(x-1)^3}$，$y''=\dfrac{6x}{(x-1)^4}$，故在定义域内的驻点为 $x=0$，$x=3$，二阶导数为零的点为 $x=0$，列表如下：

x	$(-\infty,0)$	0	$(0,1)$	$(1,3)$	3	$(3,+\infty)$
y'	+	0	+	−	0	+
y''	−	0	+	+	$\frac{9}{8}$	+
y	↗	0	↗	↘	$\frac{27}{4}$	↗

表中第四栏中箭头表示函数 $y=\dfrac{x^3}{(x-1)^2}$ 的图像在由左向右的四个区间内依次是上升凸、上升凹、下降凹的、上升凹．

再由 $y=\dfrac{x^3}{(x-1)^2}$ 知，$x=1$ 为曲线的铅垂渐近线，曲线无水平渐近线，同时由

$$\lim_{x\to\infty}\frac{f(x)}{x}=\lim_{x\to\infty}\frac{x^3}{x(x-1)^2}=1$$

$$\lim_{x\to\infty}[f(x)-x]=\lim_{x\to\infty}\frac{x^3-x(x-1)^2}{(x-1)^2}=2$$

知直线 $y=x+2$ 是曲线的斜渐近线，见图 8.

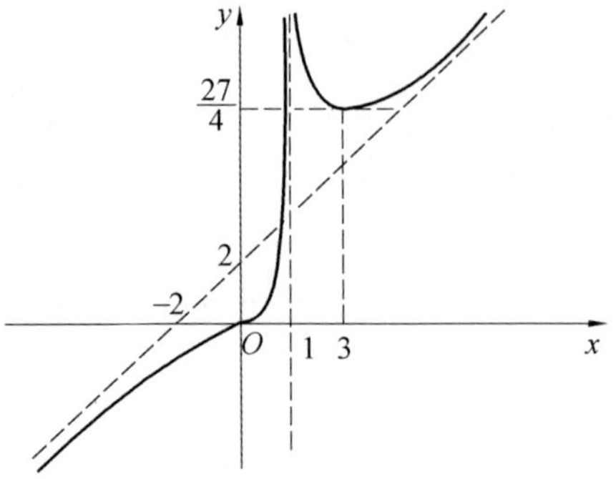

图 8

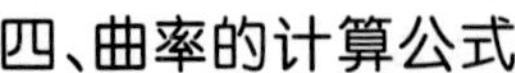

四、曲率的计算公式

1. 直角坐标系下 $y=f(x)$ 二阶可导，则曲率 $K=\dfrac{|y''|}{(1+y'^2)^{\frac{3}{2}}}$.

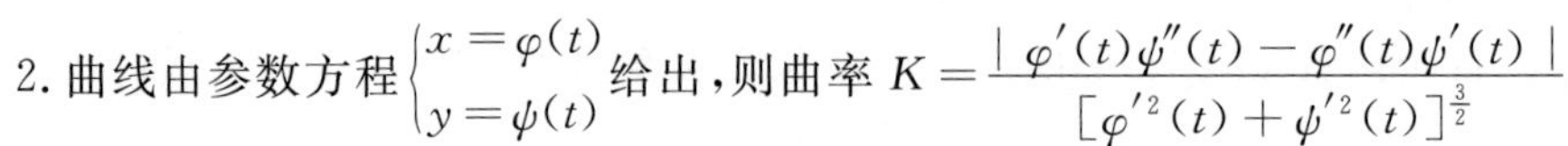

2. 曲线由参数方程 $\begin{cases}x=\varphi(t)\\y=\psi(t)\end{cases}$ 给出，则曲率 $K=\dfrac{|\varphi'(t)\psi''(t)-\varphi''(t)\psi'(t)|}{[\varphi'^2(t)+\psi'^2(t)]^{\frac{3}{2}}}$.

3. 曲率半径 $\rho=\dfrac{1}{K}$.

例 10　曲线 $y=x^2+x(x<0)$ 上曲率为 $\dfrac{\sqrt{2}}{2}$ 的点的坐标是________.

解　应填 $(-1,0)$. 将 $y'=2x+1,y''=2$ 代入曲率计算公式，有

$$K=\frac{|y''|}{(1+y'^2)^{3/2}}=\frac{2}{[1+(2x+1)^2]^{\frac{3}{2}}}=\frac{\sqrt{2}}{2}$$

整理有 $(2x+1)^2=1$，解得 $x=0$ 或 -1，又 $x<0$，所以 $x=-1$，这时 $y=0$，故该点坐标为 $(-1,0)$.

例 11　求曲线 $\begin{cases}x=t-\sin t\\y=1-\cos t\end{cases}$ 在 $t=\dfrac{\pi}{2}$ 相应的点处的曲率和曲率半径.

解　由于

$$\frac{\mathrm{d}y}{\mathrm{d}x}=\frac{y'_t}{x'_t}=\frac{\sin t}{1-\cos t},\left.\frac{\mathrm{d}y}{\mathrm{d}x}\right|_{t=\frac{\pi}{2}}=\left.\frac{\sin t}{1-\cos t}\right|_{t=\frac{\pi}{2}}=1$$

$$\frac{\mathrm{d}^2y}{\mathrm{d}x^2}=\frac{\mathrm{d}}{\mathrm{d}t}\left(\frac{\mathrm{d}y}{\mathrm{d}x}\right)\cdot\frac{\mathrm{d}t}{\mathrm{d}x}=-\frac{1}{(1-\cos t)^2},\left.\frac{\mathrm{d}^2y}{\mathrm{d}x^2}\right|_{t=\frac{\pi}{2}}=-\left.\frac{1}{(1-\cos t)^2}\right|_{t=\frac{\pi}{2}}=-1$$

所以所求曲率为 $K=\left.\dfrac{|y''|}{(1+y'^2)^{3/2}}\right|_{t=\frac{\pi}{2}}=\dfrac{1}{2\sqrt{2}}$；曲率半径为 $\rho=\dfrac{1}{K}=2\sqrt{2}$.

解惑释疑

问题 1　微分中值定理中的“中值”ξ 是指什么？

答　微分中值定理中的“中值”ξ 仅仅是区间 (a,b) 内的某一点，至于 ξ 在区间 (a,b) 内的确切位置，是由具体的函数和具体的区间而定的，仅由微分中值定理是无法确定的. 而微分中值定理所关注的也仅仅是 ξ 的存在性. 读者切不可将“中值”错误地理解为区间

$[a,b]$ 的中点或函数取平均变化率的点.

问题 2 如果函数 $f(x)$ 在 x_0 的某个邻域内可导,且 $f'(x_0)>0$,能否断定 $f(x)$ 一定在 x_0 的某个邻域内单调递增?

答 不能,例如函数 $f(x)=\begin{cases}\dfrac{x}{2}+x^2\sin\dfrac{1}{x},x\neq 0\\ 0,\ x=0\end{cases}$,那么

$$f'(x)=\begin{cases}\dfrac{1}{2}+2x\sin\dfrac{1}{x}-\cos\dfrac{1}{x},x\neq 0\\ \dfrac{1}{2},x=0\end{cases}$$

则 $f'(0)>0$. 但如果取 $x_k=\dfrac{1}{2k\pi}$,那么 $f'(x_k)<0$,因此在 $x=0$ 的任意一个邻域 U 内,都有无限多个 x_k 使 $f'(x_k)<0$,从而 $f(x)$ 在 U 内不可能是单调递增的.

问题 3 罗尔定理、拉格朗日中值定理、柯西中值定理三者之间有何联系?

答 从形式上看,三个定理中罗尔定理的结论形式最简单,所以通常是先证明罗尔定理,再由罗尔定理分别导出拉格朗日中值定理和柯西中值定理. 但另一方面,罗尔定理又是拉格朗日中值定理在 $f(a)=f(b)$ 时的特例,而拉格朗日中值定理又是柯西中值定理在 $g(x)=x$ 时的特例. 在一般的教材中罗尔定理是由费马定理结合闭区间上连续函数的最值定理来证明的. 罗尔中值定理、拉格朗日中值定理、柯西中值定理之间的逻辑关系见图 9 与图 10.

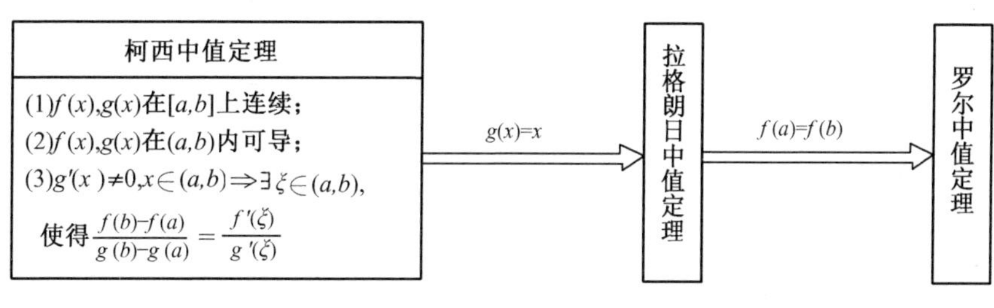

图 9

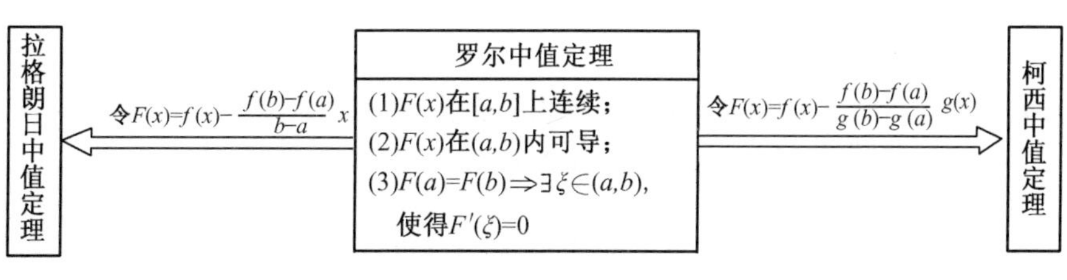

图 10

问题 4 能否按下面的方法由拉格朗日中值定理推出柯西中值定理?

若函数 f 与 g 满足柯西中值定理的条件,则它们自然也满足拉格朗日中值定理的条件,因此存在 $\xi\in(a,b)$,使得

$$f'(\xi)=\frac{f(b)-f(a)}{b-a},g'(\xi)=\frac{g(b)-g(a)}{b-a}$$

两式相除得$\dfrac{f'(\xi)}{g'(\xi)}=\dfrac{f(b)-f(a)}{g(b)-g(a)}$.

答 这样的推导是错误的.这是因为一般来说拉格朗日中值定理中的中值点ξ,对同一区间上的两个不同的函数f和g是不同的,因此不一定能找到一个公共的ξ,使两个等式同时成立,也就不能通过两式相除而得到柯西中值定理.

问题 5 小明用下面的做法求数列未定式的极限,设函数$f(x)$,$g(x)$满足:

(1) 当$n\to\infty$时,$f(n)$,$g(n)$同时趋于∞;

(2) $f(x)$,$g(x)$在$(a,+\infty)$上可导,且$g'(n)\neq 0$;

(3) $\lim\limits_{n\to\infty}\dfrac{f'(n)}{g'(n)}=A$,

则$\lim\limits_{n\to\infty}\dfrac{f(n)}{g(n)}=A$,其中$f'(n)$,$g'(n)$分别表示$f'(n)=f'(x)\big|_{x=n}$,$g'(n)=g'(x)\big|_{x=n}$,这样的做法对吗?为什么?

答 不对.例如极限

$$\lim_{n\to\infty}\frac{f(n)}{g(n)}=\lim_{n\to\infty}\frac{n-\sin(\pi\sqrt{4n^2+1})}{n+\sin(\pi\sqrt{4n^2+1})}=1$$

$$\lim_{n\to\infty}\frac{f'(n)}{g'(n)}=\lim_{n\to\infty}\frac{1-\cos(\pi\sqrt{4n^2+1})\dfrac{4n\pi}{\sqrt{4n^2+1}}}{1+\cos(\pi\sqrt{4n^2+1})\dfrac{4n\pi}{\sqrt{4n^2+1}}}=\frac{1-2\pi}{1+2\pi}$$

因此一般不能通过$\lim\limits_{n\to\infty}\dfrac{f'(n)}{g'(n)}$计算$\lim\limits_{n\to\infty}\dfrac{f(n)}{g(n)}$.

正确的做法应该是应用结论:$\lim\limits_{x\to+\infty}f(x)=A\Rightarrow\lim\limits_{n\to\infty}f(n)=A$.将数列极限转化为函数极限,然后对函数极限使用洛必达法则

$$\lim_{n\to\infty}\frac{f(n)}{g(n)}=\lim_{x\to+\infty}\frac{f(x)}{g(x)}=\lim_{x\to+\infty}\frac{f'(x)}{g'(x)}$$

在计算过程中要特别注意,这里的最后一个极限必须存在,否则,则不能据此断定原极限一定不存在.而且,这最后一个极限也不能将x换成n来计算,否则就可能出错.

问题 6 若点$(x_0,f(x_0))$是曲线的一个拐点,$f'(x_0)$可能不存在,但是在拐点的定义中,却要求在点$(x_0,f(x_0))$处有穿过曲线的切线,这是否矛盾?

答 不矛盾,因为曲线在拐点处可能有垂直于x轴的切线.例如函数$y=\sqrt[3]{x}$在$x=0$处不可导,而$x\neq 0$时,有$y''=-\dfrac{2}{9}x^{-\frac{5}{3}}$,于是当$x<0$时,$f''(x)>0$,曲线在$(-\infty,0)$上是凸的;当$x>0$时,$f''(x)<0$,曲线在$(0,+\infty)$上是凹的,而曲线在$x=0$处有穿过原点的垂直切线.

习题精练

1. 利用罗尔定理,试证:$f(x)=x^{10}+ax+b=0(a,b\in\mathbf{R})$最多只有两个实根.

2. 试利用中值定理证明$\frac{1}{9} < \sqrt{66} - 8 < \frac{1}{8}$.

3. 试证：若 $a_1x + a_2x^2 + \cdots + a_{n-1}x^{n-1} + x^n = 0$ 有一个正根 $x = r$，则 $a_1 + 2a_2x + \cdots + (n-1)a_{n-1}x^{n-2} + nx^{n-1} = 0$ 有一个正根小于 r.

4. 求下列函数的极值，并根据函数的性态画出每个函数的图像.

(1) $f(x) = x^2 - x - 6$；

(2) $f(x) = \begin{cases} x + 6, x < -2 \\ |x - 2|, -2 \leqslant x < 3 \\ \frac{1}{9}x^2, x \geqslant 3 \end{cases}$.

5. 若 $f(x) = ax^3 + bx^2 + cx + d, a \neq 0$，试求 a,b,c 与 d 之值，使 f 在 4 处有极大值点，在 0 处有极小值点，并且其图像经过点(0,5) 与(4,33).

6. 判断下列函数的凹、凸性及拐点.

(1) $f(x) = x + \sin x$；　　(2) $f(x) = \frac{x}{1 + x^2}$.

7. 判断下列函数的极值点与拐点，并画出函数的图像.

(1) $f(x) = x^3 - 2x^2 + x + 3$；　　(2) $f(x) = x\sqrt{4 - x^2}$；　　(3) $f(x) = \sin^2 x$.

8. 试求 a,b,c 与 d 之值，使得函数 $f(x) = ax^3 + bx^2 + cx + d$ 的图像过点(0,1)，$f(x)$ 在 $x = 0$ 处取得驻点且拐点为(1，−1).

9. 若函数 $f(x) = a\cos 2x + b\sin 3x$ 在$\left(\frac{\pi}{6}, 5\right)$处为拐点，试求 a 与 b 之值.

10. 试证：若 $f(x) = a + bx + cx^2 + x^3$ 有一个极小值点和一个极大值点，则在 f 的图形中联结这两个极值点的线段的中点为拐点.

11. 试求由 x 轴及抛物线 $y = x^2 + 2x - 3$ 位于 x 轴下方两点所构成的矩形的最大面积.

12. 设函数 $f(x) = x + a\ln(1 + x) + bx\sin x, g(x) = kx^3$，若 $f(x)$ 与 $g(x)$ 在 $x \to 0$ 时是等价无穷小，求 a,b,k 的值.

13. 设函数 $f(x)$ 在区间[0,1]上具有二阶导数，且 $f(1) > 0, \lim\limits_{x \to 0^+} \frac{f(x)}{x} < 0$，证明：

(1) 方程 $f(x) = 0$ 在区间(0,1)内至少存在一个实根；

(2) 方程 $f(x)f''(x) + (f'(x))^2 = 0$ 在区间(0,1)内至少存在两个不同实根.

14. 已知函数 $f(x)$ 在区间$[a, +\infty)$上具有 2 阶导数，$f(a) = 0, f'(x) > 0, f''(x) > 0$，设 $b > a$，曲线 $y = f(x)$ 在点$(b, f(b))$处的切线与 x 轴的交点是$(x_0, 0)$，证明：$a < x_0 < b$.

15. 证明：若 f,g 均为凸函数，则 $f + g$ 为凸函数.

16. 用凸函数概念证明：对任何非负实数 a,b，有

$$2\arctan\left(\frac{a+b}{2}\right) \geqslant \arctan a + \arctan b$$

17. 应用詹森不等式证明：若 $a_i > 0(i = 1,2,\cdots,n)$，则有

$$\frac{n}{\sum_{i=1}^{n}\frac{1}{a_i}} \leqslant \sqrt[n]{a_1a_2\cdots a_n} \leqslant \frac{\sum_{i=1}^{n}a_i}{n}$$

习题解析

1. 若 $f(x)=x^{10}+ax+b=0(a,b\in\mathbf{R})$ 有多于 2 个实根，则根据罗尔定理可知 $f'(x)=0$ 至少有两个实根. 但 $f'(x)=10x^9+a=0$ 只有一个实根，即 $x=\left(\frac{-a}{10}\right)^{\frac{1}{9}}$. 所以 $f(x)=0$ 不可能有多于两个实根.

2. 令 $f(x)=\sqrt{x}$，$x\in[64,66]$，则由拉格朗日中值定理可知 $\frac{f(66)-f(64)}{66-64}=f'(c)=\frac{1}{2\sqrt{c}}$，其中 $c\in(64,66)$. 所以 $\sqrt{66}-8=\frac{1}{\sqrt{c}}$，$c\in(64,66)$. 因此 $\frac{1}{9}=\frac{1}{\sqrt{81}}<\frac{1}{\sqrt{66}}<\sqrt{66}-8<\frac{1}{\sqrt{64}}=\frac{1}{8}$.

3. 令 $f(x)=a_1x+a_2x^2+\cdots+a_{n-1}x^{n-1}+x^n$. 由已知显然 $f(r)=0$，又有 $f(0)=0$，再由罗尔中值定理可知有 $c\in(0,r)$ 使 $f'(c)=a_1+2a_2c+\cdots+(n-1)a_{n-1}c^{n-2}+nc^{n-1}=0$.

4. (1) 由 $f'(x)=2x-1=0$ 可知 $x=\frac{1}{2}$，$y=f\left(\frac{1}{2}\right)=-\frac{25}{4}$.

当 $x\in\left(-\infty,\frac{1}{2}\right)$ 时，$f'(x)<0$，所以 f 在 $\left(-\infty,\frac{1}{2}\right]$ 上是递减的；当 $x\in\left(\frac{1}{2},\infty\right)$ 时，$f'(x)>0$，所以 f 在 $\left[\frac{1}{2},+\infty\right)$ 上是递增的. 因此 $f\left(\frac{1}{2}\right)=-\frac{25}{4}$ 是唯一的极小值(显然也为最小值).

(2) 由于 $f(x)=\begin{cases}x+6,x<-2\\-(x-2),-2\leqslant x<2\\x-2,2\leqslant x<3\\\frac{1}{9}x^2,x\geqslant 3\end{cases}$，所以 $f'(x)=\begin{cases}1,x<-2\\-1,-2<x<2\\1,2<x<3\\\frac{2x}{9},x>3\end{cases}$.

因此在 $(-\infty,-2]$ 上，f 单调递增；在 $[-2,2]$ 上，f 单调递减；在 $[2,+\infty)$ 上，f 单调递增. $f(-2)=4$ 是一个极大值，而 $f(2)=0$ 是一个极小值.

函数的图像请读者尝试自己画.

5. 由 $f(0)=5$ 可得 $d=5$. 又由 $f(4)=33$ 得 $64a+16b+4c=28$. $f'(x)=3ax^2+2bx+c$，再由 $f'(0)=0$ 及 $f'(4)=0$ 得 $c=0$ 及 $48a+8b=0$. 联立方程 $16a+4b=7$ 及 $6a+b=0$，解得 $a=-\frac{7}{8}$ 与 $b=\frac{21}{4}$. 因此得 $f(x)=-\frac{7}{8}x^3+\frac{21}{4}x^2+5$.

6. (1) $f'(x)=1+\cos x$ 及 $f''(x)=-\sin x$. 令 $f''(x)=0$，当 $x\in(2n\pi,(2n+1)\pi)$

时，$f''(x)<0$，所以在$(2n\pi,(2n+1)\pi)$上，f为凸函数；$x\in((2n+1)\pi,2(n+1)\pi)$时，$f''(x)>0$，所以在$((2n+1)\pi,2(n+1)\pi)$上，$f$为凹函数. 则得拐点为$\{(n\pi,n\pi)\mid n\in\mathbf{Z}\}$.

(2)$f'(x)=\dfrac{1-x^2}{(1+x^2)^2}$及$f''(x)=\dfrac{2x(x^2-3)}{(x^2+1)^3}$. 令$f''(x)=0$，当$x<-\sqrt{3}$时，$f''(x)<0$，所以在$(-\infty,-\sqrt{3})$上，$f$为凸函数；当$-\sqrt{3}<x<0$时，$f''(x)>0$，所以在$(-\sqrt{3},0)$上，$f$为凹函数；当$0<x<\sqrt{3}$时，$f''(x)<0$，所以在$(0,\sqrt{3})$上，$f$为凸函数；当$x>\sqrt{3}$时，$f''(x)>0$，所以在$(\sqrt{3},+\infty)$上，$f$为凹函数. 则得拐点为$(0,0)$，$\left(\sqrt{3},\dfrac{\sqrt{3}}{4}\right)$与$\left(-\sqrt{3},-\dfrac{\sqrt{3}}{4}\right)$.

7. (1) 由$f'(x)=3x^2-4x+1=(3x-1)(x-1)=0$得$x=\dfrac{1}{3},1$；再由$f''(x)=2(3x-2)$得$f''\left(\dfrac{1}{3}\right)=-2<0$，$f''(1)=2>0$，可知$x=\dfrac{1}{3}$为函数的极大值点，而$x=1$为函数的极小值点. 又由$f''(x)=0$得函数的拐点为$\left(\dfrac{2}{3},\dfrac{83}{27}\right)$. 函数的图像如图11(a)所示.

(2)$f(x)$的定义域为$[-2,2]$. 由$f'(x)=\sqrt{4-x^2}-\dfrac{x^2}{\sqrt{4-x^2}}=\dfrac{4-2x^2}{\sqrt{4-x^2}}=0$得$x=\pm\sqrt{2}$. 显然$x=-\sqrt{2}$为函数的极小值点，而$x=\sqrt{2}$为函数的极大值点. 由$f''(x)=\dfrac{2x^3-12x}{\sqrt{(4-x^2)^3}}=0$易得函数的拐点为$(0,0)$. 函数的图像如图11(b)所示.

(3) 由于$f(x)=\sin^2x$以π为周期，不失一般性，先考察函数在$[0,2\pi]$上的极值与拐点. 由$f'(x)=2\sin x\cos x=\sin 2x=0$得$x=0,\dfrac{\pi}{2},\pi,\dfrac{3\pi}{2},2\pi$. 又由$f''(x)=2\cos 2x$可知$f''(0)=2>0$，$f''\left(\dfrac{\pi}{2}\right)=-2<0$，$f''(\pi)=2>0$，$f''\left(\dfrac{3\pi}{2}\right)=-2<0$，$f''(2\pi)=2>0$. 所以$x=k\pi$为$f(x)$的极小值点，而$x=k\pi+\dfrac{\pi}{2}$为$f(x)$的极大值点. 最后，由$f''(x)=0$得函数的拐点为$\left(k\pi+\dfrac{\pi}{4},\dfrac{1}{2}\right)$，$\left(k\pi+\dfrac{3\pi}{4},\dfrac{1}{2}\right)$，其中$k$为整数. 函数的图像如图11(c)所示.

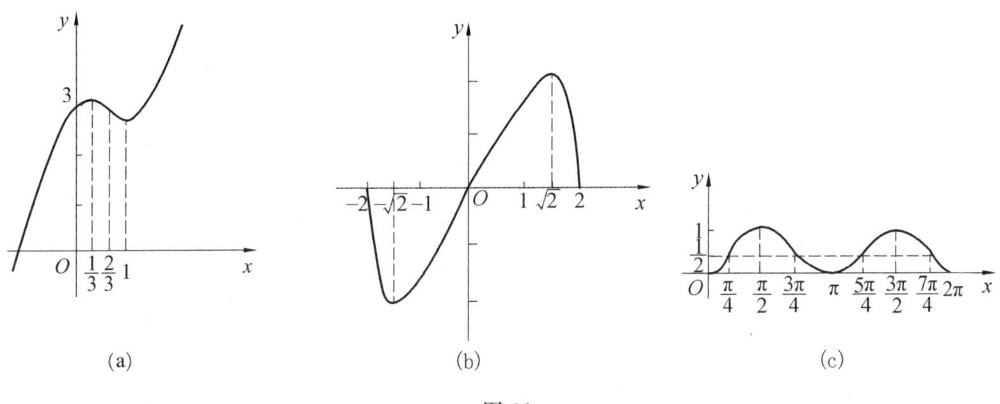

图 11

8. 因为$f'(x)=3ax^2+2bx+c$及$f''(x)=6ax+2b$，所以$f'(0)=0$且$f''(1)=0$，即

$c=0$ 且 $6a+2b=0$. 又有 $1=f(0)=d$ 及 $-1=f(1)=a+b+1$. 联立方程 $6a+2b=0$ 与 $a+b=-2$,解得 $a=1,b=-3$. 因此 $a=1,b=-3,c=0$ 与 $d=1$.

9. 因为 $\left(\frac{\pi}{6},5\right)$ 为拐点,即 $\left(\frac{\pi}{6},5\right)$ 在曲线上,所以 $5=a\cos\frac{\pi}{3}+b\sin\frac{\pi}{2}=\frac{1}{2}a+b$. 又由 $f'(x)=-2a\sin 2x+3b\cos 3x, f''(x)=-4a\cos 2x-9b\sin 3x$,得另一方程 $0=-4a\cos\frac{\pi}{3}-9b\sin\frac{\pi}{2}=-2a-9b$. 联立方程 $\frac{1}{2}a+b=5$ 与 $-2a-9b=0$,解得 $b=-4,a=18$.

10. 由 $f(x)=a+bx+cx^2+x^3$,得 $f'(x)=b+2cx+3x^2$ 与 $f''(x)=2c+6x$. 若 f 有一个极小值点和一个极大值点,则 $f'(x)=0$ 有两个相异的根. 由 $3x^2+2cx+b=0$ 得出 $x=\frac{-2c\pm\sqrt{4c^2-12b}}{6}=\frac{-c\pm\sqrt{c^2-3b}}{3}$. 令 $f''(x)=0$,则可知 f 在 $x=-\frac{c}{3}$ 处有一个拐点. 令 $x_1=\frac{-c+\sqrt{c^2-3b}}{3}$ 与 $x_2=\frac{-c-\sqrt{c^2-3b}}{3}$ 为两个相异的驻点,则 x_1 与 x_2 的中点坐标为

$$\frac{x_1+x_2}{2}=\frac{\frac{-c+\sqrt{c^2-3b}}{3}+\frac{-c-\sqrt{c^2-3b}}{3}}{2}=-\frac{c}{3}$$

11. 假定 x 轴上的两点为 $(x_1,0),(x_2,0)$,它们分别对应于抛物线上两点 (x_1,y_1) 与 (x_2,y_2),$x_2<x_1$. 这四个点构成的矩形面积 $A=(x_2-x_1)y_1$.

由于抛物线 $y=x^2+2x-3$ 关于 $x=-1$ 对称,所以 $x_2+x_1=-2$. 从而 $A=(x_2-x_1)(x_1^2+2x_1-3)=(-2x_1-2)(x_1^2+2x_1-3)$. 令 $\frac{\mathrm{d}A}{\mathrm{d}x_1}=0$,解得 $x_1=-1\pm\frac{2}{3}\sqrt{3}$. 又由 $\frac{\mathrm{d}^2A}{\mathrm{d}x_1^2}=-12(x_1+1)$,可得 $\left.\frac{\mathrm{d}^2A}{\mathrm{d}x_1^2}\right|_{-1+\frac{2\sqrt{3}}{3}}<0$. 因此 $x_1=-1+\frac{2}{3}\sqrt{3}, x_2=-1-\frac{2}{3}\sqrt{3}, y_1=-\frac{8}{3}$,所以矩形的最大面积为 $(x_2-x_1)y_1=\left(-1-\frac{2}{3}\sqrt{3}+1-\frac{2}{3}\sqrt{3}\right)\times\left(-\frac{8}{3}\right)=\frac{32\sqrt{3}}{9}$.

12. 由题意可知

$$\begin{aligned}1&=\lim_{x\to 0}\frac{x+a\ln(1+x)+bx\sin x}{kx^3}\\&=\lim_{x\to 0}\frac{x+a\left(x-\frac{x^2}{2}+\frac{x^3}{3}+o(x^3)\right)+bx\left(x-\frac{x^3}{6}+o(x^3)\right)}{kx^3}\\&=\lim_{x\to 0}\frac{(1+a)x+\left(b-\frac{a}{2}\right)x^2+\frac{a}{3}x^3+o(x^3)}{kx^3}\end{aligned}$$

即 $1+a=0, b-\frac{a}{2}=0, \frac{a}{3k}=1$,所以 $a=-1,b=-\frac{1}{2},k=-\frac{1}{3}$.

13. (1) 由于 $\lim\limits_{x\to 0^+}\frac{f(x)}{x}<0$,根据极限的保号性得 $\exists\delta>0, \forall x\in(0,\delta)$ 有 $\frac{f(x)}{x}<0$,即 $f(x)<0$,进而 $\exists x_0\in(0,\delta)$ 有 $f(\delta)<0$. 又由于 $f(x)$ 二阶可导,所以 $f(x)$ 在 $[0,1]$

上必连续.那么 $f(x)$ 在 $[\delta,1]$ 上连续,由 $f(\delta)<0$,$f(1)>0$,根据零点定理得:至少存在一点 $\xi\in(\delta,1)$,使 $f(\xi)=0$,即得证.

(2) 由(1) 可知 $f(0)=0$,$\exists\,\xi\in(0,1)$,使 $f(\xi)=0$,令 $F(x)=f(x)f'(x)$,则 $f(0)=f(\xi)=0$. 由罗尔定理可知 $\exists\,\eta\in(0,\xi)$,使 $f'(\eta)=0$,则 $F(0)=F(\eta)=F(\xi)=0$. 对 $F(x)$ 在 $(0,\eta)$,(η,ξ) 上分别使用罗尔定理:$\exists\,\eta_1\in(0,\eta)$,$\eta_2\in(\eta,\xi)$ 且 $\eta_1,\eta_2\in(0,1)$,$\eta_1\neq\eta_2$,使得 $F'(\eta_1)=F'(\eta_2)=0$,即 $F'(x)=f(x)f''(x)+(f'(x))^2=0$ 在 $(0,1)$ 上至少有两个不同实根.

14. 由于过点 $(b,f(b))$ 的切线斜率为 $f'(b)$,且该切线过点 $(x_0,0)$,故 $f'(b)=\dfrac{f(b)-0}{b-x_0}$,解得 $x_0=b-\dfrac{f(b)}{f'(b)}$.

因为 $b>a$,$f'(x)>0$,$f(x)$ 在 $[a,+\infty)$ 上严格单调增加,所以 $f(b)>f(a)=0$,从而 $\dfrac{f(b)}{f'(b)}>0$.

因此,$x_0=b-\dfrac{f(b)}{f'(b)}<b$.

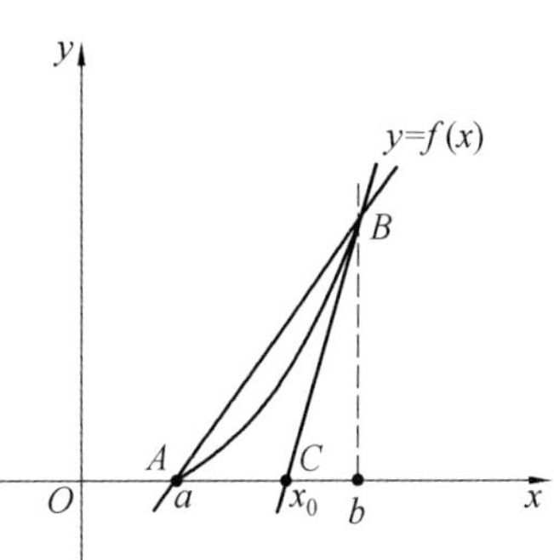

图 12

如图 12 所示,记点 A 为 $(a,f(a))$,点 B 为 $(b,f(b))$. 下面证明 $a<x_0$.

由拉格朗日中值定理可得,存在 $\xi\in(a,b)$,使得 $f'(\xi)(b-a)=f(b)-f(a)$,即弦 AB 的斜率等于曲线 $\overset{\frown}{AB}$ 上某点 $(\xi,f(\xi))$ 处的切线斜率 $f'(\xi)$. 由于 $f''(x)>0$,故 $f'(x)$ 在 $[a,+\infty)$ 上为严格单调递增函数,从而 $f'(\xi)<f'(b)$.

$$\frac{f(b)-f(a)}{b-a}=f'(\xi)<f'(b)=\frac{f(b)-0}{b-x_0}$$

代入 $f(a)=0$,得 $\dfrac{f(b)}{b-a}<\dfrac{f(b)}{b-x_0}$. 由于 $b-a>0$,$b-x_0>0$,$f(b)>0$,故 $b-a>b-x_0$,即 $a<x_0$.

综上所述,$a<x_0<b$.

15. 设 f,g 在区间 I 上为凸函数,$\lambda\in(0,1)$,所以

$$f(\lambda x_1+(1-\lambda)x_2)\geqslant\lambda f(x_1)+(1-\lambda)f(x_2) \quad ①$$

$$g(\lambda x_1+(1-\lambda)x_2)\geqslant\lambda g(x_1)+(1-\lambda)g(x_2) \quad ②$$

① + ②,得 $(f+g)[\lambda x_1+(1-\lambda)x_2]\geqslant\lambda(f+g)(x_1)+(1-\lambda)(f+g)(x_2)$,所以 $f+g$ 为凸函数.

16. 对 $\arctan x$ 二阶求导,有 $(\arctan x)''=\dfrac{-2x}{(1+x^2)^2}$,则当 $x\geqslant 0$ 时,$(\arctan x)''\leqslant 0$,所以 $\arctan x$ 是 $[0,+\infty)$ 上的凸函数. 令 $\lambda=\dfrac{1}{2}$,有

$$\arctan\left(\frac{a+b}{2}\right)\geqslant\frac{1}{2}(\arctan a+\arctan b)$$

17. 设 $f(x)=-\ln x$,$x>0$,则 $f''(x)=\dfrac{1}{x^2}$,可知 $f(x)=-\ln x$ 在 $x>0$ 时为凹函

数，依据詹森不等式，有

$$f\left(\frac{a_1+a_2+\cdots+a_n}{n}\right)\leqslant\frac{1}{n}[f(a_1)+f(a_2)+\cdots+f(a_n)]$$

即 $-\ln\frac{a_1+a_2+\cdots+a_n}{n}\leqslant\frac{1}{n}(-\ln a_1-\cdots-\ln a_n)$，亦即 $\frac{a_1+a_2+\cdots+a_n}{n}\geqslant\sqrt[n]{a_1a_2\cdots a_n}$.

另一不等式同理可证.

第8讲

不定积分

背景简介

截止到现在，相信读者对数学中的计算（不仅仅是数学分析），已有明确的认识，计算不仅仅拘泥于初等数学中关于数的加、减、乘、除运算，比如还涉及行列式、逆矩阵、极限、导数、微分等相对高端的计算．我们知道，实数加法的逆运算是减法，乘法的逆运算是除法，那么导数（或微分）的逆运算是什么呢？答：不定积分$\int f(x)\mathrm{d}x$！这个记号让我们也想起定积分的身影．

从数学的发展历史上看，定积分的概念早于不定积分的概念，$f(x)$在$[a,b]$上的定积分记为$\int_a^b f(x)\mathrm{d}x$，它是微分量$f(x)\mathrm{d}x$的无限累加，积分号"$\int$"完美继承了其父母Sum与limit的基因，定睛一看，原来是个修身瘦脸版的字母S（即$\int=\mathrm{Sum}+\lim$），而牛顿和莱布尼茨告诉我们，定积分的计算要依赖于不定积分．更重要的是，每个连续函数的原函数必定存在，而且可以用某种特殊形式的定积分来表示，正是由于这两者之间千丝万缕的联系，后人就把全体原函数的集合取名为"不定积分"，并采用记号"$\int f(x)\mathrm{d}x$"来表示，又因$\frac{\mathrm{d}}{\mathrm{d}x}\int f(x)\mathrm{d}x=f(x)$，$\mathrm{d}\int f(x)\mathrm{d}x=f(x)\mathrm{d}x$，所以微分"d"与积分"$\int$"正好相消，犹如数的正负相消、乘除相消一般．

本讲的核心任务是计算不定积分！会利用换元法、分部积分法、待定系数法计算各种不定积分．

内容聚焦

第1节　不定积分的概念与性质

一、原函数与不定积分

1. 原函数的概念

定义1　设函数$f(x)$在区间I内有定义，如果存在可导函数$F(x)$，使得对任意的

$x \in I$，都有

$$F'(x)=f(x) \text{ 或 } \mathrm{d}F(x)=f(x)\mathrm{d}x$$

成立，那么称函数 $F(x)$ 为 $f(x)$ 在区间 I 内的一个原函数.

注 ① 如果一个函数的原函数存在，那么它的原函数有无穷多个；② 同一个函数的任何两个原函数之间最多相差一个常数.

例 1 验证 $\arcsin(2x-1)$ 和 $2\arctan\sqrt{\dfrac{x}{1-x}}$ 都是 $\dfrac{1}{\sqrt{x-x^2}}$ 的原函数.

解 由于

$$[\arcsin(2x-1)]'=\frac{1}{\sqrt{1-(2x-1)^2}}(2x-1)'=\frac{1}{\sqrt{x-x^2}}$$

$$\left[2\arctan\sqrt{\frac{x}{1-x}}\right]'=2\,\frac{1}{1+\dfrac{x}{1-x}}\left(\sqrt{\frac{x}{1-x}}\right)'=\frac{1}{\sqrt{x-x^2}}$$

所以 $\arcsin(2x-1)$ 和 $2\arctan\sqrt{\dfrac{x}{1-x}}$ 都是 $\dfrac{1}{\sqrt{x-x^2}}$ 的原函数.

例 2 若 $f(x)$ 的导函数是 $-\cos x$，则 $f(x)$ 有一个原函数是(　　).

(A) $1+\sin x$　　(B) $1-\sin x$　　(C) $1+\cos x$　　(D) $1-\cos x$

解 应选(C). 因为

$$(1+\sin x)''=(\cos x)'=-\sin x,(1-\sin x)''=(-\cos x)'=\sin x$$

$$(1+\cos x)''=(-\sin x)'=-\cos x,(1-\cos x)''=(\sin x)'=\cos x$$

2. 原函数存在定理

定理 1 如果函数 $f(x)$ 在区间 I 上连续，那么在区间 I 上存在可导函数 $F(x)$，使对任意 $x \in I$ 都有 $F'(x)=f(x)$.

注 ① 连续函数一定有原函数；② 具有第一类间断点的函数在包含这个间断点的区间内一定没有原函数.

例 3 设 $f(x)=\begin{cases}\cos x, x\geqslant 0\\ \sin x, x<0\end{cases}$，$g(x)=\begin{cases}x\sin\dfrac{1}{x}, x\neq 0\\ 0, x=0\end{cases}$，那么在区间 $(-1,1)$ 内(　　).

(A) $f(x)$ 与 $g(x)$ 都存在原函数

(B) $f(x)$ 与 $g(x)$ 都不存在原函数

(C) $f(x)$ 存在原函数，$g(x)$ 不存在原函数

(D) $f(x)$ 不存在原函数，$g(x)$ 存在原函数

解 应选(D). 因为

$$\lim_{x\to 0^-}f(x)=\lim_{x\to 0^-}\sin x=0,\lim_{x\to 0^+}f(x)=\lim_{x\to 0^+}\cos x=1$$

$$\lim_{x\to 0}g(x)=\lim_{x\to 0}x\sin\frac{1}{x}=0=g(0)$$

即 $f(x)$ 在区间 $(-1,1)$ 内存在第一类间断点，而 $g(x)$ 在区间 $(-1,1)$ 内连续，所以在区

间$(-1,1)$内，$f(x)$不存在原函数，而$g(x)$存在原函数.

3.不定积分的概念

定义2 函数$f(x)$在区间I内所有原函数的一般表达式称为$f(x)$在I内的不定积分，记作$\int f(x)\mathrm{d}x$，其中"$\int$"称为积分符号，$f(x)$称为被积函数，$f(x)\mathrm{d}x$称为被积表达式，x称为积分变量.

如果$F(x)$是$f(x)$在区间I上的一个原函数，那么$f(x)$在I内的不定积分为

$$\int f(x)\mathrm{d}x=F(x)+C$$

其中C称为积分常数.

例4 计算$\int\frac{1}{\sqrt{1-x^2}}\mathrm{d}x$.

解 由于$(\arcsin x)'=\frac{1}{\sqrt{1-x^2}}$，所以$\arcsin x$是$\frac{1}{\sqrt{1-x^2}}$的一个原函数，因此

$$\int\frac{1}{\sqrt{1-x^2}}\mathrm{d}x=\arcsin x+C$$

例5 如果$f(x)$的一个原函数是$x\sin x$，则$\int f'(x)\mathrm{d}x=(\quad)$.

(A)$x\sin x+C$　　(B)$\sin x+x\cos x+C$

(C)$\sin x-x\cos x+C$　　(D)$-\sin x-x\cos x+C$

解 应选(B).由于$x\sin x$是$f(x)$的一个原函数，所以

$$f(x)=(x\sin x)'=\sin x+x\cos x$$

进而$\int f'(x)\mathrm{d}x=f(x)+C=\sin x+x\cos x+C$.

例6 如果$\int f(x)\mathrm{d}x=\frac{1}{2}\ln(2x+\sqrt{4x^2+9})+C$，则$f'(x)=(\quad)$.

(A)$\frac{1}{\sqrt{4x^2+9}}$　　(B)$\frac{1}{2\sqrt{4x^2+9}}$　　(C)$\frac{-4x}{(4x^2+9)^{\frac{3}{2}}}$　　(D)$\frac{4x}{(4x^2+9)^{\frac{3}{2}}}$

解 应选(C).显然$f(x)=\left[\frac{1}{2}\ln(2x+\sqrt{4x^2+9})+C\right]'=\frac{1}{\sqrt{4x^2+9}}$，所以

$$f'(x)=\left[\frac{1}{\sqrt{4x^2+9}}\right]'=\frac{-4x}{(4x^2+9)^{\frac{3}{2}}}$$

二、基本积分

(1)$\int k\mathrm{d}x=kx+C$(k为常数)；　　(2)$\int x^{\mu}\mathrm{d}x=\frac{x^{\mu+1}}{\mu+1}+C(\mu\neq-1)$；

(3)$\int\frac{\mathrm{d}x}{x}=\ln|x|+C$；　　(4)$\int a^x\mathrm{d}x=\frac{a^x}{\ln a}+C(a>0$且$a\neq1)$；

(5)$\int \mathrm{e}^x\mathrm{d}x=\mathrm{e}^x+C$；　　(6)$\int\cos x\mathrm{d}x=\sin x+C$；

(7)$\int\sin x\mathrm{d}x=-\cos x+C$；　　(8)$\int\sec^2x\mathrm{d}x=\int\frac{1}{\cos^2x}\mathrm{d}x=\tan x+C$；

(9) $\int \csc^2 x\,dx = \int \frac{1}{\sin^2 x}dx = -\cot x + C$；(10) $\int \sec x \tan x\,dx = \sec x + C$；

(11) $\int \csc x \cot x\,dx = -\csc x + C$；(12) $\int \frac{dx}{\sqrt{1-x^2}} = \arcsin x + C$；

(13) $\int \frac{dx}{1+x^2} = \arctan x + C$；(14) $\int \tan x\,dx = -\ln|\cos x| + C$；

(15) $\int \cot x\,dx = \ln|\sin x| + C$；(16) $\int \sec x\,dx = \ln|\sec x + \tan x| + C$；

(17) $\int \csc x\,dx = \ln|\csc x - \cot x| + C$；(18) $\int \frac{dx}{a^2+x^2} = \frac{1}{a}\arctan\frac{x}{a} + C$；

(19) $\int \frac{dx}{x^2-a^2} = \frac{1}{2a}\ln\left|\frac{x-a}{x+a}\right| + C$；(20) $\int \frac{dx}{\sqrt{a^2-x^2}} = \arcsin\frac{x}{a} + C$；

(21) $\int \frac{dx}{\sqrt{x^2+a^2}} = \ln(x+\sqrt{x^2+a^2}) + C$；(22) $\int \frac{dx}{\sqrt{x^2-a^2}} = \ln|x+\sqrt{x^2-a^2}| + C$；

(23) $\int \sqrt{a^2-x^2}\,dx = \frac{x}{2}\sqrt{a^2-x^2} + \frac{a^2}{2}\arcsin\frac{x}{a} + C$；

(24) $\int \sqrt{x^2-a^2}\,dx = \frac{x}{2}\sqrt{x^2-a^2} - \frac{a^2}{2}\ln|x+\sqrt{x^2-a^2}| + C$；

(25) $\int \sqrt{x^2+a^2}\,dx = \frac{x}{2}\sqrt{x^2+a^2} + \frac{a^2}{2}\ln(x+\sqrt{x^2+a^2}) + C$；

(26) $\int \sec^3 x\,dx = \frac{1}{2}\sec x \tan x + \frac{1}{2}\ln|\sec x + \tan x| + C$；

(27) $\int \csc^3 x\,dx = -\frac{1}{2}\csc x \cot x + \frac{1}{2}\ln|\csc x - \cot x| + C$.

例 7　求下列不定积分：

(1) $\int \frac{1}{x^3}dx$；　(2) $\int x^3\sqrt[3]{x}\,dx$；　(3) $\int \frac{dx}{x^2\sqrt[5]{x}}$；　(4) $\int \frac{dx}{x^2-2}$.

解　(1) $\int \frac{1}{x^3}dx = \int x^{-3}dx = \frac{1}{-2}x^{-2} + C = -\frac{1}{2x^2} + C$；

(2) $\int x^3\sqrt[3]{x}\,dx = \int x^{\frac{10}{3}}dx = \frac{3}{13}x^{\frac{13}{3}} + C$；

(3) $\int \frac{dx}{x^2\sqrt[5]{x}} = \int x^{-\frac{11}{5}}dx = -\frac{5}{6}x^{-\frac{6}{5}} + C$；

(4) $\int \frac{dx}{x^2-2} = \int \frac{dx}{x^2-(\sqrt{2})^2} = \frac{1}{2\sqrt{2}}\ln\left|\frac{x-\sqrt{2}}{x+\sqrt{2}}\right| + C$.

三、不定积分的性质

性质 1　$\frac{d}{dx}\left[\int f(x)dx\right] = f(x)$ 或 $d\left[\int f(x)dx\right] = f(x)dx$.

性质 2　$\int f'(x)dx = f(x) + C$ 或 $\int df(x) = f(x) + C$.

性质 3　如果函数 $f(x)$ 及 $g(x)$ 的原函数存在，则

$$\int[f(x)+g(x)]\mathrm{d}x=\int f(x)\mathrm{d}x+\int g(x)\mathrm{d}x$$

性质 4 如果函数 $f(x)$ 的原函数存在, k 为非零常数,则

$$\int kf(x)\mathrm{d}x=k\int f(x)\mathrm{d}x$$

例 8 设函数 $f(x)$ 可导, $g(x)$ 的不定积分存在,则下列关系正确的是(　　).

(A) $\int kf(x)\mathrm{d}x=k\int f(x)\mathrm{d}x$

(B) $\int[2f(x)+3g(x)]\mathrm{d}x=2\int f(x)\mathrm{d}x+3\int g(x)\mathrm{d}x$

(C) $\mathrm{d}\int f(x)\mathrm{d}x=f(x)$

(D) $\int f'(x)\mathrm{d}x=f(x)$

解 应选(B). 由于 $f(x)$ 可导,那么 $f(x)$ 连续,进而 $f(x)$ 的原函数存在. 由不定积分的线性运算可知,应选(B). 事实上, $\int kf(x)\mathrm{d}x=k\int f(x)\mathrm{d}x$ 成立的前提是 $k\neq 0$, $\mathrm{d}\int f(x)\mathrm{d}x=f(x)\mathrm{d}x$, $\int f'(x)\mathrm{d}x=f(x)+C$.

例 9 求下列不定积分:

(1) $\int\sqrt[3]{x}(x^2+3x+1)\mathrm{d}x$;　　(2) $\int\frac{(x+2)^2}{x^3}\mathrm{d}x$;

(3) $\int 3^{2x}\mathrm{e}^x\mathrm{d}x$;　　(4) $\int\cot^2 x\mathrm{d}x$;

(5) $\int\sin^2\frac{x}{2}\mathrm{d}x$;　　(6) $\int\frac{1}{1+\cos 2x}\mathrm{d}x$;

(7) $\int\frac{\cos 2x}{\cos^2 x\sin^2 x}\mathrm{d}x$;　　(8) $\int\frac{x^4+9x^2+5}{x^2+2}\mathrm{d}x$.

解 (1)
$$\begin{aligned}\int\sqrt[3]{x}(x^2+3x+1)\mathrm{d}x&=\int(x^{\frac{7}{3}}+3x^{\frac{4}{3}}+x^{\frac{1}{3}})\mathrm{d}x\\&=\int x^{\frac{7}{3}}\mathrm{d}x+3\int x^{\frac{4}{3}}\mathrm{d}x+\int x^{\frac{1}{3}}\mathrm{d}x\\&=\frac{3}{10}x^{\frac{10}{3}}+\frac{9}{7}x^{\frac{7}{3}}+\frac{3}{4}x^{\frac{4}{3}}+C;\end{aligned}$$

(2)
$$\begin{aligned}\int\frac{(x+2)^2}{x^3}\mathrm{d}x&=\int\frac{x^2+4x+4}{x^3}\mathrm{d}x=\int(\frac{1}{x}+\frac{4}{x^2}+\frac{4}{x^3})\mathrm{d}x\\&=\int\frac{1}{x}\mathrm{d}x+4\int\frac{1}{x^2}\mathrm{d}x+4\int\frac{1}{x^3}\mathrm{d}x=\ln|x|-\frac{4}{x}-\frac{2}{x^2}+C;\end{aligned}$$

(3) $\int 3^{2x}\mathrm{e}^x\mathrm{d}x=\int(9\mathrm{e})^x\mathrm{d}x=\frac{(9\mathrm{e})^x}{\ln 9\mathrm{e}}+C=\frac{3^{2x}\mathrm{e}^x}{2\ln 3+1}+C$;

(4) $\int\cot^2 x\mathrm{d}x=\int(\csc^2 x-1)\mathrm{d}x=-\cot x-x+C$;

(5) $\int\sin^2\frac{x}{2}\mathrm{d}x=\int\frac{1-\cos x}{2}\mathrm{d}x=\frac{1}{2}x-\frac{1}{2}\sin x+C$;

(6) $\int \frac{1}{1+\cos 2x}dx=\int \frac{1}{2\cos^2 x}dx=\frac{1}{2}\int \sec^2 x dx=\frac{1}{2}\tan x+C$;

(7) $\int \frac{\cos 2x}{\cos^2 x\sin^2 x}dx=\int \frac{\cos^2 x-\sin^2 x}{\cos^2 x\sin^2 x}dx=\int (\frac{1}{\sin^2 x}-\frac{1}{\cos^2 x})dx$

$=-\cot x-\tan x+C$;

(8) $\int \frac{x^4+9x^2+5}{x^2+2}dx=\int \frac{x^4+2x^2+7x^2+14-9}{x^2+2}dx$

$=\int (x^2+7-\frac{9}{x^2+2})dx=\frac{x^3}{3}+7x-\frac{9}{\sqrt{2}}\arctan \frac{x}{\sqrt{2}}+C.$

例 10 设 $f(x)=\begin{cases}x^2+1, x\geqslant 0\\ e^x, x<0\end{cases}$,求$\int f(x-1)dx$.

解 $f(x-1)=\begin{cases}(x-1)^2+1, x-1\geqslant 0\\ e^{x-1}, x-1<0\end{cases}=\begin{cases}x^2-2x+2, x\geqslant 1\\ e^{x-1}, x<1\end{cases}$.

于是$\int f(x-1)dx=\begin{cases}\frac{1}{3}x^3-x^2+2x+C, x\geqslant 1\\ e^{x-1}+\frac{1}{3}+C, x<1\end{cases}$.

第 2 节　不定积分的基本积分法

一、换元积分法

1. 第一类换元法(凑微分)

设函数 $f(u)$ 具有原函数,$u=\varphi(x)$ 可微,且 $\varphi(x)$ 的值域含于 $f(u)$ 的定义域中,则

$$\int f[\varphi(x)]\varphi'(x)dx=[\int f(u)du]_{u=\varphi(x)}$$

注 常见凑微分的积分类型:

$\int f(ax+b)dx=\frac{1}{a}\int f(ax+b)d(ax+b)$;　$\int \frac{f(\sqrt{x})}{\sqrt{x}}dx=2\int f(\sqrt{x})d\sqrt{x}$;

$\int f(\sin x)\cos x dx=\int f(\sin x)d\sin x$;　$\int f(e^x)e^x dx=\int f(e^x)de^x$;

$\int f(\ln x)\cdot \frac{1}{x}dx=\int f(\ln x)d\ln x$;　$\int f(x^2)\cdot x dx=\frac{1}{2}\int f(x^2)dx^2$;

$\int f(\tan x)\sec^2 x dx=\int f(\tan x)d\tan x$;

$\int f(\cos x)\sin x dx=-\int f(\cos x)d\cos x$;

$\int \frac{f(\arcsin x)}{\sqrt{1-x^2}}dx=\int f(\arcsin x)d\arcsin x$;

$\int \frac{f(\arctan x)}{1+x^2}dx=\int f(\arctan x)d\arctan x$.

例 1 求下列积分:

(1) $\int \frac{1}{3+5x}\mathrm{d}x$；

(2) $\int 2x\sin x^2\mathrm{d}x$；

(3) $\int \frac{1}{x(1+\ln x)}\mathrm{d}x$；

(4) $\int \frac{1}{1+\mathrm{e}^{-x}}\mathrm{d}x$；

(5) $\int \cos^3 x\mathrm{d}x$；

(6) $\int \frac{1}{x^2}\sin\frac{1}{x}\mathrm{d}x$；

(7) $\int \frac{\sec^2 x+\csc^2 x}{(\tan x-\cot x)^2}\mathrm{d}x$；

(8) $\int \frac{\sqrt{1+2\arccos x}}{\sqrt{1-x^2}}\mathrm{d}x$；

(9) $\int \frac{(\arctan x)^2}{1+x^2}\mathrm{d}x$；

(10) $\int \tan^4 x\mathrm{d}x$；

(11) $\int \cos^2 x\sin^5 x\mathrm{d}x$；

(12) $\int \frac{\tan x}{\ln\cos x}\mathrm{d}x$；

(13) $\int \cos^2 x\sin^4 x\mathrm{d}x$；

(14) $\int \sec^4 x\tan^2 x\mathrm{d}x$；

(15) $\int \cot^3 x\csc^5 x\mathrm{d}x$；

(16) $\int \sin 7x\cos 3x\mathrm{d}x$.

解 (1) $\int \frac{1}{3+5x}\mathrm{d}x=\int \frac{1}{5}\cdot\frac{1}{3+5x}\mathrm{d}(3+5x)=\frac{1}{5}\int \frac{1}{u}\mathrm{d}u$

$$=\frac{1}{5}\ln|u|+C=\frac{1}{5}\ln|3+5x|+C;$$

(2) $\int 2x\sin x^2\mathrm{d}x=\int \sin x^2\mathrm{d}x^2=\int \sin u\mathrm{d}u=-\cos u+C=-\cos x^2+C$；

(3) $\int \frac{1}{x(1+\ln x)}\mathrm{d}x=\int \frac{\mathrm{d}(\ln x)}{1+\ln x}=\int \frac{\mathrm{d}(1+\ln x)}{1+\ln x}=\ln|1+\ln x|+C$；

(4) $\int \frac{1}{1+\mathrm{e}^{-x}}\mathrm{d}x=\int \frac{\mathrm{e}^x}{1+\mathrm{e}^x}\mathrm{d}x=\int \frac{1}{1+\mathrm{e}^x}\mathrm{d}(1+\mathrm{e}^x)=\ln(1+\mathrm{e}^x)+C$；

(5) $\int \cos^3 x\mathrm{d}x=\int \cos^2 x\cos x\mathrm{d}x=\int (1-\sin^2 x)\mathrm{d}(\sin x)$

$$=\int \mathrm{d}(\sin x)-\int \sin^2 x\mathrm{d}(\sin x)=\sin x-\frac{1}{3}\sin^3 x+C;$$

(6) $\int \frac{1}{x^2}\sin\frac{1}{x}\mathrm{d}x=-\int \sin\frac{1}{x}\mathrm{d}\left(\frac{1}{x}\right)=\cos\frac{1}{x}+C$；

(7) $\int \frac{\sec^2 x+\csc^2 x}{(\tan x-\cot x)^2}\mathrm{d}x=\int \frac{1}{(\tan x-\cot x)^2}\mathrm{d}(\tan x-\cot x)$

$$=-\frac{1}{\tan x-\cot x}+C;$$

(8) $\int \frac{\sqrt{1+2\arccos x}}{\sqrt{1-x^2}}\mathrm{d}x=-\int \sqrt{1+2\arccos x}\,\mathrm{d}(\arccos x)$

$$=-\frac{1}{2}\int \sqrt{1+2\arccos x}\,\mathrm{d}(2\arccos x)$$

$$=-\frac{1}{2}\int \sqrt{1+2\arccos x}\,\mathrm{d}(1+2\arccos x)$$

$$=-\frac{1}{3}(1+2\arccos x)^{\frac{3}{2}}+C;$$

(9) $\int\frac{(\arctan x)^2}{1+x^2}\mathrm{d}x=\int(\arctan x)^2\mathrm{d}(\arctan x)=\frac{1}{3}(\arctan x)^3+C;$

(10) $\int\tan^4 x\mathrm{d}x=\int(\sec^2 x-1)^2\mathrm{d}x=\int(\sec^4 x-2\sec^2 x+1)\mathrm{d}x$

$$=\int(\tan^2 x+1)\mathrm{d}\tan x-2\int\sec^2 x\mathrm{d}x+\int\mathrm{d}x$$

$$=\frac{1}{3}\tan^3 x-\tan x+x+C;$$

(11) $\int\cos^2 x\sin^5 x\mathrm{d}x=-\int\cos^2 x(1-\cos^2 x)^2\mathrm{d}\cos x$

$$=-\int(\cos^2 x-2\cos^4 x+\cos^6 x)\mathrm{d}\cos x$$

$$=-(\frac{1}{3}\cos^3 x-\frac{2}{5}\cos^5 x+\frac{1}{7}\cos^7 x)+C;$$

(12) $\int\frac{\tan x}{\ln\cos x}\mathrm{d}x=-\int\frac{1}{\ln\cos x}\mathrm{d}\ln\cos x=-\ln|\ln\cos x|+C;$

(13) $\int\cos^2 x\sin^4 x\mathrm{d}x=\frac{1}{8}\int(1+\cos 2x)(1-\cos 2x)^2\mathrm{d}x$

$$=\frac{1}{8}\int(1-\cos 2x-\cos^2 2x+\cos^3 2x)\mathrm{d}x$$

$$=-\frac{1}{8}\int(\cos 2x-\cos^3 2x)\mathrm{d}x+\frac{1}{8}\int(1-\cos^2 2x)\mathrm{d}x$$

$$=-\frac{1}{16}\int\sin^2 2x\mathrm{d}\sin 2x+\frac{1}{16}\int(1-\cos 4x)\mathrm{d}x$$

$$=-\frac{1}{48}\sin^3 2x+\frac{1}{16}x-\frac{1}{64}\sin 4x+C;$$

(14) $\int\sec^4 x\tan^2 x\mathrm{d}x=\int\sec^2 x\tan^2 x\mathrm{d}\tan x=\int(\tan^2 x+1)\tan^2 x\mathrm{d}\tan x$

$$=\frac{1}{5}\tan^5 x+\frac{1}{3}\tan^3 x+C;$$

(15) $\int\cot^3 x\csc^5 x\mathrm{d}x=-\int\cot^2 x\csc^4 x\mathrm{d}\csc x=-\int(\csc^2 x-1)\csc^4 x\mathrm{d}\csc x$

$$=-\frac{1}{7}\csc^7 x+\frac{1}{5}\csc^5 x+C;$$

(16) $\int\sin 7x\cos 3x\mathrm{d}x=\frac{1}{2}\int(\sin 10x+\sin 4x)\mathrm{d}x$

$$=\frac{1}{2}(\int\sin 10x\mathrm{d}x+\int\sin 4x\mathrm{d}x)$$

$$=-\frac{1}{20}\cos 10x-\frac{1}{8}\cos 4x+C.$$

2. 第二类换元法

设 $x=\psi(t)$ 是单调的可导函数，且 $\psi'(t)\neq 0$. 又设 $f[\psi(t)]\psi'(t)$ 具有原函数，则有换

元公式

$$\int f(x)\mathrm{d}x=\left[\int f[\psi(t)]\psi'(t)\mathrm{d}t\right]_{t=\psi^{-1}(x)}$$

其中 $t=\psi^{-1}(x)$ 为 $x=\psi(t)$ 的反函数.

注 1 根据被积函数含有二次根式的不同情况可归纳出三角代换的一般规律：

含有$\sqrt{a^2-x^2}$,可作代换 $x=a\sin t$ 或 $x=a\cos t$;

含有$\sqrt{x^2+a^2}$,可作代换 $x=a\tan t$ 或 $x=a\cot t$;

含有$\sqrt{x^2-a^2}$,可作代换 $x=a\sec t$ 或 $x=a\csc t$.

注 2 若被积函数为分式函数,分子的次数“明显”低于分母的次数时(相差三次及以上),可考虑倒代换 $x=\dfrac{1}{t}$.

例 2 求下列积分：

(1)$\displaystyle\int\frac{x}{\sqrt{(a^2-x^2)^3}}\mathrm{d}x(a>0)$；　(2)$\displaystyle\int\frac{\sqrt{x^2+9}}{x^2}\mathrm{d}x$；　(3)$\displaystyle\int\frac{\sqrt{x^2-a^2}}{x}\mathrm{d}x(a>0)$.

解 (1)

$$\begin{aligned}\int\frac{x}{\sqrt{(a^2-x^2)^3}}\mathrm{d}x&=\int\frac{a\sin t}{a^3\cos^3 t}\cdot a\cos t\mathrm{d}t=\int\frac{\sin t}{a\cos^2 t}\mathrm{d}t\\&=-\frac{1}{a}\int\frac{1}{\cos^2 t}\mathrm{d}\cos t=\frac{1}{a\cos t}+C\\&=\frac{1}{\sqrt{a^2-x^2}}+C;\end{aligned}$$

(2)

$$\begin{aligned}\int\frac{\sqrt{x^2+9}}{x^2}\mathrm{d}x&=\int\frac{3\sec t}{9\tan^2 t}3\sec^2 t\mathrm{d}t=\int\frac{1}{\cos t\sin^2 t}\mathrm{d}t=\int\frac{\sin^2 t+\cos^2 t}{\cos t\sin^2 t}\mathrm{d}t\\&=\int(\sec t+\cot t\cdot\csc t)\mathrm{d}t=\ln|\sec t+\tan t|-\csc t+C\\&=\ln|x+\sqrt{x^2+9}|-\frac{\sqrt{x^2+9}}{x}+C;\end{aligned}$$

(3)

$$\begin{aligned}\int\frac{\sqrt{x^2-a^2}}{x}\mathrm{d}x&=\int\frac{a\tan t}{a\sec t}\cdot a\sec t\tan t\mathrm{d}t=a\int(\sec^2 t-1)\mathrm{d}t\\&=a\tan t-at+C=\sqrt{x^2-a^2}-a\arccos\frac{a}{|x|}+C.\end{aligned}$$

例 3 求不定积分：

(1)$\displaystyle\int\frac{1}{x(x^5+1)}\mathrm{d}x$；　(2)$\displaystyle\int\frac{\sqrt{1-x^2}}{x^4}\mathrm{d}x$.

解 (1)

$$\begin{aligned}\int\frac{1}{x(x^5+1)}\mathrm{d}x&=-\int\frac{t^4}{t^5+1}\mathrm{d}t=-\frac{1}{5}\int\frac{1}{t^5+1}\mathrm{d}(t^5)\\&=-\frac{1}{5}\ln|t^5+1|+C=-\frac{1}{5}\ln\left|\frac{x^5+1}{x^5}\right|+C;\end{aligned}$$

(2)

$$\int\frac{\sqrt{1-x^2}}{x^4}\mathrm{d}x=\int\frac{\sqrt{1-(1/t)^2}}{(1/t)^4}\cdot\left(-\frac{1}{t^2}\right)\mathrm{d}t=-\int(t^2-1)^{\frac{1}{2}}|t|\mathrm{d}t$$

$$=\frac{\operatorname{sgn}(-t)}{2}\int(t^2-1)^{\frac{1}{2}}\mathrm{d}(t^2-1)=\frac{\operatorname{sgn}(-t)}{3}(t^2-1)^{\frac{3}{2}}+C$$

$$=-\frac{(1-x^2)^{\frac{3}{2}}}{3x^3}+C.$$

二、分部积分法

设函数 $u=u(x)$ 及 $v=v(x)$ 具有连续导数，则 $\int u\mathrm{d}v=uv-\int v\mathrm{d}u$.

注 ①一般来说，选取 u 和 $\mathrm{d}v$ 的原则是 v 要容易求得，其次 $\int v\mathrm{d}u$ 要比 $\int u\mathrm{d}v$ 容易积出；② 如果被积函数是“幂函数、指数函数、对数函数、三角函数、反三角函数”的乘积，通常可按“反、对、幂、三、指”出现的顺序选取 u.

例 4 求下列不定积分：

(1) $\int x\cos x\mathrm{d}x$；　　(2) $\int x^2\sin x\mathrm{d}x$；

(3) $\int x^2\mathrm{e}^{-x}\mathrm{d}x$；　　(4) $\int x\ln^2 x\mathrm{d}x$；

(5) $\int \arccos x\mathrm{d}x$；　　(6) $\int x\arctan x\mathrm{d}x$；

(7) $\int \mathrm{e}^{2x}\cos x\mathrm{d}x$；　　(8) $\int \csc^3 x\mathrm{d}x$.

解 (1) $\int x\cos x\mathrm{d}x=\int x\mathrm{d}\sin x=x\sin x-\int\sin x\mathrm{d}x=x\sin x+\cos x+C$；

(2)
$$\int x^2\sin x\mathrm{d}x=-\int x^2\mathrm{d}\cos x=-x^2\cos x+2\int x\cos x\mathrm{d}x$$
$$=-x^2\cos x+2x\sin x+2\cos x+C;$$

(3)
$$\int x^2\mathrm{e}^{-x}\mathrm{d}x=-\int x^2\mathrm{d}\mathrm{e}^{-x}=-x^2\mathrm{e}^{-x}+2\int x\mathrm{e}^{-x}\mathrm{d}x$$
$$=-x^2\mathrm{e}^{-x}-2x\mathrm{e}^{-x}-2\mathrm{e}^{-x}+C;$$

(4)
$$\int x\ln^2 x\mathrm{d}x=\frac{1}{2}\int\ln^2 x\mathrm{d}x^2=\frac{1}{2}x^2\ln^2 x-\int x\ln x\mathrm{d}x$$
$$=\frac{1}{2}x^2\ln^2 x-\frac{1}{2}x^2\ln x+\frac{1}{4}x^2+C;$$

(5)
$$\int\arccos x\mathrm{d}x=x\arccos x+\int\frac{x}{\sqrt{1-x^2}}\mathrm{d}x$$
$$=x\arccos x-\frac{1}{2}\int\frac{1}{\sqrt{1-x^2}}\mathrm{d}(1-x^2)$$
$$=x\arccos x-\sqrt{1-x^2}+C;$$

(6)
$$\int x\arctan x\mathrm{d}x=\frac{1}{2}\int\arctan x\mathrm{d}(x^2)=\frac{1}{2}x^2\arctan x-\frac{1}{2}\int\frac{x^2}{1+x^2}\mathrm{d}x$$
$$=\frac{1}{2}x^2\arctan x-\frac{1}{2}\int(1-\frac{1}{1+x^2})\mathrm{d}x$$

$$=\frac{1}{2}x^2\arctan x-\frac{1}{2}x+\frac{1}{2}\arctan x+C;$$

(7) $\int e^{2x}\cos x\mathrm{d}x=\frac{1}{2}\int\cos x\mathrm{d}e^{2x}=\frac{1}{2}e^{2x}\cos x+\frac{1}{2}\int e^{2x}\sin x\mathrm{d}x$

$$=\frac{1}{2}e^{2x}\cos x+\frac{1}{4}e^{2x}\sin x-\frac{1}{4}\int e^{2x}\cos x\mathrm{d}x$$

$$=\frac{1}{5}e^{2x}(2\cos x+\sin x)+C;$$

(8) $\int\csc^3 x\mathrm{d}x=-\int\csc x\mathrm{d}\cot x=-\csc x\cot x+\int\cot x\mathrm{d}\csc x$

$$=-\csc x\cot x-\int\cot^2 x\csc x\mathrm{d}x$$

$$=-\csc x\cot x-\int(\csc^2 x-1)\csc x\mathrm{d}x$$

$$=-\csc x\cot x-\int\csc^3 x\mathrm{d}x+\int\csc x\mathrm{d}x$$

$$=-\csc x\cot x-\int\csc^3 x\mathrm{d}x+\ln|\csc x-\cot x|$$

$$=-\frac{1}{2}(\csc x\cot x-\ln|\csc x-\cot x|)+C.$$

第3节　几种特殊类型函数的积分

一、有理函数的积分

两个多项式的商

$$\frac{P(x)}{Q(x)}=\frac{a_0x^n+a_1x^{n-1}+\cdots+a_{n-1}x+a_n}{b_0x^m+b_1x^{m-1}+\cdots+b_{m-1}x+b_m}$$

所表示的函数称为有理函数，其中 $P(x)$，$Q(x)$ 没有公因式. 当 $n<m$ 时，称这有理函数为真分式；而当 $n\geqslant m$ 时，称这有理函数为假分式.利用多项式除法，总可以将有理假分式化为一个多项式与真分式之和，如

$$\frac{x^3+x+1}{x^2+1}=x+\frac{1}{x^2+1}$$

对于真分式的不定积分，首先将分母分解为一次因式或二次因式的乘积，其次将真分式通过待定系数法化为部分分式之和，最后逐项求积分即可.

例1　求下列不定积分：

(1) $\int\frac{2x+3}{x^2-3x+2}\mathrm{d}x$；　　(2) $\int\frac{\mathrm{d}x}{x^2(x-1)}$；

(3) $\int\frac{x+1}{x^2+x+1}\mathrm{d}x$；　　(4) $\int\frac{\mathrm{d}x}{(x+1)(x^2+2x+2)}$；

(5) $\int\frac{x^4+2x^2+2}{x^2+1}\mathrm{d}x$；　　(6) $\int\frac{x^5}{x^2+1}\mathrm{d}x$.

解 (1) 设$\dfrac{2x+3}{x^2-3x+2}=\dfrac{2x+3}{(x-1)(x-2)}=\dfrac{A}{x-1}+\dfrac{B}{x-2}$,那么$A=-5,B=7$,于是

$$\int\frac{2x+3}{x^2-3x+2}\mathrm{d}x=\int\left(\frac{-5}{x-1}+\frac{7}{x-2}\right)\mathrm{d}x=-5\ln|x-1|+7\ln|x-2|+C$$

(2) 设$\dfrac{1}{x^2(x-1)}=\dfrac{A}{x}+\dfrac{B}{x^2}+\dfrac{C}{x-1}$,那么$A=-1,B=-1,C=1$,于是

$$\begin{aligned}\int\frac{\mathrm{d}x}{x^2(x-1)}&=\int\left[\frac{-1}{x}+\frac{-1}{x^2}+\frac{1}{x-1}\right]\mathrm{d}x=-\ln|x|+\frac{1}{x}+\ln|x-1|+C\\&=\ln\left|\frac{x-1}{x}\right|+\frac{1}{x}+C;\end{aligned}$$

(3)
$$\begin{aligned}\int\frac{x+1}{x^2+x+1}\mathrm{d}x&=\frac{1}{2}\int\frac{(2x+1)+1}{x^2+x+1}\mathrm{d}x=\frac{1}{2}\int\left[\frac{2x+1}{x^2+x+1}+\frac{1}{x^2+x+1}\right]\mathrm{d}x\\&=\frac{1}{2}\int\frac{1}{x^2+x+1}\mathrm{d}(x^2+x+1)+\frac{1}{2}\int\frac{1}{(x+1/2)^2+(\sqrt{3}/2)^2}\mathrm{d}x\\&=\frac{1}{2}\ln(x^2+x+1)+\frac{1}{\sqrt{3}}\arctan\frac{2x+1}{\sqrt{3}}+C;\end{aligned}$$

(4) 设$\dfrac{1}{(x+1)(x^2+2x+2)}=\dfrac{A}{x+1}+\dfrac{Bx+C}{x^2+2x+2}$,那么$A=1,B=-1,C=-1$,则

$$\begin{aligned}\int\frac{1}{(x+1)(x^2+2x+2)}\mathrm{d}x&=\int\frac{1}{x+1}\mathrm{d}x-\int\frac{x+1}{x^2+2x+2}\mathrm{d}x\\&=\int\frac{1}{x+1}\mathrm{d}(x+1)-\frac{1}{2}\int\frac{2x+2}{x^2+2x+2}\mathrm{d}x\\&=\ln|x+1|-\frac{1}{2}\ln(x^2+2x+2)+C\end{aligned}$$

(5)
$$\begin{aligned}\int\frac{x^4+2x^2+2}{x^2+1}\mathrm{d}x&=\int\frac{(x^2+1)^2+1}{x^2+1}\mathrm{d}x=\int(x^2+1+\frac{1}{x^2+1})\mathrm{d}x\\&=\frac{1}{3}x^3+x+\arctan x+C;\end{aligned}$$

(6)
$$\int\frac{x^5}{x^2+1}\mathrm{d}x=\int[(x^3-x)+\frac{x}{x^2+1}]\mathrm{d}x=\frac{1}{4}x^4-\frac{1}{2}x^2+\frac{1}{2}\ln(x^2+1)+C.$$

二、三角有理函数的积分

由$\sin x,\cos x$与常数经过有限次四则运算所构成的函数称为三角有理函数,记作$R(\sin x,\cos x)$.对于三角有理函数的积分,通常利用万能代换公式

$$u=\tan\frac{x}{2},\sin x=\frac{2u}{1+u^2},\cos x=\frac{1-u^2}{1+u^2},\mathrm{d}x=\frac{2}{1+u^2}\mathrm{d}u$$

将其化为有理函数的积分,即

$$\int R(\sin x,\cos x)\mathrm{d}x=\int R\left(\frac{2u}{1+u^2},\frac{1-u^2}{1+u^2}\right)\frac{2}{1+u^2}\mathrm{d}u$$

例 2 求下列不定积分:

(1) $\displaystyle\int\frac{\mathrm{d}x}{\sin 2x+2\sin x}$;　　(2) $\displaystyle\int\frac{4\sin x+3\cos x}{\sin x+2\cos x}\mathrm{d}x$.

解 (1) 解法 1：令 $t=\tan\frac{x}{2}$，则 $dx=\frac{2dt}{1+t^2}$，$\sin x=\frac{2t}{1+t^2}$，$\cos x=\frac{1-t^2}{1+t^2}$. 于是

$$\begin{aligned}\int\frac{dx}{\sin 2x+2\sin x}&=\int\frac{2/(1+t^2)}{2\cdot 2t/(1+t^2)\cdot(1-t^2/1+t^2)+2\cdot 2t/(1+t^2)}dt\\&=\frac{1}{4}\int\frac{(1+t^2)dt}{t}=\frac{1}{4}\left[\int\frac{dt}{t}+\int t dt\right]\\&=\frac{1}{4}\ln|t|+\frac{1}{8}t^2+C\\&=\frac{1}{4}\ln\left|\tan\frac{x}{2}\right|+\frac{1}{8}\tan^2\frac{x}{2}+C\end{aligned}$$

解法 2：$\int\frac{dx}{\sin 2x+2\sin x}=\int\frac{dx}{2\sin x\cdot(1+\cos x)}=\int\frac{1-\cos x}{2\sin^3 x}dx$

$$\begin{aligned}&=\frac{1}{2}\int(\csc^3 x-\cot x\csc^2 x)dx\\&=\frac{1}{4}[-\cot x\csc x+\ln|\csc x-\cot x|+\cot^2 x]+C.\end{aligned}$$

(2) 解法 1：$\int\frac{4\sin x+3\cos x}{\sin x+2\cos x}dx=\int\frac{4(2t/1+t^2)+3(1-t^2/1+t^2)}{(2t/1+t^2)+2(1-t^2/1+t^2)}\cdot\frac{2}{1+t^2}dt$

$$\begin{aligned}&=\int\frac{3+8t-3t^2}{(t+1-t^2)(1+t^2)}dt\\&=4\arctan t+\ln(1+t^2)-\ln|t^2-t-1|+C\\&=4\arctan\left(\tan\frac{x}{2}\right)+2\ln\left|\sec\frac{x}{2}\right|-\\&\quad\ln\left|\left(\tan\frac{x}{2}\right)^2-\tan\frac{x}{2}-1\right|+C.\end{aligned}$$

解法 2：$\int\frac{4\sin x+3\cos x}{\sin x+2\cos x}dx=\int\frac{2(\sin x+2\cos x)-(\sin x+2\cos x)'}{\sin x+2\cos x}dx$

$$\begin{aligned}&=2\int dx-\int\frac{d(\sin x+2\cos x)}{\sin x+2\cos x}\\&=2x-\ln|\sin x+2\cos x|+C.\end{aligned}$$

解法 3：$\int\frac{4\tan x+3}{\tan x+2}dx=\int\frac{4t+3}{t+2}\cdot\frac{1}{1+t^2}dt=\int\left(-\frac{1}{t+2}+\frac{2}{1+t^2}+\frac{t}{1+t^2}\right)dt$

$$\begin{aligned}&=-\ln|t+2|+2\arctan t+\frac{1}{2}\ln|1+t^2|+C\\&=2x-\ln|\sin x+2\cos x|+C.\end{aligned}$$

三、简单无理函数的积分

对于简单无理函数 $R\left(x,\sqrt[n]{\frac{ax+b}{cx+d}}\right)$ 的积分，通常通过变量代换 $t=\sqrt[n]{\frac{ax+b}{cx+d}}$ 将其转化为有理函数的积分.

例 3 求下列不定积分：

(1) $\int\frac{dx}{1+\sqrt[3]{x+1}}$；　　(2) $\int\frac{\sqrt[3]{x}}{x(\sqrt{x}+\sqrt[3]{x})}dx$；

(3) $\int \frac{1}{x}\sqrt{\frac{1+x}{x}}\,dx$；　　　(4) $\int \frac{dx}{\sqrt[3]{(x+1)^2(x-1)^4}}$.

解　(1) 令 $t=\sqrt[3]{1+x}$，则 $1+x=t^3$，$dx=3t^2dt$. 于是

$$\int \frac{dx}{1+\sqrt[3]{x+1}}=\int \frac{3t^2dt}{1+t}=3\int \frac{t^2dt}{1+t}=3\int (t-1)dt+3\int \frac{1}{1+t}dt$$

$$=\frac{3}{2}t^2-3t+3\ln|t+1|+C$$

$$=\frac{3}{2}\sqrt[3]{(1+x)^2}-3\sqrt[3]{1+x}+3\ln|\sqrt[3]{1+x}+1|+C$$

(2) 令 $t=\sqrt[6]{x}$，则 $dx=6t^5dt$. 于是

$$\int \frac{\sqrt[3]{x}}{x(\sqrt{x}+\sqrt[3]{x})}dx=\int \frac{t^2}{t^6(t^3+t^2)}6t^5dt=6\int \frac{dt}{t(t+1)}$$

$$=6\int \frac{dt}{t}-6\int \frac{dt}{t+1}=6\ln\left|\frac{t}{t+1}\right|+C$$

$$=6\ln\left|\frac{\sqrt[6]{x}}{\sqrt[6]{x}+1}\right|+C$$

(3) 令 $t=\sqrt{\frac{1+x}{x}}$，则 $x=\frac{1}{t^2-1}$，$dx=-\frac{2tdt}{(t^2-1)^2}$. 于是

$$\int \frac{1}{x}\sqrt{\frac{1+x}{x}}dx=-2\int \frac{t^2}{t^2-1}dt=-2\int (1+\frac{1}{t^2-1})dt$$

$$=-2(t+\frac{1}{2}\ln|\frac{t-1}{t+1}|)+C$$

$$=-2\sqrt{\frac{1+x}{x}}-\ln|\frac{\sqrt{1+x}-\sqrt{x}}{\sqrt{1+x}+\sqrt{x}}|+C$$

(4) 令 $\frac{x+1}{x-1}=t$，则 $\frac{-2}{(x-1)^2}dx=dt$. 于是

$$\int \frac{dx}{\sqrt[3]{(x+1)^2(x-1)^4}}=\int \frac{dx}{\sqrt[3]{(x+1/x-1)^2}(x-1)^2}=\int \frac{1}{\sqrt[3]{t^2}}\left(-\frac{1}{2}\right)dt$$

$$=-\frac{1}{2}\int t^{-\frac{2}{3}}dt=-\frac{3}{2}t^{\frac{1}{3}}+C=-\frac{3}{2}\sqrt[3]{\frac{x+1}{x-1}}+C$$

解惑释疑

问题 1　原函数与不定积分这两个概念有何不同？有何联系？

答　两者是个体与整体的关系，如果 $F(x)$ 是 $f(x)$ 在区间 I 上的一个原函数，那么 $f(x)$ 在 I 上的不定积分就是所有原函数的集合，即

$$\int f(x)dx=\{F(x)+C \mid C\text{为任意实数}\}$$

这种关系反映在几何意义上就是某一条积分曲线 $y=F(x)$ 与积分曲线族 $y=F(x)+$

C 的关系. 正因为不定积分是所有原函数的集合，所以有关不定积分的各种等式，都应理解为两个集合的相等.

问题 2 连续函数一定有原函数，反过来，在区间 I 上不连续的函数，是否在 I 上一定没有原函数？

答 不一定，例如函数

$$F(x)=\begin{cases}x^2\sin\dfrac{1}{x}, x\neq 0\\ 0, x=0\end{cases}$$

在 $(-\infty,+\infty)$ 内处处有导数，且

$$F'(x)=f(x)=\begin{cases}2x\sin\dfrac{1}{x}-\cos\dfrac{1}{x}, x\neq 0\\ 0, x=0\end{cases}$$

因此 $f(x)$ 在 $(-\infty,+\infty)$ 内有原函数 $F(x)$，但 $f(x)$ 在点 $x=0$ 处并不连续. 事实上，$x=0$ 是 $f(x)$ 的第二类间断点.

一般地，可以证明如下结论：

设 $f(x)$ 在区间 I 上有原函数 $F(x)$，即 $F'(x)=f(x)$，$x\in I$. 如果 $x_0\in I$ 是函数 $f(x)$ 的间断点，那么 x_0 必是 $f(x)$ 的第二类间断点.

由此可见，区间 I 上的可导函数其导函数不会有第一类间断点. 如果 $x_0\in I$ 是函数 $f(x)$ 的第一类间断点，则 $f(x)$ 在 I 上一定没有原函数.

问题 3 怎样理解微分学中的导数公式 $(\ln x)'=\dfrac{1}{x}$ 与积分学中的不定积分公式 $\displaystyle\int\frac{1}{x}\mathrm{d}x=\ln|x|+C$？

答 在微分学中，是求已知函数 $\ln x$ 的导数，而这个函数的定义域是 $(0,+\infty)$，所以公式 $(\ln x)'=\dfrac{1}{x}$ 自然只在区间 $(0,+\infty)$ 内成立；不定积分则是求已知函数 $\dfrac{1}{x}$ 的原函数，这个函数的定义域是 $(-\infty,0)\cup(0,+\infty)$，因此，一般应理解为在上述两个区间内分别求其原函数，即

$$\int\frac{1}{x}\mathrm{d}x=\begin{cases}\ln x+C_1, x>0\\ \ln(-x)+C_2, x<0\end{cases}$$

其中 C_1 和 C_2 是两个彼此独立的常数. 为方便起见，将上式记为 $\displaystyle\int\frac{1}{x}\mathrm{d}x=\ln|x|+C$.

本例说明，求不定积分，考虑被积函数的定义域是十分必要的.

问题 4 试问以下计算过程为何不能达到目的？此过程如下：

欲求 $\int \mathrm{e}^{-x}\cos x\mathrm{d}x$，为此设 $u=\mathrm{e}^{-x}$，$v'=\cos x$，于是 $u'=-\mathrm{e}^{-x}$，$v=\sin x$，因而有

$$\int \mathrm{e}^{-x}\cos x\mathrm{d}x=\mathrm{e}^{-x}\sin x+\int \mathrm{e}^{-x}\sin x\mathrm{d}x \quad ①$$

这样，问题转而求 $\int \mathrm{e}^{-x}\sin x\mathrm{d}x$，又设 $u=\sin x$，$v'=\mathrm{e}^{-x}$，于是 $u'=\cos x$，$v=-\mathrm{e}^{-x}$，因而又

有

$$\int e^{-x}\sin x\,dx = -e^{-x}\sin x + \int e^{-x}\cos x\,dx \qquad ②$$

把它代入式 ①，结果得到 $0=0$，未能完成任务.

答 事实上，上面的计算过程用了两次分部积分法，得到了 ① 与 ② 两个中间结果，单纯就这两个独立的计算过程来说，都没有错. 然而联系起来看，后一过程正好是前一过程的逆行或还原 —— 好像某人欲从 A 地走去 B 地，结果因中途迷路，调头转向又退回到了 A 地. 那么，在以上计算过程中究竟在何处迷失了方向呢？经分析不难发现：在作第二次分部积分时，所设的 u 和 v' 不当. 如果坚持按第一次的设置法，令 $u=e^{-x}$，$v'=\sin x$，则 $u'=-e^{-x}$，$v=-\cos x$，因而有

$$\int e^{-x}\sin x\,dx = -e^{-x}\cos x - \int e^{-x}\cos x\,dx \qquad ③$$

再把式 ③ 代入式 ①，便得

$$\int e^{-x}\cos x\,dx = e^{-x}\sin x - e^{-x}\cos x - \int e^{-x}\cos x\,dx$$

经移项、整理后，即得到 $\int e^{-x}\cos x\,dx = \frac{1}{2}e^{-x}(\sin x - \cos x) + C$.

问题 5 关于分部积分法：(1) 被积函数具有哪些特征时，可以使用分部积分法求不定积分？(2) 在实际应用中，当 u 按照“反对幂三指”的优先顺序选取时，计算往往简单可行，为什么？

答 (1) 当被积函数是两个不同类型的基本初等函数的乘积，或形式较简单的初等函数的乘积时，若不能使用直接积分法或换元法求积分时，可尝试使用分部积分法求不定积分. 但是，函数 u 和 dv 不是随意选取的，选取不当就会使计算变得复杂，甚至得不到最后结果.

在使用一次分部积分法后，如果未能直接得到结果，只要形式比原来变得简单了，还可以继续使用分部积分法，直至得到最终的结果.

(2) 根据分部积分法的使用技巧，一般需要考虑两点：一是 v 要容易求出，即在被积表达式中含有容易凑成 dv 的形式；二是 $\int v du$ 要比 $\int u dv$ 容易求出，也就意味着，使用分部积分法后，积分的形式得到简化. 当被积函数的形式为幂函数、指数函数、对数函数、三角函数和反三角函数中任意两个函数的乘积时，u 按照“反对幂三指”的顺序进行选取. 根据积分的难易程度，“反对幂三指”是先难后易，恰好符合分部积分法的使用技巧. 当然这种选取方法不是固定的，也可以因题而异.

注 不定积分最能考察读者的计算能力，没有之一！只有通过大量的练习，才能掌握所谓的“技巧”.

问题 6 下列有理分式的分解式是否恰当？

(1) $\dfrac{x^2-1}{x(x+1)^3} = \dfrac{A}{x} + \dfrac{B}{x+1} + \dfrac{Cx+D}{(x+1)^2} + \dfrac{Ex^2+Fx+G}{(x+1)^3}$；

(2) $\dfrac{(x-1)(x^3+2)}{x^2(x^2-x+1)} = \dfrac{A}{x} + \dfrac{B}{x^2} + \dfrac{Cx+D}{x^2-x+1}$；

(3) $\dfrac{x+1}{4x(x^2-1)^2}=\dfrac{A}{x}+\dfrac{Bx+C}{x^2-1}+\dfrac{Dx+E}{(x^2-1)^2}$.

答 都不恰当，理由与正确分解式如下：

(1) 最末两项式子只需为一待定常数，即

$$\frac{x^2-1}{x(x+1)^3}=\frac{A}{x}+\frac{B}{x+1}+\frac{C}{(x+1)^2}+\frac{D}{(x+1)^3}$$

(2) 原分式尚未化为真分式，正确表示法应为

$$\frac{(x-1)(x^3+2)}{x^2(x^2-x+1)}=1-\frac{x^2-2x+2}{x^2(x^2-x+1)}$$

而

$$\frac{x^2-2x+2}{x^2(x^2-x+1)}=\frac{A}{x}+\frac{B}{x^2}+\frac{Cx+D}{x^2-x+1}$$

(3) 分母中的因子 $(x^2-1)^2$ 尚可作一次分解，即

$$\frac{x+1}{4x(x^2-1)^2}=\frac{1}{4x(x+1)(x-1)^2}=\frac{A}{x}+\frac{B}{x+1}+\frac{C}{x-1}+\frac{D}{(x-1)^2}$$

习题精练

1. 求下列不定积分：

(1) $\displaystyle\int\frac{1}{3-2x}\mathrm{d}x$； (2) $\displaystyle\int\frac{1}{\sqrt[3]{5-3x}}\mathrm{d}x$； (3) $\displaystyle\int(\sin ax-\mathrm{e}^{\frac{x}{b}})\mathrm{d}x$；

(4) $\displaystyle\int\frac{\cos\sqrt{t}}{\sqrt{t}}\mathrm{d}t$； (5) $\displaystyle\int\tan^{10}x\sec^2x\mathrm{d}x$； (6) $\displaystyle\int\frac{\mathrm{d}x}{x\ln x\ln(\ln x)}$；

(7) $\displaystyle\int\tan\sqrt{1+x^2}\ \frac{x\mathrm{d}x}{\sqrt{1+x^2}}$； (8) $\displaystyle\int\frac{1-x}{\sqrt{9-4x^2}}\mathrm{d}x$； (9) $\displaystyle\int\frac{\arctan\sqrt{x}}{\sqrt{x}(1+x)}\mathrm{d}x$.

2. 求下列不定积分：

(1) $\displaystyle\int\frac{\mathrm{d}x}{\sqrt{(x^2+a^2)^3}}$； (2) $\displaystyle\int\frac{x^2+1}{x\sqrt{x^4+1}}\mathrm{d}x$； (3) $\displaystyle\int\sqrt{5-4x-x^2}\,\mathrm{d}x$；

(4) $\displaystyle\int\frac{\mathrm{d}x}{5+2\sin x-\cos x}$； (5) $\displaystyle\int\frac{\mathrm{d}x}{1+\sqrt[3]{x+1}}$； (6) $\displaystyle\int\frac{\mathrm{d}x}{x\sqrt{1+x^2}}(x>0)$.

3. 求下列不定积分：

(1) $\displaystyle\int\mathrm{e}^{-2x}\sin\frac{x}{2}\mathrm{d}x$； (2) $\displaystyle\int x\tan^2x\mathrm{d}x$； (3) $\displaystyle\int\frac{\ln^2x}{x^2}\mathrm{d}x$；

(4) $\displaystyle\int x^3(\ln x)^2\mathrm{d}x$； (5) $\displaystyle\int x^2\cos^2\frac{x}{2}\mathrm{d}x$； (6) $\displaystyle\int x\ln\frac{1+x}{1-x}\mathrm{d}x$.

4. 求下列积分：

(1) $\displaystyle\int\frac{x^5+x^4-8}{x^3-x}\mathrm{d}x$； (2) $\displaystyle\int\frac{x\mathrm{d}x}{(x+2)(x+3)^2}$.

5. 计算不定积分 $\displaystyle\int\ln\left(1+\sqrt{\frac{1+x}{x}}\right)\mathrm{d}x\ (x>0)$.

6. 设 $f(x^2-1)=\ln\dfrac{x^2}{x^2-2}$，且 $f(\varphi(x))=\ln x$，求 $\int\varphi(x)\mathrm{d}x$.

习题解析

1. (1) $\int\dfrac{1}{3-2x}\mathrm{d}x=-\dfrac{1}{2}\int\dfrac{1}{3-2x}\mathrm{d}(3-2x)=-\dfrac{1}{2}\ln|3-2x|+C.$

(2) $\int\dfrac{1}{\sqrt[3]{5-3x}}\mathrm{d}x=-\dfrac{1}{3}\int\dfrac{1}{\sqrt[3]{5-3x}}\mathrm{d}(5-3x)=-\dfrac{1}{3}\int(5-3x)^{-\frac{1}{3}}\mathrm{d}(5-3x)$

$$=-\frac{1}{2}(5-3x)^{\frac{2}{3}}+C.$$

(3) $\int(\sin ax-\mathrm{e}^{\frac{x}{b}})\mathrm{d}x=\dfrac{1}{a}\int\sin ax\,\mathrm{d}(ax)-b\int\mathrm{e}^{\frac{x}{b}}\mathrm{d}(\dfrac{x}{b})=-\dfrac{1}{a}\cos ax-b\mathrm{e}^{\frac{x}{b}}+C.$

(4) $\int\dfrac{\cos\sqrt{t}}{\sqrt{t}}\mathrm{d}t=2\int\cos\sqrt{t}\,\mathrm{d}(\sqrt{t})=2\sin\sqrt{t}+C.$

(5) $\int\tan^{10}x\sec^2x\,\mathrm{d}x=\int\tan^{10}x\,\mathrm{d}(\tan x)=\dfrac{1}{11}\tan^{11}x+C.$

(6) $\int\dfrac{\mathrm{d}x}{x\ln x\ln(\ln x)}=\int\dfrac{\mathrm{d}(\ln|x|)}{\ln x\ln(\ln x)}=\int\dfrac{\mathrm{d}(\ln|\ln x|)}{\ln(\ln x)}=\ln|\ln(\ln x)|+C.$

(7) $\int\tan\sqrt{1+x^2}\dfrac{x\mathrm{d}x}{\sqrt{1+x^2}}=\int\tan\sqrt{1+x^2}\,\mathrm{d}\sqrt{1+x^2}=-\ln|\cos\sqrt{1+x^2}|+C.$

(8) $\int\dfrac{1-x}{\sqrt{9-4x^2}}\mathrm{d}x=\int\dfrac{1}{\sqrt{9-4x^2}}\mathrm{d}x-\int\dfrac{x}{\sqrt{9-4x^2}}\mathrm{d}x=\dfrac{1}{2}\arcsin(\dfrac{2x}{3})+\dfrac{1}{4}\sqrt{9-4x^2}+C.$

(9) $\int\dfrac{\arctan\sqrt{x}}{\sqrt{x}(1+x)}\mathrm{d}x=\int\dfrac{2\arctan\sqrt{x}}{1+(\sqrt{x})^2}\mathrm{d}\sqrt{x}=\int2\arctan\sqrt{x}\,\mathrm{d}(\arctan\sqrt{x})=(\arctan\sqrt{x})^2+C.$

2. (1) 令 $x=a\tan t$，$|t|<\dfrac{\pi}{2}$，则 $\mathrm{d}x=a\sec^2t\mathrm{d}t$，所以

$$\int\frac{\mathrm{d}x}{\sqrt{(x^2+a^2)^3}}=\int\frac{a\sec^2t\mathrm{d}t}{a^3\sec^3t}=\int\frac{\mathrm{d}t}{a^2\sec t}=\frac{1}{a^2}\int\cos t\mathrm{d}t$$

$$=\frac{1}{a^2}\sin t+C=\frac{x}{a^2\sqrt{a^2+x^2}}+C$$

(2) 记 $I=\int\dfrac{x^2+1}{x\sqrt{x^4+1}}\mathrm{d}x$，则

$$I=\frac{1}{2}\int\frac{x^2+1}{x^2\sqrt{x^4+1}}\mathrm{d}x^2=\frac{1}{2}\int\frac{u+1}{u\sqrt{u^2+1}}\mathrm{d}u$$

$$=\frac{1}{2}\int\frac{\tan t+1}{\tan t\cdot\sec t}\sec^2t\mathrm{d}t=\frac{1}{2}\int\frac{\tan t+1}{\tan t}\sec t\mathrm{d}t$$

$$=\frac{1}{2}\int(\csc t+\sec t)\mathrm{d}t=\frac{1}{2}\ln|\sec t+\tan t|+\frac{1}{2}\ln|\csc t-\cot t|+C$$

$$=\frac{1}{2}\ln\left|\sqrt{u^2+1}+u\right|+\frac{1}{2}\ln\left|\frac{\sqrt{u^2+1}}{u}-\frac{1}{u}\right|+C$$

$$=\frac{1}{2}\ln|\sqrt{x^4+1}+x^2|+\frac{1}{2}\ln\left|\frac{\sqrt{x^4+1}-1}{x^2}\right|+C$$

(3)$5-4x-x^2=9-(x+2)^2$，令 $x+2=3\sin t$，$|t|<\frac{\pi}{2}$，则 $dx=3\cos t dt$，所以

$$\int\sqrt{5-4x-x^2}\,dx=\int 9\cos^2 t dt=9\int\frac{1+\cos 2t}{2}dt=9\left(\frac{t}{2}+\frac{1}{4}\sin 2t\right)+C$$

$$=\frac{9}{2}\arcsin\frac{x+2}{3}+\frac{x+2}{2}\sqrt{5-4x-x^2}+C$$

(4) 令 $t=\tan\frac{x}{2}$，则 $\sin x=\frac{2t}{1+t^2}$，$\cos x=\frac{1-t^2}{1+t^2}$，$dx=\frac{2dt}{1+t^2}$，所以

$$\int\frac{dx}{5+2\sin x-\cos x}=\int\frac{dt}{3t^2+2t+2}=\frac{1}{3}\int\frac{dt}{(t+1/3)^2+(\sqrt{5}/3)^2}$$

$$=\frac{1}{\sqrt{5}}\arctan\frac{3t+1}{\sqrt{5}}+C=\frac{1}{\sqrt{5}}\arctan\frac{3\tan(x/2)+1}{\sqrt{5}}+C$$

(5) 令 $t=\sqrt[3]{1+x}$，则 $1+x=t^3$，$dx=3t^2dt$，所以

$$\int\frac{dx}{1+\sqrt[3]{x+1}}=\int\frac{3t^2dt}{1+t}=3\int\frac{t^2dt}{1+t}=3\int(t-1)dt+3\int\frac{1}{1+t}dt$$

$$=\frac{3}{2}t^2-3t+3\ln|t+1|+C$$

$$=\frac{3}{2}\sqrt[3]{(1+x)^2}-3\sqrt[3]{1+x}+3\ln|\sqrt[3]{1+x}+1|+C$$

(6) 令$\sqrt{1+x^2}=t$，则 $x=\sqrt{t^2-1}$，$dx=\frac{t}{\sqrt{t^2-1}}$，所以

$$\int\frac{dx}{x\sqrt{1+x^2}}=\int\frac{1}{\sqrt{t^2-1}\cdot t}\frac{t}{\sqrt{t^2-1}}dt=\int\frac{1}{t^2-1}dt$$

$$=\frac{1}{2}\ln\frac{t-1}{t+1}+C=\frac{1}{2}\ln\frac{\sqrt{1+x^2}-1}{\sqrt{1+x^2}+1}+C$$

3.(1) 因为

$$\int e^{-2x}\sin\frac{x}{2}dx=\int\sin\frac{x}{2}d\left(-\frac{1}{2}e^{-2x}\right)=-\frac{1}{2}e^{-2x}\sin\frac{x}{2}+\frac{1}{2}\int e^{-2x}\frac{1}{2}\cos\frac{x}{2}dx$$

$$=-\frac{1}{2}e^{-2x}\sin\frac{x}{2}+\frac{1}{4}\int\cos\frac{x}{2}d\left(-\frac{1}{2}e^{-2x}\right)$$

$$=-\frac{1}{2}e^{-2x}\sin\frac{x}{2}+\frac{1}{4}\left(-\frac{1}{2}e^{-2x}\cos\frac{x}{2}-\frac{1}{4}\int e^{-2x}\sin\frac{x}{2}dx\right)$$

$$=-\frac{1}{2}e^{-2x}\sin\frac{x}{2}-\frac{1}{8}e^{-2x}\cos\frac{x}{2}-\frac{1}{16}\int e^{-2x}\sin\frac{x}{2}dx$$

所以$\int e^{-2x}\sin\frac{x}{2}dx=-\frac{2e^{-2x}}{17}\left(4\sin\frac{x}{2}+\cos\frac{x}{2}\right)+C.$

(2)$\int x\tan^2 x dx=\int x(\sec^2 x-1)dx=\int(x\sec^2 x-x)dx=\int x\sec^2 x dx-\int x dx$

$$=\int x d(\tan x)-\int x dx=x\tan x-\int\tan x dx-\frac{1}{2}x^2$$

$$=x\tan x+\ln|\cos x|-\frac{1}{2}x^2+C.$$

(3) $\int\frac{\ln^2 x}{x^2}\mathrm{d}x=\int\ln^2 x\mathrm{d}(-\frac{1}{x})=-\frac{1}{x}\ln^2 x+\int\frac{1}{x}2\ln x\cdot\frac{1}{x}\mathrm{d}x$

$$=-\frac{1}{x}\ln^2 x+2\int\frac{\ln x}{x^2}\mathrm{d}x=-\frac{1}{x}\ln^2 x+2\int\ln x\mathrm{d}(-\frac{1}{x})$$

$$=-\frac{1}{x}\ln^2 x-\frac{2}{x}\ln x+2\int\frac{1}{x^2}\mathrm{d}x$$

$$=-\frac{1}{x}\ln^2 x-\frac{2}{x}\ln x-\frac{2}{x}+C$$

$$=-\frac{1}{x}(\ln^2 x+2\ln x+2)+C.$$

(4) $\int x^3(\ln x)^2\mathrm{d}x=\int(\ln x)^2\mathrm{d}(\frac{1}{4}x^4)=\frac{1}{4}x^4(\ln x)^2-\frac{1}{4}\int x^4\cdot 2\ln x\cdot\frac{1}{x}\mathrm{d}x$

$$=\frac{1}{4}x^4(\ln x)^2-\frac{1}{2}\int x^3\ln x\mathrm{d}x=\frac{1}{4}x^4(\ln x)^2-\frac{1}{8}\int\ln x\mathrm{d}x^4$$

$$=\frac{1}{4}x^4(\ln x)^2-\frac{1}{8}x^4\ln x+\frac{1}{8}\int x^4\cdot\frac{1}{x}\mathrm{d}x$$

$$=\frac{1}{4}x^4(\ln x)^2-\frac{1}{8}x^4\ln x+\frac{1}{8}\int x^3\mathrm{d}x$$

$$=\frac{1}{4}x^4(\ln x)^2-\frac{1}{8}x^4\ln x+\frac{1}{32}x^4+C$$

$$=\frac{1}{8}x^4(2\ln^2 x-\ln x+\frac{1}{4})+C.$$

(5) $\int x^2\cos^2\frac{x}{2}\mathrm{d}x=\int(\frac{1}{2}x^2+\frac{1}{2}x^2\cos x)\mathrm{d}x=\frac{1}{2}\int x^2\mathrm{d}x+\frac{1}{2}\int x^2\cos x\mathrm{d}x$

$$=\frac{1}{6}x^3+\frac{1}{2}\int x^2\mathrm{d}\sin x=\frac{1}{6}x^3+\frac{1}{2}x^2\sin x-\frac{1}{2}\int 2x\sin x\mathrm{d}x$$

$$=\frac{1}{6}x^3+\frac{1}{2}x^2\sin x+\int x\mathrm{d}\cos x$$

$$=\frac{1}{6}x^3+\frac{1}{2}x^2\sin x+x\cos x-\int\cos x\mathrm{d}x$$

$$=\frac{1}{6}x^3+\frac{1}{2}x^2\sin x+x\cos x-\sin x+C.$$

(6) $\int x\ln\frac{1+x}{1-x}\mathrm{d}x=\int\ln\frac{1+x}{1-x}\mathrm{d}(\frac{1}{2}x^2)$

$$=\frac{1}{2}x^2\ln\frac{1+x}{1-x}-\frac{1}{2}\int x^2\frac{1-x}{1+x}\cdot\frac{1-x+1+x}{(1-x)^2}\mathrm{d}x$$

$$=\frac{1}{2}x^2\ln\frac{1+x}{1-x}-\int\frac{x^2}{1-x^2}\mathrm{d}x=\frac{1}{2}x^2\ln\frac{1+x}{1-x}+\int\mathrm{d}x-\int\frac{1}{1-x^2}\mathrm{d}x$$

$$=\frac{1}{2}x^2\ln\frac{1+x}{1-x}+x-\frac{1}{2}\int\left(\frac{1}{1-x}+\frac{1}{1+x}\right)\mathrm{d}x$$

$$=\frac{1}{2}x^2\ln\frac{1+x}{1-x}+x-\frac{1}{2}[-\ln(1-x)+\ln(1+x)]$$

$$=\frac{1}{2}x^2\ln\frac{1+x}{1-x}+x-\frac{1}{2}\ln\frac{1+x}{1-x}+C$$

$$=\frac{1}{2}(x^2-1)\ln\frac{1+x}{1-x}+x+C.$$

4.(1) $\frac{x^5+x^4-8}{x^3-x}=\frac{(x^5-x^3)+(x^4-x^2)+(x^3-x)+x^2+x-8}{x^3-x}=x^2+x+1+\frac{x^2+x-8}{x^3-x}$，而 $x^3-x=x(x+1)(x-1)$，可令$\frac{x^2+x-8}{x^3-x}=\frac{A}{x}+\frac{B}{x+1}+\frac{C}{x-1}$，等式右边通分后比较两边分子 x 的同次项的系数，得$\begin{cases}A+B+C=1\\C-B=1\\A=8\end{cases}$，解此方程组，得 $A=8$，$B=-4$，$C=-3$，所以

$$\int\frac{x^5+x^4-8}{x^3-x}dx=\int(x^2+x+1+\frac{8}{x}-\frac{4}{x+1}-\frac{3}{x-1})dx$$

$$=\frac{1}{3}x^3+\frac{1}{2}x^2+x+8\ln|x|-4\ln|x+1|-3\ln|x-1|+C$$

(2) $\frac{x}{(x+2)(x+3)^2}=\frac{x+2-2}{(x+2)(x+3)^2}=\frac{x+2}{(x+2)(x+3)^2}-\frac{2}{(x+2)(x+3)^2}$

$$=\frac{1}{(x+3)^2}-\frac{2}{(x+2)(x+3)^2}.$$

令$\frac{2}{(x+2)(x+3)^2}=\frac{A}{x+2}+\frac{B}{x+3}+\frac{C}{(x+3)^2}$，通分后比较两边同次项的系数，得$\begin{cases}A+B=0\\6A+5B+C=0\\9A+6B+2C=2\end{cases}$，解此方程组，得$\begin{cases}A=2\\B=-2\\C=-2\end{cases}$，所以

$$\int\frac{x\,dx}{(x+2)(x+3)^2}=\int\frac{3}{(x+3)^2}dx-\int\frac{2}{x+2}dx+\int\frac{2}{x+3}dx$$

$$=-\frac{3}{x+3}-2\ln|x+2|+2\ln|x+3|+C$$

$$=\ln\left(\frac{x+3}{x+2}\right)^2-\frac{3}{x+3}+C$$

5. 令$\sqrt{\frac{1+x}{x}}=t$，则 $x=\frac{1}{t^2-1}$，$dx=\frac{-2tdt}{(t^2-1)^2}$，所以

$$\int\ln(1+\sqrt{\frac{1+x}{x}})dx=\int\ln(1+t)d\frac{1}{t^2-1}=\frac{\ln(1+t)}{t^2-1}-\int\frac{1}{t^2-1}\frac{1}{t+1}dt$$

而

$$\int\frac{1}{t^2-1}\frac{1}{t+1}dt=\frac{1}{4}\int\left(\frac{1}{t-1}-\frac{1}{t+1}-\frac{2}{(t+1)^2}\right)dt$$

$$=\frac{1}{4}\ln(t-1)-\frac{1}{4}\ln(t+1)+\frac{1}{2}\frac{1}{t+1}+C$$

所以

$$\int \ln(1+\sqrt{\frac{1+x}{x}})\mathrm{d}x = \frac{\ln(1+t)}{t^2-1} + \frac{1}{4}\ln\frac{t+1}{t-1} - \frac{1}{2(t+1)} + C$$

$$= x\ln(1+\sqrt{\frac{1+x}{x}}) + \frac{1}{2}\ln(\sqrt{1+x}+\sqrt{x}) -$$

$$\frac{1}{2}\frac{\sqrt{x}}{\sqrt{1+x}+\sqrt{x}} + C$$

6. 因为 $f(x^2-1)=\ln\frac{x^2}{x^2-2}=\ln\frac{x^2-1+1}{x^2-1-1}$，所以 $f(t)=\ln\frac{t+1}{t-1}$，故 $f(\varphi(x))=\ln\frac{\varphi(x)+1}{\varphi(x)-1}$，又 $f(\varphi(x))=\ln x$，则 $\frac{\varphi(x)+1}{\varphi(x)-1}=x$，因此 $\varphi(x)=\frac{x+1}{x-1}$.

所以 $\int\varphi(x)\mathrm{d}x=\int\frac{x+1}{x-1}\mathrm{d}x=\int(1+\frac{2}{x-1})\mathrm{d}x=x+2\ln|x-1|+C$.

第9讲

定积分及其应用

背景简介

伟大的无产阶级革命导师马克思告诉我们，理论研究是为了实践需要. 数学理论的提出和发展，总有实际背景作为原始驱动力. 比如，物理上，如何计算沿直线变力做功、非匀速直线运动的位移？几何上，很多特殊的平面图形都有相应的面积公式，大家熟悉的三角形、圆、矩形、平行四边形、梯形，等等. 如果把梯形的一条边变成曲线，那么如何求曲边梯形的面积？

围绕上述物理、几何问题，慢慢建立了定积分理论. 定积分定义的精确化，是黎曼的贡献，故也称之为黎曼积分，它是分析中较复杂的一个定义，理解了它，就理解了几乎整个传统的积分家族(尤其是二重积分、三重积分、第一型曲线积分、第一型曲面积分). 而如果用定义去计算曲边梯形的面积，不易操作且笨重，我们需要牛顿－莱布尼茨公式！在第 8 讲中，我们已经掌握了各种求原函数的方法，本讲定积分的计算则会从容不迫.

然而，我们不能盲目地计算，因为有很多函数是不可积的，比如定义在闭区间$[0,1]$上的狄利克雷函数不可积(黎曼意义下)，这也提醒我们必须考虑可积的条件，幸运的是，连续函数是可积的，那也意味着，可积函数类无比丰富且生命力异常强大，同时也注定了定积分广泛的应用前景. 抓住定积分分割、近似、求和、取极限这条主线，在不失严谨，且更容易操作的同时，便有了微元法(也称元素法)！微元法的处理思想可以简单理解为“线线累积是面，面面累积是体”.

本讲读者在复习时，需要掌握定积分的定义，利用牛顿－莱布尼茨公式计算定积分. 掌握微积分学基本定理. 记住可积的条件(必要条件、充分条件及充要条件)，并会判断函数在有限区间上的可积性.

深度理解微元法的思想，并会利用微元法解决一些简单的几何应用问题(平面区域的面积、旋转体的体积等)、物理应用问题(经典力学、做功等).

内容聚焦

第1节　牛顿－莱布尼茨公式

一、定积分的概念

1. 定积分的定义

定义1　设闭区间$[a,b]$上有$n-1$个点，依次为

$$a=x_0<x_1<x_2<\cdots<x_{n-1}<x_n=b$$

它们把区间$[a,b]$分成n个小区间$\Delta_i=[x_{i-1},x_i]$，$i=1,2,\cdots,n$. 这些分点或这些闭子区间构成对$[a,b]$的一个分割，记为$T=\{x_0,x_1,\cdots,x_n\}$或$\{\Delta_1,\Delta_2,\cdots,\Delta_n\}$.

小区间Δ_i的长度为$\Delta x_i=x_i-x_{i-1}$，并记$\|T\|=\max\limits_{1\leqslant i\leqslant n}\{\Delta x_i\}$，称为分割$T$的模.

定义2　设f是定义在$[a,b]$上的一个函数. 对于$[a,b]$的一个分割$T=\{\Delta_1,\Delta_2,\cdots,\Delta_n\}$，任取点$\xi_i\in\Delta_i$，$i=1,2,\cdots,n$，并作和式$\sum\limits_{i=1}^{n}f(\xi_i)\Delta x_i$，称此和式为函数$f$在$[a,b]$上的一个积分和，也称黎曼和.

定义3　设f是定义在$[a,b]$上的一个函数，J是一个确定的实数. 若对任给的正数ε，总存在某一正数δ，使得对$[a,b]$的任何分割T，以及在其上任意选取的点集$\{\xi_i\}$，只要$\|T\|<\delta$，就有$\left|\sum\limits_{i=1}^{n}f(\xi_i)\Delta x_i-J\right|<\varepsilon$，则称函数$f$在区间$[a,b]$上可积或黎曼可积；数$J$称为$f$在$[a,b]$上的定积分或黎曼积分，记作

$$J=\int_a^b f(x)\mathrm{d}x$$

其中，f称为被积函数，x称为积分变量，$[a,b]$称为积分区间，a，b分别称为这个定积分的下限和上限.

以上定义1至定义3是定积分抽象概念的完整叙述.

如果$f(x)$在$[a,b]$上的定积分存在，那么称函数$f(x)$在$[a,b]$上可积.

注　① 在定积分定义中，当$\|T\|\to 0$时，所有子区间的长度都趋于零，因而子区间的个数n必然趋于无穷大，反之不成立；

② 定积分是积分和的极限，它是一个确定的常数. 定积分的值取决于被积函数与积分区间，而与积分变量的具体记号无关，即

$$\int_a^b f(x)\mathrm{d}x=\int_a^b f(t)\mathrm{d}t=\int_a^b f(u)\mathrm{d}u=\cdots$$

③ 在定积分定义中包含两个任意性，即对区间分割的任意性和ξ_i选取的任意性；

④ 若已知$f(x)$在$[a,b]$上可积，则$\int_a^b f(x)\mathrm{d}x$的值与区间$[a,b]$的分割及ξ_i的取法无关，因此可以采用对区间$[a,b]$进行n等分，ξ_i取小区间的左端点x_{i-1}或右端点x_i的方法计算定积分或者利用定积分求极限.

例 1 利用定积分定义求极限：

(1) $I=\lim\limits_{n\to\infty}\left(\dfrac{1}{n+1}+\dfrac{1}{n+2}+\cdots+\dfrac{1}{n+n}\right)$；

(2) $I=\lim\limits_{n\to\infty}\dfrac{1}{n^4}(1+2^3+\cdots+n^3)$；

(3) $I=\lim\limits_{n\to\infty}n\left[\dfrac{1}{(n+1)^2}+\dfrac{1}{(n+2)^2}+\cdots+\dfrac{1}{(n+n)^2}\right]$.

解 (1) $I=\lim\limits_{n\to\infty}\sum\limits_{k=1}^{n}\dfrac{1}{1+k/n}\cdot\dfrac{1}{n}=\int_0^1\dfrac{1}{1+x}\mathrm{d}x=\ln(1+x)\big|_0^1=\ln 2$；

(2) $I=\lim\limits_{n\to\infty}\left[\left(\dfrac{1}{n}\right)^3+\left(\dfrac{2}{n}\right)^3+\cdots+\left(\dfrac{n}{n}\right)^3\right]\dfrac{1}{n}=\int_0^1 x^3\mathrm{d}x=\dfrac{1}{4}$；

(3) $I=\lim\limits_{n\to\infty}\left[\dfrac{1}{(1+1/n)^2}+\dfrac{1}{(1+2/n)^2}+\cdots+\dfrac{1}{(1+n/n)^2}\right]\dfrac{1}{n}=\int_0^1\dfrac{\mathrm{d}x}{(1+x)^2}=\dfrac{1}{2}$.

例 2 按定积分定义证明：$\int_a^b k\,\mathrm{d}x=k(b-a)$.

证 设 $f(x)=k$. 由于对 $[a,b]$ 的任一分割，有

$$\sum_{i=1}^{n}f(\xi_i)\Delta x_i=\sum_{i=1}^{n}k\Delta x_i=k\sum_{i=1}^{n}\Delta x_i=k(b-a)$$

因此 $\int_a^b k\,\mathrm{d}x=\lim\limits_{n\to\infty}\sum\limits_{i=1}^{n}f(\xi_i)\Delta x_i=k(b-a)$.

例 3 证明狄利克雷函数在 $[0,1]$ 上不可积.

证 因为对于任何分割 T，在 T 所属的每个小区间中都有有理数与无理数（根据实数的稠密性），当取 $\{\xi_i\}_1^n$ 全为有理数时，得 $\sum\limits_{i=1}^{n}D(\xi_i)\Delta x_i=\sum\limits_{i=1}^{n}\Delta x_i=1$，当取 $\{\xi_i\}_1^n$ 全为无理数时，得 $\sum\limits_{i=1}^{n}D(\xi_i)\Delta x_i=\sum\limits_{i=1}^{n}0\cdot\Delta x_i=0$，所以这两种积分和的极限不相等，狄利克雷函数在 $[0,1]$ 上不可积.

2. 几何意义

由曲边梯形面积问题的讨论及定积分的定义，我们已经知道，在 $[a,b]$ 上 $f(x)\geqslant 0$ 时，曲线 $y=f(x)$，x 轴与直线 $x=a$，$x=b$ 所围成曲边梯形的面积为 $\int_a^b f(x)\mathrm{d}x$.

当 $f(x)\leqslant 0$ 时，由曲线 $y=f(x)$，x 轴与直线 $x=a$，$x=b$ 所围成曲边梯形位于 x 轴的下方，这时定积分 $\int_a^b f(x)\mathrm{d}x$ 表示 $x=a$，$x=b$ 与 x 轴及曲线 $y=f(x)$ 围成曲边梯形的面积的负值.

当 $f(x)$ 在 $[a,b]$ 上既取正值又取负值时，其图形某些部分在 x 轴的上方，某些部分在 x 轴的下方，因此定积分 $\int_a^b f(x)\mathrm{d}x$ 表示各部分图形面积的代数和，其中位于 x 轴上方的图形面积取正号，位于 x 轴下方的图形面积取负号.

例 4 根据定积分的几何意义计算 $\int_0^1\sqrt{1-x^2}\,\mathrm{d}x$.

解 把定积分$\int_0^1 \sqrt{1-x^2}\,\mathrm{d}x$看成图1所示的半径为1的圆在第一象限部分的面积，所以

$$\int_0^1 \sqrt{1-x^2}\,\mathrm{d}x = \frac{1}{4}\cdot\pi\cdot 1^2 = \frac{\pi}{4}$$

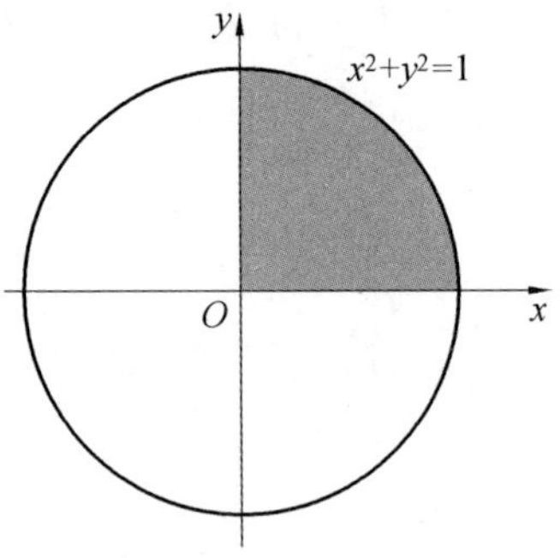

$x^2+y^2=1$

图 1

二、牛顿－莱布尼茨公式

定理 如果函数$f(x)$在区间$[a,b]$上可积，且存在$[a,b]$上的函数$F(x)$，使得$F'(x)=f(x)$，那么

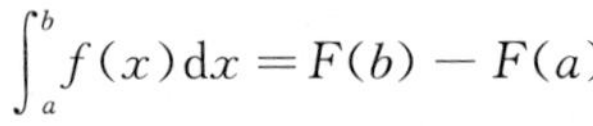

$$\int_a^b f(x)\,\mathrm{d}x = F(b)-F(a)$$

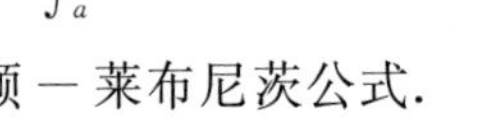

此公式称为牛顿－莱布尼茨公式.

例 5 计算下列定积分：

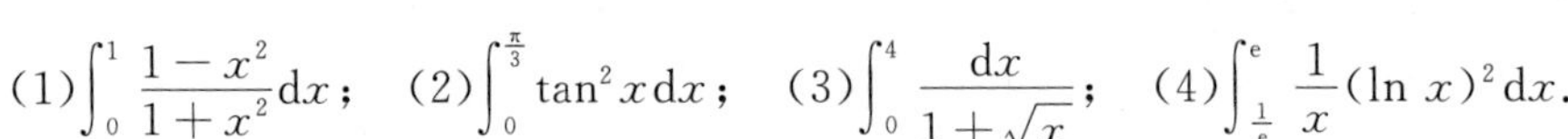

(1)$\int_0^1 \frac{1-x^2}{1+x^2}\mathrm{d}x$； (2)$\int_0^{\frac{\pi}{3}} \tan^2 x\,\mathrm{d}x$； (3)$\int_0^4 \frac{\mathrm{d}x}{1+\sqrt{x}}$； (4)$\int_{\frac{1}{e}}^{e} \frac{1}{x}(\ln x)^2\,\mathrm{d}x$.

解 (1)$\int_0^1 \frac{1-x^2}{1+x^2}\mathrm{d}x = \int_0^1 \frac{2-(1+x^2)}{1+x^2}\mathrm{d}x = (2\arctan x - x)\Big|_0^1 = \frac{\pi}{2}-1$；

(2)$\int_0^{\frac{\pi}{3}} \tan^2 x\,\mathrm{d}x = \int_0^{\frac{\pi}{3}} (\sec^2 x-1)\,\mathrm{d}x = (\tan x - x)\Big|_0^{\frac{\pi}{3}} = \sqrt{3}-\frac{\pi}{3}$；

(3)$\int_0^4 \frac{\mathrm{d}x}{1+\sqrt{x}} = [2\sqrt{x}-2\ln(1+\sqrt{x})]\Big|_0^4 = 4-2\ln 3$；

(4)$\int_{\frac{1}{e}}^{e} \frac{1}{x}(\ln x)^2\,\mathrm{d}x = \frac{1}{3}(\ln x)^3\Big|_{\frac{1}{e}}^{e} = \frac{1}{3}[1-(-1)] = \frac{2}{3}$.

第 2 节 定积分的性质

两点补充规定：

(1) 当$a=b$时，$\int_a^b f(x)\,\mathrm{d}x=0$；

(2) 当$a>b$时，$\int_a^b f(x)\,\mathrm{d}x = -\int_b^a f(x)\,\mathrm{d}x$.

设f,g在$[a,b]$上可积，则有如下性质：

性质 1 (线性性质) 设α,β为常数，则

$$\int_a^b [\alpha f(x)+\beta g(x)]\,\mathrm{d}x = \alpha\int_a^b f(x)\,\mathrm{d}x + \beta\int_a^b g(x)\,\mathrm{d}x$$

性质 2 (积分区间的可加性) 设$a<c<b$，则

$$\int_a^b f(x)\,\mathrm{d}x = \int_a^c f(x)\,\mathrm{d}x + \int_c^b f(x)\,\mathrm{d}x$$

性质 3 (保号性) 如果在区间$[a,b]$上$f(x)\geqslant 0$，那么$\int_a^b f(x)\,\mathrm{d}x \geqslant 0$.

推论 1 (保不等式性) 如果在区间$[a,b]$上$f(x)\leqslant g(x)$，那么

$$\int_a^b f(x)\mathrm{d}x \leqslant \int_a^b g(x)\mathrm{d}x\,(a<b)$$

推论 2 （绝对值不等式性）$\left|\int_a^b f(x)\mathrm{d}x\right| \leqslant \int_a^b |f(x)|\mathrm{d}x\,(a<b)$.

性质 4 （估值定理）设 M 与 m 分别是函数 $f(x)$ 在区间 $[a,b]$ 上的最大值及最小值，则

$$m(b-a) \leqslant \int_a^b f(x)\mathrm{d}x \leqslant M(b-a)\,(a<b)$$

性质 5 （积分第一中值定理）如果函数 $f(x)$ 在闭区间 $[a,b]$ 上连续，那么在积分区间 $[a,b]$ 上至少存在一点 ξ，使下式成立

$$\int_a^b f(x)\mathrm{d}x = f(\xi)(b-a)\,(a \leqslant \xi \leqslant b)$$

这个公式叫作积分中值公式.

性质 6 （积分第二中值定理）设 f 在 $[a,b]$ 上可积.

(1) 若 g 在 $[a,b]$ 上单调递减，且 $g(x)\geqslant 0$，则 $\exists \xi \in [a,b]$，使得

$$\int_a^b f(x)g(x)\mathrm{d}x = g(a)\int_a^{\xi} f(x)\mathrm{d}x$$

(2) 若 g 在 $[a,b]$ 上单调递增，且 $g(x)\geqslant 0$，则 $\exists \xi \in [a,b]$，使得

$$\int_a^b f(x)g(x)\mathrm{d}x = g(b)\int_{\xi}^b f(x)\mathrm{d}x$$

(3) 若 g 在 $[a,b]$ 上单调，则 $\exists \xi \in [a,b]$，使得

$$\int_a^b f(x)g(x)\mathrm{d}x = g(a)\int_a^{\xi} f(x)\mathrm{d}x + g(b)\int_{\xi}^b f(x)\mathrm{d}x$$

例 1 证明：若 f 在 $[a,b]$ 上连续，且 $f(x)\geqslant 0$，$\int_a^b f(x)\mathrm{d}x = 0$，则 $f(x)\equiv 0$，$x\in[a,b]$.

证 反证法. 若存在 $x_0\in[a,b]$，使 $f(x_0)>0$，则由连续函数的局部保号性，存在 x_0 的某邻域 $(x_0-\delta, x_0+\delta)$（当 $x_0=a$ 或 $x_0=b$ 时，则为右邻域或左邻域），使在其中 $f(x)\geqslant \frac{f(x_0)}{2}>0$，再由定积分的区间可加性及保号性可知

$$\begin{aligned}\int_a^b f(x)\mathrm{d}x &= \int_a^{x_0-\delta} f(x)\mathrm{d}x + \int_{x_0-\delta}^{x_0+\delta} f(x)\mathrm{d}x + \int_{x_0+\delta}^b f(x)\mathrm{d}x \\ &\geqslant 0 + \int_{x_0-\delta}^{x_0+\delta} \frac{f(x_0)}{2}\mathrm{d}x + 0 = f(x_0)\delta > 0\end{aligned}$$

这与条件 $\int_a^b f(x)\mathrm{d}x = 0$ 相矛盾. 所以 $f(x)\equiv 0$，$x\in[a,b]$.

注 由本例的证明过程，我们不难发现如下结论成立（请读者尝试自证）：

若非负函数 f 在 $[a,b]$ 上连续，且存在 $x_0\in[a,b]$ 使得 $f(x_0)>0$，则 $\int_a^b f(x)\mathrm{d}x>0$.

例 2 设 $I=\int_{\frac{\pi}{6}}^{\frac{\pi}{4}} \ln\sin x\,\mathrm{d}x$，$J=\int_{\frac{\pi}{6}}^{\frac{\pi}{4}} \ln\cot x\,\mathrm{d}x$，$K=\int_{\frac{\pi}{6}}^{\frac{\pi}{4}} \ln\cos x\,\mathrm{d}x$，则 I,J,K 的大小关系为（　　）.

(A)$I<J<K$　　(B)$I<K<J$　　(C)$J<I<K$　　(D)$K<J<I$

解　应选(B).由于在区间$\left[\frac{\pi}{6},\frac{\pi}{4}\right]$上满足不等式$0\leqslant\sin x\leqslant\cos x\leqslant\cot x$,则

$$\ln\sin x\leqslant\ln\cos x\leqslant\ln\cot x$$

从而$\ln\cos x-\ln\sin x\geqslant 0$,且显然存在$x_0\in[\frac{\pi}{6},\frac{\pi}{4}]$,使得$\ln\cos x_0-\ln\sin x_0>0$,于是由例1的注可知$\int_{\frac{\pi}{6}}^{\frac{\pi}{4}}(\ln\cos x-\ln\sin x)\mathrm{d}x>0$,即

$$\int_{\frac{\pi}{6}}^{\frac{\pi}{4}}\ln\sin x\mathrm{d}x<\int_{\frac{\pi}{6}}^{\frac{\pi}{4}}\ln\cos x\mathrm{d}x$$

同理

$$\int_{\frac{\pi}{6}}^{\frac{\pi}{4}}\ln\cos x\mathrm{d}x<\int_{\frac{\pi}{6}}^{\frac{\pi}{4}}\ln\cot x\mathrm{d}x$$

例3　试求$I=\int_{\frac{1}{e}}^{e}|\ln x|\mathrm{d}x$.

解　利用积分区间的可加性,有$I=-\int_{\frac{1}{e}}^{1}\ln x\mathrm{d}x+\int_{1}^{e}\ln x\mathrm{d}x$.再由$\int\ln x\mathrm{d}x=x\ln x-x+C$,可得$I=(x-x\ln x)\Big|_{\frac{1}{e}}^{1}+(x\ln x-x)\Big|_{1}^{e}=2-\frac{2}{e}$.

例4　估计定积分$\int_{1}^{2}\frac{x}{x^2+1}\mathrm{d}x$的值.

解　因为$f(x)=\frac{x}{x^2+1}$在区间$[1,2]$上连续,故在$[1,2]$上可积.又因为

$$f'(x)=\frac{1-x^2}{(x^2+1)^2}\leqslant 0(1\leqslant x\leqslant 2)$$

因此,$f(x)$在区间$[1,2]$上单调递减,从而$\frac{2}{5}\leqslant f(x)\leqslant\frac{1}{2}$,于是由估值定理得

$$\frac{2}{5}\leqslant\int_{1}^{2}\frac{x}{x^2+1}\mathrm{d}x\leqslant\frac{1}{2}$$

例5　$I_n=\int_{0}^{\frac{\pi}{4}}\tan^n x\mathrm{d}x(n\in\mathbf{Z}_+)$,求$I_n+I_{n-2}$,并证明$\frac{1}{2(n+1)}<I_n<\frac{1}{2(n-1)}$.

解　因为

$$\begin{aligned}I_n+I_{n-2}&=\int_{0}^{\frac{\pi}{4}}\tan^n x\mathrm{d}x+\int_{0}^{\frac{\pi}{4}}\tan^{n-2}x\mathrm{d}x=\int_{0}^{\frac{\pi}{4}}\tan^{n-2}x\cdot\sec^2 x\mathrm{d}x\\&=\int_{0}^{\frac{\pi}{4}}\tan^{n-2}x\mathrm{d}(\tan x)=\frac{1}{n-1}\tan^{n-1}x\Big|_{0}^{\frac{\pi}{4}}=\frac{1}{n-1}\end{aligned}$$

所以$I_{n+2}+I_n=\frac{1}{n+1}$.

当$0<x<\frac{\pi}{4}$时,$0<\tan x<1$,故$\tan^{n+2}x<\tan^n x<\tan^{n-2}x$,从而可得$I_{n+2}<I_n<I_{n-2}$,于是$I_n+I_{n+2}<2I_n<I_{n-2}+I_n$,即$\frac{1}{2(n+1)}<I_n<\frac{1}{2(n-1)}$.

例 6 若 f 与 g 都在 $[a,b]$ 上连续，且 $g(x)$ 在 $[a,b]$ 上不变号，证明：至少存在一点 $\xi\in[a,b]$，使得 $\int_a^b f(x)g(x)\mathrm{d}x=f(\xi)\int_a^b g(x)\mathrm{d}x$.

证 不妨设 $g(x)\geqslant 0, x\in[a,b]$. 这时有 $mg(x)\leqslant f(x)g(x)\leqslant Mg(x), x\in[a,b]$，其中，$M,m$ 分别为 f 在 $[a,b]$ 上的最大值、最小值. 由定积分的不等式性质，得到

$$m\int_a^b g(x)\mathrm{d}x\leqslant\int_a^b f(x)g(x)\mathrm{d}x\leqslant M\int_a^b g(x)\mathrm{d}x$$

若 $\int_a^b g(x)\mathrm{d}x=0$，则由上式知 $\int_a^b f(x)g(x)\mathrm{d}x=0$，从而对任何 $\xi\in[a,b]$，$\int_a^b f(x)g(x)\mathrm{d}x=f(\xi)\int_a^b g(x)\mathrm{d}x$ 都成立.

若 $\int_a^b g(x)\mathrm{d}x>0$，则得 $m\leqslant\dfrac{\int_a^b f(x)g(x)\mathrm{d}x}{\int_a^b g(x)\mathrm{d}x}\leqslant M$. 由连续函数的介值性，至少有一点 $\xi\in[a,b]$，使得 $f(\xi)=\dfrac{\int_a^b f(x)g(x)\mathrm{d}x}{\int_a^b g(x)\mathrm{d}x}$，则 $\int_a^b f(x)g(x)\mathrm{d}x=f(\xi)\int_a^b g(x)\mathrm{d}x$ 成立.

例 7 利用积分中值定理证明：$\dfrac{1}{200}<\int_0^{100}\dfrac{\mathrm{e}^{-x}}{x+100}\mathrm{d}x<\dfrac{1}{100}$.

证 根据 $m\int_a^b g(x)\mathrm{d}x\leqslant\int_a^b f(x)g(x)\mathrm{d}x\leqslant M\int_a^b g(x)\mathrm{d}x$，取 $f(x)=\dfrac{1}{x+100}$，$g(x)=\mathrm{e}^{-x}$，则有 $\dfrac{1}{200}\int_0^{100}\mathrm{e}^{-x}\mathrm{d}x\leqslant\int_0^{100}\dfrac{\mathrm{e}^{-x}}{x+100}\mathrm{d}x\leqslant\dfrac{1}{100}\int_0^{100}\mathrm{e}^{-x}\mathrm{d}x$，则显然可得

$$\frac{1}{100}\int_0^{100}\mathrm{e}^{-x}\mathrm{d}x=\frac{1}{100}(1-\mathrm{e}^{-100})<\frac{1}{100}$$

进而有 $\int_0^{100}\dfrac{\mathrm{e}^{-x}}{x+100}\mathrm{d}x<\dfrac{1}{100}$；另一方面

$$\int_0^{100}\frac{\mathrm{e}^{-x}}{x+100}\mathrm{d}x>\int_0^{50}\frac{\mathrm{e}^{-x}}{x+100}\mathrm{d}x\geqslant\frac{1}{150}\int_0^{50}\mathrm{e}^{-x}\mathrm{d}x=\frac{1}{150}(1-\mathrm{e}^{-50})>\frac{1}{150}\times\frac{3}{4}=\frac{1}{200}$$

则 $\int_0^{100}\dfrac{\mathrm{e}^{-x}}{x+100}\mathrm{d}x>\dfrac{1}{200}$ 成立，故 $\dfrac{1}{200}<\int_0^{100}\dfrac{\mathrm{e}^{-x}}{x+100}\mathrm{d}x<\dfrac{1}{100}$ 得证.

第 3 节　定积分的计算

1. 定积分的换元积分法

假设函数 $f(x)$ 在区间 $[a,b]$ 上连续，函数 $x=\varphi(t)$ 满足条件：

(1) $\varphi(\alpha)=a, \varphi(\beta)=b$；

(2) $\varphi(t)$ 在 $[\alpha,\beta]$（或 $[\beta,\alpha]$）上具有连续导数，且其值域 $R_\varphi\subseteq[a,b]$，则有

$$\int_a^b f(x)\mathrm{d}x=\int_\alpha^\beta f[\varphi(t)]\varphi'(t)\mathrm{d}t$$

注 定积分换元则要换上下限，下限 a 对应的参数 α 为 t 的下限，上限 b 对应的参数

β 为 t 的上限.

例 1 求定积分$\int_0^1 \sqrt{2x-x^2}\,dx$.

解 $\int_0^1 \sqrt{2x-x^2}\,dx=\int_0^1 \sqrt{1-(1-x)^2}\,dx=\int_0^1 \sqrt{1-t^2}\,dt=\frac{\pi}{4}$.

例 2 求下列定积分：

(1)$\int_0^4 \frac{dx}{1+\sqrt{x}}$； (2)$\int_{-1}^1 (2-x^2)^{\frac{3}{2}}\,dx$.

解 (1) 设$\sqrt{x}=t$,即 $x=t^2$,则 $dx=2tdt$,且当 $x=0$ 时,$t=0$;当 $x=4$ 时,$t=2$,则

$$\int_0^4 \frac{dx}{1+\sqrt{x}}=\int_0^2 \frac{2t}{1+t}dt=2\int_0^2 (1-\frac{1}{1+t})dt$$
$$=2(t-\ln|1+t|)\Big|_0^2=4-2\ln 3$$

(2) 令 $x=\sqrt{2}\sin t$,则 $t\in\left[-\frac{\pi}{4},\frac{\pi}{4}\right]$,$dx=\sqrt{2}\cos t dt$,从而

$$\int_{-1}^1 (2-x^2)^{\frac{3}{2}}\,dx=\int_{-\frac{\pi}{4}}^{\frac{\pi}{4}} (2-2\sin^2 t)^{\frac{3}{2}}\sqrt{2}\cos t dt=4\int_{-\frac{\pi}{4}}^{\frac{\pi}{4}} \cos^4 t dt$$
$$=4\int_{-\frac{\pi}{4}}^{\frac{\pi}{4}} \left(\frac{1}{2}+\frac{1}{2}\cos 2t\right)^2 dt$$
$$=4\int_{-\frac{\pi}{4}}^{\frac{\pi}{4}} \left[\frac{1}{4}+\frac{1}{2}\cos 2t+\frac{1}{4}(\cos 2t)^2\right] dt$$
$$=\int_{-\frac{\pi}{4}}^{\frac{\pi}{4}} dt+2\int_{-\frac{\pi}{4}}^{\frac{\pi}{4}} \cos 2t dt+\int_{-\frac{\pi}{4}}^{\frac{\pi}{4}} (\cos 2t)^2 dt$$
$$=\frac{\pi}{2}+2+\frac{\pi}{4}=\frac{3\pi}{4}+2$$

例 3 求定积分$\int_0^4 \frac{x+2}{\sqrt{2x+1}}dx$.

解 $\int_0^4 \frac{x+2}{\sqrt{2x+1}}dx=\int_1^3 \frac{t^2+3}{2t}\cdot t dt=\frac{1}{2}(\frac{1}{3}t^3+3t)\Big|_1^3=\frac{22}{3}$.

例 4 求定积分$\int_0^1 \frac{\sqrt{e^{-x}}}{\sqrt{e^x+e^{-x}}}dx$.

解 $\int_0^1 \frac{\sqrt{e^{-x}}}{\sqrt{e^x+e^{-x}}}dx=\int_0^1 \frac{1}{\sqrt{e^{2x}+1}}dx=\int_{\sqrt{2}}^{\sqrt{e^2+1}} \frac{1}{t^2-1}dt(t=\sqrt{e^{2x}+1})$

$$=\frac{1}{2}\ln\left|\frac{t-1}{t+1}\right|\Bigg|_{\sqrt{2}}^{\sqrt{e^2+1}}=\ln(\sqrt{2}+1)-\ln(\sqrt{e^2+1}+1)+1$$

例 5 求$\int_0^\pi \sqrt{\sin^2 x-\sin^4 x}\,dx$.

解 由于$\sqrt{\sin^2 x-\sin^4 x}=\sqrt{\sin^2 x\cos^2 x}=|\sin x||\cos x|$,而当 $0\leqslant x\leqslant\frac{\pi}{2}$ 时,$\sin x\geqslant 0,\cos x\geqslant 0$;当$\frac{\pi}{2}\leqslant x\leqslant\pi$ 时,$\sin x\geqslant 0,\cos x\leqslant 0$. 所以

$$\int_0^{\pi}\sqrt{\sin^2 x-\sin^4 x}\,dx=\int_0^{\pi}\sin x\mid\cos x\mid dx$$
$$=\int_0^{\frac{\pi}{2}}\sin x\cos x\,dx+\int_{\frac{\pi}{2}}^{\pi}\sin x(-\cos x)\,dx$$
$$=\int_0^{\frac{\pi}{2}}\sin x\,d\sin x-\int_{\frac{\pi}{2}}^{\pi}\sin x\,d\sin x$$
$$=\left[\frac{1}{2}\sin^2 x\right]\Big|_0^{\frac{\pi}{2}}-\left[\frac{1}{2}\sin^2 x\right]\Big|_{\frac{\pi}{2}}^{\pi}=1$$

2. 定积分的分部积分法

如果 u,v 在区间$[a,b]$上连续可微，那么$\int_a^b uv'\,dx=\int_a^b u\,dv=[uv]\Big|_a^b-\int_a^b v\,du$ 或 $\int_a^b uv'\,dx=[uv]\Big|_a^b-\int_a^b u'v\,dx$.

例 6 计算$\int_0^{\frac{1}{2}}\arcsin x\,dx$.

解 令 $u=\arcsin x, dv=dx$，则

$$\int_0^{\frac{1}{2}}\arcsin x\,dx=x\arcsin x\Big|_0^{\frac{1}{2}}-\int_0^{\frac{1}{2}}\frac{x}{\sqrt{1-x^2}}dx$$
$$=\frac{\pi}{12}+\frac{1}{2}\int_0^{\frac{1}{2}}(1-x^2)^{-\frac{1}{2}}d(1-x^2)$$
$$=\frac{\pi}{12}+\sqrt{1-x^2}\Big|_0^{\frac{1}{2}}=\frac{\pi}{12}+\frac{\sqrt{3}}{2}-1$$

例 7 计算$\int_0^{\frac{\pi}{4}}\frac{x\,dx}{1+\cos 2x}$.

解 $\int_0^{\frac{\pi}{4}}\frac{x\,dx}{1+\cos 2x}=\frac{1}{2}\int_0^{\frac{\pi}{4}}x\cdot\sec^2 x\,dx=\frac{1}{2}\int_0^{\frac{\pi}{4}}x\,d\tan x$

$$=\frac{1}{2}\left[x\tan x\Big|_0^{\frac{\pi}{4}}-\int_0^{\frac{\pi}{4}}\tan x\,dx\right]$$
$$=\frac{1}{2}\left[\frac{\pi}{4}+\ln\cos x\Big|_0^{\frac{\pi}{4}}\right]=\frac{\pi}{8}-\frac{1}{4}\ln 2.$$

例 8 计算$\int_0^1\frac{xe^{-x}}{(1+e^{-x})^2}dx$.

解 $\int_0^1\frac{xe^{-x}}{(1+e^{-x})^2}dx=\int_0^1 x\,d\left(\frac{1}{1+e^{-x}}\right)=\frac{x}{1+e^{-x}}\Big|_0^1-\int_0^1\frac{1}{1+e^{-x}}dx$

$$=\frac{1}{1+e^{-1}}-\int_0^1\frac{e^x}{e^x+1}dx=\frac{1}{1+e^{-1}}-\ln(e^x+1)\Big|_0^1$$
$$=\frac{e}{1+e}-\ln(e+1)+\ln 2$$

例 9 计算$\int_0^{\frac{1}{2}}\frac{x\arcsin x}{\sqrt{1-x^2}}dx$.

解 $\int_0^{\frac{1}{2}}\frac{x\arcsin x}{\sqrt{1-x^2}}dx=-\int_0^{\frac{1}{2}}\arcsin x\,d\sqrt{1-x^2}$

$$=-\sqrt{1-x^2}\arcsin x\Big|_0^{\frac{1}{2}}+\int_0^{\frac{1}{2}}\mathrm{d}x=\frac{1}{2}-\frac{\sqrt{3}\pi}{12}.$$

例 10 计算$\int_0^4 \mathrm{e}^{\sqrt{x}}\mathrm{d}x$.

解 为消去根式,令$\sqrt{x}=t$,则

$$\begin{aligned}\int_0^4 \mathrm{e}^{\sqrt{x}}\mathrm{d}x&=\int_0^2 \mathrm{e}^t\cdot 2t\mathrm{d}t=2\int_0^2 t\mathrm{e}^t\mathrm{d}t\\&=2t\mathrm{e}^t\ |_0^2-2\int_0^2\mathrm{e}^t\mathrm{d}t=4\mathrm{e}^2-2\mathrm{e}^t\ |_0^2\\&=4\mathrm{e}^2-2\mathrm{e}^2+2=2(\mathrm{e}^2+1)\end{aligned}$$

例 11 计算$\int_0^{\frac{\pi}{4}}\frac{x\sec^2 x}{(1+\tan x)^2}\mathrm{d}x$.

解
$$\begin{aligned}\int_0^{\frac{\pi}{4}}\frac{x\sec^2 x}{(1+\tan x)^2}\mathrm{d}x&=-\int_0^{\frac{\pi}{4}}x\mathrm{d}\left(\frac{1}{1+\tan x}\right)\\&=-\frac{x}{1+\tan x}\Big|_0^{\frac{\pi}{4}}+\int_0^{\frac{\pi}{4}}\frac{1}{1+\tan x}\mathrm{d}x\\&=-\frac{\pi}{8}+\int_0^{\frac{\pi}{4}}\frac{\cos x}{\cos x+\sin x}\mathrm{d}x\\&=-\frac{\pi}{8}+\frac{1}{2}\int_0^{\frac{\pi}{4}}\frac{(\cos x-\sin x)+(\cos x+\sin x)}{\cos x+\sin x}\mathrm{d}x\\&=-\frac{\pi}{8}+\frac{1}{2}\left[\ln(\cos x+\sin x)\Big|_0^{\frac{\pi}{4}}+\frac{\pi}{4}\right]=\frac{1}{4}\ln 2.\end{aligned}$$

例 12 计算$\int_0^{\frac{\pi}{2}}\mathrm{e}^{2x}\cos x\mathrm{d}x$.

解
$$\begin{aligned}\int_0^{\frac{\pi}{2}}\mathrm{e}^{2x}\cos x\mathrm{d}x&=\frac{1}{2}\int_0^{\frac{\pi}{2}}\cos x\mathrm{d}\mathrm{e}^{2x}\\&=\frac{1}{2}\left[\mathrm{e}^{2x}\cos x\Big|_0^{\frac{\pi}{2}}+\int_0^{\frac{\pi}{2}}\mathrm{e}^{2x}\sin x\mathrm{d}x\right]\\&=-\frac{1}{2}+\frac{1}{4}\int_0^{\frac{\pi}{2}}\sin x\mathrm{d}\mathrm{e}^{2x}\\&=-\frac{1}{2}+\frac{1}{4}\mathrm{e}^{2x}\sin x\Big|_0^{\frac{\pi}{2}}-\frac{1}{4}\int_0^{\frac{\pi}{2}}\mathrm{e}^{2x}\cos x\mathrm{d}x\end{aligned}$$

因此$\int_0^{\frac{\pi}{2}}\mathrm{e}^{2x}\cos x\mathrm{d}x=\frac{4}{5}\left(-\frac{1}{2}+\frac{1}{4}\mathrm{e}^{\pi}\right)=\frac{1}{5}(\mathrm{e}^{\pi}-2)$.

例 13 已知$f(2)=\frac{1}{2}$,$f'(2)=0$,$\int_0^2 f(x)\mathrm{d}x=1$,计算$\int_0^1 x^2 f''(2x)\mathrm{d}x$.

解
$$\begin{aligned}\int_0^1 x^2 f''(2x)\mathrm{d}x&=\frac{1}{8}\int_0^2 u^2 f''(u)\mathrm{d}u=\frac{1}{8}\int_0^2 u^2\mathrm{d}f'(u)\\&=\frac{1}{8}\left[u^2 f'(u)\ |_0^2-2\int_0^2 uf'(u)\mathrm{d}u\right]\\&=\frac{1}{8}\left[4f'(2)-2\left(uf(u)\ |_0^2-\int_0^2 f(u)\mathrm{d}u\right)\right]\end{aligned}$$

$$=\frac{1}{8}[4f'(2)-2(2f(2)-1)]=0.$$

例 14 设 $f(x)$ 在$[0,\pi]$上具有二阶连续导数，$f(\pi)=2$，且

$$\int_0^{\pi}[f(x)+f''(x)]\sin x\mathrm{d}x=5$$

试求 $f(0)$.

解

$$\begin{aligned}&\int_0^{\pi}[f(x)+f''(x)]\sin x\mathrm{d}x\\ =&\int_0^{\pi}f(x)\sin x\mathrm{d}x+\int_0^{\pi}f''(x)\sin x\mathrm{d}x\\ =&\int_0^{\pi}f(x)\sin x\mathrm{d}x+\int_0^{\pi}\sin x\mathrm{d}f'(x)\\ =&\int_0^{\pi}f(x)\sin x\mathrm{d}x+f'(x)\sin x\Big|_0^{\pi}-\int_0^{\pi}f'(x)\cos x\mathrm{d}x\\ =&\int_0^{\pi}f(x)\sin x\mathrm{d}x-\int_0^{\pi}\cos x\mathrm{d}f(x)\\ =&\int_0^{\pi}f(x)\sin x\mathrm{d}x-f(x)\cos x\Big|_0^{\pi}-\int_0^{\pi}f(x)\sin x\mathrm{d}x\\ =&f(\pi)+f(0)\end{aligned}$$

根据已知条件 $f(\pi)+f(0)=5$，故 $f(0)=3$.

3. **重要结论**

结论 1 设 $f(x)$ 在区间$[-a,a]$上连续，则：

(1) 若 $f(x)$ 在$[-a,a]$上为偶函数，则 $\int_{-a}^{a}f(x)\mathrm{d}x=2\int_0^{a}f(x)\mathrm{d}x$；

(2) 若 $f(x)$ 在$[-a,a]$上为奇函数，则 $\int_{-a}^{a}f(x)\mathrm{d}x=0$.

例 15 计算$\int_{-1}^{1}(|x|+\sin x)x^2\mathrm{d}x$.

解
$$\begin{aligned}\int_{-1}^{1}(|x|+\sin x)x^2\mathrm{d}x&=\int_{-1}^{1}|x|x^2\mathrm{d}x+\int_{-1}^{1}(\sin x)x^2\mathrm{d}x\\ &=2\int_0^1x^3\mathrm{d}x+0=\frac{1}{2}.\end{aligned}$$

例 16 计算$\int_{-1}^{1}\frac{2x^2+x\cos x}{1+\sqrt{1-x^2}}\mathrm{d}x$.

解
$$\begin{aligned}\int_{-1}^{1}\frac{2x^2+x\cos x}{1+\sqrt{1-x^2}}\mathrm{d}x&=\int_{-1}^{1}\frac{2x^2}{1+\sqrt{1-x^2}}\mathrm{d}x+\int_{-1}^{1}\frac{x\cos x}{1+\sqrt{1-x^2}}\mathrm{d}x\\ &=4\int_0^1\frac{x^2}{1+\sqrt{1-x^2}}\mathrm{d}x+0=4\int_0^1(1-\sqrt{1-x^2})\mathrm{d}x\\ &=4(1-\frac{\pi}{4}).\end{aligned}$$

结论 2 若 $f(x)$ 在$[0,1]$上连续，则：

(1)$\int_0^{\frac{\pi}{2}}f(\sin x)\mathrm{d}x=\int_0^{\frac{\pi}{2}}f(\cos x)\mathrm{d}x$；

(2) $\int_0^{\pi} xf(\sin x)\mathrm{d}x = \frac{\pi}{2}\int_0^{\pi} f(\sin x)\mathrm{d}x$；

(3) $\int_0^{\pi} f(\sin x)\mathrm{d}x = 2\int_0^{\frac{\pi}{2}} f(\sin x)\mathrm{d}x$.

例 17 计算 $\int_0^{\pi} \frac{x\sin x}{1+\cos^2 x}\mathrm{d}x$.

解 $\int_0^{\pi} \frac{x\sin x}{1+\cos^2 x}\mathrm{d}x = \frac{\pi}{2}\int_0^{\pi} \frac{\sin x}{1+\cos^2 x}\mathrm{d}x = -\frac{\pi}{2}\arctan(\cos x)\Big|_0^{\pi} = \frac{\pi^2}{4}$.

例 18 设 $I_n = \int_0^{\frac{\pi}{2}} \sin^n x\,\mathrm{d}x$，试证 $I_n = \frac{n-1}{n}I_{n-2}$，其中 n 是大于 1 的自然数.

证

$$\begin{aligned}
I_n &= \int_0^{\frac{\pi}{2}} \sin^n x\,\mathrm{d}x = -\int_0^{\frac{\pi}{2}} \sin^{n-1} x\,\mathrm{d}\cos x \\
&= -\sin^{n-1} x\cos x\Big|_0^{\frac{\pi}{2}} + (n-1)\int_0^{\frac{\pi}{2}} \sin^{n-2} x\cos^2 x\,\mathrm{d}x \\
&= (n-1)\int_0^{\frac{\pi}{2}} \sin^{n-2} x\,\mathrm{d}x - (n-1)\int_0^{\frac{\pi}{2}} \sin^n x\,\mathrm{d}x \\
&= (n-1)I_{n-2} - (n-1)I_n
\end{aligned}$$

因此，$I_n = \frac{n-1}{n}I_{n-2}$.

结论 3 $I_n = \int_0^{\frac{\pi}{2}} \sin^n x\,\mathrm{d}x = \int_0^{\frac{\pi}{2}} \cos^n x\,\mathrm{d}x$

$$= \begin{cases} \frac{n-1}{n}\cdot\frac{n-3}{n-2}\cdot\frac{n-5}{n-4}\cdot\cdots\cdot\frac{3}{4}\cdot\frac{1}{2}\cdot\frac{\pi}{2}, & n \text{ 为正偶数} \\ \frac{n-1}{n}\cdot\frac{n-3}{n-2}\cdot\frac{n-5}{n-4}\cdot\cdots\cdot\frac{4}{5}\cdot\frac{2}{3}, & n \text{ 为大于 1 的奇数} \end{cases}.$$

例 19 计算 $\int_{-\frac{\pi}{2}}^{\frac{\pi}{2}} (x^2\sin x + \cos^5 x + \sin^6 x)\mathrm{d}x$.

解

$$\begin{aligned}
&\int_{-\frac{\pi}{2}}^{\frac{\pi}{2}} (x^2\sin x + \cos^5 x + \sin^6 x)\mathrm{d}x \\
&= 2\left(\int_0^{\frac{\pi}{2}} \cos^5 x\,\mathrm{d}x + \int_0^{\frac{\pi}{2}} \sin^6 x\,\mathrm{d}x\right) \\
&= 2\left(\frac{4}{5}\cdot\frac{2}{3} + \frac{5}{6}\cdot\frac{3}{4}\cdot\frac{1}{2}\cdot\frac{\pi}{2}\right) = \frac{16}{15} + \frac{5\pi}{16}
\end{aligned}$$

结论 4 如果 $f(x)$ 是在区间 $(-\infty, +\infty)$ 内以 T 为周期的连续函数，那么对于任意的 a，恒有 $\int_a^{a+T} f(x)\mathrm{d}x = \int_0^T f(x)\mathrm{d}x$，$\int_0^{nT} f(x)\mathrm{d}x = n\int_0^T f(x)\mathrm{d}x$.

例 20 计算 $\int_{\frac{\pi}{4}}^{\frac{81}{4}\pi} \sin^6 x\mathrm{d}x$.

解

$$\begin{aligned}
\int_{\frac{\pi}{4}}^{\frac{81}{4}\pi} \sin^6 x\,\mathrm{d}x &= \int_{\frac{\pi}{4}}^{20\pi+\frac{\pi}{4}} \sin^6 x\,\mathrm{d}x = \int_0^{20\pi} \sin^6 x\,\mathrm{d}x \\
&= 20\int_0^{\pi} \sin^6 x\,\mathrm{d}x = 40\int_0^{\frac{\pi}{2}} \sin^6 x\,\mathrm{d}x \\
&= 40\cdot\frac{5}{6}\cdot\frac{3}{4}\cdot\frac{1}{2}\cdot\frac{\pi}{2} = \frac{25}{4}\pi.
\end{aligned}$$

第 4 节 微积分学基本定理与可积条件

一、微积分学基本定理

1. 积分上限的函数及其导数

设函数 $f(x)$ 在 $[a,b]$ 上连续，对于每一个取定的值 x，都有一个完全确定的定积分值 $\int_a^x f(t)\mathrm{d}t$ 与之对应，这样便定义了在区间 $[a,b]$ 上一个“新”的函数，并称之为变积分上限的函数，记作 $\Phi(x)$，即 $\Phi(x)=\int_a^x f(t)\mathrm{d}t$.

定理 1 （微积分学基本定理）如果函数 $f(x)$ 在区间 $[a,b]$ 上连续，那么变积分上限的函数

$$\Phi(x)=\int_a^x f(t)\mathrm{d}t(a\leqslant x\leqslant b)$$

在 $[a,b]$ 具有导数，并且它的导数是 $\Phi'(x)=\frac{\mathrm{d}}{\mathrm{d}x}\int_a^x f(t)\mathrm{d}t=f(x)$.

定理 2 如果函数 $f(x)$ 在区间 $[a,b]$ 上连续，那么 $\Phi(x)=\int_a^x f(t)\mathrm{d}t$ 是 $f(x)$ 在 $[a,b]$ 上的一个原函数.

定理 3 如果 $f(x)$ 是连续函数，$\varphi(x)$ 和 $\psi(x)$ 是可导函数，那么

$$\left(\int_{\psi(x)}^{\varphi(x)} f(t)\mathrm{d}t\right)'=f[\varphi(x)]\varphi'(x)-f[\psi(x)]\psi'(x)$$

例 1 求下列函数的导数：

(1) $F(x)=\int_1^{x^2}\mathrm{e}^{-t^2}\mathrm{d}t$； (2) $F(x)=\int_{\sin x}^{x^2}\frac{1}{\sqrt{1+t^4}}\mathrm{d}t$.

解 (1) $F'(x)=2x\mathrm{e}^{-x^4}$；

(2) $F'(x)=\frac{2x}{\sqrt{1+x^8}}-\frac{\cos x}{\sqrt{1+\sin^4 x}}$.

例 2 设 $f(x)$ 连续，且 $\varphi(x)=\int_0^x (x-t)f(t)\mathrm{d}t$，求 $\varphi''(x)$.

解 由已知条件

$$\varphi'(x)=\left(x\int_0^x f(t)\mathrm{d}t-\int_0^x tf(t)\mathrm{d}t\right)'=\int_0^x f(t)\mathrm{d}t+xf(x)-xf(x)=\int_0^x f(t)\mathrm{d}t$$

进而

$$\varphi''(x)=\left(\int_0^x f(t)\mathrm{d}t\right)'=f(x)$$

例 3 函数 $y=y(x)$ 由方程 $\int_0^y \mathrm{e}^{t^3}\mathrm{d}t+\int_0^{x^2}\frac{\sin t}{\sqrt{t}}\mathrm{d}t=1(x>0)$ 确定，求 $\frac{\mathrm{d}y}{\mathrm{d}x}$.

解 两边同时对 x 求导数，得 $\mathrm{e}^{y^3}\frac{\mathrm{d}y}{\mathrm{d}x}+\frac{\sin x^2}{\sqrt{x^2}}\cdot 2x=0$，解之得

$$\frac{\mathrm{d}y}{\mathrm{d}x}=-2\mathrm{e}^{-y^3}\sin x^2$$

例 4 设函数 $f(x)$ 在 $[0,+\infty)$ 内连续,且 $f(x)>0$,证明函数 $F(x)=\dfrac{\int_0^x tf(t)\mathrm{d}t}{\int_0^x f(t)\mathrm{d}t}$ 在 $(0,+\infty)$ 内为严格单调递增函数.

证 $F'(x)=\dfrac{xf(x)\int_0^x f(t)\mathrm{d}t-f(x)\int_0^x tf(t)\mathrm{d}t}{\left(\int_0^x f(t)\mathrm{d}t\right)^2}=\dfrac{f(x)\int_0^x (x-t)f(t)\mathrm{d}t}{\left(\int_0^x f(t)\mathrm{d}t\right)^2}$,在 $[0,x](x>0)$ 上 $f(t)>0$,$(x-t)f(t)\geqslant 0$,且 $(x-t)f(t)$ 不恒等于零,则 $\int_0^x (x-t)f(t)\mathrm{d}t>0$,从而 $F'(x)>0(x>0)$,因此 $F(x)$ 在 $(0,+\infty)$ 内为严格单调递增函数.

例 5 求下列极限:

(1) $\lim\limits_{x\to 0}\dfrac{\int_{\cos x}^1 \mathrm{e}^{-t^2}\mathrm{d}t}{x^2}$; (2) $\lim\limits_{x\to 0^-}\dfrac{\int_0^{x^2} t^{\frac{3}{2}}\mathrm{d}t}{\int_0^x t(t-\sin t)\mathrm{d}t}$;

(3) $\lim\limits_{x\to+\infty}\dfrac{\int_1^x \left[t^2(\mathrm{e}^{\frac{1}{t}}-1)-t\right]\mathrm{d}t}{x^2\ln(1+\frac{1}{x})}$; (4) $\lim\limits_{x\to 0}\dfrac{x^2-\int_0^{x^2}\cos t^2\mathrm{d}t}{x^{10}}$.

解 (1) $\lim\limits_{x\to 0}\dfrac{\int_{\cos x}^1 \mathrm{e}^{-t^2}\mathrm{d}t}{x^2}=\lim\limits_{x\to 0}\dfrac{-\mathrm{e}^{-\cos^2 x}\cdot(-\sin x)}{2x}=\dfrac{1}{2\mathrm{e}}$;

(2)
$$\lim_{x\to 0^-}\frac{\int_0^{x^2} t^{\frac{3}{2}}\mathrm{d}t}{\int_0^x t(t-\sin t)\mathrm{d}t}=\lim_{x\to 0^-}\frac{(x^2)^{\frac{3}{2}}\cdot 2x}{x(x-\sin x)}=-2\lim_{x\to 0^-}\frac{x^3}{x-\sin x}$$
$$=-2\lim_{x\to 0^-}\frac{3x^2}{1-\cos x}=-6\lim_{x\to 0^-}\frac{x^2}{\frac{1}{2}x^2}=-12;$$

(3)
$$\lim_{x\to+\infty}\frac{\int_1^x \left[t^2(\mathrm{e}^{\frac{1}{t}}-1)-t\right]\mathrm{d}t}{x^2\ln(1+\frac{1}{x})}=\lim_{x\to+\infty}\frac{\int_1^x \left[t^2(\mathrm{e}^{\frac{1}{t}}-1)-t\right]\mathrm{d}t}{x}$$
$$=\lim_{x\to+\infty}\left[x^2(\mathrm{e}^{\frac{1}{x}}-1)-x\right]=\lim_{x\to+\infty}x^2\left[\mathrm{e}^{\frac{1}{x}}-1-\frac{1}{x}\right]$$
$$=\lim_{x\to+\infty}x^2\cdot\frac{1}{2x^2}=\frac{1}{2};$$

(4)
$$\lim_{x\to 0}\frac{x^2-\int_0^{x^2}\cos t^2\mathrm{d}t}{x^{10}}=\lim_{x\to 0}\frac{2x-\cos x^4\cdot 2x}{10x^9}=\lim_{x\to 0}\frac{1-\cos x^4}{5x^8}$$
$$=\lim_{x\to 0}\frac{\sin x^4\cdot 4x^3}{40x^7}=\frac{1}{10}\lim_{x\to 0}\frac{\sin x^4}{x^4}=\frac{1}{10}.$$

例 6 求极限 $\lim\limits_{x\to0^+}\dfrac{\int_0^x\sqrt{x-t}\,e^t dt}{\sqrt{x^3}}$.

解 令 $x-t=u$,则有

$$\int_0^x\sqrt{x-t}\,e^t dt=-\int_x^0\sqrt{u}\,e^{x-u}du=\int_0^x\sqrt{u}\,e^{x-u}du$$

$$\lim_{x\to0^+}\frac{\int_0^x\sqrt{x-t}\,e^t dt}{\sqrt{x^3}}=\lim_{x\to0^+}\frac{\int_0^x\sqrt{u}\,e^{x-u}du}{x^{\frac{3}{2}}}=\lim_{x\to0^+}\frac{e^x\int_0^x\sqrt{u}\,e^{-u}du}{x^{\frac{3}{2}}}$$

$$=\lim_{x\to0^+}\frac{\int_0^x\sqrt{u}\,e^{-u}du}{x^{\frac{3}{2}}}=\lim_{x\to0^+}\frac{\sqrt{x}\,e^{-x}}{\frac{3}{2}x^{\frac{1}{2}}}=\frac{2}{3}$$

二、定积分存在的条件

1. 可积的必要条件

定理 4 如果函数 $f(x)$ 在区间$[a,b]$上可积,那么 $f(x)$ 在$[a,b]$上必有界.

2. 可积的充分条件

定理 5 如果函数 $f(x)$ 在区间$[a,b]$上连续,那么 $f(x)$ 在$[a,b]$上可积.

定理 6 如果函数 $f(x)$ 在区间$[a,b]$上有界且只有有限个间断点,那么 $f(x)$ 在$[a,b]$上可积.

定理 7 如果函数 $f(x)$ 在区间$[a,b]$上单调,那么 $f(x)$ 在$[a,b]$上可积.

3. 可积的充要条件

可积的第一充要条件:

定理 8 函数 f 在$[a,b]$上可积的充要条件是任给 $\varepsilon>0$,总存在相应的一个分割 T,使得 $S(T)-s(T)<\varepsilon$(其中 $S(T)$ 与 $s(T)$ 分别指达布上和与达布下和).

可积的第二充要条件:

定理 9 函数 f 在$[a,b]$上可积的充要条件是任给 $\varepsilon>0$,总存在某一分割 T,使得 $\sum\limits_{i=1}^{n}\omega_i\Delta x_i<\varepsilon$. 其中 $\omega_i=M_i-m_i,i=1,2,\cdots,n$.

可积的第三充要条件:

定理 10 函数 f 在$[a,b]$上可积的充要条件是任给正数 ε,η,总存在某一分割 T,使得属于 T 的所有小区间中,对应于振幅 $\omega_{k'}\geqslant\varepsilon$ 的那些小区间 $\Delta_{k'}$ 的总长

$$\sum_{k'}\Delta x_{k'}<\eta$$

例 7 证明本节定理 5.

证 由于 f 在$[a,b]$上连续,因此在$[a,b]$上一致连续. 也就是说,任给 $\varepsilon>0$,存在 $\delta>0$,对$[a,b]$中任意两点 x',x'',只要 $|x'-x''|<\delta$,便有 $|f(x')-f(x'')|<\dfrac{\varepsilon}{b-a}$. 所以只要对$[a,b]$所作的分割 T 满足 $\|T\|<\delta$,在 T 所属的任一小区间 Δ_i 上,就能使 f 的振幅满足 $\omega_i=M_i-m_i=\sup\limits_{x',x''\in\Delta_i}|f(x')-f(x'')|\leqslant\dfrac{\varepsilon}{b-a}$,从而 $\sum\limits_{T}\omega_i\Delta x_i\leqslant$

$\dfrac{\varepsilon}{b-a}\sum\limits_{T}\Delta x_i=\varepsilon$. 所以 f 在$[a,b]$上可积.

注 本题的证明过程中用到了习题精练第 34 题的结论.

例 8 试用两种方法证明函数 $f(x)=\begin{cases}0, x=0\\ \dfrac{1}{n}, \dfrac{1}{n+1}<x\leqslant\dfrac{1}{n}, n=1,2,\cdots\end{cases}$ 在区间$[0,1]$上可积.

证法 1 由于 f 是增函数(图 2),虽然它在$[0,1]$上有无限多个间断点 $x_n=\dfrac{1}{n}, n=2,3,\cdots$,但由定理 7,仍保证它在$[0,1]$上可积.

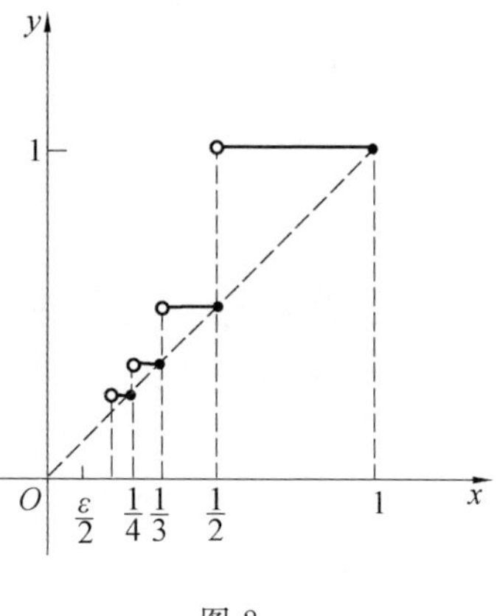

图 2

证法 2 任给 $\varepsilon>0$,由于 $\lim\limits_{n\to\infty}\dfrac{1}{n}=0$,因此当 n 充分大时 $\dfrac{1}{n}<\dfrac{\varepsilon}{2}$,这说明 f 在$[\dfrac{\varepsilon}{2},1]$上只有有限个间断点. 可知 f 在$[\dfrac{\varepsilon}{2},1]$上可积,且存在对$[\dfrac{\varepsilon}{2},1]$的某一分割 T',使得 $\sum\limits_{T'}\omega_i\Delta x_i<\dfrac{\varepsilon}{2}$. 再把小区间$[0,\dfrac{\varepsilon}{2}]$与 T' 合并,成为对$[0,1]$的一个分割 T. 由于 f 在$[0,\dfrac{\varepsilon}{2}]$上的振幅 $\omega_0<1$,因此得到 $\sum\limits_{T}\omega_i\Delta x_i=\omega_0\cdot\dfrac{\varepsilon}{2}+\sum\limits_{T'}\omega_i\Delta x_i<\dfrac{\varepsilon}{2}+\dfrac{\varepsilon}{2}=\varepsilon$. 所以由可积的第二充分条件可知,$f$ 在$[0,1]$上可积.

例 9 设 f 在$[a,b]$上可积,且在$[a,b]$上满足 $|f(x)|\geqslant m>0$. 证明 $\dfrac{1}{f}$ 在$[a,b]$上也可积.

证 因 f 在$[a,b]$上可积,对任给的 $\varepsilon>0$,存在分割 T,使得 $\sum\limits_{T}\omega_i^f\Delta x_i<m^2\varepsilon$. 对于分割 T 所属的每一个小区间 Δ_i 上的振幅

$$\omega_i^{1/f}=\sup_{x',x''\in\Delta_i}\left|\frac{1}{f(x')}-\frac{1}{f(x'')}\right|=\sup_{x',x''\in\Delta_i}\frac{|f(x'')-f(x')|}{|f(x')|\cdot|f(x'')|}\leqslant\frac{\omega_i^f}{m^2}$$

所以 $\sum\limits_{T}\omega_i^{1/f}\Delta x_i\leqslant\sum\limits_{T}\dfrac{\omega_i^f}{m^2}\Delta x_i=\dfrac{1}{m^2}\sum\limits_{T}\omega_i^f\Delta x_i<\varepsilon$,因此 $\dfrac{1}{f}$ 在$[a,b]$上可积.

例 10 用可积的第三充要条件证明黎曼函数在$[0,1]$上可积,且定积分等于 0.

证 已知黎曼函数为 $f(x)=\begin{cases}\dfrac{1}{q}, x=\dfrac{p}{q}, p,q\text{ 互素}, p<q\\ 0, x=0,1\text{ 以及}(0,1)\text{ 内的无理数}\end{cases}$.

任给 $\varepsilon>0,\eta>0$,由于满足 $\dfrac{1}{q}\geqslant\varepsilon$,即 $q\leqslant\dfrac{1}{\varepsilon}$ 的有理点 $\dfrac{p}{q}$ 只有有限个(设为 K 个),因此含有这类点的小区间至多 $2K$ 个,在其上 $\omega_{k'}\geqslant\varepsilon$. 当 $\|T\|<\dfrac{\eta}{2K}$ 时,就能保证这些小

区间的总长满足 $\sum_{k'}\Delta x_{k'} \leqslant 2K\|T\| < \eta$，所以 f 在[0,1]上可积.

因为 $m_i = \inf_{x\in\Delta_i} f(x) = 0, i=1,2,\cdots,n$，所以 $s(T)=0, \int_0^1 f(x)\mathrm{d}x = s(T) = 0$.

第5节　定积分的应用

一、定积分的元素法

如果某一实际问题中的所求量 U 符合下列条件：

(1)U 是与一个变量 x 的变化区间$[a,b]$有关的量；

(2)U 对于区间$[a,b]$具有可加性，就是说，如果把区间$[a,b]$分成许多部分区间，则 U 相应地分成许多部分量，而 U 等于所有部分量之和；

(3) 部分量 ΔU_i 的近似值可表示为 $f(\xi_i)\Delta x_i$，则考虑用定积分来表达这个量 U.

通常写出这个量 U 的积分表达式的步骤：

第一步，根据实际问题的具体情况，选取一个变量 x 为积分变量，并确定它的变化区间$[a,b]$；

第二步，设想把区间$[a,b]$分成 n 个小区间，取其中任一小区间并记作$[x,x+\mathrm{d}x]$，求出相应于这个小区间的部分量 ΔU 的近似值. 如果 ΔU 能近似地表示为$[a,b]$上的一个连续函数在 x 处的值 $f(x)$ 与 $\mathrm{d}x$ 的乘积，就把 $f(x)\mathrm{d}x$ 称为量 U 的元素且记作 dU，即 $dU=f(x)\mathrm{d}x$；

第三步，以所求量 U 的元素 $f(x)\mathrm{d}x$ 为被积表达式，在区间$[a,b]$上作定积分，得 $U=\int_a^b f(x)\mathrm{d}x$.

例 1　计算由抛物线 $y=x^2-1$ 与 $y=7-x^2$ 所围成的平面图形的面积.

解　如图 3 所示，为了确定图形所在的范围，先求出这两条抛物线的交点. 为此，解方程组

$$\begin{cases} y = x^2 - 1 \\ y = 7 - x^2 \end{cases}$$

得到两个解：$x_1=-2, y_1=3$ 及 $x_2=2, y_2=3$，即这两条抛物线的交点为 $A(-2,3)$ 及 $B(2,3)$，从而知道这个图形在直线 $x=-2$ 与 $x=2$ 之间.

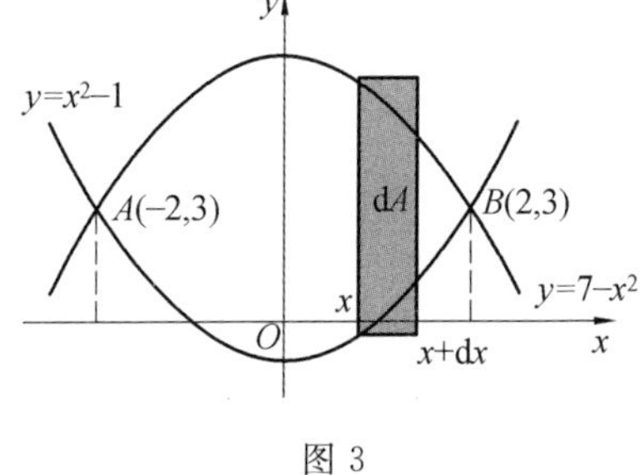

图 3

取坐标 x 为积分变量，它的变化区间为$[-2,2]$. 相应于$[-2,2]$上任一小区间$[x, x+\mathrm{d}x]$的窄条的面积近似于高为$(7-x^2)-(x^2-1)$、底为 $\mathrm{d}x$ 的窄矩形的面积，从而所求得的面积微元

$$\mathrm{d}A = [(7-x^2)-(x^2-1)]\mathrm{d}x = 2(4-x^2)\mathrm{d}x$$

以 $2(4-x^2)\mathrm{d}x$ 为被积表达式，在闭区间$[-2,2]$上作积分，便得到所求面积为

$$A = \int_{-2}^{2}\mathrm{d}A = \int_{-2}^{2} 2(4-x^2)\mathrm{d}x = 2\left(4x - \frac{1}{3}x^3\right)\Big|_{-2}^{2} = \frac{64}{3}$$

二、平面图形的面积

1. 直角坐标系的情形

(1) 由连续曲线 $y=f(x)$ 及直线 $x=a, x=b$ 所围成的平面图形的面积(图 4) $A=\int_a^b f(x)\mathrm{d}x$.

(2) 由连续曲线 $y=f(x), y=g(x)(g(x)\leqslant f(x))$ 及直线 $x=a, x=b$ 所围成的平面图形的面积(图 5) $A=\int_a^b [f(x)-g(x)]\mathrm{d}x$.

(3) 由连续曲线 $x=\psi(y), x=\varphi(y)(\psi(y)\leqslant\varphi(y))$ 及直线 $y=c, y=d$ 所围成的图形的面积(图 6) $A=\int_c^d [\varphi(y)-\psi(y)]\mathrm{d}y$.

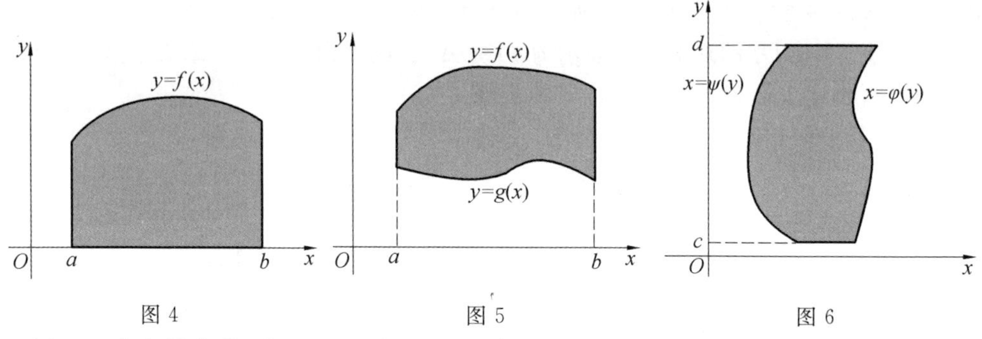

图 4　　图 5　　图 6

例 2　求由抛物线 $y^2=2x$ 和直线 $y=x-4$ 所围成平面图形的面积.

解　如图 7 所示,为了确定图形所在的范围,先求出所给抛物线和直线的交点. 解方程组 $\begin{cases} y^2=2x \\ y=x-4 \end{cases}$,得交点为 $A(2,-2)$ 及 $B(8,4)$,从而知道这个图形在直线 $y=-2$ 与 $y=4$ 之间. 所求面积为

$$A=\int_{-2}^{4}\left(y+4-\frac{1}{2}y^2\right)\mathrm{d}y=\left(\frac{1}{2}y^2+4y-\frac{1}{6}y^3\right)\Big|_{-2}^{4}=18$$

如果选取 x 为积分变量,它的变化区间为[0,8]. 从图 8 看到,我们必须把它分成[0,2]和[2,8]两个区间来考虑. 因此所求面积为

$$A=\int_0^2[\sqrt{2x}-(-\sqrt{2x})]\mathrm{d}x+\int_2^8[\sqrt{2x}-(x-4)]\mathrm{d}x=18$$

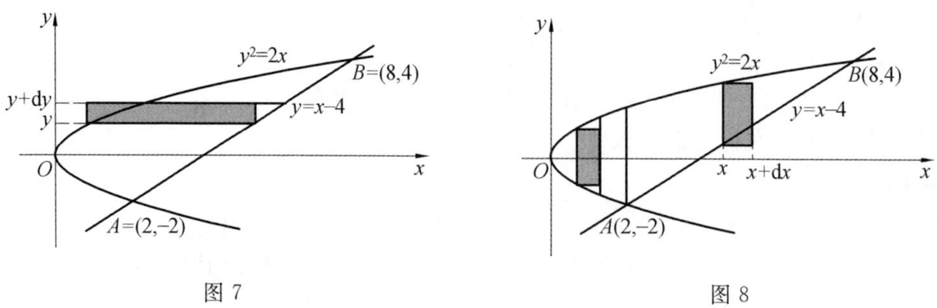

图 7　　图 8

例 3 由曲线 $y=\dfrac{4}{x}$ 和直线 $y=x$ 及 $y=4x$ 在第一象限中围成的平面图形的面积为________.

解 应填 4ln 2. 根据已知条件,所求面积

$$A=\int_0^1(4x-x)\mathrm{d}x+\int_1^2\left(\frac{4}{x}-x\right)\mathrm{d}x=4\ln 2$$

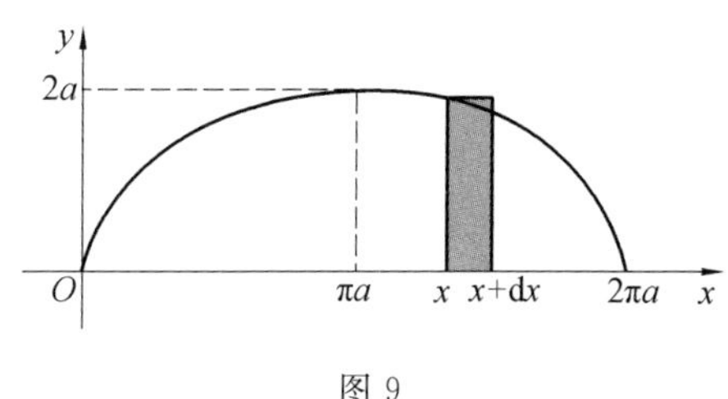

图 9

例 4 求摆线 $\begin{cases}x=a(t-\sin t)\\y=a(1-\cos t)\end{cases}(a>0)$ 的第一拱与 x 轴所围成的平面图形(图 9)的面积.

解 摆线第一拱对应的参数范围为 $t\in[0,2\pi]$,且当 $x=0$ 时 $t=0$;当 $x=2\pi a$ 时 $t=2\pi$. 故所求面积

$$\begin{aligned}A&=\int_0^{2\pi a}y\mathrm{d}x=\int_0^{2\pi}a(1-\cos t)\cdot a(1-\cos t)\mathrm{d}t\\&=\int_0^{2\pi}a^2(1-\cos t)^2\mathrm{d}t=a^2\int_0^{2\pi}(1-2\cos t+\cos^2 t)\mathrm{d}t\\&=a^2\int_0^{2\pi}\left(\frac{3}{2}-2\cos t+\frac{1}{2}\cos 2t\right)\mathrm{d}t\\&=a^2\left(\frac{3}{2}t-2\sin t+\frac{1}{4}\sin 2t\right)\Big|_0^{2\pi}=3\pi a^2\end{aligned}$$

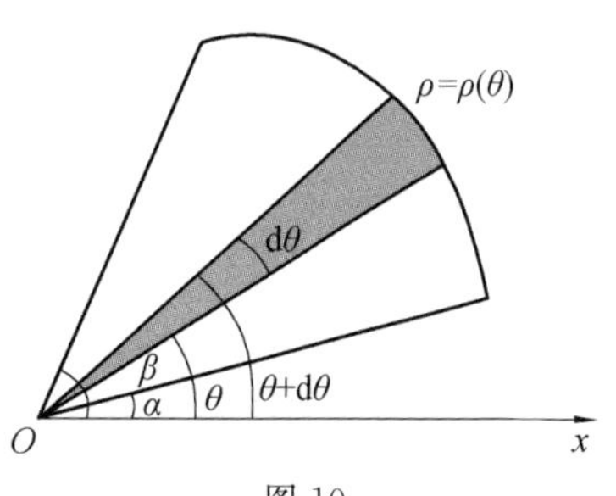

图 10

2. 极坐标系的情形

由连续曲线 $\rho=\rho(\theta)$ 及射线 $\theta=\alpha,\theta=\beta\ (0<\beta-\alpha\leqslant 2\pi)$ 所围成平面图形的面积(图 10)为

$$A=\frac{1}{2}\int_\alpha^\beta\rho^2(\theta)\mathrm{d}\theta$$

例 5 计算心形线 $\rho=a(1+\cos\theta)(a>0)$ 所围成图形(图 11)的面积.

解 取极角 θ 为积分变量,θ 的变化范围为 $[0,2\pi]$. 相应于 $[0,2\pi]$ 上任一小区间 $[\theta,\theta+\mathrm{d}\theta]$ 的小扇形的面积近似于半径为 $a(1+\cos\theta)$、中心角为 $\mathrm{d}\theta$ 的圆扇形的面积,从而得到面积微元

$$\mathrm{d}A=\frac{1}{2}a^2(1+\cos\theta)^2\mathrm{d}\theta$$

于是所求面积为

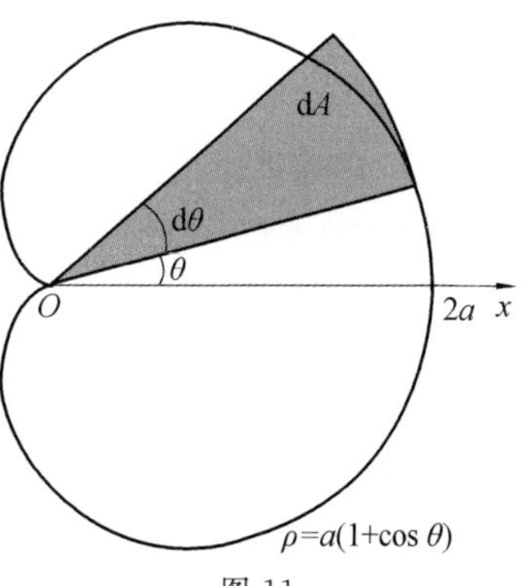

图 11

$$A=\frac{1}{2}\int_0^{2\pi}a^2(1+\cos\theta)^2\mathrm{d}\theta$$
$$=\frac{a^2}{2}\int_0^{2\pi}(1+2\cos\theta+\cos^2\theta)\mathrm{d}\theta$$
$$=\frac{a^2}{2}\int_0^{2\pi}(\frac{3}{2}+2\cos\theta+\frac{1}{2}\cos 2\theta)\mathrm{d}\theta=\frac{3}{2}\pi a^2$$

例 6 已知曲线 L 的方程为$\begin{cases}x=t^2+1\\y=4t-t^2\end{cases}$，其中 $t\geqslant 0$.(1) 讨论 L 的凹凸性；(2) 过点 $(-1,0)$ 引 L 的切线，求切点 (x_0,y_0)，并写出切线的方程；(3) 求此切线与曲线 L(对应于 $x\leqslant x_0$ 的部分) 及 x 轴所围成的平面图形的面积.

解 (1) 由已知条件

$$\frac{\mathrm{d}x}{\mathrm{d}t}=2t,\frac{\mathrm{d}y}{\mathrm{d}t}=4-2t,\frac{\mathrm{d}y}{\mathrm{d}x}=\frac{4-2t}{2t}=\frac{2}{t}-1$$

$$\frac{\mathrm{d}^2y}{\mathrm{d}x^2}=\frac{\mathrm{d}}{\mathrm{d}t}\left(\frac{\mathrm{d}y}{\mathrm{d}x}\right)\cdot\frac{\mathrm{d}t}{\mathrm{d}x}=\left(-\frac{2}{t^2}\right)\cdot\frac{1}{2t}=-\frac{1}{t^3}<0(t>0)$$

所以曲线 L 是凸的 $(t>0)$.

(2) 不妨设 $x_0=t_0^2+1,y_0=4t_0-t_0^2$，此时过 (x_0,y_0) 的切线方程为

$$y-4t_0+t_0^2=(\frac{2}{t_0}-1)(x-t_0^2-1)$$

又切线过点 $(-1,0)$，因此

$$-4t_0+t_0^2=(\frac{2}{t_0}-1)(-1-t_0^2-1)$$

解得 $t_0=1,t_0=-2$(舍). 因此，所求切点坐标为 $(2,3)$，切线方程为 $y=x+1$.

(3) 切线与曲线 L 与对应于 $x\leqslant x_0$ 的部分及 x 轴所围成的平面图形的面积

$$A=\frac{1}{2}\cdot 3\cdot 3-\int_1^2 y\mathrm{d}x=\frac{9}{2}-\int_0^1(4t-t^2)(2t)\mathrm{d}t=\frac{7}{3}$$

三、体积

1. 旋转体的体积

(1) 由连续曲线 $y=f(x)(f(x)\geqslant 0)$，直线 $x=a,x=b(0<a<b)$ 及 x 轴所围成的图形绕 x 轴旋转一周所成的旋转体的体积

$$V_x=\pi\int_a^b[f(x)]^2\mathrm{d}x$$

(2) 由连续曲线 $y=f(x)(f(x)\geqslant 0)$，直线 $x=a,x=b(0\leqslant a<b)$ 及 x 轴所围成的图形绕 y 轴旋转一周所成的旋转体的体积

$$V_y=2\pi\int_a^b|x|f(x)\mathrm{d}x$$

例 7 由 $y=x^3,x=2,y=0$ 所围成的图形，分别绕 x 轴及 y 轴旋转，计算所得的旋转体的体积.

解
$$V_x=\pi\int_0^2 y^2\mathrm{d}x=\pi\int_0^2 x^6\mathrm{d}x=\frac{128}{7}\pi$$

$$V_y=2\pi\int_0^2 xy\,\mathrm{d}x=2\pi\int_0^2 x^4\,\mathrm{d}x=\frac{64}{5}\pi$$

例 8 设 D 是由曲线 $y=\sqrt[3]{x}$，直线 $x=a(a>0)$ 及 x 轴所围成的平面图形，V_x，V_y 分别是 D 绕 x 轴和 y 轴旋转一周所形成的立体的体积，若 $10V_x=V_y$，求 a 的值.

解 由已知条件

$$V_x=\pi\int_0^a y^2\,\mathrm{d}x=\pi\int_0^a x^{\frac{2}{3}}\,\mathrm{d}x=\frac{3}{5}a^{\frac{5}{3}}\pi$$

$$V_y=2\pi\int_0^a xf(x)\,\mathrm{d}x=2\pi\int_0^a x^{\frac{4}{3}}\,\mathrm{d}x=\frac{6}{7}a^{\frac{7}{3}}\pi$$

如果 $10V_x=V_y$，那么 $a=7\sqrt{7}$.

例 9 过点(0,1)作曲线 $L:y=\ln x$ 的切线，切点为 A，又 L 与 x 轴交于点 B，区域 D 由 L 与直线 AB 围成，求区域 D 的面积及 D 绕 x 轴旋转一周所得旋转体的体积.

解 设切点坐标为 $A(x_0,\ln x_0)$，由导数的几何意义可知过点 A 的切线的斜率为 $\frac{1}{x_0}$，其切线方程 $y-\ln x_0=\frac{1}{x_0}(x-x_0)$，注意到该切线过点(0,1)，从而 $x_0=\mathrm{e}^2$. 因此所求区域 D 的面积

$$A=\int_1^{\mathrm{e}^2}\left[\ln x-\frac{2}{\mathrm{e}^2-1}(x-1)\right]\mathrm{d}x=2$$

所求旋转体的体积

$$V_x=\pi\int_1^{\mathrm{e}^2}\ln^2 x\,\mathrm{d}x-\pi\int_1^{\mathrm{e}^2}\left[\frac{2}{\mathrm{e}^2-1}(x-1)\right]^2\mathrm{d}x=\frac{2}{3}\pi(\mathrm{e}^2-1)$$

2. 平行截面面积已知的立体体积

例 10 计算底面半径为 R 的圆，而垂直于底面上一条固定直径的所有截面都是等边三角形的立体体积(图 12).

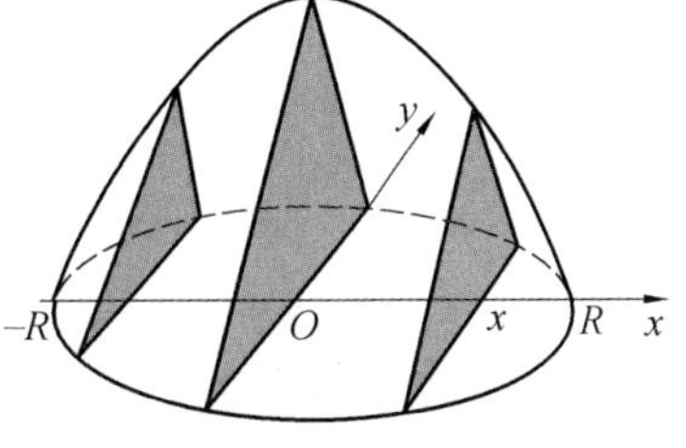

图 12

解 取底圆所在的平面为 xOy 平面，圆心 O 为原点. 底圆的方程为 $x^2+y^2=R^2$. 过 x 轴上的点 $x(-R\leqslant x\leqslant R)$ 作垂直于 x 轴的截面是边长为 $2\sqrt{R^2-x^2}$ 的正三角形，故截面面积

$$\begin{aligned}A(x)&=\frac{1}{2}(2\sqrt{R^2-x^2})\cdot(2\sqrt{R^2-x^2})\cdot\sin\frac{\pi}{3}\\&=\sqrt{3}(R^2-x^2)\end{aligned}$$

于是得所求立体的体积为

$$V=\int_{-R}^{R}A(x)\,\mathrm{d}x=\int_{-R}^{R}\sqrt{3}(R^2-x^2)\,\mathrm{d}x=\sqrt{3}\left(R^2x-\frac{1}{3}x^3\right)\Big|_{-R}^{R}=\frac{4\sqrt{3}}{3}R^3$$

四、平面曲线的弧长与旋转体的表面积

1. 平面曲线弧长的计算

(1) 曲线 $y=f(x)(a\leqslant x\leqslant b)$ 弧段的弧长 $s=\int_a^b\sqrt{1+y'^2}\,\mathrm{d}x$.

(2) 曲线$\begin{cases}x=x(t)\\y=y(t)\end{cases}(\alpha\leqslant t\leqslant\beta)$弧段的弧长$s=\int_{\alpha}^{\beta}\sqrt{x'^{2}(t)+y'^{2}(t)}\,\mathrm{d}t$.

(3) 曲线$\rho=\rho(\theta)(\alpha\leqslant\theta\leqslant\beta)$弧段的弧长$s=\int_{\alpha}^{\beta}\sqrt{\rho^{2}(\theta)+\rho'^{2}(\theta)}\,\mathrm{d}\theta$.

例 11 求曲线$y=2x^{\frac{3}{2}}$在$x=\frac{1}{3}$与$x=\frac{5}{3}$之间的一段弧长.

解 因为$y'=3x^{\frac{1}{2}}$,因而所求弧长

$$s=\int_{\frac{1}{3}}^{\frac{5}{3}}\sqrt{1+y'^{2}}\,\mathrm{d}x=\int_{\frac{1}{3}}^{\frac{5}{3}}\sqrt{1+9x}\,\mathrm{d}x=\frac{112}{27}$$

例 12 设曲线L的方程为$y=\frac{1}{4}x^{2}-\frac{1}{2}\ln x(1\leqslant x\leqslant \mathrm{e})$,求$L$的弧长.

解 所求曲线L的弧长为

$$s=\int_{1}^{\mathrm{e}}\sqrt{1+y'^{2}}\,\mathrm{d}x=\int_{1}^{\mathrm{e}}\sqrt{1+\frac{1}{4}(x-\frac{1}{x})^{2}}\,\mathrm{d}x=\frac{1}{2}\int_{1}^{\mathrm{e}}(x+\frac{1}{x})\mathrm{d}x=\frac{\mathrm{e}^{2}+1}{4}$$

例 13 计算圆的渐伸线$x=a(\cos t+t\sin t),y=a(\sin t-t\cos t)(a>0)$自$t=0$至$t=\pi$这段曲线的弧长

解 根据已知条件,所求曲线弧长

$$s=\int_{0}^{\pi}\sqrt{x'^{2}(t)+y'^{2}(t)}\,\mathrm{d}t=\int_{0}^{\pi}\sqrt{(at\cos t)^{2}+(at\sin t)^{2}}\,\mathrm{d}t$$
$$=\int_{0}^{\pi}at\,\mathrm{d}t=[\frac{1}{2}at^{2}]\Big|_{0}^{\pi}=\frac{1}{2}a\pi^{2}$$

例 14 计算心形线$\rho=a(1+\cos\theta)(a>0)$的周长.

解 根据已知条件,所求心形线的周长

$$s=\int_{0}^{2\pi}\sqrt{\rho^{2}(\theta)+\rho'^{2}(\theta)}\,\mathrm{d}\theta=\int_{0}^{2\pi}\sqrt{[a(1+\cos\theta)]^{2}+(-a\sin\theta)^{2}}\,\mathrm{d}\theta$$
$$=a\int_{0}^{2\pi}\sqrt{2+2\cos\theta}\,\mathrm{d}\theta=a\int_{0}^{2\pi}2\sin\frac{\theta}{2}\mathrm{d}\theta=8a$$

2. 旋转体的侧面积

(1) 如果平面光滑曲线C由方程$y=f(x)(a\leqslant x\leqslant b,f(x)\geqslant 0)$给出,那么这段曲线弧段绕$x$轴旋转一周所得旋转曲面的面积为

$$S=2\pi\int_{a}^{b}f(x)\sqrt{1+[f'(x)]^{2}}\,\mathrm{d}x$$

(2) 如果光滑曲线C由参数方程$x=x(t),y=y(t)(\alpha\leqslant t\leqslant\beta)$给出,且$y(t)\geqslant 0$,那么曲线$C$绕轴旋转一周所得旋转曲面的面积为

$$S=2\pi\int_{\alpha}^{\beta}y(t)\sqrt{x'^{2}(t)+y'^{2}(t)}\,\mathrm{d}t$$

例 15 试求曲线$y=2\sqrt{x}(0\leqslant x\leqslant 3)$绕$x$轴旋转一周所得曲面的面积.

解 旋转体的侧面积

$$S=2\pi\int_{0}^{3}y\sqrt{1+y'^{2}}\,\mathrm{d}x=2\pi\int_{0}^{3}2\sqrt{x}\sqrt{1+\frac{1}{x}}\,\mathrm{d}x=4\pi\int_{0}^{3}\sqrt{1+x}\,\mathrm{d}x=\frac{56}{3}\pi$$

例 16 设 D 是由曲线 $y=\sqrt{1-x^2}\,(0\leqslant x\leqslant 1)$ 与星形线 $\begin{cases}x=\cos^3 t\\ y=\sin^3 t\end{cases}\left(0\leqslant t\leqslant \dfrac{\pi}{2}\right)$ 围成的平面区域，求 D 绕 x 轴旋转一周所形成的旋转体的表面积.

解 曲线 $y=\sqrt{1-x^2}\,(0\leqslant x\leqslant 1)$ 绕 x 轴旋转一周所形成曲面的面积 $S_1=2\pi$，星形线绕 x 轴旋转一周所围成曲面的面积

$$S_2=2\pi\int_{\alpha}^{\beta}|\,y(t)\,|\sqrt{x'^2(t)+y'^2(t)}\,\mathrm{d}t=6\pi\int_0^{\frac{\pi}{2}}\sin^4 t\cdot\cos t\mathrm{d}t=\frac{6}{5}\pi$$

于是 D 绕 x 轴旋转一周所围成的旋转体的表面积为

$$S=S_1+S_2=2\pi+\frac{6}{5}\pi=\frac{16}{5}\pi$$

五、定积分表示和计算简单的物理量

主要是力(引力、压力)和功的计算，在熟悉有关物理学的基础上熟练使用微元法进行分析和计算. 具体步骤如下：

(1) 根据题目具体情况建立合适坐标系；

(2) 应用微元法，取自变量得区间元素，求出相应物理量的元素(力元素、功元素等)；

(3) 在自变量区间上对相应物理量的元素求定积分.

例 17 为清除井底淤泥，用缆绳将抓斗放入井底，抓起污泥后提出井口. 已知井深 30 m，抓斗自重 400 N，缆绳每米重 50 N，抓斗抓起污泥重 2 000 N，提升速度为 3 m/s. 提升过程中，污泥以 20 N/s 的速率从抓斗缝隙中漏掉. 现将抓起污泥的抓斗提升至井口，问克服重力需做多少焦耳的功？

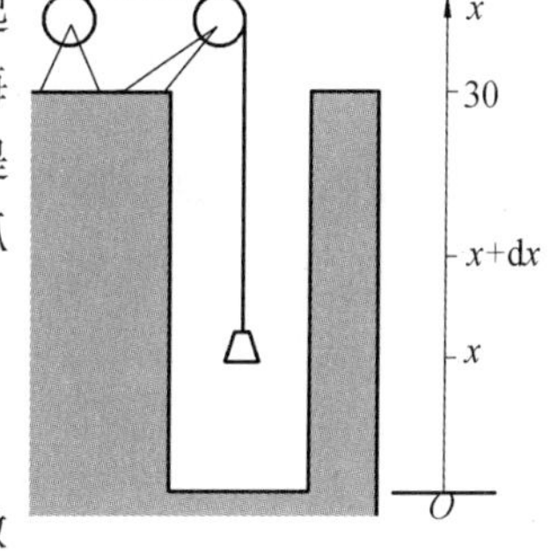

图 13

解 如图 13，将抓起污泥的抓斗提升至井口所做的功

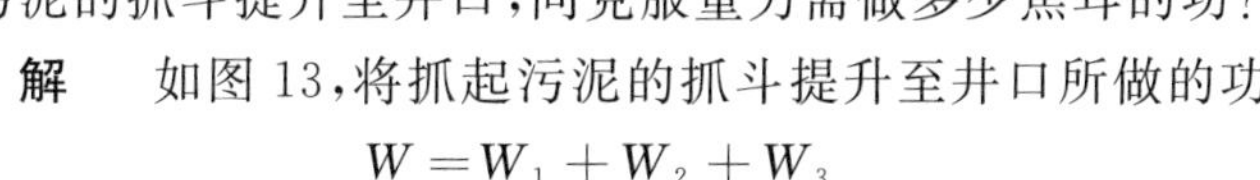

$$W=W_1+W_2+W_3$$

其中 W_1 是克服抓斗自重所做的功；W_2 是克服缆绳重力所做的功；W_3 是克服污泥重力所做的功. 由题意知

$$W_1=30\times 400=12\ 000(\mathrm{J})$$

将抓斗由 x 处提升到 $x+\mathrm{d}x$ 处，克服缆绳重力所做的功为 $\mathrm{d}W_2=50(30-x)\mathrm{d}x$，从而

$$W_2=\int_0^{30}50(30-x)\mathrm{d}x=22\ 500(\mathrm{J})$$

在时间间隔 $[t,t+\mathrm{d}t]$ 内提升污泥需做功为 $\mathrm{d}W_3=3(2\ 000-20t)\mathrm{d}t$，而将污泥提升至井口共需时间 10 s，所以

$$W_3=\int_0^{10}3(2\ 000-20t)\mathrm{d}t=57\ 000(\mathrm{J})$$

因此，共需做功 $W=W_1+W_2+W_3=91\ 500(\mathrm{J})$.

解惑释疑

问题 1 “可积”与“连续”有何关系？

答 “$f(x)$ 在$[a,b]$上可积”是函数的又一解析性质，事实上连续必定可积，而可积不一定连续.所以，“可积”弱于“连续”，或者说“连续”强于“可积”.

问题2 试对可积定义中的极限表达式 $\lim\limits_{\|T\|\to 0}\sum\limits_{i=1}^{n}f(\xi_i)\Delta x_i$ 与一般的函数极限做一比较，并指出与可积定义有关的注意点.

答 对极限式 $\lim\limits_{\|T\|\to 0}\sum\limits_{i=1}^{n}f(\xi_i)\Delta x_i$ 的认识有以下几个要点：

(1) 极限号下方的“$\|T\|\to 0$”一般不能用“$n\to\infty$”去替代，因为 $n\to\infty$ 时不能保证 $\|T\|\to 0$，而 $\|T\|\to 0$ 时必定同时有 $n\to\infty$.

(2) 与函数极限 $\lim\limits_{x\to a}f(x)=A$ 相比较，后者对于极限变量 x 的每一个值，$f(x)$ 是唯一确定的；而在 $\lim\limits_{\|T\|\to 0}\sum\limits_{i=1}^{n}f(\xi_i)\Delta x_i$ 式所示的极限式中，对于 $\|T\|$ 的每一个值，积分和 $\sum\limits_{i=1}^{n}f(\xi_i)\Delta x_i$ 的值却不唯一确定(包括 T 的不确定性和点集$\{\xi_i\}_1^n$ 的不确定性).这使得积分和的极限要比普通的函数极限复杂得多，于是在本质上决定了可积性理论的复杂性.

(3) 极限 $\lim\limits_{\|T\|\to 0}\sum\limits_{i=1}^{n}f(\xi_i)\Delta x_i$ 的存在，必须与分割 T 的形式无关，与点集$\{\xi_i\}_1^n$ 的选择也无关.唯一重要的是分割的细度 $\|T\|$，当 $\|T\|$ 足够小时，总能使积分和与某一确定的数 J 无限接近.

(4) 根据(3)，如果能构造出两个不同方式的积分和，使它们的极限不相同，那么就可断言该函数在所讨论区间上是不可积的.例如狄利克雷函数

$$D(x)=\begin{cases}1, & x\text{ 为}[0,1]\text{ 中的有理数}\\ 0, & x\text{ 为}[0,1]\text{ 中的无理数}\end{cases}$$

它在$[0,1]$上必定不可积.这是因为对任何分割 T，在 T 所属的每个小区间中都有有理数与无理数(根据实数的稠密性)，当取$\{\xi_i\}_1^n$ 全为有理数时，得

$$\sum_{i=1}^{n}D(\xi_i)\Delta x_i=\sum_{i=1}^{n}\Delta x_i=1$$

当取$\{\xi_i\}_1^n$ 全为无理数时，得 $\sum\limits_{i=1}^{n}D(\xi_i)\Delta x_i=\sum\limits_{i=1}^{n}0\Delta x_i=0$.

所以这两种积分和的极限不相等，$D(x)$ 在$[0,1]$上不可积.

问题3 定积分的换元积分法与分部积分法，在形式上和不定积分的相应算法颇为相似，试问它们之间有何区别？

答 区别主要表现为以下两方面：

(1) 不定积分所求的是被积函数的原函数，因此由换元积分法求得了用新变量表示的原函数后，必须作变量还原.而定积分的计算结果是一个确定的数，它在计算的过程中，可以把容易求值的项及时计算出来，而且在使用牛顿－莱布尼茨公式时，可以直接在新的积分区间求差计算，而不必还原到原来的积分区间上.

(2) 定积分的换元积分法必须与积分区间紧密关联，不仅在换元之后积分限做相应的改变，而且还要考察所采用的变换在规定的积分区间上是否可行.相对而言，在不定积

分计算中所作的变换往往是在"可行"的区间上自然地进行的，不去一一严加深究，至于结果是否合理、正确，还可通过求导来检验（定积分则无法这样做）.

问题 4 对下列定积分所作的变量置换或分部积分为什么是错的？应怎样更正？

(1) $I=\int_0^a \sqrt{a^2-x^2}\,\mathrm{d}x$. 令 $x=a\sin t$，则

$$I=\int_{\pi}^{\frac{\pi}{2}} a^2\cos^2 t\mathrm{d}t=\frac{a^2}{2}\int_{\pi}^{\frac{\pi}{2}}(1+\cos 2t)\mathrm{d}t=\frac{a^2}{2}\left(t+\frac{1}{2}\sin 2t\right)\Big|_{\pi}^{\frac{\pi}{2}}=-\frac{\pi}{4}a^2$$

(2) $I=\int_0^{2\pi}\frac{\mathrm{d}x}{2+\sin x}$. 令 $t=\tan\frac{x}{2}$，则 $\sin x=\frac{2t}{1+t^2}$，$\mathrm{d}x=\frac{2\mathrm{d}t}{1+t^2}$，$x=0,2\pi$ 时 $t=0$，求得 $I=\int_0^0\frac{\mathrm{d}t}{t^2+t+1}=0$；

(3) $I=\int_{-1}^1\frac{\mathrm{d}x}{1+x^2}$. 令 $x=\frac{1}{t}$，则

$$I=\int_{-1}^1\frac{\frac{-1}{t^2}\mathrm{d}t}{1+\frac{1}{t^2}}=-\int_{-1}^1\frac{\mathrm{d}t}{1+t^2}=-I\Rightarrow I=0$$

(4) $I=\int_{\frac{\pi}{4}}^{\frac{\pi}{3}}\frac{\tan x}{\ln\cos x}\mathrm{d}x$，令 $u=\frac{1}{\ln\cos x}$，$\mathrm{d}v=\tan x\mathrm{d}x=\mathrm{d}(-\ln\cos x)$，那么

$$I=-1-\int_{\frac{\pi}{4}}^{\frac{\pi}{3}}\frac{\tan x}{(\ln\cos x)^2}(-\ln\cos x)\mathrm{d}x=-1+I\Rightarrow 0=-1\text{（谬误）}$$

答 (1) 由于在 $\left[\frac{\pi}{2},\pi\right]$ 上 $\sqrt{a^2\cos^2 t}=-a\cos t$（不妨设 $a>0$），因此应更正为

$$I=\int_{\pi}^{\frac{\pi}{2}}(-a^2\cos^2 t)\mathrm{d}t=\frac{\pi}{4}a^2$$

(2) 这里所作的变换 $t=\tan\frac{x}{2}$ 即为 $x=2\arctan t$，它只适合 $x\in(-\pi,\pi)$，所以要先把原来的定积分化为 $\int_a^b\frac{\mathrm{d}x}{2+\sin x}$，其中 $[a,b]\subseteq(-\pi,\pi)$，例如 $[a,b]=\left[-\frac{\pi}{2},\frac{\pi}{2}\right]$，才能顺利求得正确结果.

(3) 显然，变换 $x=\frac{1}{t}$ 不能定义在 $[-1,1]$ 上. 事实上，这个定积分可以简单地求出

$$I=\int_{-1}^1\frac{\mathrm{d}x}{1+x^2}=\arctan x\Big|_{-1}^1=\frac{\pi}{2}$$

(4) 这里错在把定积分的分部积分法与不定积分的分部积分法相混淆. 若仍按如上所设，应该得到 $I=-1\Big|_{\frac{\pi}{4}}^{\frac{\pi}{3}}+\int_{\frac{\pi}{4}}^{\frac{\pi}{3}}\frac{\tan x}{\ln\cos x}\mathrm{d}x=0+I$，由此只能说明该计算无效，而非谬误. 正确的做法应该是

$$I=-\int_{\frac{\pi}{4}}^{\frac{\pi}{3}}\frac{\mathrm{d}(\ln\cos x)}{\ln\cos x}=-\ln|\ln\cos x|\Big|_{\frac{\pi}{4}}^{\frac{\pi}{3}}$$

$$=\ln|-\ln\sqrt{2}|-\ln\left|\ln\frac{1}{2}\right|=-\ln 2$$

问题 5 设 f 在(A,B)上连续,$[a,b]\subseteq(A,B)$. 可以证明

$$\lim_{h\to 0}\int_a^b \frac{f(x+h)-f(x)}{h}\mathrm{d}x=f(b)-f(a)$$

试分析下面的"证法"错在何处:

$$\lim_{h\to 0}\int_a^b \frac{f(x+h)-f(x)}{h}\mathrm{d}x=\int_a^b \lim_{h\to 0}\frac{f(x+h)-f(x)}{h}\mathrm{d}x$$
$$=\int_a^b f'(x)\mathrm{d}x=f(x)\Big|_a^b=f(b)-f(a)$$

答 以上推理过程的前三步都是没有根据的:

(1) 极限号"$\lim\limits_{h\to 0}$"与积分号"$\int_a^b$"是不可随意交换次序的;

(2) 条件中未假设 f 可导,故第二个等式也是不一定能成立的;

(3) 即使存在 $f'(x)$,也不表示 f' 必定连续可积,故$\int_a^b f'(x)\mathrm{d}x$ 是否存在是个问题,只有当进一步假设了 f' 可积,而后才有意义.

问题 6 可积与存在原函数之间有没有蕴涵关系?

答 没有.现讨论如下:

(1) 利用导函数必定具有介值性,可以举出反例用以说明:一个在$[a,b]$上可积的函数(存在第一类间断点)不存在原函数,例如黎曼函数.

(2) 利用可积函数必须有界,可以构造出一个函数 f,它在$[a,b]$上存在原函数 F,但 $f=F'$ 在$[a,b]$上无界,从而不可积.例如

$$F(x)=\begin{cases}x^2\sin\dfrac{1}{x^2},x\neq 0\\[2mm] 0,x=0\end{cases}$$

$$f(x)=F'(x)=\begin{cases}2x\sin\dfrac{1}{x^2}-\dfrac{2}{x}\cos\dfrac{1}{x^2},x\neq 0\\[2mm] 0(=\lim\limits_{x\to 0}x\sin\dfrac{1}{x^2}),x=0\end{cases}$$

f 在任何包含原点的闭区间上,就是这样一个反例.

问题 7 若 $g(x)=\int_a^x f(t)\mathrm{d}t$ 在某区间$[a,b]$上处处可导,试问是否必有 $g'(x)=f(x),x\in[a,b]$?

答 事实上,这个问题是上面问题的延伸.仍以可积的黎曼函数 f 作为例子,由于它在$[0,1]$上非负,且在所有连续点处的值恒为零,故有 $\forall x\in[0,1]$,f 在$[0,x]$上可积,且 $g(x)=\int_a^x f(t)\mathrm{d}t\equiv 0,x\in[0,1]$. 于是 $g'(x)\equiv 0,x\in[0,1]$,说明 $g'(x)=f(x),x\in[a,b]$,不一定成立.

习题精练

1. 求$\int_0^n[x]\mathrm{d}x$,其中 $[x]$ 表示取整函数,n 为正整数.

2. 求下列极限：

(1) $\lim\limits_{n\to\infty}\sum\limits_{i=1}^{n}[\frac{\pi}{n}\cos(\frac{\pi i}{n})]$；　　(2) $\lim\limits_{n\to\infty}\sum\limits_{i=1}^{n}(\frac{2}{n}+\frac{4i}{n^2}+\frac{8i^2}{n^3})$.

3. 比较下列积分的大小：

(1) $\int_1^0\ln(1+x)\mathrm{d}x,\int_1^0\frac{x}{1+x}\mathrm{d}x$；　　(2) $\int_0^1\mathrm{e}^x\mathrm{d}x,\int_0^1(x+1)\mathrm{d}x$.

4. 设函数 $f(x)$ 在$[0,1]$上连续，在$(0,1)$内可导，且 $4\int_{\frac{3}{4}}^1 f(x)\mathrm{d}x=f(0)$，证明：在$(0,1)$内至少存在一点 ξ，使 $f'(\xi)=0$.

5. 设函数 $y=y(x)$ 由方程 $\int_0^y\mathrm{e}^t\mathrm{d}t+\int_0^x\cos t\mathrm{d}t=0$ 确定，求 $\frac{\mathrm{d}y}{\mathrm{d}x}$.

6. 设 $f(x)$ 连续，若 $f(x)$ 满足 $\int_0^1 f(xt)\mathrm{d}t=f(x)+x\mathrm{e}^x$，求 $f(x)$.

7. 设 $f(x)=\int_1^{x^2}\frac{\sin t}{t}\mathrm{d}t$，求 $\int_0^1 xf(x)\mathrm{d}x$.

8. 求下列定积分：

(1) $\int_0^5\frac{x^3}{x^2+1}\mathrm{d}x$；(2) $\int_0^{\sqrt{2}a}\frac{x\mathrm{d}x}{\sqrt{3a^2-x^2}}$；(3) $\int_0^{\sqrt{\ln 2}}x^3\mathrm{e}^{x^2}\mathrm{d}x$；(4) $\int_0^{\frac{\pi}{4}}\frac{x\sec^2x}{(1+\tan x)^2}\mathrm{d}x$.

9. 证明下列不等式：

(1) $1<\int_0^{\pi/2}\frac{\sin x}{x}\mathrm{d}x<\frac{\pi}{2}$；　　(2) $3\sqrt{\mathrm{e}}<\int_{\mathrm{e}}^{4\mathrm{e}}\frac{\ln x}{\sqrt{x}}\mathrm{d}x<6$.

10. 已知两曲线 $y=f(x)$ 与 $y=\int_0^{\arctan x}\mathrm{e}^{-t^2}\mathrm{d}t$ 在点$(0,0)$处的切线相同，写出此切线方程，并求极限 $\lim\limits_{n\to\infty}nf\left(\frac{2}{n}\right)$.

11. 曲线 C 的方程为 $y=f(x)$，点$(3,2)$是它的一个拐点，直线 l_1 与 l_2 分别是曲线 C 在点$(0,0)$与$(3,2)$处的切线，其交点为$(2,4)$，设函数 $f(x)$ 具有三阶连续导数，计算定积分 $\int_0^3(x^2+x)f'''(x)\mathrm{d}x$.

12. 求下列由曲线围成的图形的面积.

(1) $y=x+5$，$y^2=x$，$y=-1$ 与 $y=2$.

(2) $y=\frac{x}{2}$ 与 $y^2=8-x$.

(3) $y=x+4$，$y=x^2+2x+2$，$x=-3$ 与 $x=2$.

(4) $x=1-y^4$ 与 $x=y^3-y$.

(5) $y=|x|$，$y=x^2+2x-6$ 与 $x=-4$ 右侧.

13. 令 P 与 Q 为抛物线 $y=x^2$ 与直线 L：$y=x+2$ 的交点. 令 T 为抛物线上的点，其切线平行于 $y=x+2$. 试证由直线 L 与抛物线所围成的面积等于 $\triangle PTQ$ 面积的 $\frac{4}{3}$.

14. 求由曲线 $r=3\cos\theta$ 及 $r=1+\cos\theta$ 所围成的区域 D 的面积 S_D.

15. 求下列封闭平面图形分别绕 x 轴、y 轴旋转产生的立体体积.

(1) 曲线 $y=\sqrt{x}$ 与直线 $x=1,x=4,y=0$ 所围成的图形；

(2) 在区间$\left[0,\frac{\pi}{2}\right]$上，曲线 $y=\sin x$ 与直线 $x=\frac{\pi}{2},y=0$ 所围成的图形；

16. 由心形线 $\rho=4(1+\cos\theta)$ 和射线 $\theta=0$ 及 $\theta=\frac{\pi}{2}$ 所围图形绕极轴旋转而成的旋转体体积.

17. 计算曲线 $y=\frac{1}{3}\sqrt{x}(3-x)$ 上相应于 $1\leqslant x\leqslant 3$ 的一段弧的弧长.

18. 在摆线 $x=a(t-\sin t)$，$y=a(1-\cos t)$ 上，求分摆线第一拱成 1∶3 的点的坐标.

19. 直径为 20 cm，高为 80 cm 的圆柱体内充满压强为 10 N/cm^2 的蒸汽，设温度保持不变，要使蒸汽体积缩小一半，问需要做多少功？

20. 用铁锤把钉子钉入木板，设木板对铁钉的阻力和铁钉进入木板的深度成正比，第一次捶击时将铁钉击入 1 cm，若每次捶击所做的功相等，问第 n 次捶击时将铁钉击入多少？

21. 求极限 $\lim\limits_{n\to\infty}\sum\limits_{k=1}^{n}\frac{k}{n^2}\ln\left(1+\frac{k}{n}\right)$.

22. 设 $f(x)$ 是$[a,b]$上可导的凹函数，证明如下不等式成立

$$f\left(\frac{a+b}{2}\right)\leqslant\frac{1}{b-a}\int_a^b f(x)\mathrm{d}x\leqslant\frac{f(a)+f(b)}{2}$$

23. 设 f 在$[a,b]$上有连续的二阶导函数 f''，且 $f(a)=f(b)=0$，证明：

(1) $\int_a^b f(x)\mathrm{d}x=\frac{1}{2}\int_a^b(x-a)(x-b)f''(x)\mathrm{d}x$；

(2) $\left|\int_a^b f(x)\mathrm{d}x\right|\leqslant\frac{1}{12}(b-a)^3\cdot\max\limits_{a\leqslant x\leqslant b}|f''(x)|$.

24. 利用积分第二中值定理证明：

(1) $\lim\limits_{x\to+\infty}\frac{1}{x}\int_0^x\sqrt{t}\sin t\mathrm{d}t=0$；(2) $\exists\theta\in[-1,1]$，使$\int_a^b\sin x^2\mathrm{d}x=\frac{\theta}{a}(0<a<b)$.

25. 设 f 为$[0,+\infty)$上的任一凹函数. 证明：$H(x)=\frac{1}{x}\int_0^x f(t)\mathrm{d}t$ 在$(0,+\infty)$上也是一个凹函数.

26. 设 $y=f(x)$ 为$[a,b]$上严格递增的连续曲线(图 14). 试证 $\exists\xi\in(a,b)$，使图中两阴影部分面积相等.

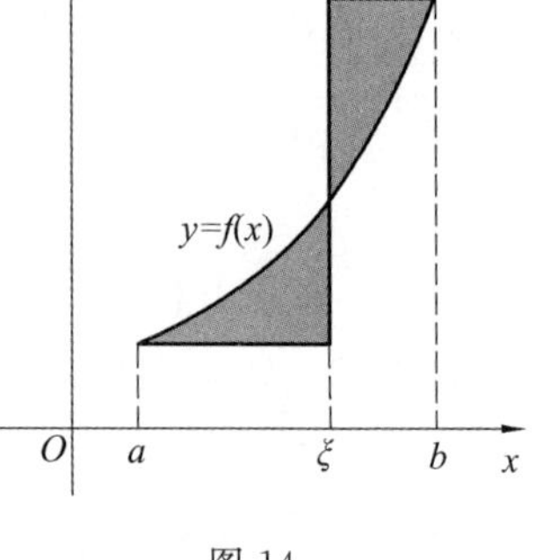

图 14

27. 设 f,g 在$[a,b]$上可积，证明

$$M(x)=\max_{x\in[a,b]}\{f(x),g(x)\},m(x)=\min_{x\in[a,b]}\{f(x),g(x)\}$$

在$[a,b]$上也都可积.

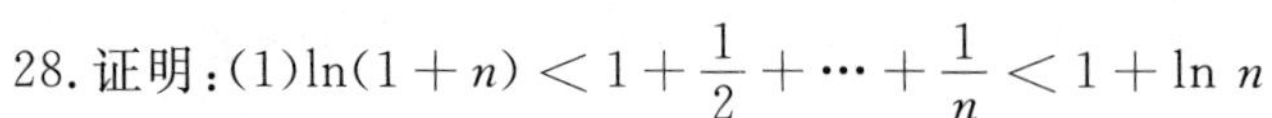
28. 证明：(1) $\ln(1+n)<1+\frac{1}{2}+\cdots+\frac{1}{n}<1+\ln n$；

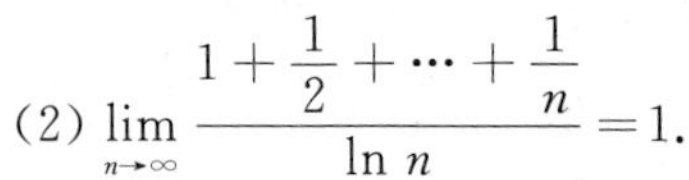
(2) $\lim\limits_{n\to\infty}\dfrac{1+\frac{1}{2}+\cdots+\frac{1}{n}}{\ln n}=1$.

29. 设 $f(x)$ 在$[0,1]$上可微，而且对任何 $x\in(0,1)$，$|f'(x)|\leqslant M$，求证：对任何正整数 n 有 $\left|\int_0^1 f(x)\mathrm{d}x-\frac{1}{n}\sum_{i=1}^{n}f\left(\frac{i}{n}\right)\right|\leqslant\frac{M}{n}$，其中 M 是一个与 x 无关的常数.

30. 设函数 $f(x)$，$g(x)$ 在区间$[a,b]$上连续，且 $f(x)$ 单调递增，$0\leqslant g(x)\leqslant 1$，证明：

(1)$0\leqslant\int_a^x g(t)\mathrm{d}t\leqslant x-a,x\in[a,b]$；(2)$\int_a^{a+\int_a^b g(t)\mathrm{d}t}f(x)\mathrm{d}x\leqslant\int_a^b f(x)g(x)\mathrm{d}x$.

31. 设 $f(x)$ 是连续函数.

(1) 利用定义证明函数 $F(x)=\int_0^x f(t)\mathrm{d}t$ 可导，且 $F'(x)=f(x)$；

(2) 当 $f(x)$ 是以 2 为周期的周期函数时，证明函数 $G(x)=2\int_0^x f(t)\mathrm{d}t-x\int_0^2 f(t)\mathrm{d}t$ 也是以 2 为周期的周期函数.

32. 一容器的内侧是由图中曲线绕 y 轴旋转一周而成的曲面，该曲线由 $x^2+y^2=2y\left(y\geqslant\frac{1}{2}\right)$ 与 $x^2+y^2=1\left(y\leqslant\frac{1}{2}\right)$ 连接而成(图 15).

(1) 求容器的容积；

(2) 若将容器内盛满的水从容器顶部全部抽出，至少需要做多少功？

(长度单位：m，重力加速度为 g m/s^2，水的密度为 10^3kg/m^3)

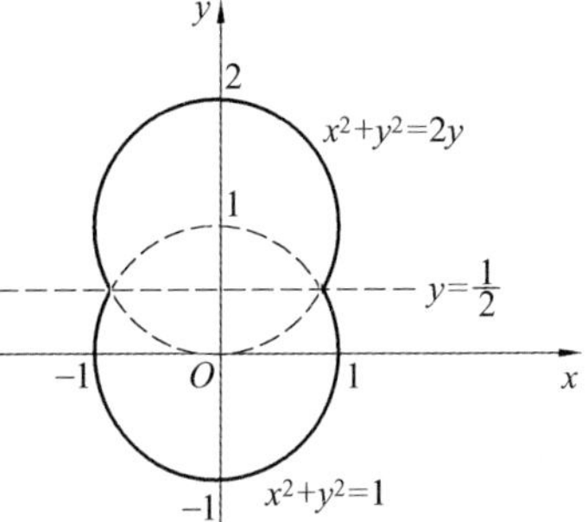

图 15

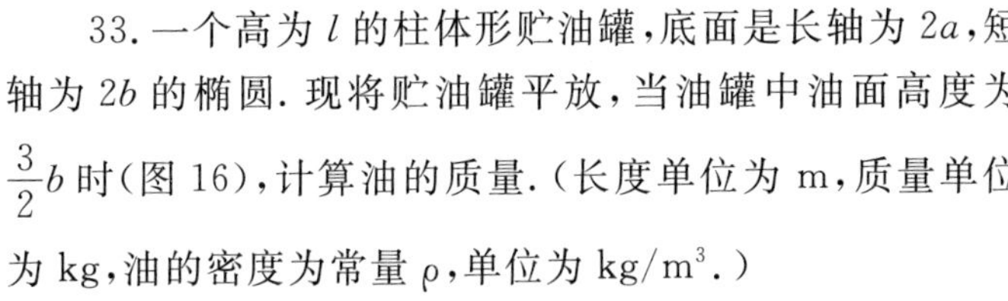

33. 一个高为 l 的柱体形贮油罐，底面是长轴为 $2a$，短轴为 $2b$ 的椭圆. 现将贮油罐平放，当油罐中油面高度为 $\frac{3}{2}b$ 时(图 16)，计算油的质量.(长度单位为 m，质量单位为 kg，油的密度为常量 ρ，单位为 kg/m^3.)

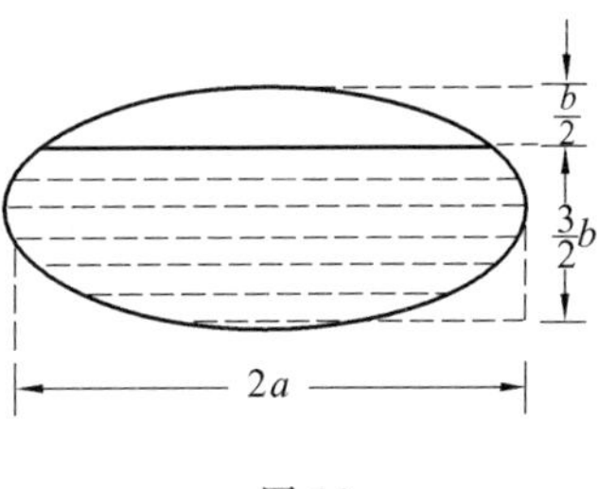

图 16

34. 设 f 在区间 I 上有界，记 $M=\sup\limits_{x\in I}f(x)$，$m=\inf\limits_{x\in I}f(x)$，证明 $\sup\limits_{x',x''\in I}|f(x')-f(x'')|=M-m$.

习题解析

1. 由于$[x]=k-1(k-1\leqslant x<k)$，所以

$$\int_0^n[x]\mathrm{d}x=\int_0^1[x]\mathrm{d}x+\int_1^2[x]\mathrm{d}x+\cdots+\int_{n-1}^n[x]\mathrm{d}x$$
$$=0+1+\cdots+n-1=\frac{(n-1)n}{2}$$

2. (1) $\lim\limits_{n\to\infty}\sum_{i=1}^{n}\left[\frac{\pi}{n}\cos\left(\frac{\pi i}{n}\right)\right]=\pi\lim\limits_{n\to\infty}\sum_{i=1}^{n}\left[\frac{1}{n}\cos\left(\pi\frac{i}{n}\right)\right]=\pi\int_0^1\cos\pi x\mathrm{d}x=0.$

(2) $\lim\limits_{n\to\infty}\sum\limits_{i=1}^{n}\left(\frac{2}{n}+\frac{4i}{n^2}+\frac{8i^2}{n^3}\right)=2\int_0^1 dx+4\int_0^1 x dx+8\int_0^1 x^2 dx=\frac{20}{3}$.

3. (1) 令 $F(x)=\ln(1+x)-\frac{x}{1+x}$,则 $F'(x)=\frac{1}{1+x}-\frac{1}{(1+x)^2}=\frac{x}{(1+x)^2}>0$, $x\in(0,1)$. 所以 $F(x)$ 在 $(0,1)$ 内单调递增,且 $F(0)=0$, 故 $F(x)>0, x\in(0,1)$,所以 $\int_0^1 F(x)dx>0\Rightarrow\int_1^0 F(x)dx<0\Rightarrow\int_1^0\ln(1+x)dx<\int_1^0\frac{x}{1+x}dx$.

(2) 令 $f(x)=e^x-(1+x)$,则 $x\in(0,1)$ 时, $f'(x)=e^x-1>0$,所以在 $(0,1)$ 内 $f(x)$ 单调递增,故 $f(x)=e^x-(1+x)>f(0)=0$,显然 $\int_0^1 e^x dx>\int_0^1(x+1)dx$.

4. 由积分中值定理知,在 $[\frac{3}{4},1]$ 上存在一点 c,使

$$4\int_{\frac{3}{4}}^1 f(x)dx=4\cdot f(c)(1-\frac{3}{4})=f(c)=f(0)$$

故 $f(x)$ 在区间 $[0,c]$ 上满足罗尔定理条件,因此至少存在一点 $\xi\in(0,c)\subseteq(0,1)$,使 $f'(\xi)=0$.

5. 方程两边同时对 x 求导,得

$$e^y\frac{dy}{dx}+\cos x=0\Rightarrow\frac{dy}{dx}=-\frac{\cos x}{e^y}$$

由题设,有 $e^t\Big|_0^y+\sin t\Big|_0^x=0$,即 $e^y=1-\sin x$,所以 $\frac{dy}{dx}=\frac{\cos x}{\sin x-1}$.

6. 令 $u=xt$,则 $\int_0^1 f(xt)dt=\frac{1}{x}\int_0^x f(u)du$, 因此 $f(x)$ 满足 $\int_0^x f(u)du=xf(x)+x^2e^x$, 两边关于 x 求导,可得 $f(x)=f(x)+xf'(x)+2xe^x+x^2e^x$. 于是 $f'(x)=-(2+x)e^x$, 那么 $f(x)=-\int(2+x)e^x dx=-(x+1)e^x+C$,其中 C 为任意常数.

7. $\int_0^1 xf(x)dx=\frac{1}{2}\int_0^1 f(x)dx^2=\frac{1}{2}x^2f(x)\Big|_0^1-\frac{1}{2}\int_0^1 x^2f'(x)dx$,因为 $f(1)=0$,所以

$$\int_0^1 xf(x)dx=-\frac{1}{2}\int_0^1 x^2\left(\frac{\sin x^2}{x^2}2x\right)dx=-\frac{1}{2}\int_0^1\sin x^2dx^2=\frac{1}{2}(\cos 1-1)$$

8. (1) $\int_0^5\frac{x^3}{x^2+1}dx=\int_0^5\frac{x^3+x-x}{x^2+1}dx=\int_0^5 xdx-\frac{1}{2}\int_0^5\frac{d(x^2+1)}{x^2+1}=\frac{25}{2}-\frac{1}{2}\ln 26$.

(2) 令 $x=\sqrt{3}a\sin t$,则 $dx=\sqrt{3}a\cos t dt$,不妨设 $a>0$,则

$$\int_0^{\sqrt{2}a}\frac{xdx}{\sqrt{3a^2-x^2}}=\int_0^{\arcsin\sqrt{\frac{2}{3}}}\frac{3a^2\sin t\cos t dt}{\sqrt{3}a\sqrt{1-\sin^2 t}}=\int_0^{\arcsin\sqrt{\frac{2}{3}}}\sqrt{3}a\sin t dt$$

$$=-\sqrt{3}a\cos t\Big|_0^{\arcsin\sqrt{2/3}}=(\sqrt{3}-1)a$$

(3) $\int_0^{\sqrt{\ln 2}}x^3e^{x^2}dx=\frac{1}{2}\int_0^{\sqrt{\ln 2}}x^2e^{x^2}dx^2=\frac{1}{2}\int_0^{\sqrt{\ln 2}}x^2de^{x^2}$

$$=\frac{1}{2}x^2e^{x^2}\Big|_0^{\sqrt{\ln 2}}-\frac{1}{2}\int_0^{\sqrt{\ln 2}}e^{x^2}dx^2=\ln 2-\frac{1}{2}e^{x^2}\Big|_0^{\sqrt{\ln 2}}=\ln 2-\frac{1}{2}.$$

$$(4)\int_0^{\frac{\pi}{4}}\frac{x\sec^2 x}{(1+\tan x)^2}\mathrm{d}x=-\int_0^{\frac{\pi}{4}}x\mathrm{d}\left(\frac{1}{1+\tan x}\right)=-\frac{x}{1+\tan x}\Big|_0^{\frac{\pi}{4}}+\int_0^{\frac{\pi}{4}}\frac{1}{1+\tan x}\mathrm{d}x$$
$$=-\frac{\pi}{8}+\int_0^{\frac{\pi}{4}}\frac{1}{1+\tan x}\mathrm{d}x$$

令 $x=\frac{\pi}{4}-t$,则

$$\int_0^{\frac{\pi}{4}}\frac{1}{1+\tan x}\mathrm{d}x=-\int_{\frac{\pi}{4}}^0\frac{1}{1+\dfrac{\tan(\pi/4)-\tan t}{1+\tan(\pi/4)\tan t}}\mathrm{d}t=\int_0^{\frac{\pi}{4}}\frac{1+\tan t}{2}\mathrm{d}t=\frac{\pi}{8}+\frac{1}{4}\ln 2$$

所以$\int_0^{\frac{\pi}{4}}\frac{x\sec^2 x}{(1+\tan^2 x)^2}\mathrm{d}x=-\frac{\pi}{8}+\int_0^{\frac{\pi}{4}}\frac{1}{1+\tan x}\mathrm{d}x=-\frac{\pi}{8}+\frac{\pi}{8}+\frac{1}{4}\ln 2=\frac{1}{4}\ln 2.$

9. (1) 设 $s(x)=\begin{cases}1, x=0\\ \frac{\sin x}{x}, x\in(0,\frac{\pi}{2}]\end{cases}$,确切地说,这里的$\int_0^{\frac{\pi}{2}}\frac{\sin x}{x}\mathrm{d}x$ 应该理解为 $\int_0^{\frac{\pi}{2}}s(x)\mathrm{d}x$. 由于

$$s'(x)=\begin{cases}\lim\limits_{x\to 0}\frac{1}{x}\left(\frac{\sin x}{x}-1\right)=\lim\limits_{x\to 0}\frac{\sin x-x}{x^2}=0, x=0\\ \left(\frac{\sin x}{x}\right)'=\frac{x\cos x-\sin x}{x^2}=\frac{\cos x(x-\tan x)}{x^2}\leqslant 0, x\in(0,\frac{\pi}{2}]\end{cases}$$

故 $s(x)$ 在$[0,\frac{\pi}{2}]$ 上递减,从而$\frac{2}{\pi}=s(\frac{\pi}{2})<\frac{\sin x}{x}<s(0)=1, x\in(0,\frac{\pi}{2})$. 即有 $1=\int_0^{\pi/2}\frac{2}{\pi}\mathrm{d}x<\int_0^{\pi/2}\frac{\sin x}{x}\mathrm{d}x<\frac{\pi}{2}$.

(2) 记 $f(x)=\frac{\ln x}{\sqrt{x}}$,由 $f'(x)=\frac{1-\ln\sqrt{x}}{x\sqrt{x}}=0\Rightarrow x=\mathrm{e}^2\in(\mathrm{e},4\mathrm{e})$,不难知道

$$\max_{x\in[\mathrm{e},4\mathrm{e}]}f(x)=f(\mathrm{e}^2)=\frac{2}{\mathrm{e}},\ \min_{x\in[\mathrm{e},4\mathrm{e}]}f(x)=\min\{f(\mathrm{e}),f(4\mathrm{e})\}=\min\left\{\frac{1}{\sqrt{\mathrm{e}}},\frac{\ln 4+1}{2\sqrt{\mathrm{e}}}\right\}=\frac{1}{\sqrt{\mathrm{e}}}$$

则得$\frac{1}{\sqrt{\mathrm{e}}}\leqslant\frac{\ln x}{\sqrt{x}}\leqslant\frac{2}{\mathrm{e}}, x\in[\mathrm{e},4\mathrm{e}]$. 又因$\frac{\ln x}{\sqrt{x}}$ 即不恒等于$\frac{1}{\sqrt{\mathrm{e}}}$,又不恒等于$\frac{2}{\mathrm{e}}$,所以有

$$3\sqrt{\mathrm{e}}=\int_{\mathrm{e}}^{4\mathrm{e}}\frac{1}{\sqrt{\mathrm{e}}}\mathrm{d}x<\int_{\mathrm{e}}^{4\mathrm{e}}\frac{\ln x}{\sqrt{x}}\mathrm{d}x<\int_{\mathrm{e}}^{4\mathrm{e}}\frac{2}{\mathrm{e}}\mathrm{d}x=6$$

10. 由题意可知 $f(0)=0$,又知它们在$(0,0)$处切线相同,则 $f'(0)=\frac{\mathrm{e}^{-(\arctan x)^2}}{1+x^2}\Big|_{x=0}=1$,故所求切线方程为 $y=x$,则

$$\lim_{n\to\infty}nf\left(\frac{2}{n}\right)=\lim_{n\to\infty}2\frac{f\left(\frac{2}{n}\right)-f(0)}{\frac{2}{n}}=2f'(0)=2$$

11. 因为曲线经过点$(0,0)$与$(3,2)$,所以 $f(0)=0, f(3)=2$. 又因为

$$f'(0)=\frac{4-0}{2-0}=2, f'(3)=\frac{4-2}{2-3}=-2, f''(3)=0$$

所以

$$\int_0^3 (x^2+x)f'''(x)\mathrm{d}x = \int_0^3 (x^2+x)\mathrm{d}f''(x) = (x^2+x)f''(x)\Big|_0^3 - \int_0^3 (2x+1)f''(x)\mathrm{d}x$$
$$= -\int_0^3 (2x+1)\mathrm{d}f'(x) = -(2x+1)f'(x)\Big|_0^3 + 2\int_0^3 f'(x)\mathrm{d}x$$
$$= 16 + 2f(x)\Big|_0^3 = 20$$

12. (1) $A = \int_{-1}^2 (y^2-(y-5))\mathrm{d}y = \int_{-1}^2 (y^2-y+5)\mathrm{d}y = \dfrac{33}{2}$.

(2) $A = \int_{-4}^2 (8-y^2-2y)\mathrm{d}y = 36$.

(3) $A = \int_{-3}^{-2} (x^2+2x+2-x-4)\mathrm{d}x + \int_{-2}^{1} (x+4-x^2-2x-2)\mathrm{d}x +$
$\int_1^2 (x^2+2x+2-x-4)\mathrm{d}x$
$= \int_{-3}^{-2} (x^2+x-2)\mathrm{d}x + \int_{-2}^{1} (2-x-x^2)\mathrm{d}x + \int_1^2 (x^2+x-2)\mathrm{d}x = \dfrac{49}{6}$.

(4) $A = \int_{-1}^1 (1-y^4-y^3+y)\mathrm{d}y = \dfrac{8}{5}$.

(5) 由 $x^2+2x-6=0$ 得曲线与 x 轴的交点 $x=-1\pm\sqrt{7}$. 由 $-x=x^2+2x-6$ 得曲线 $y=x^2+2x-6$ 与 $y=-x$ 的交点 $x=\dfrac{-3-\sqrt{33}}{2}$,它在 $x=-4$ 之左方. 又由 $x=x^2+2x-6$ 得 $x=2$. 面积 $A=\int_{-4}^0 (-x-(x^2+2x-6))\mathrm{d}x + \int_0^2 (x-(x^2+2x-6))\mathrm{d}x = 34$.

13. 先求出抛物线 $y=x^2$ 与直线 L 的交点. 由 $x^2-x-2=(x+1)(x-2)=0$ 得 $x=-1,2$,所以 $P(-1,1)$,$Q(2,4)$ 为两个交点. 由于 PQ 平行于过点 T 的切线,由斜率相等不难得到点 T 为 $\left(\dfrac{1}{2},\dfrac{1}{4}\right)$,则过 PT 的直线的方程为 $x+2y-1=0$,过 QT 的直线的方程为 $5x-2y-2=0$. 因此由 L 与抛物线所围成的面积 $A=\int_{-1}^2 (x+2-x^2)\mathrm{d}x=\dfrac{9}{2}$. $\triangle PQT$ 的面积为

$$S_{\triangle PQT} = \int_{-1}^{\frac{1}{2}} \left(x+2+\frac{x}{2}-\frac{1}{2}\right)\mathrm{d}x + \int_{\frac{1}{2}}^{2} \left(x+2-\frac{5}{2}x+1\right)\mathrm{d}x = \frac{27}{8}$$

所以 $\dfrac{A}{S_{\triangle PQT}} = \dfrac{4}{3}$.

14. 两条曲线 $r=3\cos\theta$,$r=1+\cos\theta$ 交于 $\theta=\pm\dfrac{\pi}{3}$ 处,因此分割区域 $D_1=D_a+D_b$,其中 $D_a:\begin{cases}0<\theta<\dfrac{\pi}{3}\\0<r<1+\cos\theta\end{cases}$,$D_b:\begin{cases}\dfrac{\pi}{3}<\theta<\dfrac{\pi}{2}\\0<r<3\cos\theta\end{cases}$.

$$S_D = 2S_{D_1} = 2\left[\int_0^{\frac{\pi}{3}} \frac{1}{2}(1+\cos\theta)^2\mathrm{d}\theta + \int_{\frac{\pi}{3}}^{\frac{\pi}{2}} \frac{1}{2}(3\cos\theta)^2\mathrm{d}\theta\right]$$

$$=2\left[\frac{3}{2}\times\frac{\pi}{3}+(2\sin\theta+\frac{1}{4}\sin 2\theta)\Big|_0^{\frac{\pi}{3}}+\frac{9}{2}\left(\frac{1}{2}\times\frac{\pi}{6}+\frac{1}{4}\sin 2\theta\Big|_{\frac{\pi}{3}}^{\frac{\pi}{2}}\right)\right]=\frac{5}{4}\pi$$

15.(1) 曲线 $y=\sqrt{x}$ 与直线 $x=1,x=4,y=0$ 所围成的图形绕 x 轴旋转产生的立体体积：$V_x=\int_1^4\pi(\sqrt{x})^2\mathrm{d}x=\frac{15}{2}\pi$；绕 y 轴旋转产生的立体体积：$V_y=\int_1^4 2\pi x\sqrt{x}\,\mathrm{d}x=\frac{124}{5}\pi$.

(2) 平面图形 $D:\begin{cases}0\leqslant x\leqslant\frac{\pi}{2}\\0\leqslant y\leqslant\sin x\end{cases}$，绕 x 轴旋转产生的立体体积：$V_x=\int_0^{\frac{\pi}{2}}\pi(\sin x)^2\mathrm{d}x=\frac{1}{4}\pi^2$；绕 y 轴旋转产生的立体体积

$$V_y=\int_0^{\frac{\pi}{2}}2\pi x\sin x\,\mathrm{d}x=2\pi\int_0^{\frac{\pi}{2}}(-x)\mathrm{d}\cos x=2\pi\left(-x\cos x\Big|_0^{\frac{\pi}{2}}+\sin x\Big|_0^{\frac{\pi}{2}}\right)=2\pi$$

16. 心形线 $\rho=4(1+\cos\theta)$ 的直角坐标表示：$\begin{cases}x=4(1+\cos\theta)\cos\theta\\y=4(1+\cos\theta)\sin\theta\end{cases}(0\leqslant x\leqslant 8)$，根据直角坐标系下的体积计算及 $x^2+y^2=\rho^2$，得

$$\begin{aligned}V&=\int_0^8\pi y^2\mathrm{d}x=\int_0^8\pi(\rho^2-x^2)\mathrm{d}x=\int_0^8\pi\rho^2\mathrm{d}x-\frac{8^3}{3}\pi\\&=\int_{\frac{\pi}{2}}^0\pi 16(1+\cos\theta)^2\mathrm{d}[4(1+\cos\theta)\cos\theta]-\frac{8^3}{3}\pi\\&=\int_{\frac{\pi}{2}}^0 64\pi(1+\cos\theta)^2[\mathrm{d}(1+\cos\theta)^2-\mathrm{d}(1+\cos\theta)]-\frac{8^3}{3}\pi\\&=64\pi[\frac{1}{2}(1+\cos\theta)^4-\frac{1}{3}(1+\cos\theta)^3]\Big|_{\frac{\pi}{2}}^0-\frac{8^3}{3}\pi=160\pi\end{aligned}$$

17. $y'=\frac{1}{2\sqrt{x}}-\frac{\sqrt{x}}{2}=\frac{1}{2}(\frac{1}{\sqrt{x}}-\sqrt{x})$，$s=\int_1^3\sqrt{1+y'^2}\,\mathrm{d}x=\int_1^3\sqrt{1+\frac{(1-x)^2}{4x}}\,\mathrm{d}x=\int_1^3\frac{1+x}{2\sqrt{x}}\mathrm{d}x=2\sqrt{3}-\frac{4}{3}$.

18. 摆线第一拱的 t 的范围：$(0\ ,2\pi)$，设在 t_0 处分摆线成 1∶3，则根据弧长参数公式，可得

$$\frac{L_1}{L_2}=\frac{\int_0^{t_0}\sqrt{x'^2+y'^2}\,\mathrm{d}t}{\int_{t_0}^{2\pi}\sqrt{x'^2+y'^2}\,\mathrm{d}t}=\frac{1}{3}\Rightarrow\frac{\int_0^{t_0}\sqrt{2}a\sqrt{1-\cos t}\,\mathrm{d}t}{\int_{t_0}^{2\pi}\sqrt{2}a\sqrt{1-\cos t}\,\mathrm{d}t}=\frac{1}{3}\Rightarrow\frac{\int_0^{t_0}\left|\sin\frac{t}{2}\right|\mathrm{d}t}{\int_{t_0}^{2\pi}\left|\sin\frac{t}{2}\right|\mathrm{d}t}=\frac{1}{3}$$

由于 $\frac{t}{2}\in[0\ ,\pi]$，则

$$\frac{\int_0^{t_0}\sin\frac{t}{2}\mathrm{d}t}{\int_{t_0}^{2\pi}\sin\frac{t}{2}\mathrm{d}t}=\frac{1}{3}\Rightarrow\frac{1-\cos\frac{t_0}{2}}{1+\cos\frac{t_0}{2}}=\frac{1}{3}$$

$$\Rightarrow t_0=\frac{2\pi}{3}\Rightarrow(x_0\ ,y_0)=\left(a\left(\frac{2\pi}{3}-\frac{\sqrt{3}}{2}\right),\frac{3a}{2}\right)$$

19. 压力 $p=$ 压强 $\times$ 面积,当圆柱体的高为 h 时压力 $p=\dfrac{800}{h}\pi\times10^2$,功的微元 $\mathrm{d}W=\dfrac{80\ 000\pi}{h}\mathrm{d}h$,则 $W=\int_{40}^{80}\dfrac{80\ 000\pi}{h}\mathrm{d}h=800\pi\ln 2(\mathrm{N/m^2})$.

20. 设木板对铁钉的阻力为 F,铁钉进入木板的深度为 x,则 $F=kx\Rightarrow W_1=\int_0^1 kx\,\mathrm{d}x=\dfrac{k}{2}$,则由每次捶击所做的功相等的条件可得 $W_n=\int_{x_{n-1}}^{x_n}kx\,\mathrm{d}x=\dfrac{k}{2}(x_n^2-x_{n-1}^2)=\dfrac{k}{2}\Rightarrow x_n^2-x_{n-1}^2=1$,由于 $x_1=1$,则 $x_2=\sqrt{2}$,$x_3=\sqrt{3}$. 设 $x_k=\sqrt{k}$,则由 $x_{k+1}^2=1+x_k^2=1+k\Rightarrow x_{k+1}=\sqrt{k+1}$,由归纳法得 $x_n=\sqrt{n}\Rightarrow x_n-x_{n-1}=\sqrt{n}-\sqrt{n-1}$(cm).

21. $$\lim_{n\to\infty}\sum_{k=1}^{n}\frac{k}{n^2}\ln\left(1+\frac{k}{n}\right)=\int_0^1 x\ln(1+x)\mathrm{d}x=\frac{1}{2}\int_0^1\ln(1+x)\mathrm{d}x^2$$
$$=\frac{1}{2}\left(\ln(1+x)x^2\Big|_0^1-\int_0^1\frac{x^2-1+1}{1+x}\mathrm{d}x\right)=\frac{1}{4}.$$

22. 令 $x=a+(b-a)t$,则 $t\in[0,1]$ 且
$$\frac{1}{b-a}\int_a^b f(x)\mathrm{d}x=\int_0^1 f[a+(b-a)t]\mathrm{d}t=\int_0^1 f[(1-t)a+tb]\mathrm{d}t$$
$$\leqslant\int_0^1[(1-t)f(a)+tf(b)]\mathrm{d}t=\frac{f(a)+f(b)}{2}$$
记 $x_0=\dfrac{a+b}{2}$,则由 $f(x)$ 的凹性可知 $f(x)\geqslant f(x_0)+f'(x_0)(x-x_0)$,从而
$$\int_a^b f(x)\mathrm{d}x\geqslant\int_a^b f(x_0)\mathrm{d}x+f'(x_0)\int_a^b(x-x_0)\mathrm{d}x=(b-a)f(x_0)=(b-a)f\left(\frac{a+b}{2}\right)$$

23. (1) 利用分部积分法,可得
$$\int_a^b f(x)\mathrm{d}x=\int_a^b f(x)\mathrm{d}(x-a)=(x-a)f(x)\Big|_a^b-\int_a^b f'(x)(x-a)\mathrm{d}x$$
$$=0-\int_a^b f'(x)(x-a)\mathrm{d}(x-b)$$
$$=-(x-a)(x-b)f'(x)\Big|_a^b+\int_a^b[f'(x)(x-a)]'(x-b)\mathrm{d}x$$
$$=0+\int_a^b(x-a)(x-b)f''(x)\mathrm{d}x+\int_a^b(x-b)f'(x)\mathrm{d}x$$
$$=\int_a^b(x-a)(x-b)f''(x)\mathrm{d}x+\int_a^b(x-b)df(x)$$
$$=\int_a^b(x-a)(x-b)f''(x)\mathrm{d}x-\int_a^b f(x)\mathrm{d}x$$
移项即得 $\int_a^b f(x)\mathrm{d}x=\dfrac{1}{2}\int_a^b(x-a)(x-b)f''(x)\mathrm{d}x$.

(2) 直接利用(1) 中的结论
$$\left|\int_a^b f(x)\mathrm{d}x\right|\leqslant\frac{1}{2}\int_a^b|(x-a)(x-b)f''(x)|\mathrm{d}x$$
$$\leqslant\frac{1}{2}\int_a^b(x-a)(b-x)\mathrm{d}x\cdot\max_{a\leqslant x\leqslant b}|f''(x)|$$

其中

$$\begin{aligned}\frac{1}{2}\int_a^b (x-a)(x-b)\mathrm{d}x &= \frac{1}{4}\int_a^b (b-x)\mathrm{d}(x-a)^2\\ &= \frac{1}{4}(b-x)(x-a)^2\Big|_a^b + \frac{1}{4}\int_a^b (x-a)^2\mathrm{d}x\\ &= \frac{1}{12}(x-a)^3\Big|_a^b = \frac{1}{12}(b-a)^3\end{aligned}$$

24.(1)由积分第二中值公式$\int_a^b f(x)g(x)\mathrm{d}x = g(b)\int_\xi^b f(x)\mathrm{d}x$可知，$\exists \xi_x \in [0,x]$，使得$\left|\frac{1}{x}\int_0^x \sqrt{t}\sin t\mathrm{d}t\right| = \frac{\sqrt{x}}{x}\left|\int_{\xi_x}^x \sin t\mathrm{d}t\right| = \frac{1}{\sqrt{x}}\mid \cos\xi_x - \cos x\mid \leqslant \frac{2}{\sqrt{x}} \to 0(x\to+\infty)$.

(2)作变换 $t=x^2$，化为 $I=\int_a^b \sin x^2\mathrm{d}x = \frac{1}{2}\int_{a^2}^{b^2}\frac{\sin t}{\sqrt{t}}\mathrm{d}t$. 由积分第二中值公式$\int_a^b f(x)g(x)\mathrm{d}x = g(a)\int_a^\xi f(x)\mathrm{d}x$可知，$\exists \xi\in[a^2,b^2]$，使得$I=\frac{1}{2a}\int_{a^2}^\xi \sin t\mathrm{d}t = \frac{1}{2a}(\cos a^2 - \cos\xi)$. 取$\theta = \frac{1}{2}(\cos a^2 - \cos\xi)$，显然$\mid\theta\mid\leqslant 1$，从而$I=\frac{\theta}{a}$.

25.由凹函数定义，$\forall x_1,x_2\in[0,+\infty)$，$\forall\lambda\in(0,1)$，满足$f(\lambda x_1+(1-\lambda)x_2)\leqslant \lambda f(x_1)+(1-\lambda)f(x_2)$，且由凹函数性质，$f$在$(0,+\infty)$上连续，故$f$在$[0,x]$上可积.

下面借助换元积分法来证明H亦为凹函数：$\forall x_1,x_2\in(0,+\infty)$，$\forall\lambda\in(0,1)$，有

$$\begin{aligned}H(\lambda x_1+(1-\lambda)x_2) &= \frac{1}{\lambda x_1+(1-\lambda)x_2}\int_0^{\lambda x_1+(1-\lambda)x_2} f(t)\mathrm{d}t\\ &= \int_0^1 f((\lambda x_1+(1-\lambda)x_2)x)\mathrm{d}x\\ &\leqslant \int_0^1 [\lambda f(x_1x)+(1-\lambda)f(x_2x)]\mathrm{d}x\\ &= \frac{\lambda}{x_1}\int_0^{x_1} f(t)\mathrm{d}t + \frac{1-\lambda}{x_2}\int_0^{x_2} f(t)\mathrm{d}t\\ &= \lambda H(x_1)+(1-\lambda)H(x_2)\end{aligned}$$

26.按题意，点ξ需满足$\int_a^\xi [f(x)-f(a)]\mathrm{d}x = \int_\xi^b [f(b)-f(x)]\mathrm{d}x$. 引入辅助函数

$$F(t) = \int_a^t [f(x)-f(a)]\mathrm{d}x - \int_t^b [f(b)-f(x)]\mathrm{d}x, t\in[a,b]$$

易知$F(t)$在$[a,b]$上连续，且因$y=f(x)$严格递增，而且有

$$F(a) = -\int_a^b [f(b)-f(x)]\mathrm{d}x < 0, F(b) = \int_a^b [f(x)-f(a)]\mathrm{d}x > 0$$

故由连续函数的介值性，$\exists\xi\in(a,b)$，使

$$F(\xi) = \int_a^\xi [f(x)-f(a)]\mathrm{d}x - \int_\xi^b [f(b)-f(x)]\mathrm{d}x = 0$$

结论得证.

27.已知$\max\{A,B\} = \frac{A+B+\mid A-B\mid}{2}$，$\min\{A,B\} = \frac{A+B-\mid A-B\mid}{2}$，故有

$$M(x)=\frac{f(x)+g(x)+|f(x)-g(x)|}{2},m(x)=\frac{f(x)+g(x)-|f(x)-g(x)|}{2}$$

由积分的性质知 $M(x),m(x)$ 在$[a,b]$上可积.

28.(1) 利用$\frac{1}{x}$的递减性,有

$$\frac{1}{k+1}=\int_k^{k+1}\frac{1}{k+1}\mathrm{d}x<\int_k^{k+1}\frac{1}{x}\mathrm{d}x<\int_k^{k+1}\frac{1}{k}\mathrm{d}x=\frac{1}{k}(k=1,2,\cdots,n-1,n)$$

依次对 $k=1,2,\cdots,n-1$ 所得的 $n-1$ 个不等式进行相加,即得本题所要证明的不等式右部;依次对 $k=1,2,\cdots,n$ 所得的 n 个不等式进行相加,即得本题所要证明的不等式左部.

(2) 由(1)知$\frac{\ln(1+n)}{\ln n}<\frac{1+\frac{1}{2}+\cdots+\frac{1}{n}}{\ln n}<\frac{1+\ln n}{\ln n}$,再由迫敛性显然.

29. 由定积分的性质及积分中值定理,有

$$\int_0^1 f(x)\mathrm{d}x=\sum_{i=1}^n\int_{\frac{i-1}{n}}^{\frac{i}{n}}f(x)\mathrm{d}x=\sum_{i=1}^n f(\xi_i)\left(\frac{i}{n}-\frac{i-1}{n}\right)=\frac{1}{n}\sum_{i=1}^n f(\xi_i)$$

其中 $\xi_i\in\left[\frac{i-1}{n},\frac{i}{n}\right],i=1,2,\cdots,n.$

又因为 $f(x)$ 在$[0,1]$上可微,所以由拉格朗日中值定理可知,存在 $\eta_i\in\left(\xi_i,\frac{i}{n}\right)$,使得 $f\left(\frac{i}{n}\right)-f(\xi_i)=f'(\eta_i)\left(\frac{i}{n}-\xi_i\right)$,$i=1,2,\cdots,n$,因此

$$\left|\int_0^1 f(x)\mathrm{d}x-\frac{1}{n}\sum_{i=1}^n f\left(\frac{i}{n}\right)\right|=\left|\frac{1}{n}\sum_{i=1}^n f(\xi_i)-\frac{1}{n}\sum_{i=1}^n f\left(\frac{i}{n}\right)\right|$$

$$=\frac{1}{n}\left|\sum_{i=1}^n\left[f(\xi_i)-f\left(\frac{i}{n}\right)\right]\right|=\frac{1}{n}\left|\sum_{i=1}^n f'(\eta_i)(\xi_i-\frac{i}{n})\right|$$

$$\leqslant\frac{1}{n}\sum_{i=1}^n|f'(\eta_i)|(\frac{i}{n}-\xi_i)\leqslant\frac{1}{n}\left(\sum_{i=1}^n M\cdot\frac{1}{n}\right)=\frac{M}{n}$$

30.(1) 因为 $0\leqslant g(x)\leqslant 1$,所以$\int_a^x 0\mathrm{d}x\leqslant\int_a^x g(t)\mathrm{d}t\leqslant\int_a^x 1\mathrm{d}t,x\in[a,b]$,即

$$0\leqslant\int_a^x g(t)\mathrm{d}t\leqslant x-a(x\in[a,b])$$

(2) 令

$$F(x)=\int_a^x f(u)g(u)\mathrm{d}u-\int_a^{a+\int_a^x g(t)\mathrm{d}t}f(u)\mathrm{d}u$$

则可知 $F(a)=0$,且

$$F'(x)=f(x)g(x)-g(x)f(a+\int_a^x g(t)\mathrm{d}t)$$

因为 $0\leqslant\int_a^x g(t)\mathrm{d}t\leqslant x-a$,且 $f(x)$ 单调递增,所以

$$f(a+\int_a^x g(t)\mathrm{d}t)\leqslant f(a+x-a)=f(x)$$

从而

$$F'(x)=f(x)g(x)-g(x)f(a+\int_a^x g(t)\mathrm{d}t)$$
$$\geqslant f(x)g(x)-g(x)f(x)=0(x\in[a,b])$$

$F(x)$ 在$[a,b]$上单调递增，则 $F(b)\geqslant F(a)=0$，即得到

$$\int_a^{a+\int_a^b g(t)\mathrm{d}t} f(x)\mathrm{d}x\leqslant\int_a^b f(x)g(x)\mathrm{d}x$$

31. (1) $F'(x)=\lim\limits_{\Delta x\to 0}\dfrac{F(x+\Delta x)-F(x)}{\Delta x}=\lim\limits_{\Delta x\to 0}\dfrac{\int_0^{x+\Delta x}f(t)\mathrm{d}t-\int_0^x f(t)\mathrm{d}t}{\Delta x}$

$$=\lim_{\Delta x\to 0}\frac{\int_x^{x+\Delta x}f(t)\mathrm{d}t}{\Delta x}=\lim_{\Delta x\to 0}\frac{f(\xi)\Delta x}{\Delta x}=\lim_{\Delta x\to 0}f(\xi)=f(x).$$

注：不能利用洛必达法则得到$\lim\limits_{\Delta x\to 0}\dfrac{\int_x^{x+\Delta x}f(t)\mathrm{d}t}{\Delta x}=\lim\limits_{\Delta x\to 0}\dfrac{f(x+\Delta x)}{\Delta x}$.

(2) 证法 1

$$G'(x+2)=[2\int_0^{x+2}f(t)\mathrm{d}t-(x+2)\int_0^2 f(t)\mathrm{d}t]'=2f(x+2)-\int_0^2 f(t)\mathrm{d}t$$
$$G'(x)=[\int_0^x f(t)\mathrm{d}t-x\int_0^2 f(t)\mathrm{d}t]'=2f(x)-\int_0^2 f(t)\mathrm{d}t$$

当 $f(x)$ 是以 2 为周期的周期函数时，$f(x+2)=f(x)$. 从而 $G'(x+2)=G'(x)$，因而存在常数 C，使得 $G(x+2)-G(x)=C$. 取 $x=0$，得 $C=G(0+2)-G(0)=0$，故 $G(x+2)-G(x)=0$，即 $G(x)=\int_0^x f(t)\mathrm{d}t-x\int_0^2 f(t)\mathrm{d}t$ 是以 2 为周期的周期函数.

证法 2：$G(x+2)=2\int_0^{x+2}f(t)\mathrm{d}t-(x+2)\int_0^2 f(t)\mathrm{d}t$

$$=2\int_0^2 f(t)\mathrm{d}t+2\int_2^{x+2}f(t)\mathrm{d}t-x\int_0^2 f(t)\mathrm{d}t-2\int_0^2 f(t)\mathrm{d}t$$
$$=2\int_2^{x+2}f(t)\mathrm{d}t-x\int_0^2 f(t)\mathrm{d}t$$

对于积分$\int_2^{x+2}f(t)\mathrm{d}t$，令 $t=u+2$，并注意到 $f(u+2)=f(u)$，则有

$$\int_2^{x+2}f(t)\mathrm{d}t=\int_0^x f(u+2)\mathrm{d}u=\int_0^x f(u)\mathrm{d}u=\int_0^x f(t)\mathrm{d}t$$

于是 $G(x+2)=2\int_0^x f(t)\mathrm{d}t-x\int_0^2 f(t)\mathrm{d}t=G(x)$，即 $G(x)$ 是以 2 为周期的周期函数.

32. 本题主要考查旋转体的体积的计算以及变力做功问题. 这两个问题都是定积分的应用.

第(1) 问求旋转体的体积，可利用旋转体体积的计算公式. 解决第(2) 问中变力做功问题的关键是正确写出做功的微元.

如图 17(a) 所示，旋转体可看作由图中阴影区域绕 y 轴旋转一周所得，由两部分组成：$V=V_1+V_2$. V_1 是由区域 D_1 绕 y 轴旋转而成的旋转体的体积，V_2 是由区域 D_2 绕 y 轴旋转而成的旋转体的体积.

由于曲线 $x^2+y^2=2y$ 与曲线 $x^2+y^2=1$ 关于 $y=\frac{1}{2}$ 对称，故 $V=V_1+V_2=2V_1$，旋转体的母线可取为 $x=\sqrt{2y-y^2}$，$y\in[\frac{1}{2},2]$. 所以

$$V=2V_1=2\pi\int_{\frac{1}{2}}^{2}(2y-y^2)\mathrm{d}y=2\pi(y^2-\frac{1}{3}y^3)\Big|_{\frac{1}{2}}^{2}=\frac{9\pi}{4}$$

因此，该容器的容积为 $\frac{9\pi}{4}\mathrm{m}^3$.

(2) 用元素法，取图 17(b) 中阴影部分的小薄片为做功的元素. 该小薄片近似于高为 $\mathrm{d}y$ 的圆柱体. 当 $y\in[-1,\frac{1}{2}]$ 时，小薄片的底面半径 $r(y)=\sqrt{1-y^2}$；当 $y\in[\frac{1}{2},2]$ 时，小薄片的底面半径 $r(y)=\sqrt{2y-y^2}$. 小薄片提升的高度近似为 $2-y$，克服该小薄片形状的水的重力所做功为 $\mathrm{d}W=\rho g\pi[r(y)]^2(2-y)\mathrm{d}y$. 因此

$$W=\int_{-1}^{2}\rho g\pi[r(y)]^2(2-y)\mathrm{d}y=\rho g\pi[\int_{-1}^{\frac{1}{2}}(1-y^2)(2-y)\mathrm{d}y+\int_{\frac{1}{2}}^{2}(2y-y^2)(2-y)\mathrm{d}y]$$

$$\int_{\frac{1}{2}}^{2}(2y-y^2)(2-y)\mathrm{d}y=\int_{-1}^{\frac{1}{2}}(u+\frac{3}{2})(u-\frac{1}{2})^2\mathrm{d}u$$

故

$$\begin{aligned}W&=\rho g\pi[\int_{-1}^{\frac{1}{2}}(1-y^2)(2-y)\mathrm{d}y+\int_{-1}^{\frac{1}{2}}(y+\frac{3}{2})(y-\frac{1}{2})^2\mathrm{d}y]\\&=\rho g\pi\int_{-1}^{\frac{1}{2}}(2y^3-\frac{3}{2}y^2-\frac{9}{4}y+\frac{19}{8})\mathrm{d}y=\frac{27}{8}\rho g\pi\end{aligned}$$

因此，所求的功为 $\frac{27}{8}\rho g\pi=\frac{27\times10^3}{8}\pi g(\mathrm{J})$.

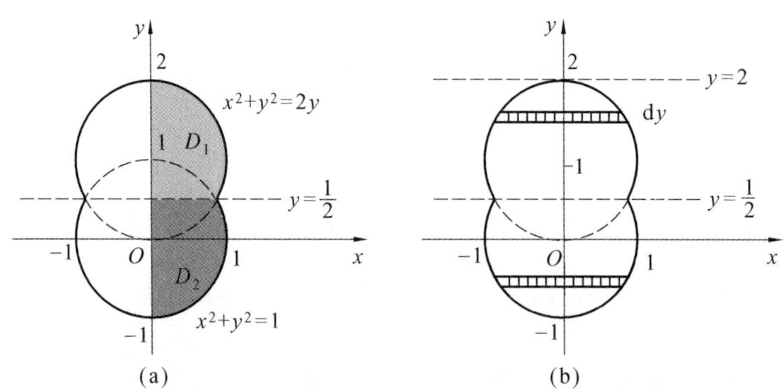

图 17

注：关于定积分在物理上的应用，例如求功、压力、引力等，没有现成的公式可套用. 大家可根据题意，选定积分变量(不妨设积分变量为 x)，再使用元素法分析所求物理量在微小区间 $[x,x+\mathrm{d}x]$ 上的近似值 $f(x)\mathrm{d}x$，对 x 在其变化区间上积分，得到所求物理量 $\int_a^b f(x)\mathrm{d}x$.

33. 以贮油罐的底面中心为原点，x 轴方向平行于地面方向建立平面直角坐标系

xOy，则平放时贮油罐底面所对应的椭圆方程为$\frac{x^2}{a^2}+\frac{y^2}{b^2}=1$.

由于油的密度为常量，贮油罐为柱体，故油的质量 $m=\rho V=\rho l S$，其中 l 为柱体的高，S 为底面油面的面积，因此，要求油的质量，只需求出平放时油面的面积 S.

设油面所占区域为 D. 记 D' 为 D 在 $x\geqslant 0$ 的半平面上的部分. 由于区域 D 关于 y 轴对称，故 D 的面积是 D' 的面积的 2 倍. 如图 18 所示，$D'=D'_1\cup D'_2$，其中 D'_1 为 D' 位于 x 轴上方的部分，D'_2 为 D' 位于 x 轴下方的部分.

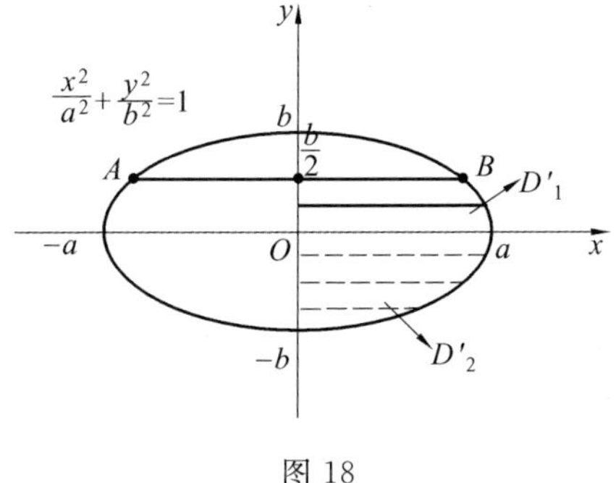

图 18

根据椭圆面积公式，D'_2 的面积为 $S_{D'_2}=\frac{\pi ab}{4}$. 将 D'_1 看作由曲线 $x=a\sqrt{1-\frac{y^2}{b^2}}$ 与直线 $y=\frac{b}{2}$，x 轴，y 轴所围区域. 由定积分的几何意义（令 $y=b\sin t$）

$$S_{D'_1}=\int_0^{\frac{b}{2}}a\sqrt{1-\frac{y^2}{b^2}}\,\mathrm{d}y=a\int_0^{\frac{\pi}{6}}b\cos^2 t\,\mathrm{d}t=\frac{ab}{2}\int_0^{\frac{\pi}{6}}(1+\cos 2t)\,\mathrm{d}t=ab\left(\frac{\pi}{12}+\frac{\sqrt{3}}{8}\right)$$

因此

$$S_{D'}=\frac{\pi ab}{4}+\frac{\pi ab}{12}+\frac{\sqrt{3}\,ab}{8}=ab\left(\frac{\pi}{3}+\frac{\sqrt{3}}{8}\right)$$

$$S=2S_{D'}=ab\left(\frac{2\pi}{3}+\frac{\sqrt{3}}{4}\right)$$

油的质量

$$m=ab\rho l\left(\frac{2\pi}{3}+\frac{\sqrt{3}}{4}\right)$$

34. 对于任何 $x',x''\in I$，有 $m\leqslant f(x')\leqslant M$，$m\leqslant f(x'')\leqslant M$，于是 $|f(x')-f(x'')|\leqslant M-m$，因此 $\sup\limits_{x',x''\in I}|f(x')-f(x'')|\leqslant M-m$.

如果 $M=m$，则 f 为 I 上的常量函数，$\sup\limits_{x',x''\in I}|f(x')-f(x'')|=M-m$ 显然成立.

不妨设 $M>m$，则对于任何的 $\varepsilon>0$，存在 $x_1,x_2\in I$，使得 $f(x_1)>M-\frac{\varepsilon}{2}$，$f(x_2)<m+\frac{\varepsilon}{2}$. 因此，$f(x_1)-f(x_2)>M-m-\varepsilon$，从而

$$\sup_{x',x''\in I}|f(x')-f(x'')|\geqslant f(x_1)-f(x_2)>M-m-\varepsilon$$

因为 $\varepsilon>0$ 是任意的，所以 $\sup\limits_{x',x''\in I}|f(x')-f(x'')|\geqslant M-m$.

综上所述，$\sup\limits_{x',x''\in I}|f(x')-f(x'')|=M-m$.

第10讲 反常积分

背景简介

上一讲,我们已经掌握了定积分理论,不妨再反思下,定积分的"定"字到底什么含义? 黎曼说,两层含义:积分区间有限且被积函数有界.

今有好事者,试图破坏上述两个限制条件,考虑积分区间无限或被积函数无界的情况,再给它们一个官方的捣乱称呼:反常积分! 反常积分在有些教材中也被称为非正常积分(improper integral) 或广义积分. 反常积分的提出,也有着深厚的实际背景,比如第二宇宙速度问题、流体流速问题等. 它在数学其他学科及工科领域,都有广泛应用,例如今后在微分方程、控制论等课程中将会用到的积分变换(拉普拉斯变换与傅里叶变换),概率统计课程中有关分布函数与概率密度函数等基本概念,都是与反常积分有关的.

反常积分通常分为两类,第一类:无穷限反常积分(积分区间无限). 第二类:瑕积分(即被积函数无界的情况). 两类反常积分实际属于函数极限的范畴,那么,关于函数的极限存在的判定结论都是有效的,比如函数极限的柯西收敛准则,再比如函数极限存在时,满足四则运算法则. 然而反常积分终究又以积分的形式给出,它就像水陆混合的两栖类动物一样,天生糅合了函数极限与积分的性质,这使得反常积分的内容变得丰富起来,同时也导致部分读者觉得反常积分略有难度.

读者在复习时,要理解反常积分的定义,掌握判断反常积分收敛的比较判别法(及其极限形式)、柯西收敛准则、狄利克雷判别法与阿贝尔判别法.

内容聚焦

第1节　反常积分的概念

定义1　设函数 f 定义在无穷区间 $[a,+\infty)$ 上,且在任何有限区间 $[a,u]$ 上可积. 如果存在极限 $\lim\limits_{u\to+\infty}\int_a^u f(x)\mathrm{d}x=J$,则称此极限 J 为函数 f 在 $[a,+\infty)$ 上的无穷限反常积分

(简称无穷积分),记作 $J=\int_a^{+\infty} f(x)\mathrm{d}x$,并称$\int_a^{+\infty} f(x)\mathrm{d}x$ 收敛. 如果极限 $\lim\limits_{u\to+\infty}\int_a^u f(x)\mathrm{d}x$ 不存在,为方便起见,亦称$\int_a^{+\infty} f(x)\mathrm{d}x$ 发散.

类似地,可定义 f 在$(-\infty,b]$上的无穷积分:$\int_{-\infty}^b f(x)\mathrm{d}x=\lim\limits_{u\to-\infty}\int_u^b f(x)\mathrm{d}x$.

对于 f 在$(-\infty,+\infty)$上的无穷积分,用前面两种无穷积分来定义

$$\int_{-\infty}^{+\infty} f(x)\mathrm{d}x=\int_{-\infty}^{a} f(x)\mathrm{d}x+\int_a^{+\infty} f(x)\mathrm{d}x$$

其中 a 为任一实数,当且仅当右边两个无穷积分都收敛时它才是收敛的.

注 1 无穷积分$\int_{-\infty}^{+\infty} f(x)\mathrm{d}x=\int_{-\infty}^{a} f(x)\mathrm{d}x+\int_a^{+\infty} f(x)\mathrm{d}x$ 的收敛性与收敛时的值,都和实数 a 的选取无关.

注 2 由于无穷积分$\int_{-\infty}^{+\infty} f(x)\mathrm{d}x=\int_{-\infty}^{a} f(x)\mathrm{d}x+\int_a^{+\infty} f(x)\mathrm{d}x$ 是由$\int_a^{+\infty} f(x)\mathrm{d}x=\lim\limits_{u\to+\infty}\int_a^u f(x)\mathrm{d}x$ 与$\int_{-\infty}^b f(x)\mathrm{d}x=\lim\limits_{u\to-\infty}\int_u^b f(x)\mathrm{d}x$ 两类无穷积分来定义的,因此 f 在任何有限区间$[v,u]\subseteq(-\infty,+\infty)$上,首先必须是可积的.

例 1 计算反常积分$\int_1^{+\infty}\dfrac{\mathrm{d}x}{x(1+x^2)}$.

解 $\int_1^{+\infty}\dfrac{\mathrm{d}x}{x(1+x^2)}=\int_1^{+\infty}\left(\dfrac{1}{x}-\dfrac{x}{1+x^2}\right)\mathrm{d}x=\ln\dfrac{x}{\sqrt{1+x^2}}\Big|_1^{+\infty}=\dfrac{1}{2}\ln 2$.

例 2 计算反常积分$\int_1^{+\infty}\dfrac{1}{\mathrm{e}^{1+x}+\mathrm{e}^{3-x}}\mathrm{d}x$.

解 $\int_1^{+\infty}\dfrac{1}{\mathrm{e}^{1+x}+\mathrm{e}^{3-x}}\mathrm{d}x=\dfrac{1}{\mathrm{e}}\int_1^{+\infty}\dfrac{\mathrm{e}^x}{\mathrm{e}^{2x}+\mathrm{e}^2}\mathrm{d}x=\dfrac{1}{\mathrm{e}^2}\arctan\dfrac{\mathrm{e}^x}{\mathrm{e}}\Big|_1^{+\infty}=\dfrac{\pi}{4\mathrm{e}^2}$.

例 3 计算反常积分$\int_{-\infty}^{+\infty}\dfrac{1}{1+x^2}\mathrm{d}x$.

解
$$\begin{aligned}\int_{-\infty}^{+\infty}\frac{1}{1+x^2}\mathrm{d}x&=\arctan x\Big|_{-\infty}^{+\infty}=\lim_{x\to+\infty}\arctan x-\lim_{x\to-\infty}\arctan x\\&=\frac{\pi}{2}-\left(-\frac{\pi}{2}\right)=\pi.\end{aligned}$$

例 4 设$\int_a^{+\infty} f(x)\mathrm{d}x$ 收敛. 证明:

(1) 若极限 $\lim\limits_{x\to+\infty} f(x)$ 存在,则 $\lim\limits_{x\to+\infty} f(x)=0$;

(2) 若 f 在$[a,+\infty)$上单调,则 $\lim\limits_{x\to+\infty} f(x)=0$.

证 (1) 设 $\lim\limits_{x\to+\infty} f(x)=A$. 若 $A\neq 0$(设 $A>0$),则由极限保号性,$\exists G>a$,当 $x\geqslant G$ 时,满足 $f(x)\geqslant\dfrac{A}{2}>0$,于是当 u 充分大时有

$$\int_a^u f(x)\mathrm{d}x=\int_a^G f(x)\mathrm{d}x+\int_G^u f(x)\mathrm{d}x\geqslant\int_a^G f(x)\mathrm{d}x+\frac{A}{2}(u-G)$$

$$\lim_{u\to+\infty}\int_a^u f(x)\mathrm{d}x=+\infty$$

而这与$\int_a^{+\infty} f(x)\mathrm{d}x$收敛相矛盾,故$A=0$.

(2) 若f在$[a,+\infty)$上单调而无界(设为递增而无上界),则$\forall A>0,\exists G>a$,当$x\geqslant G$时,使$f(x)\geqslant A$. 类似于(1)的证明,推知$\int_a^{+\infty} f(x)\mathrm{d}x=+\infty$,矛盾. 所以$f$在$[a,+\infty)$上单调而有界,则$\lim\limits_{x\to+\infty} f(x)$存在. 依据已证得的命题(1),$\lim\limits_{x\to+\infty} f(x)=0$.

定义 2 如果函数$f(x)$在点a的任意一个邻域内无界,那么称点a为$f(x)$的瑕点. 无界函数的反常积分又称瑕积分.

设函数$f(x)$在$(a,b]$上连续,a为$f(x)$的瑕点. 任取$t>a$,则极限$\lim\limits_{t\to a^+}\int_t^b f(x)\mathrm{d}x$称为无界函数$f(x)$在区间$(a,b]$上的反常积分,仍记作$\int_a^b f(x)\mathrm{d}x$,即

$$\int_a^b f(x)\mathrm{d}x=\lim_{t\to a^+}\int_t^b f(x)\mathrm{d}x$$

如果该极限存在,则称反常积分$\int_a^b f(x)\mathrm{d}x$收敛;否则称反常积分$\int_a^b f(x)\mathrm{d}x$发散.

类似地,设函数$f(x)$在$[a,b)$上连续,b为$f(x)$的瑕点. 任取$t<b$,则极限$\lim\limits_{t\to b^-}\int_a^t f(x)\mathrm{d}x$称为函数$f(x)$在$[a,b)$上的反常积分,记为$\int_a^b f(x)\mathrm{d}x$,即

$$\int_a^b f(x)\mathrm{d}x=\lim_{t\to b^-}\int_a^t f(x)\mathrm{d}x$$

如果该极限存在,则称反常积分$\int_a^b f(x)\mathrm{d}x$收敛;否则称反常积分$\int_a^b f(x)\mathrm{d}x$发散.

设函数$f(x)$在$[a,b]$上除$c(a<c<b)$外连续,且c为$f(x)$的瑕点. 如果反常积分$\int_a^c f(x)\mathrm{d}x$与反常积分$\int_c^b f(x)\mathrm{d}x$均收敛,那么称反常积分$\int_a^b f(x)\mathrm{d}x$收敛,且

$$\int_a^b f(x)\mathrm{d}x=\int_a^c f(x)\mathrm{d}x+\int_c^b f(x)\mathrm{d}x$$

否则,就称反常积分$\int_a^b f(x)\mathrm{d}x$发散.

例 5 计算反常积分$\int_0^1 \frac{x}{\sqrt{1-x^2}}\mathrm{d}x$.

解 $\int_0^1 \frac{x}{\sqrt{1-x^2}}\mathrm{d}x=-\frac{1}{2}\int_0^1 \frac{1}{\sqrt{1-x^2}}\mathrm{d}(1-x^2)=-(1-x^2)^{\frac{1}{2}}\Big|_0^1=1$.

例 6 计算反常积分$\int_0^1 \frac{x}{(2-x^2)\sqrt{1-x^2}}\mathrm{d}x$.

解
$$\int_0^1 \frac{x}{(2-x^2)\sqrt{1-x^2}}\mathrm{d}x=\int_0^{\frac{\pi}{2}} \frac{\sin t}{2-\sin^2 t}\mathrm{d}t=-\int_0^{\frac{\pi}{2}} \frac{1}{1+\cos^2 t}\mathrm{d}\cos t$$
$$=-\arctan\cos t\Big|_0^{\frac{\pi}{2}}=\frac{\pi}{4}.$$

第2节　反常积分的性质

一、无穷限反常积分的性质

若$\int_a^{+\infty} f(x)\mathrm{d}x$收敛，即变上限积分函数$\int_a^u f(x)\mathrm{d}x$当$u\to+\infty$时存在极限．由函数极限的柯西准则，推知该无穷积分收敛的充要条件是$\forall\varepsilon>0,\exists G>a$，只要$u_1,u_2>G$，便有$\left|\int_a^{u_2} f(x)\mathrm{d}x-\int_a^{u_1} f(x)\mathrm{d}x\right|=\left|\int_{u_1}^{u_2} f(x)\mathrm{d}x\right|<\varepsilon$.

(1) 线性性质：若$\int_a^{+\infty} f_1(x)\mathrm{d}x$与$\int_a^{+\infty} f_2(x)\mathrm{d}x$都收敛，则有

$$\int_a^{+\infty}[k_1f_1(x)+k_2f_2(x)]\mathrm{d}x=k_1\int_a^{+\infty} f_1(x)\mathrm{d}x+k_2\int_a^{+\infty} f_2(x)\mathrm{d}x$$

显然，此性质可推广为任何有限个无穷积分的情形．

(2) 区间可加性：对任何$b>a$，恒有$\int_a^{+\infty} f(x)\mathrm{d}x=\int_a^b f(x)\mathrm{d}x+\int_b^{+\infty} f(x)\mathrm{d}x$.

此式左、右两边的无穷积分同时收敛(发散).

(3) 把$\int_a^{+\infty} f(x)\mathrm{d}x=\int_a^b f(x)\mathrm{d}x+\int_b^{+\infty} f(x)\mathrm{d}x$改写为$\int_a^{+\infty} f(x)\mathrm{d}x=\int_a^u f(x)\mathrm{d}x+\int_u^{+\infty} f(x)\mathrm{d}x$，并令$u\to+\infty$，由无穷积分收敛定义知，此式左边的无穷积分收敛，等同于$\lim\limits_{u\to+\infty}\int_u^{+\infty} f(x)\mathrm{d}x=0$．亦即$\forall\varepsilon>0,\exists G>a$，当$u>G$时，总有$\left|\int_u^{+\infty} f(x)\mathrm{d}x\right|<\varepsilon$．由$\left|\int_a^{u_2} f(x)\mathrm{d}x-\int_a^{u_1} f(x)\mathrm{d}x\right|=\left|\int_{u_1}^{u_2} f(x)\mathrm{d}x\right|<\varepsilon$与$\left|\int_u^{+\infty} f(x)\mathrm{d}x\right|<\varepsilon$，便可对$\int_a^{+\infty} f(x)\mathrm{d}x$收敛的几何意义做出清楚的描述——$\left|\int_a^{u_2} f(x)\mathrm{d}x-\int_a^{u_1} f(x)\mathrm{d}x\right|=\left|\int_{u_1}^{u_2} f(x)\mathrm{d}x\right|<\varepsilon$表示只要$[a,+\infty]$中的内闭区间$[u_1,u_2]$离点$a$足够远，则在其上的定积分之绝对值就能任意小(习惯上说$\int_a^{+\infty} f(x)\mathrm{d}x$的充分远处的任一“片段”都能任意小)．而$\left|\int_u^{+\infty} f(x)\mathrm{d}x\right|<\varepsilon$也可理解为当$u$充分大时，“余部”$\left|\int_u^{+\infty} f(x)\mathrm{d}x\right|$总能任意小．

(4) 若$\int_a^{+\infty}|f(x)|\mathrm{d}x$收敛，则$\int_a^{+\infty} f(x)\mathrm{d}x$必定收敛，并有$\left|\int_u^{+\infty} f(x)\mathrm{d}x\right|\leqslant\int_u^{+\infty}|f(x)|\mathrm{d}x$．此性质就是说：“绝对收敛者必收敛”．收敛而不绝对收敛的无穷积分，称之为条件收敛．(注意：不要把这个性质与定积分中的性质“可积必绝对可积”相混淆，这是两个完全不同的问题．)

二、无界函数反常积分的性质

(1) 瑕积分$\int_a^b f(x)\mathrm{d}x$(a为瑕点)收敛的充要条件是$\forall\varepsilon>0,\exists\delta>0$，只要$u_1,u_2\in$

$(a,a+\delta)$，总有 $\left|\int_{u_1}^{b} f(x)\mathrm{d}x-\int_{u_2}^{b} f(x)\mathrm{d}x\right|=\left|\int_{u_1}^{u_2} f(x)\mathrm{d}x\right|<\varepsilon$.

(2) 线性性质：若 $\int_a^b f_1(x)\mathrm{d}x$ 与 $\int_a^b f_2(x)\mathrm{d}x$（瑕点同为 a 或 b）都收敛，则有 $\int_a^b [k_1 f_1(x)+k_2 f_2(x)]\mathrm{d}x=k_1\int_a^b f_1(x)\mathrm{d}x+k_2\int_a^b f_2(x)\mathrm{d}x$.

(3) 区间可加性：对任何 $c\in(a,b)$，恒有 $\int_a^b f(x)\mathrm{d}x=\int_a^c f(x)\mathrm{d}x+\int_c^b f(x)\mathrm{d}x$.

此式左、右两边的瑕积分 $\int_a^b f(x)\mathrm{d}x$ 与 $\int_a^c f(x)\mathrm{d}x$（a 为瑕点）同时收敛（发散），而 $\int_c^b f(x)\mathrm{d}x$ 为定积分.

(4) 把 $\int_a^b f(x)\mathrm{d}x=\int_a^c f(x)\mathrm{d}x+\int_c^b f(x)\mathrm{d}x$ 改写为 $\int_a^b f(x)\mathrm{d}x=\int_a^u f(x)\mathrm{d}x+\int_u^b f(x)\mathrm{d}x$，并令 $u\to a^+$，由瑕积分收敛定义知，此式左边的瑕积分收敛，等同于 $\lim\limits_{u\to a^+}\int_a^u f(x)\mathrm{d}x=0$.

(5) 若 $\int_a^b |f(x)|\mathrm{d}x$ 收敛，则 $\int_a^b f(x)\mathrm{d}x$ 必定也收敛（瑕点均为 a 或 b）. 亦即"绝对收敛者必收敛". 收敛而不绝对收敛的瑕积分，同样称为条件收敛.

例 1 证明：若 f 在 $(-\infty,+\infty)$ 上连续，且 $\int_{-\infty}^{+\infty} f(x)\mathrm{d}x$ 收敛，则对任何 $x\in(-\infty,+\infty)$，有

$$\frac{\mathrm{d}}{\mathrm{d}x}\int_{-\infty}^{x} f(t)\mathrm{d}t=f(x),\ \frac{\mathrm{d}}{\mathrm{d}x}\int_{x}^{+\infty} f(t)\mathrm{d}t=-f(x)$$

证 $\forall a$，由条件 $\int_{-\infty}^{a} f(x)\mathrm{d}x=J_1$，$\int_a^{+\infty} f(x)\mathrm{d}x=J_2$ 都存在，再由 f 连续及微积分学基本定理，可得

$$\frac{\mathrm{d}}{\mathrm{d}x}\int_{-\infty}^{x} f(t)\mathrm{d}t=\frac{\mathrm{d}}{\mathrm{d}x}(J_1+\int_a^x f(t)\mathrm{d}t)=f(x)$$

$$\frac{\mathrm{d}}{\mathrm{d}x}\int_{x}^{+\infty} f(t)\mathrm{d}t=\frac{\mathrm{d}}{\mathrm{d}x}(\int_x^a f(t)\mathrm{d}t+J_2)=-f(x)$$

例 2 若 $\int_a^{+\infty} f(x)\mathrm{d}x=A$，试证 $\lim\limits_{n\to\infty}\int_a^n f(x)\mathrm{d}x=A$（$n$ 为正整数），并举例说明其逆命题不成立.

证 设 $F(u)=\int_a^u f(x)\mathrm{d}x$，由条件知 $\lim\limits_{u\to+\infty}F(u)=A$. 根据函数极限的归结原则，对一切满足 $\lim\limits_{n\to\infty}u_n=+\infty$ 的数列 $\{u_n\}$，恒有 $\lim\limits_{n\to\infty}F(u_n)=\lim\limits_{n\to\infty}\int_a^{u_n} f(x)\mathrm{d}x=A$，特别地，取 $u_n=n$ 时，亦有

$$\lim_{n\to\infty}\int_a^n f(x)\mathrm{d}x=A$$

反之不真，例如 $f(x)=\begin{cases}-1, x\in[n-1,n-1/2)\\ 1, x\in[n-1/2,n)\end{cases}, n=1,2,\cdots.$

显然，$F(n)=\int_0^n f(x)\mathrm{d}x=0$，从而 $\lim\limits_{n\to\infty}\int_0^n f(x)\mathrm{d}x=0$；然而

$$F(n+\frac{1}{2})=F(n)+\int_n^{n+\frac{1}{2}}(-1)\mathrm{d}x=-\frac{1}{2}$$

使得 $\lim\limits_{n\to\infty}F(n+\frac{1}{2})=-\frac{1}{2}\neq\lim\limits_{n\to\infty}F(n)$，从而 $\int_0^{+\infty}f(x)\mathrm{d}x$ 不存在.

注 例2中，如果 $f(x)$ 在 $[a,+\infty)$ 上不变号，则 $F(u)$ 在 $[a,+\infty)$ 上是单调的（当 $f(x)\geqslant 0$ 时 $F(u)$ 递增，当 $f(x)\leqslant 0$ 时 $F(u)$ 递减）. 对于单调函数而言，只要有一个数列 $u_n\to+\infty(n\to\infty)$，使得 $F(u_n)\to A(n\to\infty)$，便能保证 $\lim\limits_{u\to+\infty}F(u)=A$. 所以，在 $f(x)$ 不变号的前提下，例2所讨论的命题可逆.

例3 计算下列反常积分：

(1) $\int_0^{+\infty}\mathrm{e}^{-x}|\sin x|\mathrm{d}x$； (2) $\int_0^{\frac{\pi}{2}}\ln(\sin x)\mathrm{d}x$.

解 (1) $I=\int_0^{+\infty}\mathrm{e}^{-x}|\sin x|\mathrm{d}x=\lim\limits_{n\to\infty}\int_0^{(2n+2)\pi}\mathrm{e}^{-x}|\sin x|\mathrm{d}x$

$$\begin{aligned}&=\lim_{n\to\infty}\sum_{k=0}^{n}\left(\int_{2k\pi}^{(2k+1)\pi}\mathrm{e}^{-x}\sin x\mathrm{d}x-\int_{(2k+1)\pi}^{(2k+2)\pi}\mathrm{e}^{-x}\sin x\mathrm{d}x\right)\\&=\frac{1}{2}\sum_{k=0}^{+\infty}\left[\mathrm{e}^{-x}(\sin x+\cos x)\Big|_{(2k+1)\pi}^{2k\pi}+\mathrm{e}^{-x}(\sin x+\cos x)\Big|_{(2k+1)\pi}^{(2k+2)\pi}\right]\\&=\frac{1}{2}\sum_{k=0}^{+\infty}\left[\mathrm{e}^{-2k\pi}+2\mathrm{e}^{-(2k+1)\pi}+\mathrm{e}^{-(2k+2)\pi}\right]=\frac{\mathrm{e}^{\pi}+1}{2(\mathrm{e}^{\pi}-1)}.\end{aligned}$$

(2) 解法1：因为 $\lim\limits_{x\to0^+}\dfrac{\ln(\sin x)}{\ln x}=\lim\limits_{x\to0^+}\dfrac{\cos x/\sin x}{1/x}=1$，而易知 $\int_0^{\frac{\pi}{2}}\ln x\mathrm{d}x$ 收敛，所以 $J=\int_0^{\frac{\pi}{2}}\ln(\sin x)\mathrm{d}x$ 也收敛.

由于 $\int_0^{\frac{\pi}{2}}\ln(\sin x)\mathrm{d}x=\lim\limits_{u\to0^+}\int_u^{\frac{\pi}{2}}\ln(\sin x)\mathrm{d}x=\lim\limits_{u\to0^+}\int_{\frac{\pi}{2}-u}^{0}\ln(\cos t)(-\mathrm{d}t)=\int_0^{\frac{\pi}{2}}\ln(\cos x)\mathrm{d}x$，因此

$$\begin{aligned}J&=\frac{1}{2}\left(\int_0^{\frac{\pi}{2}}\ln(\sin x)\mathrm{d}x+\int_0^{\frac{\pi}{2}}\ln(\cos x)\mathrm{d}x\right)\\&=\frac{1}{2}\int_0^{\frac{\pi}{2}}\ln(\sin x\cdot\cos x)\mathrm{d}x=\frac{1}{2}\int_0^{\frac{\pi}{2}}\ln\left(\frac{\sin 2x}{2}\right)\mathrm{d}x\\&=\frac{1}{2}\int_0^{\frac{\pi}{2}}\ln(\sin 2x)\mathrm{d}x-\frac{1}{2}\int_0^{\frac{\pi}{2}}\ln 2\mathrm{d}x\\&=\frac{1}{4}\int_0^{\pi}\ln(\sin t)\mathrm{d}t-\frac{\pi}{4}\ln 2=\frac{1}{4}\int_{-\frac{\pi}{2}}^{\frac{\pi}{2}}\ln(\cos t)\mathrm{d}t-\frac{\pi}{4}\ln 2\\&=\frac{1}{2}\int_0^{\frac{\pi}{2}}\ln(\cos t)\mathrm{d}t-\frac{\pi}{4}\ln 2=\frac{1}{2}\int_0^{\frac{\pi}{2}}\ln(\sin t)\mathrm{d}t-\frac{\pi}{4}\ln 2\end{aligned}$$

$$=\frac{J}{2}-\frac{\pi}{4}\ln 2$$

即 $J=-\frac{\pi}{2}\ln 2$.

解法 2：$\int_0^{\frac{\pi}{2}}\ln(\sin x)\mathrm{d}x$ 显然为瑕积分，其瑕点为 0. 令 $x=2t$，则

$$\begin{aligned}I&=\int_0^{\frac{\pi}{2}}\ln(\sin x)\mathrm{d}x=\lim_{u\to 0^+}\int_u^{\frac{\pi}{2}}\ln(\sin x)\mathrm{d}x=2\lim_{u\to 0^+}\int_{\frac{u}{2}}^{\frac{\pi}{4}}\ln\sin 2t\mathrm{d}t\\&=2\lim_{u\to 0^+}\int_{\frac{u}{2}}^{\frac{\pi}{4}}(\ln 2+\ln\sin t+\ln\cos t)\mathrm{d}t\\&=2\ln 2\cdot\frac{\pi}{4}+2\int_0^{\frac{\pi}{4}}\ln\sin t\mathrm{d}t+2\int_0^{\frac{\pi}{4}}\ln\cos t\mathrm{d}t\\&=\frac{\pi}{2}\ln 2+2\int_0^{\frac{\pi}{4}}\ln\sin x\mathrm{d}x+2\int_{\frac{\pi}{4}}^{\frac{\pi}{2}}\ln\sin x\mathrm{d}x=\frac{\pi}{2}\ln 2+2I\end{aligned}$$

由此求得 $I=-\frac{\pi}{2}\ln 2$.

三、重要结论

由反常积分定义可直接得知如下一些重要结论：

(1) $\int_1^{+\infty}\frac{\mathrm{d}x}{x^p}\begin{cases}p>1\text{ 时收敛}\\p\leqslant 1\text{ 时发散}\end{cases}$；

(2) $\int_2^{+\infty}\frac{\mathrm{d}x}{x(\ln x)^p}\begin{cases}p>1\text{ 时收敛}\\p\leqslant 1\text{ 时发散}\end{cases}$；

(3) $\int_a^{b}\frac{\mathrm{d}x}{(x-a)^p}\begin{cases}0<p<1\text{ 时收敛}\\p\geqslant 1\text{ 时发散}\end{cases}$.

例 4 计算反常积分 $\int_0^{+\infty}\frac{1}{(1+x)\sqrt{x}}\mathrm{d}x$.

解 这个反常积分既是无穷区间上的反常积分，又是无界函数的反常积分，于是

$$\begin{aligned}\int_0^{+\infty}\frac{1}{(1+x)\sqrt{x}}\mathrm{d}x&=\int_0^{1}\frac{1}{(1+x)\sqrt{x}}\mathrm{d}x+\int_1^{+\infty}\frac{1}{(1+x)\sqrt{x}}\mathrm{d}x\\&=2\arctan\sqrt{x}\Big|_0^1+2\arctan\sqrt{x}\Big|_1^{+\infty}=\pi\end{aligned}$$

例 5 计算反常积分 $\int_{\frac{1}{2}}^{\frac{3}{2}}\frac{1}{\sqrt{|x-x^2|}}\mathrm{d}x$.

解

$$\begin{aligned}\int_{\frac{1}{2}}^{\frac{3}{2}}\frac{1}{\sqrt{|x-x^2|}}\mathrm{d}x&=\int_{\frac{1}{2}}^{1}\frac{1}{\sqrt{x-x^2}}\mathrm{d}x+\int_1^{\frac{3}{2}}\frac{1}{\sqrt{x^2-x}}\mathrm{d}x\\&=\int_{\frac{1}{2}}^{1}\frac{1}{\sqrt{\frac{1}{4}-(x-\frac{1}{2})^2}}\mathrm{d}x+\int_1^{\frac{3}{2}}\frac{1}{\sqrt{(x-\frac{1}{2})^2-\frac{1}{4}}}\mathrm{d}x\\&=\arcsin(2x-1)\Big|_{\frac{1}{2}}^{1}+\ln\left|(x-\frac{1}{2})+\sqrt{(x-\frac{1}{2})^2-\frac{1}{4}}\right|\Bigg|_1^{\frac{3}{2}}\end{aligned}$$

$$=\frac{\pi}{2}+\ln(2+\sqrt{3})$$

第3节　反常积分收敛的判别法

一、无穷限反常积分的判别法

1.(比较法则)若 $\forall u>a,f,g$ 在$[a,u]$上可积,且 $|f(x)|\leqslant g(x),x\in[a,+\infty)$,则当$\int_a^{+\infty}g(x)\mathrm{d}x$ 收敛时,$\int_a^{+\infty}|f(x)|\mathrm{d}x$ 必收敛;当$\int_a^{+\infty}|f(x)|\mathrm{d}x$ 发散时,$\int_a^{+\infty}g(x)\mathrm{d}x$ 必发散.

2.若 $\forall u>a,f,g$ 在$[a,u]$上可积,$g(x)>0$,且 $\lim\limits_{x\to+\infty}\frac{|f(x)|}{g(x)}=c$,则有:

(1)当 $0<c<+\infty$ 时,$\int_a^{+\infty}|f(x)|\mathrm{d}x$ 与$\int_a^{+\infty}g(x)\mathrm{d}x$ 同敛态;

(2)当 $c=0$ 时,由$\int_a^{+\infty}g(x)\mathrm{d}x$ 收敛可保证$\int_a^{+\infty}|f(x)|\mathrm{d}x$ 也收敛;

(3)当 $c=+\infty$ 时,由$\int_a^{+\infty}g(x)\mathrm{d}x$ 发散必导致$\int_a^{+\infty}|f(x)|\mathrm{d}x$ 也发散.

3.若 $\forall u>a,f$ 在$[a,u]$上可积,则有:

(1)当 $|f(x)|\leqslant\frac{1}{x^p}$,且 $p>1$ 时,$\int_a^{+\infty}|f(x)|\mathrm{d}x$ 收敛;

(2)当 $|f(x)|\geqslant\frac{1}{x^p}$,且 $p\leqslant1$ 时,$\int_a^{+\infty}|f(x)|\mathrm{d}x$ 发散.

4.若 $\forall u>a,f$ 在$[a,u]$上可积,且 $\lim\limits_{x\to+\infty}x^p|f(x)|=\lambda$,则有:

(1)当 $0\leqslant\lambda<+\infty,p>1$ 时,$\int_a^{+\infty}|f(x)|\mathrm{d}x$ 收敛;

(2)当 $0<\lambda\leqslant+\infty,p\leqslant1$ 时,$\int_a^{+\infty}|f(x)|\mathrm{d}x$ 发散.

5.(狄利克雷判别法)若 $F(u)=\int_a^u f(x)\mathrm{d}x$ 在$[a,+\infty)$上有界,$g(x)$当 $x\to+\infty$ 时单调趋于0,则$\int_a^{+\infty}f(x)g(x)\mathrm{d}x$ 收敛.

6.(阿贝尔判别法)若$\int_a^{+\infty}f(x)\mathrm{d}x$ 收敛,$g(x)$在$[a,+\infty)$上单调有界,则$\int_a^{+\infty}f(x)g(x)\mathrm{d}x$ 收敛.

例1　判断下列反常积分的敛散性.

(1)$\int_0^{+\infty}\frac{1}{1+x|\sin x|}\mathrm{d}x$;　　(2)$\int_1^{+\infty}\frac{x\arctan x}{1+x^3}\mathrm{d}x$.

解　(1)由于当 $x\geqslant0$ 时,$\frac{1}{1+x|\sin x|}\geqslant\frac{1}{1+x}$ 且$\int_0^{+\infty}\frac{1}{1+x}\mathrm{d}x$ 发散,因此$\int_0^{+\infty}\frac{1}{1+x|\sin x|}\mathrm{d}x$ 发散.

(2) 由于 $\lim\limits_{x\to+\infty} x^2\cdot\dfrac{x\arctan x}{1+x^3}=\dfrac{\pi}{2}$,因此$\displaystyle\int_1^{+\infty}\frac{x\arctan x}{1+x^3}\mathrm{d}x$ 收敛.

例 2 判断$\displaystyle\int_1^{+\infty}\frac{\sin x}{x^p}\mathrm{d}x$ 的条件收敛与绝对收敛性.

解 (1) 当 $p>1$ 时,$\displaystyle\int_1^{+\infty}\left|\frac{\sin x}{x^p}\right|\mathrm{d}x\leqslant\int_1^{+\infty}\frac{1}{x^p}\mathrm{d}x$,而$\displaystyle\int_1^{+\infty}\frac{1}{x^p}\mathrm{d}x$ 收敛,故原积分绝对收敛.

(2) 当 $0<p\leqslant 1$ 时,则:

① 由于 $|F(u)|=\left|\displaystyle\int_1^u\sin x\mathrm{d}x\right|=|\cos 1-\cos u|\leqslant 2$,即 $F(u)$ 在$[1,+\infty)$ 上有界,而$\dfrac{1}{x^p}$ 在 $x\to+\infty$ 时单调趋于零,从而由狄利克雷判别法可知$\displaystyle\int_1^{+\infty}\frac{\sin x}{x^p}\mathrm{d}x$ 收敛.

② 由于 $|\sin x|\geqslant\sin^2x$,所以$\left|\dfrac{\sin x}{x^p}\right|\geqslant\dfrac{\sin^2x}{x^p}=\dfrac{1}{2}\left(\dfrac{1}{x^p}-\dfrac{\cos 2x}{x^p}\right)$. 又$\displaystyle\int_1^{+\infty}\frac{1}{x^p}\mathrm{d}x$ 发散,由狄利克雷判别法知$\displaystyle\int_1^{+\infty}\frac{\cos 2x}{x^p}\mathrm{d}x$ 收敛,于是$\displaystyle\int_1^{+\infty}\left|\frac{\sin x}{x^p}\right|\mathrm{d}x$ 发散.

从而当 $0<p\leqslant 1$ 时,由 ①② 可知$\displaystyle\int_1^{+\infty}\frac{\sin x}{x^p}\mathrm{d}x$ 条件收敛.

(3) 当 $p\leqslant 0$ 时,有$\dfrac{1}{x^p}=x^{-p}\geqslant 1(x\geqslant 1)$. 取 $\varepsilon_0=1$,对任意的 $M>1$,存在正整数 k,使得 $2k\pi>M$. 令 $u_1=2k\pi,u_2=2k\pi+\dfrac{\pi}{2}$,有 $u_2>u_1>M$,且$\left|\displaystyle\int_{u_1}^{u_2}\frac{\sin x}{x^p}\mathrm{d}x\right|\geqslant\int_{u_1}^{u_2}\sin x\mathrm{d}x=\int_0^{\frac{\pi}{2}}\sin x\mathrm{d}x=1=\varepsilon_0$. 由柯西准则知$\displaystyle\int_1^{+\infty}\frac{\sin x}{x^p}\mathrm{d}x$ 发散.

二、瑕积分收敛的判别法

1.(比较判别法) 若 f 与 g 的瑕点同为 a,都在任何$[u,b]\subseteq(a,b]$ 上可积,且满足 $|f(x)|\leqslant g(x),x\in(a,b]$,则当$\displaystyle\int_a^b g(x)\mathrm{d}x$ 收敛时,$\displaystyle\int_a^b|f(x)|\mathrm{d}x$ 必收敛;当$\displaystyle\int_a^b|f(x)|\mathrm{d}x$ 发散时,$\displaystyle\int_a^b g(x)\mathrm{d}x$ 必发散.

2. 若 $\forall[u,b]\subseteq(a,b]$,$f,g$ 在$[u,b]$ 上可积,瑕点同为 a,$g(x)>0$,且 $\lim\limits_{x\to a^+}\dfrac{|f(x)|}{g(x)}=c$,则有:

(1) 当 $0<c<+\infty$ 时,$\displaystyle\int_a^b|f(x)|\mathrm{d}x$ 与$\displaystyle\int_a^b g(x)\mathrm{d}x$ 同敛态;

(2) 当 $c=0$ 时,由$\displaystyle\int_a^b g(x)\mathrm{d}x$ 收敛可保证$\displaystyle\int_a^b|f(x)|\mathrm{d}x$ 也收敛;

(3) 当 $c=+\infty$ 时,由$\displaystyle\int_a^b g(x)\mathrm{d}x$ 发散必导致$\displaystyle\int_a^b|f(x)|\mathrm{d}x$ 也发散.

3. 若 $\forall[u,b]\subseteq(a,b]$,$f$ 在$[u,b]$ 上可积,瑕点为 a,则有:

(1) 当 $|f(x)|\leqslant\dfrac{1}{(x-a)^p}$,且 $0<p<1$ 时,$\displaystyle\int_a^b|f(x)|\mathrm{d}x$ 收敛;

(2) 当 $|f(x)| \geqslant \dfrac{1}{(x-a)^p}$,且 $p \geqslant 1$ 时,$\int_a^b |f(x)| \mathrm{d}x$ 发散.

4. 若 $\forall [u,b] \subseteq (a,b]$,$f$ 在$[u,b]$上可积,瑕点为 a,且 $\lim\limits_{x \to a^+}(x-a)^p |f(x)| = \lambda$,则有:

(1) 当 $0 \leqslant \lambda < +\infty$,$0 < p < 1$ 时,$\int_a^b |f(x)| \mathrm{d}x$ 收敛;

(2) 当 $0 < \lambda \leqslant +\infty$,$p \geqslant 1$ 时,$\int_a^b |f(x)| \mathrm{d}x$ 发散.

5.(狄利克雷判别法)若 $F(u) = \int_u^b f(x)\mathrm{d}x$ 在$(a,b]$上有界,$g(x)$ 当 $x \to a^+$ 时单调趋于0,则$\int_a^b f(x)g(x)\mathrm{d}x$ 收敛.

6.(阿贝尔判别法)若以 a 为瑕点的瑕积分$\int_a^b f(x)\mathrm{d}x$ 收敛,$g(x)$ 在$(a,b]$上单调有界,则$\int_a^b f(x)g(x)\mathrm{d}x$ 收敛.

例3 判断下列瑕积分的敛散性.

(1)$\displaystyle\int_0^1 \frac{x^4}{\sqrt{1-x^4}}\mathrm{d}x$;　　(2)$\displaystyle\int_0^1 \frac{\sin x}{\sqrt{x^3}}\mathrm{d}x$.

解 (1)$x=1$是被积函数的瑕点. $\lim\limits_{x\to 1^-}(1-x)^{\frac{1}{2}} \cdot \dfrac{x^4}{\sqrt{1-x^4}} = \dfrac{1}{2}$,因此$\displaystyle\int_0^1 \frac{x^4}{\sqrt{1-x^4}}\mathrm{d}x$ 收敛.

(2)$x=0$是被积函数 $f(x) = \dfrac{\sin x}{\sqrt{x^3}}$ 的瑕点,而 $\lim\limits_{x\to 0^+} x^{\frac{1}{2}} f(x) = 1$,因此$\displaystyle\int_0^1 \frac{\sin x}{\sqrt{x^3}}\mathrm{d}x$ 收敛.

例4 讨论下列反常积分的敛散性:

(1)$\displaystyle\int_1^{+\infty}\left(\frac{x}{x^2+m} - \frac{m}{x+1}\right)\mathrm{d}x$;　　(2)$\displaystyle\int_0^{+\infty}\frac{\sin^2 x}{x^m}\mathrm{d}x$;　　(3)$\displaystyle\int_0^1 \frac{1}{x}\cos\frac{1}{x^2}\mathrm{d}x$.

解 (1) 注意这里的$\displaystyle\int_1^{+\infty}\frac{x}{x^2+m}\mathrm{d}x$ 与$\displaystyle\int_1^{+\infty}\frac{m}{x+1}\mathrm{d}x\,(m \neq 0)$ 都是发散的无穷积分,两者只差没有收敛或发散的肯定结论. 为此,需要先把被积函数合成为一个分式:$f(x) = \dfrac{x}{x^2+m} - \dfrac{m}{x+1} = \dfrac{(1-m)x^2 + x - m^2}{(x^2+m)(x+1)}$. 对于充分大的 x,$f(x)$ 保持与$(1-m)$相同的正、负号,因此$\displaystyle\int_1^{+\infty} f(x)\mathrm{d}x$ 收敛与绝对收敛是同一回事.

当 $m=1$ 时,$\lim\limits_{x\to+\infty} x^2 f(x) = 1$,故$\displaystyle\int_1^{+\infty} f(x)\mathrm{d}x$ 收敛.

当 $m \neq 1$ 时,$\lim\limits_{x\to+\infty} x|f(x)| = |1-m| \neq 0$,故$\displaystyle\int_1^{+\infty}|f(x)|\mathrm{d}x$ 与$\displaystyle\int_1^{+\infty} f(x)\mathrm{d}x$ 同为发散的.

(2) 这里的 $g(x) = \dfrac{\sin^2 x}{x^m} > 0$,$x \in (0,+\infty)$,且当 $m > 2$ 时 $x=0$ 为其瑕点,故设

$$J = \int_0^1 g(x)\mathrm{d}x + \int_1^{+\infty} g(x)\mathrm{d}x = J_1 + J_2$$

对于 J_1,当 $m \leqslant 2$ 时为定积分(只要补充定义 $g(0) = \lim\limits_{x\to 0} g(x) = 0$,$g$ 在$[0,1]$上连

续)；当 $2<m<3$ 时，由于 $m-2<1$，且 $\lim\limits_{x\to0^+}x^{m-2}g(x)=\lim\limits_{x\to0^+}\dfrac{\sin^2x}{x^2}=1$，故此时 J_1 收敛；又当 $m\geqslant3$ 时，由于 $\lim\limits_{x\to0^+}xg(x)=\begin{cases}1,m=3\\+\infty,m>3\end{cases}$，故 J_1 发散. 总之，仅当 $m<3$ 时，J_1 收敛.

对于 J_2，当 $m>1$ 时，由于 $\dfrac{\sin^2x}{x^m}\leqslant\dfrac{1}{x^m}$，因此 J_2 收敛；而当 $0<m\leqslant1$ 时，由于 $\int_1^{+\infty}g(x)\mathrm{d}x=\dfrac{1}{2}\int_1^{+\infty}\dfrac{1-\cos2x}{x^m}\mathrm{d}x$，以及 $\int_1^{+\infty}\dfrac{\mathrm{d}x}{x^m}$ 发散，$\int_1^{+\infty}\dfrac{\cos2x}{x^m}\mathrm{d}x$ 收敛，可知此时 J_2 发散；又当 $m\leqslant0$ 时，由于 $\dfrac{\sin^2x}{x^m}\geqslant\sin^2x$，$\int_1^{+\infty}\sin^2x\mathrm{d}x$ 发散，从而 J_2 亦发散. 总之，仅当 $m>1$ 时，J_2 收敛.

综合对 J_1 与 J_2 的讨论，当且仅当 $1<m<3$ 时 J 收敛.

(3) 事实上，经变换 $x=\dfrac{1}{\sqrt{t}}$，就能把此瑕积分化为无穷积分：$\int_0^1\dfrac{1}{x}\cos\dfrac{1}{x^2}\mathrm{d}x=\int_1^{+\infty}\dfrac{\cos t}{2t}\mathrm{d}t$，而后者是条件收敛的.

例 5 讨论下列无穷积分的收敛性：

(1) $\int_1^{+\infty}\dfrac{\ln(1+x)}{x^n}\mathrm{d}x$；　　(2) $\int_0^{+\infty}\dfrac{x^m}{1+x^n}\mathrm{d}x\,(n,m\geqslant0)$.

解 (1) $\int_1^{+\infty}\dfrac{\ln(1+x)}{x^n}\mathrm{d}x$，$n>1$ 时收敛，$n\leqslant1$ 时发散. 因为当 $n=1+\delta>1$ 时

$$\lim_{x\to+\infty}x^{1+\frac{\delta}{2}}\cdot\frac{\ln(1+x)}{x^{1+\delta}}=\lim_{x\to+\infty}\frac{\ln(1+x)}{x^{\frac{\delta}{2}}}=0,p=1+\frac{\delta}{2}>1(\text{收敛})$$

当 $n=1$ 时，$\lim\limits_{x\to+\infty}x\cdot\dfrac{\ln(1+x)}{x}=\lim\limits_{x\to+\infty}\ln(1+x)=+\infty,p=1$(发散)；

当 $n<1$ 时发散，因为 $\dfrac{\ln(1+x)}{x^n}>\dfrac{\ln(1+x)}{x}$，而 $\int_1^{+\infty}\dfrac{\ln(1+x)}{x}\mathrm{d}x$ 发散.

(2) $\int_0^{+\infty}\dfrac{x^m}{1+x^n}\mathrm{d}x\,(n,m\geqslant0)$，$n-m>1$ 时收敛，$n-m\leqslant1$ 时发散，这是因为 $\lim\limits_{x\to+\infty}x^{n-m}\cdot\dfrac{x^m}{1+x^n}=1$.

例 6 讨论下列无穷积分为绝对收敛还是条件收敛：

(1) $\int_0^{+\infty}\dfrac{\mathrm{sgn}(\sin x)}{1+x^2}\mathrm{d}x$；　　(2) $\int_0^{+\infty}\dfrac{\sqrt{x}\cos x}{100+x}\mathrm{d}x$.

解 (1) $\int_0^{+\infty}\dfrac{\mathrm{sgn}(\sin x)}{1+x^2}\mathrm{d}x$ 为绝对收敛，因为 $\left|\dfrac{\mathrm{sgn}(\sin x)}{1+x^2}\right|\leqslant\dfrac{1}{x^2}$，而 $\int_0^{+\infty}\dfrac{1}{x^2}\mathrm{d}x$ 收敛.

(2) 由于 $\dfrac{\sqrt{x}}{100+x}$ 单调递减且趋于 $0(x\to+\infty$ 时)，$\int_0^u\cos x\mathrm{d}x=\sin u$ 在 $[0,+\infty)$ 上有界，所以 $\int_0^{+\infty}\dfrac{\sqrt{x}\cos x}{100+x}\mathrm{d}x$ 收敛. 当 x 充分大时 $\left|\dfrac{\sqrt{x}\cos x}{100+x}\right|\geqslant\dfrac{\sqrt{x}\cos^2x}{2x}=\dfrac{1}{4}(\dfrac{1}{\sqrt{x}}+$

$\frac{\cos 2x}{\sqrt{x}}$)，而$\int_0^{+\infty}\frac{\cos 2x}{\sqrt{x}}\mathrm{d}x$ 收敛，$\int_0^{+\infty}\frac{1}{\sqrt{x}}\mathrm{d}x$ 发散，故$\int_0^{+\infty}\left|\frac{\sqrt{x}\cos x}{100+x}\right|\mathrm{d}x$ 发散，所以$\int_0^{+\infty}\frac{\sqrt{x}\cos x}{100+x}\mathrm{d}x$ 条件收敛.

解惑释疑

问题 1 试问$\int_a^{+\infty}f(x)\mathrm{d}x$ 收敛与$\lim\limits_{x\to+\infty}f(x)=0$ 有无联系？

答 首先，$\lim\limits_{x\to+\infty}f(x)=0$ 肯定不是$\int_a^{+\infty}f(x)\mathrm{d}x$ 收敛的充分条件，例如$\lim\limits_{x\to+\infty}\frac{1}{x}=0$，但$\int_1^{+\infty}\frac{1}{x}\mathrm{d}x$ 发散. 那么，$\lim\limits_{x\to+\infty}f(x)=0$ 是否为$\int_a^{+\infty}f(x)\mathrm{d}x$ 收敛的必要条件呢？也不是！

一个在多种场合可用来澄清概念的反例，是由

$$f(x)=\begin{cases}0, x\in\left[n-1, n-\frac{1}{n2^n}\right] \\ n, x\in\left[n-\frac{1}{n2^n}, n\right)\end{cases}, n=1,2,\cdots$$

所对应的$\int_0^{+\infty}f(x)\mathrm{d}x$（$f$ 的图像如图 1）.

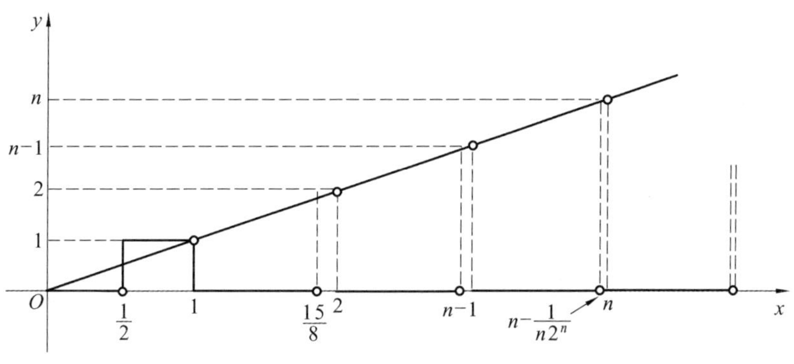

图 1

不仅$\lim\limits_{x\to+\infty}f(x)$ 不存在，而且 $f(x)$ 在$[0,+\infty)$ 上是无界的；

然而$\int_0^{+\infty}f(x)\mathrm{d}x=\lim\limits_{n\to+\infty}\int_0^n f(x)\mathrm{d}x=\sum\limits_{n=1}^{\infty}\frac{n}{n2^n}=\sum\limits_{n=1}^{\infty}\frac{1}{2^n}=1$（收敛）.

问题 2 在确定反常积分类型时有哪些值得注意的地方？

答 (1) 无穷限反常积分与瑕积分共存的形式需拆分. 例如$I=\int_0^{+\infty}\frac{x^a}{x-1}\mathrm{d}x$，首先它是无穷积分，其次还含有瑕点 $x=1$ 与 $x=0$（当 $a<0$ 时）. 这时需要先把它拆分成几个单纯形式的反常积分

$$I=\int_0^{\frac{1}{2}}\frac{x^a}{x-1}\mathrm{d}x+\int_{\frac{1}{2}}^1\frac{x^a}{x-1}\mathrm{d}x+\int_1^2\frac{x^a}{x-1}\mathrm{d}x+\int_2^{+\infty}\frac{x^a}{x-1}\mathrm{d}x$$

当且仅当这四个反常积分都收敛时，原来的反常积分才是收敛的. 显然，其中的瑕积分 $\int_{\frac{1}{2}}^{1}\frac{x^a}{x-1}\mathrm{d}x$ 与 $\int_{1}^{2}\frac{x^a}{x-1}\mathrm{d}x$ 都是发散的，故原来的反常积分亦为发散.

(2) 瑕积分不等同于定积分. 例如 $\int_{-1}^{1}\frac{\mathrm{d}x}{x^3}$ 是一个以 $x=0$ 为瑕点的瑕积分，必须先化为 $\int_{-1}^{1}\frac{\mathrm{d}x}{x^3}=\int_{-1}^{0}\frac{\mathrm{d}x}{x^3}+\int_{0}^{1}\frac{\mathrm{d}x}{x^3}$，而后讨论等号右边的两个瑕积分，当且仅当它们都收敛时，等号左边的瑕积分才收敛. 显然，这里两个瑕积分(等号右边)都是发散的，故原来的瑕积分亦为发散. 需要注意的是，不要误将这个瑕积分当作是定积分，并利用奇函数在 $[-1,1]$ 上的积分值为 0，草率地得出"$\int_{-1}^{1}\frac{\mathrm{d}x}{x^3}=0$"这样一个错误的结论.

问题 3　试对绝对收敛与条件收敛的本质区别加以说明.

答　首先，反常积分的绝对收敛与条件收敛是在反常积分收敛的前提下互相对立的两个概念，相互之间没有蕴含关系("绝对收敛者必定条件收敛"是错误的).

其次，绝对收敛表示当 G 足够大时，在 $x=G$ 右边的任意一个曲边梯形 $0\leqslant y\leqslant |f(x)|$，$u_1\leqslant x\leqslant u_2$ 的面积总能小于预先给出的任意小的正数 ε，即 $\int_{u_1}^{u_2}|f(x)|\mathrm{d}x<\varepsilon(G\leqslant u_1<u_2)$；而条件收敛下的反常积分 $\int_{u_1}^{u_2}|f(x)|\mathrm{d}x<\varepsilon(G\leqslant u_1<u_2)$ 不能成立，这说明条件收敛主要依赖 $f(x)$ 的正、负值互相抵消所起的作用，例如条件收敛的无穷积分

$$\int_{1}^{+\infty}\frac{\sin x}{x^p}\mathrm{d}x(0<p\leqslant 1),\int_{0}^{+\infty}\sin x^2\mathrm{d}x,\int_{0}^{+\infty}x\sin x^4\mathrm{d}x$$

从其被积函数的直观图形(图 2)上就能理解这个特征.

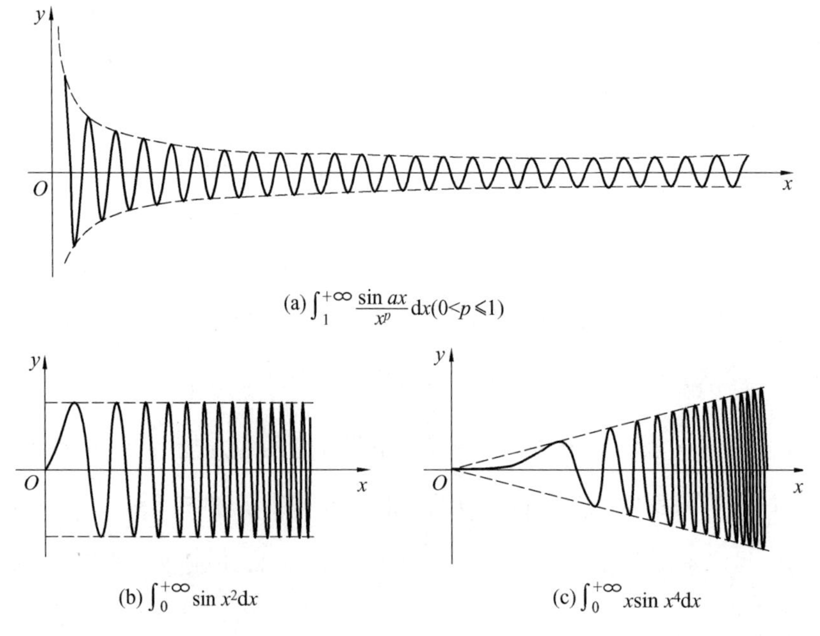

(a) $\int_1^{+\infty}\frac{\sin ax}{x^p}\mathrm{d}x(0<p\leqslant 1)$

(b) $\int_0^{+\infty}\sin x^2\mathrm{d}x$

(c) $\int_0^{+\infty}x\sin x^4\mathrm{d}x$

图 2

问题 4 两个发散的无穷积分的代数和是否必为发散?

答 不一定,如果$\int_a^{+\infty} f(x)\mathrm{d}x=\int_a^{+\infty} g(x)\mathrm{d}x=+\infty$,则有

$$\int_a^{+\infty}[f(x)+g(x)]\mathrm{d}x=+\infty(\text{发散})$$

至于$\int_a^{+\infty}[f(x)-g(x)]\mathrm{d}x$是否收敛,则无肯定结论(参考本讲第2节例4(1)).

习题精练

1. 求下列反常积分:

(1)$\int_2^{+\infty}\frac{1}{(x+7)\sqrt{x-2}}\mathrm{d}x$; (2)$\int_0^{+\infty}\frac{1}{\sqrt{x}}\mathrm{e}^{-\sqrt{x}}\mathrm{d}x$; (3)$\int_1^{+\infty}\frac{\arctan x}{x^2}\mathrm{d}x$.

2. 讨论下列无穷积分是否收敛?若收敛,则求其值.

(1)$\int_0^{+\infty} x\mathrm{e}^{-x^2}\mathrm{d}x$; (2)$\int_0^{+\infty}\frac{1}{\sqrt{\mathrm{e}^x}}\mathrm{d}x$; (3)$\int_{-\infty}^{+\infty}\frac{\mathrm{d}x}{4x^2+4x+5}$; (4)$\int_{-\infty}^{+\infty}\mathrm{e}^x\sin x\mathrm{d}x$.

3. 讨论下列瑕积分是否收敛?若收敛,则求其值.

(1)$\int_0^1\frac{\mathrm{d}x}{1-x^2}$; (2)$\int_0^1\frac{x^2\arcsin x}{\sqrt{1-x^2}}\mathrm{d}x$; (3)$\int_0^1\sqrt{\frac{x}{1-x}}\mathrm{d}x$; (4)$\int_0^1\frac{\mathrm{d}x}{x(\ln x)^p}$.

4. 举例说明:瑕积分$\int_a^b f(x)\mathrm{d}x$收敛时,$\int_a^b f^2(x)\mathrm{d}x$不一定收敛.

5. 讨论下列瑕积分的收敛性:

(1)$\int_0^{\pi}\frac{\sin x}{x^{3/2}}\mathrm{d}x$; (2)$\int_0^1\frac{\mathrm{d}x}{\sqrt{x}\ln x}$; (3)$\int_0^{\frac{\pi}{2}}\frac{1-\cos x}{x^m}\mathrm{d}x$; (4)$\int_0^1\frac{1}{x^{\alpha}}\sin\frac{1}{x}\mathrm{d}x$.

6. 证明:(1)$\int_0^{\pi}\theta\ln(\sin\theta)\mathrm{d}\theta=-\frac{\pi^2}{2}\ln 2$; (2)$\int_0^{\pi}\frac{\theta\sin\theta}{1-\cos\theta}\mathrm{d}\theta=2\pi\ln 2$.

7. 举例说明:$\int_a^{+\infty} f(x)\mathrm{d}x$收敛时,$\int_a^{+\infty} f^2(x)\mathrm{d}x$不一定收敛;$\int_a^{+\infty} f(x)\mathrm{d}x$绝对收敛时,$\int_a^{+\infty} f^2(x)\mathrm{d}x$也不一定收敛.

8. 设$\int_a^{+\infty} f(x)\mathrm{d}x$条件收敛,证明:

(1)$\int_a^{+\infty}[|f(x)|+f(x)]\mathrm{d}x$与$\int_a^{+\infty}[|f(x)|-f(x)]\mathrm{d}x$都发散;

(2)$\lim\limits_{x\to+\infty}\frac{\int_a^x[|f(t)|+f(t)]\mathrm{d}t}{\int_a^x[|f(t)|-f(t)]\mathrm{d}t}=1$.

9. 证明:若$\int_a^{+\infty} f(x)\mathrm{d}x$绝对收敛,$\lim\limits_{x\to+\infty} g(x)=A$存在,则$\int_a^{+\infty} f(x)g(x)\mathrm{d}x$必定绝对收敛. 又若把$\int_a^{+\infty} f(x)\mathrm{d}x$改设为条件收敛,试举出反例说明$\int_a^{+\infty} f(x)g(x)\mathrm{d}x$不一定收

敛.

10. 设 f 在 $[0,+\infty)$ 上连续，且 $\lim\limits_{x\to+\infty} f(x)=A$，证明 $\lim\limits_{x\to+\infty}\dfrac{1}{x}\int_0^x f(t)\mathrm{d}t=A$.

11. 证明：若 $\int_a^{+\infty} f(x)\mathrm{d}x$ 收敛，且 f 在 $[a,+\infty)$ 上一致连续，则必有 $\lim\limits_{x\to+\infty} f(x)=0$.

习题解析

1. (1) 令 $\sqrt{x-2}=t$，则 $x=t^2+2$，$\mathrm{d}x=2t\mathrm{d}t$，那么

$$\int_2^{+\infty}\frac{1}{(x+7)\sqrt{x-2}}\mathrm{d}x=2\int_0^{+\infty}\frac{1}{t^2+9}\mathrm{d}t=\frac{2}{3}(\arctan\frac{t}{3})\Big|_0^{+\infty}=\frac{\pi}{3}$$

(2)
$$\int_0^{+\infty}\frac{1}{\sqrt{x}}\mathrm{e}^{-\sqrt{x}}\mathrm{d}x=\int_0^1\frac{1}{\sqrt{x}}\mathrm{e}^{-\sqrt{x}}\mathrm{d}x+\int_1^{+\infty}\frac{1}{\sqrt{x}}\mathrm{e}^{-\sqrt{x}}\mathrm{d}x$$

$$\lim_{\varepsilon\to0^+}\int_\varepsilon^1\frac{1}{\sqrt{x}}\mathrm{e}^{-\sqrt{x}}\mathrm{d}x=\lim_{\varepsilon\to0^+}(-2\mathrm{e}^{-\sqrt{x}})\Big|_\varepsilon^1=-2\mathrm{e}^{-1}+2\quad\lim_{b\to+\infty}\int_1^b\frac{1}{\sqrt{x}}\mathrm{e}^{-\sqrt{x}}\mathrm{d}x$$

$$=\lim_{b\to+\infty}(-2\mathrm{e}^{-\sqrt{x}})\Big|_1^b=2\mathrm{e}^{-1}$$

即原反常积分 $\int_0^{+\infty}\dfrac{1}{\sqrt{x}}\mathrm{e}^{-\sqrt{x}}\mathrm{d}x=(-2\mathrm{e}^{-1}+2)+2\mathrm{e}^{-1}=2$.

(3)
$$\int_1^{+\infty}\frac{\arctan x}{x^2}\mathrm{d}x=-\int_1^{+\infty}\arctan x\,\mathrm{d}\frac{1}{x}=-\frac{1}{x}\arctan x\Big|_1^{+\infty}+\int_1^{+\infty}\frac{1}{x(1+x^2)}\mathrm{d}x$$

$$=\frac{\pi}{4}+\lim_{t\to+\infty}\int_1^t\left(\frac{1}{x}-\frac{x}{1+x^2}\right)\mathrm{d}x$$

$$=\frac{\pi}{4}+\lim_{t\to+\infty}\left[\ln t-\frac{1}{2}\ln(1+t^2)+\frac{1}{2}\ln 2\right]$$

$$=\frac{\pi}{4}+\frac{1}{2}\ln 2+\lim_{t\to+\infty}\ln\frac{t}{\sqrt{1+t^2}}=\frac{\pi}{4}+\frac{1}{2}\ln 2$$

2. (1)
$$\int_0^{+\infty}x\mathrm{e}^{-x^2}\mathrm{d}x=\lim_{u\to+\infty}\int_0^u x\mathrm{e}^{-x^2}\mathrm{d}x=-\frac{1}{2}\lim_{u\to+\infty}\int_0^u\mathrm{e}^{-x^2}\mathrm{d}(-x^2)$$

$$=-\frac{1}{2}\lim_{u\to+\infty}(\mathrm{e}^{-u^2}-1)=\frac{1}{2}.$$

(2)
$$\int_0^{+\infty}\frac{1}{\sqrt{\mathrm{e}^x}}\mathrm{d}x=\lim_{u\to+\infty}\int_0^u\mathrm{e}^{-\frac{x}{2}}\mathrm{d}x=-2\lim_{v\to-\infty}\int_v^0\mathrm{e}^t\mathrm{d}t=-2\lim_{v\to-\infty}(\mathrm{e}^v-1)=2.$$

(3)
$$\int_{-\infty}^{+\infty}\frac{\mathrm{d}x}{4x^2+4x+5}=\lim_{u\to-\infty}\int_u^0\frac{\mathrm{d}x}{4x^2+4x+5}+\lim_{v\to+\infty}\int_0^v\frac{\mathrm{d}x}{4x^2+4x+5}$$

$$=\frac{1}{2}\lim_{u\to-\infty}\int_u^0\frac{\mathrm{d}(2x+1)}{(2x+1)^2+2^2}+\frac{1}{2}\lim_{v\to+\infty}\int_0^v\frac{\mathrm{d}(2x+1)}{(2x+1)^2+2^2}$$

$$=\frac{1}{4}\lim_{u\to-\infty}(\arctan\frac{1}{2}-\arctan\frac{2u+1}{2})+$$

$$\frac{1}{4}\lim_{v\to+\infty}(\arctan\frac{2v+1}{2}-\arctan\frac{1}{2})$$

$$=\frac{1}{4}\left(\arctan\frac{1}{2}+\frac{\pi}{2}\right)+\frac{1}{4}\left(\frac{\pi}{2}-\arctan\frac{1}{2}\right)=\frac{\pi}{4}.$$

(4) 按定义，$\int_{-\infty}^{+\infty}e^x\sin x\mathrm{d}x=\lim\limits_{v\to-\infty}\int_v^0 e^x\sin x\mathrm{d}x+\lim\limits_{u\to+\infty}\int_0^u e^x\sin x\mathrm{d}x$. 因为极限

$$\lim_{u\to+\infty}\int_0^u e^x\sin x\mathrm{d}x=\frac{1}{2}\lim_{u\to+\infty}\left(e^x(\sin x-\cos x)\right)\Big|_0^u=\frac{1}{2}\lim_{u\to+\infty}e^u(\sin u-\cos u)+\frac{1}{2}$$

不存在，所以无穷积分$\int_{-\infty}^{+\infty}e^x\sin x\mathrm{d}x$ 发散.

3. (1) $\int_0^1\frac{\mathrm{d}x}{1-x^2}=\frac{1}{2}\int_0^1\left(\frac{1}{1-x}+\frac{1}{1+x}\right)\mathrm{d}x=\frac{1}{2}\left(\int_0^1\frac{\mathrm{d}x}{1-x}+\int_0^1\frac{\mathrm{d}x}{1+x}\right)$，其中$\int_0^1\frac{\mathrm{d}x}{1+x}$为定积分，瑕积分$\int_0^1\frac{\mathrm{d}x}{1-x}$发散，所以瑕积分$\int_0^1\frac{\mathrm{d}x}{1-x^2}$发散.

(2) 显然该瑕积分收敛(请读者思考为什么). 令 $\arcsin x=t$，则 $x=\sin t, t\in\left[0,\frac{\pi}{2}\right)$，所以

$$\int_0^1\frac{x^2\arcsin x}{\sqrt{1-x^2}}\mathrm{d}x=\int_0^{\frac{\pi}{2}}\frac{t\sin^2 t}{\cos t}\cos t\mathrm{d}t=\int_0^{\frac{\pi}{2}}\left(\frac{t}{2}-\frac{t\cos 2t}{2}\right)\mathrm{d}t=\frac{t^2}{4}\Big|_0^{\frac{\pi}{2}}-\frac{1}{4}\int_0^{\frac{\pi}{2}}t\mathrm{d}(\sin 2t)$$

$$=\frac{\pi^2}{16}-\frac{t\sin 2t}{4}\Big|_0^{\frac{\pi}{2}}+\frac{1}{4}\int_0^{\frac{\pi}{2}}\sin 2t\mathrm{d}t=\frac{\pi^2}{16}-\frac{\cos 2t}{8}\Big|_0^{\frac{\pi}{2}}=\frac{\pi^2}{16}+\frac{1}{4}$$

(3) $\int_0^1\sqrt{\frac{x}{1-x}}\mathrm{d}x=\lim\limits_{u\to1^-}\int_0^u\sqrt{\frac{x}{1-x}}\mathrm{d}x$ (令$\sqrt{\frac{x}{1-x}}=t$)

$$=2\lim_{u\to1^-}\int_0^{\sqrt{\frac{u}{1-u}}}\left(\frac{1}{1+t^2}-\frac{1}{(1+t^2)^2}\right)\mathrm{d}t$$

$$=\lim_{u\to1^-}\left(\arctan\sqrt{\frac{u}{1-u}}-\sqrt{u(1-u)}\right)=\frac{\pi}{2}.$$

(4) 对于$\int_0^1\frac{\mathrm{d}x}{x(\ln x)^p}$，首先当 $p=1$ 时，下式中的两个极限

$$\int_0^1\frac{\mathrm{d}x}{x\ln x}=\lim_{v\to1^-}\int_{\frac{1}{2}}^v\frac{\mathrm{d}(\ln x)}{\ln x}+\lim_{u\to0^+}\int_u^{\frac{1}{2}}\frac{\mathrm{d}(\ln x)}{\ln x}=\lim_{v\to1^-}\ln|\ln v|-\lim_{u\to0^+}\ln|\ln u|$$

都不存在，故此时发散.

当 $p\neq1$ 时

$$\int_0^1\frac{\mathrm{d}x}{x(\ln x)^p}=\lim_{v\to1^-}\int_{\frac{1}{2}}^v\frac{\mathrm{d}x}{x(\ln x)^p}+\lim_{u\to0^+}\int_u^{\frac{1}{2}}\frac{\mathrm{d}x}{x(\ln x)^p}$$

$$=\lim_{v\to1^-}\int_{\frac{1}{2}}^v\frac{\mathrm{d}(\ln x)}{(\ln x)^p}+\lim_{u\to0^+}\int_u^{\frac{1}{2}}\frac{\mathrm{d}(\ln x)}{(\ln x)^p}$$

$$=\lim_{v\to1^-}\frac{(\ln x)^{1-p}}{1-p}\Big|_{\frac{1}{2}}^v+\lim_{u\to0^+}\frac{(\ln x)^{1-p}}{1-p}\Big|_u^{\frac{1}{2}}$$

$$=\frac{1}{1-p}\left[\lim_{v\to1^-}(\ln v)^{1-p}-\lim_{u\to0^+}(\ln u)^{1-p}\right]$$

上式最末两个极限中，当 $p<1$ 时，第一个收敛，第二个发散；当 $p>1$ 时，第一个发散，第二个收敛.

所以,对任何实数 p,瑕积分$\int_0^1 \frac{\mathrm{d}x}{x(\ln x)^p}$ 总是发散.

4. 例如,瑕积分$\int_0^1 \frac{1}{\sqrt{x}}\mathrm{d}x=2$ 收敛,然而$\int_0^1 (\frac{1}{\sqrt{x}})^2\mathrm{d}x=\int_0^1 \frac{1}{x}\mathrm{d}x$ 却发散.

5. (1)$\int_0^\pi \frac{\sin x}{x^{3/2}}\mathrm{d}x$ 收敛,因为$\lim\limits_{x\to0^+} x^{\frac{1}{2}}\cdot\frac{\sin x}{x^{3/2}}=\lim\limits_{x\to0^+}\frac{\sin x}{x}=1, p=\frac{1}{2}<1$.

(2)$\int_0^1 \frac{\mathrm{d}x}{\sqrt{x}\ln x}=\int_0^{\frac{1}{2}} \frac{\mathrm{d}x}{\sqrt{x}\ln x}+\int_{\frac{1}{2}}^1 \frac{\mathrm{d}x}{\sqrt{x}\ln x}$,其中$\lim\limits_{x\to0^+} x^{\frac{1}{2}}\cdot\frac{-1}{\sqrt{x}\ln x}=0, p=\frac{1}{2}<1$,故$\int_0^{\frac{1}{2}} \frac{\mathrm{d}x}{\sqrt{x}\ln x}$ 是收敛的;然而$\lim\limits_{x\to1^-}(1-x)\cdot\frac{-1}{\sqrt{x}\ln x}=\lim\limits_{x\to1^-}\frac{1}{\sqrt{x}}\cdot\lim\limits_{x\to1^-}\frac{x-1}{\ln x}=\lim\limits_{x\to1^-}\frac{1}{\frac{1}{x}}=1$,故$\int_{\frac{1}{2}}^1 \frac{\mathrm{d}x}{\sqrt{x}\ln x}$ 是发散的. 综合起来,$\int_0^1 \frac{\mathrm{d}x}{\sqrt{x}\ln x}$ 是发散的.

(3)$\int_0^{\frac{\pi}{2}} \frac{1-\cos x}{x^m}\mathrm{d}x=\int_0^{\frac{\pi}{2}} \frac{2\sin^2\frac{x}{2}}{x^m}\mathrm{d}x$. 因为$\lim\limits_{x\to0^+} x^{m-2}\cdot\frac{2\sin^2\frac{x}{2}}{x^m}=\frac{1}{2}$,所以,当 $m-2<1$,即 $m<3$ 时,原积分收敛;当 $m-2\geqslant1$,即 $m\geqslant3$ 时,原积分发散.

(4)$\int_0^1 \frac{1}{x^\alpha}\sin\frac{1}{x}\mathrm{d}x=\int_{+\infty}^1 t^\alpha\sin t\cdot\frac{-1}{t^2}\mathrm{d}t=\int_1^{+\infty}\frac{\sin t}{t^{2-\alpha}}\mathrm{d}t$,易知:

①$2-\alpha>1$ 即 $\alpha<1$ 时为绝对收敛;

②$0<2-\alpha\leqslant1$ 即 $1\leqslant\alpha<2$ 时为条件收敛;

③$\alpha\geqslant2$ 时为发散.

6. (1) 注意到$\int_0^\pi xf(\sin x)\mathrm{d}x=\frac{\pi}{2}\int_0^\pi f(\sin x)\mathrm{d}x$(请参考第 9 讲第 3 节例 16 与例 17 之间的结论 2. 对于瑕积分的情形,在收敛的前提下,此公式也成立),于是再由本讲第 2 节例 3(2) 的结论可得

$$\int_0^\pi \theta\ln(\sin\theta)\mathrm{d}\theta=\frac{\pi}{2}\int_0^\pi\ln(\sin\theta)\mathrm{d}\theta=\frac{\pi}{2}\int_{-\frac{\pi}{2}}^{\frac{\pi}{2}}\ln(\cos\theta)\mathrm{d}\theta$$
$$=\pi\int_0^{\frac{\pi}{2}}\ln(\cos\theta)\mathrm{d}\theta=\pi\int_0^{\frac{\pi}{2}}\ln(\sin\theta)\mathrm{d}\theta=-\frac{\pi^2}{2}\ln 2$$

(2)
$$\int_0^\pi \frac{\theta\sin\theta}{1-\cos\theta}\mathrm{d}\theta=\int_0^\pi\theta\mathrm{d}(\ln(1-\cos\theta))=\theta\ln(1-\cos\theta)\Big|_0^\pi-\int_0^\pi\ln(1-\cos\theta)\mathrm{d}\theta$$
$$=\pi\ln 2-\int_0^\pi\ln(2\sin^2\frac{\theta}{2})\mathrm{d}\theta$$
$$=\pi\ln 2-\int_0^\pi[\ln 2+2\ln(\sin\frac{\theta}{2})]\mathrm{d}\theta$$
$$=\pi\ln 2-\pi\ln 2-4\int_0^\pi\ln(\sin\frac{\theta}{2})\mathrm{d}\left(\frac{\theta}{2}\right)$$
$$=-4\int_0^{\frac{\pi}{2}}\ln(\sin t)\mathrm{d}t=-4\times(-\frac{\pi}{2}\ln 2)=2\pi\ln 2$$

7. 例如$\int_1^{+\infty}\frac{\sin x}{\sqrt{x}}\mathrm{d}x$ 收敛(满足狄利克雷判别法条件),而

$$\int_1^{+\infty}\frac{\sin^2 x}{x}\mathrm{d}x=\frac{1}{2}\int_1^{+\infty}\frac{1-\cos 2x}{x}\mathrm{d}x=\frac{1}{2}\int_1^{+\infty}\left(\frac{1}{x}-\frac{\cos 2x}{x}\right)\mathrm{d}x$$

却为发散(因$\int_1^{+\infty}\frac{\cos 2x}{x}\mathrm{d}x$ 收敛,$\int_1^{+\infty}\frac{1}{x}\mathrm{d}x$ 发散).

又如 $f(x)=\begin{cases}0,x\in[n-1,n-\frac{1}{4^n})\\(-2)^n,x\in[n-\frac{1}{4^n},n)\end{cases}$,$n=1,2,\cdots$,则有

$$\int_0^{+\infty}|f(x)|\mathrm{d}x=\sum_{n=1}^{\infty}\frac{2^n}{4^n}=\sum_{n=1}^{\infty}\frac{1}{2^n}=1(\text{收敛})$$

$$\int_0^{+\infty}f^2(x)\mathrm{d}x=\sum_{n=1}^{\infty}\frac{4^n}{4^n}=+\infty(\text{发散})$$

8.(1) 用反证法. 倘有其一(例如$\int_a^{+\infty}[|f(x)|-f(x)]\mathrm{d}x$) 收敛,则由收敛的线性性质推得

$$\int_a^{+\infty}|f(x)|\mathrm{d}x=\int_a^{+\infty}[|f(x)|-f(x)+f(x)]\mathrm{d}x$$

亦收敛. 而这与$\int_a^{+\infty}f(x)\mathrm{d}x$ 为条件收敛的假设相矛盾,所以这两个无穷积分都是发散的,且

$$\int_a^{+\infty}[|f(x)|+f(x)]\mathrm{d}x=+\infty=\int_a^{+\infty}[|f(x)|-f(x)]\mathrm{d}x$$

亦即它们都是正无穷大量.

(2) 这里是要证明(1) 中两个正无穷大量是等价无穷大量. 为此考察

$$\frac{\int_a^x[|f(t)|+f(t)]\mathrm{d}t}{\int_a^x[|f(t)|-f(t)]\mathrm{d}t}-1=\frac{2\int_a^x f(t)\mathrm{d}t}{\int_a^x[|f(t)|-f(t)]\mathrm{d}t} \quad ①$$

由假设与(1) 的结论,已知

$$\lim_{x\to+\infty}2\int_a^x f(t)\mathrm{d}t=2\int_a^{+\infty}f(x)\mathrm{d}x$$

为一常数,而

$$\lim_{x\to+\infty}\int_a^x[|f(t)|-f(t)]\mathrm{d}t=+\infty$$

所以式 ① 左边当 $x\to+\infty$ 时的极限为 0,故结论得证.

9. 由 $\lim\limits_{x\to+\infty}g(x)=A$,可知当 x 充分大时,有

$$|g(x)|\leqslant M=\max\{|A+1|,|A-1|\}\ (x>G)$$

从而又有

$$|f(x)g(x)|\leqslant M|f(x)|\ (x>G)$$

再由$\int_a^{+\infty}|f(x)|\mathrm{d}x$ 收敛,根据比较法则便得证$\int_a^{+\infty}|f(x)g(x)|\mathrm{d}x$ 收敛.

例如由条件收敛的$\int_a^{+\infty} f(x)\mathrm{d}x = \int_1^{+\infty} \frac{\sin x}{\sqrt{x}}\mathrm{d}x$ 和 $g(x) = 1 + \frac{\sin x}{\sqrt{x}} \to 1(x \to +\infty)$，得到

$$\int_a^{+\infty} f(x)g(x)\mathrm{d}x = \int_1^{+\infty} \left(\frac{\sin x}{\sqrt{x}} + \frac{\sin^2 x}{x}\right)\mathrm{d}x$$

由于$\int_1^{+\infty} \frac{\sin x}{\sqrt{x}}\mathrm{d}x$ 收敛，而

$$\int_1^{+\infty} \frac{\sin^2 x}{x}\mathrm{d}x = \frac{1}{2}\int_1^{+\infty} \left(\frac{1}{x} - \frac{\cos 2x}{x}\right)\mathrm{d}x$$

显然是发散的，所以$\int_a^{+\infty} f(x)g(x)\mathrm{d}x$ 也是发散的无穷积分.

10. 因为 $\lim\limits_{x\to+\infty} f(x) = A$，由第 4 讲第 2 节例 3 的证明可知，$f$ 在$[0, +\infty)$ 上有界.

设 $|f(x)| \leqslant M$，将积分$\frac{1}{x}\int_0^x f(t)\mathrm{d}t$ 写成两项

$$\frac{1}{x}\int_0^x f(t)\mathrm{d}t = \frac{1}{x}\int_0^{\sqrt{x}} f(t)\mathrm{d}t + \frac{1}{x}\int_{\sqrt{x}}^x f(t)\mathrm{d}t$$

对上式右端第一项，有

$$\left|\frac{1}{x}\int_0^{\sqrt{x}} f(t)\mathrm{d}t\right| \leqslant \frac{1}{x}\int_0^{\sqrt{x}} |f(t)|\mathrm{d}t \leqslant \frac{1}{x}\cdot\sqrt{x}M = \frac{M}{\sqrt{x}} \to 0(x \to +\infty)$$

对第二项用积分第一中值定理，存在 $\xi \in (\sqrt{x}, x)$，使得

$$\frac{1}{x}\int_{\sqrt{x}}^x f(t)\mathrm{d}t = \frac{1}{x}(x - \sqrt{x})f(\xi)$$

当 $x \to +\infty$ 时，有$\sqrt{x} \to +\infty$，于是 $\xi \to +\infty$，从而

$$\lim_{x\to+\infty} \frac{1}{x}\int_{\sqrt{x}}^x f(t)\mathrm{d}t = \lim_{x\to+\infty} \frac{1}{x}(x - \sqrt{x})f(\xi) = \lim_{x\to+\infty} (1 - \frac{1}{\sqrt{x}})f(\xi) = A$$

所以

$$\lim_{x\to+\infty} \frac{1}{x}\int_0^x f(t)\mathrm{d}t = \lim_{x\to+\infty} \frac{1}{x}\int_0^{\sqrt{x}} f(t)\mathrm{d}t + \lim_{x\to+\infty} \frac{1}{x}\int_{\sqrt{x}}^x f(t)\mathrm{d}t = A$$

11. 由 f 在$[a, +\infty)$ 上一致连续可知，$\forall \varepsilon > 0, \exists \delta > 0$(设 $\delta \leqslant \varepsilon$)，当 $x', x'' \in [a, +\infty)$ 且 $|x' - x''| < \delta$ 时，总有 $|f(x') - f(x'')| < \frac{\varepsilon}{2}$.

又因$\int_a^{+\infty} f(x)\mathrm{d}x$ 收敛，故对上述 δ，$\exists G > a$，当 $x_1, x_2 > G$ 时，有$\left|\int_{x_1}^{x_2} f(x)\mathrm{d}x\right| < \frac{\delta^2}{2}$.

现对任何 $x > G$，取 $x_1, x_2 > G$，且使 $x_1 < x < x_2, x_2 - x_1 = \delta$. 此时由

$$\begin{aligned} |f(x)\delta| &= \left|\int_{x_1}^{x_2} f(x)\mathrm{d}t - \int_{x_1}^{x_2} f(t)\mathrm{d}t + \int_{x_1}^{x_2} f(t)\mathrm{d}t\right| \\ &\leqslant \int_{x_1}^{x_2} |f(x) - f(t)|\mathrm{d}t + \left|\int_{x_1}^{x_2} f(t)\mathrm{d}t\right| < \frac{\varepsilon}{2}\cdot\delta + \frac{\delta^2}{2} \leqslant \delta \end{aligned}$$

使得 $|f(x)| < \varepsilon, x > G$. 这就证得 $\lim\limits_{x\to+\infty} f(x) = 0$.

第11讲

数项级数与函数项级数

背景简介

极限理论建立后，微积分也随之盖棺定论．定积分无论是从定义、性质，还有可积性条件的判定，相对于数列、函数的极限，都较之复杂！因为它涉及了人世间最美好的词语：求和！数学分析也正式进入无限求和的领域，即无穷级数理论！

通俗地讲，级数理论关系无限个数(或函数)加起来是否有限．数项级数的收敛性则归结为部分和数列的收敛性，部分和数列也是数列！那么关于数列极限存在的条件和收敛数列的性质，比如关于数列极限的柯西收敛准则，收敛数列的线性性质，都可以平移过来．但如果仅仅把数项级数当成数列处理，是不是太草率了呢？关于数项级数，我们需要注意到以下两个特质：

第一，级数的部分和数列属于特殊的数列，那也就意味着，它有着更多可能的复杂性和普通数列没有的性质．

第二，级数是无限的求代数和，那么在无限的加减过程中，加法的运算是否还能满足结合律、交换律？例如，$\sum\limits_{n=1}^{\infty}(-1)^{n+1}$ 则不满足结合律！只有当级数收敛时，才满足结合律(即可以任意加括号)！关于数项级数的交换律，也会复杂一些．一个收敛级数，适当改变项的次序，可能得到一个发散级数，即使得到的仍为收敛级数，其和也可能与原级数的和不等．这也充分说明，无限求和与有限求和的运算性质是不同的．

读者在本讲的学习过程中，将看到更多关于有限求和与无限求和的区别！

如果把数项级数的通项当作定义在数集 D 上的常函数，那自然而然地可以定义函数项级数，从而研究其和函数的敛散性．事实上，和函数的解析性质与部分和函数列的一致收敛性有着千丝万缕的关系．

读者在复习时，要重点掌握判断正项级数的比较判别法(及其极限形式)，比式(根式)判别法，积分判别法．掌握判断一般项级数的莱布尼茨定理、阿贝尔判别法与狄利克雷判别法．深度理解函数项级数一致收敛的定义，理解并掌握一致收敛的柯西准则与余项准则，掌握一致收敛的阿贝尔判别法与狄利克雷判别法．理解一致收敛的连续性定理、可微性定理与可积性定理，并能熟练运用这些定理．

内容聚焦

第1节　正项级数

一、常数项级数

1. 常数项级数的概念

给定一个数列 $u_1,u_2,\cdots,u_n,\cdots$,则由这数列构成的表达式

$$u_1+u_2+\cdots+u_n+\cdots$$

叫作(常数项)无穷级数,简称(常数项)级数,记为 $\sum_{n=1}^{\infty}u_n$,即

$$\sum_{n=1}^{\infty}u_n=u_1+u_2+\cdots+u_n+\cdots$$

其中第 n 项 u_n 叫作级数的一般项. 称 $s_n=u_1+u_2+\cdots+u_n=\sum_{i=1}^{n}u_i$ 为级数 $\sum_{n=1}^{\infty}u_n$ 的前 n 项的部分和,数列 $\{s_n\}$ 称为级数 $\sum_{n=1}^{\infty}u_n$ 的前 n 项的部分和数列.

如果级数 $\sum_{n=1}^{\infty}u_n$ 的部分和数列 $\{s_n\}$ 有极限 s,即 $s=\lim\limits_{n\to\infty}s_n$,则称无穷级数 $\sum_{n=1}^{\infty}u_n$ 收敛,这时极限值 s 叫作级数 $\sum_{n=1}^{\infty}u_n$ 的和. 如果数列 $\{s_n\}$ 没有极限,则称无穷级数 $\sum_{n=1}^{\infty}u_n$ 发散.

当级数收敛时,其部分和 s_n 是级数和 s 的近似值,它们之间的差值

$$r_n=s-s_n=u_{n+1}+u_{n+2}+\cdots$$

叫作级数的余项.

注　也经常把上述定义的 s_n,r_n 以及 s 写作 S_n,R_n 与 S 的形式.

例1　判定级数 $\frac{1}{1\times6}+\frac{1}{6\times11}+\frac{1}{11\times16}+\frac{1}{16\times21}+\frac{1}{21\times26}+\cdots$ 的敛散性,如果收敛,求其和.

解　由于 $u_n=\frac{1}{(5n-4)(5n+1)}=\frac{1}{5}\left(\frac{1}{5n-4}-\frac{1}{5n+1}\right)$,则

$$s_n=\sum_{k=1}^{n}\frac{1}{(5k-4)(5k+1)}=\frac{1}{5}\sum_{k=1}^{n}\left(\frac{1}{5k-4}-\frac{1}{5k+1}\right)=\frac{1}{5}(1-\frac{1}{5n+1})$$

于是有 $\lim\limits_{n\to\infty}s_n=\lim\limits_{n\to\infty}\frac{1}{5}(1-\frac{1}{5n+1})=\frac{1}{5}$,所以此级数收敛,并收敛于 $\frac{1}{5}$.

例2　判定级数 $\sum_{n=1}^{\infty}\frac{n}{3^n}$ 的敛散性,如果收敛,求其和.

解　由于 $s_n=\frac{1}{3}+\frac{2}{3^2}+\cdots+\frac{n}{3^n}$,$\frac{1}{3}s_n=\frac{1}{3^2}+\frac{2}{3^3}+\cdots+\frac{n}{3^{n+1}}$,于是 $\frac{2}{3}s_n=\frac{1}{3}+\frac{1}{3^2}+\cdots+$

$\frac{1}{3^n}-\frac{n}{3^{n+1}}$,故而

$$s_n=\frac{3}{2}\cdot\frac{\frac{1}{3}(1-\frac{1}{3^n})}{1-\frac{1}{3}}-\frac{3}{2}\cdot\frac{n}{3^{n+1}}=\frac{3}{4}(1-\frac{1}{3^n})-\frac{3}{2}\cdot\frac{n}{3^{n+1}}$$

进而$\lim\limits_{n\to\infty}s_n=\frac{3}{4}$,根据定义级数$\sum\limits_{n=1}^{\infty}\frac{n}{3^n}$收敛.

2. **常数项级数收敛的柯西收敛准则(充分必要条件)**

对任意给定的正数ε,总存在正整数N,使得当$m>N$及对任意的正整数p,都有$|u_{m+1}+u_{m+2}+\cdots+u_{m+p}|<\varepsilon$.

上述柯西准则又可改写为:对任意给定的正数ε,总存在正整数N,使得当$n>m>N$,有$|u_{m+1}+u_{m+2}+\cdots+u_n|<\varepsilon$.

注 由此还可得到级数$\sum\limits_{n=1}^{\infty}u_n$发散的充分必要条件:存在正数$\varepsilon_0$,使得对任意给定的正整数$N$,总存在正整数$m_0>N$及$p_0$,使$|u_{m_0+1}+u_{m_0+2}+\cdots+u_{m_0+p}|\geqslant\varepsilon_0$.

例3 试用柯西收敛准则证明级数$\sum\limits_{n=1}^{\infty}\frac{\sin n}{n^2}$收敛.

证 由于对任意$n>m>1$,有

$$\begin{aligned}&\left|\frac{\sin(m+1)}{(m+1)^2}+\frac{\sin(m+2)}{(m+2)^2}+\cdots+\frac{\sin n}{n^2}\right|\\&\leqslant\frac{1}{(m+1)^2}+\frac{1}{(m+2)^2}+\cdots+\frac{1}{n^2}\\&<\frac{1}{m(m+1)}+\frac{1}{(m+1)(m+2)}+\cdots+\frac{1}{(n-1)n}\\&=\left(\frac{1}{m}-\frac{1}{m+1}\right)+\left(\frac{1}{m+1}-\frac{1}{m+2}\right)+\cdots+\left(\frac{1}{n-1}-\frac{1}{n}\right)\\&=\frac{1}{m}-\frac{1}{n}<\frac{1}{m}\end{aligned}$$

因此,任意$\varepsilon>0$,存在$N=[\frac{1}{\varepsilon}]+1$,当$n>m>N$时,满足

$$\left|\frac{\sin(m+1)}{(m+1)^2}+\frac{\sin(m+2)}{(m+2)^2}+\cdots+\frac{\sin n}{n^2}\right|<\frac{1}{m}<\varepsilon$$

故由柯西收敛准则推知原级数收敛.

3. **收敛级数的基本性质**

性质1 如果级数$\sum\limits_{n=1}^{\infty}u_n$收敛于$s$,则级数$\sum\limits_{n=1}^{\infty}ku_n$也收敛,且其和为$ks$.

注 级数的每一项同乘一个不为零的常数后,级数的收敛性不变.

性质2 如果级数$\sum\limits_{n=1}^{\infty}u_n$,$\sum\limits_{n=1}^{\infty}v_n$分别收敛于$s$和$\sigma$,则$\sum\limits_{n=1}^{\infty}(u_n\pm v_n)$也收敛,且其和为$s\pm\sigma$.

注 收敛级数可以逐项相加与逐项相减.

性质 3 在级数中去掉、增加或改变有限项,不改变级数的收敛性.

性质 4 如果级数$\sum\limits_{n=1}^{\infty} u_n$收敛,则对这个级数的项任意加括号后所成的级数仍收敛,且其和不变.

注 如果级数加括号后得到的级数发散,原级数一定发散.

性质 5 (级数收敛的必要条件) 如果级数$\sum\limits_{n=1}^{\infty} u_n$收敛,则$\lim\limits_{n\to\infty} u_n=0$.

注 如果$\lim\limits_{n\to\infty} u_n\neq 0$,则级数$\sum\limits_{n=1}^{\infty} u_n$发散.

例 4 判断级数$\sum\limits_{n=1}^{\infty} n\sin\dfrac{1}{n}$的敛散性.

解 由于$\lim\limits_{n\to\infty} u_n=\lim\limits_{n\to\infty} n\sin\dfrac{1}{n}=\lim\limits_{n\to\infty}\dfrac{\sin\frac{1}{n}}{\frac{1}{n}}=1\neq 0$,由级数收敛的必要条件可知级数$\sum\limits_{n=1}^{\infty} n\sin\dfrac{1}{n}$发散.

例 5 已知$\lim\limits_{n\to\infty} nu_n=0$,且$\sum\limits_{n=1}^{\infty}(n+1)(u_{n+1}-u_n)$收敛,试证级数$\sum\limits_{n=1}^{\infty} u_n$收敛.

证 设$s_n=u_1+u_2+\cdots+u_n$,则级数$\sum\limits_{n=1}^{\infty}(n+1)(u_{n+1}-u_n)$前$n$项部分和数列

$$w_n=2(u_2-u_1)+3(u_3-u_2)+\cdots+(n+1)(u_{n+1}-u_n)=(n+1)u_{n+1}-u_1-s_n$$

进而$s_n=(n+1)u_{n+1}-u_1-w_n$.根据$\lim\limits_{n\to\infty} nu_n=0$及$\sum\limits_{n=1}^{\infty}(n+1)(u_{n+1}-u_n)$收敛可知$\lim\limits_{n\to\infty} s_n$存在,即级数$\sum\limits_{n=1}^{\infty} u_n$收敛.

例 6 如果级数$\sum\limits_{n=1}^{\infty}(u_n+v_n)$收敛,则级数$\sum\limits_{n=1}^{\infty} u_n$与$\sum\limits_{n=1}^{\infty} v_n$(　　).

(A) 都发散　　(B) 都收敛　　(C) 敛散性不同　　(D) 敛散性相同

解 应选(D).

对选项(A),取$u_n=v_n=\dfrac{1}{n^2}$,级数$\sum\limits_{n=1}^{\infty}(u_n+v_n)$收敛,但级数$\sum\limits_{n=1}^{\infty} u_n$与$\sum\limits_{n=1}^{\infty} v_n$都收敛.

对选项(B),取$u_n=\dfrac{1}{n}$,$v_n=-\dfrac{1}{n}$,显然$\sum\limits_{n=1}^{\infty}(u_n+v_n)$收敛,但$\sum\limits_{n=1}^{\infty} u_n$与$\sum\limits_{n=1}^{\infty} v_n$都发散.

对选项(C),如果级数$\sum\limits_{n=1}^{\infty} u_n$收敛,$\sum\limits_{n=1}^{\infty} v_n$发散,那么

$$\sum_{n=1}^{\infty} v_n=\sum_{n=1}^{\infty}(u_n+v_n-u_n)=\sum_{n=1}^{\infty}(u_n+v_n)-\sum_{n=1}^{\infty} u_n$$

收敛,这与$\sum\limits_{n=1}^{\infty} v_n$发散矛盾.

4. **两个重要常数项级数的敛散性**

(1) 几何级数(等比级数) $\sum_{n=0}^{\infty} aq^n = a + aq + aq^2 + \cdots + aq^n + \cdots$，当 $|q| < 1$ 时收敛；当 $|q| \geqslant 1$ 时发散，其中 $a \neq 0$ 为常数.

(2) p－级数 $\sum_{n=1}^{\infty} \frac{1}{n^p} = 1 + \frac{1}{2^p} + \frac{1}{3^p} + \cdots + \frac{1}{n^p} + \cdots$，当 $p \leqslant 1$ 时发散；当 $p > 1$ 时收敛，其中 p 为常数.

二、正项级数

1. **正项级数的概念**

如果级数 $\sum_{n=1}^{\infty} u_n$ 的各项全是非负数，即 $u_n \geqslant 0 (n=1,2,3,\cdots)$，那么称级数 $\sum_{n=1}^{\infty} u_n$ 为正项级数.

正项级数 $\sum_{n=1}^{\infty} u_n$ 收敛的充分必要条件是它的部分和数列 $\{s_n\}$ 有界.

例 7　设数列 $\{a_n\}$ 单调递增且有界，$a_1 > 0$，判断 $\sum_{n=1}^{\infty}(1 - \frac{a_n}{a_{n+1}})$ 的收敛性.

解　由于数列 $\{a_n\}$ 单调递增且有界，根据单调有界原理，$\lim\limits_{n\to\infty} a_n$ 存在，不妨设 $\lim\limits_{n\to\infty} a_n = a$. 令 $s_n = \sum_{k=1}^{n}(1 - \frac{a_k}{a_{k+1}})$，那么 $s_{n+1} - s_n = 1 - \frac{a_{n+1}}{a_{n+2}} > 0$

$$s_n = \sum_{k=1}^{n}(1 - \frac{a_k}{a_{k+1}}) = \sum_{k=1}^{n} \frac{a_{k+1} - a_k}{a_{k+1}} < \sum_{k=1}^{n} \frac{a_{k+1} - a_k}{a_1} = \frac{1}{a_1}(a_{n+1} - a_1) < \frac{a}{a_1} - 1$$

即数列 $\{s_n\}$ 单调递增且有界，由单调有界知 $\lim\limits_{n\to\infty} s_n$ 存在，进而 $\sum_{n=1}^{\infty}(1 - \frac{a_n}{a_{n+1}})$ 收敛.

2. **正项级数的判别法**

(1) 比较判别法.

设 $\sum_{n=1}^{\infty} u_n$ 和 $\sum_{n=1}^{\infty} v_n$ 都是正项级数，且 $u_n \leqslant v_n (n=1,2,\cdots)$，若级数 $\sum_{n=1}^{\infty} v_n$ 收敛，则级数 $\sum_{n=1}^{\infty} u_n$ 也收敛；反之，若级数 $\sum_{n=1}^{\infty} u_n$ 发散，则级数 $\sum_{n=1}^{\infty} v_n$ 也发散.

简言之，大级数收敛，小级数一定收敛；小级数发散，大级数一定发散.

注　将判别法中 $u_n \leqslant v_n (n=1,2,\cdots)$ 改为存在正整数 N，使得 $n > N$ 时，$u_n \leqslant kv_n$ $(k > 0)$，结论仍然成立.

例 8　判断下列级数的收敛性：

(1) $\sum_{n=1}^{\infty} \frac{1}{\sqrt[3]{n(n+1)(n+2)}}$；　　(2) $\sum_{n=1}^{\infty} \frac{3 + (-1)^n}{2^n}$.

解　(1) 因为 $\frac{1}{\sqrt[3]{n(n+1)(n+2)}} > \frac{1}{n+2}$，而级数 $\sum_{n=1}^{\infty} \frac{1}{n}$ 发散，进而 $\sum_{n=1}^{\infty} \frac{1}{n+2}$ 是发散的. 根据比较判别法可知所给级数是发散的.

(2) 因为$\frac{3+(-1)^n}{2^n}\leqslant\frac{4}{2^n}$,而级数$\sum\limits_{n=1}^{\infty}\frac{1}{2^n}$是收敛的,进而$\sum\limits_{n=1}^{\infty}\frac{4}{2^n}$是收敛的. 根据比较判别法可知所给级数收敛.

例 9 设$a_n\geqslant 0$,且数列$\{na_n\}$有界,证明:$\sum\limits_{n=1}^{\infty}a_n^2$收敛.

证 由于$\{na_n\}$有界,即存在$M>0$,使得对任意的自然数n,有$0\leqslant na_n\leqslant M$,也就是$0\leqslant a_n\leqslant\frac{M}{n}$,故而$a_n^2\leqslant\frac{M^2}{n^2}$. 注意到$\sum\limits_{n=1}^{\infty}\frac{M^2}{n^2}$收敛,于是$\sum\limits_{n=1}^{\infty}a_n^2$收敛.

(2) 比较判别法的极限形式.

设$\sum\limits_{n=1}^{\infty}u_n$与$\sum\limits_{n=1}^{\infty}v_n$为两个正项级数.

1) 如果$\lim\limits_{n\to\infty}\frac{u_n}{v_n}=l(0<l<+\infty)$,则级数$\sum\limits_{n=1}^{\infty}u_n$与级数$\sum\limits_{n=1}^{\infty}v_n$同时收敛,同时发散;

2) 如果$\lim\limits_{n\to\infty}\frac{u_n}{v_n}=0$,且$\sum\limits_{n=1}^{\infty}v_n$收敛,则$\sum\limits_{n=1}^{\infty}u_n$收敛;

3) 如果$\lim\limits_{n\to\infty}\frac{u_n}{v_n}=\infty$,且$\sum\limits_{n=1}^{\infty}v_n$发散,则$\sum\limits_{n=1}^{\infty}u_n$发散.

例 10 判断下列级数的收敛性:

(1) $\sum\limits_{n=1}^{\infty}\sqrt{1-\cos\frac{2}{n}}$; (2) $\sum\limits_{n=1}^{\infty}\ln(1+\frac{1}{n^2})$.

解 (1) 因为$\lim\limits_{n\to\infty}\frac{u_n}{v_n}=\lim\limits_{n\to\infty}\frac{\sqrt{1-\cos\frac{2}{n}}}{\frac{1}{n}}=\sqrt{2}$,而级数$\sum\limits_{n=1}^{\infty}\frac{1}{n}$发散,根据比较判别法可知级数$\sum\limits_{n=1}^{\infty}\sqrt{1-\cos\frac{2}{n}}$发散.

(2) 因为$\lim\limits_{n\to\infty}\frac{u_n}{v_n}=\lim\limits_{n\to\infty}\frac{\ln 1+\frac{1}{n^2}}{\frac{1}{n^2}}=1$,而级数$\sum\limits_{n=1}^{\infty}\frac{1}{n^2}$收敛,根据比较判别法可知级数$\sum\limits_{n=1}^{\infty}\ln(1+\frac{1}{n^2})$收敛.

(3) p — 级数判别法.

设$\sum\limits_{n=1}^{\infty}u_n$为正项级数.

1) 如果$\lim\limits_{n\to\infty}nu_n=l>0$(或$\lim\limits_{n\to\infty}nu_n=+\infty$),则级数$\sum\limits_{n=1}^{\infty}u_n$发散;

2) 如果$p>1$,而$\lim\limits_{n\to\infty}n^pu_n=l(0\leqslant l<+\infty)$,则级数$\sum\limits_{n=1}^{\infty}u_n$收敛;

3) 如果$0<p<1$,而$\lim\limits_{n\to\infty}n^pu_n=l(0<l\leqslant+\infty)$,则级数$\sum\limits_{n=1}^{\infty}u_n$发散.

例 11 判断下列级数的敛散性：

(1) $\sum_{n=1}^{\infty}\frac{2n^2-3n+1}{\sqrt{3n^7+n^2+2}}$；(2) $\sum_{n=1}^{\infty}(1-\frac{\ln n}{n})^n$；(3) $\sum_{n=1}^{\infty}(n^{\frac{1}{n^2+1}}-1)$.

解 (1) 因为$\lim_{n\to\infty}n^{\frac{3}{2}}u_n=\lim_{n\to\infty}\frac{2n^{\frac{7}{2}}-3n^{\frac{5}{2}}+n^{\frac{3}{2}}}{\sqrt{3n^7+n^2+2}}=\frac{2}{\sqrt{3}}$，显然原级数收敛.

(2) 因为$\lim_{n\to+\infty}\frac{\ln n}{n}=0$，则 $u_n=\left(1-\frac{\ln n}{n}\right)^n=e^{n\ln(1-\frac{\ln n}{n})}\sim\frac{1}{n}(n\to\infty)$，而$\lim_{n\to\infty}nu_n=1$，显然所给级数发散.

(3) 因为 $u_n=n^{\frac{1}{n^2+1}}-1=e^{\frac{1}{n^2+1}\ln n}-1\sim\frac{\ln n}{n^2+1}\sim\frac{\ln n}{n^2}(n\to\infty)$，即$\lim_{n\to\infty}n^{\frac{3}{2}}u_n=\lim_{n\to\infty}n^{\frac{3}{2}}\cdot\frac{\ln n}{n^2}=\lim_{n\to\infty}\frac{\ln n}{\sqrt{n}}=0$，由 p－级数判别法可知原级数收敛.

(4) 比值判别法(达朗贝尔判别法).

设$\sum_{n=1}^{\infty}u_n$ 为正项级数，如果$\lim_{n\to\infty}\frac{u_{n+1}}{u_n}=\rho$，则：

1) 当 $\rho<1$ 时级数收敛；

2) 当 $\rho>1$(或$\lim_{n\to\infty}\frac{u_{n+1}}{u_n}=\infty$) 时级数发散；

3) 当 $\rho=1$ 时级数可能收敛，也可能发散.

例 12 判断下列级数的收敛性：

(1) $\sum_{n=1}^{\infty}\frac{2^n n!}{n^n}$；　(2) $\sum_{n=1}^{\infty}\frac{4^n}{n!}$.

解 (1) 因为$\lim_{n\to\infty}\frac{u_{n+1}}{u_n}=\lim_{n\to\infty}\frac{2^{n+1}(n+1)!}{(n+1)^{n+1}}\cdot\frac{n^n}{2^n n!}=\lim_{n\to\infty}\frac{2}{\left(1+\frac{1}{n}\right)^n}=\frac{2}{e}<1$，根据比值判别法，级数$\sum_{n=1}^{\infty}\frac{2^n n!}{n^n}$ 收敛.

(2) 因为$\lim_{n\to\infty}\frac{u_{n+1}}{u_n}=\lim_{n\to\infty}\frac{4^{n+1}}{(n+1)!}\cdot\frac{n!}{4^n}=\lim_{n\to\infty}\frac{4}{n+1}=0<1$，根据比值判别法，级数$\sum_{n=1}^{\infty}\frac{4^n}{n!}$ 收敛.

(5) 根值判别法(柯西判别法).

设$\sum_{n=1}^{\infty}u_n$ 为正项级数，且$\lim_{n\to\infty}\sqrt[n]{u_n}=\rho$，则：

1) 当 $\rho<1$ 时级数收敛；

2) 当 $\rho>1$(或$\lim_{n\to\infty}\sqrt[n]{u_n}=\infty$) 时级数发散；

3) 当 $\rho=1$ 时级数可能收敛，也可能发散.

例 13 判断下列级数的收敛性：

(1) $\sum_{n=1}^{\infty}\frac{2+(-1)^n}{2^n}$；　(2) $\sum_{n=1}^{\infty}\left(\frac{2n+1}{n+4}\right)^n$.

解 (1) 因为$\lim\limits_{n\to\infty}\sqrt[n]{u_n}=\lim\limits_{n\to\infty}\sqrt[n]{\dfrac{2+(-1)^n}{2^n}}=\dfrac{1}{2}\lim\limits_{n\to\infty}\sqrt[n]{2+(-1)^n}=\dfrac{1}{2}<1$,根据根值判别法,级数$\sum\limits_{n=1}^{\infty}\dfrac{2+(-1)^n}{2^n}$收敛.

(2) 因为$\lim\limits_{n\to\infty}\sqrt[n]{u_n}=\lim\limits_{n\to\infty}\sqrt[n]{(\dfrac{2n+1}{n+4})^n}=\lim\limits_{n\to\infty}\dfrac{2n+1}{n+4}=2>1$,根据根值判别法,级数$\sum\limits_{n=1}^{\infty}\left(\dfrac{2n+1}{n+4}\right)^n$发散.

(6) 积分判别法.

设$\sum\limits_{n=1}^{\infty}u_n$为正项级数,如果存在区间$[1,+\infty)$上的单调减少连续函数$f(x)$,使得$u_n=f(n)$,则级数$\sum\limits_{n=1}^{\infty}u_n$与反常积分$\int_1^{+\infty}f(x)\mathrm{d}x$具有相同的敛散性.

例 14 判断级数$\sum\limits_{n=2}^{\infty}\dfrac{1}{n\ln^p n}(p\geqslant 0)$的敛散性.

解 设$f(x)=\dfrac{1}{x\ln^p x}$,且$f'(x)=-\dfrac{\ln x+p}{x^2(\ln x)^{p+1}}<0(x\geqslant 2)$,那么$f(x)$在$[2,+\infty)$上是单调减少的连续函数,且$f(n)=\dfrac{1}{n\ln^p n}$. 又反常积分$\int_2^{+\infty}\dfrac{1}{x\ln^p x}\mathrm{d}x$,当$0\leqslant p\leqslant 1$时发散;当$p>1$时收敛. 因此,由积分判别法可知级数$\sum\limits_{n=2}^{\infty}\dfrac{1}{n\ln^p n}$,当$0\leqslant p\leqslant 1$时发散;当$p>1$时收敛.

(7) 拉贝判别法.

原始形式 设$\sum\limits_{n=1}^{\infty}u_n$为正项级数,当$n$充分大时:

1) 如果$n(1-\dfrac{u_{n+1}}{u_n})\geqslant A>1$(其中$A$为某常数),则$\sum\limits_{n=1}^{\infty}u_n$收敛;

2) 如果$n(1-\dfrac{u_{n+1}}{u_n})\leqslant 1$,则$\sum\limits_{n=1}^{\infty}u_n$发散.

极限形式 设$\sum\limits_{n=1}^{\infty}u_n$为正项级数,$\lim\limits_{n\to\infty}n(1-\dfrac{u_{n+1}}{u_n})=r$,则:

1) 当$r>1$时,级数$\sum\limits_{n=1}^{\infty}u_n$收敛;

2) 当$r<1$时,级数$\sum\limits_{n=1}^{\infty}u_n$发散.

例 15 讨论级数$\sum\limits_{n=1}^{\infty}\left[\dfrac{(2n-1)!!}{(2n)!!}\right]^s$的收敛性,其中$s$为正数.

解 $\lim\limits_{n\to\infty}n\left(1-\dfrac{u_{n+1}}{u_n}\right)=\lim\limits_{n\to\infty}n\left[1-\left(\dfrac{2n+1}{2n+2}\right)^s\right]=\lim\limits_{t\to 0^+}\dfrac{1-\left(\dfrac{2+t}{2+2t}\right)^s}{t}$

$$=\lim_{t\to 0^+}\left[-s\left(\frac{2+t}{2+2t}\right)^{s-1}\cdot\frac{-2}{(2+2t)^2}\right]=\frac{s}{2}.$$

由此得：

(1) 当 $s>2$ 时，原级数收敛；

(2) 当 $0<s<2$ 时，原级数发散；

(3) 当 $s=2$ 时，由于 $n\left(1-\frac{u_{n+1}}{u_n}\right)=n\left(1-\left(\frac{2n+1}{2n+2}\right)^2\right)=\frac{4n^2+3n}{(2n+2)^2}<1$，因此原级数也发散.

第2节　一般项级数

一、交错级数及其判别法

形如 $u_1-u_2+u_3-u_4+\cdots$ 或 $-u_1+u_2-u_3+u_4-\cdots$ 的级数为交错级数，其中 $u_n>0(n=1,2,3,\cdots)$.

定理1 （莱布尼茨定理）若交错级数 $\sum\limits_{n=1}^{\infty}(-1)^{n-1}u_n$ 满足：(1) $u_n\geqslant u_{n+1}(n=1,2,3,\cdots)$；(2) $\lim\limits_{n\to\infty}u_n=0$，则级数 $\sum\limits_{n=1}^{\infty}(-1)^{n-1}u_n$ 收敛，且其和 $s\leqslant u_1$，余项 r_n 的绝对值 $|r_n|\leqslant u_{n+1}$.

例1 判断下列级数的敛散性：

(1) $\sum\limits_{n=1}^{\infty}\frac{(-1)^n}{n}$；　(2) $\sum\limits_{n=1}^{\infty}\frac{(-1)^n\ln n}{n}$；　(3) $\sum\limits_{n=2}^{\infty}\frac{(-1)^n}{\sqrt{n}+(-1)^n}$.

解 (1) 因为 $u_n=\frac{1}{n}>\frac{1}{n+1}=u_{n+1}$，$\lim\limits_{n\to\infty}u_n=\lim\limits_{n\to\infty}\frac{1}{n}=0$，所以级数 $\sum\limits_{n=1}^{\infty}\frac{(-1)^n}{n}$ 收敛.

(2) 设 $f(x)=\frac{\ln x}{x}$，则 $f'(x)=\frac{1-\ln x}{x^2}<0(x>3)$，于是 $f(x)$ 在 $(3,+\infty)$ 内单调减少，因此数列 $\{\frac{\ln n}{n}\}(n>3)$ 单调减少. 又 $\lim\limits_{n\to\infty}u_n=\lim\limits_{n\to\infty}\frac{\ln n}{n}=0$，所以级数 $\sum\limits_{n=1}^{\infty}\frac{(-1)^n\ln n}{n}$ 收敛.

(3) 解法1：由于

$$u_n=\frac{(-1)^n}{\sqrt{n}+(-1)^n}=\frac{(-1)^n[\sqrt{n}-(-1)^n]}{n-1}=\frac{(-1)^n\sqrt{n}}{n-1}-\frac{1}{n-1}$$

而级数 $\sum\limits_{n=2}^{\infty}\frac{(-1)^n\sqrt{n}}{n-1}$ 收敛，$\sum\limits_{n=2}^{\infty}\frac{1}{n-1}$ 发散，因此 $\sum\limits_{n=2}^{\infty}\frac{(-1)^n}{\sqrt{n}+(-1)^n}$ 发散.

解法2：由于 $\sum\limits_{n=2}^{\infty}v_n$ 发散，即

$$v_n=\frac{1}{\sqrt{2n}+1}-\frac{1}{\sqrt{2n+1}-1}=\frac{\sqrt{2n+1}-\sqrt{2n}-2}{(\sqrt{2n}+1)(\sqrt{2n+1}-1)}\sim\left(-\frac{1}{n}\right)(n\to\infty)$$

而$\sum\limits_{n=2}^{\infty}\frac{1}{n}$发散，则$\sum\limits_{n=2}^{\infty}v_n$发散，即原级数加括号以后发散，故原级数发散.

二、阿贝尔与狄利克雷判别法

(1) 阿贝尔判别法：如果$\{a_n\}$为单调有界数列，且$\sum\limits_{n=1}^{\infty}b_n$收敛，则级数$\sum\limits_{n=1}^{\infty}a_nb_n$收敛.

(2) 狄利克雷判别法：如果数列$\{a_n\}$单调递减，$\lim\limits_{n\to\infty}a_n=0$，且级数$\sum\limits_{n=1}^{\infty}b_n$的部分和数列有界，则级数$\sum\limits_{n=1}^{\infty}a_nb_n$收敛.

例 2 若数列$\{a_n\}$满足：$a_1\geqslant a_2\geqslant\cdots\geqslant a_n\geqslant\cdots$且$\lim\limits_{n\to\infty}a_n=0$，则级数$\sum\limits_{n=1}^{\infty}a_n\sin nx$与$\sum\limits_{n=1}^{\infty}a_n\cos nx$对任何$x\in(0,2\pi)$都收敛.

解 注意到$\sin\alpha+\sin\beta=2\sin\frac{\alpha+\beta}{2}\cos\frac{\alpha-\beta}{2}$，则$2\sin\frac{x}{2}\cos x=\sin\frac{3}{2}x-\sin\frac{x}{2}$，反复利用和差化积公式可得

$$\begin{aligned}&2\sin\frac{x}{2}\left(\frac{1}{2}+\sum_{k=1}^{n}\cos kx\right)\\&=\sin\frac{x}{2}+\left(\sin\frac{3}{2}x-\sin\frac{x}{2}\right)+\cdots+\left[\sin\frac{(2n+1)x}{2}-\sin\frac{(2n-1)x}{2}\right]\\&=\sin\frac{(2n+1)x}{2}\end{aligned}$$

当$x\in(0,2\pi)$时，$\sin\frac{x}{2}\neq0$，故得到$\sum\limits_{k=1}^{n}\cos kx=\frac{\sin(n+\frac{1}{2})x}{2\sin\frac{x}{2}}-\frac{1}{2}$，所以级数$\sum\limits_{n=1}^{\infty}\cos nx$的部分和数列当$x\in(0,2\pi)$时有界，由狄利克雷判别法可知级数$\sum\limits_{n=1}^{\infty}a_n\cos nx$收敛. 同理，反复利用$2\sin\frac{\alpha+\beta}{2}\sin\frac{\alpha-\beta}{2}=-(\cos\alpha-\cos\beta)=\cos\beta-\cos\alpha$可得

$$\begin{aligned}2\sin\frac{x}{2}\cdot\sum_{k=1}^{n}\sin(kx)&=2\sin\frac{x}{2}\sin x+2\sin\frac{x}{2}\sin(2x)+\cdots+2\sin\frac{x}{2}\sin(nx)\\&=\left(\cos\frac{x}{2}-\cos\frac{3x}{2}\right)+\left(\cos\frac{3x}{2}-\cos\frac{5x}{2}\right)+\cdots+\\&\quad\left[\cos\frac{(2n-1)x}{2}-\cos\frac{(2n+1)x}{2}\right]\\&=\cos\frac{x}{2}-\cos\frac{(2n+1)x}{2}\end{aligned}$$

从而由狄利克雷判别法可知，级数$\sum\limits_{n=1}^{\infty}a_n\sin nx$也是收敛的.

注 对于例2的特殊情形，不难发现级数$\sum\limits_{n=1}^{\infty}\frac{\sin nx}{n}$和$\sum\limits_{n=1}^{\infty}\frac{\cos nx}{n}$对一切$x\in(0,2\pi)$

都收敛.

三、绝对收敛与重排

如果级数$\sum_{n=1}^{\infty} u_n$各项取绝对值后得到的级数$\sum_{n=1}^{\infty} |u_n|$收敛,则称级数$\sum_{n=1}^{\infty} u_n$绝对收敛;如果级数$\sum_{n=1}^{\infty} |u_n|$发散,但级数$\sum_{n=1}^{\infty} u_n$收敛,则称级数$\sum_{n=1}^{\infty} u_n$条件收敛.

结论 如果级数$\sum_{n=1}^{\infty} u_n$绝对收敛,则级数$\sum_{n=1}^{\infty} u_n$必定收敛.

黎曼定理 若级数$\sum_{n=1}^{\infty} u_n$条件收敛,则任意给定的数A,总有$\{u_n\}$的重排$\{v_n\}$,使$\sum_{n=1}^{\infty} v_n = A$. 也可以找到适当的重排方式,使所得的级数发散.

重排定理 绝对收敛级数经改变项的位置后构成的级数也收敛,且与原级数有相同的和(即绝对收敛级数具有可交换性).

柯西定理 设级数$\sum_{n=1}^{\infty} u_n$和$\sum_{n=1}^{\infty} v_n$都绝对收敛,其和分别为s和σ,则它们的柯西乘积

$$u_1v_1 + (u_1v_2 + u_2v_1) + \cdots + (u_1v_n + u_2v_{n-1} + \cdots + u_nv_1) + \cdots$$

也是绝对收敛的,且其和为$s \cdot \sigma$.

例 3 判定级数$\sum_{n=1}^{\infty}(-1)^{n+1}\sin\frac{1}{n^\alpha}$的敛散性.若收敛,指明是条件收敛,还是绝对收敛.

解 当$\alpha \leqslant 0$时,$\lim_{n\to\infty}(-1)^{n+1}\sin\frac{1}{n^\alpha} \neq 0$,因而所给级数发散.

当$\alpha > 0$时,$\sin\frac{1}{n^\alpha} \sim \frac{1}{n^\alpha}(n \to \infty)$,即有$\lim_{n\to\infty}\frac{\sin\frac{1}{n^\alpha}}{\frac{1}{n^\alpha}} = 1$.

若$\alpha > 1$,级数$\sum_{n=1}^{\infty}\frac{1}{n^\alpha}$收敛,则由比较判别法的极限形式知$\sum_{n=1}^{\infty}\sin\frac{1}{n^\alpha}$收敛,即所给级数绝对收敛.

若$0 < \alpha \leqslant 1$,级数$\sum_{n=1}^{\infty}\frac{1}{n^\alpha}$发散,从而$\sum_{n=1}^{\infty}\sin\frac{1}{n^\alpha}$发散.此时所给级数为交错级数,且有$\lim_{n\to\infty}(-1)^{n+1}\sin\frac{1}{n^\alpha} = 0$. 令$f(x) = \sin\frac{1}{x^\alpha}(x \geqslant 1)$,$f'(x) = -\frac{\alpha}{x^{\alpha+1}}\cos\frac{1}{x^\alpha} < 0$,因而$f(x)$在$[1, +\infty)$单调减少,故数列$\{\sin\frac{1}{n^\alpha}\}$单调减少,即所给级数满足莱布尼兹判别法的两个条件,因而级数收敛,且为条件收敛.

综上所述,当$\alpha \leqslant 0$时,所给级数发散;当$0 < \alpha \leqslant 1$时,所给级数条件收敛;当$\alpha > 1$时,所给级数绝对收敛.

例 4 判断级数$\sum_{n=1}^{\infty}\frac{(-1)^n}{(n^2+3n-2)^x}(x > 0)$的敛散性. 如果收敛,进一步说明,是条

件收敛还是绝对收敛.

解 当 $x>0$ 时,不难判断数列 $\left\{\dfrac{1}{(n^2+3n-2)^x}\right\}$ 是关于 n 的单调递减函数,且

$$\lim_{n\to\infty}\frac{1}{(n^2+3n-2)^x}=0$$

由莱布尼茨判别法,可知 $\sum\limits_{n=1}^{\infty}\dfrac{(-1)^n}{(n^2+3n-2)^x}$ 收敛. 因为 $\left|\dfrac{(-1)^n}{(n^2+3n-2)^x}\right|=\dfrac{1}{(n^2+3n-2)^x}$,而 $n^2\leqslant n^2+3n-2\leqslant 4n^2$,所以 $\dfrac{1}{4^x n^{2x}}\leqslant\dfrac{1}{(n^2+3n-2)^x}\leqslant\dfrac{1}{n^{2x}}$.

故当 $2x>1$,即 $x>\dfrac{1}{2}$ 时 $\sum\limits_{n=1}^{\infty}\left|\dfrac{(-1)^n}{(n^2+3n-2)^x}\right|$ 收敛,所以原级数 $\sum\limits_{n=1}^{\infty}\dfrac{(-1)^n}{(n^2+3n-2)^x}$ 绝对收敛;当 $2x\leqslant 1$,即 $x\leqslant\dfrac{1}{2}$ 时 $\sum\limits_{n=1}^{\infty}\left|\dfrac{(-1)^n}{(n^2+3n-2)^x}\right|$ 发散,所以原级数 $\sum\limits_{n=1}^{\infty}\dfrac{(-1)^n}{(n^2+3n-2)^x}$ 条件收敛.

第3节 一致收敛性

一、函数列的一致收敛性与其判别

1. 函数列的收敛性

设 $\{f_n(x)\}$ 是定义在数集 E 上的函数列,$x_0\in E$,若数列 $\{f_n(x_0)\}$ 收敛,则称函数列 $\{f_n(x)\}$ 在点 x_0 处收敛,并称 x_0 为函数列 $\{f_n(x)\}$ 的一个收敛点,否则称函数列 $\{f_n(x)\}$ 在点 x_0 处发散,函数列 $\{f_n(x)\}$ 的全体收敛点的集合称为函数列 $\{f_n(x)\}$ 的收敛域.

2. 函数列的一致收敛性

设函数列 $\{f_n(x)\}$ 与函数 $f(x)$ 定义在同一数集 D 上. 若对任意的正数 ε,存在正整数 N,使得当 $n>N$ 时,对一切 $x\in D$,都有 $|f_n(x)-f(x)|<\varepsilon$,则称函数列 $\{f_n(x)\}$ 在 D 上一致收敛于 $f(x)$,记作 $f_n(x)\rightrightarrows f(x)(n\to\infty,x\in D)$.

函数列 $\{f_n(x)\}$ 一致收敛于 $f(x)$ 的几何意义:对任意的 $\varepsilon>0$,存在正整数 N,使得一切大于 N 的曲线 $y=f_n(x)$ 都落在以曲线 $y=f(x)+\varepsilon$ 与 $y=f(x)-\varepsilon$ 为上、下边界的带形区域内.

3. 函数列一致收敛的判别准则

(1) 柯西准则:函数列 $\{f_n(x)\}$ 在数集 D 上一致收敛的充分必要条件是对任意的 $\varepsilon>0$,总存在正整数 N,使得当 $n,m>N$ 时,对一切 $x\in D$,都有 $|f_n(x)-f_m(x)|<\varepsilon$.

(2) 余项准则:函数列 $\{f_n(x)\}$ 在数集 D 上一致收敛于 $f(x)$ 的充分必要条件是

$$\lim_{n\to\infty}\sup_{x\in D}|f_n(x)-f(x)|=0$$

(3) 函数列 $\{f_n(x)\}$ 在数集 D 上一致收敛于 $f(x)$ 的充分必要条件是对任意的 $\{x_n\}\subseteq D$,$\lim\limits_{n\to\infty}|f_n(x_n)-f(x_n)|=0$.

例 1 讨论下列函数列在所示区间 D 上是否一致收敛或内闭一致收敛,并说明理由:

(1) $f_n(x)=\dfrac{x}{1+n^2x^2}(n=1,2,\cdots,\ D=(-\infty,+\infty))$;

(2) $f_n(x)=\sin\dfrac{x}{n}(n=1,2,\cdots,\ D=(-\infty,+\infty))$.

解 (1) 由 $|nx|\leqslant\dfrac{1}{2}(1+n^2x^2)$，得 $\left|\dfrac{x}{1+n^2x^2}\right|=\dfrac{1}{n}\cdot\dfrac{|nx|}{1+n^2x^2}\leqslant\dfrac{1}{2n}\to 0(n\to\infty)$，从而 $\{f_n(x)\}$ 在 $(-\infty,+\infty)$ 上一致收敛于 $f(x)\equiv 0$.

(2) 易知，对任意的 $x\in(-\infty,+\infty)$，$\lim\limits_{n\to\infty}\sin\dfrac{x}{n}=0$. 由于 $\lim\limits_{n\to\infty}\sup\limits_{x\in D}\left|\sin\dfrac{x}{n}\right|=\lim\limits_{n\to\infty}1=1\neq 0$，因此 $\{f_n(x)\}$ 在 $(-\infty,+\infty)$ 上不一致收敛.

对任意的闭区间 $[a,b]$，令 $M=\max\{|a|,|b|\}$，由于 $\left|\sin\dfrac{x}{n}\right|\leqslant\left|\dfrac{x}{n}\right|\leqslant\dfrac{M}{n}\to 0$ $(n\to\infty)$，因此 $\{f_n(x)\}$ 在 $[a,b]$ 上一致收敛，故 $\{f_n(x)\}$ 在 $(-\infty,+\infty)$ 上内闭一致收敛.

例 2 讨论下列函数列在所示区间上的一致收敛性：

(1) $f_n(x)=\dfrac{x^n}{1+x^n}$. (i) $D=[0,1]$; (ii) $D=[0,\delta](0<\delta<1)$.

(2) $f_n(x)=(1+\dfrac{x}{n})^n$, $D=[0,1]$.

(3) $f_n(x)=\begin{cases}2n^2x, 0\leqslant x\leqslant\dfrac{1}{2n}\\ 2n-2n^2x, \dfrac{1}{2n}<x\leqslant\dfrac{1}{n}\\ 0, \dfrac{1}{n}<x\leqslant 1\end{cases}$.

解 (1)(i) 当 $x=1$ 时，$\lim\limits_{n\to\infty}f_n(x)=\lim\limits_{n\to\infty}\dfrac{1}{2}=\dfrac{1}{2}$；当 $x\in[0,1)$ 时，$\lim\limits_{n\to\infty}f_n(x)=0$.

故此函数列的极限函数为 $f(x)=\begin{cases}\dfrac{1}{2}, x=1\\ 0, 0\leqslant x<1\end{cases}$. 由于

$$\sup_{x\in[0,1]}|f_n(x)-f(x)|=\sup_{x\in[0,1]}\frac{x^n}{1+x^n}=\frac{1}{2}\neq 0(n\to\infty)$$

因此 $\{f_n\}$ 在 $[0,1]$ 上不一致收敛.

(ii) 由 (i) 可知，$f(x)=\lim\limits_{n\to\infty}f_n(x)=0$，从而

$$\sup_{x\in[0,\delta]}|f_n(x)-f(x)|=\sup_{x\in[0,\delta]}\frac{x^n}{1+x^n}<\delta^n\to 0(n\to\infty)$$

所以函数列 $\{f_n\}$ 在 $[0,\delta]$ 上一致收敛.

(2) 先求极限函数 $f(x)=\lim\limits_{n\to\infty}f_n(x)=\lim\limits_{n\to\infty}\left(1+\dfrac{x}{n}\right)^n=\mathrm{e}^x$.

下面计算 $\sup\limits_{x\in[0,1]}|f_n(x)-f(x)|=\sup\limits_{x\in[0,1]}\left|(1+\dfrac{x}{n})^n-\mathrm{e}^x\right|$.

对任意的 $x\neq 0, n\in\mathbf{N}_+$，由 $\frac{x}{n}>\ln(1+\frac{x}{n})$，可得 $e^x>\left(1+\frac{x}{n}\right)^n$，于是

$$\sup_{x\in[0,1]}|f_n(x)-f(x)|=\sup_{x\in[0,1]}\left[e^x-\left(1+\frac{x}{n}\right)^n\right]$$

令 $g(x)=e^x-\left(1+\frac{x}{n}\right)^n$，$x\in[0,1]$，则 $g'(x)=e^x-\left(1+\frac{x}{n}\right)^{n-1}\geqslant e^x-\left(1+\frac{x}{n}\right)^n\geqslant 0$，由此知 $g(x)$ 在 $[0,1]$ 上单调递增，从而

$$\sup_{x\in[0,1]}|f_n(x)-f(x)|=\sup_{x\in[0,1]}\left[e^x-\left(1+\frac{x}{n}\right)^n\right]=e-\left(1+\frac{1}{n}\right)^n\to 0(n\to\infty)$$

所以函数列 $\{f_n\}$ 在 $[0,1]$ 上一致收敛.

(3) 当 $x=0$ 时，$f_n(x)=0$，从而 $f(0)=\lim\limits_{n\to\infty}f_n(x)=0$. 当 $0<x\leqslant 1$ 时，只要 $n>\frac{1}{x}$，有 $f_n(x)=0$，于是 $\lim\limits_{n\to\infty}f_n(x)=0$. 所以函数列 $\{f_n(x)\}$ 在 $[0,1]$ 上的极限函数为 $f(x)=0$，而

$$\sup_{x\in[0,1]}|f_n(x)-f(x)|=\sup_{x\in[0,1]}f_n(x)=f_n(\frac{1}{2n})=n\to\infty(n\to\infty)$$

因此函数列 $\{f_n\}$ 在 $[0,1]$ 上不一致收敛.

例 3 证明：(1) 若 $f_n(x)\rightrightarrows f(x)(n\to\infty)$，$x\in I$，且 f 在 I 上有界，则 $\{f_n\}$ 至多除有限项外在 I 上是一致有界的；

(2) 若 $f_n(x)\rightrightarrows f(x)(n\to\infty)$，$x\in I$，且对每一个正整数 n，f_n 在 I 上有界，则 $\{f_n\}$ 在 I 上是一致有界.

证 (1) 因为 $f_n(x)\rightrightarrows f(x)(n\to\infty)$，$x\in I$，所以对 $\varepsilon=1$，存在 $N\in\mathbf{N}_+$，使得当 $n>N$ 时，$|f_n(x)-f(x)|<1$，$x\in I$. 又由于 $f(x)$ 在 I 上有界，因此存在 $M>0$，使 $|f(x)|<M(x\in I)$，于是当 $n>N$ 时

$$|f_n(x)|\leqslant|f_n(x)-f(x)|+|f(x)|<1+M(x\in I)$$

所以至多除 N 项外，$\{f_n\}$ 在 I 上是一致有界的.

(2) 因为 $f_n(x)\rightrightarrows f(x)(n\to\infty)(x\in I)$，所以对 $\varepsilon=1$，存在 $N\in\mathbf{N}_+$，使得当 $n>N$ 时

$$|f_n(x)-f(x)|<1(x\in I)$$

又由于 $f_n(x)$ 在 I 上有界，因此存在 $M_n>0$，使得 $|f_n(x)|<M_n(x\in I)$，于是

$$|f(x)|\leqslant|f_{N+1}(x)-f(x)|+|f_{N+1}(x)|<1+M_{N+1}(x\in I)$$

令 $M=\max\{M_1,M_2,\cdots,M_N,M_{N+1}+2\}$，则当 $n\leqslant N$ 时，$|f_n(x)|<M_n\leqslant M(x\in I)$；当 $n>N$ 时，$|f_n(x)|\leqslant|f_n(x)-f(x)|+|f(x)|<1+1+M_{N+1}\leqslant M(x\in I)$，所以 $\{f_n\}$ 在 I 上是一致有界.

二、函数项级数的一致收敛性与判别

1. 函数项级数的收敛性与一致收敛性

设 $\{u_n(x)\}$ 是定义在数集 E 上的一个函数列，$x_0\in E$，若级数 $\sum\limits_{n=1}^{\infty}u_n(x_0)$ 收敛，则称

函数项级数 $\sum_{n=1}^{\infty} u_n(x)$ 在点 x_0 处收敛，并称 x_0 为函数项级数 $\sum_{n=1}^{\infty} u_n(x)$ 的一个收敛点，否则称其在 x_0 发散.

函数项级数全体收敛点的集合称为函数项级数的收敛域.

若函数项级数在 D 的每一点都收敛，则得到相应的和函数 $S(x)=\sum_{n=1}^{\infty} u_n(x)(x\in D)$.

若函数项级数 $\sum_{n=1}^{\infty} u_n(x)(x\in D)$ 的部分和函数列 $S_n=\sum_{k=1}^{n} u_k(x)(x\in D,\ n=1,2,\cdots)$ 在 D 上一致收敛于 $S(x)$，则称函数项级数 $\sum_{n=1}^{\infty} u_n(x)$ 在 D 上一致收敛于 $S(x)$.

2.函数项级数一致收敛的判别

(1) 充分条件.

1) 优级数判别法：存在收敛的正项级数 $\sum_{n=1}^{\infty} M_n$ 使得对一切 $x\in D$ 和 $n\in \mathbf{N}_+$，都有 $|u_n(x)|\leqslant M_n$，则 $\sum_{n=1}^{\infty} u_n(x)$ 在 D 上一致收敛.

2) 阿贝尔判别法：设 $u_n(x)=f_n(x)g_n(x)(x\in D)$ 且满足如下三个条件：

① $\sum_{n=1}^{\infty} f_n(x)$ 在 D 上一致收敛；

② 对一切 $x\in D$，$\{g_n(x)\}$ 关于 n 单调；

③ $\{g_n(x)\}$ 在 D 上一致有界(即存在正数 $M>0$，使得对于一切 $x\in D$ 与所有的正整数 n，$|g_n(x)|\leqslant M$).

则 $\sum_{n=1}^{\infty} u_n(x)$ 在 D 上一致收敛.

3) 狄利克雷判别法：设 $u_n(x)=f_n(x)g_n(x)(x\in I)$ 且满足如下三个条件：

① $\{F_n(x)=\sum_{i=1}^{n} f_i(x)\}$ 在 D 上一致有界(即存在正数 $M>0$，使得对于一切 $x\in D$ 与所有的正整数 n，$|F_n(x)|\leqslant M$)；

② 对一切 $x\in D$，$\{g_n(x)\}$ 关于 n 单调；

③ $\{g_n(x)\}\rightrightarrows 0(x\in D)$.

则 $\sum_{n=1}^{\infty} u_n(x)$ 在 D 上一致收敛.

(2) $\sum_{n=1}^{\infty} u_n(x)$ 在 D 上一致收敛的必要条件是 $\{u_n(x)\}$ 在 D 上一致收敛于 0.

(3) $\sum_{n=1}^{\infty} u_n(x)$ 一致收敛的充要条件：

1) 定义：部分和函数列 $\{S_n(x)\}$ 在 D 上一致收敛于和函数 $S(x)$.

2) 余和准则：$\lim\limits_{n\to\infty}\sup\limits_{x\in D}|R_n(x)|=0$，其中 $R_n(x)=u_{n+1}(x)+\cdots$.

3) 柯西条件：对一切 $\varepsilon>0$，存在 $N(\varepsilon)\in\mathbf{N}_+$，当 $n>N$ 时，对一切 $x\in D$，$p\in\mathbf{N}_+$，

总有$\left|\sum_{i=n+1}^{n+p} u_i(x)\right| < \varepsilon$.

例 4 判别下列函数项级数在所示区间上的一致收敛性：

(1) $\sum_{n=1}^{\infty} \frac{x^n}{(n-1)!}, x \in [-r, r]$；

(2) $\sum_{n=1}^{\infty} \frac{n}{x^n}, |x| > r \geqslant 1$；

(3) $\sum_{n=1}^{\infty} \frac{(-1)^{n-1}}{x^2+n}, x \in (-\infty, +\infty)$.

解 (1) 对一切 $x \in [-r, r]$，有 $\left|\frac{x^n}{(n-1)!}\right| = \frac{|x|^n}{(n-1)!} \leqslant \frac{r^n}{(n-1)!}$.

令 $u_n = \frac{r^n}{(n-1)!}$，则 $\lim_{n\to\infty} \frac{u_{n+1}}{u_n} = \lim_{n\to\infty} \frac{r^{n+1}}{n!} \cdot \frac{(n-1)!}{r^n} = \lim_{n\to\infty} \frac{r}{n} = 0$，所以正项级数 $\sum_{n=1}^{\infty} \frac{x^n}{(n-1)!}$ 收敛，由 M 判别法知，$\sum_{n=1}^{\infty} \frac{x^n}{(n-1)!}$ 在 $[-r, r]$ 上一致收敛.

(2) 当 $|x| > r \geqslant 1$ 时，有 $\frac{n}{|x|^n} \leqslant \frac{n}{r^n}$，且 $\lim_{n\to\infty} \frac{\sqrt[n]{n}}{r} = \frac{1}{r}$. 因此：

当 $\frac{1}{r} < 1$ 即 $r > 1$ 时，正项级数 $\sum_{n=1}^{\infty} \frac{n}{r^n}$ 收敛，由 M 判别法知函数项级数 $\sum_{n=1}^{\infty} \frac{n}{x^n}$ 在 $|x| > r \geqslant 1$ 上一致收敛；

当 $r=1$ 且 $x > 1$ 时，$R_n(x) = \sum_{k=n+1}^{\infty} \frac{k}{x^k} > \frac{n+1}{x^{n+1}}$，且 $\lim_{n\to\infty} \sup_{x>1} R_n(x) \neq 0$，故原级数不一致收敛.

(3) 由莱布尼茨判别法知在 $(-\infty, +\infty)$ 上任意一点 x，$\sum_{n=1}^{\infty} \frac{(-1)^n}{x^2+n}$ 收敛，由于 $|R_n(x)| \leqslant \frac{1}{x^2+n+1} \leqslant \frac{1}{n+1}$，则 $\lim_{n\to\infty} \sup_{x\in(-\infty,+\infty)} |R_n(x)| = \lim_{n\to\infty} \frac{1}{n+1} = 0$，故 $\sum_{n=1}^{\infty} \frac{(-1)^{n-1}}{x^2+n}$ 在 $(-\infty, +\infty)$ 上一致收敛.

例 5 讨论下列函数项级数在所示区间上的一致收敛性：

(1) $\sum_{n=1}^{\infty} \frac{nx}{(1+x)(1+2x)\cdots(1+nx)}$. (i) $D \in [0, 1]$；(ii) $D = [1, +\infty)$.

(2) $\sum_{n=1}^{\infty} \frac{(-1)^n}{n + \cos x}, D = \left[-\frac{\pi}{2}, \frac{\pi}{2}\right]$.

(3) $\sum_{n=1}^{\infty} \frac{\sin nx}{n}, D = (0, 2\pi)$.

解 (1)
$$
\begin{aligned}
S_n(x) &= \sum_{k=1}^{n} \frac{kx}{(1+x)(1+2x)\cdots(1+kx)} \\
&= \sum_{k=1}^{n} \left[\frac{1}{(1+x)(1+2x)\cdots(1+(k-1)x)} - \frac{1}{(1+x)(1+2x)\cdots(1+kx)}\right]
\end{aligned}
$$

$$=1-\frac{1}{(1+x)(1+2x)\cdots(1+nx)}$$

因此和函数 $S(x)=\lim\limits_{n\to\infty}S_n(x)=\begin{cases}0,x=0\\1,x\neq 0\end{cases}$.

从而 $|S(x)-S_n(x)|=\begin{cases}0,x=0\\ \dfrac{1}{(1+x)(1+2x)\cdots(1+nx)},x\neq 0\end{cases}$.

于是当 $x\in[0,1]$ 时，$\sup\limits_{x\in[0,1]}|S(x)-S_n(x)|=1(n\to\infty)$.

当 $x\in[1,+\infty)$ 时，$\sup\limits_{x\in[1,+\infty)}|S(x)-S_n(x)|=\dfrac{1}{(n+1)!}\to 0(n\to\infty)$.

综上，函数项级数 $\sum\limits_{n=1}^{\infty}\dfrac{nx}{(1+x)(1+2x)\cdots(1+nx)}$ 在$[0,1]$上不一致收敛，而在$[1,+\infty)$上一致收敛.

(2) 解法 1：应用阿贝尔判别法. 令 $u_n(x)=\dfrac{(-1)^n}{n}$，$v_n(x)=\dfrac{1}{1+\dfrac{\cos x}{n}}$，则级数 $\sum\limits_{n=1}^{\infty}u_n(x)$ 在 $\left[-\dfrac{\pi}{2},\dfrac{\pi}{2}\right]$ 上一致收敛，函数列 $\{v_n(x)\}$ 在 $\left[-\dfrac{\pi}{2},\dfrac{\pi}{2}\right]$ 上一致有界，且对每一个 $x\in\left[-\dfrac{\pi}{2},\dfrac{\pi}{2}\right]$，$\{v_n(x)\}$ 是单调递增的，从而由阿贝尔判别法知，函数项级数 $\sum\limits_{n=1}^{\infty}\dfrac{(-1)^n}{n+\cos x}$ 在 $\left[-\dfrac{\pi}{2},\dfrac{\pi}{2}\right]$ 上一致收敛.

解法 2：应用狄利克雷判别法. 令 $u_n(x)=(-1)^n$，$v_n(x)=\dfrac{1}{n+\cos x}$，则级数 $\sum\limits_{n=1}^{\infty}u_n(x)$ 的部分和数列在 $\left[-\dfrac{\pi}{2},\dfrac{\pi}{2}\right]$ 上一致有界，而对每一个 $x\in\left[-\dfrac{\pi}{2},\dfrac{\pi}{2}\right]$，函数列 $\{v_n(x)\}$ 随 $n\to\infty$ 而单调递减趋于零，且有 $\sup\limits_{x\in\left[-\frac{\pi}{2},\frac{\pi}{2}\right]}|v_n(x)|=\dfrac{1}{n}\to 0(n\to\infty)$，即 $\{v_n(x)\}$ 一致收敛于 $0(n\to\infty)$. 于是由狄利克雷判别法知，函数项级数 $\sum\limits_{n=1}^{\infty}\dfrac{(-1)^n}{n+\cos x}$ 在 $\left[-\dfrac{\pi}{2},\dfrac{\pi}{2}\right]$ 上一致收敛.

(3) 利用柯西准则的否定形式. 取 $\varepsilon_0=\dfrac{1}{4}$，对任意的 $N\in\mathbf{N}_+$，取 $n=N+1$，$m=2N$，$x_0=\dfrac{\pi}{4N}$，则

$$\left|\sum_{k=n}^{m}u_k\right|=\left|\frac{\sin(N+1)x_0}{N+1}+\frac{\sin(N+2)x_0}{N+2}+\cdots+\frac{\sin 2Nx_0}{2N}\right|$$
$$\geqslant N\frac{\sin Nx_0}{2N}=\frac{1}{2\sqrt{2}}>\frac{1}{4}=\varepsilon_0$$

由柯西收敛准则，函数项级数在$(0,2\pi)$上不一致收敛.

例 6 设函数项级数 $\sum_{n=1}^{\infty} ne^{-nx}, x \in (0,+\infty)$.

(1) 证明此级数在 $(0,+\infty)$ 上收敛但不一致收敛；

(2) 求此级数的和函数.

证 (1) 对任意的 $x \in (0,+\infty)$，由于 $\lim_{n\to\infty} \frac{n^3}{e^{nx}} = 0$ 而级数 $\sum_{n=1}^{\infty} \frac{1}{n^2}$ 收敛，从而由比较判别法知函数项级数 $\sum_{n=1}^{\infty} ne^{-nx}$ 在 $(0,+\infty)$ 上收敛. 又因为

$$\lim_{n\to\infty} \sup_{x\in(0,+\infty)} ne^{-nx} = \lim_{n\to\infty} n = +\infty$$

所以 ne^{-nx} 在 $(0,+\infty)$ 上不一致趋于 0，因此函数项级数 $\sum_{n=1}^{\infty} ne^{-nx}$ 在 $(0,+\infty)$ 上不一致收敛.

(2) 设 $S(x) = \sum_{n=1}^{\infty} ne^{-nx}$. 对任意的 $x_0 \in (0,+\infty)$，取 $\delta > 0$，使 $x_0 > \delta$，由于 $\lim_{n\to\infty} \frac{n^3}{e^{n\delta}} = 0$，因此，当 n 充分大时，对任意的 $x \in [\delta,+\infty)$，有 $0 < ne^{-nx} \leqslant ne^{-n\delta} \leqslant \frac{1}{n^2}$，从而 $\sum_{n=1}^{\infty} ne^{-nx}$ 在 $[\delta,+\infty)$ 上一致收敛. 又显然级数 $\sum_{n=1}^{\infty} e^{-nx}$ 在 $[\delta,+\infty)$ 上收敛，于是由函数项级数一致收敛的逐项求导定理，函数项级数 $\sum_{n=1}^{\infty} e^{-nx}$ 在 $[0,+\infty)$ 上可逐项求导. 而 $\sum_{n=1}^{\infty} e^{-nx} = e^{-x} \frac{1}{1-e^{-x}} = \frac{1}{e^x - 1}, x \in (0,+\infty)$，因此

$$S(x) = \sum_{n=1}^{\infty} ne^{-nx} = [-\sum_{n=1}^{\infty}(e^{-nx})]' = \left(\frac{-1}{e^x-1}\right)' = \frac{e^x}{(e^x-1)^2}, x \in [\delta,+\infty)$$

特别地，$S(x_0) = \frac{e^{x_0}}{(e^{x_0}-1)^2}$. 由 $x_0 \in (0,+\infty)$ 的任意性得 $S(x) = \frac{e^x}{(e^x-1)^2}, x \in (0,+\infty)$.

第 4 节　一致收敛的性质

一、函数列一致收敛的性质

1. 函数极限与序列极限的交换定理

$$\left.\begin{aligned} & f_n(x) \rightrightarrows f(x) \\ & \lim_{x\to x_0} f_n(x) = a_n \end{aligned}\right\} \Rightarrow \left\{\begin{aligned} & \lim_{n\to\infty} a_n = \lim_{x\to x_0} f(x)\text{(存在)，即} \\ & \lim_{n\to\infty}\lim_{x\to x_0} f_n(x) = \lim_{x\to x_0}\lim_{n\to\infty} f_n(x) \end{aligned}\right.$$

注 对于单侧极限，也有相应的函数单侧极限与序列极限的交换定理（只要将上述定理中的 $U^\circ(x_0)$ 与 $x \to x_0$ 分别改为 $U^\circ_+(x_0)$ 与 $x \to x_0^+$ 或 $U^\circ_-(x_0)$ 与 $x \to x_0^-$ 即可）.

2. 连续性定理

若函数列 $\{f_n\}$ 在区间 I 上一致收敛，且每一项都连续，则其极限函数 f 在 I 上也连续.

推论 若函数列$\{f_n\}$在区间I上内闭一致收敛,且每一项都连续,则其极限函数在I上也连续.

3. **可积性定理**

若函数列$\{f_n\}$在$[a,b]$上一致收敛,且每一项都连续,则其极限函数在$[a,b]$上可积且$\int_a^b \lim\limits_{n\to\infty} f_n(x)\mathrm{d}x=\lim\limits_{n\to\infty}\int_a^b f_n(x)\mathrm{d}x$.

4. **可微性定理**

设$\{f_n\}$为定义在$[a,b]$上的函数列,若$x_0\in[a,b]$为$\{f_n\}$的一个收敛点,$\{f_n\}$的每一项在$[a,b]$上有连续的导函数,且$\{f'_n\}$在$[a,b]$上一致收敛,则其极限函数在$[a,b]$上可导且$\frac{\mathrm{d}}{\mathrm{d}x}\lim\limits_{n\to\infty} f_n(x)=\lim\limits_{n\to\infty}\frac{\mathrm{d}}{\mathrm{d}x}f_n(x)$.

注 在上述定理的条件下,进一步可得$\{f_n\}$在$[a,b]$上一致收敛.

例 1 设f为$\left[\frac{1}{2},1\right]$上的连续函数,证明:

(1)$\{x^n f(x)\}$在$\left[\frac{1}{2},1\right]$上收敛;

(2)$\{x^n f(x)\}$在$\left[\frac{1}{2},1\right]$上一致收敛的充要条件是$f(1)=0$.

证 (1)当$\frac{1}{2}\leqslant x<1$时,极限函数$F(x)=\lim\limits_{n\to\infty}x^n f(x)=0$,当$x=1$时,$F(1)=f(1)$,所以$\{x^n f(x)\}$在$\left[\frac{1}{2},1\right]$上收敛.

(2)(必要性)若$\{x^n f(x)\}$在$\left[\frac{1}{2},1\right]$上一致收敛,而每一项$x^n f(x)$都在$\left[\frac{1}{2},1\right]$连续,因此其极限函数$F(x)$也在$\left[\frac{1}{2},1\right]$上连续.而当$x\in\left[\frac{1}{2},1\right)$时,其极限函数$F(x)\equiv 0$,所以$f(1)=\lim\limits_{x\to 1^-}F(x)=0$.

(充分性)设$f(1)=0$.由于$f(x)$在$\left[\frac{1}{2},1\right]$连续,因此存在$M>0$,使$|f(x)|<M$,$x\in\left[\frac{1}{2},1\right]$.另一方面,对任意的$\varepsilon>0$,存在$\delta>0(\delta<1)$,使当$1-\delta<x\leqslant 1$时,$|f(x)|<\varepsilon$.又存在$N>0$,当$n>N$时,$(1-\delta)^n<\frac{\varepsilon}{M}$.从而当$n>N$时,如果$0\leqslant x\leqslant 1-\delta$,则$|x^n f(x)|\leqslant Mx^n\leqslant M(1-\delta)^n<\varepsilon$.如果$1-\delta<x\leqslant 1$,则$|x^n f(x)|\leqslant|f(x)|<\varepsilon$.这就证明了$\{x^n f(x)\}$一致收敛于0.

二、函数项级数一致收敛的性质

1. **逐项求极限定理**

$$\left.\begin{array}{l}\sum\limits_{n=1}^{\infty}u_n(x)\text{ 在 }U^{\circ}(x_0)\text{ 内一致收敛}\\ \forall n\in\mathbf{N}_+,\lim\limits_{x\to x_0}u_n(x)=a_n\end{array}\right\}\Rightarrow\left\{\begin{array}{l}\lim\limits_{x\to x_0}\sum\limits_{n=1}^{\infty}u_n(x)=\sum\limits_{n=1}^{\infty}a_n(\text{存在})\\ \lim\limits_{x\to x_0}\sum\limits_{n=1}^{\infty}u_n(x)=\sum\limits_{n=1}^{\infty}\lim\limits_{x\to x_0}u_n(x).\end{array}\right.$$

注 对于单侧极限，也有相应的定理.

2. 连续性定理

若函数项级数 $\sum_{n=1}^{\infty} u_n(x)$ 在区间 I 上一致收敛，且每一项都在 I 上连续，则其和函数在 I 上也连续.

3. 逐项求积定理

若函数项级数 $\sum_{n=1}^{\infty} u_n(x)$ 在 $[a,b]$ 上一致收敛，且每一项都连续，则 $\sum_{n=1}^{\infty} \int_a^b u_n(x)\mathrm{d}x = \int_a^b \sum_{n=1}^{\infty} u_n(x)\mathrm{d}x$.

注 若函数项级数 $\sum_{n=1}^{\infty} u_n(x)$ 的每一项都可积，则相应的定理结论也成立.

4. 逐项求导定理

若函数项级数 $\sum_{n=1}^{\infty} u_n(x)$ 的每一项在 $[a,b]$ 上都有连续的导函数，$x_0 \in [a,b]$ 为 $\sum_{n=1}^{\infty} u_n(x)$ 的收敛点，且 $\sum_{n=1}^{\infty} u'_n(x)$ 在 $[a,b]$ 上一致收敛，则

$$\sum_{n=1}^{\infty} \frac{\mathrm{d}}{\mathrm{d}x}u_n(x) = \frac{\mathrm{d}}{\mathrm{d}x}\sum_{n=1}^{\infty} u_n(x), x \in [a,b]$$

例 2 证明：函数 $f(x) = \sum_{n=1}^{\infty} \frac{\sin nx}{n^3}$ 在 $(-\infty, +\infty)$ 上连续，且有连续的导函数.

证 因为 $\left|\frac{\sin nx}{n^3}\right| \leqslant \frac{1}{n^3}$，而级数 $\sum_{n=1}^{\infty} \frac{1}{n^3}$ 收敛，由 M 判别法可知，$\sum_{n=1}^{\infty} \frac{\sin nx}{n^3}$ 在 $(-\infty, +\infty)$ 上一致收敛. 又 $u_n(x) = \frac{\sin nx}{n^3}$ 在 $(-\infty, +\infty)$ 上连续 $(n=1,2,\cdots)$，所以 $f(x) = \sum_{n=1}^{\infty} u_n(x)$ 在 $(-\infty, +\infty)$ 上连续.

再由 $|u'_n(x)| = \left|\frac{\cos nx}{n^2}\right| \leqslant \frac{1}{n^2}$ 及 $\frac{\cos nx}{n^2}$ 在 $(-\infty, +\infty)$ 上连续可知，$\sum_{n=1}^{\infty} u'_n(x)$ 一致收敛，且其和函数连续. 设 $g(x) = \sum_{n=1}^{\infty} u'_n(x)$，由函数项级数一致收敛的逐项求导性定理，可知 $g(x) = \sum_{n=1}^{\infty} u'_n(x) = [\sum_{n=1}^{\infty} u_n(x)]' = f'(x)$，即 $f(x)$ 连续且有连续的导函数.

例 3 证明：函数项级数 $\sum_{n=0}^{\infty}(-1)^n x^n(1-x)$ 在 $[0,1]$ 上绝对收敛且一致收敛，但由其各项绝对值组成的级数在 $[0,1]$ 上却不一致收敛.

证 (i) 令 $u_n(x) = (-1)^n, v_n(x) = x^n(1-x)$，则 $\sum_{n=0}^{\infty}(-1)^n$ 的部分和一致有界，且对每一个 $x \in [0,1]$，$\{v_n(x)\}$ 关于 n 单调. 又由于

$$\sup_{x\in[0,1]}|v_n(x)|=\sup_{x\in[0,1]}x^n(1-x)=\frac{1}{n+1}\left(\frac{n}{n+1}\right)^n\to 0(n\to\infty)$$

因此$\{v_n(x)\}$在$[0,1]$上一致收敛于 0,从而由狄利克雷判别法知$\sum_{n=0}^{\infty}(-1)^n x^n(1-x)$在$[0,1]$上一致收敛.

(ii) 先考查$\sum_{n=0}^{\infty}x^n(1-x)$的和函数. 由于$S_n(x)=\sum_{k=0}^{n-1}x^k(1-x)=1-x^n$,$x\in[0,1]$,而$S(x)=\lim_{n\to\infty}S_n(x)=\begin{cases}1,0\leqslant x<1\\0,x=1\end{cases}$,所以$\sum_{n=0}^{\infty}(-1)^n x^n(1-x)$在$[0,1]$上绝对收敛.

另一方面,$\sup_{x\in[0,1]}|S(x)-S_n(x)|=\sup_{0\leqslant x<1}x^n=1(n\to\infty)$,所以$\sum_{n=0}^{\infty}x^n(1-x)$在$[0,1]$上不一致收敛.

例 4 设$S(x)=\sum_{n=1}^{\infty}n\mathrm{e}^{-nx}(x>0)$,计算$\int_{\ln 2}^{\ln 3}S(t)\mathrm{d}t$.

解法 1 $(n\mathrm{e}^{-nx})'=-n^2\mathrm{e}^{-nx}<0$,所以$g(x)=n\mathrm{e}^{-nx}$单调递减,则当$x\in[\ln 2,\ln 3]$时,$n\mathrm{e}^{-nx}\leqslant n\mathrm{e}^{-n\ln 2}$,而对于级数$\sum_{n=1}^{\infty}n\mathrm{e}^{-n\ln 2}$,$\sqrt[n]{n\mathrm{e}^{-n\ln 2}}=\frac{\sqrt[n]{n}}{\mathrm{e}^{\ln 2}}=\frac{\sqrt[n]{n}}{2}\to\frac{1}{2}<1$,则由柯西根值判别法可知$\sum_{n=1}^{\infty}n\mathrm{e}^{-n\ln 2}$收敛,从而再由$M-$判别法知$\sum_{n=1}^{\infty}n\mathrm{e}^{-nx}$在$[\ln 2,\ln 3]$上一致收敛,又显然$n\mathrm{e}^{-nx}(n=1,2,\cdots)$在$[\ln 2,\ln 3]$上连续,由函数项级数一致收敛的逐项求积性定理知

$$\int_{\ln 2}^{\ln 3}S(t)\mathrm{d}t=\sum_{n=1}^{\infty}\int_{\ln 2}^{\ln 3}n\mathrm{e}^{-nt}\mathrm{d}t=\sum_{n=1}^{\infty}\left(\frac{1}{2^n}-\frac{1}{3^n}\right)=\frac{1}{2}$$

解法 2 由本讲第 3 节例 6(2)的过程可知,$\sum_{n=1}^{\infty}n\mathrm{e}^{-nx}$在$(0,+\infty)$上内闭一致收敛,则$\sum_{n=1}^{\infty}n\mathrm{e}^{-nx}$在$[\ln 2,\ln 3]$上一致收敛且$S(t)=\frac{\mathrm{e}^t}{(\mathrm{e}^t-1)^2}$,从而

$$\int_{\ln 2}^{\ln 3}S(t)\mathrm{d}t=\int_{\ln 2}^{\ln 3}\frac{\mathrm{e}^t}{(\mathrm{e}^t-1)^2}\mathrm{d}t=\int_{\ln 2}^{\ln 3}\frac{1}{(\mathrm{e}^t-1)^2}\mathrm{d}(\mathrm{e}^t-1)=\int_1^2\frac{1}{x^2}\mathrm{d}x=\frac{1}{2}$$

解惑释疑

问题 1 张三说,既然一个级数是无限多个数“相加”的结果,而数的加法满足交换律和结合律,所以在一个级数中,可以任意交换项的次序,也可以任意加括号. 这种说法正确吗?

答 不对. 一个收敛级数,适当改变项的次序以后,可能得到一个发散级数;即使得到的仍然为收敛级数,其和也可能与原级数的和不同,这就是无限项相加与有限项相加的质的不同. 当然,如果仅仅交换一个级数的有限项的次序,则级数的敛散性不变. 如果一个级数是正项级数或是绝对收敛的级数,则可以任意改变一个级数的项的次序,其敛散性不

变，且在收敛的情况下，其和也不变.

类似地，一个收敛级数可以任意加括号，加括号后的级数依然收敛，且具有相同的和；但对于发散级数，经适当添加无限个括号后，可能变成一个收敛级数.

问题 2 级数 $\sum_{n=1}^{\infty} u_n$，$\sum_{n=1}^{\infty} v_n$ 与级数 $\sum_{n=1}^{\infty} (u_n + v_n)$ 的敛散性之间有何联系？

答 (1) 若 $\sum_{n=1}^{\infty} u_n$ 与 $\sum_{n=1}^{\infty} v_n$ 都收敛，则 $\sum_{n=1}^{\infty} (u_n + v_n)$ 收敛，且 $\sum_{n=1}^{\infty} (u_n + v_n) = \sum_{n=1}^{\infty} u_n + \sum_{n=1}^{\infty} v_n$；

(2) 若 $\sum_{n=1}^{\infty} u_n$ 与 $\sum_{n=1}^{\infty} v_n$ 中一个收敛，一个发散，则 $\sum_{n=1}^{\infty} (u_n + v_n)$ 必发散.

(3) 若 $\sum_{n=1}^{\infty} u_n$ 与 $\sum_{n=1}^{\infty} v_n$ 都发散，则 $\sum_{n=1}^{\infty} (u_n + v_n)$ 可能收敛，也可能发散. 例如级数

$$\sum_{n=1}^{\infty} \frac{1}{n},\ \sum_{n=1}^{\infty} \frac{-1}{2n},\ \sum_{n=1}^{\infty} \frac{-1}{n+1}$$

都发散，而 $\sum_{n=1}^{\infty} \left(\frac{1}{n} - \frac{1}{2n}\right) = \sum_{n=1}^{\infty} \frac{1}{2n}$ 发散，$\sum_{n=1}^{\infty} \left(\frac{1}{n} - \frac{1}{n+1}\right)$ 收敛（其部分和 $S_n = 1 - \frac{1}{n+1} \to 1, n \to \infty$）.

问题 3 据理回答以下问题：

(1) 若 $\sum_{n=1}^{\infty} u_n$ 发散，是否必有 $\lim_{n\to\infty} u_n \neq 0$？

(2) 若对级数 $\sum_{n=1}^{\infty} u_n$ 的项加括号后所得级数发散，则原级数是否也发散？

答 (1) 否. 例如 $\sum_{n=1}^{\infty} \frac{1}{n}$ 发散，但仍有 $\lim_{n\to\infty} \frac{1}{n} = 0$.

(2) 是. 因若 $\sum_{n=1}^{\infty} u_n$ 收敛，则对它任意加括号后所得级数必收敛，这与已知条件矛盾.

问题 4 两个正项级数 $\sum_{n=1}^{\infty} a_n$ 收敛，$\sum_{n=1}^{\infty} b_n$ 发散，是否除有限项外，必定有 $a_n < b_n$？

答 不一定. 例如 $\sum_{n=1}^{\infty} a_n = \sum_{n=1}^{\infty} \frac{1}{n^2}$ 收敛，而 $b_n = \begin{cases} \frac{1}{n^4}, n \text{ 为奇数} \\ n, n \text{ 为偶数} \end{cases}$，$\sum_{n=1}^{\infty} b_n$ 显然发散，但有无穷多项满足 $a_n > b_n$.

问题 5 应如何说明 $\sum_{n=1}^{\infty} u_n$ 条件收敛或绝对收敛？

答 首先考察 $\sum_{n=1}^{\infty} |u_n|$ 是否收敛，如果 $\sum_{n=1}^{\infty} |u_n|$ 收敛，则 $\sum_{n=1}^{\infty} u_n$ 绝对收敛；如果 $\sum_{n=1}^{\infty} |u_n|$ 发散，则继续考察 $\sum_{n=1}^{\infty} u_n$ 是否收敛，若收敛，则 $\sum_{n=1}^{\infty} u_n$ 为条件收敛，否则 $\sum_{n=1}^{\infty} u_n$ 发散. 以上步骤缺一不可，务必遵此而行.

问题6 对于一般项级数$\sum\limits_{n=1}^{\infty} u_n$与$\sum\limits_{n=1}^{\infty} v_n$，如果$\lim\limits_{n\to\infty}\frac{u_n}{v_n}=l\neq 0$，能否由此推出$\sum\limits_{n=1}^{\infty} u_n$与$\sum\limits_{n=1}^{\infty} v_n$有相同的敛散性？

答 不能.例如级数$\sum\limits_{n=1}^{\infty}\frac{(-1)^n}{\sqrt{n}}$与$\sum\limits_{n=1}^{\infty}\left[\frac{(-1)^n}{\sqrt{n}}+\frac{1}{n}\right]$，前者收敛而后者发散，但却有

$$\lim_{n\to\infty}\frac{\dfrac{(-1)^n}{\sqrt{n}}+\dfrac{1}{n}}{\dfrac{(-1)^n}{\sqrt{n}}}=1$$

这说明正项级数与一般项级数有很大的差异，对正项级数成立的结论对一般项级数不一定成立.读者在学习时，一定要分清哪些是关于正项级数的结论，哪些是关于一般项级数的结论，注意不要把仅对正项级数成立的结论随意套用到一般项级数上.

问题7 如果$\sum\limits_{n=1}^{\infty} u_n$是条件收敛级数，而$\sum\limits_{n=1}^{\infty} v_n$是绝对收敛级数，则$\sum\limits_{n=1}^{\infty}(u_n+v_n)$是条件收敛级数还是绝对收敛级数？

答 是条件收敛级数.理由如下(反证法)：

首先，$\sum\limits_{n=1}^{\infty}(u_n+v_n)$必定收敛.倘若它为绝对收敛，则由$\sum\limits_{n=1}^{\infty}|u_n+v_n|$与$\sum\limits_{n=1}^{\infty}|v_n|$都收敛，推知$\sum\limits_{n=1}^{\infty}(|u_n+v_n|+|v_n|)$亦收敛.再由$|u_n|\leqslant|u_n+v_n|+|v_n|$，据比较法则导出$\sum\limits_{n=1}^{\infty}|u_n|$收敛，而这与$\sum\limits_{n=1}^{\infty}u_n$为条件收敛的假设相矛盾，所以$\sum\limits_{n=1}^{\infty}(u_n+v_n)$条件收敛.

问题8 如何正面陈述函数列$\{f_n(x)\}$在D上不一致收敛于函数$f(x)$？

答 如果存在$\varepsilon_0>0$，使得对任意的$N>0$，总存在正整数$n>N$及$x_n\in D$，使得

$$|f_n(x_n)-f(x_n)|\geqslant\varepsilon_0$$

则称函数列$\{f_n(x)\}$在D上不一致收敛于函数$f(x)$.

问题9 判断函数列不一致收敛主要有哪几种方法？

答 (1) 如果已知极限函数，可利用一致收敛定义的否定形式(参考问题8).

(2) 如果已知极限函数，也可利用判断一致收敛的余项准则的否定形式：函数列$\{f_n(x)\}$在D上不一致收敛于其极限函数$f(x)$的充分必要条件是

$$\lim_{n\to\infty}\sup_{x\in D}|f_n(x)-f(x)|\neq 0$$

(3) 利用上述准则的推论：函数列$\{f_n(x)\}$在D上不一致收敛于其极限函数$f(x)$的充分必要条件是存在$\{x_n\}\subseteq D$，使得$f_n(x_n)-f(x_n)$不趋于$0(n\to\infty)$.

(4) 利用判断函数列一致收敛的柯西准则的否定形式：函数列$\{f_n(x)\}$在D上不一致收敛的充分必要条件是，存在$\varepsilon_0>0$，使对任意的$N>0$，总存在正整数$n,m>N$及$x'\in D$，使得$|f_n(x')-f_m(x')|\geqslant\varepsilon_0$.

(5) 利用一致收敛函数列的性质.如果极限函数不能继承函数列中各个函数所共有的某些解析性质，例如有界性、连续性、可积性等，则可断定函数列在D上不一致收敛.

问题 10 已知函数列或函数项级数的各项在区间 I 上连续，为了由连续性定理得到极限函数或和函数的连续性，要求函数列或函数项级数在区间 I 上一致收敛. 但如果不能保证函数列或函数项级数在区间 I 上一致收敛，应如何利用连续性定理得到极限函数或和函数的连续性？

答 由于连续性是函数的一个局部概念，因此函数列或函数项级数在区间 I 上的一致收敛不是必需的. 如果函数列或函数项级数在区间 I 上具有"局部"的一致收敛性，则仍可能由连续性定理得到极限函数或和函数的连续性. 这可以从下列两方面考虑：

(1) 如果函数列或函数项级数在 I 上是内闭一致收敛的，则对任意的 $x \in I$，存在含于 I 内的闭区间$[a,b] \in I$，使 $x \in [a,b]$ 且函数列或函数项级数在$[a,b]$上一致收敛，则在区间$[a,b]$上应用连续性定理可知极限函数或和函数在 x 处连续，再由 x 的任意性可得极限函数或和函数在 I 上连续.

(2) 如果对任意的 $x \in I$，存在 x 的邻域 $U(x)$，使得函数列或函数项级数在 $U(x) \cap I$ 上一致收敛，则可在 $U(x) \cap I$ 上应用连续性定理推得极限函数或和函数在 x 处连续，再由 x 的任意性可得极限函数或和函数在 I 上连续.

注 对于极限函数或和函数的可微性也可类似地处理.

问题 11 如何利用一致收敛的函数列或函数项级数的性质，来判断函数列或函数项级数不一致收敛？

答 一般可考虑以下方法：

(1) 若在 I 上连续函数列 $\{f_n(x)\}$ 在区间 I 上收敛于 $f(x)$，而 $f(x)$ 在 I 上不连续，则 $\{f_n(x)\}$ 在 I 上不一致收敛.

(2) 若可积函数列在上$[a,b]$收敛于 $f(x)$，而 $f(x)$ 在$[a,b]$上不可积，则 $\{f_n(x)\}$ 在$[a,b]$上不一致收敛.

(3) 若函数列 $\{f_n(x)\}$ 中的每个函数都在 I 上有界且 $\{f_n(x)\}$ 在区间 I 上收敛于 $f(x)$，而在 I 上无界，则 $\{f_n(x)\}$ 在 I 上不一致收敛.

习题精练

1. (1) 下列级数中收敛的是(　　).

(A) $\sum\limits_{n=1}^{\infty} n\sin\dfrac{1}{n}$　(B) $\sum\limits_{n=1}^{\infty}\dfrac{\cos n}{2^n}$　(C) $\sum\limits_{n=1}^{\infty}(-1)^n\dfrac{3^n}{2^n}$　(D) $\sum\limits_{n=1}^{\infty}\dfrac{1}{\sqrt[3]{n^2}}$

(2) 对于级数 $\sum\limits_{n=1}^{\infty}(-1)^{n-1}u_n$，其中 $u_n > 0 (n=1,2,\cdots)$，则下列命题正确的是(　　).

(A) 如果 $\sum\limits_{n=1}^{\infty}(-1)^{n-1}u_n$ 收敛，则必为条件收敛

(B) 如果 $\sum\limits_{n=1}^{\infty}u_n$ 收敛，则 $\sum\limits_{n=1}^{\infty}(-1)^{n-1}u_n$ 为绝对收敛

(C) 如果 $\sum\limits_{n=1}^{\infty}u_n$ 收敛，则 $\sum\limits_{n=1}^{\infty}(-1)^{n-1}u_n$ 必发散

(D) 如果$\sum\limits_{n=1}^{\infty}(-1)^{n-1}u_n$收敛，则$\sum\limits_{n=1}^{\infty}u_n$必收敛

(3) 设$\{u_n\}$是数列，则下列命题正确的是(　　).

(A) 若$\sum\limits_{n=1}^{\infty}u_n$收敛，则$\sum\limits_{n=1}^{\infty}(u_{2n-1}+u_{2n})$收敛

(B) 若$\sum\limits_{n=1}^{\infty}(u_{2n-1}+u_{2n})$收敛，则$\sum\limits_{n=1}^{\infty}u_n$收敛

(C) 若$\sum\limits_{n=1}^{\infty}u_n$收敛，则$\sum\limits_{n=1}^{\infty}(u_{2n-1}-u_{2n})$收敛

(D) 若$\sum\limits_{n=1}^{\infty}(u_{2n-1}-u_{2n})$收敛，则$\sum\limits_{n=1}^{\infty}u_n$收敛.

(4) 设$u_n>0(n=1,2,\cdots)$，$s_n=u_1+u_2+\cdots+u_n$，则数列$\{s_n\}$有界是数列$\{u_n\}$收敛的(　　).

(A) 充分必要条件　　(B) 充分非必要条件

(C) 必要非充分条件　　(D) 既非充分也非必要条件

(5) 下列选项中正确的是(　　).

(A) 若$\sum\limits_{n=1}^{\infty}u_n^2$和$\sum\limits_{n=1}^{\infty}v_n^2$都收敛，则$\sum\limits_{n=1}^{\infty}(u_n+v_n)^2$收敛

(B) 若$\sum\limits_{n=1}^{\infty}|u_nv_n|$收敛，则$\sum\limits_{n=1}^{\infty}u_n^2$和$\sum\limits_{n=1}^{\infty}v_n^2$都收敛

(C) 若正项级数$\sum\limits_{n=1}^{\infty}u_n$发散，则$u_n\geqslant\dfrac{1}{n}$

(D) 若级数$\sum\limits_{n=1}^{\infty}u_n$收敛且$u_n\geqslant v_n$，则级数$\sum\limits_{n=1}^{\infty}v_n$收敛.

(6) 设$0\leqslant u_n\leqslant\dfrac{1}{n}(n=1,2,\cdots)$，则下列级数中收敛的是(　　).

(A) $\sum\limits_{n=1}^{\infty}u_n$　　(B) $\sum\limits_{n=1}^{\infty}(-1)^n u_n$　　(C) $\sum\limits_{n=1}^{\infty}\sqrt{u_n}$　　(D) $\sum\limits_{n=1}^{\infty}(-1)^n u_n^2$

(7) 设$\sum\limits_{n=1}^{\infty}u_n$为正项级数，下列结论中正确的是(　　)

(A) 若$\lim\limits_{n\to\infty}nu_n=0$，则级数$\sum\limits_{n=1}^{\infty}u_n$收敛

(B) 若级数$\sum\limits_{n=1}^{\infty}u_n$收敛，则$\lim\limits_{n\to\infty}n^2u_n=0$

(C) 若存在非零常数λ，使得$\lim\limits_{n\to\infty}nu_n=\lambda$，则级数$\sum\limits_{n=1}^{\infty}u_n$发散

(D) 若级数$\sum\limits_{n=1}^{\infty}u_n$发散，则存在非零常数$\lambda$，使得$\lim\limits_{n\to\infty}nu_n=\lambda$

(8) 下列级数中发散的是(　　).

(A) $\sum\limits_{n=1}^{\infty}\dfrac{n}{3^n}$　(B) $\sum\limits_{n=1}^{\infty}\dfrac{1}{\sqrt{n}}\ln\left(1+\dfrac{1}{n}\right)$　(C) $\sum\limits_{n=2}^{\infty}\dfrac{(-1)^n+1}{\ln n}$　(D) $\sum\limits_{n=1}^{\infty}\dfrac{n!}{n^n}$

(9) 若级数 $\sum_{n=1}^{\infty} u_n$ 收敛,则级数(　　).

(A) $\sum_{n=1}^{\infty} |u_n|$ 收敛　　(B) $\sum_{n=1}^{\infty} (-1)^n u_n$ 收敛

(C) $\sum_{n=1}^{\infty} u_n \cdot u_{n+1}$ 收敛　　(D) $\sum_{n=1}^{\infty} \frac{u_n + u_{n+1}}{2}$ 收敛

(10) 设有下列命题:

① 若 $\sum_{n=1}^{\infty} u_n$ 收敛,则 $\sum_{n=1}^{\infty} u_{n+1\,000}$ 收敛. ② 若 $\sum_{n=1}^{\infty} (u_{2n-1} + u_{2n})$ 收敛,则 $\sum_{n=1}^{\infty} u_n$ 收敛.

③ 若 $\lim_{n\to\infty} \frac{u_{n+1}}{u_n} > 1$,则 $\sum_{n=1}^{\infty} u_n$ 发散. ④ 若 $\sum_{n=1}^{\infty} (u_n + v_n)$ 收敛,则 $\sum_{n=1}^{\infty} u_n$,$\sum_{n=1}^{\infty} v_n$ 都收敛.

则以上命题中正确的是(　　)

(A)①②　　(B)①③　　(C)③④　　(D)②④

2. 判断下列级数的敛散性,并求出收敛级数的和:

(1) $\sum_{n=1}^{\infty} (\sqrt{n+2} - 2\sqrt{n+1} + \sqrt{n})$;

(2) $\left(\frac{1}{2} + \frac{1}{10}\right) + \left(\frac{1}{2^2} + \frac{1}{2 \times 10}\right) + \cdots + \left(\frac{1}{2^n} + \frac{1}{10n}\right) + \cdots$;

(3) $\sin \frac{\pi}{3} + \sin \frac{2\pi}{3} + \sin \frac{3\pi}{3} + \sin \frac{4\pi}{3} + \cdots$.

3. 判别级数 $\sum_{n=1}^{\infty} \frac{1}{n}(\sqrt{n^2+n+1} - \sqrt{n^2-n+1})$ 的敛散性.

4. 判断下列正项级数的收敛性:

(1) $\sum_{n=1}^{\infty} (1 - \cos \frac{\pi}{n})$; (2) $\sum_{n=1}^{\infty} \frac{100^n}{n!}$; (3) $\sum_{n=1}^{\infty} n^n \sin^n \frac{2}{n}$; (4) $\sum_{n=1}^{\infty} \frac{1}{1+\alpha^n} (\alpha > 0)$.

5. 设 $a_n > 0, a_n > a_{n+1} (n = 1, 2, \cdots)$ 且 $\lim_{n\to\infty} a_n = 0$. 证明:级数 $\sum_{n=1}^{\infty} (-1)^{n-1} \cdot \frac{a_1 + a_2 + \cdots + a_n}{n}$ 收敛.

6. 设函数 $f(x)$ 在点 $x=0$ 处的某一邻域内具有二阶连续导数,且 $\lim_{x\to 0} \frac{f(x)}{x} = 0$,证明:$\sum_{n=1}^{\infty} f\left(\frac{1}{n}\right)$ 绝对收敛.

7. 判断级数 $\sum_{n=1}^{\infty} \frac{(-1)^n}{n \cdot \sqrt[n]{n}}$ 是绝对收敛,还是条件收敛,为什么?

8. 证明:若数列 $\{b_n\}$ 有 $\lim_{n\to\infty} b_n = \infty$,则:

(1) 级数 $\sum_{n=1}^{\infty} (b_{n+1} - b_n)$ 发散;(2) 当 $b_n \neq 0$ 时,级数 $\sum_{n=1}^{\infty} \left(\frac{1}{b_n} - \frac{1}{b_{n+1}}\right) = \frac{1}{b_1}$.

9. 若 $a_n > 0, S_n = a_1 + a_2 + \cdots + a_n$,$\sum_{n=1}^{\infty} a_n$ 发散,试证:$\sum_{n=1}^{\infty} \frac{a_n}{S_n^2}$ 收敛.

10. 设 $\sum\limits_{n=1}^{\infty} a_n$ 为正项级数，满足：(1) $\sum\limits_{k=1}^{n}(a_k - a_n)$ 对 n 有界；(2) $\{a_n\}$ 单调递减且收敛到 0. 试证：级数 $\sum\limits_{n=1}^{\infty} a_n$ 收敛.

11. 设 $a_1 = 2, a_{n+1} = \frac{1}{2}(a_n + \frac{1}{a_n})$，证明：(1) $\lim\limits_{n\to\infty} a_n$ 存在；(2) 级数 $\sum\limits_{n=1}^{\infty}(\frac{a_n}{a_{n+1}} - 1)$ 收敛.

12. 设 $a_n = \int_0^{\frac{\pi}{4}} \tan^n x \, dx$：(1) 求 $\sum\limits_{n=1}^{\infty} \frac{1}{n}(a_n + a_{n+2})$ 的值；(2) 试证：对任意常数 $\lambda > 0$，级数 $\sum\limits_{n=1}^{\infty} \frac{a_n}{n^{\lambda}}$ 收敛.

13. 设 $f(x)$ 是 $(-\infty, +\infty)$ 内的可微函数，且满足：

(1) $f(x) > 0$，对任意 $x \in (-\infty, +\infty)$；(2) $|f'(x)| \leqslant mf(x)$，$0 < m < 1$.

任取常数 a_0，定义 $a_n = \ln f(a_{n-1})$ $(n = 1, 2, \cdots)$，证明级数 $\sum\limits_{n=1}^{\infty} |a_n - a_{n-1}|$ 收敛.

14. 设函数列 $\{f_n\}$ 中的每项 f_n 都在区间 I 上一致连续，且 f_n 一致收敛于 f $(n \to \infty)$，$x \in I$. 证明：f 在 I 上一致连续.

15. 证明：若 $\{f_n\}$ 在区间 I 上一致收敛于 0，则存在子列 $\{f_{n_i}(x)\}$，使得 $\sum\limits_{n=1}^{\infty} f_{n_i}(x)$ 在 I 上一致收敛.

16. 证明：若 $\sum\limits_{n=1}^{\infty} a_n$ 绝对收敛 $(a_n \neq 0)$，则 $\sum\limits_{n=1}^{\infty} a_n(a_1 + a_2 + \cdots + a_n)$ 亦绝对收敛.

17. 设 $\sum\limits_{n=1}^{\infty} a_n^2$ 收敛，证明：$\sum\limits_{n=2}^{\infty} \frac{a_n}{\sqrt{n} \ln n}$ 收敛 $(a_n > 0)$.

18. 设级数 $\sum\limits_{n=1}^{\infty} a_n$ 发散，$a_n > 0$，$S_n = \sum\limits_{k=1}^{n} a_k$. 证明：级数 $\sum\limits_{n=1}^{\infty} \frac{a_n}{S_n}$ 也发散.

19. 判别级数 $\sum\limits_{n=1}^{\infty} \frac{1 + \frac{1}{2} + \cdots + \frac{1}{n}}{(n+1)(n+2)}$ 的敛散性，若收敛，求其和.

20. 若级数 $\sum\limits_{n=1}^{\infty} a_n$ 与 $\sum\limits_{n=1}^{\infty} c_n$ 都收敛，且成立不等式 $a_n \leqslant b_n \leqslant c_n$ $(n = 1, 2, \cdots)$，证明：级数 $\sum\limits_{n=1}^{\infty} b_n$ 也收敛；若 $\sum\limits_{n=1}^{\infty} a_n$，$\sum\limits_{n=1}^{\infty} c_n$ 都发散，试问 $\sum\limits_{n=1}^{\infty} b_n$ 一定发散吗？

21. 设 $S(x) = \sum\limits_{n=1}^{\infty} \frac{x^{n-1}}{n^2}$，$x \in [-1, 1]$，计算积分 $\int_0^x S(t) \, dt$.

22. 举例说明：若级数 $\sum\limits_{n=1}^{\infty} u_n$ 对每个固定的 p 满足条件 $\lim\limits_{n\to\infty}(u_{n+1} + \cdots + u_{n+p}) = 0$，此级数仍可能不收敛.

23. 设 $u_n(x) = \frac{1}{n^3} \ln(1 + n^2 x^2)$ $(n = 1, 2, \cdots)$，证明：函数项级数 $\sum\limits_{n=1}^{\infty} u_n(x)$ 在 $[0, 1]$ 上一致收敛，并讨论其和函数在 $[0, 1]$ 上的连续性、可积性和可微性.

24. 设有方程 $x^n+nx-1=0$,其中为 n 正整数. 证明此方程存在唯一正实根 x_n,并证明当 $\alpha>1$ 时,级数 $\sum\limits_{n=1}^{\infty} x_n^{\alpha}$ 收敛.

25. 设数列 $\{a_n\},\{b_n\}$ 满足 $0<a_n<\frac{\pi}{2},0<b_n<\frac{\pi}{2},\cos a_n-a_n=\cos b_n$,且级数 $\sum\limits_{n=1}^{\infty} b_n$ 收敛.

(1) 证明 $\lim\limits_{n\to\infty} a_n=0$;(2) 证明级数 $\sum\limits_{n=1}^{\infty}\frac{a_n}{b_n}$ 收敛.

26. 已知函数 $f(x)$ 可导,且 $f(0)=1,0<f'(x)<\frac{1}{2}$. 设数列 $\{x_n\}$ 满足 $x_{n+1}=f(x_n)(n=1,2,\cdots)$. 证明:(1) 级数 $\sum\limits_{n=1}^{\infty}(x_{n+1}-x_n)$ 绝对收敛;(2) $\lim\limits_{n\to\infty} x_n$ 存在,且 $0<\lim\limits_{n\to\infty} x_n<2$.

27. 设 $u_0=0,u_1=1,u_{n+1}=au_n+bu_{n-1}(n=1,2,\cdots)$. 设 $f(x)=\sum\limits_{n=1}^{\infty}\frac{u_n}{n!}x^n$,试导出满足 $f(x)$ 的微分方程.

习题解析

1. (1) 应选(B). 因为 $\left|\frac{\cos n}{2^n}\right|\leqslant\frac{1}{2^n}$,因为级数 $\sum\limits_{n=1}^{\infty}\frac{1}{2^n}$ 收敛,根据比较判别法知,$\sum\limits_{n=1}^{\infty}\frac{\cos n}{2^n}$ 收敛.

由于 $\lim\limits_{n\to\infty}(n\sin\frac{1}{n})=1$,根据级数收敛的必要条件知,$\sum\limits_{n=1}^{\infty} n\sin\frac{1}{n}$ 发散,所以(A) 错误. 同理,级数 $\sum\limits_{n=1}^{\infty}(-1)^n\frac{3^n}{2^n}$ 的一般项的极限不为零,所以该级数发散,选项(C) 错误. 当 $n>1$ 时,$\frac{1}{\sqrt[3]{n^2}}>\frac{1}{n}$. 由于调和级数 $\sum\limits_{n=1}^{\infty}\frac{1}{n}$ 发散,根据比较判别法知,$\sum\limits_{n=1}^{\infty}\frac{1}{\sqrt[3]{n^2}}$ 发散,故选项(D) 错误.

(2) 应选(B). 因为 $u_n>0$,则 $\sum\limits_{n=1}^{\infty} u_n=\sum\limits_{n=1}^{\infty}|(-1)^{n-1}u_n|$,故 $\sum\limits_{n=1}^{\infty} u_n$ 收敛时 $\sum\limits_{n=1}^{\infty}(-1)^{n-1}u_n$ 绝对收敛.

取 $u_n=\frac{1}{n^2}$,可排除选项(A) 与(C). 取 $u_n=\frac{1}{n}$,可排除选项(D).

(3) 应选(A).

解法 1:由于级数 $\sum\limits_{n=1}^{\infty} u_n$ 收敛,那么由级数敛散性的定义可知,$\sum\limits_{n=1}^{\infty} u_n$ 的部分和数列 $\{s_n\}$ 收敛,且 $\lim\limits_{n\to\infty} s_n=s$. 级数 $\sum\limits_{n=1}^{\infty}(u_{2n-1}+u_{2n})$ 的前 n 项和

$$\begin{aligned}\sigma_n &= (u_1+u_2)+(u_3+u_4)+\cdots+(u_{2n-1}+u_{2n}) \\ &= u_1+u_2+u_3+u_4+\cdots+u_{2n-1}+u_{2n}=s_{2n}\end{aligned}$$

即$\{\sigma_n\}$是$\{s_n\}$的子列，从而$\lim\limits_{n\to\infty}\sigma_n=\lim\limits_{n\to\infty}s_n=s$，故$\sum\limits_{n=1}^{\infty}(u_{2n-1}+u_{2n})$收敛.

解法 2：根据收敛级数的性质(收敛级数的项任意加括号后所成的级数仍收敛，且其和不变)可知：若$\sum\limits_{n=1}^{\infty}u_n$收敛，则$\sum\limits_{n=1}^{\infty}(u_{2n-1}+u_{2n})$收敛.

解法 3：令$u_n=(-1)^n$，则$\sum\limits_{n=1}^{\infty}u_n$发散，而$u_{2n-1}+u_{2n}=0$，$\sum\limits_{n=1}^{\infty}(u_{2n-1}+u_{2n})$收敛，排除(B)；令$u_n=\dfrac{(-1)^{n-1}}{n}$，则$\sum\limits_{n=1}^{\infty}u_n$收敛. 注意到$u_{2n-1}-u_{2n}=\dfrac{1}{2n-1}+\dfrac{1}{2n}>\dfrac{1}{2n}+\dfrac{1}{2n}=\dfrac{1}{n}$，而调和级数$\sum\limits_{n=1}^{\infty}\dfrac{1}{n}$发散. 由正项级数的比较判别法可知级数$\sum\limits_{n=1}^{\infty}(u_{2n-1}-u_{2n})$发散，故而排除(C)；令$u_n=1$，则$u_{2n-1}-u_{2n}=0$，级数$\sum\limits_{n=1}^{\infty}(u_{2n-1}-u_{2n})$收敛，但$\sum\limits_{n=1}^{\infty}u_n$发散. 排除(D).

(4) 应选(B). 由于$u_n>0(n=1,2,\cdots)$，$s_n=u_1+u_2+\cdots+u_n$，故数列$\{s_n\}$单调递增，因此当数列$\{s_n\}$有界时，数列$\{s_n\}$的极限存在，即$\sum\limits_{n=1}^{\infty}u_n$收敛，于是$\lim\limits_{n\to\infty}u_n=0$，即数列$\{u_n\}$收敛于0. 反之，当数列$\{u_n\}$收敛时，数列$\{s_n\}$未必有界. 例如$u_n=1$，$\lim\limits_{n\to\infty}u_n=1$，但$s_n=n$是无界的，因此数列$\{s_n\}$有界是数列$\{u_n\}$收敛的充分而非必要条件.

(5) 应选(A).

解法 1：由于$0\leqslant(u_n+v_n)^2=u_n^2+v_n^2+2u_nv_n\leqslant 2(u_n^2+v_n^2)$，若$\sum\limits_{n=1}^{\infty}u_n^2$和$\sum\limits_{n=1}^{\infty}v_n^2$都收敛，则由级数的比较判别法可知$\sum\limits_{n=1}^{\infty}(u_n+v_n)^2$收敛.

解法 2：取$u_n=\dfrac{1}{\sqrt{n}}$，$v_n=\dfrac{1}{n}$，则根据$p-$级数的收敛性可知$\sum\limits_{n=1}^{\infty}|u_nv_n|=\sum\limits_{n=1}^{\infty}\dfrac{1}{n^{\frac{3}{2}}}$，但是调和级数$\sum\limits_{n=1}^{\infty}u_n^2=\sum\limits_{n=1}^{\infty}\dfrac{1}{n}$发散.，故排除(B). 取$u_n=\dfrac{1}{2n}$，显然$\sum\limits_{n=1}^{\infty}u_n=\sum\limits_{n=1}^{\infty}\dfrac{1}{2n}$发散，但是$u_n=\dfrac{1}{2n}<\dfrac{1}{n}$，故排除(C). 取$u_n=\dfrac{1}{n^2}$，$v_n=-1$，那么$\sum\limits_{n=1}^{\infty}u_n=\sum\limits_{n=1}^{\infty}\dfrac{1}{n^2}$收敛，且$u_n=\dfrac{1}{n^2}>-1=v_n$，但是$\sum\limits_{n=1}^{\infty}v_n$不收敛，因为$\lim\limits_{n\to\infty}v_n=-1\neq 0$. 故而排除(D).

(6) 应选(D).

解法 1：由$0\leqslant u_n\leqslant\dfrac{1}{n}$可知，$0\leqslant u_n^2\leqslant\dfrac{1}{n^2}$. 而由$\sum\limits_{n=1}^{\infty}\dfrac{1}{n^2}$收敛及正项级数的比较判别法知，级数$\sum\limits_{n=1}^{\infty}u_n^2$收敛. 从而$\sum\limits_{n=1}^{\infty}(-1)^nu_n^2$绝对收敛.

解法 2：取$u_n=\dfrac{1}{n+1}$，u_n满足题设条件，但$\sum\limits_{n=1}^{\infty}\dfrac{1}{n+1}$发散，故(A)不正确. 取$u_n=$

$\frac{1+(-1)^{n-1}}{2^{n+1}}+\frac{1+(-1)^{n}}{4n}$,可以验证 u_n 满足题设条件,但是

$$\begin{aligned}\sum_{n=1}^{\infty}(-1)^{n}u_{n}&=\sum_{n=1}^{\infty}(-1)^{n}\left[\frac{1+(-1)^{n-1}}{2^{n+1}}+\frac{1+(-1)^{n}}{4n}\right]\\&=\sum_{n=1}^{\infty}\left[\frac{(-1)^{n}-1}{2^{n+1}}+\frac{(-1)^{n}+1}{4n}\right]\\&=-\sum_{n=1}^{\infty}\frac{1}{2^{2n-1}}+\frac{1}{4}\sum_{n=1}^{\infty}\frac{1}{n}\end{aligned}$$

而级数 $\sum_{n=1}^{\infty}\frac{1}{2^{2n-1}}$ 收敛,$\sum_{n=1}^{\infty}\frac{1}{n}$ 发散,从而级数 $\sum_{n=1}^{\infty}(-1)^{n}u_{n}$ 发散. 因此,排除(B). 取 $u_{n}=\frac{1}{n^{2}}$,u_n 满足题设条件,但 $\sum_{n=1}^{\infty}\sqrt{u_{n}}=\sum_{n=1}^{\infty}\frac{1}{n}$ 发散,(C) 也不正确.

(7) 应选(C).

解法 1:由 $\lim\limits_{n\to\infty}nu_{n}=\lambda$,得 $\lim\limits_{n\to\infty}\frac{u_{n}}{\frac{1}{n}}=\lambda$. 因 $\sum_{n=1}^{\infty}u_{n}$ 为正项级数,$\lambda\neq0$,级数 $\sum_{n=1}^{\infty}\frac{1}{n}$ 发散,故由比较法的极限形式知,级数 $\sum_{n=1}^{\infty}u_{n}$ 发散.

解法 2:取 $u_{n}=\frac{1}{n\ln n}$,则 $\lim\limits_{n\to\infty}nu_{n}=0$,但 $\sum_{n=1}^{\infty}u_{n}=\sum_{n=1}^{\infty}\frac{1}{n\ln n}$ 发散,以此可以排除(A)(D).

再取 $u_{n}=\frac{1}{n\sqrt{n}}$,显然级数 $\sum_{n=1}^{\infty}u_{n}=\sum_{n=1}^{\infty}\frac{1}{n\sqrt{n}}$ 收敛($p>1$ 的 $p-$ 级数),但 $\lim\limits_{n\to\infty}n^{2}u_{n}=+\infty$,(B) 被排除.

(8) 应选(C). 级数 $\sum_{n=1}^{\infty}\frac{n}{3^{n}}$ 为正项级数,又 $\lim\limits_{n\to\infty}\frac{u_{n+1}}{u_{n}}=\lim\limits_{n\to\infty}\frac{n+1}{3^{n+1}}\cdot\frac{3^{n}}{n}=\frac{1}{3}\lim\limits_{n\to\infty}\frac{n+1}{n}=\frac{1}{3}<1$,所以根据正项级数的比值判别法知 $\sum_{n=1}^{\infty}\frac{n}{3^{n}}$ 收敛. 级数 $\sum_{n=1}^{\infty}\frac{1}{\sqrt{n}}\ln(1+\frac{1}{n})$ 为正项级数,而 $\ln(1+\frac{1}{n})\sim\frac{1}{n}(n\to\infty)$,于是 $\frac{1}{\sqrt{n}}\ln(1+\frac{1}{n})\sim\frac{1}{n^{\frac{3}{2}}}(n\to\infty)$. 根据 $p-$级数收敛准则,$\sum_{n=1}^{\infty}\frac{1}{n^{\frac{3}{2}}}$ 收敛,再由正项级数得比较判别法的极限形式可知 $\sum_{n=1}^{\infty}\frac{1}{\sqrt{n}}\ln(1+\frac{1}{n})$ 收敛.

由于 $\sum_{n=2}^{\infty}\frac{(-1)^{n}+1}{\ln n}=\sum_{n=2}^{\infty}\frac{(-1)^{n}}{\ln n}+\sum_{n=2}^{\infty}\frac{1}{\ln n}$,而正项级数 $\sum_{n=2}^{\infty}\frac{1}{\ln n}$ 发散,根据莱布尼茨判别法知交错级数 $\sum_{n=2}^{\infty}\frac{(-1)^{n}}{\ln n}$ 收敛,那么由级数收敛的性质知 $\sum_{n=2}^{\infty}\frac{(-1)^{n}+1}{\ln n}$ 发散.

级数 $\sum_{n=1}^{\infty}\frac{n!}{n^{n}}$ 为正项级数,而 $\lim\limits_{n\to\infty}\frac{u_{n+1}}{u_{n}}=\lim\limits_{n\to\infty}\frac{(n+1)!}{(n+1)^{n+1}}\cdot\frac{n^{n}}{n!}=\lim\limits_{n\to\infty}(\frac{n}{n+1})^{n}=\frac{1}{\mathrm{e}}<1$,因此(D) 收敛.

(9) 应选(D).

解法1：若$\sum\limits_{n=1}^{\infty} u_n$收敛，则$\sum\limits_{n=1}^{\infty} u_{n+1}$亦收敛，进而$\sum\limits_{n=1}^{\infty} \frac{u_n+u_{n+1}}{2}=\frac{1}{2}\sum\limits_{n=1}^{\infty} u_n+\frac{1}{2}\sum\limits_{n=1}^{\infty} u_{n+1}$收敛.

解法2：令$u_n=(-1)^n\cdot\frac{1}{\sqrt{n}}$，由莱布尼茨定理可知级数$\sum\limits_{n=1}^{\infty} u_n$收敛. 但$\sum\limits_{n=1}^{\infty} |u_n|=\sum\limits_{n=1}^{\infty} \frac{1}{\sqrt{n}}$，$\sum\limits_{n=1}^{\infty}(-1)^n u_n=\sum\limits_{n=1}^{\infty}\frac{1}{\sqrt{n}}$，$\sum\limits_{n=1}^{\infty} u_n\cdot u_{n+1}=-\sum\limits_{n=1}^{\infty}\frac{1}{\sqrt{n(n+1)}}$均发散，因此，排除(A)(B)(C).

(10) 应选(B).

① 是正确的，因为改变、增加或减少级数的有限项，不改变级数的收敛性. 而级数$\sum\limits_{n=1}^{\infty} u_{n+1\,000}$是级数$\sum\limits_{n=1}^{\infty} u_n$去掉了前1 000项，因此若$\sum\limits_{n=1}^{\infty} u_n$收敛，则$\sum\limits_{n=1}^{\infty} u_{n+1\,000}$收敛.

② 是错误的，如令$u_n=(-1)^n$，显然，$\sum\limits_{n=1}^{\infty} u_n$发散，而$\sum\limits_{n=1}^{\infty}(u_{2n-1}+u_{2n})$收敛.

③ 是正确的，因为由$\lim\limits_{n\to\infty}\frac{u_{n+1}}{u_n}>1$可得到$\lim\limits_{n\to\infty} u_n\neq 0$，所以$\sum\limits_{n=1}^{\infty} u_n$发散.

④ 是错误的，如令$u_n=\frac{1}{n}$，$v_n=-\frac{1}{n}$，显然，$\sum\limits_{n=1}^{\infty} u_n$，$\sum\limits_{n=1}^{\infty} v_n$都发散，而$\sum\limits_{n=1}^{\infty}(u_n+v_n)$收敛.

2. (1) $u_n=(\sqrt{n+2}-\sqrt{n+1})-(\sqrt{n+1}-\sqrt{n})=\frac{1}{\sqrt{n+2}+\sqrt{n+1}}-\frac{1}{\sqrt{n+1}+\sqrt{n}}$，则$s_n=\frac{1}{\sqrt{n+2}+\sqrt{n+1}}-\frac{1}{\sqrt{2}+1}$. 由于$\lim\limits_{n\to\infty} s_n=1-\sqrt{2}$，故原级数收敛.

(2) $\sum\limits_{n=1}^{\infty}\left(\frac{1}{2^n}+\frac{1}{10n}\right)=\sum\limits_{n=1}^{\infty}\frac{1}{2^n}+\frac{1}{10}\sum\limits_{n=1}^{\infty}\frac{1}{n}$. 因为$\sum\limits_{n=1}^{\infty}\frac{1}{2^n}$收敛，而$\sum\limits_{n=1}^{\infty}\frac{1}{n}$发散，所以$\sum\limits_{n=1}^{\infty}\left(\frac{1}{2^n}+\frac{1}{10n}\right)$发散.

(3) 由于$\lim\limits_{n\to\infty}\sin\frac{n\pi}{3}$不存在，故级数$\sum\limits_{n=1}^{\infty}\sin\frac{n\pi}{3}$发散.

3.
$$\frac{1}{n}(\sqrt{n^2+n+1}-\sqrt{n^2-n+1})=\frac{2}{\sqrt{n^2+n+1}+\sqrt{n^2-n+1}}$$

$$\lim_{n\to\infty}\frac{\frac{2}{\sqrt{n^2+n+1}+\sqrt{n^2-n+1}}}{\frac{1}{n}}=\lim_{n\to\infty}\frac{2}{\sqrt{1+\frac{1}{n}+\frac{1}{n^2}}+\sqrt{1-\frac{1}{n}+\frac{1}{n^2}}}=1$$

因为$\sum\limits_{n=1}^{\infty}\frac{1}{n}$发散，所以$\sum\limits_{n=1}^{\infty}\frac{1}{n}(\sqrt{n^2+n+1}-\sqrt{n^2-n+1})$发散.

4. (1) 由于$\lim\limits_{n\to\infty}\frac{1-\cos\frac{\pi}{n}}{\frac{1}{n^2}}=\frac{\pi^2}{2}$，由比较判别法的极限形式可知，原级数收敛.

(2) 因为$\lim\limits_{n\to\infty}\frac{u_{n+1}}{u_n}=\lim\limits_{n\to\infty}\frac{\frac{100^{n+1}}{(n+1)!}}{\frac{100^n}{n!}}=\lim\limits_{n\to\infty}\frac{100}{n+1}=0$,由比值判别法可知,原级数收敛.

(3) 记$u_n=n^n\sin^n\frac{2}{n}$,则$\lim\limits_{n\to\infty}\sqrt[n]{u_n}=\lim\limits_{n\to\infty}(n\sin\frac{2}{n})=2>1$,根据根值判别法,原级数发散.

(4) 当$\alpha=1$时,由于$\lim\limits_{n\to\infty}\frac{1}{1+\alpha^n}=\frac{1}{2}\neq 0$,根据级数收敛的必要条件,$\sum\limits_{n=1}^{\infty}\frac{1}{1+\alpha^n}$发散;当$0<\alpha<1$时,由于$\lim\limits_{n\to\infty}\frac{1}{1+\alpha^n}=1\neq 0$,根据级数收敛的必要条件,$\sum\limits_{n=1}^{\infty}\frac{1}{1+\alpha^n}$发散;当$\alpha>1$时,由于$\frac{1}{1+\alpha^n}<\frac{1}{\alpha^n}$,而等比级数$\sum\limits_{n=1}^{\infty}\frac{1}{\alpha^n}$收敛,故$\sum\limits_{n=1}^{\infty}\frac{1}{1+\alpha^n}$收敛.

5. 首先,由于$\lim\limits_{n\to\infty}a_n=0$,因此$\lim\limits_{n\to\infty}\frac{a_1+a_2+\cdots+a_n}{n}=\lim\limits_{n\to\infty}a_n=0$,另一方面

$$\begin{aligned}\frac{a_1+a_2+\cdots+a_n}{n}&=\frac{1}{n+1}\left(a_1+a_2+\cdots+a_n+\frac{a_1+a_2+\cdots+a_n}{n}\right)\\&>\frac{1}{n+1}\left(a_1+a_2+\cdots+a_n+\frac{a_{n+1}+a_{n+1}+\cdots+a_{n+1}}{n}\right)\\&=\frac{a_1+a_2+\cdots+a_{n+1}}{n+1}\end{aligned}$$

所以$\frac{a_1+a_2+\cdots+a_n}{n}$单调递减,从而由莱布尼茨判别法知级数收敛.

6. $f(0)=\lim\limits_{x\to0}f(x)=\lim\limits_{x\to0}\left[\frac{f(x)}{x}x\right]=0$,$f'(0)=\lim\limits_{x\to0}\frac{f(x)-f(0)}{x-0}=\lim\limits_{x\to0}\frac{f(x)}{x}=0$.

由函数$f(x)$在点$x=0$处的麦克劳林展开式,有

$$f(x)=f(0)+f'(0)x+\frac{1}{2!}f''(\theta x)x^2=\frac{1}{2}f''(\theta x)x^2(0<\theta<1)$$

再由$f''(x)$的连续性知,它在点$x=0$处的某个很小的邻域内有界(连续函数的局部有界性),即必存在$M>0$,使得$|f''(x)|\leqslant M$,于是有$|f(x)|\leqslant\frac{M}{2}x^2$. 令$x=\frac{1}{n}$,则$n$充分大时,有$\left|f\left(\frac{1}{n}\right)\right|\leqslant\frac{M}{2}\frac{1}{n^2}$. 因为级数$\sum\limits_{n=1}^{\infty}\frac{1}{n^2}$收敛,所以$\sum\limits_{n=1}^{\infty}f\left(\frac{1}{n}\right)$绝对收敛.

7. $\lim\limits_{n\to+\infty}\left|\frac{(-1)^n/n\sqrt[n]{n}}{1/n}\right|=\lim\limits_{n\to+\infty}\frac{1}{\sqrt[n]{n}}=1$,由比较判别法的极限形式知,$\sum\limits_{n=1}^{\infty}\left|\frac{(-1)^n}{n\sqrt[n]{n}}\right|$发散,所以$\sum\limits_{n=1}^{\infty}\frac{(-1)^n}{n\sqrt[n]{n}}$不是绝对收敛的. 而通项所成的数列$\left\{\frac{1}{n\cdot\sqrt[n]{n}}\right\}$单调递减且$\lim\limits_{n\to\infty}\frac{1}{n\cdot\sqrt[n]{n}}=0$,由莱布尼茨判别法知$\sum\limits_{n=1}^{\infty}\frac{(-1)^n}{n\sqrt[n]{n}}$收敛,所以$\sum\limits_{n=1}^{\infty}\frac{(-1)^n}{n\sqrt[n]{n}}$是条件收敛的.

8. (1) 级数$\sum\limits_{n=1}^{\infty}(b_{n+1}-b_n)$的部分和$S_n=\sum\limits_{k=1}^{n}(b_{k+1}-b_k)=b_{n+1}-b_1$,而

$$\lim_{n\to\infty} S_n = \lim_{n\to\infty}(b_{n+1} - b_1) = \infty$$

从而级数 $\sum_{n=1}^{\infty}(b_{n+1} - b_n)$ 发散.

(2) 级数 $\sum_{n=1}^{\infty}\left(\frac{1}{b_n} - \frac{1}{b_{n+1}}\right)$ 的部分和 $T_n = \sum_{k=1}^{n}\left(\frac{1}{b_k} - \frac{1}{b_{k+1}}\right) = \frac{1}{b_1} - \frac{1}{b_{n+1}}$,而

$$\lim_{n\to\infty} T_n = \lim_{n\to\infty}\left(\frac{1}{b_1} - \frac{1}{b_{n+1}}\right) = \frac{1}{b_1}$$

所以 $\sum_{n=1}^{\infty}\left(\frac{1}{b_n} - \frac{1}{b_{n+1}}\right) = \frac{1}{b_1}$.

9. 证法 1:$\sum_{k=2}^{n}\frac{a_k}{S_k^2} = \sum_{k=2}^{n}\frac{S_k - S_{k-1}}{S_k^2} \leqslant \sum_{k=2}^{n}\frac{S_k - S_{k-1}}{S_k S_{k-1}} = \sum_{k=2}^{n}\left(\frac{1}{S_{k-1}} - \frac{1}{S_k}\right) = \frac{1}{S_1} - \frac{1}{S_n} \leqslant \frac{1}{S_1}$,所以 $\sum_{n=1}^{\infty}\frac{a_n}{S_n^2}$ 收敛.

证法 2:$\frac{a_n}{S_n^2} = \frac{1}{S_n^2}(S_n - S_{n-1})$. 设 $f(x) = \frac{1}{x}$,由拉格朗日中值定理,$\exists \xi \in (S_{n-1}, S_n)$ 使得 $f(S_n) - f(S_{n-1}) = \frac{1}{S_n} - \frac{1}{S_{n-1}} = -\frac{1}{\xi^2}(S_n - S_{n-1})$,即 $\frac{1}{S_{n-1}} - \frac{1}{S_n} = \frac{1}{\xi^2}(S_n - S_{n-1}) \geqslant \frac{1}{S_n^2}\cdot(S_n - S_{n-1})$,等价地,有 $\frac{1}{S_n^2}(S_n - S_{n-1}) \leqslant \frac{1}{S_{n-1}} - \frac{1}{S_n}$,而显然正项级数 $\sum_{n=2}^{\infty}\left(\frac{1}{S_{n-1}} - \frac{1}{S_n}\right)$ 收敛,故由比较判别法可得 $\sum_{n=1}^{\infty}\frac{a_n}{S_n^2}$ 收敛.

10. 只需证 $\exists M > 0$,使得 $\forall n \in \mathbf{N}_+$ 有 $\sum_{k=1}^{n} a_k \leqslant M$.

已知 $\sum_{k=1}^{n}(a_k - a_n)$ 有界,所以 $\exists M > 0$,使得

$$\sum_{k=1}^{n}(a_k - a_n) \leqslant M(\forall n \in \mathbf{N}_+) \qquad ①$$

现任意固定一个 $n \in \mathbf{N}_+$,取 $m > n$,于是利用条件(2) 及式 ① 有

$$\sum_{k=1}^{n} a_k - na_m = \sum_{k=1}^{n}(a_k - a_m) \leqslant \sum_{k=1}^{m}(a_k - a_m) \leqslant M \qquad ②$$

此式对任意 $m > n$ 皆成立. 令 $m \to +\infty$,因 $na_m \to 0$,故由式 ② 可得 $\sum_{k=1}^{n} a_k \leqslant M$. 由 n 的任意性知,$\sum_{n=1}^{\infty} a_n$ 收敛.

11. (1) 因为 $a_{n+1} = \frac{1}{2}(a_n + \frac{1}{a_n}) \geqslant \frac{1}{2}\cdot 2\sqrt{a_n\cdot\frac{1}{a_n}} = 1$,于是得 $\{a_n\}$ 有下界 1. 又 $\frac{a_{n+1}}{a_n} = \frac{1}{2}(1 + \frac{1}{a_n^2}) \leqslant \frac{1}{2}(1+1) = 1$,即 $\{a_n\}$ 单调递减. 那么,由有界原理知 $\lim_{n\to\infty} a_n$ 存在,不妨设 $\lim_{n\to\infty} a_n = a$,等式两端同时取 $n \to \infty$ 的极限,得 $a = \frac{1}{2}(a + \frac{1}{a})$,解之得 $a = 1$ 或 $a = -1$(舍

去).

(2) 由于 $a_n \geqslant 1$,且 $\{a_n\}$ 单调递减,故而 $0 \leqslant \frac{a_n}{a_{n+1}} - 1 = \frac{a_n - a_{n+1}}{a_{n+1}} \leqslant a_n - a_{n+1}$,而 $\lim\limits_{n\to\infty}\sum\limits_{k=1}^{n}(a_k - a_{k+1}) = \lim\limits_{n\to\infty}(a_1 - a_{n+1}) = 2 - 1 = 1$,因此 $\sum\limits_{k=1}^{\infty}(a_n - a_{n+1})$ 收敛,由正项级数的比较判别法得 $\sum\limits_{n=1}^{\infty}(\frac{a_n}{a_{n+1}} - 1)$ 收敛.

12. (1) 因为

$$\frac{1}{n}(a_n + a_{n+2}) = \frac{1}{n}(\int_0^{\frac{\pi}{4}} \tan^n x\,\mathrm{d}x + \int_0^{\frac{\pi}{4}} \tan^{n+2} x\,\mathrm{d}x) = \frac{1}{n}\int_0^{\frac{\pi}{4}} \tan^n x \sec^2 x\,\mathrm{d}x$$

$$= \frac{1}{n(n+1)}\tan^{n+1} x\Big|_0^{\frac{\pi}{4}} = \frac{1}{n(n+1)} = \frac{1}{n} - \frac{1}{n+1}$$

所以 $\sum\limits_{n=1}^{\infty}\frac{1}{n}(a_n + a_{n+2})$ 的部分和数列 $s_n = 1 - \frac{1}{n+1}$,$\lim\limits_{n\to\infty} s_n = \lim\limits_{n\to\infty}(1 - \frac{1}{n+1}) = 1$. 因此 $\sum\limits_{n=1}^{\infty}\frac{1}{n}(a_n + a_{n+2}) = 1$.

(2) 因为 $a_n = \int_0^{\frac{\pi}{4}} \tan^n x\,\mathrm{d}x = \int_0^1 \frac{t^n}{1+t^2}\mathrm{d}t \leqslant \int_0^1 t^n\,\mathrm{d}t = \frac{1}{n+1}$,所以 $\frac{a_n}{n^\lambda} \leqslant \frac{1}{n^\lambda(n+1)} < \frac{1}{n^{1+\lambda}}$,故对任意 $\lambda > 0$,由于 $1+\lambda > 1$,因此级数 $\sum\limits_{n=1}^{\infty}\frac{a_n}{n^\lambda}$ 收敛.

13. 由拉格朗日中值定理,得 $a_n - a_{n-1} = \ln f(a_{n-1}) - \ln f(a_{n-2}) = \frac{f'(\xi_n)}{f(\xi_n)}(a_{n-1} - a_{n-2})(n = 2,3,\cdots)$,其中,$\xi_n$ 在 a_{n-1} 与 a_{n-2} 之间,于是

$$|a_n - a_{n-1}| = \left|\frac{f'(\xi_n)}{f(\xi_n)}\right| |a_{n-1} - a_{n-2}| \leqslant m\,|a_{n-1} - a_{n-2}|\ (n = 2,3,\cdots)$$

步骤1:如有某个 n_0,使 $a_{n_0-1} - a_{n_0-2} = 0$,则对任意的 $n > n_0$,都有 $|a_n - a_{n-1}| = 0$,于是级数 $\sum\limits_{n=1}^{\infty}|a_n - a_{n-1}|$ 收敛.

步骤2:如对任意的正整数 n,都有 $|a_{n-1} - a_{n-2}| \neq 0$,则

$$\frac{|a_n - a_{n-1}|}{|a_{n-1} - a_{n-2}|} \leqslant m < 1(n = 2,3,\cdots)$$

于是由比式判别法可知级数 $\sum\limits_{n=1}^{\infty}|a_n - a_{n-1}|$ 收敛.

14. 对任意的 $\varepsilon > 0$,由于 $\{f_n(x)\}$ 在 I 上一致收敛于 $f(x)$,因此存在 $N \in \mathbf{N}_+$,使得当 $n > N$ 时,对一切 $x \in I$,有

$$|f_n(x) - f(x)| < \frac{\varepsilon}{3}$$

取定 $n_0 > N$,由于 $f_{n_0}(x)$ 在 I 上一致连续,因此对上述 $\varepsilon > 0$,存在 $\delta > 0$,使得对任意的 $x', x'' \in I$,当 $|x' - x''| < \delta$ 时,有 $|f_{n_0}(x') - f_{n_0}(x'')| < \frac{\varepsilon}{3}$.

从而有任意的 $\varepsilon > 0$,存在 $\delta > 0$,使对任意的 $x', x'' \in I$,只要 $|x' - x''| < \delta$ 时,就

有

$$|f(x')-f(x'')|\leqslant|f_{n_0}(x')-f_{n_0}(x'')|+|f_{n_0}(x')-f(x')|+|f_{n_0}(x'')-f(x'')|$$
$$<\frac{\varepsilon}{3}+\frac{\varepsilon}{3}+\frac{\varepsilon}{3}=\varepsilon$$

因此 $f(x)$ 在 I 上一致连续.

15. 由于 $\{f_n\}$ 在区间 I 上一致收敛于 0，所以对 $\varepsilon_k=\frac{1}{k^2}$，存在 $N_k\in\mathbf{N}_+$，使得当 $n>N_k$ 时，对一切 $x\in I$，有 $|f_n(x)|=|f_n(x)-0|<\frac{1}{k^2}$. 取 $n_i=N_i+1$，则对一切 $x\in I$，都有 $|f_{n_i}(x)|<\frac{1}{i^2}$，而 $\sum\limits_{n=1}^{\infty}\frac{1}{n^2}$ 收敛，从而由优级数判别法知级数 $\sum\limits_{i=1}^{\infty}f_{n_i}(x)$ 在 I 上一致收敛.

16. 因 $\sum\limits_{n=1}^{\infty}a_n$ 绝对收敛，故 $\sum\limits_{n=1}^{\infty}a_n$ 收敛. 记 $S=\sum\limits_{n=1}^{\infty}a_n$，以及

$$\lim_{n\to+\infty}\frac{|a_n(a_1+a_2+\cdots+a_n)|}{|a_n|}=\lim_{n\to+\infty}|a_1+a_2+\cdots+a_n|=|S|<+\infty$$

由比较判别法的极限形式知，$\sum\limits_{n=1}^{\infty}|a_n(a_1+a_2+\cdots+a_n)|$ 与 $\sum\limits_{n=1}^{\infty}|a_n|$ 具有相同的敛散性，而 $\sum\limits_{n=1}^{\infty}|a_n|$ 收敛，所以 $\sum\limits_{n=1}^{\infty}|a_n(a_1+a_2+\cdots+a_n)|$ 收敛，即 $\sum\limits_{n=1}^{\infty}a_n(a_1+a_2+\cdots+a_n)$ 绝对收敛.

17. 由于 $0<\frac{a_n}{\sqrt{n}\ln n}<\frac{1}{2}(a_n^2+\frac{1}{n\ln^2 n})$，故只需证 $\sum\limits_{n=3}^{\infty}\frac{1}{n\ln^2 n}$ 收敛.

注意到，函数 $\frac{1}{x\ln^2 x}$ 为 $[3,+\infty)$ 上的单调递减正值函数，则

$$\sum_{n=3}^{\infty}\frac{1}{n\ln^2 n}=\sum_{n=3}^{\infty}\int_{n-1}^{n}\frac{1}{n\ln^2 n}\mathrm{d}x\leqslant\sum_{n=3}^{\infty}\int_{n-1}^{n}\frac{1}{x\ln^2 x}\mathrm{d}x\xlongequal{\ln x=u}\sum_{n=3}^{\infty}\int_{\ln(n-1)}^{\ln n}\frac{1}{u^2}\mathrm{d}u=\int_{\ln 2}^{+\infty}\frac{1}{u^2}\mathrm{d}u$$

而 $\int_{\ln 2}^{+\infty}\frac{1}{u^2}\mathrm{d}u$ 收敛，则由比较判别法知 $\sum\limits_{n=3}^{\infty}\frac{1}{n\ln^2 n}$ 收敛，故 $\sum\limits_{n=2}^{\infty}\frac{1}{n\ln^2 n}$ 也收敛.

所以 $\sum\limits_{n=2}^{\infty}\frac{1}{2}(a_n^2+\frac{1}{n\ln^2 n})$ 收敛，再由比较判别法知 $\sum\limits_{n=2}^{\infty}\frac{a_n}{\sqrt{n}\ln n}$ 收敛.

18. 取 $\varepsilon_0=\frac{1}{2}$，任意的 $N>0$，取 $m_0=N+1>N$，因 $\sum\limits_{n=1}^{\infty}a_n$ 发散，$a_n>0$，故 $\lim\limits_{n\to\infty}S_n=+\infty$，从而存在充分大的正整数 p_0，使得 $S_{m_0+p_0}>2S_{m_0}$. 注意到部分和数列为正项单调递增数列，则

$$\left|\frac{a_{m_0+1}}{S_{m_0+1}}+\cdots+\frac{a_{m_0+p_0}}{S_{m_0+p_0}}\right|\geqslant\left|\frac{a_{m_0+1}+\cdots+a_{m_0+p_0}}{S_{m_0+p_0}}\right|=\left|\frac{S_{m_0+p_0}-S_{m_0}}{S_{m_0+p_0}}\right|$$
$$=1-\frac{S_{m_0}}{S_{m_0+p_0}}>\frac{1}{2}=\varepsilon_0$$

从而由柯西收敛准则的否定形式证得 $\sum\limits_{n=1}^{\infty}\frac{a_n}{S_n}$ 发散.

19. 由于$\frac{1}{2}+\frac{1}{3}+\cdots+\frac{1}{n}<\int_1^n \frac{1}{x}\mathrm{d}x=\ln n(n\geqslant 2)$,故

$$a_n=1+\frac{1}{2}+\frac{1}{3}+\cdots+\frac{1}{n}\leqslant 1+\ln n(n\geqslant 1)$$

当 n 充分大时,因为 $1+\ln n<\sqrt{n}$,所以

$$0<\frac{1+\frac{1}{2}+\cdots+\frac{1}{n}}{(n+1)(n+2)}\leqslant\frac{1+\ln n}{(n+1)(n+2)}\leqslant\frac{\sqrt{n}}{(n+1)(n+2)}\sim\frac{1}{n^{\frac{3}{2}}}(n\to\infty)$$

而级数$\sum_{n=1}^{\infty}\frac{1}{n^{\frac{3}{2}}}$收敛,应用比较判别法,即得原级数收敛.

考虑原级数的部分和得原级

$$\begin{aligned}S_n&=\sum_{k=1}^{n}\frac{a_k}{(k+1)(k+2)}=\sum_{k=1}^{n}a_k\left(\frac{1}{k+1}-\frac{1}{k+2}\right)\\&=\frac{a_1}{2}-\frac{a_1}{3}+\frac{a_2}{3}-\frac{a_2}{4}+\cdots+\frac{a_n}{n+1}-\frac{a_n}{n+2}\\&=\frac{a_1}{2}+\frac{a_2-a_1}{3}+\frac{a_3-a_2}{4}+\cdots+\frac{a_n-a_{n-1}}{n+1}-\frac{a_n}{n+2}\\&=\frac{1}{1\cdot 2}+\frac{1}{2\cdot 3}+\cdots+\frac{1}{n(n+1)}-\frac{a_n}{n+2}\\&=1-\frac{1}{2}+\frac{1}{2}-\frac{1}{3}+\cdots+\frac{1}{n}-\frac{1}{n+1}-\frac{a_n}{n+2}=1-\frac{1}{n+1}-\frac{a_n}{n+2}\end{aligned}$$

因$\frac{1}{n+1}\to 0,0<\frac{a_n}{n+2}\leqslant\frac{1+\ln n}{n+2}\to 0$,故原级数的和为 1.

20. 因为级数$\sum_{n=1}^{\infty}a_n$与$\sum_{n=1}^{\infty}c_n$收敛,所以$\sum_{n=1}^{\infty}(c_n-a_n)$收敛. 又因为 $0\leqslant b_n-a_n\leqslant c_n-a_n$,由比较知$\sum_{n=1}^{\infty}(b_n-a_n)$也收敛,于是由$\sum_{n=1}^{\infty}b_n=\sum_{n=1}^{\infty}[(b_n-a_n)+a_n]$知$\sum_{n=1}^{\infty}b_n$也收敛.

但$\sum_{n=1}^{\infty}a_n$,$\sum_{n=1}^{\infty}c_n$都发散时,$\sum_{n=1}^{\infty}b_n$不一定发散,例如,$\sum_{n=1}^{\infty}a_n=\sum_{n=1}^{\infty}(-2)$,$\sum_{n=1}^{\infty}c_n=\sum_{n=1}^{\infty}2$,因 $a_n\leqslant c_n$,当 $b_n=1$ 时,级数$\sum_{n=1}^{\infty}b_n$发散.

当 $b_n=\frac{(-1)^n}{n}$ 时,级数$\sum_{n=1}^{\infty}b_n$条件收敛. 当 $b_n=\frac{(-1)^n}{n^2}$ 时,级数$\sum_{n=1}^{\infty}b_n$绝对收敛.

21. 记 $u_n(x)=\frac{x^{n-1}}{n^2}$,$x\in[-1,1]$,由此可得 $|u_n(x)|=\frac{|x|^{n-1}}{n^2}$,又因为$\sum_{n=1}^{\infty}\frac{1}{n^2}$收敛,推得$\sum_{n=1}^{\infty}u_n(x)$在$[-1,1]$上一致收敛,且每一项$\frac{x^{n-1}}{n^2}(n=1,2,\cdots)$在$[-1,1]$上连续,由函数项级数一致收敛的逐项可积性定理,有

$$\int_0^x S(t)\mathrm{d}t=\sum_{n=1}^{\infty}\int_0^x u_n(t)\mathrm{d}t=\sum_{n=1}^{\infty}\int_0^x\frac{t^{n-1}}{n^2}\mathrm{d}t=\sum_{n=1}^{\infty}\frac{x^n}{n^3}$$

22. 考察级数 $\sum\limits_{n=1}^{\infty}\frac{1}{n}$. 已知此级数发散，但对每个固定的 p，有

$$u_{n+1}+\cdots+u_{n+p}=\frac{1}{n+1}+\cdots+\frac{1}{n+p}\leqslant\frac{p}{n+1}$$

而 $\lim\limits_{n\to\infty}\frac{p}{n+1}=0$，从而有 $\lim\limits_{n\to\infty}\left(\frac{1}{n+1}+\cdots+\frac{1}{n+p}\right)=0$.

23. 对每个固定的 n，显然 $u_n(x)$ 为 $[0,1]$ 上增函数，故有

$$u_n(x)\leqslant u_n(1)=\frac{1}{n^3}\ln(1+n^2)\leqslant\frac{1}{n^3}n=\frac{1}{n^2}(n=1,2,\cdots)$$

所以 $u_n(x)$ 以收敛级数 $\sum\limits_{n=1}^{\infty}\frac{1}{n^2}$ 为 $\sum\limits_{n=1}^{\infty}u_n(x)$ 的优级数，故 $\sum\limits_{n=1}^{\infty}u_n(x)$ 在 $[0,1]$ 上一致收敛.

由于每一个 $u_n(x)$ 在 $[0,1]$ 上连续，根据函数项级数一致收敛的连续性定理与逐项求积性定理，$\sum\limits_{n=1}^{\infty}u_n(x)$ 的和函数 $S(x)$ 在 $[0,1]$ 上连续且可积. 又由 $u'_n(x)=\frac{2x}{n(1+n^2x^2)}=\frac{2nx}{n^2(1+n^2x^2)}\leqslant\frac{1}{n^2}(n=1,2,\cdots)$，即 $\sum\limits_{n=1}^{\infty}\frac{1}{n^2}$ 也是 $\sum\limits_{n=1}^{\infty}u'_n(x)$ 的优级数，故 $\sum\limits_{n=1}^{\infty}u'_n(x)$ 也在 $[0,1]$ 上一致收敛. 再由函数项级数一致收敛的连续性定理与逐项求导性定理，得 $S(x)$ 在 $[0,1]$ 上可微.

24. 记 $f_n(x)=x^n+nx-1$. 当 $x>0$ 时，$f_n'(x)=nx^{n-1}+n>0$，故 $f_n(x)$ 在 $[0,+\infty)$ 上单调增加.

由于 $f_n(0)=-1<0$，$f_n(1)=n>0$，根据连续函数的零点定理知方程

$$x^n+nx-1=0$$

存在唯一正实根 x_n，且 $0<x_n<1$.

因为 $x^n+nx_n-1=0$，且 $x_n>0$，所以

$$0<x_n=\frac{1-x_n^n}{n}<\frac{1}{n}$$

从而当 $\alpha>1$ 时，有 $0<x_n^\alpha<(\frac{1}{n})^\alpha$，而正项级数 $\sum\limits_{n=1}^{\infty}\frac{1}{n^\alpha}$ 收敛，所以当 $\alpha>1$ 时，级数 $\sum\limits_{n=1}^{\infty}x_n^\alpha$ 收敛.

25. (1) 证法 1：由于 $0<a_n<\frac{\pi}{2}$，$0<b_n<\frac{\pi}{2}$，$\cos a_n-a_n=\cos b_n$，且 $\cos x$ 在 $(0,\frac{\pi}{2})$ 上单调减少，故 $0<a_n<b_n<\frac{\pi}{2}$. 又因为级数 $\sum\limits_{n=1}^{\infty}b_n$ 收敛，故 $\lim\limits_{n\to\infty}b_n=0$，从而由迫敛性知 $\lim\limits_{n\to\infty}a_n=0$，结论得证.

证法 2：当 $x\in(0,\frac{\pi}{2})$ 时，$\cos x>1-\frac{x^2}{2}$，从而 $-\cos x<\frac{x^2}{2}-1$. 由于 $b_n\in(0,\frac{\pi}{2})$，故 $a_n=\cos a_n-\cos b_n<1+\frac{b_n^2}{2}-1=\frac{b_n^2}{2}$，即有 $0<a_n<\frac{b_n^2}{2}$. 又因为级数 $\sum\limits_{n=1}^{\infty}b_n$ 收敛，故 $\lim\limits_{n\to\infty}b_n=0$，从而由迫敛性知 $\lim\limits_{n\to\infty}a_n=0$，结论得证.

(2) 证法 1:由(1) 中证法 1 知,$0 < a_n < b_n < \frac{\pi}{2}$,从而

$$\frac{a_n}{b_n} = \frac{\cos a_n - \cos b_n}{b_n} = \frac{2\sin\frac{a_n + b_n}{2}\sin\frac{b_n - a_n}{2}}{b_n}$$

$$< \frac{2 \cdot \frac{a_n + b_n}{2} \cdot \frac{b_n - a_n}{2}}{b_n} = \frac{b_n^2 - a_n^2}{2b_n} < \frac{b_n^2}{2b_n} = \frac{1}{2}b_n$$

又因为$\sum_{n=1}^{\infty} b_n$ 收敛,故由比较判别法知,$\sum_{n=1}^{\infty}\frac{a_n}{b_n}$ 收敛,结论得证.

证法 2:同(1) 中证法 2 得到 $0 < a_n < \frac{b_n^2}{2}$,于是由 $b_n > 0$ 知,$0 < \frac{a_n}{b_n} < \frac{1}{2}b_n$. 又因为 $\sum_{n=1}^{\infty} b_n$ 收敛,故由比较审敛法知,$\sum_{n=1}^{\infty}\frac{a_n}{b_n}$ 收敛,结论得证.

证法 3:由(1) 知,$\lim\limits_{n\to\infty} a_n = \lim\limits_{n\to\infty} b_n = 0$,从而当 $n\to\infty$ 时

$$\cos a_n = 1 - \frac{1}{2}a_n^2 + o(a_n^2),\ \cos b_n = 1 - \frac{1}{2}b_n^2 + o(b_n^2)$$

再由 $\cos a_n - a_n = \cos b_n$ 知,$1 - \frac{1}{2}a_n^2 - a_n + o(a_n^2) = 1 - \frac{1}{2}b_n^2 + o(b_n^2)$,即 $a_n + \frac{1}{2}a_n^2 - o(a_n^2) = \frac{1}{2}b_n^2 - o(b_n^2)$,则当 $n\to\infty$ 时可得

$$a_n + \frac{1}{2}a_n^2 - o(a_n^2) \sim a_n,\ \frac{1}{2}b_n^2 \sim \frac{1}{2}b_n^2 - o(b_n^2)$$

从而$\lim\limits_{n\to\infty}\frac{\frac{a_n}{b_n}}{b_n} = \lim\limits_{n\to\infty}\frac{a_n}{b_n^2} = \frac{1}{2}$.

又因为$\sum_{n=1}^{\infty} b_n$ 收敛,故由正项级数比较判别法的极限形式知,$\sum_{n=1}^{\infty}\frac{a_n}{b_n}$ 收敛,结论得证.

26.(1) 由题设知

$$|x_{n+1} - x_n| = |f(x_n) - f(x_{n-1})| = |f'(\xi_n)(x_n - x_{n-1})| \leqslant \frac{1}{2}\cdot|x_n - x_{n-1}|$$

其中 ξ_n 介于 x_n 与 x_{n-1} 之间(若 $x_n = x_{n-1}$,则取 $\xi_n = x_n$,本题均作类似处理),递推得到

$$|x_{n+1} - x_n| \leqslant \frac{1}{2}|x_n - x_{n-1}| \leqslant \frac{1}{2}\cdot\frac{1}{2}|x_{n-1} - x_{n-2}| \leqslant \cdots \leqslant \frac{1}{2^{n-1}}|x_2 - x_1|$$

又因为级数$\sum_{n=1}^{\infty}\frac{1}{2^{n-1}}|x_2 - x_1| = |x_2 - x_1|\sum_{n=1}^{\infty}\frac{1}{2^{n-1}} = 2|x_2 - x_1|$ 收敛,故由此比较判别法知,级数$\sum_{n=1}^{\infty}|x_{n+1} - x_n|$ 收敛,即$\sum_{n=1}^{\infty}(x_{n+1} - x_n)$ 绝对收敛,结论得证.

(2) 首先证明$\lim\limits_{n\to\infty} x_n$ 存在.

令 $S_n = \sum_{k=1}^{n}(x_{k+1} - x_k) = x_{n+1} - x_1$. 由(1) 中结论知,级数$\sum_{n=1}^{\infty}(x_{n+1} - x_n)$ 绝对收敛,

从而收敛，即$\lim\limits_{n\to\infty} S_n$存在. 又因为$x_{n+1}=S_n+x_1$，故$\lim\limits_{n\to\infty} x_{n+1}$存在，即$\lim\limits_{n\to\infty} x_n$存在，结论得证.

若$x_1=x_2$，则$\forall n\in \mathbf{N}_+$，$x_n=x_1$，此时$\lim\limits_{n\to\infty} x_n$显然存在.

再证明$0<\lim\limits_{n\to\infty} x_n<2$. 设$\lim\limits_{n\to\infty} x_n=a$，对等式$x_{n+1}=f(x_n)$两边关于$n\to\infty$取极限，由$f(x)$可导从而连续得到$a=f(a)$. 下面证明$0<a<2$.

证法1：由拉格朗日中值定理知，存在ξ介于0与a之间，使得$f(a)-f(0)=f'(\xi)a$. 又因为$f(a)=a$，$f(0)=1$，故有$a-1=f'(\xi)a$，解得$a=\dfrac{1}{1-f'(\xi)}$. 由题设知，$0<f'(\xi)<\dfrac{1}{2}$，于是$\dfrac{1}{2}<1-f'(\xi)<1$，从而$0<1<a=\dfrac{1}{1-f'(\xi)}<2$，结论得证.

证法2：令$F(x)=f(x)-x$，则$F(a)=f(a)-a=0$. 又因为$f(x)$可导且$0<f'(x)<\dfrac{1}{2}$，故$F'(x)=f'(x)-1<0$，从而$F(x)$单调减少. 因此要证$0<a<2$，只需证明$F(0)>F(a)=0>F(2)$.

显然，$F(0)=f(0)=1>0$. 又因为$F(2)=f(2)-2=f(2)-f(0)-1=2f'(\eta)-1<0$，其中$0<\eta<2$，故$F(0)>F(a)=0>F(2)$，结论得证.

27. 已知$f(x)=\sum\limits_{n=1}^{\infty}\dfrac{u_n}{n!}x^n$，对$x$求导得

$$\begin{aligned}f'(x)&=\sum_{n=1}^{\infty}\frac{u_n}{(n-1)!}x^{n-1}=1+\sum_{n=2}^{\infty}\frac{u_n}{(n-1)!}x^{n-1}=1+\sum_{n=2}^{\infty}\frac{au_{n-1}+bu_{n-2}}{(n-1)!}x^{n-1}\\&=1+a\sum_{n=2}^{\infty}\frac{u_{n-1}}{(n-1)!}x^{n-1}+b\sum_{n=2}^{\infty}\frac{u_{n-2}}{(n-1)!}x^{n-1}\\&=1+af(x)+b\sum_{n=1}^{\infty}\frac{u_{n-1}}{n!}x^n\end{aligned}$$

再求导得

$$f''(x)=af'(x)+b\sum_{n=1}^{\infty}\frac{u_{n-1}}{(n-1)!}x^{n-1}=af'(x)+b\sum_{n=0}^{\infty}\frac{u_n}{n!}x^n=af'(x)+bf(x)$$

故$f(x)$满足微分方程

$$\begin{cases}f''(x)-af'(x)-bf(x)=0\\f(0)=0,f'(0)=1\end{cases}$$

第12讲 幂级数与傅里叶级数

背景简介

级数理论是研究函数的重要手段，也是构造新函数的常用方法. 级数也是表示函数，特别是表示非初等函数的一个有力工具. 例如，有的微分方程的解不是初等函数，但其解却可表为函数级数. 级数理论则会使我们进一步开阔眼界，见识到更广泛的非初等函数类型，当然，其功能不仅在于引进非初等函数，更为重要的是，给出了研究这些函数的有效方法，并对于我们已知的函数(如初等函数、变限定积分定义的非初等函数等)，得到它们的级数表示，从而更便于研究它们的性质，使得函数级数在自然科学、工程技术和数学本身都有广泛的应用.

本讲探讨两类特殊的函数项级数 —— 幂级数与傅里叶级数.

幂级数是对已知函数表示、逼近的有效方法，在近似计算中它发挥着举足轻重的作用.

泰勒公式对于研究函数的局部近似和整体逼近都有重要的意义，它是用有限项的多项式近似函数，并给出便于估计误差的余项. 在此基础上，在一定条件下，我们可以用无穷项的多项式准确的表示一个函数，这就是幂级数. 对于具备任意次可微的函数，才有可能表示成幂级数，而对于性质较差的函数(比如某些有间断点的函数)，则无能为力. 但是这种函数在较弱的条件下却可以表示成傅里叶级数(即无限多个正弦函数与余弦函数的和)，傅里叶展开的要求并不是那么苛刻，狄利克雷给出了相对宽容的条件下，对应傅里叶级数的收敛性定理.

傅里叶级数是 19 世纪初法国数学家和工程师傅里叶在研究热传导问题时提出的. 笔者认为求导运算通常不能很好地保护函数的性质，但求积运算相对较好. 如一个连续函数的导函数可能不连续，但是求不定积分后仍然是连续函数. 傅里叶级数相比于泰勒级数，具有更广泛的适用性，尤其在表示复杂的周期现象时锋芒毕露，在热力学、光学、声学、电学等领域中意义非凡，同样在微分方程求解甚至整个现代分析学中占据核心地位.

本讲读者要理解阿贝尔定理，会求幂级数的收敛域，会求给定函数的幂级数展开. 要熟记 e^x，$\sin x$，$\cos x$，$\ln(1+x)$，$\dfrac{1}{1-x}$，$(1+x)^\alpha$ 的幂级数展开(参考第 2 节的内容)，并会利用这些公式，求给定幂级数的和函数.

了解傅里叶收敛定理，会求形式较简约函数的傅里叶展开.

内容聚焦

第1节 幂级数及其性质

一、幂级数及其收敛性

1. 幂级数的概念

形如

$$\sum_{n=0}^{\infty} a_n x^n = a_0 + a_1 x + a_2 x^2 + \cdots + a_n x^n + \cdots$$

或

$$\sum_{n=0}^{\infty} a_n (x - x_0)^n = a_0 + a_1 (x - x_0) + a_2 (x - x_0)^2 + \cdots + a_n (x - x_0)^n + \cdots$$

的函数项级数称为幂级数.

2. 收敛半径与收敛域

定理1 （阿贝尔定理）如果级数 $\sum\limits_{n=0}^{\infty} a_n x^n$ 当 $x = x_0 (x_0 \neq 0)$ 时收敛，则适合不等式 $|x| < |x_0|$ 的一切 x 使这幂级数绝对收敛.反之，如果级数 $\sum\limits_{n=0}^{\infty} a_n x^n$ 当 $x = x_0$ 时发散，则适合不等式 $|x| > |x_0|$ 的一切 x 使这幂级数发散.

推论 如果级数 $\sum\limits_{n=0}^{\infty} a_n x^n$ 不是仅在点 $x = 0$ 一点收敛，也不是在整个数轴上都收敛，则必有一个完全确定的正数 R 存在，使得：

当 $|x| < R$ 时，幂级数绝对收敛；

当 $|x| > R$ 时，幂级数发散；

当 $x = R$ 与 $x = -R$ 时，幂级数可能收敛也可能发散.

收敛半径与收敛区间 正数 R 通常叫作幂级数 $\sum\limits_{n=0}^{\infty} a_n x^n$ 的收敛半径.开区间 $(-R, R)$ 叫作幂级数 $\sum\limits_{n=0}^{\infty} a_n x^n$ 的收敛区间.再由幂级数在 $x = \pm R$ 处的收敛性就可以决定它的收敛域.幂级数 $\sum\limits_{n=0}^{\infty} a_n x^n$ 的收敛域是 $(-R, R)$ 或 $[-R, R)$，$(-R, R]$，$[-R, R]$ 之一.

3. 收敛半径及收敛域的求法

如果幂级数 $\sum\limits_{n=0}^{\infty} a_n x^n$ 系数满足 $\lim\limits_{n\to\infty} \left|\dfrac{a_{n+1}}{a_n}\right| = \rho$ $(\lim\limits_{n\to\infty} \sqrt[n]{|a_n|} = \rho)$，则这个幂级数的收敛半径

$$R=\begin{cases}+\infty,\rho=0\\ \dfrac{1}{\rho},\rho\neq 0\\ 0,\rho=+\infty\end{cases}$$

注 ① 若幂级数 $\sum_{n=0}^{\infty} a_n x^n$ 在 $x=x_0$ 处条件收敛，则幂级数 $\sum_{n=0}^{\infty} a_n x^n$ 的收敛半径为 $R=|x_0|$；② 欲求幂级数的收敛域，先计算收敛半径，再讨论幂级数在收敛区间端点处的收敛性即可.

例 1 设幂级数 $\sum_{n=0}^{\infty} a_n(x+99)^n$ 在 $x=3$ 处条件收敛，则此幂级数的收敛半径 R 为(　　).

(A)$R=99$　　(B)$R=100$　　(C)$R=101$　　(D)$R=102$

解 应选(D). 设 $\sum_{n=0}^{\infty} a_n(x+99)^n$ 的收敛半径为 R，则其收敛区间为$(-99-R,-99+R)$，由题意可知，$x=3$ 为其收敛区间的端点，即 $-99+R=3$，故 $R=102$.

例 2 若幂级数 $\sum_{n=0}^{\infty} a_n(x-1)^n$ 在 $x=-1$ 处收敛，则此级数在 $x=2$ 处(　　).

(A) 可能收敛也可能发散　　(B) 发散　　(C) 条件收敛　　(D) 绝对收敛

解 应选(D). 令 $t=x-1$，则当 $x=-1$ 时，$t=-2$ 且 $\sum_{n=0}^{\infty} a_n(-2)^n$ 收敛，从而 $\sum_{n=0}^{\infty} a_n t^n$ 对于满足 $|t|<2$ 的所有 t 都收敛. 当 $x=2$ 时，$t=1$，由阿贝尔定理，显然 $\sum_{n=0}^{\infty} a_n$ 绝对收敛，即原级数在 $x=2$ 处绝对收敛.

例 3 求幂级数 $\sum_{n=0}^{\infty} n(n+1)x^n$ 的收敛半径及收敛域.

解 因为 $\rho=\lim\limits_{n\to\infty}\left|\dfrac{a_{n+1}}{a_n}\right|=\lim\limits_{n\to\infty}\dfrac{(n+1)(n+2)}{n(n+1)}=1$，所以收敛半径 $R=\dfrac{1}{\rho}=1$.

当 $x=1$ 时，级数 $\sum_{n=0}^{\infty} n(n+1)$ 发散；当 $x=-1$ 时，级数 $\sum_{n=0}^{\infty}(-1)^n n(n+1)$ 发散. 因此 $\sum_{n=0}^{\infty} n(n+1)x^n$ 的收敛域为$(-1,1)$.

例 4 求级数 $\sum_{n=1}^{\infty}\dfrac{(x-2)^n}{3^n\cdot n}$ 的收敛域.

解 令 $t=x-2$，则由 $\sum_{n=1}^{\infty}\dfrac{(x-2)^n}{3^n\cdot n}$ 得到 $\sum_{n=1}^{\infty}\dfrac{t^n}{3^n\cdot n}$. 因为

$$\rho=\lim_{n\to\infty}\left|\frac{a_{n+1}}{a_n}\right|=\lim_{n\to\infty}\frac{3^n\cdot n}{3^{n+1}\cdot(n+1)}=\frac{1}{3}$$

所以收敛半径 $R=3$，收敛区间为 $t\in(-3,3)$，即 $x\in(-1,5)$.

当 $x=5$ 时，级数 $\sum_{n=1}^{\infty}\dfrac{1}{n}$ 发散，当 $x=-1$ 时，级数 $\sum_{n=1}^{\infty}\dfrac{(-1)^n}{n}$ 收敛. 从而 $\sum_{n=1}^{\infty}\dfrac{(x-2)^n}{3^n\cdot n}$

的收敛域为$[-1,5)$.

例 5 求级数$\sum_{n=1}^{\infty}\frac{2n-1}{2^n}x^{2n}$的收敛域.

解 设$u_n(x)=\frac{2n-1}{2^n}x^{2n}$,那么

$$\lim_{n\to\infty}\left|\frac{u_{n+1}(x)}{u_n(x)}\right|=\lim_{n\to\infty}\left|\frac{2n+1}{2^{n+1}}\cdot\frac{2^n}{2n-1}\cdot\frac{x^{2n+2}}{x^{2n}}\right|=\frac{1}{2}|x|^2$$

当$\frac{1}{2}|x|^2<1$,即$|x|<\sqrt{2}$时,所给级数绝对收敛,当$\frac{1}{2}|x|^2>1$,即$|x|>\sqrt{2}$时,所给级数发散.因而所给级数的收敛半径$R=\sqrt{2}$,收敛区间为$(-\sqrt{2},\sqrt{2})$.

当$x=\pm\sqrt{2}$时,级数$\sum_{n=1}^{\infty}(2n-1)$发散.因此,$\sum_{n=1}^{\infty}\frac{2n-1}{2^n}x^{2n}$的收敛域为$(-\sqrt{2},\sqrt{2})$.

二、幂级数的和函数的性质

性质 1 幂级数$\sum_{n=0}^{\infty}a_nx^n$的和函数$s(x)$在其收敛域$I$上连续.

性质 2 幂级数$\sum_{n=0}^{\infty}a_nx^n$与$\sum_{n=0}^{\infty}b_nx^n$的收敛半径分别为$R_1$和$R_2$,则对任意的$x\in(-R,R)$,有$\sum_{n=0}^{\infty}a_nx^n\pm\sum_{n=0}^{\infty}b_nx^n=\sum_{n=0}^{\infty}(a_n\pm b_n)x^n$,$R=\min\{R_1,R_2\}$.

性质 3 幂级数$\sum_{n=0}^{\infty}a_nx^n$的和函数$s(x)$在其收敛区间$(-R,R)$内可导,且

$$s'(x)=\left(\sum_{n=0}^{\infty}a_nx^n\right)'=\sum_{n=0}^{\infty}(a_nx^n)'=\sum_{n=1}^{\infty}na_nx^{n-1}\ (|x|<R)$$

性质 4 幂级数$\sum_{n=0}^{\infty}a_nx^n$的和函数$s(x)$在其收敛域$I$上可积,并有

$$\int_0^x s(t)\mathrm{d}t=\int_0^x\left(\sum_{n=0}^{\infty}a_nt^n\right)\mathrm{d}t=\sum_{n=0}^{\infty}\int_0^x a_nt^n\mathrm{d}t=\sum_{n=0}^{\infty}\frac{a_n}{n+1}x^{n+1}\ (x\in I).$$

注 ① 幂级数逐项求导、逐项积分后所得幂级数的收敛半径与原幂级数收敛半径相同,但幂级数在收敛区间两个端点处的敛散性可能会发生改变.② 对幂级数进行逐项求导、逐项积分是求幂级数和函数的一个重要方法,其思路是,先对要求和函数的幂级数进行逐项求导或逐项积分,得到已知和函数的幂级数,再利用求导和积分互为逆运算,积分或求导即可.

例 6 求幂级数$\sum_{n=1}^{\infty}nx^{n-1}$的收敛域,并求其和.

解 由于$\rho=\lim_{n\to\infty}\left|\frac{a_{n+1}}{a_n}\right|=\lim_{n\to\infty}\frac{n+1}{n}=1$,因而收敛半径$R=1$.

当$x=\pm1$时,级数$\sum_{n=1}^{\infty}n$与$\sum_{n=1}^{\infty}(-1)^{n-1}n$均发散,故收敛域为$(-1,1)$.

若$x\in(-1,1)$,令$s(x)=\sum_{n=1}^{\infty}nx^{n-1}$,那么

$$\int_0^x s(t)\mathrm{d}t=\int_0^x(\sum_{n=1}^{\infty} nt^{n-1})\mathrm{d}t=\sum_{n=1}^{\infty}(\int_0^x nt^{n-1}\mathrm{d}t)=\sum_{n=1}^{\infty} x^n=\frac{x}{1-x}$$

因此 $s(x)=\left(\frac{x}{1-x}\right)'=\frac{1}{(1-x)^2}$.

例 7 求幂级数 $\sum_{n=1}^{\infty}\frac{1}{2^n\cdot n}x^n$ 的收敛域,并求其和函数.

解 由于 $\rho=\lim_{n\to\infty}\left|\frac{a_{n+1}}{a_n}\right|=\lim_{n\to\infty}\frac{2^n\cdot n}{2^{n+1}\cdot(n+1)}=\frac{1}{2}$,因而所给幂级数的收敛半径 $R=2$,收敛区间为 $(-2,2)$.

当 $x=2$ 时,级数 $\sum_{n=1}^{\infty}\frac{1}{n}$ 发散;当 $x=-2$ 时,级数 $\sum_{n=1}^{\infty}\frac{(-1)^n}{n}$ 收敛. 因此级数 $\sum_{n=1}^{\infty}\frac{1}{2^n\cdot n}x^n$ 的收敛域为 $[-2,2)$.

如果 $x\in(-2,2)$,令 $s(x)=\sum_{n=1}^{\infty}\frac{1}{2^n\cdot n}x^n$,那么

$$s'(x)=\left(\sum_{n=1}^{\infty}\frac{1}{2^n\cdot n}x^n\right)'=\sum_{n=1}^{\infty}\left(\frac{1}{2^n\cdot n}x^n\right)'=\sum_{n=1}^{\infty}\frac{x^{n-1}}{2^n}$$

$$=\frac{1}{2}\sum_{n=1}^{\infty}\left(\frac{x}{2}\right)^{n-1}=\frac{1}{2}\cdot\frac{1}{1-\frac{x}{2}}=\frac{1}{2-x}$$

所以 $s(x)-s(0)=\int_0^x s'(t)\mathrm{d}t=\int_0^x\frac{1}{2-t}\mathrm{d}t=-\ln(2-x)+\ln 2$. 从而

$$s(-2)=\lim_{x\to-2^+}s(x)=\lim_{x\to-2^+}[\ln 2-\ln(2-x)]=-\ln 2$$

例 8 求幂级数 $\sum_{n=1}^{\infty}\frac{(-1)^{n-1}}{2n-1}x^{2n}$ 的收敛域及和函数.

解 $\lim_{n\to\infty}\left|\frac{u_{n+1}(x)}{u_n(x)}\right|=\lim_{n\to\infty}\left|\frac{(-1)^n x^{2n+2}}{2n+1}\cdot\frac{2n-1}{(-1)^{n-1}x^{2n}}\right|=x^2$,因此:

当 $x^2<1$,即 $-1<x<1$ 时,幂级数 $\sum_{n=1}^{\infty}\frac{(-1)^{n-1}}{2n-1}x^{2n}$ 绝对收敛;

当 $x^2>1$ 时,即 $x>1$ 或 $x<-1$ 时,幂级数 $\sum_{n=1}^{\infty}\frac{(-1)^{n-1}}{2n-1}x^{2n}$ 发散.

则幂级数 $\sum_{n=1}^{\infty}\frac{(-1)^{n-1}}{2n-1}x^{2n}$ 的收敛半径 $R=1$.

当 $x=\pm 1$ 时,由于 $\sum_{n=1}^{\infty}\frac{(-1)^{n-1}}{2n-1}(\pm 1)^{2n}=\sum_{n=1}^{\infty}\frac{(-1)^{n-1}}{2n-1}$,由交错级数的莱布尼茨定理得 $\sum_{n=1}^{\infty}\frac{(-1)^{n-1}}{2n-1}$ 收敛,所以幂级数 $\sum_{n=1}^{\infty}\frac{(-1)^{n-1}}{2n-1}x^{2n}$ 的收敛域为 $[-1,1]$.

令 $s(x)=\sum_{n=1}^{\infty}\frac{(-1)^{n-1}}{2n-1}x^{2n}$,则

$$s(x)=\sum_{n=1}^{\infty}\frac{(-1)^{n-1}}{2n-1}x^{2n}=x\sum_{n=1}^{\infty}\frac{(-1)^{n-1}}{2n-1}x^{2n-1}=xs_1(x)$$

而 $s'_1(x)=\left[\sum_{n=1}^{\infty}\frac{(-1)^{n-1}}{2n-1}x^{2n-1}\right]'=\sum_{n=1}^{\infty}(-1)^{n-1}x^{2n-2}=\frac{1}{1+x^2}$，所以

$$s_1(x)-s_1(0)=\int_0^x\frac{1}{1+t^2}\mathrm{d}t=\arctan x$$

于是 $s(x)=\sum_{n=1}^{\infty}\frac{(-1)^{n-1}}{2n-1}x^{2n}=xs_1(x)=x\arctan x,x\in[-1,1]$.

第2节　幂级数的展开

一、函数展开成幂级数

1. 泰勒级数

若函数 $f(x)$ 在 $x=x_0$ 处具有任意阶导数，则幂级数 $\sum_{n=1}^{\infty}\frac{f^{(n)}(x_0)}{n!}(x-x_0)^n$ 称为 $f(x)$ 在 $x=x_0$ 处的泰勒级数. 当 $x_0=0$ 时，级数 $\sum_{n=1}^{\infty}\frac{f^{(n)}(0)}{n!}x^n$ 称为 $f(x)$ 的麦克劳林级数.

定理 1　若函数 $f(x)$ 在点 x_0 的某邻域内具有任意阶导数，则在 x_0 的某邻域内 $f(x)=\sum_{n=1}^{\infty}\frac{f^{(n)}(x_0)}{n!}(x-x_0)^n$ 的充分必要条件是 $\lim\limits_{n\to\infty}R_n(x)=0$.

定理 2　若函数 $f(x)$ 在某区间内能展开成幂级数 $f(x)=\sum_{n=0}^{\infty}a_nx^n$，则其系数 $a_n=\frac{f^{(n)}(x_0)}{n!}(n=1,2,\cdots)$.

2. 常用函数的麦克劳林级数

$$\mathrm{e}^x=\sum_{n=0}^{\infty}\frac{1}{n!}x^n=1+x+\frac{1}{2!}x^2+\cdots+\frac{1}{n!}x^n\cdots(-\infty<x<+\infty)$$

$$\sin x=\sum_{n=0}^{\infty}\frac{(-1)^n}{(2n+1)!}x^{2n+1}=x-\frac{1}{3!}x^3+\cdots+\frac{(-1)^n}{(2n+1)!}x^{2n+1}+\cdots(-\infty<x<+\infty)$$

$$\cos x=\sum_{n=0}^{\infty}\frac{(-1)^n}{(2n)!}x^{2n}=1-\frac{1}{2!}x^2+\cdots+\frac{(-1)^n}{(2n)!}x^{2n}+\cdots(-\infty<x<+\infty)$$

$$\ln(1+x)=\sum_{n=1}^{\infty}\frac{(-1)^{n-1}}{n}x^n=x-\frac{1}{2}x^2+\cdots+\frac{(-1)^{n-1}}{n}x^n+\cdots(-1<x\leqslant 1)$$

$$\frac{1}{1-x}=\sum_{n=0}^{\infty}x^n=1+x+x^2+\cdots+x^n+\cdots(-1<x<1)$$

$$(1+x)^\alpha=1+\sum_{n=1}^{\infty}\frac{\alpha(\alpha-1)\cdots(\alpha-n+1)}{n!}x^n(-1<x<1)$$

当 $x=\pm1$ 时，展开式是否成立要视 α 的值而定.

3. **函数展开成幂级数的方法**

直接法 先计算出函数在指定点处的各阶导数；再根据泰勒级数公式，写出幂级数，并求出其收敛半径；最后利用余项的表达式，考察余项在收敛区间内极限是否为零，如果为零，则所得幂级数为函数在收敛区间内的展开式.

间接法 利用已知函数的幂级数展开式，通过幂级数的运算（如四则运算、逐项求导、逐项积分）以及变量代换等，将所给函数展开成幂级数. 在利用逐项求导或逐项积分时，须注意，对端点处的敛散性要单独检验.

例 1 将函数 $f(x)=\dfrac{x}{2+x-x^2}$ 展开成 x 的幂级数.

解 $$f(x)=\frac{x}{2+x-x^2}=\frac{x}{(2-x)(1+x)}=\frac{2}{3}\cdot\frac{1}{2-x}-\frac{1}{3}\cdot\frac{1}{1+x}$$

$$\frac{1}{2-x}=\frac{1}{2}\cdot\frac{1}{1-\frac{x}{2}}=\frac{1}{2}\sum_{n=0}^{\infty}\left(\frac{x}{2}\right)^n=\sum_{n=0}^{\infty}\frac{x^n}{2^{n+1}}\left(\left|\frac{x}{2}\right|<1\right)$$

$$\frac{1}{1+x}=\sum_{n=0}^{\infty}(-1)^n x^n(|x|<1)$$

故 $f(x)=\dfrac{2}{3}\sum\limits_{n=0}^{\infty}\dfrac{x^n}{2^{n+1}}-\dfrac{1}{3}\sum\limits_{n=0}^{\infty}(-1)^n x^n=\sum\limits_{n=0}^{\infty}\dfrac{1}{3}\left[\dfrac{1}{2^n}-(-1)^n\right]x^n(|x|<1)$.

例 2 求函数 $f(x)=(1-x)\cdot\ln(1-x)$ 在 $x=0$ 处的幂级数展开式.

解 由 $\ln(1-x)=-x-\dfrac{1}{2}x^2-\cdots-\dfrac{1}{n}x^n-\cdots(-1\leqslant x<1)$，得

$$\begin{aligned}f(x)&=-\sum_{n=1}^{\infty}\frac{1}{n}x^n+\sum_{n=1}^{\infty}\frac{1}{n}x^{n+1}=-x-\sum_{n=2}^{\infty}\frac{1}{n}x^n+\sum_{n=2}^{\infty}\frac{1}{n-1}x^n\\&=-x+\sum_{n=2}^{\infty}\frac{1}{n(n-1)}x^n(-1\leqslant x<1)\end{aligned}$$

例 3 求 $f(x)=\sin^2 x$ 展开成 $x-\dfrac{\pi}{4}$ 的幂级数，并指出其收敛域.

解 $\sin x=\sum\limits_{n=0}^{\infty}\dfrac{(-1)^n}{(2n+1)!}x^{2n+1}(-\infty<x<+\infty)$

$$\begin{aligned}f(x)&=\frac{1}{2}-\frac{1}{2}\cos 2x=\frac{1}{2}-\frac{1}{2}\cos\left[2(x-\frac{\pi}{4})+\frac{\pi}{2}\right]=\frac{1}{2}+\frac{1}{2}\sin 2(x-\frac{\pi}{4})\\&=\frac{1}{2}+\frac{1}{2}\sum_{n=0}^{\infty}\frac{(-1)^n}{(2n+1)!}\left[2(x-\frac{\pi}{4})\right]^{2n+1}(-\infty<2(x-\frac{\pi}{4})<+\infty)\\&=\frac{1}{2}+\sum_{n=0}^{\infty}\frac{(-1)^n\cdot 4^n}{(2n+1)!}(x-\frac{\pi}{4})^{2n+1}(-\infty<x<+\infty)\end{aligned}$$

例 4 将 $f(x)=\arctan\dfrac{1-2x}{1+2x}$ 展开成关于 x 的幂级数，并求级数 $\sum\limits_{n=0}^{\infty}\dfrac{(-1)^n}{2n+1}$ 的和.

解 $f'(x)=-\dfrac{2}{1+4x^2}=-2\sum\limits_{n=0}^{\infty}(-1)^n 4^n x^{2n}, x\in(-\dfrac{1}{2},\dfrac{1}{2})$. 又 $f(0)=\dfrac{\pi}{4}$，所以

$$f(x)=f(0)+\int_0^x f'(t)\mathrm{d}t=\frac{\pi}{4}-2\int_0^x\Big[\sum_{n=0}^{\infty}(-1)^n 4^n t^{2n}\Big]\mathrm{d}t$$

$$=\frac{\pi}{4}-2\sum_{n=0}^{\infty}\frac{(-1)^n4^n}{2n+1}x^{2n+1},x\in\left(-\frac{1}{2},\frac{1}{2}\right)$$

因$\sum\limits_{n=0}^{\infty}\frac{(-1)^n}{2n+1}$收敛，函数 $f(x)$ 在 $x=\frac{1}{2}$ 处连续，所以

$$f(x)=\frac{\pi}{4}-2\sum_{n=0}^{\infty}\frac{(-1)^n4^n}{2n+1}x^{2n+1},x\in\left(-\frac{1}{2},\frac{1}{2}\right]$$

令 $x=\frac{1}{2}$，得 $f\left(\frac{1}{2}\right)=\frac{\pi}{4}-2\sum\limits_{n=0}^{\infty}\left[\frac{(-1)4^n}{2n+1}\cdot\frac{1}{2^{2n+1}}\right]=\frac{\pi}{4}-\sum\limits_{n=0}^{\infty}\frac{(-1)^n}{2n+1}$，再由 $f\left(\frac{1}{2}\right)=0$，得$\sum\limits_{n=0}^{\infty}\frac{(-1)^n}{2n+1}=\frac{\pi}{4}-f\left(\frac{1}{2}\right)=\frac{\pi}{4}$.

第 3 节　傅里叶级数

一、三角级数和三角函数系的正交性

形如$\frac{a_0}{2}+\sum\limits_{n=1}^{\infty}(a_n\cos nx+b_n\sin nx)$的级数称为三角级数，这里 a_0,a_n,b_n 均是常数.

三角函数系$\{1,\sin x,\cos x,\sin 2x,\cos 2x,\cdots,\sin nx,\cos nx,\cdots\}$在区间$[-\pi,\pi]$上正交，即

$$\int_{-\pi}^{\pi}\cos nx\,\mathrm{d}x=0,\int_{-\pi}^{\pi}\sin nx\,\mathrm{d}x=0(n=1,2,\cdots)$$

$$\int_{-\pi}^{\pi}\sin nx\cos mx\,\mathrm{d}x=0(m,n=1,2,\cdots)$$

$$\int_{-\pi}^{\pi}\sin nx\sin mx\,\mathrm{d}x=\int_{-\pi}^{\pi}\cos nx\cos mx\,\mathrm{d}x=0(m,n=1,2,\cdots;m\neq n)$$

二、傅里叶级数

设 $f(x)$ 是周期为 2π 的周期函数，它在$[-\pi,\pi]$上可积，则称

$$a_n=\frac{1}{\pi}\int_{-\pi}^{\pi}f(x)\cos nx\,\mathrm{d}x(n=0,1,2,\cdots)$$

$$b_n=\frac{1}{\pi}\int_{-\pi}^{\pi}f(x)\sin nx\,\mathrm{d}x(n=1,2,\cdots)$$

为 $f(x)$ 的傅里叶系数，以傅里叶系数为系数的三角级数

$$\frac{a_0}{2}+\sum_{n=1}^{\infty}(a_n\cos nx+b_n\sin nx)$$

称为函数 $f(x)$ 的傅里叶级数.

三、狄利克雷收敛定理

设 $f(x)$ 是周期为 2π 的周期函数. 如果它满足：

(1) 在一个周期内连续或只有有限个第一类间断点；

(2) 在一个周期内至多只有有限个极值点.

则 $f(x)$ 的傅里叶级数收敛，并且：

当 x 是 $f(x)$ 的连续点时，$f(x)$ 的傅里叶级数收敛于 $f(x)$；

当 x 是 $f(x)$ 的间断点时，$f(x)$ 的傅里叶级数收敛于 $\frac{1}{2}[f(x-0)+f(x+0)]$.

四、周期为 2π 的函数的傅里叶级数

将周期为 2π 的函数 $f(x)$ 展开为傅里叶级数的步骤：首先计算傅里叶系数 a_n,b_n，并写出傅里叶级数；其次利用收敛性定理确定傅里叶级数在 $[-\pi,\pi]$ 上的收敛情况.

(1) 在 $[-\pi,\pi]$ 上计算

$$a_n=\frac{1}{\pi}\int_{-\pi}^{\pi}f(x)\cos nx\,\mathrm{d}x\,(n=0,1,2,\cdots)$$

$$b_n=\frac{1}{\pi}\int_{-\pi}^{\pi}f(x)\sin nx\,\mathrm{d}x\,(n=1,2,\cdots)$$

(2) 在 $[0,\pi]$ 上展开为正弦级数与余弦级数

1) 展开为正弦级数

$$a_n=0\,(n=0,1,2,\cdots),b_n=\frac{2}{\pi}\int_0^{\pi}f(x)\sin nx\,\mathrm{d}x\,(n=0,1,2,\cdots)$$

2) 展开为余弦级数

$$b_n=0\,(n=0,1,2,\cdots),a_n=\frac{2}{\pi}\int_0^{\pi}f(x)\cos nx\,\mathrm{d}x\,(n=0,1,2,\cdots)$$

五、周期为 2l 的周期函数的傅里叶级数

设周期为 $2l$ 的函数 $f(x)$ 在 $[-l,l]$ 满足收敛定理的条件，则 $f(x)$ 的傅里叶级数为

$$\frac{a_0}{2}+\sum_{n=1}^{\infty}\left(a_n\cos\frac{n\pi x}{l}+b_n\sin\frac{n\pi x}{l}\right)$$

其中 $a_n=\frac{1}{l}\int_{-l}^{l}f(x)\cos\frac{n\pi x}{l}\mathrm{d}x\,(n=0,1,2,\cdots),b_n=\frac{1}{l}\int_{-l}^{l}f(x)\sin\frac{n\pi x}{l}\mathrm{d}x\,(n=1,2,\cdots)$.

当 x 是 $f(x)$ 的连续点时，$f(x)$ 的傅里叶级数收敛于 $f(x)$；当 x 是 $f(x)$ 的间断点时，$f(x)$ 的傅里叶级数收敛于 $\frac{f(x-0)+f(x+0)}{2}$.

注 将奇延拓(偶延拓)后的函数展开成傅里叶级数，这个级数必定是正弦级数(余弦级数).

例 1 设 $x^2=\sum_{n=0}^{\infty}a_n\cos nx\,(-\pi\leqslant x\leqslant\pi)$，则 $a_2=$________.

解 应填 1. $a_2=\frac{1}{\pi}\int_{-\pi}^{\pi}x^2\cos 2x\mathrm{d}x=1$.

例 2 设 $f(x)$ 是周期为 2 的函数，$f(x)=\begin{cases}2,-1<x\leqslant 0\\ x^3,0<x\leqslant 1\end{cases}$，则 $f(x)$ 的傅里叶级数在 $x=1$ 处收敛于________.

解 应填 $\frac{3}{2}$. 由于 $x=1$ 是函数的第一类间断点，根据收敛性定理函数 $f(x)$ 在 $x=1$ 处收敛于 $\frac{f(1+0)+f(1-0)}{2}=\frac{3}{2}$.

例 3 设函数 $f(x)=x^2(0\leqslant x<1)$，而 $s(x)=\sum\limits_{n=1}^{\infty}b_n\sin(n\pi x)(-\infty<x<+\infty)$，其中 $b_n=2\int_0^1 f(x)\sin(n\pi x)\mathrm{d}x(n=1,2,3,\cdots)$，则 $s\left(-\frac{1}{2}\right)=$________.

解 应填 $-\frac{1}{4}$. 根据已知条件 $s(x)$ 是由 $f(x)$ 作奇延拓后展开的，且是以 2 为周期的奇函数，由于 $f(x)$ 在 $x=\frac{1}{2}$ 处连续，从而 $s\left(-\frac{1}{2}\right)=-s\left(\frac{1}{2}\right)=-f\left(\frac{1}{2}\right)=-\frac{1}{4}$.

例 4 将函数 $f(x)=\cos\frac{x}{2}(-\pi\leqslant x\leqslant\pi)$ 展开成傅里叶级数.

解 所给函数满足收敛性定理的条件，且

$$a_n=\frac{1}{\pi}\int_{-\pi}^{\pi}f(x)\cos nx\,\mathrm{d}x=\frac{1}{\pi}\int_{-\pi}^{\pi}\cos\frac{x}{2}\cos nx\,\mathrm{d}x$$

$$=\frac{2}{\pi}\int_0^{\pi}\cos\frac{x}{2}\cos nx\,\mathrm{d}x=\frac{(-1)^n\cdot 4}{(1-4n^2)\pi}$$

$$b_n=\frac{1}{\pi}\int_{-\pi}^{\pi}f(x)\sin nx\,\mathrm{d}x=\frac{1}{\pi}\int_{-\pi}^{\pi}\cos\frac{x}{2}\sin nx\,\mathrm{d}x=0$$

因而所求的傅里叶级数为

$$f(x)=\frac{2}{\pi}+\frac{4}{\pi}\sum_{n=1}^{\infty}\frac{(-1)^n}{1-4n^2}\cos nx\,(x\in[-\pi,\pi])$$

例 5 将函数 $f(x)=1-x^2(0\leqslant x\leqslant\pi)$ 展开成余弦级数，并求 $\sum\limits_{n=1}^{\infty}\frac{(-1)^{n-1}}{n^2}$ 的和.

解 由于 $a_0=\frac{2}{\pi}\int_0^{\pi}(1-x^2)\mathrm{d}x=2-\frac{2\pi^2}{3}$，$a_n=\frac{2}{\pi}\int_0^{\pi}(1-x^2)\cos nx\,\mathrm{d}x=\frac{4(-1)^{n-1}}{n^2}$，所以

$$f(x)=\frac{a_0}{2}+\sum_{n=1}^{\infty}a_n\cos nx=1-\frac{\pi^2}{3}+4\sum_{n=1}^{\infty}\frac{(-1)^{n-1}}{n^2}\cos nx\,(0\leqslant x\leqslant\pi)$$

令 $x=0$，有 $f(0)=1-\frac{\pi^2}{3}+4\sum\limits_{n=1}^{\infty}\frac{(-1)^{n-1}}{n^2}$. 又 $f(0)=1$，所以 $\sum\limits_{n=1}^{\infty}\frac{(-1)^{n-1}}{n^2}=\frac{\pi^2}{12}$.

解惑释疑

问题 1 如何求缺项幂级数的收敛半径？

答 有无限多个项的系数为零，这样的幂级数称为缺项幂级数. 对这种幂级数，不能直接用比式判别法或根式判别法求收敛半径；可尝试用下面两个方法：

(1) 变量替换法. 将原幂级数变为一个无缺项的幂级数. 计算出后一幂级数的收敛半径，再根据两变量之间的关系得出原幂级数的收敛半径. 例如，幂级数 $\sum\limits_{n=1}^{\infty}\frac{1}{2^n}x^{2n}$，可令 $y=x^2$，化为幂级数 $\sum\limits_{n=1}^{\infty}\frac{1}{2^n}y^n$，而后一幂级数的收敛半径 $R=2$，从而当 $x^2<2$ 时，原幂级数收

敛；当 $x^2>2$ 时，原幂级数发散. 由此推出原幂级数的收敛半径 $R=\sqrt{2}$.

(2) 重新排序法. 将幂级数的项按原顺序重新编号，使其成为一个没有缺项的函数项级数，然后由此函数项级数的收敛性导出原幂级数的收敛半径. 以 $\sum\limits_{n=1}^{\infty}\dfrac{1}{2^n}x^{2n}$ 为例，将它看作函数项级数 $\sum\limits_{n=0}^{\infty}u_n(x)$，其中 $u_n(x)=\dfrac{1}{2^n}x^{2n}$. 由于 $\lim\limits_{n\to\infty}\left|\dfrac{u_{n+1}(x)}{u_n(x)}\right|=\dfrac{1}{2}x^2$，因此当 $|x|<\sqrt{2}$ 时，该级数收敛；当 $|x|>\sqrt{2}$ 时，该级数发散. 由此可得原幂级数的收敛半径为 $R=\sqrt{2}$.

问题 2 设 $f(x)$ 在 $(-R,R)$ 上的展开式为

$$f(x)=f(0)+f'(0)x+\frac{1}{2!}f''(0)x^2+\cdots+\frac{1}{n!}f^{(n)}(0)x^n+\cdots \qquad (*)$$

如果式($*$)右边的幂级数在 $x=R$ 处收敛，能否由此得出，式($*$)在 $x=R$ 也成立？

答 不能. 有可能函数 $f(x)$ 在 $x=R$(或 $x=-R$)不是左(右)连续，或者没有定义.

例如，$f(x)=(1-x)\ln(1-x)$ 在 $x=0$ 处的展开式为(参考本讲第 2 节例 2)

$$f(x)=-x+\sum_{n=2}^{\infty}\frac{x^n}{n(n-1)}(x\in[-1,1))$$

上式右边的幂级数 $\sum\limits_{n=2}^{\infty}\dfrac{x^n}{n(n-1)}$ 的收敛域为 $[-1,1]$，而 $f(x)$ 在 $x=1$ 处却没有定义.

事实上，在问题所设条件下，如果函数 $f(x)$ 在 $x=R$ 是左连续的，则式($*$)在 $x=R$ 处成立.

问题 3 如果幂级数 $\sum\limits_{n=0}^{\infty}a_nx^n$ 在开区间 $(-R,R)$ 上的和函数为 $S(x)$，再反过来将 $S(x)$ 在 $x=0$ 处展开为麦克劳林级数，试问此麦克劳林级数是否就是原来的幂级数？

答 是. 设 $S(x)=\sum\limits_{n=0}^{\infty}a_nx^n$，$x\in(-R,R)$，由幂级数的逐项求导性质，知道 $S(x)$ 在 $(-R,R)$ 上任意阶可导，且 $S^{(n)}(0)=[n!\,a_n+(n+1)!\,a_{n+1}x+\cdots]_{x=0}=n!\,a_n$，于是 $S(x)$ 在 $x=0$ 处的麦克劳林级数即为 $\sum\limits_{n=0}^{\infty}\dfrac{S^{(n)}(0)}{n!}x^n=\sum\limits_{n=0}^{\infty}a_nx^n$，$x\in(-R,R)$.

等价地，可以说，如果一个函数在某点 x_0 近旁能表示成关于 $x-x_0$ 的幂级数，则此幂级数是唯一的.

问题 4 如何求一周期函数的傅里叶级数？

答 一般可按下列步骤进行：

(1) 确定函数的奇偶性，连续点与不连续点，必要时，画出函数的图像(至少一个周期)；

(2) 根据周期为 2π 或 $2l$，是否奇、偶函数，计算相应的博里叶系数 a_n,b_n；

(3) 写出相应的傅里叶级数；

(4) 验证收敛条件，并按收敛定理指明的傅里叶级数的收敛性写出傅里叶级数展开式，特别要正确处理间断点处的收敛状态.

问题 5 设函数在 $[-\pi,\pi]$ 上可积，但 $f(\pi)\neq f(-\pi)$. 这个函数显然不能延拓为周

期为 2π 的函数.但我们仍可按公式 $a_n=\frac{1}{\pi}\int_{-\pi}^{\pi}f(x)\cos nx\,\mathrm{d}x,b_n=\frac{1}{\pi}\int_{-\pi}^{\pi}f(x)\sin nx\,\mathrm{d}x$ 求出其傅里叶级系数,这样做合理吗?

答 $f(x)$ 虽然不能直接进行周期延拓,但如果把 $f(x)$ 限制在 $(-\pi,\pi]$ 或 $[-\pi,\pi)$ 上,是可以进行周期延拓的.并且无论是把 $f(x)$ 看作 $(-\pi,\pi]$ 上的函数,还是看作 $[-\pi,\pi)$ 上的函数,所得到的傅里叶级数是相同的.通常就把这个傅里叶级数作为原来函数 $f(x)$ 的傅里叶级数.一般来说,在进行周期延拓时,如有必要,可以删去、补充或改变个别点处的函数值,这样做并不影响最后得到的傅里叶级数.类似的结论对奇延拓与偶延拓也成立.

习题精练

1.(1) 若 $\sum_{n=1}^{\infty}a_n$ 条件收敛,则 $x=\sqrt{3}$ 与 $x=3$ 依次为 $\sum_{n=1}^{\infty}na_n(x-1)^n$ 的(　　).

(A) 收敛点,收敛点　　(B) 收敛点,发散点

(C) 发散点,收敛点　　(D) 发散点,发散点

(2) 已知 $\frac{1}{1+x}=1-x+x^2-x^3+\cdots$,则 $\frac{1}{1+x^4}$ 展开为 x 的幂级数为(　　).

(A) $1+x^4+x^8+\cdots$　　(B) $-1+x^4-x^8+\cdots$

(C) $1-x^4+x^8-x^{12}+\cdots$　　(D) $-1-x^4-x^8+\cdots$

(3) 幂级数 $\sum_{n=2}^{\infty}\frac{1}{n!}x^n$ 在收敛域 $(-\infty,+\infty)$ 内的和函数为(　　).

(A) e^x　　(B) e^x+1　　(C) e^x-1　　(D) e^x-x-1

(4) 设幂级数 $\sum_{n=0}^{\infty}a_n(x+1)^n$ 在 $x=3$ 处条件收敛,则此幂级数的收敛半径为(　　).

(A) $R=3$　　(B) $R=4$　　(C) $R=2$　　(D) 无法确定 R

(5) 设 $\{u_n\}$ 是单调减少的正值数列,则下列级数中收敛的是(　　).

(A) $\sum_{n=1}^{\infty}(-1)^{n-1}u_n$　　(B) $\sum_{n=1}^{\infty}\frac{u_n}{n}$

(C) $\sum_{n=1}^{\infty}(1-\frac{u_{n+1}}{u_n})$　　(D) $\sum_{n=1}^{\infty}\frac{u_n-u_{n+1}}{\sqrt{u_n}}$

(6) 设 $\sum_{n=1}^{\infty}a_nx^n$ 与 $\sum_{n=1}^{\infty}b_nx^n$ 的收敛半径分别为 $\frac{\sqrt{5}}{3}$ 和 $\frac{1}{3}$,则 $\sum_{n=1}^{\infty}\frac{a_n^2}{b_n^2}x^n$ 的收敛半径为(　　).

(A) 5　　(B) $\frac{\sqrt{5}}{3}$　　(C) $\frac{1}{3}$　　(D) $\frac{1}{5}$

(7) 设数列 $\{a_n\}$ 单调减少,$\lim\limits_{n\to\infty}a_n=0$,$s_n=\sum_{k=1}^{n}a_k(n=1,2,\cdots\cdots)$ 无界,则幂级数

$\sum_{n=1}^{\infty} a_n(x-1)^n$ 的收敛域为(　　).

(A)$(-1,1]$　　(B)$[-1,1)$　　(C)$[0,2)$　　(D)$(0,2]$

(8)$\sum_{n=0}^{\infty}(-1)^n \frac{2n+3}{(2n+1)!}=$(　　).

(A)$\sin 1+\cos 1$　　(B)$2\sin 1+\cos 1$

(C)$2\sin 1+2\cos 1$　　(D)$2\sin 1+3\cos 1$

(9) 设 $f(x)=\left|x-\frac{1}{2}\right|$,$b_n=2\int_0^1 f(x)\sin n\pi x\mathrm{d}x(n=0,1,2,\cdots)$. 令 $S(x)=\sum_{n=1}^{\infty} b_n\cdot\sin n\pi x$,则 $S(-\frac{9}{4})=$(　　).

(A) $\frac{3}{4}$　　(B) $\frac{1}{4}$　　(C) $-\frac{1}{4}$　　(D) $-\frac{3}{4}$

(10)$f(x)=\begin{cases}x,0\leqslant x\leqslant\frac{1}{2}\\2-2x,\frac{1}{2}<x<1\end{cases}$,$S(x)=\frac{a_0}{2}+\sum_{n=1}^{\infty} a_n\cos n\pi x(-\infty<x<+\infty)$,其中 $a_n=2\int_0^1 f(x)\cos n\pi x\mathrm{d}x(n=0,1,2,\cdots)$,则 $S(-\frac{5}{2})$ 等于(　　).

(A) $\frac{1}{2}$　　(B) $-\frac{1}{2}$　　(C) $\frac{3}{4}$　　(D) $-\frac{3}{4}$

2.(1) 求幂级数 $\sum_{n=1}^{\infty}\frac{(-1)^n}{n!}(\frac{n}{\mathrm{e}})^n x^n$ 的收敛半径.(2) 求级数 $\sum_{n=0}^{\infty}\frac{2^n(n+1)}{n!}$ 的和.

3.求 $\sum_{n=1}^{\infty}(-1)^{n-1}\frac{2n-1}{n}x^{2n}$的收敛域及和函数.

4.求 $\sum_{n=1}^{\infty} n^2\cdot x^{n-1}$的和函数.

5.求 $\sum_{n=1}^{\infty}(\sin\frac{1}{3n})(x^2+x+1)^n$ 的收敛区间.

6.求下列幂级数的收敛域:

(1)$\sum_{n=1}^{\infty}\frac{x^n}{n2^n}$　　(2)$\sum_{n=0}^{\infty}(-1)^n(1+\frac{1}{n})^{n^2}x^n$

(3)$\sum_{n=1}^{\infty}\frac{x^{2n-1}}{2^n}$　　(4)$\sum_{n=0}^{\infty}(-1)^n\frac{2^n}{\sqrt{n}}(x-\frac{1}{2})^n$

7.求下列幂级数的和函数:

(1)$\sum_{n=1}^{\infty} nx^{2n}$　　(2)$\sum_{n=1}^{\infty}\frac{x^n}{n(n+1)}$

8.求下列函数的幂级数展开式及收敛域:

(1)$\frac{\mathrm{d}}{\mathrm{d}x}\left(\frac{\mathrm{e}^x-1}{x}\right)$　　(2)$\arctan\frac{1+x}{1-x}$

(3)$\ln(x+\sqrt{1+x^2})$　　　　(4)$\int_0^2 \sin t^2 \mathrm{d}t$

9. 给定幂级数$\frac{x^2}{2\cdot 1}+\frac{x^3}{3\cdot 2}+\cdots+\frac{x^n}{n(n-1)}+\cdots$.

(1) 确定它的收敛半径与收敛域；　(2) 求出它的和函数 $S(x)$.

10. 求数项级数$\frac{1}{2}-\frac{1}{5}+\frac{1}{8}-\frac{1}{11}+\cdots$的和.

11. 求极限$\lim\limits_{n\to\infty}\sum\limits_{k=1}^{n}\frac{k+2}{k!\ +(k+1)!\ +(k+2)!}$.

12. 将下列周期为 2π 的周期函数展开成傅里叶级数：

(1)$f(x)=\begin{cases}\mathrm{e}^x, -\pi\leqslant x<0\\ 1, 0\leqslant x<\pi\end{cases}$；　(2)$f(x)=x^2(-\pi\leqslant x<\pi)$.

13. 将函数 $f(x)=2+|x|(-1\leqslant x\leqslant 1)$ 展开成以 2 为周期的傅里叶级数，并由此求级数$\sum\limits_{n=1}^{\infty}\frac{1}{n^2}$的和.

14. 设 a_n 为 $y=x^n, y=x^{n+1}(n=0,1,2,\cdots)$ 所围成区域的面积，记 $S_1=\sum\limits_{n=1}^{\infty}a_n, S_2=\sum\limits_{n=1}^{\infty}a_{2n-1}$，求 S_1 与 S_2 的值.

15. 求级数$\sum\limits_{n=2}^{\infty}\frac{1}{(n^2-1)2^n}$的和.

16. 设 $f(x)=\begin{cases}\frac{1+x^2}{x}\arctan x, x\neq 0\\ 1, x=0\end{cases}$，试将 $f(x)$ 展开成 x 的幂级数，并求级数$\sum\limits_{n=1}^{\infty}\frac{(-1)^n}{1-4n^2}$的和.

17. 已知 $\cos 2x-\frac{1}{(1+x)^2}=\sum\limits_{n=0}^{\infty}a_n x^n(-1<x<1)$，求 a_n.

习题解析

1. (1) 应选(B). 因为$\sum\limits_{n=1}^{\infty}a_n$条件收敛，即 $x=2$ 为幂级数$\sum\limits_{n=1}^{\infty}a_n(x-1)^n$的条件收敛点，所以$\sum\limits_{n=1}^{\infty}a_n(x-1)^n$的收敛半径为 1，收敛区间为 $(0,2)$. 而幂级数逐项求导不改变收敛区间，故$\sum\limits_{n=1}^{\infty}na_n(x-1)^n$的收敛区间还是 $(0,2)$. 因而 $x=\sqrt{3}$ 与 $x=3$ 依次为幂级数$\sum\limits_{n=1}^{\infty}na_n(x-1)^n$的收敛点，发散点.

(2) 应选(C). 将 x^4 直接替换$\frac{1}{1+x}$的展开式中的 x 即可得到答案.

(3) 应选(D). 由于 $\mathrm{e}^x=\sum_{n=0}^{\infty}\frac{1}{n!}x^n$,所以 $\sum_{n=2}^{\infty}\frac{1}{n!}x^n=\mathrm{e}^x-1-x$.

(4) 应选(B). 设 $\sum_{n=0}^{\infty}a_n(x+1)^n$ 的收敛半径为 R,则其收敛区间为 $(-1-R,-1+R)$,由题意可知,$x=3$ 为其收敛区间的端点,即 $-1+R=3$,故 $R=4$.

(5) 应选(D). 对于D,依题意 $u_n>0$,由单调有界准则,知 $\lim\limits_{n\to\infty}u_n$ 存在,且 $\sum_{n=1}\frac{u_n-u_{n+1}}{\sqrt{u_n}}$ 是正项级数,又由于

$$\begin{aligned}\frac{u_n-u_{n+1}}{\sqrt{u_n}}&=\frac{(\sqrt{u_n}+\sqrt{u_{n+1}})(\sqrt{u_n}-\sqrt{u_{n+1}})}{\sqrt{u_n}}\\&=\left(1+\sqrt{\frac{u_{n+1}}{u_n}}\right)(\sqrt{u_n}-\sqrt{u_{n+1}})\\&\leqslant 2(\sqrt{u_n}-\sqrt{u_{n+1}})\left(\text{因为}\frac{u_{n+1}}{u_n}\leqslant 1\right)\end{aligned}$$

$$S_n=\sum_{k=1}^{n}\frac{u_k-u_{k+1}}{\sqrt{u_k}}\leqslant 2\sum_{k=1}^{n}(\sqrt{u_k}-\sqrt{u_{k+1}})=2(\sqrt{u_1}-\sqrt{u_{n+1}})<2\sqrt{u_1}$$

综上,可知 $\{S_n\}$ 有上界,又 $\{S_n\}$ 单调增加,故 $\lim\limits_{n\to\infty}S_n$ 存在,所以级数收敛,故D正确.

对于A,极限 $\lim\limits_{n\to\infty}u_n$ 存在,但不一定有 $\lim\limits_{n\to\infty}u_n=0$,由级数收敛的必要条件,知 $\sum_{n=1}^{\infty}(-1)^{n-1}u_n$ 不一定收敛.

对于B,取 $u_n=1+\frac{1}{n}$,则 $\{u_n\}$ 是单调减少的正值数列且 $\frac{u_n}{n}=\frac{1}{n}+\frac{1}{n^2}$,由于 $\sum_{n=1}^{\infty}\frac{1}{n}$ 发散,$\sum_{n=1}^{\infty}\frac{1}{n^2}$ 收敛,故 $\sum_{n=1}^{\infty}\frac{u_n}{n}$ 发散.

对于C,取 $u_n=\frac{1}{n}$,则

$$1-\frac{u_{n+1}}{u_n}=1-\frac{n}{n+1}=\frac{1}{n+1}$$

由于 $\sum_{n=1}^{\infty}\frac{1}{n+1}$ 发散,故级数发散.

(6) 应选(A).

解法1:设极限 $\lim\limits_{n\to\infty}\left|\frac{a_n}{a_{n+1}}\right|$ 与 $\lim\limits_{n\to\infty}\left|\frac{b_n}{b_{n+1}}\right|$ 都存在,则由题设条件可知幂级数 $\sum_{n=1}^{\infty}a_nx^n$ 与 $\sum_{n=1}^{\infty}b_nx^n$ 的收敛半径分别为 $R_a=\lim\limits_{n\to\infty}\left|\frac{a_n}{a_{n+1}}\right|=\frac{\sqrt{5}}{3}$,$R_b=\lim\limits_{n\to\infty}\left|\frac{b_n}{b_{n+1}}\right|=\frac{1}{3}$. 于是幂级数 $\sum_{n=1}^{\infty}\frac{a_n^2}{b_n^2}x^n$ 的收敛半径为 $R=\lim\limits_{n\to\infty}\left|\frac{a_n^2}{b_n^2}\Big/\frac{a_{n+1}^2}{b_{n+1}^2}\right|=\frac{R_a^2}{R_b^2}=\frac{\left(\frac{\sqrt{5}}{3}\right)^2}{\left(\frac{1}{3}\right)^2}=5$.

解法 2：令 $a_n=\left(\frac{3}{\sqrt{5}}\right)^n$，$b_n=3^n$，那么幂级数 $\sum\limits_{n=1}^{\infty}a_nx^n$ 与 $\sum\limits_{n=1}^{\infty}b_nx^n$ 的收敛半径分别为 $\frac{\sqrt{5}}{3}$ 和 $\frac{1}{3}$，而 $\lim\limits_{n\to\infty}\left|\frac{a_{n+1}^2/b_{n+1}^2}{a_n^2/b_n^2}\right|=\lim\limits_{n\to\infty}\left(\frac{a_{n+1}}{a_n}\right)^2\left(\frac{b_n}{b_{n+1}}\right)^2=\lim\limits_{n\to\infty}\left(\frac{3^{2(n+1)}}{5^{n+1}}\cdot\frac{5^n}{3^{2n}}\right)\left(\frac{3^{2n}}{3^{2(n+1)}}\right)=\frac{1}{5}$. 所以，幂级数 $\sum\limits_{n=1}^{\infty}\frac{a_n^2}{b_n^2}x^n$ 的收敛半径 $R=5$.

(7) 应选(C).

解法 1：观察选项(A)(B)(C)(D) 四个选项的收敛半径均为 1，幂级数收敛区间的中心在 $x=1$ 处，故(A)(B) 错误；因为 $\{a_n\}$ 单调减少，$\lim\limits_{n\to\infty}a_n=0$，所以 $a_n\geqslant 0$，所以 $\sum\limits_{n=1}^{\infty}a_n$ 为正项级数，将 $x=2$ 代入幂级数得 $\sum\limits_{n=1}^{\infty}a_n$，而已知 $s_n=\sum\limits_{k=1}^{n}a_k$ 无界，故原幂级数在 $x=2$ 处发散，(D) 不正确. 当 $x=0$ 时，交错级数 $\sum\limits_{n=1}^{\infty}(-1)^na_n$ 满足莱布尼茨判别法收敛，故 $x=0$ 时，$\sum\limits_{n=1}^{\infty}(-1)^na_n$ 收敛. 故正确答案为(C).

解法 2：因为 $s_n=\sum\limits_{k=1}^{n}a_k(n=1,2\cdots)$ 无界，所以幂级数 $\sum\limits_{n=1}^{\infty}a_n(x-1)^n$ 在 $x=2$ 处发散，那么幂级数 $\sum\limits_{n=1}^{\infty}a_n(x-1)^n$ 的收敛半径 $R\leqslant 1$；$\{a_n\}$ 单调减少，$\lim\limits_{n\to\infty}a_n=0$，根据莱布尼茨定理可知级数 $\sum\limits_{n=1}^{\infty}a_n(-1)^n$ 收敛，那么幂级数 $\sum\limits_{n=1}^{\infty}a_n(x-1)^n$ 在 $x=0$ 处收敛，从而收敛半径 $R\geqslant 1$. 于是，幂级数 $\sum\limits_{n=1}^{\infty}a_n(x-1)^n$ 的收敛半径 $R=1$，收敛区间为 $(0,2)$. 又由于 $x=0$ 时幂级数收敛，$x=2$ 时幂级数发散. 可知收敛域为 $[0,2)$.

(8) 应选(B). $\sin x=\sum\limits_{n=0}^{\infty}(-1)^n\frac{x^{2n+1}}{(2n+1)!}(|x|<+\infty)$，$\cos x=\sum\limits_{n=0}^{\infty}(-1)^n\cdot\frac{x^{2n}}{(2n)!}(|x|<+\infty)$，可将原级数分解成

$$\begin{aligned}\sum_{n=0}^{\infty}(-1)^n\frac{2n+3}{(2n+1)!}&=\sum_{n=0}^{\infty}(-1)^n\frac{(2n+1)+2}{(2n+1)!}=\sum_{n=0}^{\infty}\frac{(-1)^n}{(2n)!}+2\sum_{n=0}^{\infty}\frac{(-1)^n}{(2n+1)!}\\&=\cos 1+2\sin 1\end{aligned}$$

因此选(B).

(9) 应选(C). $S(x)$ 是 $f(x)$ 周期为 2 的正弦级数展开式，根据狄利克雷收敛定理，得 $S\left(-\frac{9}{4}\right)=S\left(-\frac{1}{4}\right)=-S\left(\frac{1}{4}\right)=-f\left(\frac{1}{4}\right)=-\frac{1}{4}$.

(10) 应选(C). 显然，$f(x)$ 是定义在 $[0,1)$ 上的一个分段函数，$S(x)$ 为其在 $(-\infty,+\infty)$ 上周期为 2 的余弦级数展开式，根据狄利克雷收敛定理知

$$S\left(-\frac{5}{2}\right)=S\left(-\frac{1}{2}\right)=S\left(\frac{1}{2}\right)=\frac{1}{2}\left[f\left(\frac{1}{2}^+\right)+f\left(\frac{1}{2}^-\right)\right]=\frac{1}{2}\left(1+\frac{1}{2}\right)=\frac{3}{4}$$

其中 $S\left(-\frac{1}{2}\right)=S\left(\frac{1}{2}\right)$，利用了 $S(x)$ 是偶函数的性质.

2.(1) 令 $a_n=\frac{(-1)^n}{n!}\left(\frac{n}{\mathrm{e}}\right)^n$，则

$$\lim_{n\to\infty}\left|\frac{a_{n+1}}{a_n}\right|=\lim_{n\to\infty}\left|\frac{\frac{(-1)^{n+1}}{(n+1)!}\left(\frac{n+1}{\mathrm{e}}\right)^{n+1}}{\frac{(-1)^n}{n!}\left(\frac{n}{\mathrm{e}}\right)^n}\right|=\lim_{n\to\infty}\frac{\left(1+\frac{1}{n}\right)^n}{\mathrm{e}}=1$$

所以收敛半径为 1.

(2) 已知 $\sum_{n=0}^{\infty}\frac{x^n}{n!}=\mathrm{e}^x$，故

$$\sum_{n=0}^{\infty}\frac{2^n(n+1)}{n!}=\sum_{n=0}^{\infty}\left(\frac{2^n n}{n!}+\frac{2^n}{n!}\right)=2\sum_{n=1}^{\infty}\frac{2^{n-1}}{(n-1)!}+\sum_{n=0}^{\infty}\frac{2^n}{n!}$$

$$=2\sum_{n=0}^{\infty}\frac{2^n}{n!}+\sum_{n=0}^{\infty}\frac{2^n}{n!}=3\sum_{n=0}^{\infty}\frac{2^n}{n!}=3\mathrm{e}^2$$

3.不难得到其收敛域为 $-1<x<1$.

$$\sum_{n=1}^{\infty}(-1)^{n-1}\frac{2n-1}{n}x^{2n}=-\sum_{n=1}^{\infty}(-1)^{n-1}\frac{1}{n}x^{2n}+2\sum_{n=1}^{\infty}(-1)^{n-1}\cdot x^{2n}$$

$$=-\ln(1+x^2)+\frac{2x^2}{1+x^2}$$

即 $s(x)=-\ln(1+x^2)+\frac{2x^2}{1+x^2}(-1<x<1)$.

4.不难计算 $\sum_{n=1}^{\infty}n^2\cdot x^{n-1}$ 的收敛域为 $(-1,1)$，而 $\left(\sum_{n=1}^{\infty}n\cdot x^n\right)'=\sum_{n=1}^{\infty}n^2\cdot x^{n-1}$，又

$$\left(\sum_{n=1}^{\infty}x^{n+1}\right)'=\sum_{n=1}^{\infty}(n+1)\cdot x^n=\sum_{n=1}^{\infty}n\cdot x^n+\sum_{n=1}^{\infty}x^n$$

从而

$$\sum_{n=1}^{\infty}nx^n=\left(\sum_{n=1}^{\infty}x^{n+1}\right)'-\sum_{n=1}^{\infty}x^n=\left(\frac{x}{1-x}\right)'-\frac{x}{1-x}=\frac{x}{(1-x)^2}$$

则

$$\sum_{n=1}^{\infty}n^2\cdot x^{n-1}=\left(\frac{x}{(1-x)^2}\right)'=\frac{1+x}{(1-x)^3}(|x|<1)$$

5.这是广义幂级数，令 $t=x^2+x+1$，即化为 t 的幂级数 $\sum_{n=1}^{\infty}\left(\sin\frac{1}{3n}\right)t^n$.

$$R=\lim_{n\to\infty}\frac{\sin\frac{1}{3n}}{\sin\frac{1}{3(n+1)}}=\lim_{n\to\infty}\frac{\frac{1}{3n}}{\frac{1}{3(n+1)}}=1$$

当 $t=1$ 时级数 $\sum_{n=1}^{\infty}\sin\frac{1}{3n}$ 发散；当 $t=-1$ 时级数 $\sum_{n=1}^{\infty}(-1)^n\sin\frac{1}{3n}$ 收敛. 故原级数当且仅当 $-1\leqslant x^2+x+1<1$ 时收敛. 解不等式知收敛区间为 $(-1,0)$.

6.(1) 因为$\rho=\lim\limits_{n\to\infty}\left|\frac{a_{n+1}}{a_n}\right|=\lim\limits_{n\to\infty}\left(\frac{n}{n+1}\cdot\frac{1}{2}\right)=\frac{1}{2}$，则该幂级数的收敛半径为$R=2$.下面确定级数在端点的收敛性.

当$x=-2$时，级数$\sum\limits_{n=1}^{\infty}\frac{(-1)^n}{n}$收敛；当$x=2$时，级数$\sum\limits_{n=1}^{\infty}\frac{1}{n}$发散.故该幂级数的收敛域为$[-2,2)$.

(2) 因为$\rho=\lim\limits_{n\to\infty}\sqrt[n]{|a_n|}=\lim\limits_{n\to\infty}(1+\frac{1}{n})^n=\mathrm{e}$，则该幂级数的收敛半径为$R=\frac{1}{\mathrm{e}}$.注意到，当$x=\pm\frac{1}{\mathrm{e}}$时，显然级数的一般项的极限不为零，根据收敛级数的必要条件知，级数发散.因此，原幂级数的收敛域为$\left(-\frac{1}{\mathrm{e}},\frac{1}{\mathrm{e}}\right)$.

(3) $\lim\limits_{n\to\infty}\left|\frac{u_{n+1}(x)}{u_n(x)}\right|=\lim\limits_{n\to\infty}\frac{x^{2n+1}}{2^{n+1}}\frac{2^n}{x^{2n-1}}=\frac{1}{2}x^2$.

当$\frac{1}{2}x^2<1$，即$|x|<\sqrt{2}$时，级数收敛；当$\frac{1}{2}x^2>1$，即$|x|>\sqrt{2}$时，级数发散.因此，该级数的收敛半径为$R=\sqrt{2}$.不难验证，当$x=\pm\sqrt{2}$时，对应的级数均发散.故收敛域为$(-\sqrt{2},\sqrt{2})$.

(4) 令$t=x-\frac{1}{2}$，于是原级数化为$\sum\limits_{n=0}^{\infty}(-1)^n\frac{2^n}{\sqrt{n}}t^n$.因为

$$\rho=\lim_{n\to\infty}\left|\frac{a_{n+1}}{a_n}\right|=\lim_{n\to\infty}\left(\frac{2^{n+1}}{\sqrt{n+1}}\frac{\sqrt{n}}{2^n}\right)=2$$

所以级数$\sum\limits_{n=0}^{\infty}(-1)^n\frac{2^n}{\sqrt{n}}t^n$的收敛半径$R=\frac{1}{2}$.注意到，当$t=-\frac{1}{2}$，即$x=0$时，级数$\sum\limits_{n=0}^{\infty}\frac{1}{\sqrt{n}}$发散；当$t=\frac{1}{2}$，即$x=1$时，级数$\sum\limits_{n=0}^{\infty}\frac{(-1)^n}{\sqrt{n}}$收敛.因此，所求级数的收敛域为$(0,1]$.

7.(1) 易求$\sum\limits_{n=1}^{\infty}nx^{2n}$的收敛半径为$R=1$，收敛域为$(-1,1)$.

$$\sum_{n=1}^{\infty}nx^{2n}=\frac{x}{2}\sum_{n=1}^{\infty}2nx^{2n-1}$$

$$\sum_{n=1}^{\infty}2nx^{2n-1}=\left(\sum_{n=1}^{\infty}x^{2n}\right)'=\left(\frac{1}{1-x^2}-1\right)'=\frac{2x}{(1-x^2)^2}$$

所以$\sum\limits_{n=1}^{\infty}nx^{2n}=\frac{x}{2}\sum\limits_{n=1}^{\infty}2nx^{2n-1}=\frac{x}{2}\frac{2x}{(1-x^2)^2}=\frac{x^2}{(1-x^2)^2}$，$x\in(-1,1)$.

(2) 易求$\sum\limits_{n=1}^{\infty}\frac{x^n}{n(n+1)}$的收敛半径为$R=1$，收敛域为$[-1,1]$.

设$S(x)=\sum\limits_{n=1}^{\infty}\frac{x^n}{n(n+1)}$，则当$x=0$时，$S(0)=0$；当$0<|x|<1$时，$xS(x)=\sum\limits_{n=1}^{\infty}\frac{x^{n+1}}{n(n+1)}$，对其两端求二阶导数，有

$$[xS(x)]' = \sum_{n=1}^{\infty}\left[\frac{x^{n+1}}{n(n+1)}\right]' = \sum_{n=1}^{\infty}\frac{x^n}{n}$$

$$[xS(x)]'' = \sum_{n=1}^{\infty}\left[\frac{x^{n+1}}{n(n+1)}\right]''\sum_{n=1}^{\infty}x^{n-1} = \frac{1}{1-x}$$

显然$[xS(x)]'\Big|_{x=0}=0$,则对$[xS(x)]''$从 0 到 x 积分可得

$$[xS(x)]' = \int_0^x \frac{1}{1-t}\mathrm{d}t = -\ln(1-x)$$

再重复上面的步骤可得

$$xS(x) = -\int_0^x \ln(1-t)\mathrm{d}t = x + (1-x)\ln(1-x)$$

进一步可得

$$S(x) = 1 + (\frac{1}{x}-1)\ln(1-x), x \in (-1,0)\cup(0,1)$$

由于幂级数在点 $x=\pm1$ 处收敛,所以其和函数分别在点 $x=\pm1$ 处左连续与右连续,于是 $S(1)=\lim\limits_{x\to1^-}S(x) = 1+\lim\limits_{x\to1^-}\left[(\frac{1}{x}-1)\ln(1-x)\right]=1.$

因此 $S(x)=\begin{cases}1+\dfrac{1-x}{x}\ln(1-x), x\in[-1,0)\cup(0,1)\\ 0, x=0\\ 1, x=1\end{cases}$.

8. (1) $\dfrac{\mathrm{e}^x-1}{x}=\dfrac{1}{x}\left(x+\dfrac{x^2}{2!}+\cdots+\dfrac{x^n}{n!}+\cdots\right)=1+\dfrac{x}{2!}+\cdots+\dfrac{x^{n-1}}{n!}+\cdots$

$$=\sum_{n=0}^{\infty}\frac{x^n}{(n+1)!}(-\infty<x<+\infty\text{ 且 }x\neq0)$$

对其逐项求导可得$\dfrac{\mathrm{d}}{\mathrm{d}x}\left(\dfrac{\mathrm{e}^x-1}{x}\right)=\sum\limits_{n=1}^{\infty}\dfrac{nx^{n-1}}{(n+1)!}, -\infty<x<+\infty$ 且 $x\neq0$.

(2) $(\arctan\dfrac{1+x}{1-x})'=\dfrac{1}{1+x^2}=\sum\limits_{n=0}^{\infty}(-1)^nx^{2n}, x\in(-1,1)$ 对其从 0 到 x 进行逐项积分可得

$$\arctan\frac{1+x}{1-x}-\arctan 1=\int_0^x\left[\sum_{n=0}^{\infty}(-1)^nt^{2n}\right]\mathrm{d}t=\sum_{n=0}^{\infty}\frac{(-1)^n}{2n+1}x^{2n+1}$$

于是 $\arctan\dfrac{1+x}{1-x}=\dfrac{\pi}{4}+\sum\limits_{n=0}^{\infty}\dfrac{(-1)^n}{2n+1}x^{2n+1}(-1<x<1).$

(3) $\sqrt{1+x^2}=(1+x^2)^{-\frac{1}{2}}$

$$=1-\frac{x^2}{2}+\frac{1\cdot3}{2\cdot4}x^4-\frac{1\cdot3\cdot5}{2\cdot4\cdot6}x^6+\cdots+$$

$$(-1)^n\frac{1\cdot3\cdot\cdots\cdot(2n-1)}{2\cdot4\cdot\cdots\cdot(2n)}x^{2n}+\cdots(-1\leqslant x\leqslant1).$$

对上式从 0 到 x 进行逐项积分可得

$$\ln(x+\sqrt{1+x^2})=x-\frac{1}{2}\cdot\frac{1}{3}x^3+\frac{1\cdot 3}{2\cdot 4}\cdot\frac{1}{5}x^5-\frac{1\cdot 3\cdot 5}{2\cdot 4\cdot 6}\cdot\frac{1}{7}x^7+\cdots+$$

$$(-1)^n\frac{1\cdot 3\cdot\cdots\cdot(2n-1)}{2\cdot 4\cdot\cdots\cdot(2n)}\cdot\frac{1}{2n+1}x^{2n+1}+\cdots(1\leqslant x\leqslant 1)$$

(4) $\sin t^2=\sum\limits_{n=0}^{\infty}(-1)^n\frac{1}{(2n+1)!}(t^2)^{2n+1}=t^2-\frac{1}{3!}t^6+\frac{1}{5!}t^{10}-\cdots(-\infty<t<+\infty)$

$$\int_0^x\sin t^2\mathrm{d}t=\int_0^x\left[\sum_{n=0}^{\infty}(-1)^n\frac{1}{(2n+1)!}t^{4n+2}\right]\mathrm{d}t$$

$$=\sum_{n=0}^{\infty}\int_0^x(-1)^n\frac{1}{(2n+1)!}t^{4n+2}\mathrm{d}t$$

$$=\sum_{n=0}^{\infty}(-1)^n\frac{1}{(4n+3)(2n+1)!}x^{4n+3}(-\infty<t<+\infty)$$

9. (1) 对于幂级数$\sum\limits_{n=2}^{\infty}\frac{x^n}{n(n-1)}$，由$\lim\limits_{n\to+\infty}\frac{a_{n+1}}{a_n}=\lim\limits_{n\to+\infty}\frac{n(n+1)}{n(n-1)}=1$，知其收敛半径为 1，当 $x=\pm 1$ 时，级数均收敛，故其收敛域为$[-1,1]$.

(2) $S'(x)=\left(\sum\limits_{n=2}^{\infty}\frac{x^n}{n(n-1)}\right)'=\sum\limits_{n=2}^{\infty}\frac{x^{n-1}}{n-1}$，$S''(x)=\left(\sum\limits_{n=2}^{\infty}\frac{x^{n-1}}{n-1}\right)'=\sum\limits_{n=2}^{\infty}x^{n-2}=\frac{1}{1-x}$.
而 $S'(x)=\int_0^x S''(t)\mathrm{d}t=\int_0^x\frac{1}{1-t}\mathrm{d}t=-\ln(1-x)$，$S(x)=\int_0^x S'(t)\mathrm{d}t=\int_0^x -\ln(1-t)\mathrm{d}t=(1-x)\ln(1-x)+x$，$x\in[-1,1]$.

10. 原级数$\frac{1}{2}-\frac{1}{5}+\frac{1}{8}-\frac{1}{11}+\cdots=\sum\limits_{k=1}^{\infty}\frac{(-1)^{k-1}}{3k-1}$，$\left\{\frac{1}{3k-1}\right\}$单调递减，根据莱布尼茨判别法，该级数收敛.

记 S 表示原级数的和，$S(x)=\sum\limits_{k=1}^{\infty}\frac{(-1)^{k-1}}{3k-1}x^{3k-1}$.

易知幂级数$\sum\limits_{k=1}^{\infty}\frac{(-1)^{k-1}}{3k-1}x^{3k-1}$的收敛区间为$(-1,1)$，于是 $S=\lim\limits_{x\to 1^-}S(x)$.

注意到 $S(0)=0$，因此

$$S(x)=S(x)-S(0)=\int_0^x S'(t)\mathrm{d}t=\int_0^x\sum_{k=1}^{\infty}(-1)^{k-1}t^{3k-2}\mathrm{d}t=\int_0^x\frac{t}{1+t^3}\mathrm{d}t$$

$$=-\frac{1}{3}\ln(1+x)+\frac{1}{6}\ln(1-x+x^2)+\frac{1}{\sqrt{3}}\arctan\frac{2}{\sqrt{3}}\left(x-\frac{1}{2}\right)+\frac{1}{\sqrt{3}}\arctan\frac{1}{\sqrt{3}}$$

从而 $S=\lim\limits_{x\to 1^-}S(x)=\frac{\sqrt{3}}{9}\pi-\frac{1}{3}\ln 2$.

11. $\sum\limits_{k=1}^{n}\frac{k+2}{k!+(k+1)!+(k+2)!}=\sum\limits_{k=1}^{n}\frac{k+2}{k![1+k+1+(k+1)(k+2)]}=\sum\limits_{k=1}^{n}\frac{1}{k!(k+2)}$.

考虑幂级数$\sum\limits_{k=1}^{\infty}\frac{x^{k+2}}{k!(k+2)}=s(x)$，其收敛域为$(-\infty,+\infty)$（请读者自行验证），因此

$$s'(x)=\sum_{k=1}^{\infty}\left(\frac{x^{k+2}}{k!\ (k+2)}\right)'=\sum_{k=1}^{\infty}\frac{x^{k+1}}{k!}=x\sum_{k=1}^{\infty}\frac{x^k}{k!}=x(\mathrm{e}^x-1)$$

故 $s(x)=\int_0^x t(\mathrm{e}^t-1)\mathrm{d}t=x\mathrm{e}^x-\mathrm{e}^x-\frac{1}{2}x^2+1$. 所以 $\lim_{n\to+\infty}\sum_{k=1}^{\infty}\frac{k+2}{k!\ +(k+1)!\ +(k+2)!}=s(1)=\frac{1}{2}$.

12. (1) 所给函数满足收敛定理条件，它在 $x=k\pi(k=\pm1,\pm2,\cdots)$ 处不连续，在其他点处连续，于是当 $x\neq k\pi$(k 为整数) 时，傅里叶级数收敛于$\frac{\mathrm{e}^{-\pi}+1}{2}$.

当 $x\neq k\pi$ 时，傅里叶级数收敛于$\frac{\mathrm{e}^{-x}+1}{2}$. 可以求得

$$a_0=\frac{1}{\pi}\left(\int_{-\pi}^{0}\mathrm{e}^x\mathrm{d}x+\int_0^{\pi}1\mathrm{d}x\right)=\frac{1+\pi-\mathrm{e}^{-\pi}}{\pi}$$

$$a_n=\frac{1}{\pi}\left(\int_{-\pi}^{0}\mathrm{e}^x\cos nx\,\mathrm{d}x+\int_0^{\pi}\cos nx\,\mathrm{d}x\right)=\frac{1+(-1)^{n+1}\mathrm{e}^{-\pi}}{\pi(1+n^2)}(n=1,2,\cdots)$$

$$b_n=\frac{1}{\pi}\left(\int_{-\pi}^{0}\mathrm{e}^x\sin nx\,\mathrm{d}x+\int_0^{\pi}\sin nx\,\mathrm{d}x\right)=\frac{1}{n}\left\{\frac{-n[1+(-1)^{n+1}\mathrm{e}^{-\pi}]}{1+n^2}+\frac{1+(-1)^{n+1}}{n}\right\}$$

因此

$$f(x)=\frac{1+\pi-\mathrm{e}^{-\pi}}{2\pi}+\frac{1}{\pi}\sum_{n=1}^{\infty}\left[\frac{1+(-1)^{n+1}\mathrm{e}^{-\pi}}{1+n^2}\right]\cos nx+$$
$$\frac{1}{\pi}\sum_{n=1}^{\infty}\left[\frac{-n+(-1)^n n\mathrm{e}^{-\pi}}{1+n^2}+\frac{1+(-1)^{n+1}}{n}\right]\sin nx$$
$$(-\infty<x<\infty,x\neq k\pi)$$

(2) 所给函数满足收敛定理条件，它在区间$[-\pi,\pi]$上处处连续，故傅里叶级数在区间$[-\pi,\pi]$上收敛于和 $f(x)$. 注意到 $f(x)=x^2$ 是偶函数，故其傅里叶系数 $b_n=0(n=1,2,\cdots)$，以及

$$a_0=\frac{2}{\pi}\int_0^{\pi}f(x)\mathrm{d}x=\frac{2}{\pi}\int_0^{\pi}x^2\mathrm{d}x=\frac{2}{3}\pi^2$$

$$\begin{aligned}a_n&=\frac{2}{\pi}\int_0^{\pi}f(x)\cos nx\,\mathrm{d}x=\frac{2}{\pi}\int_0^{\pi}x^2\cos nx\,\mathrm{d}x\\&=\frac{2}{n\pi}\left(x^2\sin nx\Big|_0^{\pi}-\int_0^{\pi}2x\sin nx\,\mathrm{d}x\right)\\&=\frac{4}{n^2\pi}\int_0^{\pi}x d(\cos nx)=\frac{4}{n^2\pi}\left[(x\cos nx)\Big|_0^{\pi}-\int_0^{\pi}\cos nx\,\mathrm{d}x\right]\\&=\frac{4}{n^2}\cos n\pi=\frac{4}{n^2}(-1)^n(n=1,2,\cdots)\end{aligned}$$

于是所求函数的傅里叶级数 $f(x)=\frac{\pi^2}{3}+\sum_{n=1}^{\infty}\frac{(-1)^n4}{n^2}\cos nx(-\pi\leqslant x\leqslant\pi)$.

13. 由于 $f(x)=2+|x|(-1\leqslant x\leqslant1)$ 是偶函数，所以 $a_0=2\int_0^1(2+x)\mathrm{d}x=5$，及

$$a_n=2\int_0^1(2+x)\cos n\pi x\,\mathrm{d}x=2\int_0^1x\cos n\pi x\,\mathrm{d}x=\frac{2(\cos n\pi-1)}{n^2\pi^2}(n=0,1,2,\cdots)$$

$$b_n=0(n=0,1,2,\cdots)$$

因所给函数在区间$[-1,1]$上满足收敛定理的条件,故

$$2+|x|=\frac{5}{2}+\sum_{n=1}^{\infty}\frac{2(\cos n\pi-1)}{n^2\pi^2}\cos n\pi x=\frac{5}{2}-\frac{4}{\pi^2}\sum_{n=0}^{\infty}\frac{\cos(2n+1)\pi x}{(2n+1)^2}$$

当 $x=0$ 时,$2=\frac{5}{2}-\frac{4}{\pi^2}\sum_{n=0}^{\infty}\frac{1}{(2n+1)^2}$,从而$\sum_{n=0}^{\infty}\frac{1}{(2n+1)^2}=\frac{\pi^2}{8}$.

又$\sum_{n=1}^{\infty}\frac{1}{n^2}=\sum_{n=0}^{\infty}\frac{1}{(2n+1)^2}+\sum_{n=1}^{\infty}\frac{1}{(2n)^2}=\sum_{n=0}^{\infty}\frac{1}{(2n+1)^2}+\frac{1}{4}\sum_{n=1}^{\infty}\frac{1}{n^2}$,故

$$\sum_{n=1}^{\infty}\frac{1}{n^2}=\frac{4}{3}\sum_{n=0}^{\infty}\frac{1}{(2n+1)^2}=\frac{\pi^2}{6}$$

14. 曲线 $y=x^n$ 与 $y=x^{n+1}$ 的交点为$(0,0)$,$(1,1)$,所围区域面积

$$a_n=\int_0^1(x^n-x^{n+1})\mathrm{d}x=\frac{1}{n+1}-\frac{1}{n+2}$$

则

$$S_1=\sum_{n=1}^{\infty}\left(\frac{1}{n+1}-\frac{1}{n+2}\right)=\lim_{n\to\infty}\sum_{k=1}^{n}\left(\frac{1}{k+1}-\frac{1}{k+2}\right)=\lim_{n\to\infty}\left(\frac{1}{2}-\frac{1}{n+2}\right)=\frac{1}{2}$$

$$S_2=\sum_{n=1}^{\infty}\left(\frac{1}{2n}-\frac{1}{2n+1}\right)=\sum_{n=2}^{\infty}\frac{(-1)^n}{n}$$

令 $S_2(x)=\sum_{n=2}^{\infty}\frac{(-1)^n}{n}x^n(-1<x\leqslant 1)$,则 $S_2(x)=x+\sum_{n=1}^{\infty}\frac{(-1)^n}{n}x^n=x-\ln(1+x)$,所以 $S_2=S_2(1)=1-\ln 2$.

15. 先将级数分解

$$S=\sum_{n=2}^{\infty}\frac{1}{(n^2-1)2^n}=\sum_{n=2}^{\infty}\frac{1}{2^{n+1}}\left(\frac{1}{n-1}-\frac{1}{n+1}\right)$$

$$=\sum_{n=2}^{\infty}\frac{1}{2^{n+1}}\cdot\frac{1}{n-1}-\sum_{n=2}^{\infty}\frac{1}{2^{n+1}}\cdot\frac{1}{n+1}=\sum_{n=1}^{\infty}\frac{1}{2^{n+2}\cdot n}-\sum_{n=3}^{\infty}\frac{1}{2^n\cdot n}$$

分别令 $S_1=\sum_{n=1}^{\infty}\frac{1}{2^{n+2}\cdot n}$,$S_2=\sum_{n=3}^{\infty}\frac{1}{2^n\cdot n}$,则 $S=S_1-S_2$.

由 $\ln(1+x)=\sum_{n=1}^{\infty}\frac{(-1)^{n-1}}{n}x^n(-1<x\leqslant 1)$,得

$$S_1=\sum_{n=1}^{\infty}\frac{1}{2^{n+2}\cdot n}=-\frac{1}{4}\sum_{n=1}^{\infty}\frac{(-1)^{n-1}}{n}\left(-\frac{1}{2}\right)^n=-\frac{1}{4}\ln\left(1-\frac{1}{2}\right)=\frac{1}{4}\ln 2$$

$$S_2=\sum_{n=3}^{\infty}\frac{1}{2^n\cdot n}=-\sum_{n=3}^{\infty}\frac{(-1)^{n-1}}{n}\left(-\frac{1}{2}\right)^n=-\sum_{n=1}^{\infty}\frac{(-1)^{n-1}}{n}\left(-\frac{1}{2}\right)^n-\frac{1}{2}-\frac{1}{2}\left(-\frac{1}{2}\right)^2$$

$$=-\ln\left(1-\frac{1}{2}\right)-\frac{1}{2}-\frac{1}{8}=\ln 2-\frac{5}{8}$$

因此 $S=\frac{5}{8}-\frac{3}{4}\ln 2$.

16. 因$\frac{1}{1+x^2}=\sum_{n=0}^{\infty}(-1)^n x^{2n}$,$x\in(-1,1)$,故

$$\arctan x=\int_0^x(\arctan t)'\mathrm{d}t=\sum_{n=0}^{\infty}\frac{(-1)^n}{2n+1}x^{2n+1}(x\in[-1,1])$$

于是当 $x\neq 0$ 时

$$\begin{aligned}f(x)&=\frac{1+x^2}{x}\cdot\sum_{n=0}^{\infty}\frac{(-1)^n}{2n+1}x^{2n+1}=(1+x^2)\sum_{n=0}^{\infty}\frac{(-1)^nx^{2n}}{2n+1}\\&=\sum_{n=0}^{\infty}\frac{(-1)^n}{2n+1}x^{2n}+\sum_{n=0}^{\infty}\frac{(-1)^n}{2n+1}x^{2n+1}\\&=1+\sum_{n=1}^{\infty}\frac{(-1)^n}{2n+1}x^{2n}+\sum_{n=1}^{\infty}\frac{(-1)^{n-1}}{2n-1}x^{2n}\\&=1+2\sum_{n=1}^{\infty}\frac{(-1)^n}{1-4n^2}x^{2n}(x\in[-1,1]\text{ 且 }x\neq 0)\end{aligned}$$

又 $f(x)$ 在 $x=0$ 处连续，且 $x=0$ 时上述级数也满足 $f(0)=1$，所以 $f(x)=1+2\cdot\sum_{n=1}^{\infty}\frac{(-1)^n}{1-4n^2}x^{2n}(x\in[-1,1])$.

因此

$$\sum_{n=1}^{\infty}\frac{(-1)^n}{1-4n^2}=\frac{1}{2}[f(1)-1]=\frac{\pi}{4}-\frac{1}{2}$$

17. 由 $\cos x$ 的幂级数展开式可得

$$\cos 2x=\sum_{n=0}^{\infty}\frac{(-1)^n(2x)^{2n}}{(2n)!}=\sum_{n=0}^{\infty}\frac{(-1)^n4^nx^{2n}}{(2n)!}(-\infty<x<+\infty)$$

注意到 $\left(\frac{1}{1+x}\right)'=-\frac{1}{(1+x)^2}$，故

$$\begin{aligned}-\frac{1}{(1+x)^2}=\left(\frac{1}{1+x}\right)'&=\left[\sum_{n=0}^{\infty}(-1)^nx^n\right]'=\sum_{n=1}^{\infty}(-1)^nnx^{n-1}\\&=\sum_{n=0}^{\infty}(-1)^{n+1}(n+1)x^n(-1<x<1)\end{aligned}$$

于是

$$\begin{aligned}\cos 2x-\frac{1}{(1+x)^2}&=\sum_{n=0}^{\infty}\frac{(-1)^n4^nx^{2n}}{(2n)!}+\sum_{n=0}^{\infty}(-1)^{n+1}(n+1)x^n\\&=\sum_{n=0}^{\infty}a_nx^n(-1<x<1)\end{aligned}$$

由于 a_n 为 x^n 的系数，故 $\sum_{n=0}^{\infty}\frac{(-1)^n4^nx^{2n}}{(2n)!}+\sum_{n=0}^{\infty}(-1)^{n+1}(n+1)x^n$ 中 x^n 的系数等于 a_n.

当 n 为奇数时，$a_n=(-1)^{n+1}(n+1)=n+1$；

当 n 为偶数时，$a_n=(-1)^{\frac{n}{2}}\cdot\frac{2^n}{n!}+(-1)^{n+1}(n+1)=(-1)^{\frac{n}{2}}\cdot\frac{2^n}{n!}-n-1$.

因此，$a_n=\begin{cases}n+1,n\text{ 为奇数}\\(-1)^{\frac{n}{2}}\cdot\frac{2^n}{n!}-n-1,n\text{ 为偶数}\end{cases}$.

第13讲 多元函数微积分必备几何知识

背景简介

多元函数微分的几何应用以及多元函数积分理论，都不可避免地涉及到空间解析几何知识，尤其在计算三重积分$\iiint\limits_{\Omega} f(x,y,z)\mathrm{d}v$以及第一型、第二型面积分$\iint\limits_{\Sigma} f(x,y,z)\mathrm{d}S$，$\iint\limits_{\Sigma} R(x,y,z)\mathrm{d}x\mathrm{d}y$时，很多读者觉得空间被积区域$\Omega$以及被积曲面$\Sigma$相对抽象，既不能很好地画出其图形，也无法想象其空间相对位置，从而使得多元函数积分的计算举步维艰.

为了解决上述问题，更好地驾驭多元函数微积分理论，本讲给出多元函数微积分学习过程中必备的几何知识，读者要熟练掌握空间直线、平面以及常用的二次曲面(球面、椭球面、锥面、柱面、抛物面)的方程，会求空间曲面、曲线的投影区域和投影曲线.

本讲处于辅助位置，几何基础知识较扎实的读者可跳过本讲内容聚焦板块，长驱直入习题精练营地. 如有需要，再返回查阅.

内容聚焦

第1节　向量代数

一、向量的概念与坐标表示

1. 向量的概念

向量　既有大小又有方向的量称为向量(矢量).

向量的模　向量$\boldsymbol{a}$的大小称为向量$\boldsymbol{a}$的模或长度，记作$|\boldsymbol{a}|$.

相等向量　如果两个向量$\boldsymbol{a},\boldsymbol{b}$大小相等，且方向相同，那么称这两个向量相等，记作$\boldsymbol{a}=\boldsymbol{b}$.

负向量　如果两个向量$\boldsymbol{a},\boldsymbol{b}$大小相等，方向相反，那么称这两个向量互为负向量，记作$\boldsymbol{a}=-\boldsymbol{b}$.

单位向量 模为 1 的向量称为单位向量,通常 $\boldsymbol{a}^0$ 表示与 $\boldsymbol{a}$ 同向的单位向量.

零向量 模等于 0 的向量称为零向量.

向量的方向角 向量 $\boldsymbol{a}$ 与 Ox, Oy, Oz 轴的正向夹角称为向量的方向角,分别为 α,β,γ,称 $\cos\alpha,\cos\beta,\cos\gamma$ 为 $\boldsymbol{a}$ 的方向余弦.

向量的平行 如果两个非零向量 $\boldsymbol{a}$ 与 $\boldsymbol{b}$ 的夹角是 0 或者 π,那么称这两个向量平行,记作 $\boldsymbol{a}\parallel\boldsymbol{b}$.

向量的垂直 如果两个非零向量 $\boldsymbol{a}$ 与 $\boldsymbol{b}$ 的夹角是 $\frac{\pi}{2}$,那么称这两个向量垂直,记作 $\boldsymbol{a}\perp\boldsymbol{b}$.

2. 向量的坐标表示

向量 $\boldsymbol{a}$ 在三个坐标轴 x 轴、y 轴、z 轴上的投影 a_x, a_y, a_z 称为 $\boldsymbol{a}$ 的坐标,记为

$$\boldsymbol{a}=\{a_x,a_y,a_z\}=(a_x,a_y,a_z)=a_x\boldsymbol{i}+a_y\boldsymbol{j}+a_z\boldsymbol{k}$$

$$|\boldsymbol{a}|=\sqrt{a_x^2+a_y^2+a_z^2}$$

$$\boldsymbol{a}^0=\frac{\boldsymbol{a}}{|\boldsymbol{a}|}=\left\{\frac{a_x}{\sqrt{a_x^2+a_y^2+a_z^2}},\frac{a_y}{\sqrt{a_x^2+a_y^2+a_z^2}},\frac{a_z}{\sqrt{a_x^2+a_y^2+a_z^2}}\right\}$$

$$=\{\cos\alpha,\cos\beta,\cos\gamma\}$$

二、向量的线性运算

1. 向量的加减法

几何表示 设有两个向量 $\boldsymbol{a}$ 与 $\boldsymbol{b}$,平移向量使 $\boldsymbol{b}$ 的起点与 $\boldsymbol{a}$ 的终点重合,则从 $\boldsymbol{a}$ 的起点到 $\boldsymbol{b}$ 的终点的向量 $\boldsymbol{c}$ 称为向量 $\boldsymbol{a}$ 与 $\boldsymbol{b}$ 的和,记作 $\boldsymbol{a}+\boldsymbol{b}$,即 $\boldsymbol{c}=\boldsymbol{a}+\boldsymbol{b}$.

坐标表示 设 $\boldsymbol{a}=\{a_x,a_y,a_z\}$,$\boldsymbol{b}=\{b_x,b_y,b_z\}$,那么

$$\boldsymbol{a}+\boldsymbol{b}=\{a_x+b_x,a_y+b_y,a_z+b_z\},\boldsymbol{a}-\boldsymbol{b}=\{a_x-b_x,a_y-b_y,a_z-b_z\}$$

运算规律

① 交换律 $\boldsymbol{a}+\boldsymbol{b}=\boldsymbol{b}+\boldsymbol{a}$;

② 结合律 $(\boldsymbol{a}+\boldsymbol{b})+\boldsymbol{c}=\boldsymbol{a}+(\boldsymbol{b}+\boldsymbol{c})$.

2. 向量与数的乘法

几何表示 向量 $\boldsymbol{a}$ 与实数 λ 的乘积记作 $\lambda\boldsymbol{a}$,规定 $\lambda\boldsymbol{a}$ 是一个向量,它的模 $|\lambda\boldsymbol{a}|=|\lambda|\cdot|\boldsymbol{a}|$,它的方向当 $\lambda>0$ 时与 $\boldsymbol{a}$ 相同,当 $\lambda<0$ 时与 $\boldsymbol{a}$ 相反.当 $\lambda=0$ 时,$|\lambda\boldsymbol{a}|=0$,即 $\lambda\boldsymbol{a}$ 为零向量,它的方向可以是任意的.

代数表示 设 $\boldsymbol{a}=\{a_x,a_y,a_z\}$,则 $\lambda\boldsymbol{a}=\{\lambda a_x,\lambda a_y,\lambda a_z\}$.

运算规律

① 结合律 $\lambda(\mu\boldsymbol{a})=(\lambda\mu)\boldsymbol{a}$;

② 分配律 $(\lambda+\mu)\boldsymbol{a}=\lambda\boldsymbol{a}+\mu\boldsymbol{a}$,$\lambda(\boldsymbol{a}+\boldsymbol{b})=\lambda\boldsymbol{a}+\lambda\boldsymbol{b}$.

结论 向量 $\boldsymbol{b}$ 平行于非零向量 $\boldsymbol{a}$ 的充分必要条件是存在的唯一的一个数 λ,使得 $\boldsymbol{b}=\lambda\boldsymbol{a}$.

向量 $\boldsymbol{b}=\{b_x,b_y,b_z\}$ 平行于非零向量 $\boldsymbol{a}=\{a_x,a_y,a_z\}$ 的充分必要条件是 $\frac{b_x}{a_x}=\frac{b_y}{a_y}=\frac{b_z}{a_z}$.

例 1 已知两点 $A(2,2,\sqrt{2})$,$B(1,3,0)$,求与 $\overrightarrow{AB}$ 方向相同的单位向量 $\boldsymbol{e}$,并计算 $\overrightarrow{AB}$

的方向余弦和方向角.

解 $\overrightarrow{AB}=\{-1,1,-\sqrt{2}\}$,故 $|\overrightarrow{AB}|=\sqrt{(-1)^2+1^2+(-\sqrt{2})^2}=2$,则单位向量 $\boldsymbol{e}=\frac{\overrightarrow{AB}}{|\overrightarrow{AB}|}=\left\{-\frac{1}{2},\frac{1}{2},-\frac{\sqrt{2}}{2}\right\}$;方向余弦 $\cos\alpha=-\frac{1}{2}$,$\cos\beta=\frac{1}{2}$,$\cos\gamma=-\frac{\sqrt{2}}{2}$;方向角 $\alpha=\frac{2\pi}{3}$,$\beta=\frac{\pi}{3}$,$\gamma=\frac{3\pi}{4}$.

三、数量积、向量积、混合积

1. 数量积

几何表示 两个向量 $\boldsymbol{a}$ 与 $\boldsymbol{b}$ 的模以及夹角余弦的乘积称为向量 $\boldsymbol{a}$ 与 $\boldsymbol{b}$ 的数量积,记为 $\boldsymbol{a}\cdot\boldsymbol{b}$,即 $\boldsymbol{a}\cdot\boldsymbol{b}=|a||b|\cos(\widehat{\boldsymbol{a},\boldsymbol{b}})$.

代数表示 设 $\boldsymbol{a}=\{a_x,a_y,a_z\}$,$\boldsymbol{b}=\{b_x,b_y,b_z\}$,则 $\boldsymbol{a}\cdot\boldsymbol{b}=a_xb_x+a_yb_y+a_zb_z$.

运算规律

① 交换律 $\boldsymbol{a}\cdot\boldsymbol{b}=\boldsymbol{b}\cdot\boldsymbol{a}$;

② 结合律 $(\lambda\boldsymbol{a})\cdot\boldsymbol{b}=\boldsymbol{a}\cdot(\lambda\boldsymbol{b})=\lambda(\boldsymbol{a}\cdot\boldsymbol{b})$;

③ 分配律 $(\boldsymbol{a}+\boldsymbol{b})\cdot\boldsymbol{c}=\boldsymbol{a}\cdot\boldsymbol{c}+\boldsymbol{b}\cdot\boldsymbol{c}$.

结论 ①$\boldsymbol{a}\cdot\boldsymbol{a}=|\boldsymbol{a}|^2$;② 非零向量 $\boldsymbol{a}$ 与 $\boldsymbol{b}$ 垂直的充分必要条件是 $\boldsymbol{a}\cdot\boldsymbol{b}=\boldsymbol{0}$.

2. 向量积

几何表示 向量 $\boldsymbol{a}$ 与 $\boldsymbol{b}$ 的向量积 $\boldsymbol{a}\times\boldsymbol{b}$ 是一个向量,其中

$$|\boldsymbol{a}\times\boldsymbol{b}|=|\boldsymbol{a}||\boldsymbol{b}|\sin(\widehat{\boldsymbol{a},\boldsymbol{b}})$$

$\boldsymbol{a}\times\boldsymbol{b}$ 方向与 $\boldsymbol{a}$,$\boldsymbol{b}$ 垂直,且符合右手规则.

代数表示 设 $\boldsymbol{a}=\{a_x,a_y,a_z\}$,$\boldsymbol{b}=\{b_x,b_y,b_z\}$,则

$$\boldsymbol{a}\times\boldsymbol{b}=\begin{vmatrix}\boldsymbol{i}&\boldsymbol{j}&\boldsymbol{k}\\a_x&a_y&a_z\\b_x&b_y&b_z\end{vmatrix}=\left\{\begin{vmatrix}a_y&a_z\\b_y&b_z\end{vmatrix},\begin{vmatrix}a_z&a_x\\b_z&b_x\end{vmatrix},\begin{vmatrix}a_x&a_y\\b_x&b_y\end{vmatrix}\right\}$$

运算规律

① 反交换律 $\boldsymbol{a}\times\boldsymbol{b}=-\boldsymbol{b}\times\boldsymbol{a}$;

② 分配律 $\boldsymbol{a}\times(\boldsymbol{b}+\boldsymbol{c})=\boldsymbol{a}\times\boldsymbol{b}+\boldsymbol{a}\times\boldsymbol{c}$;

③ 结合律 $(\lambda\boldsymbol{a})\times\boldsymbol{b}=\lambda(\boldsymbol{a}\times\boldsymbol{b})=\boldsymbol{a}\times(\lambda\boldsymbol{b})$.

结论 ①$\boldsymbol{a}\times\boldsymbol{a}=\boldsymbol{0}$;② 非零向量 $\boldsymbol{a}$ 与 $\boldsymbol{b}$ 平行的充分必要条件是 $\boldsymbol{a}\times\boldsymbol{b}=\boldsymbol{0}$;③ $|\boldsymbol{a}\times\boldsymbol{b}|$ 表示以 $\boldsymbol{a}$ 与 $\boldsymbol{b}$ 为邻边平行四边形的面积.

3. 混合积

如果先做两个向量 $\boldsymbol{a}$ 与 $\boldsymbol{b}$ 的向量积 $\boldsymbol{a}\times\boldsymbol{b}$,把所得到的向量与第三个向量 $\boldsymbol{c}$ 再做数量积 $(\boldsymbol{a}\times\boldsymbol{b})\cdot\boldsymbol{c}$,那么把这个数量称为三个向量 $\boldsymbol{a}$,$\boldsymbol{b}$,$\boldsymbol{c}$ 的混合积,记作 $[\boldsymbol{abc}]$.

如果 $\boldsymbol{a}=\{a_x,a_y,a_z\}$,$\boldsymbol{b}=\{b_x,b_y,b_z\}$,$\boldsymbol{c}=\{c_x,c_y,c_z\}$,那么

$$[\boldsymbol{abc}]=\begin{vmatrix}a_x&a_y&a_z\\b_x&b_y&b_z\\c_x&c_y&c_z\end{vmatrix}$$

运算规律 ①$[\boldsymbol{abc}]=[\boldsymbol{bca}]=[\boldsymbol{cab}]$;②$[\boldsymbol{abc}]=-[\boldsymbol{acb}]=-[\boldsymbol{cba}]=-[\boldsymbol{bac}]$.

结论 ① 三个向量 $\boldsymbol{a},\boldsymbol{b},\boldsymbol{c}$ 共面的充要条件是$[\boldsymbol{abc}]=0$;② 以 $\boldsymbol{a},\boldsymbol{b},\boldsymbol{c}$ 为棱的平行六面体的体积 $V=|[\boldsymbol{abc}]|$.

例 2 设 $\boldsymbol{a}=\boldsymbol{i}-2\boldsymbol{j}+2\boldsymbol{k},\boldsymbol{b}=-\boldsymbol{i}+\boldsymbol{j}$. 求:(1) 与 $\boldsymbol{a},\boldsymbol{b}$ 都垂直的单位向量;(2) 计算以 $\boldsymbol{a}$,$\boldsymbol{b}$ 为邻边的三角形的面积.

解 (1) 由向量积的定义知,$\boldsymbol{a}\times\boldsymbol{b}$ 既垂直于 $\boldsymbol{a}$ 又垂直于 $\boldsymbol{b}$,故先求 $\boldsymbol{a}\times\boldsymbol{b}$,得

$$\boldsymbol{a}\times\boldsymbol{b}=\begin{vmatrix}\boldsymbol{i} & \boldsymbol{j} & \boldsymbol{k}\\ 1 & -2 & 2\\ -1 & 1 & 0\end{vmatrix}=-2\boldsymbol{i}-2\boldsymbol{j}-\boldsymbol{k}$$

而 $|\boldsymbol{a}\times\boldsymbol{b}|=\sqrt{(-2)^2+(-2)^2+(-1)^2}=\sqrt{9}=3$,故所求的单位向量为

$$\boldsymbol{c}=\pm\frac{\boldsymbol{a}\times\boldsymbol{b}}{|\boldsymbol{a}\times\boldsymbol{b}|}=\pm\frac{1}{3}(-2\boldsymbol{i}-2\boldsymbol{j}-\boldsymbol{k})$$

(2) 由向量积的几何意义知,以 $\boldsymbol{a},\boldsymbol{b}$ 为邻边的三角形的面积为

$$A=\frac{1}{2}|\boldsymbol{a}\times\boldsymbol{b}|=\frac{1}{2}\cdot 3=\frac{3}{2}$$

例 3 已知 $\boldsymbol{a}=\{2,4,-4\},\boldsymbol{b}=\{-1,2,-2\}$,求 $\boldsymbol{a}$ 与 $\boldsymbol{b}$ 的角平分线向量使其模为$\sqrt{32}$.

解 不妨设所求 $\boldsymbol{a}$ 与 $\boldsymbol{b}$ 的角平分线向量为 $\boldsymbol{c}=\lambda(\boldsymbol{a}^0+\boldsymbol{b}^0)$,其中 λ 为常数,再由 $\boldsymbol{a}=\{2,4,-4\},\boldsymbol{b}=\{-1,2,-2\}$ 得 $\boldsymbol{c}=\lambda\left\{0,\frac{4}{3},-\frac{4}{3}\right\}$. 又 $|\boldsymbol{c}|=\sqrt{32}$,即 $|\lambda|\cdot\sqrt{0^2+\left(\frac{4}{3}\right)^2+\left(-\frac{4}{3}\right)^2}=\sqrt{32}$,因此 $|\lambda|=3$,从而 $\boldsymbol{c}=\{0,\pm 4,\mp 4\}$.

第 2 节 平面与空间直线的方程

一、平面及其方程

1. 平面的点法式方程

由平面上的一个定点 $M_0(x_0,y_0,z_0)$ 及它的一个法向量 $\boldsymbol{n}=\{A,B,C\}$ 所确定的方程 $A(x-x_0)+B(y-y_0)+C(z-z_0)=0$ 称为此平面的点法式方程.

2. 平面的一般式方程

三元一次方程 $Ax+By+Cz+D=0$ 称为平面的一般式方程,其中向量 $\boldsymbol{n}=\{A,B,C\}$ 称为此平面的法向量.

3. 平面的三点式方程

过不在同一直线上的三个点 $M_1(x_1,y_1,z_1)$,$M_2(x_2,y_2,z_2)$,$M_3(x_3,y_3,z_3)$ 的平面方程

$$\begin{vmatrix}x-x_1 & y-y_1 & z-z_1\\ x_2-x_1 & y_2-y_1 & z_2-z_1\\ x_3-x_1 & y_3-y_1 & z_3-z_1\end{vmatrix}=0$$

称为平面的三点式方程,其中法向量

$$\boldsymbol{n}=\left\{\begin{vmatrix} y_2-y_1 & z_2-z_1 \\ y_3-y_1 & z_3-z_1 \end{vmatrix},\begin{vmatrix} z_2-z_1 & x_2-x_1 \\ z_3-z_1 & x_3-x_1 \end{vmatrix},\begin{vmatrix} x_2-x_1 & y_2-y_1 \\ x_3-x_1 & y_3-y_1 \end{vmatrix}\right\}$$

4. 平面的截距式方程

方程$\frac{x}{a}+\frac{y}{b}+\frac{z}{c}=1$称为平面的截距式方程，其中$a,b,c$分别称为平面在$x,y,z$轴上的截距.

5. 两平面的夹角

两平面的法线的夹角（通常指锐角或直角）称为两平面的夹角.

设平面$\pi_1:A_1x+B_1y+C_1z+D_1=0$，$\pi_2:A_2x+B_2y+C_2z+D_2=0$，则平面$\pi_1$与$\pi_2$的夹角余弦$\cos\theta=\frac{|A_1A_2+B_1B_2+C_1C_2|}{\sqrt{A_1^2+B_1^2+C_1^2}\sqrt{A_2^2+B_2^2+C_2^2}}$.

平面π_1,π_2相互平行的充要条件是$\frac{A_1}{A_2}=\frac{B_1}{B_2}=\frac{C_1}{C_2}$；平面$\pi_1,\pi_2$相互垂直的充要条件是$A_1A_2+B_1B_2+C_1C_2=0$.

6. 点到平面的距离

平面外一点$P_0(x_0,y_0,z_0)$到平面$\pi:Ax+By+Cz+D=0$的距离为

$$d=\frac{|Ax_0+By_0+Cz_0+D|}{\sqrt{A^2+B^2+C^2}}$$

例 1　求过$M_1(1,1,1)$和$M_2(0,1,-1)$且与平面$x+y+z=0$垂直的平面方程.

解　所求平面方程的法向量$\boldsymbol{n}$既垂直于向量$\overrightarrow{M_1M_2}$，又垂直于已给平面的法向量$\boldsymbol{n}_1=\{1,1,1\}$，故$\boldsymbol{n}=\overrightarrow{M_1M_2}\times\boldsymbol{n}_1=\{-1,0,-2)\times\{1,1,1\}=\{2,-1,-1\}$，所求平面方程为$2(x-1)-(y-1)-(z-1)=0$，即$2x-y-z=0$.

例 2　求与已知平面$2x-5y-3z+6=0$平行且相距$\sqrt{38}$的平面方程.

解　因所求平面π与已给平面平行，故可设$\pi:2x-5y-3z+D=0$.

在已给平面上任取点$M(1,1,1)$，由M到平面π的距离$\sqrt{38}=\frac{|2-5-3+D|}{\sqrt{4+25+9}}$，解得$D_1=44$和$D_2=-32$. 故所求平面方程为$2x-5y-3z+44=0$和$2x-5y-3z-32=0$.

例 3　设有三张不同平面的方程$a_{i1}x+a_{i2}y+a_{i3}z=b_i(i=1,2,3)$，它们所组成的线性方程组的系数矩阵与增广矩阵的秩都为2，则这三张平面可能的位置关系为(　　).

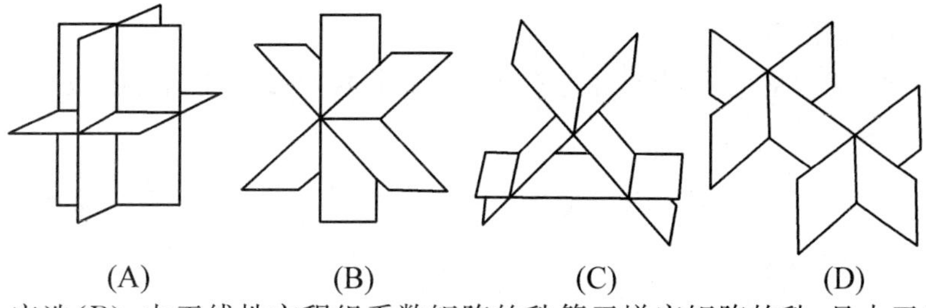

(A)　(B)　(C)　(D)

解　应选(B). 由于线性方程组系数矩阵的秩等于增广矩阵的秩，且小于未知数的个数3，故线性方程组有无穷多个解，因此三张平面不可能没有公共交点，也不可能仅交于一点，这样就排除了(C)(D)和(A). 又由于系数矩阵的秩为2，故必有两张平面的法向量

线性无关,即不共线,因此三平面必交于一线.

二、空间直线及其方程

1. 一般式方程

方程组$\begin{cases}A_1x+B_1y+C_1z+D_1=0\\A_2x+B_2y+C_2z+D_2=0\end{cases}$称为空间直线的一般式方程,其中$\boldsymbol{n}_1=\{A_1,B_1,C_1\}$与$\boldsymbol{n}_2=\{A_2,B_2,C_2\}$不平行.

2. 点向式方程

由定点$M_0(x_0,y_0,z_0)$与直线的方向向量$\boldsymbol{s}=\{m,n,p\}$所确定的方程组$\frac{x-x_0}{m}=\frac{y-y_0}{n}=\frac{z-z_0}{p}$称为直线的对称式或点向式方程.

3. 参数式方程

称方程组$\begin{cases}x=x_0+mt\\y=y_0+nt\\z=z_0+pt\end{cases}$为直线的参数式方程.

4. 两直线的夹角

两直线的方向向量的夹角(通常指锐角或直角)叫作两直线的夹角. 直线L_1:$\frac{x-x_1}{m_1}=\frac{y-y_1}{n_1}=\frac{z-z_1}{p_1}$与$L_2$:$\frac{x-x_2}{m_2}=\frac{y-y_2}{n_2}=\frac{z-z_2}{p_2}$夹角的余弦为

$$\cos\varphi=\frac{|m_1m_2+n_1n_2+p_1p_2|}{\sqrt{m_1^2+n_1^2+p_1^2}\sqrt{m_2^2+n_2^2+p_2^2}}$$

直线L_1与L_2平行的充分必要条件是$\frac{m_1}{m_2}=\frac{n_1}{n_2}=\frac{p_1}{p_2}$;直线$L_1$与$L_2$垂直的充分必要条件是$m_1m_2+n_1n_2+p_1p_2=0$.

5. 点到直线的距离

点$P_0(x_0,y_0,z_0)$到直线L:$\frac{x-x_1}{m}=\frac{y-y_1}{n}=\frac{z-z_1}{p}$的距离为

$$d=\frac{|\{x_1-x_0,y_1-y_0,z_1-z_0\}\times\{m,n,p\}|}{\sqrt{m^2+n^2+p^2}}$$

6. 直线与平面的夹角

当直线与平面不垂直时,直线和它在平面上的投影直线的夹角(通常指锐角或直角)称为直线与平面的夹角.

平面π:$Ax+By+Cz+D=0$与直线L:$\frac{x-x_0}{m}=\frac{y-y_0}{n}=\frac{z-z_0}{p}$夹角的正弦$\sin\varphi=\frac{|Am+Bn+Cp|}{\sqrt{A^2+B^2+C^2}\sqrt{m^2+n^2+p^2}}$.

直线L与平面π垂直的充分必要条件是$\frac{A}{m}=\frac{B}{n}=\frac{C}{p}$;直线$L$与平面$\pi$平行的充分必

要条件是 $Am+Bn+Cp=0$.

7.两个平面的夹角

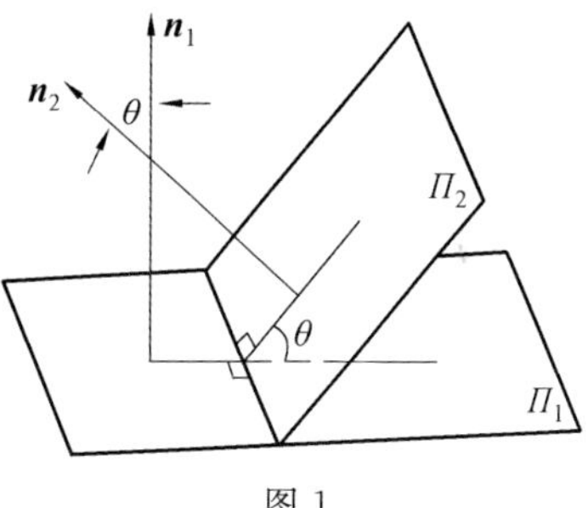

图 1

如图1,设平面 π_1 和 π_2 法线向量依次为 $\boldsymbol{n}_1=(A_1,B_1,C_1)$ 和 $\boldsymbol{n}_2=(A_2,B_2,C_2)$,那么平面 π_1 和 π_2 的夹角 θ 定义为 $\boldsymbol{n}_1$ 和 $\boldsymbol{n}_2$ 的锐角,因此

$$\cos\theta=\frac{|A_1A_2+B_1B_2+C_1C_2|}{\sqrt{A_1^2+B_1^2+C_1^2}\cdot\sqrt{A_2^2+B_2^2+C_2^2}}$$

例 4 求两平面 $x-y+2z-6=0$ 和 $2x+y+z-5=0$ 的夹角.

解 $\cos\theta=\dfrac{|1\times2+(-1)\times1+2\times1|}{\sqrt{1^2+(-1)^2+2^2}\cdot\sqrt{2^2+1^2+1^2}}=\dfrac{1}{2}$,因此,所求夹角 $\theta=\dfrac{\pi}{3}$.

例 5 求过点 $P(2,3,4)$ 且与直线 $L\begin{cases}z=0\\x+3y+2z=0\end{cases}$ 平行的直线方程.

解 所求直线的方向向量为已知直线的方向向量 $\boldsymbol{s}=\{0,0,1\}\times\{1,3,2\}=\{-3,1,0\}$,则所求直线的方程为 $\dfrac{x-2}{-3}=y-3=\dfrac{z-4}{0}$ 或 $\begin{cases}x+3y-11=0\\z=4\end{cases}$.

例 6 空间三个平面 $\pi_1:x+2y-z+1=0$,$\pi_2:x+y-2z+1=0$,$\pi_3:4x+5y-7z+4=0$,则三个平面的位置关系是( ).

(A) 通过同一直线　　(B) 不通过同一直线且两两不平行

(C) 有一个公共点　　(D) 无公共交点

解 应选(A).因为方程组 $\begin{cases}x+2y-z+1=0\\x+y-2z+1=0\\4x+5y-7z+4=0\end{cases}$ 的系数矩阵的秩和增广矩阵的秩均等于2,从而三个平面通过同一条直线.因此,选(A).

例 7 求过点 $P(1,2,4)$ 且与平面 $x+2y+z-1=0$ 垂直的直线方程.

解 已给平面的法向量 $\boldsymbol{n}=\{1,2,1\}$ 即所求直线的方向向量,故所求直线的方程为

$$x-1=\frac{y-2}{2}=z-4$$

例 8 求过点 $P(1,5,2)$ 且与两平面 $x+2z=1$ 和 $y-3z=0$ 平行的直线方程.

解 所求直线必平行于两已给平面的交线,故所求直线的方向向量为

$$\boldsymbol{s}=\{1,0,2\}\times\{0,1,-3\}=\{-2,3,1\}$$

所求直线的方程为

$$\frac{x-1}{-2}=\frac{y-5}{3}=z-2$$

例 9 求过点 $P(2,1,3)$ 且与直线 $L:\dfrac{x+1}{3}=\dfrac{y-1}{2}=\dfrac{z}{-1}$ 垂直相交的直线方程.

解法 1 过点 $P(2,1,3)$ 作垂直于已知直线 L 的平面,则该平面的法向量就是 L 的方向向量.故此平面的方程为 $3(x-2)+2(y-1)-(z-3)=0$.

再求该平面与 L 的交点,将 L 的参数方程 $x=-1+3t$,$y=1+2t$,$z=-t$,代入上述

平面方程得 $t=\frac{3}{7}$，从而得交点为 $\left(\frac{2}{7},\frac{13}{7},-\frac{3}{7}\right)$.

以点 $P(2,1,3)$ 为始点，点 $\left(\frac{2}{7},\frac{13}{7},-\frac{3}{7}\right)$ 为终点的向量 $\left\{\frac{2}{7}-2,\frac{13}{7}-1,-\frac{3}{7}-3\right\}$ 是所求直线的方向向量，故所求直线的对称式方程为 $\frac{x-2}{-\frac{12}{7}}=\frac{y-1}{\frac{6}{7}}=\frac{z-3}{-\frac{24}{7}}$，即 $\frac{x-2}{2}=\frac{y-1}{-1}=\frac{z-3}{4}$.

解法 2　设所求直线的方向向量为 $\boldsymbol{s}=\{m,n,p\}$，以点 $P(2,1,3)$ 为始点，直线 L 上一点 $Q(-1,1,0)$ 为终点的向量为 $\overrightarrow{PQ}=\{-3,0-3\}$. 由于三向量 $\overrightarrow{PQ}$，$\boldsymbol{s}$，$\{3,2-1\}$ 共面，故

$$\begin{vmatrix} m & n & p \\ -3 & 0 & -3 \\ 3 & 2 & -1 \end{vmatrix}=0$$

又由于所求直线与 L 互相垂直，故其方向向量的数量积为 0，即

$$3m+2n-p=0$$

于是可求得 $m=\frac{1}{2}p$，$n=-\frac{1}{4}p$. 因此，所求直线的方程为

$$\frac{x-2}{2}=\frac{y-1}{-1}=\frac{z-3}{4}$$

第 3 节　曲面与曲线及其方程

一、曲面及其方程

1. 曲面方程的概念

如果曲面 S 与方程 $F(x,y,z)=0$ 有下述关系：

①S 上所有点的坐标满足方程 $F(x,y,z)=0$；

② 满足 $F(x,y,z)=0$ 对应坐标的点都在曲面 S 上，

那么方程 $F(x,y,z)=0$ 叫作曲面 S 的方程，而曲面 S 叫作 $F(x,y,z)=0$ 的图形(图 2).

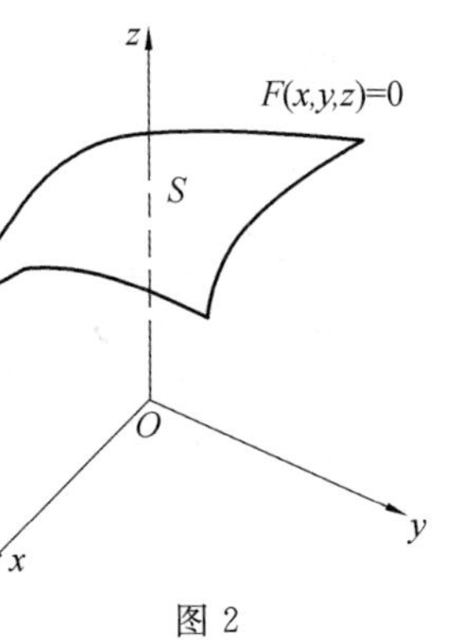

图 2

例 1　求与原点 O 及 $M_0(2,3,4)$ 的距离之比为 1∶2 的点的全体所组成的曲面方程.

解　设 $M(x,y,z)$ 是曲面上任一点，根据题意有 $\frac{|MO|}{|MM_0|}=\frac{1}{2}$，即

$$\frac{\sqrt{x^2+y^2+z^2}}{\sqrt{(x-2)^2+(y-3)^2+(z-4)^2}}=\frac{1}{2}$$

所求方程为 $(x+\frac{2}{3})^2+(y+1)^2+(z+\frac{4}{3})^2=\frac{116}{9}$.

2. 旋转曲面

如图3,以一条平面曲线C绕其所在平面上的一条直线L旋转一周所形成的曲面叫作旋转曲面.平面曲线C和直线L分别叫作旋转曲面的母线和轴.

设有xOy坐标面上的曲线C:$\begin{cases}f(x,y)=0\\z=0\end{cases}$,则:

(1) 曲线C绕x轴旋转所产生的曲面方程为$f(x,\pm\sqrt{y^2+z^2})=0$.

(2) 曲线C绕y轴旋转所产生的曲面方程为$f(\pm\sqrt{x^2+z^2},y)=0$.

类似地,可得到关于xOz,yOz坐标面上的曲线绕其所在坐标平面上的坐标轴旋转所产生旋转曲面的方程.

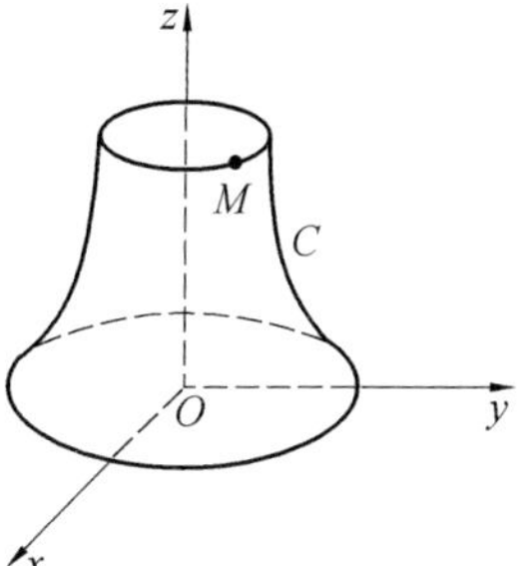

图 3

3. 柱面

平行于定直线并沿定曲线C移动的直线L所形成的轨迹叫作柱面,定曲线C叫作柱面的准线,动直线L叫作柱面的母线.

(1) 柱面准线为$\begin{cases}F(x,y,z)=0\\G(x,y,z)=0\end{cases}$,母线方向向量为$\{m,n,p\}$的柱面方程的建立.

首先,在柱面的母线L上任取一点(x,y,z),则过点(x,y,z)的母线方程为

$$\frac{X-x}{m}=\frac{Y-y}{n}=\frac{Z-z}{p}$$

其次,从方程组$\begin{cases}F(x,y,z)=0\\G(x,y,z)=0\\\dfrac{X-x}{m}=\dfrac{Y-y}{n}=\dfrac{Z-z}{p}\end{cases}$消去参数$x,y,z$即得所求的柱面方程.

(2) 柱面准线为$\begin{cases}x=x(t)\\y=y(t)\\z=z(t)\end{cases}$,母线的方向向量为$\{m,n,p\}$的柱面方程的建立.

在柱面的母线L上任取一点(x,y,z),则过点(x,y,z)的母线方程为

$$\frac{X-x}{m}=\frac{Y-y}{n}=\frac{Z-z}{p}$$

那么所求的柱面的参数方程为$\begin{cases}X=x(t)+ms\\Y=y(t)+ns\\Z=z(t)+ps\end{cases}$,其中$t,s$为参数.

常见柱面方程:

① 圆柱面:$x^2+y^2=R^2$. ② 椭圆柱面:$\dfrac{x^2}{a^2}+\dfrac{y^2}{b^2}=1$. ③ 抛物柱面:$y^2=2px$.

例 2 求以曲线$\begin{cases}x^2+y^2+2z^2=1\\z=x^2+y^2\end{cases}$为准线,母线平行于$Oz$轴的柱面方程.

解 将$z=x^2+y^2$代入$x^2+y^2+2z^2=1$得$x^2+y^2+2(x^2+y^2)^2=1$或[2(x^2+

$y^2)-1][x^2+y^2+1]=0$，即 $x^2+y^2=\dfrac{1}{2}$ 为所求柱面方程.

例 3 柱面的准线方程为$\begin{cases}x^2+y^2+z^2=1\\2x^2+2y^2+z^2=2\end{cases}$，而母线的方向数是$\{-1,0,1\}$，求柱面方程.

解 设 $M_1(x_1,y_1,z_1)$ 是准线上的点，那么过 $M_1(x_1,y_1,z_1)$ 的母线为

$$\frac{x-x_1}{-1}=\frac{y-y_1}{0}=\frac{z-z_1}{1}$$

且有

$$x_1^2+y_1^2+z_1^2=1,2x_1^2+2y_1^2+z_1^2=2 \qquad ①$$

再设

$$\frac{x-x_1}{-1}=\frac{y-y_1}{0}=\frac{z-z_1}{1}=t$$

那么

$$x_1=x+t,y_1=y,z_1=z-t \qquad ②$$

式②代入式①得$(x+t)^2+y^2+(z-t)^2=1$，$2(x+t)^2+2y^2+(z-t)^2=2$.

解得$(z-t)^2=0$，即 $t=z$，从而得所求柱面方程为$(x+z)^2+y^2=1$，即

$$x^2+y^2+z^2+2xz-1=0$$

4. **二次曲面**

(1) 椭圆锥面：$\dfrac{x^2}{a^2}+\dfrac{y^2}{b^2}=z^2$(图 4).

(2) 椭球面：$\dfrac{x^2}{a^2}+\dfrac{y^2}{b^2}+\dfrac{z^2}{c^2}=1$(图 5).

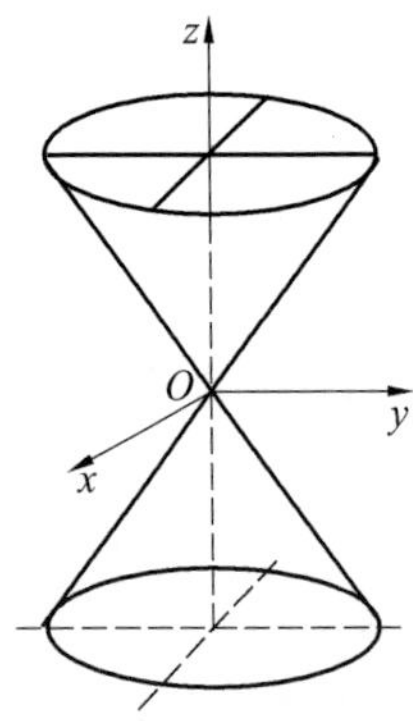

图 4 椭圆锥面

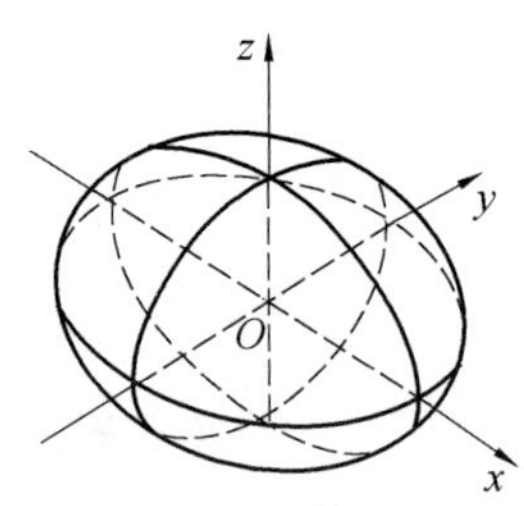

图 5 椭球面

(3) 单叶双曲面：$\dfrac{x^2}{a^2}+\dfrac{y^2}{b^2}-\dfrac{z^2}{c^2}=1$(图 6).

(4) 双叶双曲面：$\dfrac{x^2}{a^2}-\dfrac{y^2}{b^2}-\dfrac{z^2}{c^2}=1$(图 7).

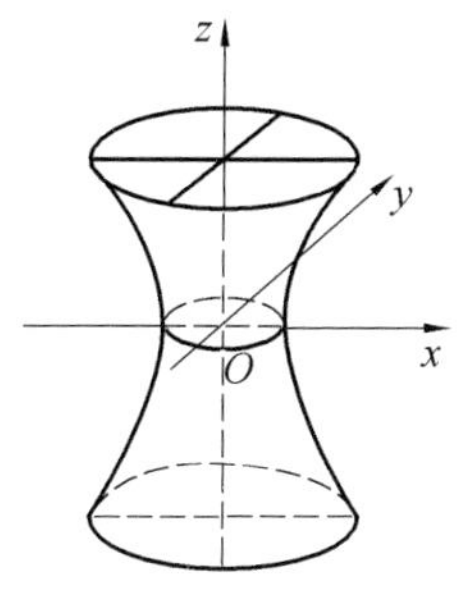

图 6　单叶双曲面

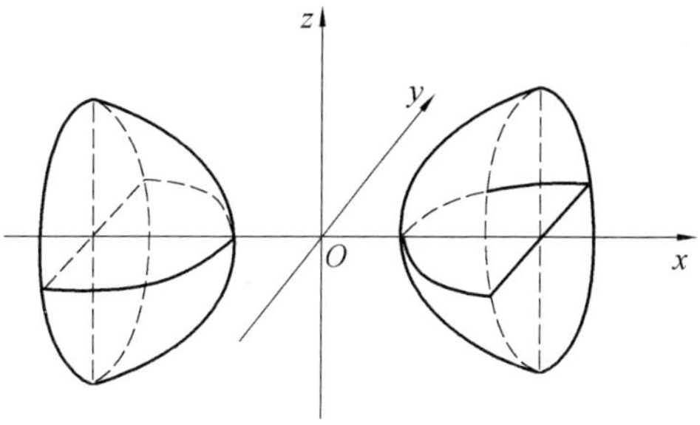

图 7　双叶双曲面

(5) 椭圆抛物面：$\frac{x^2}{a^2}+\frac{y^2}{b^2}=2z$(图 8).

(6) 双曲抛物面：$-\frac{x^2}{a^2}+\frac{y^2}{b^2}=2z$(图 9).

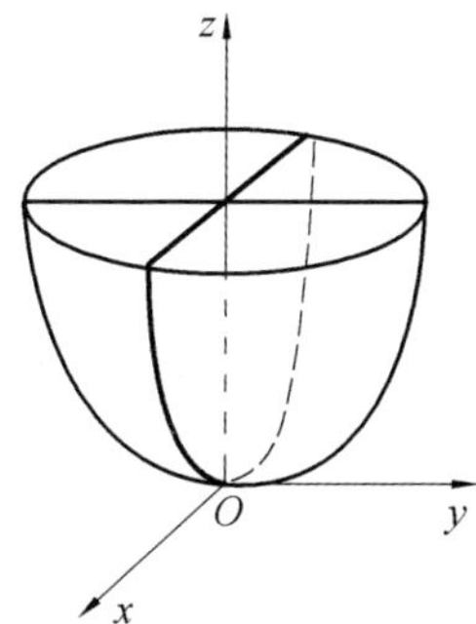

图 8　椭圆抛物面

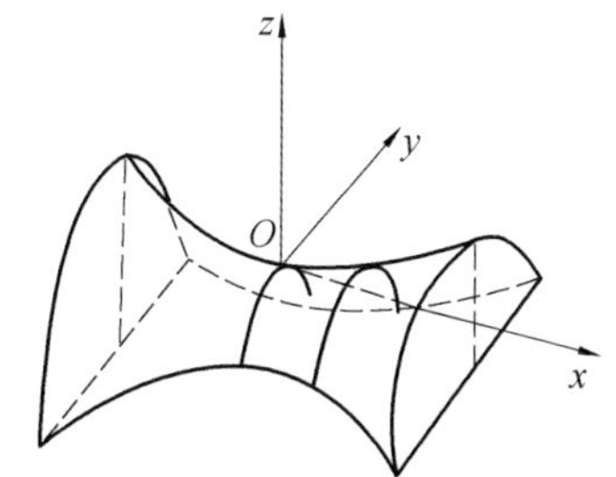

图 9　双曲抛物面

例 4　设 $\boldsymbol{A}$ 为 3 阶实对称矩阵，如果二次曲面方程 $(x,y,z)\boldsymbol{A}\begin{pmatrix}x\\y\\z\end{pmatrix}=1$ 在正交变换下的标准方程的图形如图 10 所示，则 $\boldsymbol{A}$ 的正特征值个数为(　　).

(A)0　　(B)1　　(C)2　　(D)3

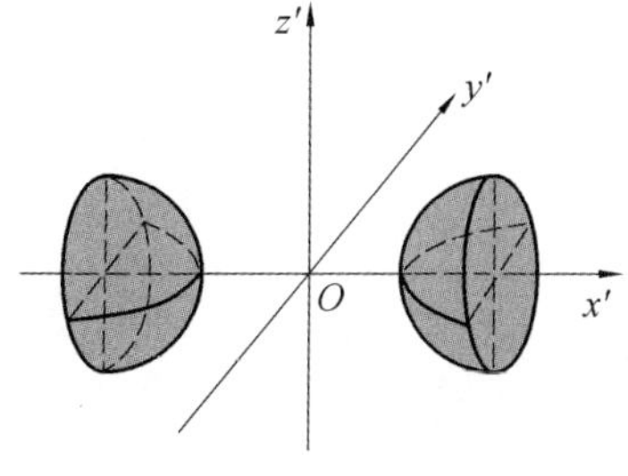

图 10

解　图中所示二次曲面为旋转双叶双曲面，其方程为 $\frac{x'^2}{a^2}-\frac{y'^2+z'^2}{c^2}=1$. 由此可知 $\boldsymbol{A}$ 相似于对角阵 $\operatorname{diag}\left\{\frac{1}{a^2},-\frac{1}{c^2},-\frac{1}{c^2}\right\}$，因此 $\boldsymbol{A}$ 的正特征值的个数为 1，应选(B).

二、曲线及其方程

1. 空间曲线的一般式方程

方程组$\begin{cases}F(x,y,z)=0\\G(x,y,z)=0\end{cases}$称为空间曲线的一般式方程.

2. 空间曲线的参数式方程

方程组$\begin{cases}x=x(t)\\y=y(t)\\z=z(t)\end{cases}$称为空间曲线的参数式方程.

3. 空间曲线在坐标面上的投影

由空间曲线 C 的方程$\begin{cases}F(x,y,z)=0\\G(x,y,z)=0\end{cases}$消去变量 z 之后所得 C 关于 xOy 面的投影柱面 $H(x,y)=0$ 与 xOy 的交线$\begin{cases}H(x,y)=0\\z=0\end{cases}$称为空间曲线 C 在 xOy 面上的投影曲线. 类似地,可定义空间曲线 C 在 yOz 面,xOz 面上的投影.

例 5　求:(1) 直线 $L:\dfrac{x-1}{1}=\dfrac{y}{1}=\dfrac{z-1}{-1}$ 在平面 $\pi:x-y+2z-1=0$ 上的投影直线 L_0 的方程;(2)L_0 绕 y 轴旋转一周所成曲面的方程.

解　(1) 先求通过直线 L 且垂直于平面 π 的平面 π^*.

解法 1:(点法式) 直线 L 的方向向量 $\boldsymbol{s}=\{1,1,-1\}$,平面 π 的法向量 $\boldsymbol{n}=\{1,-1,2\}$,设平面 π^* 的法向量为 $\boldsymbol{n}^*$,则 $\boldsymbol{n}^*\perp\boldsymbol{s}$ 且 $\boldsymbol{n}^*\perp\boldsymbol{n}$,于是

$$\boldsymbol{n}^*=\boldsymbol{s}\times\boldsymbol{n}=\begin{vmatrix}\boldsymbol{i}&\boldsymbol{j}&\boldsymbol{k}\\1&1&-1\\1&-1&2\end{vmatrix}=\boldsymbol{i}-3\boldsymbol{j}-2\boldsymbol{k}$$

又因为平面 π^* 通过直线 L,可知直线 L 上的点 $P(1,0,1)$ 在平面 π^* 上,于是 π^* 的方程为 $1\cdot(x-1)-3(y-0)-2(z-1)=0$,即 $x-3y-2z+1=0$.

解法 2:(一般式) 设 π^* 的方程为 $A(x-1)+By+C(z-1)=0$,则由条件知

$$A-B+2C=0,A+B-C=0$$

由此解得 $A:B:C=1:(-3):(-2)$,于是 π^* 的方程为 $x-3y-2z+1=0$;因而所求投影直线的方程为$\begin{cases}x-y+2z-1=0\\x-3y-2z+1=0\end{cases}$.

(2) 将 L_0 写成参数方程$\begin{cases}x=2y\\z=-\dfrac{1}{2}(y-1)\end{cases}$,设 L_0 绕 y 轴旋转一周所成的曲面为 S,对点 $P(x_0,y_0,z_0)\in S$,有

$$x_0^2+z_0^2=(2y_0)^2+\left[-\frac{1}{2}(y_0-1)\right]^2=\frac{17}{4}y_0^2-\frac{1}{2}y_0+\frac{1}{4}$$

即 L_0 绕 y 轴旋转一周所成的曲面方程为

$$x^2+z^2=\frac{17}{4}y^2-\frac{1}{2}y+\frac{1}{4}$$

解惑释疑

问题 1　"向量 $\boldsymbol{a}$ 和 $\boldsymbol{b}$ 平行的充分必要条件是:存在不全为零的两个数 α,β,使得 $\alpha\boldsymbol{a}+$

$\beta\boldsymbol{b}=\mathbf{0}$”是否正确？说明理由.

答 正确.这是因为：

若 $\boldsymbol{a}\parallel\boldsymbol{b}$，则 $\boldsymbol{a}$ 和 $\boldsymbol{b}$ 共线，故存在不全为零的两个数 α,β，使得 $\alpha\boldsymbol{a}+\beta\boldsymbol{b}=0$. 反之，若 $\beta\neq 0$，则有 $\boldsymbol{b}=-\dfrac{\alpha}{\beta}\boldsymbol{a}$. 当 $\boldsymbol{a}\neq 0$ 时，由 $-\dfrac{\alpha}{\beta}$ 即为 λ，故 $\boldsymbol{a}\parallel\boldsymbol{b}$.

当 $\boldsymbol{a}=0$ 时，由 $\alpha\boldsymbol{a}+\beta\boldsymbol{b}=\mathbf{0}$ 可知，$\boldsymbol{b}=\mathbf{0}$ 或者 $\beta=0$，此时向量 $\boldsymbol{a}$ 均平行于向量 $\boldsymbol{b}$.

因此，也可以说向量 $\boldsymbol{a}$ 和 $\boldsymbol{b}$ 平行的充分必要条件是存在不全为零的两个数 α,β，使得 $\alpha\boldsymbol{a}+\beta\boldsymbol{b}=0$.

问题 2 判断下列说法是否正确，并给出理由：

(1) $\boldsymbol{i}+\boldsymbol{j}+\boldsymbol{k}$ 是单位向量；(2) $-\boldsymbol{i}$ 不是单位向量；(3) 空间中点的坐标和向量的坐标表示形式是不同的.

答 (1) 错误，因为向量 $\boldsymbol{i}+\boldsymbol{j}+\boldsymbol{k}$ 的模为 $\sqrt{3}$，所以它不是单位向量.

(2) 错误，因为向量 $-\boldsymbol{i}$ 的模是 1，故 $-\boldsymbol{i}$ 是单位向量.

(3) 正确，在空间直角坐标系中，任意一点 P 的坐标表示形式为 $P(x,y,z)$，其中 x，y，z 分别表示点 P 的横坐标、纵坐标和竖坐标. 任意一个向量 $\boldsymbol{a}$ 的坐标表示可写为 $\boldsymbol{a}=(x_2-x_1,y_2-y_1,z_2-z_1)$，它说明 $\boldsymbol{a}$ 是以点 $A(x_1,y_1,z_1)$ 为起点，点 $B(x_2,y_2,z_2)$ 为终点的向量.

问题 3 平面的点法式方程、一般式方程及截距式方程是如何相互转化的？

答 若已知平面的法向量 $\boldsymbol{n}=\{A,B,C\}$ 以及平面内的一点 $M_0(x_0,y_0,z_0)$，该平面的点法式方程为 $A(x-x_0)+B(y-y_0)+C(z-z_0)=0$，整理即得一般式方程，即 $Ax+By+Cz+D=0$，其中 $D=-Ax_0-By_0-Cz_0$. 当平面不通过坐标原点时，$D\neq 0$. 将一般式方程两端同除以 $-D$，并整理得 $\dfrac{x}{-\dfrac{D}{A}}+\dfrac{y}{-\dfrac{D}{B}}+\dfrac{z}{-\dfrac{D}{C}}=1$，即为截距式方程 $\dfrac{x}{a}+\dfrac{y}{b}+\dfrac{z}{c}=1$ 的形式；若再将截距式方程变形为 $\dfrac{1}{a}(x-0)+\dfrac{1}{b}(y-0)+\dfrac{1}{c}(z-c)=0$，即得到点法式方程.

问题 4 讨论当平面方程 $Ax+By+Cz+D=0$ 的各参数 A,B,C,D 中至少有一个为零时，对应的平面各有什么特点？

答 当参数 A,B,C,D 中至少有一个为零时，平面方程对应一些特殊平面，列表如下：

$D=0$	$Ax+By+Cz=0$	平面过原点
$A=0$	$By+Cz+D=0$	平面平行于 x 轴
$B=0$	$Ax+Cz+D=0$	平面平行于 y 轴
$C=0$	$Ax+By+D=0$	平面平行于 z 轴
$A=B=0$	$Cz+D=0$	平面平行于 xOy 坐标面
$B=C=0$	$Ax+D=0$	平面平行于 yOz 坐标面
$A=C=0$	$By+D=0$	平面平行于 zOx 坐标面

问题 5 如何判断两个平面的位置关系？

答 设空间两个平面的方程分别为

$$\pi_1: A_1x+B_1y+C_1z+D_1=0, \pi_2: A_2x+B_2y+C_2z+D_2=0$$

当$\dfrac{A_1}{A_2}=\dfrac{B_1}{B_2}=\dfrac{C_1}{C_2}=\dfrac{D_1}{D_2}$时，两平面重合；

当$\dfrac{A_1}{A_2}=\dfrac{B_1}{B_2}=\dfrac{C_1}{C_2}\neq\dfrac{D_1}{D_2}$时，两平面平行；

当$A_1:B_1:C_1\neq A_2:B_2:C_2$时，两平面相交，夹角公式为

$$\cos\theta=\frac{|A_1A_2+B_1B_2+C_1C_2|}{\sqrt{A_1^2+B_1^2+C_1^2}\sqrt{A_2{}^2+B_2{}^2+C_2{}^2}}$$

问题6　如何将直线的一般方程转化为点向式方程？

答　设直线L的一般方程为$\begin{cases}A_1x+B_1y+C_1z+D=0\\A_2x+B_2y+C_2z+D=0\end{cases}$，它表示两个不平行的平面$\pi_1$和$\pi_2$的交线．两个平面的法线向量分别为$\boldsymbol{n}_1=\{A_1,B_1,C_1\}$和$\boldsymbol{n}_2=\{A_2,B_2,C_2\}$．注意到，直线的点向式方程的方向向量可以通过$\boldsymbol{s}=\boldsymbol{n}_1\times\boldsymbol{n}_2$得到，然后通过解方程组可求得直线上的一点，由此可以得到直线的点向式方程．

习题精练

1．已知两点$M_1(2,0,1)$和$M_2(1,\sqrt{3},1)$，计算向量$\overrightarrow{M_1M_2}$的模、方向余弦和方向角．

2．已知$\boldsymbol{a}=3\boldsymbol{c}+\boldsymbol{d}$，$\boldsymbol{b}=\boldsymbol{c}-2\boldsymbol{d}$，其中$\boldsymbol{c}=(1,2,1)$，$\boldsymbol{d}=(2,-1,2)$．求$\boldsymbol{a}\cdot\boldsymbol{b}$，$\boldsymbol{a}\times\boldsymbol{b}$及$\cos(\widehat{\boldsymbol{a},\boldsymbol{b}})$．

3．已知向量$\boldsymbol{a},\boldsymbol{b}$为非零向量，且$(\boldsymbol{a}-\boldsymbol{b})\perp(\boldsymbol{a}+\boldsymbol{b})$，$(\boldsymbol{a}+\boldsymbol{b})\perp(3\boldsymbol{a}-\boldsymbol{b})$．求$\cos(\widehat{\boldsymbol{a},\boldsymbol{b}})$．

4．求下列平面的方程：

(1) 过三点$M_1(1,1,0)$，$M_2(-2,2,-1)$和$M_3(1,2,1)$；

(2) 平行于xOz坐标面且经过点$(2,-5,3)$的平面方程；

(3) 平行于向量$\boldsymbol{v}_1=(1,0,1)$，$\boldsymbol{v}_2=(2,-1,3)$且过点$P(3,-1,4)$的平面方程．

5．求过点$(1,2,1)$，垂直于$L_1:\dfrac{x-1}{3}=\dfrac{y}{2}=\dfrac{z+1}{1}$且与$L_2:\dfrac{x}{2}=y=-z$相交的直线$L$的方程．

6．设直线$L:\dfrac{x-1}{2}=\dfrac{y+2}{-1}=\dfrac{z+1}{m}$在平面$\pi:-px+2y-z+4=0$上，试求$m,p$的值．

7．求曲线$\begin{cases}x^2+y^2+z^2=4\\y=z\end{cases}$在各坐标面上的投影方程．

8．求曲线$\begin{cases}z=-y^2+1\\x=0\end{cases}$绕$z$轴旋转一周所得的旋转曲面方程．

9．求曲线$\begin{cases}x^2+y^2+z^2=6\\x+y+z=0\end{cases}$在点$(1,-2,1)$处的切线方程和法平面方程．

10. 求曲线$\begin{cases}x^2+y^2+z^2-3x=0\\2x-3y+5z-4=0\end{cases}$在点(1,1,1)处的切线及法平面方程.

11. 将 xOy 坐标面上的双曲线 $4x^2-9y^2=36$ 分别绕 x 轴及 y 轴旋转一周,求所生成的旋转曲面的方程.

12. 将下列曲线的一般方程化为参数方程:

(1)$\begin{cases}x^2+y^2+z^2=9\\y=x\end{cases}$;(2)$\begin{cases}(x-1)^2+y^2+(z+1)^2=4\\z=0\end{cases}$.

13. 求上半球 $0\leqslant z\leqslant\sqrt{a^2-x^2-y^2}$ 与圆柱体 $x^2+y^2\leqslant ax\ (a>0)$ 的公共部分在 xOy 面和 xOz 面上的投影.

习题解析

1. $\overrightarrow{M_1M_2}=(-1,\sqrt{3},0)$. 于是,向量$\overrightarrow{M_1M_2}$的模、方向余弦和方向角分别为

$$|\overrightarrow{M_1M_2}|=\sqrt{(-1)^2+(\sqrt{3})^2+0^2}=2$$

$$\cos\alpha=-\frac{1}{2},\cos\beta=\frac{\sqrt{3}}{2},\cos\gamma=0$$

$$\alpha=\frac{2}{3}\pi,\beta=\frac{\pi}{6},\gamma=\frac{\pi}{2}$$

2. $\boldsymbol{a}=3(1,2,1)+(2,-1,2)=(5,5,5)$,$\boldsymbol{b}=(1,2,1)-2(2,-1,2)=(-3,4,-3)$. 于是

$$\boldsymbol{a}\cdot\boldsymbol{b}=5\times(-3)+5\times4+5\times(-3)=-10$$

$$\boldsymbol{a}\times\boldsymbol{b}=\begin{vmatrix}5&5\\4&-3\end{vmatrix}\boldsymbol{i}+\begin{vmatrix}5&5\\-3&-3\end{vmatrix}\boldsymbol{j}+\begin{vmatrix}5&5\\-3&4\end{vmatrix}\boldsymbol{k}=-35\boldsymbol{i}+35\boldsymbol{k}$$

$$\cos(\widehat{\boldsymbol{a},\boldsymbol{b}})=\frac{\boldsymbol{a}\cdot\boldsymbol{b}}{|\boldsymbol{a}||\boldsymbol{b}|}=\frac{-10}{5\sqrt{3}\times\sqrt{34}}=-\frac{2}{\sqrt{102}}$$

3. 由已知可得

$$\begin{cases}(\boldsymbol{a}-\boldsymbol{b})\cdot(\boldsymbol{a}+\boldsymbol{b})=|\boldsymbol{a}|^2-|\boldsymbol{b}|^2=0\\(\boldsymbol{a}+\boldsymbol{b})\cdot(3\boldsymbol{a}-\boldsymbol{b})=3|\boldsymbol{a}|^2-|\boldsymbol{b}|^2+2\boldsymbol{a}\cdot\boldsymbol{b}=|\boldsymbol{b}|^2\left(3\dfrac{|\boldsymbol{a}|^2}{|\boldsymbol{b}|^2}-1+2\dfrac{|\boldsymbol{a}|}{|\boldsymbol{b}|}\dfrac{\boldsymbol{a}\cdot\boldsymbol{b}}{|\boldsymbol{a}||\boldsymbol{b}|}\right)=0\end{cases}$$

解得$\dfrac{|\boldsymbol{a}|}{|\boldsymbol{b}|}=1$,$\dfrac{\boldsymbol{a}\cdot\boldsymbol{b}}{|\boldsymbol{a}||\boldsymbol{b}|}=-1$,即 $\cos(\widehat{\boldsymbol{a},\boldsymbol{b}})=-1$.

4. (1) 设平面的一般方程为 $Ax+By+Cz+D=0$,将 M_1,M_2,M_3 的坐标代入平面方程,得到如下的线性方程组

$$\begin{cases}A+B+D=0\\-2A+2B-C+D=0\\A+2B+C+D=0\end{cases}$$

解得 $A=-\dfrac{2}{5}D,B=-\dfrac{3}{5}D,C=\dfrac{3}{5}D$. 于是,所求平面的方程为

$$2x+3y-3z-5=0$$

(2) 设平行于 xOz 坐标面的平面方程为：$By+D=0$. 将点$(2,-5,3)$代入方程得 $-5B+D=0$，即 $D=5B$，故平面方程为 $y=-5$.

(3) 由向量积的定义可知，平面的法向量为

$$\boldsymbol{n}=\boldsymbol{v}_1\times\boldsymbol{v}_2=\begin{vmatrix}\boldsymbol{i} & \boldsymbol{j} & \boldsymbol{k}\\ 1 & 0 & 1\\ 2 & -1 & 3\end{vmatrix}=\boldsymbol{i}-\boldsymbol{j}-\boldsymbol{k}$$

故平面方程为$(x-3)-(y+1)-(z-4)=0$，即 $x-y-z=0$.

5. 设所求直线 L 的方向向量为 $\boldsymbol{s}=(m,n,p)$，则通过点$(1,2,1)$的直线参数方程为 $\begin{cases}x=1+mt\\ y=2+nt\\ z=1+pt\end{cases}$. 因为 $L\perp L_1$，所以 $3m+2n+p=0$. 又知 L_1 与 L_2 相交，则在 L 上存在满足 L_2 方程的点，将 L 的参数方程代入到 L_2，消去 t，可得 $m+p=n$. 联立并求解，可得 $m=-\dfrac{3}{5}p$，$n=\dfrac{2}{5}p$. 不妨设 $p=5$，则所求直线的参数方程为

$$\begin{cases}x=1-3t\\ y=2+2t\\ z=1+5t\end{cases}$$

6. 显然直线 L 的方向向量为 $\boldsymbol{s}=(2,-1,m)$，平面 π 的法线向量为 $\boldsymbol{n}=(-p,2,-1)$. 依题意，有 $\boldsymbol{s}\cdot\boldsymbol{n}=0$，即 $-2p-2-m=0$. 显然 $M_0(1,-2,1)$ 为直线 L 上的点，将此点的坐标代入平面方程，解得 $-p+1=0$. 因此，$m=-4$，$p=1$.

7. 在 xOy 面上的投影方程为 $\begin{cases}x^2+2y^2=4\\ z=0\end{cases}$；在 yOz 面上的投影方程为 $\begin{cases}y=z\\ x=0\end{cases}$；在 xOz 面上的投影方程为 $\begin{cases}x^2+2z^2=4\\ y=0\end{cases}$.

8. 显然旋转曲面的方程为 $z=-(x^2+y^2)+1$.

9. 令 $F(x,y,z)=x^2+y^2+z^2-6$，$G(x,y,z)=x+y+z$，则

$$\left.\frac{\partial(F,G)}{\partial(y,z)}\right|_{(1,-2,1)}=\left.\begin{vmatrix}2y & 2z\\ 1 & 1\end{vmatrix}\right|_{(1,-2,1)}=2(y-z)\Big|_{(1,-2,1)}=-6$$

$$\left.\frac{\partial(F,G)}{\partial(z,x)}\right|_{(1,-2,1)}=\left.\begin{vmatrix}2z & 2x\\ 1 & 1\end{vmatrix}\right|_{(1,-2,1)}=2(z-x)\Big|_{(1,-2,1)}=0$$

$$\left.\frac{\partial(F,G)}{\partial(x,y)}\right|_{(1,-2,1)}=\left.\begin{vmatrix}2x & 2y\\ 1 & 1\end{vmatrix}\right|_{(1,-2,1)}=2(x-y)\Big|_{(1,-2,1)}=6$$

因此，切线方程为$\dfrac{x-1}{-6}=\dfrac{y+2}{0}=\dfrac{z-1}{6}$，即$\begin{cases}y+z-2=0\\ y=-2\end{cases}$，法平面方程为 $-6(x-1)+0(y+2)+6(z-1)=0$，即 $x-z=0$.

10. 不妨设该曲线的参数方程的参数为 x，对 x 求导得

$$\begin{cases}2x+2y\dfrac{\mathrm{d}y}{\mathrm{d}x}+2z\dfrac{\mathrm{d}z}{\mathrm{d}x}-3=0\\2-3\dfrac{\mathrm{d}y}{\mathrm{d}x}+5\dfrac{\mathrm{d}z}{\mathrm{d}x}=0\end{cases}$$

即

$$\begin{cases}2y\dfrac{\mathrm{d}y}{\mathrm{d}x}+2z\dfrac{\mathrm{d}z}{\mathrm{d}x}=-2x+3\\3\dfrac{\mathrm{d}y}{\mathrm{d}x}-5\dfrac{\mathrm{d}z}{\mathrm{d}x}=2\end{cases}$$

解此方程组得$\dfrac{\mathrm{d}y}{\mathrm{d}x}=\dfrac{10x-4z-15}{-10y-6z}$，$\dfrac{\mathrm{d}z}{\mathrm{d}x}=\dfrac{6x+4y-9}{-10y-6z}$.因为$\left.\dfrac{\mathrm{d}y}{\mathrm{d}x}\right|_{(1,1,1)}=\dfrac{9}{16}$，$\left.\dfrac{\mathrm{d}z}{\mathrm{d}x}\right|_{(1,1,1)}=\dfrac{1}{16}$，故所求切线方程为$\dfrac{x-1}{1}=\dfrac{y-1}{\frac{9}{16}}=\dfrac{z-1}{-\frac{1}{16}}$，即$\dfrac{x-1}{16}=\dfrac{y-1}{9}=\dfrac{z-1}{-1}$；法平面方程为$(x-1)+\dfrac{9}{16}(y-1)-\dfrac{1}{16}(z-1)=0$，即 $16x+9y-z-24=0$.

11. 以 $\pm\sqrt{y^2+z^2}$ 代替双曲线方程 $4x^2-9y^2=36$ 中的 y，得该双曲线绕 x 轴旋转一周而生成的旋转曲面方程为 $4x^2-9(\pm\sqrt{y^2+z^2})^2=36$，即 $4x^2-9(y^2+z^2)=36$.

以 $\pm\sqrt{x^2+z^2}$ 代替双曲线方程 $4x^2-9y^2=36$ 中的 x，得该双曲线绕 y 轴旋转一周而生成的旋转曲面方程为 $4(\pm\sqrt{x^2+z^2})^2-9y^2=36$，即 $4(x^2+z^2)-9y^2=36$.

12. (1) 将 $y=x$ 代入 $x^2+y^2+z^2=9$，得 $2x^2+z^2=9$，取 $x=\dfrac{3}{\sqrt{2}}\cos t$，则 $z=3\sin t$，从而可得该曲线的参数方程 $x=\dfrac{3}{\sqrt{2}}\cos t$，$y=\dfrac{3}{\sqrt{2}}\cos t$，$z=3\sin t(0\leqslant t<2\pi)$.

(2) 将 $z=0$ 代入 $(x-1)^2+y^2+(z+1)^2=4$，得 $(x-1)^2+y^2=3$，取 $x-1=\sqrt{3}\cos t$，则 $y=\sqrt{3}\sin t$，从而可得该曲线的参数方程 $x=1+\sqrt{3}\cos t$，$y=\sqrt{3}\sin t$，$z=0(0\leqslant t<2\pi)$.

13. 如图 11，所求立体在 xOy 面上的投影为 $x^2+y^2\leqslant ax$，而由

$$\begin{cases}z=\sqrt{a^2-x^2-y^2}\\x^2+y^2=ax\end{cases}$$

得 $z=\sqrt{a^2-ax}$. 故所求立体在 xOz 面上的投影为由 x 轴，z 轴及曲线 $z=\sqrt{a^2-ax}$ 所围成的区域.

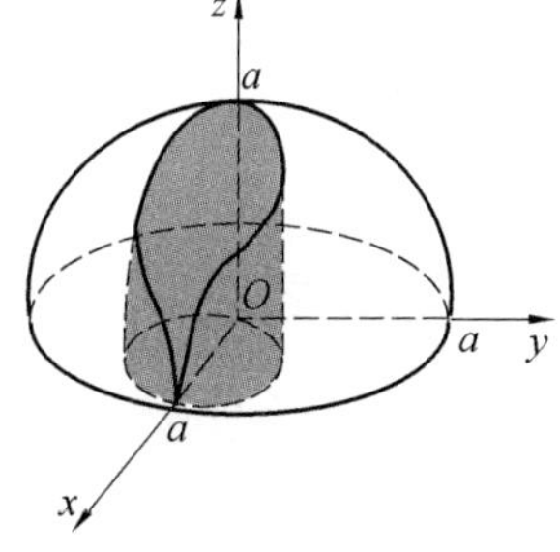

图 11

第14讲

多元函数微分学

背景简介

一元函数微积分理论盖棺定论以后，多元函数（两个或两个以上自变量的函数）微积分理论也随之蓬勃发展. 一元函数微积分的大多数概念和结论都能相应地推广到多元函数（比如极限存在的唯一性、保号性、局部有界性等），并且有些定义和定理尚可得到更进一步的发展. 这种推广，从数学理论的角度，不仅是可能的，从实际应用出发，也是刚需产物. 当然二者之间也有许多差异之处（比如多元函数很少关注其单调性和间断点），这些差异主要是由多元函数"多元"这一特殊性产生的.

读者在学习本讲时，请注意多对比一元函数微分理论与多元函数微分理论的区别与联系. 理解二元函数的几何意义，会用定义证明二元函数极限与连续. 理解多元函数偏导数与全微分的概念. 熟练掌握多元复合函数偏导数（一阶或高阶）的求法. 了解二元函数泰勒公式. 能解决二元函数的无条件极值问题. 理解方向导数的概念.

内容聚焦

第 1 节　多元函数的连续

一、平面点集

1. 两点之间的距离：$\rho(p_1,p_2)=\sqrt{(x_1-x_2)^2+(y_1-y_2)^2}$.

2. 三角形不等式：$\rho(p_1,p_2)\leqslant\rho(p_1,p_3)+\rho(p_2,p_3)$.

3. 设点集 $E\subseteq\mathbf{R}^2$，E 的直径 $d(E)=\sup\limits_{p_1,p_2\in E}\rho(p_1,p_2)$；$E$ 为有界点集当且仅当 $d(E)$ 有限.

4. 点 p_0 的 δ 圆邻域：$U(p_0;\delta)=\{p\mid\rho(p_0,p)<\delta\}$，点 p_0 的 δ 方邻域：$U(p_0;\delta)=\{p\mid |x-x_0|<\delta,|y-y_0|<\delta\}$.

相应地，点 p_0 的 δ 空心圆邻域定义为 $U^{\circ}(p_0;\delta)=\{p\mid 0<\rho(p_0,p)<\delta\}$，点 p_0 的 δ 空心方邻域 $U(p_0;\delta)=\{p\mid |x-x_0|<\delta,|y-y_0|<\delta,p\neq p_0\}$.

5. 点与点集的关系.

(1) 按"内外"而论，p_0 与 E 有以下三种关系：

p_0 是 E 的内点：$\exists\delta>0$，使 $U(p_0;\delta)\subseteq E$；

p_0 是 E 的外点：$\exists\delta>0$，使 $U(p_0;\delta)\cap E=\varnothing$；

p_0 是 E 的边界点：$\forall\delta>0$，都有 $U(p_0;\delta)\cap E\neq\varnothing$，且 $U(p_0;E)\cap E^c\neq\varnothing$(其中 $E^c=\mathbf{R}^2\backslash E$)，即既非 E 的内点，又非 E 的外点.

(2) 按"疏密"而论，点 p_0 与 E 之间有以下两种情形：

p_0 是 E 的聚点：$\forall\delta>0$，必有 $U^\circ(p_0;\delta)\cap E\neq\varnothing$；

p_0 不是 E 的聚点：$\begin{cases}\text{若 } p_0\notin E\text{，则 } p_0 \text{ 必为 } E \text{ 的外点；}\\ \text{若 } p_0\in E\text{，则称 } p_0 \text{ 为 } E \text{ 的孤立点.}\end{cases}$

p_0 是 E 的孤立点：$\exists\delta>0$，使 $U(p_0;\delta)\cap E=\{p_0\}$.

6. E 的内部 $\operatorname{int}E$：表示 E 的所有内点的集合；

E 的边界 ∂E：表示 E 的所有界点的集合；

E 的所有聚点组成的集合称为 E 的导集，记为 E^d；

又称 $\overline{E}=E\cup E^d$ 为 E 的闭包.

7. 开集与闭集：设 $E\subseteq\mathbf{R}^2$，若 $\operatorname{int}E=E$，即 E 中的点全是 E 的内点，则称 E 为 $\mathbf{R}^2$ 中的一个开集. 若 $\overline{E}=E$(即 $E^d\subseteq E$，表示 E 所有聚点全都属于 E)，则称 E 为闭集.

注 1 E 的所有内点必属于 E，因此 $\operatorname{int}E\subseteq E$，$E$ 的外点必不属于 E，E 的界点可以属于 E，也可以不属于 E.

注 2 p_0 是 E 的聚点的充要条件是存在一个各项互异的点列 $\{p_k\}\subseteq E$，使 $\lim\limits_{k\to\infty}p_k=p_0$(即当 $k\to\infty$ 时，$\rho(p_0,p_k)\to 0$).

注 3 (1)E 为开集 $\Leftrightarrow E^c$ 为闭集，等价地有 E 为闭集 $\Leftrightarrow E^c$ 为开集；

(2)E_1,E_2 为开集 $\Rightarrow E_1\cup E_2,E_1\cap E_2$ 都为开集；

(3)E_1,E_2 为闭集 $\Rightarrow E_1\cup E_2,E_1\cap E_2$ 都为闭集；

(4)E 为开集，F 为闭集 $\Rightarrow F\backslash E$ 为闭集，$E\backslash F$ 为开集；

(5) 约定 $\varnothing$ 既是开集，又是闭集.

8. 开域(非空连通开集)：非空开集 E 具有连通性，即 E 中任意两点之间可用一条完全含于 E 的有限折线相连；

闭域：开域连同它的边界所组成的点集；

区域：开域、闭域或者开域连同其一部分界点组成的集合，统称为区域.

例 1 判断下列平面点集 E 中哪些是开集、闭集、有界集、区域？并分别指出他们的聚点与界点：

(1)$\{(x,y)\mid xy\neq 0\}$；

(2)$\{(x,y)\mid y>x^2\}$；

(3)$\{(x,y)\mid x^2+y^2=1 \text{ 或 } y=0,0\leqslant x\leqslant 1\}$；

(4)$\{(x,y)\mid x^2+y^2\leqslant 1 \text{ 或 } y=0,1\leqslant x\leqslant 2\}$；

(5) $\{(x,y) \mid y=\sin\frac{1}{x}, x>0\}$.

答 结果列表如下：

E	开集	闭集	有界集	区域	E^d(导集)	∂E(界点集)
(1)	√	×	×	×	$\mathbf{R}^2$	$\{(x,y) \mid xy\neq 0\}$
(2)	√	×	×	√	$\{(x,y) \mid y\geqslant x^2\}$	$\{(x,y) \mid y=x^2\}$
(3)	×	√	√	×	E 本身	E 本身
(4)	×	√	√	×	E 本身	$\{(x,y) \mid x^2+y^2=1$ 或 $y=0, 1\leqslant x\leqslant 2\}$
(5)	×	√	×	×	$E\cup\{(0,y) \mid -1\leqslant y\leqslant 1\}$	E 本身

例 2 证明：点列 $\{p_n(x_n,y_n)\}$ 收敛于 $p_0(x_0,y_0)$ 的充要条件是

$$\lim_{n\to\infty} x_n=x_0, \lim_{n\to\infty} y_n=y_0$$

证 (必要性) 已知 $\lim\limits_{n\to\infty} p_n=p_0$. 依定义，$\forall\varepsilon>0, \exists N\in\mathbf{N}_+$，当 $n>N$ 时，$\rho(p_n,p_0)<\varepsilon$. 注意到 $|x_n-x_0|\leqslant\rho(p_n,p_0)<\varepsilon$，$|y_n-y_0|\leqslant\rho(p_n,p_0)<\varepsilon$，则显然有 $\lim\limits_{n\to\infty} x_n=x_0$，$\lim\limits_{n\to\infty} y_n=y_0$.

(充分性) 已知 $\lim\limits_{n\to\infty} x_n=x_0$，$\lim\limits_{n\to\infty} y_n=y_0$. 依定义，$\forall\varepsilon>0, \exists N\in\mathbf{N}_+$，当 $n>N$ 时，$|x_n-x_0|<\frac{\varepsilon}{\sqrt{2}}$，$|y_n-y_0|<\frac{\varepsilon}{\sqrt{2}}$，从而有 $\rho(p_n,p_0)=\sqrt{(x_n-x_0)^2+(y_n-y_0)^2}<\varepsilon$，即 $\lim\limits_{n\to\infty} p_n(x_n,y_n)=p_0$.

二、平面 $\mathbf{R}^2$ 的完备性

1. 点列极限的柯西收敛准则

设 $\{p_k\}\subseteq\mathbf{R}^2$ 为一点列. $\{p_k\}$ 收敛的充要条件是：$\{p_k\}$ 为一基本列(或柯西列)，即 $\forall\varepsilon>0, \exists K\in\mathbf{N}_+$，当 $k>K$ 时，对一切 $q\in\mathbf{N}_+$ 都有 $\rho(p_k,p_{k+q})<\varepsilon$.

2. 闭域套(或闭集套)定理

设 $D_k\subseteq\mathbf{R}^2 (k=1,2,\cdots)$ 是一列闭域(或闭集)，它满足：(1) $D_{k+1}\subseteq D_k (k=1,2,\cdots)$；(2) $d_k=d(D_k)\to 0 (k\to\infty)$，则存在唯一的一点 $p_0\in D_k (k=1,2,\cdots)$.

3. 聚点定理

设 $E\subseteq\mathbf{R}^2$ 为任一有界无限点集，则 E 在 $\mathbf{R}^2$ 中至少有一个聚点.

聚点定理有以下几个重要推论：

推论 1 (致密性定理) 设 $\{p_k\}\subseteq\mathbf{R}^2$ 为一有界点集，则它必存在收敛子列 $\{p_{k_j}\}$，则称该子列的极限 $\lim\limits_{j\to\infty} p_{k_j}=p_0$ 为点列 $\{p_k\}$ 的一个聚点.

推论 2 $E\subseteq\mathbf{R}^2$ 为有界集的充要条件是：E 的任一无穷子集必有聚点.

推论 3 $E\subseteq\mathbf{R}^2$ 为有界闭集的充要条件是：E 的任一无穷子集必有聚点，且聚点都属于 E.

4. **有限覆盖定理**

设 $E\subseteq \mathbf{R}^2$ 为一有界闭集，$\Delta=\{\Delta_\alpha\}$ 是 $\mathbf{R}^2$ 中的一族开集. 若 Δ 覆盖了 E(即 $E\subseteq \bigcup\limits_{\alpha}\Delta_\alpha$)，则在 Δ 中必能选出有限个开集 $\Delta_1,\Delta_2,\cdots,\Delta_m$，它们就能覆盖 E(即 $E\subseteq \bigcup\limits_{i=1}^{m}\Delta_i$).

例 3 证明：设 $D\subseteq \mathbf{R}^2$，则 f 在 D 上无界的充要条件是存在 $\{p_n\}\subseteq D$，使得 $\lim\limits_{n\to\infty}f(p_n)=\infty$.

证 设 $\lim\limits_{n\to\infty}f(p_n)=\infty$，即对任意的 $M>0$，存在 $N>0$ 使得 $n>N\mid f(p_n)\mid\geqslant M$，故 $\{f(p_n)\}$ 为无界集，而 $\{f(p_n)\}\subseteq f(D)$，所以 $f(D)$ 亦为无界集，即 f 在 D 上无界.

如果 f 在 D 上无界，则 $\forall M>0$，$\exists p\in D$，使得 $|f(p)|>M$. 依次取 $M_1=1$，$\exists p_1\in D$，使得 $|f(p_1)|>1$；…；取 $M_k=k$，$\exists p_k\in D$，使得 $|f(p_k)|>k$；…. 这就得到 $\{p_k\}\subseteq D$，使得 $\lim\limits_{k\to\infty}f(p_k)=\infty$.

三、多元函数的极限

1. **二元函数的定义**

设 D 是平面上的一个点集. 如果对每个点 $P(x,y)\in D$，变量 z 按照一定法则总有确定的值和它对应，则称 z 是变量 x,y 的二元函数(或点 P 的函数)，记为 $z=f(x,y)$(或 $z=f(P)$).

2. **二元函数极限的定义**

设 $D\subseteq \mathbf{R}^2$，$f:D\to\mathbf{R}$，$p_0(x_0,y_0)$ 为 D 的一个聚点，A 为一确定的实数. 若 $\forall\varepsilon>0$，$\exists\delta>0$，使得 $\forall p\in U^\circ(p_0;\delta)\cap D$，有 $|f(p)-A|<\varepsilon$ 则称 f 在 D 上当 $p\to p_0$ 时以 A 为极限，记作 $\lim\limits_{\substack{p\to p_0\\ p\in D}}f(p)=A$，也简记为 $\lim\limits_{p\to p_0}f(p)=A$ 或 $\lim\limits_{(x,y)\to(x_0,y_0)}f(x,y)=A$.

注 类似地，可定义三元函数 $u=f(x,y,z)$，$(x,y,z)\in D$ 以及三元以上的函数. 当 $n=1$ 时，n 元函数就是一元函数，当 $n\geqslant 2$ 时，n 元函数统称为多元函数.

3. **二元函数极限存在的性质**

(1) 唯一性：如果 $\lim\limits_{P\to P_0}f(P)$ 存在，则此极限是唯一的.

(2) 局部有界性：如果 $\lim\limits_{P\to P_0}f(P_0)$ 存在，则存在 P_0 的某空心邻域 $U^\circ(P_0;\delta)$，使得函数 $f(P)$ 在 $U^\circ(P_0;\delta)\cap D$ 上有界.

(3) 局部保号性：如果 $\lim\limits_{P\to P_0}f(P_0)=A>0$(或小于0)，则存在 P_0 的某空心邻域 $U^\circ(P_0;\delta)$，使得任意 $P\in U^\circ(P_0;\delta)\cap D$，恒有 $f(P)>0$(或小于 0).

4. **二元函数极限存在的海涅归结原则**

设 $f(p)$ 为 E 上的二元函数，p_0 为 E 的聚点. 则 $\lim\limits_{\substack{p\to p_0\\ p\in E}}f(p)=A$ 当且仅当 $\forall\{p_k\}\subseteq E$，$\lim\limits_{k\to\infty}p_k=p_0$，有 $\lim\limits_{\substack{p\to p_0\\ p\in D}}f(p)=A\Leftrightarrow\lim\limits_{k\to\infty}f(p_k)=A$.

5. **广义极限**

$\lim\limits_{\substack{p\to p_0\\ p\in D}}f(p)=+\infty$(或 $-\infty$，或 ∞) 的定义：p_0 为 D 的聚点，$\forall M>0$，$\exists\delta>0$，当 $p\in$

$U^{\circ}(p_0;\delta)\cap D$ 时,满足 $f(p)>M$(或 $f(p)<-M$,或 $|f(p)|>M$).

6. 累次极限

设 $D=E_x\times E_y$,累次极限 $\lim\limits_{y\to y_0}\lim\limits_{x\to x_0}f(x,y)=L$,即

$$\lim_{\substack{x\to x_0\\ x\in E_x}}f(x,y)=\varphi(y),\lim_{\substack{y\to y_0\\ y\in E_y}}\varphi(y)=L$$

累次极限 $\lim\limits_{x\to x_0}\lim\limits_{y\to y_0}f(x,y)=K$ 定义为

$$\lim_{\substack{y\to y_0\\ y\in E_y}}f(x,y)=\psi(x),\ \lim_{\substack{x\to x_0\\ x\in E_x}}\psi(x)=K,x\in E_x(x\neq x_0)$$

相对于累次极限,极限 $\lim\limits_{(x,y)\to(x_0,y_0)}f(x,y)=A$ 称为重极限.

注 累次极限与重极限是两种不同的概念,它们的存在性之间没有必然的蕴含关系;例如,累次极限 $\lim\limits_{x\to 0}\lim\limits_{y\to 0}\dfrac{xy}{x^2+y^2}=\lim\limits_{y\to 0}\lim\limits_{x\to 0}\dfrac{xy}{x^2+y^2}=0$,但重极限 $\lim\limits_{(x,y)\to(0,0)}\dfrac{xy}{x^2+y^2}$ 不存在;又如累次极限 $\lim\limits_{y\to 0}\lim\limits_{x\to 0}y\sin\dfrac{1}{x}$ 不存在,但重极限 $\lim\limits_{(x,y)\to(0,0)}y\sin\dfrac{1}{x}=0$.

例 4 设 $f(x+y,\dfrac{y}{x})=x^2-y^2$,求 $f(x,y)$.

解 令 $u=x+y,v=\dfrac{y}{x}$,那么 $x=\dfrac{u}{1+v},y=\dfrac{uv}{1+v}$. 于是

$$f(u,v)=\left(\frac{u}{1+v}\right)^2-\left(\frac{uv}{1+v}\right)^2=\frac{u^2(1-v)}{1+v}$$

因此,$f(x,y)=\dfrac{x^2(1-y)}{1+y}$.

例 5 依定义验证 $\lim\limits_{(x,y)\to(2,1)}(x^2+xy+y^2)=7$.

证 因为

$$\begin{aligned}|x^2+xy+y^2-7|&=|(x^2-4)+xy-2+(y^2-1)|\\&=|(x-2)(x+2)+(x-2)y+2(y-1)+(y+1)(y-1)|\\&\leqslant|x-2||x+y+2|+|y-1||y+3|\end{aligned}$$

先限制 (x,y) 使得 $\{(x,y)\,||x-2|<1,|y-1|<1\}$,则 $|y+3|=|y-1+4|\leqslant|y-1|+4<5$ 且

$$|x+y+2|=|(x-2)+(y-1)+5|\leqslant|x-2|+|y-1|+5<7$$

所以

$$|x^2+xy+y^2-7|\leqslant 7|x-2|+5|y-1|<7(|x-2|+|y-1|)$$

则对任意给定的正数 ε,取 $\delta=\min\{1,\dfrac{\varepsilon}{14}\}$,则当 $|x-2|<\delta,|y-1|<\delta,(x,y)\neq(2,1)$ 时,有 $|x^2+xy+y^2-7|<7\cdot 2\delta=14\delta<\varepsilon$,即 $\lim\limits_{(x,y)\to(2,1)}(x^2+xy+y^2)=7$.

例 6 设 $f(x,y)=\begin{cases}\dfrac{x^2-y^2}{x^2+y^2},(x,y)\neq(0,0)\\ 0,(x,y)=(0,0)\end{cases}$,讨论 $\lim\limits_{\substack{x\to 0\\ y\to 0}}f(x,y)$ 极限是否存在.

解 由于点 $P(x,y)$ 沿直线 $y=kx(k\neq 0)$ 趋于点 $(0,0)$ 时

$$\lim_{\substack{x\to 0\\y\to 0}} f(x,y)=\lim_{x\to 0}\frac{x^2-k^2x^2}{x^2+k^2x^2}=\frac{1-k^2}{1+k^2}$$

随着 k 的不同取值而改变,因此$\lim\limits_{\substack{x\to 0\\y\to 0}} f(x,y)$ 极限不存在.

例 7 设 $f(x,y)=\dfrac{x^2y}{x^4+y^2}$,试证:

(1) 沿任何直线有$\lim\limits_{\substack{x\to 0\\y\to 0}} f(x,y)=0$; (2) $\lim\limits_{\substack{x\to 0\\y\to 0}} f(x,y)$ 不存在.

证 (1) 当点 $P(x,y)$ 沿直线 $y=kx$ 趋于点$(0,0)$ 时

$$\lim_{\substack{x\to 0\\y\to 0}} f(x,y)=\lim_{x\to 0}\frac{kx^3}{x^4+k^2x^2}=\lim_{x\to 0}\frac{kx}{x^2+k^2}=0$$

即 $P(x,y)$ 沿任何直线趋于$(0,0)$ 时,$\lim\limits_{\substack{x\to 0\\y\to 0}} f(x,y)=0$.

(2) 当点 $P(x,y)$ 沿直线 $y=kx^2$ 趋于点$(0,0)$ 时

$$\lim_{\substack{x\to 0\\y\to 0}} f(x,y)=\lim_{x\to 0}\frac{kx^4}{x^4+k^2x^4}=\frac{k}{1+k^2}$$

随着 k 的不同取值而改变,因此$\lim\limits_{\substack{x\to 0\\y\to 0}} f(x,y)$ 极限不存在.

例 8 求极限:(1) $\lim\limits_{\substack{x\to 0\\y\to 0}}\dfrac{xy}{\sqrt{x^2+y^2}}$;(2) $\lim\limits_{\substack{x\to 0\\y\to 2}}(1+xy)^{\frac{1}{\sin xy^2}}$.

解 (1) 由于 $0\leqslant|f(x,y)|=\left|\dfrac{xy}{\sqrt{x^2+y^2}}\right|=|x|\cdot\left|\dfrac{y}{\sqrt{x^2+y^2}}\right|\leqslant|x|$,而$\lim\limits_{\substack{x\to 0\\y\to 0}}|x|=0$,则由迫敛性得$\lim\limits_{\substack{x\to 0\\y\to 0}}|f(x,y)|=0$,进而$\lim\limits_{\substack{x\to 0\\y\to 0}} f(x,y)=0$.

(2) 由极限的运算法则可得

$$\lim_{\substack{x\to 0\\y\to 2}}(1+xy)^{\frac{1}{\sin xy^2}}=\lim_{\substack{x\to 0\\y\to 2}}\left[(1+xy)^{\frac{1}{xy}}\right]^{\frac{xy}{\sin xy^2}}=\lim_{\substack{x\to 0\\y\to 2}}\left[(1+xy)^{\frac{1}{xy}}\right]^{\frac{xy^2}{\sin xy^2}\cdot\frac{1}{y}}=\mathrm{e}^{\frac{1}{2}}.$$

注 ① 二元函数 $f(x,y)$ 在点 $P_0(x_0,y_0)$ 处的极限与函数在该点是否有定义无关;② 二元函数的极限是指 $P(x,y)$ 以任何方式趋于 $P_0(x_0,y_0)$ 时,函数 $f(x,y)$ 都无限趋近于 A;③ 如果 $P(x,y)$ 以某种特殊方式(如沿定直线或定曲线)趋于 $P_0(x_0,y_0)$,即便函数 $f(x,y)$ 都无限趋近于 A,也不能断定函数的极限是存在的;④ 如果 $P(x,y)$ 以不同方式趋于 $P_0(x_0,y_0)$,$f(x,y)$ 趋于不同的值,那么可断定这个函数的极限是不存在的;⑤ 二元函数与一元函数具有相同的极限性质,常用计算二元函数极限的方法有:极限运算法则、迫敛性、重要极限、变量替换、等价无穷小代换等.

四、多元函数的连续性

1. 连续的定义

设 $f:D\to\mathbf{R}$,$D\subseteq\mathbf{R}^2$,$p_0\in D$(它或者是 D 的聚点,或者是 D 的孤立点). $\forall\varepsilon>0$,若 $\exists\delta>0$,使得 $|f(p)-f(p_0)|<\varepsilon$,$\forall p\in U(p_0;\delta)\cap D$,则称 f 关于集合 D 在点 p_0 连续(在不致误解时简称 f 在点 p_0 连续).

若 f 在 D 上任一点都连续，则称 f 为 D 上的连续函数.

注 1　若 p_0 是 D 的孤立点，则 p_0 恒为 f 关于集合 D 的连续点，简单地说，就是"孤立点必为连续点". 若 p_0 是 D 的聚点，则上述定义等价于 $\lim\limits_{\substack{p\to p_0\\ p\in D}} f(p)=f(p_0)$.

注 2　如果函数 $f(x,y)$ 在点 P_0 不连续，则称 P_0 为函数 $f(x,y)$ 的间断点.

2. **全增量和偏增量**

设 $p_0(x_0,y_0),p(x,y)\in D$，并记 $x=x_0+\Delta x,y=y_0+\Delta y$，则称 $\Delta z|_{p_0}=\Delta f(x_0,y_0)=f(x_0+\Delta x,y_0+\Delta y)-f(x_0,y_0)$ 为函数 f 在点 p_0 的全增量；称 $\Delta_x z|_{p_0}=\Delta_x f(x_0,y_0)=f(x_0+\Delta x,y_0)-f(x_0,y_0)$ 为 f 在点 p_0 关于 x 的偏增量；称 $\Delta_y z|_{p_0}=\Delta_y f(x_0,y_0)=f(x_0,y_0+\Delta y)-f(x_0,y_0)$ 分别为 f 在点 p_0 关于 y 的偏增量.

注 1　(1) f 在点 p_0 连续等价于 $\lim\limits_{\substack{(\Delta x,\Delta y)\to(0,0)\\ (x,y)\in D}}\Delta f(x_0,y_0)=0$；

(2) $\lim\limits_{\Delta x\to 0}\Delta_x f(x_0,y_0)=0$ 表示 $f(x,y_0)$ 在 x_0 连续；

(3) $\lim\limits_{\Delta y\to 0}\Delta_y f(x_0,y_0)=0$ 表示 $f(x_0,y)$ 在 y_0 连续.

注 2　(1) 一般来说，全增量不等于两个偏增量之和；

(2) 函数 $f(x,y)$ 在点 p_0 对单个自变量都连续，并不能由此保证 f 在该点连续；反之则显然成立. 例如 $f(x,y)=\begin{cases}\dfrac{xy}{x^2+y^2}, & x^2+y^2\neq 0\\ 0, & x^2+y^2=0\end{cases}$ 在原点近旁有 $f(x,0)=f(0,y)\equiv 0$，故在原点处 f 对 x 和对 y 分别都是连续的. 但 f 在原点处的重极限不存在，所以原点是 f 的一个间断点.

3. **连续函数的局部性质**

若 f 在点 $p_0\in D$ 连续，则在点 p_0 的近旁具有以下局部性质：

(1) 局部有界性：即 $\exists\delta>0,M>0$，使 $|f(p)|\leqslant M,p\in U(p_0;\delta)\cap D$.

(2) 局部保号性：若 $f(p_0)>0(<0)$，则 $\exists\delta>0$，使得 $f(p)>0(<0),p\in U(p_0;\delta)\cap D$.

(3) 四则运算法则：若 f 与 g 在点 p_0 都连续，则 $f\pm g,f\cdot g$ 在点 p_0 也连续；又若 $g(p_0)\neq 0$，则 f/g 在点 p_0 也连续.

(4) 复合连续法则：若 $u=\varphi(x,y),v=\psi(x,y)$ 在点 $p_0(x_0,y_0)$ 连续，$u_0=\varphi(p_0),v=\psi(p_0)$，而 $f(u,v)$ 在点 $q_0(u_0,v_0)$ 连续，则复合函数 $g(x,y)=f(\varphi(x,y),\psi(x,y))$ 在点 p_0 也连续.（注：这里 φ,ψ 定义在点 p_0 的某邻域内，f 定义在点 q_0 的某邻域内，且 f 与 φ,ψ 可以实行复合.）

4. **有界闭域上连续函数的整体性质**

设 $D\subseteq R^2$ 为有界闭域，f 在 D 上连续，则有如下性质：

(1) 有界性：$\exists M>0$，使 $|f(p)|\leqslant M,\forall p\in D$.

(2) 最值性：f 在 D 上能取得最大值和最小值，即 $\exists p_1,p_2\in D$，使 $f(p_1)=\max\limits_{p\in D}f(p),f(p_2)=\min\limits_{p\in D}f(p)$.

(3) 介值性：$\forall p_1,p_2\in D$，若 $f(p_1)<f(p_2)$，则 f 在 D 内必能取得介于 $f(p_1)$ 与

$f(p_2)$ 之间的一切值;即 $\forall \mu$ 满足 $f(p_1)<\mu<f(p_2)$,$\exists p_0 \in D$,使 $f(p_0)=\mu$.

(4) 零点性:$\forall p_1,p_2 \in D$,若 $f(p_1)f(p_2)<0$,则 f 在 D 内必有零点,即 $\exists p_0 \in D$,使 $f(p_0)=0$.

(5) 一致连续性:f 在 D 上必一致连续,即 $\forall \varepsilon>0$,$\exists \delta>0$(δ 只依赖于 ε),即对一切 $p',p'' \in D$,只要 $\rho(p',p'')<\delta$,就有 $|f(p')-f(p'')|<\varepsilon$.

注 以上(1)(2)(5)三个性质中的有界闭域 D 可改为有界闭集 D,但因性质(3)(4)中的介值性需要借助 D 的连通性,所以这个性质中的 D 一般不可以改为有界闭集.

5. **多元初等函数的连续性**

与一元初等函数类似,多元初等函数是指可用一个式子所表示的多元函数,这个式子是由常数及具有不同自变量的一元基本初等函数经过有限次的四则运算和复合运算而得到的.

一切多元初等函数在其定义区域内是连续的.所谓定义区域是指包含在定义域内的区域或闭区域.

例 9 讨论下列函数的连续性:

(1) $f(x,y)=[x+y]$;

(2) $f(x,y)=\begin{cases}\dfrac{\sin xy}{\sqrt{x^2+y^2}}, x^2+y^2\neq 0\\ 0, x^2+y^2=0\end{cases}$;

(3) $f(x,y)=\begin{cases}y^2\ln(x^2+y^2), x^2+y^2\neq 0\\ 0, x^2+y^2=0\end{cases}$;

(4) $f(x,y)=e^{-\frac{x}{y}}$.

解 (1) 显然 $[x+y]$ 在一系列直线 $x+y=k(k\in\mathbf{Z})$ 间断.

(2) 由于 $\dfrac{\sin xy}{\sqrt{x^2+y^2}}=\dfrac{\sin xy}{xy}\cdot\dfrac{xy}{\sqrt{x^2+y^2}}$,而 $\lim\limits_{(x,y)\to(0,0)}\dfrac{\sin xy}{xy}=1$,以及

$$\left|\frac{xy}{\sqrt{x^2+y^2}}\right|\leqslant\frac{x^2+y^2}{\sqrt{x^2+y^2}}=\sqrt{x^2+y^2}\to 0,(x,y)\to(0,0)$$

因此 $\lim\limits_{(x,y)\to(0,0)}\dfrac{\sin xy}{\sqrt{x^2+y^2}}=0=f(0,0)$,即 $f(x,y)$ 在 $(0,0)$ 处连续,而 $f(x,y)$ 在非原点处也连续,从而在 $\mathbf{R}^2$ 上处处连续.

(3) 当 $x^2+y^2\leqslant 1$ 时,有

$$0\geqslant y^2\ln(x^2+y^2)\geqslant(x^2+y^2)\ln(x^2+y^2)\to 0,(x,y)\to(0,0)$$

所以 $\lim\limits_{(x,y)\to(0,0)}f(x,y)=0=f(0,0)$,即 $f(x,y)$ 在 $(0,0)$ 处连续,而 $f(x,y)$ 在非原点处也连续,从而在 $\mathbf{R}^2$ 上处处连续.

(4) $f(x,y)=e^{-\frac{x}{y}}$ 在 $D=\{(x,0)\mid x\in(-\infty,+\infty)\}$ 上处处无定义. 此外,$\lim\limits_{(x,y)\to(0,0)}e^{-\frac{x}{y}}$ 不存在(通过令 $y=kx$ 易知);对于 $x_0\neq 0$,$\lim\limits_{(x,y)\to(x_0,0)}e^{-\frac{x}{y}}$ 也不存在. 而在 $\mathbf{R}^2\backslash D$ 上 f 为初等函数,处处连续.

第2节　偏导数与全微分

一、偏导数

1. 偏导数的概念及计算

设函数 $z=f(x,y)$ 在点 (x_0,y_0) 的某一邻域内有定义，当 y 固定在 y_0 而 x 在 x_0 处有增量 Δx 时，相应地函数有增量 $f(x_0+\Delta x,y_0)-f(x_0,y_0)$，如果极限

$$\lim_{\Delta x\to 0}\frac{f(x_0+\Delta x,y_0)-f(x_0,y_0)}{\Delta x}$$

存在，则称此极限值为函数 $z=f(x,y)$ 在点 (x_0,y_0) 处对 x 的偏导数，记为

$$\left.\frac{\partial z}{\partial x}\right|_{\substack{x=x_0\\y=y_0}},\left.\frac{\partial f}{\partial x}\right|_{\substack{x=x_0\\y=y_0}},\left.z_x\right|_{\substack{x=x_0\\y=y_0}},f_x(x_0,y_0)\text{ 或 }f'_x(x_0,y_0)$$

即 $f_x(x_0,y_0)=\lim\limits_{\Delta x\to 0}\dfrac{f(x_0+\Delta x,y_0)-f(x_0,y_0)}{\Delta x}$. 类似地，函数 $z=f(x,y)$ 在点 (x_0,y_0) 处对于变量 y 的偏导数定义为

$$f_y(x_0,y_0)=\lim_{\Delta y\to 0}\frac{f(x_0,y_0+\Delta y)-f(x_0,y_0)}{\Delta y}$$

记为 $\left.\dfrac{\partial z}{\partial y}\right|_{\substack{x=x_0\\y=y_0}},\left.\dfrac{\partial f}{\partial y}\right|_{\substack{x=x_0\\y=y_0}},\left.z_y\right|_{\substack{x=x_0\\y=y_0}},f_y(x_0,y_0)$，或 $f'_y(x_0,y_0)$.

如果函数 $z=f(x,y)$ 在区域 D 内每一点 (x,y) 处对 x 的偏导数都存在，则这个偏导数就称为 $z=f(x,y)$ 对自变量 x 的偏导函数，记作 $\dfrac{\partial z}{\partial x},\dfrac{\partial f}{\partial x},z_x$ 或 $f_x(x,y)$.

类似地，可以定义 $z=f(x,y)$ 对 y 的偏导函数，记作 $\dfrac{\partial z}{\partial y},\dfrac{\partial f}{\partial y},z_y$ 或 $f_y(x,y)$.

注　偏导数的定义式也可取不同的形式，常见的有

$$f_x(x_0,y_0)=\lim_{x\to x_0}\frac{f(x,y_0)-f(x_0,y_0)}{x-x_0},f_y(x_0,y_0)=\lim_{y\to y_0}\frac{f(x_0,y)-f(x_0,y_0)}{y-y_0}$$

偏导数的概念可以推广到二元以上的函数. 如三元函数 $u=f(x,y,z)$ 在点 (x,y,z) 处对 x 的偏导数定义为 $f_x(x,y,z)=\lim\limits_{\Delta x\to 0}\dfrac{f(x+\Delta x,y,z)-f(x,y,z)}{\Delta x}$.

例1　设 $f(x,y)=e^{\sqrt{x^2+y^4}}$，则(　　).

(A) $f_x(0,0),f_y(0,0)$ 都存在　　(B) $f_x(0,0)$ 不存在，$f_y(0,0)$ 存在

(C) $f_x(0,0)$ 存在，$f_y(0,0)$ 不存在　　(D) $f_x(0,0),f_y(0,0)$ 都不存在

解　应选(B). 由于 $f_x(0,0)=\lim\limits_{x\to 0}\dfrac{f(x,0)-f(0,0)}{x-0}=\lim\limits_{x\to 0}\dfrac{e^{\sqrt{x^2}}-1}{x}=\lim\limits_{x\to 0}\dfrac{|x|}{x}$，不存在，而 $f_y(0,0)=\lim\limits_{y\to 0}\dfrac{f(0,y)-f(0,0)}{y-0}=\lim\limits_{y\to 0}\dfrac{e^{\sqrt{y^4}}-1}{y}=\lim\limits_{y\to 0}\dfrac{y^2}{y}=0$ 存在.

2. 偏导数的计算

(1) 根据偏导数的定义

$$f_x(x_0,y_0)=\lim_{\Delta x\to 0}\frac{f(x_0+\Delta x,y_0)-f(x_0,y_0)}{\Delta x}$$

$$f_y(x_0,y)=\lim_{\Delta y\to 0}\frac{f(x_0,y_0+\Delta y)-f(x_0,y_0)}{\Delta y}$$

(2) 由偏导数的概念可知，$f(x,y)$ 在点(x_0,y_0) 处对 x 的偏导数 $f_x(x_0,y_0)$ 就是一元函数 $f(x,y_0)$ 在 x_0 处的导数，即 $f_x(x_0,y_0)=\left.\frac{\mathrm{d}f(x,y_0)}{\mathrm{d}x}\right|_{x=x_0}$，类似地，$f_y(x_0,y)=\left.\frac{\mathrm{d}f(x_0,y)}{\mathrm{d}y}\right|_{y=y_0}$.

(3) 函数 $f(x,y)$ 在点(x_0,y_0) 处对 x 的偏导数 $f_x(x_0,y_0)$ 就是偏导函数 $f_x(x,y)$ 在点(x_0,y_0) 处的函数值，即 $f_x(x_0,y_0)=\left.\frac{\partial f(x,y)}{\partial x}\right|_{\substack{x=x_0\\y=y_0}}$，类似地，$f_y(x_0,y_0)$ 等于 $f_y(x,y)$ 在点(x_0,y_0) 处的函数值，即 $f_y(x_0,y_0)=\left.\frac{\partial f(x,y)}{\partial y}\right|_{\substack{x=x_0\\y=y_0}}$.

(4) 求 $f_x(x,y)$ 时，把 y 视为常量，计算 z 对 x 的导数即为 z 对 x 的偏导数 $f_x(x,y)$；求 $f_y(x,y)$ 时，把 x 视为常量，求 z 对 y 的导数即为 z 对 y 的偏导数 $f_y(x,y)$.

例 2　设函数 $f(x,y)=\mathrm{e}^{\pi y}\sin\pi y+(x-1)\arctan\sqrt{\frac{x}{y}}$ 在$(1,1)$ 处的偏导数.

解法 1　$f_x(1,1)=\lim\limits_{x\to 1}\frac{f(x,1)-f(1,1)}{x-1}=\lim\limits_{x\to 1}\frac{(x-1)\arctan\sqrt{x}}{x-1}=\frac{\pi}{4}$

$$f_y(1,1)=\lim_{y\to 1}\frac{f(1,y)-f(1,1)}{y-1}=\lim_{y\to 1}\frac{\mathrm{e}^{\pi y}\sin\pi y}{y-1}=-\pi\mathrm{e}^{\pi}$$

解法 2　$f_x(1,1)=\left.\frac{df(x,1)}{\mathrm{d}x}\right|_{x=1}=[(x-1)\arctan\sqrt{x}]'\Big|_{x=1}$

$$=\left[\arctan\sqrt{x}+(x-1)\cdot\frac{1}{1+x}\cdot\frac{1}{2\sqrt{x}}\right]\Big|_{x=1}=\frac{\pi}{4}$$

$$f_y(1,1)=\left.\frac{df(1,y)}{\mathrm{d}y}\right|_{y=1}=[\mathrm{e}^{\pi y}\sin\pi y]'\,|_{y=1}$$

$$=[\pi\mathrm{e}^{\pi y}\sin\pi y+\pi\mathrm{e}^{\pi y}\cos\pi y]\,|_{y=1}=-\pi\mathrm{e}^{\pi}$$

例 3　设 $f(x,y)=xy+x^2+y^3$，求$\frac{\partial f}{\partial x},\frac{\partial f}{\partial y}$，并求 $f'_x(0,1),f'_x(1,0),f'_y(0,2),f'_y(2,0)$.

解　由$\frac{\partial f}{\partial x}=y+2x,\frac{\partial f}{\partial y}=x+3y^2$ 可得

$$f'_x(0,1)=(y+2x)\,|_{(0,1)}=1,f'_x(1,0)=(y+2x)\,|_{(1,0)}=2$$

$$f'_y(0,2)=(x+3y^2)\,|_{(0,2)}=12,f'_y(2,0)=(x+3y^2)\,|_{(2,0)}=2$$

例 4　设 $z=xy+x\mathrm{e}^{\frac{y}{x}}$，求证：$x\frac{\partial z}{\partial x}+y\frac{\partial z}{\partial y}=xy+z$.

证　由于$\frac{\partial z}{\partial x}=y+\mathrm{e}^{\frac{y}{x}}-\frac{y}{x}\mathrm{e}^{\frac{y}{x}},\frac{\partial z}{\partial y}=x+\mathrm{e}^{\frac{y}{x}}$，于是

$$x\frac{\partial z}{\partial x}+y\frac{\partial z}{\partial y}=xy+xe^{\frac{y}{x}}-ye^{\frac{y}{x}}+xy+ye^{\frac{y}{x}}=2xy+xe^{\frac{y}{x}}$$

因此 $x\dfrac{\partial z}{\partial x}+y\dfrac{\partial z}{\partial y}=xy+z$.

例 5 设函数 $z=\dfrac{y}{x}f(xy)$,其中 f 可微,则$\dfrac{x}{y}\dfrac{\partial z}{\partial x}+\dfrac{\partial z}{\partial y}=($ $)$.

(A)$2yf'(xy)$ (B)$-2yf'(xy)$ (C)$\dfrac{2}{x}f(xy)$ (D)$-\dfrac{2}{x}f(xy)$

解 应选(A). 因为$\dfrac{\partial z}{\partial x}=-\dfrac{y}{x^2}f(xy)+\dfrac{y^2}{x}f'(xy)$,$\dfrac{\partial z}{\partial y}=\dfrac{1}{x}f(xy)+yf'(xy)$,进而

$$\frac{x}{y}\frac{\partial z}{\partial x}+\frac{\partial z}{\partial y}=-\frac{1}{x}f(xy)+yf'(xy)+\frac{1}{x}f(xy)+yf'(xy)=2yf'(xy)$$

例 6 设 $f(x,y)=\begin{cases}\dfrac{xy}{x^2+y^2}, & x^2+y^2\neq 0\\ 0, & x^2+y^2=0\end{cases}$,求 $f'_x(0,0)$, $f'_y(0,0)$,判断 $f(x,y)$ 在点$(0,0)$ 处是否连续?

解

$$f_x(0,0)=\lim_{x\to 0}\frac{f(x,0)-f(0,0)}{x-0}=\lim_{x\to 0}\frac{0-0}{x}=0$$

$$f_y(0,0)=\lim_{y\to 0}\frac{f(0,y)-f(0,0)}{y-0}=\lim_{x\to 0}\frac{0-0}{y}=0$$

而当点 $P(x,y)$ 沿直线 $y=kx\,(k\neq 0)$ 趋于点$(0,0)$ 时,由于

$$\lim_{\substack{x\to 0\\ y\to 0}}f(x,y)=\lim_{x\to 0}\frac{kx^2}{x^2+k^2x^2}=\frac{k}{1+k^2}$$

随着k的不同取值而改变,因此$\lim\limits_{\substack{x\to 0\\ y\to 0}}f(x,y)$ 的极限不存在,进而 $f(x,y)$ 在点$(0,0)$ 处不连续.

例 7 设 $f(x,y)=\sqrt{x^2+y^2}$,求 $f_x(0,0)$,$f_y(0,0)$,判断 $f(x,y)$ 在点$(0,0)$ 处是否连续?

解 $\lim\limits_{x\to 0}\dfrac{f(x,0)-f(0,0)}{x-0}=\lim\limits_{x\to 0}\dfrac{\sqrt{x^2}}{x}=\lim\limits_{x\to 0}\dfrac{|x|}{x}$ 不存在,所以 $f_x(0,0)$ 不存在,类似地,$f_y(0,0)$ 也不存在. 又$\lim\limits_{\substack{x\to 0\\ y\to 0}}f(x,y)=\lim\limits_{\substack{x\to 0\\ y\to 0}}\sqrt{x^2+y^2}=0=f(0,0)$,因此,$f(x,y)$ 在点$(0,0)$ 处连续.

注 二元函数 $f(x,y)$ 在(x_0,y_0) 处连续不能推出它的偏导数 $f_x(x_0,y_0)$,$f_y(x_0,y_0)$ 存在. 二元函数 $f(x,y)$ 的偏导数 $f_x(x_0,y_0)$,$f_y(x_0,y_0)$ 存在也推不出它在点(x_0,y_0) 处连续.

3. **偏导数的几何意义**

一元函数中,$f'(x_0)$ 表示平面曲线 $y=f(x)$ 上点(x_0,y_0) 处切线的斜率.

如图 1,对于二元函数 $z=f(x,y)$,设 $P_0=P(x_0,y_0,z_0)=P(x_0,y_0,f(x_0,y_0))$ 为曲面 $z=f(x,y)$ 上一点,过点 P_0 作平面 $y=y_0$,截此曲面于一条曲线 C,此曲线在平面 $y=$

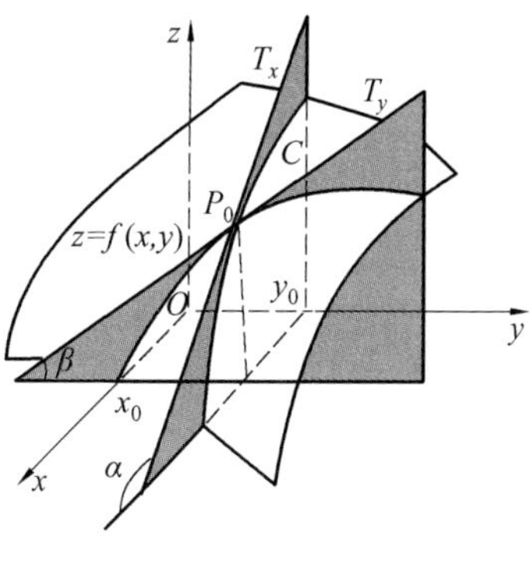

图 1

y_0 上的方程为 $z=f(x,y_0)$，则导数 $\left.\frac{df(x,y_0)}{dx}\right|_{x=x_0}$，即偏导数 $f'_x(x_0,y_0)$ 表示曲线在点 P_0 处的切线 T_x 对 x 轴的斜率(即切线 T_x 与 x 轴正向所成倾角的正切值 $\tan\alpha$).

同样，偏导数 $f'_y(x_0,y_0)$ 表示曲面 $z=f(x,y)$ 被平面 $x=x_0$ 所截得的曲线在点 P_0 处的切线 T_y 对 y 轴的斜率(即切线 T_y 与 y 轴正向所成倾角的正切值 $\tan\beta$).

例 8 求曲线 $\begin{cases} z=\sqrt{1+x^2+y^2} \\ x=1 \end{cases}$，在点$(1,1,\sqrt{3})$处的切线对 y 轴的倾角.

解 由于 $\left.\frac{\partial z}{\partial y}\right|_{\substack{x=1\\y=1}}=\left.\frac{y}{\sqrt{1+x^2+y^2}}\right|_{\substack{x=1\\y=1}}=\frac{1}{\sqrt{3}}$，因此，曲线 $\begin{cases} z=\sqrt{1+x^2+y^2} \\ x=1 \end{cases}$ 在点$(1,1,\sqrt{3})$处的切线对 y 轴的倾角是 $\frac{\pi}{6}$.

4. **高阶偏导数**

设函数 $z=f(x,y)$ 在区域 D 内具有偏导数 $\frac{\partial z}{\partial x}=f_x(x,y)$，$\frac{\partial z}{\partial y}=f_y(x,y)$. 一般来说，在 D 内 $f_x(x,y)$，$f_y(x,y)$ 均是 x,y 的函数. 如果这两个函数关于 x,y 的偏导数也存在，则称它们是函数 $z=f(x,y)$ 的二阶偏导数. 依照对变量求导的次序不同，二阶偏导数有下列四个

$$\frac{\partial}{\partial x}\left(\frac{\partial z}{\partial x}\right)=\frac{\partial^2 z}{\partial x^2}=f_{xx}(x,y)；\frac{\partial}{\partial y}\left(\frac{\partial z}{\partial x}\right)=\frac{\partial^2 z}{\partial x\partial y}=f_{xy}(x,y)$$

$$\frac{\partial}{\partial x}\left(\frac{\partial z}{\partial y}\right)=\frac{\partial^2 z}{\partial y\partial x}=f_{yx}(x,y)；\frac{\partial}{\partial y}\left(\frac{\partial z}{\partial y}\right)=\frac{\partial^2 z}{\partial y^2}=f_{yy}(x,y)$$

其中第二、第三两个偏导数称为混合偏导数. 同样可求得三阶、四阶、…… 以及 n 阶偏导数. 二阶以及二阶以上的偏导数统称为高阶偏导数.

例 9 求 $z=x^4+y^4-4x^2y^3$ 的所有二阶偏导数.

解

$$\frac{\partial z}{\partial x}=4x^3-8xy^3,\frac{\partial z}{\partial y}=4y^3-12x^2y^2,\frac{\partial^2 z}{\partial x^2}=12x^2-8y^3$$

$$\frac{\partial^2 z}{\partial x\partial y}=-24xy^2,\frac{\partial^2 z}{\partial y\partial x}=-24xy^2,\frac{\partial^2 z}{\partial y^2}=12y^2-24x^2y$$

定理 1 若函数 $z=f(x,y)$ 的二阶混合偏导数 $\frac{\partial^2 z}{\partial x\partial y}$ 与 $\frac{\partial^2 z}{\partial y\partial x}$ 在区域 D 内连续，那么在该区域内这两个混合偏导数必相等.

进一步可得，高阶混合偏导数在连续的条件下，求导与次序无关.

例 10 设 $z=\ln\sqrt{x^2+y^2}$，证明：$\frac{\partial^2 z}{\partial x^2}+\frac{\partial^2 z}{\partial y^2}=0$.

证 $\frac{\partial z}{\partial x}=\frac{1}{2}\frac{2x}{x^2+y^2}=\frac{x}{x^2+y^2}$，$\frac{\partial^2 z}{\partial x^2}=\frac{(x^2+y^2)-x\cdot 2x}{(x^2+y^2)^2}=\frac{y^2-x^2}{(x^2+y^2)^2}$

类似地，可求得 $\frac{\partial^2 z}{\partial y^2}=\frac{x^2-y^2}{(x^2+y^2)^2}$，于是 $\frac{\partial^2 z}{\partial x^2}+\frac{\partial^2 z}{\partial y^2}=0$.

例 11 设 $f(u)$ 具有二阶连续导数，$z=f(e^x\sin y)$ 满足方程 $\frac{\partial^2 z}{\partial x^2}+\frac{\partial^2 z}{\partial y^2}=e^{2x}z$，求 $f(u)$.

解
$$\frac{\partial z}{\partial x}=f'(e^x\sin y)e^x\sin y,\frac{\partial z}{\partial y}=f'(e^x\sin y)e^x\cos y$$
$$\frac{\partial^2 z}{\partial x^2}=f''(e^x\sin y)e^{2x}\sin^2 y+f'(e^x\sin y)e^x\sin y$$
$$\frac{\partial^2 z}{\partial y^2}=f''(e^x\sin y)e^{2x}\cos^2 y-f'(e^x\sin y)e^x\sin y$$

于是 $\frac{\partial^2 z}{\partial x^2}+\frac{\partial^2 z}{\partial y^2}=f''(e^x\sin y)e^{2x}$，再由已知条件得 $f''(e^x\sin y)e^{2x}=e^{2x}z$ 或 $f''(u)-f(u)=0$. 而微分方程对应的特征方程 $r^2-1=0$ 有两个不同的实根 $r_1=1,r_2=-1$，故而所求函数的表达式 $f(u)=C_1e^u+C_2e^{-u}$.

二、全微分

1. 全微分的概念

设函数 $z=f(x,y)$ 在点 $P(x,y)$ 的某邻域内有定义，如果函数 $z=f(x,y)$ 在点 (x,y) 的全增量 $\Delta z=f(x+\Delta x,y+\Delta y)-f(x,y)$，可表示为
$$\Delta z=A\Delta x+B\Delta y+o(\rho)$$
其中 A,B 不依赖于 $\Delta x,\Delta y$，而仅与 x,y 有关，$\rho=\sqrt{(\Delta x)^2+(\Delta y)^2}$，则称函数 $z=f(x,y)$ 在点 (x,y) 可微. $A\Delta x+B\Delta y$ 称为函数 $z=f(x,y)$ 在点 (x,y) 的全微分，记作 dz，即 $dz=A\Delta x+B\Delta y$.

如果函数 $z=f(x,y)$ 在区域 D 上每一个点处都可微，则称 $z=f(x,y)$ 在 D 上可微.

定理 2 如果函数 $z=f(x,y)$ 在点 (x,y) 可微，则 $z=f(x,y)$ 在点 (x,y) 连续.

定理 3 （可微的必要条件）如果函数 $z=f(x,y)$ 在点 (x,y) 可微，则 $z=f(x,y)$ 在点 (x,y) 的偏导数 $\frac{\partial z}{\partial x},\frac{\partial z}{\partial y}$ 存在，且函数 $z=f(x,y)$ 在点 (x,y) 的全微分
$$dz=\frac{\partial z}{\partial x}\Delta x+\frac{\partial z}{\partial y}\Delta y$$

判断 $z=f(x,y)$ 在点 (x_0,y_0) 处是否可微的步骤：

① 写出全增量 $\Delta z=f(x_0+\Delta x,y_0+\Delta y)-f(x_0,y_0)$；

② 写出线性增量 $A\Delta x+B\Delta y$，其中 $A=f'_x(x,y)\mid_{(x_0,y_0)},B=f'_y(x,y)\mid_{(x_0,y_0)}$；

③ 如果极限 $\lim\limits_{\rho\to 0^+}\frac{\Delta z-(A\Delta x+B\Delta y)}{\rho}=0$，则函数 $z=f(x,y)$ 在点 (x_0,y_0) 可微，否则，$z=f(x,y)$ 不可微.

例 12 设 $f(x,y)=\begin{cases}\frac{x^2y}{x^2+y^2},x^2+y^2\neq 0\\ 0,x^2+y^2=0\end{cases}$，则在点 $(0,0)$ 处 $f(x,y)$（ ）.

(A) 不连续 (B) 连续但偏导数不存在

(C) 连续且偏导数存在但不可微 (D) 可微.

解 应选(C). 由于 $\lim\limits_{\substack{x\to 0\\ y\to 0}}f(x,y)=\lim\limits_{\substack{x\to 0\\ y\to 0}}\frac{x^2y}{x^2+y^2}=0=f(0,0)$，所以函数 $f(x,y)$ 在(0,

0) 处连续. 又

$$f'_x(0,0)=\lim_{\Delta x\to 0}\frac{f(0+\Delta x,0)-f(0,0)}{\Delta x}=\lim_{\Delta x\to 0}\frac{0-0}{\Delta x}=0$$

$$f'_y(0,0)=\lim_{\Delta y\to 0}\frac{f(0,0+\Delta y)-f(0,0)}{\Delta y}=\lim_{\Delta y\to 0}\frac{0-0}{\Delta y}=0$$

所以 $f(x,y)$ 在$(0,0)$ 处的两个偏导数存在, 且 $f_x(0,0)=0, f_y(0,0)=0$. 但

$$\begin{aligned}&\lim_{\rho\to 0^+}\frac{\Delta z-[f_x(0,0)\Delta x+f_y(0,0)\Delta y]}{\rho}\\=&\lim_{\rho\to 0^+}\frac{[f(\Delta x,\Delta y)-f(0,0)]-[f_x(0,0)\Delta x+f_y(0,0)\Delta y]}{\rho}\\=&\lim_{\substack{\Delta x\to 0\\ \Delta y\to 0}}\frac{(\Delta x)^2\Delta y}{[(\Delta x)^2+(\Delta y)^2]^{\frac{3}{2}}}\end{aligned}$$

而当 $\Delta y=\Delta x$ 时

$$\lim_{\substack{\Delta x\to 0\\ \Delta y\to 0}}\frac{(\Delta x)^2\Delta y}{[(\Delta x)^2+(\Delta y)^2]^{\frac{3}{2}}}=\lim_{\Delta x\to 0}\frac{(\Delta x)^2\Delta x}{[(\Delta x)^2+(\Delta x)^2]^{\frac{3}{2}}}=\frac{1}{2\sqrt{2}}\lim_{\Delta x\to 0}\frac{(\Delta x)^3}{|\Delta x|^3}$$

不存在, 故而函数在$(0,0)$ 处不可微.

例 13 如果函数 $f(x,y)$ 在点$(0,0)$ 处连续, 那么下列命题正确的是(　　).

(A) 若极限$\lim\limits_{\substack{x\to 0\\ y\to 0}}\dfrac{f(x,y)}{|x|+|y|}$ 存在, 则 $f(x,y)$ 在点$(0,0)$ 处可微

(B) 若极限$\lim\limits_{\substack{x\to 0\\ y\to 0}}\dfrac{f(x,y)}{x^2+y^2}$ 存在, 则 $f(x,y)$ 在点$(0,0)$ 处可微

(C) 若 $f(x,y)$ 在点$(0,0)$ 处可微, 则极限$\lim\limits_{\substack{x\to 0\\ y\to 0}}\dfrac{f(x,y)}{|x|+|y|}$ 存在

(D) 若 $f(x,y)$ 在点$(0,0)$ 处可微, 则极限$\lim\limits_{\substack{x\to 0\\ y\to 0}}\dfrac{f(x,y)}{x^2+y^2}$ 存在

解 应选(B)

解法 1:(推演法) 函数 $f(x,y)$ 在点$(0,0)$ 处连续, 若极限$\lim\limits_{\substack{x\to 0\\ y\to 0}}\dfrac{f(x,y)}{x^2+y^2}$ 存在, 则 $f(0,0)=\lim\limits_{\substack{x\to 0\\ y\to 0}}f(x,y)=0$, 考查极限$\lim\limits_{\substack{x\to 0\\ y\to 0}}\dfrac{f(x,y)}{x^2+y^2}=\lim\limits_{\substack{x\to 0\\ y\to 0}}\dfrac{f(x,y)-f(0,0)}{\sqrt{x^2+y^2}}\cdot\dfrac{1}{\sqrt{x^2+y^2}}$ 存在, 又由于 $\lim\limits_{\substack{x\to 0\\ y\to 0}}\dfrac{1}{\sqrt{x^2+y^2}}=\infty$, 故必有$\lim\limits_{\substack{x\to 0\\ y\to 0}}\dfrac{f(x,y)-f(0,0)}{\sqrt{x^2+y^2}}=0$, 所以 $f(x,y)$ 在点$(0,0)$ 处可微, 且 $f'_x(0,0)=f'_y(0,0)=0$.

解法 2:(排除法) 对于(A), 取函数 $f(x,y)=|x|+|y|$, 满足题设条件, 但 $f(x,y)=|x|+|y|$ 在点$(0,0)$ 不可微(点$(0,0)$ 的偏导数不存在).

对于(C)(D), 取函数 $f(x,y)=1$, 满足题设条件, 但$\lim\limits_{\substack{x\to 0\\ y\to 0}}\dfrac{1}{|x|+|y|}$ 和$\lim\limits_{\substack{x\to 0\\ y\to 0}}\dfrac{1}{x^2+y^2}$ 都不存在.

例 14 设 $f(x,y)=\begin{cases} xy\sin\dfrac{1}{\sqrt{x^2+y^2}}, (x,y)\neq(0,0) \\ 0, (x,y)=(0,0) \end{cases}$，讨论 $f(x,y)$ 在(0,0)处的连续性、偏导性及可微性.

解 $\lim\limits_{\substack{x\to0\\y\to0}} f(x,y)=\lim\limits_{\substack{x\to0\\y\to0}} xy\sin\dfrac{1}{\sqrt{x^2+y^2}}=0=f(0,0)$，则 $f(x,y)$ 在(0,0)处连续.

$$f_x(0,0)=\lim_{x\to0}\frac{f(x,0)-f(0,0)}{x-0}=\lim_{x\to0}\frac{0-0}{x}=0$$

$$f_y(0,0)=\lim_{y\to0}\frac{f(0,y)-f(0,0)}{y-0}=\lim_{y\to0}\frac{0-0}{y}=0$$

于是函数 $f(x,y)$ 在(0,0)处的偏导数存在. 又

$$\lim_{\rho\to0^+}\frac{\Delta z-A\Delta x-B\Delta y}{\rho}=\lim_{\substack{\Delta x\to0\\\Delta y\to0}}\frac{\Delta x\cdot\Delta y\sin\dfrac{1}{\sqrt{(\Delta x)^2+(\Delta y)^2}}}{\sqrt{(\Delta x)^2+(\Delta y)^2}}$$

$$=\lim_{\substack{\Delta x\to0\\\Delta y\to0}}\frac{\Delta x\cdot\Delta y}{\sqrt{(\Delta x)^2+(\Delta y)^2}}\sin\frac{1}{\sqrt{(\Delta x)^2+(\Delta y)^2}}=0$$

从而函数 $f(x,y)$ 在(0,0)处可微.

定理 4 （可微的充分条件）如果函数 $z=f(x,y)$ 的偏导数 $\dfrac{\partial z}{\partial x},\dfrac{\partial z}{\partial y}$ 在点 (x,y) 处连续，则函数在点 (x,y) 处可微.

注 习惯上，将自变量的增量 $\Delta x,\Delta y$ 分别记作 $\mathrm{d}x,\mathrm{d}y$，并分别称作自变量 x,y 的微分. 这样，函数 $z=f(x,y)$ 的全微分就可写为 $\mathrm{d}z=\dfrac{\partial z}{\partial x}\mathrm{d}x+\dfrac{\partial z}{\partial y}\mathrm{d}y$.

例 15 计算函数 $z=x^2\sin y$ 在点 $(1,\frac{\pi}{4})$ 处的全微分.

解 $\mathrm{d}z=\dfrac{\partial z}{\partial x}\mathrm{d}x+\dfrac{\partial z}{\partial y}\mathrm{d}y=2x\sin y\mathrm{d}x+x^2\cos y\mathrm{d}y$，因此，函数 $z=x^2\sin y$ 在点 $(1,\frac{\pi}{4})$ 处的全微分 $\mathrm{d}z|_{(1,\frac{\pi}{4})}=2\cdot\dfrac{1}{\sqrt2}\mathrm{d}x+\dfrac{1}{\sqrt2}\mathrm{d}y=\dfrac{\sqrt2}{2}(2\mathrm{d}x+\mathrm{d}y)$.

例 16 计算函数 $u=x+\cos y+\mathrm{e}^{yz}$ 的全微分.

解 $\mathrm{d}u=\dfrac{\partial u}{\partial x}\mathrm{d}x+\dfrac{\partial u}{\partial y}\mathrm{d}y+\dfrac{\partial u}{\partial z}\mathrm{d}z=\mathrm{d}x+(-\sin y+z\mathrm{e}^{yz})\mathrm{d}y+y\mathrm{e}^{yz}\mathrm{d}z$.

2. 可微、可偏导、函数连续、一阶连续可偏导的关系

对于二元函数 $z=f(x,y)$ 连续、偏导存在、函数可微以及偏导连续之间的关系如图 2. 这是因为函数在 (x_0,y_0) 处的两个偏导数都存在，不能保证 $z=f(x,y)$ 在 (x_0,y_0) 处连续. 偏导数存在只能保证点 P 沿着平行于坐标轴的方向趋向于点 P_0 时，函数 $f(P)$ 趋近于 $f(P_0)$，但不能保证点 P 按任何方式趋近于 P_0 时，函数值 $f(P)$ 都趋近于 $f(P_0)$. 对于一元函数连续、可导、可微之间的关系可用图 3 表示.

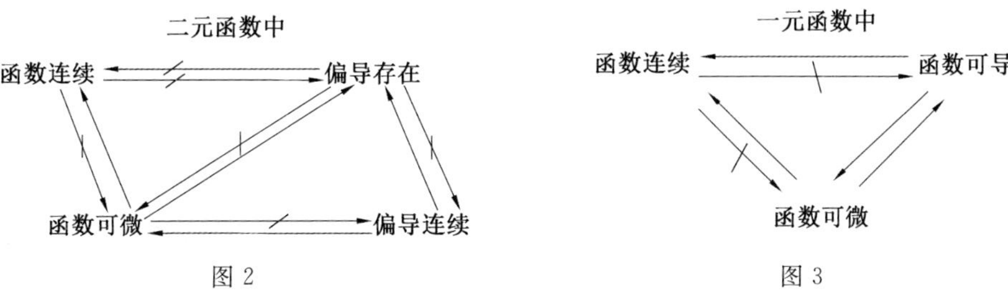

图 2　　　　图 3

一阶连续可偏导数指的是函数 $z=f(x,y)$ 的一阶偏导数 $f'_x(x,y)$，$f'_y(x,y)$ 在点 (x_0,y_0) 连续，即 $\lim\limits_{\substack{x\to x_0\\y\to y_0}} f_x(x,y)=f_x(x_0,y_0)$，$\lim\limits_{\substack{x\to x_0\\y\to y_0}} f_y(x,y)=f_y(x_0,y_0)$.

例 17　二元函数 $f(x,y)$ 在点 $(0,0)$ 处可微的一个充分条件是(　　).

(A) $\lim\limits_{\substack{x\to 0\\y\to 0}}[f(x,y)-f(0,0)]=0$　　(B) $\lim\limits_{\substack{x\to 0\\y\to 0}}\dfrac{f(x,y)-f(0,0)}{\sqrt{x^2+y^2}}=0$

(C) $\lim\limits_{x\to 0}\dfrac{f(x,0)-f(0,0)}{x}=0$，且 $\lim\limits_{y\to 0}\dfrac{f(0,y)-f(0,0)}{y}=0$

(D) $\lim\limits_{x\to 0}[f_x(x,0)-f_x(0,0)]=0$，且 $\lim\limits_{y\to 0}[f_y(0,y)-f_y(0,0)]=0$

解　应选(B).

解法 1:(排除法) 取 $f(x,y)=\begin{cases}\dfrac{x^2y}{x^2+y^2}, & x^2+y^2\neq 0\\ 0, & x^2+y^2=0\end{cases}$，注意到

$$\frac{\partial f}{\partial x}=\begin{cases}\dfrac{2xy^3}{(x^2+y^2)^2}, & x^2+y^2\neq 0\\ 0, & x^2+y^2=0\end{cases},\quad \frac{\partial f}{\partial y}=\begin{cases}\dfrac{x^2(x^2-y^2)}{(x^2+y^2)^2}, & x^2+y^2\neq 0\\ 0, & x^2+y^2=0\end{cases}$$

容易验证选项(A)(C)(D) 均成立，但是函数 $f(x,y)$ 在点 $(0,0)$ 处不可微.

解法 2:(推演法) 由 $\lim\limits_{\substack{x\to 0\\y\to 0}}\dfrac{f(x,y)-f(0,0)}{\sqrt{x^2+y^2}}=0$ 可知

$$f_x(0,0)=\lim_{x\to 0}\frac{f(x,0)-f(0,0)}{x}=\lim_{x\to 0}\frac{f(x,0)-f(0,0)}{\sqrt{x^2+0^2}}\cdot\frac{\sqrt{x^2}}{x}=0$$

$$f_y(0,0)=\lim_{y\to 0}\frac{f(0,y)-f(0,0)}{y}=\lim_{y\to 0}\frac{f(0,y)-f(0,0)}{\sqrt{0^2+y^2}}\cdot\frac{\sqrt{y^2}}{y}=0$$

进而 $\lim\limits_{\rho\to 0^+}\dfrac{[f(x,y)-f(0,0)]-[f_x(0,0)x+f_y(0,0)y]}{\rho}=\lim\limits_{\substack{x\to 0\\y\to 0}}\dfrac{f(x,y)-f(0,0)}{\sqrt{x^2+y^2}}=0$，所以，函数 $f(x,y)$ 在点 $(0,0)$ 处可微.

3. 可微的几何意义

函数 $f(x,y)$ 在点 p_0 处可微的几何意义是：曲面 $z=f(x,y)$ 在点 $q_0(x_0,y_0,f(x_0,y_0))$ 处有不平行于 z 轴的切平面. 曲面在点 q_0 处的切平面和法线的方程分别是

$$z-z_0=f_x(x_0,y_0)(x-x_0)+f_y(x_0,y_0)(y-y_0)$$

$$\frac{x-x_0}{f_x(x_0,y_0)}=\frac{y-y_0}{f_y(x_0,y_0)}=\frac{z-z_0}{-1}$$

其中 $\boldsymbol{n}=(f_x(x_0,y_0),f_y(x_0,y_0),-1)$ 为曲面 $z=f(x,y)$ 在点 q_0 处的法向量.

例 18 求曲面 $z=x^2+y^2-2xy-x+3y+4$ 在点 $(2,-3,18)$ 处的切平面方程与法线方程.

解 $\dfrac{\partial z}{\partial x}=2x-2y-1,\dfrac{\partial z}{\partial x}\Big|_{(2,-3,18)}=9;\dfrac{\partial z}{\partial y}=2y-2x+3,\dfrac{\partial z}{\partial y}\Big|_{(2,-3,18)}=-7.$

从而该曲面在点 $(2,-3,18)$ 处的法向量为 $\boldsymbol{n}=(9,-7,-1)$. 由此可得切平面方程为 $9(x-2)-7(y+3)-(z-18)=0$ 或 $9x-7y-z=21$;法线方程为 $\dfrac{x-2}{9}=\dfrac{y+3}{-7}=\dfrac{z-18}{-1}$.

例 19 求椭球面 $x^2+2y^2+3z^2=21$ 上某点 M 处的切平面 π 的方程,使 π 过已知直线 L:$\dfrac{x-6}{2}=\dfrac{y-3}{1}=\dfrac{2z-1}{-2}$.

解 令 $F(x,y,z)=x^2+2y^2+3z^2-21$,则 $F'_x=2x,F'_y=4y,F'_z=6z$.

椭球面在点 $M(x_0,y_0,z_0)$ 处的切平面 π 的方程为

$$2x_0(x-x_0)+4y_0(y-y_0)+6z_0(z-z_0)=0$$

即

$$x_0x+2y_0y+3z_0z=21$$

因为平面 π 过已知直线 L,故 L 上任意两点,比如点 $A(6,3,\frac{1}{2})$,$B(0,0,\frac{7}{2})$ 应满足平面 π 的方程,代入有

$$6x_0+6y_0+\frac{3}{2}z_0=21 \qquad ①$$

$$z_0=2 \qquad ②$$

又因为

$$x_0^2+2y_0^2+3z_0^2=21 \qquad ③$$

联立 ①②③,解得 $x_0=3,y_0=0,z_0=2$,或 $x_0=1,y_0=2,z_0=2$.

故所求切平面方程为 $x+2z=7$ 与 $x+4y+6z=21$.

第 3 节　多元函数求导法则

一、多元复合函数的求导法则

1. 复合函数的中间变量均为一元函数的情形

如果函数 $u=\varphi(x),v=\psi(x)$ 都在点 x 处可导,函数 $z=f(u,v)$ 在对应点 (u,v) 具有连续偏导数,则复合函数 $z=f[\varphi(x),\psi(x)]$ 在点 x 处可导,且

$$\frac{\mathrm{d}z}{\mathrm{d}x}=\frac{\partial z}{\partial u}\frac{\mathrm{d}u}{\mathrm{d}x}+\frac{\partial z}{\partial v}\frac{\mathrm{d}v}{\mathrm{d}x}$$

推广 如果函数 $u=\varphi(t),v=\psi(t),w=w(t)$ 都在点 t 可导,函数 $z=f(u,v,w)$ 在对应点 (u,v,w) 具有连续的偏导数,则复合函数 $z=f[\varphi(t),\psi(t),w(t)]$ 在点 t 可导,且有 $\dfrac{\mathrm{d}z}{\mathrm{d}t}=\dfrac{\partial z}{\partial u}\cdot\dfrac{\mathrm{d}u}{\mathrm{d}t}+\dfrac{\partial z}{\partial v}\cdot\dfrac{\mathrm{d}v}{\mathrm{d}t}+\dfrac{\partial z}{\partial w}\cdot\dfrac{\mathrm{d}w}{\mathrm{d}t}$.

2. 复合函数的中间变量均为多元函数的情形

如果函数 $u=\varphi(x,y),v=\psi(x,y)$ 都在点 (x,y) 处具有对 x 及对 y 的偏导数，函数 $z=f(u,v)$ 在对应点 (u,v) 具有连续偏导数，则复合函数 $z=f[\varphi(x,y),\psi(x,y)]$ 在点 (x,y) 处的两个偏导数都存在，且

$$\frac{\partial z}{\partial x}=\frac{\partial z}{\partial u}\frac{\partial u}{\partial x}+\frac{\partial z}{\partial v}\frac{\partial v}{\partial x},\frac{\partial z}{\partial y}=\frac{\partial z}{\partial u}\frac{\partial u}{\partial y}+\frac{\partial z}{\partial v}\frac{\partial v}{\partial y}$$

注 1 （简写形式）为了方便书写，不妨设第一个中间变量、第二个中间变量分别记为"1"与"2"，即令 $u=\varphi(x,y)=1,v=\psi(x,y)=2$，则上式可记为

$$\frac{\partial z}{\partial x}=f'_1\cdot u_x+f'_2\cdot v_x,\frac{\partial z}{\partial y}=f'_1\cdot u_y+f'_2\cdot v_y$$

注 2 （推广形式）如果函数 $u=\varphi(x,y),v=\psi(x,y),w=\omega(x,y)$ 都在点 (x,y) 具有对 x 及对 y 的偏导数，函数 $z=f(u,v,w)$ 在对应点 (u,v,w) 具有连续偏导数，则

$$\frac{\partial z}{\partial x}=\frac{\partial z}{\partial u}\cdot\frac{\partial u}{\partial x}+\frac{\partial z}{\partial v}\cdot\frac{\partial v}{\partial x}+\frac{\partial z}{\partial w}\cdot\frac{\partial w}{\partial x},\frac{\partial z}{\partial y}=\frac{\partial z}{\partial u}\cdot\frac{\partial u}{\partial y}+\frac{\partial z}{\partial v}\cdot\frac{\partial v}{\partial y}+\frac{\partial z}{\partial w}\cdot\frac{\partial w}{\partial y}$$

例 1 设 $w=f(x^2,\frac{x}{y},xyz)$，求 $\frac{\partial w}{\partial x},\frac{\partial w}{\partial y},\frac{\partial w}{\partial z}$.

解 令 $u=x^2,v=\frac{x}{y},t=xyz$，由复合函数的求导法则，得

$$\begin{aligned}\frac{\partial w}{\partial x}&=\frac{\partial w}{\partial u}\cdot\frac{\partial u}{\partial x}+\frac{\partial w}{\partial v}\cdot\frac{\partial v}{\partial x}+\frac{\partial w}{\partial t}\cdot\frac{\partial t}{\partial x}=2x\frac{\partial w}{\partial u}+\frac{1}{y}\frac{\partial w}{\partial v}+yz\frac{\partial w}{\partial t}\\&=2xf'_1+\frac{1}{y}f'_2+yzf'_3\end{aligned}$$

$$\frac{\partial w}{\partial y}=\frac{\partial w}{\partial u}\cdot\frac{\partial u}{\partial y}+\frac{\partial w}{\partial v}\cdot\frac{\partial v}{\partial y}+\frac{\partial w}{\partial t}\cdot\frac{\partial t}{\partial y}=-\frac{x}{y^2}f'_2+xzf'_3$$

$$\frac{\partial w}{\partial z}=\frac{\partial w}{\partial u}\cdot\frac{\partial u}{\partial z}+\frac{\partial w}{\partial v}\cdot\frac{\partial v}{\partial z}+\frac{\partial w}{\partial t}\cdot\frac{\partial t}{\partial z}=xyf'_3$$

例 2 设 $z=f(x^2-y^2,e^{xy})$，且 f 具有二阶连续的偏导数，求 $\frac{\partial z}{\partial x},\frac{\partial z}{\partial y},\frac{\partial^2 z}{\partial x\partial y}$.

解

$$\frac{\partial z}{\partial x}=f'_1\cdot(x^2-y^2)'_x+f'_2\cdot(e^{xy})'_x=2xf'_1+ye^{xy}f'_2$$

$$\frac{\partial z}{\partial y}=f'_1\cdot(x^2-y^2)'_y+f'_2\cdot(e^{xy})'_y=-2yf'_1+xe^{xy}f'_2$$

$$\begin{aligned}\frac{\partial^2 z}{\partial x\partial y}&=2x[f''_{11}\cdot(-2y)+f''_{12}\cdot xe^{xy}]+[e^{xy}+xye^{xy}]f'_2+\\&\quad ye^{xy}[f''_{21}\cdot(-2y)+f''_{22}\cdot xe^{xy}]\\&=-4xyf''_{11}+2(x^2-y^2)e^{xy}f''_{12}+xye^{2xy}f''_{22}+e^{xy}(1+xy)f'_2\end{aligned}$$

例 3 设函数 $z=f(x,y)$ 在点 $(1,1)$ 处可微，且

$$f(1,1)=1,\left.\frac{\partial f}{\partial x}\right|_{(1,1)}=2,\left.\frac{\partial f}{\partial y}\right|_{(1,1)}=3,\varphi(x)=f[x,f(x,x)]$$

求 $\frac{d}{dx}\varphi^3(x)\Big|_{x=1}$.

解
$$\varphi(1)=f[1,f(1,1)]=f(1,1)=1$$

$$\frac{\mathrm{d}}{\mathrm{d}x}\varphi^3(x)\Big|_{x=1}=\left[3\varphi^2(x)\frac{\mathrm{d}\varphi(x)}{\mathrm{d}x}\right]\Big|_{x=1}$$

$$=3\varphi^2(x)\{f'_1[x,f(x,x)]+f'_2[x,f(x,x)][f'_1(x,x)+f'_2(x,x)]\}\big|_{x=1}$$

$$=3\times1\times[2+3(2+3)]=51$$

注 像本题这样多层的复合在求导过程中(尤其涉及代值时)不要用平时一贯的简写形式:$f'_1,f''_{12},\cdots$.因为$f'_1[x,f(x,x)]$与$f'_1(x,x)$含义是不一样的.

例4 设函数$u(x,y)=\varphi(x+y)+\varphi(x-y)+\int_{x-y}^{x+y}\psi(t)\mathrm{d}t$,其中函数$\varphi$具有二阶导数,$\psi$具有一阶导数,则必有( ).

(A) $\frac{\partial^2u}{\partial x^2}=-\frac{\partial^2u}{\partial y^2}$ (B) $\frac{\partial^2u}{\partial x^2}=\frac{\partial^2u}{\partial y^2}$ (C) $\frac{\partial^2u}{\partial x\partial y}=\frac{\partial^2u}{\partial y^2}$ (D) $\frac{\partial^2u}{\partial x\partial y}=\frac{\partial^2u}{\partial x^2}$

解 应选(B).

$$\frac{\partial u}{\partial x}=\varphi'(x+y)+\varphi'(x-y)+\psi(x+y)-\psi(x-y)$$

$$\frac{\partial u}{\partial y}=\varphi'(x+y)-\varphi'(x-y)+\psi(x+y)+\psi(x-y)$$

$$\frac{\partial^2u}{\partial x^2}=\varphi''(x+y)+\varphi''(x-y)+\psi'(x+y)-\psi'(x-y)$$

$$\frac{\partial^2u}{\partial x\partial y}=\varphi''(x+y)-\varphi''(x-y)+\psi'(x+y)+\psi'(x-y)$$

$$\frac{\partial^2u}{\partial y^2}=\varphi''(x+y)+\varphi''(x-y)+\psi'(x+y)-\psi'(x-y)$$

显然$\frac{\partial^2u}{\partial x^2}=\frac{\partial^2u}{\partial y^2}$,故选项(B)正确.

3. 复合函数的中间变量既是自变量又是中间变量多元函数的情形

如果函数$u=\varphi(x,y)$在点(x,y)处具有对x及对y的偏导数,函数$z=f(u,x,y)$在对应点(u,x,y)具有连续偏导数,则复合函数$z=f[\varphi(x,y),x,y]$在点(x,y)处的两个偏导数都存在,且

$$\frac{\partial z}{\partial x}=\frac{\partial f}{\partial u}\frac{\partial u}{\partial x}+\frac{\partial f}{\partial x},\frac{\partial z}{\partial y}=\frac{\partial f}{\partial u}\frac{\partial u}{\partial y}+\frac{\partial f}{\partial y}$$

注 这里$\frac{\partial z}{\partial x}$与$\frac{\partial f}{\partial x}$不同,$\frac{\partial z}{\partial x}$是把复合函数$z=f[\varphi(x,y),x,y]$中$y$看作不变的量而对自变量$x$求偏导数,而$\frac{\partial f}{\partial x}$是把函数$z=f(u,x,y)$中变量$u,y$看成常数,对中间变量$x$的偏导数.$\frac{\partial z}{\partial y}$与$\frac{\partial f}{\partial y}$也有类似的区别.

4. 全微分形式不变性

设函数$z=f(u,v),u=\varphi(x,y),v=\psi(x,y)$具有连续偏导数,则全微分

$$\mathrm{d}z=\left(\frac{\partial z}{\partial u}\frac{\partial u}{\partial x}+\frac{\partial z}{\partial v}\frac{\partial v}{\partial x}\right)\mathrm{d}x+\left(\frac{\partial z}{\partial u}\frac{\partial u}{\partial y}+\frac{\partial z}{\partial v}\frac{\partial v}{\partial y}\right)\mathrm{d}y$$

$$=\frac{\partial z}{\partial u}\left(\frac{\partial u}{\partial x}\mathrm{d}x+\frac{\partial u}{\partial y}\mathrm{d}y\right)+\frac{\partial z}{\partial v}\left(\frac{\partial v}{\partial x}\mathrm{d}x+\frac{\partial v}{\partial y}\mathrm{d}y\right)$$

$$=\frac{\partial z}{\partial u}du+\frac{\partial z}{\partial v}dv$$

由此可见，无论 u,v 是自变量还是中间变量，函数 $z=f(u,v)$ 的全微分形式都是一样的. 这个性质叫作全微分形式不变性.

例 5 设 $z=f(x+y,x-y,xy)$，其中 f 具有二阶连续偏导数，求 dz 及偏导数.

解 根据全微分形式的不变性，得

$$\begin{aligned}dz&=f'_1 d(x+y)+f'_2 d(x-y)+f'_3 d(xy)\\&=f'_1(dx+dy)+f'_2(dx-dy)+f'_3(ydx+xdy)\\&=(f'_1+f'_2+yf'_3)dx+(f'_1-f'_2+xf'_3)dy\end{aligned}$$

进而可得

$$\frac{\partial z}{\partial x}=f'_1+f'_2+yf'_3,\frac{\partial z}{\partial y}=f'_1-f'_2+xf'_3$$

第 4 节　泰勒公式与无条件极值

一、泰勒公式

1. 二元函数的微分中值定理

设二元函数在凸区域 $D\subseteq\mathbf{R}^2$ 内处处可微，则对 D 内任意两点 $p(a,b),q(a+h,b+k)$，存在某个 $\theta(0<\theta<1)$，使

$$f(a+h,b+k)-f(a,b)=f_x(a+\theta h,b+\theta k)h+f_y(a+\theta h,b+\theta k)k$$

注 1 如果 D 为凸闭域，f 在 D 上连续且在 $\operatorname{int} D$ 内可微，且线段 pq 上除顶端 p,q 外都是 D 的内点，则上式同样成立.

注 2 由微分中值定理不难证明：若函数 $f(x,y)$ 在区域 D 上存在偏导数，且满足 $f_x=f_y\equiv 0$，则 f 在区域 D 上恒为一常数.

2. 泰勒公式

若函数 f 在点 $p_0(x_0,y_0)$ 的某邻域 $U(p_0)$ 内有直到 $n+1$ 阶的连续偏导数，则对 $U(p_0)$ 内任意一点 (x_0+h,y_0+k)，有相应的 $\theta(0<\theta<1)$，使得

$$f(x_0+h,y_0+k)=f(x_0,y_0)+\sum_{m=1}^{n}\left(h\frac{\partial}{\partial x}+k\frac{\partial}{\partial y}\right)^m f(x_0,y_0)+\frac{1}{(n+1)!}\left(h\frac{\partial}{\partial x}+k\frac{\partial}{\partial y}\right)^{n+1} f(x_0+\theta h,y_0+\theta k)$$

其中 $\left(h\frac{\partial}{\partial x}+k\frac{\partial}{\partial y}\right)^m f(x_0,y_0)=\sum\limits_{i=0}^{m}C_m^i\frac{\partial^m}{\partial x^i\partial y^{m-i}}f(x_0,y_0)h^ik^{m-i}$.

例 1 对 $f(x,y)=\dfrac{1}{\sqrt{x^2-2xy+1}}$ 应用微分中值定理，证明：存在某个 $\theta(0<\theta<1)$，使 $1-\sqrt{2}=\sqrt{2}(1-3\theta)(1-2\theta+3\theta^2)^{-\frac{2}{3}}$.

证 $f_x(x,y)=-\dfrac{x-y}{(x^2-2xy+1)^{\frac{3}{2}}},f_y=\dfrac{x}{(x^2-2xy+1)^{\frac{3}{2}}}$，显然 f_x,f_y 在凸闭域

$D=\{(x,y)\mid x^2+y^2\leqslant 1\}$ 上连续，$(1,0),(0,1)\in D$. 由微分中值定理推知，$\exists\theta(0<\theta<1)$，使得

$$f(1,0)-f(0,1)=\frac{\theta-(1-\theta)}{(\theta^2-2\theta(1-\theta)+1)^{\frac{3}{2}}}\cdot(1-0)+\frac{\theta}{(\theta^2-2\theta(1-\theta)+1)^{\frac{3}{2}}}\cdot(0-1)$$
$$=(1-3\theta)(3\theta^2-2\theta+1)^{-\frac{3}{2}}$$

将 $f(1,0)=\dfrac{1}{\sqrt{2}}$，$f(0,1)=1$ 代入，即得 $1-\sqrt{2}=\sqrt{2}(1-3\theta)(1-2\theta+3\theta^2)^{-\frac{2}{3}}$.

二、无条件极值

1. 极值的概念

设函数 $z=f(x,y)$ 在点 (x_0,y_0) 的某个邻域内有定义，如果对于该邻域内任何异于 (x_0,y_0) 的点 (x,y)，都有 $f(x,y)<f(x_0,y_0)$ $(f(x,y)>f(x_0,y_0))$，则称函数在点 (x_0,y_0) 有极大值(或极小值) $f(x_0,y_0)$.极大值、极小值统称为极值，使函数取得极值的点称为极值点.

例 2　设 $f(x,y)$ 在 $(0,0)$ 的邻域内连续，且 $\lim\limits_{\substack{x\to 0\\ y\to 0}}\dfrac{f(x,y)-1}{\ln(1+x^2+y^2)}=2$，则(　　).

(A) $f(x,y)$ 在点 $(0,0)$ 处取极小值

(B) $f(x,y)$ 在点 $(0,0)$ 处取极大值

(C) $f(x,y)$ 在点 $(0,0)$ 处可偏导但不取极值

(D) $f(x,y)$ 在点 $(0,0)$ 处不可偏导也不取极值

解　应选(A).

解法 1:(推演法) 根据题意得 $f(0,0)=1$，根据极限保号性 $\exists\delta>0$，当 $0<\sqrt{x^2+y^2}<\delta$ 时，$\dfrac{f(x,y)-1}{\ln(1+x^2+y^2)}>0$. 又 $\ln(1+x^2+y^2)>0$，进而 $f(x,y)-1>0$，即 $f(x,y)>1=f(0,0)$，因此 $f(x,y)$ 在点 $(0,0)$ 处取极小值.

解法 2:(赋值法) 由已知条件可得 $f(0,0)=1$，且 $\lim\limits_{\substack{x\to 0\\ y\to 0}}\dfrac{f(x,y)-1}{x^2+y^2}=2$. 取 $f(x,y)=1+x^2+y^2$，显然函数在点 $(0,0)$ 处取极小值.

2. 极值的必要条件

设函数 $z=f(x,y)$ 在点 (x_0,y_0) 具有偏导数，且在点 (x_0,y_0) 处有极值，则有

$$f'_x(x_0,y_0)=0,f'_y(x_0,y_0)=0$$

注　① 能使 $f'_x(x,y)=0$，$f'_y(x,y)=0$ 同时成立的点 (x_0,y_0) 称为函数 $z=f(x,y)$ 的驻点；② 具有偏导数的函数的极值点必定是驻点. 但函数的驻点不一定是极值点；③ 极值点必须是定义域中的一个内点.

3. 极值的充分条件

设函数 $z=f(x,y)$ 在点 (x_0,y_0) 的某邻域内连续且具有一阶及二阶连续偏导数，又 $f'_x(x_0,y_0)=0$，$f'_y(x_0,y_0)=0$，令

$$f''_{xx}(x_0,y_0)=A,f''_{xy}(x_0,y_0)=B,f''_{yy}(x_0,y_0)=C$$

则 $z=f(x,y)$ 在 (x_0,y_0) 处是否取得极值的条件如下：

(1)$AC-B^2>0$ 时具有极值,且当 $A<0$ 时有极大值,当 $A>0$ 时有极小值;

(2)$AC-B^2<0$ 时没有极值;

(3)$AC-B^2=0$ 可能有极值,可能无极值,还需另作讨论.

例 3 求函数 $z=x^2-xy+y^2-2x+y$ 的极值.

解 求解$\frac{\partial z}{\partial x}=2x-y-2=0,\frac{\partial z}{\partial y}=-x+2y+1=0$ 可得驻点为(1,0). 又

$$A=\left.\frac{\partial^2 z}{\partial x^2}\right|_{(1,0)}=2,B=\left.\frac{\partial^2 z}{\partial x\partial y}\right|_{(1,0)}=-1,\left.\frac{\partial^2 z}{\partial y^2}\right|_{(1,0)}=2$$

那么 $AC-B^2=3>0$,且 $A=2>0$,所以 $z=x^2-xy+y^2-2x+y$ 在点(1,0) 处取得极小值 $z(1,0)=-1$.

例 4 设函数 $z=f(x,y)$ 的全微分为 $\mathrm{d}z=x\mathrm{d}x+y\mathrm{d}y$,则点(0,0)( ).

(A) 不是 $f(x,y)$ 的连续点　　(B) 不是 $f(x,y)$ 的极值点

(C) 是 $f(x,y)$ 的极大值点　　(D) 是 $f(x,y)$ 的极小值点

解 应选(D). 由已知条件$\frac{\partial z}{\partial x}=x,\frac{\partial z}{\partial y}=y$,点(0,0) 是函数 $z=f(x,y)$ 的驻点. 又在点(0,0) 处,$A=\left.\frac{\partial^2 z}{\partial x^2}\right|_{(0,0)}=1,B=\left.\frac{\partial^2 z}{\partial x\partial y}\right|_{(0,0)}=0,C=\left.\frac{\partial^2 z}{\partial y^2}\right|_{(0,0)}=1$,于是 $AC-B^2=1>0$,且 $A=1>0$,所以 $z=f(x,y)$ 在点(0,0) 处取得极小值.

例 5 设函数 $f(x),g(x)$ 均有二阶连续导数,满足 $f(0)>0,g(0)<0$,且 $f'(0)=g'(0)=0$,则函数 $z=f(x)g(y)$ 在点(0,0) 处取得极小值的一个充分条件是( ).

(A)$f''(0)<0,g''(0)>0$　　(B)$f''(0)<0,g''(0)<0$

(C)$f''(0)>0,g''(0)>0$　　(D)$f''(0)>0,g''(0)<0$

解 应选(A). 因为 $z''_{xx}=f''(x)g(y),z''_{yy}=f(x)g''(y),z''_{xy}=f'(x)f'(y)$,从而 $A=f''(0)g(0),B=f'(0)f'(0),C=f(0)g''(0)$,进一步地有

$$AC-B^2=f''(0)g(0)f(0)g''(0)-[f'(0)f'(0)]^2=f''(0)g(0)f(0)g''(0)$$

于是只有当 $f''(0)g''(0)<0$,且 $A=f''(0)g(0)>0$ 时,即当 $f''(0)<0,g''(0)>0$ 时,函数 $z=f(x)g(y)$ 在点(0,0) 处取得极小值.

第 5 节　方向导数与梯度

一、方向导数

1. 方向导数的定义

定义 1 设函数 $z=f(x,y)$ 在点 $P_0(x_0,y_0)$ 的某个邻域内有定义,$\boldsymbol{l}$ 是以 P_0 为始点的一条射线,$\boldsymbol{e}_l=\{\cos\alpha,\cos\beta\}$ 是与 $\boldsymbol{l}$ 同方向的单位向量,并设 $P(x_0+t\cos\alpha,y_0+t\cos\beta)$ 为 $\boldsymbol{l}$ 上的另一点,且 $P\in U(P_0)$,如果

$$\lim_{t\to 0^+}\frac{f(x_0+t\cos\alpha,y_0+t\cos\beta)-f(x_0,y_0)}{t}$$

存在,则称这个极限值为函数 $z=f(x,y)$ 在点 $P_0(x_0,y_0)$ 沿方向 $\boldsymbol{l}$ 的方向导数,记作

$\left.\frac{\partial f}{\partial \boldsymbol{l}}\right|_{(x_0,y_0)}$,即$\left.\frac{\partial f}{\partial \boldsymbol{l}}\right|_{(x_0,y_0)}=\lim\limits_{t\to 0^+}\frac{f(x_0+t\cos\alpha,y_0+t\cos\beta)-f(x_0,y_0)}{t}$.

类似地,可定义三元函数的方向导数

$$\left.\frac{\partial f}{\partial \boldsymbol{l}}\right|_{(x_0,y_0,z_0)}=\lim_{t\to 0^+}\frac{f(x_0+t\cos\alpha,y_0+t\cos\beta,z_0+t\cos\gamma)}{t}$$

其中 $\cos\alpha,\cos\beta,\cos\gamma$ 为方向 $\boldsymbol{l}$ 的方向余弦.

2. **方向导数的计算**

定理 1 如果函数 $f(x,y)$ 在点 $P_0(x_0,y_0)$ 可微,那么函数在该点沿任一方向 $\boldsymbol{l}$ 的方向导数都存在,且有

$$\left.\frac{\partial f}{\partial \boldsymbol{l}}\right|_{(x_0,y_0)}=f_x(x_0,y_0)\cos\alpha+f_y(x_0,y_0)\cos\beta$$

其中 $\cos\alpha,\cos\beta$ 为方向 $\boldsymbol{l}$ 的方向余弦.

定理 2 若函数 $u=f(x,y,z)$ 在点 $P_0(x_0,y_0,z_0)$ 可微,那么函数在该点沿任一方向 l 的方向导数都存在,且有

$$\left.\frac{\partial f}{\partial \boldsymbol{l}}\right|_{(x_0,y_0,z_0)}=f_x(x_0,y_0,z_0)\cos\alpha+f_y(x_0,y_0,z_0)\cos\beta+f_z(x_0,y_0,z_0)\cos\gamma$$

其中 $\cos\alpha,\cos\beta,\cos\gamma$ 为方向 $\boldsymbol{l}$ 的方向余弦.

注 1 函数在一点处可微是函数在该点处沿任一方向的方向导数存在的充分条件,而不是必要条件.

注 2 尽管偏导数的计算公式中含有偏导数,但是若偏导数不存在,不能断定方向导数不存在.

例 1 证明函数 $z=f(x,y)=\sqrt{x^2+y^2}$ 在点(0,0)处沿任意方向的方向导数都存在,但 $z_x(0,0),z_y(0,0)$ 不存在.

证 由定义$\left.\frac{\partial z}{\partial \boldsymbol{l}}\right|_{(0,0)}=\lim\limits_{t\to 0^+}\frac{f(t\cos\alpha,t\cos\beta)-f(0,0)}{t}=\lim\limits_{t\to 0^+}\frac{\sqrt{t^2}}{t}=1$,由此可见,$z=\sqrt{x^2+y^2}$ 在(0,0)处沿任意方向的方向导数都存在.但是

$$\lim_{\Delta x\to 0}\frac{f(\Delta x,0)-f(0,0)}{\Delta x}=\lim_{\Delta x\to 0}\frac{\sqrt{\Delta x^2}-0}{\Delta x}=\lim_{\Delta x\to 0}\frac{|\Delta x|}{\Delta x}$$

不存在,即 $f(x,y)$ 在(0,0)处对 x 的偏导数不存在.同理 $f(x,y)$ 在(0,0)处对 y 的偏导数也不存在.

例 2 设函数 $u(x,y,z)=1+\frac{x^2}{6}+\frac{y^2}{12}+\frac{z^2}{18}$,单位向量 $\boldsymbol{n}=\frac{1}{\sqrt{3}}\{1,1,1\}$,则$\left.\frac{\partial u}{\partial \boldsymbol{n}}\right|_{(1,2,3)}=$ ________.

解 应填$\frac{\sqrt{3}}{3}$.因为$\frac{\partial u}{\partial x}=\frac{x}{3},\frac{\partial u}{\partial y}=\frac{y}{6},\frac{\partial u}{\partial z}=\frac{z}{9}$,于是所求方向导数为

$$\left.\frac{\partial u}{\partial \boldsymbol{n}}\right|_{(1,2,3)}=\frac{1}{3}\cdot\frac{1}{\sqrt{3}}+\frac{1}{3}\cdot\frac{1}{\sqrt{3}}+\frac{1}{3}\cdot\frac{1}{\sqrt{3}}=\frac{\sqrt{3}}{3}$$

例 3 设 $\boldsymbol{n}$ 是曲面 $2x^2+3y^2+z^2=6$ 在点 $P(1,1,1)$ 处的指向外侧的法向量,求函数

$u=\frac{\sqrt{6x^2+8y^2}}{z}$ 在点 P 处沿方向 $\boldsymbol{n}$ 的方向导数.

解 $\boldsymbol{n}=4\boldsymbol{i}+6\boldsymbol{j}+2\boldsymbol{k},\left.\frac{\partial u}{\partial x}\right|_P=\left.\frac{6x}{z\sqrt{6x^2+8y^2}}\right|_P=\frac{6}{\sqrt{14}}$

$$\left.\frac{\partial u}{\partial y}\right|_P=\left.\frac{8y}{z\sqrt{6x^2+8y^2}}\right|_P=\frac{8}{\sqrt{14}},\left.\frac{\partial u}{\partial z}\right|_P=-\left.\frac{\sqrt{6x^2+8y^2}}{z^2}\right|_P=-\sqrt{14}$$

从而

$$\begin{aligned}\left.\frac{\partial u}{\partial \boldsymbol{n}}\right|_P&=\left.\left[\frac{\partial u}{\partial x}\cos(\boldsymbol{n},\boldsymbol{j})+\frac{\partial u}{\partial y}\cos(\boldsymbol{n},\boldsymbol{j})+\frac{\partial u}{\partial z}\cos(\boldsymbol{n},\boldsymbol{k})\right]\right|_P\\&=\frac{6}{\sqrt{14}}\times\frac{2}{\sqrt{14}}+\frac{8}{\sqrt{14}}\times\frac{3}{\sqrt{14}}-\sqrt{14}\times\frac{1}{\sqrt{14}}=\frac{11}{7}\end{aligned}$$

二、梯度

1. 梯度的概念

定义 2 设函数 $z=f(x,y)$ 在平面区域 D 内具有一阶连续偏导数,那么称向量 $f_x(x_0,y_0)\boldsymbol{i}+f_y(x_0,y_0)\boldsymbol{j}$ 为函数 $z=f(x,y)$ 在点 $P_0(x_0,y_0)$ 处的梯度,记为 $\mathrm{grad}\ f(x_0,y_0)$ 或 $\nabla f(x_0,y_0)$,即 $\mathrm{grad}\ f(x_0,y_0)=\nabla f(x_0,y_0)=f_x(x_0,y_0)\boldsymbol{i}+f_y(x_0,y_0)\boldsymbol{j}$.

类似地,$\mathrm{grad}\ f(x_0,y_0,z_0)=\nabla f(x_0,y_0,z_0)=f_x(x_0,y_0,z_0)\boldsymbol{i}+f_y(x_0,y_0,z_0)\boldsymbol{j}+f_z(x_0,y_0,z_0)\boldsymbol{k}$.

2. 梯度的计算

定理 3 如果函数 $f(x,y)$ 在点 $P_0(x_0,y_0)$ 处可微,$\boldsymbol{e}=(\cos\alpha)\boldsymbol{i}+(\cos\beta)\boldsymbol{j}$ 是与方向 $\boldsymbol{l}$ 同向的单位向量,则 $\frac{\partial f}{\partial \boldsymbol{l}}=\frac{\partial f}{\partial x}\cos\alpha+\frac{\partial f}{\partial y}\cos\beta=\mathrm{grad}\ f(x,y)\cdot\boldsymbol{e}$.

类似地,$\frac{\partial f}{\partial \boldsymbol{l}}=\frac{\partial f}{\partial x}\cos\alpha+\frac{\partial f}{\partial y}\cos\beta+\frac{\partial f}{\partial z}\cos\gamma=\mathrm{grad}\ f(x,y,z)\cdot\boldsymbol{e}$,其中 $\boldsymbol{e}=\{\cos\alpha,\cos\beta,\cos\gamma\}$.

3. 梯度的性质

$$\mathrm{grad}(u\pm v)=\mathrm{grad}\ u\pm\mathrm{grad}\ v;\mathrm{grad}(u\cdot v)=u\mathrm{grad}\ v+v\mathrm{grad}\ u$$

例 4 $\left.\mathrm{grad}(xy+\frac{z}{y})\right|_{(2,1,1)}=$________.

解 应填$\{1,1,1\}$.令 $u=xy+\frac{z}{y}$,则

$$u_x|_{(2,1,1)}=y|_{(2,1,1)}=1,u_y|_{(2,1,1)}=(x-\frac{z}{y^2})|_{(2,1,1)}=1,u_z|_{(2,1,1)}=\frac{1}{y}|_{(2,1,1)}=1$$

所以 $\mathrm{grad}(xy+\frac{z}{y})|_{(2,1,1)}=\{1,1,1\}$.

解惑释疑

问题 1 一元函数的极限与二元函数的极限有什么区别与联系?

答 一元函数与二元函数的极限都是求函数在自变量的某一变化过程的极限，描述方式上没有本质区别. 然而，二元函数的自变量变化过程要比一元函数复杂得多. 例如，对于一元函数而言，$x \to x_0$ 表示自变量 x 沿 x 轴最多只能以三种方式(左边、右边或同时)趋近于 x_0；对于二元函数而言，$(x,y) \to (x_0,y_0)$ 表示自变量(x,y) 以任何方式无限趋近于点(x_0,y_0)，它可以沿某条直线趋近于(x_0,y_0)，也可以沿着某条曲线趋近于(x_0,y_0)，总之，趋近方式有无数种，是任意的.

二元函数自变量(x,y) 趋近固定点(x_0,y_0) 时路径的复杂性，也同时启发我们，如果可以沿着某些特殊路径趋近于(x_0,y_0)，而函数 $f(x,y)$ 不存在或极限不唯一，则可断定，$f(x,y)$ 在点(x_0,y_0) 的极限不存在(这也是判断二元函数极限不存在常用的手段).

问题 2 设 E,F 分别是 $\mathbf{R}^2$ 中的开集和闭集. 试问：在 $\mathbf{R}^3$ 中 E 是否仍为开集？F 是否仍为开集？

答 由于 $\mathbf{R}^2$ 中的邻域为一圆，$\mathbf{R}^3$ 中的邻域为一球，因此 E 中的点在 $\mathbf{R}^2$ 上为一内点，但在 $\mathbf{R}^3$ 上就不再是内点，所以 E 在 $\mathbf{R}^3$ 上不再是开集.

对于闭集而言，它是由其聚点的归属而决定的. 由于 F 在 $\mathbf{R}^2$ 中的聚点仍符合作为 $\mathbf{R}^3$ 中聚点的定义，而且并不因把 F 置于 $\mathbf{R}^3$ 中而导致其聚点有所增加或减少，所以 F 在 $\mathbf{R}^3$ 中仍是一闭集.

问题 3 试对 $\mathbf{R}^2$ 中的完备性定理与 $\mathbf{R}$ 中的完备性定理作一比较.

答 $\mathbf{R}^2$ 中的四个完备性定理，即点列极限的柯西收敛准则，闭域套(或闭集套)定理，聚点定理(致密性定理)与有限覆盖定理，在 $\mathbf{R}$ 中都有直接对应的命题. 不同的是 $\mathbf{R}$ 中的另两个定理(单调有界性定理与确界原理)在 $\mathbf{R}^2$ 中是没有的. 因为 $\mathbf{R}^2$ 中的任意两点之间无法比较大小，进而 $\mathbf{R}^2$ 中的点集亦没有"上界"、"下界"与"确界"等概念.

问题 4 设 $z=f(u,v,x)$，而 $u=\varphi(x)$，$v=\psi(x)$，则 $\dfrac{\mathrm{d}z}{\mathrm{d}x}=\dfrac{\partial f}{\partial u}\dfrac{\mathrm{d}u}{\mathrm{d}x}+\dfrac{\partial f}{\partial v}\dfrac{\mathrm{d}v}{\mathrm{d}x}+\dfrac{\partial f}{\partial x}$，试问：$\dfrac{\mathrm{d}z}{\mathrm{d}x}$ 与 $\dfrac{\partial f}{\partial x}$ 是否相同？为什么？

答 不相同. $\dfrac{\mathrm{d}z}{\mathrm{d}x}$ 表示复合函数 $z=f(u,v,x)$ 关于自变量 x 的导数，$\dfrac{\partial f}{\partial x}$ 表示复合函数 $z=f(u,v,x)$ 关于第三个中间变量 x 的偏导数.

问题 5 在求函数的高阶混合偏导数时，在什么条件下与求偏导数的顺序无关？是否存在一个二元函数，使得该函数在某一点处的二阶混合偏导数不相等？

答 当高阶混合偏导数连续时，与求偏导数的顺序无关. 例如，求函数

$$f(x,y)=\begin{cases}\dfrac{x^3y}{x^2+y^2},(x,y)\neq(0,0)\\ 0,(x,y)=(0,0)\end{cases}$$

在点$(0,0)$ 的二阶混合偏导数.

不难求得，其一阶偏导数为(原点处的偏导数要用定义计算，请读者自验)

$$f_x(x,y)=\begin{cases}\dfrac{x^4y+3x^2y^3}{(x^2+y^2)^2},(x,y)\neq(0,0)\\ 0,(x,y)=(0,0)\end{cases},f_y(x,y)=\begin{cases}\dfrac{x^5-x^3y^2}{(x^2+y^2)^2},(x,y)\neq(0,0)\\ 0,(x,y)=(0,0)\end{cases}$$

进一步地，利用定义可以求得，函数在(0,0)处的二阶混合偏导数为

$$f_{xy}(0,0)=\lim_{\Delta y\to 0}\frac{f_x(0,\Delta y)-f_x(0,0)}{\Delta y}=0,f_{yx}(0,0)=\lim_{\Delta x\to 0}\frac{f_y(\Delta x,0)-f_y(0,0)}{\Delta x}=1$$

问题 6 在求复合函数的偏导数时，常常出现某个变量既是中间变量又是自变量的情形. 如下例

$$u=u(x,y,t),x=x(s,t),y=y(s,t)$$

需求$\frac{\partial u}{\partial t}$. 这时如写成$\frac{\partial u}{\partial t}=\frac{\partial u}{\partial x}\cdot\frac{\partial x}{\partial t}+\frac{\partial u}{\partial y}\cdot\frac{\partial y}{\partial t}+\frac{\partial u}{\partial t}$，则在等式两边都出现了$\frac{\partial u}{\partial t}$. 其中左边一个表示复合函数 $u(x(s,t),y(s,t),t)=v(s,t)$ 对 t 的偏导数，而右边一个则表示外函数 $u(x,y,t)$ 对第三个变量 t(看作中间变量) 的偏导数. 两者意义不同，却使用了同一个记号，这显然是不允许的. 那么，怎样才能避免这种情况的发生呢?

答 可采用下列两种常用的方法:

① 引入新变量 z，把复合关系改写为

$$u=u(x,y,z),x=x(s,t),y=y(s,t),z=t$$

则可清楚地写出

$$\frac{\partial u}{\partial t}=\frac{\partial u}{\partial x}\cdot\frac{\partial x}{\partial t}+\frac{\partial u}{\partial y}\cdot\frac{\partial y}{\partial t}+\frac{\partial u}{\partial z}\frac{\mathrm{d}z}{\mathrm{d}t}\left(\frac{\mathrm{d}z}{\mathrm{d}t}=1\right)$$

② 用编号 1,2,3 等来表示中间变量，即有

$$\frac{\partial u}{\partial x}=u_1x_t+u_2y_t+u_3$$

请记住，当某一变量 t 具有中间变量与自变量的双重身份时，习惯上我们总是把$\frac{\partial u}{\partial t}$保留作为复合后的函数 u 关于自变量 t 的偏导数，而用别的记号(如以上两种方法介绍的)来表示 u 关于该中间变量的偏导数.

习题精练

1. (1) 函数 $f(x,y)$ 在点(x_0,y_0)处的 $f'_x(x_0,y_0)$ 和 $f'_y(x_0,y_0)$ 都存在，则(　　).

(A) $\lim\limits_{\substack{x\to x_0\\y\to y_0}}f(x,y)$ 存在　　(B) $\lim\limits_{x\to x_0}f(x,y_0)$ 和$\lim\limits_{y\to y_0}f(x_0,y)$ 都存在

(C) $f(x,y)$ 在点(x_0,y_0)处连续　　(D) $f(x,y)$ 在点(x_0,y_0)处可微

(2) 设函数 $f(x,y)$ 点(0,0)的某个邻域内有定义，且$\lim\limits_{\substack{x\to 0\\y\to 0}}\frac{f(x,y)-(x^2+y^2)}{\sqrt{x^2+y^2}}=1$，则函数 $f(x,y)$ 在点(0,0)处(　　).

(A) 不连续　　(B) 偏导数不存在　　(C) 偏导数存在，但不可微　　(D) 可微

(3) 设函数 $f(x,y)=\begin{cases}\frac{x^2y}{x^2+y^2},x^2+y^2\neq 0\\0,x^2+y^2=0\end{cases}$，则在点(0,0)处函数 $f(x,y)$(　　).

(A) 不连续　　(B) 连续，但偏导数不存在

(C) 连续且偏导数存在，但不可微　　(D) 可微

(4) 函数 $f(x,y)=\sqrt[3]{x^2y}$ 在点(0,0)处(　　).

(A) 不连续　　(B) 连续但偏导数不存在

(C) 连续，偏导数存在，但不可微　　(D) 可微

(5) 设函数 $u=u(x,y)$ 满足方程 $\frac{\partial^2 u}{\partial x^2}-\frac{\partial^2 u}{\partial y^2}=0$，及条件 $u(x,2x)=x$，$u'_x(x,2x)=x^2$，其中 $u=u(x,y)$ 具有二阶连续偏导数，则 $u''_{xx}(x,2x)=$(　　).

(A) $\frac{4x}{3}$　　(B) $-\frac{4x}{3}$　　(C) $\frac{3x}{4}$　　(D) $-\frac{3x}{4}$

(6) 若函数 $z=f(x,y)$ 满足 $\frac{\partial^2 z}{\partial y^2}=2$，且 $f(x,1)=x+2$，$f'_y(x,1)=x+1$，则 $f(x,y)=$________.

(A) $y^2+(x-1)y-2$　　(B) $y^2+(x+1)y+2$

(C) $y^2+(x-1)y+2$　　(D) $y^2+(x+1)y-2$

(7) 已知 $\mathrm{d}u(x,y)=[axy^3+\cos(x+2y)]\mathrm{d}x+[3x^2y^2+b\cos(x+2y)]\mathrm{d}y$，则(　　).

(A) $a=2,b=-2$　　(B) $a=3,b=2$

(C) $a=2,b=2$　　(D) $a=-2,b=2$

(8) 已知函数 $z=f(x,y)$ 在点(0,0)连续，且 $\lim\limits_{\substack{x\to 0\\ y\to 0}}\frac{f(x,y)}{\sin(x^2+y^2)}=-1$，则(　　).

(A) $f'_x(0,0)$ 不存在　　(B) $f'_x(0,0)$ 存在，且不等于零

(C) $f(x,y)$ 点(0,0)处的取得极小值　　(D) $f(x,y)$ 点(0,0)处的取得极大值

(9) 曲面 $x^2+\cos(xy)+yz+x=0$ 在点(0,1,-1)处的切平面方程为(　　).

(A) $x-y+z=-2$　(B) $x+y+z=0$　(C) $x-2y+z=-3$　(D) $x-y-z=0$

(10) 设函数 $f(x,y)$ 在点(0,0)的附近有定义，且 $f'_x(0,0)=3$，$f'_y(0,0)=1$，则(　　).

(A) $\mathrm{d}z|_{(0,0)}=3\mathrm{d}x+\mathrm{d}y$

(B) 曲面 $z=f(x,y)$ 在 $(0,0,f(0,0))$ 处的法向量为 $\{3,1,1\}$

(C) 曲线 $\begin{cases}z=f(x,y)\\ y=0\end{cases}$ 在 $(0,0,f(0,0))$ 处的切向量为 $\{1,0,3\}$

(D) 曲线 $\begin{cases}z=f(x,y)\\ y=0\end{cases}$ 在 $(0,0,f(0,0))$ 处的切向量为 $\{3,0,1\}$

2. 求下列极限：

(1) $\lim\limits_{(x,y)\to(2,1)}\frac{xy-x}{y^2-y+2xy-2x}$；　　(2) $\lim\limits_{(x,y)\to(0,0)}\frac{x^2+y^2}{\sqrt{1+x^2+y^2}-1}$；

(3) $\lim\limits_{\substack{x\to 0\\ y\to 0}}\frac{xy\mathrm{e}^x}{4-\sqrt{16+xy}}$；　　(4) $\lim\limits_{\substack{x\to 0\\ y\to 0}}\frac{x^3+xy^2}{x^2-xy+y^2}$；

(5) $\lim\limits_{\substack{x\to 0\\ y\to 0}}\frac{1-\cos(x^2+y^2)}{(x^2+y^2)x^2y^2}$；　　(6) $\lim\limits_{\substack{x\to\infty\\ y\to 1}}\left(1+\frac{2y}{x}\right)^{xy}$.

3. 试说明下列极限不存在：

(1) $\lim\limits_{(x,y)\to(0,0)}\dfrac{2x^2-y^2}{x^2+y^2}$；　　(2) $\lim\limits_{(x,y)\to(2,1)}\dfrac{xy-x-2y+2}{x^2+y^2-4x-2y+5}$；

(3) $\lim\limits_{(x,y)\to(1,0)}\dfrac{xy-y}{x^2+y^2-2x+1}$；　　(4) $\lim\limits_{(x,y)\to(0,0)}\dfrac{xy^2}{x^2+y^4}$.

4. 设函数 $f(x,y)=\begin{cases}\dfrac{x^3y-xy^3}{x^2+y^2},(x,y)\neq(0,0)\\0,(x,y)=(0,0)\end{cases}$，试证：$f_{xy}(0,0)\neq f_{yx}(0,0)$.

5. 试验证下列等式成立：

(1) $y=\mathrm{e}^{-kn^2t}\sin nx$ 满足 $\dfrac{\partial y}{\partial t}=k\dfrac{\partial^2 y}{\partial x^2}$；

(2) $r=\sqrt{x^2+y^2+z^2}$ 满足 $\dfrac{\partial^2 r}{\partial x^2}+\dfrac{\partial^2 r}{\partial y^2}+\dfrac{\partial^2 r}{\partial z^2}=\dfrac{2}{r}$.

6. 设函数 $f(x,y,z)=\begin{cases}\dfrac{xyz}{x^3+y^3+z^3},(x,y,z)\neq(0,0,0)\\0,(x,y,z)=(0,0,0)\end{cases}$，试证：

(1) f_x,f_y 与 f_z 在 $(0,0,0)$ 存在；　　(2) f 在 $(0,0,0)$ 不可微.

7. 求函数 $u=\mathrm{e}^{xyz}+xy+z^2$ 的全微分.

8. 设 $z=\dfrac{1}{x}f(xy)+y\varphi(x+y)$，$f,\varphi$ 具有二阶连续导数，则 $\dfrac{\partial^2 z}{\partial x\partial y}$.

9. 设 $z=f(\mathrm{e}^x\sin y,x^2+y^2)$，其中 f 具有二阶连续偏导数，求 $\dfrac{\partial^2 z}{\partial x\partial y}$.

10. 设 $z=f(xy,\dfrac{x}{y})+g(\dfrac{y}{x})$，其中 f,g 都具有二阶连续偏导数，求 $\dfrac{\partial^2 z}{\partial x\partial y}$.

11. 设函数 $F(x,y)=\int_0^{xy}\dfrac{\sin t}{1+t^2}\mathrm{d}t$，求 $\left.\dfrac{\partial^2 F}{\partial x^2}\right|_{\substack{x=0\\y=2}}$.

12. 求函数 $u=\ln(x+\sqrt{y^2+z^2})$ 在点 $A(1,0,1)$ 处沿点 A 指向点 $B(3,-2,2)$ 方向的方向导数.

13. 讨论 $f(x,y)=\begin{cases}x,y=0\\y,x=0\\\sqrt[4]{x^2+y^2}\ xy\neq0\end{cases}$ 在 $(0,0)$ 处的连续性、偏导数以及方向导数的存在性.

14. 设 $f(x,y)=\dfrac{y}{1+xy}-\dfrac{1-y\sin\dfrac{\pi x}{y}}{\arctan x}(x>0,y>0)$，求：

(1) $g(x)=\lim\limits_{y\to+\infty}f(x,y)$；　　(2) $\lim\limits_{x\to0^+}g(x)$.

15. 设变换 $\begin{cases}u=x-2y\\v=x+ay\end{cases}$ 把方程 $6\dfrac{\partial^2 z}{\partial x^2}+\dfrac{\partial^2 z}{\partial x\partial y}-\dfrac{\partial^2 z}{\partial y^2}=0$ 化简为 $\dfrac{\partial^2 z}{\partial u\partial v}=0$，求常数 a.

16. 求二元函数 $f(x,y)=x^2(2+y^2)+y\ln y$ 的极值.

17. 证明：

(1) 若 F_1,F_2 为闭集,则 $F_1\cap F_2$ 与 $F_1\cup F_2$ 都为闭集;

(2) 若 E_1,E_2 为开集,则 $E_1\cup E_2$ 与 $E_1\cap E_2$ 都为开集;

(3) 若 F 为闭集,E 为开集,$F\backslash E$ 则为闭集,$E\backslash F$ 为开集.

18. 证明:当且仅当存在各点互不相同的点列 $\{p_n\}\subseteq E$,$p_n\neq p_0$ 且 $\lim\limits_{n\to\infty}p_n=p_0$ 时,p_0 是 E 的聚点.

19. 设 $f(x,y)$ 定义在闭矩形域 $S=[a,b]\times[c,d]$. 若 f 对 y 在 $[c,d]$ 上处处连续,对 x 在 $[a,b]$(且关于 y)为一致收敛,证明 f 在 S 上处处连续.

20. 设 $f(x,y)$ 在 $[a,b]\times[c,d]$ 上连续,又有函数列 $\{\varphi_k(x)\}$ 在 $[a,b]$ 上一致收敛,且 $c\leqslant\varphi_k(x)\leqslant d(x\in[a,b],k=1,2,\cdots)$. 试证:$\{F_k(x,y)\}=\{f(x,\varphi_k(x))\}$ 在 $[a,b]$ 上也一致收敛.

习题解析

1. (1) 应选(B). 由于函数 $f(x,y)$ 在点 (x_0,y_0) 处的 $f'_x(x_0,y_0)$ 存在,所以作为一元函数 $f(x,y_0)$ 在 $x=x_0$ 处必连续,从而 $\lim\limits_{x\to x_0}f(x,y_0)$ 存在. 类似地,$\lim\limits_{y\to y_0}f(x_0,y)$ 也存在.

(2) 应选(B). 由于 $\lim\limits_{\substack{x\to0\\y\to0}}\dfrac{f(x,y)-(x^2+y^2)}{\sqrt{x^2+y^2}}=\lim\limits_{\substack{x\to0\\y\to0}}\left[\dfrac{f(x,y)}{\sqrt{x^2+y^2}}-\sqrt{x^2+y^2}\right]=1$,所以 $\lim\limits_{\substack{x\to0\\y\to0}}\dfrac{f(x,y)}{\sqrt{x^2+y^2}}=1$. 取 $f(x,y)=\sqrt{x^2+y^2}$,显然 $f(x,y)$ 符合题设条件. 而 $f(x,y)$ 在点 $(0,0)$ 处连续,但是偏导数不存在.

(3) 应选(C). 由于 $0\leqslant\left|\dfrac{x^2y}{x^2+y^2}\right|\leqslant\dfrac{|x^2y|}{|2xy|}=\dfrac{1}{2}|x|$,且 $\lim\limits_{\substack{x\to0\\y\to0}}\dfrac{1}{2}|x|=0$,根据迫敛性可得 $\lim\limits_{\substack{x\to0\\y\to0}}f(x,y)=\lim\limits_{\substack{x\to0\\y\to0}}\dfrac{x^2y}{x^2+y^2}=0$,进而 $\lim\limits_{\substack{x\to0\\y\to0}}f(x,y)=f(0,0)$,所以函数 $f(x,y)$ 在 $(0,0)$ 处连续. 又

$$f'_x(0,0)=\lim_{\Delta x\to0}\frac{f(0+\Delta x,0)-f(0,0)}{\Delta x}=\lim_{\Delta x\to0}\frac{0-0}{\Delta x}=0$$

$$f'_y(0,0)=\lim_{\Delta y\to0}\frac{f(0,0+\Delta y)-f(0,0)}{\Delta y}=\lim_{\Delta y\to0}\frac{0-0}{\Delta y}=0$$

所以 $f(x,y)$ 在 $(0,0)$ 处的两个偏导数存在,且 $f_x(0,0)=0,f_y(0,0)=0$. 但

$$\begin{aligned}&\lim_{\rho\to0^+}\frac{\Delta z-[f_x(0,0)\Delta x+f_y(0,0)\Delta y]}{\rho}\\=&\lim_{\rho\to0^+}\frac{[f(\Delta x,\Delta y)-f(0,0)]-[f_x(0,0)\Delta x+f_y(0,0)\Delta y]}{\rho}\\=&\lim_{\substack{\Delta x\to0\\\Delta y\to0}}\frac{(\Delta x)^2\Delta y}{[(\Delta x)^2+(\Delta y)^2]^{\frac{3}{2}}}\end{aligned}$$

而当 $\Delta y=\Delta x$ 时,$\lim\limits_{\substack{\Delta x\to0\\\Delta y\to0}}\dfrac{(\Delta x)^2\Delta y}{[(\Delta x)^2+(\Delta y)^2]^{\frac{3}{2}}}=\lim\limits_{\Delta x\to0}\dfrac{(\Delta x)^2\Delta x}{[(\Delta x)^2+(\Delta x)^2]^{\frac{3}{2}}}=\dfrac{1}{2\sqrt{2}}\lim\limits_{\Delta x\to0}\dfrac{(\Delta x)^3}{|\Delta x|^3}$.

此极限不存在，这说明 $\Delta z-[f_x(0,0)\Delta x+f_y(0,0)\Delta y]$ 不是 $\rho\to 0$ 时关于 ρ 的高阶无穷小，于是函数 $f(x,y)$ 在$(0,0)$ 处不可微. 故而应选(C).

注：此例说明，即使函数 $f(x,y)$ 在点(x_0,y_0) 处连续，且两个偏导数存在，也不能推知 $f(x,y)$ 在点(x_0,y_0) 处可微.

(4) 应选(C). 首先，$\lim\limits_{\substack{x\to 0\\ y\to 0}} f(x,y)=\lim\limits_{\substack{x\to 0\\ y\to 0}}\sqrt[3]{x^2y}=0=f(0,0)$，即函数 $f(x,y)$ 在点$(0,0)$ 处连续.

其次，$f(x,0)=f(0,y)\equiv 0$，从而在点$(0,0)$ 处 $f'_x(0,0)=\left.\dfrac{\mathrm{d}f(x,0)}{\mathrm{d}x}\right|_{x=0}=0$，$f'_y(0,0)=\left.\dfrac{\mathrm{d}f(y,0)}{\mathrm{d}y}\right|_{y=0}=0$，故函数 $f(x,y)$ 在点$(0,0)$ 处的两个偏导数都存在.

最后，$\Delta z-[f'_x(0,0)\Delta x+f'_y(0,0)\Delta y]=\sqrt[3]{(\Delta x)^2\Delta y}$，当取 $\Delta y=\Delta x$ 时，$\lim\limits_{\Delta x\to 0^+}\dfrac{\sqrt[3]{(\Delta x)^2\Delta y}}{\Delta x}=\lim\limits_{\Delta x\to 0^+}\dfrac{\Delta x}{\Delta x}=1$，故而$\lim\limits_{\rho\to 0}\dfrac{\sqrt[3]{(\Delta x)^2\Delta y}}{\rho}\neq 0$，即 $\Delta z-[f'_x(0,0)\Delta x+f'_y(0,0)\Delta y]=\sqrt[3]{(\Delta x)^2\Delta y}$ 并不是 $\rho\to 0$ 时比 ρ 高阶的无穷小，因此函数 $f(x,y)$ 在点$(0,0)$ 处不可微.

(5) 应选(B). 给等式 $u(x,2x)=x$ 两边对 x 求导得 $u'_1(x,2x)+2u'_2(x,2x)=1$，两端再对 x 求导，得 $u''_{11}(x,2x)+2u''_{12}(x,2x)+2u''_{21}(x,2x)+4u''_{22}(x,2x)=0$.

再给等式 $u'_x(x,2x)=x^2$ 两边对 x 求导得 $u''_{11}(x,2x)+2u''_{12}(x,2x)=2x$.

又由已知条件可得 $u''_{11}(x,2x)=u''_{22}(x,2x)$，$u''_{12}(x,2x)=u''_{21}(x,2x)$，从而 $u''_{11}(x,2x)=-\dfrac{4x}{3}$，即 $u''_{xx}(x,2x)=-\dfrac{4x}{3}$.

(6) 应选(C).

解法 1：由$\dfrac{\partial^2 z}{\partial y^2}=2$，得$\dfrac{\partial z}{\partial y}=\displaystyle\int\frac{\partial^2 z}{\partial y^2}\mathrm{d}y=\int 2\mathrm{d}y=2y+\varphi(x)$. 再由题设条件 $f'_y(x,1)=x+1$ 可得 $x+1=2+\varphi(x)$，即 $\varphi(x)=x-1$，进而$\dfrac{\partial z}{\partial y}=2y+x-1$，于是

$$z=\int\frac{\partial z}{\partial y}\mathrm{d}y=\int(2y+x-1)\mathrm{d}y=y^2+y(x-1)+\psi(x)$$

注意到 $f(x,1)=x+2$，因而 $x+2=1+(x-1)+\psi(x)$，即 $\psi(x)=2$. 因此 $z=y^2+y(x-1)+2$.

解法 2：容易验证，只有选项(C) 中的函数满足题设的三个条件$\dfrac{\partial^2 z}{\partial y^2}=2$，$f(x,1)=x+2$，$f'_y(x,1)=x+1$. 故应选(C).

(7) 应选(C). 由全微分的定义可得，$\dfrac{\partial u}{\partial x}=axy^3+\cos(x+2y)$，$\dfrac{\partial u}{\partial y}=3x^2y^2+b\cos(x+2y)$，再分别对 y,x 求偏导数，得

$$\frac{\partial^2 u}{\partial x\partial y}=3axy^2-2\sin(x+2y),\ \frac{\partial^2 u}{\partial y\partial x}=6xy^2-b\sin(x+2y)$$

显然$\dfrac{\partial^2 u}{\partial x\partial y}$，$\dfrac{\partial^2 u}{\partial y\partial x}$ 连续，所以$\dfrac{\partial^2 u}{\partial x\partial y}=\dfrac{\partial^2 u}{\partial y\partial x}$，即 $3axy^2-2\sin(x+2y)=6xy^2-b\sin(x+2y)$.

故得 $a=2,b=2$.

(8) 应选(D).

解法 1:由于 $\lim\limits_{\substack{x\to 0,\\ y\to 0}} \dfrac{f(x,y)}{\sin(x^2+y^2)}=-1$,由极限的保号性知,存在点(0,0) 的某个去心邻域,在该去心邻域内 $\dfrac{f(x,y)}{\sin(x^2+y^2)}<0$,而在该去心邻域内 $\sin(x^2+y^2)>0$,则 $f(x,y)<0$.

再由 $\lim\limits_{\substack{x\to 0,\\ y\to 0}} \dfrac{f(x,y)}{\sin(x^2+y^2)}=-1$ 及 $z=f(x,y)$ 在点(0,0) 连续性,可知 $f(0,0)=0$.

由极值的定义,$f(x,y)$ 在点(0,0) 处取得极大值.

解法 2:取 $f(x,y)=-(x^2+y^2)$,显然满足题设条件,且 $f(x,y)$ 点(0,0) 处取得极大值.

(9) 应选(A). 设 $F(x,y,z)=x^2+\cos(xy)+yz+x$,则在点(0,1,-1) 处

$$\boldsymbol{n}=(F'_x,F'_y,F'_z)\mid_{(0,1,-1)}=(1,-1,1)$$

从而切平面方程为 $(x-0)-(y-1)+(z+1)=0$,即 $x-y+z=-2$.

(10) 应选(C). 由于 $f(x,y)$ 在点(0,0) 处偏导存在,未必有 $f(x,y)$ 在点(0,0) 处可微,故(A) 不对. 曲面 $z=f(x,y)$ 在 $(0,0,f(0,0))$ 处的法向量为 $\{3,1,-1\}$,故(B) 不对. 曲线 $\begin{cases} z=f(x,y) \\ y=0 \end{cases}$,在 $(0,0,f(0,0))$ 处的切向量为 $\left\{ \begin{vmatrix} f_y & -1 \\ 1 & 0 \end{vmatrix}, \begin{vmatrix} -1 & f_x \\ 0 & 0 \end{vmatrix}, \begin{vmatrix} f_x & f_y \\ 0 & 1 \end{vmatrix} \right\}$,即 $\{1,0,3\}$,故选(C).

2. (1) $\lim\limits_{(x,y)\to(2,1)} \dfrac{xy-x}{y^2-y+2xy-2x}=\lim\limits_{(x,y)\to(2,1)} \dfrac{x(y-1)}{(y-1)(y+2x)}=\dfrac{2}{5}$.

(2) $\lim\limits_{(x,y)\to(0,0)} \dfrac{x^2+y^2}{\sqrt{1+x^2+y^2}-1}=\lim\limits_{(x,y)\to(0,0)} \dfrac{(x^2+y^2)(\sqrt{1+x^2+y^2}+1)}{(\sqrt{1+x^2+y^2}-1)(\sqrt{1+x^2+y^2}+1)}=2$

(3) 由于分母中含有根号,故将分母有理化,得

$$\lim_{\substack{x\to 0\\ y\to 0}} \frac{xy\mathrm{e}^x}{4-\sqrt{16+xy}}=\lim_{\substack{x\to 0\\ y\to 0}} \frac{xy\mathrm{e}^x(4+\sqrt{16+xy})}{-xy}=-8$$

(4) 因为

$$|x^2-xy+y^2|\geqslant x^2+y^2-|xy|\geqslant \frac{1}{2}(x^2+y^2)$$

所以 $0\leqslant \left|\dfrac{x^3+xy^2}{x^2-xy+y^2}\right|\leqslant 2|x|$,而 $\lim\limits_{\substack{x\to 0\\ y\to 0}} 2|x|=0$,由迫敛性得 $\lim\limits_{\substack{x\to 0\\ y\to 0}} \dfrac{x^3+xy^2}{x^2-xy+y^2}=0$.

(5) 利用等价无穷小代换,注意到 $\sin\dfrac{x^2+y^2}{2}\sim\dfrac{x^2+y^2}{2}\left(\dfrac{x^2+y^2}{2}\to 0\right)$,于是

$$\lim_{\substack{x\to 0\\ y\to 0}} \frac{1-\cos(x^2+y^2)}{(x^2+y^2)x^2y^2}=\lim_{\substack{x\to 0\\ y\to 0}} \frac{2\sin^2\left(\frac{x^2+y^2}{2}\right)}{(x^2+y^2)x^2y^2}=\lim_{\substack{x\to 0\\ y\to 0}} \frac{2\left(\frac{x^2+y^2}{2}\right)^2}{(x^2+y^2)x^2y^2}$$

$$=\frac{1}{2}\lim_{\substack{x\to 0\\ y\to 0}} \frac{x^2+y^2}{x^2y^2}=\frac{1}{2}\lim_{\substack{x\to 0\\ y\to 0}} \left[\frac{1}{y^2}+\frac{1}{x^2}\right]=\infty$$

(6) 由于$\lim\limits_{\substack{x\to\infty\\y\to1}}\frac{2y}{x}=0,\lim\limits_{\substack{x\to\infty\\y\to1}}xy=\infty$,且$\lim\limits_{\substack{x\to\infty\\y\to1}}\frac{2y}{x}\cdot xy=\lim\limits_{\substack{x\to\infty\\y\to1}}2y^2=2$,所以

$$\lim_{\substack{x\to\infty\\y\to1}}\left(1+\frac{2y}{x}\right)^{xy}=\lim_{\substack{x\to\infty\\y\to1}}\left[\left(1+\frac{2y}{x}\right)^{\frac{x}{2y}}\right]^{2y^2}=\mathrm{e}^2$$

注:关于一元函数中极限的运算法则、极限存在准则、两个重要极限以及有关极限的局部性质(局部保号性、局部有界性等)等都可推广到多元函数中来,尤其是极限的运算方法,完全类似于一元函数.

3.(1) 取 $x=my$,则 $\lim\limits_{(my,y)\to(0,0)}\frac{2x^2-y^2}{x^2+y^2}=\frac{2m^2-1}{m^2+1}$,对于不同的 m,所得的极限不同,因此极限不存在.

(2) 令 $y-1=\varepsilon,x-2=\eta$,则

$$\lim_{(x,y)\to(2,1)}\frac{xy-x-2y+2}{x^2+y^2-4x-2y+5}=\lim_{(x,y)\to(2,1)}\frac{(x-2)(y-1)}{(x-2)^2+(y-1)^2}$$

$$=\lim_{(\varepsilon,\eta)\to(0,0)}\frac{\varepsilon\eta}{\varepsilon^2+\eta^2}$$

令 $\varepsilon=m\eta$,则 $\lim\limits_{\substack{(\varepsilon,\eta)\to(0,0)\\\varepsilon=m\eta}}\frac{\varepsilon\eta}{\varepsilon^2+\eta^2}=\frac{m}{1+m^2}$,因此极限不存在.

(3) 令 $\varepsilon=x-1,\eta=y$,则 $\lim\limits_{(x,y)\to(1,0)}\frac{xy-y}{x^2+y^2-2x+1}=\lim\limits_{(\varepsilon,\eta)\to(0,0)}\frac{\varepsilon\eta}{\varepsilon^2+\eta^2}$,由(2)的结论知,极限不存在.

(4) 取抛物线 $x=ky^2$,则 $\lim\limits_{\substack{y\to0\\x=ky^2}}f(x,y)=\lim\limits_{y\to0}\frac{ky^4}{k^2y^4+y^4}=\frac{k}{k^2+1}$,即$(x,y)$沿抛物线 $x=ky^2$ 趋于$(0,0)$时,$f(x,y)$的极限随着 k 的变化而变化,故$\lim\limits_{\substack{x\to0\\y\to0}}f(x,y)$不存在.

4.
$$f_{xy}(0,0)=\lim_{y\to0}\frac{f_x(0,y)-f_x(0,0)}{y-0}=\lim_{y\to0}\frac{-y-0}{y-0}=-1$$

$$f_{yx}(0,0)=\lim_{x\to0}\frac{f_y(x,0)-f_y(0,0)}{x-0}=\lim_{x\to0}\frac{x}{x}=1$$

所以 $f_{xy}(0,0)\neq f_{yx}(0,0)$.

5.(1) $\frac{\partial y}{\partial t}=\mathrm{e}^{-kn^2t}\cdot\sin nx\cdot(-kn^2)=-kn^2\mathrm{e}^{-kn^2t}\cdot\sin nx$,$\frac{\partial y}{\partial x}=n\mathrm{e}^{-kn^2t}\cos nx$,$\frac{\partial^2y}{\partial x^2}=-n^2\mathrm{e}^{-kn^2t}\sin nx$,$k\frac{\partial^2y}{\partial x^2}=-kn^2\mathrm{e}^{-kn^2t}\sin nx$,显然$\frac{\partial y}{\partial t}=k\frac{\partial^2y}{\partial x^2}$.

(2) $\frac{\partial r}{\partial x}=\frac{x}{\sqrt{x^2+y^2+z^2}}=\frac{x}{r}$,$\frac{\partial^2r}{\partial x^2}=\frac{r-x\frac{\partial r}{\partial x}}{r^2}=\frac{r-\frac{x^2}{r}}{r^2}=\frac{r^2-x^2}{r^3}$,由对称性,易得

$$\frac{\partial^2r}{\partial y^2}=\frac{r^2-y^2}{r^3},\frac{\partial^2r}{\partial z^2}=\frac{r^2-z^2}{r^3}$$

因此

$$\frac{\partial^2r}{\partial x^2}+\frac{\partial^2r}{\partial y^2}+\frac{\partial^2r}{\partial z^2}=\frac{3r^2-x^2-y^2-z^2}{r^3}=\frac{2r^2}{r^3}=\frac{2}{r}$$

所以 $r=\sqrt{x^2+y^2+z^2}$ 满足$\frac{\partial^2 r}{\partial x^2}+\frac{\partial^2 r}{\partial y^2}+\frac{\partial^2 r}{\partial z^2}=\frac{2}{r}$.

6. (1) $f_x(0,0,0)=\lim\limits_{x\to 0}\frac{f(x,0,0)-f(0,0,0)}{x}=0$，由对称性，即得 $f_y(0,0,0)=f_z(0,0,0)=0$.

(2) 令 $y=mx, z=mx$，则 $\lim\limits_{\substack{x\to 0\\ y=mx,z=mx}} f(x,y,z)=\frac{m^2}{1+2m^3}$.

那么对于不同的 m，有不同的值，所以 $f(x,y,z)$ 在 $(0,0,0)$ 不连续，因此在 $(0,0,0)$ 不可微.

7. $\frac{\partial u}{\partial x}=yz\mathrm{e}^{xyz}+y$，$\frac{\partial u}{\partial y}=xz\mathrm{e}^{xyz}+x$，$\frac{\partial u}{\partial z}=xy\mathrm{e}^{xyz}+2z$，显然$\frac{\partial u}{\partial x}$，$\frac{\partial u}{\partial y}$，$\frac{\partial u}{\partial z}$ 连续，则函数 $u=\mathrm{e}^{xyz}+xy+z^2$ 可微，且有

$$\mathrm{d}u=(yz\mathrm{e}^{xyz}+y)\mathrm{d}x+(xz\mathrm{e}^{xyz}+x)\mathrm{d}y+(xy\mathrm{e}^{xyz}+2z)\mathrm{d}z$$

8. $\frac{\partial z}{\partial y}=\frac{1}{x}f'(xy)x+\varphi(x+y)+y\varphi'(x+y)=f'(xy)+\varphi(x+y)+y\varphi'(x+y)$

$$\frac{\partial^2 z}{\partial x\partial y}=\frac{\partial^2 z}{\partial y\partial x}=yf''(xy)+\varphi'(x+y)+y\varphi''(x+y)$$

9.
$$\frac{\partial z}{\partial x}=\mathrm{e}^x\sin y\cdot f'_1+2xf'_2$$

$$\begin{aligned}\frac{\partial^2 z}{\partial x\partial y}&=\mathrm{e}^x\cos y\cdot f'_1+\mathrm{e}^x\sin y(\mathrm{e}^x\cos y\cdot f''_{11}+2yf''_{12})+2x(\mathrm{e}^x\cos y\cdot f''_{21}+2yf''_{22})\\&=\mathrm{e}^{2x}\sin y\cos y\cdot f''_{11}+2\mathrm{e}^x(y\sin y+x\cos y)f''_{12}+4xyf''_{22}+\mathrm{e}^x\cos y\cdot f'_1\end{aligned}$$

10.
$$\frac{\partial z}{\partial x}=yf'_1+\frac{1}{y}f'_2-\frac{y}{x^2}g'$$

$$\begin{aligned}\frac{\partial^2 z}{\partial x\partial y}&=f'_1+y\left(xf''_{11}-\frac{x}{y^2}f''_{12}\right)-\frac{1}{y^2}f'_2+\frac{1}{y}\left(xf''_{21}-\frac{x}{y^2}f''_{22}\right)-\frac{1}{x^2}g'-\frac{y}{x^3}g''\\&=f'_1-\frac{1}{y^2}f'_2+yxf''_{11}-\frac{x}{y^3}f''_{22}-\frac{1}{x^2}g'-\frac{y}{x^3}g''\end{aligned}$$

11. 因为 $F(x,y)=\int_0^{xy}\frac{\sin t}{1+t^2}\mathrm{d}t$，所以

$$\frac{\partial F}{\partial x}=y\frac{\sin xy}{1+x^2y^2}, \frac{\partial^2 F}{\partial x^2}=y\frac{y\cos xy\cdot(1+x^2y^2)-2xy^2\sin xy}{(1+x^2y^2)^2}$$

故$\left.\frac{\partial^2 F}{\partial x^2}\right|_{\substack{x=0\\y=2}}=4$.

12. 由已知条件 $\boldsymbol{l}=\frac{\overrightarrow{AB}}{|\overrightarrow{AB}|}=\frac{1}{3}\{2,-2,1\}=\left\{\frac{2}{3},-\frac{2}{3},\frac{1}{3}\right\}$，

$$\mathrm{grad}\ u\,|_A=\frac{1}{x+\sqrt{y^2+z^2}}\left\{1,\frac{y}{\sqrt{y^2+z^2}},\frac{z}{\sqrt{y^2+z^2}}\right\}\Bigg|_A=\left\{\frac{1}{2},0,\frac{1}{2}\right\}$$

从而方向导数$\left.\frac{\partial u}{\partial \boldsymbol{l}}\right|_A=\boldsymbol{l}\cdot\mathrm{grad}\ u\,|_A=\left\{\frac{2}{3},-\frac{2}{3},\frac{1}{3}\right\}\cdot\left\{\frac{1}{2},0,\frac{1}{2}\right\}=\frac{2}{3}\times\frac{1}{2}+\left(-\frac{2}{3}\right)\times 0+\frac{1}{3}\times\frac{1}{2}=\frac{1}{2}$.

13. 显然$\lim\limits_{\substack{x\to 0\\ y\to 0}} f(x,y)=f(0,0)=0$,即函数 $f(x,y)$ 在点$(0,0)$ 处连续. 另外

$$\left.\frac{\partial f}{\partial x}\right|_{(0,0)}=\lim_{x\to 0}\frac{f(x,0)-f(0,0)}{x}=\lim_{x\to 0}\frac{x}{x}=1$$

$$\left.\frac{\partial f}{\partial y}\right|_{(0,0)}=\lim_{y\to 0}\frac{f(0,y)-f(0,0)}{y}=\lim_{y\to 0}\frac{y}{y}=1$$

从而函数 $f(x,y)$ 在点$(0,0)$ 处的一阶偏导数存在. 但是

$$\lim_{t\to 0^+}\frac{f(t\cos\theta,t\sin\theta)-f(0,0)}{t}=\lim_{t\to 0^+}\frac{\sqrt{t}}{t}=\infty$$

其中 $\boldsymbol{l}=\{\cos\theta,\sin\theta\}$,且 $\sin\theta\cos\theta\neq 0$. 这说明 $f(x,y)$ 在点$(0,0)$ 处沿任何一个方向 $\boldsymbol{l}$(除坐标轴方向外) 的方向导数都不存在.

14. (1)

$$g(x)=\lim_{y\to+\infty}f(x,y)=\lim_{y\to+\infty}\left(\frac{y}{1+xy}-\frac{1-y\sin\dfrac{\pi x}{y}}{\arctan x}\right)$$

$$=\lim_{y\to+\infty}\frac{y}{1+xy}-\lim_{y\to+\infty}\frac{1-y\sin\dfrac{\pi x}{y}}{\arctan x}=\frac{1}{x}-\frac{1-\pi x}{\arctan x}$$

(2)

$$\lim_{x\to 0^+}g(x)=\lim_{x\to 0^+}\left(\frac{1}{x}-\frac{1-\pi x}{\arctan x}\right)=\lim_{x\to 0^+}\frac{\arctan x-x+\pi x^2}{x\arctan x}$$

$$=\lim_{x\to 0^+}\frac{\dfrac{1}{1+x^2}-1+2\pi x}{2x}=\lim_{x\to 0^+}\frac{\dfrac{-x}{1+x^2}+2\pi}{2}=\pi$$

15. 根据已知条件,可得

$$\frac{\partial z}{\partial x}=\frac{\partial z}{\partial u}\cdot\frac{\partial u}{\partial x}+\frac{\partial z}{\partial v}\cdot\frac{\partial v}{\partial x}=\frac{\partial z}{\partial u}+\frac{\partial z}{\partial v},\frac{\partial z}{\partial y}=\frac{\partial z}{\partial u}\cdot\frac{\partial u}{\partial y}+\frac{\partial z}{\partial v}\cdot\frac{\partial v}{\partial y}=-2\frac{\partial z}{\partial u}+a\frac{\partial z}{\partial v}$$

$$\frac{\partial^2 z}{\partial x^2}=\frac{\partial}{\partial x}\left(\frac{\partial z}{\partial x}\right)=\frac{\partial}{\partial x}\left(\frac{\partial z}{\partial u}+\frac{\partial z}{\partial v}\right)=\frac{\partial^2 z}{\partial u^2}+2\frac{\partial^2 z}{\partial u\partial v}+\frac{\partial^2 z}{\partial v^2}$$

$$\frac{\partial^2 z}{\partial x\partial y}=\frac{\partial}{\partial y}\left(\frac{\partial z}{\partial x}\right)=\frac{\partial}{\partial y}\left(\frac{\partial z}{\partial u}+\frac{\partial z}{\partial v}\right)=-2\frac{\partial^2 z}{\partial u^2}+(a-2)\frac{\partial^2 z}{\partial u\partial v}+a\frac{\partial^2 z}{\partial v^2}$$

$$\frac{\partial^2 z}{\partial y^2}=4\frac{\partial^2 z}{\partial u^2}-4a\frac{\partial^2 z}{\partial u\partial v}+a^2\frac{\partial^2 z}{\partial v^2}$$

将上述结果代入 $6\dfrac{\partial^2 z}{\partial x^2}+\dfrac{\partial^2 z}{\partial x\partial y}-\dfrac{\partial^2 z}{\partial y^2}=0$,化简方程得

$$(10+5a)\frac{\partial^2 z}{\partial u\partial v}+(6+a-a^2)\frac{\partial^2 z}{\partial v^2}=0$$

依题意知 a 应满足$(10+5a)\neq 0$,且$(6+a-a^2)=0$,解得 $a_1=3,a_2=-2$(舍)(因为当 $a=-2$ 时,$(10+5a)=0$),故 $a=3$.

16. 由已知$\begin{cases}f_x(x,y)=2x(2+y^2)\\ f_y(x,y)=2x^2y+\ln y+1\end{cases}$,令 $f_x(x,y)=0,f_y(x,y)=0$,则可解得唯一驻点$(0,\dfrac{1}{\mathrm{e}})$. 又因为 $f_{xx}=2(2+y^2),f_{xy}=4xy,f_{yy}=2x^2+\dfrac{1}{y}$. 所以

$$A=f_{xx}(0,\frac{1}{\mathrm{e}})=2(2+\frac{1}{\mathrm{e}^2}),B=f_{xy}(0,\frac{1}{\mathrm{e}})=0,C=f_{yy}(0,\frac{1}{\mathrm{e}})=\mathrm{e}$$

进而 $B^2-AC=-2e(2+\frac{1}{e^2})<0$,且 $A>0$,从而 $f(0,\frac{1}{e})=-\frac{1}{e}$ 为 $f(x,y)$ 的极小值.

17.(1) 这里只证 $F_1\cup F_2$ 为闭集.设 p 为 $F_1\cup F_2$ 的任一聚点,则存在各项互不相同的点列 $\{p_k\}\subseteq F_1\cup F_2$,$\lim\limits_{k\to\infty}p_k=p$.由于 F_1 和 F_2 中至少有一个集合含有 $\{p_k\}$ 中的无限多项,故不妨设 F_1 含有这无限多项 $\{p_{k_j}\}$.又因 $\{p_k\}$ 收敛,所以 $\{p_{k_j}\}$ 也收敛,且有共同极限点 p,从而 p 也是 F_1 的一个聚点.再由 F_1 为闭集,于是证得 $p\in F_1\subseteq F_1\cup F_2$,即 $F_1\cup F_2$ 亦为闭集.

(2) 这里只证 $E_1\cap E_2$ 为开集.

设 $p\in E_1\cap E_2$,则 $p\in E_1$,且 $p\in E_2$.由开集定义,p 是 E_1 的内点,又是 E_2 的内点,于是分别存在 $\delta_1>0,\delta_2>0$,使得 $U(P;\delta_1)\subseteq E_1,U(P;\delta_2)\subseteq E_2$.

取 $\delta=\min(\delta_1,\delta_2)$,则 $U(p;\delta)\subseteq E_1\cap E_2$,这说明点 p 是 $E_1\cap E_2$ 的内点,故 $E_1\cap E_2$ 为开集.

注:这里可以利用对偶关系来证明.由于 $(E_1\cap E_2)^c=E_1^c\cup E_2^c$,而 E_1^c,E_2^c 均为闭集,由(1)已证得 $E_1^c\cup E_2^c$ 必为闭集,再利用对偶性,便知 $E_1\cap E_2$ 必为开集.

(3) 这里只证 $E\backslash F$ 为开集.$\forall p\in E\backslash F$,则 $p\in E,p\notin F$.由此知道 p 为 E 的内点,又是 F 的外点,于是分别存在 $\delta_1>0$ 和 $\delta_2>0$,使 $U(p;\delta_1)\subseteq E,U(p;\delta_2)\cap F=\varnothing$.

取 $\delta=\min(\delta_1,\delta_2)$,则 $U(p;\delta)\subseteq E\backslash F$,这说明点 p 是 $E\backslash F$ 的内点,这也就证得 $E\backslash F$ 为开集.

其余 $F_1\cap F_2$ 与 $F\backslash E$ 为闭集,$E_1\cup E_2$ 为开集的证明,都可类似地进行.

18.当存在各点互不相同的点列 $\{p_n\}\subseteq E,p_n\neq p_0$ 且 $\lim\limits_{n\to\infty}p_n=p_0$ 时,容易知道:$\forall\varepsilon>0$,在 $U^\circ(p_0;\varepsilon)$ 中含有 E 的无穷多个点,所以 p_0 是 E 的一个聚点.

反之,设 p_0 是 E 的一个聚点,则 $\forall\varepsilon>0,\exists p\in U^\circ(p_0;\varepsilon)\cap E$.

令 $\varepsilon_1=1,\exists p_1\in U^\circ(p_0;\varepsilon_1)\cap E$;

令 $\varepsilon_2=\min\{\frac{1}{2},d(p_1,p_0)\},\exists p_2\in U^\circ(p_0;\varepsilon_2)\cap E$,且显然 $p_2\neq p_1$;

……

令 $\varepsilon_n=\min\{\frac{1}{n},d(p_{n-1},p_0)\},\exists p_n\in U^\circ(p_0;\varepsilon_n)\cap E$,且 p_n 与 $p_1,\cdots,p_{n-1}$ 互异.

无限地重复以上步骤,得到各项互异的点列 $\{p_n\}\subseteq E,p_n\neq p_0$,且由

$$d(p_n,p_0)<\varepsilon_n\leqslant\frac{1}{n}(n=1,2,\cdots)$$

易见 $\lim\limits_{n\to\infty}p_n=p_0$.

19.$\forall(x_0,y_0)\in S$,欲证 f 在 (x_0,y_0) 连续.首先,由 (x_0,y) 关于 y 连续,故 $\forall\varepsilon>0$,$\exists\delta_1>0$,当 $|y-y_0|<\delta_1$ 时,$|f(x_0,y)-f(x_0,y_0)|<\frac{\varepsilon}{2}$.

又因 f 对 x 在 $[a,b]$(且关于 y)为一致收敛,故 $\exists\delta_2>0$,当 $|x-x_0|<\delta_2,|y-y_0|<\delta_1$ 时,有 $|f(x,y)-f(x_0,y)|<\frac{\varepsilon}{2}$.令 $\delta=\min(\delta_1,\delta_2)$,当 $|x-x_0|<\delta,|y-y_0|<\delta$ 时,有 $|f(x,y)-f(x_0,y_0)|\leqslant|f(x,y)-f(x_0,y)|+|f(x_0,y)-f(x_0,y_0)|<\varepsilon$.

即 $\lim\limits_{(x,y)\to(x_0,y_0)}=f(x_0,y_0)$.

20. f 在$[a,b]\times[c,d]$上连续,从而一致收敛,则对 $\forall\varepsilon>0$,$\exists\delta>0$,当$x\in[a,b]$,$y_1,y_2\in[c,d]$,且$|y_1-y_2|<\delta$时,总有$|f(x,y_1)-f(x,y_2)|<\varepsilon$.又因$\{\varphi_k(x)\}$在$[a,b]$上一致收敛,故对上述$\delta>0$,$\exists N>0$,当$n,m>N$时,对一切$x\in[a,b]$,有$|\varphi_n(x)-\varphi_m(x)|<\delta$,从而$|F_n(x,y)-F_m(x,y)|=|f(x,\varphi_n(x))-f(x,\varphi_m(x))|<\varepsilon$.

这表明$\{F_k(x,y)\}=\{f(x,\varphi_k(x)\}$在$[a,b]$上也一致收敛.

第15讲

重积分

背景简介

解决许多几何问题(如曲边梯形的面积)、物理问题(如变力做功)以及其他实际问题(如转动惯量),不仅需要一元函数的积分,还需要多元函数的积分.一元函数积分的积分域相对简约,是实数轴上的区间.而多元函数由多个自变量决定,其天生基因组成错综复杂,积分域的形状也婀娜多变.

盘根错节的被积函数,匹配形式多样的积分区域,使得很多初学者心有余悸,诚惶诚恐.尽管多元函数的积分家族(包括重积分、线面积分)看似繁杂,且计算量相对较大,但定义的思路与定积分异曲同工,沿着积分四部曲(分割、近似、求和、取极限)顺流而下,不难得到多元函数积分的定义.

本讲从数学和物理意义较明确的重积分入手,主要给出二元函数在平面有界区域上二重积分,以及三元函数在空间有界区域上三重积分的计算方法.读者在学习时,要掌握重积分的基本计算方法,并熟练运用对称性和换元积分法计算重积分.

内容聚焦

第1节　二重积分的概念与性质

一、二重定积分的概念

设 $f(x,y)$ 是有界闭区域 D 上的函数.将闭区域 D 任意分割成 n 个小闭区域 $\Delta\sigma_1$,$\Delta\sigma_2$,…,$\Delta\sigma_n$,其中 $\Delta\sigma_i$ 表示第 i 个小闭区域,也表示它的面积.在 $\Delta\sigma_i$ 上任取一点 (ξ_i,η_i),作积 $f(\xi_i,\eta_i)\Delta\sigma_i(i=1,2,\cdots,n)$,并求和 $\sum\limits_{i=1}^{n}f(\xi_i,\eta_i)\Delta\sigma_i$.

如果当各小闭区域的直径中的最大值 λ(λ 也称为分割的细度)趋于零时,和的极限总存在,则称此极限为函数 $f(x,y)$ 在闭区域 D 上的二重积分,记作 $\iint\limits_D f(x,y)\mathrm{d}\sigma$,即 $\iint\limits_D f(x,$

$y)\mathrm{d}\sigma=\lim\limits_{\lambda\to 0}\sum\limits_{i=1}^{n}f(\xi_i,\eta_i)\Delta\sigma_i$，其中 D 称为积分区域，$f(x,y)$ 称为被积函数，x 与 y 称为积分变量，$f(x,y)\mathrm{d}\sigma$ 称为被积表达式，$\mathrm{d}\sigma$ 称为面积元素，$\sum\limits_{i=1}^{n}f(\xi_i,\eta_i)\Delta\sigma_i$ 称为积分和.

注 1 二重积分是一个数，该数与 D 的分割及 $P_i(\xi_i,\eta_i)$ 的选取无关；

注 2 二重积分仅与 $f(x,y)$ 和 D 有关，与积分变量选取什么字母表示无关.

几何意义 如果 $f(x,y)$ 在区域 D 上非负连续，则二重积分 $\iint\limits_D f(x,y)\mathrm{d}\sigma$ 在几何上表示以区域 D 为底，曲面 $z=f(x,y)$ 为曲顶，以 D 的边界曲线为准线、母线平行 Oz 的柱面为侧面空间曲顶柱体的体积.

定理 1 如果函数 $f(x,y)$ 在有界闭区域 D 上可积，则 $f(x,y)$ 在有界闭区域 D 上有界.

定理 2 如果函数 $f(x,y)$ 在有界闭区域 D 上连续，则 $f(x,y)$ 在有界闭区域 D 上可积.

二、二重定积分的性质

比较定积分与二重积分的定义可知二重积分与定积分具有类似的性质：

性质 1 （线性性质）设 α,β 为常数，则

$$\iint\limits_D[\alpha f(x,y)+\beta g(x,y)]\mathrm{d}\sigma=\alpha\iint\limits_D f(x,y)\mathrm{d}\sigma+\beta\iint\limits_D g(x,y)\mathrm{d}\sigma$$

性质 2 （积分区域的可加性）如果闭区域 D 被有限条曲线分为有限部分区域，则在 D 上二重积分等于各部分闭区域上二重积分的和. 如 $D=D_1+D_2$，则

$$\iint\limits_D f(x,y)\mathrm{d}\sigma=\iint\limits_{D_1}f(x,y)\mathrm{d}\sigma+\iint\limits_{D_2}f(x,y)\mathrm{d}\sigma$$

性质 3 （被积区域的面积）如果在 D 上，$f(x,y)\equiv 1$，σ 为 D 的面积，则

$$\sigma=\iint\limits_D 1\cdot\mathrm{d}\sigma=\iint\limits_D\mathrm{d}\sigma$$

性质 4 （保号性）如果在 D 上，$f(x,y)\leqslant g(x,y)$，则

$$\iint\limits_D f(x,y)\mathrm{d}\sigma\leqslant\iint\limits_D g(x,y)\mathrm{d}\sigma$$

特别地，由于 $-|f(x,y)|\leqslant f(x,y)\leqslant|f(x,y)|$，又有 $\left|\iint\limits_D f(x,y)\mathrm{d}\sigma\right|\leqslant\iint\limits_D|f(x,y)|\mathrm{d}\sigma$.

性质 5 （估值定理）设 M,m 分别为 $f(x,y)$ 在 D 上的最大值与最小值，σ 是 D 的面积，则有

$$m\sigma\leqslant\iint\limits_D f(x,y)\mathrm{d}\sigma\leqslant M\sigma$$

性质 6 （中值定理）若函数 $f(x,y)$ 在闭区域 D 上连续，σ 是 D 的面积，则在 D 上至少存在一点 (ξ,η)，使得

$$\iint\limits_D f(x,y)\mathrm{d}\sigma=f(\xi,\eta)\sigma$$

例 1 设 D 由 $x=0,y=0,x+y=\frac{1}{2},x+y=1$ 围成，且 $I_1=\iint\limits_D \ln^3(x+y)\mathrm{d}x\mathrm{d}y$，$I_2=\iint\limits_D (x+y)^3\mathrm{d}x\mathrm{d}y$，$I_3=\iint\limits_D [\sin(x+y)]^3\mathrm{d}x\mathrm{d}y$，则 I_1,I_2,I_3 之间的大小顺序为(　　).

(A) $I_1<I_2<I_3$　(B) $I_3<I_2<I_1$　(C) $I_1<I_3<I_2$　(D) $I_3<I_1<I_2$

解 应选(C). 因为被比较积分的积分区域相同，故可从被积函数来判断，在区域 D 上(如图 1)，$\frac{1}{2}\leqslant x+y\leqslant 1$，当 $\frac{1}{2}\leqslant t\leqslant 1$ 时，$\ln t\leqslant \sin t\leqslant t$，从而当 $(x,y)\in D$ 时，$\ln^3(x+y)\leqslant \sin^3(x+y)\leqslant(x+y)^3$，其中的“=”只有在边界处才可能取到，所以选(C).

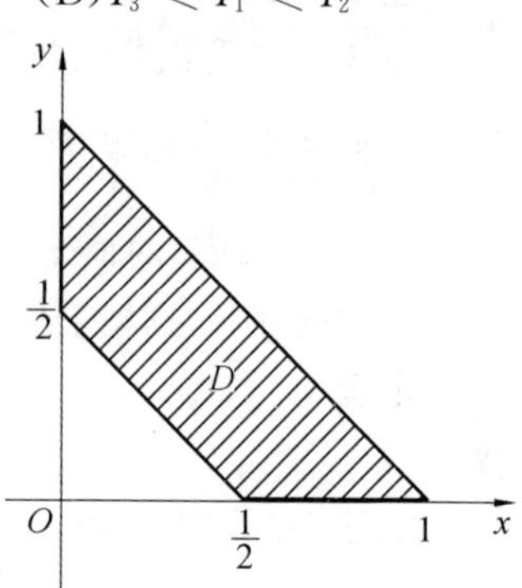

图 1

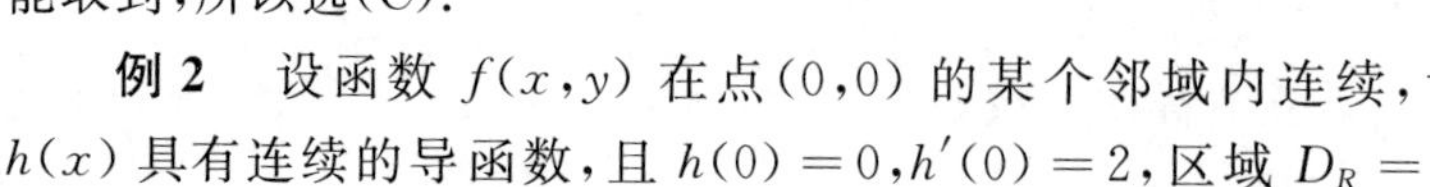

例 2 设函数 $f(x,y)$ 在点 $(0,0)$ 的某个邻域内连续，$h(x)$ 具有连续的导函数，且 $h(0)=0,h'(0)=2$，区域 $D_R=\{(x,y)\mid x^2+y^2\leqslant R^2\}$，则 $\lim\limits_{R\to 0^+}\dfrac{\iint\limits_{D_R} f(x,y)\mathrm{d}x\mathrm{d}y}{h(R^2)}$ 等于(　　).

(A) $f(0,0)$　(B) $\frac{1}{2}f(0,0)$　(C) $\pi f(0,0)$　(D) $\frac{\pi}{2}f(0,0)$

解 应选(D). 由二重积分的积分中值定理可得

$$\iint\limits_{D_R} f(x,y)\mathrm{d}x\mathrm{d}y=f(\xi,\eta)\iint\limits_{D_R}\mathrm{d}x\mathrm{d}y=\pi R^2 f(\xi,\eta)\quad(\xi,\eta)\in D_R$$

从而

$$\begin{aligned}\lim_{R\to 0^+}\frac{\iint\limits_{D_R} f(x,y)\mathrm{d}x\mathrm{d}y}{h(R^2)}&=\lim_{R\to 0^+}\frac{\pi R^2 f(\xi,\eta)}{h(R^2)}=\pi\lim_{R\to 0^+}f(\xi,\eta)\cdot\frac{R^2}{h(R^2)}\\&=\pi f(0,0)\lim_{R\to 0^+}\frac{R^2}{h(R^2)}=\pi f(0,0)\lim_{R\to 0^+}\frac{2R}{2Rh'(R^2)}\\&=\pi f(0,0)\lim_{R\to 0^+}\frac{1}{h'(R^2)}=\pi f(0,0)\frac{1}{h'(0)}=\frac{\pi}{2}f(0,0)\end{aligned}$$

例 3 若 $f(x,y)$ 为有界闭区域 D 上的非负连续函数，且在 D 上不恒为零，则

$$\iint\limits_D f(x,y)\mathrm{d}\sigma>0$$

解 由题意可知存在 $P_0(x_0,y_0)\in D$，使得 $f(P_0)=\xi>0$，由连续函数的局部保号性知，存在 $\eta>0$，使得对任一 $P\in D_1(D_1=U(P_0;\sigma)\cap D)$，有 $f(P)>\frac{\delta}{2}$，又 $f(x,y)\geqslant 0$ 且连续，所以 $\iint\limits_D f(x,y)\mathrm{d}\sigma=\iint\limits_D f\mathrm{d}\sigma+\iint\limits_{D-D_1} f\mathrm{d}\sigma\geqslant\frac{\delta}{2}S_{D_1}>0$.

第2节 二重积分的计算法

一、利用直角坐标计算二重积分

在直角坐标系下计算二重积分的关键是将二重积分化为二次积分，二次积分有两种积分次序，积分次序往往由被积函数和积分区域来确定.

1. 积分区域 D 是 X－型区域

如果 $D=\{(x,y)\mid a\leqslant x\leqslant b,\varphi_1(x)\leqslant y\leqslant\varphi_2(x)\}$，那么

$$\iint\limits_D f(x,y)\mathrm{d}x\mathrm{d}y=\int_a^b\mathrm{d}x\int_{\varphi_1(x)}^{\varphi_2(x)}f(x,y)\mathrm{d}y$$

称这种积分次序为先对 y 后对 x 的二次积分.

X－型区域特点：穿过区域且垂直于 x 轴的直线与区域 D 的边界相交不多于两个点，或者作出直线 $x=a,x=b$ 后，围成区域 D 的边界曲线只有上下两条，如图2.

2. 积分区域 D 是 Y－型区域

如果 $D=\{(x,y)\mid c\leqslant y\leqslant d,\psi_1(y)\leqslant x\leqslant\psi_2(y)\}$，那么

$$\iint\limits_D f(x,y)\mathrm{d}x\mathrm{d}y=\int_c^d\mathrm{d}y\int_{\psi_1(y)}^{\psi_2(y)}f(x,y)\mathrm{d}x$$

称这种积分次序为先对 x 后对 y 的二次积分.

Y－型区域特点：穿过区域且垂直于 y 轴的直线与区域 D 的边界相交不多于两个点，或者作出直线 $y=c,y=d$ 后，围成区域 D 的边界曲线只有左右两条，如图3.

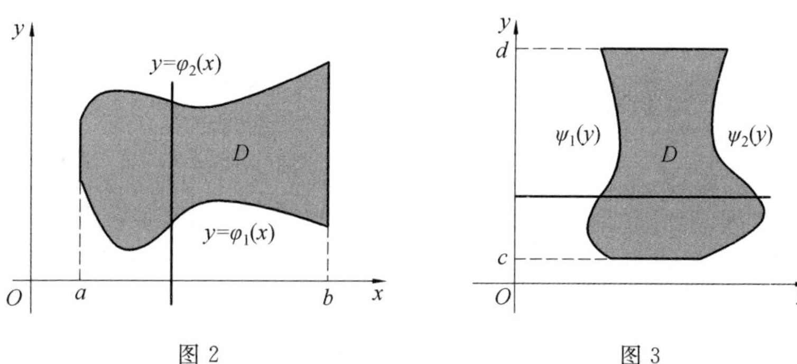

图2　　　　图3

3. 积分区域 D 既不是 X－型区域，也不是 Y－型区域

可用平行于坐标轴的直线把区域 D 分成若干部分，使每个部分区域都是 X－型区域或者 Y－型区域，在每个小区域上按上述方法把二重积分化为二次积分，再利用积分区域的可加性将二次积分相加.

注　将二重积分化为二次积分时，有以下便于理解与记忆的口诀：

后积先定限：先将积分区域 D 向坐标轴投影，确定后积分变量的上下限，一般均为常数；

限内穿云箭：在确定好的区间内作一条垂直于该区间所在坐标轴的直线，并与另一坐标轴同向；

先交写下限：该直线与积分区域 D 首次相交的边界曲线方程为先积分变量的下限；

后交写上限：该直线与积分区域 D 第二次相交的边界曲线方程为先积分变量的上限.

还要注意，“穿箭”过程中，在确定限的范围内，若不同处其相交的边界曲线方程不同，则必须先划分积分区域 D，再按上述方法化为累次积分.

例 1 交换积分次序，则二次积分 $\int_0^2 dx\int_0^{x^2} f(x,y)dy=(\quad)$.

(A) $\int_0^4 dy\int_{\sqrt{y}}^2 f(x,y)dx$ (B) $\int_0^4 dy\int_0^{\sqrt{y}} f(x,y)dx$

(C) $\int_0^4 dy\int_{y^2}^2 f(x,y)dx$ (D) $\int_0^4 dy\int_2^{\sqrt{y}} f(x,y)dx$

解 应选(A). 二次积分 $\int_0^2 dx\int_0^{x^2} f(x,y)dy$ 所对应二重积分的积分区域为

$$D=\{(x,y)\mid 0\leqslant x\leqslant 2,0\leqslant y\leqslant x^2\}$$

也可以转化为

$$D=\{(x,y)\mid 0\leqslant y\leqslant 4,\sqrt{y}\leqslant x\leqslant 2\}$$

于是交换积分次序后的积分表达式为 $\int_0^4 dy\int_{\sqrt{y}}^2 f(x,y)dx$.

例 2 设 $f(x,y)$ 是连续函数，则二次积分 $\int_{-1}^2 dx\int_{x^2}^{x+2} f(x,y)dy$ 等于(　　).

(A) $\int_{-1}^2 dy\int_{y^2}^{y+2} f(x,y)dx$

(B) $\int_0^1 dy\int_{-\sqrt{y}}^{\sqrt{y}} f(x,y)dx+\int_1^4 dy\int_{y-2}^{\sqrt{y}} f(x,y)dx$

(C) $\int_0^2 dy\int_0^{\sqrt{y}} f(x,y)dx+\int_2^4 dy\int_{y-2}^{\sqrt{y}} f(x,y)dx$

(D) $\int_1^2 dy\int_1^{\sqrt{y}} f(x,y)dx+\int_2^4 dy\int_1^{y-2} f(x,y)dx$

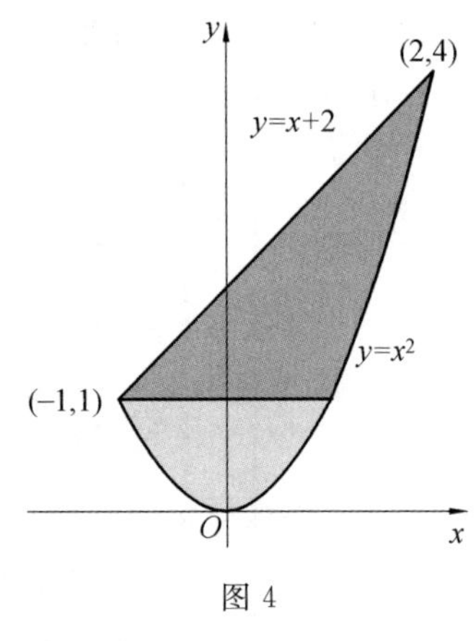

图 4

解 应选(B). 积分区域如图 4. 显然

$$\begin{aligned}D&=\{(x,y)\mid -1\leqslant x\leqslant 2,x^2\leqslant y\leqslant x+2\}\\&=\{(x,y)\mid 0\leqslant y\leqslant 1,-\sqrt{y}\leqslant x\leqslant \sqrt{y}\}\cup\\&\quad\{(x,y)\mid 1\leqslant y\leqslant 4,y-2\leqslant x\leqslant \sqrt{y}\}\end{aligned}$$

那么

$$\int_{-1}^2 dx\int_{x^2}^{x+2} f(x,y)dy=\int_0^1 dy\int_{-\sqrt{y}}^{\sqrt{y}} f(x,y)dx+\int_1^4 dy\int_{y-2}^{\sqrt{y}} f(x,y)dx$$

例 3 设 D 是由圆周 $x^2+y^2=4$ 及 y 轴所围成的右半闭区域，那么 $\iint_D xy^2 d\sigma=$ ______.

解 应填 $\frac{64}{15}$. 积分区域 $D=\{(x,y)\mid -2<y<2,0\leqslant x\leqslant \sqrt{4-y^2}\}$. 于是

$$\iint_D xy^2\,d\sigma=\int_{-2}^{2}dy\int_0^{\sqrt{4-y^2}}xy^2\,dx=\int_{-2}^{2}\left[\frac{1}{2}x^2y^2\right]\Big|_0^{\sqrt{4-y^2}}dy$$

$$=\int_{-2}^{2}(2y^2-\frac{1}{2}y^4)dy=\left[\frac{2}{3}y^3-\frac{1}{10}y^5\right]\Big|_{-2}^{2}=\frac{64}{15}$$

例 4 交换二次积分$\int_\pi^{2\pi}dx\int_0^{\sin x}f(x,y)dy$积分次序.

解 由 $\pi\leqslant x\leqslant 2\pi$,知内层定积分的上限 $\sin x$ 小于下限 0,因此,应交换积分上、下限,使得其积分下限小于积分上限,然后再化为二重积分.

$$\int_\pi^{2\pi}dx\int_0^{\sin x}f(x,y)dy=-\int_\pi^{2\pi}dx\int_{\sin x}^{0}f(x,y)dy=-\iint_D f(x,y)dxdy$$

$$=-\int_{-1}^{0}dy\int_{\pi-\arcsin y}^{2\pi+\arcsin y}f(x,y)dx$$

其中 $D=\{(x,y)\mid 0\leqslant x\leqslant 2\pi,\sin x\leqslant y\leqslant 0\}$.

例 5 计算$\iint_D y\,dxdy$,其中 D 是由曲线 $x=-\sqrt{2y-y^2}$ 及直线 $y=0,y=2,x=-2$ 所围成的闭区域.

解 积分区域 $D=\{(x,y)\mid -2\leqslant x<-\sqrt{2y-y^2},0\leqslant y\leqslant 2\}$,于是

$$\iint_D y\,dxdy=\int_0^2 ydy\int_{-2}^{-\sqrt{2y-y^2}}dx=2\int_0^2 ydy-\int_0^2 y\sqrt{2y-y^2}\,dy$$

$$=4-\int_0^2 y\sqrt{1-(y-1)^2}\,dy=4-\int_{-1}^{1}(u+1)\sqrt{1-u^2}\,du$$

$$=4-\int_{-1}^{1}u\sqrt{1-u^2}\,du-\int_{-1}^{1}\sqrt{1-u^2}\,du=4-\frac{\pi}{2}$$

例 6 计算$\iint_D y\sqrt{1+x^2-y^2}\,d\sigma$,其中 D 是由直线 $y=1,x=-1$ 及 $y=x$ 所围成的闭区域.

解 可把 D 看成是 X - 型区域,即 $D=\{(x,y)\mid -1\leqslant x\leqslant 1,x\leqslant y\leqslant 1\}$. 于是

$$\iint_D y\sqrt{1+x^2-y^2}\,d\sigma=\int_{-1}^{1}dx\int_x^1 y\sqrt{1+x^2-y^2}\,dy$$

$$=-\frac{1}{3}\int_{-1}^{1}\left[(1+x^2-y^2)^{\frac{3}{2}}\right]\Big|_x^1 dx$$

$$=-\frac{1}{3}\int_{-1}^{1}(|x|^3-1)dx=\frac{1}{2}$$

例 7 计算积分$\iint_D \frac{\sin y}{y}dxdy$,其中区域 D 由直线 $y=x,y^2=x$ 围成的区域.

解 积分区域 D 如图 5 所示. 选择先 x 后 y 积分积分次序,那么

$$\iint_D\frac{\sin y}{y}dxdy=\int_0^1 dy\int_{y^2}^{y}\frac{\sin y}{y}dx=\int_0^1\frac{\sin y}{y}(y-y^2)dy$$

$$=\int_0^1(\sin y-y\sin y)dy=1-\sin 1$$

如果选择先 y 后 x 积分积分次序,那么

$$\iint\limits_D \frac{\sin y}{y}\mathrm{d}x\mathrm{d}y=\int_0^1\mathrm{d}x\int_x^{\sqrt{x}}\frac{\sin y}{y}\mathrm{d}y=\int_0^1\left(\int_x^{\sqrt{x}}\frac{\sin y}{y}\mathrm{d}y\right)\mathrm{d}x$$

$$=\left(x\int_x^{\sqrt{x}}\frac{\sin y}{y}\mathrm{d}y\right)\Big|_0^1-\int_0^1 x\left(\frac{\sin\sqrt{x}}{\sqrt{x}}\cdot\frac{1}{2\sqrt{x}}-\frac{\sin x}{x}\right)\mathrm{d}x$$

$$=\int_0^1\left(\sin x-\frac{1}{2}\sin\sqrt{x}\right)\mathrm{d}x=1-\sin 1$$

例 8 设 $D=\{(x,y)\mid 0\leqslant x\leqslant 2,0\leqslant y\leqslant 2\}$,试求 $\iint\limits_D \max\{xy,1\}\mathrm{d}x\mathrm{d}y$.

解 曲线 $xy=1$ 将区域分成两个区域 D_1 和 D_2,如图 6.

$$\iint\limits_D \max\{xy,1\}\mathrm{d}x\mathrm{d}y=\iint\limits_{D_2} xy\mathrm{d}x\mathrm{d}y+\iint\limits_{D_1}\mathrm{d}x\mathrm{d}y$$

$$=\iint\limits_{D_2}(xy-1)\mathrm{d}x\mathrm{d}y+\iint\limits_{D_1+D_2}\mathrm{d}x\mathrm{d}y$$

$$=\int_{\frac{1}{2}}^2\mathrm{d}x\int_{\frac{1}{x}}^2(xy-1)\mathrm{d}y+4=\frac{19}{4}+\ln 2$$

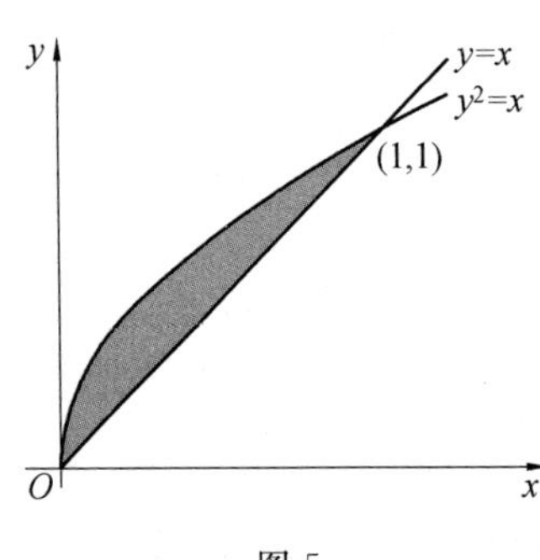

图 5

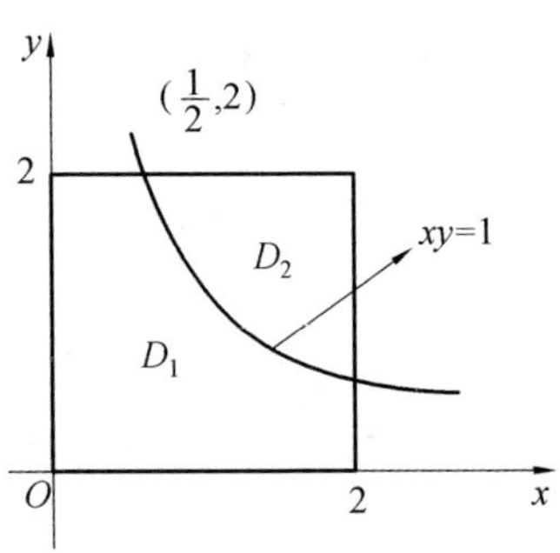

图 6

例 9 计算 $\iint\limits_D\sqrt{|y-x^2|}\mathrm{d}x\mathrm{d}y$,其中 $D=\{(x,y)\mid |x|\leqslant 1,0\leqslant y\leqslant 2\}$.

解 $$\iint\limits_D\sqrt{|y-x^2|}\mathrm{d}x\mathrm{d}y=\int_{-1}^1\mathrm{d}x\left(\int_0^{x^2}\sqrt{x^2-y}\,\mathrm{d}y+\int_{x^2}^2\sqrt{y-x^2}\,\mathrm{d}y\right)$$

$$=\frac{2}{3}\int_{-1}^1|x^3|\,\mathrm{d}x+\frac{2}{3}\int_{-1}^1(2-x^2)^{\frac{3}{2}}\mathrm{d}x=\frac{5}{3}+\frac{\pi}{2}$$

二、利用极坐标计算二重积分

1. 极点在区域 D 的外部(图 7)

区域 $D=\{(\rho,\theta)\mid \alpha\leqslant\theta\leqslant\beta,\rho_1(\theta)\leqslant\rho\leqslant\rho_2(\theta)\}$,那么

$$\iint\limits_D f(\rho\cos\theta,\rho\sin\theta)\rho\mathrm{d}\rho\mathrm{d}\theta=\int_\alpha^\beta\mathrm{d}\theta\int_{\rho_1(\theta)}^{\rho_2(\theta)}f(\rho\cos\theta,\rho\sin\theta)\rho\mathrm{d}\rho$$

2. 极点在区域 D 的边界上(图 8)

区域 $D=\{(\rho,\theta)\mid \alpha\leqslant\theta\leqslant\beta,0\leqslant\rho\leqslant\rho(\theta)\}$,则

$$\iint\limits_D f(\rho\cos\theta,\rho\sin\theta)\rho\mathrm{d}\rho\mathrm{d}\theta=\int_\alpha^\beta\mathrm{d}\theta\int_0^{\rho(\theta)}f(\rho\cos\theta,\rho\sin\theta)\rho\mathrm{d}\rho$$

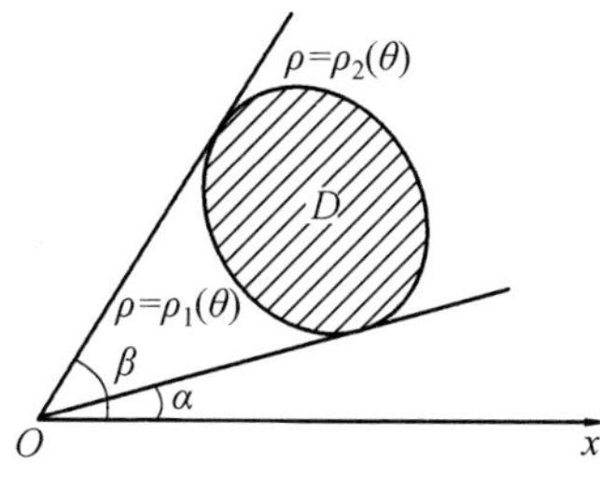

图 7

图 8

3. 极点在区域 D 的内部(图 9)

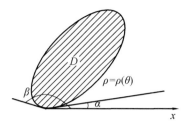

区域 $D=\{(\rho,\theta)\mid 0\leqslant\theta\leqslant 2\pi, 0\leqslant\rho\leqslant\rho(\theta)\}$，则

$$\iint_D f(\rho\cos\theta,\rho\sin\theta)\rho\mathrm{d}\rho\mathrm{d}\theta$$
$$=\int_0^{2\pi}\mathrm{d}\theta\int_0^{\rho(\theta)}f(\rho\cos\theta,\rho\sin\theta)\rho\mathrm{d}\rho$$

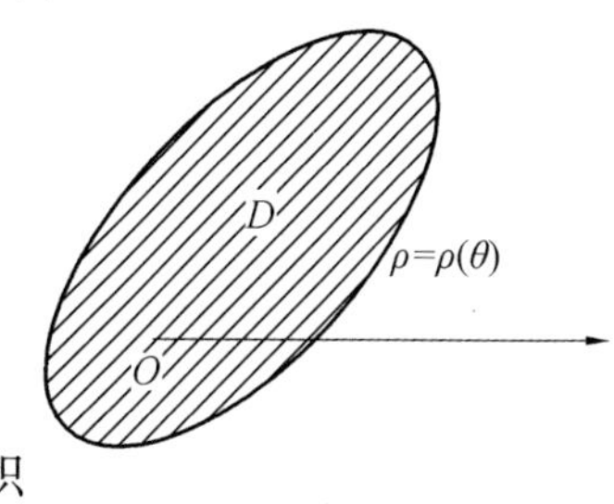

图 9

注 适宜用极坐标计算的二重积分的积分区域与被积函数的特点：① 被积函数为 $f(x^2+y^2)$，$f(\frac{x}{y})$，$f(\frac{y}{x})$ 形式. ② 积分区域为圆域或圆域的一部分.

例 10 计算二重积分 $\iint\limits_D\ln(1+x^2+y^2)\mathrm{d}\sigma$，其中 D 是由圆周 $x^2+y^2=4$ 与坐标轴所围成的在第一象限内的闭区域.

解 $\iint\limits_D\ln(1+x^2+y^2)\mathrm{d}\sigma=\int_0^{\frac{\pi}{2}}\mathrm{d}\theta\int_0^2\ln(1+\rho^2)\rho\mathrm{d}\rho=\frac{\pi}{4}\int_0^2\ln(1+\rho^2)\mathrm{d}(1+\rho^2)$

$$=\frac{\pi}{4}\{[(1+\rho^2)\ln(1+\rho^2)]\big|_0^2-\int_0^2(1+\rho^2)\mathrm{d}\ln(1+\rho^2)\}$$
$$=\frac{\pi}{4}(5\ln 5-4)$$

例 11 计算 $I=\iint\limits_D\sqrt{x^2+y^2}\,\mathrm{d}\sigma$，其中 D 是圆 $x^2+y^2=2x$ 所围区域.

解 积分区域 D 如图 10 所示. 圆 $x^2+y^2=2x$ 的极坐标方程为 $\rho=2\cos\theta$，故 D 可表示为 $D=\{(\rho,\theta)\mid-\frac{\pi}{2}\leqslant\theta\leqslant$

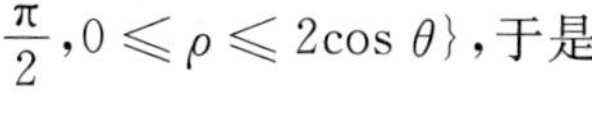

$\frac{\pi}{2}, 0\leqslant\rho\leqslant 2\cos\theta\}$，于是

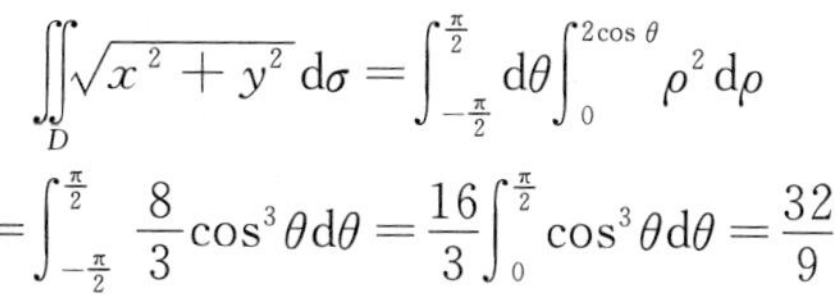

$$\iint_D\sqrt{x^2+y^2}\,\mathrm{d}\sigma=\int_{-\frac{\pi}{2}}^{\frac{\pi}{2}}\mathrm{d}\theta\int_0^{2\cos\theta}\rho^2\mathrm{d}\rho$$
$$=\int_{-\frac{\pi}{2}}^{\frac{\pi}{2}}\frac{8}{3}\cos^3\theta\mathrm{d}\theta=\frac{16}{3}\int_0^{\frac{\pi}{2}}\cos^3\theta\mathrm{d}\theta=\frac{32}{9}$$

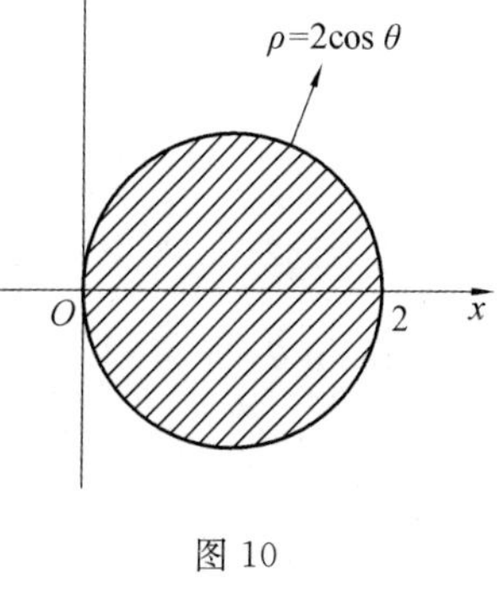

图 10

例 12 计算 $I=\iint\limits_D\sqrt{x^2+y^2}\,\mathrm{d}x\mathrm{d}y$，其中 D 是由圆 $x^2+y^2=36$，$(x-3)^2+y^2=9$ 及

y 轴围成的在第一象限的闭区域.

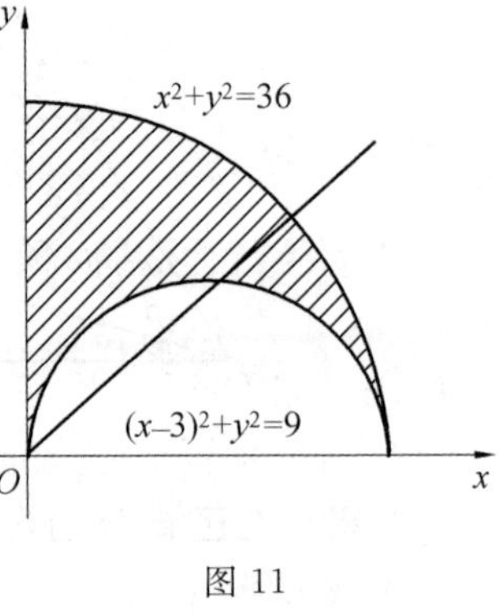

图 11

解 如图 11 所示,将 $x=\rho\cos\theta$, $y=\rho\sin\theta$ 代入 D 的边界曲线得 $\rho=6$ 及 $\rho=6\cos\theta$,则 $D=\{(\rho,\theta)\mid 0\leqslant\theta\leqslant\frac{\pi}{2},6\cos\theta\leqslant\rho\leqslant 6\}$,故

$$\begin{aligned}I&=\iint_D\rho\cdot\rho\mathrm{d}\rho\mathrm{d}\theta=\int_0^{\frac{\pi}{2}}\mathrm{d}\theta\int_{6\cos\theta}^{6}\rho^2\mathrm{d}\rho\\&=\int_0^{\frac{\pi}{2}}[\frac{1}{3}\rho^3]\Big|_{6\cos\theta}^{6}\mathrm{d}\theta=\int_0^{\frac{\pi}{2}}(\frac{6^3}{3}-\frac{6^3\cos^3\theta}{3})\mathrm{d}\theta\\&=36\pi-\frac{6^3}{3}\int_0^{\frac{\pi}{2}}\cos^3\theta\mathrm{d}\theta=36\pi-48\end{aligned}$$

例 13 设 $D=\{(\rho,\theta)\mid 0\leqslant\rho\leqslant\sec\theta,0\leqslant\theta\leqslant\frac{\pi}{4}\}$,计算二重积分

$$I=\iint_D\rho^2\sin\theta\sqrt{1-\rho^2\cos 2\theta}\,\mathrm{d}\rho\mathrm{d}\theta$$

解 由于 $D=\{(x,y)\mid 0\leqslant x\leqslant 1,0\leqslant y\leqslant x\}$,于是

$$\begin{aligned}I&=\iint_D\rho^2\sin\theta\sqrt{1-\rho^2\cos 2\theta}\,\mathrm{d}\rho\mathrm{d}\theta=\iint_D y\sqrt{1-x^2+y^2}\,\mathrm{d}x\mathrm{d}y\\&=\int_0^1\mathrm{d}x\int_0^x\sqrt{1-x^2+y^2}\,y\mathrm{d}y=\frac{1}{2}\int_0^1\mathrm{d}x\int_0^x\sqrt{1-x^2+y^2}\,\mathrm{d}(1-x^2+y^2)\\&=\frac{1}{3}\int_0^1(1-x^2+y^2)^{\frac{3}{2}}\Big|_0^x\mathrm{d}x=\frac{1}{3}\int_0^1[1-(1-x^2)^{\frac{3}{2}}]\mathrm{d}x\\&=\frac{1}{3}-\frac{1}{3}\int_0^1(1-x^2)^{\frac{3}{2}}\mathrm{d}x=\frac{1}{3}-\frac{1}{3}\int_0^{\frac{\pi}{2}}\cos^4t\mathrm{d}t=\frac{1}{3}-\frac{\pi}{16}\end{aligned}$$

例 14 把在极坐标系下的二次积分 $I=\int_0^{\frac{\pi}{6}}\mathrm{d}\theta\int_{2\sin\theta}^{1}\rho f(\rho\cos\theta,\rho\sin\theta)\mathrm{d}\rho$ 化为在直角坐标系下的二次积分.

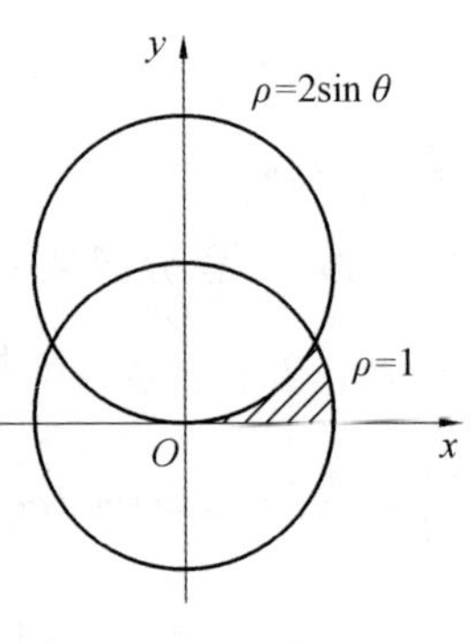

图 12

解 由题设的二次积分知其相应的二重积分的积分区域为

$$D=\{(\rho,\theta)\mid 2\sin\theta\leqslant\rho\leqslant 1,0\leqslant\theta\leqslant\frac{\pi}{6}\}$$

在直角坐标系下,平面曲线 $\rho=1$ 即为 $x^2+y^2=1$. $\rho=2\sin\theta$ 或 $\rho^2=2\rho\sin\theta$,即为 $x^2+y^2=2y$. 两曲线交于点 $(\frac{\sqrt{3}}{2},\frac{1}{2})$,则该积分区域(图 12)为

$$\begin{aligned}D&=\{(x,y)\mid\sqrt{2y-y^2}\leqslant x\leqslant\sqrt{1-y^2},0\leqslant y\leqslant\frac{1}{2}\}\\&=D_1\cup D_2\end{aligned}$$

其中

$$D_1=\{(x,y)\mid 0\leqslant y\leqslant 1-\sqrt{1-x^2},0\leqslant x\leqslant\frac{\sqrt{3}}{2}\}$$

$$D_2=\{(x,y)\mid 0\leqslant y\leqslant\sqrt{1-x^2},\frac{\sqrt{3}}{2}\leqslant x\leqslant 1\}$$

于是

$$I=\int_0^{\frac{1}{2}\sqrt{3}}\mathrm{d}x\int_0^{1-\sqrt{1-x^2}}f(x,y)\mathrm{d}y+\int_{\frac{1}{2}\sqrt{3}}^1\mathrm{d}x\int_0^{\sqrt{1-x^2}}f(x,y)\mathrm{d}y$$

三、利用被积函数的对称性及区域的对称性计算二重积分

1.利用积分区域的对称性和被积函数的奇偶性

若积分区域 D 关于 y 轴对称,D_1 是 D 在 y 轴的右半部分,则

$$\iint_D f(x,y)\mathrm{d}x\mathrm{d}y=\begin{cases}2\iint_{D_1}f(x,y)\mathrm{d}x\mathrm{d}y,f(-x,y)=f(x,y)\\0,f(-x,y)=-f(x,y)\end{cases}$$

若积分区域 D 关于 x 轴对称,D_1 是 D 在 x 轴的上右半部分,则

$$\iint_D f(x,y)\mathrm{d}x\mathrm{d}y=\begin{cases}2\iint_{D_1}f(x,y)\mathrm{d}x\mathrm{d}y,f(x,-y)=f(x,y)\\0,f(x,-y)=-f(x,y)\end{cases}$$

若积分区域 D 关于 x 轴、y 轴均对称,而被积函数 $f(x,y)$ 关于变量 x 或 y 为奇函数,或分别关于两个变量均为偶函数时,有

$$\iint_D f(x,y)\mathrm{d}\sigma=\begin{cases}0,f(-x,y)=-f(x,y)\text{ 或 }f(x,-y)=-f(x,y)\\4\iint_{D_1}f(x,y)\mathrm{d}\sigma,f(-x,y)=f(x,y)=f(x,-y)\end{cases}$$

其中 D_1 为 D 在第一象限的部分.

若积分区域 D 关于原点对称,而被积函数 $f(x,y)$ 同时关于变量 x,y 为奇函数或偶函数时,有

$$\iint_D f(x,y)\mathrm{d}\sigma=\begin{cases}0,f(-x,-y)=-f(x,y)\\2\iint_{D_1}f(x,y)\mathrm{d}\sigma,f(-x,-y)=f(x,y)\end{cases}$$

其中 D_1 为 D 在 x 轴的上侧部分.

2.利用积分变量的对称性

如果积分区域关于直线 $y=x$ 对称,则

$$\iint_D f(x,y)\mathrm{d}x\mathrm{d}y=\iint_D f(y,x)\mathrm{d}x\mathrm{d}y$$

例 15 设区域 $D=\{(x,y)\mid x^2+y^2\leqslant 1,x\geqslant 0\}$,计算二重积分

$$I=\iint_D\frac{1+xy}{1+x^2+y^2}\mathrm{d}x\mathrm{d}y$$

解 如图 13,积分区域 D 关于 x 轴对称,函数 $\frac{xy}{1+x^2+y^2}$ 关于 y 是奇函数,从而

$$I=\iint_D \frac{1}{1+x^2+y^2}\mathrm{d}x\mathrm{d}y+\iint_D \frac{xy}{1+x^2+y^2}\mathrm{d}x\mathrm{d}y$$

$$=\iint_D \frac{1}{1+x^2+y^2}\mathrm{d}x\mathrm{d}y+0=\int_{-\frac{\pi}{2}}^{\frac{\pi}{2}}\mathrm{d}\theta\int_0^1 \frac{1}{1+\rho^2}\cdot\rho\mathrm{d}\rho=\frac{\pi}{2}\ln 2$$

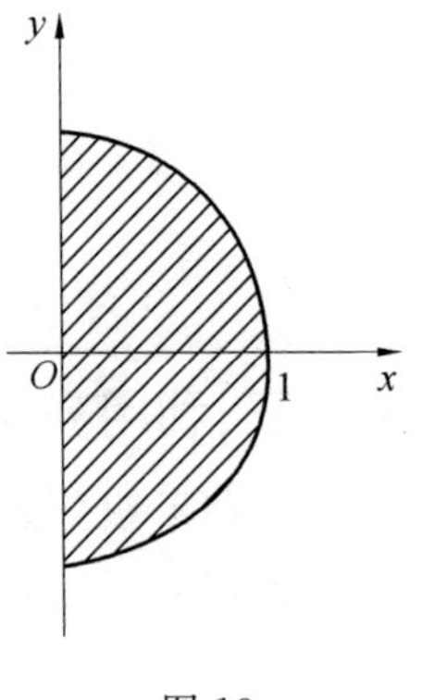

图 13

例 16 设平面区域 $D=\{(x,y)\mid 1\leqslant x^2+y^2\leqslant 4,x\geqslant 0,y\geqslant 0\}$. 计算二重积分 $\iint_D \frac{y\sin(\pi\sqrt{x^2+y^2})}{x+y}\mathrm{d}x\mathrm{d}y$.

解 注意到积分区域和被积函数关于直线 $y=x$ 对称，于是

$$\iint_D \frac{y\sin(\pi\sqrt{x^2+y^2})}{x+y}\mathrm{d}x\mathrm{d}y=\iint_D \frac{x\sin(\pi\sqrt{x^2+y^2})}{x+y}\mathrm{d}x\mathrm{d}y$$

因此

$$\iint_D \frac{y\sin(\pi\sqrt{x^2+y^2})}{x+y}\mathrm{d}x\mathrm{d}y=\frac{1}{2}\iint_D \frac{(x+y)\sin(\pi\sqrt{x^2+y^2})}{x+y}\mathrm{d}x\mathrm{d}y$$

$$=\frac{1}{2}\iint_D \sin(\pi\sqrt{x^2+y^2})\mathrm{d}x\mathrm{d}y$$

$$=\frac{1}{2}\int_0^{\frac{\pi}{2}}\mathrm{d}\theta\int_1^2 \rho\sin(\pi\rho)\mathrm{d}\rho=-\frac{3}{4}$$

例 17 设闭区域 $D=\{(x,y)\mid x^2+y^2\leqslant y,x\geqslant 0\}$，$f(x,y)$ 为 D 上的连续函数，且

$$f(x,y)=\sqrt{1-x^2-y^2}-\frac{8}{\pi}\iint_D f(u,v)\mathrm{d}u\mathrm{d}v$$

求 $f(x,y)$.

解 设 $\iint_D f(u,v)\mathrm{d}u\mathrm{d}v=A$，在已知等式两边求区域 D 上的二重积分，则

$$\iint_D f(x,y)\mathrm{d}x\mathrm{d}y=\iint_D \sqrt{1-x^2-y^2}\,\mathrm{d}x\mathrm{d}y-\frac{8A}{\pi}\iint_D \mathrm{d}x\mathrm{d}y$$

从而 $A=\iint_D \sqrt{1-x^2-y^2}\,\mathrm{d}x\mathrm{d}y-A$，所以

$$2A=\iint_D \sqrt{1-x^2-y^2}\,\mathrm{d}x\mathrm{d}y=\int_0^{\frac{\pi}{2}}\mathrm{d}\theta\int_0^{\sin\theta}\sqrt{1-\rho^2}\cdot\rho\mathrm{d}\rho$$

$$=\frac{1}{3}\int_0^{\frac{\pi}{2}}(1-\cos^3\theta)\mathrm{d}\theta=\frac{1}{3}\left(\frac{\pi}{2}-\frac{2}{3}\right)$$

故 $A=\frac{1}{6}\left(\frac{\pi}{2}-\frac{2}{3}\right)$，于是 $f(x,y)=\sqrt{1-x^2-y^2}-\frac{4}{3\pi}\left(\frac{\pi}{2}-\frac{2}{3}\right)$.

例 18 计算 $\iint_D y\mathrm{d}x\mathrm{d}y$，其中 D 是由摆线 $x=a(t-\sin t)$，$y=a(1-\cos t)$ 的一拱 $(0\leqslant t\leqslant 2\pi)$ 与 x 轴围成的区域.

解 D 是 $X-$型区域，记上边界曲线（摆线）为 $y=y(x)$，则

$$\iint_D y\mathrm{d}x\mathrm{d}y=\int_0^{2\pi a}\mathrm{d}x\int_0^{y(x)} y\mathrm{d}y=\frac{1}{2}\int_0^{2\pi a} y^2(x)\mathrm{d}x$$

由于 $y=y(x)$ 是由参数方程给出，对定积分作变量代换，令 $x=a(t-\sin t)$，则 $y=a(1-\cos t)$，故

$$\iint_D y\,\mathrm{d}x\,\mathrm{d}y=\frac{1}{2}\int_0^{2\pi}a^3\ (1-\cos t)^3\,\mathrm{d}t=4a^3\int_0^{2\pi}\sin^6\frac{t}{2}\,\mathrm{d}t=\frac{5}{2}\pi a^3$$

例 19　设 $D=\{(x,y)\mid x^2+y^2\leqslant x+y\}$，计算 $I=\iint_D(x+y)\,\mathrm{d}x\,\mathrm{d}y$.

解　注意到积分区域 D 由圆周 $\left(x-\frac{1}{2}\right)^2+\left(y-\frac{1}{2}\right)^2=\frac{1}{2}$ 围成，如图 14 所示.

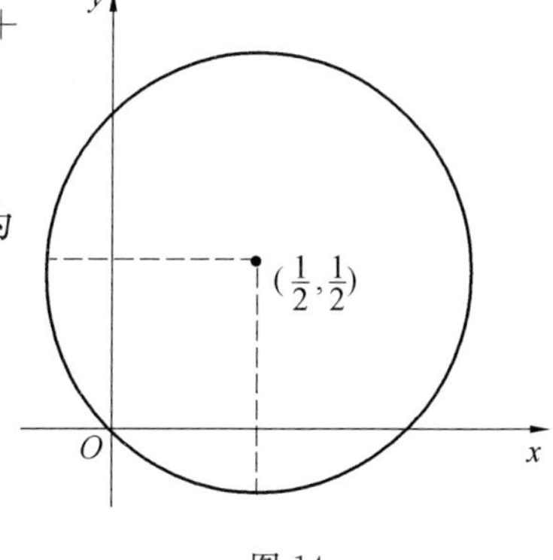

图 14

解法 1：圆 $x^2+y^2=x+y$ 在极坐标系下的方程为 $\rho=\cos\theta+\sin\theta$，则

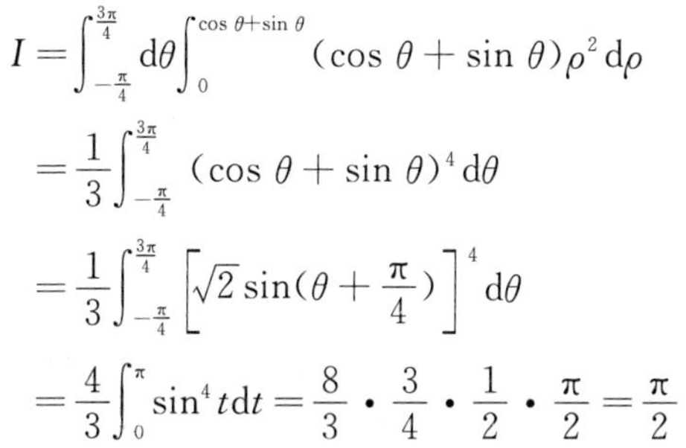

$$\begin{aligned}I&=\int_{-\frac{\pi}{4}}^{\frac{3\pi}{4}}\mathrm{d}\theta\int_0^{\cos\theta+\sin\theta}(\cos\theta+\sin\theta)\rho^2\,\mathrm{d}\rho\\&=\frac{1}{3}\int_{-\frac{\pi}{4}}^{\frac{3\pi}{4}}(\cos\theta+\sin\theta)^4\,\mathrm{d}\theta\\&=\frac{1}{3}\int_{-\frac{\pi}{4}}^{\frac{3\pi}{4}}\left[\sqrt{2}\sin\left(\theta+\frac{\pi}{4}\right)\right]^4\mathrm{d}\theta\\&=\frac{4}{3}\int_0^{\pi}\sin^4t\,\mathrm{d}t=\frac{8}{3}\cdot\frac{3}{4}\cdot\frac{1}{2}\cdot\frac{\pi}{2}=\frac{\pi}{2}\end{aligned}$$

解法 2：令 $u=x-\frac{1}{2}$，$v=y-\frac{1}{2}$，则 $x=u+\frac{1}{2}$，$y=v+\frac{1}{2}$，雅可比式 $J=\frac{\partial(x,y)}{\partial(u,v)}=\begin{vmatrix}1&0\\0&1\end{vmatrix}=1$，于是

$$I=\iint_{D'}(u+v+1)\,\mathrm{d}u\,\mathrm{d}v=\iint_{D'}u\,\mathrm{d}u\,\mathrm{d}v+\iint_{D'}v\,\mathrm{d}u\,\mathrm{d}v+\iint_{D'}\mathrm{d}u\,\mathrm{d}v$$

其中 $D'=\{(u,v)\mid u^2+v^2\leqslant\frac{1}{2}\}$. 因为 D' 关于 u 轴，v 轴均对称，而被积函数 u 关于 u 为奇函数，被积函数 v 关于 v 为奇函数，所以 $\iint_{D'}u\,\mathrm{d}u\,\mathrm{d}v=0$，$\iint_{D'}v\,\mathrm{d}u\,\mathrm{d}v=0$. 于是 $I=\iint_{D'}\mathrm{d}u\,\mathrm{d}v=\pi\left(\sqrt{\frac{1}{2}}\right)^2=\frac{\pi}{2}$.

解法 3：令 $x=\frac{1}{2}+\rho\cos\theta$，$y=\frac{1}{2}+\rho\sin\theta$，则

$$J=\frac{\partial(x,y)}{\partial(\rho,\theta)}=\begin{vmatrix}\cos\theta&-\rho\sin\theta\\\sin\theta&\rho\cos\theta\end{vmatrix}=\rho,D':\begin{cases}0\leqslant\theta\leqslant2\pi\\0\leqslant\rho\leqslant\frac{1}{\sqrt{2}}\end{cases}$$

于是

$$I=\iint_{D'}(\rho\cos\theta+\rho\sin\theta+1)\rho\,\mathrm{d}\rho\,\mathrm{d}\theta=\int_0^{2\pi}\mathrm{d}\theta\int_0^{\frac{1}{\sqrt{2}}}(\rho^2\cos\theta+\rho^2\sin\theta+\rho)\,\mathrm{d}\rho$$

$$=\int_0^{2\pi}\left[\frac{1}{3}\rho^3\cos\theta+\frac{1}{3}\rho^3\sin\theta+\frac{1}{2}\rho^2\right]\Big|_0^{\frac{1}{\sqrt{2}}}\mathrm{d}\theta=\frac{\pi}{2}$$

例 20 计算二重积分 $I=\iint\limits_D(\sqrt{x^2+y^2}+y)\mathrm{d}x\mathrm{d}y$，其中积分区域

$$D=\{(x,y)\mid x^2+y^2\leqslant 4,(x+1)^2+y^2\geqslant 1\}$$

解 令 $D_1=\{(x,y)\mid x^2+y^2\leqslant 4\}$，$D_2=\{(x,y)\mid (x+1)^2+y^2\leqslant 1\}$，于是

$$I=\iint\limits_D\sqrt{x^2+y^2}\,\mathrm{d}x\mathrm{d}y+\iint\limits_D y\mathrm{d}x\mathrm{d}y$$

$$=\iint\limits_{D_1}\sqrt{x^2+y^2}\,\mathrm{d}x\mathrm{d}y-\iint\limits_{D_2}\sqrt{x^2+y^2}\,\mathrm{d}x\mathrm{d}y+0$$

$$=\int_0^{2\pi}\mathrm{d}\theta\int_0^2\rho\cdot\rho\mathrm{d}\rho-\int_{\frac{\pi}{2}}^{\frac{3\pi}{2}}\mathrm{d}\theta\int_0^{-2\cos\theta}\rho\cdot\rho\mathrm{d}\rho=2\pi\cdot\frac{8}{3}+\int_{\frac{\pi}{2}}^{\frac{3\pi}{2}}\frac{8}{3}\cos^3\theta\mathrm{d}\theta$$

$$=2\pi\cdot\frac{8}{3}+\frac{8}{3}\int_{\frac{\pi}{2}}^{\frac{3\pi}{2}}(1-\sin^2\theta)\mathrm{d}\sin\theta=\frac{16}{9}(3\pi-2)$$

例 21 设 $f(u)=\mathrm{e}^{u^2}$，平面区域 D 由 $y=x^3$，$y=1$，$x=-1$ 围成，试求 $I=\iint\limits_D x[1+yf(x^2+y^2)]\mathrm{d}x\mathrm{d}y$.

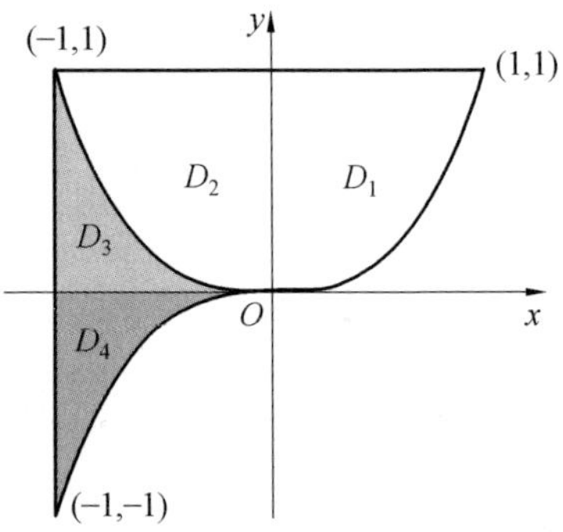

解 作辅助曲线 $y=-x^3$，如图 15 所示，积分区域 D 被分割成 D_1,D_2,D_3,D_4 四个部分区域，且 D_1 与 D_2 关于 y 轴对称，D_3 与 D_4 关于 x 轴对称. 又有被积函数 $xyf(x^2+y^2)$ 关于变量 x,y 均为奇函数，所以

图 15

$$\iint\limits_{D_1}xyf(x^2+y^2)\mathrm{d}x\mathrm{d}y+\iint\limits_{D_2}xyf(x^2+y^2)\mathrm{d}x\mathrm{d}y=0$$

$$\iint\limits_{D_3}xyf(x^2+y^2)\mathrm{d}x\mathrm{d}y+\iint\limits_{D_4}xyf(x^2+y^2)\mathrm{d}x\mathrm{d}y=0$$

即

$$\iint\limits_D xyf(x^2+y^2)\mathrm{d}x\mathrm{d}y=\iint\limits_{D_1\cup D_2}xyf(x^2+y^2)\mathrm{d}x\mathrm{d}y+\iint\limits_{D_3\cup D_4}xyf(x^2+y^2)\mathrm{d}x\mathrm{d}y=0$$

从而

$$I=\iint\limits_D x\mathrm{d}x\mathrm{d}y+\iint\limits_D xyf(x^2+y^2)\mathrm{d}x\mathrm{d}y=\iint\limits_{D_1\cup D_2}x\mathrm{d}x\mathrm{d}y+\iint\limits_{D_3\cup D_4}x\mathrm{d}x\mathrm{d}y$$

$$=0+2\iint\limits_{D_3}x\mathrm{d}x\mathrm{d}y=2\int_{-1}^0\mathrm{d}x\int_0^{-x^3}x\mathrm{d}y=-\frac{2}{5}$$

第 3 节　三重积分

一、三重积分的概念与性质

定义 1 设函数 $f(x,y,z)$ 是空间有界闭区域 Ω 上的有界函数，将区域 Ω 任意分割成

n 个小区域 $\Delta v_1, \Delta v_2, \cdots, \Delta v_n$，其中 Δv_i 表示第 i 个小区域，也表示它的体积. 在每个小区域 Δv_i 上任意取一点 (ξ_i, η_i, ζ_i)，作乘积 $f(\xi_i, \eta_i, \zeta_i)\Delta v_i$，并作和 $\sum\limits_{i=1}^{n} f(\xi_i, \eta_i, \zeta_i)\Delta v_i$，如果当各个小闭区域直径中的最大值 $\lambda \to 0$ 时这个和式的极限存在，则称此极限值为函数 $f(x,y,z)$ 在区域 Ω 上的三重积分，记作 $\iiint\limits_{\Omega} f(x,y,z)\mathrm{d}v$，即

$$\iiint\limits_{\Omega} f(x,y,z)\mathrm{d}v = \lim_{\lambda \to 0} \sum_{i=1}^{n} f(\xi_i, \eta_i, \zeta_i)\Delta v_i$$

其中 $f(x,y,z)$ 叫作被积函数，$\mathrm{d}v$ 叫作体积元素.

三重积分的存在性和性质与二重积分类似，这里不再赘述.

二、三重积分的计算

1. 利用直角坐标系计算三重积分

在直角坐标系下计算三重积分通常有两种思路："先一后二" 或者"先二后一" 化为累次积分.

先一后二：假设平行于 z 轴且穿过区域 Ω 的边界曲面 S 相交不多于两点. 把区域 Ω 投影在 xOy 平面上，得一平面区域为 D_{xy}. 以 D_{xy} 的边界曲线为准线，作母线平行于 z 轴的柱面. 这柱面分曲面 S 的交线从 S 中分出上、下两部分，它们的方程分别为 $S_1: z = z_1(x,y)$，$S_2: z = z_2(x,y)$，其中 $z_1(x,y), z_2(x,y)$ 都是 D_{xy} 上的连续函数，且 $z_1(x,y) \leqslant z_2(x,y)$. 过 D_{xy} 内任一点 (x,y) 作平行于 z 轴的直线，直线通过曲面 S_1 穿入 Ω，然后通过 S_2 穿出 Ω 外，穿入点与穿出点的竖坐标分别为 $z_1(x,y)$ 与 $z_2(x,y)$，则

$$\iiint\limits_{\Omega} f(x,y,z)\mathrm{d}v = \iint\limits_{D_{xy}} \mathrm{d}x\mathrm{d}y \int_{z_1(x,y)}^{z_2(x,y)} f(x,y,z)\mathrm{d}z$$

先二后一：设空间区域 $\Omega = \{(x,y,z) \mid (x,y) \in D_z, c_1 \leqslant z \leqslant c_2\}$，其中 D_z 是竖坐标为 z 的平面截闭区域 Ω 所得到的平面闭区域，则有

$$\iiint\limits_{\Omega} f(x,y,z)\mathrm{d}v = \int_{c_1}^{c_2} \mathrm{d}z \iint\limits_{D_z} f(x,y,z)\mathrm{d}x\mathrm{d}y$$

注 以上两种方法也分别称为"投影穿线法" 和"定限截面法".

例 1 计算 $I = \iiint\limits_{\Omega} x\,\mathrm{d}x\mathrm{d}y\mathrm{d}z$，其中 Ω 为三个坐标平面与平面 $x+y+z=1$ 所围成的区域.

解 先一后二：区域 Ω 如图 16(a) 所示，将 Ω 投影在 xOy 面上，其投影区域 D 为由直线 $x=0, y=0, x+y=1$ 围成的三角形，即

$$D_{xy} = \{(x,y) \mid 0 \leqslant x \leqslant 1, 0 \leqslant y \leqslant 1-x\}$$

在 D_{xy} 内任取一点 (x,y)，过 (x,y) 作垂直于 xOy 面的直线，交 Ω 的上方边界为 $z = 1-x-y$，下方边界为 $z=0$，于是

$$\begin{aligned} I &= \iiint\limits_{\Omega} x\,\mathrm{d}x\mathrm{d}y\mathrm{d}z = \iint\limits_{D_{xy}} \mathrm{d}x\mathrm{d}y \int_0^{1-x-y} x\,\mathrm{d}z = \int_0^1 \mathrm{d}x \int_0^{1-x} \mathrm{d}y \int_0^{1-x-y} x\,\mathrm{d}z \\ &= \int_0^1 \mathrm{d}x \int_0^{1-x} x(1-x-y)\mathrm{d}y = \frac{1}{2}\int_0^1 x\,(1-x)^2\mathrm{d}x = \frac{1}{24} \end{aligned}$$

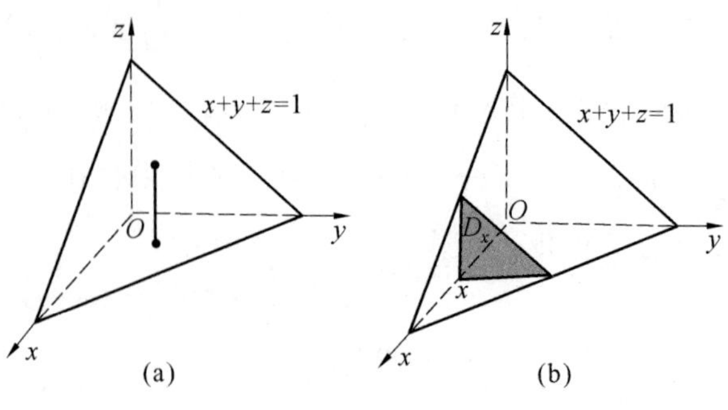

图 16

先二后一：如图 16(b)，将空间区域 Ω 向 x 轴投影，可得变量 x 的变化范围为$[0,1]$，过点 $x\in[0,1]$ 作平行 yOz 面的平面，并截得 Ω 的截面 D_x 是一个等腰直角三角形区域.

$$I=\iiint\limits_{\Omega}x\,\mathrm{d}x\mathrm{d}y\mathrm{d}z=\int_0^1 x\,\mathrm{d}x\iint\limits_{D_x}\mathrm{d}y\mathrm{d}z=\int_0^1 x\cdot\frac{1}{2}(1-x)^2\mathrm{d}x=\frac{1}{24}$$

例 2 计算三重积分$\iiint\limits_{\Omega}\frac{z^2}{c^2}\mathrm{d}x\mathrm{d}y\mathrm{d}z$，其中 Ω 是由椭球面$\frac{x^2}{a^2}+\frac{y^2}{b^2}+\frac{z^2}{c^2}=1$ 所围成的空间闭区域.

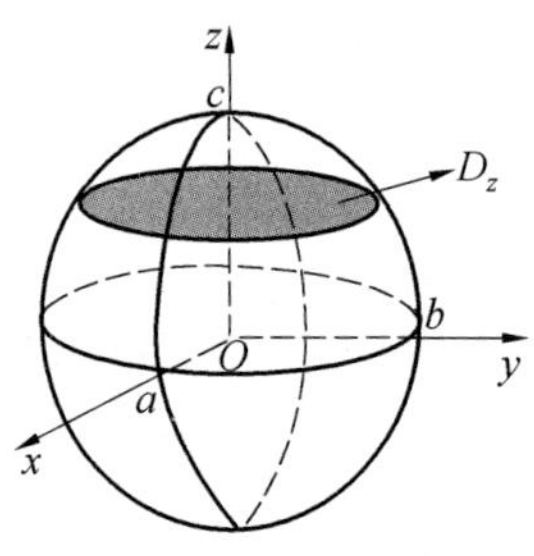

图 17

解 空间区域可表示为

$$\Omega=\{(x,y,z)\mid\frac{x^2}{a^2}+\frac{y^2}{b^2}\leqslant 1-\frac{z^2}{c^2},-c\leqslant z\leqslant c\}$$

如图 17 所示，被积函数仅是单变量 z 的函数，适宜采用“先二后一”. 所求积分

$$\iiint\limits_{\Omega}\frac{z^2}{c^2}\mathrm{d}x\mathrm{d}y\mathrm{d}z=\int_{-c}^{c}\frac{z^2}{c^2}\mathrm{d}z\iint\limits_{D_z}\mathrm{d}x\mathrm{d}y=\int_{-c}^{c}\frac{z^2}{c^2}\cdot\pi ab\left(1-\frac{z^2}{c^2}\right)\mathrm{d}z=\frac{4}{15}\pi abc$$

2. 利用柱坐标系计算三重积分

如图 18 所示，直角坐标 $M(x,y,z)$ 与柱面坐标(ρ,θ,z) 之间的关系为

$$\begin{cases}x=\rho\cos\theta\\ y=\rho\sin\theta\\ z=z\end{cases}$$

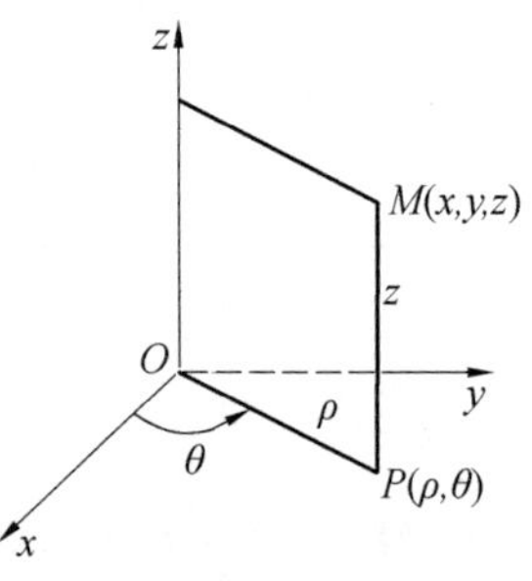

图 18

体积元素 $\mathrm{d}v=\rho\mathrm{d}\rho\mathrm{d}\theta\mathrm{d}z$.

$$\iiint\limits_{\Omega}f(x,y,z)\mathrm{d}v=\iiint\limits_{\Omega}f(\rho\cos\theta,\rho\sin\theta,z)\rho\mathrm{d}\rho\mathrm{d}\theta\mathrm{d}z$$

注 ① 适合用柱面坐标计算三重积分的被积函数一般具有形式 $f(x,y,z)=g(z)h(x^2+y^2)$；② 适合用柱面坐标计算三重积分的积分区域一般为柱体、锥体、柱面和锥面与其他曲面围成的空间立体.

例 3 计算 $I=\iiint\limits_{\Omega}z\sqrt{x^2+y^2}\,\mathrm{d}x\mathrm{d}y\mathrm{d}z$，其中区域 Ω 是圆柱面 $x^2+y^2-2x=0$，平面 $z=0,z=a(a>0)$ 在第一象限的区域.

解 如图19，积分区域 Ω 在柱面坐标系下可表示为

$$\Omega=\{(\rho,\theta,z)\mid 0\leqslant\theta\leqslant\frac{\pi}{2},0\leqslant\rho\leqslant 2\cos\theta,0\leqslant z\leqslant a\}$$

于是

$$I=\iiint_{\Omega} z\sqrt{x^2+y^2}\,\mathrm{d}x\mathrm{d}y\mathrm{d}z=\int_0^{\frac{\pi}{2}}\mathrm{d}\theta\int_0^{2\cos\theta}\rho^2\mathrm{d}\rho\int_0^a z\mathrm{d}z$$

$$=\frac{a^2}{2}\int_0^{\frac{\pi}{2}}\mathrm{d}\theta\int_0^{2\cos\theta}\rho^2\mathrm{d}\rho=\frac{a^2}{2}\cdot\frac{8}{3}\int_0^{\frac{\pi}{2}}\cos^3\theta\mathrm{d}\theta=\frac{8}{9}a^2$$

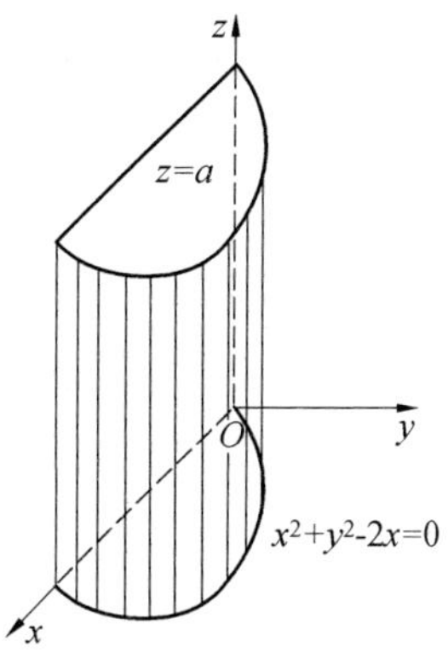

图 19

例 4 计算 $I=\iiint_{\Omega}(x^2+y^2+z)\mathrm{d}v$，其中区域 Ω 是由曲线 $\begin{cases}y^2=2z\\x=0\end{cases}$ 绕 z 轴旋转一周而成的曲面与 $z=4$ 所围成的立体图形.

解 由已知条件 $\Omega=\{(\rho,\theta,z)\mid 0\leqslant\theta\leqslant 2\pi,0\leqslant\rho\leqslant\sqrt{2z},0\leqslant z\leqslant 4\}$，于是

$$I=\iiint_{\Omega}(x^2+y^2+z)\mathrm{d}v=\int_0^4\mathrm{d}z\iint_{D_z}(x^2+y^2+z)\mathrm{d}x\mathrm{d}y$$

$$=\int_0^4\mathrm{d}z\int_0^{2\pi}\mathrm{d}\theta\int_0^{\sqrt{2z}}(\rho^2+z)\rho\mathrm{d}\rho=2\pi\int_0^4\left[\frac{1}{4}\rho^4+\frac{1}{2}\rho^2 z\right]\Big|_0^{\sqrt{2z}}\mathrm{d}z$$

$$=2\pi\int_0^4\left(z^2+\frac{1}{2}\cdot 2z^2\right)\mathrm{d}z=\frac{256}{3}\pi$$

3. 利用球坐标系计算三重积分

如图20，直角坐标 $M(x,y,z)$ 与球面坐标 (r,θ,φ) 之间的关系为

$$\begin{cases}x=r\sin\varphi\cos\theta\\y=r\sin\varphi\sin\theta\\z=r\cos\varphi\end{cases}$$

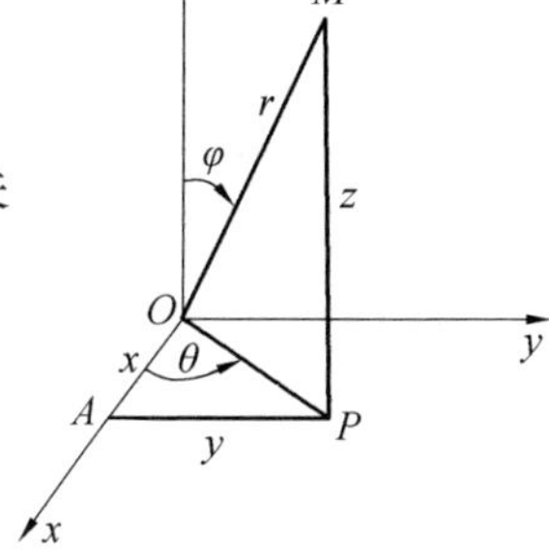

图 20

体积元素 $\mathrm{d}v=r^2\sin\varphi\mathrm{d}r\mathrm{d}\varphi\mathrm{d}\theta$.

$$\iiint_{\Omega}f(x,y,z)\mathrm{d}v=\iiint_{\Omega}f(r\sin\varphi\cos\theta,r\sin\varphi\sin\theta,r\cos\varphi)r^2\sin\varphi\mathrm{d}r\mathrm{d}\varphi\mathrm{d}\theta$$

其中 r 表示 $\overrightarrow{OM}$ 的模长，θ 表示 x 轴正向与 $\overrightarrow{OP}$ 的有向角(从 z 轴正向看逆时针方向)，φ 表示 $\overrightarrow{OM}$ 与 z 轴正向的夹角.

注 ① 适合用球面坐标计算三重积分的被积函数一般具有形式 $f(x,y,z)=g(x^2+y^2+z^2)$；② 适合用球面坐标计算三重积分的积分区域一般为球体、半球体、锥面与球面所围成的空间立体图形.

例 5 求半径为 a 的球面与半顶角为 α 的内接锥面所围成的立体图形的体积.

解 由已知 $\Omega=\{(r,\theta,\varphi)\mid 0\leqslant r\leqslant 2a\cos\varphi,0\leqslant\varphi\leqslant\alpha,0\leqslant\theta\leqslant 2\pi\}$，于是所求立体图形的体积为

$$V=\iiint_{\Omega}\mathrm{d}x\mathrm{d}y\mathrm{d}z=\iiint_{\Omega}r^2\sin\varphi\mathrm{d}r\mathrm{d}\varphi\mathrm{d}\theta=\int_0^{2\pi}\mathrm{d}\theta\int_0^{\alpha}\mathrm{d}\varphi\int_0^{2a\cos\varphi}r^2\sin\varphi\mathrm{d}r$$

$$=2\pi\int_0^{\alpha}\sin\varphi\mathrm{d}\varphi\int_0^{2a\cos\varphi}r^2\mathrm{d}r=\frac{16\pi a^3}{3}\int_0^{\alpha}\cos^3\varphi\sin\varphi\mathrm{d}\varphi$$

$$=\frac{4\pi a^3}{3}(1-\cos^4\alpha)$$

4.利用对称性和奇偶性进行计算

(1) 利用积分区域的对称性和被积函数的奇偶性

若积分区域Ω关于xOy面对称,那么

$$\iiint\limits_{\Omega}f(x,y,z)\mathrm{d}v=\begin{cases}2\iiint\limits_{\Omega_1}f(x,y,z)\mathrm{d}v, f(x,y,-z)=f(x,y,z)\\0, f(x,y,-z)=-f(x,y,z)\end{cases}$$

其中Ω_1是Ω在xOy面的上半部分.

由上述结论可见,对于三重积分的计算问题,只要看到积分区域Ω关于坐标平面具有对称性,就要想到考查被积函数或其代数和的每一部分是否具有奇偶性,以便简化计算.

(2) 利用变量的对称性

若将积分区域Ω的方程中的x和y对调后方程不变,则将被积函数中x和y对调,积分值不变,即$\iiint\limits_{\Omega}f(x,y,z)\mathrm{d}v=\iiint\limits_{\Omega}f(y,x,z)\mathrm{d}v$.

例 6 设$\Omega=\{(x,y,z)\mid x^2+y^2+z^2\leqslant 1\}$,则$\iiint\limits_{\Omega}z^2\mathrm{d}x\mathrm{d}y\mathrm{d}z=$________.

解 应填$\frac{4}{15}\pi$.

由球体Ω的轮换对称性可知

$$\iiint\limits_{\Omega}x^2\mathrm{d}x\mathrm{d}y\mathrm{d}z=\iiint\limits_{\Omega}y^2\mathrm{d}x\mathrm{d}y\mathrm{d}z=\iiint\limits_{\Omega}z^2\mathrm{d}x\mathrm{d}y\mathrm{d}z$$

于是

$$\iiint\limits_{\Omega}z^2\mathrm{d}x\mathrm{d}y\mathrm{d}z=\frac{1}{3}\iiint\limits_{\Omega}(x^2+y^2+z^2)\mathrm{d}x\mathrm{d}y\mathrm{d}z=\frac{1}{3}\int_0^{2\pi}\mathrm{d}\theta\int_0^{\pi}\mathrm{d}\varphi\int_0^1 r^2r^2\sin\varphi\mathrm{d}r=\frac{4}{15}\pi$$

例 7 计算三重积分$\iiint\limits_{\Omega}(x+z)\mathrm{d}v$,其中$\Omega$是由曲面$z=\sqrt{x^2+y^2}$与$z=\sqrt{1-x^2-y^2}$所围成的区域.

解 由于Ω关于yOz平面前后对称,而x是x的奇函数,因此$\iiint\limits_{\Omega}x\mathrm{d}v=0$. 利用球面坐标计算,于是

$$\iiint\limits_{\Omega}(x+z)\mathrm{d}v=\iiint\limits_{\Omega}z\mathrm{d}v=\int_0^{2\pi}\mathrm{d}\theta\int_0^{\frac{\pi}{4}}\mathrm{d}\varphi\int_0^1 r^2r\cos\varphi\sin\varphi\mathrm{d}r$$

$$=\frac{\pi}{2}\int_0^{\frac{\pi}{4}}\sin\varphi\cos\varphi\mathrm{d}\varphi=\frac{\pi}{4}\int_0^{\frac{\pi}{4}}\sin 2\varphi\mathrm{d}\varphi=\frac{\pi}{8}$$

例 8 设$\Omega=\{(x,y,z)\mid x^2+y^2+z^2\leqslant 1, z\geqslant 0\}$,试求$I=\iiint\limits_{\Omega}(x+2y+3z)^2\mathrm{d}x\mathrm{d}y\mathrm{d}z$.

解 $I=\iiint\limits_{\Omega}(x^2+4y^2+9z^2+4xy+12yz+6xz)\mathrm{d}x\mathrm{d}y\mathrm{d}z$.

注意到积分区域关于 xOz 坐标面对称，且 $4xy+12yz$ 关于 y 是奇函数，所以 $\iiint\limits_{\Omega}(4xy+12yz)\mathrm{d}x\mathrm{d}y\mathrm{d}z=0$. 类似地，$\iiint\limits_{\Omega}6xz\mathrm{d}x\mathrm{d}y\mathrm{d}z=0$. 不难发现，积分区域还是关于坐标轴 x 与 y 对称的. 从而 $\iiint\limits_{\Omega}x^2\mathrm{d}x\mathrm{d}y\mathrm{d}z=\iiint\limits_{\Omega}y^2\mathrm{d}x\mathrm{d}y\mathrm{d}z$. 因此，所求积分

$$I=\iiint\limits_{\Omega}(x^2+4y^2+9z^2)\mathrm{d}x\mathrm{d}y\mathrm{d}z=\frac{1}{2}\iiint\limits_{x^2+y^2+z^2\leqslant 1}(x^2+4y^2+9z^2)\mathrm{d}x\mathrm{d}y\mathrm{d}z$$

$$=\frac{7}{3}\iiint\limits_{x^2+y^2+z^2\leqslant 1}(x^2+y^2+z^2)\mathrm{d}x\mathrm{d}y\mathrm{d}z=\frac{7}{3}\int_0^{2\pi}\mathrm{d}\theta\int_0^{\pi}\mathrm{d}\varphi\int_0^1 r^2\cdot r^2\sin\varphi\mathrm{d}r=\frac{28}{15}\pi$$

三、重积分的应用

1. 空间立体的体积

以 xOy 平面上区域 D 为底，以曲面 $z=f(x,y)(f(x,y)\geqslant 0)$ 为顶的曲顶柱体的体积为 $V=\iint\limits_{D}f(x,y)\mathrm{d}\sigma$. 设立体占有空间有界闭区域为 Ω，则该立体的体积 $V=\iiint\limits_{\Omega}\mathrm{d}v$.

2. 空间曲面的面积

设曲面 S 的方程为 $z=f(x,y)$，S 在 xOy 平面的投影区域为 D_{xy}，函数 $f(x,y)$ 在 D_{xy} 上具有一阶连续偏导数，则曲面 S 的面积 $A=\iint\limits_{D_{xy}}\sqrt{1+f_x^2+f_y^2}\mathrm{d}x\mathrm{d}y$.

3. 平面薄片质量、重心、转动惯量

设有一平面薄片，占 xOy 平面上有界闭区域为 D，且在区域 D 内点 (x,y) 处的面密度为 $\mu(x,y)$，设 $\mu(x,y)$ 在区域 D 上连续，则

(1) 平面薄片的质量 $M=\iint\limits_{D}\mu(x,y)\mathrm{d}\sigma$.

(2) 平面薄片的重心坐标 $\bar{x}=\dfrac{\iint\limits_{D}x\mu(x,y)\mathrm{d}\sigma}{\iint\limits_{D}\mu(x,y)\mathrm{d}\sigma}$，$\bar{y}=\dfrac{\iint\limits_{D}y\mu(x,y)\mathrm{d}\sigma}{\iint\limits_{D}\mu(x,y)\mathrm{d}\sigma}$.

特别地，如果平面薄片是均匀的，则该平面薄片的形心坐标为

$$\bar{x}=\frac{1}{S_D}\iint\limits_{D}x\,\mathrm{d}\sigma,\ \bar{y}=\frac{1}{S_D}\iint\limits_{D}y\,\mathrm{d}\sigma$$

其中 S_D 为平面薄片的面积.

(3) 平面薄片对 x 轴、y 轴和原点的转动惯量分别为

$$I_x=\iint\limits_{D}y^2\mu(x,y)\mathrm{d}\sigma,\ I_y=\iint\limits_{D}x^2\mu(x,y)\mathrm{d}\sigma,\ I_o=\iint\limits_{D}(x^2+y^2)\mu(x,y)\mathrm{d}\sigma$$

4. 空间物体的质量、重心、转动惯量

设有一空间物体，占空间有界闭区域为 Ω，且在区域 Ω 内点 (x,y,z) 处的体密度为

$\mu(x,y,z)$，设 $\mu(x,y,z)$ 在 Ω 上连续，则

(1) 空间物体的质量 $M=\iiint\limits_{\Omega}\mu(x,y,z)\mathrm{d}v$.

(2) 空间物体的质心坐标

$$\bar{x}=\frac{\iiint\limits_{\Omega}x\mu(x,y,z)\mathrm{d}v}{\iiint\limits_{\Omega}\mu(x,y,z)\mathrm{d}v},\bar{y}=\frac{\iiint\limits_{\Omega}y\mu(x,y,z)\mathrm{d}v}{\iiint\limits_{\Omega}\mu(x,y,z)\mathrm{d}v},\bar{z}=\frac{\iiint\limits_{\Omega}z\mu(x,y,z)\mathrm{d}v}{\iiint\limits_{\Omega}\mu(x,y,z)\mathrm{d}v}$$

特别地，如果空间物体是均匀的，则该空间物体的形心坐标为

$$\bar{x}=\frac{1}{V}\iiint\limits_{\Omega}x\,\mathrm{d}v,\bar{y}=\frac{1}{V}\iiint\limits_{\Omega}y\,\mathrm{d}v,\bar{z}=\frac{1}{V}\iiint\limits_{\Omega}z\,\mathrm{d}v$$

其中 V 为空间物体的体积.

(3) 空间物体对 x 轴、y 轴、z 轴和原点的转动惯量分别为

$$I_x=\iiint\limits_{\Omega}(y^2+z^2)\mu(x,y,z)\mathrm{d}v;I_y=\iiint\limits_{\Omega}(x^2+z^2)\mu(x,y,z)\mathrm{d}v$$

$$I_z=\iiint\limits_{\Omega}(x^2+y^2)\mu(x,y,z)\mathrm{d}v;I_o=\iiint\limits_{\Omega}(x^2+y^2+z^2)\mu(x,y,z)\mathrm{d}v$$

例 9 设半径为 R 的球面 Σ 的球心在定球面 $x^2+y^2+z^2=a^2(a>0)$ 上，问当 R 为何值时，球面 Σ 在定球面内部的那部分的面积最大?

解 设球面的方程为 $x^2+y^2+(z-a)^2=R^2$，两球面的交线在 xOy 面上的投影为

$$\begin{cases}x^2+y^2=\dfrac{R^2}{4a^2}(4a^2-R^2)\\ z=0\end{cases}$$

记投影所围成平面区域为 D_{xy}，球面 Σ 在定球面内的方程为 $z=a-\sqrt{R^2-x^2-y^2}$，这部分球面的面积为

$$S(R)=\iint\limits_{D_{xy}}\sqrt{1+\left(\frac{\partial z}{\partial x}\right)^2+\left(\frac{\partial z}{\partial y}\right)^2}\,\mathrm{d}x\mathrm{d}y=\iint\limits_{D_{xy}}\frac{R}{\sqrt{R^2-x^2-y^2}}\mathrm{d}x\mathrm{d}y$$

$$=\int_0^{2\pi}\mathrm{d}\theta\int_0^{\frac{R}{2a}\sqrt{4a^2-R^2}}\frac{Rr}{\sqrt{R^2-r^2}}\mathrm{d}r=2\pi R^2-\frac{\pi R^3}{a}$$

令 $S'(R)=4\pi R-\dfrac{3\pi R^2}{a}=0$ 得到驻点 $R_1=0$(舍去)，$R_2=\dfrac{4a}{3}$，而 $S''(\dfrac{4a}{3})=-4\pi<0$，则 $R=\dfrac{4a}{3}$ 时球面 Σ 在定球面内部的那部分的面积最大.

例 10 求位于两圆 $x^2+y^2=2y$ 和 $x^2+y^2=4y$ 之间的均匀薄片的质心.

解 因为闭区域 D 对称于 y 轴，所以质心 $C(\bar{x},\bar{y})$ 必位于 y 轴上，所以 $\bar{x}=0$. 又

$$\iint\limits_{D}y\,\mathrm{d}\sigma=\iint\limits_{D}\rho^2\sin\theta\,\mathrm{d}\rho\mathrm{d}\theta=\int_0^{\pi}\sin\theta\,\mathrm{d}\theta\int_{2\sin\theta}^{4\sin\theta}\rho^2\mathrm{d}\rho=7\pi,\iint\limits_{D}\mathrm{d}\sigma=\pi\cdot2^2-\pi\cdot1^2=3\pi$$

所以

$$\bar{y}=\frac{\iint\limits_{D} y\,\mathrm{d}\sigma}{\iint\limits_{D}\mathrm{d}\sigma}=\frac{7\pi}{3\pi}=\frac{7}{3}$$

所求均匀薄片的质心是 $C(0,\frac{7}{3})$.

例 11　求由曲面 $z=x^2+2y^2$ 及 $z=6-2x^2-y^2$ 所围成的立体图形的体积.

解　如图 21,从 $\begin{cases}z=x^2+2y^2\\ z=6-2x^2-y^2\end{cases}$ 中消去 z,得交线关于 xOy 平面的投影柱面为 $x^2+y^2=2$,故积分区域

$$D=\{(x,y)\mid x^2+y^2\leqslant 2\}$$

所求立体体积

$$V=\iint\limits_{D}[(6-2x^2-y^2)-(x^2+2y^2)]\mathrm{d}\sigma$$

$$=3\iint\limits_{D}(2-x^2-y^2)\mathrm{d}\sigma=3\int_0^{2\pi}\mathrm{d}\theta\int_0^{\sqrt{2}}(2-\rho^2)\rho\mathrm{d}\rho$$

$$=3\cdot 2\pi\cdot\left(\rho^2-\frac{1}{4}\rho^4\right)\Big|_0^{\sqrt{2}}=6\pi$$

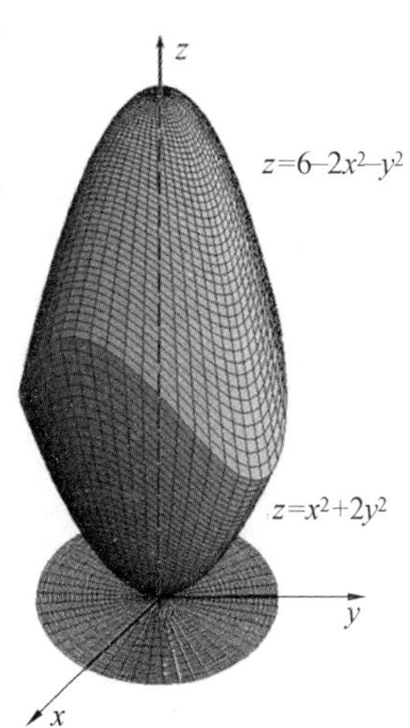

图 21

例 12　求上半球面 $x^2+y^2+z^2=a^2$ 含在柱面 $x^2+y^2=ax\,(a>0)$ 内部的面积(如图 22).

解　球面含在柱面内部部分曲面在 xOy 平面上的投影是圆盘 $D_{xy}=\{(x,y)\mid x^2+y^2\leqslant ax\}$. 由已知条件

$$z=\sqrt{a^2-x^2-y^2}$$

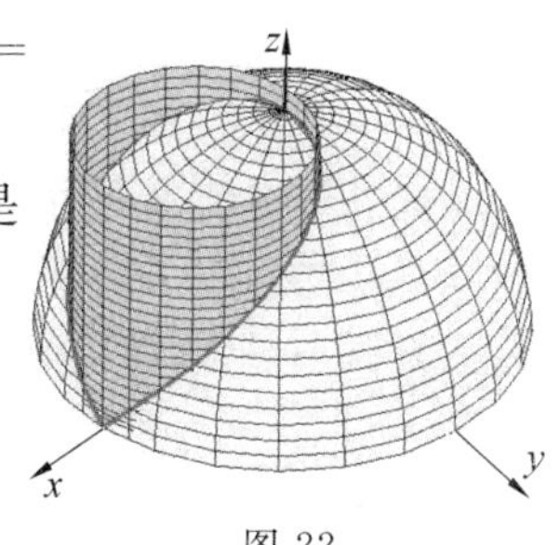

图 22

于是所求曲面面积

$$A=\iint\limits_{D_{xy}}\sqrt{1+\left(\frac{\partial z}{\partial x}\right)^2+\left(\frac{\partial z}{\partial y}\right)^2}\,\mathrm{d}x\mathrm{d}y$$

$$=\iint\limits_{D_{xy}}\sqrt{1+\left(-\frac{x}{\sqrt{a^2-x^2-y^2}}\right)^2+\left(-\frac{y}{\sqrt{a^2-x^2-y^2}}\right)^2}\,\mathrm{d}x\mathrm{d}y$$

$$=\iint\limits_{D_{xy}}\frac{a}{\sqrt{a^2-x^2-y^2}}\mathrm{d}x\mathrm{d}y=\int_{-\frac{\pi}{2}}^{\frac{\pi}{2}}\mathrm{d}\theta\int_0^{a\cos\theta}\frac{a}{\sqrt{a^2-\rho^2}}\rho\mathrm{d}\rho=a^2(\pi-2)$$

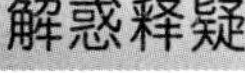

问题 1　二重积分化为累次积分时,积分顺序对计算有无影响?

答　计算 $\iint\limits_{D}f(x,y)\mathrm{d}\sigma$ 有两种不同的累次积分供选择. 一般情形下,积分顺序不同,计

算量的大小与难易也不同,有时甚至差别很大.例如,计算积分$\iint\limits_D \frac{\cos x}{x+1}\mathrm{d}\sigma$,其中$D=\{(x,y)\mid x^2\leqslant y\leqslant 1,0\leqslant x\leqslant 1\}$,则

$$\iint\limits_D \frac{\cos x}{x+1}\mathrm{d}\sigma=\int_0^1\mathrm{d}x\int_{x^2}^1\frac{\cos x}{x+1}\mathrm{d}y=\int_0^1(1-x)\cos x\mathrm{d}x=1-\cos 1$$

但如果换为先对x积分再对y积分,则无法按照常规方法算出结果.

问题 2　利用二重积分的对称性质简化计算,需要考虑哪些因素?

答　(1) 对于形式较为简单的二重积分,首先考查被积函数关于各个自变量是否存在奇偶性;然后考查积分区域关于坐标轴或坐标原点是否存在对称性.

(2) 对于形式较为复杂的二重积分,可以利用二重积分的性质(如线性性质、积分区域的可加性)进行必要的化简,可对被积函数进行拆分,也可对积分区域重新划分使其具有相应的对称性.

问题 3　在利用对称性计算二重积分时,用坐标轴划分积分区域是否最为简单?若不是,举例说明.

答　不是,需要观察被积函数和积分区域的特点,根据需要划分区域.例如:

计算$\iint\limits_D xy\sqrt{1+x^2-y^2}\,\mathrm{d}\sigma$,其中$D$是由直线$x=-1$,$y=1$及$y=x$所围成的闭区域,如图23所示.易见,被积函数$xy\sqrt{1+x^2-y^2}$关于自变量$x$和$y$都是奇函数.

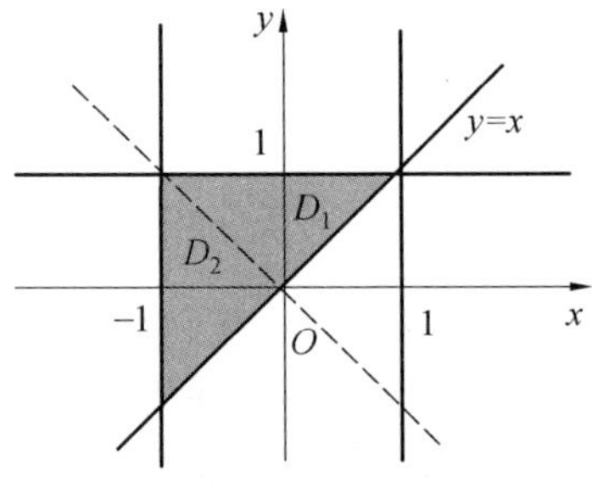

图 23

若对积分区域D添加辅助线$y=-x$(图中虚线),可将区域分割为两个对称的区域,即D_1关于y轴对称,D_2关于x轴对称,根据二重积分的对称性可知

$$\iint\limits_D xy\sqrt{1+x^2-y^2}\,\mathrm{d}\sigma=\iint\limits_{D_1} xy\sqrt{1+x^2-y^2}\,\mathrm{d}\sigma+\iint\limits_{D_2} xy\sqrt{1+x^2-y^2}\,\mathrm{d}\sigma=0$$

问题 4　在什么条件下,利用极坐标计算二重积分较为方便?

答　有些二重积分虽然是以直角坐标的形式表示的,例如积分区域D为圆域、扇形域或圆环域,且被积函数表达式含有x^2+y^2时,用直角坐标计算相对麻烦,有些甚至无法计算,此时可优先考虑用极坐标计算该二重积分.

问题 5　对于重积分,有无相应的"微元法"?

答　在定积分的应用中,我们提出了在解决实际问题中最常用的一种方法:微元法.这一方法也可类似推广到重积分的情形:设某所求量Φ分布在平面区域D(或空间区域V),且Φ关于区域具有代数可加性.若在点(x,y)(或(x,y,z))处的任一微小区域上,Φ的微元量$\Delta\Phi$可以近似表示为

$$\mathrm{d}\Phi=f(x,y)\mathrm{d}\sigma(\text{或 }\mathrm{d}\Phi=f(x,y,z)\mathrm{d}V)$$

其中$\mathrm{d}\sigma$(或$\mathrm{d}V$)为该微小区域的面积(或体积)微元,且$\Delta\Phi-\mathrm{d}\Phi$是比$\mathrm{d}\sigma$(或$\mathrm{d}V$)高阶的无穷小,则$\Phi$在整个区域$D$(或$V$)上的值可用重积分表示为

$$\Phi=\iint_D f(x,y)\mathrm{d}\sigma(\text{或}\iiint_V f(x,y,z)\mathrm{d}V)$$

当某所求量Φ与平面区域(或空间区域)有关,但Φ关于区域不具有可加性时,我们回到积分的"分割、近似求和、取极限"的思想上来处理.例如:求物体的质心.通过将物体分成小块,将每一小块近似看作质点,再用已学过的有限个质点质心的计算方法,得到质心坐标的近似值,最后利用极限即得所求量.

问题6 能否利用计算空间曲面的面积的算法类似地去计算曲线的弧长?

答 可以.下面仅以 $y=f(x),x\in[a,b]$ 确定的曲线段 C 进行说明.

假设 $f(x)$ 在$[a,b]$上连续可微且$\Delta x>0$,在小区间$[x,x+\Delta x]$上,过点作C的切线 $Y-f(x)=f'(x)(X-x)$,则 $\mathrm{d}Y=f'(x)\mathrm{d}X,\mathrm{d}X=\Delta x$,该切线介于$[x,x+\Delta x]$的一段长度为 $\Delta's=\sqrt{(\mathrm{d}X)^2+(\mathrm{d}Y)^2}=\sqrt{1+[f'(x)]^2}\,\Delta x$,从而$C$上介于$[x,x+\Delta x]$的一段长度为 $\Delta's\approx\sqrt{1+[f'(x)]^2}\,\Delta x$.于是根据微元法,曲线段的弧长 $s=\int_a^b\sqrt{1+[f'(x)]^2}\,\mathrm{d}x$.

习题精练

1.(1) 设函数 $f(x,y)$ 连续,则二次积分$\int_{\frac{\pi}{2}}^{\pi}\mathrm{d}x\int_{\sin x}^{1}f(x,y)\mathrm{d}y$ 等于(　　).

(A)$\int_0^1\mathrm{d}y\int_{\pi+\arcsin y}^{\pi}f(x,y)\mathrm{d}x$　　(B)$\int_0^1\mathrm{d}y\int_{\pi-\arcsin y}^{\pi}f(x,y)\mathrm{d}x$

(C)$\int_0^1\mathrm{d}y\int_{\frac{\pi}{2}}^{\pi+\arcsin y}f(x,y)\mathrm{d}x$　　(D)$\int_0^1\mathrm{d}y\int_{\frac{\pi}{2}}^{\pi-\arcsin y}f(x,y)\mathrm{d}x$

(2) 设 $f(x,y)$ 为连续函数,则$\int_0^{\frac{\pi}{4}}\mathrm{d}\theta\int_0^1 f(r\cos\theta,r\sin\theta)r\mathrm{d}r$ 等于(　　).

(A)$\int_0^{\frac{\sqrt{2}}{2}}\mathrm{d}x\int_x^{\sqrt{1-x^2}}f(x,y)\mathrm{d}y$　　(B)$\int_0^{\frac{\sqrt{2}}{2}}\mathrm{d}x\int_0^{\sqrt{1-x^2}}f(x,y)\mathrm{d}y$

(C)$\int_0^{\frac{\sqrt{2}}{2}}\mathrm{d}y\int_y^{\sqrt{1-y^2}}f(x,y)\mathrm{d}x$　　(D)$\int_0^{\frac{\sqrt{2}}{2}}\mathrm{d}y\int_0^{\sqrt{1-y^2}}f(x,y)\mathrm{d}x$

(3) 设 $f(x,y)$ 是连续函数,则$\int_0^1\mathrm{d}y\int_{-\sqrt{1-y^2}}^{1-y}f(x,y)\mathrm{d}x=$(　　).

(A)$\int_0^1\mathrm{d}x\int_0^{x-1}f(x,y)\mathrm{d}y+\int_{-1}^0\mathrm{d}x\int_0^{\sqrt{1-x^2}}f(x,y)\mathrm{d}y$

(B)$\int_0^1\mathrm{d}x\int_0^{1-x}f(x,y)\mathrm{d}y+\int_{-1}^0\mathrm{d}x\int_{-\sqrt{1-x^2}}^0 f(x,y)\mathrm{d}y$

(C)$\int_0^{\frac{\pi}{2}}\mathrm{d}\theta\int_0^{\frac{1}{\cos\theta+\sin\theta}}f(r\cos\theta,r\sin\theta)\mathrm{d}r+\int_{\frac{\pi}{2}}^{\pi}\mathrm{d}\theta\int_0^1 f(r\cos\theta,r\sin\theta)\mathrm{d}r$

(D)$\int_0^{\frac{\pi}{2}}\mathrm{d}\theta\int_0^{\frac{1}{\cos\theta+\sin\theta}}f(r\cos\theta,r\sin\theta)r\mathrm{d}r+\int_{\frac{\pi}{2}}^{\pi}\mathrm{d}\theta\int_0^1 f(r\cos\theta,r\sin\theta)r\mathrm{d}r$

(4) 如图 24，正方形$\{(x,y)\mid |x|\leqslant 1,|y|\leqslant 1\}$被其对角线划分为四个区域 $D_k(k=1,2,3,4)$，$I_k=\iint\limits_{D_k} y\cos x\,\mathrm{d}x\mathrm{d}y$，则$\max\limits_{k=1,2,3,4}\{I_k\}=($　　$)$.

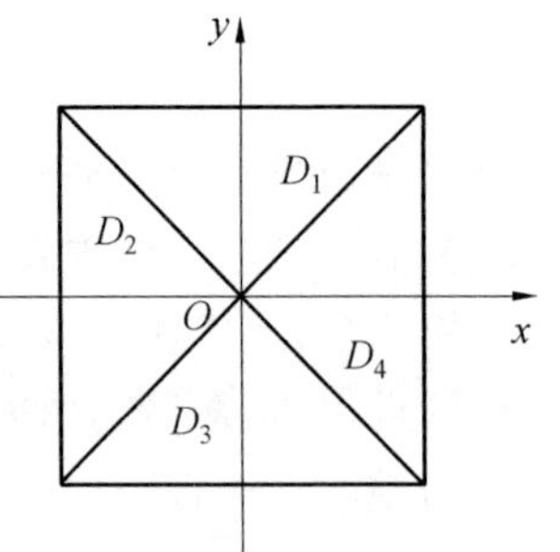

图 24

(A) I_1　　(B) I_2

(C) I_3　　(D) I_4

(5) 设Ω由圆柱面$x^2+y^2=4$与圆锥面$z=\sqrt{x^2+y^2}$及xOy面围成的空间区域，则$\iiint\limits_{\Omega}(x^2+y^2)\mathrm{d}v=($　　$)$.

(A) $\int_0^{2\pi}\mathrm{d}\theta\int_0^2\mathrm{d}r\int_r^2 4r\mathrm{d}z$　　(B) $\int_0^{2\pi}\mathrm{d}\theta\int_0^2\mathrm{d}r\int_r^2 r^3\mathrm{d}z$

(C) $\int_0^{2\pi}\mathrm{d}\theta\int_0^2\mathrm{d}r\int_0^r r^3\mathrm{d}z$　　(D) $\int_0^{2\pi}\mathrm{d}\theta\int_0^2\mathrm{d}r\int_0^2 r^3\mathrm{d}z$

2. 计算下列二重积分：

(1) $\iint\limits_D xy\sqrt{1+y^2}\,\mathrm{d}x\mathrm{d}y, D=\{(x,y)\mid 1\leqslant x\leqslant 2,0\leqslant y\leqslant\sqrt{3}\}$；

(2) $\iint\limits_D x\sin(x+y)\mathrm{d}x\mathrm{d}y, D=\left\{(x,y)\mid 0\leqslant x\leqslant\frac{\pi}{6},0\leqslant y\leqslant\frac{\pi}{3}\right\}$；

(3) $\iint\limits_D \frac{1}{x+y}\mathrm{d}x\mathrm{d}y, D=\{(x,y)\mid 1\leqslant x\leqslant 2,0\leqslant y\leqslant 1\}$.

3. 计算$\iint\limits_D\arctan\frac{y}{x}\mathrm{d}\sigma$，其中 D 是由圆周$x^2+y^2=4$，$x^2+y^2=1$及直线$y=0$，$y=x$所围成的在第一象限内的闭区域.

4. 计算以xOy平面上，由$x^2+y^2=ax$所围成的闭区域为底，而以曲面$z=x^2+y^2$为顶的曲顶柱体的体积.

5. 计算$I=\iint\limits_D\sin\sqrt{x^2+y^2}\,\mathrm{d}x\mathrm{d}y$，其中 D 为以原点为中心，分别以π与2π为半径的二同心圆之间的部分.

6. 设积分区域$D=\{(x,y)\mid 0\leqslant x\leqslant 1,0\leqslant y\leqslant 1\}$，计算$\iint\limits_D\frac{1}{(1+x^2+y^2)^{3/2}}\mathrm{d}x\mathrm{d}y$.

7. 计算$I=\iint\limits_D|x^2+y^2-2|\,\mathrm{d}x\mathrm{d}y$，其中 D 为圆形闭区域$x^2+y^2\leqslant 3$.

8. 计算下列三重积分：

(1) $\iiint\limits_V\frac{\mathrm{d}x\mathrm{d}y\mathrm{d}z}{(1+x+y+z)^3}$，其中$V$是由$x+y+z=1$与三个坐标面所围成的空间区域；

(2) $\iiint\limits_V y\cos(x+z)\mathrm{d}x\mathrm{d}y\mathrm{d}z$，其中$V$是由$y=\sqrt{x}$，$y=0$，$z=0$及$x+z=\frac{\pi}{2}$所围成的空间区域.

9. 计算$I=\iiint\limits_{\Omega}z\mathrm{d}v$，其中$\Omega$是由柱面$y^2+z^2=1$，平面$y=x$，$z=0$及$x=0$所围成的在

第一象限内的闭区域.

10. 利用柱面坐标计算三重积分$\iiint\limits_{\Omega} z\mathrm{d}x\mathrm{d}y\mathrm{d}z$,其中$\Omega$是由曲面$z=x^2+y^2$与平面$z=4$所围成的闭区域.

11. 计算$I=\iiint\limits_{\Omega} z\sqrt{x^2+y^2}\mathrm{d}v$,其中$\Omega$是由圆锥面$x^2+y^2=z^2$和平面$z=1$围成.

12. 计算$I=\iiint\limits_{\Omega} z\mathrm{d}x\mathrm{d}y\mathrm{d}z$,其中$\Omega$为半球体$x^2+y^2+z^2\leqslant 1,z\geqslant 0$.

13. 设$\Omega=\{(x,y,z):x^2+y^2+z^2\leqslant 1,z\geqslant 0\}$,求$\iiint\limits_{\Omega}(2x^2+3y^2+5z^2)\mathrm{d}v$.

14. 计算$I=\iiint\limits_{\Omega} x^2z\mathrm{d}v$,其中$\Omega$是由$x^2+y^2+z^2=2(z>0)$及$z=x^2+y^2$所围成的闭区域.

15. 计算$\iiint\limits_{\Omega} 2z\mathrm{d}v$,其中$\Omega$是由球面$x^2+y^2+z^2=1,x^2+y^2+z^2=4$与锥面$z^2=x^2+y^2$所围成位于$z\geqslant 0$部分的闭区域.

16. 设$D=\{(x,y)\mid |x|\leqslant y,(x^2+y^2)^3\leqslant y^4\}$,求$\iint\limits_{D}\frac{x+y}{\sqrt{x^2+y^2}}\mathrm{d}x\mathrm{d}y$.

17. 设$f(t)$为连续函数,$D=\{(x,y)\mid |x|\leqslant \frac{A}{2},|y|\leqslant \frac{A}{2}\}$,证明

$$\iint\limits_{\Omega} f(x-y)\mathrm{d}x\mathrm{d}y=\int_{-A}^{A}f(t)(A-|t|)\mathrm{d}t$$

18. 设Ω是由锥面$x^2+(y-z)^2=(1-z)^2(0\leqslant z\leqslant 1)$与平面$z=0$围成的锥体,求$\Omega$的形心坐标.

19. 设薄片型物体S是圆锥面$z=\sqrt{x^2+y^2}$被柱面$z^2=2x$割下的有限部分,其上任一点的密度为$\mu(x,y,z)=9\sqrt{x^2+y^2+z^2}$. 记圆锥面与柱面的交线为$C$.

(1) 求C在xOy平面上的投影曲线的方程;

(2) 求S的质量.

20. 设$V=\left\{(x,y,z)\,\middle|\,\frac{x^2}{a^2}+\frac{y^2}{b^2}+\frac{z^2}{c^2}\leqslant 1\right\}$,计算下列积分:

(1) $\iiint\limits_{V}\sqrt{1-\frac{x^2}{a^2}-\frac{y^2}{b^2}-\frac{z^2}{c^2}}\mathrm{d}x\mathrm{d}y\mathrm{d}z$; (2) $\iiint\limits_{V}\mathrm{e}^{\sqrt{\frac{x^2}{a^2}+\frac{y^2}{b^2}+\frac{z^2}{c^2}}}\mathrm{d}x\mathrm{d}y\mathrm{d}z$.

习题解析

1. (1) 应选(B). 由题设可知,$\frac{\pi}{2}\leqslant x\leqslant \pi,\sin x\leqslant y\leqslant 1$,则$0\leqslant y\leqslant 1,\pi-\arcsin y\leqslant x\leqslant \pi$.

(2) 应选(C). 由$D=\left\{(r,\theta)\,\middle|\,0\leqslant \theta\leqslant \frac{\pi}{4},0\leqslant r\leqslant 1\right\}$可得$D=\{(x,y)\mid 0\leqslant y\leqslant$

$\frac{\sqrt{2}}{2}, y \leqslant x \leqslant \sqrt{1-y^2}\}$.

(3) 应选(D). 在直角坐标系中交换积分次序可得

$$\int_0^1 dy \int_{-\sqrt{1-y^2}}^{1-y} f(x,y)dx = \int_{-1}^0 dx \int_0^{\sqrt{1-x^2}} f(x,y)dy + \int_0^1 dx \int_0^{1-x} f(x,y)dy$$

显然(A),(B) 均不对.

改为极坐标变换时,$x+y=1$ 的极坐标方程是 $r=\frac{1}{\sin\theta+\cos\theta}$,于是选(D).

(4) 应选(A). 由于 D_2 与 D_4 两区域关于 x 轴对称,被积函数是关于 y 的奇函数,所以 $I_2=I_4=0$. D_1 与 D_3 两区域关于 y 轴对称,被积函数是关于 x 的偶函数. 当 $(x,y)\in D_1$ 时,$y\cos x \geqslant 0$;当 $(x,y)\in D_3$ 时,$y\cos x \leqslant 0$. 因此 $I_1=\iint\limits_{D_1} y\cos x\,dx\,dy > 0$, $I_3=\iint\limits_{D_3} y\cos x\,dx\,dy < 0$.

(5) 应选(C). 因为 Ω 在 xOy 面上的投影区域为 $\{(x,y)\mid x^2+y^2\leqslant 4\}$,所以 $\Omega=\{(r,\theta,z)\mid 0\leqslant\theta\leqslant 2\pi, 0\leqslant r\leqslant 2, 0\leqslant z\leqslant r\}$,故 $\iiint\limits_{\Omega}(x^2+y^2)dv=\int_0^{2\pi}d\theta\int_0^2 dr\int_0^r r^3 dz$.

2. (1) $\iint\limits_D xy\sqrt{1+y^2}\,dx\,dy=\frac{1}{2}\int_1^2\int_0^{\sqrt{3}} x\sqrt{1+y^2}\,d(1+y^2)dx=\frac{7}{3}\int_1^2 x\,dx=\frac{7}{2}$;

(2)
$$\begin{aligned}\iint\limits_D x\sin(x+y)dx\,dy &= \int_0^{\frac{\pi}{3}}\int_0^{\frac{\pi}{6}} x\sin(x+y)dx\,dy\\ &= \int_0^{\frac{\pi}{3}}\left([-x\cos(x+y)]\Big|_0^{\frac{\pi}{6}}+\int_0^{\frac{\pi}{6}}\cos(x+y)dx\right)dy\\ &= \int_0^{\frac{\pi}{3}}\left(-\frac{\pi}{6}\cos\left(\frac{\pi}{6}+y\right)+\sin\left(\frac{\pi}{6}+y\right)-\sin y\right)dy\\ &= \frac{\sqrt{3}-1}{2}-\frac{\pi}{12};\end{aligned}$$

(3)
$$\begin{aligned}\iint\limits_D \frac{1}{x+y}dx\,dy &= \int_0^1\int_1^2 \frac{1}{x+y}dx\,dy=\int_0^1[\ln(x+y)]\Big|_1^2 dy\\ &= \int_0^1(\ln(2+y)-\ln(1+y))dy=\ln\frac{27}{16}.\end{aligned}$$

3. 在极坐标下 $D=\{(\rho,\theta)\mid 0\leqslant\theta\leqslant\frac{\pi}{4}, 1\leqslant\rho\leqslant 2\}$,所以

$$\iint\limits_D \arctan\frac{y}{x}d\sigma=\iint\limits_D \arctan(\tan\theta)\cdot\rho d\rho d\theta=\iint\limits_D \theta\cdot\rho d\rho d\theta=\int_0^{\frac{\pi}{4}}\theta d\theta\int_1^2\rho d\rho=\frac{3\pi^2}{64}$$

4. 设曲顶柱体在 xOy 面上的投影区域为 $D=\{(x,y)\mid x^2+y^2\leqslant ax\}$. 在极坐标下 $D=\{(\rho,\theta)\mid -\frac{\pi}{2}\leqslant\theta\leqslant\frac{\pi}{2}, 0\leqslant\rho\leqslant a\cos\theta\}$,所以

$$V=\iint\limits_{x^2+y^2\leqslant ax}(x^2+y^2)dx\,dy=\int_{-\frac{\pi}{2}}^{\frac{\pi}{2}}d\theta\int_0^{a\cos\theta}\rho^2\cdot\rho d\rho=\frac{a^4}{4}\int_{-\frac{\pi}{2}}^{\frac{\pi}{2}}\cos^4\theta d\theta=\frac{3}{32}a^4\pi$$

5. D 可表示为 D: $0\leqslant\theta\leqslant 2\pi, \pi\leqslant r\leqslant 2\pi$. 于是

$$I=\iint\limits_{D}\sin\sqrt{x^2+y^2}\,dx\,dy=\int_0^{2\pi}d\theta\int_{\pi}^{2\pi}\rho\sin\rho\,d\rho$$
$$=2\pi(-\rho\cos\rho+\sin\rho)\Big|_{\pi}^{2\pi}=-6\pi^2$$

6. 如图 25 所示，用直线 $y=x$ 将积分区域分割成 D_1 和 D_2，被积函数中含有 x^2+y^2，因此，采用极坐标进行计算. D_1 和 D_2 在极坐标系下可表示为

$$D_1=\{(\rho,\theta)\mid 0\leqslant\theta\leqslant\frac{\pi}{4},0\leqslant\rho\leqslant\frac{1}{\cos\theta}\}$$

$$D_2=\{(\rho,\theta)\mid \frac{\pi}{4}\leqslant\theta\leqslant\frac{\pi}{2},0\leqslant\rho\leqslant\frac{1}{\sin\theta}\}$$

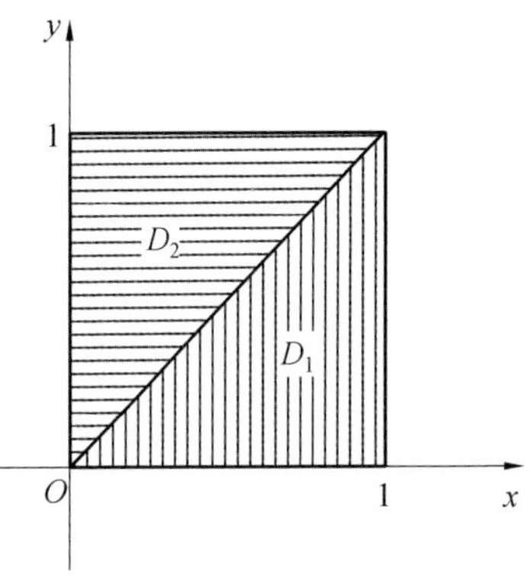

图 25

于是

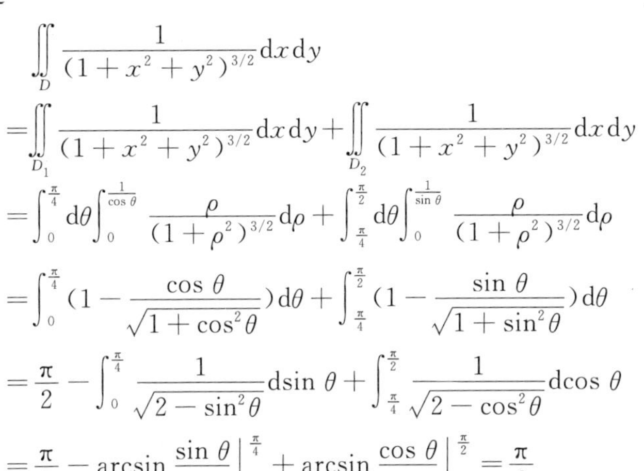

$$\iint\limits_{D}\frac{1}{(1+x^2+y^2)^{3/2}}dx\,dy$$
$$=\iint\limits_{D_1}\frac{1}{(1+x^2+y^2)^{3/2}}dx\,dy+\iint\limits_{D_2}\frac{1}{(1+x^2+y^2)^{3/2}}dx\,dy$$
$$=\int_0^{\frac{\pi}{4}}d\theta\int_0^{\frac{1}{\cos\theta}}\frac{\rho}{(1+\rho^2)^{3/2}}d\rho+\int_{\frac{\pi}{4}}^{\frac{\pi}{2}}d\theta\int_0^{\frac{1}{\sin\theta}}\frac{\rho}{(1+\rho^2)^{3/2}}d\rho$$
$$=\int_0^{\frac{\pi}{4}}(1-\frac{\cos\theta}{\sqrt{1+\cos^2\theta}})d\theta+\int_{\frac{\pi}{4}}^{\frac{\pi}{2}}(1-\frac{\sin\theta}{\sqrt{1+\sin^2\theta}})d\theta$$
$$=\frac{\pi}{2}-\int_0^{\frac{\pi}{4}}\frac{1}{\sqrt{2-\sin^2\theta}}d\sin\theta+\int_{\frac{\pi}{4}}^{\frac{\pi}{2}}\frac{1}{\sqrt{2-\cos^2\theta}}d\cos\theta$$
$$=\frac{\pi}{2}-\arcsin\frac{\sin\theta}{\sqrt{2}}\Big|_0^{\frac{\pi}{4}}+\arcsin\frac{\cos\theta}{\sqrt{2}}\Big|_{\frac{\pi}{4}}^{\frac{\pi}{2}}=\frac{\pi}{6}$$

7. 令 $x^2+y^2-2=0$，即曲线 $x^2+y^2=2$ 将区域 D 分为 D_1 和 D_2，其中 $D_1=\{(x,y)\mid x^2+y^2\leqslant 2\}$，$D_2=\{(x,y)\mid 2\leqslant x^2+y^2\leqslant 3\}$，如图 26 所示，则

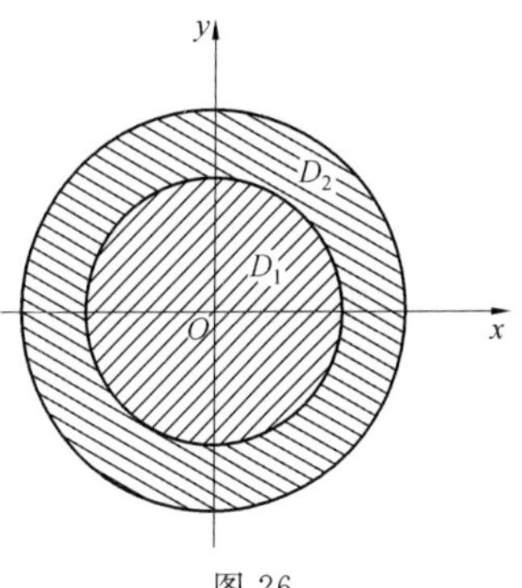

图 26

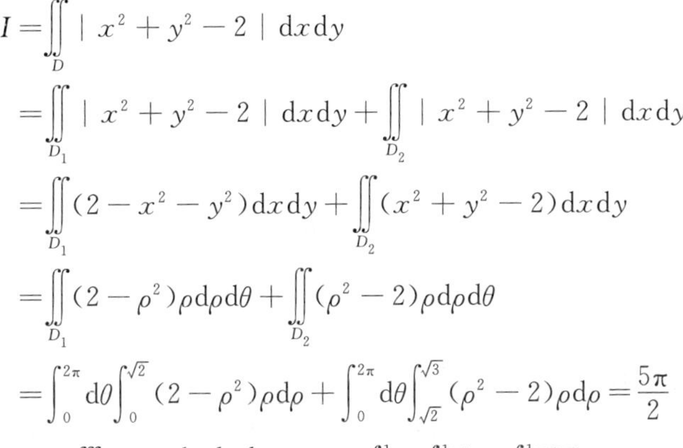

$$I=\iint\limits_{D}|x^2+y^2-2|\,dx\,dy$$
$$=\iint\limits_{D_1}|x^2+y^2-2|\,dx\,dy+\iint\limits_{D_2}|x^2+y^2-2|\,dx\,dy$$
$$=\iint\limits_{D_1}(2-x^2-y^2)dx\,dy+\iint\limits_{D_2}(x^2+y^2-2)dx\,dy$$
$$=\iint\limits_{D_1}(2-\rho^2)\rho\,d\rho\,d\theta+\iint\limits_{D_2}(\rho^2-2)\rho\,d\rho\,d\theta$$
$$=\int_0^{2\pi}d\theta\int_0^{\sqrt{2}}(2-\rho^2)\rho\,d\rho+\int_0^{2\pi}d\theta\int_{\sqrt{2}}^{\sqrt{3}}(\rho^2-2)\rho\,d\rho=\frac{5\pi}{2}$$

8. (1) $\iiint\limits_{V}\frac{dx\,dy\,dz}{(1+x+y+z)^3}=\int_0^1 dz\int_0^{1-z}dx\int_0^{1-x-z}\frac{dy}{(1+x+y+z)^3}=\frac{1}{2}(\ln 2-\frac{5}{8})$；

(2) $\iiint\limits_V y\cos(x+z)\mathrm{d}x\mathrm{d}y\mathrm{d}z=\int_0^{\frac{\pi}{2}}\mathrm{d}x\int_0^{\sqrt{x}}y\mathrm{d}y\int_0^{\frac{\pi}{2}-x}\cos(x+z)\mathrm{d}z=\frac{\pi^2}{16}-\frac{1}{2}$.

9. 解法 1：如图 27 所示，将 Ω 向 xOy 面投影，得到由直线 $y=1,y=x$ 及 $x=0$ 围成的三角形区域 D，宜采用直角坐标. 过 D 内任一点作平行于 z 轴的直线，该直线通过平面 $z=0$ 穿入 Ω 内，然后通过柱面 $y^2+z^2=1$ 穿出 Ω，得 $0\leqslant z\leqslant\sqrt{1-y^2}$，故 Ω 可表示为

$$\Omega=\{(x,y,z)\mid 0\leqslant z\leqslant\sqrt{1-y^2},0\leqslant x\leqslant y,0\leqslant y\leqslant 1\}$$

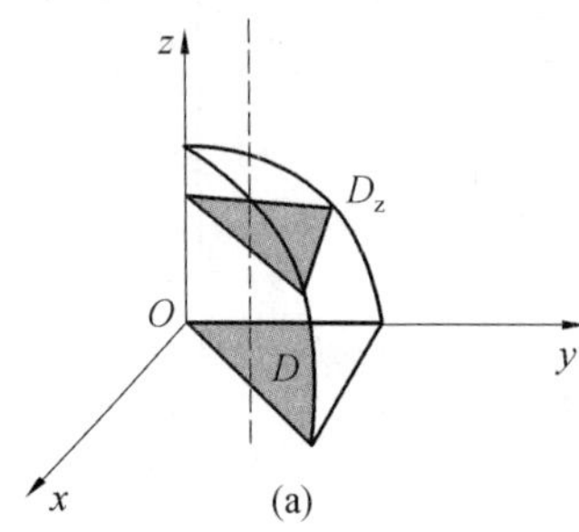

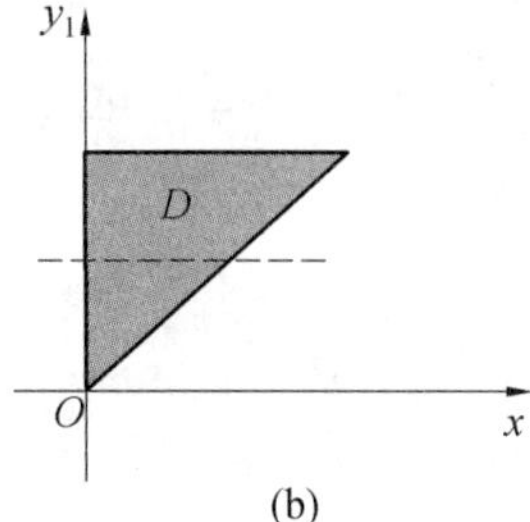

图 27

于是

$$I=\iiint\limits_\Omega z\mathrm{d}v=\int_0^1\mathrm{d}y\int_0^y\mathrm{d}x\int_0^{\sqrt{1-y^2}}z\mathrm{d}z=\int_0^1\mathrm{d}y\int_0^y\frac{1}{2}(1-y^2)\mathrm{d}x$$

$$=\frac{1}{2}\int_0^1(y-y^3)\mathrm{d}y=\frac{1}{2}\left[\frac{1}{2}y^2-\frac{1}{4}y^4\right]\Big|_0^1=\frac{1}{8}$$

解法 2："先二后一"法，即先求关于某两个变量的二重积分，在求关于另一个变量的定积分. 注意到被积函数与 x，y 无关，在积分区域 Ω 中作平行于 xOy 面的平面与 Ω 相交得一等腰直角三角形. 对 $0\leqslant z\leqslant 1$，所截得三角域为 D_z（图 27），两直角边长都为 $\sqrt{1-z^2}$，于是

$$I=\iiint\limits_\Omega z\mathrm{d}v=\int_0^1 z\mathrm{d}z\iint\limits_{D_z}\mathrm{d}x\mathrm{d}y=\int_0^1\frac{1}{2}(1-z^2)z\mathrm{d}z=\frac{1}{2}\int_0^1(z-z^3)\mathrm{d}z$$

$$=\frac{1}{2}\left[\frac{1}{2}z^2-\frac{1}{4}z^4\right]\Big|_0^1=\frac{1}{8}$$

10. 闭区域 Ω 可表示为：$\rho^2\leqslant z\leqslant 4,0\leqslant\rho\leqslant 2,0\leqslant\theta\leqslant 2\pi$，于是

$$\iiint\limits_\Omega z\mathrm{d}x\mathrm{d}y\mathrm{d}z=\iiint\limits_\Omega z\rho\,\mathrm{d}\rho\mathrm{d}\theta\mathrm{d}z=\int_0^{2\pi}\mathrm{d}\theta\int_0^2\rho\mathrm{d}\rho\int_{\rho^2}^4 z\mathrm{d}z$$

$$=\frac{1}{2}\int_0^{2\pi}\mathrm{d}\theta\int_0^2\rho(16-\rho^4)\mathrm{d}\rho=\frac{64\pi}{3}$$

11. 解法 1：如图 28，圆锥面方程 $x^2+y^2=z^2$ 可化为 $z=\rho$. 将 Ω 投影 xOy 平面内，得圆域 D：$0\leqslant\theta\leqslant 2\pi,0\leqslant\rho\leqslant 1$，在 D 内任取一点，作平行于 z 轴的直线交 Ω 于上下两个曲面 $\rho\leqslant z\leqslant 1$，故 Ω 表示为：Ω：$0\leqslant\theta\leqslant 2\pi,0\leqslant\rho\leqslant 1,\rho\leqslant z\leqslant 1$，于是

$$I=\iiint\limits_\Omega z\sqrt{x^2+y^2}\mathrm{d}v=\int_0^{2\pi}\mathrm{d}\theta\int_0^1\rho^2\mathrm{d}\rho\int_\rho^1 z\mathrm{d}z$$

$$=2\pi\int_0^1\rho^2\ \frac{1}{2}(1-\rho^2)\mathrm{d}\rho=\pi\left(\frac{1}{3}\rho^3-\frac{1}{5}\rho^5\right)\Big|_0^1$$

$$=\frac{2}{15}\pi$$

解法 2:如图 28 所示,作平行于 xOy 坐标面的平面截空间区域 Ω 所的平面区域 D_z,于是

$$I=\iiint\limits_{\Omega}z\sqrt{x^2+y^2}\,\mathrm{d}v=\int_0^1\mathrm{d}z\iint\limits_{D_z}z\sqrt{x^2+y^2}\,\mathrm{d}x\mathrm{d}y$$

$$=\int_0^1 z\mathrm{d}z\int_0^{2\pi}\mathrm{d}\theta\int_0^z\rho^2\mathrm{d}\rho=\frac{2}{3}\pi\int_0^1 z^4\mathrm{d}z=\frac{2}{15}\pi$$

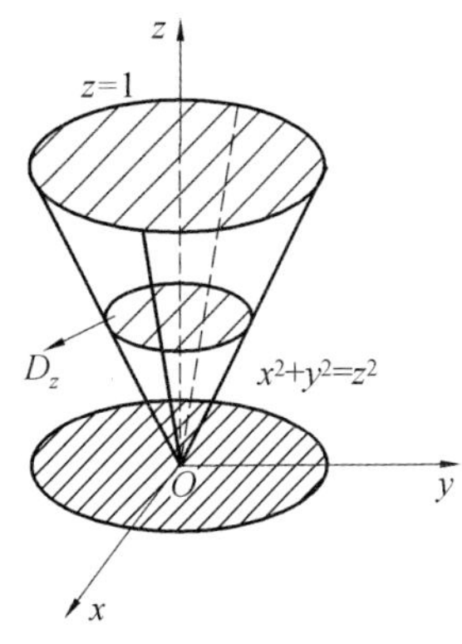

图 28

12. 解法 1:如图 29,将 Ω 投影 xOy 平面内,得圆域 D:$0\leqslant\theta\leqslant2\pi,0\leqslant\rho\leqslant1$,在 D 内任取一点,作平行于 z 轴的直线交 Ω 于上下两个曲面 $0\leqslant z\leqslant\sqrt{1-\rho^2}$,于是 Ω:$0\leqslant\theta\leqslant2\pi,0\leqslant\rho\leqslant1,0\leqslant z\leqslant\sqrt{1-\rho^2}$,故

$$I=\int_0^{2\pi}\mathrm{d}\theta\int_0^1\rho\mathrm{d}\rho\int_0^{\sqrt{1-\rho^2}}z\mathrm{d}z=2\pi\int_0^1\rho\left[\frac{1}{2}z^2\right]\Big|_0^{\sqrt{1-\rho^2}}\mathrm{d}\rho$$

$$=2\pi\int_0^1\frac{1}{2}\rho(1-\rho^2)\mathrm{d}\rho=\pi\left[\frac{\rho^2}{2}-\frac{\rho^4}{4}\right]\Big|_0^1=\frac{\pi}{4}$$

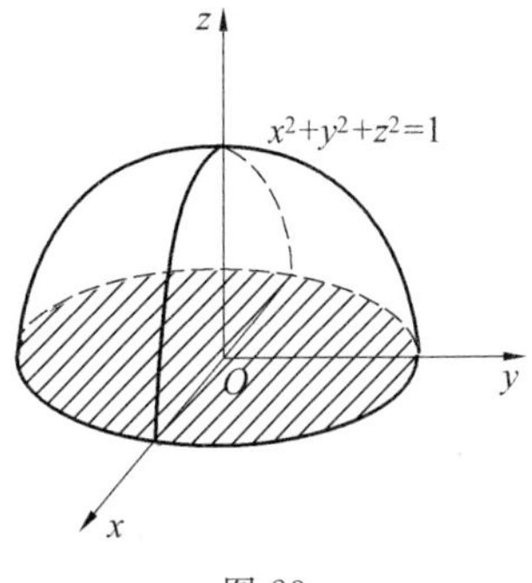

图 29

解法 2:利用球面坐标计算.将 Ω 投影 xOy 平面内,得圆域,故 $0\leqslant\theta\leqslant2\pi$,在 $[0,2\pi]$ 内任取一角,作过 z 轴的半平面,交 Ω 于 $\frac{1}{4}$ 圆,故 φ 的取值范围 $[0,\frac{\pi}{2}]$,再在 $[0,\frac{\pi}{2}]$ 内任取一角,作从原点出发的射线,可得 $0\leqslant r\leqslant1$,于是区域 Ω 可表示为 Ω:$0\leqslant\theta\leqslant2\pi,0\leqslant\varphi\leqslant\frac{\pi}{2},0\leqslant r\leqslant1$,故

$$I=\iiint\limits_{\Omega}z\mathrm{d}x\mathrm{d}y\mathrm{d}z=\int_0^{2\pi}\mathrm{d}\theta\int_0^{\frac{\pi}{2}}\cos\varphi\sin\varphi\mathrm{d}\varphi\int_0^1 r^3\mathrm{d}r$$

$$=2\pi\left[\frac{1}{2}\sin^2\varphi\right]\Big|_0^{\frac{\pi}{2}}\left[\frac{1}{4}r^4\right]\Big|_0^1=2\pi\cdot\frac{1}{2}\cdot\frac{1}{4}=\frac{\pi}{4}$$

解法 3:由于平行于 xOy 坐标面的平面截空间区域 Ω 所的平面区域 D_z 是一个半径为 z 的圆盘,于是 $I=\iiint\limits_{\Omega}z\mathrm{d}x\mathrm{d}y\mathrm{d}z=\int_0^1 z\mathrm{d}z\iint\limits_{D_z}\mathrm{d}x\mathrm{d}y=\pi\int_0^1 z(1-z^2)\mathrm{d}z=\pi\left(\frac{1}{2}-\frac{1}{4}\right)=\frac{\pi}{4}$.

13. 设 $\Omega_0=\{(x,y,z):x^2+y^2+z^2\leqslant1\}$,注意到积分区域关于坐标面对称,且被积函数关于 x,y,z 具有轮换对称性,则 $\iiint\limits_{\Omega}x^2\mathrm{d}v=\iiint\limits_{\Omega}y^2\mathrm{d}v=\iiint\limits_{\Omega}z^2\mathrm{d}v$,于是

$$\iiint\limits_{\Omega}(2x^2+3y^2+5z^2)\mathrm{d}v=\frac{1}{2}\iiint\limits_{\Omega_0}(2x^2+3y^2+5z^2)\mathrm{d}v$$

$$=\frac{1}{2}\cdot(2+3+5)\cdot\frac{1}{3}\iiint\limits_{\Omega_0}(x^2+y^2+z^2)\mathrm{d}v$$

$$=\frac{5}{3}\int_0^{2\pi}\mathrm{d}\theta\int_0^{\pi}\sin\varphi\mathrm{d}\varphi\int_0^1 r^4\mathrm{d}r=\frac{4\pi}{3}$$

14. Ω 在 xOy 平面上的投影区域 D 的极坐标表示为 $\begin{cases}0\leqslant r\leqslant 1\\0\leqslant\theta\leqslant 2\pi\end{cases}$，于是在柱面坐标下 Ω 可表示为 $\Omega=\{(\rho,\theta,z)\mid 0\leqslant\rho\leqslant 1,0\leqslant\theta\leqslant 2\pi,\rho^2\leqslant z\leqslant\sqrt{2-\rho^2}\}$，于是

$$I=\iiint\limits_{\Omega}x^2zr\mathrm{d}\theta\mathrm{d}r\mathrm{d}z=\int_0^{2\pi}\mathrm{d}\theta\int_0^1\mathrm{d}\rho\int_{\rho^2}^{\sqrt{2-\rho^2}}z\rho^3\cos^2\theta\mathrm{d}z$$

$$=\int_0^{2\pi}\cos^2\theta\mathrm{d}\theta\int_0^1\frac{1}{2}\rho^3[(2-\rho^2)-\rho^4]\mathrm{d}\rho=\frac{5}{48}\int_0^{2\pi}\cos^2\theta\mathrm{d}\theta=\frac{5\pi}{48}$$

15. 在球面坐标下 $\Omega=\{(r,\varphi,\theta)\mid 1\leqslant r\leqslant 2,0\leqslant\varphi\leqslant\frac{\pi}{4},0\leqslant\theta\leqslant 2\pi\}$，则

$$\iiint\limits_{\Omega}2z\mathrm{d}v=\iiint\limits_{\Omega}2r\cos\varphi\cdot r^2\sin\varphi\mathrm{d}r\mathrm{d}\varphi\mathrm{d}\theta=\int_0^{2\pi}\mathrm{d}\theta\int_0^{\frac{\pi}{4}}\mathrm{d}\varphi\int_1^2 2r^3\cos\varphi\sin\varphi\mathrm{d}r$$

$$=\frac{15}{2}\int_0^{2\pi}\mathrm{d}\theta\int_0^{\frac{\pi}{4}}\cos\varphi\sin\varphi\mathrm{d}\varphi=\frac{15}{2}\int_0^{2\pi}\left[-\frac{1}{2}\cos^2\varphi\right]\Big|_0^{\frac{\pi}{4}}\mathrm{d}\theta=\frac{15\pi}{4}$$

16. 区域 D 由直线 $y=x,y=-x$，以及曲线 $(x^2+y^2)^3=y^4$ 围成. 由区域 D 的表达式可知，区域 D 关于 y 轴对称. 记 D_1 为 D 位于 y 轴右方的区域. 由于 $f(x,y)=x$ 为关于 x 的奇函数，$g(x,y)=y$ 为关于 x 的偶函数，故由对称性可得

$$\iint\limits_D\frac{x+y}{\sqrt{x^2+y^2}}\mathrm{d}x\mathrm{d}y=\iint\limits_D\frac{y}{\sqrt{x^2+y^2}}\mathrm{d}x\mathrm{d}y=2\iint\limits_{D_1}\frac{y}{\sqrt{x^2+y^2}}\mathrm{d}x\mathrm{d}y$$

在极坐标系下计算 $\iint\limits_{D_1}\frac{y}{\sqrt{x^2+y^2}}\mathrm{d}x\mathrm{d}y$. 写出区域 D_1 在极坐标系下的表示. 边界曲线 $y=x$ 的极坐标表示为 $\theta=\frac{\pi}{4}$，y 轴的极坐标表示为 $\theta=\frac{\pi}{2}$，$(x^2+y^2)^3=y^4$ 的极坐标表示为 $r^6=r^4\sin^4\theta$，即 $r=\sin^2\theta$. 于是

$$D_1=\left\{(r,\theta)\mid 0\leqslant r\leqslant\sin^2\theta,\frac{\pi}{4}\leqslant\theta\leqslant\frac{\pi}{2}\right\}$$

$$\iint\limits_{D_1}\frac{y}{\sqrt{x^2+y^2}}\mathrm{d}x\mathrm{d}y=\iint\limits_{D_1}\frac{r\sin\theta}{r}\cdot r\mathrm{d}r\mathrm{d}\theta=\int_{\frac{\pi}{4}}^{\frac{\pi}{2}}\sin\theta\mathrm{d}\theta\int_0^{\sin^2\theta}r\mathrm{d}r$$

$$=\int_{\frac{\pi}{4}}^{\frac{\pi}{2}}\sin\theta\cdot\frac{\sin^4\theta}{2}\mathrm{d}\theta=\frac{1}{2}\int_{\frac{\pi}{4}}^{\frac{\pi}{2}}\sin^5\theta\mathrm{d}\theta=-\frac{1}{2}\int_{\frac{\pi}{4}}^{\frac{\pi}{2}}\sin^4\theta\mathrm{d}(\cos\theta)$$

$$=-\frac{1}{2}\int_{\frac{\pi}{4}}^{\frac{\pi}{2}}(1-\cos^2\theta)^2\mathrm{d}(\cos\theta)=\frac{1}{2}\int_0^{\frac{\sqrt{2}}{2}}(1-u^2)^2\mathrm{d}u$$

$$=\frac{1}{2}\int_0^{\frac{\sqrt{2}}{2}}(u^4-2u^2+1)\mathrm{d}u=\frac{1}{2}\left(\frac{u^5}{5}-\frac{2u^3}{3}+u\right)\Big|_0^{\frac{\sqrt{2}}{2}}$$

$$=\frac{1}{2}\times\left(\frac{\sqrt{2}}{8}\times\frac{1}{5}-\frac{\sqrt{2}}{4}\times\frac{2}{3}+\frac{\sqrt{2}}{2}\right)=\frac{43\sqrt{2}}{240}$$

因此，原积分 $=2\iint\limits_{D_1}\frac{y}{\sqrt{x^2+y^2}}\mathrm{d}x\mathrm{d}y=\frac{43\sqrt{2}}{120}$.

17. $\iint\limits_D f(x-y)\mathrm{d}x\mathrm{d}y=\int_{-\frac{A}{2}}^{\frac{A}{2}}\mathrm{d}x\int_{-\frac{A}{2}}^{\frac{A}{2}}f(x-y)\mathrm{d}y=\int_{-\frac{A}{2}}^{\frac{A}{2}}\mathrm{d}x\int_{x-\frac{A}{2}}^{x+\frac{A}{2}}f(t)\mathrm{d}t$

$$=\int_{-A}^{0}f(t)\mathrm{d}t\int_{-\frac{A}{2}}^{t+\frac{A}{2}}\mathrm{d}x+\int_{0}^{A}f(t)\mathrm{d}t\int_{t-\frac{A}{2}}^{\frac{A}{2}}\mathrm{d}x$$

$$=\int_{-A}^{0}f(t)(t+A)\mathrm{d}t+\int_{0}^{A}f(t)(A-t)\mathrm{d}t$$

$$=\int_{-A}^{A}f(t)(A-|t|)\mathrm{d}t$$

18. **分析**　本题主要考查三重积分的几何应用.空间区域 Ω 的形心坐标公式

$$\bar{x}=\frac{\iiint\limits_{\Omega}x\,\mathrm{d}v}{V},\bar{y}=\frac{\iiint\limits_{\Omega}y\,\mathrm{d}v}{V},\bar{z}=\frac{\iiint\limits_{\Omega}z\,\mathrm{d}v}{V}$$

其中 V 为 Ω 的体积.

本题中的几何对象为锥面以及由锥面和平面 $z=0$ 围成的锥体.

由于在锥面方程中将 x 换成 $-x$,锥面方程不变,故可知锥面关于 yOz 面对称,从而锥体关于 yOz 面对称.利用对称性可较快得到 $\bar{x}=0$.

如图 30 所示,Ω 是一个倾斜的锥体,其平行于 xOy 面的截面为圆盘,故在计算三重积分时,可采用“先二后一”的积分次序.

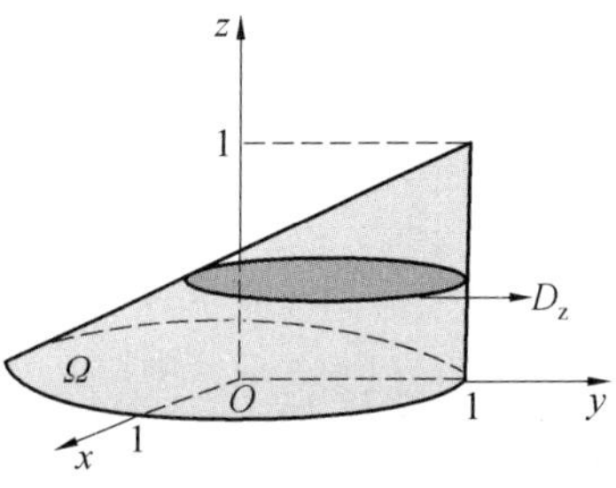

图 30

由锥面方程可知,Ω 是介于 xOy 面与平面 $z=1$ 之间的锥体,且 Ω 关于 yOz 面对称,故由对称性可知,$\bar{x}=0$.

下面计算 Ω 的体积 V.

令 $z=0$,可得锥面与 xOy 面的交线为 $x^2+y^2=1$,故 Ω 的底面为一个圆心在原点,半径为 1 的圆,面积为 π.又因为 $0\leqslant z\leqslant 1$,Ω 的高为 1,所以由锥体的体积公式可知,Ω 的体积 $V=\frac{1}{3}\pi$.

最后分别计算 $\bar{z},\bar{y}$.

沿平行于 xOy 面的方向作 Ω 的截面,即以平面 $Z=z$ 截 Ω,所得截面记为 D_z.D_z 为圆心在 $(0,z,z)$ 半径为 $1-z$ 的圆盘区域.写出 $Z=z$ 上的 D_z 的表示:

$$D_z=\{(x,y)\mid x^2+(y-z)^2\leqslant(1-z)^2\}$$

于是

$$\Omega=\{(x,y,z)\mid(x,y)\in D_z,0\leqslant z\leqslant 1\}$$

利用“先二后一”的次序计算积分.

$$\iiint\limits_{\Omega}z\,\mathrm{d}x\mathrm{d}y\mathrm{d}z=\int_0^1 z\mathrm{d}z\iint\limits_{D_z}\mathrm{d}x\mathrm{d}y=\int_0^1 z\cdot(S_{D_z})\mathrm{d}z=\pi\int_0^1 z(1-z)^2\mathrm{d}z$$

$$=\pi\cdot\int_0^1(z^3-2z^2+z)\mathrm{d}z=\pi\cdot\left(\frac{1}{4}-\frac{2}{3}+\frac{1}{2}\right)=\frac{\pi}{12}$$

$$\iiint\limits_{\Omega}y\,\mathrm{d}x\mathrm{d}y\mathrm{d}z=\int_0^1\mathrm{d}z\iint\limits_{D_z}y\,\mathrm{d}x\mathrm{d}y=\int_0^1\mathrm{d}z\int_0^{2\pi}\mathrm{d}\theta\int_0^{1-z}(z+r\sin\theta)\cdot r\mathrm{d}r$$

$$=\int_0^1 dz\int_0^{2\pi}\left(z\cdot\frac{r^2}{2}+\frac{r^3}{3}\cdot\sin\theta\right)\Big|_0^{1-z}d\theta$$

$$=\int_0^1 2\pi\cdot z\cdot\frac{(1-z)^2}{2}dz=\pi\int_0^1 z(1-z)^2dz=\frac{\pi}{12}$$

因此 $\bar{y}=\frac{\pi/12}{\pi/3}=\frac{1}{4},\bar{z}=\frac{\pi/12}{\pi/3}=\frac{1}{4}$.

综上所述,Ω 的形心坐标为$(0,\frac{1}{4},\frac{1}{4})$.

19. **分析** 本题主要考查投影曲线的求法以及重积分的物理应用.

空间曲线 L:$\begin{cases}F(x,y,z)=0\\G(x,y,z)=0\end{cases}$,在 xOy 平面上的投影曲线的求法是:从方程组 $\begin{cases}F(x,y,z)=0\\G(x,y,z)=0\end{cases}$中消去 z,得到方程 $H(x,y)=0$,则所求投影曲线为$\begin{cases}H(x,y)=0\\z=0\end{cases}$;若薄片型物体 S 的面密度为$\mu(x,y,z)$,则 S 的质量为$M=\iint\limits_S\mu(x,y,z)dS$.

(1) 由题设知,圆锥面与柱面的交线C的方程为$\begin{cases}z=\sqrt{x^2+y^2}\\z^2=2x\end{cases}$,消去 z 得到$x^2+y^2=2x$,于是 C 在 xOy 平面上的投影曲线方程为$\begin{cases}x^2+y^2=2x\\z=0\end{cases}$.

(2) 设$D_{xy}=\{(x,y)\mid x^2+y^2\leqslant 2x\}$,则曲面$S$的方程为$z=\sqrt{x^2+y^2}$,$(x,y)\in D_{xy}$,从而 S 的质量为

$$M=\iint\limits_S\mu(x,y,z)dS=\iint\limits_S 9\sqrt{x^2+y^2+z^2}\,dS=\iint\limits_S 9\sqrt{2(x^2+y^2)}\,dS$$

$$=\iint\limits_{D_{xy}} 9\sqrt{2(x^2+y^2)}\cdot\sqrt{1+\left(\frac{\partial z}{\partial x}\right)^2+\left(\frac{\partial z}{\partial y}\right)^2}\,dxdy$$

$$=\iint\limits_{D_{xy}} 9\sqrt{2(x^2+y^2)}\cdot\sqrt{1+\left(\frac{x}{\sqrt{x^2+y^2}}\right)^2+\left(\frac{y}{\sqrt{x^2+y^2}}\right)^2}\,dxdy$$

$$=18\iint\limits_{D_{xy}}\sqrt{(x^2+y^2)}\,dxdy$$

令 $x=r\cos\theta,y=r\sin\theta$,由 $x^2+y^2\leqslant 2x$ 知,$r^2\leqslant 2r\cos\theta$,即 $r\leqslant 2\cos\theta$. 如图 31,D_{xy} 在极坐标变换下对应区域 $D\{(r,\theta)\mid -\frac{\pi}{2}\leqslant\theta\leqslant\frac{\pi}{2},0\leqslant r\leqslant 2\cos\theta\}$,从而

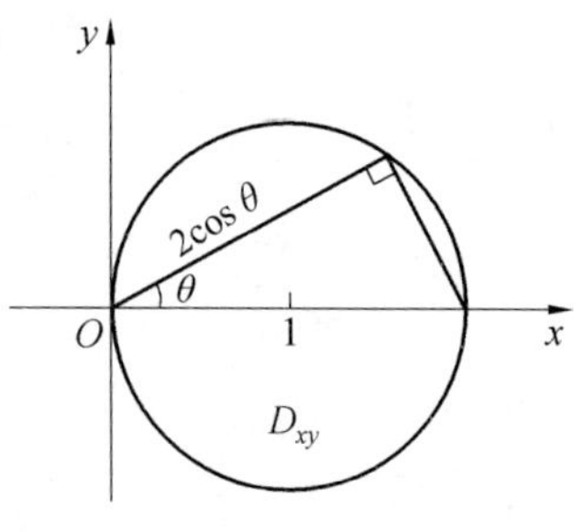

图 31

$$M=18\iint\limits_{D_{xy}}\sqrt{(x^2+y^2)}\,dxdy=18\int_{-\frac{\pi}{2}}^{\frac{\pi}{2}}d\theta\int_0^{2\cos\theta}r\cdot rdr$$

$$=48\int_{-\frac{\pi}{2}}^{\frac{\pi}{2}}\cos^3\theta d\theta=96\int_0^{\frac{\pi}{2}}\cos^3\theta d\theta=96\cdot\frac{2}{3}=64$$

20. 作广义球面坐标变换

$$\mathrm{T}:\begin{cases}x=ar\sin\varphi\cos\theta\\ y=br\sin\varphi\sin\theta\\ z=cr\cos\varphi\end{cases}$$

则 $J=abcr^2\sin\varphi$. 在变换 T 下,V 的原象为 $\Omega=[0,1]\times[0,\pi]\times[0,2\pi]$. 于是有:

(1) $$\iiint\limits_V\sqrt{1-\frac{x^2}{a^2}-\frac{y^2}{b^2}-\frac{z^2}{c^2}}\,\mathrm{d}x\mathrm{d}y\mathrm{d}z=\iiint\limits_\Omega\sqrt{1-r^2}\,r^2abc\sin\varphi\mathrm{d}r\mathrm{d}\varphi\mathrm{d}\theta$$
$$=abc\int_0^{2\pi}\mathrm{d}\theta\int_0^{\pi}\sin\varphi\mathrm{d}\varphi\int_0^1 r^2\sqrt{1-r^2}\,\mathrm{d}r$$
$$=4\pi abc\int_0^1 r^2\sqrt{1-r^2}\,\mathrm{d}r=\frac{1}{4}abc\pi^2;$$

(2) $$\iiint\limits_V \mathrm{e}^{\sqrt{\frac{x^2}{a^2}+\frac{y^2}{b^2}+\frac{z^2}{c^2}}}\,\mathrm{d}x\mathrm{d}y\mathrm{d}z=\iiint\limits_\Omega \mathrm{e}^r r^2abc\sin\varphi\mathrm{d}r\mathrm{d}\varphi\mathrm{d}\theta$$
$$=abc\int_0^{2\pi}\mathrm{d}\theta\int_0^{\pi}\sin\varphi\mathrm{d}\varphi\int_0^1 r^2\mathrm{e}^r\mathrm{d}r$$
$$=4\pi abc\int_0^1 r^2\mathrm{e}^r\mathrm{d}r=4\pi abc(\mathrm{e}-2).$$

第16讲 曲线积分与曲面积分

背景简介

有一根密度不均匀的细铁丝，如何求其质量？物理学家 A 找来了数学家 B，A 说，我给你提供密度函数，B 说，我把细铁丝分成很多（无限）小段，立即将密度函数与每一小段的弧长相乘，再加起来．于是就有了关于弧长的积分，即第一型曲线积分．

小明拖着一个箱子，站在起点 P，沿着他喜欢的某条曲线，走向终点 Q．假设他那天的心情并不好，手上的劲时大时小，他对箱子做了多少功？这个突兀的场景，实则隐含着变力沿有向曲线所做的功，而抽象出的一种新的积分，即第二型曲线积分．

有一张补水去黑美白的面膜，如何求其质量？小红立即敷起面膜沉思，黎曼的身影在她脑中掠过．她说，假设已知其密度函数，如果把面膜分成无限小份，将密度函数与每一小块的面积相乘，再加起来．于是就有了关于面积（空间曲面）的积分，即第一型曲面积分．

面膜敷完的那一刻，小红面若桃花，脸上水滢清透，鲜荷润放，小红思忖着，到底补了多少水？假设面膜中的流体（如水、丙二醇、丁二醇）以一定的流速，从给定的曲面一侧流向另一侧，如何求单位时间内流经曲面的总流量？于是就有了对坐标曲面的积分，即第二型曲面积分．

本讲读者要了解线面积分的背景，掌握计算线面积分的方法，并能熟练运用三大公式（格林、高斯、斯托克斯）．

内容聚焦

第1节　曲线积分

一、对弧长的曲线积分（第一型曲线积分）

1．对弧长的曲线积分的概念

定义1　设 L 为 xOy 面内一条光滑曲线弧，函数 $f(x,y)$ 在 L 上有界．在 L 上任意插入一点列 $M_1,M_2,\cdots,M_{n-1}$ 把 L 分成 n 个小段．设第 i 个小段的长度为 Δs_i，又 (ξ_i,η_i) 为第

i 个小段上任意取定的一点，作乘积 $f(\xi_i,\eta_i)\Delta s_i(1,2,\cdots,n)$，并作和 $\sum_{i=1}^{n} f(\xi_i,\eta_i)\Delta s_i$，如果当各小弧段的长度的最大值 λ 趋于零时，这和的极限总存在，则称此极限值为函数 $f(x,y)$ 在曲线弧 L 上对弧长的曲线积分，或第一类曲线积分，记作 $\int_L f(x,y)\mathrm{d}s$，即

$$\int_L f(x,y)\mathrm{d}s=\lim_{\lambda\to 0}\sum_{i=1}^{n} f(\xi_i,\eta_i)\Delta s_i$$

其中 $f(x,y)$ 叫作被积函数，L 叫作积分弧段.

若 L 是封闭曲线，则 $f(x,y)$ 在 L 上对弧长的曲线积分记为 $\oint_L f(x,y)\mathrm{d}s$. 如果函数 $f(x,y)$ 在光滑曲线弧 L 上连续或分段连续，则对弧长的曲线积分 $\int_L f(x,y)\mathrm{d}s$ 存在.

上述定义可以类似地推广到积分弧为空间曲线 Γ 的情形，即函数 $f(x,y,z)$ 在空间曲线 Γ 上对弧长的曲线积分 $\int_\Gamma f(x,y,z)\mathrm{d}s=\lim_{\lambda\to 0}\sum_{i=1}^{n} f(\xi_i,\eta_i,\zeta_i)\Delta s_i$.

2. 对弧长的曲线积分的性质

(1) 设 α,β 为常数，则

$$\int_L[\alpha f(x,y)+\beta g(x,y)]\mathrm{d}s=\alpha\int_L f(x,y)\mathrm{d}s+\beta\int_L g(x,y)\mathrm{d}s$$

(2) 若积分弧段 L 可分为两段光滑曲线 L_1 和 L_2，则

$$\int_L f(x,y)\mathrm{d}s=\int_{L_1} f(x,y)\mathrm{d}s+\int_{L_2} f(x,y)\mathrm{d}s$$

(3) 若在 L 上 $f(x,y)\leqslant g(x,y)$，则 $\int_L f(x,y)\mathrm{d}s\leqslant\int_L g(x,y)\mathrm{d}s$. 特别地，

$$\left|\int_L f(x,y)\mathrm{d}s\right|\leqslant\int_L |f(x,y)|\mathrm{d}s$$

3. 对弧长的曲线积分的计算

(1) 若曲线 L 的参数方程 $x=\varphi(t),y=\psi(t)(\alpha\leqslant t\leqslant\beta)$，则

$$\int_L f(x,y)\mathrm{d}s=\int_\alpha^\beta f(\varphi(t),\psi(t))\sqrt{[\varphi'(t)]^2+[\psi'(t)]^2}\,\mathrm{d}t$$

(2) 若曲线 L 方程 $y=\varphi(x)(a\leqslant x\leqslant b)$，则

$$\int_L f(x,y)\mathrm{d}s=\int_a^b f[x,\varphi(x)]\sqrt{1+[\varphi'(x)]^2}\,\mathrm{d}x$$

(3) 若曲线 L 方程 $x=\psi(y)(c\leqslant y\leqslant d)$，则

$$\int_L f(x,y)\mathrm{d}s=\int_c^d f[\psi(y),y]\sqrt{1+[\psi'(y)]^2}\,\mathrm{d}y$$

(4) 若曲线 L 方程 $\rho=\rho(\theta)(\alpha\leqslant\theta\leqslant\beta)$，则

$$\int_L f(x,y)\mathrm{d}s=\int_\alpha^\beta f[\rho\cos\theta,\rho\sin\theta]\sqrt{\rho^2+\rho'^2}\,\mathrm{d}\theta$$

(5) 如果空间曲线弧 Γ 方程 $x=\varphi(t),y=\psi(t),z=\omega(t)(\alpha\leqslant t\leqslant\beta)$，则

$$\int_\Gamma f(x,y,z)\mathrm{d}s=\int_\alpha^\beta f(\varphi(t),\psi(t),\omega(t))\sqrt{[\varphi'(t)]^2+[\psi'(t)]^2+[\omega'(t)]^2}\,\mathrm{d}t(\alpha<\beta)$$

(6) 利用奇偶性和对称性

1) 利用积分曲线的对称性和被积函数的奇偶性

若积分曲线 L 关于 y 轴对称，那么

$$\int_L f(x,y)\mathrm{d}s=\begin{cases}2\int_{L_1} f(x,y)\mathrm{d}s, f(-x,y)=f(x,y)\\ 0, f(-x,y)=-f(x,y)\end{cases}$$

其中 L_1 是曲线 L 在 y 轴的右半部分.

若积分曲线 L 关于 x 轴对称，那么

$$\int_L f(x,y)\mathrm{d}s=\begin{cases}2\int_{L_1} f(x,y)\mathrm{d}s, f(x,-y)=f(x,y)\\ 0, f(x,-y)=-f(x,y)\end{cases}$$

其中 L_1 是曲线 L 在 x 轴的右半部分.

2) 利用变量的对称性

若积分曲线 L 关于直线 $y=x$ 对称，则 $\int_L f(x,y)\mathrm{d}s=\int_L f(y,x)\mathrm{d}s$.

类似地，对于空间曲线也有相应的结果.

例 1 计算 $\int_L xy\mathrm{d}s$，L 为圆 $x^2+y^2=a^2(a>0)$ 在第一象限的部分.

解法 1 L 的方程可写作 $y=\sqrt{a^2-x^2}(0\leqslant x\leqslant a)$，于是

$$\int_L xy\mathrm{d}s=\int_0^a x\cdot\sqrt{a^2-x^2}\cdot\sqrt{1+\left(\frac{-x}{\sqrt{a^2-x^2}}\right)^2}\mathrm{d}x=a\int_0^a x\mathrm{d}x=\frac{1}{2}a^3$$

解法 2 L 的方程可写为参数形式 $x=a\cos t, y=a\sin t(0\leqslant t\leqslant\frac{\pi}{2})$，于是

$$\begin{aligned}\int_L xy\mathrm{d}s&=\int_0^{\frac{\pi}{2}} a\cos t\cdot a\sin t\sqrt{a^2\sin^2 t+a^2\cos^2 t}\,\mathrm{d}t\\&=a^3\int_0^{\frac{\pi}{2}}\cos t\sin t\mathrm{d}t=\frac{1}{2}a^3\sin^2 t\Big|_0^{\frac{\pi}{2}}=\frac{1}{2}a^3\end{aligned}$$

解法 3 L 的方程可写为极坐标形式 $\rho=a(0\leqslant\theta\leqslant\frac{\pi}{2})$，于是

$$\int_L xy\mathrm{d}s=\int_0^{\frac{\pi}{2}}\rho\cos\theta\cdot\rho\sin\theta\sqrt{\rho^2+\rho'^2}\,\mathrm{d}\theta=\frac{a^3}{2}\int_0^{\frac{\pi}{2}}\sin 2\theta\mathrm{d}\theta=\frac{1}{2}a^3$$

例 2 计算 $\int_L z\mathrm{d}s$，L 为螺旋线 $x=a\cos\theta, y=a\sin\theta, z=b\theta$ 上相应于 θ 从 0 到 2π 的一段弧.

解

$$\begin{aligned}\int_L z\mathrm{d}s&=\int_0^{2\pi} b\theta\sqrt{(a\cos\theta)'^2+(a\sin\theta)'^2+(b\theta)'^2}\,\mathrm{d}\theta\\&=\int_0^{2\pi} b\theta\sqrt{a^2\sin^2\theta+a^2\cos^2\theta+b^2}\,\mathrm{d}\theta\\&=b\sqrt{a^2+b^2}\int_0^{2\pi}\theta\mathrm{d}\theta=2b\pi^2\sqrt{a^2+b^2}\end{aligned}$$

例 3 计算曲线积分$\oint_L (xy^2+9x^2+4y^2)\mathrm{d}s$,其中$L$为椭圆$\frac{x^2}{2^2}+\frac{y^2}{3^2}=1$,其周长为$l$.

解 由于积分曲线L关于$y=0$对称,函数xy^2关于x为奇函数,故$\oint_L xy^2\mathrm{d}s=0$,又沿曲线$L:9x^2+4y^2=36$,所以$\oint_L(9x^2+4y^2)\mathrm{d}s=36\oint_L\mathrm{d}s=36l$.于是所求曲线积分$\oint_L(xy^2+9x^2+4y^2)\mathrm{d}s=36l$.

二、对坐标的曲线积分(第二型曲线积分)

1.对坐标的曲线积分的概念

定义 2 设L为xOy面内从点A到点B的一条有向光滑曲线弧,函数$P(x,y)$,$Q(x,y)$在L上有界,在L上沿L的方向任意插入一点列$M_1(x_1,y_1)$,$M_2(x_2,y_2)$,$\cdots$,$M_{n-1}(x_{n-1},y_{n-1})$,把L分为n个有向小弧段$\widehat{M_{i-1}M_i}(i=1,2,\cdots,n;M_0=A,M_n=B)$,设$\Delta x_i=x_i-x_{i-1}$,$\Delta y_i=y_i-y_{i-1}$,点$(\xi_i,\eta_i)$为有向小弧段$\widehat{M_{i-1}M_i}$上任意取定的点,如果当各小弧段的长度的最大值$\lambda\to 0$时,$\sum\limits_{i=1}^{n}P(\xi_i,\eta_i)\Delta x_i$的极限总存在,则称此极限值为函数$P(x,y)$在有向曲线弧$L$上对坐标$x$的曲线积分,记作$\int_L P(x,y)\mathrm{d}x$.

类似地,如果$\lim\limits_{\lambda\to 0}\sum\limits_{i=1}^{n}Q(\xi_i,\eta_i)\Delta y_i$总存在,则称此极限值为函数$Q(x,y)$在有向曲线弧$L$上对坐标$y$的曲线积分,记作$\int_L Q(x,y)\mathrm{d}y$,即

$$\int_L P(x,y)\mathrm{d}x=\lim_{\lambda\to 0}\sum_{i=1}^{n}P(\xi_i,\eta_i)\Delta x_i;\int_L Q(x,y)\mathrm{d}y=\lim_{\lambda\to 0}\sum_{i=1}^{n}Q(\xi_i,\eta_i)\Delta y_i$$

其中$P(x,y)$,$Q(x,y)$叫作被积函数,L叫作积分弧段.通常合并成

$$\int_L P(x,y)\mathrm{d}x+\int_L Q(x,y)\mathrm{d}y=\int_L P(x,y)\mathrm{d}x+Q(x,y)\mathrm{d}y$$

如果函数$P(x,y)$,$Q(x,y)$在有向光滑曲线弧L上连续或分段,则对坐标的曲线积分存在.

类似地,可在空间曲线Γ上定义对坐标的曲线积分

$$\int_\Gamma P(x,y,z)\mathrm{d}x=\lim_{\lambda\to 0}\sum_{i=1}^{n}P(\xi_i,\eta_i,\zeta_i)\Delta x_i$$

$$\int_\Gamma Q(x,y,z)\mathrm{d}y=\lim_{\lambda\to 0}\sum_{i=1}^{n}Q(\xi_i,\eta_i,\zeta_i)\Delta y_i$$

$$\int_\Gamma R(x,y,z)\mathrm{d}z=\lim_{\lambda\to 0}\sum_{i=1}^{n}R(\xi_i,\eta_i,\zeta_i)\Delta z_i$$

其组合形式记为

$$\int_\Gamma P\mathrm{d}x+Q\mathrm{d}y+R\mathrm{d}z=\int_\Gamma P(x,y,z)\mathrm{d}x+\int_\Gamma Q(x,y,z)\mathrm{d}y+\int_\Gamma R(x,y,z)\mathrm{d}z$$

例 4 计算$I=\int_L\frac{(x+4y)\mathrm{d}y+(x-y)\mathrm{d}x}{x^2+4y^2}$,其中$L$是椭圆曲线$\frac{x^2}{4}+y^2=1$从点(2,

0) 到点$(-2,0)$的一段弧.

解 L的参数方程是$x=2\cos t, y=\sin t$,参数t从0到π,所以

$$I=\int_0^{\pi}\frac{(2\cos t+4\sin t)(\cos t)+(2\cos t-\sin t)(-2\sin t)}{4\cos^2 t+4\sin^2 t}\mathrm{d}t=\int_0^{\pi}\frac{1}{2}\mathrm{d}t=\frac{\pi}{2}$$

例 5 计算$\int_{\Gamma}x^3\mathrm{d}x+3zy^2\mathrm{d}y-x^2y\mathrm{d}z$,其中$\Gamma$是从点$A(3,2,1)$到点$B(0,0,0)$的直线段$AB$.

解 直线AB的点向式方程为$\frac{x}{3}=\frac{y}{2}=\frac{z}{1}$,再令$\frac{x}{3}=\frac{y}{2}=\frac{z}{1}=t$,化为参数方程得$x=3t, y=2t, z=t$,注意到有向线段$\Gamma$的起点为$A(3,2,1)$,终点为$B(0,0,0)$,则参数$t$从1变到0.所以

$$\int_{\Gamma}x^3\mathrm{d}x+3zy^2\mathrm{d}y-x^2y\mathrm{d}z=\int_1^0[(3t)^3\cdot 3+3t(2t)^2\cdot 2-(3t)^2\cdot 2t]\mathrm{d}t=-\frac{87}{4}$$

2. 对坐标的曲线积分的性质

(1) 设α,β为常数,则$\int_L(\alpha P\mathrm{d}x+\beta Q\mathrm{d}y)=\alpha\int_L P\mathrm{d}x+\beta\int_L Q\mathrm{d}y$.

(2) 若有向曲线弧L可分为两段有向曲线弧L_1与L_2,则

$$\int_L P\mathrm{d}x+Q\mathrm{d}y=\int_{L_1}P\mathrm{d}x+Q\mathrm{d}y+\int_{L_2}P\mathrm{d}x+Q\mathrm{d}y$$

(3) 设L是有向曲线弧,L^-是L反向的曲线弧段,则

$$\int_{L^-}P\mathrm{d}x+Q\mathrm{d}y=-\int_L P\mathrm{d}x+Q\mathrm{d}y$$

3. 对坐标的曲线积分的计算

定理 1 设函数$P(x,y),Q(x,y)$在有向光滑曲线弧L上有定义且连续,L的参数方程为$x=\varphi(t),y=\psi(t)$,当参数t单调地由α变到β时,点$M(x,y)$从L的起点A沿L运动到终点B,函数$\varphi(t),\psi(t)$在以α,β为端点的闭区间上具有一阶连续导数,且$[\varphi'(t)]^2+[\psi'(t)]^2\neq 0$,则

$$\int_L P(x,y)\mathrm{d}x+Q(x,y)\mathrm{d}y=\int_{\alpha}^{\beta}\{P[\varphi(t),\psi(t)]\varphi'(t)+Q[\varphi(t),\psi(t)]\psi'(t)\}\mathrm{d}t$$

如果曲线L由方程$y=\psi(x)$给出,则

$$\int_L P(x,y)\mathrm{d}x+Q(x,y)\mathrm{d}y=\int_a^b\{P[x,\psi(x)]+Q[x,\psi(x)]\psi'(x)\}\mathrm{d}x$$

其中下限a对应于L的起点,上限b对应于L的终点.

如果曲线L由方程$x=\varphi(y)$给出,则

$$\int_L P(x,y)\mathrm{d}x+Q(x,y)\mathrm{d}y=\int_c^d\{P[\varphi(y),y]\varphi'(y)+Q[\varphi(y),y]\}\mathrm{d}y$$

其中下限c对应于L的起点,上限d对应于L的终点.

类似地,若空间曲线Γ由参数方程$x=\varphi(t),y=\psi(t),z=\omega(t)$给出,则

$$\int_{\Gamma}P(x,y,z)\mathrm{d}x+Q(x,y,z)\mathrm{d}y+R(x,y,z)\mathrm{d}z$$

$$=\int_{\alpha}^{\beta}\{P[\varphi(t),\psi(t),\omega(t)]\varphi'(t)+Q[\varphi(t),\psi(t),\omega(t)]\psi'(t)+$$

$R[\varphi(t),\psi(t),\omega(t)]\omega'(t)\}\mathrm{d}t$

其中下限 α 对应于 Γ 的起点，上限 β 对应于 Γ 的终点.

例 6 计算 $\int_L xy\mathrm{d}x+(y-x)\mathrm{d}y$，其中 L 为(图 1)：

(1) 抛物线 $y=x^2$ 上从点 O 到点 $A(1,1)$ 的一段弧；

(2) 抛物线 $x=y^2$ 上从点 O 到点 $A(1,1)$ 的一段弧；

(3) 圆 $(x-1)^2+y^2=1$ 上从点 O 到点 A 的一段弧；

(4) 有向折线 OBA，其中点 B 为 $(1,0)$.

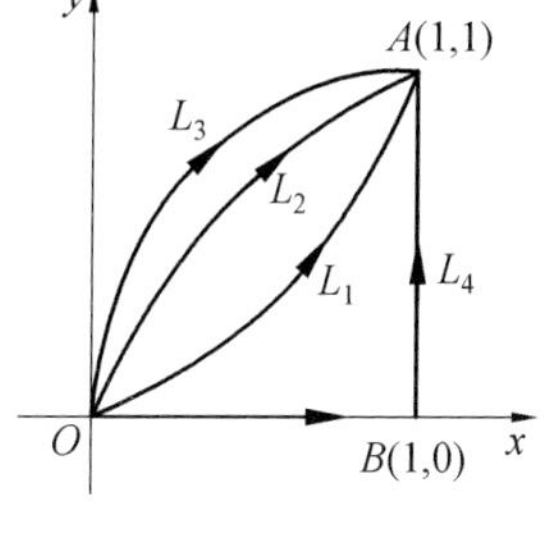

图 1

解 (1) 取 x 为参数. L：$y=x^2$，x 从 0 变到 1，则

$$\int_L xy\mathrm{d}x+(y-x)\mathrm{d}y=\int_0^1[x\cdot x^2+(x^2-x)\cdot 2x]\mathrm{d}x=\frac{1}{12}$$

(2) 取 y 为参数. L：$x=y^2$，y 从 0 变到 1，则

$$\int_L xy\mathrm{d}x+(y-x)\mathrm{d}y=\int_0^1[y^2\cdot y\cdot 2y+(y-y^2)]\mathrm{d}y=\frac{17}{30}$$

(3) L 的参数方程为：$x=1+\cos\theta$，$y=\sin\theta$，参数 θ 从 π 变到 $\frac{\pi}{2}$，则原积分可化为

$$-\int_\pi^{\frac{\pi}{2}}(1+\cos\theta)\sin^2\theta\mathrm{d}\theta+\int_\pi^{\frac{\pi}{2}}[\sin\theta-(1+\cos\theta)]\cos\theta\mathrm{d}\theta=\frac{\pi}{2}-\frac{5}{6}$$

(4) 在 OB 上，$y\equiv 0$，x 从 0 变到 1；在 BA 上，$x\equiv 1$，y 从 0 变到 1，则

$$\int_L xy\mathrm{d}x+(y-x)\mathrm{d}y=\int_{OB}xy\mathrm{d}x+(y-x)\mathrm{d}y+\int_{BA}xy\mathrm{d}x+(y-x)\mathrm{d}y$$

$$=0+\int_0^1(y-1)\mathrm{d}y=\left[\frac{y^2}{2}-y\right]\Big|_0^1=-\frac{1}{2}$$

4. **两类曲线积分之间的关系**

平面曲线 L 上两类曲线积分的关系

$$\int_L P(x,y)\mathrm{d}x+Q(x,y)\mathrm{d}y=\int_L(P\cos\alpha+Q\cos\beta)\mathrm{d}s$$

其中 α,β 为 L 上点 (x,y) 处切线向量的方向角.

空间曲线 Γ 上两类曲线积分的关系

$$\int_\Gamma P\mathrm{d}x+Q\mathrm{d}y+R\mathrm{d}z=\int_\Gamma(P\cos\alpha+Q\cos\beta+R\cos\gamma)\mathrm{d}s$$

其中 α,β,γ 为 Γ 上点 (x,y,z) 处切线向量的方向角.

第 2 节　格林公式

一、格林公式

定理 1 设闭区域 D 由分段光滑曲线 L 围成，函数 $P(x,y)$ 及 $Q(x,y)$ 在 D 上具有一阶连续偏导数，则

$$\iint_D\left(\frac{\partial Q}{\partial x}-\frac{\partial P}{\partial y}\right)\mathrm{d}x\mathrm{d}y=\oint_L P(x,y)\mathrm{d}x+Q(x,y)\mathrm{d}y$$

其中 L 是区域 D 的取正向的边界曲线，正方向规定为：当人沿边界行走时，区域 D 总在人的左手边上.

例 1 计算$\oint_L \frac{x\mathrm{d}y - y\mathrm{d}x}{x^2+y^2}$，其中 L 为一条无重点、分段光滑且不经过原点的连续闭曲线，L 的方向为逆时针方向.

解 令 $P=\frac{-y}{x^2+y^2}$，$Q=\frac{x}{x^2+y^2}$，则当 $x^2+y^2\neq 0$ 时，有

$$\frac{\partial Q}{\partial x}=\frac{y^2-x^2}{(x^2+y^2)^2}=\frac{\partial P}{\partial y}$$

记 L 所围成的闭区域为 D.

当点 $(0,0)\notin D$ 时，由格林公式得$\oint_L \frac{x\mathrm{d}y-y\mathrm{d}x}{x^2+y^2}=0$.

当点 $(0,0)\in D$ 时，选取适当小的 $r>0$，作位于 D 内的圆周 $l: x^2+y^2=r^2$. 由 L 及 l 围成了一个复连通区域 D_1（图 2），对于复连通区域 D_1 应用格林公式得

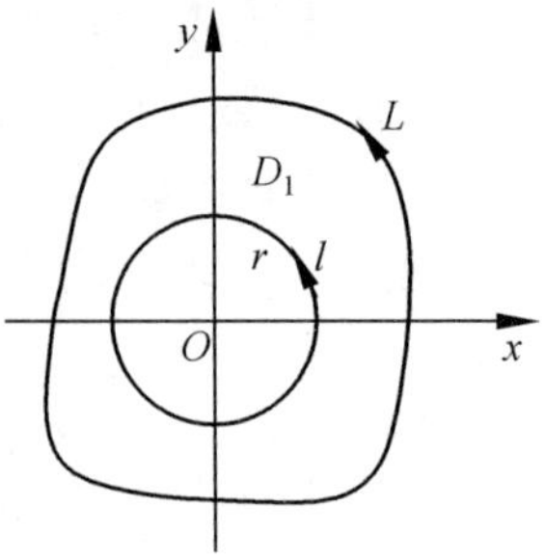

图 2

$$\oint_L \frac{x\mathrm{d}y-y\mathrm{d}x}{x^2+y^2}-\oint_l \frac{x\mathrm{d}y-y\mathrm{d}x}{x^2+y^2}=0$$

其中 l 的方向取逆时针方向. 于是

$$\oint_L \frac{x\mathrm{d}y-y\mathrm{d}x}{x^2+y^2}=\oint_l \frac{x\mathrm{d}y-y\mathrm{d}x}{x^2+y^2}=\int_0^{2\pi}\frac{r^2\cos^2\theta+r^2\sin^2\theta}{r^2}\mathrm{d}\theta=2\pi$$

例 2 已知 L 是第一象限中从点 $(0,0)$ 沿圆周 $x^2+y^2=2x$ 到点 $(2,0)$，再沿圆周 $x^2+y^2=4$ 到点 $(0,2)$ 的曲线段. 计算 $I=\int_L 3x^2y\mathrm{d}x+(x^3+x-2y)\mathrm{d}y$.

解 曲线 L 如图 3 所示. 补直线段 $L_1: x=0$，从点 $(2,0)$ 到点 $(0,0)$，曲线 L 与 L_1 构成封闭曲线且为逆时针方向. 由格林公式得

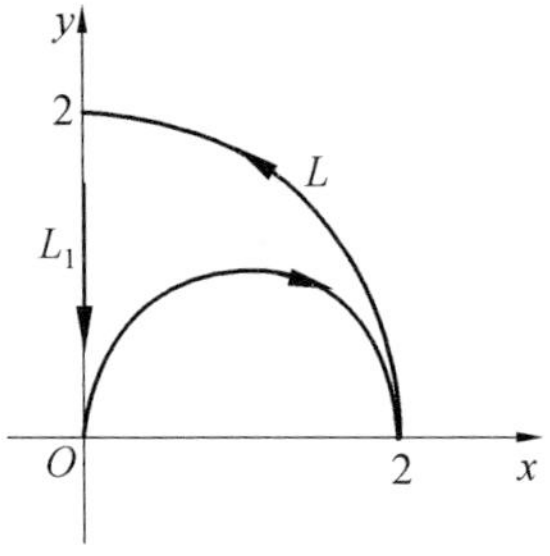

图 3

$$\oint_{L+L_1} 3x^2y\mathrm{d}x+(x^3+x-2y)\mathrm{d}y=\iint_D \mathrm{d}x\mathrm{d}y=\frac{\pi}{2}$$

又$\int_{L_1} 3x^2y\mathrm{d}x+(x^3+x-2y)\mathrm{d}y=\int_2^0 -2y\mathrm{d}y=4$，所以

$$I=\oint_{L+L_1} 3x^2y\mathrm{d}x+(x^3+x-2y)\mathrm{d}y-\int_{L_1} 3x^2y\mathrm{d}x+(x^3+x-2y)\mathrm{d}y=\frac{\pi}{2}-4$$

二、平面曲线积分与路径无关的条件

定义 1 设 G 是一个区域，函数 $P(x,y)$ 及 $Q(x,y)$ 在 G 上具有一阶连续偏导数. 如果对区域 G 内任意给定的两个点 A，点 B 以及区域 G 内从点 A 到点 B 任意两条曲线 L_1，L_2，等式

$$\int_{L_1} P(x,y)\mathrm{d}x+Q(x,y)\mathrm{d}y=\int_{L_2} P(x,y)\mathrm{d}x+Q(x,y)\mathrm{d}y$$

恒成立，那么称曲线积分$\int_L P(x,y)\mathrm{d}x+Q(x,y)\mathrm{d}y$ 与路径无关.

定理2 如果函数 $P(x,y)$,$Q(x,y)$ 在单连通区域 G 内具有一阶连续偏导数,则下列条件等价:

(1) 曲线积分 $\int_L P(x,y)\mathrm{d}x+Q(x,y)\mathrm{d}y$ 与路径无关;

(2) 沿 G 内任意光滑或分段光滑的闭曲线 L,$\oint_L P(x,y)\mathrm{d}x+Q(x,y)\mathrm{d}y=0$;

(3) 在 G 内存在函数 $u(x,y)$,使得 $\mathrm{d}u(x,y)=P(x,y)\mathrm{d}x+Q(x,y)\mathrm{d}y$;

(4) 对 G 内任一点 (x,y),有 $\dfrac{\partial P}{\partial y}=\dfrac{\partial Q}{\partial x}$.

注 当曲线积分与路径无关时,$P(x,y)\mathrm{d}x+Q(x,y)\mathrm{d}y$ 为某个函数 $u(x,y)$ 的全微分,则该二元函数可用如下公式求得

$$
\begin{aligned}
u(x,y)&=\int_{(x_0,y_0)}^{(x,y)}P(x,y)\mathrm{d}x+Q(x,y)\mathrm{d}y=\int_{x_0}^{x}P(x,y_0)\mathrm{d}x+\int_{y_0}^{y}Q(x,y)\mathrm{d}y\\
&=\int_{y_0}^{y}Q(x_0,y)\mathrm{d}y+\int_{x_0}^{x}P(x,y)\mathrm{d}x
\end{aligned}
$$

例3 计算 $\int_L(x^2-y)\mathrm{d}x-(x+\sin^2y)\mathrm{d}y$,其中 L 为上半圆周 $y=\sqrt{2x-x^2}$ 上由点 $O(0,0)$ 到点 $A(1,1)$ 的一段弧.

解 设 $P(x,y)=x^2-y$,$Q(x,y)=-(x+\sin^2y)$,那么 $\dfrac{\partial P}{\partial y}=\dfrac{\partial Q}{\partial x}=-1$.因此,所求积分与积分路径无关,于是可选择直线 $y=x$ 为积分路径,即

$$
\int_L(x^2-y)\mathrm{d}x-(x+\sin^2y)\mathrm{d}y=\int_0^1(x^2-2x-\sin^2x)\mathrm{d}x=\frac{\sin 2}{4}-\frac{7}{6}
$$

例4 计算 $I=\int_L \mathrm{e}^y\mathrm{d}x-(\cos y-x\mathrm{e}^y)\mathrm{d}y$,其中 L 是由 $A(-1,1)$ 沿曲线 $y=x^2$ 到 $O(0,0)$,再沿 x 轴从原点到 $B(2,0)$,再沿圆弧 $y=\sqrt{4-x^2}$ 到 $C(0,2)$ 的路径.

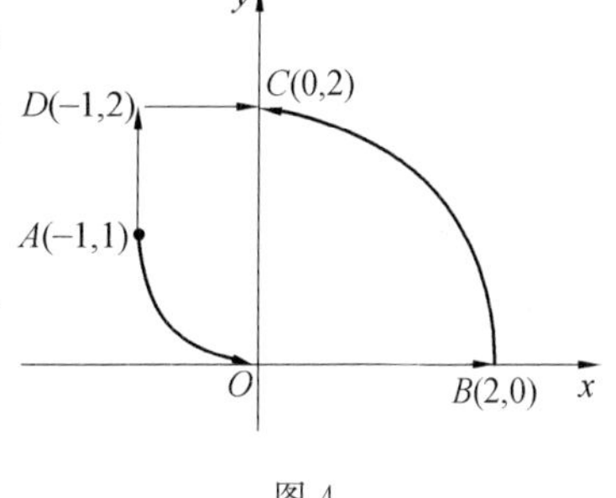

图 4

解 由于 $\dfrac{\partial P}{\partial y}=\mathrm{e}^y=\dfrac{\partial Q}{\partial x}$,积分与路径无关,选择新路径 L_1 为由 $A(-1,1)$ 到 $D(-1,2)$ 再到 $C(0,2)$ 的折线段,则

$$
\begin{aligned}
I&=\int_{L_1}\mathrm{e}^y\mathrm{d}x-(\cos y-x\mathrm{e}^y)\mathrm{d}y\\
&=\int_{\overline{AD}+\overline{DC}}\mathrm{e}^y\mathrm{d}x-(\cos y-x\mathrm{e}^y)\mathrm{d}y\\
&=\int_1^2(-\cos y-\mathrm{e}^y)\mathrm{d}y+\int_{-1}^0\mathrm{e}^2\mathrm{d}x\\
&=[-\sin y-\mathrm{e}^y]\Big|_1^2+[\mathrm{e}^2x]\Big|_{-1}^0\\
&=\sin 1-\sin 2+\mathrm{e}
\end{aligned}
$$

例5 验证在整个 xOy 面内,$(1-2xy-y^2)\mathrm{d}x-(x+y)^2\mathrm{d}y$ 是某个函数的全微分,并求出这样的函数.

解 令 $P(x,y)=1-2xy-y^2, Q(x,y)=-(x+y)^2$，则$\dfrac{\partial P}{\partial y}=-2x-2y=\dfrac{\partial Q}{\partial x}$，在整个 xOy 面内恒成立，因此在整个 xOy 面内，$(1-2xy-y^2)\mathrm{d}x-(x+y)^2\mathrm{d}y$ 是某个函数的全微分.

解法1:(公式法) 在平面上任取一定点 $A(x_0,y_0)$ 作为起点，而动点 $B(x,y)$ 作为终点. 那么所求函数

$$\begin{aligned}u(x,y)&=\int_{(x_0,y_0)}^{(x,y)}(1-2xy-y^2)\mathrm{d}x-(x+y)^2\mathrm{d}y\\&=\int_{x_0}^{x}(1-2xy_0-y_0^2)\mathrm{d}x+\int_{y_0}^{y}-(x+y)^2\mathrm{d}y\\&=(x-x^2y-xy^2-\frac{1}{3}y^3)-(x_0-x_0^2y_0-x_0y_0^2-\frac{1}{3}y_0^3)\end{aligned}$$

解法2:(不定积分法) 设所求函数为 $u(x,y)$，那么由已知

$$\frac{\partial u}{\partial x}=P(x,y)=1-2xy-y^2, \frac{\partial u}{\partial y}=Q(x,y)=-(x+y)^2$$

$$u(x,y)=\int\frac{\partial u}{\partial x}\mathrm{d}x=\int(1-2xy-y^2)\mathrm{d}x=x-x^2y-xy^2+C(y)$$

$$\frac{\partial u}{\partial y}=-x^2-2xy+C'(y)=-(x+y)^2$$

从而 $C'(y)=-y^2$，即 $C(y)=\int-y^2\mathrm{d}y=-\frac{1}{3}y^3+C$. 因此

$$u(x,y)=x-x^2y-xy^2-\frac{1}{3}y^3+C$$

解法3:(凑全微分法) 由于

$$\begin{aligned}&(1-2xy-y^2)\mathrm{d}x-(x+y)^2\mathrm{d}y\\&=(1-2xy-y^2)\mathrm{d}x-(x^2+2xy+y^2)\mathrm{d}y\\&=\mathrm{d}x-y^2\mathrm{d}y-(y^2\mathrm{d}x+2xy\mathrm{d}y)-(2xy\mathrm{d}x+x^2\mathrm{d}y)\\&=\mathrm{d}x+\mathrm{d}(-\frac{1}{3}y^3)+\mathrm{d}(-x^2y)+\mathrm{d}(-xy^2)\\&=\mathrm{d}(x-\frac{1}{3}y^3-x^2y-xy^2+C)\end{aligned}$$

所以

$$u(x,y)=x-x^2y-xy^2-\frac{1}{3}y^3+C$$

第3节　曲面积分

一、对面积的曲面积分(第一型曲面积分)

1. 对面积的曲面积分的概念

定义1 设曲面 Σ 光滑，函数 $f(x,y,z)$ 在 Σ 上有界，把 Σ 任意分成 n 个小块 ΔS_i，ΔS_i 同时也表示第 i 小块曲面的面积，设 (ξ_i,η_i,ζ_i) 为 ΔS_i 上任意取定的一点，作乘积 $f(\xi_i,\eta_i,$

$\zeta_i)\Delta S_i(1,2,\cdots,n)$，并作和 $\sum_{i=1}^{n} f(\xi_i,\eta_i,\zeta_i)\Delta S_i$，如果当各小块曲面直径的最大值 $\lambda\to 0$ 时，这些和的极限总存在，那么称此极限值为函数 $f(x,y,z)$ 在曲面 Σ 上对面积的曲面积分或第一类曲面积分，记作 $\iint\limits_{\Sigma} f(x,y,z)\mathrm{d}S$，即

$$\iint\limits_{\Sigma} f(x,y,z)\mathrm{d}S=\lim_{\lambda\to 0}\sum_{i=1}^{n} f(\xi_i,\eta_i,\zeta_i)\Delta S_i$$

其中 $f(x,y,z)$ 叫作被积函数，Σ 叫作积分曲面.

如果函数 $f(x,y,z)$ 在光滑曲面 Σ 上连续或分片连续，那么对面积的曲面积分存在.

2. 对面积的曲面积分的性质

由对面积的曲面积分的定义可知，它具有对弧长的曲线积分相类似的性质，如下.

(1) 若 Σ 是分片光滑的，且 Σ 由互不相交的曲面 Σ_1 与 Σ_2 组成，则

$$\iint\limits_{\Sigma} f(x,y,z)\mathrm{d}S=\iint\limits_{\Sigma_1} f(x,y,z)\mathrm{d}S+\iint\limits_{\Sigma_2} f(x,y,z)\mathrm{d}S$$

(2) $\iint\limits_{\Sigma}[\alpha f(x,y,z)+\beta g(x,y,z)]\mathrm{d}S=\alpha\iint\limits_{\Sigma} f(x,y,z)\mathrm{d}S+\beta\iint\limits_{\Sigma} g(x,y,z)\mathrm{d}S.$

(3) 若在曲面 Σ 上，$f(x,y,z)\leqslant g(x,y,z)$，则 $\iint\limits_{\Sigma} f(x,y,z)\mathrm{d}S\leqslant\iint\limits_{\Sigma} g(x,y,z)\mathrm{d}S.$

3. 对面积的曲面积分的计算

(1) 公式法.

设曲面 Σ 由方程 $z=z(x,y)$ 给出，曲面 Σ 在 xOy 面的投影区域为 D_{xy}，函数 $z=z(x,y)$ 在 D_{xy} 上具有一阶连续偏导数，函数 $f(x,y,z)$ 在 Σ 上连续，则

$$\iint\limits_{\Sigma} f(x,y,z)\mathrm{d}S=\iint\limits_{D_{xy}} f(x,y,z(x,y))\sqrt{1+[z_x(x,y)]^2+[z_y(x,y)]^2}\,\mathrm{d}x\mathrm{d}y$$

类似地，若曲面 Σ 由方程 $x=x(y,z)$ 给出，则

$$\iint\limits_{\Sigma} f(x,y,z)\mathrm{d}S=\iint\limits_{D_{yz}} f(x(y,z),y,z)\sqrt{1+[x_y(y,z)]^2+[x_z(y,z)]^2}\,\mathrm{d}y\mathrm{d}z$$

若曲面 Σ 由方程 $y=y(z,x)$ 给出，则

$$\iint\limits_{\Sigma} f(x,y,z)\mathrm{d}S=\iint\limits_{D_{xz}} f(x,y(x,z),z)\sqrt{1+[y_x(x,z)]^2+[y_z(x,z)]^2}\,\mathrm{d}x\mathrm{d}z$$

(2) 利用对称性和奇偶性.

① 利用积分区域的对称性和被积函数的奇偶性

若积分曲面 Σ 关于 xOy 坐标面对称，那么

$$\iint\limits_{\Sigma} f(x,y,z)\mathrm{d}S=\begin{cases}2\iint\limits_{\Sigma_1} f(x,y,z)\mathrm{d}S, & f(x,y,-z)=f(x,y,z)\\ 0, & f(x,y,-z)=-f(x,y,z)\end{cases}$$

其中 Σ_1 是 Σ 在 xOy 面的上半部分.

若 Σ 关于 xOz 或 yOz 坐标面对称，且函数有相应的奇偶性，类似结论也成立.

② 利用变量的对称性

若将积分曲面 Σ 的方程中的 x 和 y 对调后方程不变，则将被积函数中 x 和 y 对调，积分值不变，即 $\iint\limits_{\Sigma} f(x,y,z)\mathrm{d}S=\iint\limits_{\Sigma} f(y,x,z)\mathrm{d}S$.

当然还有其他类似的情形，这里不再赘述.

例 1 设曲面 $\Sigma=\{(x,y,z)\mid x+y+z=1,x\geqslant 0,y\geqslant 0,z\geqslant 0\}$，则 $\iint\limits_{\Sigma} y^2\mathrm{d}S=$ ________.

解 应填 $\frac{\sqrt{3}}{12}$. 曲面 Σ 在 xOy 平面上的投影区域为 $D_{xy}=\{(x,y)\mid x+y\leqslant 1,x\geqslant 0,y\geqslant 0\}$，且 $z=1-x-y,z_x=-1,z_y=-1$. 于是

$$\iint\limits_{\Sigma} y^2\mathrm{d}S=\iint\limits_{D_{xy}} y^2\sqrt{1+(-1)^2+(-1)^2}\,\mathrm{d}x\mathrm{d}y=\sqrt{3}\int_0^1 y^2\mathrm{d}y\int_0^{1-y}\mathrm{d}x=\frac{\sqrt{3}}{12}$$

例 2 计算曲面积分 $\iint\limits_{\Sigma}\frac{1}{z}\mathrm{d}S$，其中 Σ 是球面 $x^2+y^2+z^2=a^2$ 被平面 $z=h(0<h<a)$ 截出的顶部.

解 Σ 的方程为 $z=\sqrt{a^2-x^2-y^2}$，Σ 在 xOy 平面上的投影区域为

$$D_{xy}=\{(x,y)\mid x^2+y^2\leqslant a^2-h^2\}$$

又

$$z_x=\frac{-x}{\sqrt{a^2-x^2-y^2}},z_y=\frac{-y}{\sqrt{a^2-x^2-y^2}},\mathrm{d}S=\frac{a}{\sqrt{a^2-x^2-y^2}}\mathrm{d}x\mathrm{d}y$$

于是

$$\iint\limits_{\Sigma}\frac{1}{z}\mathrm{d}S=\iint\limits_{D_{xy}}\frac{a}{a^2-x^2-y^2}\mathrm{d}x\mathrm{d}y=a\int_0^{2\pi}\mathrm{d}\theta\int_0^{\sqrt{a^2-h^2}}\frac{r\mathrm{d}r}{a^2-r^2}$$
$$=2\pi a\left[-\frac{1}{2}\ln(a^2-r^2)\right]\Bigg|_0^{\sqrt{a^2-h^2}}=2\pi a\ln\frac{a}{h}$$

二、对坐标的曲面积分(第二型曲面积分)

首先对空间曲面做一些说明，并假定讨论的曲面是双侧且是光滑的. 例如由方程 $z=z(x,y)$ 表示的曲面，有上侧与下侧之分(按惯例，假定 z 轴铅直向上). 又例如，一张包裹着某一空间区域的封闭曲面，有外侧与内侧之分.

在讨论对坐标的曲面积分时，需要指定曲面的侧我们可以通过曲面上法向量的指向来定出曲面的侧. 例如，对于曲面 $z=z(x,y)$，如果取它的法向量 $\boldsymbol{n}$ 的指向朝上，我们就认为取定曲面的上侧；又如，对于封闭曲面，如果取它的法向量的指向朝外，我们就认为取定曲面的外侧. 这种取定了法向量亦即选定了侧的曲面，就称为有向曲面.

设 Σ 是有向曲面，在其上取一小块曲面 ΔS，把 ΔS 投影到 xOy 面上得一投影区域，这投影区域的真实面积(非负，为了与“投影面积”作区别)，记为 $(\Delta\sigma)_{xy}$. 假定 ΔS 上各点处的法向量与 z 轴的夹角 γ 的余弦 $\cos\gamma$ 有相同的符号(即 $\cos\gamma$ 都是正的或都是负的). 我们规定 ΔS 在 xOy 面上的投影面积 $(\Delta S)_{xy}$ 为

$$(\Delta S)_{xy}=\begin{cases}(\Delta\sigma)_{xy},\cos\gamma>0\\-(\Delta\sigma)_{xy},\cos\gamma<0\\0,\cos\gamma\equiv 0\end{cases}$$

其中 $\cos\gamma\equiv 0$ 也就是 $(\Delta\sigma)_{xy}=0$ 的情形. ΔS 在 xOy 面上的投影面积 $(\Delta S)_{xy}$ 实际就 ΔS 在 xOy 面上的投影区域的面积附以一定的正负号. 类似地,可以定义 ΔS 在 yOz 面及 zOx 面上的投影 $(\Delta S)_{yz}$ 及 $(\Delta S)_{zx}$ 面上的投影面积.

注 为了方便叙述,投影面积 $(\Delta S)_{xy}$ 也简称投影,它有正负之分!

1. 对坐标的曲面积分的概念

定义 2 设 Σ 为光滑的有向曲面,函数 $R(x,y,z)$ 在 Σ 上有界,把 Σ 任意分成 n 块小曲面 ΔS_i(ΔS_i 同时又表示第 i 块小曲面的面积),ΔS_i 在 xOy 面上的投影为 $(\Delta S_i)_{xy}$,(ξ_i,η_i,ζ_i) 为 ΔS_i 上任意取定的一点,如果当各小块曲面的直径的最大值 $\lambda\to 0$ 时,$\lim\limits_{\lambda\to 0}\sum\limits_{i=1}^{n}R(\xi_i,\eta_i,\zeta_i)(\Delta S_i)_{xy}$ 总存在,则称此极限值为函数 $R(x,y,z)$ 在有向曲面 Σ 上对坐标 x,y 的曲面积分. 记作 $\iint\limits_{\Sigma}R(x,y,z)\mathrm{d}x\mathrm{d}y$,即

$$\iint\limits_{\Sigma}R(x,y,z)\mathrm{d}x\mathrm{d}y=\lim_{\lambda\to 0}\sum_{i=1}^{n}R(\xi_i,\eta_i,\zeta_i)(\Delta S_i)_{xy}$$

其中 $R(x,y,z)$ 叫作被积函数,Σ 叫作积分曲面.

类似地,可以定义函数 $P(x,y,z)$ 在有向曲面 Σ 上对坐标 y,z 的曲面积分

$$\iint\limits_{\Sigma}P(x,y,z)\mathrm{d}y\mathrm{d}z=\lim_{\lambda\to 0}\sum_{i=1}^{n}P(\xi_i,\eta_i,\zeta_i)(\Delta S_i)_{yz}$$

及函数 $Q(x,y,z)$ 在有向曲面 Σ 上对坐标 z,x 的曲面积分

$$\iint\limits_{\Sigma}Q(x,y,z)\mathrm{d}z\mathrm{d}x=\lim_{\lambda\to 0}\sum_{i=1}^{n}Q(\xi_i,\eta_i,\zeta_i)(\Delta S_i)_{xz}$$

组合形式

$$\iint\limits_{\Sigma}P(x,y,z)\mathrm{d}y\mathrm{d}z+\iint\limits_{\Sigma}Q(x,y,z)\mathrm{d}z\mathrm{d}x+\iint\limits_{\Sigma}R(x,y,z)\mathrm{d}x\mathrm{d}y$$
$$=\iint\limits_{\Sigma}P(x,y,z)\mathrm{d}y\mathrm{d}z+Q(x,y,z)\mathrm{d}z\mathrm{d}x+R(x,y,z)\mathrm{d}x\mathrm{d}y$$

2. 对坐标的曲面积分的性质

性质 1 (拼接曲面的可加性) 若曲面 Σ 由互不重叠的曲面 Σ_1 与 Σ_2 组成,则

$$\iint\limits_{\Sigma}P\mathrm{d}y\mathrm{d}z+Q\mathrm{d}z\mathrm{d}x+R\mathrm{d}x\mathrm{d}y$$
$$=\iint\limits_{\Sigma_1}P\mathrm{d}y\mathrm{d}z+Q\mathrm{d}z\mathrm{d}x+R\mathrm{d}x\mathrm{d}y+\iint\limits_{\Sigma_2}P\mathrm{d}y\mathrm{d}z+Q\mathrm{d}z\mathrm{d}x+R\mathrm{d}x\mathrm{d}y$$

性质 2 (方向性) 若 Σ 是有向曲面,Σ^- 表示与 Σ 取相反侧的有向曲面,则

$$\iint\limits_{\Sigma^-}P\mathrm{d}y\mathrm{d}z+Q\mathrm{d}z\mathrm{d}x+R\mathrm{d}x\mathrm{d}y=-\iint\limits_{\Sigma}P\mathrm{d}y\mathrm{d}z+Q\mathrm{d}z\mathrm{d}x+R\mathrm{d}x\mathrm{d}y$$

3. **对坐标的曲面积分的计算**

设积分曲面 Σ 是由方程 $z=z(x,y)$ 给出的曲面的上侧，Σ 在 xOy 面上的投影区域为 D_{xy}，函数 $z=z(x,y)$ 在 D_{xy} 上有一阶连续偏导数，被积函数 $R(x,y,z)$ 在 Σ 上连续，则

$$\iint\limits_{\Sigma} R(x,y,z)\mathrm{d}x\mathrm{d}y=\iint\limits_{D_{xy}} R[x,y,z(x,y)]\mathrm{d}x\mathrm{d}y$$

若 Σ 取下侧，$\cos\gamma<0,(\Delta S)_{xy}=-(\Delta\sigma)_{xy}$，则

$$\iint\limits_{\Sigma} R(x,y,z)\mathrm{d}x\mathrm{d}y=-\iint\limits_{D_{xy}} R[x,y,z(x,y)]\mathrm{d}x\mathrm{d}y$$

类似地，当 Σ 由方程 $x=x(y,z)$ 与 $y=y(z,x)$ 给出时，分别有

$$\iint\limits_{\Sigma} P(x,y,z)\mathrm{d}y\mathrm{d}z=\pm\iint\limits_{D_{yz}} P[x(y,z),y,z]\mathrm{d}y\mathrm{d}z \quad（前侧取正，后侧取负）$$

$$\iint\limits_{\Sigma} Q(x,y,z)\mathrm{d}z\mathrm{d}x=\pm\iint\limits_{D_{zx}} Q[x,y(z,x),z]\mathrm{d}z\mathrm{d}x \quad（左侧取负，右侧取正）$$

例 3 计算曲面积分 $\iint\limits_{\Sigma} x^2\mathrm{d}y\mathrm{d}z+y^2\mathrm{d}z\mathrm{d}x+z^2\mathrm{d}x\mathrm{d}y$，其中 Σ 是长方体 Ω 的整个表面的外侧，$\Omega=\{(x,y,z)\mid 0\leqslant x\leqslant a,0\leqslant y\leqslant b,0\leqslant z\leqslant c\}$.

解 把有向曲面 Σ 分成以下六部分：

$\Sigma_1:z=c(0\leqslant x\leqslant a,0\leqslant y\leqslant b)$ 的上侧，$\Sigma_2:z=0(0\leqslant x\leqslant a,0\leqslant y\leqslant b)$ 的下侧，

$\Sigma_3:x=a(0\leqslant y\leqslant b,0\leqslant z\leqslant c)$ 的前侧，$\Sigma_4:x=0(0\leqslant y\leqslant b,0\leqslant z\leqslant c)$ 的后侧，

$\Sigma_5:y=b(0\leqslant x\leqslant a,0\leqslant z\leqslant c)$ 的右侧，$\Sigma_6:y=0(0\leqslant x\leqslant a,0\leqslant z\leqslant c)$ 的左侧.

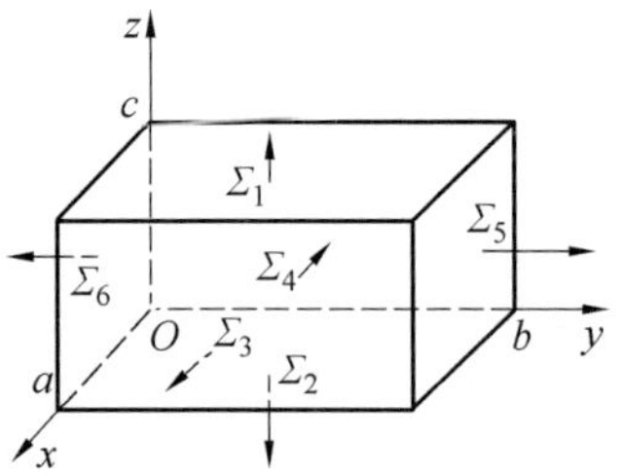

图 5

除 Σ_3,Σ_4 外，其余四片曲面在 yOz 面上的投影面积为零，因此 $\iint\limits_{\Sigma} x^2\mathrm{d}y\mathrm{d}z=\iint\limits_{\Sigma_3} x^2\mathrm{d}y\mathrm{d}z+\iint\limits_{\Sigma_4} x^2\mathrm{d}y\mathrm{d}z$. 应用公式就有

$$\iint\limits_{\Sigma} x^2\mathrm{d}y\mathrm{d}z=\iint\limits_{D_{yz}} a^2\mathrm{d}y\mathrm{d}z-\iint\limits_{D_{yz}} 0^2\mathrm{d}y\mathrm{d}z=a^2bc$$

类似地，可得 $\iint\limits_{\Sigma} y^2\mathrm{d}z\mathrm{d}x=b^2ac,\iint\limits_{\Sigma} z^2\mathrm{d}x\mathrm{d}y=c^2ab$. 于是所求曲面积分为 $(a+b+c)abc$.

例 4 计算曲面积分 $\iint\limits_{\Sigma} xyz\mathrm{d}x\mathrm{d}y$，其中 Σ 是球面 $x^2+y^2+z^2=1$ 外侧在 $x\geqslant 0,y\geqslant 0,z\leqslant 0$ 的部分.

解 Σ 在 xOy 面上的投影区域为 $D_{xy}=\{(x,y)\mid x^2+y^2\leqslant 1,x\geqslant 0,y\geqslant 0\}$. 于是

$$\begin{aligned}\iint\limits_{\Sigma} xyz\mathrm{d}x\mathrm{d}y&=\iint\limits_{D_{xy}} xy(-\sqrt{1-x^2-y^2})(-\mathrm{d}x\mathrm{d}y)\\&=\int_0^{\frac{\pi}{2}}\mathrm{d}\theta\int_0^1\rho^2\sin\theta\cos\theta\sqrt{1-\rho^2}\,\rho\mathrm{d}\rho=\frac{1}{15}\end{aligned}$$

注 本例表达式$\iint\limits_{D_{xy}} xy(-\sqrt{1-x^2-y^2})(-\mathrm{d}x\mathrm{d}y)$ 中的第一个负号，因为在球面上积分且 $z\leqslant 0$，由球面方程 $x^2+y^2+z^2=1$ 可得 $z=-\sqrt{1-x^2-y^2}$；第二个负号，因为外法向量与正向的夹角 γ 为钝角，则积分时 $\mathrm{d}x\mathrm{d}y$ 变为 $-\mathrm{d}x\mathrm{d}y$.

4. **两类曲线曲面积分的关系**

在计算$\iint\limits_{\Sigma} R(x,y,z)\mathrm{d}x\mathrm{d}y$ 时，对积分曲面和被积函数提出了两个假设，以保证曲面积分的计算能够顺利进行. 特别地，对于函数 $z=z(x,y)$ 表示的曲面 Σ，曲面的方向取上侧时的方向余弦为

$$\cos\alpha=\frac{-z_x}{\sqrt{1+z_x^2+z_y^2}},\cos\beta=\frac{-z_y}{\sqrt{1+z_x^2+z_y^2}},\cos\gamma=\frac{1}{\sqrt{1+z_x^2+z_y^2}}$$

由对面积的曲面积分(第一型曲面积分) 的计算公式，有

$$\iint\limits_{\Sigma} R(x,y,z)\cos\gamma\mathrm{d}S=\iint\limits_{D_{xy}} R(x,y,z(x,y))\mathrm{d}x\mathrm{d}y$$

再由对坐标的曲面积分的计算公式，有

$$\iint\limits_{\Sigma} R(x,y,z)\mathrm{d}x\mathrm{d}y=\iint\limits_{\Sigma} R(x,y,z)\cos\gamma\mathrm{d}S$$

如果取曲面的下侧，此时曲面的方向余弦为

$$\cos\alpha=\frac{z_x}{\sqrt{1+z_x^2+z_y^2}},\cos\beta=\frac{z_y}{\sqrt{1+z_x^2+z_y^2}},\cos\gamma=\frac{-1}{\sqrt{1+z_x^2+z_y^2}}$$

类似地，可以得到

$$\iint\limits_{\Sigma} P(x,y,z)\mathrm{d}y\mathrm{d}z=\iint\limits_{\Sigma} P(x,y,z)\cos\alpha\mathrm{d}S$$

$$\iint\limits_{\Sigma} Q(x,y,z)\mathrm{d}z\mathrm{d}x=\iint\limits_{\Sigma} Q(x,y,z)\cos\beta\mathrm{d}S$$

合并上面的等式，即可得到两类曲面积分之间的相互转换关系

$$\iint\limits_{\Sigma} P\mathrm{d}y\mathrm{d}z+Q\mathrm{d}z\mathrm{d}x+R\mathrm{d}x\mathrm{d}y=\iint\limits_{\Sigma}(P\cos\alpha+Q\cos\beta+R\cos\gamma)\mathrm{d}S$$

例 5 计算曲面积分$\iint\limits_{\Sigma}(z^2+x)\mathrm{d}y\mathrm{d}z-z\mathrm{d}x\mathrm{d}y$，其中 Σ 是旋转抛物面 $z=\frac{1}{2}(x^2+y^2)$ 介于平面 $z=0$ 及 $z=2$ 之间的部分的下侧.

解 由两类曲面积分之间的联系，可得

$$\iint\limits_{\Sigma}(x+z^2)\mathrm{d}y\mathrm{d}z=\iint\limits_{\Sigma}(x+z^2)\cos\alpha\mathrm{d}S=\iint\limits_{\Sigma}(x+z^2)\,\frac{\cos\alpha}{\cos\gamma}\mathrm{d}x\mathrm{d}y$$

在曲面 Σ 上有 $\cos\alpha=\frac{x}{\sqrt{1+x^2+y^2}}$，$\cos\gamma=\frac{-1}{\sqrt{1+x^2+y^2}}$. 于是

$$\iint\limits_{\Sigma}(x+z^2)\mathrm{d}y\mathrm{d}z-z\mathrm{d}x\mathrm{d}y=\iint\limits_{\Sigma}[(z^2+x)(-x)-z]\mathrm{d}x\mathrm{d}y$$

再按对坐标的曲面积分的计算法，即得

$$\iint\limits_{\Sigma}(z^2+x)\mathrm{d}y\mathrm{d}z-z\mathrm{d}x\mathrm{d}y=-\iint\limits_{D_{xy}}\{[\frac{1}{4}(x^2+y^2)^2+x](-x)-\frac{1}{2}(x^2+y^2)\}\mathrm{d}x\mathrm{d}y$$

注意到 D_{xy} 关于 y 轴对称，故 $\iint\limits_{D_{xy}}\frac{1}{4}(x^2+y^2)^2(-x)\mathrm{d}x\mathrm{d}y=0$，于是

$$\begin{aligned}\iint\limits_{\Sigma}(z^2+x)\mathrm{d}y\mathrm{d}z-z\mathrm{d}x\mathrm{d}y&=\iint\limits_{D_{xy}}[x^2+\frac{1}{2}(x^2+y^2)]\mathrm{d}x\mathrm{d}y\\&=\int_0^{2\pi}\mathrm{d}\theta\int_0^2(\rho^2\cos^2\theta+\frac{1}{2}\rho^2)\rho\mathrm{d}\rho=8\pi\end{aligned}$$

第 4 节　高斯公式与斯托克斯公式

一、高斯公式

定理 1　设空间闭区域 Ω 由分片光滑的闭曲面 Σ 所围成，函数 $P(x,y,z)$，$Q(x,y,z)$，$R(x,y,z)$ 在 Ω 上具有一阶连续偏导数，则

$$\iiint\limits_{\Omega}\left(\frac{\partial P}{\partial x}+\frac{\partial Q}{\partial y}+\frac{\partial R}{\partial z}\right)\mathrm{d}v=\oiint\limits_{\Sigma}P\mathrm{d}y\mathrm{d}z+Q\mathrm{d}z\mathrm{d}x+R\mathrm{d}x\mathrm{d}y$$

或

$$\iiint\limits_{\Omega}\left(\frac{\partial P}{\partial x}+\frac{\partial Q}{\partial y}+\frac{\partial R}{\partial z}\right)\mathrm{d}v=\oiint\limits_{\Sigma}(P\cos\alpha+Q\cos\beta+R\cos\gamma)\mathrm{d}S$$

其中曲面积分取在闭曲面 Σ 的外侧，$\cos\alpha,\cos\beta,\cos\gamma$ 为 Σ 上点 (x,y,z) 处法向量的方向余弦.

例 1　如图 6，计算曲面积分 $I=\iint\limits_{\Sigma}xz\mathrm{d}y\mathrm{d}z+2zy\mathrm{d}z\mathrm{d}x+3xy\mathrm{d}x\mathrm{d}y$，其中 Σ 为曲面 $z=1-x^2-\frac{y^2}{4}$ 与平面 $z=0$ 所围成空间闭区域 Ω 的整个边界曲面的外侧.

图 6

解　因为

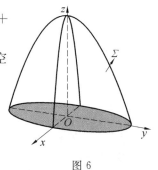

$$P=xz,Q=2zy,R=3xy$$
$$\frac{\partial P}{\partial x}=z,\frac{\partial Q}{\partial y}=2z,\frac{\partial R}{\partial z}=0$$

利用高斯公式把所给曲面积分转化为三重积分. 于是

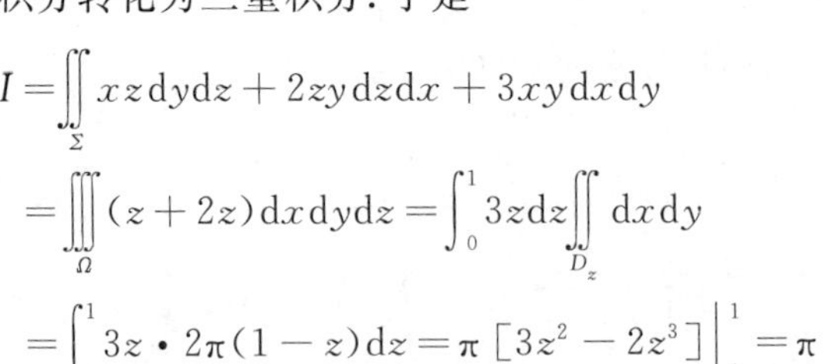

$$\begin{aligned}I&=\iint\limits_{\Sigma}xz\mathrm{d}y\mathrm{d}z+2zy\mathrm{d}z\mathrm{d}x+3xy\mathrm{d}x\mathrm{d}y\\&=\iiint\limits_{\Omega}(z+2z)\mathrm{d}x\mathrm{d}y\mathrm{d}z=\int_0^1 3z\mathrm{d}z\iint\limits_{D_z}\mathrm{d}x\mathrm{d}y\\&=\int_0^1 3z\cdot 2\pi(1-z)\mathrm{d}z=\pi\left[3z^2-2z^3\right]\Big|_0^1=\pi\end{aligned}$$

例 2　计算曲面积分 $\iint\limits_{\Sigma}(x^2\cos\alpha+y^2\cos\beta+z^2\cos\gamma)\mathrm{d}S$，其中 Σ 为锥面 $x^2+y^2=z^2$

介于平面 $z=0$ 及 $z=h(h>0)$ 之间的部分的下侧，$\cos\alpha,\cos\beta,\cos\gamma$ 是 Σ 上点 (x,y,z) 处的法向量的方向余弦.

解 由于 Σ 不是封闭曲面，故不能直接使用高斯公式. 设 Σ_1 为 $z=h(x^2+y^2\leqslant h^2)$ 的上侧，则 Σ 与 Σ_1 一起构成一个闭曲面，记它们围成的空间闭区域为 Ω，由高斯公式得

$$\begin{aligned}&\oiint_{\Sigma+\Sigma_1}(x^2\cos\alpha+y^2\cos\beta+z^2\cos\gamma)\mathrm{d}S=2\iiint_{\Omega}(x+y+z)\mathrm{d}v\\&=2\iiint_{\Omega}x\,\mathrm{d}v+2\iiint_{\Omega}y\,\mathrm{d}v+2\iiint_{\Omega}z\,\mathrm{d}v=0+0+2\int_0^h z\mathrm{d}z\iint_{x^2+y^2\leqslant z^2}\mathrm{d}x\mathrm{d}y\\&=2\pi\int_0^h z^3\mathrm{d}z=\frac{\pi}{2}h^4\end{aligned}$$

而 $\iint_{\Sigma_1}(x^2\cos\alpha+y^2\cos\beta+z^2\cos\gamma)\mathrm{d}S=\iint_{\Sigma_1}z^2\mathrm{d}S=h^2\iint_{\Sigma_1}\mathrm{d}S=\pi h^4$，因此

$$\iint_{\Sigma}(x^2\cos\alpha+y^2\cos\beta+z^2\cos\gamma)\mathrm{d}S=\frac{1}{2}\pi h^4-\pi h^4=-\frac{1}{2}\pi h^4$$

二、斯托克斯公式

定理 2 设 Γ 为分段光滑的空间有向闭曲线，Σ 是以 Γ 为边界的分片光滑的有向曲面，Γ 的正向与 Σ 的侧符合右手规则，函数 $P(x,y,z),Q(x,y,z),R(x,y,z)$ 在曲面 Σ（连同边界 Γ 上）具有一阶连续偏导数，则有

$$\iint_{\Sigma}\left(\frac{\partial R}{\partial y}-\frac{\partial Q}{\partial z}\right)\mathrm{d}y\mathrm{d}z+\left(\frac{\partial P}{\partial z}-\frac{\partial R}{\partial x}\right)\mathrm{d}z\mathrm{d}x+\left(\frac{\partial Q}{\partial x}-\frac{\partial P}{\partial y}\right)\mathrm{d}x\mathrm{d}y=\oint_{\Gamma}P\mathrm{d}x+Q\mathrm{d}y+R\mathrm{d}z$$

或

$$\iint_{\Sigma}\begin{vmatrix}\mathrm{d}y\mathrm{d}z & \mathrm{d}z\mathrm{d}x & \mathrm{d}x\mathrm{d}y\\ \dfrac{\partial}{\partial x} & \dfrac{\partial}{\partial y} & \dfrac{\partial}{\partial z}\\ P & Q & R\end{vmatrix}=\oint_{\Gamma}P\mathrm{d}x+Q\mathrm{d}y+R\mathrm{d}z$$

根据两类曲线积分、曲面积分之间的关系，上述斯托克斯公式也可写成如下形式

$$\oint_{\Gamma}(P\cos\lambda+Q\cos\mu+R\cos\nu)\mathrm{d}S=\iint_{\Sigma}\begin{vmatrix}\cos\alpha & \cos\beta & \cos\gamma\\ \dfrac{\partial}{\partial x} & \dfrac{\partial}{\partial y} & \dfrac{\partial}{\partial z}\\ P & Q & R\end{vmatrix}\mathrm{d}S$$

其中 $\{\cos\alpha,\cos\beta,\cos\gamma\}$ 为有向曲面 Σ 在点 (x,y,z) 处指向侧的单位法向量，$\{\cos\lambda,\cos\mu,\cos\nu\}$ 为有向曲线弧在点 (x,y,z) 处单位切向量.

例 3 计算积分 $I=\oint_{\Gamma}y\mathrm{d}x-x\mathrm{d}y+z\mathrm{d}z$，其中 Γ 是圆周 $2-z=x^2+y^2$，$z=1$，且从 z 轴正向看去，圆周取逆时针方向.

解法 1 由斯托克斯公式

$$I=\iint_{\Sigma}\begin{vmatrix}\mathrm{d}y\mathrm{d}z & \mathrm{d}z\mathrm{d}x & \mathrm{d}x\mathrm{d}y\\ \dfrac{\partial}{\partial x} & \dfrac{\partial}{\partial y} & \dfrac{\partial}{\partial z}\\ y & -x & z\end{vmatrix}=\iint_{\Sigma}-2\mathrm{d}x\mathrm{d}y=-2\iint_{D_{xy}}\mathrm{d}x\mathrm{d}y=-2\pi$$

解法 2　曲线 Γ 的参数方程为 $x=\cos t, y=\sin t, z=1(0\leqslant t\leqslant 2\pi)$，于是

$$I=\oint_{\Gamma} y\mathrm{d}x-x\mathrm{d}y+z\mathrm{d}z=\int_0^{2\pi}[-\sin t\cdot\sin t-\cos t\cdot\cos t+0]\mathrm{d}t=-2\pi$$

例 4　利用斯托克斯公式计算曲线积分

$$I=\oint_{\Gamma}(y^2-z^2)\mathrm{d}x+(z^2-x^2)\mathrm{d}y+(x^2-y^2)\mathrm{d}z$$

其中 Γ 是用平面 $x+y+z=\frac{3}{2}$ 截立方体:$0\leqslant x\leqslant 1, 0\leqslant y\leqslant 1, 0\leqslant z\leqslant 1$ 的表面所得的截痕,若从 x 轴的正向看去取逆时针方向.

解　取 Σ 为平面 $x+y+z=\frac{3}{2}$ 的上侧被 Γ 所围成的部分，Σ 的单位法向量 $\boldsymbol{n}=\frac{1}{\sqrt{3}}(1,1,1)$,即 $\cos\alpha=\cos\beta=\cos\gamma=\frac{1}{\sqrt{3}}$.按斯托克斯公式,有

$$I=\iint_{\Sigma}\begin{vmatrix}\frac{1}{\sqrt{3}} & \frac{1}{\sqrt{3}} & \frac{1}{\sqrt{3}}\\ \frac{\partial}{\partial x} & \frac{\partial}{\partial y} & \frac{\partial}{\partial z}\\ y^2-z^2 & z^2-x^2 & x^2-y^2\end{vmatrix}\mathrm{d}S=-\frac{4}{\sqrt{3}}\iint_{\Sigma}(x+y+z)\mathrm{d}S$$

$$=-\frac{4}{\sqrt{3}}\cdot\frac{3}{2}\iint_{\Sigma}\mathrm{d}S=-2\sqrt{3}\iint_{D_{xy}}\sqrt{3}\,\mathrm{d}x\mathrm{d}y=-6S_{D_{xy}}$$

其中 D_{xy} 为 Σ 在 xOy 平面上的投影区域,$S_{D_{xy}}$ 为 D_{xy} 的面积,由图 7,不难计算 $S_{D_{xy}}=\frac{3}{4}$,故 $I=-\frac{9}{2}$.

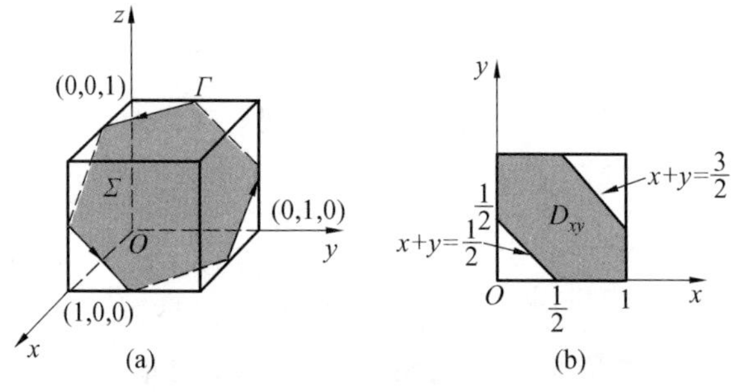

图 7

三、积分与路径无关的条件

定理 3　设 G 是空间二维单连通区域，$P(x,y,z), Q(x,y,z), R(x,y,z)$ 在 G 内具有一阶连续偏导数,则曲面积分 $\iint_{\Sigma}P\mathrm{d}y\mathrm{d}z+Q\mathrm{d}z\mathrm{d}x+R\mathrm{d}x\mathrm{d}y$ 在 G 内与所取曲面 Σ 无关,而只取决于 Σ 边界曲线(或沿 G 内任意闭曲面的曲面积分为零) 的充分必要条件为在 Ω 内

$$\frac{\partial P}{\partial x}+\frac{\partial Q}{\partial y}+\frac{\partial R}{\partial z}=0$$

例 5 设

$$P(x,y,z)=z-y+\frac{x}{\sqrt{x^2+y^2+z^2}}+\mathrm{e}^x, Q(x,y,z)=z-x+\frac{y}{\sqrt{x^2+y^2+z^2}}$$

$$R(x,y,z)=x+y+\frac{z}{\sqrt{x^2+y^2+z^2}}$$

讨论曲线积分 $J=\int_L P\mathrm{d}x+Q\mathrm{d}y+R\mathrm{d}z$ 与路线的无关性，并计算当 L 为从点 $(1,0,0)$ 到点 $(0,1,0)$ 的有向曲线时，相应曲线积分的值.

解 因为 $\frac{\partial P}{\partial y}=\frac{\partial Q}{\partial x}=-1-\frac{xy}{(x^2+y^2+z^2)^{3/2}}, \frac{\partial Q}{\partial z}=\frac{\partial R}{\partial y}=1-\frac{yz}{(x^2+y^2+z^2)^{3/2}}, \frac{\partial R}{\partial x}=\frac{\partial P}{\partial z}=1-\frac{xz}{(x^2+y^2+z^2)^{3/2}}$ 且 P,Q,R 在单连通区域 $\mathbf{R}^3\setminus\{(0,0,0)\}$ 上具有一阶连续偏导数，所以题给曲线积分 $\mathbf{R}^3\setminus\{(0,0,0)\}$ 上与路线无关.

解法 1：取 L_1 为从点 $(1,0,0)$ 到点 $(1,1,0)$ 再到点 $(0,1,0)$ 的有向折线段，则由积分与路线的无关性有

$$\begin{aligned}J&=\int_{L_1}\left(-x+\frac{y}{\sqrt{x^2+y^2+z^2}}+z\right)\mathrm{d}y+\left(x+y+\frac{z}{\sqrt{x^2+y^2+z^2}}\right)\mathrm{d}z\\&=\int_0^1\left(-1+\frac{y}{\sqrt{1+y^2}}\right)\mathrm{d}y+\int_1^0\left(-1+\frac{y}{\sqrt{1+y^2}}+\mathrm{e}^x\right)\mathrm{d}x=1-\mathrm{e}\end{aligned}$$

解法 2：

$$\begin{aligned}J&=(z\mathrm{d}x+x\mathrm{d}z)-(y\mathrm{d}x+x\mathrm{d}y)+(z\mathrm{d}y+y\mathrm{d}z)+\mathrm{e}^x\mathrm{d}x+\\&\quad\left(\frac{x}{\sqrt{x^2+y^2+z^2}}\mathrm{d}x+\frac{y}{\sqrt{x^2+y^2+z^2}}\mathrm{d}y+\frac{z}{\sqrt{x^2+y^2+z^2}}\mathrm{d}z\right)\\&=\mathrm{d}(zx-xy+yz+\mathrm{e}^x+\sqrt{x^2+y^2+z^2})\end{aligned}$$

因此 $J=(zx-xy+yz+\mathrm{e}^x+\sqrt{x^2+y^2+z^2})\Big|_{(1,0,0)}^{(0,1,0)}=1-\mathrm{e}$.

定理 4 设空间开区域 G 是一维单连通区域，函数 $P(x,y,z),Q(x,y,z),R(x,y,z)$ 在 G 内具有一阶连续偏导数，则空间曲线积分 $\oint_\Gamma P\mathrm{d}x+Q\mathrm{d}y+R\mathrm{d}z$ 在 G 内与路径无关(或沿 G 内任意闭曲线的曲线积分为 0) 的充要条件是

$$\frac{\partial P}{\partial y}=\frac{\partial Q}{\partial x},\frac{\partial Q}{\partial z}=\frac{\partial R}{\partial y},\frac{\partial R}{\partial x}=\frac{\partial P}{\partial z}$$

在 G 内恒成立.

第 5 节　场论基本概念

一、通量与散度

设有向量场 $\boldsymbol{A}=P(x,y,z)\boldsymbol{i}+Q(x,y,z)\boldsymbol{j}+R(x,y,z)\boldsymbol{k}$，其中 P,Q,R 均具有一阶连续的偏导数，Σ 是场内的一片有向曲面，$\boldsymbol{n}$ 是 Σ 在点 (x,y,z) 处的单位法向量，则积分

$$\Phi=\iint_\Sigma P\mathrm{d}y\mathrm{d}z+Q\mathrm{d}z\mathrm{d}x+R\mathrm{d}x\mathrm{d}y=\iint_\Sigma\boldsymbol{A}\cdot\mathrm{d}\boldsymbol{S}=\iint_\Sigma\boldsymbol{A}\cdot\boldsymbol{n}\mathrm{d}S$$

称为向量场 **A** 通过曲面 Σ 向着指定侧的通量(流量).

设有向量场 $\mathbf{A}=P(x,y,z)\boldsymbol{i}+Q(x,y,z)\boldsymbol{j}+R(x,y,z)\boldsymbol{k}$,其中 P,Q,R 具有一阶连续的偏导数,向量场 **A** 在点 (x,y,z) 处的散度或通量密度为

$$\operatorname{div}\mathbf{A}=\frac{\partial P}{\partial x}+\frac{\partial Q}{\partial y}+\frac{\partial R}{\partial z}$$

例 1 设 $\mathbf{A}=(x^2+yz)\boldsymbol{i}+(y^2+xz)\boldsymbol{j}+(z^2+xy)\boldsymbol{k}$,那么 $\operatorname{div}\mathbf{A}$ 等于(　　).

(A)$x+y+z$　　(B)$x\boldsymbol{i}+y\boldsymbol{j}+z\boldsymbol{k}$　　(C)$2(x\boldsymbol{i}+y\boldsymbol{j}+z\boldsymbol{k})$　　(D)$2(x+y+z)$

解 应选(D).由已知条件,令

$$P(x,y,z)=x^2+yz,Q(x,y,z)=y^2+xz,R(x,y,z)=z^2+xy$$

那么 $\operatorname{div}\mathbf{A}=\dfrac{\partial P}{\partial x}+\dfrac{\partial Q}{\partial y}+\dfrac{\partial R}{\partial z}=2x+2y+2z=2(x+y+z)$.

二、环流量与旋度

设有向量场 $\mathbf{A}=P(x,y,z)\boldsymbol{i}+Q(x,y,z)\boldsymbol{j}+R(x,y,z)\boldsymbol{k}$,其中 P,Q,R 有一阶连续的偏导数,Γ 是 **A** 定义域内的一条分段光滑的有向闭曲线,$\boldsymbol{\tau}$ 是 Γ 在点 (x,y,z) 处的单位切向量,则

$$\oint_\Gamma \mathbf{A}\cdot\boldsymbol{\tau}\mathrm{d}s=\oint_\Gamma \mathbf{A}\cdot\mathrm{d}\boldsymbol{r}=\oint_\Gamma P\mathrm{d}x+Q\mathrm{d}y+R\mathrm{d}z$$

称为向量场 **A** 沿有向闭曲线 Γ 的环流量.

设有向量场 $\mathbf{A}=P(x,y,z)\boldsymbol{i}+Q(x,y,z)\boldsymbol{j}+R(x,y,z)\boldsymbol{k}$,其中 P,Q,R 有一阶连续的偏导数,则

$$\operatorname{rot}\mathbf{A}=\left(\frac{\partial R}{\partial y}-\frac{\partial Q}{\partial z}\right)\boldsymbol{i}+\left(\frac{\partial P}{\partial z}-\frac{\partial R}{\partial x}\right)\boldsymbol{j}+\left(\frac{\partial Q}{\partial x}-\frac{\partial P}{\partial y}\right)\boldsymbol{k}=\begin{vmatrix}\boldsymbol{i}&\boldsymbol{j}&\boldsymbol{k}\\ \dfrac{\partial}{\partial x}&\dfrac{\partial}{\partial y}&\dfrac{\partial}{\partial z}\\ P&Q&R\end{vmatrix}$$

称为向量场 **A** 在点 (x,y,z) 处的旋度.

例 2 求向量场 $\mathbf{A}=(x^2-y)\boldsymbol{i}+4z\boldsymbol{j}+x^2\boldsymbol{k}$ 沿闭曲线 Γ 的环流量,其中 Γ 为锥面 $z=\sqrt{x^2+y^2}$ 和平面 $z=2$ 的交线,从 z 轴正向看 Γ 为逆时针方向.

解 曲线 Γ 的向量方程 $\boldsymbol{r}=2\cos\theta\boldsymbol{i}+2\sin\theta\boldsymbol{j}+2\boldsymbol{k},0\leqslant\theta\leqslant 2\pi$.于是

$$\mathbf{A}=(x^2-y)\boldsymbol{i}+4z\boldsymbol{j}+x^2\boldsymbol{k}=(4\cos^2\theta-2\sin\theta)\boldsymbol{i}+8\boldsymbol{j}+4\cos^2\theta\boldsymbol{k}$$

$$\mathrm{d}\boldsymbol{r}=(-2\sin\theta\boldsymbol{i}+2\cos\theta\boldsymbol{j})\mathrm{d}\theta$$

因此 $\oint_\Gamma \mathbf{A}\cdot\boldsymbol{\tau}\mathrm{d}r=\oint_\Gamma \mathbf{A}\mathrm{d}\boldsymbol{r}=\int_0^{2\pi}(-8\cos^2\theta\sin\theta+4\sin^2\theta+16\cos\theta)\mathrm{d}\theta=4\pi$.

例 3 设 $u=x^2y+2xy^2-3yz^2$,求 $\operatorname{grad}u,\operatorname{div}(\operatorname{grad}u),\operatorname{rot}(\operatorname{grad}u)$.

解 $\operatorname{grad}u=\left\{\dfrac{\partial u}{\partial x},\dfrac{\partial u}{\partial y},\dfrac{\partial u}{\partial z}\right\}=\{2xy+2y^2,x^2+4xy-3z^2,-6yz\}$

$$\begin{aligned}\operatorname{div}(\operatorname{grad}u)&=\frac{\partial(2xy+2y^2)}{\partial x}+\frac{\partial(x^2+4xy-3z^2)}{\partial y}+\frac{\partial(-6yz)}{\partial z}\\&=2y+4x-6y=4(x-y)\end{aligned}$$

$$\operatorname{rot}(\operatorname{grad}u)=\left\{\frac{\partial^2 u}{\partial y\partial z}-\frac{\partial^2 u}{\partial z\partial y},\frac{\partial^2 u}{\partial z\partial x}-\frac{\partial^2 u}{\partial x\partial z},\frac{\partial^2 u}{\partial x\partial y}-\frac{\partial^2 u}{\partial y\partial x}\right\}$$

因为 $u=x^2y+2xy^2-3yz^2$ 有二阶连续偏导数，故二阶混合偏导数与求导次序无关，故 $\mathrm{rot}(\mathrm{grad}\ u)=0$.

例 4 设 $\boldsymbol{A}=\{x^2+y^2+z^2,x+y+z,xyz\}$，求 $\mathrm{rot}\ \boldsymbol{A}$.

解 由旋度的计算公式可得

$$\mathrm{rot}\ \boldsymbol{A}=\begin{vmatrix} \boldsymbol{i} & \boldsymbol{j} & \boldsymbol{k} \\ \dfrac{\partial}{\partial x} & \dfrac{\partial}{\partial y} & \dfrac{\partial}{\partial z} \\ x^2+y^2+z^2 & x+y+z & xyz \end{vmatrix}=\{xz-1,2z-yz,1-2y\}$$

解惑释疑

问题 1 对坐标的曲面积分(第二型曲面积分)化为二重积分应注意什么？基本步骤是什么？

答 在计算 $\iint\limits_{\Sigma}P(x,y,z)\mathrm{d}y\mathrm{d}z$，$\iint\limits_{\Sigma}Q(x,y,z)\mathrm{d}z\mathrm{d}x$ 与 $\iint\limits_{\Sigma}R(x,y,z)\mathrm{d}x\mathrm{d}y$ 时，可采用“一代二投三定号”的顺序先将其转化为二重积分，再进行计算.

以 $\iint\limits_{\Sigma}R(x,y,z)\mathrm{d}x\mathrm{d}y$ 为例，在计算时，积分曲面和被积函数通常需要满足两个条件：① 积分曲面 Σ 由方程 $z=z(x,y)$ 给出，方向取为曲面的上侧或下侧，它在 xOy 面上投影区域为 D_{xy}，并且函数 $z=z(x,y)$ 在 D_{xy} 上具有一阶连续偏导数；② 被积函数 $R(x,y,z)$ 在 Σ 上连续.

一代是指将被积函数中的变量 z 换为表示曲面 Σ 上的函数 $z(x,y)$；二投是指将曲面 $z=z(x,y)$ 往 xOy 坐标平面上投影，确定二重积分的积分区域 D_{xy}；三定号是指根据有向曲面 Σ 的侧取定“$\pm\mathrm{d}xy$”的符号，进而将曲面积分转化为 Σ 在 xOy 面上投影区域 D_{xy} 的二重积分. 最后，选取一个可行的方法计算二重积分.

问题 2 格林公式、高斯公式和斯托克斯公式有何共性？

答 格林公式建立了沿封闭曲线的第二型曲线积分与二重积分的关系. 利用高斯公式，可以把沿三维区域边界的第二型曲面积分转换为在这区域上的三重积分. 而斯托克斯公式把沿一曲面的边界的第二型曲线积分同在这曲面上的第二型曲面积分联系起来.

格林公式、高斯公式和斯托克斯公式是三个极为重要的积分公式，它们分别是牛顿－莱布尼茨公式在二重积分、三重积分和曲面积分情形下的推广，展示了几何体上的积分与该几何体边界上的积分之间的关系这一共性.

问题 3 在高斯公式中，积分曲面 S 的外侧如何确定？

答 在高斯公式的条件中，要求积分区域 S 的正侧是外侧，这是相对于 S 所围成的空间区域 V 而言的. 如果我们考虑由球面 $S_1:x^2+y^2+z^2=1$ 和球面 $S_2:x^2+y^2+z^2=2$ 所围成的空间区域 V，则其边界曲面 S 相对于 V 的外侧应是 S_1 的内侧和 S_2 的外侧.

问题 4 高斯公式、斯托克斯公式成立的条件是重要的，如果条件不全部满足，这些公式一般不再成立. 例如：对于曲面积分

$$\iint_S \frac{x-1}{r^3}\mathrm{d}y\mathrm{d}z+\frac{y-2}{r^3}\mathrm{d}z\mathrm{d}x+\frac{z-3}{r^3}\mathrm{d}x\mathrm{d}y$$

其中 $r=\sqrt{(x-1)^2+(y-2)^2+(z-3)^2}$，$S$ 为球面

$$(x-1)^2+(y-2)^2+(z-3)^2=1$$

并取外侧为正向，此时

$$P(x,y,z)=\frac{x-1}{r^3},Q(x,y,z)=\frac{y-2}{r^3},R(x,y,z)=\frac{z-3}{r^3}$$

$$\frac{\partial P}{\partial x}=\frac{r^2-3(x-1)^2}{r^5},\frac{\partial Q}{\partial y}=\frac{r^2-3(y-2)^2}{r^5},\frac{\partial R}{\partial z}=\frac{r^2-3(z-3)^2}{r^5}$$

若形式地套用高斯公式，将得到

$$\iiint_V\left(\frac{\partial P}{\partial x}+\frac{\partial Q}{\partial y}+\frac{\partial R}{\partial z}\right)\mathrm{d}x\mathrm{d}y\mathrm{d}z=\iiint_V 0\mathrm{d}x\mathrm{d}y\mathrm{d}z=0$$

其中 V 为 S 所围成的空间区域，但这是一个错误的结论！错误的原因在于函数 $P(x,y,z)$，$Q(x,y,z)$，$R(x,y,z)$ 在 S 内部的点 $(1,2,3)$ 处无定义且 $\frac{\partial P}{\partial x},\frac{\partial Q}{\partial y},\frac{\partial R}{\partial z}$ 也不在此点连续，故不能直接使用高斯公式.

事实上，在球面 $S:(x-1)^2+(y-2)^2+(z-3)^2=1$ 上，半径 $r=1$，故需先化简被积函数后再使用高斯公式，可得正确结果如下：

$$\begin{aligned}&\iint_S \frac{x-1}{r^3}\mathrm{d}y\mathrm{d}z+\frac{y-2}{r^3}\mathrm{d}z\mathrm{d}x+\frac{z-3}{r^3}\mathrm{d}x\mathrm{d}y\\=&\iint_S(x-1)\mathrm{d}y\mathrm{d}z+(y-2)\mathrm{d}z\mathrm{d}x+(z-3)\mathrm{d}x\mathrm{d}y\\=&\iiint_V(1+1+1)\mathrm{d}x\mathrm{d}y\mathrm{d}z=3\cdot\frac{4}{3}\pi=4\pi\end{aligned}$$

对于斯托克斯公式也有类似的例子. 因为格林公式是斯托克斯公式当积分曲面在平面 $z=C$（常数）上时的特殊情形.

问题 5 定积分的应用中所用的微元法能否推广到第一型曲线积分的应用中？

答 对于定积分在物理上的应用，可利用微元法讨论液体静压力、引力、做功等问题. 通过类似的思想方法，也可以讨论第一型曲线积分在物理上的应用. 例如：设有线密度为 $\rho(x,y)$ 的平面曲线段 L，则

(1) L 的质量为 $m=\int_L\rho(x,y)\mathrm{d}s$；

(2) L 对 x 轴与对 y 轴的静矩（一次矩）分别为

$$M_x=\int_L y\rho(x,y)\mathrm{d}s,M_y=\int_L x\rho(x,y)\mathrm{d}s$$

(3) L 的质心坐标为

$$\bar{x}=\frac{M_y}{m}=\frac{\int_L x\rho(x,y)\mathrm{d}s}{\int_L\rho(x,y)\mathrm{d}s},\bar{y}=\frac{M_x}{m}=\frac{\int_L y\rho(x,y)\mathrm{d}s}{\int_L\rho(x,y)\mathrm{d}s}$$

我们以质量为例，说明如下：

在曲线段 L 上任取弧长为 Δs 的小弧段 $\widehat{PQ}$. 其中点 P 的坐标为 (x,y)，则弧段 $\widehat{PQ}$ 的质量

$$\Delta m \approx \mathrm{d}m = \rho(x,y)\Delta s$$

所以 L 的质量 $m=\int_L \rho(x,y)\mathrm{d}s$. 对静矩可做类似处理.

习题精练

1. (1) 设 L 为 $x^2+y^2=R^2(R>0)$，则 $\oint_L \sqrt{x^2+y^2}\,\mathrm{d}s=($　　$)$.

(A) $\int_0^{2\pi} r^2\mathrm{d}r$　　(B) $2\pi R^2$　　(C) $\int_0^{2\pi}\mathrm{d}\theta\int_0^R r^2\mathrm{d}r$　　(D) πR^2

(2) 设 L 为圆周 $x^2+y^2=a^2$，直线 $y=x$ 及 x 轴在第一象限内所围成的扇形的整个边界，则 $\oint_L \mathrm{e}^{\sqrt{x^2+y^2}}\mathrm{d}s=($　　$)$.

(A) $\mathrm{e}^a(2+\frac{\pi}{4}a)-2$　(B) $\mathrm{e}^a(2+\frac{\pi}{4}a)$　　(C) $\frac{\pi}{4}a\mathrm{e}^a-2$　　(D) $2\mathrm{e}^a-2$

(3) 设 $f(x)$ 具有一阶连续的导数，则 $\int_{(0,0)}^{(1,2)} f(x+y)\mathrm{d}x+f(x+y)\mathrm{d}y=($　　$)$.

(A) $\int_0^3 f(x)\mathrm{d}x$　　(B) $\int_0^1 f(x)\mathrm{d}x$　　(C) $f(3)-f(1)$　　(D) 0

(4) 设曲线 L 是区域 D 的正向边界，那么 D 的面积是(　　).

(A) $\oint_L x\mathrm{d}y-y\mathrm{d}x$　　(B) $\oint_L x\mathrm{d}y+y\mathrm{d}x$　(C) $\frac{1}{2}\oint_L x\mathrm{d}y-y\mathrm{d}x$　　(D) $\frac{1}{2}\oint_L x\mathrm{d}y+y\mathrm{d}x$

(5) 如果函数 $P(x,y),Q(x,y)$ 在单连通区域 G 内具有一阶连续偏导数，则曲线积分 $\int_L P(x,y)\mathrm{d}x+Q(x,y)\mathrm{d}y$ 与路径无关的充分必要条件是(　　).

(A) $\frac{\partial Q}{\partial x}=-\frac{\partial P}{\partial y}$　　(B) $\frac{\partial Q}{\partial y}=\frac{\partial P}{\partial x}$　　(C) $\frac{\partial Q}{\partial y}=-\frac{\partial P}{\partial x}$　　(D) $\frac{\partial Q}{\partial x}=\frac{\partial P}{\partial y}$

(6) 设曲面积分 $\int_L [f(x)-\mathrm{e}^x]\sin y\mathrm{d}x-f(x)\cos y\mathrm{d}y$ 与路径无关，其中 $f(x)$ 具有一阶连续导数，且 $f(0)=0$，则 $f(x)$ 等于(　　).

(A) $\frac{\mathrm{e}^{-x}-\mathrm{e}^x}{2}$　　(B) $\frac{\mathrm{e}^x-\mathrm{e}^{-x}}{2}$　　(C) $\frac{\mathrm{e}^x+\mathrm{e}^{-x}}{2}-1$　　(D) $1-\frac{\mathrm{e}^x+\mathrm{e}^{-x}}{2}$

(7) 设 $S:x^2+y^2+z^2=a^2(z\geqslant 0)$，$S_1$ 为 S 在第一象限中的部分，则有(　　).

(A) $\iint_S x\mathrm{d}S=4\iint_{S_1} x\mathrm{d}S$　　(B) $\iint_S y\mathrm{d}S=4\iint_{S_1} y\mathrm{d}S$

(C) $\iint_S z\mathrm{d}S=4\iint_{S_1} z\mathrm{d}S$　　(D) $\iint_S xyz\mathrm{d}S=4\iint_{S_1} xyz\mathrm{d}S$

(8) 设 Σ 为抛物面 $z=2-(x^2+y^2)$ 在 xOy 面上方的部分，$f(x,y,z)=x^2+y^2$，则 $\iint_\Sigma f(x,y,z)\mathrm{d}S=($　　$)$.

(A) $\frac{149}{30}\pi$ (B) $\frac{149}{60}\pi$ (C) $\frac{149}{120}\pi$ (D) 5π

(9) 设 Σ 为球面 $x^2+y^2+z^2=R^2$,则下列式各式正确的是( ).

(A) $\iint\limits_{\Sigma} x^2 \mathrm{d}S=0,\iint\limits_{\Sigma} x^2 \mathrm{d}y\mathrm{d}z=0$ (B) $\iint\limits_{\Sigma} x \mathrm{d}S=0,\iint\limits_{\Sigma} x^2 \mathrm{d}y\mathrm{d}z=0$

(C) $\iint\limits_{\Sigma} x \mathrm{d}S=0,\iint\limits_{\Sigma} x \mathrm{d}y\mathrm{d}z=0$ (D) $\iint\limits_{\Sigma} xy \mathrm{d}S=0,\iint\limits_{\Sigma} y \mathrm{d}z\mathrm{d}x=0$

(10) 设 Σ 是球面 $x^2+y^2+z^2=R^2$ 的下半部分并取下侧,则 $\iint\limits_{\Sigma} x^2y^2z\mathrm{d}x\mathrm{d}y=$( ).

(A) 0 (B) $\frac{2}{105}\pi R^7$ (C) $\frac{1}{105}\pi R^7$ (D) $\frac{2}{105}\pi R^5$

2. 计算下列曲线积分:

(1) $\int_L \frac{\mathrm{d}y-\mathrm{d}x}{x-y}$,$L$ 是抛物线 $y=x^2-4$ 从 $A(0,-4)$ 到 $(2,0)$ 的一段;

(2) $\int_L z\mathrm{d}s$,其中 L 为 $x=t\cos t, y=t\sin t, z=t, t\in[0,1]$;

(3) $\int_L xy^2\mathrm{d}y-x^2y\mathrm{d}x$,$L$ 是以 a 为半径,圆心在原点的右半圆周从最上面一点 A 到最下面一点 B.

3. 验证下列曲线积分与路径无关,并计算其值:

(1) $\int_{(1,1,1)}^{(2,3,-4)} x\mathrm{d}x+y^2\mathrm{d}y-z^3\mathrm{d}z$;

(2) $\int_{(x_1,y_1,z_1)}^{(x_2,y_2,z_2)} \frac{x\mathrm{d}x+y\mathrm{d}y+z\mathrm{d}z}{\sqrt{x^2+y^2+z^2}}$,其中 (x_1,y_1,z_1),(x_2,y_2,z_2) 在 $x^2+y^2+z^2=a^2$ 上.

4. 求下列全微分的原函数:

(1) $yz\mathrm{d}x+xz\mathrm{d}y+xy\mathrm{d}z$; (2) $(x^2-2yz)\mathrm{d}x+(y^2-2xz)\mathrm{d}y+(z^2-2xy)\mathrm{d}z$.

5. 计算 $\oint_L (3\mathrm{e}^{x^2}+2y)\mathrm{d}x-(x-4\sin y^2)\mathrm{d}y$,其中 L 是正向椭圆周 $\frac{x^2}{a^2}+\frac{y^2}{b^2}=1$.

6. 计算 $\int_L (\mathrm{e}^x\sin y-y)\mathrm{d}x+(\mathrm{e}^x\cos y-1)\mathrm{d}y$,其中 L 是由 $A(a,0)$ 经上半圆周 $y=\sqrt{ax-x^2}$ 到原点 O 的弧段.

7. 计算下列第一型曲面积分:

(1) $\iint\limits_S (x+y+z)\mathrm{d}S$,其中 S 为上半球面 $x^2+y^2+z^2=a^2, z\geqslant 0$;

(2) $\iint\limits_S (x^2+y^2)\mathrm{d}S$,其中 S 为立体 $\sqrt{x^2+y^2}\leqslant z\leqslant 1$ 的边界曲面;

(3) $\iint\limits_S \frac{1}{x^2+y^2}\mathrm{d}S$,其中 S 为柱面 $x^2+y^2=R^2$ 被平面 $z=0, z=H$ 所截取的部分;

(4) $\iint\limits_S xyz\mathrm{d}S$,其中 S 为平面 $x+y+z=1$ 在第一象限中的部分.

8. 计算下列第二型曲面积分:

(1)$\iint\limits_{S}y(x-z)\mathrm{d}y\mathrm{d}z+x^2\mathrm{d}z\mathrm{d}x+(y^2+xz)\mathrm{d}x\mathrm{d}y$,其中$S$为由$x=y=z=0$,$x=y=z=a$六个平面所围的立方体表面,并取外侧为正向;

(2)$\iint\limits_{S}xy\mathrm{d}y\mathrm{d}z+yz\mathrm{d}z\mathrm{d}x+zx\mathrm{d}x\mathrm{d}y$,其中$S$是由平面$x=y=z=0$和$x+y+z=1$所围成的四面体表面,并取外侧为正向;

(3)$\iint\limits_{S}yz\mathrm{d}z\mathrm{d}x$,其中$S$是球面$x^2+y^2+z^2=1$的上半部分,并取外侧为正向.

9. 应用高斯公式计算下列曲面积分:

(1)$\oiint\limits_{S}x^2\mathrm{d}y\mathrm{d}z+y^2\mathrm{d}z\mathrm{d}x+z^2\mathrm{d}x\mathrm{d}y$,其中$S$是锥面$x^2+y^2=z^2$与平面$z=h$所围空间区域$(0\leqslant z\leqslant h)$的表面,方向取外侧;

(2)$\oiint\limits_{S}x^3\mathrm{d}y\mathrm{d}z+y^3\mathrm{d}z\mathrm{d}x+z^3\mathrm{d}x\mathrm{d}y$,其中$S$是单位球面$x^2+y^2+z^2=1$的外侧;

(3)$\oiint\limits_{S}x\mathrm{d}y\mathrm{d}z+y\mathrm{d}z\mathrm{d}x+z\mathrm{d}x\mathrm{d}y$,其中$S$为上半球面$z=\sqrt{a^2-x^2-y^2}$的外侧.

10. 应用斯托克斯公式计算下列曲线积分:

(1)$\oint_{L}(y^2+z^2)\mathrm{d}x+(x^2+z^2)\mathrm{d}y+(x^2+y^2)\mathrm{d}z$,其中$L$为$x+y+z=1$与三坐标面的交线,它的走向使所围平面区域上侧在曲线的左侧;

(2)$\oint_{L}x^2y^3\mathrm{d}x+\mathrm{d}y+z\mathrm{d}z$,其中$L$为$y^2+z^2=1$,$x=y$所交的椭圆的正向;

(3)$\oint_{L}(z-y)\mathrm{d}x+(x-z)\mathrm{d}y+(y-x)\mathrm{d}z$,其中$L$是以$A(a,0,0)$,$B(0,a,0)$,$C(0,0,a)$为顶点的三角形沿$ABCA$的方向.

11. 计算曲线积分$I=\oint_{L}\dfrac{x\mathrm{d}y-y\mathrm{d}x}{4x^2+y^2}$,其中$L$是以点$(1,0)$为圆心,$R$为半径的圆周$(R>1)$,取逆时针方向.

12. 计算$I=\oiint\limits_{\Sigma}yz\mathrm{d}x\mathrm{d}y+zx\mathrm{d}y\mathrm{d}z+xy\mathrm{d}z\mathrm{d}x$,其中$\Sigma$是由圆柱面$x^2+y^2=R^2(x\geqslant 0,y\geqslant 0)$,平面$z=0$,$z=H$及三个坐标面所构成的闭曲面的外侧表面.

13. 求$\iint\limits_{\Sigma}xy^2\mathrm{d}y\mathrm{d}z+y(z^2+xz)\mathrm{d}z\mathrm{d}x+z(x^2+1)\mathrm{d}x\mathrm{d}y$,其中$\Sigma$是上半球面$x^2+y^2+z^2=R^2$的上侧.

14. 计算积分$I=\oint_{\Gamma}xy\mathrm{d}x+y^2\mathrm{d}y+z\mathrm{d}z$,其中$\Gamma$为抛物面$2-z=x^2+y^2$被平面$z=1$所截的曲线,从$z$轴正向看$\Gamma$的方向是逆时针方向.

15. 求$\boldsymbol{V}=y(x-z)\boldsymbol{i}+x^2\boldsymbol{j}+(y^2+xz)\boldsymbol{k}$沿有向曲面$\Sigma$对坐标的曲面积分,其中$\Sigma$是边长为$a$的正立方体的外表面.

16. 设L为平面上一条连续可微且没有重点的曲线,L的起点为$A(1,0)$,终点为$B(0,$

2）且 L 全落在第一象限，计算 $I=\int_L \frac{\partial \ln r}{\partial \boldsymbol{n}}\mathrm{d}s$，其中$\frac{\partial \ln r}{\partial \boldsymbol{n}}$表示 $\ln r$ 沿曲线法线正向 $\boldsymbol{n}$ 的方向导数，$r=\sqrt{x^2+y^2}$.

习题解析

1.（1）应选(B).$\oint_L \sqrt{x^2+y^2}\,\mathrm{d}s=\oint_L R\,\mathrm{d}s=R\oint_L \mathrm{d}s=2\pi R^2$.

（2）应选(A). 设 $L_1:\begin{cases}x=x\\y=0\end{cases}(0\leqslant x\leqslant a)$，$L_2:\begin{cases}x=a\cos t\\y=a\sin t\end{cases}(0\leqslant t\leqslant \frac{\pi}{4})$，$L_3:\begin{cases}x=x\\y=x\end{cases}$ $(0\leqslant x\leqslant \frac{\sqrt{2}}{2}a)$，那么 $L=L_1+L_2+L_3$. 于是

$$\begin{aligned}\oint_L \mathrm{e}^{\sqrt{x^2+y^2}}\mathrm{d}s&=\int_{L_1}\mathrm{e}^{\sqrt{x^2+y^2}}\mathrm{d}s+\int_{L_2}\mathrm{e}^{\sqrt{x^2+y^2}}\mathrm{d}s+\int_{L_3}\mathrm{e}^{\sqrt{x^2+y^2}}\mathrm{d}s\\&=\int_0^a \mathrm{e}^x\sqrt{1^2+0^2}\,\mathrm{d}x+\int_0^{\frac{\pi}{4}}\mathrm{e}^a\sqrt{(-a\sin t)^2+(a\cos t)^2}\,\mathrm{d}t+\\&\quad\int_0^{\frac{\sqrt{2}}{2}a}\mathrm{e}^{\sqrt{2}x}\sqrt{1^2+1^2}\,\mathrm{d}x=\mathrm{e}^a(2+\frac{\pi}{4}a)-2\end{aligned}$$

（3）应选(A). 设 $P(x,y)=Q(x,y)=f(x+y)$. 由 $f(x)$ 具有一阶连续的导数可知 $P(x,y)$，$Q(x,y)$ 有一阶连续偏导数. 又$\frac{\partial P(x,y)}{\partial y}=\frac{\partial Q(x,y)}{\partial x}=f'(x+y)$，则积分与路径无关，故可选择与 x 轴重合的一段加垂直于 y 轴上的折线路径积分，从而原积分可表示为

$$\int_0^1 f(x)\mathrm{d}x+\int_0^2 f(1+y)\mathrm{d}y=\int_0^1 f(x)\mathrm{d}x+\int_1^3 f(x)\mathrm{d}x=\int_0^3 f(x)\mathrm{d}x$$

（4）应选(C). 在格林公式中分别令 $P(x,y)=-y$，$Q(x,y)=x$ 即可.

（5）应选(D).

（6）应选(B). 由曲线积分与路径无关，得$\frac{\partial}{\partial x}[-f(x)\cos y]=\frac{\partial}{\partial y}[(f(x)-\mathrm{e}^x)\sin y]$，即 $f'(x)+f(x)=\mathrm{e}^x$，此为一阶线性微分方程，解得 $f(x)=\mathrm{e}^{-x}(\frac{1}{2}\mathrm{e}^{2x}+C)$(或者分别将四个选项尝试代入 $f'(x)+f(x)=\mathrm{e}^x$)，由 $f(0)=0$，得 $C=-\frac{1}{2}$. 因此 $f(x)=\frac{1}{2}(\mathrm{e}^x-\mathrm{e}^{-x})$.

（7）应选(C). 显然 $S:z=\sqrt{a^2-x^2-y^2}$，$\mathrm{d}S=\frac{a}{\sqrt{a^2-x^2-y^2}}\mathrm{d}x\mathrm{d}y=\frac{a}{z}\mathrm{d}x\mathrm{d}y$，那么

$$\iint_S x\,\mathrm{d}S=a\iint_{D_{xy}}\frac{x}{\sqrt{a^2-x^2-y^2}}\mathrm{d}x\mathrm{d}y=0,\iint_{S_1}x\,\mathrm{d}S=a\iint_{G_{xy}}\frac{x}{\sqrt{a^2-x^2-y^2}}\mathrm{d}x\mathrm{d}y>0$$

$$\iint_S y\,\mathrm{d}S=a\iint_{D_{xy}}\frac{y}{\sqrt{a^2-x^2-y^2}}\mathrm{d}x\mathrm{d}y=0,\iint_{S_1}y\,\mathrm{d}S=a\iint_{G_{xy}}\frac{y}{\sqrt{a^2-x^2-y^2}}\mathrm{d}x\mathrm{d}y>0$$

$$\iint_S z\,\mathrm{d}S=a\iint_{D_{xy}}\mathrm{d}x\mathrm{d}y=\pi a^3,\iint_{S_1}z\,\mathrm{d}S=a\iint_{G_{xy}}\mathrm{d}x\mathrm{d}y=\frac{\pi}{4}a^3$$

则$\iint\limits_{S} z\mathrm{d}S = 4\iint\limits_{S_1} z\mathrm{d}S$，$\iint\limits_{S} xyz\mathrm{d}S = a\iint\limits_{D_{xy}} xy\mathrm{d}x\mathrm{d}y = 0$，$\iint\limits_{S_1} xyz\mathrm{d}S = a\iint\limits_{G_{xy}} xy\mathrm{d}x\mathrm{d}y > 0$.

(8) 应选(A). 曲面$\Sigma: z = 2-(x^2+y^2)$在xOy面上的投影区域为$D_{xy}=\{(x,y)\mid x^2+y^2\leqslant 2\}$，且$\mathrm{d}S=\sqrt{1+z_x^2+z_y^2}\mathrm{d}x\mathrm{d}y=\sqrt{1+4x^2+4y^2}\mathrm{d}x\mathrm{d}y$.因此

$$\iint\limits_{\Sigma} f(x,y,z)\mathrm{d}S = \iint\limits_{D_{xy}} (x^2+y^2)\sqrt{1+4x^2+4y^2}\mathrm{d}x\mathrm{d}y = \int_0^{2\pi}\mathrm{d}\theta\int_0^{\sqrt{2}} r^2\sqrt{1+4r^2}\, r\mathrm{d}r = \frac{149}{30}\pi$$

(9) 应选(B). 空间曲面Σ关于$x=0, y=0, z=0$分别对称，而x, xy分别关于x为奇函数，从而$\iint\limits_{\Sigma} x\mathrm{d}S = \iint\limits_{\Sigma} xy\mathrm{d}y\mathrm{d}z = 0$. x^2关于x为偶函数，则$\iint\limits_{\Sigma} x^2\mathrm{d}y\mathrm{d}z = 0$. 因此，选(B).

(10) 应选(B). 由已知Σ的方程为$z=-\sqrt{R^2-x^2-y^2}$，且它在xOy面上的投影$D_{xy}=\{(x,y)\mid x^2+y^2\leqslant R^2\}$，于是

$$\begin{aligned}\iint\limits_{\Sigma} x^2y^2z\mathrm{d}x\mathrm{d}y &= -\iint\limits_{D_{xy}} x^2y^2(-\sqrt{R^2-x^2-y^2})\mathrm{d}x\mathrm{d}y \\ &= \int_0^{2\pi}\mathrm{d}\theta\int_0^{R} r^2\cos^2\theta\cdot r^2\sin^2\theta\cdot\sqrt{R^2-r^2}\cdot r\mathrm{d}r = \frac{2}{105}\pi R^7\end{aligned}$$

2. (1) 对于$L: y=x^2-4, 0\leqslant x\leqslant 2$，则$\int_L \frac{\mathrm{d}y-\mathrm{d}x}{x-y} = \int_0^2 \frac{2x-1}{x-x^2+4}\mathrm{d}x = \ln 2$.

(2) 由$x=t\cos t, y=t\sin t, z=t$，有

$$\mathrm{d}s = \sqrt{[(t\cos t)']^2+[(t\sin t)']^2+[(t)']^2}\,\mathrm{d}t = \sqrt{2+t^2}\,\mathrm{d}t$$

所以$\int_L z\mathrm{d}s = \int_0^1 t\sqrt{2+t^2}\,\mathrm{d}t = \frac{1}{3}(3\sqrt{3}-2\sqrt{2})$.

(3) 有向曲线L的参量方程是$x=a\cos t, y=a\sin t$，则

$$\int_L xy^2\mathrm{d}y - x^2y\mathrm{d}x = \int_{\frac{\pi}{2}}^{-\frac{\pi}{2}} (a^4\cos^2 t\sin^2 t + a^4\cos^2 t\sin^2 t)\mathrm{d}t = -\frac{\pi}{4}a^4$$

3. (1) 解法1：因为$\mathrm{d}\left(\frac{1}{2}x^2+\frac{1}{3}y^3-\frac{1}{4}z^4\right) = x\mathrm{d}x + y^2\mathrm{d}y - z^3\mathrm{d}z$，所以所给曲线积分与路径无关，从而原积分$=\int_1^2 x\mathrm{d}x + \int_1^3 y^2\mathrm{d}y - \int_1^{-4} z^3\mathrm{d}z = -53\frac{7}{12}$.

解法2：$P=x, Q=y^2, R=-z^3$. $\frac{\partial R}{\partial y}-\frac{\partial Q}{\partial z}=0$，$\frac{\partial P}{\partial z}-\frac{\partial R}{\partial x}=0$，$\frac{\partial Q}{\partial x}-\frac{\partial P}{\partial y}=0$，所以在$\mathbf{R}^3$内曲线积分与路径无关，故可选择直线路径，从起点$(1,1,1)$到终点$(2,3,-4)$积分. 设$x=t+1, y=2t+1, z=-5t+1, 0\leqslant t\leqslant 1$，则

$$\int_{(1,1,1)}^{(2,3,-4)} x\mathrm{d}x + y^2\mathrm{d}y - z^3\mathrm{d}z = \int_0^1 [(t+1)+2(2t+1)^2+5(-5t+1)^3]\mathrm{d}t = -53\frac{7}{12}$$

(2) 因为$\mathrm{d}(\sqrt{x^2+y^2+z^2}) = \frac{x\mathrm{d}x+y\mathrm{d}y+z\mathrm{d}z}{\sqrt{x^2+y^2+z^2}}$，所以所给曲线积分与路径无关，且

原式$=\int_{(x_1,y_1,z_1)}^{(x_2,y_2,z_2)} \mathrm{d}(\sqrt{x^2+y^2+z^2}) = \sqrt{x_2^2+y_2^2+z_2^2}-\sqrt{x_1^2+y_1^2+z_1^2}$，由于$(x_1,y_1,z_1)$和$(x_2,y_2,z_2)$在球面上，故原积分等于零.

4. (1) 因为$\mathrm{d}(xyz) = yz\mathrm{d}x + xz\mathrm{d}y + xy\mathrm{d}z$，所以原函数为$u(x,y,z) = xyz + C$.

(2) 由题知，$P=x^2-2yz, Q=y^2-2xz, R=z^2-2xy$.

显然$\dfrac{\partial R}{\partial y}=\dfrac{\partial Q}{\partial z},\dfrac{\partial R}{\partial x}=\dfrac{\partial P}{\partial z},\dfrac{\partial P}{\partial y}=\dfrac{\partial Q}{\partial x}$，所以 $P\mathrm{d}x+Q\mathrm{d}y+R\mathrm{d}z$ 是某一函数 $f(x,y,z)$ 的全微分，任取点(x_0,y_0,z_0)，则

$$\begin{aligned}f(x,y,z)&=\int_{(x_0,y_0,z_0)}^{(x,y,z)}P\mathrm{d}x+Q\mathrm{d}y+R\mathrm{d}z\\&=\int_{x_0}^{x}(u^2-2y_0z_0)\mathrm{d}x+\int_{y_0}^{y}(v^2-2xz_0)\mathrm{d}v+\int_{z_0}^{z}(w^2-2xy)\mathrm{d}w\\&=\frac{1}{3}(x^3+y^3+z^3)-2xyz-\frac{1}{3}(x_0^3+y_0^3+z_0^3)+2x_0y_0z_0\end{aligned}$$

故原函数为$\dfrac{1}{3}(x^3+y^3+z^3)-2xyz+C$，$C$ 是任意常数.

5. 如图 8，记积分曲线所围成的区域为 D，则由格林公式得

$$\begin{aligned}&\oint_L(3\mathrm{e}^{x^2}+2y)\mathrm{d}x-(x-4\sin y^2)\mathrm{d}y\\&=\iint_D\left[\frac{\partial}{\partial x}(-x+4\sin y^2)-\frac{\partial}{\partial y}(3\mathrm{e}^{x^2}+2y)\right]\mathrm{d}x\mathrm{d}y=-3\iint_D\mathrm{d}x\mathrm{d}y\\&=-3\pi ab\end{aligned}$$

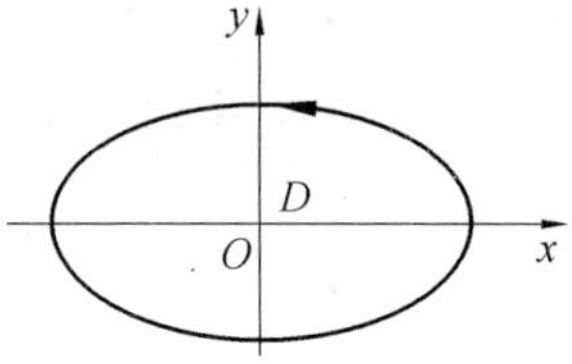

图 8

6. 如图 9，补充有向路径$\overrightarrow{OA}$，得一闭合路径 $ABOA$，其所含区域记为 D，则$\int_L=\int_{L+\overrightarrow{OA}}-\int_{\overrightarrow{OA}}$，由格林公式

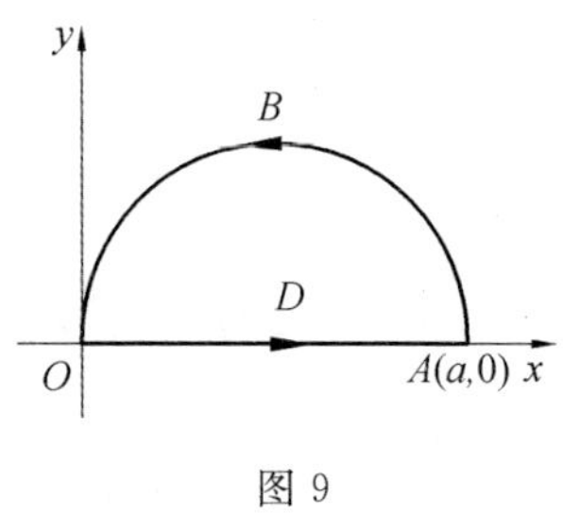

图 9

$$\begin{aligned}&\int_{L+\overrightarrow{OA}}(\mathrm{e}^x\sin y-y)\mathrm{d}x+(\mathrm{e}^x\cos y-1)\mathrm{d}y\\&=\iint_D\left[\frac{\partial}{\partial x}(\mathrm{e}^x\cos y-1)-\frac{\partial}{\partial y}(\mathrm{e}^x\sin y-y)\right]\mathrm{d}x\mathrm{d}y\\&=\iint_D[\mathrm{e}^x\cos y-(\mathrm{e}^x\cos y-1)]\mathrm{d}x\mathrm{d}y=\iint_D\mathrm{d}x\mathrm{d}y=\frac{\pi a^2}{8}\end{aligned}$$

在$\overrightarrow{OA}$ 上，$y=0,\mathrm{d}y=0$，故$\int_{\overrightarrow{OA}}(\mathrm{e}^x\sin y-y)\mathrm{d}x+(\mathrm{e}^x\cos y-1)\mathrm{d}y=0$，从而

$$\int_L(\mathrm{e}^x\sin y-y)\mathrm{d}x+(\mathrm{e}^x\cos y-1)\mathrm{d}y=\frac{\pi a^2}{8}$$

7. (1) 因为 $z=\sqrt{a^2-x^2-y^2}$，$z_x^2=\dfrac{x^2}{z^2}$，$z_y^2=\dfrac{y^2}{z^2}$，$\sqrt{1+z_x^2+z_y^2}=\sqrt{1+\dfrac{x^2}{z^2}+\dfrac{y^2}{z^2}}=\dfrac{a}{\sqrt{a^2-x^2-y^2}}$，从而$\iint_S(x+y+z)\mathrm{d}S=\int_{-a}^{a}\mathrm{d}x\int_{-\sqrt{a^2-x^2}}^{\sqrt{a^2-x^2}}\dfrac{a}{\sqrt{a^2-x^2-y^2}}(x+y+\sqrt{a^2-x^2-y^2})\mathrm{d}y=\int_{-a}^{a}(\pi ax+2a\sqrt{a^2-x^2})\mathrm{d}x=\pi a^3$.

(2) 面积 S 由两部分 S_1,S_2 组成，其中 $S_1:z=\sqrt{x^2+y^2}$，$S_2:z=1,x^2+y^2\leqslant 1$，它们在 xOy 面上的投影区域都是 $x^2+y^2\leqslant 1$，由极坐标变换可得

$$\iint_S(x^2+y^2)\mathrm{d}S=\iint_{S_1}(x^2+y^2)\mathrm{d}S+\iint_{S_2}(x^2+y^2)\mathrm{d}S$$

$$=\sqrt{2}\iint\limits_{x^2+y^2\leqslant 1}(x^2+y^2)\mathrm{d}x\mathrm{d}y+\iint\limits_{x^2+y^2\leqslant 1}(x^2+y^2)\mathrm{d}x\mathrm{d}y$$

$$=\sqrt{2}\int_0^{2\pi}\mathrm{d}\theta\int_0^1 r^3\mathrm{d}r+\int_0^{2\pi}\mathrm{d}\theta\int_0^1 r^3\mathrm{d}r=\frac{\pi}{2}(\sqrt{2}+1)$$

(3) $\iint\limits_S\frac{1}{x^2+y^2}\mathrm{d}S=\frac{1}{R^2}\iint\limits_S\mathrm{d}S=\frac{1}{R^2}2\pi RH=\frac{2\pi H}{R}.$

(4) $\iint\limits_S xyz\mathrm{d}S=\int_0^1 x\mathrm{d}x\int_0^{1-x}y(1-x-y)\sqrt{3}\mathrm{d}y=\frac{\sqrt{3}}{6}\int_0^1 x(1-x)^3\mathrm{d}x=\frac{\sqrt{3}}{120}.$

8. (1) $\iint\limits_S y(x-z)\mathrm{d}y\mathrm{d}z=\int_0^a\mathrm{d}y\int_0^a y(a-z)\mathrm{d}z+\int_0^a\mathrm{d}y\int_0^a yz\mathrm{d}z$

$$=\int_0^a(a^2y-\frac{a^2y}{2})\mathrm{d}y+\int_0^a\frac{a^2y}{2}\mathrm{d}y=\frac{a^4}{2}$$

$$\iint\limits_S x^2\mathrm{d}z\mathrm{d}x=\int_0^a\mathrm{d}z\int_0^a x^2\mathrm{d}x-\int_0^a\mathrm{d}z\int_0^a x^2\mathrm{d}x=0$$

$$\iint\limits_S(y^2+xz)\mathrm{d}x\mathrm{d}y=\int_0^a\mathrm{d}x\int_0^a(y^2+ax)\mathrm{d}y-\int_0^a\mathrm{d}x\int_0^a y^2\mathrm{d}y=\frac{a^4}{2}$$

所以原积分$=\frac{a^4}{2}+\frac{a^4}{2}=a^4$.

(2) 由对称性知,原式$=3\iint\limits_{D_{xy}}x(1-x-y)\mathrm{d}x\mathrm{d}y=3\int_0^1\mathrm{d}x\int_0^{1-x}(x-x^2-xy)\mathrm{d}y=\frac{1}{8}.$

(3) 作球坐标变换 令$x=\cos\theta\sin\varphi,y=\sin\theta\sin\varphi,z=\cos\varphi$,则$\frac{\partial(z,x)}{\partial(\theta,\varphi)}=\sin^2\varphi\sin\theta$,

故$\iint\limits_S yz\mathrm{d}z\mathrm{d}x=\int_0^{\frac{\pi}{2}}\mathrm{d}\varphi\int_0^{2\pi}\sin^2\theta\sin^3\varphi\cos\varphi\mathrm{d}\theta=\frac{\pi}{4}.$

9. (1) 原式$=2\iiint\limits_V(x+y+z)\mathrm{d}x\mathrm{d}y\mathrm{d}z$,代入柱面坐标变换$x=r\cos\theta,y=r\sin\theta,z=z$,

则原式$=2\int_0^{2\pi}\mathrm{d}\theta\int_0^h\mathrm{d}r\int_r^h(r\cos\theta+r\sin\theta+z)r\mathrm{d}z=\frac{\pi}{2}h^4.$

(2) 利用球坐标变换,可得

$$原式=3\iiint\limits_V(x^2+y^2+z^2)\mathrm{d}x\mathrm{d}y\mathrm{d}z=3\int_0^{\pi}\mathrm{d}\varphi\int_0^{2\pi}\mathrm{d}\theta\int_0^1 r^2r^2\sin\varphi\mathrm{d}r=\frac{12}{5}\pi$$

(3) 原曲面不封闭,故添加辅助曲面$S_1:\begin{cases}z=0\\x^2+y^2\leqslant a^2\end{cases}$,取下侧为正向,则原式$=\iiint\limits_V(1+1+1)\mathrm{d}x\mathrm{d}y\mathrm{d}z-0=3\iiint\limits_V\mathrm{d}x\mathrm{d}y\mathrm{d}z=2\pi a^3.$

10. (1) 记L为曲面$S:z=1-x-y(x\geqslant 0,y\geqslant 0,x+y\leqslant 1)$的边界,由斯托克斯公式知,原式$=2\iint\limits_S(y-z)\mathrm{d}y\mathrm{d}z+(z-x)\mathrm{d}z\mathrm{d}x+(x-y)\mathrm{d}x\mathrm{d}y$,且

$$\iint\limits_S(y-z)\mathrm{d}y\mathrm{d}z=\int_0^1\mathrm{d}y\int_0^{1-y}(y-z)\mathrm{d}z=0$$

同理$\iint\limits_{S}(z-x)\mathrm{d}z\mathrm{d}x=\iint\limits_{S}(x-y)\mathrm{d}x\mathrm{d}y=0$,因此原积分$=0$.

(2) 记 L 为该椭圆的边界,则

$$\text{原式}=\iint\limits_{S}0\mathrm{d}y\mathrm{d}z+0\mathrm{d}z\mathrm{d}x+(0-3x^2y^2)\mathrm{d}x\mathrm{d}y=-3\iint\limits_{S}x^2y^2\mathrm{d}x\mathrm{d}y=-3\iint\limits_{D_{xy}}x^2y^2\mathrm{d}x\mathrm{d}y=0$$

其中 S 为所交椭圆面,D_{xy} 是 S 在 xOy 面的投影.

(3) $\text{原式}=\iint\limits_{S}(1+1)\mathrm{d}y\mathrm{d}z+(1+1)\mathrm{d}z\mathrm{d}x+(1+1)\mathrm{d}x\mathrm{d}y=2\iint\limits_{S}\mathrm{d}y\mathrm{d}z+\mathrm{d}z\mathrm{d}x+\mathrm{d}x\mathrm{d}y=3a^2$.

11. 由于封闭曲线 L 包围原点$(0,0)$,$P=\dfrac{-y}{4x^2+y^2}$,$Q=\dfrac{x}{4x^2+y^2}$在$(0,0)$处不连续,所以原式不能直接应用格林公式.根据被积函数的特点,作充分小的椭圆 $L_1:x=\dfrac{\delta}{2}\cos\theta,y=\delta\sin\theta$ 使得该椭圆位于曲线 L 内且取顺时针方向(图 10),在 L_1 与 L 围成的区域 D 上用格林公式,并注意到$(x,y)\neq(0,0)$时,$\dfrac{\partial Q}{\partial x}=\dfrac{y^2-4x^2}{(4x^2+y^2)^2}=\dfrac{\partial P}{\partial y}$,于是

图 10

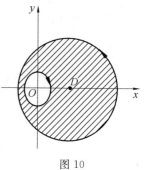

$$I=\oint\limits_{L+L_1}\frac{x\mathrm{d}y-y\mathrm{d}x}{4x^2+y^2}-\oint\limits_{L_1}\frac{x\mathrm{d}y-y\mathrm{d}x}{4x^2+y^2}=0-\oint\limits_{L_1}\frac{x\mathrm{d}y-y\mathrm{d}x}{4x^2+y^2}=\int_0^{2\pi}\frac{\frac{1}{2}\delta^2}{\delta^2}\mathrm{d}\theta=\pi$$

注:关于第二类曲线积分的计算方法总结如下:

通用方法属参数,特殊情况记清楚. 这就是说计算曲线积分一般的方法是将积分路径参数化,线积分化为定积分.

围道积分格斯熟,补圈打洞奇点出. 如果对于封闭曲线上的第二类曲线积分常用格林公式和斯托克斯公式.如果积分路径不是封闭曲线,可适当添加若干段有向曲线,使之成为封闭曲线(补"圈"),再应用格林公式.如果遇到封闭曲线内部包含"奇点"(偏导数不连续的点)时,应先围绕奇点作以适当的封闭曲线,再在所作曲线与积分路径围成的复连通区域("在奇点处打洞")上应用格林公式.

路径无关捷径出,基本公式原函数. 如果积分与路径无关可以选择与原积分路径同起点、共终点的适当路径,简化积分的计算,也可先找出被积函数的原函数,然后计算原函数在积分路径终点与奇点函数值的差.

12. 由于 $P(x,y,z)=zx$,$Q(x,y,z)=xy$,$R(x,y,z)=yz$ 在 Σ 围成的空间区域 Ω 上有一阶连续偏导,$\dfrac{\partial P}{\partial x}=z$,$\dfrac{\partial Q}{\partial y}=x$,$\dfrac{\partial R}{\partial z}=y$. 又闭曲面 Σ 取外侧表面,故利用高斯公式和柱面坐标变换可得

$$I=\oiint\limits_{\Sigma}yz\mathrm{d}x\mathrm{d}y+zx\mathrm{d}y\mathrm{d}z+xy\mathrm{d}z\mathrm{d}x$$

$$=\iiint_{\Omega}(x+y+z)\mathrm{d}x\mathrm{d}y\mathrm{d}z=\iiint_{\Omega}(r\cos\theta+r\sin\theta+z)r\mathrm{d}r\mathrm{d}\theta\mathrm{d}z$$

$$=\int_0^{\frac{\pi}{2}}\mathrm{d}\theta\int_0^R r\mathrm{d}r\int_0^H(r\cos\theta+r\sin\theta+z)\mathrm{d}z=\frac{2}{3}HR^3+\frac{\pi}{8}H^2R^2$$

13. 如图 11，设 Σ_1 为平面 $z=0$ 被柱面 $x^2+y^2=R^2$ 所截部分的下侧，Σ 与 Σ_1 围成的区域为 Ω，那么由高斯公式，得

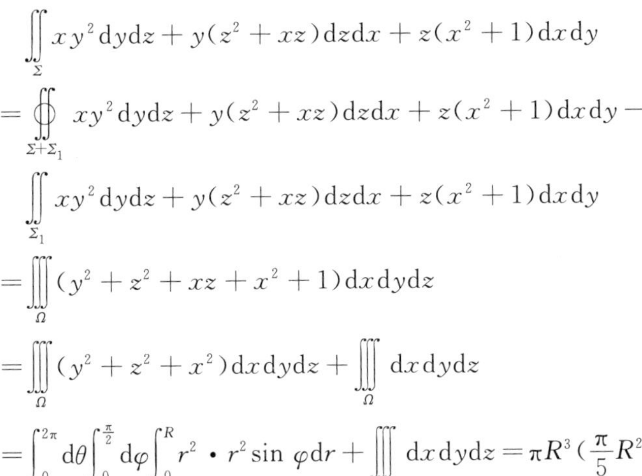

图 11

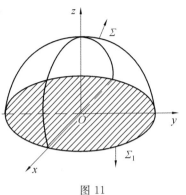

$$\iint_{\Sigma}xy^2\mathrm{d}y\mathrm{d}z+y(z^2+xz)\mathrm{d}z\mathrm{d}x+z(x^2+1)\mathrm{d}x\mathrm{d}y$$

$$=\oiint_{\Sigma+\Sigma_1}xy^2\mathrm{d}y\mathrm{d}z+y(z^2+xz)\mathrm{d}z\mathrm{d}x+z(x^2+1)\mathrm{d}x\mathrm{d}y-$$

$$\iint_{\Sigma_1}xy^2\mathrm{d}y\mathrm{d}z+y(z^2+xz)\mathrm{d}z\mathrm{d}x+z(x^2+1)\mathrm{d}x\mathrm{d}y$$

$$=\iiint_{\Omega}(y^2+z^2+xz+x^2+1)\mathrm{d}x\mathrm{d}y\mathrm{d}z$$

$$=\iiint_{\Omega}(y^2+z^2+x^2)\mathrm{d}x\mathrm{d}y\mathrm{d}z+\iiint_{\Omega}\mathrm{d}x\mathrm{d}y\mathrm{d}z$$

$$=\int_0^{2\pi}\mathrm{d}\theta\int_0^{\frac{\pi}{2}}\mathrm{d}\varphi\int_0^R r^2\cdot r^2\sin\varphi\mathrm{d}r+\iiint_{\Omega}\mathrm{d}x\mathrm{d}y\mathrm{d}z=\pi R^3\left(\frac{\pi}{5}R^2+\frac{2}{3}\right)$$

14. **解法 1**　斯托克斯公式.

$$I=\oint_{\Gamma}xy\mathrm{d}x+y^2\mathrm{d}y+z\mathrm{d}z=\iint_{\Sigma}\begin{vmatrix}\mathrm{d}y\mathrm{d}z & \mathrm{d}z\mathrm{d}x & \mathrm{d}x\mathrm{d}y\\ \dfrac{\partial}{\partial x} & \dfrac{\partial}{\partial y} & \dfrac{\partial}{\partial z}\\ xy & y^2 & z\end{vmatrix}$$

$$=-\iint_{\Sigma}x\mathrm{d}x\mathrm{d}y=-\iint_{D_{xy}}x\mathrm{d}x\mathrm{d}y$$

$$=-\int_0^{2\pi}\mathrm{d}\theta\int_0^1\rho\cos\theta\cdot\rho\mathrm{d}\rho=0$$

解法 2　Γ 的参数方程

$$\begin{cases}x=\cos t\\ y=\sin t\ (0\leqslant t\leqslant 2\pi)\\ z=1\end{cases}$$

$$I=\int_0^{2\pi}[-\cos t\sin^2t+\sin^2t\cos t+0]\mathrm{d}t=0$$

15. 由高斯公式可得

$$\iint_{\Sigma}y(x-z)\mathrm{d}y\mathrm{d}z+x^2\mathrm{d}z\mathrm{d}x+(y^2+xz)\mathrm{d}x\mathrm{d}y$$

$$=\iiint_{\Omega}(y+0+x)\mathrm{d}v=\int_0^a\mathrm{d}x\int_0^a\mathrm{d}y\int_0^a(y+x)\mathrm{d}z$$

$$=a\int_0^a \mathrm{d}x\int_0^a (y+x)\mathrm{d}y=a^4$$

16. 设 $\boldsymbol{\tau}$ 表示曲线 L 上点 (x,y) 处切线的正向(沿弧长增加的方向),由于

$$\cos(\boldsymbol{n},x)=\cos(\boldsymbol{\tau},y),\cos(\boldsymbol{n},y)=-\cos(\boldsymbol{\tau},x)$$

由方向导数定义得 $\dfrac{\partial \ln r}{\partial \boldsymbol{n}}=\dfrac{x}{x^2+y^2}\cos(\boldsymbol{n},x)+\dfrac{y}{x^2+y^2}\cos(\boldsymbol{n},y)$.

再由第一、第二型曲线积分的关系得

$$\int_L \frac{\partial \ln r}{\partial \boldsymbol{n}}\mathrm{d}s=\int_L\left[\frac{x}{x^2+y^2}\cos(\boldsymbol{n},x)+\frac{y}{x^2+y^2}\cos(\boldsymbol{n},y)\right]\mathrm{d}s$$

$$=\int_L -\frac{y}{x^2+y^2}\mathrm{d}x+\frac{x}{x^2+y^2}\mathrm{d}y$$

令 $P=-\dfrac{y}{x^2+y^2}$,$Q=\dfrac{x}{x^2+y^2}$,则 $\dfrac{\partial P}{\partial y}=\dfrac{y^2-x^2}{(x^2+y^2)^2}=\dfrac{\partial Q}{\partial x}$,即积分与路径无关,特取有向线段 AB:$y=2-2x,x\in[0,1]$ 代替 L 得 $I=2\displaystyle\int_0^1 \frac{1}{5x^2-8x+4}\mathrm{d}x=\frac{\pi}{2}$.

注:请读者思考,为什么不取有向折线 AO 和 OB,其中 O 表示坐标原点 $(0,0)$.

第17讲

含参量积分

背景简介

第 9 讲和第 10 讲,我们分别讨论了定积分与反常积分(无穷限反常积分和瑕积分),本讲将被积函数由一元函数推广到多元函数,就变成了含参量积分的形式(含参量正常积分和含参量反常积分).

为什么要做这样的推广,讨论含参量积分有何意义? 我们知道无穷级数是构造新函数的一种重要工具,利用它我们可以构造处处连续而处处不可微的函数,还可以构造出能填满正方形的连续曲线.含参量积分也是构造新函数的另一重要工具,本讲第 3 节涉及的欧拉积分,就是在应用中,经常出现的含参量积分表示的函数.

读者在学习过程中要理解含参量正常积分的连续性定理、可微性定理以及可积性定理,会运用这些定理的结论,求一些相对比较特殊的定积分.理解并掌握含参量反常积分一致收敛的方法,会用欧拉积分的结论计算一些特殊的定积分与反常积分.

内容聚焦

第 1 节　含参量正常积分

一、含参量正常积分的概念

设 $f(x,y)$ 为定义在矩形区域 $R=[a,b]\times[c,d]$ 上的二元函数,若对于 $[a,b]$ 上每一固定的 x 值,$f(x,y)$ 作为 y 的函数在闭区间 $[c,d]$ 上可积,则其积分值是 x 在 $[a,b]$ 上取值的函数,记作 $\varphi(x)$,即

$$\varphi(x)=\int_c^d f(x,y)\mathrm{d}y,x\in[a,b]$$

函数 $\varphi(x)$ 称为定义在 $[a,b]$ 上含参量 x 的正常积分,简称含参量积分.它的更一般的情形是其上、下限也是 x 的函数:设 $f(x,y)$ 为定义在区域

$$G=\{(x,y)\mid c(x)\leqslant y\leqslant d(x),a\leqslant x\leqslant b\}$$

上的二元函数,其中 $c(x)$,$d(x)$ 为定义在$[a,b]$上的函数,若对于$[a,b]$上每一固定的 x 值,$f(x,y)$ 作为 y 的函数在闭区间$[c(x),d(x)]$上可积,则其积分值是 x 在$[a,b]$上取值的函数,记作 $F(x)$,即

$$F(x)=\int_{c(x)}^{d(x)} f(x,y)\mathrm{d}y, x\in[a,b]$$

函数 $F(x)$ 同样称为定义在$[a,b]$上含参量 x 的正常积分,简称含参量积分.

二、含参量正常积分的解析性质

性质1 (连续性)若二元函数 $f(x,y)$ 在$[a,b]\times[c,d]$上连续,则函数 $\varphi(x)=\int_c^d f(x,y)\mathrm{d}y$ 在$[a,b]$上连续.

若二元函数 $f(x,y)$ 在 $G=\{(x,y)\mid c(x)\leqslant y\leqslant d(x),a\leqslant x\leqslant b\}$ 上连续,且 $c(x)$,$d(x)$ 为$[a,b]$上的连续函数,则函数 $F(x)=\int_{c(x)}^{d(x)} f(x,y)\mathrm{d}y$ 在$[a,b]$上连续.

性质2 (可微性)若二元函数 $f(x,y)$ 及其偏导数 $f_x(x,y)$ 在$[a,b]\times[c,d]$上连续,则 $\varphi(x)=\int_c^d f(x,y)\mathrm{d}y$ 在$[a,b]$上可微,且 $\varphi'(x)=\int_c^d f_x(x,y)\mathrm{d}y, x\in[a,b]$.

若二元函数 $f(x,y)$,$f_x(x,y)$ 在$[a,b]\times[p,q]$上连续,且 $c(x)$,$d(x)$ 为定义在$[a,b]$上其值含于$[p,q]$内的可微函数,则函数 $F(x)=\int_{c(x)}^{d(x)} f(x,y)\mathrm{d}y$ 在$[a,b]$上可微,且 $F'(x)=\int_{c(x)}^{d(x)} f_x(x,y)\mathrm{d}y+f(x,d(x))d'(x)-f(x,c(x))c'(x), x\in[a,b]$.

性质3 (可积性)若二元函数 $f(x,y)$ 在$[a,b]\times[c,d]$上连续,则函数 $\varphi(x)=\int_c^d f(x,y)\mathrm{d}y$,$\psi(y)=\int_a^b f(x,y)\mathrm{d}x$ 分别在$[a,b]$和$[c,d]$上可积,且

$$\int_a^b \mathrm{d}x\int_c^d f(x,y)\mathrm{d}y=\int_c^d \mathrm{d}y\int_a^b f(x,y)\mathrm{d}x$$

例1 求下列极限

(1) $\lim\limits_{\alpha\to 0}\int_{-1}^{1}\sqrt{x^2+\alpha^2}\,\mathrm{d}x$; (2) $\lim\limits_{\alpha\to 0}\int_0^2 x^2\cos\alpha x\,\mathrm{d}x$.

解 (1)$f(x,y)=\sqrt{x^2+\alpha^2}$ 在区域 $x\in[-1,1]$,$\alpha\in[-1,1]$上连续,所以

$$\lim_{\alpha\to 0}\int_{-1}^{1}\sqrt{x^2+\alpha^2}\,\mathrm{d}x=\int_{-1}^{1}\lim_{\alpha\to 0}\sqrt{x^2+\alpha^2}\,\mathrm{d}x=\int_{-1}^{1}|x|\,\mathrm{d}x=1$$

(2)$f(x,y)=x^2\cos\alpha$ 在区域 $x\in[0,2]$,$\alpha\in[-1,1]$上连续,所以

$$\lim_{\alpha\to 0}\int_0^2 x^2\cos\alpha x\,\mathrm{d}x=\int_0^2\lim_{\alpha\to 0}x^2\cos\alpha x\,\mathrm{d}x=\int_0^2 x^2\mathrm{d}x=\frac{8}{3}$$

例2 设 $f(x,y)=\operatorname{sgn}(x-y)$(这个函数在 $x=y$ 时不连续),试证由含参量积分 $F(y)=\int_0^1 f(x,y)\mathrm{d}x$ 所确定的函数在$(-\infty,+\infty)$上连续.

解 由于 $x\in[0,1]$,所以当 $y<0$ 时,$f(x,y)=1$;当 $y>1$ 时,$f(x,y)=-1$.
当 $y\in[0,1]$时

$$F(y)=\int_0^1 f(x,y)\mathrm{d}x=\int_0^y f(x,y)\mathrm{d}x+\int_y^1 f(x,y)\mathrm{d}x$$

$$=\int_0^y(-1)\mathrm{d}x+\int_y^1 1\mathrm{d}x=1-2y$$

故 $F(y)=\int_0^1 f(x,y)\mathrm{d}x$ 所确定的函数 $F(y)=\begin{cases}1, y<0\\ 1-2y, 0\leqslant y\leqslant 1\\ -1, y>1\end{cases}$ 在 $(-\infty,+\infty)$ 上连续.

例 3 设 $f(x)$ 是可微函数，记 $F(u)=\int_0^u (x+u)f(x)\mathrm{d}x$. 计算 $F''(u)$.

解法 1 设 $g(u,x)=(x+u)f(x)$，$c(u)=0$，$d(u)=u$. 则 $c(u)$ 和 $d(u)$ 在 $(-\infty,+\infty)$ 上可微，$g(u,x)$ 和 $g_u(u,x)=f(x)$ 在 $(-\infty,+\infty)\times(-\infty,+\infty)$ 上连续. 根据可微性的性质，$F(u)$ 在 $(-\infty,+\infty)$ 上可微，且 $F'(u)=\int_0^u f(x)\mathrm{d}x+2uf(u)$，$u\in(-\infty,+\infty)$.

所以，$F''(u)=3f(u)+2uf'(u)$，$u\in(-\infty,+\infty)$.

解法 2 $F(u)=\int_0^u (x+u)f(x)\mathrm{d}x=\int_0^u xf(x)\mathrm{d}x+u\int_0^u f(x)\mathrm{d}x$，由变上限函数及乘积形式的求导法则，不难计算 $F''(u)=3f(u)+2uf'(u)$，$u\in(-\infty,+\infty)$.

例 4 应用对参量的微分法，求 $\int_0^{\frac{\pi}{2}}\ln(a^2\sin^2 x+b^2\cos^2 x)\mathrm{d}x\,(a^2+b^2\neq 0)$.

解 当 $b=0$ 时，$a\neq 0$，故利用第 10 讲第 2 节例 3 的结论可得

$$\int_0^{\frac{\pi}{2}}\ln(a^2\sin^2 x+b^2\cos^2 x)\mathrm{d}x=\int_0^{\frac{\pi}{2}}\ln(a^2\sin^2 x)\mathrm{d}x=\pi\ln|a|+2\int_0^{\frac{\pi}{2}}\ln\sin x\mathrm{d}x$$
$$=\pi\ln|a|-\pi\ln 2=\pi\ln\frac{|a|}{2}$$

类似地，当 $a=0$ 时，$b\neq 0$，此时有

$$\int_0^{\frac{\pi}{2}}\ln(a^2\sin^2 x+b^2\cos^2 x)\mathrm{d}x=\pi\ln\frac{|b|}{2}$$

当 $a\neq 0$ 且 $b\neq 0$ 时，记 $I(b)=\int_0^{\frac{\pi}{2}}\ln(a^2\sin^2 x+b^2\cos^2 x)\mathrm{d}x$.

当 $|a|\neq|b|$ 时，有

$$I'(b)=\int_0^{\frac{\pi}{2}}\frac{2b\cos^2 x}{a^2\sin^2 x+b^2\cos^2 x}\mathrm{d}x=\frac{2}{b}\int_0^{\frac{\pi}{2}}\frac{1}{1+(|a/b|\tan x)^2}\mathrm{d}x\,(令\ t=|a/b|\tan x)$$
$$=\frac{2}{b}\int_0^{+\infty}\frac{1}{1+t^2}\cdot\frac{|b/a|}{1+(b^2/a^2)t^2}\mathrm{d}t=\frac{2|a|b}{(a^2-b^2)|b|}\int_0^{+\infty}\left(\frac{1}{1+t^2}-\frac{1}{(a/b)^2+t^2}\right)\mathrm{d}t$$
$$=\frac{b\pi}{(|a|+|b|)|b|}$$

从而

$$I(b)=\pi\ln(|a|+|b|)+C$$

当 $|a|=|b|\neq 0$ 时，$\int_0^{\frac{\pi}{2}}\ln(a^2\sin^2 x+b^2\cos^2 x)\mathrm{d}x=\int_0^{\frac{\pi}{2}}\ln a^2\mathrm{d}x=\pi\ln|a|$，且 $f(b,x)=\ln(a^2\sin^2 x+b^2\cos^2 x)$ 在 $\left[\frac{|a|}{2},\frac{3|a|}{2}\right]\times\left[0,\frac{\pi}{2}\right]$ 上连续，所以 $I(b)$ 在 $b=|a|$ 处连续，且 $\pi\ln|a|=I(|a|)=\lim\limits_{b\to|a|}I(b)=\pi\ln(2|a|)+C$，即，$C=-\pi\ln 2$. 因此，当 $ab\neq 0$ 时，

有$\int_0^{\frac{\pi}{2}}\ln(a^2\sin^2 x+b^2\cos^2 x)\mathrm{d}x=\pi\ln\dfrac{|a|+|b|}{2}$.

综上所述，有$\int_0^{\frac{\pi}{2}}\ln(a^2\sin^2 x+b^2\cos^2 x)\mathrm{d}x=\pi\ln\dfrac{|a|+|b|}{2}$，$a^2+b^2\neq 0$.

第2节　含参量反常积分

一、含参量反常积分与一致收敛的概念

1. 设 I 为一区间，函数 $f(x,y)$ 定义在无界区域 $R=I\times[c,+\infty)$ 上，若对每一个固定的 $x\in I$，反常积分$\int_c^{+\infty}f(x,y)\mathrm{d}y$ 都收敛，则它是定义在 I 上的函数，记作 $\Phi(x)$，即 $\Phi(x)=\int_c^{+\infty}f(x,y)\mathrm{d}y$，$x\in I$. 函数 $\Phi(x)$ 称为含参量 $x\in I$ 的无穷限反常积分，简称含参量反常积分.

2. 若 $\forall\varepsilon>0$，$\exists N>c$，使得当 $M>N$ 时，对所有 $x\in I$ 都有 $\left|\int_M^{+\infty}f(x,y)\mathrm{d}y\right|<\varepsilon$，则称该含参量反常积分在 I 上一致收敛.

二、含参量反常积分一致收敛的判定

1. 柯西准则　含参量反常积分$\int_c^{+\infty}f(x,y)\mathrm{d}y$ 在 I 上一致收敛的充要条件是：对任给正数 ε，存在 $M>c$，使得当 $A_1,A_2>M$ 时，对一切 $x\in I$，有 $\left|\int_{A_1}^{A_2}f(x,y)\mathrm{d}y\right|<\varepsilon$.

2. 含参量反常积分$\int_c^{+\infty}f(x,y)\mathrm{d}y$ 在 I 上一致收敛的充要条件是 $\lim\limits_{A\to+\infty}F(\mathrm{A})=0$，其中 $F(\mathrm{A})=\sup\limits_{x\in I}\left|\int_A^{+\infty}f(x,y)\mathrm{d}y\right|$.

3. 含参量反常积分$\int_c^{+\infty}f(x,y)\mathrm{d}y$ 在 I 上一致收敛的充要条件是：对任一趋于 $+\infty$ 的递增数列 $\{A_n\}$（其中 $A_1=c$），函数项级数 $\sum\limits_{n=1}^{\infty}\int_{A_n}^{A_{n+1}}f(x,y)\mathrm{d}y=\sum\limits_{n=1}^{\infty}u_n(x)$ 在 I 上一致收敛.

4. 魏尔斯特拉斯 M 判别法　设有函数 $g(y)$，使得 $|f(x,y)|\leqslant g(y)$，$(x,y)\in I\times[c,+\infty)$. 若$\int_c^{+\infty}g(y)\mathrm{d}y$ 收敛，则$\int_c^{+\infty}f(x,y)\mathrm{d}y$ 在 I 上一致收敛.

5. 狄利克雷判别法　设

(1) 对一切实数 $N>c$，含参量正常积分$\int_c^N f(x,y)\mathrm{d}y$ 对参量 x 在 I 上一致有界，即存在正数 M，对一切 $N>c$ 及 $x\in I$，都有 $\left|\int_c^N f(x,y)\mathrm{d}y\right|\leqslant M$.

(2) 对每一个 $x\in I$，函数 $g(x,y)$ 为 y 的单调函数，且当 $y\to+\infty$ 时，对参量 x，$g(x,y)$ 一致地收敛于0. 则含参量反常积分$\int_c^{+\infty}f(x,y)g(x,y)\mathrm{d}y$ 在 I 上一致收敛.

6. 阿贝尔判别法 设

(1) $\int_c^{+\infty} f(x,y)\mathrm{d}y$ 在 I 上一致收敛；

(2) 对每一个 $x \in I$，函数 $g(x,y)$ 为 y 的单调函数，且对参量 x，$g(x,y)$ 在 I 上一致有界. 则含参量反常积分 $\int_c^{+\infty} f(x,y)g(x,y)\mathrm{d}y$ 在 I 上一致收敛.

三、含参量反常积分的解析性质

性质 1 （连续性）设 $f(x,y)$ 在 $I\times[c,+\infty)$ 上连续，若含参量反常积分 $\Phi(x)=\int_c^{+\infty} f(x,y)\mathrm{d}y$ 在 I 上一致收敛，则 $\Phi(x)$ 在 I 上连续.

性质 2 （可微性）设 $f(x,y)$ 与 $f_x(x,y)$ 在 $I\times[c,+\infty)$ 上连续，若 $\Phi(x)=\int_c^{+\infty} f(x,y)\mathrm{d}y$ 在 I 上收敛，$\int_c^{+\infty} f_x(x,y)\mathrm{d}y$ 在 I 上一致收敛，则 $\Phi(x)$ 在 I 上可微，且

$$\Phi'(x)=\int_c^{+\infty} f_x(x,y)\mathrm{d}y,\ x\in I$$

性质 3 （可积性）

(1) 设 $f(x,y)$ 在 $[a,b]\times[c,+\infty)$ 上连续，若含参量反常积分 $\Phi(x)=\int_c^{+\infty} f(x,y)\mathrm{d}y$ 在 $[a,b]$ 上一致收敛，则 $\Phi(x)$ 在 $[a,b]$ 上可积，且

$$\int_a^b \mathrm{d}x\int_c^{+\infty} f(x,y)\mathrm{d}y=\int_c^{+\infty}\mathrm{d}y\int_a^b f(x,y)\mathrm{d}x$$

(2) 设 $f(x,y)$ 在 $[a,+\infty)\times[c,+\infty)$ 上连续，$\int_a^{+\infty} f(x,y)\mathrm{d}x$ 关于 y 在 $[c,+\infty)$ 上内闭一致收敛，$\int_c^{+\infty} f(x,y)\mathrm{d}y$ 关于 x 在 $[a,+\infty)$ 上内闭一致收敛. 那么，以下两个反常积分 $\int_a^{+\infty}\mathrm{d}x\int_c^{+\infty}|f(x,y)|\mathrm{d}y$，$\int_c^{+\infty}\mathrm{d}y\int_a^{+\infty}|f(x,y)|\mathrm{d}x$ 中如果有一个收敛，则

$$\int_a^{+\infty}\mathrm{d}x\int_c^{+\infty} f(x,y)\mathrm{d}y=\int_c^{+\infty}\mathrm{d}y\int_a^{+\infty} f(x,y)\mathrm{d}x$$

例 1 证明含参量反常积分 $\int_0^{+\infty}\frac{\cos xy}{1+x^2}\mathrm{d}x$ 在 $(-\infty,+\infty)$ 上一致收敛.

证 对任何实数 y 有 $\left|\frac{\cos xy}{1+x^2}\right|\leqslant\frac{1}{1+x^2}$ 及反常积分 $\int_0^{+\infty}\frac{\mathrm{d}x}{1+x^2}$ 收敛，故由魏尔斯特拉斯 M 判别法，含参量反常积分 $\int_0^{+\infty}\frac{\cos xy}{1+x^2}\mathrm{d}x$ 在 $(-\infty,+\infty)$ 上一致收敛.

例 2 证明含参量反常积分 $I(u)=\int_0^{+\infty}\frac{\mathrm{d}x}{1+(x+u)^2}$ 在任何 $[a,+\infty)$ 上一致收敛，但在 $(-\infty,+\infty)$ 上不一致收敛.

证
$$\lim_{M\to+\infty}\sup_{u\in[a,+\infty)}\left|\int_M^{+\infty}\frac{\mathrm{d}x}{1+(x+u)^2}\right|=\lim_{M\to+\infty}\sup_{u\in[a,+\infty)}\left(\frac{\pi}{2}-\arctan(M+u)\right)$$
$$=\lim_{M\to+\infty}\left(\frac{\pi}{2}-\arctan(M+a)\right)=0$$

$$\lim_{M\to+\infty}\sup_{u\in(-\infty,+\infty)}\left|\int_M^{+\infty}\frac{\mathrm{d}x}{1+(x+u)^2}\right|=\lim_{M\to+\infty}\sup_{u\in(-\infty,+\infty)}\left(\frac{\pi}{2}-\arctan(M+u)\right)=\lim_{M\to+\infty}\pi=\pi\neq 0$$

例 3 证明含参量反常积分$\int_0^{+\infty}\mathrm{e}^{-xy}\frac{\sin x}{x}\mathrm{d}x$ 在$[0,+\infty)$上一致收敛.

证 由无穷限反常积分的狄利克雷判别法知，$\int_0^{+\infty}\frac{\sin x}{x}\mathrm{d}x$ 收敛，则对于参量 y，它显然在$[0,+\infty)$上一致收敛. 函数 $g(x,y)=\mathrm{e}^{-xy}$ 对每个 $y\in[0,+\infty)$ 单调，且对任何 $0\leqslant y<+\infty$，$x\geqslant 0$ 都有 $|g(x,y)|=|\mathrm{e}^{-xy}|\leqslant 1$. 故由阿贝尔判别法即得含参量积分$\int_0^{+\infty}\mathrm{e}^{-xy}\cdot\frac{\sin x}{x}\mathrm{d}x$ 在$[0,+\infty)$上一致收敛.

例 4 证明含参量反常积分$\int_0^{+\infty}x\mathrm{e}^{-xy}\mathrm{d}y$：

(1) 在$[a,b](a>0)$上一致收敛；　　(2) 在$[0,b]$上不一致收敛.

证 (1) 对于 $x\in[a,b]$，$y\in[0,+\infty)$，有 $0\leqslant x\mathrm{e}^{-xy}\leqslant b\mathrm{e}^{-ay}$. 而$\int_0^{+\infty}b\mathrm{e}^{-ay}\mathrm{d}y(a>0)$ 收敛，由魏尔斯特拉斯 M 判别法知，$\int_0^{+\infty}x\mathrm{e}^{-xy}\mathrm{d}y$ 在$[a,b](a>0)$上一致收敛.

(2) 证法 1：由于$\int_0^{+\infty}x\mathrm{e}^{-xy}\mathrm{d}y=\begin{cases}0,x=0\\1,0<x\leqslant b\end{cases}$在 $x=0$ 不连续，而 $x\mathrm{e}^{-xy}$ 在 $x\in[a,b]$，$y\in[0,+\infty)$ 内连续，由连续性定理知，$\int_0^{+\infty}x\mathrm{e}^{-xy}\mathrm{d}y$ 在$[0,b]$上不一致收敛.

证法 2：取 $\varepsilon_0=\frac{1}{\mathrm{e}^2}$，则对任何 $M>0$，令 $A_1=M$，$A_2=2M$，$x_0=\frac{1}{M}$，从而

$$\left|\int_{A_1}^{A_2}x_0\mathrm{e}^{-x_0y}\mathrm{d}y\right|=-\mathrm{e}^{-x_0y}\Big|_M^{2M}=\frac{e-1}{\mathrm{e}^2}>\frac{1}{\mathrm{e}^2}=\varepsilon_0$$

所以$\int_0^{+\infty}x\mathrm{e}^{-xy}\mathrm{d}y$ 在$[0,b]$上不一致连续.

第 3 节　欧拉积分

1. 欧拉积分(伽马函数与贝塔函数)

$$\Gamma(s)=\int_0^{+\infty}x^{s-1}\mathrm{e}^{-x}\mathrm{d}x(s>0)$$

$$\mathrm{B}(p,q)=\int_0^1x^{p-1}(1-x)^{q-1}\mathrm{d}x(p>0,q>0)$$

2. 常用基本公式

$$\Gamma(s+1)=s\Gamma(s)(s\in\mathbf{R}\backslash\{0,-1,-2,\cdots\})$$

$$\mathrm{B}(p,q)=\mathrm{B}(q,p)(p>0,q>0)$$

$$\mathrm{B}(p,q)=\frac{q-1}{p+q-1}\mathrm{B}(p,q-1)(p>0,q>1)$$

$$\mathrm{B}(p,q)=\frac{p-1}{p+q-1}\mathrm{B}(p-1,q)(p>1,q>0)$$

$$B(p,q)=\frac{(p-1)(q-1)}{(p+q-1)(p+q-2)}B(p-1,q-1)(p>1,q>1)$$

以上公式在欧拉积分的计算中是基本的，应用时要留意条件是否满足. 而

$$B(p,q)=\frac{\Gamma(p)\Gamma(q)}{\Gamma(p+q)}(p>0,q>0)$$

则将 Γ 函数与 B 函数联系起来，为相互转化提供了方便.

3. 欧拉积分的一些其他变形形式

$$\Gamma(s)=\int_0^{+\infty}2x^{2s-1}e^{-x^2}dx=p^s\int_0^{+\infty}x^{s-1}e^{-px}dx(p>0)$$

$$B(p,q)=\int_0^{\frac{\pi}{2}}2\sin^{2q-1}\varphi\cos^{2p-1}\varphi d\varphi=\int_0^{+\infty}\frac{x^{p-1}}{(1+x)^{p+q}}dx=\int_0^1\frac{x^{p-1}+x^{q-1}}{(1+x)^{p+q}}dx$$

我们将看到，不少函数都与欧拉积分相关，利用其变形形式，为有些含参量积分的计算以及解析性质的讨论，带来了方便. 因此，对于欧拉积分应该像见到指数函数、三角函数等基本初等函数一样自然，视为一种基本非初等函数.

例 1 计算极限 $\lim\limits_{n\to\infty}\int_0^{+\infty}e^{-x^n}dx$.

解 令 $t=x^n$，我们有 $\int_0^{+\infty}e^{-x^n}dx=\int_0^{+\infty}\frac{1}{n}e^{-t}t^{\frac{1}{n}-1}dt=\frac{1}{n}\Gamma\left(\frac{1}{n}\right)=\Gamma\left(1+\frac{1}{n}\right)$.

因为 $\Gamma(s)$ 在 $s\in(0,+\infty)$ 上连续，所以 $\lim\limits_{n\to\infty}\int_0^{+\infty}e^{-x^n}dx=\lim\limits_{n\to\infty}\Gamma(1+\frac{1}{n})=\Gamma(1)=1$.

例 2 证明公式 $B(p,q)=B(p+1,q)+B(p,q+1)$.

证 根据递推公式，有 $B(p+1,q)=\frac{p}{p+q}B(p,q)$，$B(p,q+1)=\frac{q}{p+q}B(p,q)$，将以上两式相加即得.

例 3 计算 $\Gamma\left(\frac{5}{2}\right)$，$\Gamma\left(-\frac{5}{2}\right)$，$\Gamma\left(\frac{1}{2}+n\right)$，$\Gamma\left(\frac{1}{2}-n\right)$.

解 $\Gamma\left(\frac{5}{2}\right)=\frac{3}{2}\Gamma\left(\frac{3}{2}\right)=\frac{3}{2}\cdot\frac{1}{2}\Gamma\left(\frac{1}{2}\right)=\frac{3}{4}\sqrt{\pi}$.

$$\Gamma\left(-\frac{5}{2}\right)=\Gamma\left(-\frac{3}{2}\right)\Big/\left(-\frac{5}{2}\right)=-\frac{2}{5}\Gamma\left(-\frac{1}{2}\right)\Big/\left(-\frac{3}{2}\right)=\frac{4}{15}\Gamma\left(\frac{1}{2}\right)\Big/\left(-\frac{1}{2}\right)=-\frac{8}{15}\sqrt{\pi}$$

$$\begin{aligned}\Gamma\left(\frac{1}{2}+n\right)&=\frac{2n-1}{2}\Gamma\left(\frac{1}{2}+(n-1)\right)=\frac{2n-1}{2}\cdot\frac{2n-3}{2}\cdot\cdots\cdot\frac{1}{2}\cdot\frac{1}{2}\Gamma\left(\frac{1}{2}\right)\\&=\frac{(2n-1)!!}{2^n}\sqrt{\pi}\end{aligned}$$

$$\begin{aligned}\Gamma(\frac{1}{2}-n)&=-\frac{2}{2n-1}\Gamma(\frac{1}{2}-(n-1))=\left(-\frac{2}{2n-1}\right)\left(-\frac{2}{2n-3}\right)\cdots\left(-\frac{2}{1}\right)\Gamma\left(\frac{1}{2}\right)\\&=\frac{(-1)^n2^n}{(2n-1)!!}\sqrt{\pi}\end{aligned}$$

例 4 已知 $\Gamma\left(\frac{1}{2}\right)=\sqrt{\pi}$，试证 $\int_{-\infty}^{+\infty}x^2e^{-x^2}dx=\frac{\sqrt{\pi}}{2}$.

证 $\int_{-\infty}^{+\infty}x^2e^{-x^2}dx=2\int_0^{+\infty}x^2e^{-x^2}dx=\int_0^{+\infty}t^{\frac{1}{2}}e^{-t}dt(t=x^2)=\Gamma\left(\frac{3}{2}\right)=\frac{\sqrt{\pi}}{2}$.

解惑释疑

问题 1 含参量正常积分,它是积分还是函数?含参量正常积分除了讨论其连续性、可微性和可积性外,还有什么性质?

答 含参量正常积分在形式上是积分,但积分值随参量的取值不同而变化,因此实质上是一个函数.含参量正常积分表达的是一个函数,在很多数学分析的教材中主要讨论了三个主要性质:连续性、可微性和可积性.除这些性质外,还可以类似讨论它的其他一些性质,如有界性、奇偶性、周期性、单调性、凹凸性、极值最值等.

问题 2 一致收敛性在含参量反常积分性质的讨论中有什么作用?

答 我们知道,只要被积函数满足一定的连续条件,则在有限区间上的含参量积分就是连续的、可微的或可积的,并且极限与积分、求导与积分或积分与积分就能交换次序.但是,在含参量反常积分的情况下,事情就不是这么简单.例如:

(1) 函数 $f(x,y)=\begin{cases}\dfrac{\sin xy}{y}, y\neq 0\\ x, y=0\end{cases}$ 在$(-\infty,+\infty)\times(-\infty,+\infty)$上连续,且对于任意的 $x\in(-\infty,+\infty)$,积分$\int_0^{+\infty}f(x,y)\mathrm{d}y$收敛,但 $F(x)$ 在$(-\infty,+\infty)$上不连续(事实上,由本讲的习题精练第 12 题可知,$F(x)=\int_0^{+\infty}f(x,y)\mathrm{d}y=\frac{\pi}{2}\operatorname{sgn} x$).

(2) 对于导数与积分以及积分与积分不能随意交换次序.事实上,由于积分是求和的推广,因此与函数项级数相类似,也需要引进一致收敛概念,才能保证极限与积分、求导与积分或积分与积分之间次序可以交换.

问题 3 含参量正常积分与不定积分、定积分之间有什么联系?

答 含参量正常积分是以积分形式表达的函数,而不定积分表达的是满足一定条件的一族函数,定积分表达的则是一个数.如果将常数看成常值函数,则定积分称为含参量正常积分的特殊情形.

问题 4 当含参量反常积分不在定义域上一致收敛时,为什么可以用内闭一致收敛性来讨论其连续性和可微性?

答 因为函数的连续性和可微性与函数在指定点的附近的函数值有关,是函数的局部性特征,所以我们只要说明了函数在每一点具有这样的性质就行了.而在每一点处,我们只需取包含该点的一个区间即可.

问题 5 不一致收敛概念的正面陈述是怎样的?

答 含参量反常积分$\int_0^{+\infty}f(x,y)\mathrm{d}y$在区间 I 上不一致收敛概念的正面陈述为:$\exists\varepsilon_0>0,\forall N>c,\exists M_1>N$ 及 $x_0\in I$,使得 $\left|\int_{M_1}^{+\infty}f(x_0,y)\mathrm{d}y\right|\geqslant\varepsilon_0$.

习题精练

1. 设 $f(x,y)=y\sin(xy)$，求出含参量正常积分 $I(x)=\int_0^1 f(x,y)\mathrm{d}y$ 的定义域及函数表达式.

2. 讨论函数 $I(x)=\int_1^2 \frac{\ln(1+xy)}{y}\mathrm{d}y$ 的连续性.

3. 设 $F(x)=\int_{2+x}^{-x}\sqrt{1-\mathrm{e}^{xy}}\,\mathrm{d}y$. 求 $\lim\limits_{x\to 0^-}F(x)$ 及 $\lim\limits_{x\to -1}F(x)$.

4. 设 $I(x)=\int_\pi^{2\pi}\frac{y\sin(xy)}{y-\sin y}\mathrm{d}y$. 求 $\int_0^1 I(x)\mathrm{d}x$.

5. 求极限 $\lim\limits_{x\to 0}\dfrac{\int_0^{x^2}\mathrm{e}^{t^2}\mathrm{d}t}{\int_0^x(1+x)\mathrm{e}^{2t^2}\mathrm{d}t}$.

6. 证明 $\int_0^{+\infty}\mathrm{e}^{-x^2y}\mathrm{d}y$ 在 $[a,b]$ $(a>0)$ 上一致收敛.

7. 证明 $\int_0^1\ln(xy)\mathrm{d}y$ 在 $[\frac{1}{b},b]$ $(b>1)$ 上一致收敛.

8. 从等式 $\int_a^b\mathrm{e}^{-xy}\mathrm{d}y=\frac{\mathrm{e}^{-ax}-\mathrm{e}^{-bx}}{x}$ 出发，计算积分 $\int_0^{+\infty}\frac{\mathrm{e}^{-ax}-\mathrm{e}^{-bx}}{x}\mathrm{d}x$ $(b>a>0)$.

9. 证明函数 $F(y)=\int_0^{+\infty}\mathrm{e}^{-(x-y)^2}\mathrm{d}x$ 在 $(-\infty,+\infty)$ 上连续.

10. 计算 $J=\int_0^{+\infty}\mathrm{e}^{-px}\frac{\sin bx-\sin ax}{x}\mathrm{d}x$ $(p>0,b>a)$.

11. 求下列积分：

(1) $\int_0^{+\infty}\frac{\mathrm{e}^{-a^2x^2}-\mathrm{e}^{-b^2x^2}}{x^2}\mathrm{d}x$；　(2) $\int_0^{+\infty}\mathrm{e}^{-t}\frac{\sin xt}{t}\mathrm{d}t$；　(3) $\int_0^{+\infty}\mathrm{e}^{-x}\frac{1-\cos xy}{x^2}\mathrm{d}x$.

12. 计算 $\int_0^{+\infty}\frac{\sin ax}{x}\mathrm{d}x$.

13. 证明含参量反常积分 $\int_0^{+\infty}\frac{\sin xy}{y}\mathrm{d}y$ 在 $[\delta,+\infty)$ 上一致收敛（其中 $\delta>0$），但在 $(0,+\infty)$ 内不一致收敛.

14. 证明下列各式：

(1) $\Gamma(a)=\int_0^1(\ln\frac{1}{x})^{a-1}\mathrm{d}x,a>0$；

(2) $\int_0^{+\infty}\frac{x^{a-1}}{1+x}\mathrm{d}x=\Gamma(a)\Gamma(1-a),0<a<1$；

(3) $\int_0^1 x^{p-1}(1-x^r)^{q-1}\mathrm{d}x=\frac{1}{r}\mathrm{B}(\frac{p}{r},q),p>0,q>0,r>0$；

(4) $\int_0^{+\infty}\frac{\mathrm{d}x}{1+x^4}=\frac{\pi}{2\sqrt{2}}$.

习题解析

1. 当 $x\neq 0$ 时，$I(x)=\int_0^1 y\sin(xy)\mathrm{d}y=\int_0^1 y\frac{\partial}{\partial y}\left(-\frac{\cos(xy)}{x}\right)\mathrm{d}y$

$$=-\frac{y}{x}\cos(xy)\Big|_{y=0}^{y=1}-\int_0^1\left(-\frac{\cos(xy)}{x}\right)\mathrm{d}y$$

$$=-\frac{\cos x}{x}+\frac{\sin(xy)}{x^2}\Big|_{y=0}^{y=1}=-\frac{\cos x}{x}+\frac{\sin x}{x^2}$$

当 $x=0$ 时，$I(0)=\int_0^1 y\sin 0\mathrm{d}y=0$. 所以 $I(x)=\begin{cases}-\dfrac{\cos x}{x}+\dfrac{\sin x}{x^2}, x\neq 0\\ 0, x=0\end{cases}$.

2. 令 $f(x,y)=\frac{\ln(1+xy)}{y}$，$(x,y)\in\left(-\frac{1}{2},+\infty\right)\times[1,2]$. 对于任一 $x_0\in\left(-\frac{1}{2},+\infty\right)$，取 $\alpha\in\left(-\frac{1}{2},x_0\right)$ 及 $\beta\in(x_0,+\infty)$. 因为 $f(x,y)$ 在 $[\alpha,\beta]\times[1,2]$ 上连续，由连续性可知 $I(x)$ 在 $[\alpha,\beta]$ 上连续，所以在 x_0 连续. 根据 x_0 的任意性，推知 $I(x)$ 在 $\left(-\frac{1}{2},+\infty\right)$ 内连续.

3. 设 $f(x,y)=\sqrt{1-\mathrm{e}^{xy}}$，$c(x)=2+x$，$d(x)=-x$. 则 $c(x)$，$d(x)$ 在 $[-2,0]$ 上连续，而 $f(x,y)$ 在 $G=\{(x,y)\mid c(x)\leqslant y\leqslant d(x),-2\leqslant x\leqslant 0\}$ 上连续. 根据连续性可知 $F(x)$ 在 $[-2,0]$ 上连续. 所以

$$\lim_{x\to 0^-}F(x)=F(0)=\int_2^0\sqrt{1-\mathrm{e}^0}\,\mathrm{d}y=0,\lim_{x\to -1}F(x)=F(-1)=\int_1^1\sqrt{1-\mathrm{e}^{-y}}\,\mathrm{d}y=0$$

4. 因为函数 $f(x,y)=\frac{y\sin(xy)}{y-\sin y}$ 在 $[0,1]\times[\pi,2\pi]$ 上连续，所以根据可积性得

$$\int_0^1 I(x)\mathrm{d}x=\int_0^1\mathrm{d}x\int_\pi^{2\pi}\frac{y\sin(xy)}{y-\sin y}\mathrm{d}y=\int_\pi^{2\pi}\mathrm{d}y\int_0^1\frac{y\sin(xy)}{y-\sin y}\mathrm{d}x=\int_\pi^{2\pi}\frac{-\cos(xy)}{y-\sin y}\Big|_{x=0}^{x=1}\mathrm{d}y$$

$$=\int_\pi^{2\pi}\frac{1-\cos y}{y-\sin y}\mathrm{d}y=\ln|y-\sin y|\,\Big|_\pi^{2\pi}=\ln 2$$

5. 根据连续性的性质，有 $\lim\limits_{x\to 0}\int_0^{x^2}\mathrm{e}^{t^2}\mathrm{d}t=\int_0^0\mathrm{e}^{t^2}\mathrm{d}t=0$，$\lim\limits_{x\to 0}\int_0^x(1+x)\mathrm{e}^{2t^2}\mathrm{d}t=\int_0^0(1+0)\mathrm{e}^{2t^2}\mathrm{d}t=0$. 所以，由洛必达法则及可微性，得

$$\lim_{x\to 0}\frac{\int_0^{x^2}\mathrm{e}^{t^2}\mathrm{d}t}{\int_0^x(1+x)\mathrm{e}^{2t^2}\mathrm{d}t}=\lim_{x\to 0}\frac{2x\mathrm{e}^{x^4}}{\int_0^x\mathrm{e}^{2t^2}\mathrm{d}t+(1+x)\mathrm{e}^{2x^2}}=0$$

6. 因为 $|\mathrm{e}^{-x^2y}|=\frac{1}{\mathrm{e}^{x^2y}}\leqslant\frac{1}{\mathrm{e}^{a^2y}}$，且 $\int_0^{+\infty}\mathrm{e}^{-a^2y}\mathrm{d}y$ 收敛，所以 $\int_0^{+\infty}\mathrm{e}^{-x^2y}\mathrm{d}y$ 在 $[a,b]$ $(a>0)$ 上一致收敛.

7. 证法 1：因为 $\lim\limits_{\eta\to 0^+}(\eta\ln b+|\eta\ln\eta|+\eta)=0$，所以，$\forall\varepsilon>0$，$\exists\delta>0$，$\forall\eta\in(0,\delta)$，有

$\eta\ln b+|\eta\ln\eta|+\eta<\varepsilon$. 于是，$\forall\,\eta\in(0,\delta)$，$\forall\,x\in[\frac{1}{b},b]$，有

$$\left|\int_0^\eta \ln(xy)\mathrm{d}y\right|=\left|\int_0^\eta \ln x\mathrm{d}y+\int_0^\eta \ln y\mathrm{d}y\right|=|\eta\ln x+\eta\ln\eta-\eta|$$
$$\leqslant \eta\ln b+|\eta\ln\eta|+\eta<\varepsilon$$

故$\int_0^1\ln(xy)\mathrm{d}y$ 在$[\frac{1}{b},b]$上一致收敛.

证法2：因为当$(x,y)\in[\frac{1}{b},b]\times(0,1)$时，有$|\ln(xy)|=|\ln x+\ln y|\leqslant\ln b-\ln y$，且

$$\int_0^1(\ln b-\ln y)\mathrm{d}y=\ln b+1$$

即$\int_0^1(\ln b-\ln y)\mathrm{d}y$ 收敛，所以根据含参量的无界函数反常积分的魏尔斯特拉 M 判别法知道，$\int_0^1\ln(xy)\mathrm{d}y$ 在$[\frac{1}{b},b]$上一致收敛.

8. $\int_0^{+\infty}\frac{\mathrm{e}^{-ax}-\mathrm{e}^{-bx}}{x}\mathrm{d}x=\int_0^{+\infty}(\int_a^b\mathrm{e}^{-xy}\mathrm{d}y)\mathrm{d}x$. 因为 e^{-xy} 在$[0,+\infty)\times[a,b]$内连续，且由魏尔斯特拉斯 M 判别法知$\int_0^{+\infty}\mathrm{e}^{-xy}\mathrm{d}x$ 在$[a,b]$上一致收敛，所以

$$\int_0^{+\infty}\frac{\mathrm{e}^{-ax}-\mathrm{e}^{-bx}}{x}\mathrm{d}x=\int_0^{+\infty}(\int_a^b\mathrm{e}^{-xy}\mathrm{d}y)\mathrm{d}x=\int_a^b\frac{1}{y}\mathrm{d}y=\ln\frac{b}{a}$$

9. $\forall\,y_0\in(-\infty,+\infty)$，取 $a>0$ 使得 $y_0\in(-a,a)$. $\int_0^a\mathrm{e}^{-(x-y)^2}\mathrm{d}x$ 在$(-a,a)$上连续.

$\forall\,(x,y)\in[a,+\infty)\times(-a,a)$，有$|\mathrm{e}^{-(x-y)^2}|\leqslant\mathrm{e}^{-(x-a)^2}$，且$\int_a^{+\infty}\mathrm{e}^{-(x-a)^2}\mathrm{d}x=\int_0^{+\infty}\mathrm{e}^{-t^2}\mathrm{d}t$ 收敛，根据魏尔斯特拉斯 M 判别法知道$\int_a^{+\infty}\mathrm{e}^{-(x-y)^2}\mathrm{d}x$ 在$(-a,a)$上一致收敛，于是$\int_a^{+\infty}\mathrm{e}^{-(x-y)^2}\mathrm{d}x$ 在$(-a,a)$上连续. 因此 $F(y)=\int_0^{+\infty}\mathrm{e}^{-(x-y)^2}\mathrm{d}x=\int_0^a\mathrm{e}^{-(x-y)^2}\mathrm{d}x+\int_a^{+\infty}\mathrm{e}^{-(x-y)^2}\mathrm{d}x$ 在$(-a,a)$上连续，进而由 y_0 的任意性推知 $F(y)$ 在$(-\infty,+\infty)$上连续.

10. 因为$\frac{\sin bx-\sin ax}{x}=\int_a^b\cos xy\mathrm{d}y$，所以

$$J=\int_0^{+\infty}\mathrm{e}^{-px}\frac{\sin bx-\sin ax}{x}\mathrm{d}x=\int_0^{+\infty}\mathrm{e}^{-px}(\int_a^b\cos xy\mathrm{d}y)\mathrm{d}x=\int_0^{+\infty}\mathrm{d}x\int_a^b\mathrm{e}^{-px}\cos xy\mathrm{d}y$$

由于$|\mathrm{e}^{-px}\cos xy|\leqslant\mathrm{e}^{-px}$ 及反常积分$\int_0^{+\infty}\mathrm{e}^{-px}\mathrm{d}x$ 收敛，根据魏尔斯特拉斯 M 判别法，含参量反常积分$\int_0^{+\infty}\mathrm{e}^{-px}\cos xy\mathrm{d}x$ 在$[a,b]$上一致收敛. 由于 $\mathrm{e}^{-px}\cos xy$ 在$[0,+\infty)\times[a,b]$上连续，交换积分$\int_0^{+\infty}\mathrm{d}x\int_a^b\mathrm{e}^{-px}\cos xy\mathrm{d}y$ 的顺序，积分的值不变. 于是

$$J=\int_a^b\mathrm{d}y\int_0^{+\infty}\mathrm{e}^{-px}\cos xy\mathrm{d}x=\int_a^b\frac{p}{p^2+y^2}\mathrm{d}y=\arctan\frac{b}{p}-\arctan\frac{a}{p}$$

11. (1) $\int_0^{+\infty}\frac{e^{-a^2x^2}-e^{-b^2x^2}}{x^2}dx=\int_0^{+\infty}(\int_a^b 2ye^{-x^2y^2}dy)dx$，由魏尔斯特拉斯 M 判别法知，$\int_0^{+\infty}2ye^{-x^2y^2}dx$ 在 $[a,b]$ 上一致收敛. 所以

$$\int_0^{+\infty}\frac{e^{-a^2x^2}-e^{-b^2x^2}}{x^2}dx=\int_a^b(\int_0^{+\infty}2ye^{-x^2y^2}dx)dy=\int_a^b(2\int_0^{+\infty}e^{-(xy)^2}d(xy))dy$$

$$=\int_a^b\sqrt{\pi}\,dy=\sqrt{\pi}(b-a)$$

(2) 由第 10 题 $J=\int_0^{+\infty}e^{-pt}\frac{\sin bt-\sin at}{t}dt=\arctan\frac{b}{p}-\arctan\frac{a}{p}$. 令 $p=1,a=0$，$b=x$，得 $\int_0^{+\infty}e^{-t}\frac{\sin xt}{t}dt=\arctan x$.

(3) $\int_0^{+\infty}e^{-x}\frac{1-\cos xy}{x^2}dx=\int_0^{+\infty}(\int_0^y e^{-x}\frac{\sin tx}{x}dt)dx$，因为 $\lim\limits_{x\to 0}e^{-x}\frac{\sin tx}{x}=t$，所以 $x=0$ 不是函数 $e^{-x}\frac{\sin tx}{x}$ 的瑕点，由于含参量非正常积分 $\int_0^{+\infty}e^{-x}\frac{\sin tx}{x}dx$ 在 $t\in[0,y]$ 上一致收敛，故

$$\int_0^{+\infty}e^{-x}\frac{1-\cos xy}{x^2}dx=\int_0^y(\int_0^{+\infty}e^{-x}\frac{\sin tx}{x}dx)dt=\int_0^y\arctan t\,dt=y\arctan y-\frac{1}{2}\ln(1+y^2)$$

12. 令 $b=0$，则由第 10 题的结论可知，$F(p)=\int_0^{+\infty}e^{-px}\frac{\sin ax}{x}dx=\arctan\frac{a}{p}(p>0)$. 由阿贝尔判别法可得上述含参量反常积分在 $p\geqslant 0$ 上一致收敛. 于是由含参量反常积分的连续性可知，$F(p)$ 在 $p\geqslant 0$ 上连续，且 $F(0)=\int_0^{+\infty}\frac{\sin ax}{x}dx$. 所以

$$F(0)=\lim_{p\to 0^+}F(p)=\lim_{p\to 0^+}\arctan\frac{a}{p}=\frac{\pi}{2}\operatorname{sgn}a$$

13. 作变量代换 $u=xy$，得 $\int_A^{+\infty}\frac{\sin xy}{y}dy=\int_{Ax}^{+\infty}\frac{\sin u}{u}du$，其中 $A>0$. 由于 $\int_0^{+\infty}\frac{\sin u}{u}du$ 收敛，故对任给正数 ε，总存在正数 M，使当 $A'>M$ 时，就有 $\left|\int_{A'}^{+\infty}\frac{\sin u}{u}du\right|<\varepsilon$.

取 $A\delta>M$，则当 $A>\frac{M}{\delta}$ 时，对一切 $x\geqslant\delta>0$，由 $\int_A^{+\infty}\frac{\sin xy}{y}dy=\int_{Ax}^{+\infty}\frac{\sin u}{u}du$ 有 $\left|\int_A^{+\infty}\frac{\sin xy}{y}dy\right|<\varepsilon$，因此 $\lim\limits_{A\to+\infty}F(A)=0$，从而 $\int_0^{+\infty}\frac{\sin xy}{y}dy$ 在 $[\delta,+\infty)$ 上一致收敛.

又因为

$$\lim_{A\to 0^+}\int_A^{+\infty}\frac{\sin u}{u}du=\int_0^{+\infty}\frac{\sin u}{u}du$$

$$F(A)=\sup_{x\in(0,+\infty)}\left|\int_A^{+\infty}\frac{\sin xy}{y}dy\right|=\sup_{x\in(0,+\infty)}\left|\int_{Ax}^{+\infty}\frac{\sin u}{u}du\right|\geqslant\left|\int_0^{+\infty}\frac{\sin u}{u}du\right|=\frac{\pi}{2}$$

所以 $\int_0^{+\infty}\frac{\sin xy}{y}dy$ 在 $(0,+\infty)$ 内不一致收敛.

14. (1) 令 $\ln\frac{1}{x}=t$，则 $x=e^{-t}$，$dx=-e^{-t}dt$，从而

$$\int_0^1 (\ln \frac{1}{x})^{a-1} dx = \int_0^{+\infty} t^{a-1} e^{-t} dt = \Gamma(a)$$

(2) $\int_0^{+\infty} \frac{x^{a-1}}{1+x} dx = \int_0^{+\infty} \frac{x^{a-1}}{(1+x)^{a+1-a}} dx = B(a, 1-a) = \frac{\Gamma(a)\Gamma(1-a)}{\Gamma(1)} = \Gamma(a)\Gamma(1-a)$.

(3) 令 $t = x^r$，则 $\int_0^1 x^{p-1}(1-x^r)^{q-1} dx = \frac{1}{r}\int_0^1 t^{\frac{p}{r}-1}(1-t)^{q-1} dt = \frac{1}{r} B(\frac{p}{r}, q)$.

(4) 令 $t = x^4$，得

$$\int_0^{+\infty} \frac{dx}{1+x^4} = \frac{1}{4}\int_0^{+\infty} \frac{t^{-\frac{3}{4}}}{1+t} dt = \frac{1}{4}\int_0^{+\infty} \frac{t^{\frac{1}{4}-1}}{(1+t)^{\frac{1}{4}+\frac{3}{4}}} dt = \frac{1}{4} B\left(\frac{1}{4}, \frac{3}{4}\right) = \frac{1}{4}\Gamma\left(\frac{1}{4}\right)\Gamma\left(\frac{3}{4}\right)$$

$$= \frac{1}{4} \frac{\pi}{\sin \frac{\pi}{4}} = \frac{\pi}{2\sqrt{2}}$$

第18讲 隐函数定理及其应用

背景简介

数学分析研究的主要对象是函数，而函数的表示形式多样，有显形式、参数形式、极坐标形式、函数列与函数项级数形式. 本讲研究一类特殊的函数：隐函数. 无论是怎样形式的函数，我们关心的总是自变量与因变量之间的对应关系.

设给定 x，通过方程 $F(x,y)=0$ 可得到唯一确定的一个方程 y 与之相对应，显然此时 x,y 之间有着函数对应关系，但有时 y 却无法用 x 的算式来表达，故称之为隐函数，例如对于方程 $y-x-2\sin y=0$ 确实存在一个定义在 $(-\infty,+\infty)$ 上的函数 $y=f(x)$，但这个函数 $f(x)$ 却无法用 x 的显性表达式表示.

一旦理解了隐函数的概念，那自然而然地要讨论隐函数的性质和应用，例如连续性，可微性以及条件极值问题. 读者在学习时，要理解并熟练应用隐函数定理，掌握隐函数定理的几何应用. 掌握拉格朗日乘数法求条件极值(最值)，并利用多元函数的最值性证明不等式.

内容聚焦

第1节　隐函数定理

一、一元隐函数定理

定义1　隐函数 $y=f(x)$ 是由方程 $F(x,y)=0$ 所确定的函数.

定理1　(一元隐函数存在定理) 设函数 $F(x,y)$ 在点 $P(x_0,y_0)$ 的某一邻域内连续，且具有连续的一阶偏导数，满足 $F(x_0,y_0)=0$，$F_y(x_0,y_0)\neq 0$，则方程 $F(x,y)=0$ 在点 (x_0,y_0) 的某一邻域内恒能唯一确定一个具有连续导数的函数 $y=f(x)$，它满足条件 $y_0=f(x_0)$，并有 $\dfrac{\mathrm{d}y}{\mathrm{d}x}=-\dfrac{F'_x}{F'_y}$.

例1　证明在原点的某邻域内，方程 $\cos(x+y)+\mathrm{e}^{y+x^2}+3x-x^3y^3=2$ 可唯一确定

连续可微的隐函数 $y=f(x)$.

证 设 $F(x,y)=\cos(x+y)+e^{y+x^2}+3x-x^3y^3-2$,满足

①$F(0,0)=0$;

②$F(x,y)$ 在 $\mathbf{R}^2$ 上连续;

③$F_x(x,y)=-\sin(x+y)+2xe^{y+x^2}+3-3x^2y^3$,$F_y(x,y)=-\sin(x+y)+e^{y+x^2}-3x^3y^2$ 分别在 $\mathbf{R}^2$ 上连续;

④$F_y(0,0)=1\neq 0$.

从而,由隐函数定理可知,存在 $\delta>0$ 及在 $(-\delta,\delta)$ 上连续可微的隐函数 $y=f(x)$,满足 $\cos(x+f(x))+e^{f(x)+x^2}+3x-x^3f^3(x)=2$, $x\in(-\delta,\delta)$.

注 讨论由方程 $F(x,y)=0$ 在点 $p_0(x_0,y_0)$ 的某邻域内是否能唯一确定隐函数,一般可有下列三种情形:

(1) 由方程 $F(x,y)=0$ 可以容易地解出 $y=f(x)$ 或 $x=g(y)$.

(2) 不能或较难由方程 $F(x,y)=0$ 解出 $y=f(x)$ 或 $x=g(y)$,则可应用隐函数定理. 注意,只有当函数 $F(x,y)$ 满足隐函数定理的所有条件后(尤其计算偏导非零性),才能得出存在隐函数 $y=f(x)$ 或 $x=g(y)$ 的结论.

(3)$F(x,y)$ 不满足隐函数定理的某个条件,则不能简单地说不存在隐函数. 这种情形下,要对具体问题进行具体讨论,才能得出正确的结论(参考解惑释疑问题 1).

例 2 设 $y=y(x)$ 由方程 $x^2+y^2-\sin(xy)=0$ 所确定,试求 $\dfrac{dy}{dx}$.

解 令 $F(x,y)=x^2+y^2-\sin(xy)$,则

$$F_x=2x-y\cos(xy),F_y=2y-x\cos(xy)$$

于是 $\dfrac{dy}{dx}=-\dfrac{F_x}{F_y}=-\dfrac{2x-y\cos(xy)}{2y-x\cos(xy)}$.

例 3 设 $y=f(x)$ 是由方程 $y=x+\arctan y$ 所确定的隐函数,求 $\dfrac{dy}{dx}$ 及 $\dfrac{d^2y}{dx^2}$.

解 按复合函数求导法则对方程两边关于 x 求导,则 $\dfrac{dy}{dx}=1+\dfrac{1}{1+y^2}\dfrac{dy}{dx}$,由此解得 $\dfrac{dy}{dx}=1+\dfrac{1}{y^2}$. 再将左式两边对 x 求导,得 $\dfrac{d^2y}{dx^2}=-\dfrac{2}{y^3}\cdot\dfrac{dy}{dx}=-\dfrac{2(1+y^2)}{y^5}$.

二、二元隐函数定理

定理 2 (二元隐函数存在定理) 设函数 $F(x,y,z)$ 在点 $P(x_0,y_0,z_0)$ 的某一邻域内具有连续偏导数,且 $F(x_0,y_0,z_0)=0$,$F_z(x_0,y_0,z_0)\neq 0$,则方程 $F(x,y,z)=0$ 在点 (x_0,y_0,z_0) 的某一邻域内恒能唯一确定一个连续且具有连续偏导数的函数 $z=f(x,y)$,它满足条件 $z_0=f(x_0,y_0)$,并有 $\dfrac{\partial z}{\partial x}=-\dfrac{F'_x}{F'_z}$,$\dfrac{\partial z}{\partial y}=-\dfrac{F'_y}{F'_z}$.

例 4 设 $e^{-xy}-2z+e^z=0$,求 $\dfrac{\partial z}{\partial x}$,$\dfrac{\partial z}{\partial y}$.

解 令 $F(x,y,z)=e^{-xy}-2z+e^z$,则

$$F_x=-ye^{-xy},F_y=-xe^{-xy},F_z=-2+e^z$$

于是$\frac{\partial z}{\partial x}=-\frac{F_x}{F_z}=\frac{ye^{-xy}}{e^z-2},\frac{\partial z}{\partial y}=-\frac{F_y}{F_z}=\frac{xe^{-xy}}{e^z-2}$.

例 5 设函数 $z=z(x,y)$ 由方程 $z=e^{2x-3z}+2y$ 确定，则 $3\frac{\partial z}{\partial x}+\frac{\partial z}{\partial y}=$________.

解 应填 2. 令 $F(x,y,z)=e^{2x-3z}+2y-z$,则

$$F_x=2e^{2x-3z},F_y=2,F_z=-3e^{2x-3z}-1$$

于是$\frac{\partial z}{\partial x}=-\frac{F_x}{F_z}=\frac{2e^{2x-3z}}{3e^{2x-3z}+1},\frac{\partial z}{\partial y}=-\frac{F_y}{F_z}=\frac{2}{3e^{2x-3z}+1}$,所以

$$3\frac{\partial z}{\partial x}+\frac{\partial z}{\partial y}=3\frac{2e^{2x-3z}}{3e^{2x-3z}+1}+\frac{2}{3e^{2x-3z}+1}=2$$

例 6 设有三元方程 $xy-z\ln y+e^{xz}=1$,根据隐函数存在定理,存在点(0,1,1)的一个邻域,在此邻域内该方程(　　)

(A) 只能确定一个具有连续偏导数的隐函数 $z=z(x,y)$.

(B) 可确定两个具有连续偏导数的隐函数 $y=y(x,z)$ 和 $z=z(x,y)$.

(C) 可确定两个具有连续偏导数的隐函数 $x=x(y,z)$ 和 $z=z(x,y)$.

(D) 可确定两个具有连续偏导数的隐函数 $x=x(y,z)$ 和 $y=y(x,z)$.

解 应选(D). 设 $F(x,y,z)=xy-z\ln y+e^{xz}-1$,则

$$F'_x=y+ze^{xz},F'_y=x-\frac{z}{y},F_z'=-\ln y+xe^{xz}$$

$$F'_x|_{(0,1,1)}=2\neq0,F'_y|_{(0,1,1)}=-1\neq0,F'_z|_{(0,1,1)}=0$$

从而方程 $xy-z\ln y+e^{xz}=1$ 在点(0,1,1)的一个邻域内可确定两个具有连续偏导数的隐函数 $x=x(y,z),y=y(x,z)$.

例 7 设 $z=z(x,y)$ 是由 $x^2-6xy+10y^2-2yz-z^2+18=0$ 确定的函数,求 $z=z(x,y)$ 的极值点和极值.

解法 1 令 $F(x,y,z)=x^2-6xy+10y^2-2yz-z^2+18$,则

$$F_x=2x-6y,F_y=-6x+20y-2z,F_z=-2y-2z$$

于是

$$\frac{\partial z}{\partial x}=-\frac{F_x}{F_z}=-\frac{2x-6y}{-2y-2z}=\frac{x-3y}{y+z}$$

$$\frac{\partial z}{\partial y}=-\frac{F_y}{F_z}=-\frac{-6x+20y-2z}{-2y-2z}=\frac{-3x+10y-z}{y+z}$$

由$\frac{\partial z}{\partial x}=0,\frac{\partial z}{\partial y}=0$ 得 $x=3y,z=y$,将其代入

$$x^2-6xy+10y^2-2yz-z^2+18=0$$

可得驻点为(9,3)和(−9,−3). 又

$$\frac{\partial^2 z}{\partial x^2}=\frac{(y+z)-(x-3y)\frac{\partial z}{\partial x}}{(y+z)^2},\frac{\partial^2 z}{\partial x\partial y}=\frac{-3(y+z)-(x-3y)(1+\frac{\partial z}{\partial y})}{(y+z)^2}$$

$$\frac{\partial^2 z}{\partial y^2}=\frac{(10-\frac{\partial z}{\partial y})(y+z)-(-3x+10y-z)(1+\frac{\partial z}{\partial y})}{(y+z)^2}$$

在点(9,3)处，$AC-B^2=\frac{1}{6}\cdot\frac{5}{3}-\left(-\frac{1}{2}\right)^2=\frac{1}{36}>0$，且$A=\frac{1}{6}>0$，所以此函数在点(9,3)取得极小值$z(9,3)=3$.

在点(−9，−3)处，$AC-B^2=\left(-\frac{1}{6}\right)\cdot\left(-\frac{5}{3}\right)-\left(\frac{1}{2}\right)^2=\frac{1}{36}>0$，且$A=-\frac{1}{6}<0$，所以此函数在点(−9，−3)处取得极大值为$z(-9,-3)=-3$.

解法 2 由原方程可得$(x-3y)^2+(y-z)^2-2z^2+18=0$，即$2z^2-18=(x-3y)^2+(y-z)^2\geqslant 0$，于是$z\geqslant 3$或$z\leqslant -3$. 将$z=3$代入方程$x^2-6xy+10y^2-2yz-z^2+18=0$，可得$x=9,y=3$. 故函数$z=z(x,y)$在点(9,3)处取得极小值$z(9,3)=3$. 类似地，函数$z=z(x,y)$在点(−9，−3)处取得极大值$z(-9,-3)=-3$.

第 2 节　隐函数组定理

隐函数组定理 设$F(x,y,u,v)$，$G(x,y,u,v)$在点$P_0(x_0,y_0,u_0,v_0)$的某一邻域内具有对各个变量的连续偏导数，满足$F(x_0,y_0,u_0,v_0)=0$，$G(x_0,y_0,u_0,v_0)=0$，且偏导数所组成的函数行列式（或称雅可比行列式）$J=\frac{\partial(F,G)}{\partial(u,v)}=\begin{vmatrix}F_u & F_v\\ G_u & G_v\end{vmatrix}$在点$P_0(x_0,y_0,u_0,v_0)$不等于零，则$\begin{cases}F(x,y,u,v)=0\\ G(x,y,u,v)=0\end{cases}$在点$P_0(x_0,y_0,u_0,v_0)$的某一邻域内恒能唯一确定一组连续且具有连续偏导数的函数$u=u(x,y)$，$v=v(x,y)$，它们满足条件$u_0=u(x_0,y_0)$，$v_0=v_0(x_0,y_0)$，且有

$$u_x=-\frac{\frac{\partial(F,G)}{\partial(x,v)}}{\frac{\partial(F,G)}{\partial(u,v)}}=-\frac{1}{J}\begin{vmatrix}F_x & F_v\\ G_x & G_v\end{vmatrix},\quad v_x=-\frac{\frac{\partial(F,G)}{\partial(u,x)}}{\frac{\partial(F,G)}{\partial(u,v)}}=-\frac{1}{J}\begin{vmatrix}F_u & F_x\\ G_u & G_x\end{vmatrix}$$

$$u_y=-\frac{\frac{\partial(F,G)}{\partial(y,v)}}{\frac{\partial(F,G)}{\partial(u,v)}}=-\frac{1}{J}\begin{vmatrix}F_y & F_v\\ G_y & G_v\end{vmatrix},\quad v_y=-\frac{\frac{\partial(F,G)}{\partial(u,y)}}{\frac{\partial(F,G)}{\partial(u,v)}}=-\frac{1}{J}\begin{vmatrix}F_u & F_y\\ G_u & G_y\end{vmatrix}$$

例 1 设$\begin{cases}x^2+2y^2+3z^2=21\\ x+y+z=0\end{cases}$，求$\frac{\mathrm{d}z}{\mathrm{d}x}$，$\frac{\mathrm{d}y}{\mathrm{d}x}$.

解 方程组两端对x求导得$\begin{cases}2x+4y\frac{\mathrm{d}y}{\mathrm{d}x}+6z\frac{\mathrm{d}z}{\mathrm{d}x}=0,\\ 1+\frac{\mathrm{d}y}{\mathrm{d}x}+\frac{\mathrm{d}z}{\mathrm{d}x}=0.\end{cases}$解方程组得

$$\frac{\mathrm{d}y}{\mathrm{d}x}=\frac{3z-x}{2y-3z},\frac{\mathrm{d}z}{\mathrm{d}x}=\frac{x-2y}{2y-3z}$$

例 2 设$\begin{cases}x^2+y^2-uv=0\\ xy-u^2+v^2=0\end{cases}$，求$\frac{\partial u}{\partial x}$，$\frac{\partial v}{\partial x}$.

解法 1 （公式法）令$\begin{cases}F(x,y,u,v)=x^2+y^2-uv,\\ G(x,y,u,v)=xy-u^2+v^2,\end{cases}$则

$$F_x = 2x,\ F_y = 2y,\ F_u = -v,\ F_v = -u$$
$$G_x = y,\ G_y = x, G_u = -2u, G_v = 2v$$

所以

$$\frac{\partial u}{\partial x} = -\frac{\dfrac{\partial(F,G)}{\partial(x,v)}}{\dfrac{\partial(F,G)}{\partial(u,v)}} = -\frac{\begin{vmatrix} 2x & -u \\ y & 2v \end{vmatrix}}{\begin{vmatrix} -v & -u \\ -2u & 2v \end{vmatrix}} = \frac{4xv + yu}{2(u^2 + v^2)}$$

$$\frac{\partial v}{\partial x} = -\frac{\dfrac{\partial(F,G)}{\partial(u,x)}}{\dfrac{\partial(F,G)}{\partial(u,v)}} = -\frac{\begin{vmatrix} -v & 2x \\ -2u & y \end{vmatrix}}{\begin{vmatrix} -v & -u \\ -2u & 2v \end{vmatrix}} = \frac{4xu - yv}{2(u^2 + v^2)}$$

解法 2 （求解偏导方程法）方程组两端对 x 求导得

$$\begin{cases} 2x - v\dfrac{\partial u}{\partial x} - u\dfrac{\partial v}{\partial x} = 0 \\ y - 2u\dfrac{\partial u}{\partial x} + 2v\dfrac{\partial v}{\partial x} = 0 \end{cases}$$

解之得 $\dfrac{\partial u}{\partial x} = -\dfrac{\begin{vmatrix} 2x & -u \\ y & 2v \end{vmatrix}}{\begin{vmatrix} -v & -u \\ -2u & 2v \end{vmatrix}} = \dfrac{4xv + yu}{2(u^2 + v^2)}$，$\dfrac{\partial v}{\partial x} = -\dfrac{\begin{vmatrix} -v & 2x \\ -2u & y \end{vmatrix}}{\begin{vmatrix} -v & -u \\ -2u & 2v \end{vmatrix}} = \dfrac{4xu - yv}{2(u^2 + v^2)}$.

解法 3 （凑全微分法）方程组两边求全微分得

$$\begin{cases} 2x\mathrm{d}x + 2y\mathrm{d}y - v\mathrm{d}u - u\mathrm{d}v = 0 \\ y\mathrm{d}x + x\mathrm{d}y - 2u\mathrm{d}u + 2v\mathrm{d}v = 0 \end{cases}$$

解得

$$\mathrm{d}u = \frac{1}{2(u^2 + v^2)}[(4vx + uy)\mathrm{d}x + (4vy + ux)\mathrm{d}y]$$

$$\mathrm{d}v = \frac{1}{2(u^2 + v^2)}[(4ux - vy)\mathrm{d}x + (4uy - vx)\mathrm{d}y]$$

所以 $\dfrac{\partial u}{\partial x} = \dfrac{4xv + yu}{2(u^2 + v^2)}$，$\dfrac{\partial v}{\partial x} = \dfrac{4xu - yv}{2(u^2 + v^2)}$.

例 3 设 $z = f(x,y)$ 满足 $\dfrac{\partial^2 z}{\partial x \partial y} = x + y$，且 $f(x,0) = x$，$f(0,y) = y^2$，求 $f(x,y)$.

解 等式 $\dfrac{\partial^2 z}{\partial x \partial y} = x + y$ 两边关于 y 作积分，得 $\dfrac{\partial z}{\partial x} = xy + \dfrac{1}{2}y^2 + f_1(x)$，两边再对 x 积分，得 $z = \dfrac{1}{2}x^2 y + \dfrac{1}{2}xy^2 + \int_0^x f_1(t)\mathrm{d}t + f_2(y)$. 又 $f(x,0) = x$，$f(0,y) = y^2$. 所以 $\int_0^x f_1(t)\mathrm{d}t = x$，$f_2(y) = y^2$. 因此 $f(x,y) = \dfrac{1}{2}x^2 y + \dfrac{1}{2}xy^2 + x + y^2$.

第3节　几何应用

一、平面曲线的切线与法线

设曲线 L 由 $F(x,y)=0$ 所确定，$P_0(x_0,y_0)$ 为 L 上一点，$F(x,y)$ 在点 P_0 的近旁满足隐函数定理的条件，则法向量 $\boldsymbol{n}=(F_x(P_0),F_y(P_0))$，从而可得

切线方程：$F_x(P_0)(x-x_0)+F_y(P_0)(y-y_0)=0$；

法线方程：$F_y(P_0)(x-x_0)-F_x(P_0)(y-y_0)=0$.

例1　求平面曲线 $x^{2/3}+y^{2/3}=a^{2/3}(a>0)$ 上任一点处的切线方程，并证明这些切线被坐标轴所截取的线段等长.

解　令 $F(x,y)=x^{2/3}+y^{2/3}-a^{2/3}$，则 $F_x=\dfrac{2}{3}x^{-\frac{1}{3}}$，$F_y=\dfrac{2}{3}y^{-\frac{1}{3}}$，所以曲线上任一点 $(x_0,y_0)(x_0\neq 0$ 或 $y_0\neq 0)$ 处的切线方程为 $\dfrac{2}{3}x_0^{-\frac{1}{3}}(x-x_0)+\dfrac{2}{3}y_0^{-\frac{1}{3}}(y-y_0)=0$，即

$$xx_0^{-\frac{1}{3}}+yy_0^{-\frac{1}{3}}=a^{\frac{2}{3}}$$

分别令 $x=0$ 和 $y=0$，则得此切线在 y 轴和 x 轴上的截距分别为 $a^{\frac{2}{3}}y_0^{\frac{1}{3}}$，$a^{\frac{2}{3}}x_0^{\frac{1}{3}}$. 切线被坐标轴所截取线段长为 $[(a^{\frac{2}{3}}y_0^{\frac{1}{3}})^2+(a^{\frac{2}{3}}x_0^{\frac{1}{3}})^2]^{\frac{1}{2}}=a$，故切线被坐标轴所截取的线段等长.

二、空间曲线的切线与法平面

1. 设曲线 L 由参数方程 $x=x(t)$，$y=y(t)$，$z=z(t)$，$\alpha\leqslant t\leqslant\beta$ 所确定，$P_0(x_0,y_0,z_0)=(x(t_0),y(t_0),z(t_0))$ 为 L 上一点，$x(t),y(t),z(t)$ 在 t_0 处可导，且 $(x'(t_0))^2+(y'(t_0))^2+(z'(t_0))^2\neq 0$，则切向量 $\boldsymbol{\tau}=(x'(t_0),y'(t_0),z'(t_0))$，从而可得

切线方程：$\dfrac{x-x_0}{x'(t_0)}=\dfrac{y-y_0}{y'(t_0)}=\dfrac{z-z_0}{z'(t_0)}$；

法平面方程：$x'(t_0)(x-x_0)+y'(t_0)(y-y_0)+z'(t_0)(z-z_0)=0$.

2. 设曲线 L 由其一般方程 $\begin{cases}F(x,y,z)=0\\G(x,y,z)=0\end{cases}$ 所确定，$P_0(x_0,y_0,z_0)$ 为 L 上一点，$F(x,y,z)$ 与 $G(x,y,z)$ 在点 P_0 的近旁满足隐函数组定理的条件，则切向量

$$\boldsymbol{\tau}=\begin{vmatrix}\boldsymbol{i} & \boldsymbol{j} & \boldsymbol{k}\\ F_x(P_0) & F_y(P_0) & F_z(P_0)\\ G_x(P_0) & G_y(P_0) & G_z(P_0)\end{vmatrix}=\left(\left.\frac{\partial(F,G)}{\partial(y,z)}\right|_{P_0},\left.\frac{\partial(F,G)}{\partial(z,x)}\right|_{P_0},\left.\frac{\partial(F,G)}{\partial(x,y)}\right|_{P_0}\right)$$

切线方程：$\dfrac{x-x_0}{\left.\dfrac{\partial(F,G)}{\partial(y,z)}\right|_{P_0}}=\dfrac{y-y_0}{\left.\dfrac{\partial(F,G)}{\partial(z,x)}\right|_{P_0}}=\dfrac{z-z_0}{\left.\dfrac{\partial(F,G)}{\partial(x,y)}\right|_{P_0}}$；

法平面方程：$\left.\dfrac{\partial(F,G)}{\partial(y,z)}\right|_{P_0}(x-x_0)+\left.\dfrac{\partial(F,G)}{\partial(z,x)}\right|_{P_0}(y-y_0)+\left.\dfrac{\partial(F,G)}{\partial(x,y)}\right|_{P_0}(z-z_0)=0$.

例2　在曲线 $x=t,y=t^2,z=t^3$ 上求出一点，使曲线在此点的切线平行于平面 $x+2y+z=4$.

解　设曲线在 t_0 处的切线平行于平面 $x+2y+z=4$，因为曲线在 t_0 处的切向量为

$(x'(t_0),y'(t_0),z'(t_0))=(1,2t_0,3t_0^2)$，而已知平面的法向量 $\boldsymbol{n}=(1,2,1)$，所以要使切线平行于平面，则 $(1,2t_0,3t_0^2)\cdot(1,2,1)=0$，即 $1+4t_0+3t_0^2=0$，解得 $t_0=-1$ 或 $t_0=-\dfrac{1}{3}$，故所求点为 $(-1,1,-1)$ 或 $\left(-\dfrac{1}{3},\dfrac{1}{9},-\dfrac{1}{27}\right)$.

例 3 求曲线 $\begin{cases}x^2+y^2+z^2-3x=0\\2x-3y+5z-4=0\end{cases}$ 在点 $(1,1,1)$ 处的切线及法平面方程.

解法 1 （曲线一般形式的公式法）设 $P_0=(1,1,1)$，$\begin{cases}F(x,y,z)=x^2+y^2+z^2-3x\\G(x,y,z)=2x-3y+5z-4\end{cases}$，则 $F_x=2x-3,F_y=2y,F_z=2z;G_x=2,G_y=-3,G_z=5$，从而切线的切向量

$$\boldsymbol{\tau}=\begin{vmatrix}\boldsymbol{i}&\boldsymbol{j}&\boldsymbol{k}\\F_x(P_0)&F_y(P_0)&F_z(P_0)\\G_x(P_0)&G_y(P_0)&G_z(P_0)\end{vmatrix}=\left(\frac{\partial(F,G)}{\partial(y,z)}\bigg|_{P_0},\frac{\partial(F,G)}{\partial(z,x)}\bigg|_{P_0},\frac{\partial(F,G)}{\partial(x,y)}\bigg|_{P_0}\right)=(16,9,-1)$$

于是在点 $(1,1,1)$ 处的切线方程为 $\dfrac{x-1}{16}=\dfrac{y-1}{9}=\dfrac{z-1}{-1}$；

法平面方程为 $16x+9y-z-24=0$.

解法 2 （曲线参数形式的公式法）为了求 $\dfrac{\mathrm{d}y}{\mathrm{d}x},\dfrac{\mathrm{d}z}{\mathrm{d}x}$，在所给方程两端分别对 x 求导，得

$$\begin{cases}2x+2y\dfrac{\mathrm{d}y}{\mathrm{d}x}+2z\dfrac{\mathrm{d}z}{\mathrm{d}x}-3=0\\2-3\dfrac{\mathrm{d}y}{\mathrm{d}x}+5\dfrac{\mathrm{d}z}{\mathrm{d}x}=0\end{cases}$$

即

$$\begin{cases}2y\dfrac{\mathrm{d}y}{\mathrm{d}x}+2z\dfrac{\mathrm{d}z}{\mathrm{d}x}=-2x+3\\3\dfrac{\mathrm{d}y}{\mathrm{d}x}-5\dfrac{\mathrm{d}z}{\mathrm{d}x}=2\end{cases}$$

当 $\begin{vmatrix}2y&2z\\3&-5\end{vmatrix}=-10y-6z\neq0$ 时，解方程组得 $\dfrac{\mathrm{d}y}{\mathrm{d}x}=\dfrac{10x-4z-15}{-10y-6z}$，$\dfrac{\mathrm{d}z}{\mathrm{d}x}=\dfrac{6x+4y-9}{-10y-6z}$，从而 $\dfrac{\mathrm{d}y}{\mathrm{d}x}\bigg|_{(1,1,1)}=\dfrac{9}{16}$，$\dfrac{\mathrm{d}z}{\mathrm{d}x}\bigg|_{(1,1,1)}=-\dfrac{1}{16}$. 于是在点 $(1,1,1)$ 处：

切线方程为 $\dfrac{x-1}{1}=\dfrac{y-1}{\frac{9}{16}}=\dfrac{z-1}{-\frac{1}{16}}$ 或 $\dfrac{x-1}{16}=\dfrac{y-1}{9}=\dfrac{z-1}{-1}$；

法平面方程为 $(x-1)+\dfrac{9}{16}(y-1)-\dfrac{1}{16}(z-1)=0$ 或 $16x+9y-z-24=0$.

解法 3 所求曲线的切线，也就是曲面 $x^2+y^2+z^2-3x=0$ 在点 $(1,1,1)$ 处的切平面与平面 $2x-3y+5z=4$ 的交线，利用曲面的切平面方程得所求切线为

$$\begin{cases}-(x-1)+2(y-1)+2(z-1)=0\\2x-3y+5z=4\end{cases} \text{或} \begin{cases}-x+2y+2z=3\\2x-3y+5z=4\end{cases}$$

这切线的方向向量为 $(16,9,-1)$，于是所求法平面方程为

$$16(x-1)+9(y-1)-(z-1)=0 \text{ 或 } 16x+9y-z-24=0$$

三、空间曲面的切平面与法线

1. 设空间曲面 S 由 $F(x,y,z)=0$ 所确定，$P_0(x_0,y_0,z_0)$ 为 S 上一点，$F(x,y,z)$ 在点 P_0 的近旁满足隐函数组定理，则过 P_0 的法向量 $\boldsymbol{n}=(F_x(P_0),F_y(P_0),F_z(P_0))$，且

切平面方程：$F_x(P_0)(x-x_0)+F_y(P_0)(y-y_0)+F_z(P_0)(z-z_0)=0$；

法线方程：$\dfrac{x-x_0}{F_x(P_0)}=\dfrac{y-y_0}{F_y(P_0)}=\dfrac{z-z_0}{F_z(P_0)}$.

2. 设空间曲面 S 由参数方程 $x=x(u,v),y=y(u,v),z=z(u,v),(u,v)\in D$ 所确定，P_0 为当 $(u,v)=(u_0,v_0)$ 时所对应的曲面上一点，$x(u,v),y(u,v),z(u,v)$ 在 (u_0,v_0) 有连续偏导数且 $\left[\left(\dfrac{\partial(y,z)}{\partial(u,v)}\right)^2+\left(\dfrac{\partial(z,x)}{\partial(u,v)}\right)^2+\left(\dfrac{\partial(x,y)}{\partial(u,v)}\right)^2\right]_{(u_0,v_0)}\neq 0$，则过 P_0 的法向量

$$\boldsymbol{n}=\begin{vmatrix} \boldsymbol{i} & \boldsymbol{j} & \boldsymbol{k} \\ x_u(u_0,v_0) & y_u(u_0,v_0) & z_u(u_0,v_0) \\ x_v(u_0,v_0) & y_v(u_0,v_0) & z_v(u_0,v_0) \end{vmatrix}=\left(\frac{\partial(y,z)}{\partial(u,v)},\frac{\partial(z,x)}{\partial(u,v)},\frac{\partial(x,y)}{\partial(u,v)}\right)\bigg|_{(u_0,v_0)}$$

切平面方程 $\dfrac{\partial(y,z)}{\partial(u,v)}\bigg|_{(u_0,v_0)}(x-x_0)+\dfrac{\partial(z,x)}{\partial(u,v)}\bigg|_{(u_0,v_0)}(y-y_0)+\dfrac{\partial(x,y)}{\partial(u,v)}\bigg|_{(u_0,v_0)}(z-z_0)=0$；

法线方程 $\dfrac{x-x_0}{\dfrac{\partial(y,z)}{\partial(u,v)}\bigg|_{(u_0,v_0)}}=\dfrac{y-y_0}{\dfrac{\partial(z,x)}{\partial(u,v)}\bigg|_{(u_0,v_0)}}=\dfrac{z-z_0}{\dfrac{\partial(x,y)}{\partial(u,v)}\bigg|_{(u_0,v_0)}}$.

例 4 求曲面 $e^z-z+xy=3$ 在点 $(2,1,0)$ 处的切平面及法线方程.

解 令 $F(x,y,z)=e^z-z+xy-3$，则 $\boldsymbol{n}=(F_x,F_y,F_z)=(y,x,e^z-1)$，$\boldsymbol{n}|_{(2,1,0)}=(1,2,0)$，曲面在点 $(2,1,0)$ 处的切平面方程为 $1\cdot(x-2)+2\cdot(y-1)+0\cdot(z-0)=0$ 或 $x+2y-4=0$. 曲面在点 $(2,1,0)$ 处的法线方程为 $\begin{cases}\dfrac{x-2}{1}=\dfrac{y-1}{2} \\ z=0\end{cases}$.

例 5 设曲面的参数方程为：$x=u+v,y=u^2+v^2,z=u^3+v^3$，求当切点 M 无限接近于 M_0 时，切平面的极限位置，其中 $M=(x(u,v),y(u,v),z(u,v))(u\neq v)$，

$$M_0=(x(u_0,u_0),y(u_0,u_0),z(u_0,u_0))(u_0\neq 0)$$

解 该曲面在点 $M(x(u,v),y(u,v),z(u,v))(u\neq v)$ 处的法向量为

$$\boldsymbol{n}=\begin{vmatrix} \boldsymbol{i} & \boldsymbol{j} & \boldsymbol{k} \\ x_u & y_u & z_u \\ x_v & y_v & z_v \end{vmatrix}_{(u,v)}=\begin{vmatrix} \boldsymbol{i} & \boldsymbol{j} & \boldsymbol{k} \\ 1 & 2u & 3u^2 \\ 1 & 2v & 3v^2 \end{vmatrix}=(6uv(v-u),3(u+v)(u-v),2(v-u))$$

由于 $u\neq v$，故可取法向量为 $\boldsymbol{n}_1=(6uv,-3(u+v),2)$. 当切点 $M(x(u,v),y(u,v),z(u,v))$ 无限趋于 $M_0(x_0(u_0,v_0),y_0(u_0,v_0),z_0(u_0,v_0))$ 时，法向量 $\boldsymbol{n}_1$ 的极限 $\lim\limits_{(u,v)\to(u_0,u_0)}\boldsymbol{n}_1=(6u_0^2,-6u_0,2)$，由此得切平面的极限位置为

$$6u_0^2(x-2u_0)-6u_0(y-2u_0^2)+2(z-2u_0^3)=0$$

即

$$\frac{3x}{u_0}-\frac{3y}{u_0}+\frac{z}{u_0^3}=2(u_0\neq 0)$$

第 4 节　条件极值与最值

一、条件极值

1. 求函数 $z=f(x,y)$ 在条件 $\varphi(x,y)=0$ 下的极值.

构造拉格朗日函数 $L(x,y,\lambda)=f(x,y)+\lambda\varphi(x,y)$，解方程组

$$\begin{cases} L_x(x,y,\lambda)=f_x(x,y)+\lambda\varphi_x(x,y)=0 \\ L_y(x,y,\lambda)=f_y(x,y)+\lambda\varphi_y(x,y)=0 \\ L_\lambda(x,y,\lambda)=\varphi(x,y)=0 \end{cases}$$

所有满足此方程组的解 (x,y,λ) 中 (x,y) 是函数 $z=f(x,y)$ 在条件 $\varphi(x,y)=0$ 下的可能极值点.

2. 求函数 $u=f(x,y,z)$ 在两个条件 $\varphi(x,y,z)=0,\psi(x,y,z)=0$ 下的极值.

构造拉格朗日函数 $L(x,y,z,\lambda,\mu)=f(x,y,z)+\lambda\varphi(x,y,z)+\mu\psi(x,y,z)$，令

$$\begin{cases} L_x(x,y,z,\lambda,\mu)=f_x(x,y,z)+\lambda\varphi_x(x,y,z)+\mu\psi_x(x,y,z)=0 \\ L_y(x,y,z,\lambda,\mu)=f_y(x,y,z)+\lambda\varphi_y(x,y,z)+\mu\psi_y(x,y,z)=0 \\ L_z(x,y,z,\lambda,\mu)=f_z(x,y,z)+\lambda\varphi_z(x,y,z)+\mu\psi_z(x,y,z)=0 \\ L_\lambda(x,y,z,\lambda,\mu)=\varphi(x,y,z)=0 \\ L_\mu(x,y,z,\lambda,\mu)=\psi(x,y,z)=0 \end{cases}$$

消去 λ,μ，解出 x,y,z，则点 (x,y,z) 就是函数 $u=f(x,y,z)$ 在条件 $\varphi(x,y,z)=0,\psi(x,y,z)=0$ 可能的极值点.

如何确定所求的点是否是极值点，在实际问题中往往可根据问题本身的性质来判定.

例 1　求函数 $u=xy+2yz$ 在约束条件 $x^2+y^2+z^2=10$ 下的极值.

解　令 $F(x,y,z,\lambda)=xy+2yz+\lambda(x^2+y^2+z^2-10)$，那么

$$\begin{cases} F_x=y+2\lambda x=0 \\ F_y=x+2z+2\lambda y=0 \\ F_z=2y+2\lambda z=0 \\ F_\lambda=x^2+y^2+z^2-10=0 \end{cases}$$

先通过前三式消元可得 $\lambda=\pm\dfrac{\sqrt{5}}{2}$.

当 $\lambda=\dfrac{\sqrt{5}}{2}$ 时，解得 $x=\pm1,y=\mp\sqrt{5},z=\pm2$；

当 $\lambda=-\dfrac{\sqrt{5}}{2}$ 时，解得 $x=\pm1,y=\pm\sqrt{5},z=\pm2$；

又 $u(1,\sqrt{5},2)=u(-1,-\sqrt{5},-2)=5\sqrt{5},u(1,-\sqrt{5},2)=u(-1,\sqrt{5},-2)=-5\sqrt{5}$，因此所求的极大值是 $5\sqrt{5}$，极小值是 $-5\sqrt{5}$.

例 2　求函数 $f(x,y,z)=xyz$ 在条件 $x^2+y^2+z^2=1,x+y+z=0$ 约束下的极值.

解　作拉格朗日函数 $L(x,y,z,\lambda,\mu)=xyz+\lambda(x^2+y^2+z^2-1)+\mu(x+y+z)$，

并令

$$\begin{cases} L_x = yz + 2\lambda x + \mu = 0 \\ L_y = zx + 2\lambda y + \mu = 0 \\ L_z = xy + 2\lambda z + \mu = 0 \\ L_\lambda = x^2 + y^2 + z^2 - 1 = 0 \\ L_\mu = x + y + z = 0 \end{cases}$$

由前三式消去 μ，得 $\begin{cases} z(y-x) + 2\lambda(x-y) = 0 \\ x(y-z) + 2\lambda(z-y) = 0 \end{cases}$，再消去 λ，又得 $(x-y)(y-z)(z-x) = 0$，于是求得 $x=y$ 或 $x=z$ 或 $y=z$.

当 $x=y$ 时，代入条件函数后又解得 $(x_0, y_0, z_0) = \pm\left(\frac{1}{\sqrt{6}}, \frac{1}{\sqrt{6}}, -\frac{2}{\sqrt{6}}\right)$，由此得出 $f(x_0, y_0, z_0) = \pm\frac{\sqrt{6}}{18}$.

同样，当 $x=z$ 或 $y=z$ 时，也可得上述结果，因此所求的极大值为 $\frac{\sqrt{6}}{18}$，极小值为 $-\frac{\sqrt{6}}{18}$.

二、多元函数的最大值与最小值

如果 $f(x,y)$ 在有界闭区域 D 上连续，则 $f(x,y)$ 在 D 上必定能取得最大值和最小值.

求最值的方法：将函数 $f(x,y)$ 在 D 内的所有驻点及不可导点处的函数值及在 D 的边界线上的最大值和最小值相互比较，其中最大的就是最大值，最小的就是最小值.在实际问题中，若函数 $f(x,y)$ 在 D 内只有一个驻点，那么可以肯定该驻点处的函数值就是函数 $f(x,y)$ 在 D 上的最大值(最小值).

例 3　求函数 $f(x,y) = x^2 + 2y^2 - x^2y^2$ 在区域 $D = \{(x,y) \mid x^2 + y^2 \leqslant 4, y \geqslant 0\}$ 上的最大值和最小值.

解　由已知条件 $f_x = 2x - 2xy^2$，$f_y = 4y - 2x^2y$.解方程组得驻点 $(\sqrt{2}, 1)$，$(-\sqrt{2}, 1)$，且 $f(\pm\sqrt{2}, 1) = 2$.

在边界 $L_1: y = 0(-2 \leqslant x \leqslant 2)$ 上，$f(x,0) = x^2$，最大值为 $f(-2,0) = f(2,0) = 4$，最小值 $f(0,0) = 0$.

在边界 $L_2: x^2 + y^2 = 4(y > 0)$ 上，设拉格朗日函数

$$L(x,y,\lambda) = x^2 + 2y^2 - x^2y^2 + \lambda(x^2 + y^2 - 4)$$

令 $\begin{cases} f_x = 2x - 2xy^2 + 2\lambda x = 0 \\ f_y = 4y - 2x^2y + 2\lambda y = 0 \\ f_\lambda = x^2 + y^2 - 4 = 0 \end{cases}$，解之得 $x = \pm\sqrt{\frac{5}{2}}$，$y = \sqrt{\frac{3}{2}}$，且 $f\left(\pm\sqrt{\frac{5}{2}}, \sqrt{\frac{3}{2}}\right) = \frac{7}{4}$.注意到点 $(0,2)$ 也在曲线 $L_2: x^2 + y^2 = 4(y > 0)$ 上，且 $f(0,2) = 8$.

经比较，$f(x,y)$ 在区域 D 上最大值为 8，最小值为 0.

例 4　设 n 为正整数，$x, y \geqslant 0$，证明：$\frac{x^n + y^n}{2} \geqslant \left(\frac{x+y}{2}\right)^n$.

解　令 $f(x,y) = x^n + y^n$，$x + y = a$，则只需证明，函数 f 在约束条件 $x + y = a$ 下的

最小值为 $2\left(\frac{a}{2}\right)^n$ 即可. 令 $L(x,y,\lambda)=x^n+y^n-\lambda(x+y-a)$,则

$$\begin{cases}L_x=nx^{n-1}-\lambda\\L_y=ny^{n-1}-\lambda\\L_\lambda=x+y-a=0\end{cases}$$

由前两式得 $x=y$,代入第三式求得 $x=y=\frac{a}{2}$. 由于函数 f 在有界闭集 $D=\{(x,y),x+y=a,x,y\geqslant 0\}$ 上连续,故 f 在 D 上必可取得最小值. 又因为

$$f(0,a)=f(a,0)=a^n\geqslant f\left(\frac{a}{2},\frac{a}{2}\right)=2\left(\frac{a}{2}\right)^2$$

所以 $f\left(\frac{a}{2},\frac{a}{2}\right)$ 是 f 在约束条件下 $x+y=a$ 的最小值,从而推得所证不等式成立.

例 5 证明 $f(x,y)=yx^y(1-x)<\mathrm{e}^{-1},0<x<1,0<y<+\infty$.

证 设 $D=\{(x,y)\mid 0<x<1,0<y<+\infty\}$,只要证明 $f(x,y)$ 在 D 上的极大值均小于 e^{-1} 即可. 显然,$f(x,y)$ 在 D 的边界上恒为零,且在 D 内 $f(x,y)>0$,令

$$\begin{cases}f'_x=yx^{y-1}(y-xy-x)=0\\f'_y=x^y(1-x)(1+y\ln x)=0\end{cases}\Rightarrow\begin{cases}y-xy-x=0\\1+y\ln x=0\end{cases}\Rightarrow\begin{cases}y(1-x)=x\\x^y=\mathrm{e}^{-1}\end{cases}$$

因此在这些点上 $f(x,y)=x\mathrm{e}^{-1}<\mathrm{e}^{-1}$.

例 6 试证明:二次型 $f(x,y,z)=Ax^2+By^2+Cz^2+2Fxy+2Exz+2Dyz$ 在单位球面 $x^2+y^2+z^2=1$ 的最大值和最小值恰好是矩阵 $\boldsymbol{\Phi}=\begin{pmatrix}A&F&E\\F&B&D\\E&D&C\end{pmatrix}$ 的最大特征值与最小特征值.

证 令 $L(x,y,z,\lambda)=f(x,y,z)-\lambda(x^2+y^2+z^2-1)$ 则

$$\begin{cases}L_x=2Ax+2Fy+2Ez-2\lambda x=0\\L_y=2By+2Dz+2Fx-2\lambda y=0\\L_z=2Cz+2Dy+2Ex-2\lambda z=0\\L_\lambda=x^2+y^2+z^2-1=0\end{cases}$$

由前三式得 $\boldsymbol{\Phi}\begin{pmatrix}x\\y\\z\end{pmatrix}=\begin{pmatrix}A&F&E\\F&B&D\\E&D&C\end{pmatrix}\begin{pmatrix}x\\y\\z\end{pmatrix}=\lambda\begin{pmatrix}x\\y\\z\end{pmatrix}$,从而 λ 为矩阵 $\boldsymbol{\Phi}$ 的特征值. 又由

$$f(x,y,z)=(x,\quad y,\quad z)\begin{pmatrix}A&F&E\\F&B&D\\E&D&C\end{pmatrix}\begin{pmatrix}x\\y\\z\end{pmatrix}=\lambda(x^2+y^2+z^2)=\lambda$$

可知 $f(x,y,z)$ 在单位球面 $x^2+y^2+z^2=1$ 上的最大值和最小值必定是矩阵的最大特征值与最小特征值.

解惑释疑

问题 1 如果函数 $F(x,y)$ 不满足隐函数定理的部分条件,是否可以由此断言:方程

$F(x,y)=0$ 一定不能确定隐函数 $y=f(x)$ 或 $x=g(y)$？

答 不能由此断言. 隐函数定理中的条件，只是存在隐函数的充分条件，而非必要条件. 对于那些不满足隐函数定理条件的方程 $F(x,y)=0$，要判定是否可由它确定隐函数，或者在已确定隐函数存在的前提下，研究隐函数是否具有连续性与可导性，必须进行特殊讨论. 例如方程 $F(x,y)=y^3-x=0$，虽然 $F_y(0,0)=0$，但仍可由此方程确定连续可微的隐函数 $y=x^{\frac{1}{3}}$.

问题 2 隐函数定理的条件既然是充分的，那么定理中的条件能否减弱？

答 如果只要求所得的隐函数连续，则可将定理中的条件"$F_y(x_0,y_0)\neq 0$"改为"F 关于变量 y 严格单调"，且 F 存在偏导数的要求也可去掉. 但如果还要求隐函数有连续的导数，则定理中的每一个条件都是重要的.

问题 3 曲线或曲面由于它们表示形式的不同，导致各自的几何对象的计算公式也不同. 试问怎样才能较容易地记住这许多公式？

答 首先要记住下面两个基本点：

(1) 由参数方程 $x=x(t),y=y(t)$（或 $x=x(t),y=y(t),z=z(t)$）所定义的平面曲线（或空间曲线）的切向量为 $\boldsymbol{\tau}=(x'(t),y'(t))$（或 $\boldsymbol{\tau}=(x'(t),y'(t),z'(t))$）；

(2) 由直角坐标方程 $F(x,y)=0$（或 $F(x,y,z)=0$）所定义的平面曲线（或曲面）的法向量为 $\boldsymbol{n}=(F_x,F_y)$（或 $\boldsymbol{n}=(F_x,F_y,F_z)$）.

其他情形下的切向量与法向量都可通过转化为上述情形而得到.

例如，求由方程组 $F(x,y,z)=0,G(x,y,z)=0$ 所定义的空间曲线的切向量，这时只要将此曲线看作是两曲面 $F(x,y,z)=0$ 与 $G(x,y,z)=0$ 的交线，则此空间曲线的切向量 $\boldsymbol{\tau}$ 必与两曲面的法向量 $\boldsymbol{n}_1,\boldsymbol{n}_2$ 垂直，所以可取 $\boldsymbol{\tau}=\boldsymbol{n}_1\times\boldsymbol{n}_2$.

问题 4 如何导出由参数方程 $x=x(u,v),y=y(u,v),z=z(u,v)$，所定义的曲面的法向量？

答 如果曲面在点 $P_0(x_0,y_0,z_0)=(x(u_0,v_0),y(u_0,v_0),z(u_0,v_0))$ 处有法向量，则此法向量必垂直于曲面上过点 P_0 的任意两条曲线的切向量，今在此曲面上取两条特殊的曲线 $x=x(u,v_0),y=y(u,v_0),z=z(u,v_0)$ 及 $x=x(u_0,v),y=y(u_0,v),z=z(u_0,v)$，这两条曲线在点 $P_0(x_0,y_0,z_0)$ 处的切向量分别是

$$\boldsymbol{\tau}_1=(x'_u(u_0,v_0),y'_u(u_0,v_0),z'_u(u_0,v_0)),\boldsymbol{\tau}_2=(x'_v(u_0,v_0),y'_v(u_0,v_0),z'_v(u_0,v_0))$$

于是

$$\boldsymbol{n}=\boldsymbol{\tau}_1\times\boldsymbol{\tau}_2=\begin{vmatrix}\boldsymbol{i} & \boldsymbol{j} & \boldsymbol{k}\\ x_u & y_u & z_u\\ x_v & y_v & z_v\end{vmatrix}_{(u_0,v_0)}=\left(\frac{\partial(y,z)}{\partial(u,v)},\frac{\partial(z,x)}{\partial(u,v)},\frac{\partial(x,y)}{\partial(u,v)}\right)\bigg|_{(u_0,v_0)}$$

习题精练

1. (1) 在曲线 $x=t,y=-t^2,z=t^3$ 的所有切线中，与平面 $x+2y+z=4$ 平行的切线（　　）.

(A) 只有 1 条　　(B) 只有 2 条　　(C) 至少有 3 条　　(D) 不存在

(2) 已知曲面 $z=4-x^2-y^2$ 上点 P 处的切平面平行于平面 $2x+2y+z-1=0$,则点 P 的坐标是(　　).

(A)$(1,-1,2)$　(B)$(-1,1,2)$　(C)$(1,1,2)$　(D)$(-1,-1,2)$

(3) 由曲线 $\begin{cases}3x^2+2y^2=12\\ z=0\end{cases}$ 绕 y 轴旋转一周得到的旋转面在点 $(0,\sqrt{3},\sqrt{2})$ 处的指向外侧的单位法向量为(　　).

(A)$(0,\frac{\sqrt{10}}{5},\frac{\sqrt{15}}{5})$　(B)$(0,-\frac{\sqrt{10}}{5},\frac{\sqrt{15}}{5})$　(C)$(1,\frac{\sqrt{10}}{5},-\frac{\sqrt{15}}{5})$　(D)$(1,\frac{\sqrt{10}}{5},\frac{\sqrt{15}}{5})$

(4) 曲面 $z-e^z+2xy=3$ 在点 $(1,2,0)$ 处切平面方程为(　　).

(A)$x+y-4=0$　(B)$x+y+4=0$

(C)$2x+y+4=0$　(D)$2x+y-4=0$

(5) 设二元函数 $F(x,y)$ 具有二阶连续的偏导数,且 $F(x_0,y_0)=0$,$F'_x(x_0,y_0)=0$,$F'_y(x_0,y_0)>0$.若一元函数 $y=y(x)$ 是由方程 $F(x,y)=0$ 所确定的在点 (x_0,y_0) 附近的隐函数,则 x_0 是函数 $y=y(x)$ 的极小值点的一个充分条件是(　　).

(A)$F''_{xx}(x_0,y_0)>0$　(B)$F''_{xx}(x_0,y_0)<0$

(C)$F''_{yy}(x_0,y_0)>0$　(D)$F''_{yy}(x_0,y_0)<0$

2. 设 $y=y(x)$,$z=z(x)$ 是由 $z=xf(x+y)$ 和 $F(x,y,z)=0$ 所确定的函数,其中 f 具有一阶连续导数,F 具有一阶连续偏导数,求 $\frac{dz}{dx}$.

3. 求曲线 $x=\frac{t}{1+t}$,$y=\frac{1+t}{t}$,$z=t^2$ 在对应于点 $t=1$ 处的切线及法平面方程.

4. 求曲线 $x=a\sin^2 t$,$y=b\sin t\cos t$,$z=c\cos^2 t$ 在点 $t=\frac{\pi}{4}$ 处的切线与法平面方程.

5. 求曲线 $y^2=2mx$,$z^2=m-x$ 在点 (x_0,y_0,z_0) 处的切线及法平面方程.

6. (1) 求曲面 $y-e^{2x-z}=0$ 在点 $(1,1,2)$ 处的切平面与法线;

(2) 求曲面 $\frac{x^2}{a^2}+\frac{y^2}{b^2}+\frac{z^2}{c^2}=1$ 在点 $(\frac{a}{\sqrt{3}},\frac{b}{\sqrt{3}},\frac{c}{\sqrt{3}})$ 处的切平面与法线.

7. 求曲面 $x^2+2y^2+3z^2=21$ 的切平面,使它平行于平面 $x+4y+6z=0$.

8. 求抛物线 $y=x^2$ 与直线 $x-y-2=0$ 之间的最小距离.

9. 已知曲线 C:$\begin{cases}x^2+y^2-2z^2=0\\ x+y+3z=5\end{cases}$,求曲线 C 上距离 xOy 面最远的点和最近的点.

10. 求函数 $f(x,y,z)=x-2y+2z$ 在条件 $x^2+y^2+z^2=1$ 约束下的最大、最小值.

11. 试证曲面 $\sqrt{x}+\sqrt{y}+\sqrt{z}=\sqrt{a}\,(a>0)$ 上任何点处的切平面在各坐标轴上的截距之和等于 a.

12. 求由椭球 $\frac{x^2}{a^2}+\frac{y^2}{b^2}+\frac{z^2}{c^2}=1$ 在第一象限中的切平面与三个坐标面所成的四面体的最小体积.

13. 证明：曲面 $f\left(\dfrac{x-a}{z-c},\dfrac{y-b}{z-c}\right)=0$ 上任一点处的切平面过某定点（这里 f 是连续可微函数）.

14. 证明 $t\geqslant 1,s\geqslant 0$ 时，不等式 $ts\leqslant t\ln t-t+\mathrm{e}^s$ 成立.

15. 用条件极值的方法证明不等式

$$\frac{x_1^2+x_2^2+\cdots+x_n^2}{n}\geqslant\left(\frac{x_1+x_2+\cdots+x_n}{n}\right)^2(x_k>0,k=1,2,\cdots,n)$$

习题解析

1. (1) 应选(B). 曲线 $x=t,y=-t^2,z=t^3$ 的切线向量为 $\boldsymbol{\tau}=(1,-2t,3t^2)$，而平面 $x+2y+z=4$ 的法向量为 $\boldsymbol{n}=(1,2,1)$. 由题设知 $\boldsymbol{\tau}\perp\boldsymbol{n}$，则 $\boldsymbol{\tau}\cdot\boldsymbol{n}=1-4t+3t^2=0$，此方程只有两个实根，故所求切线只有两条.

(2) 应选(C). 设点 P 的坐标是 (x_0,y_0,z_0)，则曲面在点 P 的法向量为 $\boldsymbol{n}=(-2x_0,-2y_0,-1)$. 又因为切平面平行于平面 $2x+2y+z-1=0$，则 $\dfrac{-2x_0}{2}=\dfrac{-2y_0}{2}=\dfrac{-1}{1}$，从而可得 $x_0=1,y_0=1$. 代入曲面方程解得 $z_0=2$.

(3) 应选(A). 旋转面方程为 $3(x^2+z^2)+2y^2=12$，令 $F(x,y,z)=3(x^2+z^2)+2y^2-12$，则 $F'_x=6x,F'_y=4y,F'_z=6z$，从而所得旋转面在点 $(0,\sqrt{3},\sqrt{2})$ 处指向外侧的法向量为 $(0,4\sqrt{3},6\sqrt{2})$，将其单位化得 $\left(0,\dfrac{\sqrt{10}}{5},\dfrac{\sqrt{15}}{5}\right)$.

(4) 应选(D). 令 $F(x,y,z)=z-\mathrm{e}^z+2xy-3$，则 $F'_x=2y,F'_y=2x,F'_z=1-\mathrm{e}^z$，曲面 $z-\mathrm{e}^z+2xy=3$ 在点 $(1,2,0)$ 处的法向量为 $\boldsymbol{n}=(4,2,0)$，故所求切平面方程为 $4(x-1)+2(y-2)=0$，即 $2x+y-4=0$.

(5) 应选(B). $\dfrac{\mathrm{d}y}{\mathrm{d}x}=-\dfrac{F'_x}{F'_y}$，$\dfrac{\mathrm{d}^2y}{\mathrm{d}x^2}=-\dfrac{(F''_{xx}+F''_{xy}\frac{\mathrm{d}y}{\mathrm{d}x})F'_y-(F''_{xy}+F''_{yy}\frac{\mathrm{d}y}{\mathrm{d}x})F'_x}{(F'_y)^2}$.

由 $F'_x(x_0,y_0)=0$，知 $\left.\dfrac{\mathrm{d}y}{\mathrm{d}x}\right|_{x=x_0}=0$

$$\left.\frac{\mathrm{d}^2y}{\mathrm{d}x^2}\right|_{x=x_0}=-\frac{F''_{xx}(x_0,y_0)F'_y(x_0,y_0)-F''_{xy}(x_0,y_0)F'_x(x_0,y_0)}{(F'_y(x_0,y_0))^2}$$

再由 $F'_y(x_0,y_0)>0$ 知，当 $F''_{xx}(x_0,y_0)<0$ 时，$\dfrac{\mathrm{d}^2y}{\mathrm{d}x^2}\Big|_{x=x_0}>0$，从而 $y=y(x)$ 的在 $x=x_0$ 处取得极小值点.

2. 分别在 $z=xf(x+y)$ 和 $F(x,y,z)=0$ 的两端对 x 求导得

$$\begin{cases}\dfrac{\mathrm{d}z}{\mathrm{d}x}=f+x\left(1+\dfrac{\mathrm{d}y}{\mathrm{d}x}\right)f'\\ F_x+F_y\dfrac{\mathrm{d}y}{\mathrm{d}x}+F_z\dfrac{\mathrm{d}z}{\mathrm{d}x}=0\end{cases}，即\begin{cases}f+xf'=-xf'\dfrac{\mathrm{d}y}{\mathrm{d}x}+\dfrac{\mathrm{d}z}{\mathrm{d}x}\\ -F_x=F_y\dfrac{\mathrm{d}y}{\mathrm{d}x}+F_z\dfrac{\mathrm{d}z}{\mathrm{d}x}\end{cases}$$

由方程组解得 $\dfrac{\mathrm{d}z}{\mathrm{d}x}=\dfrac{(f+xf')F_y-xf'F_x}{F_y+xf'F_z}(F_y+xf'F_z\neq 0)$.

3. 曲线在对应于 $t=1$ 的点为 $(\frac{1}{2},2,1)$，该点处的切向量

$$\boldsymbol{T}=(x'(1),y'(1),z'(1))=\left(\frac{1}{(1+t)^2},-\frac{1}{t^2},2t\right)\bigg|_{t=1}=\left(\frac{1}{4},-1,2\right)$$

则在该点处的切线方程为 $\frac{x-\frac{1}{2}}{1}=\frac{y-2}{-4}=\frac{z-1}{8}$，所求法平面方程为 $2x-8y+16z-1=0$.

4. $t=\frac{\pi}{4}$ 时，$x\left(\frac{\pi}{4}\right)=\frac{a}{2},y\left(\frac{\pi}{4}\right)=\frac{b}{2},z\left(\frac{\pi}{4}\right)=\frac{c}{2},x'\left(\frac{\pi}{4}\right)=a,y'\left(\frac{\pi}{4}\right)=0,z'\left(\frac{\pi}{4}\right)=-c$，所以切线方程为 $\frac{x-\frac{a}{2}}{a}=\frac{y-\frac{b}{2}}{0}=\frac{z-\frac{c}{2}}{-c}$，法平面方程为 $a\left(x-\frac{a}{2}\right)-c\left(z-\frac{c}{2}\right)=0$，即 $ax-cz=\frac{1}{2}(a^2-c^2)$.

5. 设曲线的参数方程中的参数为 x，将方程 $y^2=2mx$ 和 $z^2=m-x$ 两端分别对 x 求导，得 $2y\frac{\mathrm{d}y}{\mathrm{d}x}=2m,2z\frac{\mathrm{d}z}{\mathrm{d}x}=-1$，即 $\frac{\mathrm{d}y}{\mathrm{d}x}=\frac{m}{y},\frac{\mathrm{d}z}{\mathrm{d}x}=-\frac{1}{2z}$. 所以曲线在点 (x_0,y_0,z_0) 的切向量为 $\boldsymbol{T}=\left(1,\frac{m}{y_0},-\frac{1}{2z_0}\right)$.

于是在点 (x_0,y_0,z_0) 处的切线方程为 $\frac{x-x_0}{1}=\frac{y-y_0}{\frac{m}{y_0}}=\frac{z-z_0}{-\frac{1}{2z_0}}$.

法平面方程为 $(x-x_0)+\frac{m}{y_0}(y-y_0)-\frac{1}{2z_0}(z-z_0)=0$.

6. (1) 记 $F(x,y,z)=y-\mathrm{e}^{2x-z}$，则 $F_x=-2\mathrm{e}^{2x-z},F_y=1,F_z=\mathrm{e}^{2x-z}$. 在点 $(1,1,2)$ 处，$F_x(1,1,2)=-2,F_y(1,1,2)=1,F_z(1,1,2)=1$，则由曲面在 $(1,1,2)$ 处的法向量为 $\{-2,1,1\}$. 因此切平面方程为 $-2x+y+z-1=0$；法线方程为 $\frac{x-1}{-2}=\frac{y-1}{1}=\frac{z-2}{1}$.

(2) 记 $F(x,y,z)=\frac{x^2}{a^2}+\frac{y^2}{b^2}+\frac{z^2}{c^2}-1$，则 $F_x=\frac{2x}{a^2},F_y=\frac{2y}{b^2},F_z=\frac{2z}{c^2},F_x\left(\frac{a}{\sqrt{3}},\frac{b}{\sqrt{3}},\frac{c}{\sqrt{3}}\right)=\frac{2}{\sqrt{3}a},F_y\left(\frac{a}{\sqrt{3}},\frac{b}{\sqrt{3}},\frac{c}{\sqrt{3}}\right)=\frac{2}{\sqrt{3}b},F_z\left(\frac{a}{\sqrt{3}},\frac{b}{\sqrt{3}},\frac{c}{\sqrt{3}}\right)=\frac{2}{\sqrt{3}c}$. 则曲面在 $\left(\frac{a}{\sqrt{3}},\frac{b}{\sqrt{3}},\frac{c}{\sqrt{3}}\right)$ 处的法向量为 $\left\{\frac{2}{\sqrt{3}a},\frac{2}{\sqrt{3}b},\frac{2}{\sqrt{3}c}\right\}$. 因此，切平面方程为

$$\frac{2}{\sqrt{3}a}(x-\frac{a}{\sqrt{3}})+\frac{2}{\sqrt{3}b}(y-\frac{b}{\sqrt{3}})+\frac{2}{\sqrt{3}c}(z-\frac{c}{\sqrt{3}})=0\text{，即}\frac{x}{a}+\frac{y}{b}+\frac{z}{c}=\sqrt{3}$$

法线方程为 $a(x-\frac{a}{\sqrt{3}})=b(y-\frac{b}{\sqrt{3}})=x(z-\frac{c}{\sqrt{3}})$.

7. 平面 $x+4y+6z=0$ 的法向量 $\boldsymbol{n}_1=(1,4,6)$. 令 $F(x,y,z)=x^2+2y^2+3z^2-21$，因为 $F_x=2x,F_y=4y,F_z=6z$，所以 $x^2+2y^2+3z^2=21$ 在 (x,y,z) 处的切平面的法向量为 $\boldsymbol{n}_2=(x,2y,3z)$. 由于所求曲面的切平面平行于已知平面，显然 $\boldsymbol{n}_1 /\!/ \boldsymbol{n}_2$，从而可得方程组

$$\begin{cases}x^2+2y^2+3z^2=21\\ \dfrac{x}{1}=\dfrac{2y}{4}=\dfrac{3z}{6}\end{cases}$$

解之有 $2x=y=z=\pm 2$，即切点为 $(1,2,2)$ 或 $(-1,-2,-2)$，故所求切平面方程为 $(x-1)+4(y-2)+6(z-2)=0$，即 $x+4y+6z=21$；或 $(x+1)+4(y+2)+6(z+2)=0$，即 $x+4y+6z=-21$.

8. 设抛物线 $y=x^2$ 上任一点 $P(x,y)$ 到直线 $x-y-2=0$ 的距离 $d=\dfrac{|x-y-2|}{\sqrt{2}}$，显然 d 与函数 $f(x,y)=(x-y-2)^2$ 具有相同的最小值点，故构造拉格朗日函数 $L(x,y,\lambda)=(x-y-2)^2+\lambda(y-x^2)$，对其求偏导并令之为零，得 $L_x=2(x-y-2)-2\lambda x=0$，$L_y=-2(x-y-2)+\lambda=0$，$L_\lambda=y-x^2=0$，联立解得 $x=\dfrac{1}{2}$，$y=\dfrac{1}{4}$. 于是点 $P(\dfrac{1}{2},\dfrac{1}{4})$ 到直线 $x-y-2=0$ 的距离最小，且距离为 $d=\dfrac{7\sqrt{2}}{8}$.

9. 由于点 (x,y,z) 距离 xOy 面的距离为 $|z|$，故构造拉格朗日函数

$$L(x,y,z,\lambda,\mu)=|z|^2+\lambda(x^2+y^2-2z^2)+\mu(x+y+3z-5)$$

令

$$\begin{cases}L_x=2\lambda x+\mu=0,\\ L_y=2\lambda y+\mu=0,\\ L_z=2z-4\lambda z+3\mu=0,\\ L_\lambda=x^2+y^2-2z^2=0,\\ L_\mu=x+y+3z-5=0,\end{cases}$$

解得 $x=-5$，$y=-5$，$z=5$ 或 $x=1$，$y=1$，$z=1$. 根据几何意义，曲线 C 上距 xOy 面最远和最近的点分别为 $(-5,-5,5)$ 和 $(1,1,1)$.

10. 作拉格朗日函数 $L(x,y,z,\lambda)=x-2y+2z+\lambda(x^2+y^2+z^2-1)$，并令

$$L_x=1+2\lambda x=0,L_y=-2+2\lambda y=0,L_z=2+2\lambda z=0,L_\lambda=x^2+y^2+z^2-1=0$$

解得 $(x,y,z)=\pm\left(\dfrac{1}{3},-\dfrac{2}{3},\dfrac{2}{3}\right)$. 因为连续函数 f 在有界闭集 $x^2+y^2+z^2=1$ 上必有最大值和最小值，而 $\left(\dfrac{1}{3},-\dfrac{2}{3},\dfrac{2}{3}\right)$ 与 $\left(-\dfrac{1}{3},\dfrac{2}{3},-\dfrac{2}{3}\right)$ 是仅有的两个稳定点，故它们就是函数的最大值和最小值. 易知最大值和最小值分别是 $f\left(\dfrac{1}{3},-\dfrac{2}{3},\dfrac{2}{3}\right)=3$ 与 $f\left(-\dfrac{1}{3},\dfrac{2}{3},-\dfrac{2}{3}\right)=-3$.

注：本题的几何意义：当平面 $x-2y+2z=D$ 随着 D 的变化而平行地移动，且与球面有公共点时，所得 D 的最大值和最小值，就是本题所求的条件最大、小值. 上面求得的最大、小值点，恰好就是该平面移动到与球面相切时的两个切点.

11. 设 $F(x,y,z)=\sqrt{x}+\sqrt{y}+\sqrt{z}-\sqrt{a}$，则曲面在点 (x,y,z) 处的一个法向量 $\boldsymbol{n}=\left(\dfrac{1}{2\sqrt{x}},\dfrac{1}{2\sqrt{y}},\dfrac{1}{2\sqrt{z}}\right)$，在曲面上任取一点 $M(x_0,y_0,z_0)$，则曲面在点 M 处的切平面方程为

$\frac{1}{2\sqrt{x_0}}(x-x_0)+\frac{1}{2\sqrt{y_0}}(y-y_0)+\frac{1}{2\sqrt{z_0}}(z-z_0)=0$，即

$$\frac{x}{\sqrt{x_0}}+\frac{y}{\sqrt{y_0}}+\frac{z}{\sqrt{z_0}}=\sqrt{x_0}+\sqrt{y_0}+\sqrt{z_0}=\sqrt{a}$$

化为截距式，得$\frac{x}{\sqrt{ax_0}}+\frac{y}{\sqrt{ay_0}}+\frac{z}{\sqrt{az_0}}=1$，显然截距之和为 a.

12. 椭球上一点$(x,y,z)(xyz\neq 0)$处的切平面方程为$\frac{xX}{a^2}+\frac{yY}{b^2}+\frac{zZ}{c^2}=1$，此切平面在三个坐标轴上的截距分别为$\frac{a^2}{x},\frac{b^2}{y},\frac{c^2}{z}$. 当 $x>0,y>0,z>0$ 时，切平面与三个坐标面所成的四面体的体积为$V(x,y,z)=\frac{a^2b^2c^2}{6xyz}$. 令

$$L(x,y,z)=xyz-\lambda\left(\frac{x^2}{a^2}+\frac{y^2}{b^2}+\frac{z^2}{c^2}-1\right)$$

由于当x,y,z中有一个趋于零时，$xyz\to 0$，因此xyz在椭球面上必有最大值，从而V在椭球面上必有最小值. 令

$$L_x=yz-\lambda\frac{2x}{a^2}=0,L_y=xz-\lambda\frac{2y}{b^2}=0$$

$$L_z=xy-\lambda\frac{2z}{c^2}=0,L_\lambda=-\left(\frac{x^2}{a^2}+\frac{y^2}{b^2}+\frac{z^2}{c^2}-1\right)=0$$

因为 $xyz\neq 0$，所以 $\lambda\neq 0$，于是由前三式得$\frac{x^2}{a^2}=\frac{y^2}{b^2}=\frac{z^2}{c^2}$，带入第四式得唯一稳定点$\left(\frac{a}{\sqrt{3}},\frac{b}{\sqrt{3}},\frac{c}{\sqrt{3}}\right)$. 由于这是唯一的稳定点，因此一定是 xyz 在椭球面上的最大值点，从而是 V 在椭球面上的最小值点，因此得切平面与三个坐标面所成的四面体的体积的最小值为$V\left(\frac{a}{\sqrt{3}},\frac{b}{\sqrt{3}},\frac{c}{\sqrt{3}}\right)=\frac{\sqrt{3}}{2}abc$.

13. 曲面在其任一点 $P_0(x_0,y_0,z_0)$ 处的法向量为

$$\boldsymbol{n}=(f_1(P_0),f_2(P_0),-f_1(P_0)\frac{x_0-a}{z_0-c}-f_2(P_0)\frac{y_0-b}{z_0-c})$$

于是得切平面方程为

$$f_1(P_0)(x-x_0)+f_2(P_0)(y-y_0)-\left[f_1(P_0)\frac{x_0-a}{z_0-c}+f_2(P_0)\frac{y_0-b}{z_0-c}\right](z-z_0)=0$$

将点$(x,y,z)=(a,b,c)$代入上式，得

$$f_1(P_0)(a-x_0)+f_2(P_0)(b-y_0)-\left[f_1(P_0)\frac{x_0-a}{z_0-c}+f_2(P_0)\frac{y_0-b}{z_0-c}\right](c-z_0)=0$$

所以，点(a,b,c)在任一切平面上.

14. 只要证明 $f(s,t)=t\ln t-t+e^s-ts$ 在 $D\{(s,t)\mid t\geqslant 1,s\geqslant 0\}$ 上的最小值为零即可.

步骤 1：在边界 $t=1(s\geqslant 0)$ 上：$f(s,t)=-1+e^s-s\triangleq\varphi(s)$. 由于 $\varphi'(s)=e^s-1\geqslant 0$，且 $\varphi(0)=0$，故 $f(s,t)\geqslant 0$.

步骤 2:在边界 $s=0(t\geqslant 1)$ 上:$f(s,t)=t\ln t-t+1\triangleq\psi(t)$. 由于 $\psi'(t)=\ln t\geqslant 0$ $(t\geqslant 1)$,且 $\psi(1)=0$,故 $f(s,t)\geqslant 0$.

步骤 3:令 $\begin{cases} f'_t=\ln t-s=0 \\ f'_s=\mathrm{e}^s-t=0 \end{cases}\Rightarrow t=\mathrm{e}^s$,在这些点上 $f(s,t)=0$.

显然,函数 $f(s,t)$ 在 D 内最小值为 0,从而不等式成立.

15. 令 $f(x_1,x_2,\cdots,x_n)=\dfrac{x_1^2+x_2^2+\cdots+x_n^2}{n}$,设 $x_1+x_2+\cdots+x_n=r(r>0)$. 下面求 $f(x_1,x_2,\cdots,x_n)$ 在条件 $x_1+x_2+\cdots+x_n=r$ 下的最小值. 令

$$L(x_1,x_2,\cdots,x_n,\lambda)=\frac{x_1^2+x_2^2+\cdots+x_n^2}{n}+\lambda(x_1+x_2+\cdots+x_n-r)$$

则

$$\begin{cases} L'_{x_i}=\dfrac{2x_i}{n}+\lambda=0(i=1,2,\cdots) \\ L'_\lambda=x_1+x_2+\cdots+x_n-r=0 \end{cases}\Rightarrow x_1=x_2=\cdots=x_n=\frac{r}{n}$$

故 $f(x_1,x_2,\cdots,x_n)\geqslant f_{\min}=\dfrac{r^2}{n^2}$,即 $\dfrac{x_1+x_2+\cdots+x_n}{n}\geqslant\left(\dfrac{x_1+x_2+\cdots+x_n}{n}\right)^2$.

附　　录

附录 1　几种常用的曲线

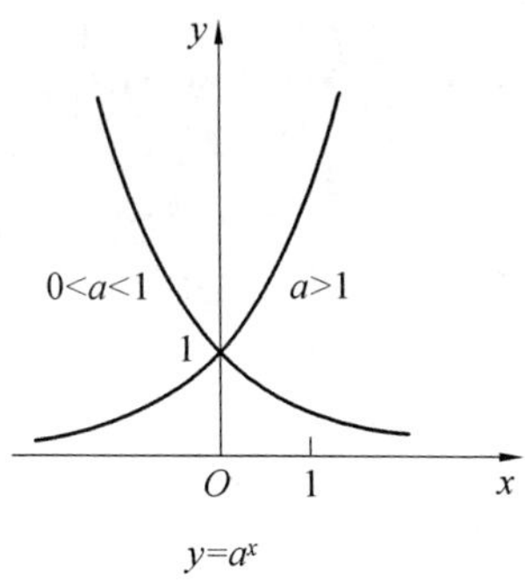

$y=a^x$

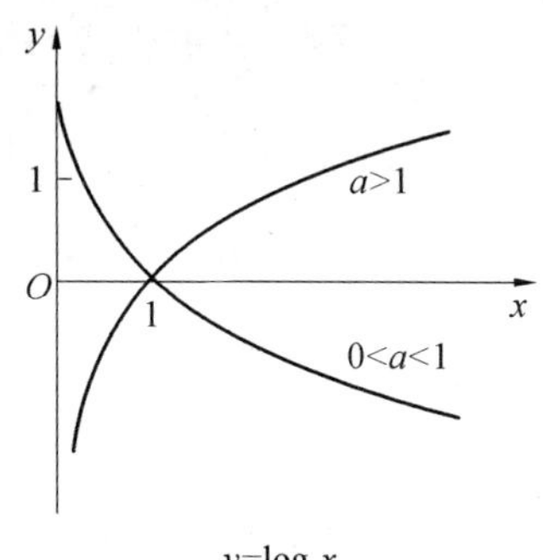

$y=\log_a x$

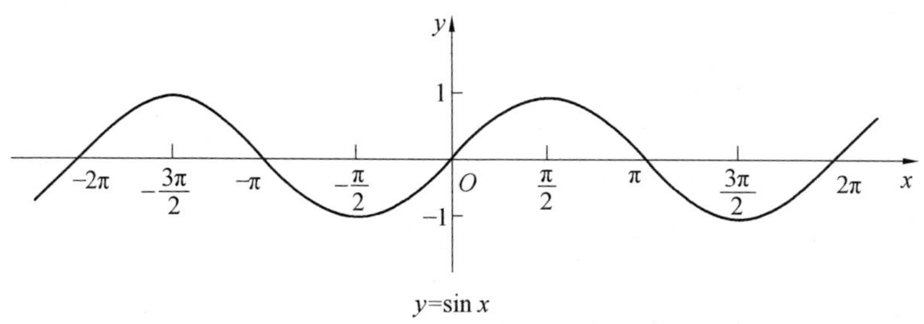

$y=\sin x$

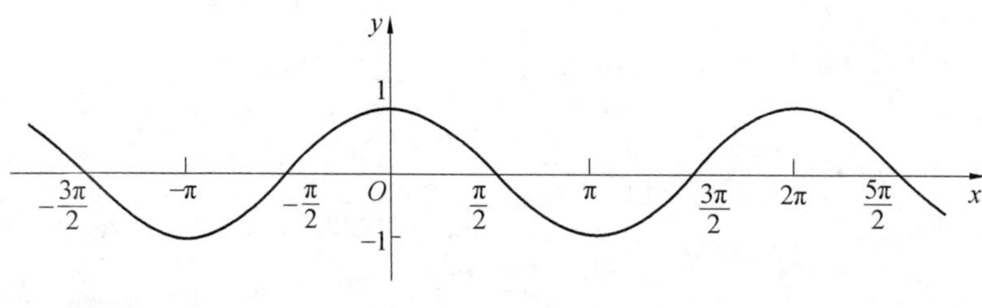

$y=\cos x$

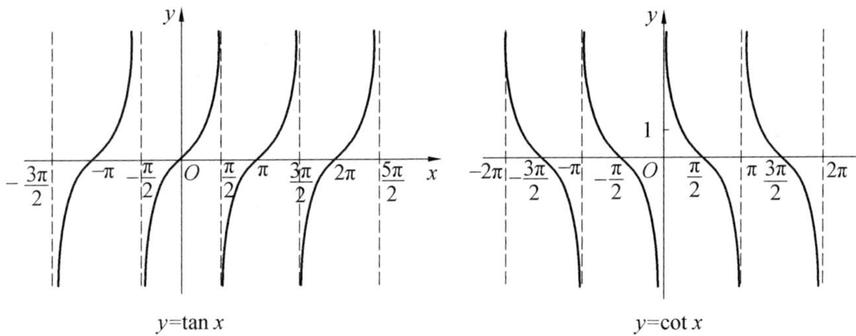

$y=\tan x$　　$y=\cot x$

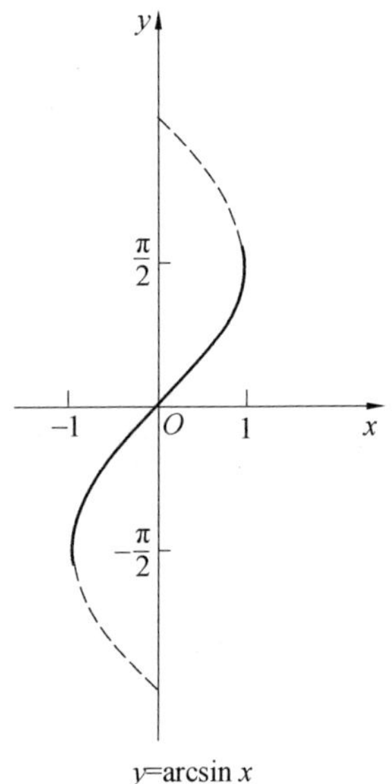

$y=\arcsin x$

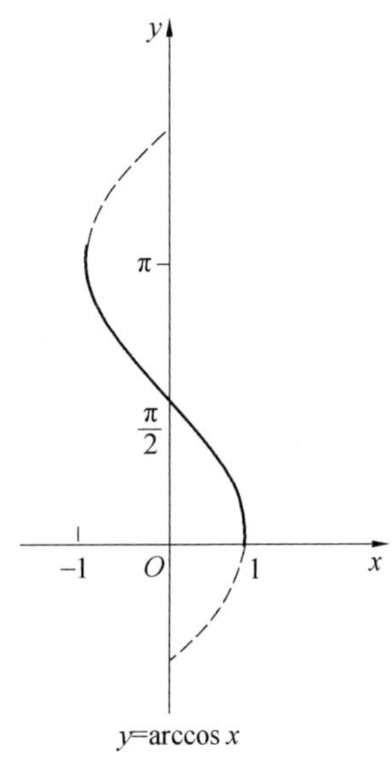

$y=\arccos x$

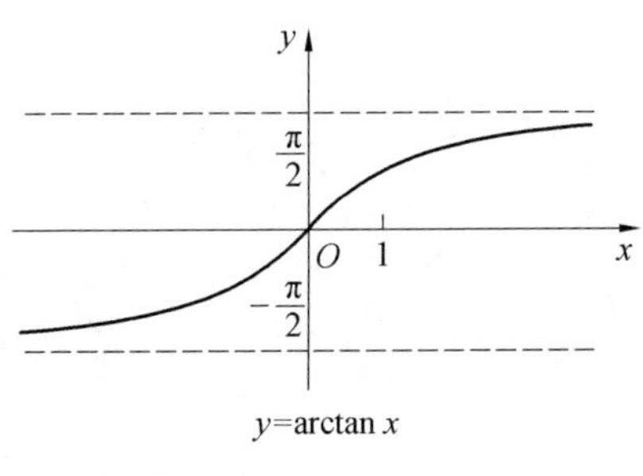

$y=\arctan x$

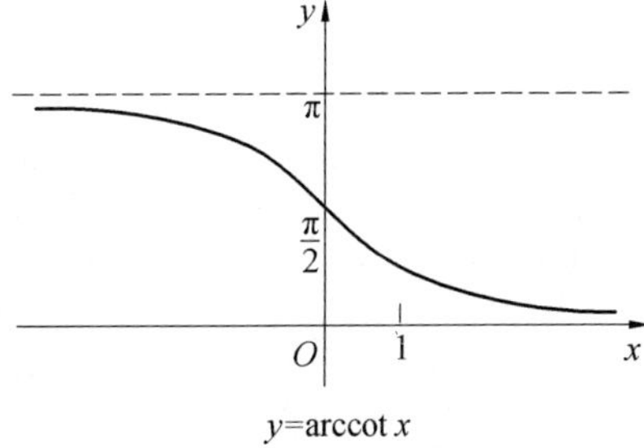

$y=\text{arccot}\, x$

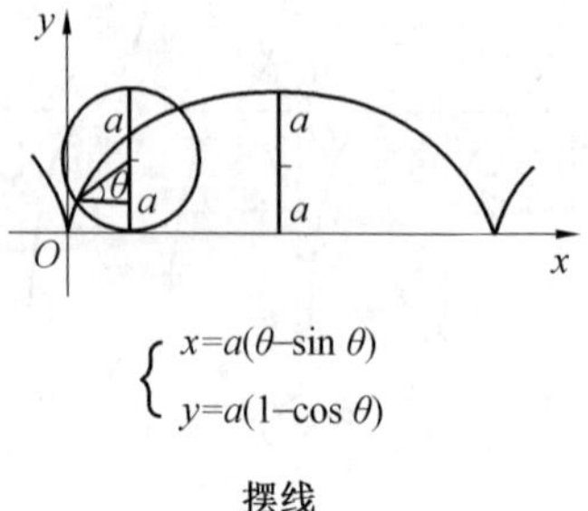

$$\begin{cases} x=a(\theta-\sin\theta) \\ y=a(1-\cos\theta) \end{cases}$$

摆线

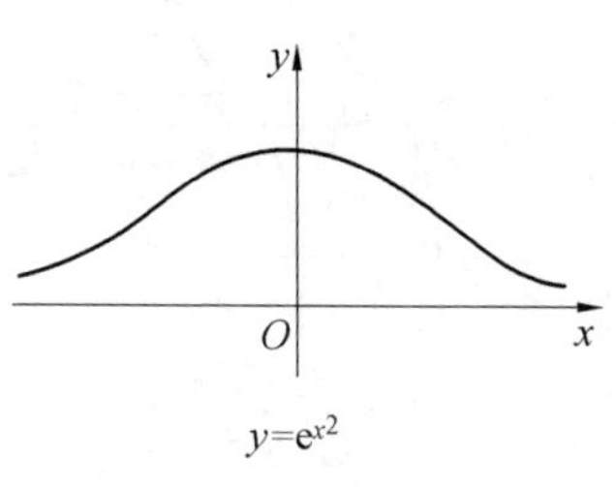

$y=e^{x^2}$

概率曲线

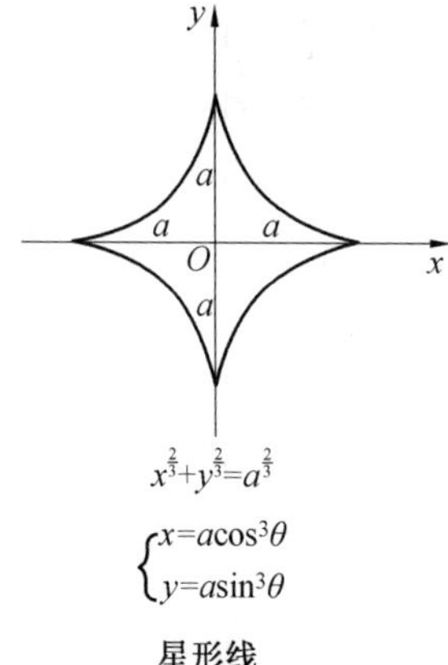

$x^{\frac{2}{3}}+y^{\frac{2}{3}}=a^{\frac{2}{3}}$

$$\begin{cases} x=a\cos^3\theta \\ y=a\sin^3\theta \end{cases}$$

星形线

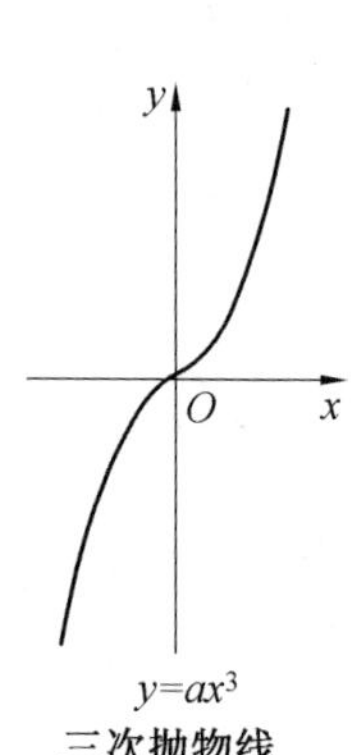

$y=ax^3$

三次抛物线

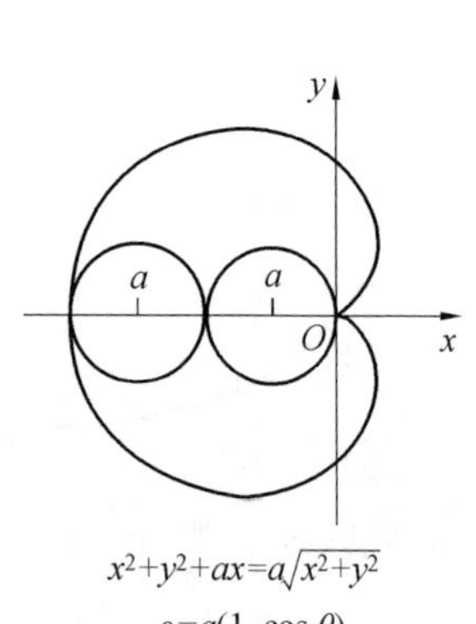

$x^2+y^2+ax=a\sqrt{x^2+y^2}$

$\rho=a(1-\cos\theta)$

心形线

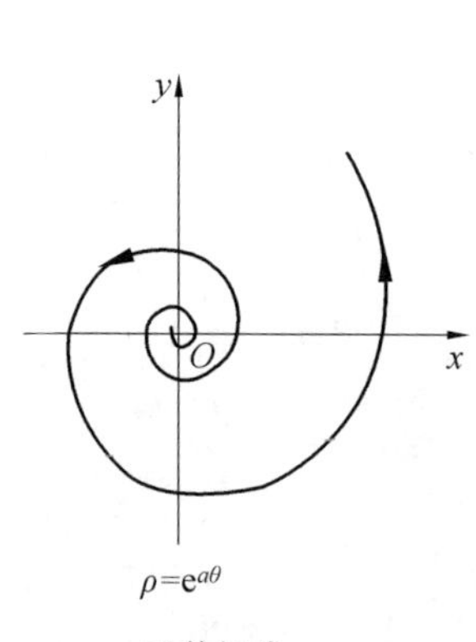

$\rho=e^{a\theta}$

对数螺线

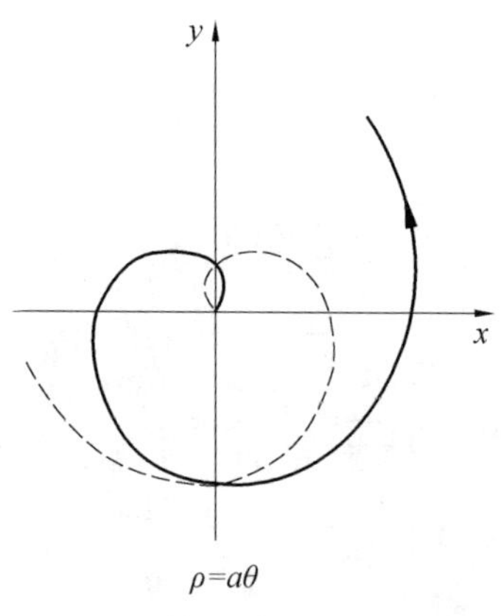

$\rho=a\theta$

阿基米德螺线

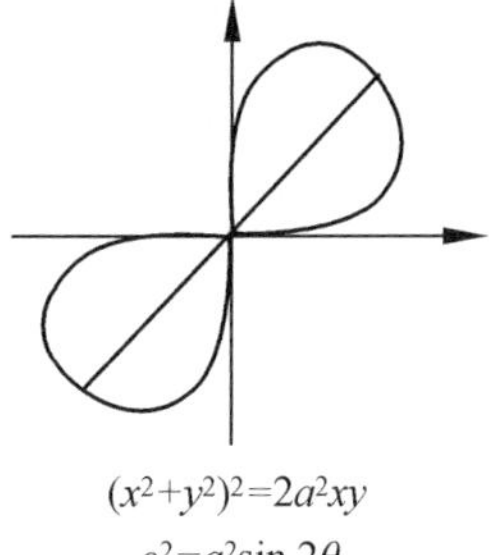

$(x^2+y^2)^2=2a^2xy$

$\rho^2=a^2\sin 2\theta$

伯努力双纽线形式（1）

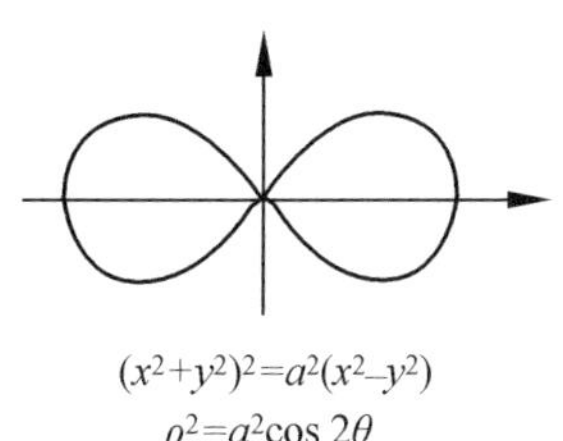

$(x^2+y^2)^2=a^2(x^2-y^2)$

$\rho^2=a^2\cos 2\theta$

伯努力双纽线形式（2）

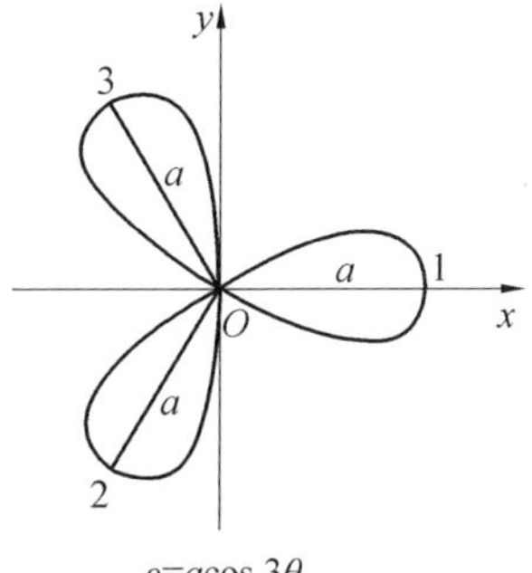

$\rho=a\cos 3\theta$

三叶玫瑰线形式（1）

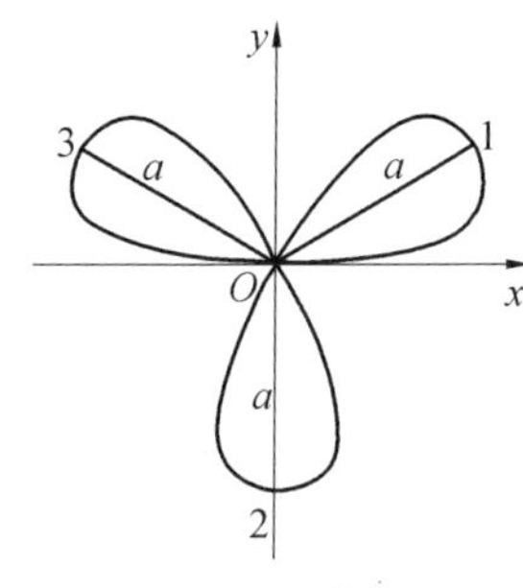

$\rho=a\sin 3\theta$

三叶玫瑰线形式（2）

附录 2　几种常用的基本公式

一、三角函数公式

1. 基本等式

$$\tan x=\frac{\sin x}{\cos x},\cot x=\frac{\cos x}{\sin x},\sec x=\frac{1}{\cos x},\csc x=\frac{1}{\sin x}$$

$$\sin^2 x+\cos^2 x=1,\tan^2 x+1=\sec^2 x,\cot^2 x+1=\csc^2 x$$

$$\sin(\frac{\pi}{2}-x)=\cos x,\cos(\frac{\pi}{2}-x)=\sin x,\tan(\frac{\pi}{2}-x)=\cot x$$

$$\tan(x+y)=\frac{\tan x+\tan y}{1-\tan x\tan y},\sin x+\cos x=\sqrt{2}\sin(x+\frac{\pi}{4})$$

2. 倍角公式

$$\sin 2x=2\sin x\cos x\ ,\tan 2x=\frac{2\tan x}{1-\tan^2 x}$$

$$\cos 2x = \cos^2 x - \sin^2 x = 1 - 2\sin^2 x = 2\cos^2 x - 1$$

3. 和差化积公式

$$\sin x + \sin y = 2\sin\frac{x+y}{2}\cos\frac{x-y}{2},\ \sin x - \sin y = 2\cos\frac{x+y}{2}\sin\frac{x-y}{2}$$

$$\cos x + \cos y = 2\cos\frac{x+y}{2}\cos\frac{x-y}{2},\ \cos x - \cos y = -2\sin\frac{x+y}{2}\sin\frac{x-y}{2}$$

二、几何公式

表 1

圆的周长 $C = 2\pi r$ 圆的面积 $A = \pi r^2$ 椭圆的面积 $A = \pi ab$	扇形的弧长 $s = \theta r$ 扇形的面积 $A = \frac{1}{2}sr = \frac{1}{2}\theta r^2$，其中 θ 是圆心角
圆柱的体积 $V = \pi r^2 h$ 球的表面积 $S = 4\pi r^2$ 球的体积 $V = \frac{4}{3}\pi r^3$	圆锥的体积 $V = \frac{1}{3}\pi r^2 h$ 圆锥的侧面积 $S = \frac{1}{2}\theta l^2 = \pi rl$，其中 θ 为侧面展开的圆心角，l 是母线的长
点 $P_0(x_0, y_0)$ 到直线 L 的距离公式 $d = \frac{\lvert Ax_0 + By_0 + C\rvert}{\sqrt{A^2 + B^2}}$ 其中直线 $L: Ax + By + C = 0$	圆台的侧面积公式 $S = \pi l(R + r)$ 其中 R, r 分别为上底、下底半径，l 为母线长

三、代数公式

立方差　$a^3 - b^3 = (a-b)(a^2 + ab + b^2)$；

立方和　$a^3 + b^3 = (a+b)(a^2 - ab + b^2)$；

等差数列的通项公式　$a_n = a_1 + (n-1)d$，其中 a_1 是首项，d 是公差；

等差数列的前 n 项和　$S_n = \frac{1}{2}n(a_1 + a_n) = na_1 + \frac{n(n-1)}{2}d$；

等比数列的通项公式　$a_n = a_1 q^{n-1}$，其中 a_1 是首项，q 是公比；

等比数列的前 n 项和　$S_n = \frac{a_1(1-q^n)}{1-q}(q \neq 1)$；

二项式公式　$(a+b)^n = \sum_{k=1}^{n} C_n^k a^k b^{n-k}$，其中 $C_n^k = \frac{n(n-1)\cdots(n-k+1)}{k!}$，$C_n^0 = 1, C_n^n = 1$.

四、不等式

基本不等式　$\frac{a+b}{2} \geqslant \sqrt{ab}\,(a > 0, b > 0)$，等号成立当且仅当 $a = b$；

绝对值三角不等式　$|a| - |b| \leqslant |a \pm b| \leqslant |a| + |b|$；

三角函数不等式　$\sin x < x < \tan x\,(0 < x < \frac{\pi}{2})$；

对数不等式　$\frac{x}{1+x} < \ln(1+x) < x\,(x > 0)$，$\frac{1}{n+1} < \ln(1+\frac{1}{n}) < \frac{1}{n}$.

刘培杰数学工作室
已出版(即将出版)图书目录——高等数学

书名	出版时间	定价	编号
距离几何分析导引	2015－02	68.00	446
大学几何学	2017－01	78.00	688
关于曲面的一般研究	2016－11	48.00	690
近世纯粹几何学初论	2017－01	58.00	711
拓扑学与几何学基础讲义	2017－04	58.00	756
物理学中的几何方法	2017－06	88.00	767
几何学简史	2017－08	28.00	833
微分几何学历史概要	2020－07	58.00	1194
解析几何学史	2022－03	58.00	1490
曲面的数学	2024－01	98.00	1699
复变函数引论	2013－10	68.00	269
伸缩变换与抛物旋转	2015－01	38.00	449
无穷分析引论(上)	2013－04	88.00	247
无穷分析引论(下)	2013－04	98.00	245
数学分析	2014－04	28.00	338
数学分析中的一个新方法及其应用	2013－01	38.00	231
数学分析例选:通过范例学技巧	2013－01	88.00	243
高等代数例选:通过范例学技巧	2015－06	88.00	475
基础数论例选:通过范例学技巧	2018－09	58.00	978
三角级数论(上册)(陈建功)	2013－01	38.00	232
三角级数论(下册)(陈建功)	2013－01	48.00	233
三角级数论(哈代)	2013－06	48.00	254
三角级数	2015－07	28.00	263
超越数	2011－03	18.00	109
三角和方法	2011－03	18.00	112
随机过程(Ⅰ)	2014－01	78.00	224
随机过程(Ⅱ)	2014－01	68.00	235
算术探索	2011－12	158.00	148
组合数学	2012－04	28.00	178
组合数学浅谈	2012－03	28.00	159
分析组合学	2021－09	88.00	1389
丢番图方程引论	2012－03	48.00	172
拉普拉斯变换及其应用	2015－02	38.00	447
高等代数.上	2016－01	38.00	548
高等代数.下	2016－01	38.00	549
高等代数教程	2016－01	58.00	579
高等代数引论	2020－07	48.00	1174
数学解析教程.上卷.1	2016－01	58.00	546
数学解析教程.上卷.2	2016－01	38.00	553
数学解析教程.下卷.1	2017－04	48.00	781
数学解析教程.下卷.2	2017－06	48.00	782
数学分析.第1册	2021－03	48.00	1281
数学分析.第2册	2021－03	48.00	1282
数学分析.第3册	2021－03	28.00	1283
数学分析精选习题全解.上册	2021－03	38.00	1284
数学分析精选习题全解.下册	2021－03	38.00	1285
数学分析专题研究	2021－11	68.00	1574
实分析中的问题与解答	2024－06	98.00	1737
函数构造论.上	2016－01	38.00	554
函数构造论.中	2017－06	48.00	555
函数构造论.下	2016－09	48.00	680
函数逼近论(上)	2019－02	98.00	1014
概周期函数	2016－01	48.00	572
变叙的项的极限分布律	2016－01	18.00	573
整函数	2012－08	18.00	161
近代拓扑学研究	2013－04	38.00	239
多项式和无理数	2008－01	68.00	22
密码学与数论基础	2021－01	28.00	1254

刘培杰数学工作室
已出版(即将出版)图书目录——高等数学

书　　名	出版时间	定　价	编号
模糊数据统计学	2008－03	48.00	31
模糊分析学与特殊泛函空间	2013－01	68.00	241
常微分方程	2016－01	58.00	586
平稳随机函数导论	2016－03	48.00	587
量子力学原理．上	2016－01	38.00	588
图与矩阵	2014－08	40.00	644
钢丝绳原理：第二版	2017－01	78.00	745
代数拓扑和微分拓扑简史	2017－06	68.00	791
半序空间泛函分析．上	2018－06	48.00	924
半序空间泛函分析．下	2018－06	68.00	925
概率分布的部分识别	2018－07	68.00	929
Cartan 型单模李超代数的上同调及极大子代数	2018－07	38.00	932
纯数学与应用数学若干问题研究	2019－03	98.00	1017
数理金融学与数理经济学若干问题研究	2020－07	98.00	1180
清华大学"工农兵学员"微积分课本	2020－09	48.00	1228
力学若干基本问题的发展概论	2023－04	58.00	1262
Banach 空间中前后分离算法及其收敛率	2023－06	98.00	1670
基于广义加法的数学体系	2024－03	168.00	1710
向量微积分、线性代数和微分形式：统一方法：第 5 版	2024－03	78.00	1707
向量微积分、线性代数和微分形式：统一方法：第 5 版：习题解答	2024－03	48.00	1708

书　　名	出版时间	定　价	编号
受控理论与解析不等式	2012－05	78.00	165
不等式的分拆降维降幂方法与可读证明(第 2 版)	2020－07	78.00	1184
石焕南文集：受控理论与不等式研究	2020－09	198.00	1198

书　　名	出版时间	定　价	编号
实变函数论	2012－06	78.00	181
复变函数论	2015－08	38.00	504
非光滑优化及其变分分析(第 2 版)	2024－05	68.00	230
疏散的马尔科夫链	2014－01	58.00	266
马尔科夫过程论基础	2015－01	28.00	433
初等微分拓扑学	2012－07	18.00	182
方程式论	2011－03	38.00	105
Galois 理论	2011－03	18.00	107
古典数学难题与伽罗瓦理论	2012－11	58.00	223
伽罗华与群论	2014－01	28.00	290
代数方程的根式解及伽罗瓦理论	2011－03	28.00	108
代数方程的根式解及伽罗瓦理论(第二版)	2015－01	28.00	423
线性偏微分方程讲义	2011－03	18.00	110
几类微分方程数值方法的研究	2015－05	38.00	485
分数阶微分方程理论与应用	2020－05	95.00	1182
N 体问题的周期解	2011－03	28.00	111
代数方程式论	2011－05	18.00	121
线性代数与几何：英文	2016－06	58.00	578
动力系统的不变量与函数方程	2011－07	48.00	137
基于短语评价的翻译知识获取	2012－02	48.00	168
应用随机过程	2012－04	48.00	187
概率论导引	2012－04	18.00	179
矩阵论(上)	2013－06	58.00	250
矩阵论(下)	2013－06	48.00	251
对称锥互补问题的内点法：理论分析与算法实现	2014－08	68.00	368
抽象代数：方法导引	2013－06	38.00	257
集论	2016－01	48.00	576
多项式理论研究综述	2016－01	38.00	577
函数论	2014－11	78.00	395
反问题的计算方法及应用	2011－11	28.00	147
数阵及其应用	2012－02	28.00	164
绝对值方程一折边与组合图形的解析研究	2012－07	48.00	186
代数函数论(上)	2015－07	38.00	494
代数函数论(下)	2015－07	38.00	495

刘培杰数学工作室
已出版(即将出版)图书目录——高等数学

书　　名	出版时间	定　价	编号
偏微分方程论:法文	2015—10	48.00	533
粒子图像测速仪实用指南:第二版	2017—08	78.00	790
数域的上同调	2017—08	98.00	799
图的正交因子分解(英文)	2018—01	38.00	881
图的度因子和分支因子:英文	2019—09	88.00	1108
点云模型的优化配准方法研究	2018—07	58.00	927
锥形波入射粗糙表面反散射问题理论与算法	2018—03	68.00	936
广义逆的理论与计算	2018—07	58.00	973
不定方程及其应用	2018—12	58.00	998
几类椭圆型偏微分方程高效数值算法研究	2018—08	48.00	1025
现代密码算法概论	2019—05	98.00	1061
模形式的 p—进性质	2019—06	78.00	1088
混沌动力学:分形、平铺、代换	2019—09	48.00	1109
微分方程,动力系统与混沌引论:第3版	2020—05	65.00	1144
分数阶微分方程理论与应用	2020—05	95.00	1187
应用非线性动力系统与混沌导论:第2版	2021—05	58.00	1368
非线性振动,动力系统与向量场的分支	2021—06	55.00	1369
遍历理论引论	2021—11	46.00	1441
动力系统与混沌	2022—05	48.00	1485
Galois 上同调	2020—04	138.00	1131
毕达哥拉斯定理:英文	2020—03	38.00	1133
模糊可拓多属性决策理论与方法	2021—06	98.00	1357
统计方法和科学推断	2021—10	48.00	1428
有关几类种群生态学模型的研究	2022—04	98.00	1486
加性数论:典型基	2022—05	48.00	1491
加性数论:反问题与和集的几何	2023—08	58.00	1672
乘性数论:第三版	2022—07	38.00	1528
交替方向乘子法及其应用	2022—08	98.00	1553
结构元理论及模糊决策应用	2022—09	98.00	1573
随机微分方程和应用:第二版	2022—12	48.00	1580
吴振奎高等数学解题真经(概率统计卷)	2012—01	38.00	149
吴振奎高等数学解题真经(微积分卷)	2012—01	68.00	150
吴振奎高等数学解题真经(线性代数卷)	2012—01	58.00	151
高等数学解题全攻略(上卷)	2013—06	58.00	252
高等数学解题全攻略(下卷)	2013—06	58.00	253
高等数学复习纲要	2014—01	18.00	384
数学分析历年考研真题解析.第一卷	2021—04	38.00	1288
数学分析历年考研真题解析.第二卷	2021—04	38.00	1289
数学分析历年考研真题解析.第三卷	2021—04	38.00	1290
数学分析历年考研真题解析.第四卷	2022—09	68.00	1560
数学分析历年考研真题解析.第五卷	2024—10	58.00	1773
数学分析历年考研真题解析.第六卷	2024—10	68.00	1774
硕士研究生入学考试数学试题及解答.第1卷	2024—01	58.00	1703
硕士研究生入学考试数学试题及解答.第2卷	2024—04	68.00	1704
硕士研究生入学考试数学试题及解答.第3卷	即将出版		1705
超越吉米多维奇.数列的极限	2009—11	48.00	58
超越普里瓦洛夫.留数卷	2015—01	48.00	437
超越普里瓦洛夫.无穷乘积与它对解析函数的应用卷	2015—05	28.00	477
超越普里瓦洛夫.积分卷	2015—06	18.00	481
超越普里瓦洛夫.基础知识卷	2015—06	28.00	482
超越普里瓦洛夫.数项级数卷	2015—07	38.00	489
超越普里瓦洛夫.微分、解析函数、导数卷	2018—01	48.00	852
统计学专业英语(第三版)	2015—04	68.00	465
代换分析:英文	2015—07	38.00	499

刘培杰数学工作室
已出版(即将出版)图书目录——高等数学

书 名	出版时间	定 价	编号
历届美国大学生数学竞赛试题集.第一卷(1938—1949)	2015—01	28.00	397
历届美国大学生数学竞赛试题集.第二卷(1950—1959)	2015—01	28.00	398
历届美国大学生数学竞赛试题集.第三卷(1960—1969)	2015—01	28.00	399
历届美国大学生数学竞赛试题集.第四卷(1970—1979)	2015—01	18.00	400
历届美国大学生数学竞赛试题集.第五卷(1980—1989)	2015—01	28.00	401
历届美国大学生数学竞赛试题集.第六卷(1990—1999)	2015—01	28.00	402
历届美国大学生数学竞赛试题集.第七卷(2000—2009)	2015—08	18.00	403
历届美国大学生数学竞赛试题集.第八卷(2010—2012)	2015—01	18.00	404
超越普特南试题:大学数学竞赛中的方法与技巧	2017—04	98.00	758
历届国际大学生数学竞赛试题集(1994—2020)	2021—01	58.00	1252
历届美国大学生数学竞赛试题集(全3册)	2023—10	168.00	1693
全国大学生数学夏令营数学竞赛试题及解答	2007—03	28.00	15
全国大学生数学竞赛辅导教程	2012—07	28.00	189
全国大学生数学竞赛复习全书(第2版)	2017—05	58.00	787
历届美国大学生数学竞赛试题集	2009—03	88.00	43
前苏联大学生数学奥林匹克竞赛题解(上编)	2012—04	28.00	169
前苏联大学生数学奥林匹克竞赛题解(下编)	2012—04	38.00	170
大学生数学竞赛讲义	2014—09	28.00	371
大学生数学竞赛教程——高等数学(基础篇、提高篇)	2018—09	128.00	968
普林斯顿大学数学竞赛	2016—06	38.00	669
高等数学竞赛:1962—1991年米克洛什·施外策竞赛	2024—09	128.00	1743
考研高等数学高分之路	2020—10	45.00	1203
考研高等数学基础必刷	2021—01	45.00	1251
考研概率论与数理统计	2022—06	58.00	1522
越过211,刷到985:考研数学二	2019—10	68.00	1115
初等数论难题集(第一卷)	2009—05	68.00	44
初等数论难题集(第二卷)(上、下)	2011—02	128.00	82,83
数论概貌	2011—03	18.00	93
代数数论(第二版)	2013—08	58.00	94
代数多项式	2014—06	38.00	289
初等数论的知识与问题	2011—02	28.00	95
超越数论基础	2011—03	28.00	96
数论初等教程	2011—03	28.00	97
数论基础	2011—03	18.00	98
数论基础与维诺格拉多夫	2014—03	18.00	292
解析数论基础	2012—08	28.00	216
解析数论基础(第二版)	2014—01	48.00	287
解析数论问题集(第二版)(原版引进)	2014—05	88.00	343
解析数论问题集(第二版)(中译本)	2016—04	88.00	607
解析数论基础(潘承洞,潘承彪著)	2016—07	98.00	673
解析数论导引	2016—07	58.00	674
数论入门	2011—03	38.00	99
代数数论入门	2015—03	38.00	448
数论开篇	2012—07	28.00	194
解析数论引论	2011—03	48.00	100
Barban Davenport Halberstam 均值和	2009—01	40.00	33
基础数论	2011—03	28.00	101
初等数论100例	2011—05	18.00	122
初等数论经典例题	2012—07	18.00	204
最新世界各国数学奥林匹克中的初等数论试题(上、下)	2012—01	138.00	144,145
初等数论(Ⅰ)	2012—01	18.00	156
初等数论(Ⅱ)	2012—01	18.00	157
初等数论(Ⅲ)	2012—01	28.00	158

刘培杰数学工作室
已出版(即将出版)图书目录——高等数学

书　　名	出版时间	定　价	编号
Gauss,Euler,Lagrange 和 Legendre 的遗产:把整数表示成平方和	2022－06	78.00	1540
平面几何与数论中未解决的新老问题	2013－01	68.00	229
代数数论简史	2014－11	28.00	408
代数数论	2015－09	88.00	532
代数、数论及分析习题集	2016－11	98.00	695
数论导引提要及习题解答	2016－01	48.00	559
素数定理的初等证明. 第 2 版	2016－09	48.00	686
数论中的模函数与狄利克雷级数(第二版)	2017－11	78.00	837
数论:数学导引	2018－01	68.00	849
域论	2018－04	68.00	884
代数数论(冯克勤　编著)	2018－04	68.00	885
范氏大代数	2019－02	98.00	1016
高等算术:数论导引:第八版	2023－04	78.00	1689
新编 640 个世界著名数学智力趣题	2014－01	88.00	242
500 个最新世界著名数学智力趣题	2008－06	48.00	3
400 个最新世界著名数学最值问题	2008－09	48.00	36
500 个世界著名数学征解问题	2009－06	48.00	52
400 个中国最佳初等数学征解老问题	2010－01	48.00	60
500 个俄罗斯数学经典老题	2011－01	28.00	81
1000 个国外中学物理好题	2012－04	48.00	174
300 个日本高考数学题	2012－05	38.00	142
700 个早期日本高考数学试题	2017－02	88.00	752
500 个前苏联早期高考数学试题及解答	2012－05	28.00	185
546 个早期俄罗斯大学生数学竞赛题	2014－03	38.00	285
548 个来自美苏的数学好问题	2014－11	28.00	396
20 所苏联著名大学早期入学试题	2015－02	18.00	452
161 道德国工科大学生必做的微分方程习题	2015－05	28.00	469
500 个德国工科大学生必做的高数习题	2015－06	28.00	478
360 个数学竞赛问题	2016－08	58.00	677
德国讲义日本考题. 微积分卷	2015－04	48.00	456
德国讲义日本考题. 微分方程卷	2015－04	38.00	457
二十世纪中叶中、英、美、日、法、俄高考数学试题精选	2017－06	38.00	783
博弈论精粹	2008－03	58.00	30
博弈论精粹. 第二版(精装)	2015－01	88.00	461
数学 我爱你	2008－01	28.00	20
精神的圣徒　别样的人生——60 位中国数学家成长的历程	2008－09	48.00	39
数学史概论	2009－06	78.00	50
数学史概论(精装)	2013－03	158.00	272
数学史选讲	2016－01	48.00	544
斐波那契数列	2010－02	28.00	65
数学拼盘和斐波那契魔方	2010－07	38.00	72
斐波那契数列欣赏	2011－01	28.00	160
数学的创造	2011－02	48.00	85
数学美与创造力	2016－01	48.00	595
数海拾贝	2016－01	48.00	590
数学中的美	2011－02	38.00	84
数论中的美学	2014－12	38.00	351
数学王者　科学巨人——高斯	2015－01	28.00	428
振兴祖国数学的圆梦之旅:中国初等数学研究史话	2015－06	98.00	490
二十世纪中国数学史料研究	2015－10	48.00	536
数字谜、数阵图与棋盘覆盖	2016－01	58.00	298
时间的形状	2016－01	38.00	556
数学发现的艺术:数学探索中的合情推理	2016－07	58.00	671
活跃在数学中的参数	2016－07	48.00	675

刘培杰数学工作室
已出版(即将出版)图书目录——高等数学

书　名	出版时间	定　价	编号
格点和面积	2012－07	18.00	191
射影几何趣谈	2012－04	28.00	175
斯潘纳尔引理——从一道加拿大数学奥林匹克试题谈起	2014－01	28.00	228
李普希兹条件——从几道近年高考数学试题谈起	2012－10	18.00	221
拉格朗日中值定理——从一道北京高考试题的解法谈起	2015－10	18.00	197
闵科夫斯基定理——从一道清华大学自主招生试题谈起	2014－01	28.00	198
哈尔测度——从一道冬令营试题的背景谈起	2012－08	28.00	202
切比雪夫逼近问题——从一道中国台北数学奥林匹克试题谈起	2013－04	38.00	238
伯恩斯坦多项式与贝齐尔曲面——从一道全国高中数学联赛试题谈起	2013－03	38.00	236
卡塔兰猜想——从一道普特南竞赛试题谈起	2013－06	18.00	256
麦卡锡函数和阿克曼函数——从一道前南斯拉夫数学奥林匹克试题谈起	2012－08	18.00	201
贝蒂定理与拉姆贝克莫斯尔定理——从一个拣石子游戏谈起	2012－08	18.00	217
皮亚诺曲线和豪斯道夫分球定理——从无限集谈起	2012－08	18.00	211
平面凸图形与凸多面体	2012－10	28.00	218
斯坦因豪斯问题——从一道二十五省市自治区中学数学竞赛试题谈起	2012－07	18.00	196
纽结理论中的亚历山大多项式与琼斯多项式——从一道北京市高一数学竞赛试题谈起	2012－07	28.00	195
原则与策略——从波利亚"解题表"谈起	2013－04	38.00	244
转化与化归——从三大尺规作图不能问题谈起	2012－08	28.00	214
代数几何中的贝祖定理(第一版)——从一道 IMO 试题的解法谈起	2013－08	18.00	193
成功连贯理论与约当块理论——从一道比利时数学竞赛试题谈起	2012－04	18.00	180
素数判定与大数分解	2014－08	18.00	199
置换多项式及其应用	2012－10	18.00	220
椭圆函数与模函数——从一道美国加州大学洛杉矶分校(UCLA)博士资格考题谈起	2012－10	28.00	219
差分方程的拉格朗日方法——从一道 2011 年全国高考理科试题的解法谈起	2012－08	28.00	200
力学在几何中的一些应用	2013－01	38.00	240
高斯散度定理、斯托克斯定理和平面格林定理——从一道国际大学生数学竞赛试题谈起	即将出版		
康托洛维奇不等式——从一道全国高中联赛试题谈起	2013－03	28.00	337
拉克斯定理和阿廷定理——从一道 IMO 试题的解法谈起	2014－01	58.00	246
毕卡大定理——从一道美国大学数学竞赛试题谈起	2014－07	18.00	350
拉格朗日乘子定理——从一道 2005 年全国高中联赛试题的高等数学解法谈起	2015－05	28.00	480
雅可比定理——从一道日本数学奥林匹克试题谈起	2013－04	48.00	249
李天岩－约克定理——从一道波兰数学竞赛试题谈起	2014－06	28.00	349
受控理论与初等不等式:从一道 IMO 试题的解法谈起	2023－03	48.00	1601
布劳维不动点定理——从一道前苏联数学奥林匹克试题谈起	2014－01	38.00	273
莫德尔－韦伊定理——从一道日本数学奥林匹克试题谈起	2024－10	48.00	1602
斯蒂尔杰斯积分——从一道国际大学生数学竞赛试题的解法谈起	2024－10	68.00	1605

刘培杰数学工作室
已出版(即将出版)图书目录——高等数学

书 名	出版时间	定 价	编号
切博塔廖夫猜想——从一道 1978 年全国高中数学竞赛试题谈起	2024—10	38.00	1606
卡西尼卵形线——从一道高中数学期中考试试题谈起	2024—10	48.00	1607
格罗斯问题——亚纯函数的唯一性问题	2024—10	48.00	1608
布格尔问题——从一道第 6 届全国中学生物理竞赛预赛试题谈起	2024—09	68.00	1609
多项式逼近问题——从一道美国大学生数学竞赛试题谈起	2024—10	48.00	1748
中国剩余定理:总数法构建中国历史年表	2015—01	28.00	430
牛顿程序与方程求根——从一道全国高考试题解法谈起	即将出版		
库默尔定理——从一道 IMO 预选试题谈起	即将出版		
卢丁定理——从一道冬令营试题的解法谈起	即将出版		
沃斯滕霍姆定理——从一道 IMO 预选试题谈起	即将出版		
卡尔松不等式——从一道莫斯科数学奥林匹克试题谈起	即将出版		
信息论中的香农熵——从一道近年高考压轴题谈起	即将出版		
约当不等式——从一道希望杯竞赛试题谈起	即将出版		
拉比诺维奇定理	即将出版		
刘维尔定理——从一道《美国数学月刊》征解问题的解法谈起	即将出版		
卡塔兰恒等式与级数求和——从一道 IMO 试题的解法谈起	即将出版		
勒让德猜想与素数分布——从一道爱尔兰竞赛试题谈起	即将出版		
天平称重与信息论——从一道基辅市数学奥林匹克试题谈起	即将出版		
哈密尔顿—凯莱定理:从一道高中数学联赛试题的解法谈起	2014—09	18.00	376
艾思特曼定理——从一道 CMO 试题的解法谈起	即将出版		
一个爱尔特希问题——从一道西德数学奥林匹克试题谈起	即将出版		
有限群中的爱丁格尔问题——从一道北京市初中二年级数学竞赛试题谈起	即将出版		
糖水中的不等式——从初等数学到高等数学	2019—07	48.00	1093
帕斯卡三角形	2014—03	18.00	294
蒲丰投针问题——从 2009 年清华大学的一道自主招生试题谈起	2014—01	38.00	295
斯图姆定理——从一道"华约"自主招生试题的解法谈起	2014—01	18.00	296
许瓦兹引理——从一道加利福尼亚大学伯克利分校数学系博士生试题谈起	2014—08	18.00	297
拉姆塞定理——从王诗宬院士的一个问题谈起	2016—04	48.00	299
坐标法	2013—12	28.00	332
数论三角形	2014—04	38.00	341
毕克定理	2014—07	18.00	352
数林掠影	2014—09	48.00	389
我们周围的概率	2014—10	38.00	390
凸函数最值定理:从一道华约自主招生题的解法谈起	2014—10	28.00	391
易学与数学奥林匹克	2014—10	38.00	392
生物数学趣谈	2015—01	18.00	409
反演	2015—01	28.00	420
因式分解与圆锥曲线	2015—01	18.00	426
轨迹	2015—01	28.00	427
面积原理:从常庚哲命的一道 CMO 试题的积分解法谈起	2015—01	48.00	431
形形色色的不动点定理:从一道 28 届 IMO 试题谈起	2015—01	38.00	439
柯西函数方程:从一道上海交大自主招生的试题谈起	2015—02	28.00	440

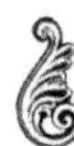

刘培杰数学工作室
已出版(即将出版)图书目录——高等数学

书名	出版时间	定价	编号
三角恒等式	2015－02	28.00	442
无理性判定:从一道2014年"北约"自主招生试题谈起	2015－01	38.00	443
数学归纳法	2015－03	18.00	451
极端原理与解题	2015－04	28.00	464
法雷级数	2014－08	18.00	367
摆线族	2015－01	38.00	438
函数方程及其解法	2015－05	38.00	470
含参数的方程和不等式	2012－09	28.00	213
希尔伯特第十问题	2016－01	38.00	543
无穷小量的求和	2016－01	28.00	545
切比雪夫多项式:从一道清华大学金秋营试题谈起	2016－01	38.00	583
泽肯多夫定理	2016－03	38.00	599
代数等式证题法	2016－01	28.00	600
三角等式证题法	2016－01	28.00	601
吴大任教授藏书中的一个因式分解公式:从一道美国数学邀请赛试题的解法谈起	2016－06	28.00	656
易卦——类万物的数学模型	2017－08	68.00	838
"不可思议"的数与数系可持续发展	2018－01	38.00	878
最短线	2018－01	38.00	879
从毕达哥拉斯到怀尔斯	2007－10	48.00	9
从迪利克雷到维斯卡尔迪	2008－01	48.00	21
从哥德巴赫到陈景润	2008－05	98.00	35
从庞加莱到佩雷尔曼	2011－08	138.00	136
从费马到怀尔斯——费马大定理的历史	2013－10	198.00	Ⅰ
从庞加莱到佩雷尔曼——庞加莱猜想的历史	2013－10	298.00	Ⅱ
从切比雪夫到爱尔特希(上)——素数定理的初等证明	2013－07	48.00	Ⅲ
从切比雪夫到爱尔特希(下)——素数定理100年	2012－12	98.00	Ⅲ
从高斯到盖尔方特——二次域的高斯猜想	2013－10	198.00	Ⅳ
从库默尔到朗兰兹——朗兰兹猜想的历史	2014－01	98.00	Ⅴ
从比勃巴赫到德布朗斯——比勃巴赫猜想的历史	2014－02	298.00	Ⅵ
从麦比乌斯到陈省身——麦比乌斯变换与麦比乌斯带	2014－02	298.00	Ⅶ
从布尔到豪斯道夫——布尔方程与格论漫谈	2013－10	198.00	Ⅷ
从开普勒到阿诺德——三体问题的历史	2014－05	298.00	Ⅸ
从华林到华罗庚——华林问题的历史	2013－10	298.00	Ⅹ
数学物理大百科全书.第1卷	2016－01	418.00	508
数学物理大百科全书.第2卷	2016－01	408.00	509
数学物理大百科全书.第3卷	2016－01	396.00	510
数学物理大百科全书.第4卷	2016－01	408.00	511
数学物理大百科全书.第5卷	2016－01	368.00	512
朱德祥代数与几何讲义.第1卷	2017－01	38.00	697
朱德祥代数与几何讲义.第2卷	2017－01	28.00	698
朱德祥代数与几何讲义.第3卷	2017－01	28.00	699

刘培杰数学工作室
已出版(即将出版)图书目录——高等数学

书　　名	出版时间	定　价	编号
闵嗣鹤文集	2011—03	98.00	102
吴从炘数学活动三十年(1951～1980)	2010—07	99.00	32
吴从炘数学活动又三十年(1981～2010)	2015—07	98.00	491

书　　名	出版时间	定　价	编号
斯米尔诺夫高等数学.第一卷	2018—03	88.00	770
斯米尔诺夫高等数学.第二卷.第一分册	2018—03	68.00	771
斯米尔诺夫高等数学.第二卷.第二分册	2018—03	68.00	772
斯米尔诺夫高等数学.第二卷.第三分册	2018—03	48.00	773
斯米尔诺夫高等数学.第三卷.第一分册	2018—03	58.00	774
斯米尔诺夫高等数学.第三卷.第二分册	2018—03	58.00	775
斯米尔诺夫高等数学.第三卷.第三分册	2018—03	68.00	776
斯米尔诺夫高等数学.第四卷.第一分册	2018—03	48.00	777
斯米尔诺夫高等数学.第四卷.第二分册	2018—03	88.00	778
斯米尔诺夫高等数学.第五卷.第一分册	2018—03	58.00	779
斯米尔诺夫高等数学.第五卷.第二分册	2018—03	68.00	780

书　　名	出版时间	定　价	编号
zeta 函数,q-zeta 函数,相伴级数与积分(英文)	2015—08	88.00	513
微分形式:理论与练习(英文)	2015—08	58.00	514
离散与微分包含的逼近和优化(英文)	2015—08	58.00	515
艾伦·图灵:他的工作与影响(英文)	2016—01	98.00	560
测度理论概率导论,第 2 版(英文)	2016—01	88.00	561
带有潜在故障恢复系统的半马尔柯夫模型控制(英文)	2016—01	98.00	562
数学分析原理(英文)	2016—01	88.00	563
随机偏微分方程的有效动力学(英文)	2016—01	88.00	564
图的谱半径(英文)	2016—01	58.00	565
量子机器学习中数据挖掘的量子计算方法(英文)	2016—01	98.00	566
量子物理的非常规方法(英文)	2016—01	118.00	567
运输过程的统一非局部理论:广义波尔兹曼物理动力学,第 2 版(英文)	2016—01	198.00	568
量子力学与经典力学之间的联系在原子、分子及电动力学系统建模中的应用(英文)	2016—01	58.00	569

书　　名	出版时间	定　价	编号
算术域(英文)	2018—01	158.00	821
高等数学竞赛:1962—1991 年的米洛克斯·史怀哲竞赛(英文)	2018—01	128.00	822
用数学奥林匹克精神解决数论问题(英文)	2018—01	108.00	823
代数几何(德文)	2018—04	68.00	824
丢番图逼近论(英文)	2018—01	78.00	825
代数几何学基础教程(英文)	2018—01	98.00	826
解析数论入门课程(英文)	2018—01	78.00	827
数论中的丢番图问题(英文)	2018—01	78.00	829
数论(梦幻之旅):第五届中日数论研讨会演讲集(英文)	2018—01	68.00	830
数论新应用(英文)	2018—01	68.00	831
数论(英文)	2018—01	78.00	832
测度与积分(英文)	2019—04	68.00	1059
卡塔兰数入门(英文)	2019—05	68.00	1060
多变量数学入门(英文)	2021—05	68.00	1317
偏微分方程入门(英文)	2021—05	88.00	1318
若尔当典范性:理论与实践(英文)	2021—07	68.00	1366
R 统计学概论(英文)	2023—03	88.00	1614
基于不确定静态和动态问题解的仿射算术(英文)	2023—03	38.00	1618

刘培杰数学工作室
已出版(即将出版)图书目录——高等数学

书　　名	出版时间	定　价	编号
湍流十讲(英文)	2018－04	108.00	886
无穷维李代数:第3版(英文)	2018－04	98.00	887
等值、不变量和对称性(英文)	2018－04	78.00	888
解析数论(英文)	2018－09	78.00	889
《数学原理》的演化:伯特兰・罗素撰写第二版时的手稿与笔记(英文)	2018－04	108.00	890
哈密尔顿数学论文集(第4卷):几何学、分析学、天文学、概率和有限差分等(英文)	2019－05	108.00	891
数学王子——高斯	2018－01	48.00	858
坎坷奇星——阿贝尔	2018－01	48.00	859
闪烁奇星——伽罗瓦	2018－01	58.00	860
无穷统帅——康托尔	2018－01	48.00	861
科学公主——柯瓦列夫斯卡娅	2018－01	48.00	862
抽象代数之母——埃米・诺特	2018－01	48.00	863
电脑先驱——图灵	2018－01	58.00	864
昔日神童——维纳	2018－01	48.00	865
数坛怪侠——爱尔特希	2018－01	68.00	866
当代世界中的数学.数学思想与数学基础	2019－01	38.00	892
当代世界中的数学.数学问题	2019－01	38.00	893
当代世界中的数学.应用数学与数学应用	2019－01	38.00	894
当代世界中的数学.数学王国的新疆域(一)	2019－01	38.00	895
当代世界中的数学.数学王国的新疆域(二)	2019－01	38.00	896
当代世界中的数学.数林撷英(一)	2019－01	38.00	897
当代世界中的数学.数林撷英(二)	2019－01	48.00	898
当代世界中的数学.数学之路	2019－01	38.00	899
偏微分方程全局吸引子的特性(英文)	2018－09	108.00	979
整函数与下调和函数(英文)	2018－09	118.00	980
幂等分析(英文)	2018－09	118.00	981
李群,离散子群与不变量理论(英文)	2018－09	108.00	982
动力系统与统计力学(英文)	2018－09	118.00	983
表示论与动力系统(英文)	2018－09	118.00	984
分析学练习.第1部分(英文)	2021－01	88.00	1247
分析学练习.第2部分.非线性分析(英文)	2021－01	88.00	1248
初级统计学:循序渐进的方法:第10版(英文)	2019－05	68.00	1067
工程师与科学家微分方程用书:第4版(英文)	2019－07	58.00	1068
大学代数与三角学(英文)	2019－06	78.00	1069
培养数学能力的途径(英文)	2019－07	38.00	1070
工程师与科学家统计学:第4版(英文)	2019－06	58.00	1071
贸易与经济中的应用统计学:第6版(英文)	2019－06	58.00	1072
傅立叶级数和边值问题:第8版(英文)	2019－05	48.00	1073
通往天文学的途径:第5版(英文)	2019－05	58.00	1074

刘培杰数学工作室
已出版(即将出版)图书目录——高等数学

书　　名	出版时间	定　价	编号
拉马努金笔记.第1卷(英文)	2019—06	165.00	1078
拉马努金笔记.第2卷(英文)	2019—06	165.00	1079
拉马努金笔记.第3卷(英文)	2019—06	165.00	1080
拉马努金笔记.第4卷(英文)	2019—06	165.00	1081
拉马努金笔记.第5卷(英文)	2019—06	165.00	1082
拉马努金遗失笔记.第1卷(英文)	2019—06	109.00	1083
拉马努金遗失笔记.第2卷(英文)	2019—06	109.00	1084
拉马努金遗失笔记.第3卷(英文)	2019—06	109.00	1085
拉马努金遗失笔记.第4卷(英文)	2019—06	109.00	1086
数论:1976年纽约洛克菲勒大学数论会议记录(英文)	2020—06	68.00	1145
数论:卡本代尔1979:1979年在南伊利诺伊卡本代尔大学举行的数论会议记录(英文)	2020—06	78.00	1146
数论:诺德韦克豪特1983:1983年在诺德韦克豪特举行的Journees Arithmetiques数论大会会议记录(英文)	2020—06	68.00	1147
数论:1985—1988年在纽约城市大学研究生院和大学中心举办的研讨会(英文)	2020—06	68.00	1148
数论:1987年在乌尔姆举行的Journees Arithmetiques数论大会会议记录(英文)	2020—06	68.00	1149
数论:马德拉斯1987:1987年在马德拉斯安娜大学举行的国际拉马努金百年纪念大会会议记录(英文)	2020—06	68.00	1150
解析数论:1988年在东京举行的日法研讨会会议记录(英文)	2020—06	68.00	1151
解析数论:2002年在意大利切特拉罗举行的C.I.M.E.暑期班演讲集(英文)	2020—06	68.00	1152
量子世界中的蝴蝶:最迷人的量子分形故事(英文)	2020—06	118.00	1157
走进量子力学(英文)	2020—06	118.00	1158
计算物理学概论(英文)	2020—06	48.00	1159
物质,空间和时间的理论:量子理论(英文)	即将出版		1160
物质,空间和时间的理论:经典理论(英文)	即将出版		1161
量子场理论:解释世界的神秘背景(英文)	2020—07	38.00	1162
计算物理学概论(英文)	即将出版		1163
行星状星云(英文)	即将出版		1164
基本宇宙学:从亚里士多德的宇宙到大爆炸(英文)	2020—08	58.00	1165
数学磁流体力学(英文)	2020—07	58.00	1166
计算科学:第1卷,计算的科学(日文)	2020—07	88.00	1167
计算科学:第2卷,计算与宇宙(日文)	2020—07	88.00	1168
计算科学:第3卷,计算与物质(日文)	2020—07	88.00	1169
计算科学:第4卷,计算与生命(日文)	2020—07	88.00	1170
计算科学:第5卷,计算与地球环境(日文)	2020—07	88.00	1171
计算科学:第6卷,计算与社会(日文)	2020—07	88.00	1172
计算科学.别卷,超级计算机(日文)	2020—07	88.00	1173
多复变函数论(日文)	2022—06	78.00	1518
复变函数入门(日文)	2022—06	78.00	1523

刘培杰数学工作室

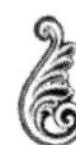

已出版(即将出版)图书目录——高等数学

书　名	出版时间	定　价	编号
代数与数论:综合方法(英文)	2020-10	78.00	1185
复分析:现代函数理论第一课(英文)	2020-07	58.00	1186
斐波那契数列和卡特兰数:导论(英文)	2020-10	68.00	1187
组合推理:计数艺术介绍(英文)	2020-07	88.00	1188
二次互反律的傅里叶分析证明(英文)	2020-07	48.00	1189
旋瓦兹分布的希尔伯特变换与应用(英文)	2020-07	58.00	1190
泛函分析:巴拿赫空间理论入门(英文)	2020-07	48.00	1191
典型群,错排与素数(英文)	2020-11	58.00	1204
李代数的表示:通过 gln 进行介绍(英文)	2020-10	38.00	1205
实分析演讲集(英文)	2020-10	38.00	1206
现代分析及其应用的课程(英文)	2020-10	58.00	1207
运动中的抛射物数学(英文)	2020-10	38.00	1208
2-扭结与它们的群(英文)	2020-10	38.00	1209
概率,策略和选择:博弈与选举中的数学(英文)	2020-11	58.00	1210
分析学引论(英文)	2020-11	58.00	1211
量子群:通往流代数的路径(英文)	2020-11	38.00	1212
集合论入门(英文)	2020-10	48.00	1213
酉反射群(英文)	2020-11	58.00	1214
探索数学:吸引人的证明方式(英文)	2020-11	58.00	1215
微分拓扑短期课程(英文)	2020-10	48.00	1216
抽象凸分析(英文)	2020-11	68.00	1222
费马大定理笔记(英文)	2021-03	48.00	1223
高斯与雅可比和(英文)	2021-03	78.00	1224
π与算术几何平均:关于解析数论和计算复杂性的研究(英文)	2021-01	58.00	1225
复分析入门(英文)	2021-03	48.00	1226
爱德华·卢卡斯与素性测定(英文)	2021-03	78.00	1227
通往凸分析及其应用的简单路径(英文)	2021-01	68.00	1229
微分几何的各个方面.第一卷(英文)	2021-01	58.00	1230
微分几何的各个方面.第二卷(英文)	2020-12	58.00	1231
微分几何的各个方面.第三卷(英文)	2020-12	58.00	1232
沃克流形几何学(英文)	2020-11	58.00	1233
彷射和韦尔几何应用(英文)	2020-12	58.00	1234
双曲几何学的旋转向量空间方法(英文)	2021-02	58.00	1235
积分:分析学的关键(英文)	2020-12	48.00	1236
为有天分的新生准备的分析学基础教材(英文)	2020-11	48.00	1237

刘培杰数学工作室
已出版(即将出版)图书目录——高等数学

书　名	出版时间	定　价	编号
数学不等式.第一卷.对称多项式不等式(英文)	2021—03	108.00	1273
数学不等式.第二卷.对称有理不等式与对称无理不等式(英文)	2021—03	108.00	1274
数学不等式.第三卷.循环不等式与非循环不等式(英文)	2021—03	108.00	1275
数学不等式.第四卷.Jensen 不等式的扩展与加细(英文)	2021—03	108.00	1276
数学不等式.第五卷.创建不等式与解不等式的其他方法(英文)	2021—04	108.00	1277
冯·诺依曼代数中的谱位移函数:半有限冯·诺依曼代数中的谱位移函数与谱流(英文)	2021—06	98.00	1308
链接结构:关于嵌入完全图的直线中链接单形的组合结构(英文)	2021—05	58.00	1309
代数几何方法.第1卷(英文)	2021—06	68.00	1310
代数几何方法.第2卷(英文)	2021—06	68.00	1311
代数几何方法.第3卷(英文)	2021—06	58.00	1312
代数、生物信息和机器人技术的算法问题.第四卷,独立恒等式系统(俄文)	2020—08	118.00	1119
代数、生物信息和机器人技术的算法问题.第五卷,相对覆盖性和独立可拆分恒等式系统(俄文)	2020—08	118.00	1200
代数、生物信息和机器人技术的算法问题.第六卷,恒等式和准恒等式的相等 问题、可推导性和可实现性(俄文)	2020—08	128.00	1201
分数阶微积分的应用:非局部动态过程,分数阶导热系数(俄文)	2021—01	68.00	1241
泛函分析问题与练习:第2版(俄文)	2021—01	98.00	1242
集合论、数学逻辑和算法论问题:第5版(俄文)	2021—01	98.00	1243
微分几何和拓扑短期课程(俄文)	2021—01	98.00	1244
素数规律(俄文)	2021—01	88.00	1245
无穷边值问题解的递减:无界域中的拟线性椭圆和抛物方程(俄文)	2021—01	48.00	1246
微分几何讲义(俄文)	2020—12	98.00	1253
二次型和矩阵(俄文)	2021—01	98.00	1255
积分和级数.第2卷,特殊函数(俄文)	2021—01	168.00	1258
积分和级数.第3卷,特殊函数补充:第2版(俄文)	2021—01	178.00	1264
几何图上的微分方程(俄文)	2021—01	138.00	1259
数论教程:第2版(俄文)	2021—01	98.00	1260
非阿基米德分析及其应用(俄文)	2021—03	98.00	1261

刘培杰数学工作室
已出版(即将出版)图书目录——高等数学

书　名	出版时间	定　价	编号
古典群和量子群的压缩(俄文)	2021—03	98.00	1263
数学分析习题集.第3卷,多元函数:第3版(俄文)	2021—03	98.00	1266
数学习题:乌拉尔国立大学数学力学系大学生奥林匹克(俄文)	2021—03	98.00	1267
柯西定理和微分方程的特解(俄文)	2021—03	98.00	1268
组合极值问题及其应用:第3版(俄文)	2021—03	98.00	1269
数学词典(俄文)	2021—01	98.00	1271
确定性混沌分析模型(俄文)	2021—06	168.00	1307
精选初等数学习题和定理.立体几何.第3版(俄文)	2021—03	68.00	1316
微分几何习题:第3版(俄文)	2021—05	98.00	1336
精选初等数学习题和定理.平面几何.第4版(俄文)	2021—05	68.00	1335
曲面理论在欧氏空间 *En* 中的直接表示	2022—01	68.00	1444
维纳—霍普夫离散算子和托普利兹算子:某些可数赋范空间中的诺特性和可逆性(俄文)	2022—03	108.00	1496
Maple 中的数论:数论中的计算机计算(俄文)	2022—03	88.00	1497
贝尔曼和克努特问题及其概括:加法运算的复杂性(俄文)	2022—03	138.00	1498
复分析:共形映射(俄文)	2022—07	48.00	1542
微积分代数样条和多项式及其在数值方法中的应用(俄文)	2022—08	128.00	1543
蒙特卡罗方法中的随机过程和场模型:算法和应用(俄文)	2022—08	88.00	1544
线性椭圆型方程组:论二阶椭圆型方程的迪利克雷问题(俄文)	2022—08	98.00	1561
动态系统解的增长特性:估值、稳定性、应用(俄文)	2022—08	118.00	1565
群的自由积分解:建立和应用(俄文)	2022—08	78.00	1570
混合方程和偏差自变数方程问题:解的存在和唯一性(俄文)	2023—01	78.00	1582
拟度量空间分析:存在和逼近定理(俄文)	2023—01	108.00	1583
二维和三维流形上函数的拓扑性质:函数的拓扑分类(俄文)	2023—03	68.00	1584
齐次马尔科夫过程建模的矩阵方法:此类方法能够用于不同目的的复杂系统研究、设计和完善(俄文)	2023—03	68.00	1594
周期函数的近似方法和特性:特殊课程(俄文)	2023—04	158.00	1622
扩散方程解的矩函数:变分法(俄文)	2023—03	58.00	1623
多赋范空间和广义函数:理论及应用(俄文)	2023—03	98.00	1632
分析中的多值映射:部分应用(俄文)	2023—06	98.00	1634
数学物理问题(俄文)	2023—03	78.00	1636
函数的幂级数与三角级数分解(俄文)	2024—01	58.00	1695
星体理论的数学基础:原子三元组(俄文)	2024—01	98.00	1696
素数规律:专著(俄文)	2024—01	118.00	1697

狭义相对论与广义相对论:时空与引力导论(英文)	2021—07	88.00	1319
束流物理学和粒子加速器的实践介绍:第2版(英文)	2021—07	88.00	1320
凝聚态物理中的拓扑和微分几何简介(英文)	2021—05	88.00	1321
混沌映射:动力学、分形学和快速涨落(英文)	2021—05	128.00	1322
广义相对论:黑洞、引力波和宇宙学介绍(英文)	2021—06	68.00	1323
现代分析电磁均质化(英文)	2021—06	68.00	1324
为科学家提供的基本流体动力学(英文)	2021—06	88.00	1325
视觉天文学:理解夜空的指南(英文)	2021—06	68.00	1326

刘培杰数学工作室
已出版(即将出版)图书目录——高等数学

书　　名	出版时间	定　价	编号
物理学中的计算方法(英文)	2021—06	68.00	1327
单星的结构与演化:导论(英文)	2021—06	108.00	1328
超越居里:1903 年至 1963 年物理界四位女性及其著名发现(英文)	2021—06	68.00	1329
范德瓦尔斯流体热力学的进展(英文)	2021—06	68.00	1330
先进的托卡马克稳定性理论(英文)	2021—06	88.00	1331
经典场论导论:基本相互作用的过程(英文)	2021—07	88.00	1332
光致电离量子动力学方法原理(英文)	2021—07	108.00	1333
经典域论和应力:能量张量(英文)	2021—05	88.00	1334
非线性太赫兹光谱的概念与应用(英文)	2021—06	68.00	1337
电磁学中的无穷空间并矢格林函数(英文)	2021—06	88.00	1338
物理科学基础数学.第 1 卷,齐次边值问题、傅里叶方法和特殊函数(英文)	2021—07	108.00	1339
离散量子力学(英文)	2021—07	68.00	1340
核磁共振的物理学和数学(英文)	2021—07	108.00	1341
分子水平的静电学(英文)	2021—08	68.00	1342
非线性波:理论、计算机模拟、实验(英文)	2021—06	108.00	1343
石墨烯光学:经典问题的电解解决方案(英文)	2021—06	68.00	1344
超材料多元宇宙(英文)	2021—07	68.00	1345
银河系外的天体物理学(英文)	2021—07	68.00	1346
原子物理学(英文)	2021—07	68.00	1347
将光打结:将拓扑学应用于光学(英文)	2021—07	68.00	1348
电磁学:问题与解法(英文)	2021—07	88.00	1364
海浪的原理:介绍量子力学的技巧与应用(英文)	2021—07	108.00	1365
多孔介质中的流体:输运与相变(英文)	2021—07	68.00	1372
洛伦兹群的物理学(英文)	2021—08	68.00	1373
物理导论的数学方法和解决方法手册(英文)	2021—08	68.00	1374
非线性波数学物理学入门(英文)	2021—08	88.00	1376
波:基本原理和动力学(英文)	2021—07	68.00	1377
光电子量子计量学.第 1 卷,基础(英文)	2021—07	88.00	1383
光电子量子计量学.第 2 卷,应用与进展(英文)	2021—07	68.00	1384
复杂流的格子玻尔兹曼建模的工程应用(英文)	2021—08	68.00	1393
电偶极矩挑战(英文)	2021—08	108.00	1394
电动力学:问题与解法(英文)	2021—09	68.00	1395
自由电子激光的经典理论(英文)	2021—08	68.00	1397
曼哈顿计划——核武器物理学简介(英文)	2021—09	68.00	1401

 刘培杰数学工作室 已出版(即将出版)图书目录——高等数学 

书　　名	出版时间	定　价	编号
粒子物理学(英文)	2021—09	68.00	1402
引力场中的量子信息(英文)	2021—09	128.00	1403
器件物理学的基本经典力学(英文)	2021—09	68.00	1404
等离子体物理及其空间应用导论.第1卷,基本原理和初步过程(英文)	2021—09	68.00	1405
伽利略理论力学:连续力学基础(英文)	2021—10	48.00	1416
磁约束聚变等离子体物理:理想MHD理论(英文)	2023—03	68.00	1613
相对论量子场论.第1卷,典范形式体系(英文)	2023—03	38.00	1615
相对论量子场论.第2卷,路径积分形式(英文)	2023—06	38.00	1616
相对论量子场论.第3卷,量子场论的应用(英文)	2023—06	38.00	1617
涌现的物理学(英文)	2023—05	58.00	1619
量子化旋涡:一本拓扑激发手册(英文)	2023—04	68.00	1620
非线性动力学:实践的介绍性调查(英文)	2023—05	68.00	1621
静电加速器:一个多功能工具(英文)	2023—06	58.00	1625
相对论多体理论与统计力学(英文)	2023—06	58.00	1626
经典力学.第1卷,工具与向量(英文)	2023—04	38.00	1627
经典力学.第2卷,运动学和匀加速运动(英文)	2023—04	58.00	1628
经典力学.第3卷,牛顿定律和匀速圆周运动(英文)	2023—04	58.00	1629
经典力学.第4卷,万有引力定律(英文)	2023—04	38.00	1630
经典力学.第5卷,守恒定律与旋转运动(英文)	2023—04	38.00	1631
对称问题:纳维尔—斯托克斯问题(英文)	2023—04	38.00	1638
摄影的物理和艺术.第1卷,几何与光的本质(英文)	2023—04	78.00	1639
摄影的物理和艺术.第2卷,能量与色彩(英文)	2023—04	78.00	1640
摄影的物理和艺术.第3卷,探测器与数码的意义(英文)	2023—04	78.00	1641
拓扑与超弦理论焦点问题(英文)	2021—07	58.00	1349
应用数学:理论、方法与实践(英文)	2021—07	78.00	1350
非线性特征值问题:牛顿型方法与非线性瑞利函数(英文)	2021—07	58.00	1351
广义膨胀和齐性:利用齐性构造齐次系统的李雅普诺夫函数和控制律(英文)	2021—06	48.00	1352
解析数论焦点问题(英文)	2021—07	58.00	1353
随机微分方程:动态系统方法(英文)	2021—07	58.00	1354
经典力学与微分几何(英文)	2021—07	58.00	1355
负定相交形式流形上的瞬子模空间几何(英文)	2021—07	68.00	1356
广义卡塔兰轨道分析:广义卡塔兰轨道计算数字的方法(英文)	2021—07	48.00	1367
洛伦兹方法的变分:二维与三维洛伦兹方法(英文)	2021—08	38.00	1378
几何、分析和数论精编(英文)	2021—08	68.00	1380
从一个新角度看数论:通过遗传方法引入现实的概念(英文)	2021—07	58.00	1387
动力系统:短期课程(英文)	2021—08	68.00	1382

刘培杰数学工作室
已出版(即将出版)图书目录——高等数学

书　　名	出版时间	定　价	编号
几何路径:理论与实践(英文)	2021—08	48.00	1385
广义斐波那契数列及其性质(英文)	2021—08	38.00	1386
论天体力学中某些问题的不可积性(英文)	2021—07	88.00	1396
对称函数和麦克唐纳多项式:余代数结构与 Kawanaka 恒等式	2021—09	38.00	1400
杰弗里·英格拉姆·泰勒科学论文集:第 1 卷.固体力学(英文)	2021—05	78.00	1360
杰弗里·英格拉姆·泰勒科学论文集:第 2 卷.气象学、海洋学和湍流(英文)	2021—05	68.00	1361
杰弗里·英格拉姆·泰勒科学论文集:第 3 卷.空气动力学以及落弹数和爆炸的力学(英文)	2021—05	68.00	1362
杰弗里·英格拉姆·泰勒科学论文集:第 4 卷.有关流体力学(英文)	2021—05	58.00	1363
非局域泛函演化方程:积分与分数阶(英文)	2021—08	48.00	1390
理论工作者的高等微分几何:纤维丛、射流流形和拉格朗日理论(英文)	2021—08	68.00	1391
半线性退化椭圆微分方程:局部定理与整体定理(英文)	2021—07	48.00	1392
非交换几何、规范理论和重整化:一般简介与非交换量子场论的重整化(英文)	2021—09	78.00	1406
数论论文集:拉普拉斯变换和带有数论系数的幂级数(俄文)	2021—09	48.00	1407
挠理论专题:相对极大值,单射与扩充模(英文)	2021—09	88.00	1410
强正则图与欧几里得若尔当代数:非通常关系中的启示(英文)	2021—10	48.00	1411
拉格朗日几何和哈密顿几何:力学的应用(英文)	2021—10	48.00	1412
时滞微分方程与差分方程的振动理论:二阶与三阶(英文)	2021—10	98.00	1417
卷积结构与几何函数理论:用以研究特定几何函数理论方向的分数阶微积分算子与卷积结构(英文)	2021—10	48.00	1418
经典数学物理的历史发展(英文)	2021—10	78.00	1419
扩展线性丢番图问题(英文)	2021—10	38.00	1420
一类混沌动力系统的分歧分析与控制:分歧分析与控制(英文)	2021—11	38.00	1421
伽利略空间和伪伽利略空间中一些特殊曲线的几何性质(英文)	2022—01	48.00	1422
一阶偏微分方程:哈密尔顿—雅可比理论(英文)	2021—11	48.00	1424
各向异性黎曼多面体的反问题:分段光滑的各向异性黎曼多面体反边界谱问题:唯一性(英文)	2021—11	38.00	1425

刘培杰数学工作室
已出版(即将出版)图书目录——高等数学

书　　名	出版时间	定　价	编号
项目反应理论手册.第一卷,模型(英文)	2021—11	138.00	1431
项目反应理论手册.第二卷,统计工具(英文)	2021—11	118.00	1432
项目反应理论手册.第三卷,应用(英文)	2021—11	138.00	1433
二次无理数:经典数论入门(英文)	2022—05	138.00	1434
数,形与对称性:数论,几何和群论导论(英文)	2022—05	128.00	1435
有限域手册(英文)	2021—11	178.00	1436
计算数论(英文)	2021—11	148.00	1437
拟群与其表示简介(英文)	2021—11	88.00	1438
数论与密码学导论:第二版(英文)	2022—01	148.00	1423
几何分析中的柯西变换与黎兹变换:解析调和容量和李普希兹调和容量、变化和振荡以及一致可求长性(英文)	2021—12	38.00	1465
近似不动点定理及其应用(英文)	2022—05	28.00	1466
局部域的相关内容解析:对局部域的扩展及其伽罗瓦群的研究(英文)	2022—01	38.00	1467
反问题的二进制恢复方法(英文)	2022—03	28.00	1468
对几何函数中某些类的各个方面的研究:复变量理论(英文)	2022—01	38.00	1469
覆盖、对应和非交换几何(英文)	2022—01	28.00	1470
最优控制理论中的随机线性调节器问题:随机最优线性调节器问题(英文)	2022—01	38.00	1473
正交分解法:涡流流体动力学应用的正交分解法(英文)	2022—01	38.00	1475
芬斯勒几何的某些问题(英文)	2022—03	38.00	1476
受限三体问题(英文)	2022—05	38.00	1477
利用马利亚万微积分进行 Greeks 的计算:连续过程、跳跃过程中的马利亚万微积分和金融领域中的 Greeks(英文)	2022—05	48.00	1478
经典分析和泛函分析的应用:分析学的应用(英文)	2022—05	38.00	1479
特殊芬斯勒空间的探究(英文)	2022—03	48.00	1480
某些图形的施泰纳距离的细谷多项式:细谷多项式与图的维纳指数(英文)	2022—05	38.00	1481
图论问题的遗传算法:在新鲜与模糊的环境中(英文)	2022—05	48.00	1482
多项式映射的渐近簇(英文)	2022—05	38.00	1483
一维系统中的混沌:符号动力学,映射序列,一致收敛和沙可夫斯基定理(英文)	2022—05	38.00	1509
多维边界层流动与传热分析:粘性流体流动的数学建模与分析(英文)	2022—05	38.00	1510

刘培杰数学工作室

已出版(即将出版)图书目录——高等数学

书　　名	出版时间	定　价	编号
演绎理论物理学的原理:一种基于量子力学波函数的逐次置信估计的一般理论的提议(英文)	2022—05	38.00	1511
R^2 和 R^3 中的仿射弹性曲线:概念和方法(英文)	2022—08	38.00	1512
算术数列中除数函数的分布:基本内容、调查、方法、第二矩、新结果(英文)	2022—05	28.00	1513
抛物型狄拉克算子和薛定谔方程:不定常薛定谔方程的抛物型狄拉克算子及其应用(英文)	2022—07	28.00	1514
黎曼-希尔伯特问题与量子场论:可积重正化、戴森-施温格方程(英文)	2022—08	38.00	1515
代数结构和几何结构的形变理论(英文)	2022—08	48.00	1516
概率结构和模糊结构上的不动点:概率结构和直觉模糊度量空间的不动点定理(英文)	2022—08	38.00	1517
反若尔当对:简单反若尔当对的自同构(英文)	2022—07	28.00	1533
对某些黎曼—芬斯勒空间变换的研究:芬斯勒几何中的某些变换(英文)	2022—07	38.00	1534
内诣零流形映射的尼尔森数的阿诺索夫关系(英文)	2023—01	38.00	1535
与广义积分变换有关的分数次演算:对分数次演算的研究(英文)	2023—01	48.00	1536
强子的芬斯勒几何和吕拉几何(宇宙学方面):强子结构的芬斯勒几何和吕拉几何(拓扑缺陷)(英文)	2022—08	38.00	1537
一种基于混沌的非线性最优化问题:作业调度问题(英文)	即将出版		1538
广义概率论发展前景:关于趣味数学与置信函数实际应用的一些原创观点(英文)	即将出版		1539
纽结与物理学:第二版(英文)	2022—09	118.00	1547
正交多项式和 q—级数的前沿(英文)	2022—09	98.00	1548
算子理论问题集(英文)	2022—03	108.00	1549
抽象代数:群、环与域的应用导论:第二版(英文)	2023—01	98.00	1550
菲尔兹奖得主演讲集:第三版(英文)	2023—01	138.00	1551
多元实函数教程(英文)	2022—09	118.00	1552
球面空间形式群的几何学:第二版(英文)	2022—09	98.00	1566
对称群的表示论(英文)	2023—01	98.00	1585
纽结理论:第二版(英文)	2023—01	88.00	1586
拟群理论的基础与应用(英文)	2023—01	88.00	1587
组合学:第二版(英文)	2023—01	98.00	1588
加性组合学:研究问题手册(英文)	2023—01	68.00	1589
扭曲、平铺与镶嵌:几何折纸中的数学方法(英文)	2023—01	98.00	1590
离散与计算几何手册:第三版(英文)	2023—01	248.00	1591
离散与组合数学手册:第二版(英文)	2023—01	248.00	1592

刘培杰数学工作室
已出版(即将出版)图书目录——高等数学

书　　名	出版时间	定　价	编号
分析学教程.第1卷,一元实变量函数的微积分分析学介绍(英文)	2023－01	118.00	1595
分析学教程.第2卷,多元函数的微分和积分,向量微积分(英文)	2023－01	118.00	1596
分析学教程.第3卷,测度与积分理论,复变量的复值函数(英文)	2023－01	118.00	1597
分析学教程.第4卷,傅里叶分析,常微分方程,变分法(英文)	2023－01	118.00	1598
共形映射及其应用手册(英文)	2024－01	158.00	1674
广义三角函数与双曲函数(英文)	2024－01	78.00	1675
振动与波:概论:第二版(英文)	2024－01	88.00	1676
几何约束系统原理手册(英文)	2024－01	120.00	1677
微分方程与包含的拓扑方法(英文)	2024－01	98.00	1678
数学分析中的前沿话题(英文)	2024－01	198.00	1679
流体力学建模:不稳定性与湍流(英文)	2024－03	88.00	1680
动力系统:理论与应用(英文)	2024－03	108.00	1711
空间统计学理论:概述(英文)	2024－03	68.00	1712
梅林变换手册(英文)	2024－03	128.00	1713
非线性系统及其绝妙的数学结构.第1卷(英文)	2024－03	88.00	1714
非线性系统及其绝妙的数学结构.第2卷(英文)	2024－03	108.00	1715
Chip-firing中的数学(英文)	2024－04	88.00	1716
阿贝尔群的可确定性:问题、研究、概述(俄文)	2024－05	716.00(全7册)	1727
素数规律:专著(俄文)	2024－05	716.00(全7册)	1728
函数的幂级数与三角级数分解(俄文)	2024－05	716.00(全7册)	1729
星体理论的数学基础:原子三元组(俄文)	2024－05	716.00(全7册)	1730
技术问题中的数学物理微分方程(俄文)	2024－05	716.00(全7册)	1731
概率论边界问题:随机过程边界穿越问题(俄文)	2024－05	716.00(全7册)	1732
代数和幂等配置的正交分解:不可交换组合(俄文)	2024－05	716.00(全7册)	1733
数学物理精选专题讲座:李理论的进一步应用	2024－10	252.00(全4册)	1775
工程师和科学家应用数学概论:第二版	2024－10	252.00(全4册)	1775
高等微积分快速入门	2024－10	252.00(全4册)	1775
微分几何的各个方面.第四卷	2024－10	252.00(全4册)	1775
具有连续变量的量子信息形式主义概论	2024－10	378.00(全6册)	1776
拓扑绝缘体	2024－10	378.00(全6册)	1776
论全息度量原则:从大学物理到黑洞热力学	2024－10	378.00(全6册)	1776
量化测量:无所不在的数字	2024－10	378.00(全6册)	1776
21世纪的彗星:体验下一颗伟大彗星的个人指南	2024－10	378.00(全6册)	1776
激光及其在玻色－爱因斯坦凝聚态观测中的应用	2024－10	378.00(全6册)	1776

联系地址:哈尔滨市南岗区复华四道街10号　哈尔滨工业大学出版社刘培杰数学工作室

邮　　编:150006

联系电话:0451－86281378　　13904613167

E-mail:lpj1378@163.com